星地电波传播（第2版）

Satellite-to-Ground Radiowave Propagation (2nd Edition)

[美] J. E. Allnutt　著

吴岭　译

朱宏权　弓树宏　审校

著作权合同登记 图字: 军 -2012 -236号

图书在版编目(CIP)数据

星地电波传播: 第2版 / (美) J. E. 奥尔纳特 (J. E. Allnutt) 著; 吴岭译.
-- 北京 : 国防工业出版社, 2017. 2
(国防科技著作精品译丛)
书名原文: Satellite to Ground Radiowave Propagation (2nd Edition)
ISBN 978-7-118-10686-2

Ⅰ. ①星… Ⅱ. ①J… ②吴… Ⅲ. ①电波传播—研究 Ⅳ. ①TN011

中国版本图书馆CIP数据核字(2016)第188618号

星地电波传播(第2版)
[美] J. E. Allnutt 著
吴 岭 译
朱宏权 弓树宏 审校

出版发行 国防工业出版社
地址邮编 北京市海淀区紫竹院南路 23 号 100048
经 售 新华书店
印 刷 北京嘉恒彩色印刷有限责任公司
开 本 700 × 1000 1/16
印 张 41¼
字 数 760 千字
版 印 次 2017 年 2 月第 1 版第 1 次印刷
印 数 1—2000 册
定 价 198.00 元

(本书如有印装错误, 我社负责调换)

国防书店: (010) 88540777 发行邮购: (010) 88540776
发行传真: (010) 88540755 发行业务: (010) 88540717

译者序

卫星通信系统作为一种通信方式已经存在了半个多世纪, 广泛应用于通信、导航、遥感、广播电视等领域, 它具有许多其他通信方式无法替代的突出优点。近年来, 卫星通信技术取得长足的进步, 而且还在不断地发展, 如开发毫米波卫星通信技术、将 MIMO 通信技术在卫星通信中使用等。

但是, 所有的卫星通信技术必须依赖于在卫星和地面接收终端之间形成可靠、可用的无线通信链路。无线通信链路的设置需要结合具体的通信体制、应用目的等系统问题, 针对特定频率的无线电波和特定的传播环境, 对电波传播特性进行系统评估和预报。针对卫星通信技术, 系统阐述星地链路传播特性的学术专著, 对于卫星通信、电波传播等专业相关的本科生、研究生、学者、工程师等人员具有重要的理论意义和实用价值。J.E. Allnutt 的《星地电波传播》第 2 版 (“Satellite-to-Ground Radiowave Propagation” 2nd Edition) 正是专门针对卫星通信系统星-地链路中的电波传播问题的一本专著。

本书在保留 1989 年第 1 版学术内容的基础上, 结合 1989 年至 2010 年之间卫星通信技术的新发展, 增加了星地链路中 30GHz 以上电波传播的理论及实验结果、专门针对移动卫星通信业务的传播理论及实验结果、星地光传播特性问题、针对部分传播损伤特性的对抗技术。本书的最大特点是搜集了学术文献资料中大量的工程模型和实验结果, 既适合以学术研究为目的的学生、学者阅读, 也可供以工程应用为主的工程技术人员参考。

本书共 8 章。第 1 章主要针对本书的内容进行一般性的概括和介绍; 第 2 ~ 5 章分别针对电离层传播效应、晴空大气传播效应、对流层衰减效应、对流层去极化效应方面的理论、实验结果等内容进行研究; 第 6 章主要讨论卫星移动业务中的传播效应; 第 7 章为星地光通信系统中的传播效应; 第 8 章对部分传播效应的对抗技术进行了讨论。附录 A 给出了与空间无线通信有关的术语和定义; 附录 B 包含了文章涉及到的一般数学方程; 附录 C 为属于缩略索引; 附录 D 为文中涉及传播效应的国际无线电联盟建议。

本书由吴岭翻译, 朱宏权和弓树宏审校。本书在翻译出版过程中, 得到了侯孝民、邱磊、游莎莎的大力支持和帮助, 在此一并表示感谢。

本书的译者都是多年工作在卫星通信、电波传播技术领域的一线研究人员, 但是通信技术及电波传播涉及的知识面很广, 因此我们对于原著内容的理解难免会有偏差, 翻译不当之处, 恳请得到各位同行和专家的批评指正。

电离层环境和对流层环境中的传播特性均为随机过程, 工程模型和理论结果的适用性对时间和空间的依赖性较强, 因此在使用本书中的计算模型及参数、理论及实验结果时需要核准它们的适用条件。另外, 卫星通信技术在不断发展之中, 本书的内容只涵盖了 2010 年以前的部分理论及实验结果。

译者
2016 年 8 月

前言

自 1989 年本书的第 1 版出版后, 卫星通信领域发生了巨大变化。国际通信卫星机构 (INTELSAT) 作为一个曾经由 140 个国家共同参加的国际组织, 已经与它最好的竞争者 PanAmSat® 合并组成了世界上最大的卫星通信公司。基于卫星的商业通信已经普遍实现数字化, 仅留下极少量的模拟链路还在使用。目前, 超宽带陆地光纤已经连接了地球上的主要社区, 因此, 商业通信卫星已经成功地进入了各种不同的市场。它们提供了覆盖全球的广播电视业务、因特网线路备份业务、VSAT 业务, 以及所有支持国际电信联盟 (ITU) 区域的卫星移动通信业务。更重要的是, 最近的两项创新技术将会完全改变现有的商用和军用的卫星通信行业, 它们将会是 21 世纪的转折点。

第一项创新来自于 2009 年 11 月发射的下一代 INTELSAT 14 卫星。与前几代卫星不同的是, 这颗卫星的有效载荷中包含了一个由思科公司提供的因特网路由器, 这个空间因特网路由器 (Internet Router in Space, IRIS) 构成了一个独特的多用途星上处理载荷。到目前为止, IRIS 的测试结果良好, 这意味着 IRIS 技术很可能在未来的商用和军用卫星系统中发挥重要作用。

卫星通信的第二项创新以军事应用为初始目标, 但主要应用到了商业市场。它包括利用星间链路 (Inter-satellite Links, ISL) 和星上路由器 (类似于 IRIS) 对在轨卫星进行组网使其形成一个卫星群。群中的各卫星可以相距很近 (若干千米), 也可以相隔很远 (出于军事用途, 如

50 km) 从而规避意外事件或者敌方恶意攻击 (如导弹发射) 的威胁。这些卫星群在低轨、中轨、高轨都可以运行。组成群的单颗卫星尺寸通常会小于它所替代的常规卫星, 因此卫星集群主要具有两个优势: 一是, 可以使用较小的火箭完成卫星发射, 这将会带动小推力火箭 (小于传统的阿丽亚娜五号等级的火箭) 在商业市场的发展; 二是, 可以在不同时间发射构成群有效载荷的不同部件以更好地适应市场需求。2010 年初, 轨道科学受美国国防高级研究计划局 (Defense Advanced Research Projects Agency, DARPA) 委托展开了卫星群概念的研究。

与此同时, 复合载荷 (由多个用户操控的负载集合) 技术也在商用通信卫星行业引起了一场技术革新。INTELSAT 22 卫星就是其中之一, 它本身携带了澳大利亚军方使用的超高频 (UHF) 载荷, 同时也可以很方便地通过 ISL 与其他处于合适位置的商用载荷卫星形成卫星集群。

从表面上看, 上述卫星通信的技术概念似乎与本书的星地电波传播内容相去甚远, 但实际上, 以上提及的每一项新技术的实现都要依赖于一个高性能、高可用性的星地传输链路, 这个链路必然要穿过大气层, 而这正是本书的核心研究内容。

另外, 本书第 2 版与第 1 版之间相隔了 20 多年, 这就为本版的成稿带来了新的难题: 第 2 版中究竟应该保留第 1 版的哪些内容, 又应该增加哪些新内容。通常, 一本书的前后版本之间仅相隔 5 年左右, 而本书的版本之间足足跨越了卫星通信工程的一个时代。因此, 决定保留第 1 版中诸多历史性介绍的内容, 例如, 4GHz 链路的电离层闪烁是如何被发现的, 漂移卫星怎样旁证了低仰角衰落现象, 冰晶去极化现象为什么是一个重要发现 (更具体地说, 如何被证明该现象应独立于雨去极化而单独存在), 为什么天线极化纯度低会降低上行链路和下行链路去极化的相关性; 各种传播模型是如何从提出概念到通过验证测试的; 以及其他许多能帮助理解特殊现象的历史内容。

在本书第 1 版的行文过程中, 我曾坚持了一些个人观点, 随着时间的推移, 这些观点依然存在并被广泛地证实。我认为, 本书的核心应该是研究针对地球同步卫星的传播, 因为地球同步轨道仍然是卫星系统中效益最大的轨道。虽然与地球同步卫星的固定通信业务相比, 低中轨地球卫星、卫星集群以及深空探测器还有着不同的技术难题, 但它们都有一个共同之处, 那就是它们的信号必须穿过地球大气。因此将以商用地球同步通信卫星为重点来讲述地球大气对无线电信号传输的影响。

考虑到大部分的理论和实验结果都针对的是 30GHz 以下的无线电频段, 所以本书重点讨论的也是这个频段。不过目前已经有了 30GHz 以上频率的实验结果, 主要是来自于意大利政府的意大利卫星通信系统 (ITALSAT) 计划。另外, 商用和军用领域已经开始重视自由空间的光通信技术, 因此, 本书中也安排了相关的章节内容。此外, 卫星移动通信也有单独章节介绍, 内容囊括了配置有大天线的地球同步轨道卫星 (GEO)、中轨地球卫星 (MEO)、低轨地球卫星 (LEO), 或通过 ISL 集群或与通过陆地光缆形成链路的地面站组成的综合系统等种种卫星系统, 然而, 究竟哪种卫星系统更占优势的问题尚无定论。

传播被誉为特殊的神秘科学, 任何参与过传播实验, 尤其是与卫星相关的传播实验的人员都不会否认这一点。除掌握传播理论的基础知识外, 还要求广博的地面站技术、卫星转发器特性、天线原理、气象学和协调策划等各方面的知识。如前所述, 为了突出传播损耗的多样性, 我认为尽可能地进行历史性回顾是很有帮助的, 因此写入了许多早期实验的细节, 包括在传播实验中易犯的错误。

在第 2 版内容编排上, 试图将各种主要的传播损耗现象分开表述, 并尽量做到自成一体。开篇章节是概括性介绍, 后续 4 章将电离层效应、晴空效应、衰落效应和去极化效应各自单独介绍, 并尽量减少交叉引用。这虽然会导致内容上的些许重复, 但我希望这样的编排能有助于对各主题的理解。第 6 章重点讲述了移动卫星业务中的传播效应, 包括用于航海、航空和陆地的移动业务; 第 7 章单独介绍了光通信效应; 第 8 章讨论了多种损耗效应的补偿和恢复技术。另外, 将沙尘引起的传播损耗放在光通信一章中, 因为这似乎是与之最相关的章节, 很多沙尘暴效应都是以光学能见距离来衡量。

为了使本书既能吸引应用科学或工程学的大学生, 又能吸引经验丰富的传播学专家, 插入了很多注释性文字, 引用了大量文献来诠释每一个主题及次级主题。引用的参考文献可以帮助资深读者找到最初的原始材料, 从而进一步加深他们的理解。鉴于此, 我认为有必要尽量指出本书引用的多位传播学专家的相关支撑材料, 特别是那些关于 ITU-R 第三研究小组及其主要工作团队 3J、3K 和 3M 的内容。我也对 NASA 传播实验工作组 (NASA Propagation Experimenters Group, NAPEX), Olympus

传播实验工作组 (Olympus Propagation Experimenters Group, OPEX) 和 Italsat CEPIT 的公开成果进行了深入分析, 尤其是后两者。很高兴, 也很感谢能够得到 ITU 的关于在许多图片和文字内容引用方面的许可。本书引用了大量美国航空航天局 (NASA) 和 ESA (OPEX) 的公开研究成果, 在这些引用中, 有时很难准确追踪到每一幅图片或每一段文字的具体作者, 因此, 对文中出现的引用错误深表歉意。

本书中大量图片的引用得到了出版者和作者的亲自许可, 除 ITU 和 NASA 外, 还要感谢 AIAA (美国)、AGARD、AT&T 知识财产公司、美国的地球物理学的联盟、美国摄影测量及遥感社团、Bordas Dunod Gauthiers–Villars,Bradford 大学研究公司, 英国电讯国际, 英国的电讯研究实验室 (现在英国电信, 上市公司), Butterworths(英国), CRC (供给服务部, 加拿大), CDRL(英国), CTR(美国)、COMSAT (美国)、ESA, IECE 现在的 IEICE(日本)、IET(正式的称 IEE)、IEEE, 国际卫星通信学报、INTELSAT、KDD(日本)、John Wiley & Sons 公司, Merrill 出版业公司 (美国)、自然 (Macmillan 杂志, 公司), 新科学家, 俄亥俄州州立大学、Peter Peregrinus, 空间科学和工程学中心, 威斯康辛州–麦迪逊大学和 URSI。在众多允许我引用其文献图片的作者中, 重点感谢 Bertram Arbesser – Rastburg、Asoka Dissanayake, Erkii Salonen, Gert Brussaard,Dickson Fang, C.H. Liu, Jonathan Maas, Neil McEwan, David Rogers, John Thirlwell, Laurent Castanet, Max van der Kamp, Peter Watson, Timothy Pratt and QingWei Pan。另外, 与他们的私下交流成果虽然没能在本书中以文字方式体现, 但对本书的成稿也有莫大的帮助, 在此一并感谢。

最后, 把我的爱和感谢献给我的妻子 Norma, 她给我的温暖和支持贯穿于我整本书的写作。

J.E. Allnutt
2010 年 8 月

目录

第 1 章

地空无线通信

1.1 引言

纵观人类历史, 复杂信息的传递需求曾经促进了语言交流方式的产生和发展, 进而大大推动了现代人类文明的进程。但是, 语言交流以声音为媒介, 传播距离局限于人类的听力范围, 更远距离的信息交流只能以视觉信息传递方式进行, 其通视距离也只能延伸至地平线。这种通信距离受限的状况维持了几千年, 直到 18 世纪晚期, 人们为了尽早发现侵略海岛城市的敌方舰队, 在通视的山顶上建立烽火台系统, 这种信息中转传播方式的应用再次扩大了通信距离。烽火台系统采用数字视觉通信方式: 火焰熄灭 (状态 0) 表示一切正常; 火焰点亮 (状态 1) 表示发现敌人。但是, 受限于重新建立烽火台所需要的时间 (约为 1 天), 信息率大约为每天一个符号。

通过代码组合的方式, 这种数字视觉通信系统有所改进[1], 然而信息率仍然很低。19 世纪末 20 世纪初, 有线电报与无线电报技术的出现, 令所有其他长距离通信手段相形见绌。20 世纪 60 年代中期, 这些地面有线及无线系统逐渐被同步卫星通信业务取代。在接下来不到 10 年的时间里, 另一个探索了几十年的技术 —— “激光” —— 取得了第一次重大的商业应用。1980 年, 光纤技术的出现使得光信号在可容忍的损耗下传播了超过 1 km 的距离。到 1990 年, 低损耗光纤技术的发展和光信号再生与放大技术的应用, 地面两点之间实现了数千千米的长距离光通信, 而且一对光纤的数据传输量等同于当时存在的所有商业卫星的数据吞吐量。这使人们普遍认为, 商业卫星通信技术将再无用武之地。然而, 随后两项新技术的出现彻底改变了人们的看法: 一项是随着数字信号处理技术的快速发展, 压缩视频标准在商业上率先推行, 大大提升了数字广播卫星相对于地面电缆系统的竞争力。数字压缩标准 MPEG-2[2] 一度被认为是卫星通信技术取得成功的关键, 尤其是 90 年代的 Ku 波段卫星通信。同期发生的另一项重大技术是超高速持续增长的网络业务。正是得益于这两项技术创新, 地球同步卫星具备的点对多点广播能力使得通信卫星在世界通信基本框架中扮演了一个崭新的角色。

从全球语音电信网仅具备点对点通信功能开始, 大型综合地面站便成为发布数字电视与网络业务的枢纽中心。2001 年 1 月 1 日, 全世界在轨的地球同步卫星大约有 200 个, 非地球同步轨道的新卫星星座技术也在不断发展, 其中某些技术并未取得较大的商业价值 (如铱系统尽管没有取得较大商业价值, 但铱星座作为军事通信系统依然罕逢对手, 与其相类似的后续系统将很有可能被研发, 从而使得终端到终端的连接无须经由潜在敌对国的任何路由, 这对战术与战略军事通信至关重要)。其他一些正在运行的卫星星座用于对特定区域尤其是常规业务无法企及的近海区域 (如加勒比海) 提供切实可行的通信服务。但是, 目前已建成的或者正在设计的非地球同步商业卫星系统, 依然无法提供与地球同步卫星相似的低成本通信业务。当然, 如果智能天线可以实现与移动用户终端以及更小的手持设备一体化设计 (如汽车外壳以及安置在衣服内部的 "耐磨" 天线), 并具备商业可行性时, 这种局面将有所变化。智能天线是相控阵天线的一种, 它可以追踪信号的来波方向, 并为用户在该链路方向上提供较高的增益, 从本质上淘汰了采用机械转动跟踪信号的方式。然而, 由于全向天线 (增益为 0dB) 与小口径抛物面定向天线 (如 0.6 m 口径的 Ku 波段天线增益为 35dB) 在增益上的巨大区别, 若要在同等条件下提供与装载定向天线的地球同步卫星相同的业务, 使用全向天线的移动通信业务需要增大 35dB 发射功率 (即 2842 倍)。因此, 卫星星座至今在商业上仍未成功也就不足为奇了。然而, 诸如语音、文字、音乐与视频多种类型通信业务需求的强烈增长, 正在为卫星分布系统创造一个新的市场, 从而为非地球同步轨道卫星提供了一个新的发展契机。不过卫星分布系统的发展需要进一步突破运载火箭技术, 从而与地球同步卫星系统在发射成本上取得竞争力。总之, 从早期的摩斯密码电信技术开始，无论是 LEO、MEO 或 GEO 在通信领域取得的进展，都是引人注目的。

随着跨国界的无线电通信技术的介入，国家间为了发展高效统一的新通信形式而达成共识的需求就变得日益明显。这种紧迫的需求促使 ITU 于 1865 年 5 月 17 日建立。ITU 是现在构成美国专门机构中最早的国际政府间组织[1]。ITU 成员国在具体的专业词汇以及详细说明上达成共识，并将其收录在无线电条例的条款[3] 和附录[4] 中。条款 1 确定了专业术语，术语相关定义在附录 A 中加以解释。在无线电条例的卷册中还对 9kHz ~ 275GHz 频谱资源在三个 ITU 区间进行分配 (图 1.1)。虽然某些实验性业务在 275 ~ 400 GHz 获得了有保护的使用权，但是超过 275 GHz 的频谱资源并没有予以分配。高功率激光器的快速发展将会把工作频段从目前分配的频段延伸到太赫及以上频率 (见第 7 章)，然而，现如今大多数无线电感知或卫星通信链路都工作在 275GHz 的频率以下，商业及军用通信卫星系统通常使用低于氧气吸收谱线 (60GHz) 以下的频率。

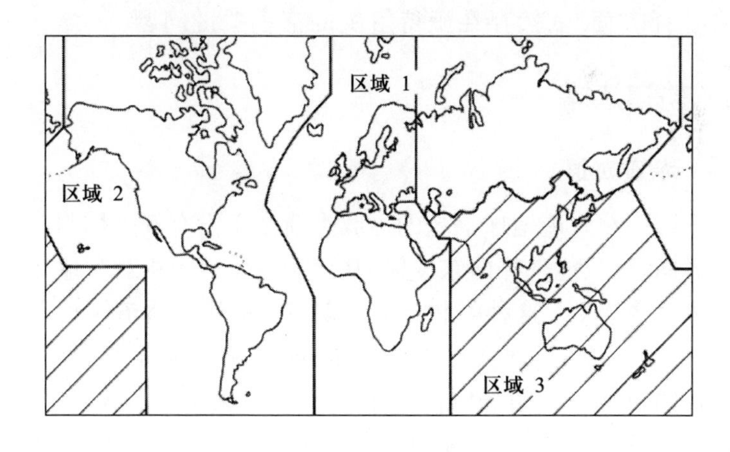

图 1.1 全球的三个 ITU 区域

1.2 人造地球卫星

在苏联首颗人造地球卫星 Sputnik 1 发射后不到 3 年，第一颗用于两个地面站通信的人造地球卫星 Echo 1 也于 1960 年 8 月 12 日发射。Echo 1 是直径约 30 m 的可充气气球，其表面覆盖金属薄层，用于反射它接收到的无线电信号。该卫星为简单的无源中继器, 信号通过它的反射涂层进行能量反射, 无任何放大过程。在同年的晚些时候,Courier 1B 卫星实现了对轨道前段接收信号进行磁带记录并转发的功能。这是在 Score 卫星计划基础上取得的一项重大进展。Score 卫星计划不能接收信号, 它只能在 1958 年圣诞期间发射提前记录的信息。Score 计划虽然有不能接收信号的局限性, 但是它使得人们第一次聆听来自太空的人类声音 (艾森豪威尔总统的声音)。第一个主动通信卫星是 1962 年 7 月 10 号发射的 Telstar 1,Telstar 1 与其 "姐妹星" Telstar 2 实现了跨越大西洋的间断性语音与视频通信, 通信存在间断的原因是链路的两端 (大西洋两岸) 必须同时出现在卫星的覆盖范围内。由于 Telstar 1 与 Telstar 2 在相对较低的轨道上通过范海伦辐射带, 所以辐射损伤的影响导致 Telstar 1 与 Telstar 2 并没有服役多长时间。1962 年 12 月 13 日发射的 Relay 1 卫星也实现了跨越太平洋的间歇性通信服务。

在通信卫星得到快速发展的同时, 人们在地球观测科学的其他创新性应用领域也开展了深入研究。然而, 在 20 世纪 60 年代早期, 关于技术参数选择方面, 依然存在亟待解决的诸多关键问题。

1.2.1 轨道选择

1.2.1.1 赤道轨道

搭载第一颗人造地球卫星的运载火箭由于没有额外燃料改变其轨道发射方向, 而只能选择向东发射, 从而利用发射场相对于地球中心的角速度来节省燃料。这种限制使得早期卫星的运行轨道倾角大多接近于其发射场所在纬度, 如美国 Cape Canaveral 发射场所在北纬 28° 及哈萨克斯坦 Baikonur 发射场所在北纬 46°。随着大功率运载器, 特别是小型箭载计算机的出现, 使得最佳入轨点和轨道倾角可以依据任务的要求进行选择。如果赤道南北通信服务区必须维持平衡, 那么赤道轨道就是一个合理的选择。然而, 轨道高度却是一个更加困难的选择。

向东发射到赤道轨道的卫星 (相对于赤道平面的轨道倾角为 0°), 相对不同的参考系会有两个运行周期。相对于绝对参考系 (银河系背景, 有时称作惯性参考系), 运行周期为 T 小时, 然而, 如果在赤道上观测该卫星, 其运行周期将会大于 T。这是由于地球向东的自转使得观测

者似乎在卫星运动的方向“追赶”卫星。该种运行周期称为视在周期。用等号 P 表示 P 与 T 之间的关系为

$$P = \frac{24T}{24 - T} \quad \text{(h)} \tag{1.1}$$

如果要精确计算, 式 (1.1) 中的 24 应替换为 23.9344 (23 h 56 min 4 s)。一个恒星日是地球在惯性空间中自转 1 周所需的时间, 为 23 h 56 min 4 s, 而不是 24 h。由于地球自转的同时也绕太阳公转, 因此 1 个太阳日 (24 h) 要大于 1 个恒星日。表 1.1 说明了处于不同轨道高度上 P 与 T 的差异, 并给出了在不考虑大气折射以及假设 0° 仰角通信可行的情况下, 卫星对赤道上观测者的通视时间。

由表 1.1 可以看出, 随着轨道高度的增加, 有效观测时间显著增加。表中 35786 km 轨道高度由 Clark[6] 提出。在此高度上, 卫星绕地球中心转动的角速度与地球自转角速度相同, 因此该轨道与地球相对位置不变。如果该轨道的轨道倾角接近 0° (偏差在 ±0.1° 内), 并且偏心率小于 0.001 (用于描述轨道圆度的量, 数值越小轨道越圆), 则称为地球同步 (静止) 轨道。

表 1.1 轨道周期和覆盖时间

轨道高度	轨道周期		覆盖时间
	运行周期/h	视在周期/h	
500	1.408	1.496	0.183
1000	1.577	1.688	0.283
5000	1.752	1.890	0.587
10000	5.794	7.645	2.849
35786	23.9344	∞	∞

注: 轨道均为沿赤道平面向东运行的轨道, 地面观察者位于赤道上。地球半径为 6378.137 km[5]

1962 年, 还没有任何卫星被发射到地球同步轨道上, 于是人们提出一项关于建立一个全球通信系统的建议[7], 该系统由 12 颗卫星组成, 这些卫星均匀分布在赤道上空 13800 km 轨道上。该种方案存在诸多问题: 每套运管系统至少需要两个地面站, 从而在与前一颗卫星的信号中断前, 提前与下一颗卫星建立通信; 地面站发射功率必须随着仰角和路径长度 (仰角变化引起路径长度变化) 的变化而不断地调整; 超长距离通信需

要复杂的多跳中继站; 频率复用也难以实现。另外一个反对建立该系统的重要原因是, 该系统在任意两点间建立每天 24 h 的通信至少需要成功发射 12 颗卫星。那么, 鉴于当时卫星发射成功率为 $1/4 \sim 1/3$, 至少需要发射 36 颗卫星。相对应, 成功发射 1 颗地球静止轨道卫星就可以覆盖接近地球表面 1/3 的区域并实现全天 24 h 通信。地球静止轨道卫星的计划被通信卫星公司 (Comsat) 采纳, 后来被临时卫星通信委员会 (1964 年更名为国际电信卫星组织 (Intelsat) 批准, 从而开始建立地球静止轨道通信卫星系统。1965 年 4 月 6 日, INTELSATIF–1 卫星 “Early Bird” 与大西洋保持相对静止。在随后 3 年内, 赤道附近所有的海洋区域 —— 大西洋、印度洋及太平洋 —— 被 Intelsat 的卫星所覆盖, 从而建立了世界范围的通信系统。Intelsat 系统使得世界几百万人通过现场直播的方式观看了 1969 年 7 月 20 日的 “月球漫步” (据悉,1969 年 7 月 21 日, 位于澳大利亚的 Park Earth 站接收了从 Eagle 着陆器发射的信号), 这种技术在当时是前所未闻的。至 1970 年, 国际电话数据流量的 2/3 由卫星承担。1986 年早期, 已成功发射超过 150 颗地球静止轨道卫星, 发射的失败率也降低到大约 10%[8]。该系统或许具有长远意义,1983 年美国卫星通信数据流量超过了国际卫星所承担的数据流量, 虽然该时期美国卫星的增长主要体现在视频业务上。这种发展模式一直持续到 21 世纪, 21 世纪后大多数远距离、大容量数据流量通过横跨陆地和海洋的光缆系统发送。21 世纪后, 卫星作为覆盖大多数陆地的数字电视、类似网络业务的多媒体互联网的分配与放送节点。另外, 卫星和部署在许多地区的新一代超大型、多波束天线共同用于移动业务需求。

1.2.1.2 倾斜轨道

地球静止轨道有远离赤道地区的覆盖及传播时延两个基本的物理限制。图 1.2 给出了在忽略大气环境引起的附加时延情况下, 链路仰角在 $0^\circ \sim 90^\circ$ 之间变化时的时延。

典型的双程传播延迟时间约为 0.5 s, 在某些情况下这种延迟是具有破坏性的。为了缓解时延效应带来的影响, 一些电话公司尝试分离开双程链路, 即通过卫星发送信号, 并通过电缆接收返回信号 (该方法比首次卫星直播网络业务使用的分离 IP 地址的方法早 30 年[9])。目前, 该种方法很少应用于语音通信中。回波抑制器的使用能解决双向语音连

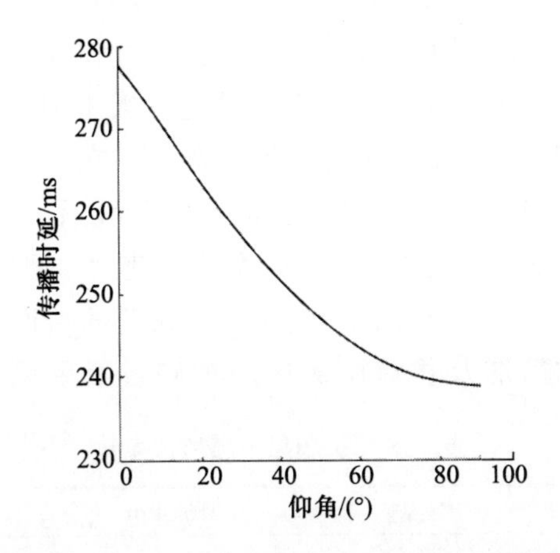

图 1.2 忽略大气影响情况下地球静止轨道卫星链路的单程传播时延随仰角的变化(转自文献 [6] 中图 1.3)

接中存在的回波问题，如果能使用消除返回路径回波的消除器，效果会更好。对于数字数据链路，特别是对于甚小孔径终端(VAST) 系统[10]，已经发展和实施了新的协议，该协议允许在节点之间存在较大延迟。高纬度覆盖问题只能通过采取相对于赤道轴倾斜的轨道来解决。

一种倾斜轨道解决方案是使用轨道倾角大于或等于 15° 的地球同步卫星。例如，为南极建立短期通信链路的 ATS-3 人造地球卫星，以及 20 世纪 70 年代为北极地区建立临时通信链路的两颗小型人造地球卫星 LES-8 与 LES-9。这种解决方案所存在的问题是：卫星在 1 天中只有某段时间内是可见的，剩下的时间卫星处在当地地平线以下。接下来的 25 年后，人们又设计了一种椭圆地球同步轨道，用于“天狼星”(Sirius)[11] 系统。“天狼星”是为北美地区提供数字音频无线业务的系统，其实就是直播卫星无线系统。该系统有 3 颗卫星在 3 个相邻轨道平面夹角为120° 的轨道上，所以卫星相对地上的观察者似乎是在同一个轨道。该系统解决了星地不能连续通视的问题。3 颗卫星中的 2 颗总是位于赤道上空，另外 1 颗卫星总是处于北纬 60° 以上上空。这是因为 3 颗卫星的运行周期为 1 个恒星日 (总体上卫星的周期与它们下方的地球自转周期相匹配)，但它们轨道远地点高于地球静止轨道 (它们的轨道远地点高度为 47102km，地球静止轨道的高度为 35786km)，近地点 (24469km) 低于地球静止轨道。由于这些非圆轨道，当卫星在低于地球静止轨道高度的轨道段运行时，其运行角速度大于它下方的地球自转角速度, 因此它们相对地球向东运动。当卫星于高于地球静止轨道高度的轨道段运行时, 情况相反, 地球自转角速度大于卫星的轨道运行角速度。这种角速度特点的倾斜轨道使得每颗卫星在天空中呈现一个大型的、不对称的 8 字形。地面站使用全向接收天线后, 采用倾斜地球同步轨道的方案已被 DARS 与 XM Radio 系统所使用, 地球同步轨道的缺陷不再是限制因素。表 1.2 给出了 "天狼星" 系统的轨道参数, 图 1.3 为该系统三个轨道的简图及相对服务区内观测者卫星视在运动。

表 1.2 天狼星卫星轨道参数

轨道半长轴	42164 km
轨道半短轴	40619 km
远地点高度	47102 km
近地点高度	24469 km
轨道离心率	0.2684 km
远地点经度	264°E
轨道周期	1 个恒星日 (23 h 56 min 3.84 s)

注: 一些数据来自文献 [11] 的表 1。地球平均半径为 6378.137 km, 轨道偏心率 $e=(\boldsymbol{R}_{\mathrm{a}}-\boldsymbol{R}_{\mathrm{p}})/(\boldsymbol{R}_{\mathrm{a}}+\mathbf{R}_{\mathrm{p}})$, 其中, $\boldsymbol{R}_{\mathrm{a}}$ 为地球中心到轨道远地点的距离, $\boldsymbol{R}_{\mathrm{p}}$ 为地球中心到轨道近地点的距离[10]

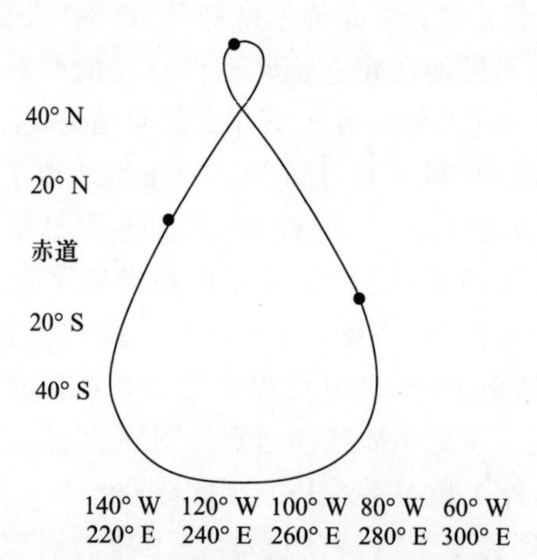

图 1.3 3 颗天狼星卫星的地面轨迹

注: 3 颗卫星的相对位置 (如黑色圆点所示) 使得 3 颗卫星的地面轨迹遵循同一个非对称 8 字形, 这 3 颗星椭圆轨道的远地点都位于加拿大上空。当卫星处于轨道北部时, 其轨道运行速度较小, 因此在某一时刻至少有 2 颗卫星运行在 8 字形的北部, 这对于北半球的用户来说具有一定程度的冗余覆盖。

另一个解决高纬度通视性问题的方案为“Molniya 轨道”, 该方案已持续使用超过 40 年之久。用来命名该独特轨道的第一颗 Molniya 卫星于 1965 年 4 月 23 日发射升空。该轨道是一种独特倾斜的非地球静止通信卫星轨道, 独特之处在于以多条轨道上交替运行的方式重复相同的地面轨迹。如果在轨道 1 飞行的地面轨迹经过莫斯科, 那么在轨道 3、5、7、9 等飞行的地面轨迹同样经过莫斯科。该轨道的倾角为 65°, 近地点为 500 km, 远地点为 39152 km。(由此可以看出,Molniya 轨道远地点高于地球静止轨道高度, 但低于天狼星卫星轨道远地点)。将 Molniya 轨道远地点安排在所关注的区域上空, 超过 60% 的轨道运行时间 (11 h 38 min) 可处于北纬 30° ~ 90°, 从而为该区域提供通信服务 (如果轨道远地点在南半球, 那么该区域为南纬 30° ~ 90°)。Molniya 轨道远地点位于哪个半球, 该半球将具有每条轨道 60% 的观测时间。4 颗卫星按照一定的相对位置运行于分布在赤道周围、相邻轨道平面以 90° 间隔的 4 条 Molniya 轨道, 可以为地球同步轨道卫星系统无法覆盖的北纬 76° 的地区提供连续良好的通信服务 (图 1.4)。

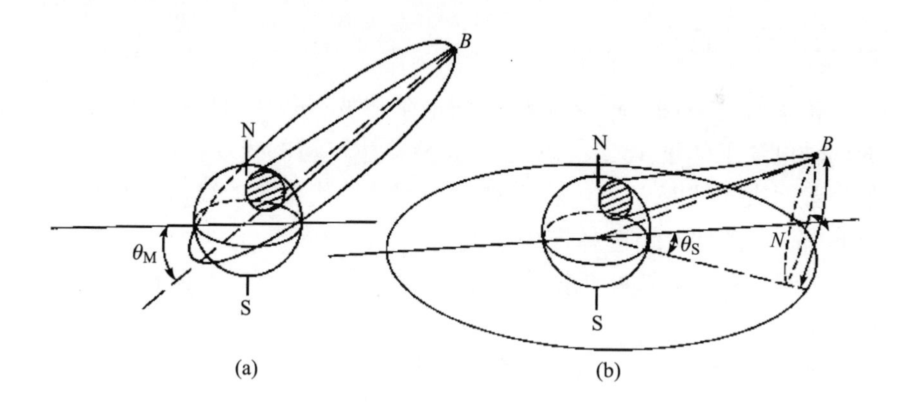

图 1.4 Molniya 轨道与高倾斜地球周步轨道建立高纬度通信链路

(a) Molniya 轨道; (b) 地球同步轨道。

注: B 点为轨道最北点。图 (a) 中轨道平面与赤道面的夹角 $\theta_M = 65°$。图 (b) 中卫星运行的“中心”为 N, 卫星绕该点作半椭圆运动, 其轨道平面与赤道面的夹角为 θ_S。

后来, 相继提出许多综合考虑覆盖区域、全天服务时间、驻留时间要求的独特轨道。第一个提出的轨道结合了高椭圆轨道 (远地点具有较长的驻留时间) 与太阳同步轨道 (轨道运行大部分时间处于白昼) 的优点[12], 发明者和 Ford 航空航天公司先后将其命名为 ACE 轨道。该轨道相对太阳具有固定方向, 其参数: 周期为 4.8 h; 近地点为 1030 km; 远地点为 15100 km; 轨道倾角为 0°。

ACE 轨道凭借作用在位于赤道平面上轨道的进动力获得了与太阳同步的能力。通过合理设定轨道周期, 对于太阳日内特定时刻的轨道进动将与太阳绕地球的视在运动相匹配。由于 ACE 轨道位于赤道平面内, 它并不具有类似 Molniya 轨道所具有的高纬度覆盖特性。然而, 如果将 ACE 轨道卫星经过远地点的时间与远地点下方国家的工作时间调整一致, 那么该卫星可以对该国家提供相对地球同步轨道卫星更为廉价的国内通信服务。20 年之后, Ellipso 卫星系统方案使用相类似的方法, 将远地点安排在人口密度较大区域的上空[13]。非常遗憾的是: 由于缺少合适的廉价地面终端, 所有非地球同步通信卫星系统均没有收回其投资成本。发展适合手持终端使用的小型、廉价相控阵天线也许能在将来改变这种状况。对于地球同步卫星终端, 目前已经具有多种低成本天线可供选择。

1.2.2 天线选择

频率超过 1GHz 时, 传输电线的电阻将变得很大, 即使是设计精良的同轴电缆工作于 10GHz 以上时, 也将产生严重的线缆损耗。因此, 当信号频率大于或等于 4GHz 时, 普遍使用波导代替同轴线。高功率系统更是如此, 这对天线选择产生影响。

天线具有两个基本要求: 第一, 同轴电缆或波导的特征阻抗必须与传输介质的特征阻抗尽可能精确匹配, 从而避免在天线与自由空间的分界面产生反射波; 第二, 天线必须能在特定方向上辐射具有所需特性的电波信号。反射会引起传输信号的严重恶化, 满足第一个要求可消除天线系统内的反射, 满足第二个要求将确保指定方向能成功接收到信号。

当需要满足超过载波大约 5%的带宽、低损耗馈电、高增益这三项要求或其任意组合要求时, 频率为 2GHz 或 3GHz 左右使用波导馈电的反射面天线比导线馈电的偶极子与螺旋天线具有更好的效果。

描述天线在某一给定方向上对信号能量放大的性能通常有方向性与增益两个标准。方向性是天线在该方向上辐射的能量与该天线向所有方向辐射的平均能量的比值。天线在给定方向上的增益是天线在该方向上辐射的能量与全向天线在相同方向辐射能量的比值。全向天线朝所有方向辐射相同的能量, 因此它的增益为 1 (0dB)。天线的增益与方向性是相互关联的, 但在实际描述天线在某一给定方向对提高辐射能量的贡献时, 往往使用增益。与天线增益紧密相关的是波束宽度。

波束宽度通常根据增益最大处 (通常为电轴或视轴) 到偏离视轴一定位置处的增益减少量来定义。常用的减少量是最大辐射能量的 1/2, 称为半功率波束宽度。对于一个圆对称抛物面反射天线, 电磁场的幅度在其主反射器孔径上是均匀分布的, 其 3dB 波束宽度为

$$\theta_{\mathrm{Bu}} = 1.02\frac{\lambda}{D} \quad (\mathrm{rad}) \tag{1.2}$$

式中: λ 为波长 (m); D 为天线直径 (m)。

均匀孔径分布意味着在反射器孔径边缘所测得的馈源辐射能量密度, 与在反射器孔径轴心处以及它们之间的所有点测的能量密度相同。这种均匀分布导致难以抑制馈源能量从反射器边缘的泄漏。另外, 反射器边缘的高能量密度将会引起较强的边缘衍射, 因而导致对主波束的干扰, 并增加朝预定方向以外辐射的能量。这种偏离天线主波束之外的能量将产生旁瓣: 通常把视轴方向附近的辐射能量主峰称为天线主瓣。天线辐射能量的远场本质上是一种衍射模式。馈源作为天线的基本辐射单元并不是无限小, 因此在远场将由惠更斯子波源产生相消和相长干涉, 这些惠更斯子波源可以看做是均匀分布于孔径面上的馈源单元。

在忽略其他因素的情况下, 旁瓣的特性是惠更斯子波源孔径分布的函数。对于均匀孔径分布来说, 第一个旁瓣相对于主瓣峰值的振幅为 -17.6dB。通过引入非均匀孔径子波源振幅分布, 第一个旁瓣可以被抑制, 进而旁瓣的影响也大幅度减小。能量密度相对于发射器孔径轴心处的峰值功率以余弦平方减小是一种典型的非均匀分布。如果天线边缘能量密度相对于轴心处的能量密度小 10dB, 那么第一旁瓣的振幅相对于主瓣的峰值将减少至 -24dB。通过将更多的能量集中于主天线反射器的中心并减小边缘能量分布, 可有效抑制旁瓣效应, 这使得天线的表观直径减小, 因此增益轻微降低, 波束宽度增加。具有非均匀余弦平方孔径分布的反射面天线, 3dB 波束宽 (半功率波束宽度) 度为

$$\theta_{\mathrm{B}} = 1.2\frac{\lambda}{D} \quad (\mathrm{rad}) \tag{1.3a}$$

图 1.5 举例说明了上述现象。从本质上讲, 所获得抑制旁瓣和减小

旁瓣效应是以失去更高增益和窄波束为代价。各种孔径子波源幅度分布对天线增益和波束所产生影响的例子可以在文献 [14] 中找到。

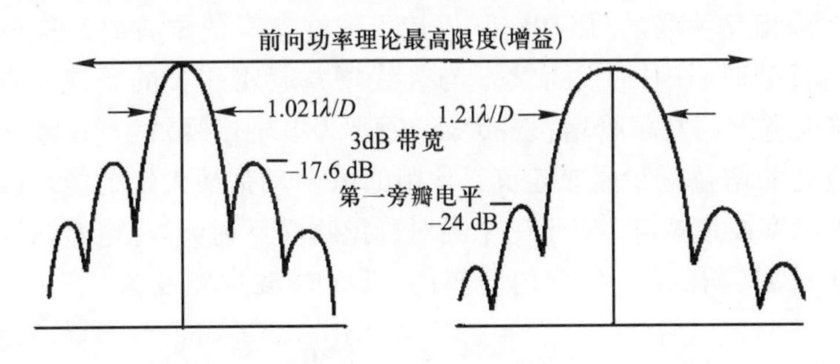

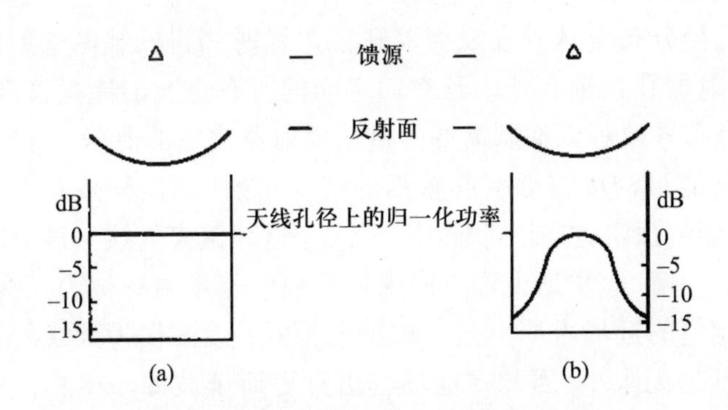

图 1.5 具有均匀孔径照度与余弦平方孔径照度的天线波瓣之间的差异

(a) 均匀孔径照度; (b) 余弦平方孔径照度。

注: 图中所示为馈源前置对称抛物面天线的结果, 与类似的由孔径分布引起的差异也存在与其他类型反射面天线 (如馈源偏置的卡塞格伦型与格里高利型天线 —— 这些类型天线的信息如图 1.7 所示)。

另外, 两个用于计算天线 3dB 波束宽度的近似公式为

$$\theta_{\mathrm{B}} = \frac{70\lambda}{D}\ (^{\circ}) \tag{1.3b}$$

与

$$\theta_{\mathrm{B}} = \sqrt{\frac{30000}{G}}\ (^{\circ}) \tag{1.3c}$$

严格地讲, 式 (1.3b) 应写为 $\theta_{\mathrm{B}} = N\lambda/D$。式中: 当整个孔径上的能量为均匀分布式时, $N = 58$; 当能量按照类似于余弦平方规律的锥形分布时, $N = 75$。在式 (1.3c) 中, 天线增益 G 是比值本身而不是以 dB 为

单位。如上所述, 式 (1.3b) 中 70 可以用 $58 \sim 75$ 之间的取值代替。同样地, 式 (1.3c) 中的 30000 用 $30000 \sim 33000$ 之间的值代替。

例 1.1 计算下列天线的 3dB 波束宽度: (1) 工作于 10GHz, 孔径 $D = 1\text{m}$ 的圆对称抛物面天线; (2) 增益为 28dB 的抛物面天线。

解: (1) 利用式 (1.3a) 得到 3dB 波束宽度为 $1.2\lambda/D$ (rad)。由描述光速 c 与频率 f 及波长 λ 关系的标准公式 $c = f\lambda$ 可得, 波长 $\lambda = 3 \times 10^8/10 \times 10^9 = 0.03(\text{m})$。因此, 3dB 波束宽度为 $1.2\lambda/D = 1.2 \times 0.03/1 = 0.0360$ (rad)。由于 $180°$ 为 πrad, 所以 3dB 波束宽度为 $0.036 \times 180/\pi = 2.06°$。如果使用式 (1.3b), 3dB 波束宽度为 $70\lambda/D = 70 \times 0.3/1 = 2.1°$。

(2) 对于天线, 只知道增益为 28dB, 而没有直径及频率信息, 因此必须使用式 (1.3c)。把 28dB 增益转化为真值为 630.9573, 并代入式 (1.3c), 3dB 波束宽度为 $(30000/630.9573)^{1/2} = (47.5468)^{1/2} = 6.8954°$, 约为 $6.9°$。

跟踪天线通常需要维持其指向精度在 1dB 波束宽度以内。一个计算天线 1dB 波束宽度的经验方法是取 3dB 波束宽度的 1/2。因此, 在上面的例子中如果计算得到 3dB 波束宽度的值为 $6.9°$, 那么 1dB 波束宽度取一阶近似值, 为 $6.9/2 = 3.45°$。

有趣的是, 在相干通信系统中, 当考虑传播效应时, 天线波束宽度并不是主要的考虑因素。主要的传播效应发生在前几个菲涅尔区范围内[15]。对于地球同步卫星通信链路而言, 产生传播效应的地方相对卫星更接近地面站。例如, 一个典型的地面同步卫星到地面站的链路路径长度为 39000 km。平均而言, 大部分的传播效应 (除电离层效应外) 均发生在大气层 3 km 以内。如果某地面站位于海平面, 其链路仰角为 $20°$, 那么信号穿过大气层到 3 km 高度时的斜路径长为 8.7714 km (图 1.6)。因此, 从地面站到高度 3 km 的路径距离大约为总路径长度的 0.0023%。因此, 用于计算第 n 个菲涅尔区域半径 R_n 的公式可以由式 (7.10b)(该公式中的菲涅尔区半径是 R_n 而不是 d_n) 变为[15]

$$R_n = (n\lambda d)^{1/2} \tag{1.4}$$

例如, 如果地面天线的波束宽度为 $1°$, 工作频率为 10GHz (波长为 0.03m), 在 8771.4m 范围内 3dB 波束宽度的物理宽度为 153.1m。利用式 (1.4) 可以得出第一菲涅尔区半径为 16.2271m, 直径约为 32.4m, 第三菲

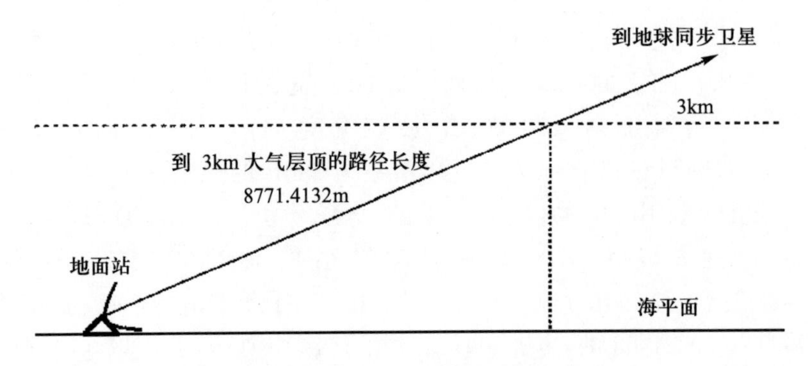

图 1.6 穿过低大气层到地球同步卫星的路径

注: 地面站仰角为 20°。在温带区, 对于大部分降雨事件, 含有液态水的平均大气层高度 (可以理解为平均雨顶高度) 为 3km。在该仰角下, 通过大气层雨区路径距离约为 8.8km, 远小于地面站到地球同步卫星的典型距离 39000 km。在本例中, 假定 3 dB 波束宽度为 1°, 这样的波束宽度在 8.8km 范围内形成的物理宽度远大于沿着此链路至 3km 高度处的第一菲涅尔区直径或第三菲涅尔区直径。

涅尔区半径为 28.0967m, 直径约为 56.2m。可见, 即使第三菲涅尔区直径, 也远小于天线 3dB 波束宽度在有损传输媒质内形成的物理宽度。下面将会采用辐射计 (测量整个波束区平均辐射能量值) 和抛物面天线 (测量接收信号能量) 两种手段测量信号衰落, 通过比较两种测量值的区别, 来理解相对较小的菲涅尔区对信号传播的影响。

效率为 100% (入射面与反射面上所有馈源功率全部包含在主波束内) 的天线具有的发射增益可表示为

$$G_{\mathrm{T}} = \frac{4\pi A}{\lambda^2} \tag{1.5}$$

式中: A 为反射面在垂直于传播方向的投影面积。

增益是天线在指定方向上辐射功率相对于全向天线辐射功率的增量。对于圆对称天线, 孔径面积为

$$A = \pi R^2 = \pi (D/2)^2 = \pi D^2/4$$

式中: D 为孔径直径。

将上式代入式 (1.5) 可得

$$G_{\mathrm{T}} = \left(\frac{\pi D}{\lambda}\right)^2 \tag{1.6}$$

由于天线效率不可能为 100%, 因此式 (1.6) 需乘以效率因子 η。本质上讲, 介于 $0\sim1$ 之间的效率因子 η 可以把 $\eta=1$ 的理想天线理论增益值转换为实际天线可以达到的增益值, 把理想状态下的理论天线增益转变为实际值。式 (1.6) 经转化后变为

$$G_{\mathrm{T}}=\eta\left(\frac{\pi D}{\lambda}\right)^2 \tag{1.7}$$

性能优异的天线具有 $60\%\sim75\%$ 的效率, 也就是说 η 介于 $0.6\sim0.75$。η 的典型值为 $0.5\sim0.55$。这个范围对于制造成本很关键的小尺寸天线更合适。与获得 $50\%\sim55\%$ 效率的成本相比, 若欲达到远高于 50% 的效率则成本很高。式 (1.3c) 给出了天线增益与 3dB 波束宽度的关系, 将该式进行变形得

$$G=\frac{30000}{\theta^2} \tag{1.8}$$

式中: θ 为 3dB 波束宽度 (°); 增益 G 是比值本身而不是以 dB 为单位。

如果波束不是圆对称而是椭圆对称 (许多卫星的覆盖范围都是这样的), 则长轴和短轴方向的波束宽度值都要用到。例如: 地球同步轨道高度向下覆盖美国大陆的空域波束宽度为 $6^\circ\times3^\circ$, 产生该类型波束的卫星天线增益为

$$G=30000/\theta^2=30000/(6\times3)=30000/18=1666.6667$$

如果以 dB 为单位, 则该增益为 $10\lg1666.6667=32.2\,(\mathrm{dB})$。

如果使用抛物面天线, 那么可选用多种天线结构设计。天线可以设计为前馈型、卡塞格伦型或格里高利型, 也可以是共轴馈源型或偏置馈源型。常用的格里高利型天线和卡塞格伦型天线的副反射面分别为旋转椭圆面和旋转双曲面, 在其他工艺方面二者是一致的。图 1.7 为共轴馈源天线与偏置馈源天线比较。

卡塞格伦型天线与格里高利型天线的优点在于: 发射机与接收机可以放置于天线主反射面的后面靠近馈源的位置。因此, 馈线损耗较小, 且方便天线维护。但是, 为了提高天线效率, 副反射面的直径必须大于 10 倍波长。天线究竟是选择卡塞格伦型、格里高利型这种后馈结构还是前馈结构, 主要以主反射面直径是否超过 100 倍波长为经验判断值。如果主反射面直径超过 100 倍波长, 通常选择双反射面后馈型设计

(卡塞格伦型或格里高利型); 如果主反射面直径小于 100 倍波长, 那么前馈结构设计通常会更好。对整个系统来说, 更重要的是共轴馈源结构与偏置馈源结构的选择。

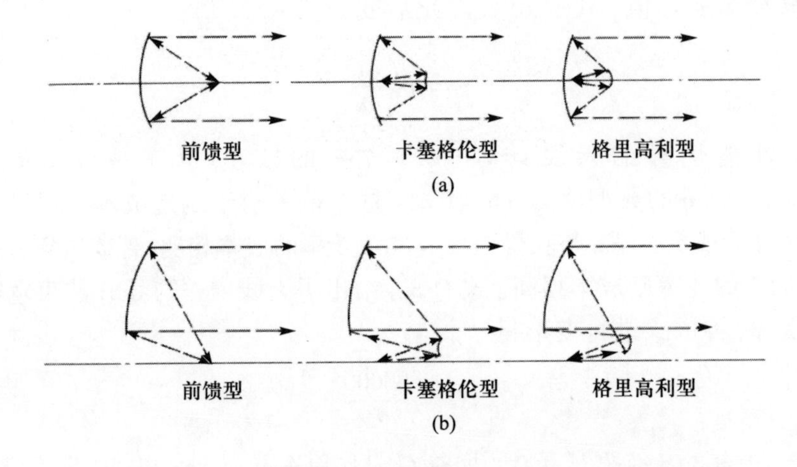

图 1.7 以不同方式放置馈源的三种重要天线一般原理

(a) 对称 (共轴) 馈源结构; (b) 馈源偏置结构。

偏置馈源方案的主要优势在于没有孔径阻挡, 消除孔径阻挡大大减小了来自天线系统中其他反射体的射线对主反射面射线的干扰, 如来自副反射面支柱的反射射线等。这些干扰增加了指定方向的带外辐射。因此, 在某些对系统带外辐射要求苛刻的场合, 消除孔径阻挡这个天线系统内的主要干扰源, 将大大减少天线设计难度。由于双反射面天线焦距较长, 因此, 偏置馈源天线的极化纯度通常远优于共轴馈源天线。对于大型地面站天线, 馈线损耗是主要考虑因素, 天线设计与加工中通常采用波束波导作为馈线[14]。另外, 主反射面与副反射面可以采用理论几何形状的轻微变形设计 (赋形天线家族)。赋形天线一般具有很高的天线效率 (可以减少增益损失[14]), 但是由于成本较高, 通常只用于承载大数据流量的地面站天线。

1.2.3 频率选择

天线有效孔径越大, 信号的指向性越强。也就是说, 天线增益增加时波束宽度变窄。增加天线增益可以提高探测设备的接收灵敏度, 或者提高通信链路的传输速率, 或者降低发射系统的功率需求。

由式 (1.7) 可知, 频率越高 (减小信号的波长), 增益越大, 所以, 可以简单地通过提高载波频率来增加某特定天线的有效孔径。频率增大时, 对应的具有相同可靠性与 ERIP(等效全向辐射功率 = 天线增益 × 功放输出功率) 设备的复杂程度一般也将提高。因此, 需要在天线增益与设备复杂度之间做出权衡设计。早期 Echo 1 实验的工作频率为 1GHz 或 2.5GHz, 而 Courier 1B 实验的工作频率为 2GHz。INTELSAT 系统中运行的 Early Bird 通信卫星工作频率: 下行链路为 4GHz, 上行链路为 6GHz。如果仅以提高增益或 EIRP 作为评判标准, 那么将工作可靠且频率更高的设备应用于商业卫星系统将是大势所趋。但是, 在后续章节中将会看到, 向更高频率特别是 10GHz 以上频率发展时将引入许多附加损耗问题, 这些附加损耗问题必须在卫星系统设计中予以解决。当然, 这些附加损耗有时也是一种有利因素。例如, 在对地观测卫星中, 有一种附加损耗与地球或者地球周围环境的某种特性相对应, 因此该损耗反而可以作为一种探测工具。总之, 发射或接收系统的频率选择并不仅仅是考虑 EIRP 需求与设备复杂性, 而是一个更为复杂的权衡分析过程。遥感设备趋向于使用分子或原子吸收谱线附近频率, 或者使用对某一辐射特性敏感的频率。通信系统工作频率则应尽可能远离吸收带。频谱中吸收带之间的 “间隔” 经常称为通信窗口。由于通信频段是国际公用的, 因此, 低于 275GHz 的大部分频率已经按照业务种类进行了划分 (详见 1.4 节)。

有效全向辐射功率 (EIRP), 也称为等效全向辐射功率, 是无线电放大器供给天线的功率与天线增益的乘积。例如, 若天线增益为 10000 (40dB), 放大器输出信号功率为 30W (148dBW), 那么 EIRP $= 10000 \times 30 = 300000$W 或 $40 + 14.8 = 54.8$ (dBW)。

注: 在上述例子中, 天线辐射功率并不是 300000 W, 只是说, 若要采用全向天线发射相等功率的信号, 放大器输出功率需要 300000W 而不是 30W。这两者之差即为定向天线的方向性增益。

1.2.4 极化选择

远离波源的电波通常用平面波来描述。电场 $\boldsymbol{E}$ 与磁场 $\boldsymbol{H}$ 互相垂直且位于与传播方向垂直的平面内, 如图 1.8 所示。

在图 1.8 中电场用矢量 $\boldsymbol{E}$ 来表示。但是, 一列任意极化的无线电波并不具备特定电场取向的性质, 而且, 如果一副能检测极化取向的天线

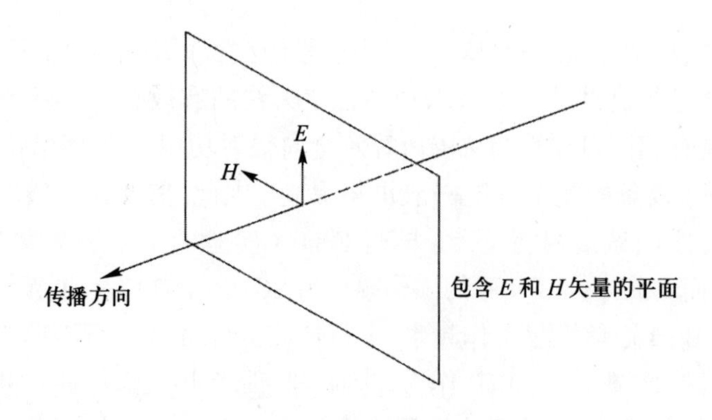

图 1.8 平面波示意图

在垂直于波传播方向的平面内旋转, 天线并不能检测到电场的平均最大值和最小值。然而, 通常情况下应用于通信或遥感系统中的无线电波在发射与接收时都使用特定的极化方向。主要的两种极化形式为线极化和圆极化。如图 1.8 所示, 线极化波在自由空间传播时, 电场矢量有固定的方向。圆极化波的电场矢量以传播方向为轴旋转, 将一个线极化矢量分解成两个相对于原始矢量成 +45° 和 −45° 的等幅矢量, 然后使这两个矢量其中一个的相位相对另一矢量的相位超前或者滞后, 于是出现了矢量旋转。极化的一般形式是椭圆极化, 线极化与圆极化只是椭圆极化的两种极限情况。

椭圆极化如图 1.9 所示[16]。图 1.9 中, 椭圆极化可以分解成两个相互垂直的圆极化: 左旋圆极化 (EL) 与右旋极化 (ER)。椭圆率 r 定义为

$$r = \frac{a}{b} \tag{1.9}$$

式中: 2a、2b 分别为极化椭圆的长轴与短轴。

椭圆率在讨论天线极化特性时有时称为轴比。用椭圆极化分解出的两个圆极化可以将椭圆率表示为

$$r = \frac{E_{\mathrm{L}} + E_{\mathrm{R}}}{E_{\mathrm{L}} - E_{\mathrm{R}}} \tag{1.10}$$

如果以 dB 为单位, 则椭圆率表示为

$$\begin{aligned} R &= 10\lg(|r|)^2 \ (\mathrm{dB}) \\ &= 20\lg|r| \end{aligned} \tag{1.11}$$

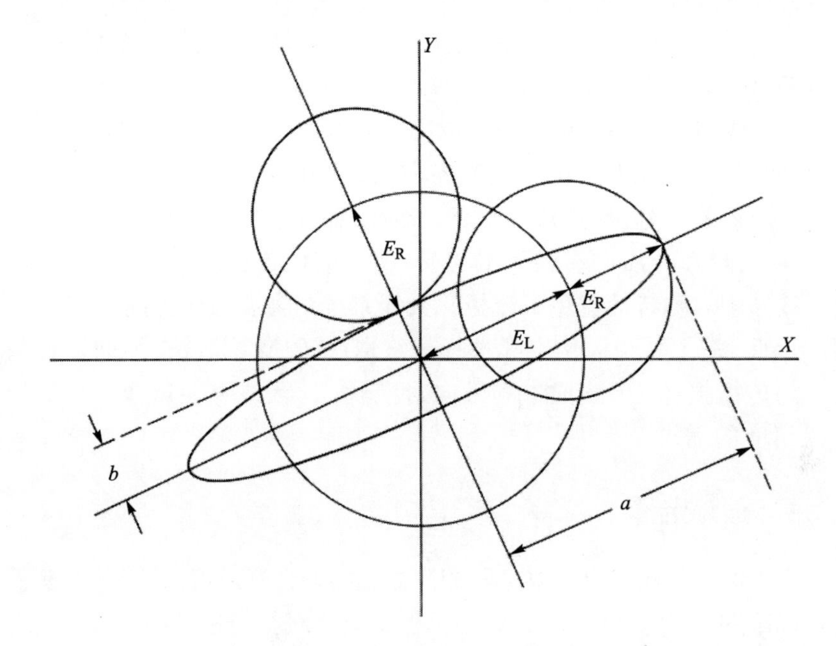

图 1.9 椭圆极化分解为左旋圆极化和右旋圆极化示意图 (根据文献 [16] 中图 5.14 绘制)

注: 下标 L 与 R 分别表示左旋极化与右旋极化。

当以左旋极化的电压振幅为参考时, 构成椭圆极化的两个极化分量电压振幅比值可以表示为

$$\rho = \frac{E_L}{E_R} \tag{1.12}$$

在实际系统中, 没有绝对单一的极化, 即在正交极化向上总能检测到残余幅度。衡量极化纯度的指标为交叉极化分辨率 (XPD)。交叉极化分辨率可由下式计算:

$$\begin{aligned} \text{XPD} &= \lg(|\rho|)^2 \\ &= 20\lg|\rho| \ (\text{dB}) \end{aligned} \tag{1.13}$$

在式 (1.13) 中, 如果 XPD = 40dB, 则表示正交极化的电压振幅为同极化电压振幅的 1/100。描述椭圆率 r 与圆极化比 ρ 之间关系的两个有用表达式:

$$r = \frac{\rho + 1}{\rho - 1} \tag{1.14}$$

$$\rho = \frac{r + 1}{r - 1} \tag{1.15}$$

极化椭圆长轴与 X 轴之间的夹角称作倾斜角。倾斜角对描述去极化的重要性将在第 5 章介绍。

选择线极化还是选择圆极化取决于多种因素。通常, 传播环境对线极化的传播损伤比对圆极化损耗要小。线极化天线馈电系统相对圆极化天线更容易构建, 因此成本更低。然而, 如果在传播过程中传播介质引起 $\boldsymbol{E}$ 矢量在介质中有较大的旋转, 那么应该首选圆极化 (因为圆极化天线的轴对称特性避免了线极化天线系统中需要极化方向对准的问题)。因此, 整个系统极化方式选择最终取决于所选载波在不同极化条件下的传播损耗、天线成本和轴向对准设计。天线直径选择也取决于跟踪精度的需求。

1.2.5 跟踪选择

为了保持与地球卫星或星际探测器之间的良好通信, 就必须对航天器精确跟踪。与此类似, 航天器必须保证其天线指向预定的接收点。式 (1.3) 与式 (1.8) 给出了抛物面天线 3dB 波束宽度的计算公式。但是通常需要比 3dB 波束宽度更精细的容限, 一般要求在 ±1dB 波束宽度内。这样, 天线一般需要采取主动跟踪方式, 也就是说用被检测信号的幅度或者相位分量作为误差修正信号进行跟踪。多喇叭或高阶跟踪系统[6]可用于持续跟踪。

如果飞行器相对于地面站只有较小的角速度, 那么天线的指向仅在接收信号电平下降到预先设定的电平时才需要调整。该种类型的跟踪被直观地称为 “爬坡式跟踪” 或者 “步进跟踪”。这是一种成本很低的方法, 但是当类似闪烁及其他类型的信号损耗出现时, 该方法将产生严重错误。

在传播测量中, 对于非跟踪系统缺陷引起的接收信号电平变化, 通常采用程序跟踪或定点跟踪两种方法。程序跟踪使用计算机来引导天线进行瞄准, 使天线对准卫星的预测点。定点跟踪方法需要地球同步卫星发射信标或者载波信号, 地面站以固定视角指向地球同步卫星的定位框中心, 否则卫星将很快偏离地面站天线波束。定位框的大小将决定地面终端波束宽度的下限。考虑到即使地球同步卫星相对地面站也并非绝对静止, 通常需要定义定位框。

由于月球与太阳的重力场起伏[5] 引起的轨道摄动, 地球同步卫星在任何时间尺度上相对于地面某一点都不是精确静止的。为了保持卫星与地面某一点相对静止, 轨道周期必须精确为一个恒星日, 并且轨道的倾角与偏心率必须为 0。如果偏心率为 0 但是具有很小的倾角, 那么随着俯仰角朝倾角偏移方向运动, 从地面站到卫星的方位角与俯仰角 (即视角) 将会构成 8 字形[5,17]。通常偏心率并不为 0, 因此该 8 字形将变为一个开口椭圆。图 1.10 给出了地球同步卫星的视角预测[18]。

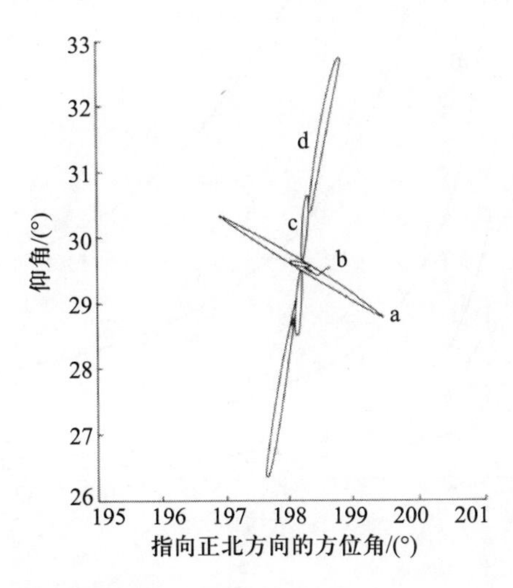

图 1.10 地球同步卫星的视角预测 (文献 [18] 中图 1; ©1977 IEE (现为 IET), 转载已获授权)

注: 在所有情况中, 卫星星下点为西经 15°, 西近地点幅角为 0°。假设地面站位于 Slough (英国)。

图 1.10 中参数如下:

	离心率	倾角
a	0.01	0.5°
b	0.001	0.005°
c	0.001	1.0°
d	0.001	3.0°

通信卫星轨道通常具有小于 0.001 的偏心率与小于 0.1° 的残余倾斜角。因此, 当从地面站观测卫星时, 能察觉到定位框中卫星最大偏差小于 0.3°。如果地面站天线的 1dB 波束宽度大于 0.3° (18′), 那么天线将不需要跟踪就可以固定于某个视角方向。地球同步卫星目前具有 ±0.05° 的定位框, 大约每两个星期进行一次轨道操纵控制以维持轨道

在定位框内。图 1.11 给出了 1dB 波束宽度随天线直径与频率的变化。

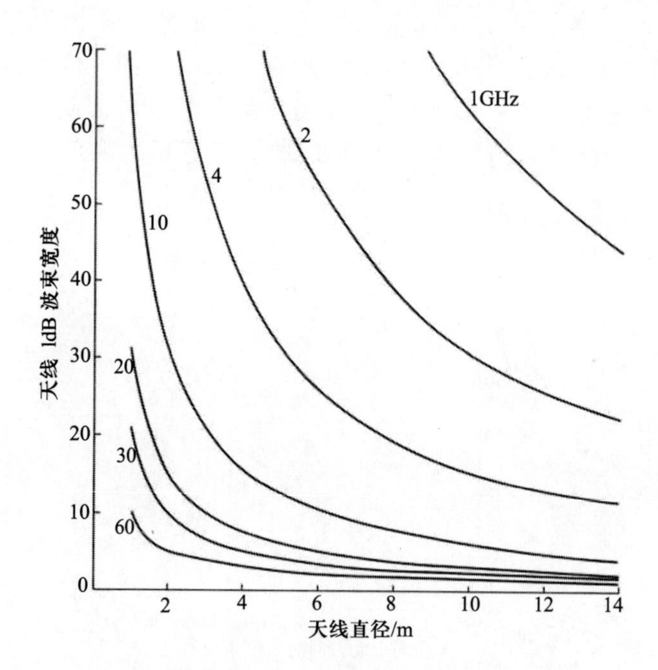

图 1.11 1dB 波束宽度随天线直径与频率的变化

注: 假设天线效率为 50%, 天线形状为 −10dB 刃形锥, 孔径场为余弦平方分布。

如果地面终端天线的 1dB 波束宽度小于卫星偏移量, 那么当卫星偏出 1dB 波束宽度之外时, 接收功率的下降不可忽略, 因此需要进行天线跟踪。对于传播测量来说, 只能采用被动跟踪的形式, 也就是说无法通过检测卫星信标信号来更新跟踪误差, 因为卫星信标信号很有可能会干扰待测量的信号电平。被动跟踪可以采用长时间稳态跟踪[19], 实际上是记住卫星在一个恒星日前的精确位置, 然后预测目前视角所需的变化, 或者是根据卫星星历表数据进行计算机预测。前一种形式的跟踪系统适用于除持续若干小时的恶劣传播条件外, 几乎所有时段都需要主动跟踪的情况。后一种形式的跟踪系统适用于由于准主动跟踪的潜在错误可能干扰数据接收的传播实验。随着 20 世纪最后 20 年中数字信号处理与存储能力的高速发展以及硬件成本的降低, 程序跟踪成为在所有仰角条件下的传播实验以及天线处于超低仰角状态工作的商业运营商的常规选择。

1.2.6 业务选择

某一特定卫星所提供的业务类型会对卫星设计产生主要影响[5,10,20]。一旦首要任务选定，其他大部分关于有效载荷的重要设计便被限制在某些范围。例如，若航天器是地球资源卫星，将选择敏感波长以探测适当高度的样本：选用红外对植被探测比较敏感；选用频率较低的微波可探测地球表面甚至探测冰盖厚度；选用频率较高的毫米波用于探测高空的云团。每种频率的选择都需要仔细分析该频率电波的传播效应。传播效应分析中的任何一个错误都会导致处理数据的失效，或引起通信链路不能满足技术参数指标。为了帮助分析传播效应，亟待了解地球大气不同特征以及它们的时空变化规律。

1.3 大气

1.3.1 大气分层

地球在太阳大气中运动，来自太阳能量的变化能对地球大气不同部分产生显著的影响。太阳喷射出的粒子与地球磁场之间会有相互作用。这些粒子产生的力压缩朝太阳一侧的磁场，并产生“弓激波”（参见第2章和图2.1）。该粒子很容易使得地球高层大气电离，从而产生电离层。高能质子的能量一般被范海伦辐射带的较低层（小于2000km的高空）吸收，而电子能被整个范海伦辐射带吸收。被吸收的电子具有高达7MeV的能量，而被吸收的质子具有高达500MeV的能量[21]。

地球大气从下至上可分为若干层，就像地球周围包裹着给定厚度与高度的大气壳。中性层与电离层是主要的两类大气。它们各自的分层情况如图1.12所示。

大约80km以下，气体很好地混合在一起，并且保持几乎相同的比例[19]，称其为均质层。表1.3列出了均质层中主要的大气成分。

80km以上空间，气体根据其相对分子质量趋于分层，该区域被称为非均质层。仅有地球大气总量的0.0002%存在于80km高度空间说明了该区域大气的稀薄程度[19]。

来自太阳辐射到地球的平均热能量总计达1.39kW/m^2[19]，该热能是中性大气的驱动力。中性大气内的平均温度既不是恒定的也不是随

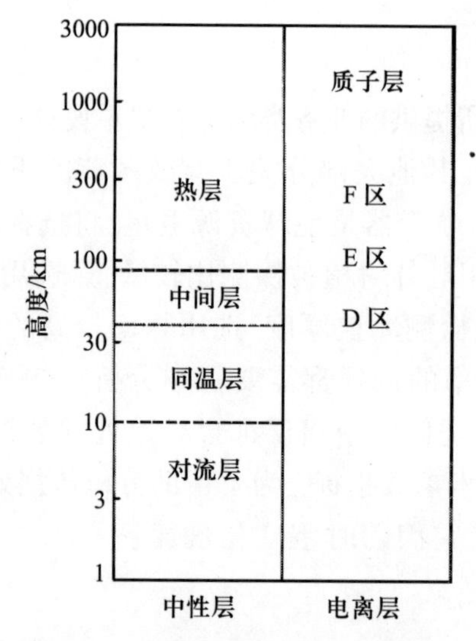

图 1.12 地球大气层的主要分类

表 1.3 海平面附近干净、干燥大气空气的标准成分 (引自文献 [22] 中表 1.1)

组成气体	气体分子式	体积分数/%	相对分子质量①
氮气	N_2	78.084	28.0134
氧气	O_2	20.9476	31.9988
氩气	Ar	0.934	39.948
二氧化碳②	CO_2	0.0314	44.00995
氖气	Ne	0.001818	20.183
氦气	He	0.000524	4.0026
氪气	Kr	0.000114	83.8
氙气	Xe	0.0000087	131.30
氢气	H_2	0.00005	2.01594
甲烷	CH_4	0.0002	16.04303
一氧化氮	N_2O	0.00005	44.0128
臭氧②	O_3	夏季: 0-0.000007 冬季: 0-0.000002	47.9982 47.9982
二氧化硫②	SO_2	0-0.0001	64.0628
二氧化氮②	NO_2	0-0.000002	46.0055
氨气②	NH_3	0-可忽略不计	17.03061
一氧化碳②	CO	0-可忽略不计	28.01055
碘②	I_2	0-0.000001	253.8088

① 以 ^{12}C 同位素模型为基础, 即 ^{12}C 等于 12.0000。
② 大气的成分可能会随着时间或地点的改变具有较为显著的变化。

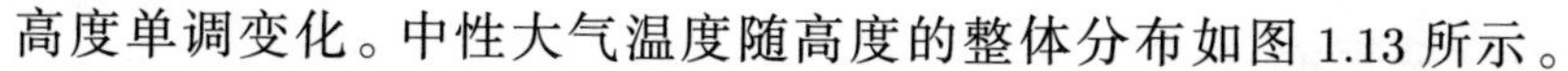

高度单调变化。中性大气温度随高度的整体分布如图 1.13 所示。

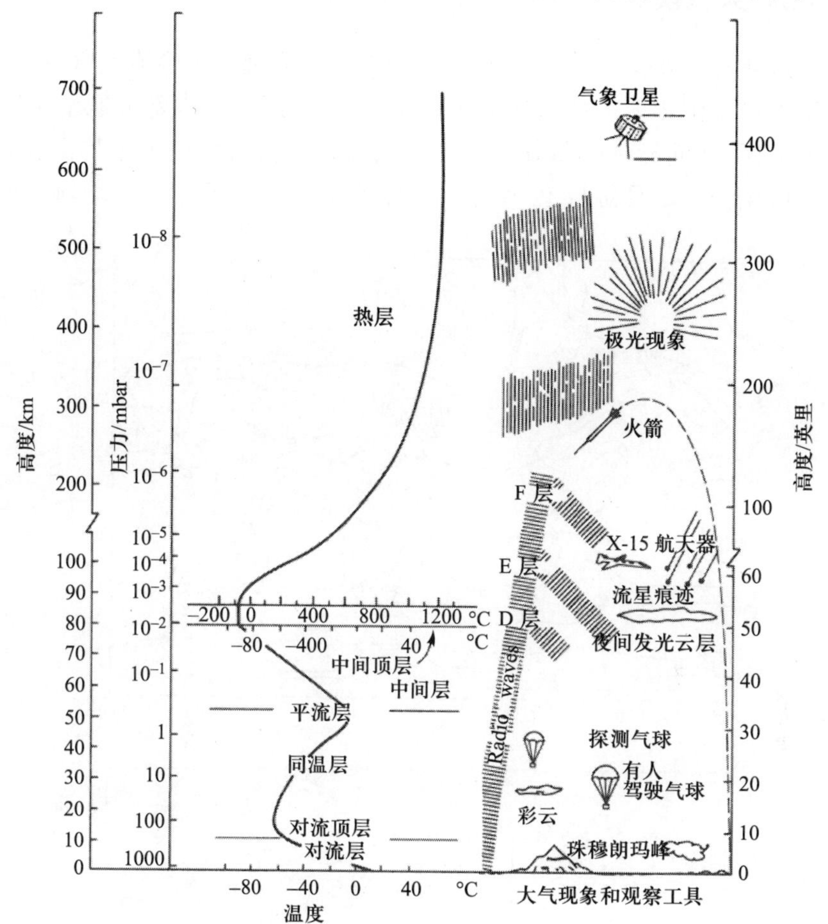

图 1.13 地球大气压力与温度分布(来自文献 [19] 图 1.2 ©Merrill 出版公司, 现为 McGraw 出版有限公司, 转载已获授权)

注: 1 bar = 10^5 Pa; 1 英里= 1.609 km。

臭氧对太阳紫外线辐射的直接吸收会引起平流层顶大气温度上升[19]。由于该区域很大程度上阻止了区域两边大气分层内的任何垂直运动, 因此非常重要。并且该区域大气非常干燥[19]。在后续章节将会了解到, 高空电离大气中的电离层及中性大气较低部分潮湿的湍流层是决定这些区域电波传播特性的主要因素。研究潮湿湍流层、对流层, 以及平流层的变化是气象学的一部分。低层大气中的天气模式是引起星地路径无线电信号传播损耗的主要部分, 因此了解气象学基本原理非常重要。

1.3.2 天气模式

如果大气势能在地球上空均匀分布, 大气内部就不会有空气流动。由于来自太阳辐射的能量在大气中是非均匀分布的, 大部分能量到达赤道地区, 从而导致热带地区相比两极地地区具有更高的平均温度。图 1.14 给出了 7 月份与 12 月份平均温度的等温线。温度的不均匀引起

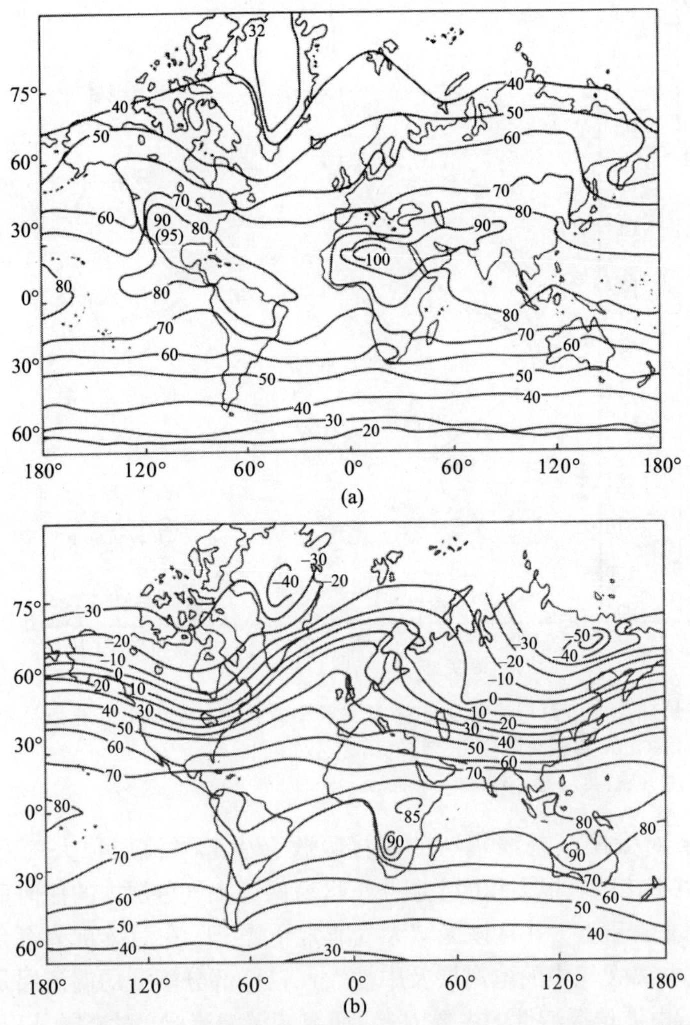

图 1.14 地球表面平均温度等温线 (转自文献 [19] 中图 3.10; ©Merrill 出版公司, 现为 McGraw-Hill 出版公司, 转载已获授权)

(a) 7 月份地球表面平均温度等温线; (b) 12 月份地球表面平均等温线。

水平气流与垂直气流两个主要的且相互关联的对流机制。

1.3.2.1 水平气流

热空气团相对于冷空气团具有较高的平均气压, 会导致空气从高压区向低压区流动。在没有外力的情况下, 空气流动的方向如图 1.15 所示, 流动方向也就是垂直于等压线的方向。实际上, 由于存在地球转动施加的外部旋转力, 如图 1.15 所示的情况是不会发生的。这种外部旋转力称为科里奥利效应。它导致气流几乎平行于等压线流动, 并且北半球的科里奥利力 (简称科氏力) 与南半球的科氏力的方向相反。南北半球高气压地区 (反气旋) 与低气压地区 (气旋或低气压) 的气流流动如图 1.16 所示。

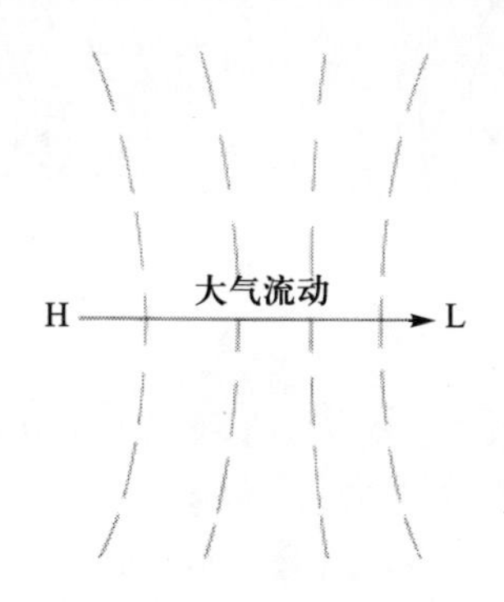

图 1.15 只存在压强差而没有任何外力的条件下空气流动的方向

注: H 表示高压区, L 表示低压区; 虚线为等压线; 箭头表示在没有其他外力的情况下大气垂直于等压线的流动方向。

由于大气热量分布的局部不规则, 高压区产生的水平气流影响区域很小, 可能覆盖 100 km^2 的范围。影响范围越小, 水平气流影响的持续时间就越短。影响范围越大, 影响的持续时间也就越长。图 1.17 给出了不同类型天气现象的横向空间及时间尺度。另外, 影响范围小于 1km 的微气候现象, 将在后续章节进行阐述。

反气旋空气团的相对运动形成了空气团之间的不稳定边界条件。可分辨的不同空气团之间的边界被称为锋面。通常情况下, 如果暖气团突然降临于冷气团, 该锋面称为热锋面。如果冷气团突然切入暖气团, 该锋面称为冷锋面。当空气团相遇时, 来自一个气团较冷的空气将从来自其他气团较热的空气下方滑过。这将形成一个楔形, 从而把暖气团抬升至温度较低的大气层当中。被抬升暖气团的冷却通常会导致降雨。

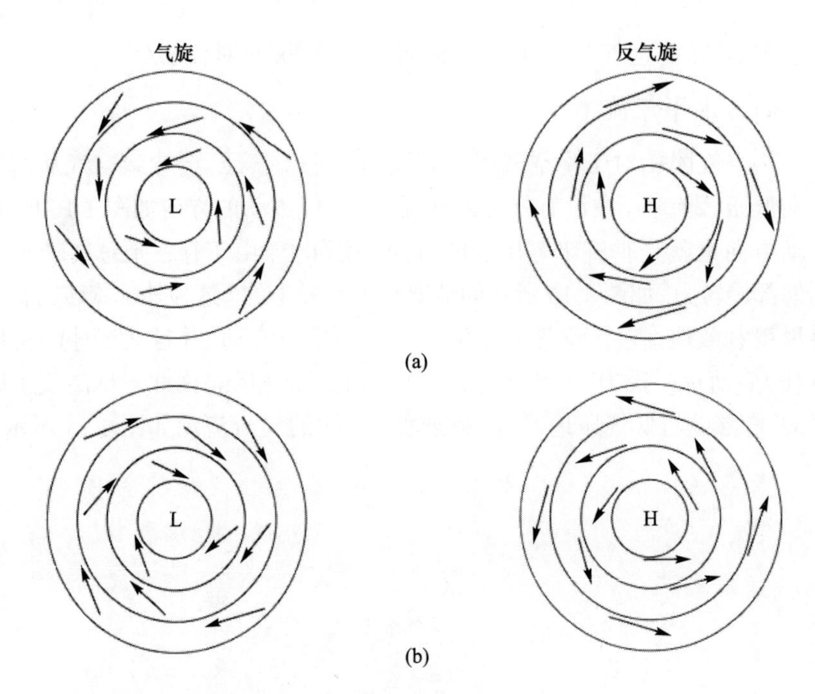

图 1.16 南北半球气旋与反气旋空气流动 (文献 [19] 中图 44.14;©Merrill 出版公司, 现为 McGraw 出版公司, 转载已获授权)

(a) 北半球; (b) 南半球。

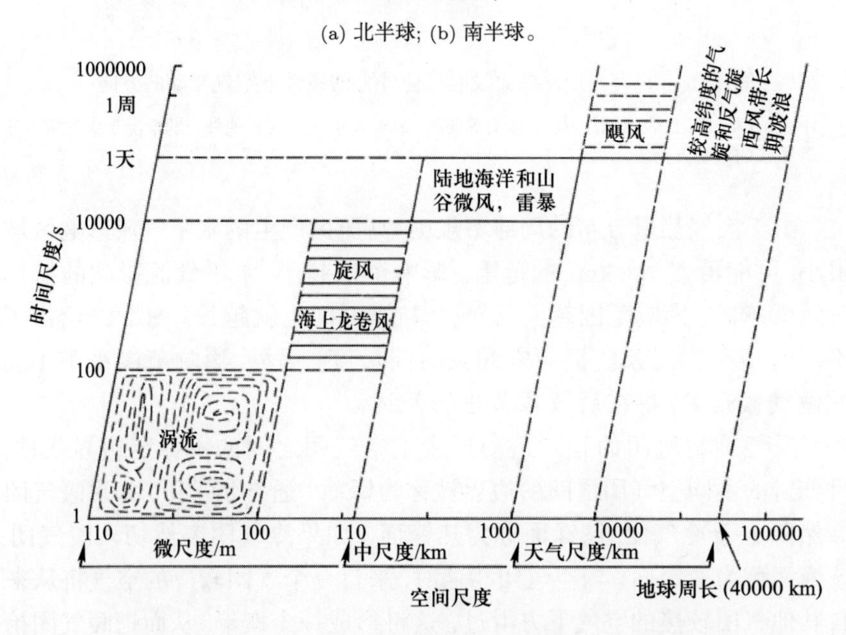

图 1.17 不同类型天气现象的横向空间及时间尺度 (转自文献 [19] 中图 5.1;©Merrill 出版公司, 现为 McGraw 出版公司, 转载已获授权)

图 1.18 简要地解释了这种效应。

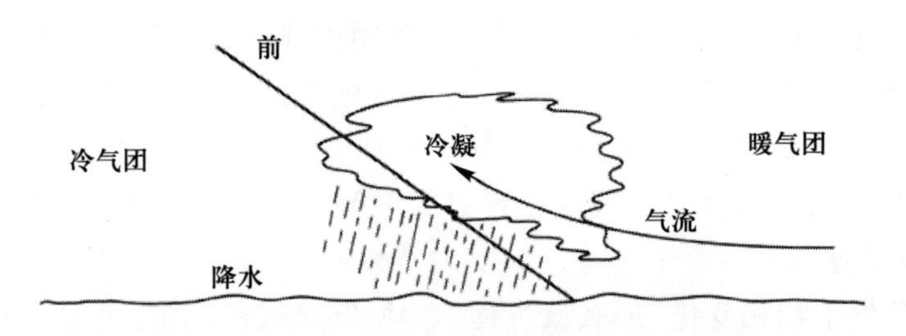

图 1.18 暖冷气团之间锋面的垂直剖面原理图

注: 箭头表示暖气团由于被冷气团抬升而形成的相对运动。

某些情况下, 例如当冷锋面与暖锋面相遇时, 两个冷气团可以把一个暖气团陷获于它们之间。这将导致暖气团从地球表面被完全抬升起来, 从而形成锢囚锋。与冷锋面或暖锋面相比, 锢囚锋易于更加剧烈地耗散能量。不同锋面的宽度通常小于 100km, 且降雨带通常也局限在该区域。对于地面站来说, 锋面与方位视角的相对方向对沿传播路径降落的降雨量产生重大影响。地面站上空锋面前端区域的移动速度也决定了降雨影响该链路的时间长度。

包含最高水平风速的天气现象为南半球的热带暴风、北半球的飓风, 以及亚洲的台风。热带暴风的主要路径如图 1.19 所示。

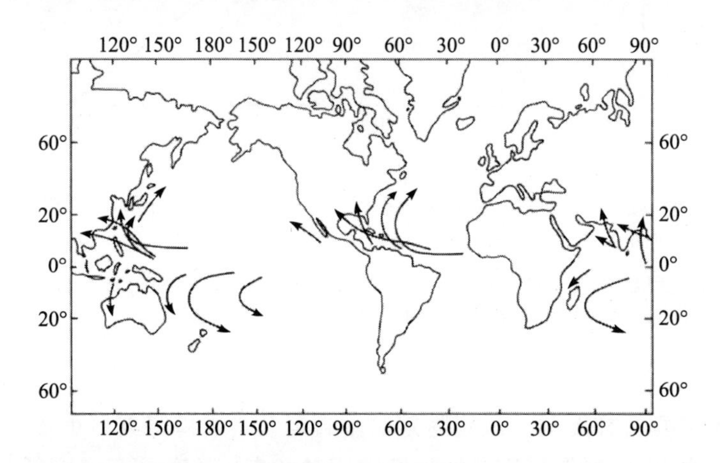

图 1.19 热带暴风或飓风经过的主要路径 (转自文献 [19] 中图 5.16; ©Merrill 出版公司, 现为 McGraw 出版公司, 转载已获授权)

1.3.2.2 垂直气流

空气团的垂直运动通常伴随着空气团内部压力与温度的变化, 从而补偿外部驱动力的变化。当垂直运动变慢时, 该过程通常为干绝热过程。也就是说, 气团的水分没有发生物相变化。正是由于这样, 空气团温度的变化必须通过体积变化得以完全补偿。对于一个干绝热过程来说, 温度随高度的变化即垂直梯度为常数 9.8°/km[19]。如果垂直运动导致水分发生物相变化, 那么该过程称为湿绝热过程。由于水蒸气的凝结将释放汽化潜热, 因此这将导致空气相对其周围具有较高的温度, 那么相比干绝热过程其温度垂直梯度较小, 并且不是一个常数[19]。图 1.20 给出了两种情况下的温度垂直梯度。

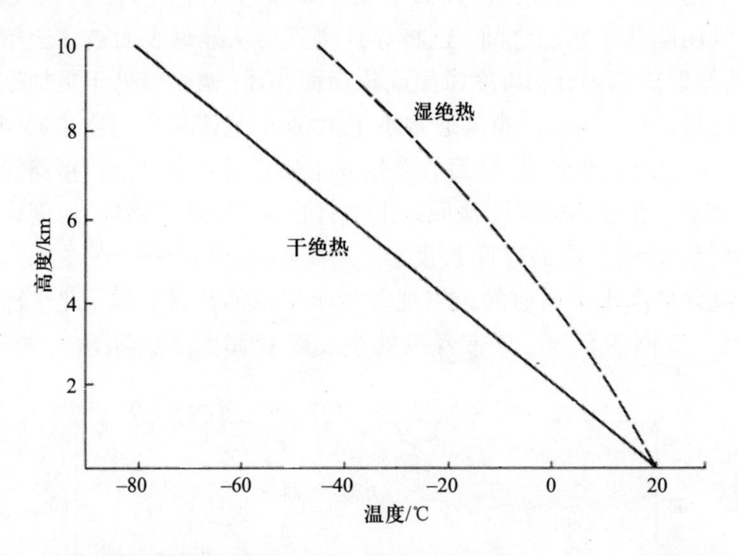

图 1.20 绝热过程中温度随高度的变化 (文献 [19] 中图 4.15; ©Merrill 出版公司, 现为 McGraw 出版公司授予)

注: 干绝热过程温度垂直梯度是常数 9.8(°)/km, 而湿绝热过程的温度垂直梯度在海平面的 6(°)/km 到 10km 处的 9.8(°)/km 之间变化。

温度垂直梯度对于决定特定的垂直运动是否稳定具有重要的意义。形成层状云的缓慢上升空气是稳定运动状态。温度垂直梯度低于干绝热过程的梯度值, 并且云层也不厚, 这通常表示为较好的稳定状态。相反地, 云层的垂直范围越大, 垂直运动就有可能不稳定。产生雷暴雨的积雨云以及极具能量的对流系统的高度超过 10km, 垂直风速达 100km/h[19,23]。这些属于极不稳定状态。一个充分发展的雷电暴风雨的剖面如图 1.21 所示。

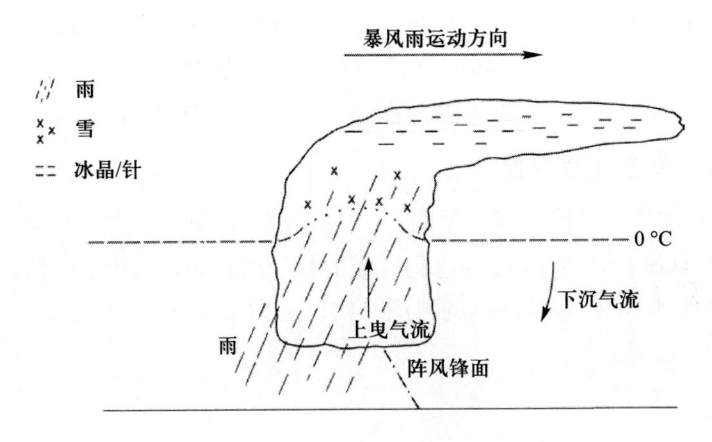

图 1.21 充分发展的雷电暴风雨垂直剖面

电波传播的重要影响因素是雷电暴风雨中心的水平和垂直尺度, 真正强降水发生在暴风雨中心处。欲预测大气沉降粒子导致的传播损耗, 需要充分了解粒子沉降率, 特别是降雨率及大气沉降粒子在无线路径中的存在范围。

1.3.3 降雨特性

降雨特性随着不同地理区域而变化。局部因素, 如降水量、降水类型、不同结构类型降雨 (层状云降水、对流雨和混合型降雨) 的相对发生率、雨胞的垂直与水平范围, 甚至是雨胞主轴各向异性都会影响预报特定空地链路上发生的传播损耗。局部地形特征也有一定的影响, 特别是对于山区降雨 (山形雨) 或雨结构阻塞的影响[19]。在测量小范围降雨量时, 这种微气候现象可导致根本性变化。正确评价这些效应造成的影响有助于在这些地区选择合理的布站位置, 从而使得空间链路具有低于平均水平的传播损耗。

然而, 除了如台风、暴风、飓风及龙卷风等特殊情况, 导致降雨形成的物理过程在不同的地区具有相似性。例如, 雷电暴风雨的形成模式可以预计, 它将以先降雨然后迅速消失的形式在全世界范围内普遍存在。所以, 综合全世界多类气象参数, 有可能形成足够精度的传播损耗预报模型, 并发展可能的传播损耗补偿技术。

一般来说, 在小于 10000 km^2 的区域内, 降雨 (次天气或中尺度降水) 的许多差异性本质上不是随机的[24]。而且, 这种非随机性在地面站选址、设计和多个地面站 (位置分集) 之间的间隔判定中可以被利用。文献 [25–27] 给出了与传播问题紧密相关的气象学综述。单个雨胞的特性及它们分布间距也是评估传播损耗需要考虑的重要因素。

1.3.3.1 单个雨胞特性

从分布广泛的降雨量计量网[28–31] 和雷达监测[32,33] 得到的降雨率数据显示, 从统计数据上看, 强降雨区域的直径随着该区域内平均降雨强度的增加而减小。强降雨雨胞的典型平均尺寸为 $2 \sim 5$km, 如图 1.22 所示。

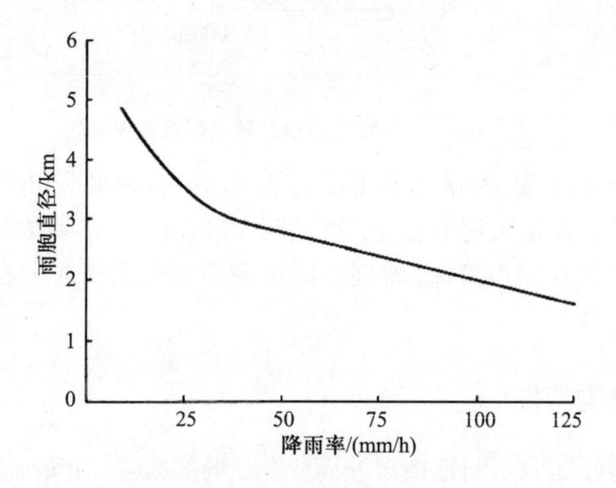

图 1.22 平均雨胞直径随降雨率变化的代表性模型 (来自文献 [33]; ©1978 ITU 授权)

有证据表明, 雨胞等效直径服从对数正态分布[34] 或是指数分布[35]。平均雨胞直径随位置的变化可以被观测到, 但是现有数据表明, 对于某特定路径, 强降雨的范围通常小于 10km[27], 除非是由具有 “超级雨胞” 的雷电暴风雨[27]、飓风、热带风暴或者台风偶尔引起的例外情况, 这时对于低仰角 (小于 10°) 的路径传播影响更明显。

虽然密集雨胞偶尔可以持续长达 1 h[36], 但单个雨胞的寿命通常非常短暂, 通常只有 $10 \sim 20$min[25,36]。雨胞寿命近似呈指数分布[37]。新雨胞趋向于在现有雨胞附近形成, 因此暴风雨的持续时间要比其内部单个雨胞的寿命要长得多。

雨层高度是倾斜路径传播计算的一个重要参数, 因为它限定了垂直方向上出现显著衰落的路径范围。雷达反射率剖面数据显示, 平均而言, 从地球表面到峰值反射率高度, 雨胞的反射率剖面基本一致; 然后随着高度的增加以每千米几分贝的速率递减[38]。因此, 在峰值反射率高度以下, 雨胞可以用统一的核函数模拟, 峰值反射率高度假定与液态水空间结构顶部 (雨顶高度) 一致。超过此高度, 假定水凝物将以冰晶、雪及融雪的形式存在。

当使用雷达探测雨内部时, 层状分布的雨层 (称作 "亮带") 具有高反射率的特点[39]。通常认为的亮带是出现在由雪和融雪组成的高度, 该高度高于液态水凝物存在的区域。因此, 对流雨雨胞与层状雨结构似乎具有能被雷达发射率测量确定的最大雨顶高度。通常, 把 0°C 等温线 (云中融化层) 看作最大雨顶高度。夏季 0° 等温线的平均高度最早以模拟形式给出, 图 1.23 给出全球范围内夏季 0°C 等温线的平均高度[41]。需要说明的是, 该图 1.23 中的数据涵盖了两个半球的夏季情况。

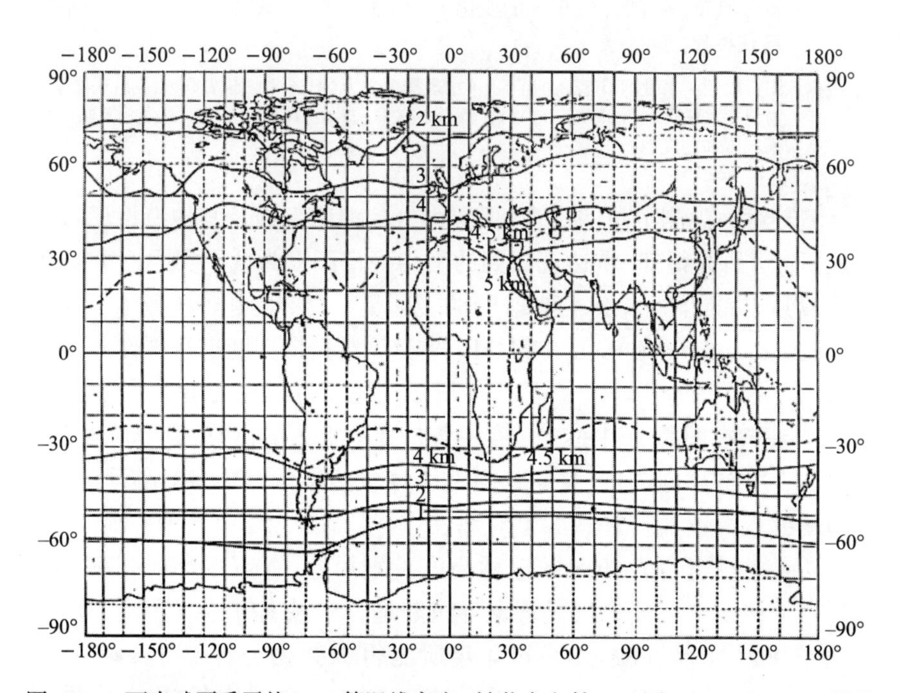

图 1.23 两半球夏季平均 0°C 等温线高度 (转载自文献 [40] 图 22;©1988 ITU, 转载已获授权)

注: 与等温线相关的数字是以千米为单位的等温线高度。

有时候, 0°C 等温线要高于图 1.23 所示。以年概率分布为参数的 0°C 等温线高度如图 1.24 所示[38]。

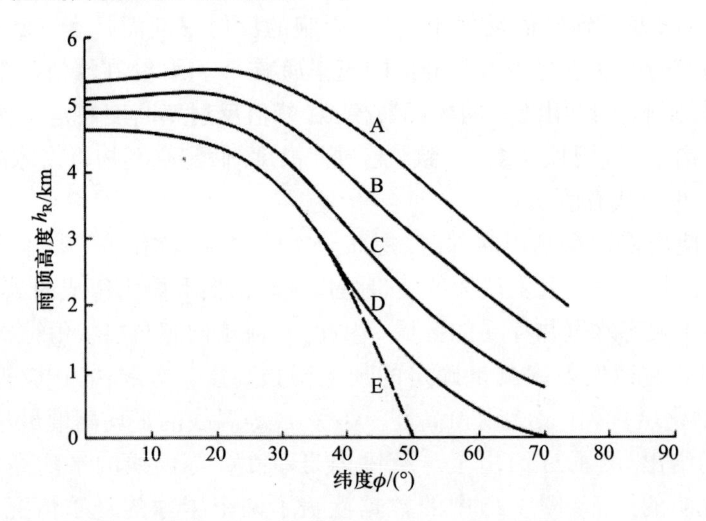

图 1.24 雨顶高度 h_R 随着纬度 ϕ 的变化 (转载自文献 [38] 图 17; ©1988 ITU, 转载已获授权)

注: 根据该图可以预测水凝物引起的衰落: A—出现概率与 0.001% 雨强相关联; B—出现概率与 0.01% 雨强相关联; C—出现概率与 0.1% 雨强相关联; D—出现概率与 1% 雨强相关联; E—包括降雨与降雪的发生。

随着对地观测卫星的出现, 低层大气的温度剖面及其他特性已被广泛地研究。研究得知, 雷达观测到的平均亮带高度为低于实际的 0°C 等温线高度 300m[42]。NASA 地球资源卫星 —— 热带测雨任务 (Tropical Rainfall Measuring Mission, TRMM)[43] 卫星对亮带高度进行了 4 年的测量, 所得结果整体上证实了图 1.24 所示数据。TRMM 卫星的数据还有两条结果未在图 1.24 中体现: 第一条是陆地上方的冰点高度要略微高于水域上方的冰冻高度, 并且由于北半球较南半球有更多的陆地, 赤道两边的冰点高度具有轻微的不对称性, 这些在图 1.24 中并不明显, 在赤道两边纬度大于 10° 的区域这种高度差别可达 100m 或 200m; 第二条是厄尔尼诺这个主要的气候现象导致陆地与水域上方冰点高度都增加大约 100m[42]。将 TRMM 卫星 4 年所测得的数据与存储于 ITU-R 数据库[44] 中的数据进行比较, 结果显示 ITU-R 数据库给出的结果与 TRMM 卫星测量中所测得的结果相似[42]。这些数据通常是在长期平均天气条件下多次测量所得, 但是单个事件特别是强对流事件, 可能在短时间内出现极为不同的特点。

超冷液态水 (能存在于温度为 −40°C 大气中[45]) 出现在 0°C 等温线上方的一些对流雨胞中, 特别是在发展中或已成熟的雷暴雨胞的上升气流区。因此, 在无线电传播预测中主要考虑的强对流雨胞的雨顶高度与 0°C 等温线之间的对应关系并不确定。同样, 云顶及雨顶高度有时候也会远低于 0°C 等温线。在某些区域所观测的结果显示[46], 云层完全低于 0°C 等温线几乎占 15% 的时间。为了预测穿过雨区产生的传播损伤, 不仅需要知道雨胞的平均高度与存在范围, 还需要知道它们之间的平均间隔。

1.3.3.2 区域降雨量一般特性

对流雨与层状云雨通常彼此相伴, 并且对流雨是典型的多胞结构特性[25,27]。普通的夏季气团雷暴由发展中的、充分发展的以及正在消散的对流雨胞组成, 这些雨胞基本上各自以随机的形式移动, 而多胞剧烈雷暴包含的雨胞则以系统的方式在雨区结构中发展和进行[27]。多重雨胞的组合效应是无线电传播需要考虑的重要因素。在热带及亚热带气候区, 对流活动形式占有主要优势, 温带所谓的 “冬季” 和 “夏季” 在热带亚热带区域相应地被 “湿热” 和 “非常湿热” 这两个季节所取代。在热带与亚热带气候区中也有众多区域在一年中固定的几个月没有降雨。因此, 为了评估特定区域传播条件, 需要从气象数据中尽可能多地调研该区域季节性与每日天气特性, 而不是靠 “温带” 或 “热带” 这样的常规分类。

通过对形成降雨的对流云[34,37,46] 的研究, 发现雨胞在给定区域沿着特定的方位角呈直线排列, 并且相邻雨胞之间具有固定间隙。新雨胞趋向于在现有雨胞附近形成[25], 并且发展成雨胞簇。实验结果显示, 一个雨胞簇平均包含三个雨胞[36]。此外, 雨胞通常存在于雨带 (锋面降水) 中或飑线上。雨胞带之间的典型间隔大约为 25km[37], 雨胞 (或雨胞簇) 沿着雨胞带方向的平均间隔为 15 ~ 30km[46]。上述数据应该非常具有代表性, 至少在亚热带与温带气候区非常具有代表性[47], 但在锢囚峰中出现了比上述数据小的间隔[48]。通过对加拿大渥太华地区上空大约 750 个雨胞的雷达观测, Strickland[34] 发现雨胞个体 (不仅仅是相邻雨胞) 之间的间隔距离服从瑞利分布, 且间隔距离中值为 28.8km。对维吉尼亚 Wallops 岛的类似研究显示, 雨胞间平均间隔距离为 33.3km, 但没有明确对应于某个特定的概率分布。

由中尺度雨结构发展成雨带的形式可能是由重力带导致的[37,50]。这个观点可以通过观察形成波状云结构的陆/海界面[51] 和研究降水观测雷达数据[37] 加以证实。热带降雨系统 (飓风与台风) 也会形成绕暴风雨中心呈螺旋状的雨带。当暴风雨经过地面站时, 暴风雨中心相对于地面站的位置决定了雨带的方向 (图 1.25)。在图 1.25 中所示情况下, 盛行风方向不能用于预测雨带相对于传播路径的方向。

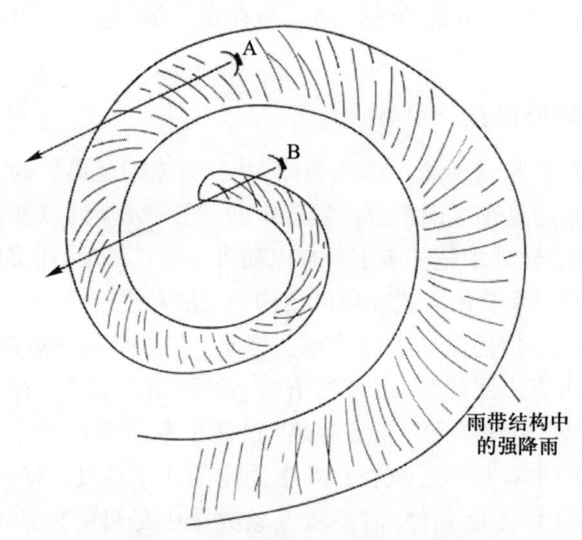

图 1.25 路径相对天气系统方向的影响

注: 相比于来自地面站 B 的信号, 来自地面站 A 的信号穿过强降水区域的路径更长。传播损耗对来自 A 站信号的影响比对来自 B 站信号的影响更严重。

风暴体系内雨胞的形成与消散不可避免地导致降雨区域特性的改变。Zawadski[53] 分析了来自蒙特利尔附近广泛分布的对流风暴系统的返向雷达数据的空时自相关函数, 并得这样结论: 虽然风暴本身的持续时间为几小时, 但是在风暴移动过程中, 它的空间结构形式在 40 min 内保持不变。类似研究中[54], 雷达模式的空间去相关率在相对于径向方向大约 10km 距离处便显现独立特性。这意味着, 在约 10km 间隔距离上的两个位置的降水联合概率相对于基线方向是独立的。明显的地貌特征 (如高山) 所产生的地形效应则自然地改变上述结论。

对流雨胞趋向于成簇存在, 其雨胞间隔为 $5\sim6$km 量级, 雨胞簇中心之间的间隔为 $11\sim12$km[36]。簇的空间分布通常与形成降雨过程的

机制相关 (例如, 簇沿着天气锋面呈直线, 或在地形引发的降雨中簇接近于明显的地形特征)。在降雨结构中最强大的雨胞有时沿着其移动的方向即垂直于锋面的方向延长, 因此生成各向异性雨胞轴线。的确, 当降雨空间超过 20km 时, 降水特性趋向于不对称分布[47]。雷达数据显示暴风雨雨胞内对流雨胞的个数随着雨胞的宽度和高度呈指数递减, 并且降水范围[56] 及雨胞寿命[37] 也呈指数分布。

文献 [29]、[57] 对分开一定距离的两点的联合降水概率进行了测量。某给定点降水率同时超过两个位置降水率的概率常随着两点间隔距离的增加而减小。图 1.26 给出了根据日本测量的 3 年数据[57] 得到的归一化降水率特性的例子。

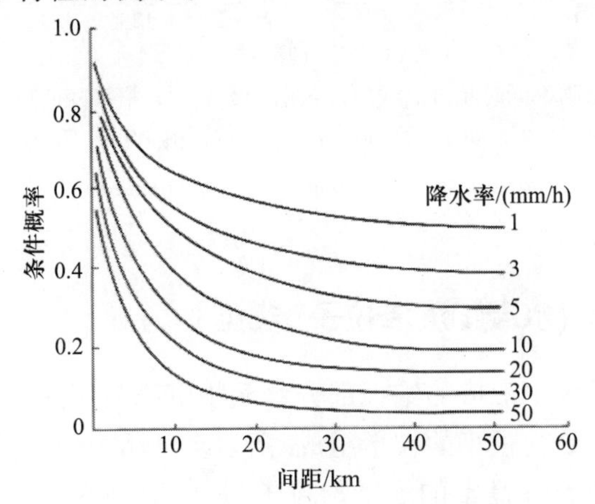

图 1.26 两点同时超过某降雨率的归一化条件概率随两点间距离的变化 (转载自文献 [57] 图 3; ©1975IECE (现为日本的 IEICE), 转载已获授权)

图 1.27 给出了来自北美洲的一些联合降水概率数据[29]。注意到: 当两点的间隔距离超过某一特定值时, 联合概率值有少许增长。这似乎说明了两个相互独立且相隔较远的雨胞同时降水的可能性可以超过一个单独的大尺寸雨胞在两点同时以同样强度降水的概率。这种假定将佐证雨胞与雨胞簇之间间隔优化的思想。

地形因素可以改变累积雨量及降水率的区域特性[25,47,58]。有证据显示, 大城市地区可提高累积降水量[59], 经常由距离城市中心 20 ~ 50km 的下降气流引起[60,61]。完全描述由微气候引起的区域降水分布以及降水的空间与时间变化特性将是极其复杂和困难的工作。对于这些降水结构, 最重要的是要区分不同类型的降水和评估它们对传播的影响。

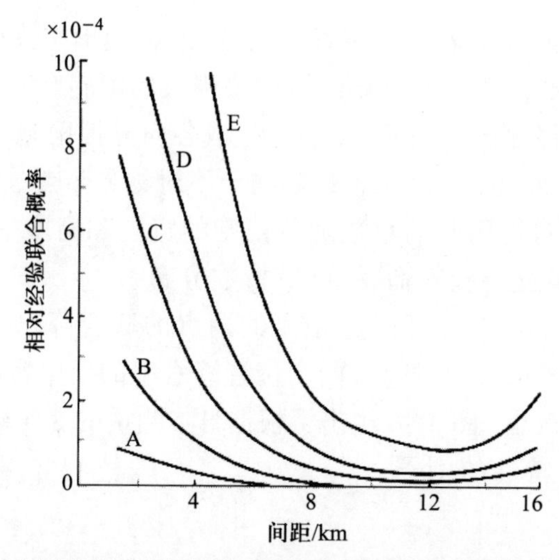

图 1.27 两点降雨率同时超过曲线所示数值的经验联合概率随两点间隔的变化 (转载自文献 [29] 图 23(b); ©1969 ATT, 转载权由 AT&T 知识产权授予)

注: 最小降水率, A 为 170 mm/h、B 为 140 mm/h、C 为 110 mm/h、D 为 90 mm/h、E 为 70 mm/h。

1.3.4 降水 (水凝物沉降粒子) 类型

在天气系统中形成的绝大部分水凝物沉降粒子从未到达地面。一些水凝物粒子是由很小的粒子组成, 所以空气阻力使它们悬浮在高空。除了一部分悬浮在高空的水凝物粒子, 其他情况下的水凝物粒子在其降落至地面的过程中被蒸发 (如幡状云)。

降水 (水凝物沉降粒子) 以冰雹、雨夹雪、软雹、冻雨、雪及雨的形式呈现。此外, 重要的但通常并不会降落到海平面的水凝物沉降粒子为冰晶。下面对每种类型水凝物沉降粒子的特性进行简要概述。

冰雹: 由直径超过 5mm 的固体冰粒子组成, 有时候冰雹粒子的直径超过 10cm。如果冰雹粒子的直径小于 5mm, 严格意义上称它们为冰丸。

雨夹雪: 冰丸的一种形式, 通常透明或半透明且坚硬。雨夹雪通常最初以雨的形式存在, 但在其穿过冷大气层降落的时候冻结。

软雹: 冰丸的一种形式, 但是它是白色的, 像是压缩的柔软雪球。

冻雨: 当降落到地面或其他固体时受到压缩而冻结的雨。

雪: 由冰晶积聚而成的较大的簇或雪花。冰晶形成时的温度决定了它们的类型。许多冰晶为六边形对称结构。

雨: 这是液体形式的降水。如果雨滴直径小于 0.5mm, 该种降水被称为毛毛雨。

冰晶: 单独地存在于平流层 (也称为同温层) 的最高处, 冰晶可以单独存在。处于 0°C 等温线上方的云通常全部由冰晶组成。

1.3.5 雨滴特性与分布

对于频率小于 100GHz 的大多数电波, 在某些情况甚至包括可见光光谱, 降雨是最主要的传播损耗因素。非降水云内的水凝粒子的平均直径为 0.02mm[19]。为了能够落下来并且不在下落过程中蒸发掉, 粒子的直径必须增大 100 倍。增加粒子直径的两种主要的机理是通过形成冰晶形式及通过雨滴的碰撞和聚结。

Bergeron[62] 确立了基于冰晶的雨滴增长机理。过冷雨滴相比于冰晶有很高的水汽压, 所以冰晶通过消耗过冷雨滴而增长。冰晶与过冷雨滴同时存在的现象并不普遍, 并且达到地球表面的大量累积降雨量都是经 Bergeron 过程而形成的降雨所导致的。

大气层湍动或者对流混合运动越剧烈, 雨滴的碰撞就越容易发生。雨滴在碰撞的过程中趋于凝合, 因此在诸如对流上升气流这样的湍动条件下雨滴的平均直径迅速增加。虽然上述上升气流的风向突变效应对较大雨滴形成没有明显作用, 但是与静止空气相比, 风向突变效应该会增加直径小于 25μm 小雨滴的结合率[63]。结合率是指单个雨滴遇到并成功捕获或结合其相邻雨滴的概率。然而这样形成的大雨滴除了区域碰撞聚合外, 如果它们足够大, 则会再次分开, 从而产生许多在大雨滴周围散布的小雨滴[63]。这些附加的分散的雨滴解释了在某些高湍动条件下降水强度迅速增加的原因。在稳定的大气条件下, 雨滴破裂的过程很大程度上可以根据粒子尺寸而预测。

随着雨滴尺寸增加, 当雨滴足够大时便会降落, 此时空气阻力便开始超过表面张力对雨滴形状的影响。对于小雨滴来说, 表面张力使雨滴保持球形。雨滴变得越大, 则它越趋于椭圆形, 降落的速度就越快, 并且雨滴的外形也变得越不规则。雨滴末速度和粒子尺寸是雨滴尺寸分布的主要影响因素, 雨滴尺寸分布通常简写为粒子尺寸分布 (Drop Size Distibution,DSD)。雨滴尺寸分布为单位体积内给定尺寸的雨滴个数, 通过雨滴尺寸分布可以推断降雨强度 (或者相反地, 由降雨强度推断粒子尺寸分布)。将地球分割为具有相似降雨强度分布的区域, 就形成了地球的气候区。下面对上述相关因素展开讨论。

1.3.5.1 末速度

Laws[64] 于 1941 年实施了该领域开创性的工作。后来针对地面测量技术及范围做出了改良[45,65,66]。另外, 现在所使用的标准应归功于 Gunn 和 Kinzer[65]: 他们测量了质量为 0.2 ~ 100000μg 粒子的降落速度, 质量的上限由雨滴的稳定性决定。在此之后, Beard[67] 所做的测量在不同大气压下进行, 估计了降落速度随高度的变化。图 1.28 (文献 [68] 中图 4.2) 给出了一部分相关结果, 并附加了由 Davies 文献 [45,66] 给出的结果[45,66]。气象学者倾向于使用 Gunn 与 Kinzer 的结果, 而微波工程师则倾向于使用 Davies 结果。实际上, 这两者基本上与 Beard 所给出地面末速度取值曲线是一致的。

如图 1.28 所示, 大多数大雨滴的极限末速度在 10m/s 的附近。在不同的高度末速度有很大的不同。对于更加精确的计算末速度与粒子直径、温度、压强和相对湿度的关系, 可以参考 Wobus 等人的工作[69]。文献 [69] 中给出了高精度逼近 Beard 测量结果[67] 的简化计算公式。

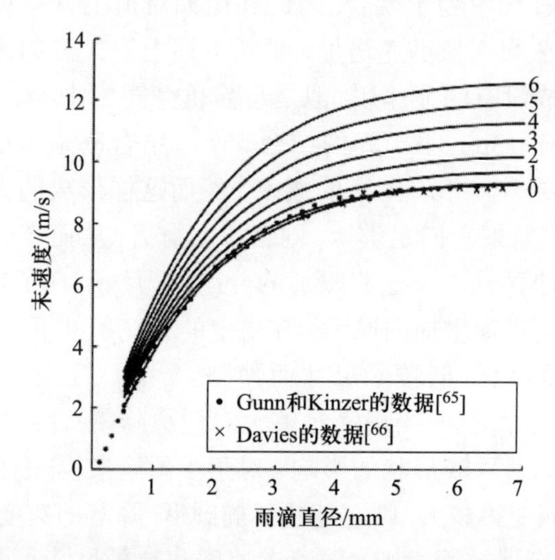

图 1.28 雨滴末速度随雨滴直径分布结果。对应每条曲线的参数是平均海平面高度 (转载获得 Communications Satellite Corporation (现为 Lockheed Martin 一部分) 授权)

1.3.5.2 雨滴形状

雨滴的瞬时形状是表面张力与空气阻力复杂合力共同作用的结果。对于非常小的雨滴 (直径小于或等于 170μm) 来说, 几乎在任何风况下表面张力都起主导作用, 并且雨滴几乎呈现为精确的球形。直径为 $170 \sim 500$μm 的雨滴横截面变为椭圆, 但是当直径在 500μm 以上时, 雨滴的底部逐渐变得扁平。最终, 雨滴的底部产生凹陷, 形成 Prupacher 与 Pitter 雨滴形状[70]。图 1.29 简要说明了上述关于雨滴形状的结论。需要注意的是: 非球形雨滴直径对应等体积球形雨滴直径。另外, 图 1.29 所示形状为雨滴的垂直剖面。在大部分情况下, 当从雨滴正下方观察时, 大多数降雨事件中的雨滴截面接近圆形。这对考虑去极化时有一定的意义, 因为正是雨滴形状的不对称性导致去极化的发生 (见第 5 章)。从正下方观察大雨滴时似乎也呈现圆对称性, 因此即使有也只导致轻微去极化。当观测角从垂直向水平变化时, 雨滴的横截面不对称性将不断增加, 所以当仰角减小时将导致更严重的去极化。

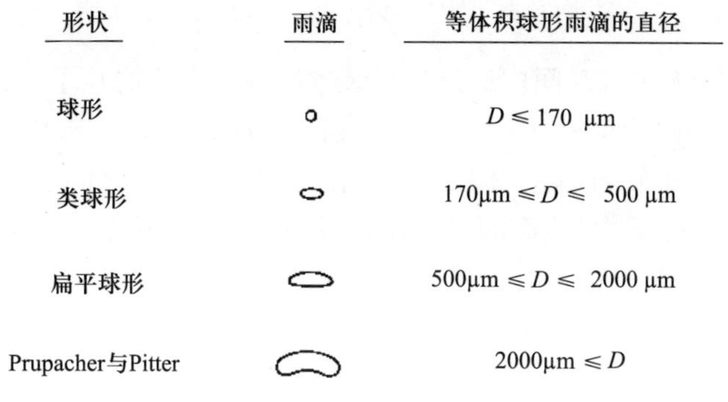

形状	雨滴	等体积球形雨滴的直径
球形	○	$D \leqslant 170$ μm
类球形	⬭	170μm $\leqslant D \leqslant$ 500 μm
扁平球形	⬭	500μm $\leqslant D \leqslant$ 2000 μm
Prupacher与Pitter	◠	2000μm $\leqslant D$

图 1.29 不同近似尺寸范围内雨滴形状

注: 上述形状可以为长椭圆形 (长轴沿竖直方向) 也可以为扁椭圆形 (长轴沿水平方向), 下面说明: 雨滴会以几十毫秒的时间周期在两种形状之间变化; 然而没有足够的证据显示雨滴处于长椭圆形与处于扁椭圆形状态时具有相同的椭圆率, 所以如图 1.29 所示雨滴似乎是更趋于呈扁椭圆形形状而不是长椭圆形。

雨滴一旦变形偏离球形性状, 其形状便处于非稳定状态, 而是在扁椭球与长椭球两者之间周期性变化。当扁椭球短轴沿竖直方向时, 绕该轴旋转的椭圆则形成一个回转椭球体。长椭球是指短轴沿水平方向的旋转椭球体。雨滴的自发振荡可以测量[71], 文献 [68] 给出自发振荡频

率 f 与直径 d (cm) 的关系如下

$$f = 11.7d^{-1.47} \quad \text{(Hz)} \tag{1.16}$$

当电波频率足够高, 使得波长与雨滴尺寸相当时, 雨滴的精确形状对计算这些频率信号的散射效应变得尤为重要。例如, 频率为 30GHz 的电波在空气中波长为 0.01m, 该波长接近暴雨发生时雨滴的最大尺寸。Prupacher–Pitter 雨滴形状虽然扩大了电波传播学者计算散射效应的频率范围, 但是并未发现气象学界对 Prupacher–Pitter 雨滴形状的认可[15]。气象学界认为, 剧烈雷暴的湍动现象必将产生一种持续改变雨滴形状的力, 将 Prupacher–Pitter 复合形状作为研究散射特性的基础有点简单[72]。经后续研究, 成功推导出了更加精确的计算公式[73,74]。

1.3.5.3 雨滴尺寸分布

末速度与雨滴尺寸分布的关系为

$$N_{(D)} = \frac{N'_{(D)}}{V_{(D)}} \quad (1.17) \tag{1.17}$$

式中: $N'_{(D)}$ 为单位时间内通过测量装置的单位面积的粒子直径 D 处的单位粒径间隔内的粒子数; $V_{(D)}$ 为直径为 D 的雨滴的末端速度; $N_{(D)}$ 为雨滴尺寸分布, 即单位体积内直径在 D 与 $D + \mathrm{d}D$ 之间的雨滴个数。

通常情况下, 在地面测量雨滴尺寸分布, 并用下标 g 来表示。计算地面以上 h 高度处的雨滴尺寸分布使用下式:

$$N_{h(D)} = N_{g(D)} \times \left(\frac{V_{g(D)}}{V_{h(D)}}\right) \tag{1.18}$$

Laws 与 Parsons[75] 首次实施系统测量雨滴尺寸分布工作, 测量结果涵盖了 20 世纪 40 年代早期的雨滴尺寸范围。他们的原始测量结果在表 1.4 中给出。

表 1.4 总体积内雨滴百分比尺寸分布 (转载自文献 [75] 中表 3)

雨滴尺寸/mm	降雨率/(in/h)							
	0.01	0.05	0.1	0.5	1.0	2.0	4.0	6.0
0 ~ 0.25	1.0	0.5	0.3	0.1	0	0	0	0
0.25 ~ 0.50	6.6	2.5	1.7	0.7	0.4	0.2	0.1	0.1

(续)

雨滴尺寸/mm	降雨率/(in/h)							
	0.01	0.05	0.1	0.5	1.0	2.0	4.0	6.0
0.50 ~ 0.75	20.4	7.9	5.3	1.8	1.3	1.0	0.9	0.9
0.75 ~ 1.00	27.0	16.0	10.7	3.9	2.5	2.0	1.7	1.6
1.00 ~ 1.25	23.1	21.1	17.1	7.6	5.1	3.4	2.9	2.5
1.25 ~ 1.50	12.7	18.9	18.3	11.0	7.5	5.4	3.9	3.4
1.50 ~ 1.75	5.5	12.4	14.5	13.5	10.9	7.1	4.9	4.2
1.75 ~ 2.00	2.0	8.1	11.6	14.1	11.8	9.2	6.2	5.1
2.00 ~ 2.25	1.0	5.4	7.4	11.3	12.1	10.7	7.7	6.6
2.25 ~ 2.50	0.5	3.2	4.7	9.6	11.2	10.6	8.4	6.9
2.50 ~ 2.75	0.2	1.7	3.2	7.7	8.7	10.3	8.7	7.0
2.75 ~ 3.00	0	0.9	2.0	5.9	6.9	8.4	9.4	8.2
3.00 ~ 3.25	0	0.6	1.3	4.2	5.9	7.2	9.0	9.5
3.25 ~ 3.50	0	0.4	0.7	2.6	5.0	6.2	8.3	8.8
3.50 ~ 3.75	0	0.2	0.4	1.7	3.2	4.7	6.7	7.3
3.75 ~ 4.00	0	0.2	0.4	1.3	2.1	3.8	4.9	6.7
4.00 ~ 4.25	0	0	0.2	1.0	1.4	2.9	4.1	5.2
4.25 ~ 4.50	0	0	0.2	0.8	1.2	1.9	3.4	4.4
4.50 ~ 4.75	0	0	0	0.4	0.9	1.4	2.4	3.3
4.75 ~ 5.00	0	0	0	0.4	0.7	1.0	1.7	2.0
5.00 ~ 5.25	0	0	0	0.2	0.4	0.8	1.3	1.6
5.25 ~ 5.50	0	0	0	0.2	0.3	0.6	1.0	1.3
5.50 ~ 5.75	0	0	0	0	0.2	0.5	0.7	0.9
5.75 ~ 6.00	0	0	0	0	0.2	0.3	0.5	0.7
6.00 ~ 6.25	0	0	0	0	0.1	0.2	0.5	0.5
6.25 ~ 6.50	0	0	0	0	0	0.2	0.5	0.5
6.50 ~ 6.75	0	0	0	0	0	0	0.2	0.5
6.75 ~ 7.00	0	0	0	0	0	0	0	0.3

注: 0.01 in/h、4.0 in/h 与 6.0 in/h (1 in = 2.54 cm) 的降水强度对应的值和直径小于 0.5 mm 的雨滴对应的值是通过外推法导出。©1943 American Geophysical Union, 转载已获授权

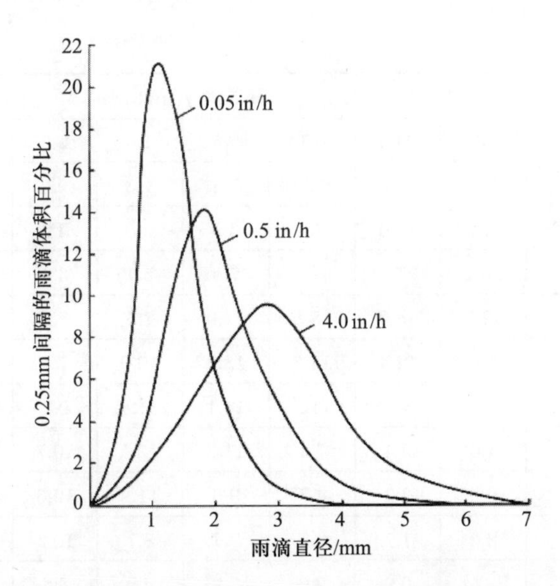

图 1.30 特定尺寸雨滴粒子数占总体积内粒子百分比随降雨率的变化 (转载自文献 [75] 图 3; ©1943 American Geophysical Union, 转载已获授权)

观察表 1.4 中的数据可以发现, 随着降雨强度的增加, 雨滴直径的中位数相应增加。雨滴尺寸分布随降雨率的变化如图 1.30 所示。

表 1.4 没有直接显现出测量结果的数学描述。Marshall 与 Palmer 随后的测量对 Laws 与 Parsons 的测量进行了补充,Marshall 与 Palmer 提出指数数学模型模拟测量结果:

$$N_{g(D)} = N_0 \mathrm{e}^{-\lambda D} \tag{1.19}$$

式中: N_0 与 λ 为匹配所测雨滴尺寸分布所选择的系数。N_g 与 N_0 的单位为 $\mathrm{mm}^{-1} \cdot \mathrm{m}^{-3}$, λ 的单位为 mm^{-1}。$N_0 = 8000\ \mathrm{mm}^{-1} \cdot \mathrm{m}^{-3}$, $\lambda = 4.1R^{-0.21}$, 其中, R 为降雨率 (mm/h)。后续测量结果显示, 虽然指数分布对测量数据分布外形很合理, 特别是对直径大于 1.5 mm 的雨滴很适合, 但是所选择的系数并没有与计算结果很好的匹配。

用于描述球状雨滴形状修正的指数分布为

$$N_{g(D)} = N_0 \mathrm{e}^{-3.67D/D_0} \tag{1.20}$$

在该分布中假定了雨滴尺寸的上限 $D_{\max}$ 和下限 $D_{\min}$。D_0 设置为至少是 $D_{\min}$ 的 4 倍, 但不能大于 $D_{\max}$ 的 1/2, 从而保证 1/2 的含水量来

自直径大于 D_0 的雨滴。也就是说 D_0 为雨滴直径的中位数。对于 Marshall-Palmer 分布来说, D_0 表示为

$$D_0 = 0.89R^{0.21} \tag{1.21}$$

一般而言, 较大的雨滴并不呈现为球状, 因此需要使用等效直径 D_e。该直径是与不规则形状雨滴具有相同体积的理想球形雨滴的直径。一定尺寸范围内雨滴的等效直径 D_e 已被测得[77]。等效直径的上限大约为 10 mm, 当直径超过 10 mm 时, 空气阻力将使雨滴破碎。当等效直径 $D_\mathrm{e} = 10\,\mathrm{mm}$ 时, 实际雨滴短轴与长轴的比为 0.41。等效直径 D_e 从 10 mm 将至 1 mm 时, 该比值近似线性地趋于 1。如果在式 (1.18) 中使用 D_e 那么 Marshall-Palmer 雨滴尺寸分布的一般公式将变为

$$N_{g(D)} = N_0 \mathrm{e}^{-3.67D_\mathrm{e}/D_0} \tag{1.22}$$

实践证明, 上述雨滴尺寸分布与长期观测数据具有很好的一致性, 而且当将该分布用于传播损伤计算时, 微波波段的理论计算结果接近实测结果。当需要实现短期预测或 30GHz 以上频率的统计结果描述时, 采用上述尺寸分布存在一定难度。对于前一种情况, 降雨强度和雨滴尺寸分布剧烈起伏波动而不能与长期分布 (平均分布) 相吻合。对于后一种情况, 较小雨滴的影响变得重要, 但是 Marshall-Palmer 雨滴分布过量地预测了直径小于 1.5 mm 的雨滴。

Joss 等[78] 没有按照 Marshall 与 Palmer 给出的单一的、长期雨滴尺寸分布的方法, 而是把雨滴尺寸分布分为适用于雷暴雨的分布 (J-T) 和适用于毛毛雨的分布 (J-D) 两部分。随后的测量数据显示, 存在第三种不同的分布类型, 就是适用于阵雨的分布。在阵雨中, 几乎没有直径超过 5mm 的雨滴, 绝大多数雨滴的直径为 $1.0 \sim 3.5$ mm。因此, 为了精确的预测雨滴尺寸分布, 需要用到蒙蒙细雨 (有时候称为广延雨)、阵雨及雷暴雨三种不同的降水类型。由于大多数降雨数据并没按照上述三种降水类型进行分类, 电波传播科学家们依然使用 Marshall-Palmer 单一、长期分布模型来给出统计结果, 虽然他们承认该模型在频率高于 30GHz 及短期预测上存在不足。然而, 将降雨分为对流雨与非对流雨是划分气候的常用工具。

1.3.5.4 降雨率分布

Rice 与 Holmberg[80] 将降雨划分为两种不同类型, 使得通过平均每年的总累积降雨量预报降雨率统计分布。两种降水类型为模式 1 降雨 (M_1) 与模式 2 降雨 (M_2)。模式 1 降雨为与强对流活动与雷暴雨相关联的强降雨率。模式 2 降雨为适用于模式 1 降雨以外的其他情况。因此, 年平均总累积降雨量为

$$M = M_1 + M_2 \text{ (mm)} \tag{1.23}$$

系数 β 定义为对流降雨累积降雨量与总累积降雨量的比值, 即

$$\beta = \frac{M}{M_1} \tag{1.24}$$

通过简单地使用 M 与 β 值, Rice 与 Holmberg 提出了一个用于计算平均每年降雨率 (mm/h) 超过某特定值 R 的时间, 公式如下[80]:

$$T_1 = M \times \{(0.03\beta \mathrm{e}^{-0.03R}) + (0.2(1-\beta)[\mathrm{e}^{-0.258R} + 1.86\mathrm{e}^{-1.63R}])\} \text{ (h)} \tag{1.25}$$

式中: T 的下标 “1” 表示降雨率测量中使用 1 min 作为时间累积常数。

图 1.31 给出了世界范围内 β 的等值线分布图。在当地气象数据可获得的条件下, Rice-Holmberg 基本降雨率预报法依然是首选模型[81]。

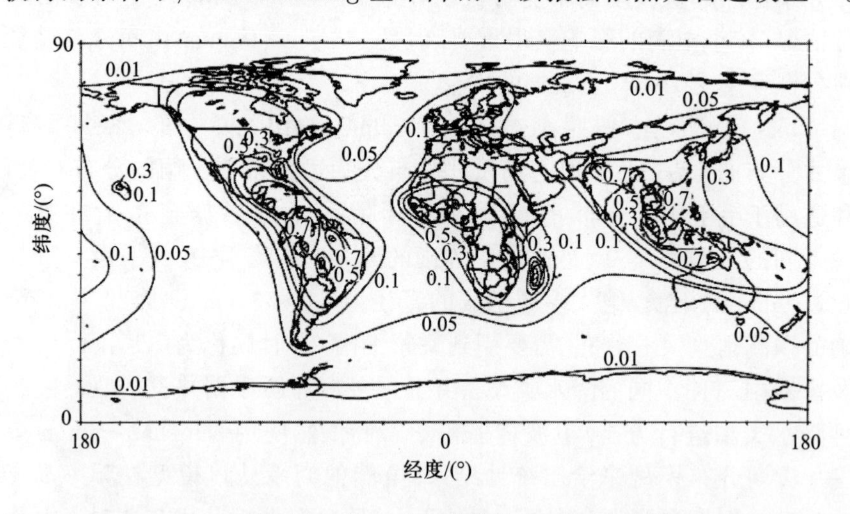

图 1.31 Rice-Holmberg 模型中系数 β 的等值线分布 (转载自文献 [80] 图 3; ©1973 IEEE, 转载已获授权)

虽然该方法对大降雨率和小时间百分比累积统计分布的预报结果差强人意, 但是它对于预报低于中等降雨率的情形还是很好的模型。

ITU-R (原来的 CCIR) 推广了比 Rice-Holmberg 公式更深入的情形, 并建立了降雨气候区域。全世界被划分成一些具有相似年降雨率分布的不同区域, 终于在 1994 年形成了 15 个这样的不同降雨气候区域[82]。表 1.5 给出了 15 个区域的年降雨率分布[82], 与该表相对应的全球气候区域边界线如图 1.32 所示[82]。

表 1.5 不同气候区降雨率强度 [转载自文献 [40] 表 1]

时间百分比/%	A	B	C	D	E	F	G	H	J	K	L	M	N	P	Q
10	< 0.1	0.5	0.7	2.1	0.6	1.7	3	2	8	1.5	2	4	5	12	24
0.3	0.8	2	2.8	4.5	2.4	4.5	7	4	13	4.2	7	11	15	34	49
0.1	2	3	5	8	6	8	12	10	20	12	15	22	35	65	72
0.03	5	6	9	13	12	15	20	18	28	23	33	40	65	105	96
0.01	8	12	15	19	22	28	30	32	35	42	60	63	95	145	115
0.003	14	21	26	29	41	54	45	55	45	70	105	95	140	200	142
0.001	22	32	42	42	70	78	65	83	55	100	150	120	180	250	170

注: 见图 1.32 降水气候区域划分。

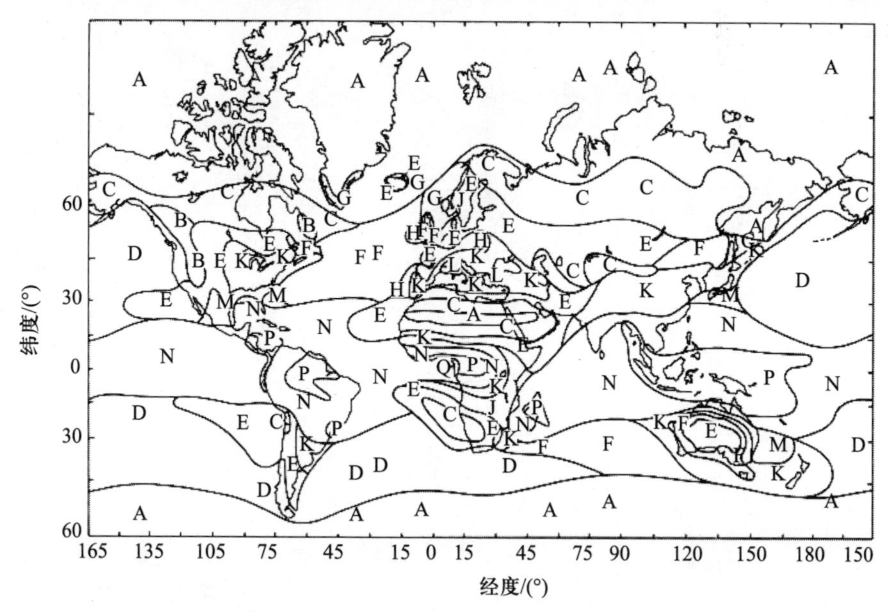

图 1.32 ITU-R 划分的降雨气候区域 (联合转载自文献 [40, 41]; ©ITU, 1988, 2000, 2002)

该方法的优点在于使用简单，用相对较少的描述性数据给出许多总体分布。很显然，在区域边界上降雨率并没有突然变化。另外，可以更精确地描述降雨率分布情况的途径应该是给出降雨率等值线。ITU-R 研究给出年时间概率 0.01% 的降雨率等值线分布，图 1.33 是一些等值

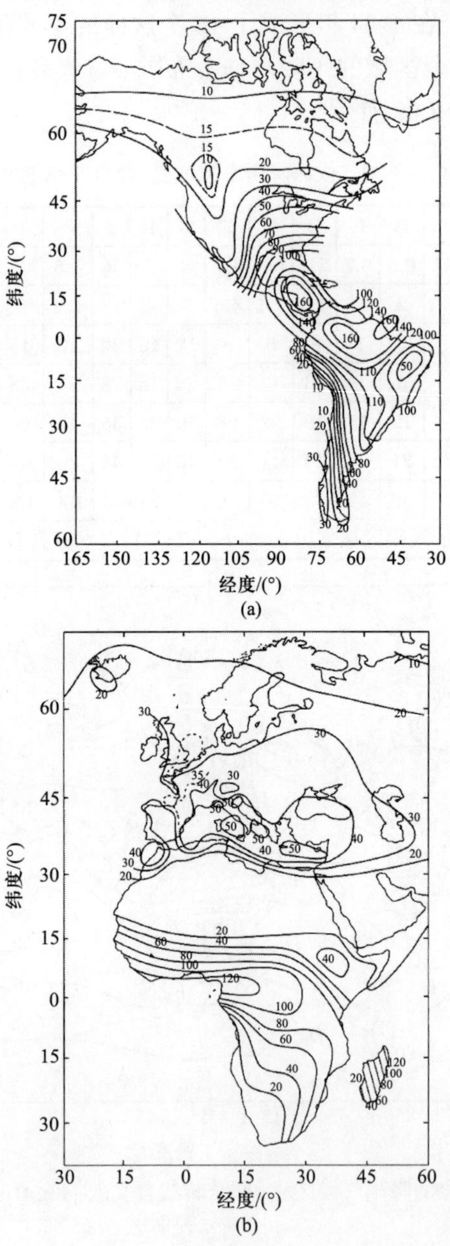

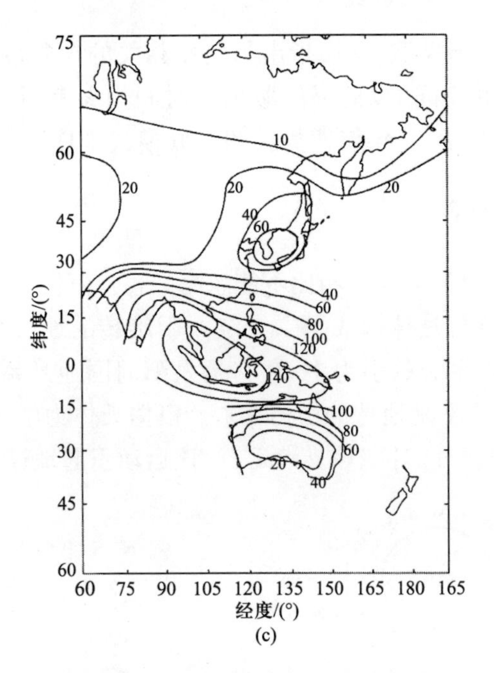

图 1.33 年时间概率 0.01%的降雨率等值线分布 (转载自文献 [41] 图 15-17; ©1986 ITU, 转载已获授权)

(a) 适合美国地区; (b) 适合欧洲、非洲和中东地区; (c) 适合亚洲、印度地区和中东地区。

线例子[82]。当克服图 1.32 中明显存在的区域之间的 "阶梯函数" 时, 图 1.32 给出的数据缺少重要的海洋地区的数据。20 世纪最后 10 年中, 第 3 研究组的 3J 工作组 (第 3 研究小组由 ITU-R 的第 5 与第 6 研究小组构成) 开发出世界范围内全面的降水率分布等值线图[40]。该等值线图涵盖了陆地与海洋, 它们是许多传播损伤预报模型的基础模型。

在结束降雨率分布这个主题之前, 有必要指出: 在任何给定的地方, 总累计降雨量和暴雨强度分布在不同年份之间存在很大差异。降雨率分布的年际变化可以导致衰落与去极化分布的年际变化。基于这种原因, 需要在多年开展传播测量工作以便找到衰落、去极化确切的年均分布。通过从测量数据库中除去任何一年的数据对长期分布的影响检测稳定性, 如果除去任何一年的数据对长期分布没有明显的影响, 则认为测试结果是稳定的。通过这种测试途径发现, 获得稳定测试结果需要的最小测量期典型值是 7 年。但后来有证据表明, 比 7 年更长的观测期是必要的。20 世纪 80 年代中期[83], 人们发现了年降雨率分布与太阳黑子

11 年周期之间的强关联, 从而指出与气候相关的现象最小观测期为 11 年。鉴于过去 20 年间 (以此书原版出版时间为参考) 明显的全球变暖的趋势, 比太阳黑子 11 年周期更长的气候模式周期甚至也可能存在。

1.3.6 大气潮汐

因为月球的尺度与地球相比不能忽略, 且月球的表面重力约为地球的 1/6, 所以地球与月球构成了一个绕太阳旋转的地 –月系统。图 1.34 中的 "+" 为地月系统的引力中心, 它是太阳周围地月系统轨道的中心支点, 这个支点并不是地球的引力中心。根据天体力学, 地球与月球以 28 天为周期 (朔望月) 环绕该支点运行, 该运动引起地球上的潮汐效应,

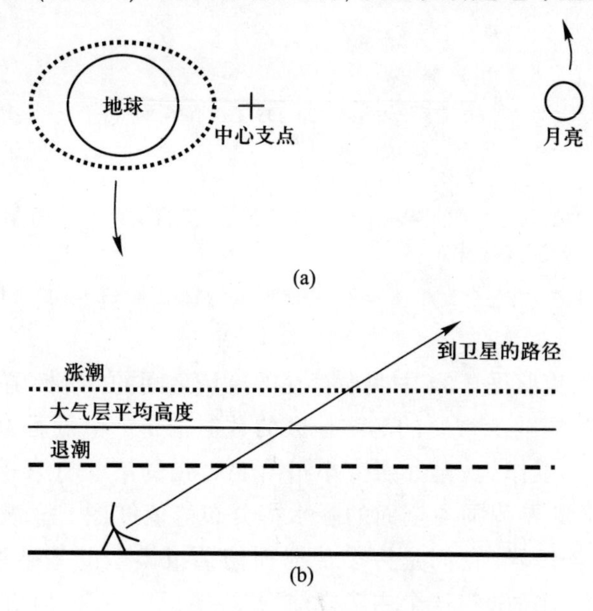

图 1.34 大气潮汐示意图

(a) 地月系统; (b) 路径距离随着大气潮变化的变化。

注: 图 (a) 说明了地 – 月系统绕一个中心支点在旋转, 当从垂直于旋转平面上方的某一点观察时, 该中心支点位于地月连线且到地球的距离是地球与月球距离的 1/6。这种旋转运动使地球靠近月球的一侧受到向心力作用, 该向心力把海洋 (以及大气) 拉向中心支点, 同样地球远离月球的一侧所受的向心力引起海洋产生另一次涨潮。地球非固体部分 (海洋及大气) 的形变在图中以有所夸大的椭圆虚线表示。可以看到由于地球与月球绕同一个中心支点选中运动, 在大约 24 h 的周期内引起两次涨潮与两次退潮。地 – 月系统绕太阳旋转的轨道中心支点是图中的 "+" 而不是地球中心。图 (b) 说明了大气高度的变化引起地空链路长度的起伏变化。大气潮汐引起地空链路长度的变化要比大气加热效应日变化所导致的地空链路长度变化严重。两幅图都是不成比例的。

即大约每 24 h 内存在两次涨潮与退潮。

地球上海洋的潮汐运动形式在大气层也有所表现, 但是由于大气成分的密度很低, 所以大气层的潮汐运动很不显著。即使类似海洋的潮汐运动的大气层潮汐运动每天增加两次, 对所关心的传播效应的影响实际上也可以忽略, 因为除电离效应外大多数的传播损伤都发生在离地面 10km 的地球大气层内。对传播效应产生周期性的影响来自太阳对大气的加热, 既包括大气对太阳能的直接吸收加热的影响 (约占 10%), 也包括地球表面的辐射、对流对大气间接加热的影响 (约占 90%)。许多传播实验显示了大气加热效应导致雨衰[46] 及去极化的昼夜变化影响。当在卫星信标实验中观测到信号电平的日变化时, 通常把这些变化归因于轨道运动与/或者大气加热日变化对卫星天线的影响, 并进而引起的卫星天线波束对准的变化, 而不是由于大气层本身变化而导致信号变化。只有当辐射计与卫星信标接收机处于同地协作状态, 并沿着相同方位角与仰角的路径观测时, 才会清楚地显示出信号电平的日变化并不仅仅是由卫星天线波束对准变化而导致。当同地协作的辐射计和卫星信标接收机位于热带、降雨多发地区时, 信号电平的日变化相比温带地区要显著得多, 这种差异也说明信号电平的日变化是由于太阳对大气加热的周期性所导致。图 1.35(a) 与 (b) 分别描述了在晴空条件下信标信号电平与天空噪声电平四天的日变化的实验结果[84], 该结果来自于在巴布亚新几内亚的莱城开展的实验。

信标信号电平与天空噪声温度之间的联系说明了这是一种大气效应, 因为如果信标信号电平日变化仅是一个卫星天线波束对准效应, 辐射计应该观察不到任何变化。日变化效应归因于太阳加热效应的日变化。图 1.36 给出了该现象的原理。

如图 1.36 所示, 暴露在太阳下面的大气相比于没有被太阳直接加热的大气而言更热、更活跃。相比于较冷的夜间大气, 较热的大气能携带更多的水汽, 从而除导致大气吸收损耗外, 还会引起更严重的对流层闪烁。该种现象在图 1.37[84] 中甚至更为明显, 图 1.37 是根据两年有效数据所绘制的图。

图 1.37 给出了晴空条件下信号中值电平以及信号电平的最大、最小偏移值。最小电平以下的偏移是雨衰造成的, 而高于最高电平的偏移是由对流层闪烁增强效应所致。最为关键的是晴空状态平均信号电平

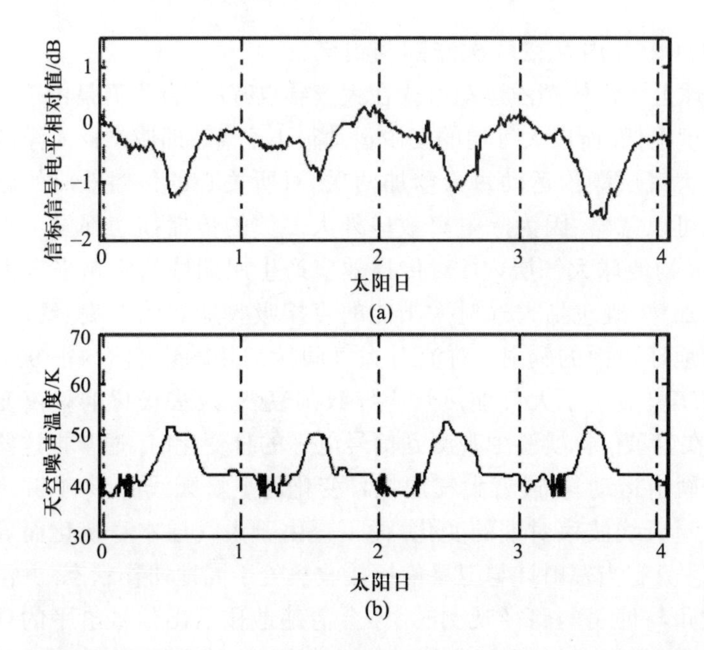

图 1.35 晴空条件下信标信号电平与天空噪声电平 4 天的日变化的实验结果 (来自文献 [84] 图 1 ©2006 IEE (现在的 IET), 转载已获授权)

(a) 偏标信号电平的日变化; (b) 天空噪声电平的日变化。

注: 图 (a) 于巴布亚新几内亚在对流季晴空条件下, 持续 4 天对信标电平的衰落与辐射计测量的天空噪声温度的日变化结果。4 天内所测得的信标信号电平与天空噪声温度的日变化彼此对应。辐射计的分辨力为 2K, 所以图中并没有很好地显示出信标数据的细节。信标数据的细节似乎能显示出晴空信标电平所具有的大约 12 h 的附加周期变化, 该周期性变化符合由地月系统旋转引起的大气潮汐的周期。然而, 到目前为止最显著的周期性是以一个太阳日为周期的变化, 这种变化是由太阳加热效应所导致。

既有日变化 (图 1.35) 也有年变化。然而, 对图 1.35(a) 与 (b) 所示的信标电平进一步观察可以发现信号电平的附加周期变化, 该附加周期变化显示了叠加在以 12 h 为周期的太阳日变化现象上的次要的最小与最大值。假如这个附加周期真的存在, 那么它可能是由地月系统的潮汐运动引起的, 该运动在大约每 24 h 的周期内引起两个最小与最大值。

对图 1.35 与图 1.37 中的数据进行傅里叶分量分析显示, 其主要的频率成分是太阳日和太阳年周期成分[84]。很明显, 晴空状态卫星的平均信号电平以一天、一年内的大周期性变化将对链路精确预算产生影响, 特别是对于热带地区的低余量系统。太阳大气潮汐的剧烈变化在干燥地区及温带气候区将会明显减少。然而, 在进行总体链路预算时, 同样需要考虑这些变化。

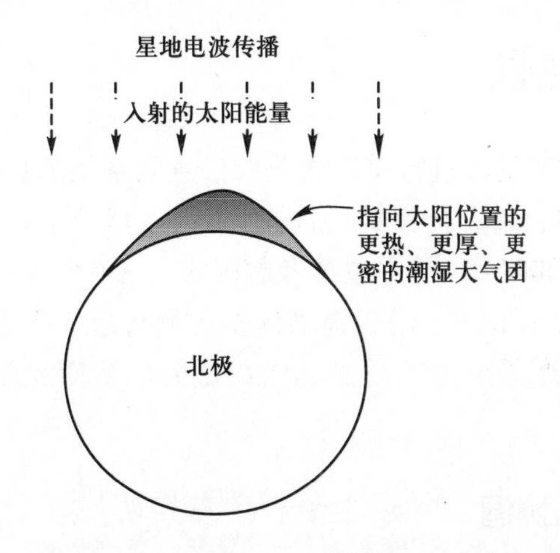

图 1.36 大气的 “太阳潮汐效应” 原理

注: 该图刻画了从北极上空观测到的地球。当地球以其自转轴旋转时, 朝向太阳的一面被加热, 背对太阳的一面被冷却。当太阳接近天顶时, 赤道地区上空巨大的太阳热能有效地增加了晴空大气对信标信号的损伤, 最低损伤出现在与之相对应的约 12 h 之后。如图 1.37 所示, 上述的能量周期性变化也可看作年度周期。这种日加热效应可以类比为一个大的、热的、潮湿的大气团被地球 “拉” 在其周围, 因此它总是处在地球朝向太阳的一面。正如图 1.35 所示, 这种 “太阳潮汐” 具有一个太阳日的周期。图 1.36 中所示的高温潮湿的大气团并没有按照地球比例进行绘制。

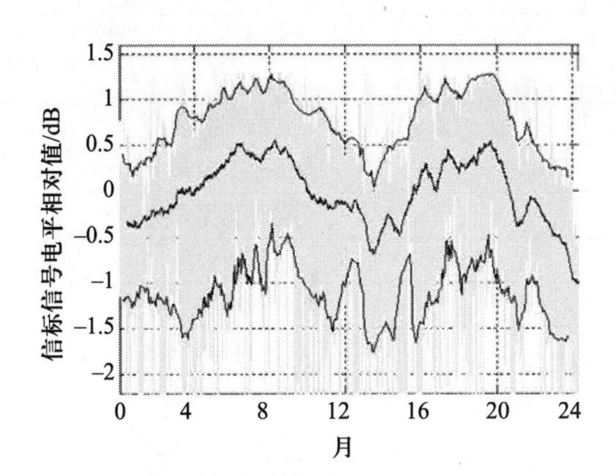

图 1.37 在 PNG 持续两年实验测量的信号电平的变化过程 (来自文献 [84] 图 2; ©2006 IEE (现为 IET), 转载已获授权)

注: 图中间的实线为平均信标信号电平, 在其上下另外的两条实线表示晴空条件下信标信号电平的最大和最小偏移量。最小值线下方的数值表示强烈雨衰事件, 而最大值线上方的数值是对流层对信号增强的事件

1.4 系统规划

任何通过无线电波进行交换或获取信息的系统都必须进行详尽的、强制的规划步骤。信息传播的距离越远, 或者所获取信息的距离越远, 系统规划就要更加缜密, 其中包括考虑国内与国际官方的必要协议。对于设置在高度 21 ~ 25 km 用于提供许多观测与通信业务的高空通信平台 (HAP) 来说, 还需要国内与国际组织之间的协商程序[85]。该程序被称为协调。

1.4.1 地面站协调

为了促进规划与协调的初始步骤, 国际电信联盟 (ITU) 指派了业务类型及对应频带, 所有业务必须在指定的频带内运行。表 1.6 给出了 ITU 指派的卫星业务可用列表。ITU 无线电条例[4] 的附录给出每种业

表 1.6 ITU 指定的航天器应用业务

序号	卫星业务
1	航空移动卫星业务
2	航空无线电导航卫星业务
3	业余卫星业务
4	卫星广播业务
5	地球探测卫星业务
6	定点卫星业务
7	星间业务
8	地面移动卫星业务
9	海上移动卫星业务
10	海上无线电导航卫星业务
11	气象卫星业务
12	移动卫星业务
13	无线电测定业务
14	无线电导航卫星业务
15	空间操作业务
16	空间研究业务
17	标准频率与时间信号卫星业务
注: 这里的 “航天器” 指在地球任何轨道运行的载人的或非载的航天器	

务所运行的约定频带，以及在 ITU 论坛中所约定的各种限制，例如最大能流密度水平与允许的干扰水平。

干扰是所有电信系统最终的根本性限制因素。例如，天线增益可以增加，发射机的能量与接收机的敏感度同样可以增强，但是所有的无线频谱都会受到其他用户的影响，自然的或人为的无用信号总是会进入到接收系统中。有用信号与无用信号之间的能量差异最终决定通信系统的性能。来自无用干扰发射机的干扰信号强度 P_{i} 的决定因素：发射功率 P_{u}；干扰站天线在接收天线方向上的增益 G_{u}；接收天线在干扰信号来波方向的增益 G_{w}；干扰信号从扰发射机到接收天线产生的传播损耗 A（下标 u 表示产生无用信号的系统，下标 i 表示干扰，下标 w 代表试图只接收有用信号的系统）。以分贝为单位的干扰功率可表示为

$$P_{\mathrm{i}} = P_{\mathrm{u}} + G_{\mathrm{u}} + G_{\mathrm{w}} - A\ (\mathrm{dBW}) \tag{1.26}$$

图 1.38 给出了简单干扰路径的几何示意图。

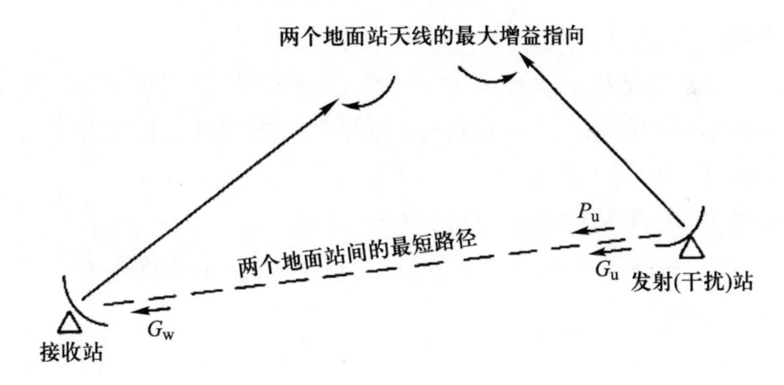

图 1.38 简单干扰路径的几何示意图

干扰通常分为短期干扰与长期干扰两个基本类型。短期干扰存在于一个非常短的时间内，并且通常是偶发事件，例如，天线的错误指向或错误的增益设置命令产生的干扰。设计者除在接收机内提供过载保护以防止接收机损坏外，针对短期干扰所能采取的措施甚少。在军事系统中，这种短期干扰是非常重要的一个方面，如定向能武器正是为使接收机功率过载而特别设计的干扰系统。长期干扰存在于整个运行期的大部分甚至全部时间。因此，开发一种可以承受可容许干扰的系统设计是非常重要的。几乎所有类型的业务对无线系统的使用都在快速增加，

因此能够承受不同业务系统所产生的同频干扰的系统设置更能够得到市场的认可。所以, 大多数系统设计成在一定范围的允许干扰条件下能够正常工作。

根据系统类型和系统可容忍干扰的时间百分比决定允许干扰级别。允许干扰级别越差 (也就是干扰越强), 容忍该干扰级别的时间百分比就越小。使用后缀 “p” 表示可容忍某干扰功率的时间比例, 对式 (1.26) 变形得

$$A = P_{\mathrm{u}} + G_{\mathrm{u}} + G_{\mathrm{w}} - P_{\mathrm{i}}(p)\ (\mathrm{dB}) \tag{1.27}$$

根据 P_{u}、G_{u}、G_{w} 与 $P_{\mathrm{i}}(p)$, 就可以得到对应允许干扰功率时在干扰、被干扰系统之间所需的路径损耗。如果干扰路径沿着大圆 (两系统之间沿着地球圆周的最小距离), 那么在晴空条件下求得的 A 称作最小允许基本传播损失。如果传播损耗大于该值, 则对于给定的时间百分比, 将没有不允许的干扰发生, 所以称为最小允许基本传播损耗。另外, 因为没有涉及其他损耗机理, 所以 “基本” 一词也用于描述自由空间传播模式下的损耗。在计算协调距离时使用两种传播模式:

自由空间传播模式为模式 (1) 传播。根据地形的变化, 模式 (1) 传播损耗具有不同的数值。由于该种原因, 将三种不同地形区域划分如下[4]:

区域 A: 全部为陆地。

区域 B: 海洋及纬度高于北纬/南纬 23°30′ 的内陆水的主要部分 (内陆水主体的评判标准之一就是包含直径为 100km 的圆), 但是不包括黑海与地中海。

区域 C: 海洋及纬度低于北纬/南纬 23°30′ 的内陆水的主要部分 (内陆水主体的评判标准之一就是包含直径为 100km 的圆), 以及黑海与地中海。

计算干扰、被干扰系统跨越一个区域以上时, 在路径的联合影响条件下的最小基本传播损耗计算步骤可以在文献 [4] 找到。

如果利用式 (1.27) 得到的两地面站之间的最小基本传播损耗, 就可能因为没有充分考虑传播损耗而有可能互相之间产生干扰, 因此需要进行更加详细的协调程序。当发射站或接收站受制于协调过程时, 沿着大圆路径单一的协调距离是不够充分的, 必须在站点周围设置对应于各个方向上最小允许基本传播损耗协调距离等值线。协调距离等值线以内区域定义为协调区域。运行于所有仰角和方位角的地面站必须具

有基于天线最大增益和传播模式 (1) 计算的最小基本传播损耗所决定协调距离等值线。如果地面站仅仅位于一个区域内, 那么模式 (1) 协调距离等值线为圆。如果地面站对地球同步卫星起作用, 仰角与和方位角实际上为常数。在这种情况下, 协调等值线计算时不需要基于地面站最大增益, 而只需要考虑指向地平线方向增益即可。图 1.39(a) 与 (b) 说明由传播模式 (1) 计算协调距离时使用地面站天线增益的两种情况。如果把两个地面站之间地形高度差考虑在内, 例如, 地面站站点之间是否存在山脉行或者是否存在人为障碍物而成为本地站点屏蔽, 就需要复杂得多的协调计算。

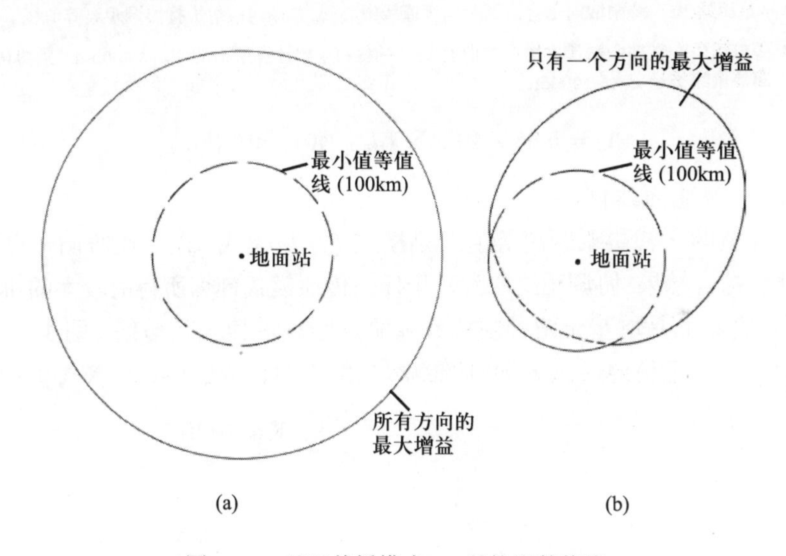

图 1.39 基于传播模式 (1) 的协调等值线

注: 图 (a) 中由于天线指向任意仰角与方位角, 因此等值线为圆, 在所有方向均要使用天线最大增益。图 (b) 中, 天线是固定的, 天线增益会随方位角的变化而变化, 因此协调距离会随方位角变化。在两种情况下, 由传播模式 (1) 计算协调距离式时使用最小值 100km 的标准判定陆地水主体。图 (a) 中, 各个方向协调距离都超过 100km, 但是图 (b) 中, 协调距离等值线被 100km 等值线修正。

传播模式 (2) 是由雨滴对电波散射引起干扰的传播模式。计算降雨散射传播距离的方法包括数方法和图解法[4]。该距离用 d_r 表示, 并且与地形或区域无关。因此降雨散射干扰协调距离等值线是直径为 d_r 的圆。然而, 雨滴的前向散射能量比在其他方向的散射能量大。因此, 如图 1.40 所示降雨散射干扰协调距离等值线中心在地面站天线最大增益方向有 $\varDelta_\mathrm{d}$ 的偏移量。$\varDelta_\mathrm{d}$ 与雨滴散射传播距离 d_r 有关, 可以表示为[4]:

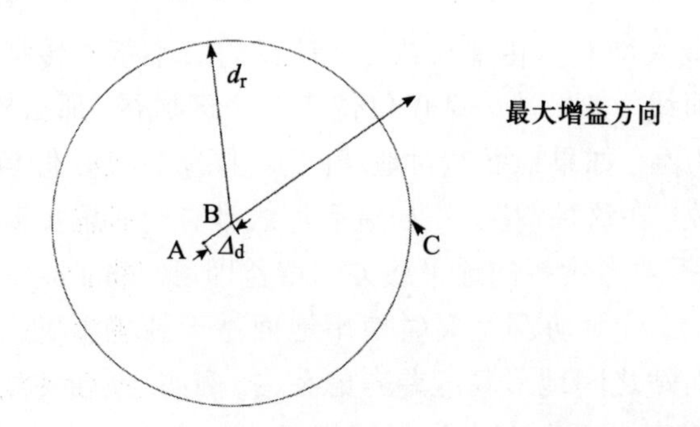

图 1.40 降雨散射即传播模式 (2) 干扰协调距离等值线

A—地面站; B—降雨散射干扰协调距离等值线中心; C—降雨散射干扰协调距离等值线。

注: 等值线中心在地面站最大增益方向有 Δ_d 的偏移。如计算所得的 $d_r < 100$ km, 则协调距离等值线半径 $d_r = 100$ km。

$$\Delta_d = 5.88 \times 10^{-5} \times \{d_r - 40\}^2 \cot\theta \ (\text{km}) \tag{1.28}$$

式中: θ 为地面站仰角。

完整的干扰协调距离等值线是模式 (1) 与模式 (2) 干扰协调距离等值线的综合结果, 协调距离取为基于任一传播模式计算所得的较大的协调距离, 实际上是取基于两种模式计算协调距离等值线的包络。图 1.41 以某地球同步卫星地面站干扰协调距离为例说明合成的协调距离等值线。

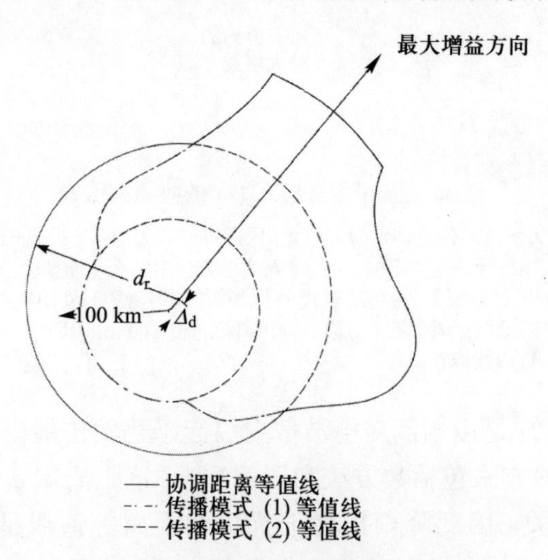

图 1.41 合成的协调距离等值线

注: 该协调外距离等值线是两种传播模式协调距离等值线的综合结果, 合成的协调距离等值线取其中较大的值。

在某些情况下, 如果使用站点屏蔽的形式, 地面 (如视距传播) 系统与地空系统之间的强烈干扰可以被减弱。

1.4.2 站点屏蔽

站点屏蔽可以采用山脉等形成的自然遮挡或人为屏蔽, 通常所说的站点屏蔽指的是人为屏蔽。自然屏蔽利用地面站附近局部地形的变化, 或使用更远处的地质特征, 使得视觉地平线高于平坦地面。文献 [86] 概念性地介绍了不规则地形以及各种地物 (如深林、白雪皑皑的山脊) 与无线信号相互作用对站点遮蔽的综合影响。这些影响主要对视距、地面无线中继系统较为重要。在上述系统中, 通常不仅需要注意避免可能减少无线信号自由传播的路径障碍物, 还要注意避免可能引起强烈多径效应的潜在反射面。

随着位于大型城市区域或者其附近的小型地面站的数量不断增长, 增加了出现干扰的可能性。在某些情况下, 自然地形遮蔽效应能够运用于地面站, 使得地面站和潜在干扰源之间没有直接的视距传播路径。这正是如图 1.42 所示的站点屏蔽的概念。

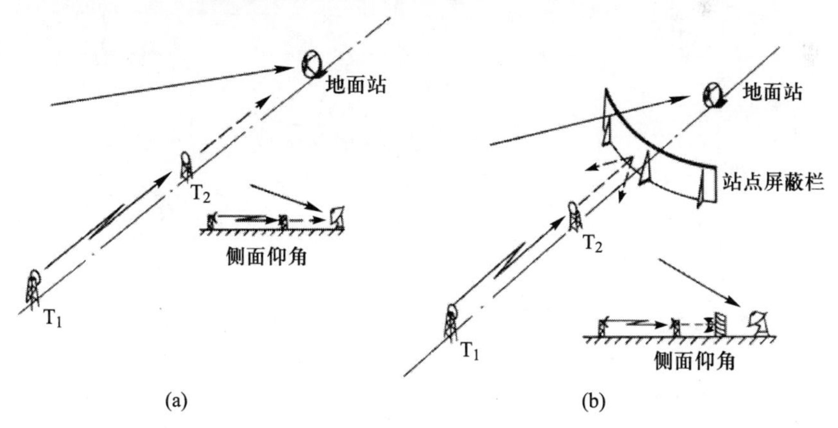

图 1.42 使用金属防护栏的站点屏蔽的方法

(a) 没有站点屏蔽; (b) 有站点屏蔽。

注: 图 (a) 中, 地面链路 (T_1, T_2) 与地面站 (E/S) 相互产生不能容忍的干扰。去除两相互干扰的方法可以在两系统之间假设一个如图 (b) 所示金属防栏。站点屏蔽栏在单源干扰情况下不常用, 而是使用诸如成本更低的干扰对消法等干扰消除技术。但是站点屏蔽栏可以提供一般的防护, 并且通常应用于杂波环境中。

地面站与潜在干扰源之间的障碍物有时不能形成完整的遮蔽效应。

这是因为干扰信号在障碍物周围的衍射作用使得部分干扰信号被接收到。具有非常锋利 (相比波长) 边缘的理想障碍物将会引起刀锋衍射。

1.4.2.1 刀锋衍射

刀锋衍射使用无量纲参数 v, 该参数可由如下几种方法计算得到[87]:

$$v = h\sqrt{\frac{2}{\lambda}\left(\frac{1}{d_1}+\frac{1}{d_2}\right)} \tag{1.29}$$

$$v = \theta\left(\frac{2}{\lambda(1/d_1+1/d_2)}\right)^{1/2} \tag{1.30}$$

$$v = \sqrt{\frac{2h\theta}{\lambda}} \tag{1.31}$$

$$v = \theta\sqrt{\frac{2d}{\lambda}\alpha_1\alpha_2} \tag{1.32}$$

以上公式中的参数 h、d_1、d_2、θ、α_1 与 α_2 如图 1.43 (来自文献 [87] 图 6) 所示, 其中角的单位为 rad, 距离与波长使用相同的单位 (如 m)。

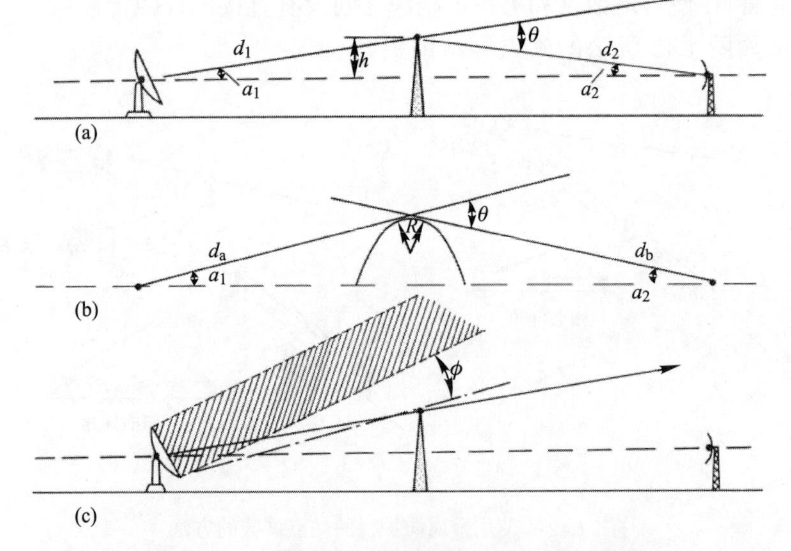

图 1.43 刀锋和圆润边沿障碍物衍射几何示意图

注: 图 (a) 中, 关键的几何尺度包括: 超过波束中心的高度 h; 各自的距离 d_1、d_2; 天线与刀锋之间的夹角 α_1、α_2。波束间夹角 θ 也非常重要。图 (b) 中, 衍射障碍物为圆润边缘, 边沿曲率半径为 R 很重要。总的来说, 当衍射障碍物在天线近场区域时, 需要考虑两个因素: 所有障碍物不应该出现在传播路径、天线发射方向上的圆柱区域 (如图 (c) 阴影部分所示); 圆柱边沿和障碍物顶端到天线底部连线之间的最小空隙 (图 (c) 中角 ϕ) 最好等于两个 3dB 波束宽度。

式 (1.30) ~ 式 (1.32) 通常假定 θ 与 α 角较小, 要求小于或等于 0.2 rad (或 12°)[87], 这对于远离地面站的屏蔽障碍物 (如山脊) 是成立的。对于放置在地面站附近的人工站点屏蔽障碍物来说, 以上假设通常并不成立, 式 (1.29) 是计算 v 的首选公式。给定 v 便可计算求得如图 1.44 (来自文献 [87] 图 7) 所给出的传播损耗 $J(v)$。文献 [88] 给出了计算传播损耗 $J(v)$ 的近似公式:

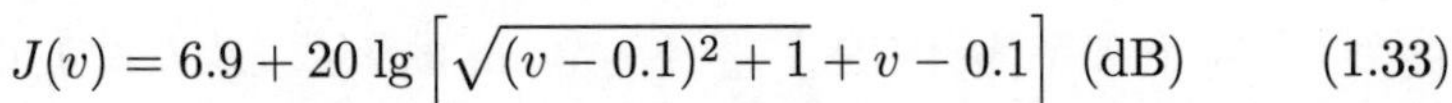

$$J(v) = 6.9 + 20\lg\left[\sqrt{(v-0.1)^2+1}+v-0.1\right]\ (\text{dB}) \tag{1.33}$$

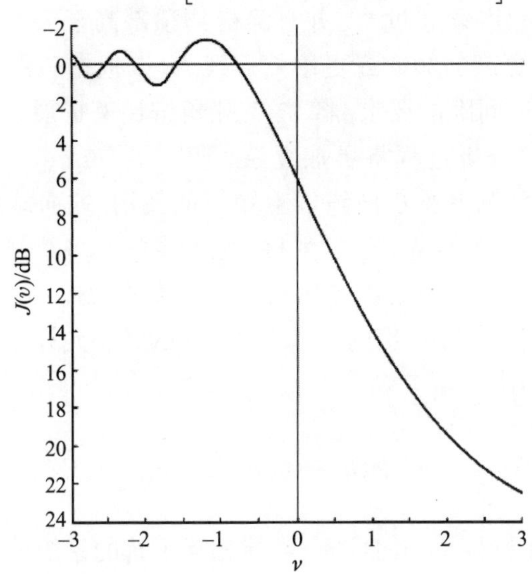

图 1.44 相对于自由空间的刀锋衍射传播损耗 (文献 [87] 图 7; ©1986 ITU, 转载已获授权)

如果障碍物为圆润边沿而不是刀锋边沿, 衍射损耗应该会比式 (1.33) 计算结果更大一些[87]。另外, 如果地面站至障碍物顶端的连线与干扰站至障碍物顶端连线之间的夹角 (角 θ) 很小, 则衍射效应能使接收到的干扰信号比只考虑自由空间传播损耗时有所增强。这种现象称为障碍增益[86]。总的来说如果角 θ 较小 (小于 0.2 rad) 但并不接近掠射角, 则附加衍射损耗为[88]

$$\Delta A = 7(1+2v)\rho\ (\text{dB}) \tag{1.34}$$

由于 $\nu > 1$ 且 $\rho < 1$。ρ 值可从文献 [87] 获得:

$$\rho^2 = \left(\frac{d_a+d_b}{d_a d_b}\right) \Big/ \left[\left(\frac{\pi R}{\lambda}\right)^{1/3}\frac{1}{R}\right] \tag{1.35}$$

式中: d_a、d_b 与 R 如图 1.43 所示; λ 为无线电信号波长。

因此, 圆润边沿障碍物衍射损耗为

$$A = J(v) + \Delta A(\mathrm{dB}) \tag{1.36}$$

尽管站点屏蔽预测的精度有所增加, 关于间隙角以及站点屏蔽栏或自然障碍物的最小高度的经验法则[90] 仍然适用。为了防止 "障碍增益" 的发生, 对于频率为 4 GHz、直径为 30 m 的天线, 地面站波束方向与障碍物顶部的夹角必须超过 2°, 并且障碍物顶部高于天线 1.5D (D 为天线直径)。对于更高的频率或更小的天线, 可以根据确保与上述例子中相同的波束宽度间隙的要求, 将 2° 空隙角按比例扩展。当涉及多于一个衍射边缘时, 分析过程将更加复杂[87,91]。

随着高功率卫星及 C 波段以上频率的使用, 地面站系统更多地建于城市中心附近, 而不是遥远的乡村。它们中的大多数都使用站点屏蔽减小来自其他天线系统或者对其他天线系统的干扰。假设站点屏蔽因子为 F_{s}, 那么式 (1.27) 给出的传播模式 (1) 的最小允许基本传播损耗将有一定量的减小:

$$A = P_{\mathrm{u}} + G_{\mathrm{u}} + G_{\mathrm{w}} - F_{\mathrm{s}} - P_{\mathrm{i}}(p)\ (\mathrm{dB}) \tag{1.37}$$

F_{s} 越大, A 就越小, 并且两个可能相互干扰的系统就可以放置得更近。可能引起信号高于中值电平的闪烁效应会抵消 F_{s} 的作用, 从而能够预测给定年时间百分比的闪烁幅度 (见第 2 章和第 3 章)。参数 G_{s} (某特定年时间百分比的正闪烁幅度) 可用来说明由闪烁引起的系统 "增益" 的增加[92]。如果 G_{s} 是由闪烁引起的某年时间百分比对应的有效增益, 那么由式 (1.37) 计算的 A 将变为

$$A = P_{\mathrm{u}} + G_{\mathrm{u}} + G_{\mathrm{w}} - F_{\mathrm{s}} + G_{\mathrm{s}} - P_{\mathrm{i}}(p)\ (\mathrm{dB}) \tag{1.38}$$

天线增益及任何无线电系统发射的功率为一系列参数的函数, 这些参数包括: 满足或超过系统性能时接收机所需的信号水平; 为该系统设定的可用性标准。为了获得所需天线增益与发射功率, 通常需要在不同的功率和增益设置前提下计算系统点对点性能。需要针对链路的每一因素进行多方面的配置或预算, 所有的计算结果称为链路预算。

1.4.3 链路预算

通信系统的性能与可用性不是相同的度量标准。在系统运行的大部分时间内需要系统到达的程度通常指系统性能。对于数字链路来说,系统性能常用度量方法是误码率 (BER), 典型的 BER 性能水平为 $10^{-10} \sim 10^{-8}$。典型需求是在一个月或者一年的 90% ~ 99% 时间内达到系统性能要求。系统的可用性由系统工作于最小可用信号电平以上的时间决定, 该最小可用信号电平通常称为门限电平 。例如, 当 BER $> 10^{-3}$ 时, 数字语音系统通常将变得不再可用。然而, 如果数字语音信号是数据包传送系统, 如帧中继, 数据包系统存在一个最小 BER, 当 BER 高于该数值时, 系统将无法工作。例如, 在帧中继系统中, 当 BER $> 10^{-5}$ 时将丧失帧同步。误码低于该门限将会掉线并宣布运行中断。图 1.45 示意性地说明性能与可用性之间的不同, 并且给出了链路中可

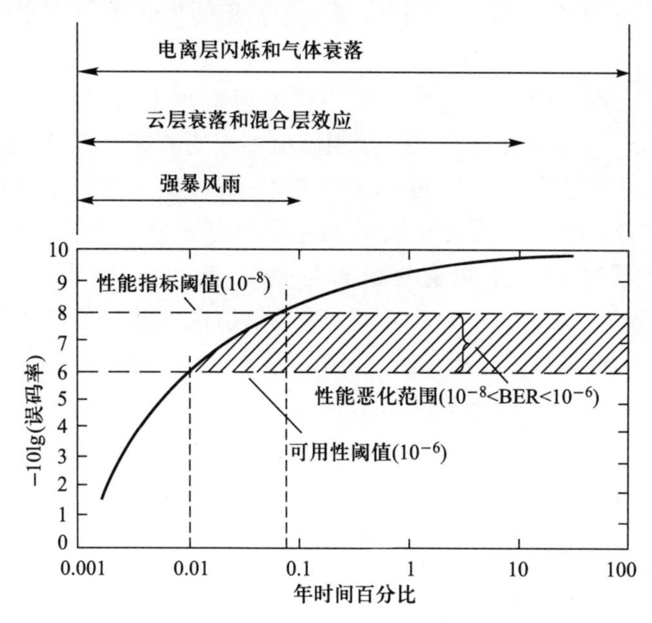

图 1.45 典型通信链路误码率统计示意图 (文献 [93] 图 2; © 1999John&Sons, 转载已获授权)

注: 链路通常设计成在非常高的时间百分比内提供给定的性能指标。在本例中, 要求系统在 99.9% 时间内保证误码率不低于 10^{-8}。统计持续时间通常要一年或者一个月。大气成分 (各种气体、云、雨等) 可能引起晴空条件下误码率性能的恶化。某些时刻, 误码率可能达到导致通信中断的误码量级。这就定义了可用性指标。在本例中, 10^{-6} 的误码率为可用性门限, 在本例中误码率大于门限的时间占比小于 0.01%。

能存在的不同传播损伤的近似时间百分比。

系统性能与可用性门限与接收机内部有用信号功率和无用信号功率的比值有关, 或者更确切地说是在接收机内解调器输入端口的比值。无用信号通常由接收机元件内部原子的无规则运动产生的热“噪声”占主导地位。由于来自于干扰、互调等其他无用功率能够简化为一个等效噪声功率。

现假设接收机内只有热噪声, 噪声功率为

$$P_{\mathrm{N}} = k \times T_{\mathrm{r}} \times B_{\mathrm{N}}\ (\mathrm{W}) \tag{1.39}$$

式中: k 为玻耳兹曼常数 $k = 1.38 \times 10^{-23}$ J/K; T_{r} 为接收机噪声温度 (K); B_{N} 为接收机噪声带宽 (Hz)。

式 (1.39) 最高适用频率约为 300 GHz。当频率增加到 300 GHz 以上时, 量子效应将会显现, 这时将需要一个修正的公式用于计算有效噪声温度。

用于计算等效噪声温度的噪声带宽通常小于信号所占用的带宽 (信道带宽), 特别是在接收机中使用模拟中频滤波器时更是如此[10]。产生这种现象的原因是式 (1.39) 中的 kTB 只有在噪声电平在信道内为常数时才有效。使用滤波器导致很少有噪声带宽等于信道带宽的情况, 因为接收机的噪声带宽通常由符号率 R_{s} 给出, 而信道带宽通常由 $(1+\alpha) \times R_{\mathrm{s}}$ 给出, 其中, α 为中频或基带信道内滤波器的滚降因子。图 1.46 原理性地说明了这种差异。例如: 如果符号率为 128ksymbols/s, 接收机内滤波器的滚降系数为 0.3, 那么由该符号率给出的噪声带宽为 128kHz, 而占用带宽为 $1.3 \times 128 = 166.4$ (kHz)。如果上例中接收机噪声温度为 250K, 用噪声带宽 128kHz 计算在接收机内产生的噪声功率为

$$P_{\mathrm{N}} = k \times T_{\mathrm{r}} \times B_{\mathrm{N}} = 1.38 \times 10^{-23} \times 250 \times 128 \times 10^{3} = 4.416 \times 10^{-16}\ (\mathrm{W})$$

P_{N} 仅表示了接收机内部噪声功率。接收机内部存在着许多可以引起接收机噪声温度的元件 (如天线噪声温度、馈源噪声温度、低噪声放大器 (或高频头)、混频器), 那么系统整体噪声温度便可以计算而得[10]。系统整体噪声功率为

$$P_{\mathrm{N-system}} = k \times T_{\mathrm{S}} \times B_{\mathrm{N}} \tag{1.40}$$

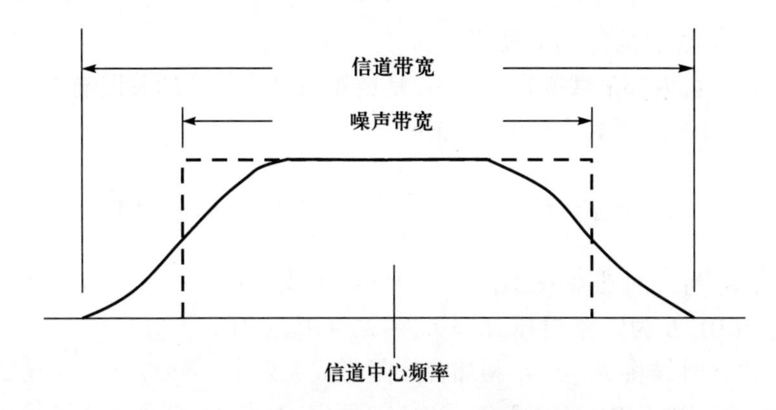

图 1.46 信道带宽与噪声带宽之间区别示意图

注: 噪声功率 kTB 是在整个系统带宽上噪声具有相同振幅假设条件下计算而得的。使用匹配滤波器来改善符号间干扰将引起真实信道带宽具有图实线所示的外部形状, 这使得信号占用带宽增加。为了使 kTB 可用 (等振幅噪声功率的假设成立), 噪声带宽要降低以致信道带宽下面的面积 (实线部分) 与图中矩形面积 (上面的虚线轮廓部分) 相同。这两种带宽之间的不同由滚降系数 α 给出 (有时候用 r 表示)。

需要考虑所有噪声源产生的噪声计算系统整体噪声温度, 既包括内部噪声 (放大器、混频器等产生的噪声), 也包括外部噪声源 (天线从地面、宇宙背景及天空接收到的噪声)。所有的这些噪声成分, 除天空噪声外均为恒定的或者随时间缓慢变化。天空噪声来自于大气内吸收太阳和地球能量粒子的再辐射能量。雨滴就是这样的一种微粒, 天空噪声温度 T_{Sky} 会因为传播路径上存在有大气粒子而发生变化 (见第 4 章)。

对于卫星通信通常使用的微波频率, 热噪声温度以及天空辐射噪声温度不是频率选择性的, 而且是非相干电波 (对于光频段来说, 情况并非如此, 见式 (7.11))。系统噪声温度 T_{S} 与天空噪声温度 T_{sky} 按噪声功率线性求和的方式直接汇总。因此, 系统总的噪声功率 $P_{\text{N-total}}$ 由两个加性噪声温度成分组成, 即晴空条件下固定的噪声温度 T_{S} 和来自路径上诸如雨滴等吸收粒子的热辐射产生的变化的噪声温度 $T_{\text{sky excess}}$。忽略天线特性以及高频头之前的馈线损耗对 $T_{\text{sky excess}}$ 损耗, 系统全部的噪声功率为

$$P_{\text{N-total}} = k \times (T_{\text{S}} + T_{\text{sky excess}}) \times B_{\text{N}} \tag{1.41}$$

式 (1.41) 表示在降雨情况下存在两个因素降低载噪比 (C/N): 第一个因素是载波功率 C 减小了, 载波功率减小量与发射机与接收机之间被散射或者吸收掉的信号功率相当; 第二个因素是噪声功率 N 增加了,

因为天空增加的热辐射使得 T_{sky} 变为 $T_{\text{sky excess}}$。

接收机内部的载噪比 $(C/N)_{\text{r}}$ 是链路预算中涉及的关键输入量。一种简化的链路预算方法表示如下:

$$(C/N)_{\text{r}} = P_{\text{t}} + G_{\text{t}} + G_{\text{r}} - L - 10\lg(P_{\text{N total}})\ (\text{dB}) \tag{1.42}$$

式中: P_{t} 为发射功率 (dBW); G_{t} 为发射天线增益 (dB); G_{r} 为接收天线增益 (dB); L 为链路损耗, $L = L_{\text{w}} + L_{\text{g}} + L_{\text{fs}}$ (dB)。

很多时候将 P_{r} 与 G_{r} 相加在一起形成有效 (或等效) 各向同性辐射功率 (EIRP), $\text{EIRP} = P_{\text{t}} + G_{\text{t}}$ (dBW)。假定 G_{t} 与 G_{r} 两个天线增益项包括了所有与收发天线有关的损耗 (由指向误差、馈线、天线罩等引起的损耗)。式 (1.42) 为给定链路的简化功率预算方程, 公式中的参数可以调整, 以确定在一定载噪比 C/N 条件下的链路损耗。链路损耗或衰落由两个基本上固定的分量和一个可变分量组成。可变分量由天气现象引起的损耗 L_{w} (见第 4 章), 而相对固定的分量是气体吸收损耗 L_{g} (见第 2 章) 和自由空间路径损耗 L_{fs} (也称为路径损耗)。

自由空间路径损耗是在距离 d 的传播过程中信号功率的减少, 并且与距离平方的倒数 $(1/d^2)$ 成正比。对于发射功率为 P_{t} 的全向天线, 在该距离上的功率通量密度为

$$P_{\text{fd}} = \frac{P_{\text{t}}}{4 \times \pi \times d^2}\ (\text{W/m}^2) \tag{1.43}$$

式中: $4 \times \pi \times d^2$ 是半径为 d (单位为 m) 的球面面积。

如果发射天线增益为 G_{t}, 那么功率通量密度将会有所增加, 即

$$P_{\text{fd}} = \frac{P_{\text{t}} \times G_{\text{t}}}{4 \times \pi \times d^2}\ (\text{W/m}^2) \tag{1.44}$$

式中: $P_{\text{t}} \times G_{\text{t}}$ 为等效全向辐射功率, 在这里该项以标准 (模拟) 单位出现而不是以 dB 为单位。

功率通量流密度是单位面积内的功率, 因此可以由接收天线的接收孔径面积乘以功率通量密度得到接收功率。接收信号功率 P_{r} 是接收天线等效接收截面 A 的函数, 即

$$P_{\text{r}} = A \times p_{\text{fd}} = \frac{P_{\text{t}} \times G_{\text{t}} \times A}{4 \times \pi \times d^2}\ (\text{W}) \tag{1.45}$$

由式 (1.5) 可知, 接收天线增益 G_{r} 与其面积 A 相关, 因此式 (1.45) 可以改写为

$$P_{\mathrm{r}} = P_{\mathrm{t}} \times G_{\mathrm{t}} \times G_{\mathrm{r}} \times \left(\frac{\lambda}{4 \times \pi \times d}\right)^2 \ (\mathrm{W}) \tag{1.46}$$

式中: 括号部分通常取其倒数, 并称为自由空间路径损耗。

多年来, 该种方法被认为是链路预算中非常有用的方法, 它使得系统设计者可以分离出链路预算中的不同部分, 因此而形成最优化设计。表 1.7 给出了利用上述公式针对某星 – 地链路进行链路预算的例子。

表 1.7 使用 Ka 波段信标作为测试信号源的星地传播实验链路计算

		参数	功率电平	小计
卫星参数	频率	30 GHz		—
	发射功率		23 dBm	
	发射天线增益	(0.5m; $\eta = 0.55$)	41.3dB	—
	馈线损耗		2dB	
	等效全向辐射功率	a	62.3 dBm	62.3 dBm
传输路径参数	仰角	25°		
	自由空间路径损耗 (38500 km)		213.7 dB	—
	大气损耗		0.6 dB	
	净损耗	b	214.3 dB	214.3 dB
地面站接收机参数	天线增益 (1m; $\eta = 0.55$)		47.3 dB	—
	馈线损耗		1.2 dB	—
	净天线增益	c	46.1 dB	46.1 dB
	接收信号功率	d = a − b + c		−105.9 dBm
信号和门限灵敏度的差值计算	系统噪声温度		600 K	—
	噪声带宽		100 Hz	—
	系统噪声功率 (kTB)	e	−180.8 dBW	−180.8 dBW
	载噪比	f = d − e	74.8 dB	74.8 dBW
	载噪比门限	g	20 dB	20 dB
	可用余量	h = f − g		54.8 dB

在表 1.7 中的链路预算没有考虑下行链路退化 (见第 4 章), 这种退化是由路径上可吸收微粒引起的天空温度的增加或者诸如互调损耗、

幅相变化等全链路预算需要考虑的许多其他方面因素导致。作为例子的链路预算针对窄带传播测量开展。高于门限 20dB 的余量设置是非常保守的, 对于数字系统来说 6 ~ 10 dB 的余量即可满足需求, 当使用性能较优的编码时所需的余量甚至更小。带宽 100Hz 是指检测带宽。根据设计或检测对象的不同, 锁相环很可能具有 1000 ~ 10000 Hz 的有效带宽。锁相环较大的带宽可以更精确地跟踪快速变化的相位与幅度。较大的余量 (54.8dB) 可以允许测量雨致深衰落。在诸如美国维吉尼亚、澳大利亚的奥地利和新南威尔士这些温带地区, 工作于 30GHz 的链路通常每年会有大约 30 min 的时间雨衰超过 50 dB。如何平衡链路成本与每年中可能发生的信号中断时间是一项困难的商业课题。天线越小, 发射功率越低, 系统成本就越低, 并且这种设计更容易被城市规划及用户所接收。然而, 如果所使用的天线太小, 发射功率太低, 则由于不可接受的中断时间或较低的信息吞吐量使得所提供的服务无法满足用户需要。表 1.7 给出的余量可以被许多不同的传播损伤所侵蚀。图 1.47 给出了地 – 空路径上可能发生的各种传播损伤的示意图。其中一些传播损伤发生在多种天气现象下。例如, 冰产生的去极化本质上是一种无损耗机制, 因此被定义为 “晴空” 损伤, 但是它也可能发生于雷暴雨这种严重的恶劣气象条件下。另外, 一些传播损伤可以同时发生, 如电离层闪烁与雨致去极化。因此, 需要对任何链路上可能发生的传播损伤进行精确的预测, 从而在满足必要的可靠性基础上达到所需要的链路性能。随着小型终端大规模应用的不断增加, 21 世纪初已有超过 2000 万个小型卫星终端处于应用之中, 有必要把许多单个的传播损伤 (大气吸收损耗、对流层闪烁、雨衰、熔化层效应等) 合并成联合效应模型, 以便互联网多媒体卫星链路可设置足够的余量。该种模型的首次尝试可见文献 [94,95]。还有必要预测给定电平下雨致衰落持续时间、某级别的衰落持续期的发生频率以及发生间隔时间。为提供相关数据, 已进行了较多的传播测量, 例如在热带地区开展的测量工作[96,97]。雨致衰落事件与的日变化和季节性变化越来越受到关注[98–100]。在商业卫星通信前 40 年接近尾声时, 对中断风险评估的方法上有了明显的变化[101]。相对于原先的单一模型或同时包含高低时间百分比 (0.001% ~ 3%) 预测步骤的方法, 人们更倾向于开发一种可以最佳适应某种特定业务时间百分比要求的算法。对于在低功率、低增益终端下运行的 VSAT 或 DTH(Direct to Home) 互联网业务, 0.01% 以下时间概率的传播预测精度无关紧要, 因为这些业务需要精确预测年中断概率在 0.1% ~ 0.3% 的传播损伤, 或者精确预测最坏月中断概率在 0.5% ~ 1.5% 的传播损伤。与此相反, 互联网主网或视频分发枢纽站点需要对年时间中断概率在 0.01% ~ 0.04% 或者最坏月中断概率为 0.05% ~ 0.2% 的传播损伤进行精确预测。由于 VSAT 或 DTH 业务的性能与可用性被云、小雨等许多传播现象影响, 因此需要精确的联合效应预测方法。另外, 互联网及视频分发站点只需要针对大雨、强对流雨 (主要是雷暴雨) 等极端事件产生的传播损伤进行准确预测。对于高数据率、大功率、高天线增益系统来说, 由于其具有有效的衰落余量, 云产生的传播损伤和闪烁效应对它们无关紧要。

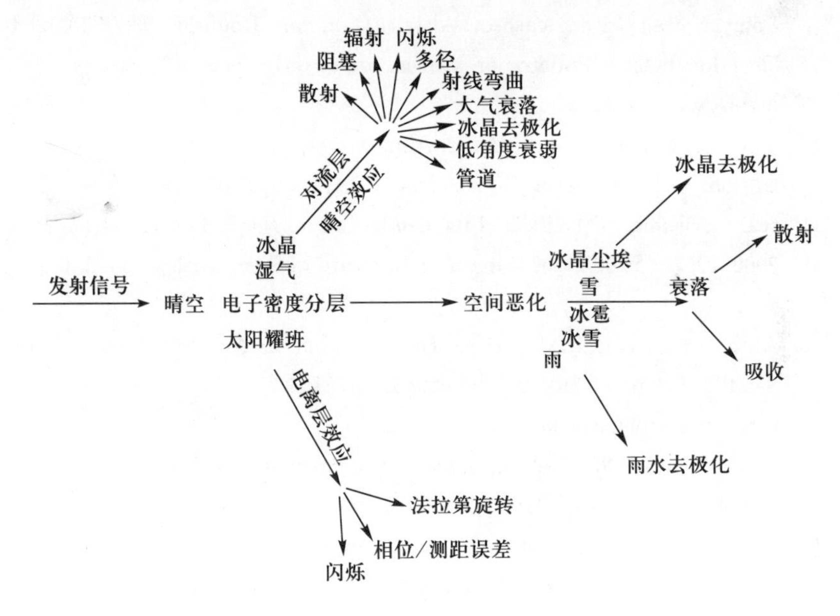

图 1.47 传播损伤机理示意图

参考文献

[1] *From Semaphore to Satellite*, ITU, 2 Rue Varembé 1211, Geneva 20, Switzerland, 1965.

[2] Please see http://mpeg.chiariglione.org for details on the evolution from MPEG 1 to MPEG 21.

[3] *Radio Regulations*, Vol. 1, ITU, 2 Rue Varembé 1211, Geneva 20, Switzerland; updated about every four years; latest edition was issued in 2008.

[4] Ibidem, Vol. 2, ITU, 2 Rue Varembé 1211, Geneva 20, Switzerland; updated about every four years; latest edition was issued in 2008.

[5] G.D. Gordon and W.L. Morgan, *Principles of Communications Satellites*, John Wiley & Sons, Hoboken, New Jersey, USA, 1993, ISBN 0-471-55796-X.

[6] A.C. Clarke, *Extra-Terrestrial Relays*, Wireless World, 1945, pp. 305–308, published by Iliffe & Sons, Ltd., London, UK.

[7] W.R. Bray, 'Satellite communication systems', *Post Office Elec. Eng. J.* 1962, vol. 55, pp. 97–104.

[8] 'Space statistics review', Aviation Information Services Limited, Cardinal Point, Newall Road, Heathrow Airport (London), Hounslow TW6 2AS, UK. This document is updated on at least a quarterly basis.

[9] http://www.hcisat.com.

[10] T. Pratt, C.W. Bostian and J.E. Allnutt, *Satellite Communications*, second edition, Wiley, Hoboken, New Jersey, USA, 2002, ISBN 0-471-37007-X.

[11] R.D. Briskma, *DARS Satellite Constellation Performance*, AIAA paper 2002–1967, ©2002, the American Institute of Aeronautics and Astronautics.

[12] A.E. Turner and K.M. Price, *The Potential in Non-Synchronous Orbit*, Satellite Communications, June 1988, pp. 27–31.

[13] http://www.ellipso.com.

[14] T. Pratt and C.W. Bostian, *Satellite Communications*, John Wiley & Sons, Hoboken, New Jersey, USA, 1986.

[15] H.E. Green, 'Propagation impairments on Ka-band SATCOM links in tropical and equatorial regions', *IEEE Antenn. Propag. Mag.*, 2004, vol. 46, no. 2, pp. 31–45.

[16] K. Miya (ed.), *Satellite Communications Technology*, second edition, KDD Engineering and Consulting, Inc., Tokyo, 1985 (English language edition).

[17] W.Flury, 'Station-keeping of a geostationary satellite', *ELDO-Cecles/ ESROCERS Scient. Tech. Rev.*, 1973, vol. 5, pp. 131–156.

[18] J.E. Allnutt and J.E. Goodyer, 'Design of receiving stations for satellite-toground propagation research at frequencies above 10 GHz', *IEE J. Microwaves Optic. Acoust.*, 1977, vol. 1, pp. 157–164.

[19] A. Miller and R.A. Anthes, *Meteorology*, fourth edition, Charles E. Merrill

Publishing Co., 1981. Bel Air, California.

[20] B.N. Agrawal, *Design of Geosynchronous Spacecraft*, Prentice-Hall, now Pearson Education, Upper Saddle River, NJ, USA, 1986.

[21] J.M. Benedetto, 'Economy class ion-defying ICs in orbit', *IEEE Spectrum*, 1998, vol. 35, no. 3, pp. 36–41.

[22] A.I. Omoura and D.B. Hodge, *Microwave Dispersion and Absorption due to Atmospheric Gases*, Technical Note 10, August 1979, The Ohio State University, ElectroScience Laboratory, Department of Electrical Engineering, Columbus, Ohio 43212, USA.

[23] W.D. Rustland and R.J. Doviak, 'Radar research on thunderstorms and lightning', *Nature*, 1982, vol. 297, pp. 461–468.

[24] P.M. Austin, 'Spatial characteristics of precipitation on the sub-synoptic scale', Preprints, IUCRM Colloquium on the Fine Scale Structure of Precipitation and E.M. Propagation, Nice, France, October 1973.

[25] T.W. Harrold and P.M. Austin, 'The structure of precipitation systems - a review', *J. Rech. Atmos.*, 1974, vol. 8, pp. 41–57.

[26] R.R. Roger, 'Statistical rainstorm models: their theoretical and physical foundation', *IEEE Trans. Antenn. Propag.*, 1976, AP-24, pp. 547–566.

[27] R.A. Houze, Jr. 'Structure of precipitation systems: a global survey', *Radio Sci.*, 1981, vol. 16, pp. 671–689.

[28] D.C. Hogg, 'Path diversity in propagation of millimeter waves through rain', *IEEE Trans. Antenn. Propag.*, 1967, vol. AP-15, pp. 410–415.

[29] E.E. Freeny and J.D. Gabbe, 'A statistical description of intense rainfall', *Bell Syst. Tech. J.*, 1969, vol. 48, pp. 1789–1851.

[30] B.N. Harden, J.R. Norbury and W.J.K. White, 'Measurements of rainfall for studies of millimetric radio attenuation', *IEE J. Microwaves Optic. Acoust.*, 1977, vol. 1, pp. 197–202.

[31] L. Falk, 'Statistics of the fine scale structure of rain in Stockholm 1977–1979', *Proc. URSI Commission F Symposium*, 1980, ESA SP-194, pp. 197–199.

[32] J. Goldhirsh, 'Rain cell statistics as a function of rain rate for attenuation modeling', *IEEE Trans. Antenn. Propag.*, 1983, vol. AP-31, pp. 799–801.

[33] *Recommendations and Reports of the CCIR, XIVth.* Plenary Assembly, Kyoto, 1978, Volume V (Propagation in non-ionized media): Report 563–1: 'Radiometeorological Data', ITU, 2 Rue Varembé 1211, Geneva 20, Switzerland.

[34] J.I. Strickland, 'Radar measurements of site diversity improvement during precipitation', *J. Rech. Atmos.*, 1974, vol. 8, pp. 451–464.

[35] R.K. Crane, *An Analysis of Radar Data to Obtain Storm Cell Sizes, Shapes, and Spacings*, Report RWP-1, Thayer School of Engineering, Dartmouth College, Hanover, New Hampshire, USA, 1983.

[36] R.K. Crane and K.R. Hardy, 'The HIPLEX program in Colby-Goodlands, Kansas: 1976–1980', ERT Document P-1552-F, 1981, prepared for the Water and Power Resources Service, US Department of the Interior, Denver, Colorado 80225, USA. (ERT is Environmental Research and Technology, Inc., 696 Virginia Road, Concord, Massachusetts 01742, USA.)

[37] R.K. Crane, 'Automatic cell detection and tracking', *IEE Trans. Geosci. Electron.*, 1979, vol. GE-17, pp. 250–262.

[38] *Recommendations and Reports of the CCIR, XVth.* Plenary Assembly, Geneva, 1982, Volume V (Propagation in non-ionized media): Report 563-2: 'Radiometeorological Data', ITU, 2 Rue Varembé 1211, Geneva 20, Switzerland.

[39] M.P.M. Hall, *Effects of the Troposphere on Radio Communications*, Peter Peregrinus Ltd., London, UK, 1979.

[40] Originally published in Conclusions of the Interim Meeting of Study Group 5 (Propagation in non-ionized media), Geneva, 11 - 26 April 1988, Document 5/204; Report 563-3 (MOD-1): 'Radiometeorological Data'. The general website for the ITU is http://www.itu.int and many of these maps may be found there. For ITU model software, see http://www.itu.int/brsg/sg3/databanks/tropospheric.html.

[41] *Recommendations and Reports of the CCIR, XVIth.* Plenary Assembly, Dubrovnik, 1986, Volume V (Propagation in non-ionized media): Report 563-3: 'Radiometeorological Data', ITU, 2 Rue Varembé 1211, Geneva 20, Switzerland.

[42] M. Thurai, E. Deguchi, T. Iguchi and K. Okamoto, 'Freezing height distribution in the tropics', *Int. J. Satellite Comm. Netw.*, 2003, vol. 21, pp. 533–545.

[43] Available from http://trmm.gsfc.nasa.gov/. This is the home page of the Tropical Rainfall Measuring Mission.

[44] Rec. ITU-R P.839-3: 'Rain height model for prediction methods', 2001.

[45] B.J. Mason, *The Physics of Clouds*, Clarendon Press, Oxford, 1977.

[46] J.H.S. Bradley, *Rainfall Extreme Value Statistics Applied to Microwave Attenuation Climatology*, Scientific Report MW-66, Stormy Weather Group of McGill University, Montreal, Canada, 1970.

[47] R.R. Rogers, ed., 'The mesoscale structure of precipitation and space diversity', *J. Res. Atmos.*, 1974, vol. 8, pp. 485–490 (Working Group IV Report: R.R. Rogers, Chairman).

[48] P.-Y. Wang and P.V. Hobbs, 'The mesoscale and microscale structure and organization of clouds and precipitation in mid-latitude cyclones. X: Wave-like rainbands in an occlusion', *J. Atmos. Sci.*, 1983, vol. 40, pp. 1950–1964.

[49] T.G. Konrad, 'Statistical models of summer rain showers derived from finescale radar observations', *J. Appl. Meteorol.*, 1978, vol. 17, pp. 171–188.

[50] S. Matsumoto, 'Mesometeorological aspects of precipitation', *J. Rech. Atmos.*, 1974, vol. 8, pp. 205–212.

[51] P.G. Black, 'Mesoscale cloud patterns revealed by Apollo-Soyuz photographs', *Bull. Am. Meteorol. Soc.*, 1978, vol. 59, pp. 1409–1419.

[52] T. Furukawa, 'A study of typhoon rainbands with quantized radar data', *J. Meteorol. Soc. Jpn.*, 1980, vol. 58, pp. 246–260.

[53] I.I. Zawadski, 'Statistical properties of precipitation patterns', *J. Appl. Meteorol.*, 1973, vol. 12, pp. 459–472.

[54] I.I. Zawadski, 'Statistics of radar patterns and EM propagation', *J. Rech. Atmos.*, 1974, vol. 8, pp. 391–397.

[55] R.E. Newell, 'Some radar observations of tropospheric cellular convection', *Proc. 8th Weather Radar Conf.*, 1960, pp. 315–322.

[56] A.S. Dennis and F.G. Fernald, 'Frequency distribution of shower sizes', *J. Appl. Meteorol.*, 1963, vol. 2, pp. 767–769.

[57] M. Yamada, A. Ogawa and H. Yokoi, 'Precipitation attenuation in the low elevated earth-satellite path', *IECE Tech. Group Antenn. Propag. Jpn.*, 1975, paper AP 75–66.

[58] B. Segal, *High-Intensity Rainfall Statistics for Canada*, CRC Report No. 1329-E, Communications Research Centre, Ottawa, Canada, 1979.

[59] R.R. Braham and D. Wilson, 'Effects of St. Louis on convective cloud heights', *J. Appl. Meteorol.*, 1978, vol. 17, pp. 587–592.

[60] S.A. Chagnon, Jr., 'The Laporte weather anomaly – fact or fiction', *Bull. Am. Meteorol. Soc.*, 1968, vol. 49, pp. 4–11.

[61] R.G. Semonin and S.A. Chagnon, Jr., 'METROMEX: summary of 1971–

1972 results', *Bull. Am. Meteorol. Soc.*, 1974, vol. 55, pp. 95–100.

[62] T. Bergeron, 'On the physics of cloud and precipitation', *Proc. 5th Assembly UGGI*, Paris, 1935, vol. 2, pp. 156 et seq.

[63] P.R. Jones and P. Goldsmith, 'The collection efficiencies of small droplets falling through a sheared air flow', *J. Fluid Mech.*, 1972, vol. 52, pp. 593–608.

[64] J.O. Laws, 'Measurements of the fall velocities of water drops and raindrops', *Trans. Am. Geophys. Union*, 1941, vol. 22, pp. 709–712.

[65] R. Gunn and G.D. Kinzer, 'The terminal velocities of fall for water droplets in stagnant air', *J. Meteorol.*, 1949, vol. 6, pp. 243–248.

[66] A.C. Best, 'Empirical formulae for the terminal velocity of water drops falling through the atmosphere', *Q. J. R. Meteorol. Soc.*, 1950, vol. 76, pp. 302–311.

[67] K.V. Beard, 'Terminal velocity and shape of cloud and precipitation drops aloft', *J. Atmos. Sci.*, 1976, vol. 33, pp. 851–864.

[68] W.L. Flock, 'Propagation effects on satellite systems at frequencies below 10 GHz', NASA Reference Publication 1108, 1983.

[69] H.B. Wobus, F.W. Murray and L.R. Koenig, 'Calculation of the terminal velocities of water drops', *J. Appl. Meteorol.*, 1971, vol. 10, pp. 751–754.

[70] H.R. Prupacher and R.L. Pitter, 'A semi-empirical determination of the shape of cloud and rain drops', *J. Atmos. Sci.*, 1971, vol. 28, pp. 86–94.

[71] A.R. Nelson and N.R. Gokhale, 'Oscillation frequencies of freely suspended water drops', *J. Geophys. Res.*, 1972, vol. 77, pp. 2724–2727.

[72] L.W. Li, P.S. Kooi, M.S. Leong and T.S. Yeo, 'On the simplified expression of realistic raindrop shapes', *Microw. Opt. Technol. Lett.*, 1994, vol. 7, pp. 201–205.

[73] L.W. Li, P.S. Kooi, M.S. Leong and T.S. Yeo, 'An integral equation approximation to microwave specific attenuation by distorted raindrops: the Prupacher-Pitter model', *Proc. IEEE*, 1995, vol. 83, pp. 600–604.

[74] L.W. Li, P.S. Kooi, M.S. Leong and T.S. Yeo, 'Integral equation approximation to microwave specific attenuation by distorted raindrops', *Proc. IEEE.*, 1995, vol. 83, pp. 1658–1662.

[75] J.O. Laws and D.A. Parsons, 'The relation of rain drop-size to intensity', *Trans. Am. Geophys. Union*, 1943, vol. 24, pp. 432–460.

[76] J.S. Marshall and W.M. Palmer, 'The distribution of rain drops with size', *J. Meteorol.*, 1948, vol. 5, pp. 165–166.

[77] H.R. Pruppacher and K.V. Beard, 'Wind tunnel investigation of the internal circulation and shape of water drops falling at terminal velocity in air', *Q. J. R. Meteorol. Soc.*, 1970, vol. 96, pp. 247–256.

[78] J. Joss, J.C. Thams and A. Waldvogel, 'The variation of rain drop size distribution at Locarno', *Proc. International Conference on Cloud Physics*, Toronto, Canada, 1968, pp. 369–373.

[79] P.A. Barclay, 'Rain drop-size distributions in the Melbourne area', *Institute of Engineers, Hydrology Symposium*, Armidale, N.S.W., 1975, pp. 112–116.

[80] P.L. Rice and N.R. Holmberg, 'Cumulative time statistics of surface-point rainfall rates', *Trans. Commun.*, 1973, vol. COM-21, pp. 1131–1136.

[81] R.K. Crane and P.C. Robison, 'ACTS propagation experiment: rain-rate distribution observations and prediction model comparisons', *Proc. IEEE*, 1997, vol. 85, no. 6, pp. 946–958.

[82] Recommendation ITU-R PN.837-1, 'Characteristics of precipitation for propagation modelling', 1994.

[83] J.P.V. Poiares Baptista, Z.W. Zhang and N.J. McEwan, 'Stability of rain-rate cumulative distributions', *Electron. Lett.*, 1986, vol. 22, pp. 350–352.

[84] Q.W. Pan, J.E. Allnutt and C.S. Tsui, 'Evidence of atmospheric tides from a satellite beacon experiment', *Electron. Lett.*, 2006, vol. 42, no. 12, pp. 706–707.

[85] M. Alcira, J.M. Riera, P. Garcia and A. Benarroch, '50-GHz system simulation based on Italsat experimental data gathered in Madrid', *International Workshop of COST actions 272 and 280 Satellite Communications – from fade mitigation to service provision*, Noordwijk, The Netherlands, ESA publication WPP-209, 26–28 May 2003, pp. 39–45.

[86] Report 236-6: 'Influence of terrain irregularities and vegetation on tropospheric propagation', CCIR Volume 5 Propagation in non-ionized media (1982 - 1986), ITU, 2 Rue Varembé 1211, Geneva 20, Switzerland.

[87] Report 715-2: 'Propagation by diffraction', CCIR Volume 5 Propagation in non-ionized media (1982–1986), ITU, 2 Rue Varembé 1211, Geneva 20, Switzerland.

[88] Input document 5/101: Use of approximate formulae, 25 February 1988 submitted to the Interim Meeting of CCIR Study Group 5 (1986–1990).

[89] G.A.J. Van Dooren and M.H.A.J. Herben, 'An Engineering approach for site shielding calculations', *Int. J. Satellite Commun.*, 1993, vol. 11, pp. 301–311.

[90] D.I. Dalgleish, 'The influence of interference on the siting of earth stations', *International Conference on Satellite Communications*, IEEE Conf. Publ. No. 126, 1975, pp. 21–27.

[91] Document 5/152: 'Draft modifications to Report 884-1', 18 April 1988, output document of the Interim Meeting of CCIR Study Group 5 (1986–1990).

[92] Rec. ITU-R PN. 885-2: 'Propagation data required for evaluating interference between stations in space and those on the surface of the Earth', 1998.

[93] J.E. Allnutt, 'Refraction and attenuation in the troposphere', in *Wiley Encyclopedia of Electrical and Electronics Engineering* (J.G. Webster, ed.), John Wily & Sons, Hoboken, New Jersey, USA, ISBN 0 471 13946 7, 1999, vol. 18, pp. 379–388.

[94] G. Feldhake, 'Estimating the attenuation due to combined atmospheric effects on modern earth - space paths', *IEEE Antenn. Propag. Mag.*, 1997, vol. 39, no. 4, pp. 26–34.

[95] A.W. Dissanayake, J.E. Allnutt and F. Haidara, 'A prediction model that combines rain attenuation and other propagation impairments along Earth-satellite Paths', *IEEE Trans. Antenn. Propag.*, 1997, vol. 45, no. 10, pp. 1546–1558.

[96] K.I. Timothy, J.T. Ong and E.B.L. Choo, 'Fade and non-fade duration statistics for earth - space satellite link in Ku-band', *IEE Electron. Lett.*, 2000, vol. 36, no. 10, pp. 894–895.

[97] Q.W. Pan and J.E. Allnutt, '12 GHz fade durations and intervals in the tropics', *IEEE Trans. Antenn. Propag.*, 2004, vol. 32, no. 3, pp. 693–701.

[98] J.E. Allnutt and F. Haidara, 'Ku-band diurnal rain fade statistics from three, two-year, earth - space experiments in equatorial Africa', *Proceedings of URSI Commission F Open Symposium on Climatic Parameters in Radiowave Propagation Prediction*, Ottawa, Canada, 27–29 April 1998, pp. 159–162.

[99] J.E. Allnutt and F. Haidara, 'Ku-band fade duration data from three, twoyear, earth–space experiments in equatorial Africa', *Ibidem.*, pp. 163–166.

[100] Q.W. Pan and J.E. Allnutt, 'Seasonal and diurnal effects on Ku-band sitediversity performance measured in a rainy tropical region', *IEEE AP-S/URSI International Symposium*, Boston, USA, 8 - 12 July 2001, Conference Digest, vol. 3, pp. 113–116.

[101] J.E. Allnutt and C. Riva, 'The Prediction of Rare Propagation Events: The Changing Face of Outage Risk Assessment in Satellite Services', invited paper, session F, URSI General Assembly, Maastricht, August 2002, paper number 0937 of session F2, p.47 et seq.

第 2 章

电离层效应

2.1 引言

1901 年 12 月 12 日, Guglielmo Marconi 成功地从加拿大纽芬兰的圣约翰向英格兰康沃尔的普尔杜发送了摩斯码字符 “S”。Marconi 早期的无线电报工作在某种程度上是基于发射机越高, 通信距离越远的理论。显然, 能够跨越大西洋从加拿大向英国发射无线信号的过程中还存在其他机理。地球大气反射层的存在被认为是其中的机理, 在接下来一年的实验中, Marconi 发现夜间信号传送的距离比白天更远, 因此, 太阳对无线通信造成的影响成为了热点研究课题。对这些问题的研究一直到现在都几乎没有减少, 并产生了一个新的科学分支 —— 电离层物理。

电离层是位于地球表面上 50~2000km 的电离等离子体区域, 但是等离子体主要集中在 80~400km。在这样的高度范围, 太阳辐射能量使得被照射气体 (主要是氮气和氧气) 的电子从分子脱离, 产生了电离的等离子体。仅有一部分分子被电离, 余下大量的中性分子。电子 - 离子对复合时间与生成电子 - 被电离分子对产生时间的量级相当, 这就是电子和被电离分子之间存在均衡的分离状态的原因。当有太阳能量输入时, 电离和复合达到平衡。当太阳不再照射时, 复合率会超过电子 - 离子对的生成率, 引起电离水平的下降。日出时电子 - 离子对的增加速度比日落时的复合速度慢, 因此在傍晚观察到更有效的传播效应比日出时多。电离层之上为等离子体层或者光球层, 该层同样存在大量的自由电子。太阳风内部的地磁场则捕获这些自由电子 (图 2.1)。

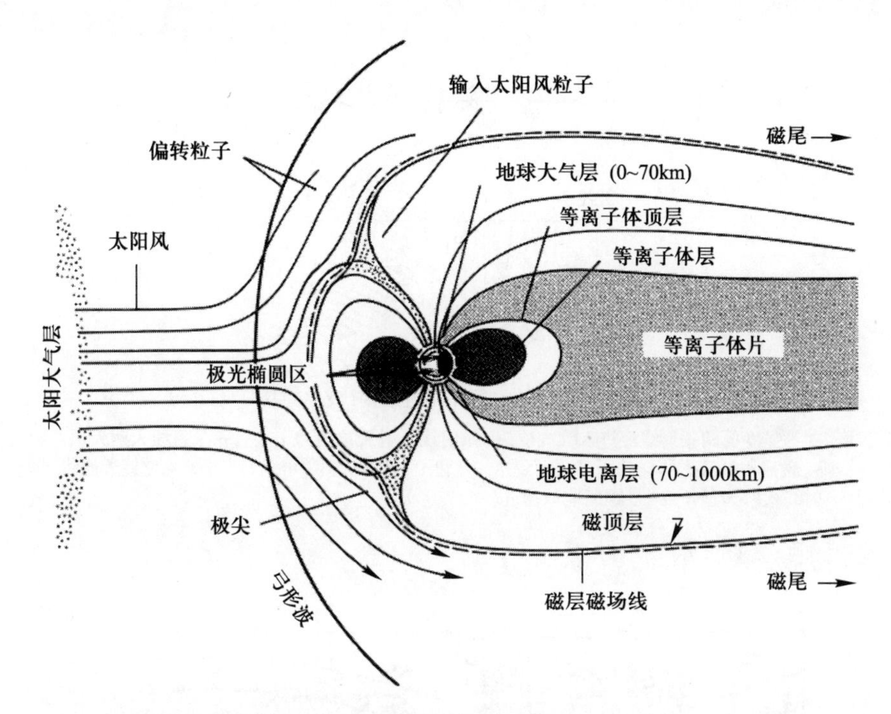

图 2.1 太阳风与地球磁场间的相互作用 (源自 http://www.windows.ucar.edu/tour/link=/glossary/images/solar-wind_gif_image.html, 该图由 NASA 提供再版)

注: 太阳风主要由太阳日冕层内气体膨胀而引起。约 1700000°C 的日冕层高温加热其周围的气体引起膨胀。在这个过程中, 原子不断碰撞并失去电子。因此而产生的离子构成了太阳风的主要成分, 地球附近太阳风的风速可达 500km/s, 离子平均密度约为 5 个/cm^2 离子[1]。地球磁场使得太阳风方向偏转, 地球磁层也会因太阳风向外延展, 使得地磁层顶内的磁层形状就像拖在地球身后的尾巴。范艾伦辐射带位于磁层内但在电离层以上。

在太阳风包裹下的地球磁场的边界称为磁顶。磁顶与电离层之间为磁层。朝向太阳方向的磁层扩展空间达 10 个地球半径, 形状像是逆着太阳风的 “弓形波”。而地球另一端的磁层扩展范围达到 60 个地球半径。在磁层内, 磁场控制着带电粒子的运动, 而在电离层中该运动则主要由带电粒子碰撞复合过程决定。范艾伦辐射带位于磁层内部, 等离子体层处于范艾伦辐射带下方, 与电离层一起构成磁层的下边界[2]。

太阳电磁辐射使大气粒子发生电离, 大气电离度是太阳辐射经过大气层的路径长度的函数, 因此也是天顶角的函数。距天顶越近, 越接近大气层底部, 电离越容易产生, 如图 2.2 所示。

因此, 地球赤道附近上空存在电离粒子的集结。但是, 由于地球磁轴与地球自转轴之间存在约 12° 的偏移, 地磁赤道与地理赤道并不重

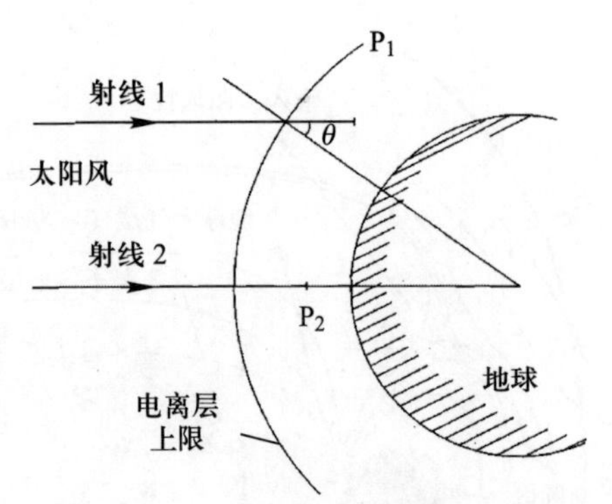

图 2.2 穿过大气层的空间射线示意图

注: 同等强度的两条射线经进入大气层, 一条射线入射天顶角为 0°, 另一条射线入射天顶角为 θ。两条射线穿透同样的距离分别到达 P_1 和 P_2 点。从图中可以看出,P2 点更接近地球, 即射线入射天顶角越小, 距离地球越近。

合, 如图 2.3 所示。

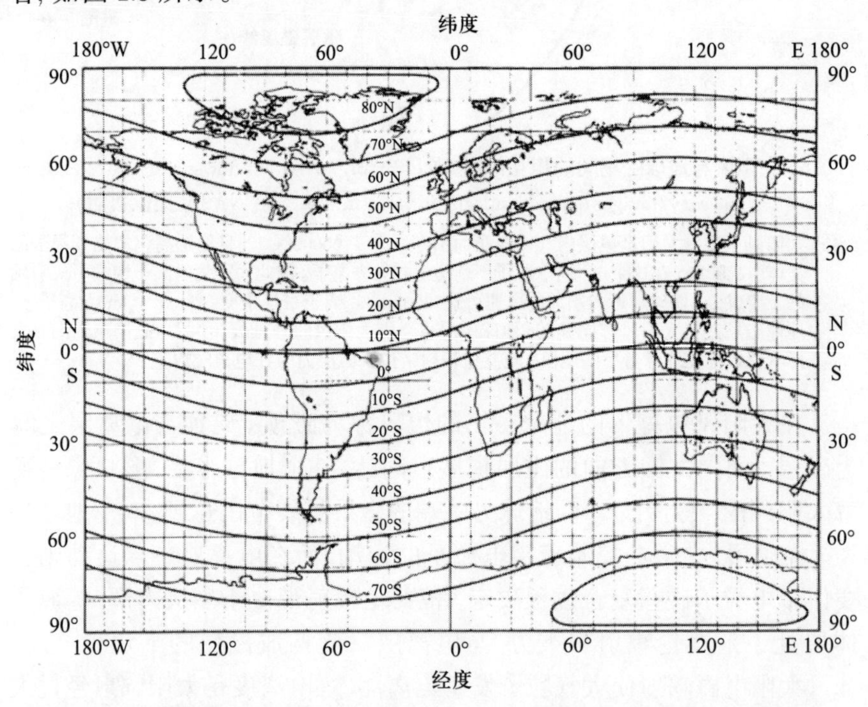

图 2.3 地磁纬度 (摘自文献 [3] 中的图 10; ©1999 ITU, 转载已获授权)

同样, 如图 2.4 所示, 太阳自转的旋转轴相对地球绕太阳转动的轨道平面的法线存在 7.3° 倾角 (绕太阳的地球轨道平面称为黄道)。因此,垂直于太阳表面发射出的冲击地球大气的能量一定从太阳赤道附近 ±7.3° 范围内的太阳表面带辐射而出。正是太阳赤道周围 14.6° 的窄辐射带对地球的电离层及地球上所有生命产生巨大的直接影响。

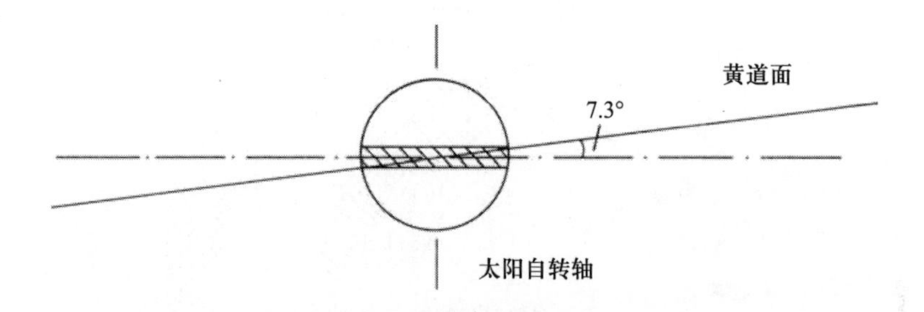

图 2.4 影响地球电离层的太阳主辐射带

注: 当地球围绕公转时, 某时刻只有图中所示的阴影带部分才能发射出垂直于太阳表面且在黄道平面内的能量, 这部分能量才能到达地球。

地球磁场会与电离层中被电离的粒子相互作用, 试图按照地磁场强的分布模式对这些被电离的粒子进行排列。被电离粒子顺着场强线流向地球两极, 在大气层致密地区复合, 产生极光现象。电子与阳离子的碰撞复合过程和中性气体的原子和分子对电子的吸附作用形成了去电离过程。由于地球大气层的向阳面会从太阳辐射的紫外线或 X 射线吸收很强的能量, 所以大气向阳面比背阴面有更强烈的电离区。图 2.5 给出电离层如何在白天膨胀而晚上塌缩。但是, 在太阳强烈活动期间, 夜间的去电离过程不能完全抵消电离过程, 残余电离层在夜间会分布在除 E、F 层的电离层其他区域。

电离层区域的命名由 E.V. Appleton 首次提出, 以 D 层开始命名是因为考虑到在该层上下方可能还有其他层。结果是 D 层之下并没有发现其他任何电离层,D 层是电离层的最下层区域。T.L. Eckersley 做了最初有关电离层的系统性研究[5,6]。但是直到开始利用天文学中的大型天线观察银河系中特殊的射电星, 电离层的其他特征才被观测到。1946 年, 对天鹅座的研究[7] 发现电离层会引起信号幅度和相位在相对较短暂的时间内 (0.1 ~ 1 s) 发生变化。之后的研究表明, 幅度和相位起伏程度可能随频率按 $f^{-1.5}$ (f 为信号频率) 的规律变化。文献 [8] 概述了 1950 年之前的相关研究。这些早先研究为电波在电离层表面的反射假定了临界反射和部分反射两个基本机理。临界反射理论的本质思想是

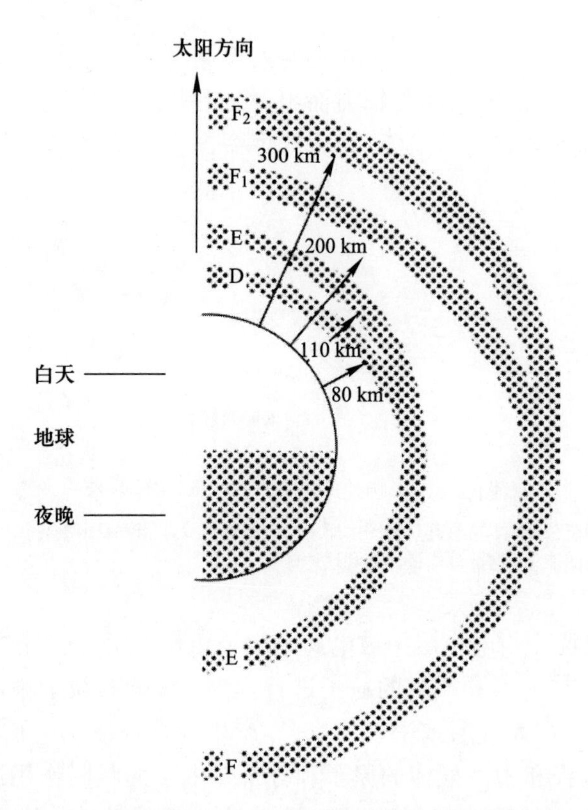

图 2.5 按地球表面以上高度划分的电离层区域 (摘自文献 [3] 中图 1; ©1986 ITU 所有, 转载已获授权)

在给定信号频率 f 下电离层的折射指数直接取决于等离子体密度 N。因为如图 2.6 所示 N 值并不随高度增加无限增大, 而是在大约 300km 处达到 10^{12} 个电子/m^3 最大值。频率 f 同样也存在一个上限值, 频率大于此值的信号不会被电离层反射。

根据临界反射理论, 频率高于超高频 (300~3000MHz) 的信号将检测不到反射信号。但实际上依然检测到部分反射信号, 所以假设了第二种机理即部分反射理论。但不幸的是依然不能充分解释高于超高频的信号回波的大小。之后又假定了第三种机理[10], 该机理似乎解释了迄今为止观测到的全部现象。这一理论假设等离子体中的每一个自由电子会吸收少量任意频率的入射电波能量, 并随着其他自由电子一起将激发的自生磁场再次辐射出去。回波信号的强度与折射指数相对其均值起伏的均方根成正比, 而折射指数的均值又正比于 f^{-2}。电离层传播效应

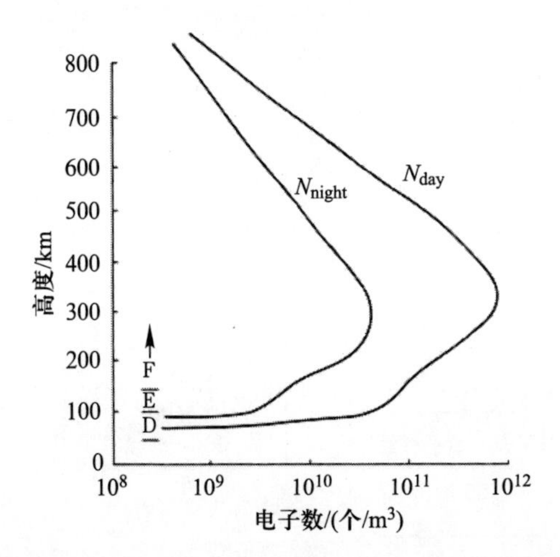

图 2.6 电子密度昼夜均值随高度的变化 (摘自文献 [9] 法语版中的图 9.1;©1983 Bordas, Duod, Gauthier-Villars 所有; 作者从法语版文献翻译; 转载已获授权)

量度随 f^{-2} 减小的事实是一个关键点, 将在之后进行讨论。理解电离层中电波传播基本原理对后续模拟传播效应及其对系统的影响很重要。

2.2 基本公式

2.2.1 临界频率

电离层中电波的传播是电离层中电离成分、磁场以及信号本身的参数 (频率、极化、幅度、带宽、传播方向、调制等) 间复杂的相互作用过程。

传播方向可分解为平行及垂直于磁场的两个方向, 这两个方向的波称为特征波[11]。由基本原理[12] 导出特征波的过程不在本书的讨论范围之内, 有关电离层中的电波[13]、电离层[14]、电离层与磁层[2] 的教材给出了特征波详细的数学及物理解释, 下面直接讨论特征波。

特征波是传播过程中极化状态不会发生任何变化的波。传播方向垂直于磁场的特征波可进一步细分为寻常波和非寻常波。图 2.7 概括了特征波的亚分类。

寻常波的电场矢量与磁场方向平行。电子的运动方向与磁场磁力线的方向一致, 电场与磁场没有相互作用。此时折射指数 n_0 满足[15]

$$n_0^2 = 1 - \frac{f_{\mathrm{p}}^2}{f^2} \tag{2.1}$$

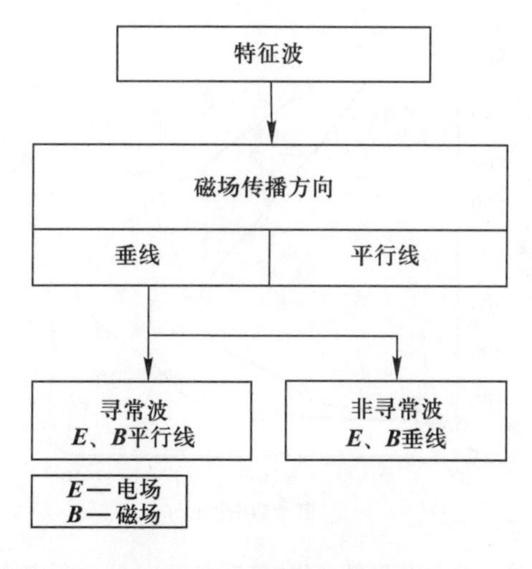

图 2.7 特征波的亚分类

式中: f_{p} 为等离子体频率; f 为电波的频率。

等离子体是带电气体, 气体中的原子均至少失去了一个电子, 因此等离子体带净正电荷。电子频率和离子频率共同决定等离子体频率。其中, 某一频率趋于主导地位, 通常占主导地位的是与自由电子相关的频率。等离子体频率为

$$f_{\mathrm{p}} = 8.9788 \times 10^{-6} \times N^{1/2}\ (\mathrm{MHz}) \tag{2.2}$$

式中: N 为每立方米内自由电子的个数。

如果信号频率 f 远小于 f_{p}, 那么折射指数为负, 电波被反射[15]。反射与折射有时很难区分。如图 2.8 所示, 从 A 点发出在 B 点接收到信号可以很好地等效为电离层的折射波, 也可以看做是位于 C 点处虚反射层的反射信号。

恰好只有部分反射发生的频率称为截止频率 f_{c}。反过来说, 只有大于截止频率的电波才能穿出电离层。截止频率与等离子频率相同, 即

$$f_{\mathrm{c}} = 8.9788 \times 10^{-6} \times N^{1/2}\ (\mathrm{MHz}) \tag{2.3}$$

图 2.9 给出了北半球截止频率随季节、电离层区域以及一日内的时间变化的情况, 通常情况下, 最高的截止频率约为 12 MHz。随着电波频率增加, 电离层对其的吸收与折射等作用将减弱, 当频率升至 1GHz 时

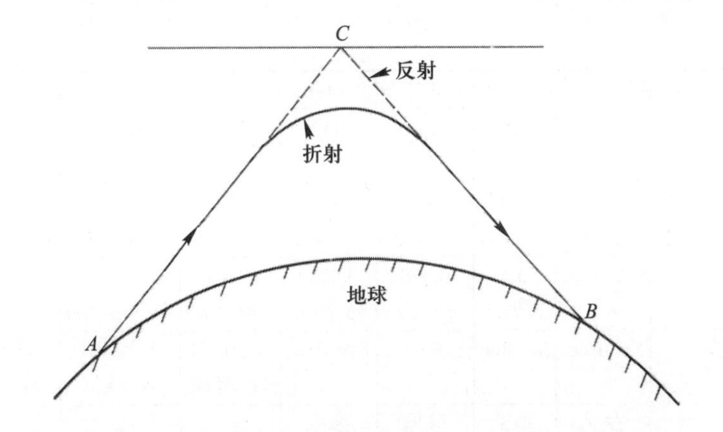

图 2.8 电波从 A 点经大气上层边界折射及反射传播至 B 点的示意图

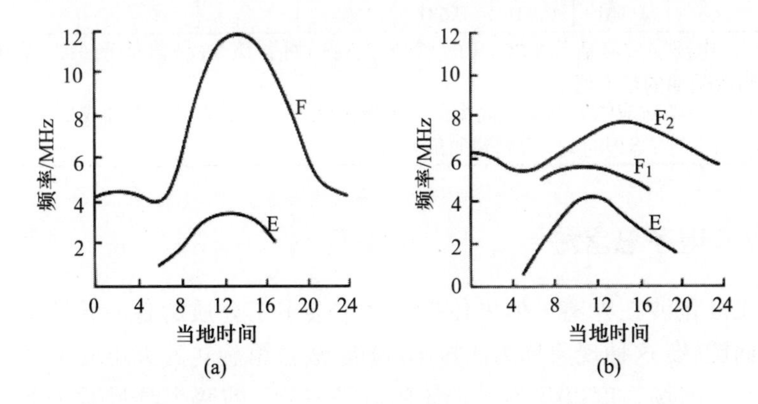

图 2.9 典型截止频率的变化情况 (摘自参考文献 [9] 法语版图 9.2; ©1983 Bordas, Dunod, Gauthier-Villars; 原作者从法语版翻译而来; 转载已获授权)

(a) 冬季; (b) 夏季。

二者的作用可以被忽略。表 2.1 给出频率为 1 ~ 30 GHz 电波的电离层效应典型值。

表 2.1 不同频率电波以 30° 仰角通过大气层时的单程电离层效应的估计值

效应	频率相关	0.1 GHz	0.25 GHz	0.5 GHz	1 GHz	3 GHz	10 GHz
法拉第旋转	$1/f^2$	30 转	4.8 转	1.2 转	108°	12°	1.1°
传播延迟	$1/f^2$	2.5us	4us	1us	0.25us	0.028us	0.0025us
折射	$1/f^2$	$< 1°$	$< 0.16°$	$< 2.4'$	$< 0.6'$	$< 4.2''$	$< 0.36''$

(续)

效应	频率相关	0.1 GHz	0.25 GHz	0.5 GHz	1 GHz	3 GHz	10 GHz
入射角的变化 (RMS)	$1/f^2$	20′	3.2′	48″	12″	1.32″	0.12″
吸收 (极地区)	$\approx 1/f^2$	5.0 dB	0.8 dB	0.2 dB	0.05 dB	6×10^{-3} dB	5×10^{-4} dB
吸收 (中纬度)	$1/f^2$	<1 dB	<0.16 dB	<0.04 dB	<0.01 dB	<0.001 dB	$<10^{-4}$ dB
色散	$1/f^3$	0.4 ps/Hz	0.026 ps/Hz	0.0032 ps/Hz	0.0004 ps/Hz	1.5×10^{-5} ps/Hz	4×10^{-7} ps/Hz
闪烁	See-Rec.	See-Rec.	See-Rec.	See-Rec.	>20 dB (峰–峰值)	≈ 10 dB (峰–峰值)	≈ 4 dB (峰–峰值)
	参见 ITU-R P.531	参见 ITU-R P.531	参见 ITU-R P.531	参见 ITU-R P.531			

注: 1. 电离层效应基于 TEC=10^{18} 个电子/m² 评估, 该 TEC 值是低纬度、白天太阳活跃期的最大值。
2. 最后一条对应的闪烁值是高太阳黑子数条件下在地磁赤道处春分或秋分夜晚的前几小时 (当地时间) 观测到的最大值

2.2.2 电子总含量

线极化波在等离子体中传播时通常会由于介质的各向异性引起极化平面旋转, 这种现象称为法拉第旋转。法拉第旋转的大小取决于电波的频率、磁场强度以及等离子体的电子密度。前两个参量对于地球同步卫星具体链路而言实际上是常数, 因此线极化波极化矢量相对于原来极化取向的旋转, 可以很好地表征电波在等离子体中传播时遇到的电子总数。路径上累积的电子数称为电子总含量 (TEC)。但是, 通常更趋向利用从地球表面至电离层上限高度、界面为 1 m² 的天顶路径的路径累积电子数定义 TEC。这样的垂直气柱内的 TEC 值在 $10^{16}\sim10^{18}$ 个电子/m² 变化, 其峰值出现于一天内太阳照射的时间段。有关 TEC 的变化、TEC 平均值与极值之间的关系以及 TEC 对 6GHz/4GHz 通信卫星系统的综合影响在文献 [17,18] 中给出了很好的综述。根据 TEC 取值可以计算得到许多其他的传输参数。

2.2.3 法拉第旋转

线极化波通过电离层时, 极化向量相对于其传播方向的旋转角 ϕ

可由下式计算得到[15]

$$\phi = \frac{2.36 \times 10^4}{f^2} \int NB\cos\theta_{\mathrm{B}} \mathrm{d}l \ (\mathrm{rad}) \tag{2.4}$$

式中: f 为电波频率 (Hz); N 为电离层电子浓度 (个电子/m^3); B 为地球磁场强度 ($\mathrm{Wb/m^2}$); θ_{B} 为电波传播方向与磁场方向的夹角; $\mathrm{d}l$ 为等离子体中的传播路径微分增量。

$B\cos\theta_{\mathrm{B}}$ 有时候被平均值 B_{av} 替代, 因此式 (2.4) 可简化为

$$\phi = \frac{2.36 \times 10^4}{f^2} B_{\mathrm{av}} \int N \mathrm{d}l \ (\mathrm{rad}) \tag{2.5}$$

又因为

$$\mathrm{TEC} = \int N \mathrm{d}l \ (\text{个电子}/\mathrm{m}^2) \tag{2.6}$$

因此法拉第旋转 ϕ 可写为

$$\phi = \frac{C}{f^2} \times \mathrm{TEC} \ (\mathrm{rad}) \tag{2.7}$$

式中: C 为常量, $C = 2.36 \times 10^4 B_{\mathrm{av}}$。

假设常量 C 取为平均值且 TEC 作为一个参数, 法拉第旋转与频率的关系如图 2.10 所示。根据式 (2.6) 与式 (2.7), TEC 可以通过测量法拉第旋转 ϕ 值推断得出, 文献 [19] 已经给出这种利用长期观测法拉第旋

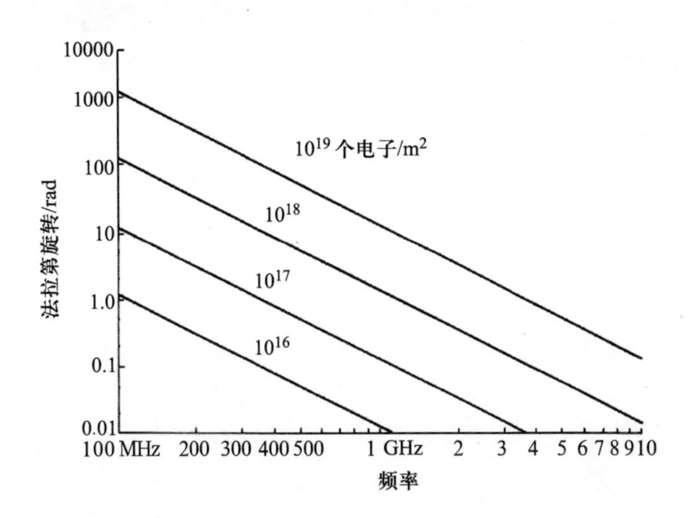

图 2.10 法拉第旋转与频率和 TEC 的关系 (摘自参考文献 [15] 的图 2.9)

转角 ϕ 来推断 TEC 的方法。频率小于 1GHz 时, 法拉第旋转超过几个完整的 360°。通信卫星系统更为关心的是法拉第旋转日变化、季节变化以及年变化情况。图 2.11 是位于新泽西州 Holmdel 市的某一地面站利用 COMSTAR D3 通信卫星测得的法拉第旋转变化情况, 测量所用电波频率为 4GHz, 仰角大于 30°。有关法拉第旋转的影响及其补偿将在后面的章节讨论。

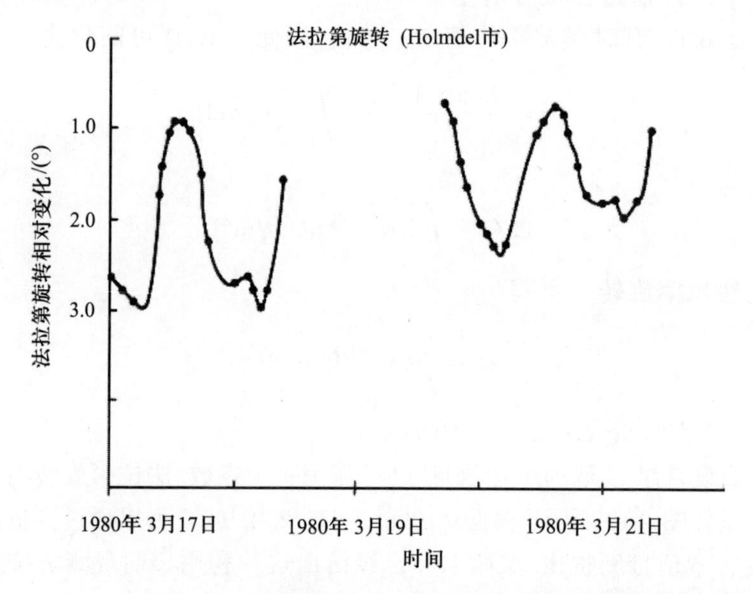

图 2.11 1980 年 3 月在美国新泽西州 Holmdel 市测量的 4 GHz 电波法拉第旋转日变化情况 (摘自文献 [19] 的图 2; ©1985 John Wiley&Sons, Ltd., 转载已获授权)

2.2.4 群时延

如果传播环境媒质的折射指数不为 1, 则通过媒质的相位路径长度与实际路径长度不相等。由于相位路径长度与折射指数成比例, 而折射指数又是频率的函数, 因此发射具有一定带宽或一定频谱范围的信号会产生群时延。对诸如测距脉冲的单频信号, 群时延会使得信号的到达时间比在真空中晚。也就是说, 如果假定光速 c 仍与真空中传播速度一样, 则测得的距离 R 会大于实际的距离, 距离误差为

$$\Delta R = \frac{40.3}{f^2} \times \text{TEC (m)} \tag{2.8}$$

若假定 TEC 的平均值为 10^{17} 个电子/m^2, 采用 4 GHz 信号的测距误差约为 0.25 m, 如果 TEC 值为 10^{16} 个电子/m^2 或 10^{18} 个电子/m^2, 对应的测距误差分别为 0.025 m 和 2.5 m。

对地球同步卫星而言, 需要维持在某一给定位置 0.1° 范围内, 那么最大的容许测距误差约为 3 m[15]。为了获得这样的精度, 则必须知道给定时间的 TEC 值, 或者采用高于 4 GHz 的测距信号。因为 TEC 可通过两个距离的误差推断得到, 所以有的时候测距中同时采用两个不同频率的信号。

通过引入传播速度 c, 距离误差 ΔR 可以转化为时间误差 Δt, 当时间误差作为方程的主项时, 式 (2.8) 变为

$$\Delta t = \frac{40.3}{cf^2} \times \text{TEC (s)} \tag{2.9}$$

由于 $c = 3 \times 10^8$ m/s, 则由式 (2.9) 可得

$$\Delta t = \frac{1.34 \times 10^{-7}}{f^2} \times \text{TEC (s)} \tag{2.10}$$

对于频率分别为 f_1 和 f_2 的两个信号, 对应时间误差分别为 Δt_1 和 Δt_2, 二者之差 δt 满足

$$\delta t = \frac{40.3}{c} \times \left(\frac{1}{f_2^2} - \frac{1}{f_1^2}\right) \times \text{TEC (s)} \tag{2.11}$$

可得

$$\Delta t_1 = \frac{f_2^2}{f_1^2 - f_2^2} \times \delta t \text{ (s)} \tag{2.12}$$

在调制信号 1 与信号 2 时加入一时间基准标记, 可以从接收信号中很容易获得 δt, 进而可以推断得到 TEC 值。求解式 (2.11) 可以得到 TEC, 即

$$\text{TEC} = \frac{\delta t \times c}{40.3} \frac{f^2 f^2}{f_1^2 - f_2^2} \text{ 个电子/m}^2 \tag{2.13}$$

因此, 通过测量 δt 是获得 TEC 值的另一种方法。利用 GPS 卫星星座得到的时间信号来测量 TEC 已经是首选方法[20]。相反,GPS 卫星利用多个频率的计时信号, 可以使得 GPS 信号接收器消除由于电离层相位时延引起的测距误差。

2.2.5 相位超前

信号到达滞后与接收信号相位超前类似, 即表现为传播距离比实际要远。相位超前量表示为[15]

$$\Delta\phi = \frac{1.34\times10^{-7}}{f}\times\text{TEC (同期)} \tag{2.14}$$

或表示为

$$\Delta\phi = \frac{8.44\times10^{-7}}{f}\times\text{TEC (rad)} \tag{2.15}$$

对于 4 GHz 的信号, 如果 TEC = 10^{17} 个电子/m^2, 则 $\Delta\phi$ 为 21.1 rad 或者 3.35 周期, 1 周期相当于一个完整波长。4 GHz 信号的波长为 7.5 cm, 因此 $\Delta\phi$ 等于 3.35 倍波长或者 0.25 m。这与用式 (2.8) 计算得到的测距误差结果相同。

相位超前或者时延会在典型通信信道 (如 36 MHz 带宽的转发器对应的信道) 使用的频谱或带宽范围内变化。相位色散是 $\Delta\phi$ 对频率的导数, 相位色散 $\mathrm{d}\phi/\mathrm{d}f$ (此处及下式中 $\mathrm{d}f$, 原文中为 $\mathrm{d}t$, 原文有误, 应为 $\mathrm{d}f$, 译者注) 表示为

$$\frac{\mathrm{d}\phi}{\mathrm{d}f} = \frac{-8.44\times10^{-7}}{f^2}\times\text{TEC (rad/s)} \tag{2.16}$$

2.2.6 多普勒频率

信号相位的变化率是频率, 即

$$f = \frac{1}{2\pi}\frac{\mathrm{d}\phi}{\mathrm{d}t}\ (\text{Hz}) \tag{2.17}$$

将式 (2.14) 代入式 (2.17) 中, 计算得到的结果就是多普勒频率, 即[15]

$$f_\mathrm{D} = \frac{1.34\times10^{-7}}{f}\frac{\mathrm{d(TEC)}}{\mathrm{d}t}\ (\text{Hz}) \tag{2.18}$$

式中: $\mathrm{d(TEC)}/\mathrm{d}t$ 为时间间隔 $\mathrm{d}t$ 内 TEC 的变化值。

实际上, 对频率大于 1GHz 的信号, 其多普勒频率 f_D 与由卫星运动产生的多普勒频移相比, 往往可以忽略。变化的多普勒频移会使得信号频谱展宽, 这对太阳被遮挡条件下的星际间航天器十分重要。相对于地球电离层, 太阳大气层中的带电粒子会引起更多的色散。

2.2.7 色散

时延随频率的变化率 $\mathrm{d}t/\mathrm{d}f$ 定义为信号由时延引起的色散, 由式 (2.10) 可得

$$\frac{\mathrm{d}t}{\mathrm{d}f}=\frac{-2.68\times10^{-7}}{f^3}\times\mathrm{TEC} \tag{2.19}$$

如果在电离层中传输的信号带宽为式 (2.19) 中的 $\mathrm{d}f$, 那么带宽两端的两个信号时延差为

$$|\Delta t|=\frac{2.68\times10^{-7}}{f^3}\times\mathrm{d}f\times\mathrm{TEC}\ (\mathrm{s}) \tag{2.20}$$

取 TEC 为平均值 10^{17} 个电子/m^2, 对于频率为 4 GHz、带宽为 36 MHz 的信号, 则 $\Delta t=15$ ps。若 TEC 和带宽分别取极值, 分别取 10^{18} 个电子/m^2 和 240 MHz, 则 $\Delta t=1$ ns。

由相位超前引起的色散可将式 (2.15) 对频率求导数给出

$$\frac{\mathrm{d}\phi}{\mathrm{d}f}=\frac{-8.44\times10^{-7}}{f^2}\times\mathrm{TEC}\ (\mathrm{rad/Hz}) \tag{2.21a}$$

$$\frac{\mathrm{d}\phi}{\mathrm{d}f}=\frac{-1.343\times10^{-7}}{f^2}\times\mathrm{TEC}\ (周期/\mathrm{Hz}) \tag{2.21b}$$

同样地, 如果在电离层中传播的信号带宽为式 (2.21) 中的 $\mathrm{d}f$, 那么带宽两端的两个信号相位延迟差为

$$|\Delta\varphi|=\frac{8.44\times10^{-7}}{f^2}\times\mathrm{d}f\times\ \mathrm{TEC}\ (\mathrm{rad}) \tag{2.22}$$

对于上面给出的两个时间延迟色散例子的参数, 对应的相位色散值分别为 0.19 rad 和 12.7 rad。

电离层色散会减小相干带宽。色散严重时传输带宽严重减小, 相当于对数字系统的比特率强加了一个上限。

2.3 电离层闪烁

无线信号的闪烁是指信号相位或幅度相对平均值快速波动, 该平均值是一常数或者其变化速率远小于闪烁本身。闪烁可能是幅度或者相位的起伏, 观测的闪烁值是引起信号变化的不规则体尺度 (也称规模尺度)、接收器与不规则体之间距离以及菲涅尔区尺度的函数。

2.3.1 菲涅尔区

如图 2.12 所示, 从发射机 T 发出的两条射线, 一条直接到达接收器 R, 另一条间接到达接收器 R。

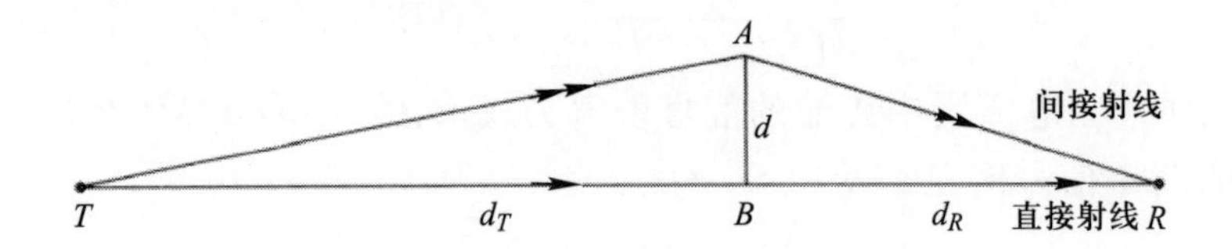

图 2.12 菲涅尔区示意图

注: 菲涅尔区半径是直接射线 TBR 与间接射线 TAR 的程差为半波长的整数倍时对应的 d。

如果两个信号的波长相同, 并且满足

$$TAR = TBR + \lambda/2 \text{ (m)} \tag{2.23}$$

则定义 d 为第一菲涅尔区半径。对于从 T 点发射到 R 点的所有射线中, 通过第一菲涅尔区的射线将在某种程度上加强。发射机与接收机到菲涅尔区的距离分别为 d_T 和 d_R, 如果 d_T 和 d_R 远远大于菲涅尔区半径 d, 那么有

$$d = \sqrt{\frac{\lambda \times d_T \times d_R}{d_T + d_R}} \text{ (m)} \tag{2.24}$$

对典型频率为 4 GHz 的赤道通信卫星下行链路, 如果电离层闪烁发生在海拔 400 km 的 F 区, 以下近似值可以用于式 (2.24): $\lambda = 0.075$ m, $d_{\mathrm{T}} = 35500$ km, $d_{\mathrm{R}} = 420$ km, 计算可得 $d = 176$ m。

频率为 6 GHz 上行链路在同样的电离层高度对应的菲涅尔区半径为 144 m。如果电离层有效区域为 200 km, 那么下行链路和上行链路的第一菲涅尔区半径分别为 125 m 和 102 m; 若电离层有效区域为 600 km, 则第一菲涅尔区半径分别为 215 m 和 175 m。

式 (2.24) 中的 d 是指对第一菲涅尔区半径, 更高阶的菲涅尔区半径由下式给出:

$$d_n = \sqrt{n} \times d \text{ (m)} \tag{2.25}$$

因为只有通过奇数阶菲涅尔区的射线会增强接收机接收信号的幅度, 所以能产生最大效应的不规则体尺度与第一菲涅尔区尺寸相当。低于这个

尺度, 由于较少的射线被聚焦, 干涉增强效果减弱; 超过这个尺度, 通过从第二阶开始的偶数阶菲涅尔区的射线将会在接收机产生相消干涉效果。

不规则体实际上是引起电子密度的局部变化, 电子密度的变化会引起折射指数的小尺度起伏。这些不规则体反过来会造成聚焦和散焦效果。在不规则体附近, 通过折射指数小尺度起伏区域的不同相位路径形成类似于天线近场的非平面波阵面。一旦超过菲涅尔区距离 (距离的平方除以波长), 即形成远场模式, 表现在接收机上的信号变化就是幅度闪烁。UHF 频段信号的幅度闪烁非常大, 但是随着信号频率的增加, 闪烁幅值以频率的 n 次幂反比例降低, 其中 n 取值为 $1 \sim 2$。所有适用于 UHF 频段的电离层闪烁模型都包含这种频率比例变化类型。因此, 电离层闪烁效应对频率超过 1GHz 的信号将不再重要。

2.3.2 吉赫兹电离层闪烁观测

1962 年 7 月, Telstar 1 首次经由卫星转发横跨大西洋的语音和视频直播信号, 信号传到了温带的所有国家地区, 如美国缅因州的 Andover、英国的 Goonhilly、法国的 Plemeur Bodou 等。1965 年初, Intelsat 系统开始将 6GHz 和 4 GHz 用于 Early Bird 卫星, 首批用户又处于温带地区, 刚好远离地磁赤道。直到接入该系统地面站的数量增长, 才出现了靠近地磁赤道的地面站, 吉赫兹的电离层闪烁也才被观测到。1969 年 10 月, Intelsat 体系的 Bahrain 地面站报道了所有接收机载波幅度变化的现象。紧接着, Bahrain 和 Indonesian 地面站也于 1970 年 2 月提交了类似的报告, 之后就出现了文献 [21,22] 中的论述。Intelsat 系统[23] 与其他卫星系统[24] 开始了世界范围内的测量工作, 从而形成了全球电离层闪烁特征图[25–27]。在讨论之前, 概括描述电离层闪烁特征的参数是有用的。

2.3.3 闪烁指数

接收信号的振幅相对平均值可以呈现明显随机方式的起伏波动。图 2.13 给出 1977 年 4 月 28 日台北地面站测量的 4GHz 信号, 该链路仰角为 19°, 天线指向印度洋上空东经 60° 轨位的对地静止 Intelsat 卫星。

图 2.13 给出了某闪烁时段大约 10 min 的闪烁峰值结果。可以看出, 个别闪烁峰值相对平均值在小于 0.5 dB 到超过 1.5 dB 的范围变

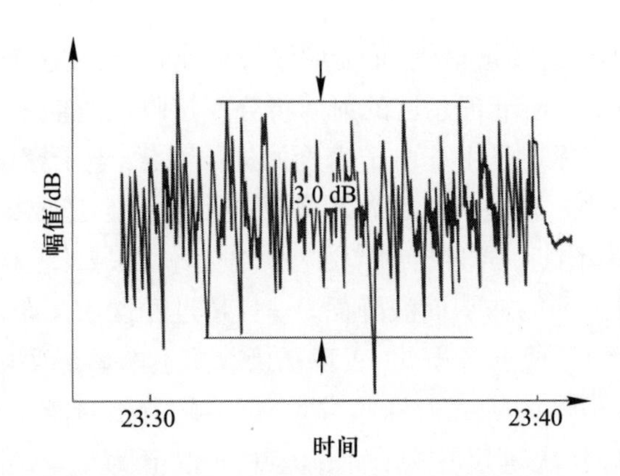

图 2.13 1977 年 4 月 28 日在台北地面站测量的电离层闪烁记录的放大样本 (摘自文献 [28] 中的图 4; ©1980 AGARD, 转载已获授权)

化。10 min 测量时段内, 峰值之间的起伏超过 3 dB, 但是这种现象只发生过一两次, 而且 1.5 dB 的偏移之后不会马上出现超过 −1.5 dB 的偏移。

在某时间段内 (如 10 min) 可以观测到峰值之间的起伏, 而且统计了对应的链路峰值之间的起伏统计特性。图 2.14 给出了这些统计特性

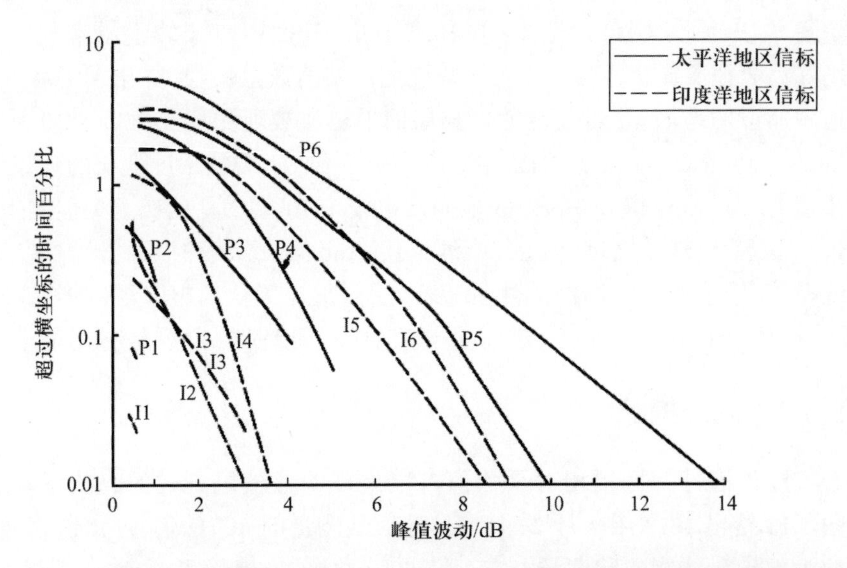

图 2.14 第 21 个太阳黑子周期内 4GHz 信号电离层闪烁峰值之间起伏累积统计结果 (摘自文献 [27] 图 2; ©1984 AGU, 转载已获授权)

注: 图中数据为不同太阳黑子数条件下, 在太平洋地区 (POR) 和印度洋地区 (IOR) 对 Intelsat 4 GHz 系统信标的观测结果。

为期一年的采样结果, 但是它们是对应太阳黑子周期的不同阶段, 而且通过电离层的路径也不同。

曲线	时期	SSN 范围
I1, P1	1975–03 至 1976–03	10 ~ 15
I2, P2	1976–06 至 1977–06	12 ~ 26
I3, P3	1977–03 至 1978–03	20 ~ 70
I4, P4	1977–10 至 1978–10	45 ~ 110
I5, P5	1978–11 至 1979–11	110 ~ 160
I6, P6	1979–06 至 1980–06	153 ~ 165

在伽利略开始用望远镜观察太阳以后, 于 1610 年首次观察到太阳黑子。苏黎世天文台从 1749 年开始对太阳进行每日观测, 随着其他天文台的出现, 从 1849 年开始可以进行连续观察。历史上习惯用太阳黑子数作为量化太阳耀斑的丰度指数, 太阳耀斑数丰度指数定义为

$$R = K(10G + I) \tag{2.26}$$

式中: G 为可见太阳黑子群的数量; I 为可见单独黑子的总数量; K 为 "仪器因子", 用来考虑不同观察者与天文台观测到的差异。

显然, 太阳黑子数是一个非常具有主观性的估算, 主要取决于当天 "看到" 的情况以及观测者的计数方法等。然而, 测量太阳黑子数是几个世纪以来许多国家衡量太阳活动的唯一方法。太阳黑子数的真实值一天内的变化很大, 通常取至少一个月期间的平均值。图 2.15 所示为

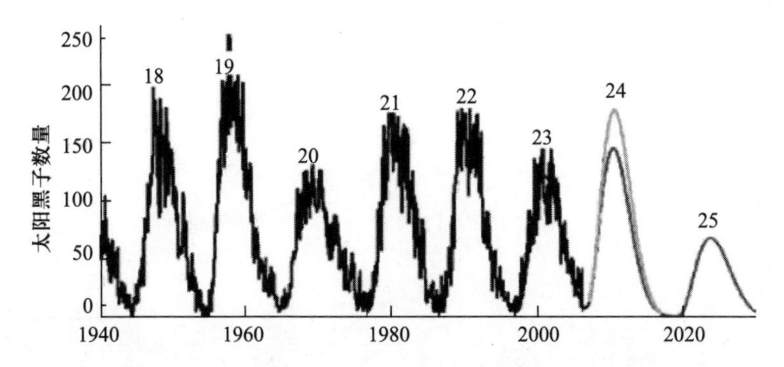

图 2.15　过去 6 个太阳黑子周期 (18 ~ 23) 和后两个周期的太阳耀斑的预测值 (转自文献 [29] 的 NASA 网站)

按月记录的太阳黑子数变化情况[29]。

显然, 月太阳耀斑数具有循环平稳性, 其周期平均约为 11 年, 但由于地磁场每 11 年逆转一次, 实际上太阳黑子的周期跨度为 22 年的 “Hale 周期”。11 年太阳黑子周期并不是一个常数值[29,30]。太阳黑子活动在一个周期内也不是对称的, 太阳黑子数平均 4.8 年出现一次从最小至最大的变化, 另外 6.2 年内再次出现一个最小值[31]。当太阳内部磁场最为混乱时, 衡量太阳活动的太阳黑子数达到最大值[29]。太阳辐射总能量不随太阳黑子数量的变化产生明显变化, 一般一个周期的变化量在 0.1% 左右[29]。太阳黑子数最大值不是出现在周期曲线的最高点, 而是出现在活动峰值的区间内, 该区间跨度 2 ~ 4 年且包含了太阳黑子数的实际最大值[32], 这种延伸意义的 “最大值” 会对吉赫兹卫星通信的预测工作产生影响。

太阳周期的起始点约定为一个周期内的最小值处, 每个周期有一个相应的编号。正式编号为 “第一个” 周期的是 1755—1766 年时段。20 世纪最后一个完整的太阳黑子周期编号为 “Cycle #22” (1986.8–1996.4)[29]。图 2.15 为周期 18 ~ 25 的太阳黑子示意图, 图 2.16 给出了周期 22 和 23

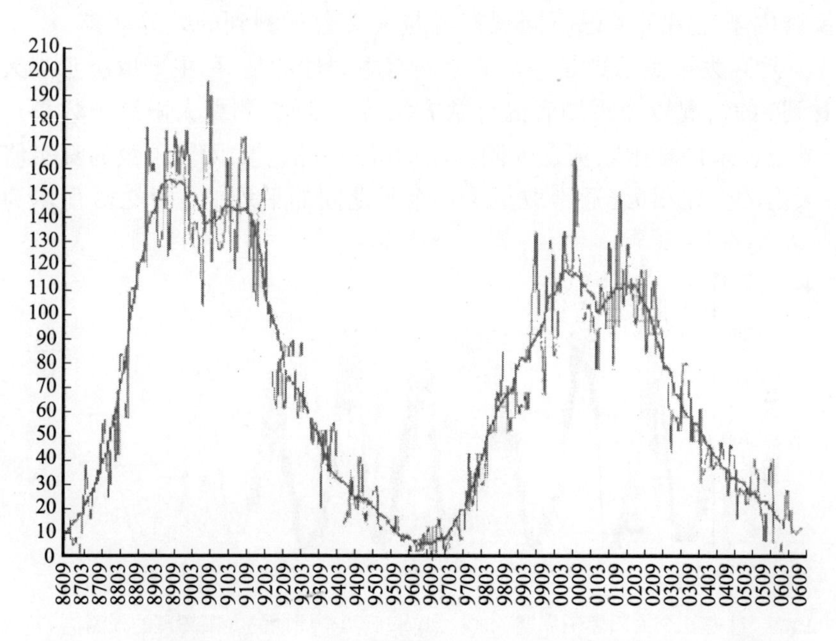

图 2.16 太阳黑子周期 22 和 23 太阳黑子数 (转自文献 [23], 转载已获授权)

更详细的太阳黑子变化情况。从图中可以看出, 在周期 23 和 24 之间的太阳黑子数最小值发生在 2006 年 11 月和 2007 年 10 月[33], 预计周期 24 的峰值发生在 2011 年[33]。

21 世纪的第一个 10 年属于周期 23, 为期 2 ~ 4 年的活动高峰期从 1998 年秋分开始, 一直持续到 2002 年春季。太阳黑子的日变化量十分大, 表 2.2 列出了 1998 年秋分直到八月份期间美国每日的太阳黑子数量。从表 2.2 可以看出, 在非春 (秋) 分的月份, 太阳黑子的日变化量很大, 以 1998 年 1 月为例, 其值在 0 ~ 65 变化。若接近春 (秋) 分或太阳黑子最大时, 太阳黑子的日变化量将相对减小, 以 8 月为例, 其值为 72 ~ 137。这种日变化会妨碍任何试图利用太阳黑子活动量化与太阳活动有关的现象的预报模型。

表 2.2 a 1998 年美国太阳黑子数的日分布情况

1 月	2 月	3 月	4 月	5 月	6 月	7 月	8 月	9 月	10 月	11 月	12 月	年	日
39	17	59	56	57	49	94	64	100	30	37	108	1998	01
31	15	67	59	73	57	95	76	85	32	41	99	1998	02
23	28	35	57	74	55	95	68	79	25	56	101	1998	03
20	28	36	51	73	74	100	66	68	19	88	86	1998	04
10	22	32	59	79	79	94	70	66	68	19	88	1998	05
1	30	29	63	76	72	75	98	112	54	98	89	1998	06
0	27	36	93	71	66	51	104	116	66	103	95	1998	07
0	28	33	106	63	66	38	97	125	92	92	119	1998	08
0	33	35	122	54	81	32	125	119	84	71	109	1998	09
10	42	50	108	43	77	49	119	112	60	68	108	1998	10
27	40	56	96	58	76	57	118	96	51	66	105	1998	11
38	47	72	80	73	83	55	121	92	42	73	102	1998	12
36	47	74	64	80	91	44	92	95	48	88	84	1998	13
30	76	79	70	82	69	41	94	78	66	94	83	1998	14
32	65	63	65	80	53	55	73	60	84	95	72	1998	15
52	62	60	61	79	49	67	94	56	93	76	60	1998	16
52	58	59	46	71	67	59	87	74	98	53	49	1998	17
46	52	64	23	67	55	42	83	70	105	51	60	1998	18
39	35	67	31	56	52	35	101	93	96	35	50	1998	19
17	28	62	30	43	60	69	91	114	81	46	50	1998	20
14	21	69	34	26	64	78	89	125	63	33	43	1998	21
16	28	72	32	21	51	91	81	138	49	41	39	1998	22

(续)

1 月	2 月	3 月	4 月	5 月	6 月	7 月	8 月	9 月	10 月	11 月	12 月	年	日
40	39	55	26	28	53	90	84	135	50	47	47	1998	23
66	59	59	14	32	45	79	79	117	39	59	58	1998	24
75	58	59	20	41	75	68	73	105	31	85	66	1998	25
67	45	52	13	43	83	63	87	82	32	102	81	1998	26
61	43	51	12	51	100	65	100	76	18	114	100	1998	27
53	54	56	28	33	108	85	96	85	23	106	121	1998	28
47		58	36	28	109	74	102	60	54	105	96	1998	29
28		46	46	40	101	57	117	41	54	99	99	1998	30
18		55		49		68	109		52		92	1998	31
31.9	40.3	54.8	53.4	56.3	70.7	66.6	92.2	92.2	55.5	74.0	81.9	平均值	

注: 1. 年平均值为 64.3。

2. 数据来自美国国家海洋和大气管理中心 (NOAA) 的国家地球物理数据中心, 主页: http://www.noaa.gov/

表 2.2 b 2001 年美国太阳黑子数的日分布情况

1 月	2 月	3 月	4 月	5 月	6 月	7 月	8 月	9 月	10 月	11 月	12 月	年	日
89	78	52	186	107	58	74	62	103	168	96	133	2001	01
94	78	53	166	118	99	83	81	106	144	100	149	2001	02
88	92	75	169	115	99	80	93	120	135	100	150	2001	03
98	91	92	134	132	96	71	115	108	132	111	145	2001	04
110	105	104	103	118	106	62	130	120	114	130	158	2001	05
130	110	91	110	92	119	45	120	141	104	140	142	2001	06
131	111	85	100	79	129	47	118	166	103	123	138	2001	07
105	111	63	115	55	142	54	117	182	77	152	140	2001	08
115	114	79	110	63	168	71	104	166	79	149	141	2001	09
101	105	97	114	60	159	70	99	150	98	149	115	2001	10
115	100	90	115	80	173	69	112	126	113	145	106	2001	11
117	71	95	103	84	171	90	112	149	127	121	117	2001	12
111	71	74	98	85	160	111	91	150	108	118	119	2001	13
92	68	80	92	102	180	99	93	148	115	118	101	2001	14
100	75	75	75	96	186	102	106	130	123	117	108	2001	15
75	73	70	58	99	191	113	127	121	121	90	120	2001	16
59	71	51	28	95	178	123	117	112	126	85	119	2001	17
60	76	61	38	93	153	127	106	136	131	92	115	2001	18

(续)

1月	2月	3月	4月	5月	6月	7月	8月	9月	10月	11月	12月	年	日
73	75	66	62	85	141	122	100	143	143	81	99	2001	19
61	76	80	86	82	136	118	101	183	160	87	101	2001	20
81	94	88	116	95	144	96	110	173	154	80	120	2001	21
93	81	85	109	121	151	100	112	164	135	87	135	2001	22
112	59	113	106	134	155	101	119	186	143	80	133	2001	23
118	56	149	109	118	145	90	116	200	135	67	157	2001	24
106	56	186	119	112	131	79	92	193	151	73	143	2001	25
84	58	218	119	118	114	61	101	175	154	84	167	2001	26
97	50	241	128	124	107	60	112	176	143	76	164	2001	27
102	51	235	107	103	89	63	121	170	139	107	156	2001	28
90		233	113	85	74	46	96	159	120	115	137	2001	29
70		231	112	75	65	57	99	165	103	121	134	2001	30
86		205		69		52	115		93		135	2001	31
95.6	80.6	113.5	107.7	96.6	134.0	81.8	106.4	150.7	125.5	106.5	132.2	平均值	

注: 1. 年平均值为 111.0。
2. 数据来自: ftp://ftp.ngdc.noaa.gov/STP/SOLAR_DATA/SUNSPOT_TNUMBERS/2001

可以看出, 迄今为止月太阳黑子数 R 几乎在 $0\sim200$ 之间变化。文献 [34] 提出了一种有趣的方法, 通过零太阳黑子数条件下的 TEC 值计算 12 个月内白天的平滑 TEC 值 ($\mathrm{TEC_D}(R_{12})$) 和夜间的平滑 TEC 值 ($\mathrm{TEC}_N(R_{12})$)。在中纬度地区, 由 $R_{12}=0$ 时的 TEC 计算得出夜间 TEC 值约为 5×10^{16} 个电子/m^2; R_{12}=100 时白天 TEC 值约为 30×10^{16} 个电子/m^2, 如图 2.17 所示。图 2.17 显示的是马萨诸塞州的 Segamore 山测得的 6 年内平均 TEC 值每月的日变化量情况。正如预期的一样, 1—7 月份数据中 TEC 的最大值出现在 3 月份春分点附近。但是, 7—12 月份的秋分点附近 (9 月份) 却没有出现 TEC 的最大值。由于地球在 12 月份最靠近太阳, 因此 10 月 TEC 的平均值明显高于 9 月份。

太阳黑子数曾称为苏黎世太阳黑子数 Rz, 现在已经被国际太阳黑子数 (RI) 所代替, 在比利时称为 RI, 而在美国被称为国家海洋和大气管理局 (NOAA) 太阳黑子数。更加客观准确地衡量太阳活动的方式是测量 10.7 cm 波长太阳辐射通量。

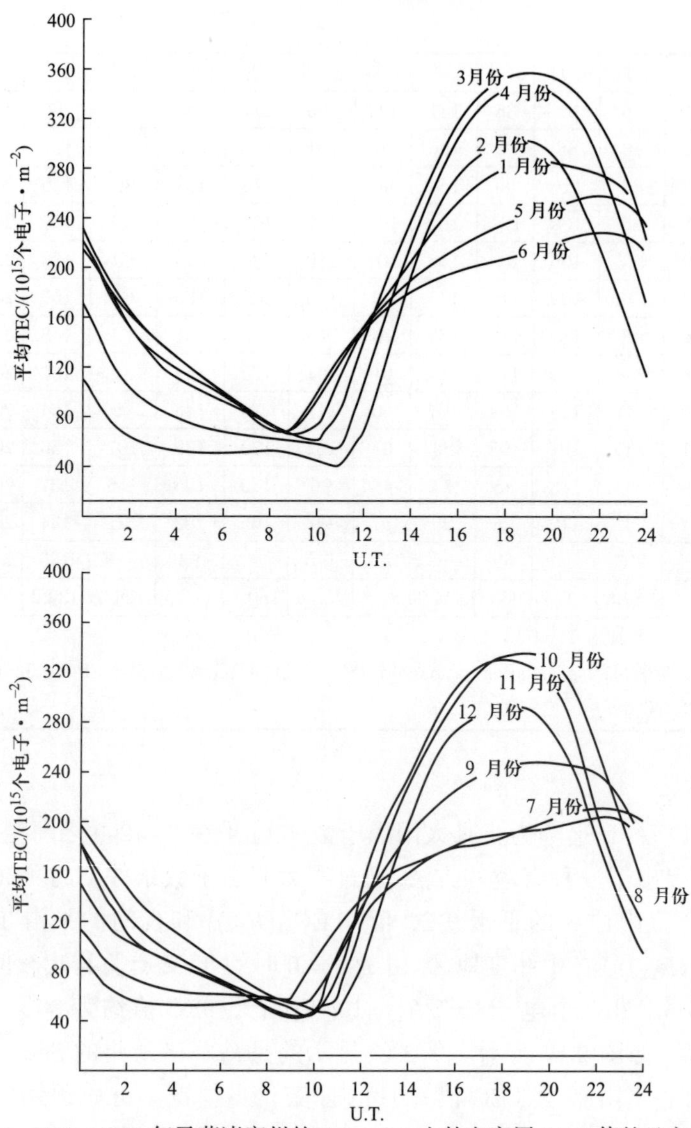

图 2.17 1967—1973 年马萨诸塞州的 Segamore 山的电离层 TEC 值的日变化量[34]
(a) 平均 TEC 曲线 (1–6 月份); (b) 平均 TEC 曲线 (7–12 月份)。

2.3.3.1 10.7 cm 辐射通量数据

相对于主观性较强的太阳黑子数, 研究电离层的物理学家曾经花费多年时间, 力图寻求一种可更为客观地衡量太阳活动的方法。他们还希望, 任何替换太阳黑子数的参量应该与太阳黑子数有很强的相关性, 以便在新的恒量参数集下，大型太阳黑子数的数据库同样可以使用。加拿大渥太华的某工作组发现，地球接收到的波长为 10.7 cm 太阳辐射能与太阳黑子数有很好的相关性。利用超过 40 年的有价值的数据，发现了 10.7 cm 通量密度值 S (太阳辐射通量) 与太阳黑子数 N 的经验关系[35]:

$$N = 1.14S - 73.21 \tag{2.27}$$

图 2.18 给出利用周期 23 太阳黑字数预测曲线得出的太阳黑子数与 10.7 cm 波长太阳辐射通量的关系。

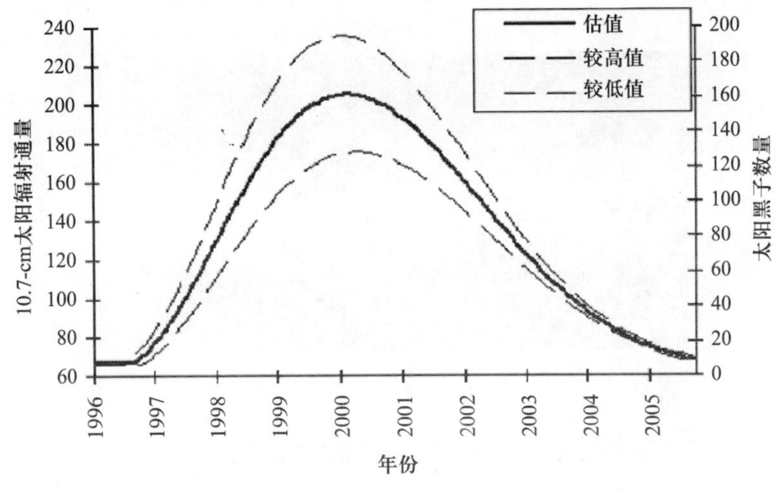

图 2.18 周期 23 太阳黑子数和 10.7 cm 波长辐射通量的关系

太阳黑子活动似乎与地球的异常天气有一定的相关性。例如，1645—1715 年出现的 “小冰河期” 认为是由于太阳黑子活动缺席造成的。太阳黑子活动时太阳辐射能稍有增加，但是在这 70 年间，太阳黑子数从未超过 50，很有可能是因为输入地球能量的下降足以影响气候。当阳光到达方向垂直于地球大气时，用单位面积内辐射强度描述的、来自太阳到达地球的能量则达到了最大值。因此，峰值能量出现在南北回归线的热带地区之间。从北半球看，冬至日 (12 月 21 日左右) 时太阳正午直射南回归线即南纬 23.5°，夏至日 (6 月 21 日左右) 时，太阳正午直射北回归线即北纬 23.5°。春秋分日 (分别为 3 月 21 日和 9 月 23 日) 时，太阳在正午直射赤道。在这期间来自太阳的影响最大，因此在这期间会产生大量的自由电子和被电离的分子。太阳黑子越活跃 (或 10.7 cm 波长辐射通量越大), 太阳造成的影响也越大。由于相对地球的其他部分, 太阳垂直入射赤道地区的时间更长, 因此赤道地区是自由电子和被电离分子产量最大的区域。通常用单位体积内的电子数来度量存在的电离度。图 2.6 给出了某天电子密度随海拔的变化情况。需要预测的更重要的参量是 TEC。在多家预测网站上 (如文献 [37, 38] 所提及的网站),TEC 值用 TECU 表征,TECU 值乘以 10^{16} 即 TEC 值。图 2.19 给出了 2006 年 12 月 22 日全球 TEC 剖面分布情况。http://www.sec.noaa.gov/ 是关于电离层数据极好的网站, 可以通过点击 Space Weather Now 或者 Today's Space Wx 获取当前的空间天气情况。

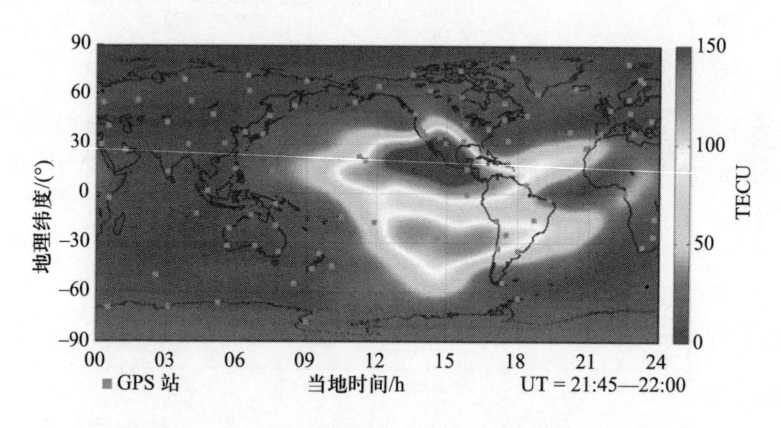

图 2.19　TEC 值全球分布图 (转自文献 [36])

注: 图中数据是根据 GPS 站点测量数据外推得到的。TECU=10^{16} 个电子/m^2。

用来预测与电离层活动有关的传播现象的预报模型通常关注能够对所需求的传播效应产生重要影响的电离层参数。电离层闪烁效应显然是 TEC 水平、TEC 水平变化率和导致高值 TEC 机制的函数。导致电离层变化的潜在机制是太阳黑子数量。

图 2.15 给出了 80 多年的月太阳黑子数分布情况。图 2.20 给出了随着每月的太阳黑子数变化, 整个 C 波段路径上电离层闪烁超过 1 dB 的时间百分比的变化情况。很明显的变化趋势是: 太阳黑子数增加, 闪烁幅度也增加。闪烁现象的细节呈现明显的随机特性, 其大致特征又是可预测的, 而如何描述它正是问题所在。

为了得到一个描述符号来克服起伏幅度精细细节的明显随机性,Briggs 和 Parkins[39] 提出了一系列指标, 称为 S_1、S_2、S_3、S_4。其中,

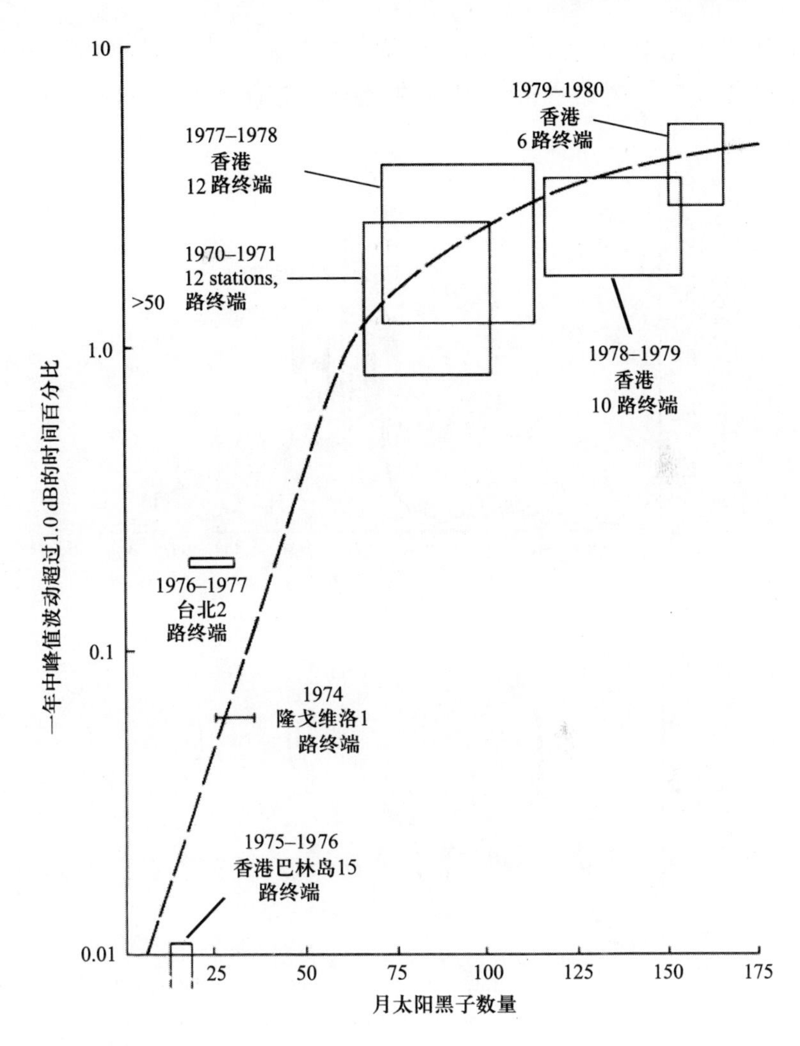

图 2.20 赤道附近 4GHz 电离层闪烁与月太阳黑子数的依赖关系 (转自文献 [16] 图 1; ©1986 ITU, 转载已获授权)

最常使用的是 S_4, 定义为接收功率的标准差除以接收功率的平均值[39]。其数学表达式为

$$(S_4)^2 = \frac{\left(\langle A^2\rangle - \langle A\rangle^2\right)}{\langle A^2\rangle} \tag{2.28}$$

式中: A 为信号幅值; $\langle\ \rangle$ 表示对参量求均值。

参数 S_4 可以在任何适当时间内 (典型值为 1 min) 求平均, 绘制其随时间的变化图。图 2.21 给出利用横跨印度洋和太平洋的 Intelsat 卫星系统无线广播链路香港站记录的数据绘制的 S_4 随时间变化。

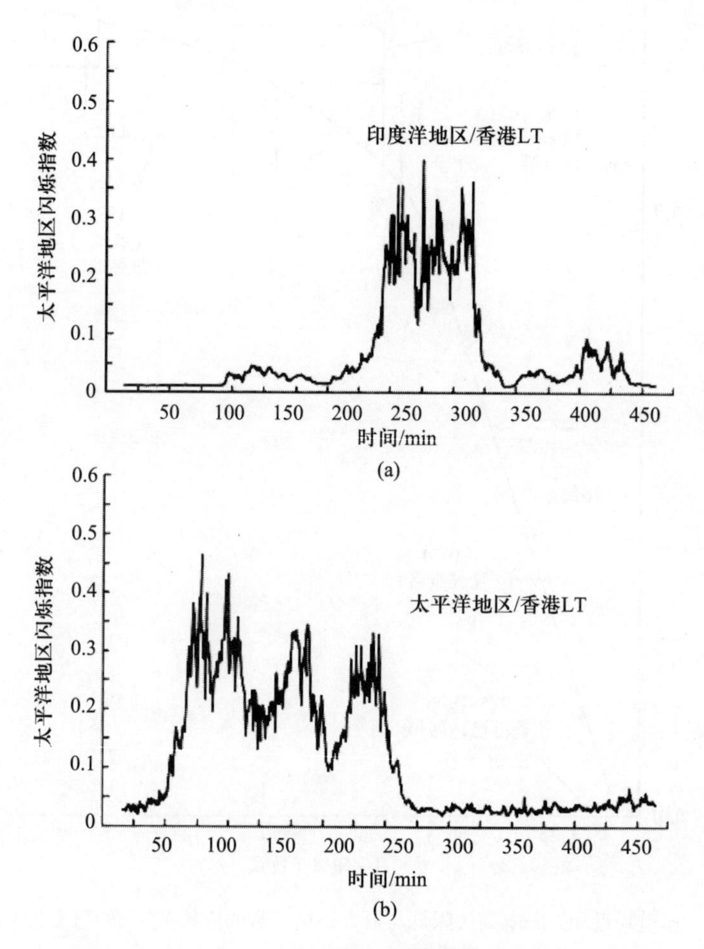

图 2.21　1979 年 3 月 20、21 日记录闪烁事件的统计参数 S_4, 当地时间 (LT) 为开始记录的时刻 (转自文献 [27] 的图 7; ©1984 AGU, 转载已获授权)

(a) 印度洋地区/香港; (b) 太平洋地区/香港。

测量如图 2.21 所示数据的实验仰角分别为 27.8° 和 19.2°。太平洋链路和印度洋链路之间开始闪烁的时间延迟是模拟闪烁现象的重要参数。高值 S_4 指数是更直接的重要参数, 它表明产生闪烁的机制并不仅是弱散射现象[39]。

闪烁指数 SI 是与 S_4 类似的另一个参数[40], 定义为

$$\mathrm{SI}=\frac{P_{\max}-P_{\min}}{P_{\max}+P_{\min}} \tag{2.29}$$

一般来说, $P_{\max}$ 取为在给定时间内最高峰出现后的第三个峰值, 同样 $P_{\min}$ 取为同一个时间段内最低峰出现后的第三个波谷。偶尔也使用第四个峰值。SI 和 S_4 均可以防止极端偏离统计值的现象。由于 SI 很简单所以经常用于闪烁数据的一阶分析。但 S_4 是闪烁现象数学描述更精确的参数。SI 和 S_4 近似等价。在给定的时间间隔内, 取第三个峰值作为观测点, SI = 6 dB 对应的 $S_4 = 0.3$ dB。类似地, SI = 10 dB 与 $S_4 = 0.45$ dB 相对应。一般而言, $S_4 = 0.5$ dB 是强闪烁与弱闪烁的分界线。$S_4 > 0.5$ 时出现了饱和效应, 简单的比例缩放规律不再成立。

2.3.4 功率谱

部分实验中可以将一些闪烁事件数据记录在磁带上, 然后通过傅里叶分析显示闪烁的功率谱[41]。通过这种方法, 闪烁信号的频率成分能被识别出来, 进而实现对闪烁现象的评估。图 2.22 给出了在太阳黑子数大致中等水平年份的某次实验数据的傅里叶分析结果。

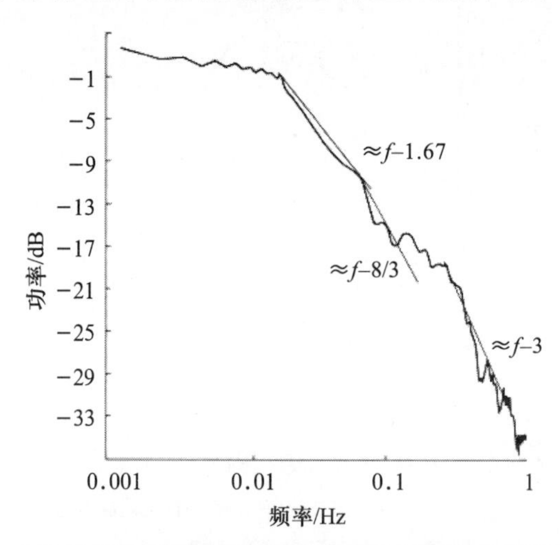

图 2.22 香港地面站观测的对流层与电离层共同作用下的闪烁功率谱

图 2.22 所示曲线有几个有趣的现象。在谱末端高频部分按 f^{-3} 下降十分明显, 这是电离层闪烁主要作用的频谱段, 它给出了对数幅度起

伏的期望斜率[28]。高频部分与低频部分斜率之间的过渡是很复杂的, 过渡发生处对应的频率被称为菲涅尔频率或拐点频率。通常情况下这种转换发生在一个明确的拐点处, 但是图 2.22 中似乎有一个或两个这样的频率。图中部分斜率约为 $f^{-8/3}$, 该斜率对应对流层闪烁 (参见 3.5 节)。实验的上行链路仰角为 15°, 所以上行链路发生的对流层闪烁有可能会由卫星转发器的线性作用转移至下行链路。

在多数情况下, 由于各种原因, 频谱的斜率很难解释清楚。信号本身具有噪声特性, 所以数据往往需要平滑处理以便准确地判定频率响应的下降斜率。即使图 2.23 已经使用了平滑, 但是仍有两个方面可以影响对频率斜率的解释: 一是卫星旋转产生的自旋调制, 因为卫星稳定旋转时, 自旋频率的谐波处会出现增强的噪声尖峰; 二是电离层的菲涅尔区滤波效应, 第一菲涅尔区最小频率即相干时间的倒数 (参见 2.5.1 节) 能够使得频谱斜率比实际情况看上去更陡。这种比实际下降率更陡峭的现象可以在图 2.23 中看到。因此, 在设置数据分析过程的参数时必须十分谨慎, 以确保得到正确的下降斜率。

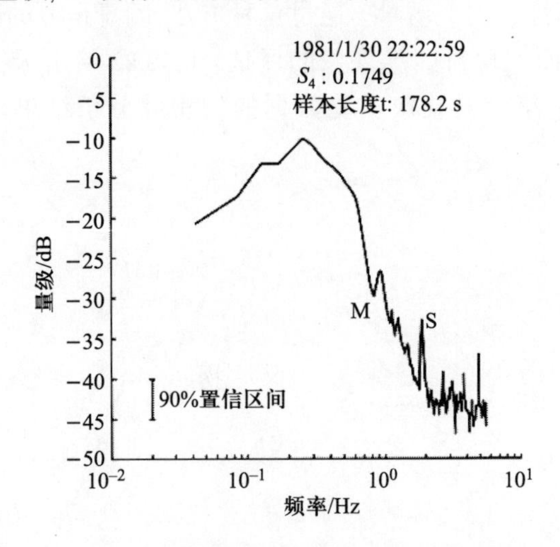

图 2.23 Marisat 卫星 4GHz 信标信号平滑后的频谱图

注: M 点为菲涅尔滤波效应; S 点为自旋调制效应。

图 2.24 给出了发生于太阳黑子达到或接近最大值时的电离层闪烁谱线。这些频谱中[42] 有清晰的拐点频率, 但是谱线斜率在 $f^{-2.3} \sim f^{-3.7}$ 之间变化, 闪烁的峰值起伏有时可达到 9 dB。

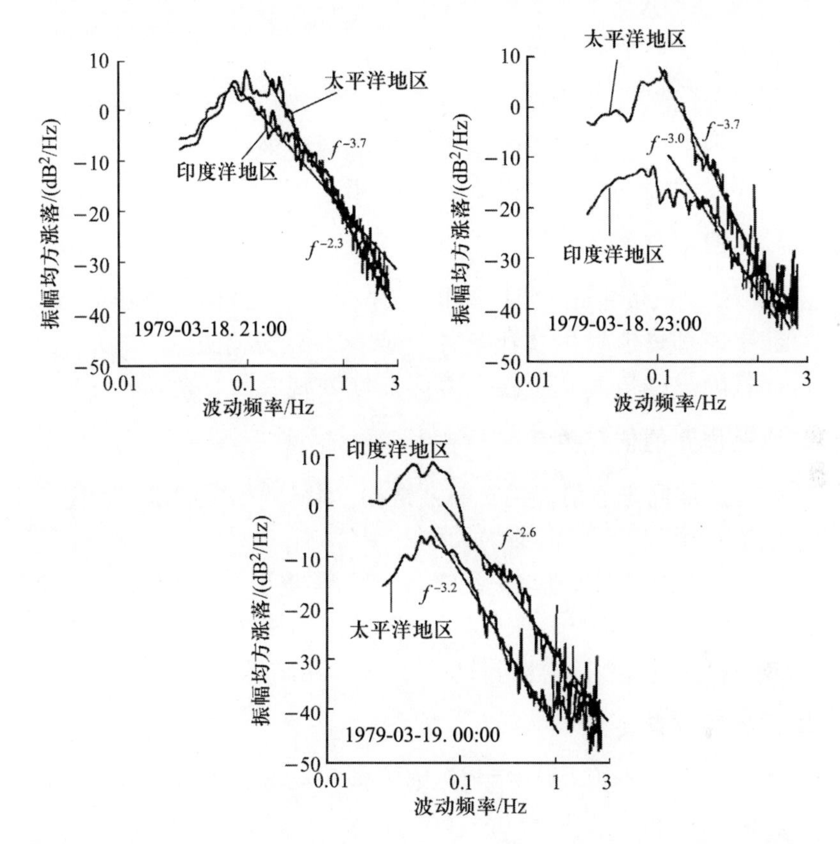

图 2.24　三段 10 min 采样的功率谱密度 (转自文献 [42] 图 8; ©1981 AGU, 转载已获授权)

斜率相对 f^{-3} 出现负增长或者某些拐角频率略微增长的情况都表明了除弱散射外还存在一些其他与闪烁相关的机制。拐角频率略微增长的情况有时候表示出现了多次散射[43−45]。无论弱散射是不是主要的闪烁机理, 弱散射对于模拟闪烁现象都是非常关键的因素。在考虑弱散射之前, 总结一下 30 余年搜集的、被广泛接受的实验数据, 并且搞清楚吉赫兹电离层闪烁的相关性是必要的。

2.4　电离层闪烁特性

电离层闪烁的特征及相关性可概括如下[28]:

1. 与太阳黑子的依赖关系

(1) 单个闪烁事件的发生与日太阳黑子数相关性不是很强。

(2) 年闪烁的发生与年太阳黑子数之间有很强的相关性。

(3) 幅度闪烁与月太阳黑子数之间相关性很强。

2. 与时间的依存关系

(1) 以 11 年为周期的年闪烁的变化情况与太阳黑子周期一致。

(2) 年闪烁峰值发生在春 (秋) 分或春 (秋) 分附近。

(3) 日闪烁峰值发生于在电离层高度处观察的日落后约 1 h。

3. 与地理位置的依存关系

(1) 对地球同步通信卫星吉赫兹链路, 明显的幅度闪烁只发生相对地磁赤道 ±30° 纬度范围内的区域。

(2) 对给定地球同步通信卫星链路, 经过电离层的路径长度是卫星星下点与地面站经纬度的函数。最严重的影响出现在相对地磁赤道北纬 15° 或南纬 15° 处,TEC 与路径长度的综合作用结果在此处趋于最大化。

4. 与频率的依存关系

(1) 若拐点频率为 0.1Hz 左右, 则闪烁频率或衰落速率低于 1 Hz。

(2) 闪烁周期一般少于 15s。

(3) 闪烁的功率谱一般随频率按 f^{-3} 下降。

(4) 吉赫兹频率闪烁按 f^{-n} 随频率变化, 弱散射理论[10,39] 预测 $n=2$, 但是实验表明对于 4~6 GHz 信号 $n=1.5$[28]。严重电离层扰动情况下 $1.5\sim 4$ GHz 频率的 $n=1$ 已经被证明[46]。若 $S_4<0.4$, 则认为 $n=1.5$ 的平均比例方法是合理的[47]。

(5) 虽然电离层引起的幅度闪烁针对高于 10GHz 频率的影响可以忽略, 但有证据表明[38] 电离层会引起频率相差为几吉赫兹的两个信号的差分相位产生相对较大的变化, 在文献 [38] 中的实验报告中显示频率为 12.5 GHz 和 30 GHz 两个信号的差分相位可达 $20\times 2\pi$。

(6) 当地球磁场磁力线与通过电离层的传播路径平行时, 电离层的闪烁活动将增加[48]。位于日本的某次观察显示, 在此条件下 20GHz 信号频率表现出了较强的电离层闪烁效应。

2.5 吉赫兹电离层理论与预测模型

2.5.1 背景及早期预测模型

由于重力与太阳加热的双重作用, 电离层会在水平方向上移动, 就像对流层和平流层中的风。电离层风包含带电粒子, 而且会切割地球磁力线, 因此会有电流产生。在赤道上空电流最大, 电流的方向自西向东。该峰值电流称为赤道电喷流, 它在大约海拔 110 km 的电离层 E 区流动[50,51]。

赤道电喷流的最大值出现于地球受太阳直射最强烈的一面。已经建立了电离层闪烁日变化特征, 并且形成了一套大致的等值线分布图, 可以显示电离层闪烁最有可能发生的时间和地点。图 2.25 就是这样一组等值线图, 在该图中可以认为地球从左向右转动 (从日落到日出)。

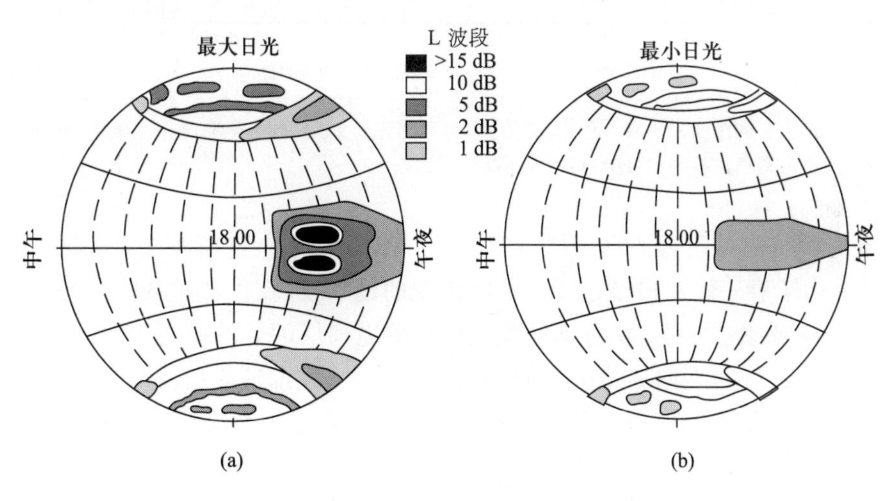

图 2.25 基于 1.6GHz 频率测量的电离层闪烁强度示意分布图 (转自 ITU-R P.531-6 中的图 5; ©2000 ITU, 转载已获授权)

可以看到, 当地球表面接近赤道的某点从图中 "中午" 边缘向东移动时, 日落后发生强烈闪烁的可能性会迅速增加, 随后伴随闪烁发生概率及强弱程度逐渐下降。图 2.26 给出了另一种用闪烁幅度和发生次数等值线的通用预测方法[52]。该等值线包括了某闪烁幅度水平对应的概率相同点, 图 2.26 中为 2dB 幅度闪烁等值线。

从图 2.26 中也可以看出: 闪烁出现在日落附近的概率比出现在夜

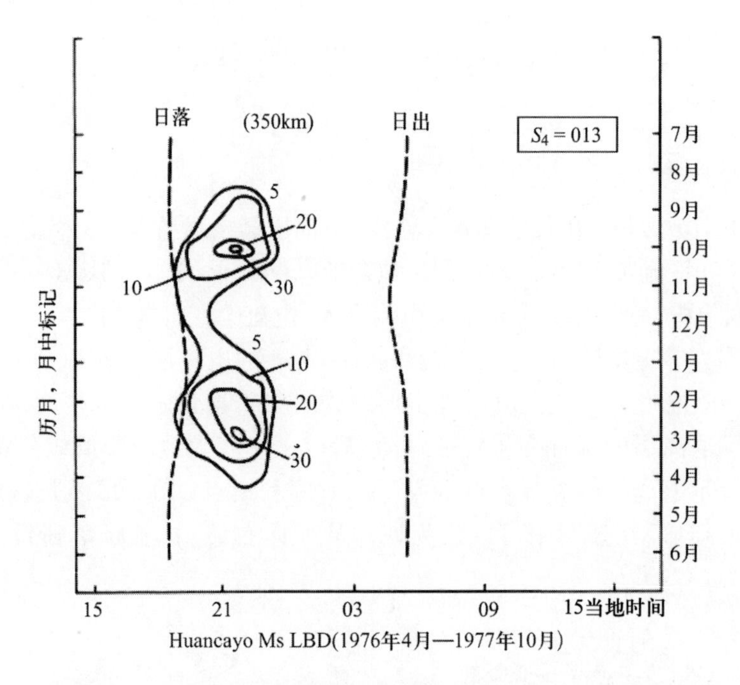

图 2.26 卡约市 1.54 GHz 频率幅度闪烁大于或等于 2 dB 的月发生百分比概率 (转自文献 [52]; ©1980 AGU, 转载已获授权)

晚时间日出处附近要高一些, 闪烁的春、秋分特征也清晰地说明了这一点。由于春、秋分和接近日落期间出现的概率较高, 因此这些时段易诱发闪烁现象。与春、秋分期间相关的导致电离层闪烁的原因很明确, 就是由于这一时期内赤道的太阳辐射通量增大, 太阳辐射通量越大, TEC 就越大。在秘鲁首都利马附近的 Ticamarca 雷达观察站于黄昏后观测到电离层中出现了较大的羽状结构以前, 与日落相关的导致电离层闪烁的原因比较难于解释[53]。

羽状结构或者说漏斗状结构[27] 含有上升的等离子体泡, 等离子体泡的电子密度比周围的等离子体低 1 ~ 2 个数量级。气泡大小可超过 100 km, 远超过地面站观测到的菲涅尔区的大小。这种尺寸下, 电波更容易发生折射而不是衍射, 因为衍射要求的不规则体尺度与菲涅尔区尺度相当或者小于菲涅尔区。折射效应可以很剧烈, 偶尔造成 S_4 超过 1[46], 这表明聚焦及散焦现象的存在。

羽状物和气泡相对电波传播方向的运动和位移, 可以解释朝东传播路径与朝西传播路径通过电离层产生的闪烁数据的不对称特性。使用相同卫星记录的印度洋地区和太平洋地区的信号已经表明了这种不对称性[27]。气泡的移动会产生低至几厘米大小的、小尺度的不规则体,对于这样小尺度的不规则体也同时产生衍射效应。

如果将大量相对地面站菲涅尔区要小的不规则体看做一个衍射光栅,那么这样一个横过电波传播路径上的衍射屏的运动将导致地面站观察到变化的衍射图案。衍射屏的漂移速度 v 可由第一菲涅尔区最小值 $f_{\min}$ 和下式估算 (参见 2.3.4 节):

$$v = \sqrt{\lambda z} f_{\min} \text{ (m/s)} \tag{2.30}$$

式中: λ 为波长; z 为衍射光栅的海拔高度。

如果 $f = 4$ GHz, $z = 400$ km, $f_{\min} = 0.84$ Hz, 那么 $v = 145$ m/s。该量级的漂移速度已经用不同技术的实验所证实[54],衍射屏模式[55] 似乎的确能解释弱散射现象。这些衍射平面波叠加形成了一种干涉模式,这种干涉模式转而引起了幅度闪烁现象[56]。

如果将来自该衍射模式的闪烁结果数字化并进行自相关分析,可获得自相关间隔 τ, τ 为自相关降低 50% 水平对应的滞后时间[57]。图 2.20 中的数据采用了这种分析[27],其相关间隔均值为 1.5 ~ 2.0 s。相关时间间隔是第一菲涅尔区最小频率的倒数。

图 2.26 中第一菲涅尔区最小频率值约为 0.84Hz,该值对应的相关间隔为 1.19s。闪烁越强烈,菲涅尔频率 (拐点频率) 越高,同时第一菲涅尔区最小频率也越大 (这种现象称为频谱扩展) 而且导致相关时间更短和色散效应增加。通常情况下,电离层闪烁开始时刻比结束时刻表现出更强烈的特征,因为结尾时刻闪烁趋于逐渐消退。图 2.24 分析的数据遵循以下趋势:午夜之后的相关间隔明显长于午夜之前的相关间隔,午夜之后相关间隔增加至 2.3 ~ 2.5 s[27]。在两个例子中印度洋链路均比太平洋链路的相关间隔长[27]。

如果式 (2.30) 中 λ 和 z 为常数,随着 v 的增长,$f_{\min}$ 也会上升。相反,随着 v 的增长,相关间隔减小,由于电离层损伤造成的影响也变得更糟。虽然午夜前后相关间隔的差异可以简单地通过漂移速度下降解释,但太平洋和印度洋的相关长度差别很可能是由于不规则体尺度、衍射屏高度、通过电离层的路径长度以及传播方向与磁场复杂的相互作用而导致。

上述结果似乎表明了不规则体的非平稳性, 横穿传播路径的电离层具有非恒定的漂移速度, 还说明弱散射和多次散射可以按一定比例同时发生。当需要将弱散射及强散射和散射及折射边界融合为统一的理论去解释吉赫兹闪烁时, 将出现一些难以解决的问题。最初用于吉赫兹闪烁的预报模型是采取经验模型, 这些经验模型是以大量测试数据库为基础获得的。大量的有关吉赫兹闪烁的测量属于国际通信卫星测量计划[42], 而且采用了 Inmarsat 卫星完成的实验58。大部分国际通信卫星数据由英国 Stanley 电报公司在香港地面站所记录。

2.5.2 通用的模拟程序

闪烁等值线在地磁赤道附近更加强烈的简单观点并不完全正确。除了南北两极有增强的闪烁活动, 地磁赤道附近的闪烁活动频繁区并不在地磁赤道正上方, 而是相对地磁赤道分别向南向北有少许的偏移 (图 2.25)。现在称为异常区。异常区实际为两个区域: 一个是以 15°N 为中心横跨 5 个纬度的细长区, 另一个是以 15°S 为中心的地磁赤道, 如图 2.25 所示。

建立电离层闪烁模型的关键是获得实时或者预报的 TEC 结果。早期的建模集中在电离层探测卫星, 就是利用卫星穿过电离层向下发射 VHF 信号帮助电离层测绘工作。根据电离层探测数据建立了大量的数据库[59], 发现最初的模型对实际测量到的效应估计不足。一个半经验低纬度电离层模型 (SLIM)[60] 设法去纠正这种估计不足。通过对 SLIM 剖面 180 ~ 1800 km 范围内的电子剖面进行积分获得 TEC 剖面, 这种方法不包括 180 km 以下电离大气所产生的电子。1989 年对该模型进行了改进并发展成为 FAIM[61]。基于早期的 Chiu 模型[59], FAIM 利用适合 SLIM 电离层剖面的系数, 可提供电子密度剖面的逼真估计, 因此 FAIM 可以用来获取 TEC。20 世纪 80 年代末,GPS 服务在军用、民用的重要性不断增长导致了空间研究委员会 (COSPAR) 和国际无线电科学联盟 (URSI) 联合工作组的创建。这两个组织编写了一本手册, 手册中详细给出了形成 IRI 模型中所使用的不同模型[62]。例如, IRI 模型 IRI-95[63] 给出了 50 ~ 2000 km 高度空间非极光、静态电离层的电子密度、电子离子温度以及离子构成的月均值, 而 IRI-90 给出的是在 100 ~ 1000 km 高度处同样的数据。IRI 模型被不断更新, 并且每年举行专题讨论会[64]。

IRI 模型提供了建立 TEC 解析表达的绝佳方式。IRI 模型结合对穿过大气层路径的精确了解, 可给出一个计算闪烁幅度的可靠程序。余下的事情就是预测特定路径剖面的相似度以及当前存在的 TEC, 进而推算闪烁幅度的概率统计特性。用这种方法开发了适用于中低纬度的 WBMOD 宽带电离层闪烁模型 (Wideband Ionospheric Scintillation Model, WBMOD)[65], 后来又推广至高纬度地区[66]。如果需要同时考虑同一路径的法拉第旋转效应, 那么不仅需要沿着该路径的 TEC 剖面, 同时需要知道地磁力线沿路径的分布。一个著名的模型可用于估计地磁场强度[67], 该模型系数每五年由国际地磁和高空物理学协会 (IAGA) 更新一次, 最近的一次更新在 2010 年, 该数据在未来五年持续有效。该模型基于测量两个 GPS 信号的差分色散时间延迟, 进而推算沿路径的 TEC。色散群时延 t 可由下式计算:

$$t = \frac{AI}{cf^2}\ (\mathrm{s}) \tag{2.31}$$

式中: $A = 40.308$ (SI 单位制); $I = \mathrm{TEC}$ (可取 10^{16} 个电子/m^2); c 为光速, $c = 3 \times 10^8$ m/s; f 为信号频率。

因此, 两个 GPS 信号的差分色散群时延为

$$t_1 - t_2 = \frac{AI}{c}\left(\frac{1}{f_2^2} - \frac{1}{f_1^2}\right)\ (\mathrm{s}) \tag{2.32}$$

其中, 两个 GPS 信号的频率分别为 $f_1 = 1.57542$ GHz, $f_2 = 1.22760$ GHz。将其代入式 (2.32), 可得

$$\Delta t = 3.5022 \times I\ (\mathrm{s}) \tag{2.33}$$

因此, 如果可以采用 GPS 接收机测量差分时延, 通过式 (2.33) 可以直接计算得到 TEC。对 C 波段 (6/4 GHz) 以下的频率, 法拉第旋转使得对横穿电离层路径的线性极化波不能使用, 因此对这些频率的系统只能采用圆极化。根据许多因素, 电离层引起的法拉第旋转和闪烁对系统有不同的影响。

2.6 系统影响

电离层引起的扰动对不同的系统有不同的影响。诸如工作频率为 1.275 GHz 的合成孔径雷达 (SAR) 系统, 需要精确的时间信息和在脉冲

间隔上的相干相位来保证系统有效运行, 因此距离和相位误差是最重要的因素。对这些系统, 通过全球定位系统获得精确的群时延和相对相位超前是至关重要的。对于诸如传递语音和 (或) 视频信号的系统, 则调制模式和带宽利用非常重要, 因为由电离层引起的幅度和相位的变化会降低传输质量。

考虑系统影响的其他重要方面还有可靠性和系统运行模式。仅仅偶尔使用的、用于传输气象数据的链路 (如链接至格陵兰[71] 的 NOAA 7 和 NOAA 8 卫星) 或数据中继卫星[72] 可以避开电离层对无线信号引起的随机起伏影响而工作。但是, 商业通信卫星系统[70,73] 则需要超过 99% 的良好可靠性连续运行。这样类型的业务需解决受损间隔问题。另外, 所需求的附加功率余量对于这些通信卫星的系统经济性也很重要。为评估影响系统的各种因素, 传输损伤可以大致细分为幅度效应、相位效应和系统效应。

2.6.1 幅度效应

表 2.1 表明电离层对 1GHz 以上频率的信号吸收作用非常弱, 这一吸收衰落低于大多数通信链路的检测分辨率。但是闪烁现象确实使得信号电平变化明显。由电离层引起的振幅效应可分为功率衰落、功率增强以及幅值差分三类。

2.6.1.1 功率衰落

对 1 GHz 以上频率, 由电离层扰动引起的接收信号的幅值变化会改变其他的可变参数, 如差分相位效应、测距误差等。图 2.13 为台北地面站测得的 4 GHz 接收信号幅度变化。评估和预测幅度闪烁中的问题是如何用诸如平均衰落量级的统计量去量化诸如峰值之间起伏的瞬时参数。衰落量级指以 dB 为单位的、低于平均信号电平的信号功率相对平均信号功率的下降幅度。

以统计形式描述瞬时幅值起伏有对数法、高斯法、Nakagami-m 法和二元法四种方法。前两种方法是直接的数学描述; 第三种是适用于电离层闪烁[44,75] 的半经验方法[74]; 最后一种方法是用衍射散射分量和折射聚焦分量的乘积来处理电离层闪烁的一种方法[76]。将这四种方法用于电离层闪烁, 分别对它们进行检验, 发现 Nakagami-m 分布对电离层现象可总体上给出最精确的描述[58]。若 $m > 1$, Nakagami-m 分布与 Nakagami-Rice 分布十分相似, 因此 Nakagami-Rice 分布可用于将峰 – 峰测量值转化为平均衰落统计量[77]。图 2.27 给出了这种转换的一个例子[78]。比如给定一个 4 dB 的峰 – 峰值闪烁, 图 2.27 说明在 11% 的时间内信号比平均值小 1 dB。如果 4 dB 峰 – 峰值的闪烁发生的时间占总时间的 1%, 那么信号经历 1 dB 等效衰落的时间为这 1% 时间的 11%, 也就是总时间的 0.11% 内, 信号会有 1dB 的衰落。图 2.28 和图 2.29 给出了这样的一个实例[58]。图 2.28 给出了频率为 1.542 GHz、路径仰角为 17.3° 链路的电离层闪烁的峰峰值起伏累积统计量。利用 Nakagami-Rice 分布将图 2.28 转化为图 2.29。在对此链路的测量期间, 相对信号电平有 99.9% 的时间处于 −10 dB 衰落量级以上。为保证 99.9% 可用性, 此链路需附加 10 dB 的衰落余量以抵消幅度闪烁的影响。

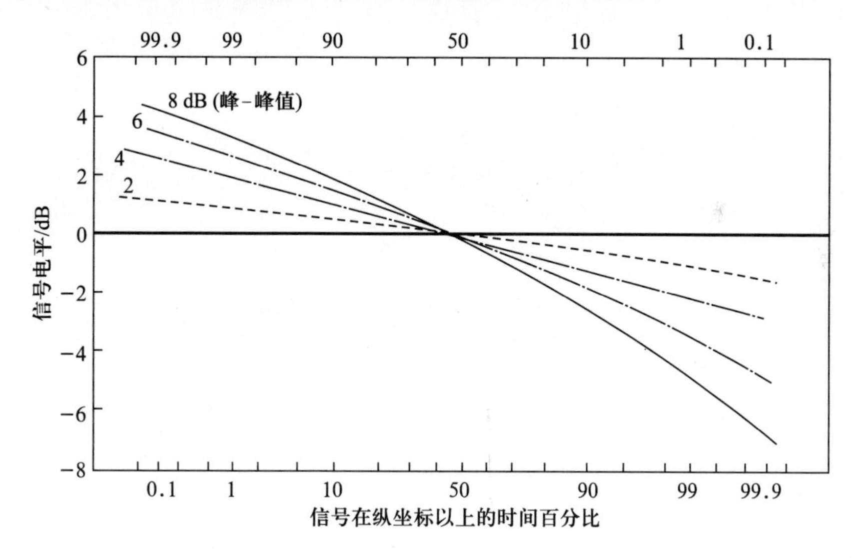

图 2.27 采用 Nakagarni-Rice 分布得到不同的闪烁峰 – 峰值幅度起伏累积分布[78]

年统计量方法对于电离层现象具有不可靠的特点。正如 2.4 节所提, 电离层闪烁强度具有与春、秋分变化和 11 年太阳黑子周期有关的周期变化。在闪烁 “平静” 的年份, 月太阳黑子数小于 30, 吉赫兹的电离层闪烁几乎消失。而太阳黑子峰值年度, 电离层闪烁强度则异常严重。比如, 工作仰角为 81°、频率为 1.542 GHz 的阿森松岛海事卫星链路在 1980 年 9 月至 1981 年 3 月期间有超过 10% 的时间经受了 SI = 29 dB

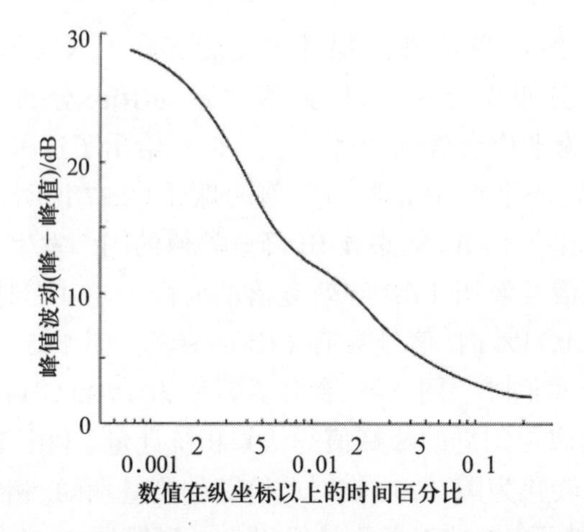

图 2.28 频率 1.542 GHz 信号在 1982 年 4 月 29 日 — 1983 年 5 月 26 日期间闪烁峰－峰值起伏累积统计结果 (转自文献 [58] 中的图 10; ©1985 AGU, 转载已获授权)

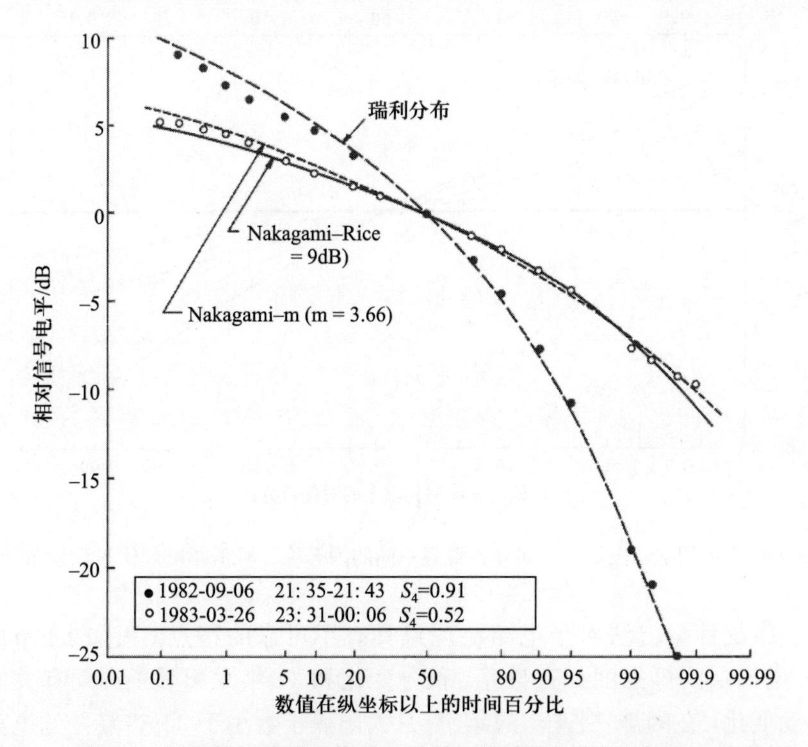

图 2.29 图 2.27 所示数据的相对信号电平累积统计量 (转自文献 [58] 中的图 11; ©1985 AGU, 转载已获授权)

的电离层闪烁[79]。此 SI 值相当于 20 dB 的峰值衰落[79]。如果闪烁相对平均电平近似对称, 那么 10% 的时间内平均衰落值在 5 ~ 7 dB 之间, 具体取值主要取决于电子饱和度以及使用的 Nakagami-Rice 精确分析方法。对这样程度的闪烁, 具有 5 ~ 7 dB 衰落余量的海事卫星链路在 1980 年 9 月至 1981 年 3 月期间, 将有 10% 的时间处于故障状态 (等效衰落程度转化方法如图 2.27 ~ 图 2.29 所示)。

另一个与太阳黑子活动高峰年有关的极端现象是出现单个尖峰衰落[58]。这种情况下, 对于工作频率为 1.542 GHz 链路, 信号电平可能在持续的许多秒时间内骤降高达 25 dB。这种尖峰衰落通常对于如海事或航空移动业务的窄带系统而言更为严重。独立尖峰衰落已经用准周期闪烁的观点解释[80,81], 其剧烈程度会与季节及年度的统计结果产生偏离。因此, 为了达到系统性能要求, 电离层闪烁数据通常是月统计结果给出, 同时给出供春、秋分及太阳黑子最大值期间使用的最坏月结果。比如, 工作于中等太阳黑子年份 (月太阳黑子数为 80) 的 4 GHz 通信卫星链路在最坏月, 信号电平平均每天经历 4 min 约 2 dB 下降, 相当于最坏月 0.3% 的持续时间。卫星通信信道设计者必须确定是否可以在所有时间内确保认可的信号传输质量, 是否需要针对 "平均" 闪烁水平对系统进行设计。第 8 章将就克服闪烁的相关技术进行讨论。

2.6.1.2 增大功率

笼统看来, 信号功率增长应该是有益的。但是, 大多数卫星系统的转发器同时存在不止一个信道在工作[70]。要使这种多路载波系统正常运行, 不仅需要精密控制其载波频率, 还需要精确的功率监测。一个载波功率相对于同一转发器内其他载波功率的增加, 可以导致互调现象增加。极端情况下, 载波功率升高至可以使转发器达到饱和状态的程度。如果卫星工作在双极化模式下, 其另一个转发器使用正交极化工作于相同的中心频率, 若一个转发器载波功率增加会使得更多的干扰进入另一个转发器的共信道信号。由于诸多原因, 一个信道信号的功率增加大约 1dB 会引起其他信道恶化。这种影响的程度取决于调制是模拟调制还是数字调制, 卫星接入是频分多址 (FDMA)、时分多址 (TDMA) 还是码分多址 (CDMA)。如果 TDMA 接收器占用了整个转发器带宽, 则使用调频载波的 FDMA 比 TDMA 模式需要线性化更好的放大器。FDMA 模式所用的行波管放大器 (TWTA) 的工作点因此有所降低,以至于 TWTA 输入改变 1 dB 会导致输出对应 1dB 的变化。也就是说,TWTA 工作于其线性区域。若 TWTA 输入信号增量过大, 会促使 TWTA 的特性进入非线性区。对于单载波全应答的 TDMA 模式, 由于 TWTA 工作在临界饱和态, 所以输入功率改变 1 dB, 其输出功率只对应有 0.6 dB 的变化。链路预算时会考虑中等量的这种恶化[70], 但是极端条件下会导致不可容忍的干扰。

2.6.1.3 差分幅度

整个典型频段的差分幅值效应是微乎其微的。但是准周期的闪烁有成为窄带效应的趋势, 这与地面系统由于多径现象引起的带内失真[9,82] 很相似, 这种频率选择性的闪烁能引起明显的差分幅度效应。差分幅度效应对于窄带单路单载波 (SCPC) 或者类似系统尤为严重, 使用全转发器的 TDMA 系统则趋于均衡该准周期闪烁效应。

2.6.2 相位效应

时间、相位、频率三者对电波的作用是相互关联的。相位的变化率即频率, 因此, 时间、相位、频率这三个参数中任何一个的破坏都会引起其他两个参数相应的破坏。三个参数整体效应的本质就是群时延 (参见 2.2.4 节), 通过计算群时延可以推测其他的参数。随着频率的增长,电离层对无线电的影响逐渐降低, 因此只给出 10 GHz 以下频率的三类不同应用的例子。考虑两类通信卫星系统: 工作于约 1.6 GHz 为船只提供链路的海事通信卫星, 下行链路工作频率在 4 GHz 频带内、提供固定卫星业务的通信卫星。第三类与雷达有关的例子也会进行讨论。

2.6.2.1 海上移动链路

与海上移动站链接的上、下行链路, 其中心频率分别为 1653MHz 和 1552MHz, 总带宽约为 8MHz。单个语音或数据信道使用的带宽远小于 8MHz, 但以下讨论均假定带宽为 8MHz。由于系统采用圆极化信号,因此法拉第旋转不会造成影响。

相位超前

频率为 1.6GHz, TEC 为 10^{17} 个电子/m^2 条件下, 相位超前量 $\Delta\phi$

可由式 (2.15) 计算可得

$$\Delta\phi = 52.75\text{rad} = 3022^\circ$$

比相位超前更为重要的是相位超前的相对变化。如果 TEC 值相对均值 10^{17} 个电子/m^2 改变 1%, 那么相位超前的相对变化量

$$\delta\phi = 0.5275\text{rad} = 30.22^\circ$$

调制/解调方案必须具备在相位变化发生的时间内、对这个量级的相位改变进行调节的能力。在最坏的情况下, 典型的相位变化时间为 0.5~5s, 大多数的解调方案可对这样的相位变化率进行相应处理。多普勒频率引起的相位变化比闪烁引起的相位变化小许多, 可以忽略 (参见 2.2.6 节)。

色散

式 (2.20) 和式 (2.22) 分别给出了时间延迟和相位超前色散效应。如果 $f = 1.6$ GHz, $\delta f = 8$ MHz, TEC $= 10^{17}$ 个电子/m^2, 则计算的时间延迟 $|\Delta t| = 52.344\text{ps}$。

若 8MHz 带宽被一个信号完全占用, 则该带宽可支持的脉冲长度 τ_1 为带宽的倒数[15], 所以

$$\tau_1 = 1/(8 \times 10^6)\text{s} = 12.5\mu\text{s}$$

时延色散效应远小于脉冲长度的最大值, 所以时延色散不会有太大的影响。使用同样的参数, 通过式 (2.22) 可计算出相位超前为

$$\Delta\phi = 0.2638\ \text{rad} = 15.11^\circ$$

这个相位超前值刚好处于大多数调制方案能够处理的范围。如果 TEC 增加一个量级, 对于 8MHz 的带宽而言, $\Delta\phi$ 会变得很大, 但是大多数的海事语音传输采用几十千赫兹的带宽, 因此相位色散效应很小。

2.6.2.2 固定卫星系统

在频率为 4GHz、TEC 为 10^{17} 个电子/m^2、带宽分别为 36MHz 和 240MHz 条件下, 下面给出相位超前、相位超前相对变化、时延色散以及相位超前色散计算结果:

相位超前

36MHz 和 240MHz 带宽, 相位超前均为

$$\Delta\phi = 21.1\text{rad} = 1208.9^\circ$$

如果 TEC 值改变 1%, 则相位相对变化为

$$\delta\phi = 0.211\ \text{rad} = 12.1^\circ$$

色散

带宽为 36 MHz 时, 计算可得

$$|\Delta t| = 15.075\ \text{ps}$$
$$\tau_1 = 27.78\ \text{ns}$$
$$\Delta\phi = 0.1899\ \text{rad} = 10.88^\circ$$

带宽为 240 MHz 时, 计算可得

$$|\Delta t| = 100.5\ \text{ps}$$
$$\tau_1 = 4.17\ \text{ns}$$
$$\Delta\phi = 1.266\ \text{rad} = 72.54^\circ$$

240 MHz 带宽内发生的相位超前值 72.54°, 由于此值基本是一个常数, 所以可以通过相位预补偿。由于 TEC 变化引起的相位差分效应是该值的 1% 量, 这样的差分效应足够小, 可以由调制器或者解调器予以处理。一般而言, 当带宽高至载波频率的 2% 时, 信道在整个带宽仍可以保持相当高的相干性[83], 这对于大多数时间下、近 10%瞬时带宽的情况而言是可以接受的。

2.6.2.3 合成孔径雷达

工作频率约为 1275MHz[84,85], 运行于 600 km 高度的低地球轨道合 SAR 具有 25m × 25m 地球表面分辨力, 该分辨力也是其目标之一。雷达信号的带宽约为 12MHz, 因此对单脉冲而言相干性并不是严重的问题。雷达图像由一系列的对覆盖区域扫描的照片构成, 当卫星在其轨道上运动时扫描记录了这些图像。就像干涉仪采用两个射电望远镜会增加

自身的有效口径一样, 雷达合成孔径比其物理尺寸要大许多。因此, 时间误差和测距误差对于 SAR 是两个重要的参量[86]。

式 (2.8) 给出了测距误差 ΔR 的计算公式, 当 $f = 1.275$ GHz, $\text{TEC} = 10^{17}$ 个电子/m^2 时计算可得: $\Delta R = 2.48\text{m}$; $\Delta t = 8.27\text{ns}$。

上面的结果为单程误差, 因为雷达也包括返回路径, 所以误差应该是这些值的 2 倍。显然, 在电离层剧烈扰动期间内, 测距误差将超过 50m, 那么将无法达到所要求的分辨力。在大部分其他时间内 (中纬度地区几乎所有的时间), 电离层效应不会影响 SAR 达到所要求的分辨力。轨道航天器内的次表面雷达在电离层活跃期间也会受到电离层的影响。对 MARSIS 雷达实验 (为探测火星而开展的实验) 的分析表明[87], 由计算得到的火星电离层 TEC 上限会导致检测返回的回波数据几乎不可能。

2.6.3 系统效应

系统效应是指不仅只有幅度和相位的传输效应, 还要依赖于用来显示这些现象的硬件系统。系统效应可以分为共轴和偏轴两类。通常情况下, 接收天线的设计可以使得沿轴向信号达到最佳性能。如果信号到达方向稍微偏离天线轴向方向, 天线的性能也会有相应的下降。射线弯曲会产生这类的偏轴效应, 而折射效应会使得信号到达卫星的几何路径发生变化。如果折射效应随时间变化, 那么信号的到达角也会随时间变化。折射会使得接收的共极信号 (有用信号) 下降, 而交叉极化信号 (无用信号) 增加。交叉极化分辨率 (XPD) 定义为有用信号和无用信号的比值, XPD 用来度量天线的隔离性能。对于 1 GHz 以上频率的信号, 到达角问题无关紧要, 因此由于信号偏轴到达而导致的 XPD 恶化同样无关紧要。

法拉第旋转效应会导致轴向来波 XPD 减小。线极化电矢量偏离所需取向方向的旋转角 $\Delta\theta$ 的简单几何表示即可给出 XPD 值, 计算方法如下:

$$\text{XPD} = -20\lg\tan\Delta\theta\ (\text{dB}) \tag{2.34}$$

旋转 1° 对应产生 35dB 的 XPD, 这个值比一般系统要求的 $27 \sim 30$dB 的 XPD[70] 要好一些。3° 的法拉第旋转会使 XPD 降至 26 dB。电矢量的旋转是 TEC 以及沿传播路径的地球磁场共同决定的结果。文献[88] 给出了特定星地链路 XPD 变化的预报模型。使用路径磁场强度均值和

TEC 均值可简化步骤。其中,TEC 由 IRI 模型确定, 地磁场通过国际地磁参考场 (IGRF) 获得[89]。利用距站点最近的 TEC 数据中心记录的数据, 文献 [88] 提供的预报模型给出了 TEC 随时间的年概率分布。基于这些 TEC 分布和 IGRF 磁力线预测结果, 对于给定的卫星轨位可得 XPD 等值线图, 图 2.30 给出一个例子。

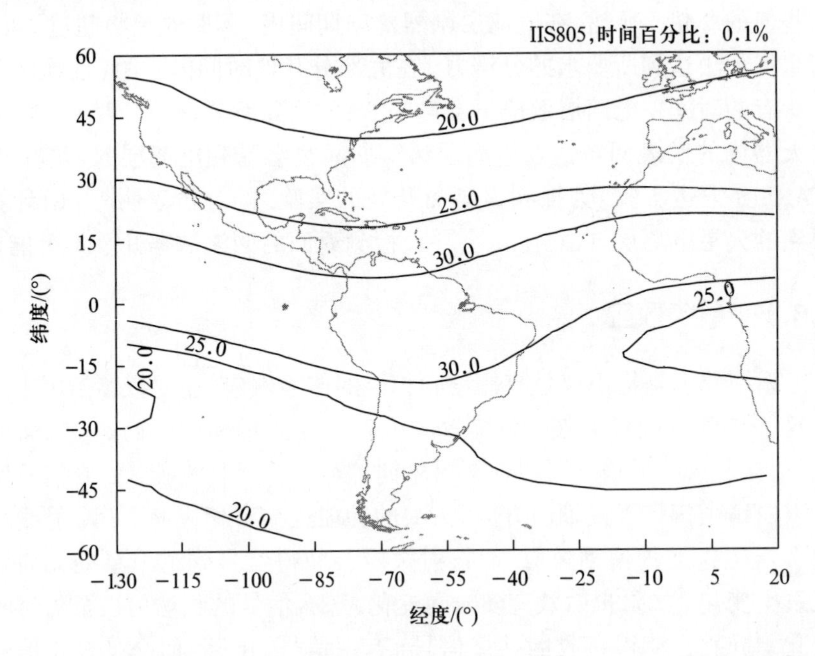

图 2.30 轨位为 304.5°E 的地球静止卫星 99.9% 年时间概率的 XPD 等值线图 (转自文献 [88] 中图 5; ©2000 IEEE, 转载已获授权)

图 2.30 中显示即使高纬度地区的 TEC 比靠近赤道地区的 TEC 小,XPD 等值线在高纬度地区也逐渐变得恶化。这是因为随着纬度增加, TEC 影响的减小量比增加的磁场效应要小 (原文为 “TEC 影响的减小量比增加的磁场效应的补偿作用更加明显”, 原文有误, 译者注)。因为 XPD 的降低, 除非采取措施减小电离层的影响, 否则 4 GHz 和 6 GHz 的线极化系统会受到严重的限制[17]。赤道上空严重的幅度闪烁引起的去极化作用也微不足道, 也就是说因为幅度闪烁是共轴效应, 所以 XPD 没有下降 30 dB[58]。只有天线跟踪系统在电离层闪烁事件发生时不能正常工作, 并因此不能准确跟踪,XPD 值才被认为降到了可运行限制范围以下[90]。

参考文献

[1] P. Williams, 'European radar unscrambles the ionosphere', *New Sci.,* 1985, vol. 29, pp. 4652.

[2] J.A. Ratcliffe, *An Introduction to the Ionosphere and Magnetosphere,* Cambridge University Press, Cambridge, UK, 1972.

[3] ITU-R Recommendation P.1147–1, 'Prediction of Sky-Wave Field Strength at Frequencies between 150 and 1700 kHz', 1999 (formerly Figure 2 of Recommendations and Reports of the CCIR, XVIth Plenary Assembly, Dubrovnik, 1986, vol. VI (Propagation in ionized media); Report 715–1: 'Ionospheric properties').

[4] Extracted from the United States National Geophysical Data Center of the National Oceanic and Atmospheric Administration (NOAA), home page available from http://www.noaa.gov/.

[5] T.L. Eckersley, 'An investigation of short waves', *J. Inst. Elec. Engrs.*, 1929, vol. 67, pp. 992–1032.

[6] T.L. Eckersley, 'Studies in radio transmission', *Ibid.*, 1932, vol.71, pp. 405–454.

[7] J.S. Hey, S.J. Parsons, and J.W. Phillips, 'Fluctuations in cosmic radiation at radio frequencies', *Nature*, 1946, vol. 158, p. 246.

[8] A.C.B. Lovell and J.A. Clegg, *Radio Astronomy*, Chapman & Hall, London, UK, 1952.

[9] L. Boithias, 'Propagation des ondes radioelelectrique dans l'environment terrestre', CNET, Collection technique et scientifique des telecommunications, Paris, 1983.

[10] H.G. Booker and W.E. Gordon, 'A theory of radio scattering in the troposphere', *Proc. I.R.E.*, 1950, vol. 38, pp. 401–412.

[11] J.A. Ratcliffe, *The Magnetoionic Theory*, Cambridge University Press, Cambridge, UK, 1959.

[12] W.L. Flock, *Electromagnetics and the Environment*, Prentice Hall, 1969.

[13] K. Davies, *Ionospheric Radio Waves*, Blaisdell Publishing Company, 1969.

[14] H. Rishbeth and O.K. Garriott, *Introduction to Ionospheric Physics*, Academic Press, New York, 1969.

[15] W.L. Flock, 'Propagation effects on satellite systems at frequencies below

10 GHz', NASA Reference Publication 1108, December 1983: Figure 2.2 abstracted from E.K. Smith, 'A study of ionospheric scintillation as it affects satellite communications', Office of Telecommunications, U.S. Department of Commerce, Technical Memorandum 74–186, November 1974.

[16] ITU-R Recommendation P.531–5, 'Ionospheric Propagation Data and Prediction Methods Required for the Design of Satellite Services and Systems', 1999 (developed from CCIR Report 263–5: 'Ionospheric effects upon earth-space propagation', from which Table 2.1 is extracted. An updated, but more limited (in frequency range) version of this table is given in Table 1 of ITU-R Recommendation P.679–2, 'Propagation Data Required for the Design of Broadcasting-Satellite Systems', 1999.

[17] R.S. Wolf, 'The variability of the ionosphere total electron content and its effect on satellite microwave communications', *Int J. Satellite Commun.*, 1985, vol. 3, pp. 237–243.

[18] H. Soicher and F.J. Gorman, 'Seasonal and day-to-day variability of total electron content at mid-latitudes near solar maximum', *Radio Sci.*, 1985, vol. 20, pp. 383–387.

[19] R.S. Wolff, 'Minimization of Faraday depolarization effects on satellite communications systems at 6/4 GHz', *Ibid.*, 1985, 3, pp. 275–286.

[20] E.D. Kaplan, *Understanding GPS Principles and Applications*, Boston: Artech House Publishers; 1996.

[21] R.M. Christiansen 'Preliminary report of S-Band propagation disturbances during ALSEP mission support (19 November 1969–30 June 1970)', Goddard Space Flight Center, NASA X-861-71-239, June 1971.

[22] N.J. Skinner, R.F. Kelleher, J.B. Hacking, and C.W. Benson, 'Scintillation fading of signals in the SHF band', *Nat. Phys. Sci.*, 1971, 232, pp. 19–21.

[23] J.E. Allnutt, 'The INTELSAT propagation measurements programme', ICAP'81, IEE Conference Publication No. 195, London, UK, 1981, Part 2, pp. 46–53.

[24] International Symposium on Beacon Satellite Studies of the Earth's Environment, February 3–4, 1983, New Delhi, India, and Workshop on Beacon Techniques and Applications, February 3–4, 1983, New Delhi, India, *Proceedings (A85-27551 11-46)*, New Delhi, National Physical Laboratory of India, 1984.

[25] J. Aarons, 'Global morphology of ionospheric scintillations', *Proc. IEEE,*

1982, vol. 70, pp. 360–378. Also updated by Jules Aarons with ‘50 years of radio-scintillation observations’, *IEEE Antennas and Propagation Magazine*, vol. 39, no. 6, December 1997, pp. 7–12.

[26] S. Basu and S. Basu, ‘Equatorial scintillations A review’, J. *Atmos. Terr. Phys.,* 1981, vol. 43, pp. 473 et seq.

[27] D.J. Fang and C.H. Liu, ‘Statistical characterization of equatorial scintillation in the Asian region’, *Radio Sci.,* 1984, vol. 19, pp. 345–358.

[28] D.J. Fang, ‘4/6 GHz ionospheric scintillation measurements’, *AGARD Conference Proceedings No. 284, Propagation Effects in Space/Earth Paths,* France: NATO; 1980, pp. 33–1 to 33–12.

[29] Available from http://science.nasa.gov/headlines/y2006/10may_longrange.htm.

[30] R.P. Kane, ‘Some implications using the group sunspot number reconstruction’, *Solar Phys.,* 2002, vol. 205, no. 2, pp. 383–401.

[31] K, Mursula and Th. Ulich, ‘A new method to determine the solar cycle length’, *Geophys. Res. Lett.,* 1998, 25,1837–1840.

[32] Available from http://solarscience.msfc.nasa.gov/predict.shtml.

[33] P.F. McDoran, D.J., Spitzmesser, and L.A. Buennagel, ‘SERIES: Satellite Emission Range Inferred Earth Surveying’, Third International Geodetic Symposium on Satellite Doppler Positioning, Defense Mapping Survey, National Ocean Survey, Las Cruces, NM, 1982.

[34] K. Davies and E.K. Smith, ‘Ionospheric effects on land mobile systems’, University of Colorado, Department of Electrical and Computer Engineering, Boulder, CO 80309–0425, November 2000 (work performed under contract 1218557 with the jet Propulsion Laboratory, Pasadena, CA 91109). This report formed a supplement to ‘Propagation Effects for Land Mobile Satellite Systems: Overview of Experimental and Modeling Results’ by Julius Goldhirsh and Wolfhard J. Vogel, NASA Reference Publication 112 74.February 1992.

[35] R.M. Wilson, R.L. Moore, and D. Rabin, ‘10.7-cm solar radio flux and the magnetic complexity of active regions’ Solar Phys., 1987, vol. 111, no. 2, pp. 279–285.

[36] Dr. Ken Tapping, National Research Center, Ottawa, Canada, 2008.

[37] Available from http://www.dxlc.com/solar/solcycle.html. This is a page maintained by Jan Alvestad from data published Sunspot Index Data Centre in Brussels. Real-time TEC world-wide maps from GPS

measurements are updated every 15 minutes and are available at http://sideshow.jpl.nasa.gov:80/gpsiono/.

[38] Available from http://iono.jpl.nasa.gov//latest_rti_global.html an almost real-time, global update of the TEC profiles over the globe.

[39] B.H. Briggs and I.A. Parkins, 'On the variation of radio star and satellite scintillations with zenith angle', *J. Atmos. Terr. Phys.*, 1963, vol. 25, pp. 334–365.

[40] H.E. Whitney, J. Aarons, and C. Malik, 'A proposed index of measuring ionospheric scintillation', *Planet Space Sci.*, 1969, vol. 7, pp. 1069–1073.

[41] R.K. Crane, 'Spectra of ionospheric scintillations', *J.*Geophys. Res., 1976, vol. 81, pp. 2041–2050.

[42] D.J. Fang, 'C-Band ionospheric scintillation measurements at Hong Kong earth station during the peak of solar activities in sunspot cycle 2l', Ionospheric Effects Symposium, 1981, Alexandria, VA.

[43] R. Umeki, C.H. Liu, and K C. Yeh, 'Multi-frequency spectra of ionospheric amplitude scintillations', *J. Geophys. Res.*, 1977, vol. 82, pp. 2752–2770.

[44] K.C. Yeh and C.H. Liu, 'Radio wave scintillations in the ionosphere', Proc. IEEE, 1982, vol. 70, pp. 324–360.

[45] C.L. Rino and J. Owen, 'On the temporal coherence loss of strongly scintillating signals', *Radio Sci.*, 1981, vol. 16, pp. 31–33.

[46] T. Ogawa, K. Sinno, M. Fujita, and J. Awaka, 'Severe disturbances of UHF and GHz waves from geostationary satellites during a magnetic storm', *J. Atmos. Terr. Phys.*, 1980, vol. 42, pp. 637–644.

[47] E.J. Fremouw, R.C. Livingstone, C.L. Rino, M. Cousins, B. C. Fair, and R.L. Leadbrand, 'Complex signal scintillations - early results from DNA - 002 coherent beacon', *Radio Sci.*, 1978, vol. 13, pp. 167 et seq.

[48] A. Mawira, 'Slant path 30 to 12.5 GHz copular phase difference. First results from measurements using the OLYMPUS satellite', Electronics Lett., 1990, vol. 26, no. 15, pp. 1138–1139.

[49] L.J. Ippolito, *Propagation Effects Handbook for Satellite Systems Design*, fifth edition, produced for NASA by ITT Industries, Ashburn, Virginia, September 2000.

[50] J.V. Evans, 'Theory and practice of ionospheric study by Thompson scatter radar', *Proc. IEEE*, 1969, vol. 57, pp. 496–530.

[51] B.B. Balsley, 'Some characteristics of non-two-stream irregularities in the

equatorial electro jet', *J. Geophys. Res.*, 1969, vol. 74, pp. 2333–2347.

[52] S. Basu, D. Basu, J.P. Mullen, and S. Bushby, 'Long-term 1.5 GHz amplitude scintillation measurements at the magnetic equator', *Geophys. Res. Lett.*, 1980, vol. 7, pp. 259–262.

[53] R.F. Woodman and C. La Hoz, 'Radar observations of F-region equatorial irregularities', *J. Geophys. Res.*, 1976, vol. 81, pp. 5447–5466.

[54] M. Mendillo and J. Baumgardner, 'Airglow characteristics of equatorial plasma depletions', *J. Geophys. Res.*, 1982, 87, pp. 7641 et seq.

[55] W.M. Cronyn, 'The analysis of radio scattering and space-probe observations of small-scale structures in the interplanetary medium', *Astrophys. J.*, 1970, vol. 161, pp. 755–763.

[56] W.A. Coles, 'Interplanetary scintillations', *Space Sci. Rev.*, 1978, vol. 21, pp. 411–425.

[57] H.E. Whitney and S. Basu, 'The effects of ionospheric scintillation on VHF/UHF satellite communications', *Radio Sci.*, 1977, vol. 12, pp. 123–133.

[58] Y. Karasawa, K. Yasukawa, and M. Yamada, 'Ionospheric scintillation measurements at 1.5 GHz in mid-latitude regions', *Radio Sci.*, 1985, vol. 20, pp. 643–651.

[59] J. Aarons, '50 years of radio scintillation observations', *IEEE Antennas and Propagation Magazine*, vol. 39, no. 6, December 1997, pp. 7–12.

[60] B.K. Ching and Y.T. Chiu, 'A phenomenological model of global ionospheric density in the E-, F-, and F2-regions', *J. Atmos. Terr. Phys.*, vol. 35, 1973, pp. 1615 et seq.

[61] D.N. Anderson, M. Mendillo, and B. Herniter, 'A semi-empirical low-latitude ionospheric model', *Radio Sci.*, vol. 22, March-April 1987.

[62] D.N. Anderson, J.M. Forbes, and M. Codrescu, 'A fully analytic, low- and middle-latitude ionospheric model', *J. Geophys. Res.*, vol. 94, February 1989.

[63] D. Bilitza, 'International Reference Ionosphere 1990', NSSDC/WDC-A-R&S 90–22, November 1990.

[64] Available from http://iri.gsfc.nasa.gov/.

[65] Available from http://www.nwra.com/ionoscint/wbmod.html.

[66] J.A. Secan, R.M. Bussey, E.J. Fremouw, and Sa. Basu, 'An improved model of equatorial scintillation', *Radio Sci.*, vol. 30, 1995, pp. 607–617.

[67] J.A. Secan, R.M. Bussey, E.J. Fremouw, and Sa. Basu, 'High latitude upgrade to the wideband ionospheric scintillation model', *Radio Sci.*, vol. 32, 1997, pp.

1567–1574.

[68] A. Akaishi, N. Imura, H. Misutamari, Y. Ogata, Y. Hisada, and Y. Itoh, 'Research and development of a synthetic aperture radar antenna', *Proceedings of the 1985 International Symposium on Antennas and Propagation*, 1985,II, paper 151–2, UK: IET, pp. 639–642.

[69] G.J. Bishop, J.A. Klobuchar, and P.H. Doherty, 'Multipath effects on the determination of absolute ionospheric time delay from GPS signals', *Radio Sci.*, 1985, vol. 20, pp. 388–396.

[70] T. Pratt, C.W. Bostian, and J.E. Allnutt, *'Satellite Communications'*, second edition, Wiley, Hoboken, New Jersey, USA, 2002.

[71] A. Johnson and J. Taagholt, 'Ionospheric effects on C^3I satellite communications systems in Greenland', *Radio Sci.*, 1985, 20, pp. 339–346.

[72] T. Teshirogi, W. Chujo, H. Komom, A. Akaishi, and H. Hirosi, 'Development of 19-multibeam array antenna for data relay satellite', *Proceedings of ISAP'85*, 1985, 11, paper 112–4, Tokyo, pp. 381–384.

[73] K. Miya (ed.), *Satellite Communications Technology*, second edition, Institute of Electrical and Communications Engineers of Japan, Tokyo, 1985.

[74] M. Nakagami, *The M-Distribution: A General Formula of Intensity Distribution of Rapid Fading*, W.C. Hoffman (ed.), Pergamon Press, New York, 1960.

[75] R.K. Crane, 'Ionospheric scintillation', *Proc. IEEE*, 1977, vol. 65, pp. 180–199.

[76] E.J. Fremouw, R.C. Livingstone, and D.A. Miller, 'On the statistics of scintillation Signals', *J. Atmos. Terr. Phys.*, 1980, vol. 42, pp. 717–731.

[77] J. Aarons, H.E. Whitney, and R. S. Allen, 'Global morphology of ionospheric scintillations', Proc. IEEE, 1971, 59, pp. 159–172.

[78] J. Maas, private communication.

[79] J.P. Mullen, E. Mackenzie, S. Basu, and H. Whitney, 'UHF/GHz scintillation observed at Ascension Island from 1980 through 1982', *Radio Sci.*, 1985, vol. 20, pp. 357–365.

[80] F.F. Slack, 'Quasi-periodic scintillation in the ionosphere', *J. Atmos. Terr. Phys.*, 1972, vol.34, pp. 927 et seq.

[81] L.A. Hajkowicz, E.N. Brarnley, and R. Browning, 'Drift analysis of random and quasi-periodic scintillations in the ionosphere', *J. Atmos. Terr. Phys.*, 1981, vol. 43, pp. 723 et seq.

[82] M.P.M. Hall, *Effects of the Troposphere on Radio Communications*, Peter Peregrinus Ltd., U.K., 1979.

[83] C.L. Rufenach, 'Coherence properties of wideband satellite signals caused by ionospheric scintillation', *Radio Sci.*, 1975, vol. 10, pp. 973 et seq.

[84] Y. Itoh and Y. Hishada, 'Research and development on synthetic aperture radar', *Proceedings of ISAP'85*, 1985, Ⅱ, paper 151–1, Tokyo, pp. 635–638.

[85] Report 340–5, 'CCIR atlas of ionospheric characteristics', 1988, ITU, 2 Rue Varembé 1211, Geneva 20, Switzerland.

[86] I. Nishimuta, T. Ogawa, H. Mitsudome, and H. Minakoshi, 'Ionospheric disturbances during November 30-December 1, 1988 Ionospheric scintillations observed by satellite beacons in the VHF to 20 GHz range, *J. Comm. Res. Lab.*, 1992, vol. 39, no. 2, pp. 307.

[87] O.N. Rzhiga, 'Distortions of the low frequency signal by Martian ionosphere at vertical propagation', *IEEE Transactions on Antennas and Propagation*, vol. 53, no. 12, December 2005, pp. 4083–4088.

[88] E. Chapin, S.F. Chan, B.D. Chapman, C.W. Chen, J.M. Martin, T.R. Michel, et al. 'Impact of the ionosphere on an L-band space based radar', IEEE Radar Conference, Verona, New York, April 24–27, 2006, Jet Propulsion Laboratory of NASA, Pasadena, CA. Available from http://trs-new.jpl.nasa.gov/dspace/bitstream/2014/39188/1/06-0356.pdf.

[89] I. Gheorghistor, A. Dissanayake, J.E. Allnutt, and S. Yaghrnour, 'Prediction of Faraday rotation impairments in C-band satellite links', IEEE APS, August 2000.

[90] S. Macmillan and S. Maus, IGRF10 Model Coefficients for 1945–2010, available from http://modelweb.gsfc.nasa.gov/magnetos/igrf.html.

[91] A.C. Clarke, 'Extraterrestrial relays', *Wireless World*, February 1945, pp. 305–308.

[92] D.J. Fang, 'Final Report (INTEL 222/RAE-104, Milestone No. 4), Comsat Laboratories Report to Intelsat', Task no. 157–6117, 10 December 1983.

[93] Rec. ITU-R P.618-6, 'Propagation data and prediction methods required for the design of earth-space telecommunications systems', 1999.

[94] D.J. Fang and J.E. Allnutt, 'Simultaneous rain depolarization and ionospheric scintillation impairments at 4 GHz', IEE International Conference on Antennas and Propagation, ICAP'87, IEE Conference Publication 274, pp. 281–284 (30 March-2 April 1987, University of York, UK).

第 3 章

晴空大气的影响

3.1 引言

尽管在 1901 年马可尼已成功地横跨大西洋传送信号, 但是在 1930 年以前, 无线电波在大气中的传播的研究都没有真正得到实施。人们普遍认为,30MHz 以上的无线电波只遵循强度随距离平方成反比减小, 而且沿直线传播的规律。当马可尼在 1932 年成功地在许多倍视距范围的距离发射了 30MHz 以上的无线电波时, 他证明了这种观点是错误的[1]。

近似水平传输的无线信号由空间波 (或直接波) 和地面波 (或反射波) 两个基本部分组成。这两个信号的相长和相消干涉随着到天线之间距离的变化交替出现, 导致了振幅以平方反比损耗值为中心呈波状起伏变化。在发射机的视距范围内, 并有掠射发生的区域, 一部分入射信号将被衍射。光滑的起伏变化形式将被破坏, 而且信号强度的损耗开始超过平方反比率损耗。在更远的距离, 非均匀结构或大气湍流则会形成信号的能量散射, 这种现象称为对流层散射[2,3]。除了低于 1° 仰角的情形, 对流层散射与卫星到地面的传播几乎没有直接的关系。图 3.1 给出了三种传播范围的示意图。

除用来解释在远超出视距距离范围接收可靠信号的散射现象外[4], 很明显当电波在大气中传播时, 射线是弯曲的或者被折射。吉赫兹发射设备的发展也突出了降雨和晴空大气条件时大气的吸收效应。后面的章节将会处理降雨和其他微粒对电波的影响。本章仅讨论晴空大气对电波传播的影响。

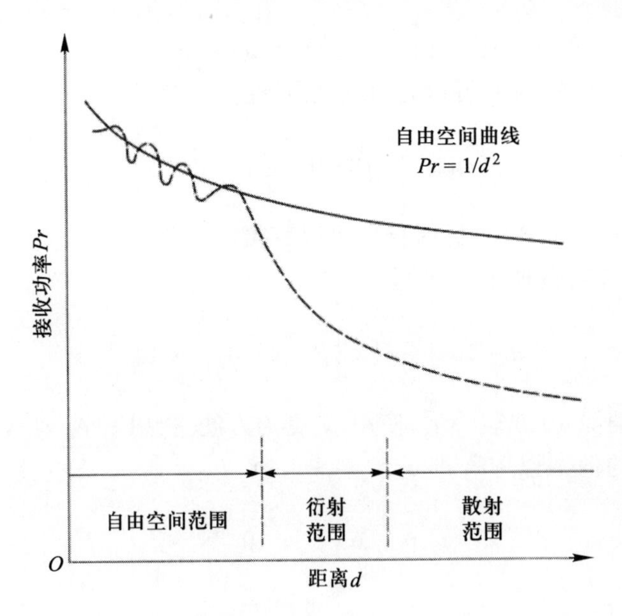

图 3.1 三种传播范围的示意图 (转自文献 [1] 中图 11.5; ©1983 Butterworth, 现在的 Elsevier B.V, 转载已获授权)

注: 在自由空间范围内主要是直射和反射波的干涉; 在衍射范围内则是地面障碍物的边沿衍射占主导地位; 在散射范围内折射效应是主要现象。

3.2 折射效应

3.2.1 大气折射指数

电波在真空中和在介质中的速度比值称为该介质的折射指数。低层晴空干燥大气的折射指数为

$$n_{\mathrm{dry}} = 1 + 77.6 \times \frac{P}{T} \times 10^{-6} \tag{3.1}$$

式中: P 为压强; T 为热力学温度。

压强习惯用毫巴 (mbar) 为单位, 但是毫巴这个单位改为用 hPa 表示, 它们具有相同的数值。在至少高达 50 km 范围内, 大气的气态成分不随地理位置和高度变化。因此, 方程式 (3.1) 对地球上任何地方的干燥晴空大气均通用。但是, 水蒸气的存在将明显地改变大气折射指数。"湿" 折射指数表示为

$$n_{\mathrm{wet}} = \left[375000 \times \frac{e}{T^2} - 5.6 \times \frac{e}{T}\right] \times 10^{-6} \tag{3.2}$$

式中: e 为水蒸气压强 (hPa, 原来的为 mbar)。

上面方程的两项可以合并为如下近似表达式:

$$n_{\text{wet}} = 373200 \times \frac{e}{T^2} \times 10^{-6} \tag{3.3}$$

“干” 折射指数和 “湿” 折射指数可以直接求和给出总折射指数 n, 对这两个折射指数整理结合可得

$$n - 1 = \frac{77.6}{T} \times \left[P + 4810\frac{e}{T}\right] \times 10^{-6} \tag{3.4}$$

为了消除 10^{-6} 这一项, 使用 N 更为方便, 折射率 N 表示折射指数 n 超过 1 的值乘以 10^6, 即

$$n = 1 + N \times 10^{-6} \tag{3.5}$$

由式 (3.4) 可得

$$N = \frac{77.6}{T} \times \left[P + 4810 \times \frac{e}{T}\right] \tag{3.6}$$

如果计算 N 时需要极高的精度, 那么在结合式 (3.1) 和式 (3.2) 时不要引入式 (3.3) 固有的近似。但是, 对于频率低于 100GHz 的条件, 方程式 (3.6) 给出误差在 0.5% 之内的结果, 实际上, 对所有频率均可以使用方程式 (3.6) 得到好的结果[5]。

联系水蒸汽压强 e 和相对湿度的表达式为[5]

$$e = \frac{He_{\text{s}}}{100} \tag{3.7a}$$

式中: H 为相对湿度 (%); e_{s} 为在温度为 t°C 时的饱和水蒸汽压强 (hPa), 可表示成

$$e_{\text{s}} = a \times \frac{bt}{t + c} \tag{3.7b}$$

其中: t 为温度 (°C); 系数 a、b 和 c 见下表。

水蒸汽压强 e 还可以由水蒸气密度 ρ 通过下式得到[5]:

$$e = \frac{\rho T}{216.7}\ (\text{hPa}) \tag{3.7c}$$

式中: ρ 以 g/m^3 为单位, 一些代表性的 ρ 值可以在 ITU-R P.836 中找到[6]。

液相 (水)	固相 (冰)
$a = 6.1121$	$a = 6.1115$
$b = 17.502$	$b = 22.452$
$c = 240.97$	$c = 272.55$
在 $-20 \sim 50°C$ 之间有效, 误差在 $\pm 0.20\%$ 范围内	在 $-50 \sim 0°C$ 之间有效, 误差在 $\pm 0.20\%$ 范围内

大气的湿度剖面通常通过使用无线电探空仪测得。这些设备挂在“气象气球”的底部, 通常在白天或者黑夜固定时间放飞。气球升空时, 无线电探空仪提供大气各种参数信息, 主要参数信息是温度、压强和湿度。无线电探空仪的难点是不能提供占地球表面 70% 的海洋上空的大气参数信息。工作频率在红外和微波之间的垂直探测卫星可以提供与无线电探空仪相同参数的全球信息, 但是不能提供无线电探空仪可提供的相同高度同样分辨力的大气参数信息。一种新方法是可以通过使用 6 颗 COSMIC (Constellation Observing Systems for Meteorology, Ionosphere, and Climate) 卫星提供良好高度分辨力的全球大气参数剖面[7]。当 GPS 卫星出现在特定的 COSMIC 卫星视线范围时, 拥有 6 颗 COSMIC 卫星的星座观测 GPS 信号。GPS 和 COSMIC 卫星的精确位置是已知的, 所以可以计算出光线弯曲的量, 并从该信息推断出传输路径经过的大气温度和湿度的剖面。对于对流层低层和上层大气, 这种方法可以获得的高度分辨力分别为 100m 和 1km[7]。

湿度和折射率 N 会在小尺度和大空间范围内以不同速度变化。如果这种变化的时间尺度为几分钟或更少, 或者空间尺度为几千米或更小, 它们称为湍流起伏。折射率 N 的大尺度变化或者宏观变化和小尺度湍流起伏均对地 – 空传播有明显的影响。

3.2.2 折射率随高度的变化

在对流层中压强、温度和水汽的平均含量均随高度减少。式 (3.6) 的压强和湿度随高度的变化对折射率随高度变化的贡献要比温度随高度变化的贡献明显。除了大风的条件下, N 随高度的变化通常比其在水平面内的变化要剧烈和迅速。随高度最快、最重要的变化是发生在对流层最底层的变化。图 3.2 给出了低层大气无线电折射率剖面[8]。

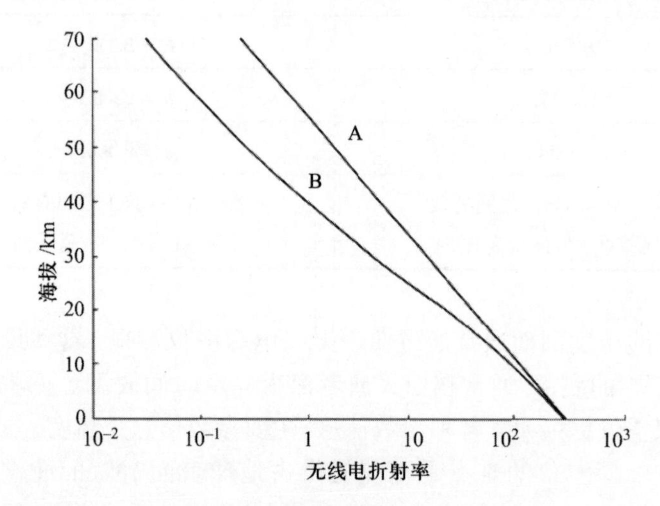

图 3.2 模拟大气的无线电折射率剖面图 (转自文献 [8] 中图 1; ©1986 ITU, 转载已获授权)

A—平均指数模型; B—中纬度模型 (干燥大气)。

在图 3.2 中可以看出, 折射率随高度大约按指数下降。如果 N 表示在折射率为 N_σ 处以上 h 处的折射率, 那么折射率的指数衰减可以表示为

$$N = N_\sigma \times \mathrm{e}^{(-h/h_\mathrm{o})} \tag{3.8a}$$

式中: h_o 为合适的 "参考高度"。

参考高度是作为计算基础的统计值, 并且 N_o 通常取为用 N_s 表示的地球表面的折射率。参考高度 h_o 和折射率 N_o 随纬度和气候区域而变化。在全球平均的基础上[5], 可以使用下面的值:

$$N_\mathrm{o} = 315, \quad h_\mathrm{o} = 7.35\ \mathrm{km}$$

严格地说, 这些值只适用于陆地路径 (点对点无线系统)。对于地 – 空系统 (式 (3.8a)) 修改为

$$N_\mathrm{s} = N_\mathrm{o} \times \mathrm{e}^{(-h_\mathrm{s}/h_\mathrm{o})} \tag{3.8b}$$

式中: h_s 为地球表面高出平均海平面的高度 (km)。

图 3.3(a) 和图 3.3(b) 分别给出了 N_o 在 2 月份和 8 月份的月平均值。

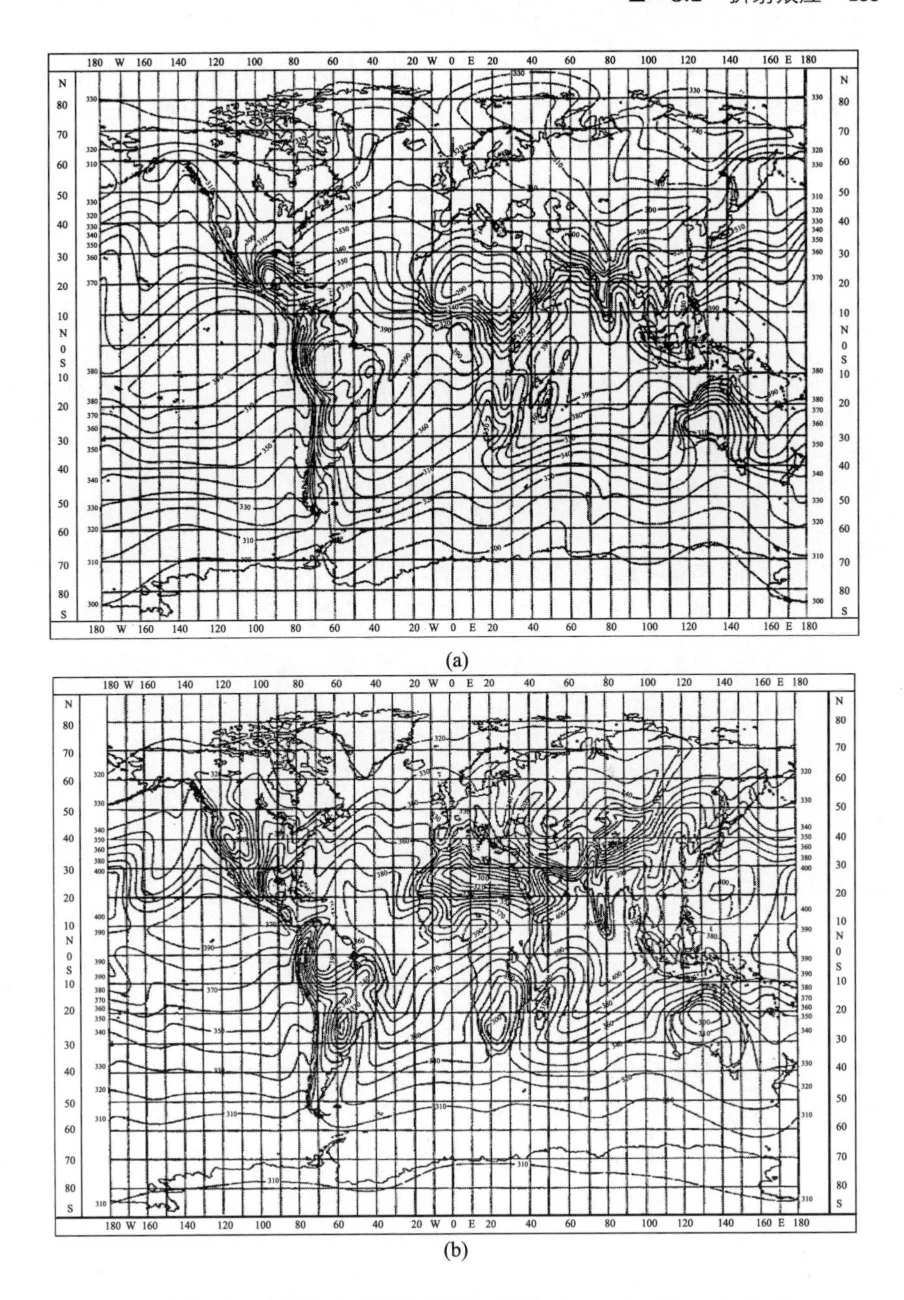

图 3.3 2 月份和 8 月份 N_o 的月平均值 (转自 ITU-R P.543-7; ©1999 ITU)

(a) 2 月份 N_o; (b) 8 月份 N_o。

参考高度的值越小, N 的值衰减越快。然而, 测量表明[9] N 随高度的变化率中值为 $-40N/\mathrm{km}$, 这一变化率与参考高度的选择无关。

ITU-R 定义[5] 了平均指数大气, 平均指数大气的参考高度为 7.35km, 参考高度所在表面的折射率为 315, 在第一千米内的平均大气折射率梯度 $-40N/\mathrm{km}$。对于平均指数大气, 式 (3.8a) 化简为

$$N = 315 \times \mathrm{e}^{-(h/7.35)} \tag{3.9}$$

大气折射率世界分布图通常以海平面上大气折射率 N_o 为基准给出, 为将海平面值转化至陆地表面值 N_s, 可以使用类似于式 (3.8b), 即

$$N_\mathrm{s} = N_\mathrm{o} \times \mathrm{e}^{-(h_\mathrm{s}/7.35)} \tag{3.10}$$

式中: h_s 为高出平均海平面以上的高度。

湿度信息通常以类似的方式用 ρ 表示为绝对湿度或水蒸气密度。通过式 (3.7c) 可以实现水蒸汽压强 e 和 ρ 的转化, 即[10]

$$\rho = 216.7 \times \frac{e}{T} \tag{3.11}$$

根据折射率随高度变化可以得出从地球表面朝卫星发射的电波不会以直线传播的结论。这种现象称为射线弯曲。

3.2.3 射线弯曲

从地球卫星向地球上某点发射的射线在向下通过大气时, 经历不断增大的折射率 N, 导致射线向折射率更高的区域弯曲。相反, 电波从地球上同一点向地球卫星发射的射线在向上穿过大气时, 经历连续降低的 N 值, 射线将向 N 减少的区域弯曲。图 3.4 给出折射弯曲示意图。

假设折射指数垂直梯度为 $\mathrm{d}n/\mathrm{d}h$, 穿过大气的射线路径的曲率半径 r 由下式给出[11,12]:

$$\frac{1}{r} = -\frac{\cos\theta}{n}\frac{\mathrm{d}n}{\mathrm{d}h} \tag{3.12}$$

式中: θ 为射线在地球表面发射机处相对于当地水平面的初始仰角; n 为大气折射指数; h 为所计算点超出地球表面的高度; 负号 “–” 表示折射指数随高度增加而减小, 朝地球表面弯曲的射线对应的射线曲率定义为正曲率[12]。

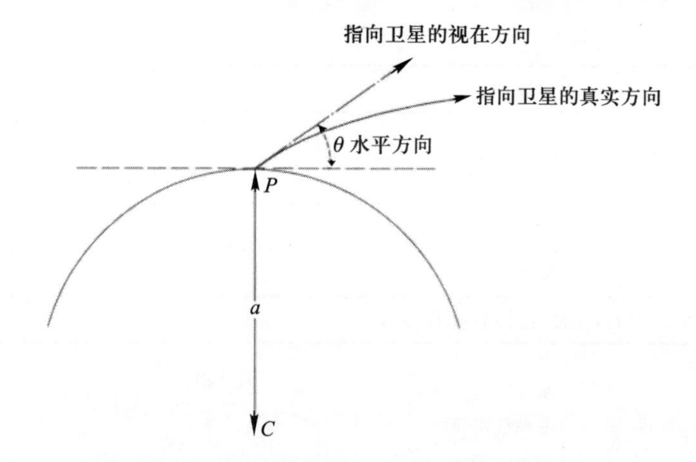

图 3.4 指向卫星的视在方向和真实方向

注: 地表点 P 处的地面站以指向卫星的视在方向的初始仰角发射信号, 随高度变化的折射率导致射线弯曲。C 为半径为 a 的地球中心, C 将会在计算几何直线和折射的真实仰角中用到。

对于地面传播, θ 通常接近于 $0°$, 假定式 (3.12) 中折射指数 $n=1$, 则式 (3.12) 简化为

$$\frac{1}{r}=\frac{\mathrm{d}n}{\mathrm{d}h} \tag{3.13}$$

此射线和地球的曲率之间的差由下式给出:

$$\frac{1}{a}-\frac{1}{r}=\frac{1}{a}+\frac{\mathrm{d}n}{\mathrm{d}h} \tag{3.14}$$

式中: a 为地球半径。

为了简化地面微波系统规划中对弯曲射线路径的追踪, 习惯假设地球有一个比正常值更大的曲率, 从而使弯曲射线路径表示为直线。图 3.5 对这种技术进行解释。表 3.1 给出与各种梯度折射率相对应的 k 值[10]。

表 3.1 对应 $\mathrm{d}N/\mathrm{d}h$ 的 k 值

$\frac{\mathrm{d}N}{\mathrm{d}h}/(N/\mathrm{km})$	k
157	0.5
78	2/3
0	1
−40	4/3

(续)

$\frac{\mathrm{d}N}{\mathrm{d}h}/(N/\mathrm{km})$	k
−100	2.75
−157	∞
−200	−3.65
−300	−1.09
©1969 LEE (现 LET), 转载已获授权	

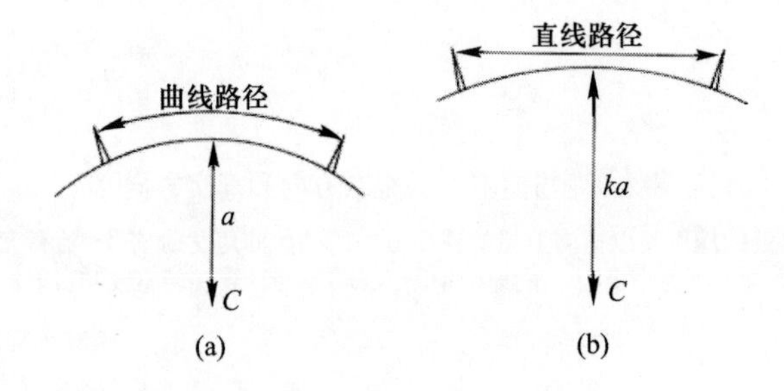

图 3.5 两种射线追踪的方法

(a) 代表真实状况的实际半径 a 和弯曲射线路径; (b) 通过有效半径 ka 忽略了折射弯曲的几何射线路径。

注: 两种情况下, 两个地面天线具有相同的距离。图 (a) 中天线以轻微的仰角对准, 用以补偿沿路径折射效应引起的射线弯曲; 图 (b) 中由于因子 k 增加了地球半径, 所以真实射线的曲率由减小的地球曲率给予补偿。

k 是将地球的真实半径转化为有效半径 ka 的因子。对应于 $-40N/\mathrm{km}$ 的梯度的 k 值为 4/3, $k=4/3$ 通常用来推导地面系统设置中的正常有效地球半径。在陆地系统规划中, 通常称 $k=4/3$ 为 “四分之三” 地球。$k=\infty$ 的值对应于 $-157N/\mathrm{km}$ 大气折射率梯度, 它给出了与地球半径相等的射线曲率半径。在这种情况下, 电波通过大气波导平行于地球表面传播 (见文献 [13] 中 2.5 节)。对于大多数星 - 地应用, 波导传播不会发生, 除非仰角低于 1°。这是因为地球表面上形成的波导比较薄, 通常为 30m 量级[14]。另外, 即使波导离开地球表面形成升高波导, 到卫星的射线路径也能快速通过大气折射率异常区域。图 3.6(a) 给出了典型升高波导示意图 (主要根据文献 [14] 中的图 3 绘制), 图 3.6(b) 给出射线被陷获在升高波导内的临界陷获角。临界陷获角一般小于 0.25°, 因此, 除非大气出现折叠 (就像床上的毯子在压缩作用下发生了折叠),

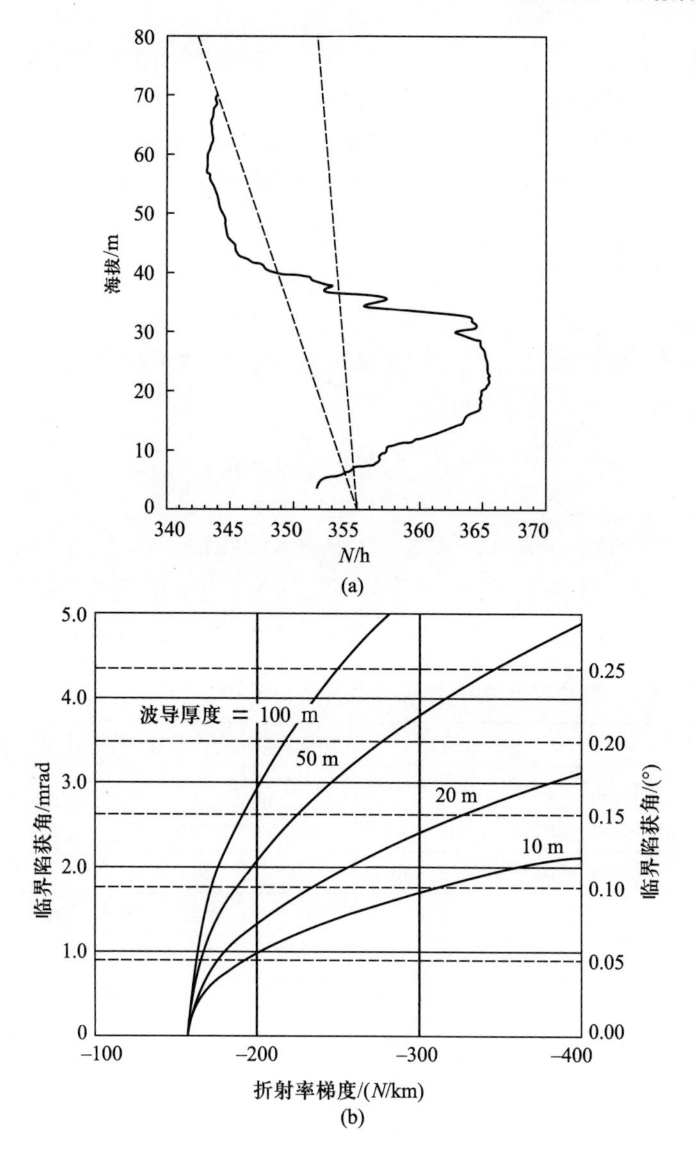

图 3.6 地球表面的大气波导及临界陷获角

(a) 地球表面附近的波导剖面示意图; (b) 球形地球上空恒定折射率梯度表面波导最大陷获角

(转自 ITU-R P.834-3 中图 3; ©1999 ITU, 转载已获授权)

注: 两条虚线斜率分别为 $-39 \sim -157N\text{km}$, 该斜率定义了大气中平均折射率 N 的递减率, 平均递减率经常用来描述波导大气[14]。根据上示特征, 波导区域已经离开地球表面, 在其下面形成子折射层。"隆起" 部分正是地面通信系统中射线极可能被远距离陷获的区域。此情况下, 低仰角卫星系统也可能受波导影响。注意: 陷获信号能量需要非常小的角度, 这也使得这种形式的波导传播极为罕见, 即使是非常低仰角的星 – 地链路也很少发生这种形式的波导传播。

典型地 – 星路径将完全处于临界陷获角之外。然而, 当仰角低于 5° 时, 则可能发生波导传播。

然而, 当仰角低于 10° 时会发生明显的射线弯曲。由于射线弯曲是受折射率变化影响, 而折射率对频率相对不敏感, 所以射线弯曲基本上与频率无关。精确计算射线弯曲总量需要根据路径上每点大气折射率的精确值沿路径积分。大气永远不可能是真正平稳状态, 而且在任何情况下都不可能获得沿路径的所有信息 (如温度、折射率等), 所以形成了计算折射总量经验公式[12]。用最开始的方法得到了射线弯曲 τ 与表面折射率 N_s 之间的关系为[15]

$$\tau = a + b \times N_s \times 10^{-3}(°) \tag{3.15}$$

式中: a、b 为常数。表 3.2[16] 给出了使用给定的 a 和 b 计算一定范围初始仰角的均方根偏差。这些值是全球气候平均值, 相应的均方根值也接近平均值。95% 的偏差值给出了对应 5% 时间内最坏情况下的偏差。

表 3.2 在给定表面大气折射率条件下估计射线弯曲需要的回归参数

仰角/(°)	a/(°)	b/(°)	关联系数	均方根误差/(°)	95% 偏差/(°)
0.1	-1112.8×10^{-3}	5.778×10^{-3}	0.81	89.0×10^{-3}	151.0×10^{-3}
0.2	-889.2×10^{-3}	4.951×10^{-3}	0.85	64.0×10^{-3}	119.0×10^{-3}
0.5	-512.3×10^{-3}	3.473×10^{-3}	0.94	26.0×10^{-3}	58.0×10^{-3}
1.0	-268.3×10^{-3}	2.372×10^{-3}	0.97	12.0×10^{-3}	28.0×10^{-3}
2.0	-95.9×10^{-3}	1.409×10^{-3}	0.99	5.0×10^{-3}	11.0×10^{-3}
3.0	-41.0×10^{-3}	0.958×10^{-3}	0.99	3.1×10^{-3}	6.6×10^{-3}
5.0	-10.2×10^{-3}	0.610×10^{-3}	0.99	1.9×10^{-3}	3.8×10^{-3}
10.0	-0.3×10^{-3}	0.309×10^{-3}	0.99	0.99×10^{-3}	1.8×10^{-3}
20.0	0.6×10^{-3}	0.151×10^{-3}	0.99	0.49×10^{-3}	0.88×10^{-3}
50.0	0.2×10^{-3}	0.046×10^{-3}	0.99	0.15×10^{-3}	0.27×10^{-3}
©1982 ITV, 转载已获授权					

例 3.1 假定表面大气折射率为 $315N$ 单元, 则以 1° 仰角穿过大气层的射线弯曲是多少?

解: 从表 3.2 查得: 1° 仰角对应的 $a = -268.3 \times 10^{-3}(°)$, $b = 2.372 \times 10^{-3}(°)/N$ 单位。利用式 (3.15), 射线弯曲为 $-268.3 + (2.372 \times$

$315) = 478.88 \times 10^{-3}(°)$。

表 3.3 给出了在四种类型的气候条件下的计算结果[12]。在这些计算中，给出了所考虑气候区域表面折射率的平均值。从表 3.3 中看出，对于极地大陆气团条件下 1° 仰角的射线弯曲值为 0.45°，热带海洋空气条件下相应值是 0.65°。这些值与利用式 (3.15) 和表 3.2 中参数计算结果接近。如果已知表面折射率数据，利用表 3.2 中的方法能提供比利用表 3.3 的平均值更具体的结果。

表 3.3 通过全部大气层传播产生的角偏差值

仰角/°	平均总角度偏差			
	极地大陆气团	温带大陆气团	温带海洋气团	热带海洋气团
1	0.45	—	—	0.65
2	0.32	0.36	0.38	0.47
4	0.21	0.25	0.26	0.27
10	0.10	0.11	0.12	9.14
20		0.05	0.06	
30		0.03	0.04	
	日常变量			
1	0.1			RSM
10	0.007			RSM
注：转自文献 [12] 中表 1; ©1999 ITU，转载已获授权; ©1999LTV，转载已获授权				

地面站天线的半功率波束宽度不是无限小，所以波束的上部和下部通过大气时的弯曲量略有不同。其结果是，波束变得比衍射光学理论预计更宽。折射弯曲以及大气影响天线特征的其他相关因素有时称为波束展宽或散焦。

3.2.4 散焦

使用射电星校正大型地面站增益时需要准确定义大气的散焦损耗，这种需求引起对大气散焦损耗的初步研究[17]。图 3.7 给出了根据折射指数剖面计算的散焦损耗结果[18]。

这些结果适用于纽约州 Albany 地区。沿海地区由于普遍较高的湿

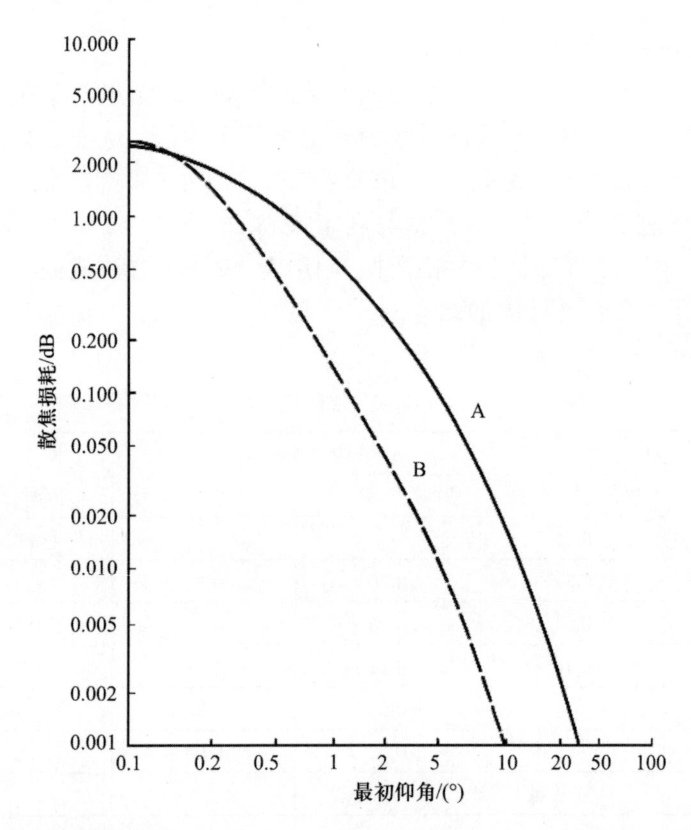

图 3.7 散焦损耗和相对平均值的标准偏差 (转自 ITU-R P. 834-2 中图 1; ©1999 ITU, 转载已获授权)

A–平均损耗; B–平均误差。

度, 所以通常表现出更高的散焦损失, 而干燥的气候表现出相对较低的损耗。在 1 ~ 100 GHz 范围内, 散焦损耗与频率是无关的, 预计对 100GHz 以上信号的影响会减小[16]。

射线弯曲是由于大气中折射指数大尺度变化, 这些变化很少是平稳过程, 所以大尺度起伏将会导致射线弯曲量变化。大尺度起伏在接收天线上表现为信号到达角的明显变化, 极端情况下表现为大气多径现象。

3.2.5 到达角和多径效应

表 3.2 给出了折射效应导致的仰角均方根误差, 此误差形成了该仰角平面内信号的到达角变化。仰角的波动比方位角波动约大 1 个数量

级。图 3.8 给出了到达角起伏的中值标准差[20]。到达角起伏在夏季的更高，这与夏季表面折射率增加的结果相符合。通常情况下，到达角起伏也和射线弯曲一样，在 $1\sim100$ GHz 范围内与频率无关。图 3.8 中的数据应该与表 3.2 中给出的数据对比，图 3.8 给出的是某位置年度数据，而表 3.2 提供了长期平均值。

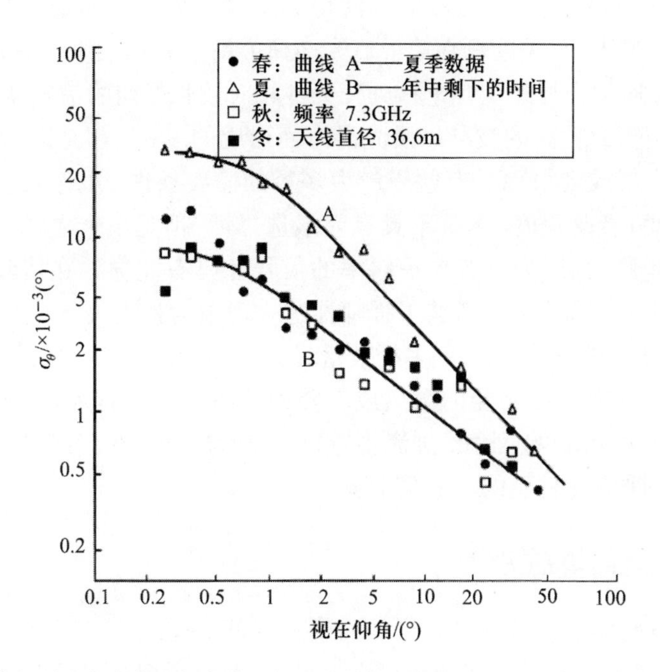

图 3.8 信号到达角中值和标准偏差的变化随仰角的变化关系 (转自文献 [19] 中图 3; ©1986 ITU, 转载已获授权)

到达角的波动可以认为是单个射线偏离了其正常路径。然而，在某些情况下，从发射机通过大气到达接收机过程中同时存在多个可能的路径。沿不同路径传播的射线以不同的幅度和相位到达接收机，因此形成了干涉。这种现象称为多径。为了将发生在大气中通常以折射为本质的多径现象与地面路径的反射多径区别开，经常使用大气多径这样的术语。对于 $1\sim10$ GHz 频率范围的地面路径，多径是最常见的传播中断现象，因为反射面 (通常情况是地面) 靠近射线路径。只有把 k 值从通常的 4/3 做轻微改变才可以将地面包含在在第一菲涅尔区。对于链路仰角高于 10° 的星 – 地路径，无论由于来自地面、建筑物或者山峰侧面进入天线波束射线分量形成的反射多径, 还是由于大气折射形成的大气多径, 它们事实上都不存在。另外, 如果仰角足够低使得波束宽度包含了地面, 则由于地面反射形成的相消、相长干涉有可能发生。大多数工作场景下, 地面站的波束宽度将不包含天线前面的地面。然而, 对于极低仰角路径 (低于 5°) 大气多径发生的可能性变得非常高。随着使用宽波束、小天线的卫星业务的出现, 的确使得小天线波束与地面或者海面相交的可能性增大, 相关问题在第 6 章专门研究海上移动系统时展开研究。

多径通常会导致从几十秒到几分钟相对较长时间的信号衰落, 特别是由于倾斜或抬高的波导以及光滑海面形成的多径。这是因为大尺度、稳定的大气或者海面是有益于产生多径的需要条件。虽然发生相消干涉的程度 (衰落程度) 本身不具有频率选择性, 但是单个多径效应是有频率选择性的, 因为只有单一频率的信号才具有能导致在接收处精确对消的两个相位路径。微波工程师称这一现象为带内失真。比如, 对于 50MHz 的带宽, 在任意时刻多径衰落只会影响瞬时带宽中的几兆赫。如果由于出现在射线路径的微风或者降雨使得大气变得混乱, 则多径的可能性将大为减少。然而, 湍流将导致一定程度的接收天线孔径相位不连贯, 从而导致明显的增益降低。

3.2.6 天线增益降低

天线增益随有效孔径的增加而明显降低。因此, 对于一个给定的天线尺寸, 增益降低效应随频率增大变得更大, 增益降低效应也随仰角降低而增加。通过测量 ATS-6 发射的频率为 2GHz 和 30GHz[21] 的信标信号和 TACSATCOM-1 发射的 7.3GHz 的信标信号[22] 获得了低仰角数据, Theobald 和 Hodge 利用这些数据导出了天线增益降低 R 的经验模型[21], 这个模型由信号幅度起伏、到达角起伏、路径长度和天线波束宽度构成。图 3.9 给出了在频率为 2GHz、7.3GHz、30GHz 和天线的波束宽度为 1.8°、0.3°、0.15° 条件下, 利用 Theobald–Hodge 模型预测的信号电平和测量电平。

将天线增益降低 R 作为参数, 利用相同的数据得出图 3.10[23]。从图 3.10 可以看出, 如果仰角在 5° 以上、天线波束宽度大于 0.3°, 天线增益降低小于 0.5dB。但是, 如果仰角小于 5° 和天线波束宽度小于 0.3°, 天线增益会明显降低。大气折射指数沿着链路变化也能导致单频信号和带

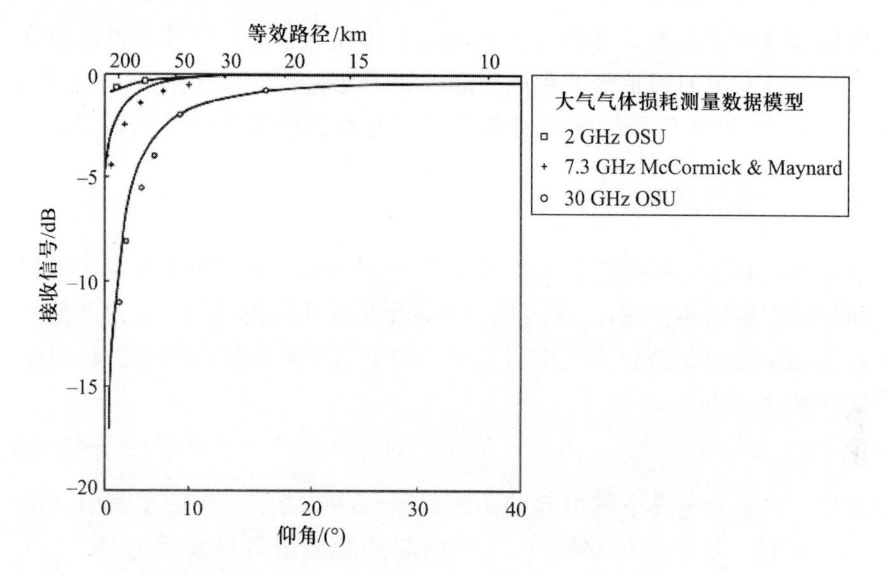

图 3.9 以频率为参数的条件下, 预测值与实测信号电平随仰角的变化关系 (转自文献 [21] 中图 12; ©1978 Ohio State University, 转载已获授权)

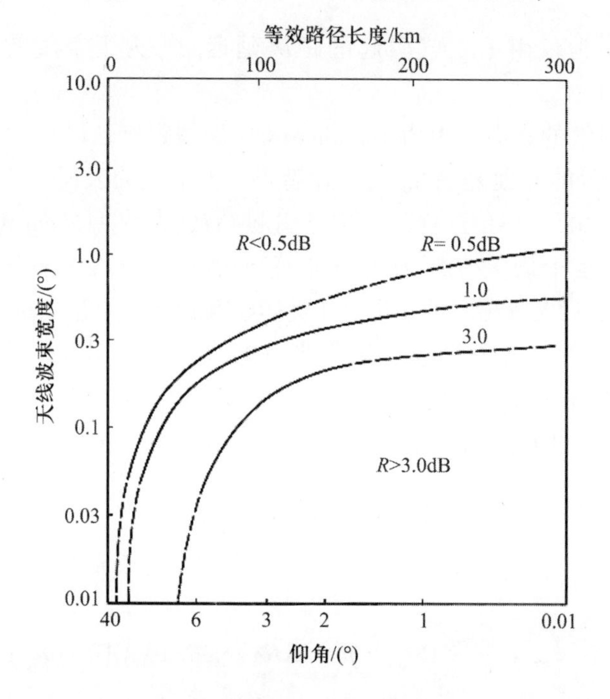

图 3.10 增益降低随仰角和波束宽度的变化 (转自文献 [23] 中图 6.6.14)

R—天线增益降低量

宽信号分别产生绝对相位误差与相对相位误差。带宽信号的相对相位误差与计算瞬时通信带宽色散引起的相干带宽有关系，该问题将在第 4 章中讨论；单频信号的绝对相位误差只有在精确测距中才需要考虑。

3.2.7 相位超前

与电离层的情况完全相同，非均匀折射指数产生的影响是由于时延而形成明显的相位超前，或者反过来说形成对距离的过估计。如果距离延迟 ΔR 是由于假设大气中与真空中的电波传播速度相同而引起的过估计距离，则

$$\Delta R = \Delta R_{\rm d} + \Delta R_{\rm w}\ ({\rm m}) \tag{3.16}$$

式中：$\Delta R_{\rm d}$ 为干燥空气引起的距离延迟；$\Delta R_{\rm w}$ 为空气中的水汽引起的距离延迟。对于天顶路径，干空气引起的距离延迟可表示为[23]

$$\Delta R_{\rm d} = 2.2757 \times 10^{-3} \times P_{\rm d}\ ({\rm m}) \tag{3.17}$$

式中：$\Delta R_{\rm d}$ 为仅由干空气引起的距离延迟；$P_{\rm d}$ 为干空气的表面压力 (mbar 或 hPa)。

当干空气的表面压力为 1000mbar 时，天顶距离延迟 $\Delta R_{\rm d} = 2.28\ {\rm m}$。然而，最重要的方面是 $\Delta R_{\rm d}$ 的变化特性。干空气的表面压力的变化一般为 $975 \sim 1025$mbar，这样的变化量引起 $\Delta R_{\rm d}$ 大约 11.4 cm 的变化。但是，精细测量干燥大气压力有可能将干燥大气距离误差限定在大约 0.5cm[23]。通过大气层时的相位变化会影响甚长基线干涉测量 (VLBI)[24]，在这种情况下有必要尽量消除并非由被观察源所引起的变化。

$\Delta R_{\rm w}$ 的表达式则更复杂，采用 ΔR_1 和 ΔR_2 两个合成值计算天顶距离延迟 ΔR 的方法比独立地评估 $\Delta R_{\rm d}$ 和 $\Delta R_{\rm w}$ 的值更容易一些，即

$$\Delta R = \Delta R_1 + \Delta R_2\ ({\rm m}) \tag{3.18}$$

式中

$$\Delta R_1 = 2.2757 \times 10^{-3} \times p, \quad \Delta R_2 = 1.7310 \times 10^{-3} \int \frac{\rho}{T} {\rm d}l$$

其中：p 为总的表面压力；ρ 为水蒸气密度；T 为热力学温度；${\rm d}l$ 为沿路径的距离增量。

如果 ρ、T 和参考高度分别取常规值 7.5g/m^3、280K 和 2km, 则 $\Delta R_2 = 9.23\text{cm}$。值得注意的是: ρ、T 和参考高度仅仅轻微的变化就可以使此值加倍。因此, 一般情况下由于大气中水汽成分引起的距离变化 ΔR 要比干空气成分所引起的变化更大。Crane[18] 计算出标准大气情况下仰角为 0°、5° 和 50° 时 ΔR 的值。表 3.4 给出了射线路径延伸到所示的高度对应的 ΔR 值。在某些情况下, 地面站的信号不完全穿过地球的大气层。飞行高度约离地面 10 ~ 30 km 的无人机 (UAV) 或高空平台 (HAP) 的通信链路就是这方面的例子。事实上, 这些往往是军用情形, 所以有必要使用远低于通常用于商业系统的链路仰角。表 3.4[10] 给出了当仰角低至 0° 时无人机和高空平台的大多数运行高度的射线弯曲和

表 3.4 标准大气压下的射线参数

初始仰角/(°)	海拔/km	范围/km	弯曲度/(°)	仰角误差/(°)	距离误差/m
0.0	0.1	41.2	97.2×10^{-3}	48.5×10^{-3}	12.63
	1.0	131.1	297.9×10^{-3}	152.8×10^{-3}	38.79
	5.0	289.3	551.2×10^{-3}	310.1×10^{-3}	74.17
	25.0	623.2	719.5×10^{-3}	498.4×10^{-3}	101.1
	80.0	1081.1	725.4×10^{-3}	594.2×10^{-3}	103.8
5.0	0.1	1.1	2.6×10^{-3}	1.3×10^{-3}	0.34
	1.0	11.4	25.1×10^{-3}	12.9×10^{-3}	2.28
	5.0	55.2	91.7×10^{-3}	52.4×10^{-3}	12.51
	25.0	241.1	176.7×10^{-3}	126.3×10^{-3}	24.41
	80.0	609.0	181.0×10^{-3}	159.0×10^{-3}	24.96
5.0	0.1	0.1	0.2×10^{-3}	0.1×10^{-3}	0.04
	1.0	1.3	1.9×10^{-3}	1.0×10^{-3}	0.38
	5.0	6.5	7.0×10^{-3}	4.0×10^{-3}	1.47
	25.0	32.6	14.3×10^{-3}	10.3×10^{-3}	3.05
	80.0	104.0	14.8×10^{-3}	13.4×10^{-3}	3.13

注: 1. 标准大气的温度和压强分别为 288.15K、1013.25hPa。

2. 弯曲角度是在所示高度上测得的传播方向相对原来方向的改变。

3. 仰角误差是视在仰角和真正仰角之间的差。

4. 误差范围是在所示高度处视在位置与真实位置高度之间的差。

5. 转自参考文献 [10] 中的表 3.3

距离误差。地球静止轨道通信卫星的高度约为 36600 km, 但是当传播超过 80 km 高度时附加距离误差仅仅是 80 km 的 2% 左右。表 3.4 中的值尽管只适用于标准大气, 但颇具代表性。为了插值得到高于 5° 仰角对应的距离误差, 可以使用如下形式的方程:

$$\Delta R(\theta) = \frac{\Delta R}{\sin\theta}\ (\mathrm{m}) \tag{3.19}$$

式中: $\Delta R(\theta)$ 为所考虑仰角 θ 处的距离误差, θ 以度 (°) 为单位。

3.3 反射效应

3.2.5 节中认为多径效应是由于局部大气折射指数变化导致在收发器之间形成了多个路径而出现的现象。这种大气多径效应一般远小于由于光滑或几乎平滑的面上的反射而形成的多径效应。这些反射表面通常是两种折射指数差异很大的媒质之间的边界。低层大气中形成大气波导的逆温层偶尔可以形成这样的界面[13], 但更常见的反射面是空气和海面或者空气和地面之间边界。对于由于波导或者平面反射形成的重要的多径效应, 小仰角是必须的条件, 典型值是小于 3° 的角或者地面站天线的半功率角, 其他范围内的仰角都太大。反射波的功率和相位很大程度上取决于反射面上的物理与电气特性。为了使反射波产生更大的功率, 反射分量应该保持相干性 (反射分量的相位不能是随机的), 而且当这些分量进行矢量叠加时要形成平面波前。为了达到这些要求, 反射面必须是光滑面。如果表面不是光滑面, 反射分量趋向于具有随机方向和相位, 也就是说反射分量将会被以非相干的形式散射。光滑面产生的反射称为镜面反射, 粗糙面产生的反射称为漫反射。

3.3.1 光滑表面的反射

反射系数定义为

$$\rho = \frac{E_\mathrm{r}}{E_\mathrm{i}} \tag{3.20}$$

式中: E_r、E_i 分别为反射场和入射场。

对于非良导体表面, 反射系数 ρ 有两个值, 它们依赖于入射波的极化状态。两个反射系数与水平极化波和垂直极化波对应。水平极化波定义为电场垂直于入射面且平行于反射面的电磁波。垂直极化定义为磁场平行于反射面的电磁波。图 3.11 解释了这两种情况。需要注意的是, 当入射信号垂直于反射面时 (有效仰角为 90°) 垂直极化的定义似乎不成立[10]。

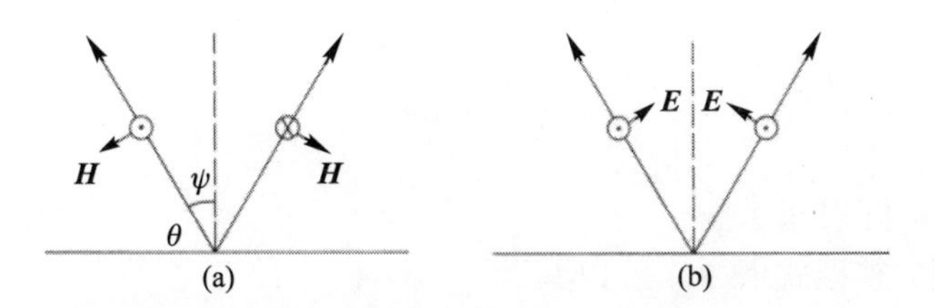

图 3.11 在导体表面反射时发生的反相示意图 (转自参考文献 [13] 中的图 4.8; ©1979 IEE 现在的 IET, 转载已获授权)

(a) 水平极化; (b) 垂直极化。

注: 图 (a) 水平极化, $\boldsymbol{E}$ 矢量从穿出反射面方向改变为进入反射面方向, 而 $\boldsymbol{H}$ 矢量方向保持不变。也就是说相位变化 $\phi = 180°$。(b) 垂直极化, $\boldsymbol{E}$ 矢量的方向保持不变, $\boldsymbol{H}$ 矢量的方向保持不变。也就是说相位变化 $\phi_\rho = 0°$。

垂直极化波的反射系数为[10]

$$\rho_{\mathrm{V}} = \frac{(k - \mathrm{j}\sigma/\omega\varepsilon_0)\sin\theta - (k - \mathrm{j}\sigma/\omega\varepsilon_0 - \cos^2\theta)^{1/2}}{(k - \mathrm{j}\sigma/\omega\varepsilon_0)\sin\theta + (k - \mathrm{j}\sigma/\omega\varepsilon_0 - \cos^2\theta)^{1/2}} \tag{3.21}$$

式中: k 为相对介电常数; σ 为电导率 (mhos/m); θ 为仰角; ω 为角频率, $\omega = 2\pi f$, 频率 f 单位为 Hz; ε_0 为自由空间的介电常数, $\varepsilon_0 = 8.854\times 10^{-12}$ F/m。

相对介电常数也称为相对介电常数 ε_{r}, 对于任何非良导体, 介电常数是复数且由下式给出:

$$\varepsilon^* = \varepsilon' - \mathrm{j}\varepsilon^* \tag{3.22}$$

式中: ε'、ε^* 为复介电常数 ε^* 的实部和虚部, ε' 为介电常数, ε'' 为损耗分量。

将损耗分量 ε'' 替换可以得到

$$\varepsilon^* = \varepsilon' - \mathrm{j}\frac{\sigma}{\omega} \tag{3.23}$$

变形可得

$$\frac{\varepsilon^*}{\varepsilon_0} = \varepsilon_{\mathrm{r}} - \mathrm{j}\frac{\sigma}{\omega\varepsilon_0}$$

或

$$\frac{\varepsilon^*}{\varepsilon_0} = k - \mathrm{j}\frac{\sigma}{\omega\varepsilon_0} \tag{3.24}$$

但是

$$\frac{\varepsilon^*}{\varepsilon_0} = n^2 \tag{3.25}$$

式中: n 为折射指数。

因此, 方程式 (3.21) 可以写为[13]

$$\rho_{\mathrm{V}} = \frac{n^2 \sin\theta - (n^2 - \cos^2\theta)^{1/2}}{n^2 \sin\theta + (n^2 - \cos^2\theta)^{1/2}} \tag{3.26}$$

同样, 水平极化波的反射系数可以表示为[10]

$$\rho_{\mathrm{H}} = \frac{\sin\theta - (k - \mathrm{j}\sigma/\omega\varepsilon_0 - \cos^2\theta)^{1/2}}{\sin\theta + (k - \mathrm{j}\sigma/\omega\varepsilon_0 - \cos^2\theta)^{1/2}} \tag{3.27}$$

或

$$\rho_{\mathrm{H}} = \frac{\sin\theta - (n^2 - \cos^2\theta)^{1/2}}{\sin\theta + (n^2 - \cos^2\theta)^{1/2}} \tag{3.28}$$

对于垂直极化波, 如果电导率为 0, 则存在一个入射角 θ 使得 ρ_{V} 也为 0, 这个入射角称为布儒斯特角。如果电导率为非零且有限, ρ_{V} 仍然在布儒斯特角方向是最小值。对于波从介质 1 射向介质 2 时, 布儒斯特角表示为[10]

$$\theta_{\mathrm{B}} = \arctan\sqrt{\frac{k_1}{k_2}}\ (^\circ) \tag{3.29}$$

如果介质 1 是空气, 则

$$\theta_{\mathrm{B}} = \arctan\sqrt{\frac{1}{k_2}}\ (^\circ) \tag{3.30}$$

相对介电常数 k (或 ε_{r}) 随频率的变化而变化。在 1 GHz, 海水 $k = 80$, 但这个值在频率为 10GHz 时下降到 65[10]。因为对空气/海面边界的布儒斯特角随频率略有增加, 布儒斯特角也变得更加明显。图 3.12 示出了光滑海平面的反射系数[10]。

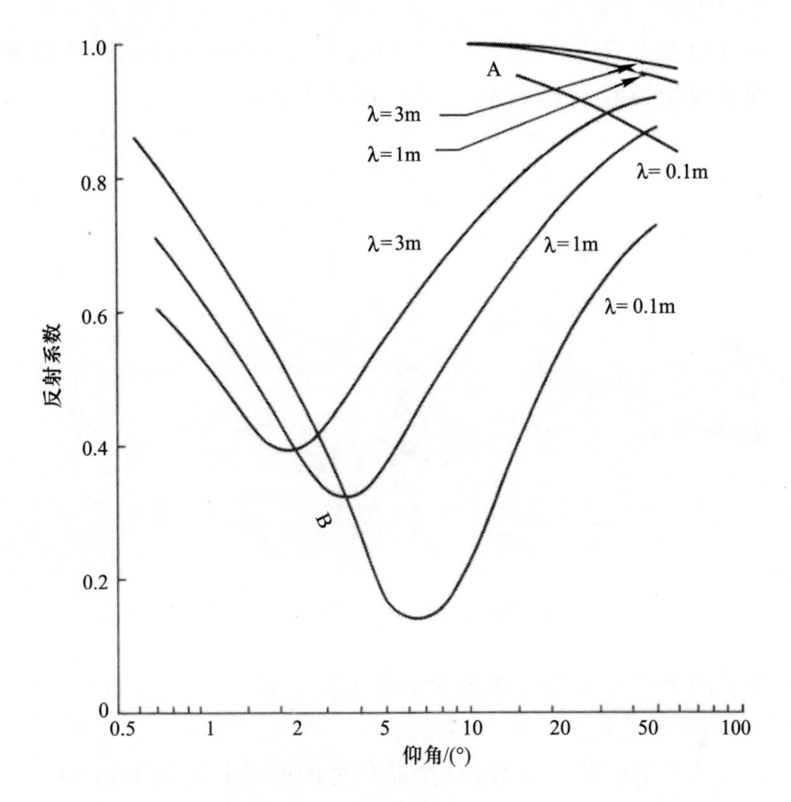

图 3.12 光滑海平面的反射系数 (转自文献 [10] 中的图 6.12)

A—水平路径; B—垂直路径。

3.3.2 粗糙表面的反射

从光滑表面反射的信号分量相位相干且幅度差别不大。用一副小天线对反射信号进行扫描采样时, 能检测到逐渐变化且可预测的幅度。如果反射面不光滑, 从不同反射单元反射的回波不再相互平行, 因此, 在" 光滑反射" 方向上的反射系数将减小。随着表面粗糙度的增加, 反射波波前的非相干程度也增加。粗糙面反射的信号分量相位通常不相干且幅度变化很大。用一副小天线对这样的反射信号进行扫描采样时, 能检测到信号幅度随机地大幅度变化。这些随机变化可由瑞利分布描述[25]。瑞利分布在陆地移动通信中是很常见的, 陆地通信中很多情况下在收发器之间没有直达波, 且接收端合成信号由许多随机射线反射信号的分量组成。

图 3.13 给出了信号从某随机粗糙面上高度差为 H 的两个位置反射。两条反射路径在接收端检测到的路径差为

$$\Delta l = 2H\sin\theta \ (\mathrm{m}) \tag{3.31}$$

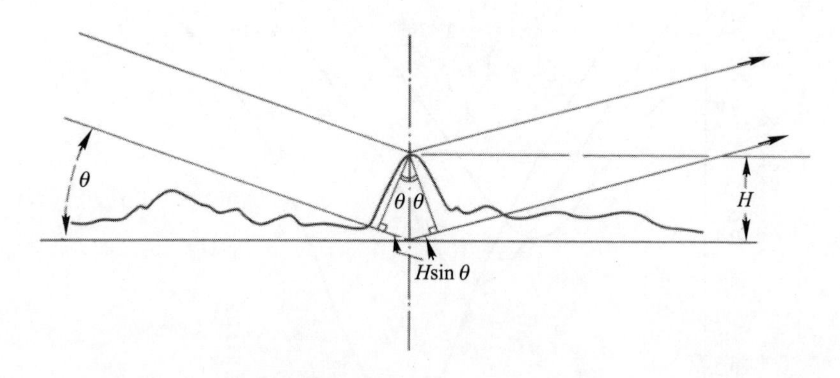

图 3.13 信号从某随机粗糙面与高度差为 H 的两个位置反射

对于两个平行射线以仰角 θ 平行入射至起伏为 H 的粗糙点时, 两个平行反射射线路径差为 $2H\sin\theta$。

如果信号的波长为 λ 米, 两个路径之间的波数差是 $2H\sin\theta/\lambda$。一个波长的波数差对应 2π 弧度相位差, 所以两个路径之间的相位差为

$$\Delta\phi = \frac{4\pi}{\lambda}H\sin\theta \ (^\circ) \tag{3.32}$$

当 $\Delta\phi = \pi$ (两个分量具有半个波长的相差) 时产生相消干涉, 代入 (3.32) 中重新整理得到产生相消干涉的 H 为

$$H = \frac{\lambda}{4\sin\theta} \ (\mathrm{m}) \tag{3.33}$$

如果 H 远小于该值, 则该表面可以被认为是平滑的。"平滑"的 H 在波长的 1/4[10]、1/8[13,26] 一直到 1/16[13] 变化, 对应的 H 为 $\lambda/8\sin\theta$、$\lambda/16\sin\theta$ 和 $\lambda/32\sin\theta$。相对这三个路径差条件, 对应更宽松路径差条件的方法是引入粗糙度因子 $f(\sigma)$ 和瑞利判据[25]。假设变量 σ 是 H 变化的标准偏差, 粗糙度因子由下式给出[25]:

$$f(\sigma) = \exp\left(-\frac{1}{2}\left(\frac{4\pi\sigma\sin\theta}{\lambda}\right)^2\right) \tag{3.34}$$

粗糙度因子乘以光滑地球表面反射系数获得镜面反射系数。如果反射面非常粗糙，则 σ 的值很大而且 $f(\sigma)$ 趋向于 0。因此，镜面反射系数趋向于 0 而只留下漫反射。对于一个光滑反射面，$f(\sigma) = 1$ 且镜面反射系数与光滑地球表面反射系数相同。瑞利判据为[25]

$$H = \frac{7.2\lambda}{\theta} \tag{3.35}$$

式中：θ 单位为度 (°)。

瑞利判据给出了将反射面视为光滑的极限 H。表 3.5 给出了一些典型的卫星通信频率对应的 H 值。这些值对应于 $H = \lambda/8\sin\theta$ 的条件，它们可能太大而不能给出镜面反射的精确值[13]。即使镜面反射很小也能导致对接收信号强度产生明显的影响，一系列 L 波段实验清楚地表明了这一点，在这些实验中，观察到微弱多径效应对接收信号强度产生了明显的影响[27]。

表 3.5 瑞利判据给出的 H 极限值

频率/GHz		1.5	4	11	20
波长/cm		20	7.5	2.7	1.5
H/cm	$\theta = 10°$	14.4	5.4	1.9	1.1
	$\theta = 5°$	29	10.8	3.9	2.2
	$\theta = 1°$	144	54	19.4	10.8
©1963 年麦克米伦公司，现在的 Artech House 出版社，转载已获授权					

3.4 吸收效应

绝缘媒质或某种程度上的部分导电媒质对通过它们的电波产生的影响由它们的复介电常数 ε^* 来描述。如果是低损耗媒质，复介电常数的虚部 ε'' 实际上可忽略不计，介电常数也就是复介电常数的实部可以单独使用。低损耗介质通常是原子或分子结构呈现出对称性的介质。

如果把非对称分子放在电场中，该分子会择优取向，称该分子为极性分子。媒质内部极性分子被方向变化的电场移动时通常会发生偶极子弛豫现象[29]，这导致极性分子比其他分子呈现出更明显的损耗[28]。这种损耗明显地依赖于测量的频率。

低层大气主要成分氧气和氮气都是无极性分子，所以不会由于电偶极子的共振而导致对电波的吸收。但是，氧分子是一个具有永久磁矩的顺磁分子[26], 会导致其在特定频率产生共振吸收。水和水蒸气是极性分子, 由于电偶极子在临界频率发生谐振, 它们将吸收临界频率附近的电波能量。如果绘制极性分子的 ε' 和 ε'' 随频率变化的曲线, ε'' 的峰值对应的就是临界频率。

图 3.14 给出具有临界频率的物质的 ε' 和 ε'' 随频率对的变化, 精确的吸收峰值临界频率随温度变化而变化。图 3.15 水的折射指数虚部随温度和频率的变化[30]。大气中 CO、NO、N_2O、NO_2、SO_2、O_3 和其他极性分子对无线电波的吸收效应与氧、水和水蒸气的吸收相比可以忽略[31]。

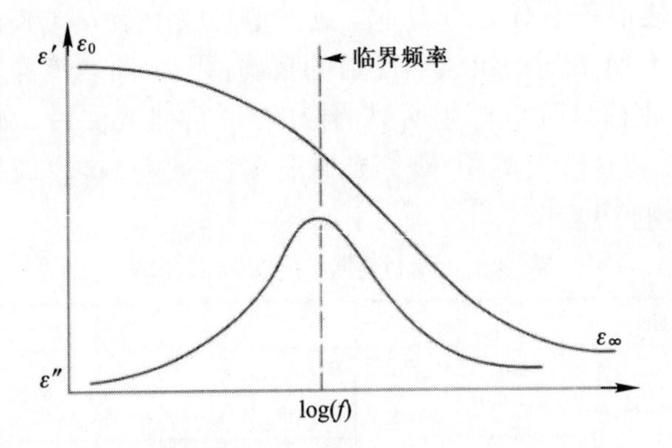

图 3.14 具有临界频率的物质的 ε' 和 ε'' 随频率对数变化

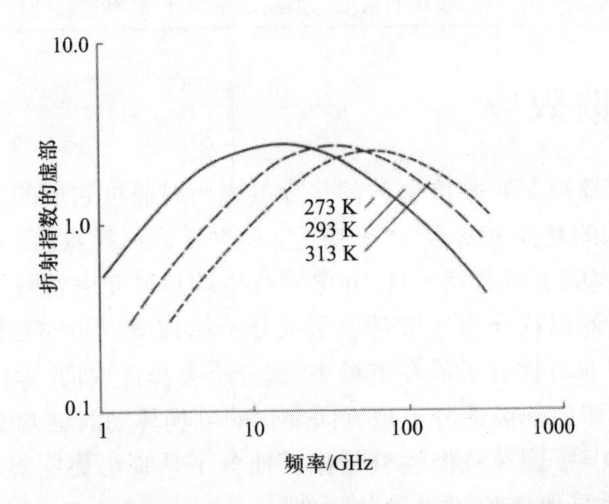

图 3.15 水的折射指数虚部随温度和频率的变化 (转自遥感手册 207–208 页的图 5.22; ©1975 American Society of Photogrammetry & Remote Sensing, 转载已获授权)

然而, 在高于 70GHz 的频率上, 没有水蒸气的情况下, 上述气体和其他微量气体可以造成严重衰减[32]。在直到太赫兹的更高频率范围, 大气中小粒子的 Mie 散射或者瑞利散射能够导致明显的衰减, 这些将在第 7 章更详细地论述。

3.4.1 氧气和水蒸气的谐振线

氧气和水蒸气是大气中无线电波能量的主要吸收体, 也是导致背景衰减随着频率增加而增大的主要原因。氧气和水蒸气有许多产生共振吸收的临界频率。在 350 GHz 以下, 水蒸气有三个谐振吸收线分别为 22.3 GHz、183.3 GHz 和 323.8 GHz。氧气在 118.74 GHz 有一个孤立的吸收线, 在 60 GHz 附近有许多吸收线。氧气的宽吸收谱可以分裂成单独的吸收线[33], 当大气压力降低时, 这种分裂现象变得更加明显。这种吸收线分裂现象称为压力增宽。压力增宽用来描述多条独谐振线被模糊成的一个宽吸收带。图 3.16 绘制了在给定温度和压强条件下, 海平面

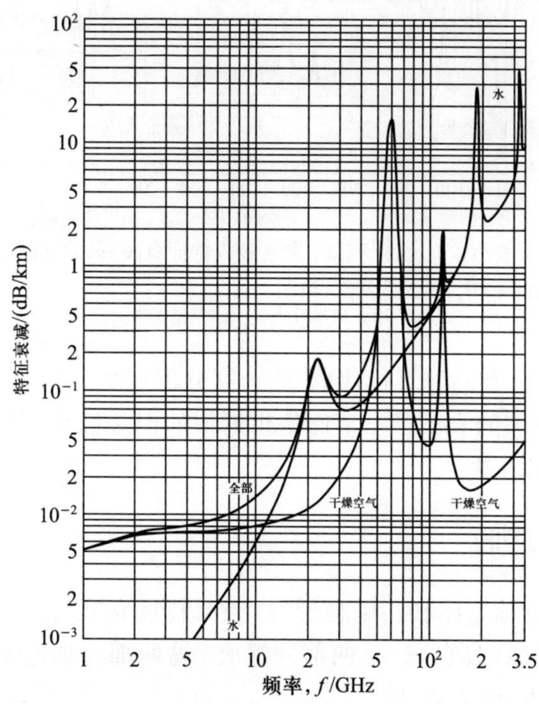

图 3.16 1 ~ 350 GHz 大气吸收特征衰减 (转自 ITU-R P. 676-4 中图 5; ©1999 ITU, 转载已获授权)

注: 压力为 1013 hPa (原记为 1013 mbar) 温度为 15°C; 水蒸气压强为7.5 g/m^3。

处具有 1% 湿度 (1% 的水蒸气分子混有 99% 的干燥空气分子)水平路径,氧气和水蒸气对 1 ~ 350 GHz 频率电波的特征衰减。如果温度从 15°C 下降至 10°C, 则湿度将迅速增加至75%[32]。在与图 3.16 相同条件下, 图 3.17 绘制了水蒸气和氧气导致的更大频率范围的特征衰减。大多数卫星通信链路频率不在大气吸收峰值区域,也就是它们工作在吸收峰值之间的 "窗口" 频率。尽管常规卫星链路工作频率最多稍高于44 GHz,但是仍有许多探索亚毫米波[35] 和光波波段[36] 窗口的实验[37] 正在进行,这些实验一般利用太阳和月球作为源。

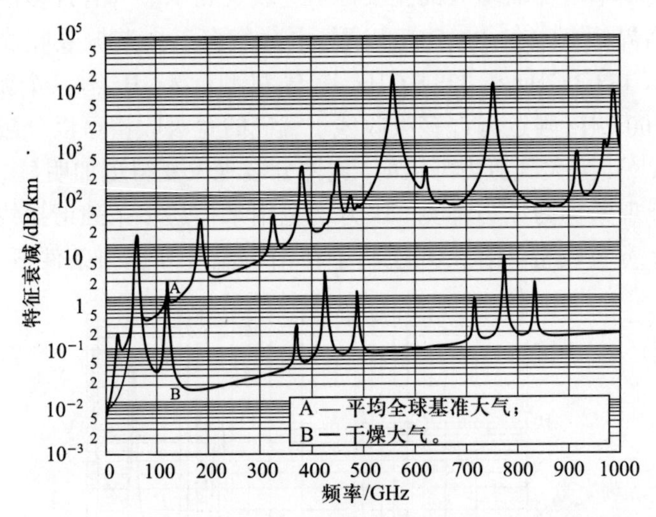

图 3.17 1 GHz ~ 1 THz (1 GHz 间隔) 大气吸收特征衰减 (转自 ITU-R P. 676-4 中图 1; ©1999 ITU, 转载已获授权)

A–平均全球基准大气; B–干燥大气。

可以通过已有的计算机代码[38] 计算分析直至 1 THz (10^{12}Hz) 频率的潮湿空气引起的衰减[33]。下面给出近似的但是已被广泛应用的大气吸收衰减计算方法。

3.4.2 气体吸收

气体 (不含水、冰和污染粒子等) 吸收特征衰减可以认为由氧吸收衰减 γ_o 和水汽吸收衰减 γ_w 两部分组成。这两部分加起来构成总的气体特征衰减[34], 可表示为

$$\gamma = \gamma_o + \gamma_w \text{ (dB/km)} \tag{3.36}$$

氧气和水蒸气都有一个复杂的“谱线”结构，“谱线”是指在特定的频率形成吸收。尽管复折射率的实部导致折射 (导致射线弯曲和波导传播)，但是导致大气吸收而造成信号损耗的是复折射率的虚部。大气气体吸收特征衰减可以由以下公式建模得到[34]

$$\gamma = 0.1820fN''(f)\ (\mathrm{dB/km}) \tag{3.37}$$

式中：f 为频率 (GHz)；$N''(f)$ 为与频率有关的复折射率的虚部，可表示为[34]

$$N''(f) = \sum_i S_i F_i + N''_{\mathrm{D}}(f) + N''_{\mathrm{w}}(f) \tag{3.38}$$

式中：S_i 为第 i 条谱线的强度；F_i 为谱线形状因子，求和范围是所有谱线；N''_{D}、$N''_{\mathrm{W}}(f)$ 分别为干、湿连续谱贡献项。文献 [34] 提供了详细的计算过程，并列出了谱线数据表。文献 [34] 的附件 2 给出了简化的公式，下面重复其过程，只是为了符合本章方程编号，改变了文献中的方程编号：

从海平面到 5km 高度范围内，干空气和水汽引起的特征衰减可以使用下面的简化算法进行估计，该算法通过对谱线模型计算结果进行曲线拟合而得到，对于偏离主吸收线中心的频率，该算法计算结果相对精确，计算误差为 ±15%。该算法计算结果与谱线模型计算结果的绝对误差一般小于 0.1 dB/km，在 60 GHz 附近达到最大误差 0.7 dB/km。对于超过 5 km 海拔且对精度有一定要求的情况下，应该使用谱线模型进行计算。

对于干燥的空气，特征衰减 γ_{o}表示为

$$\gamma_{\mathrm{o}} = \left[\frac{7.34r_{\mathrm{p}}^2r_{\mathrm{t}}^3}{f^2+0.36r_{\mathrm{p}}^2r_{\mathrm{t}}^2} + \frac{0.3429\gamma'_{\mathrm{o}}(54)}{(54-f)^a+b}\right] f^2 \times 10^{-3}, f \leqslant 54\ \mathrm{GHz}(\mathrm{dB/km}) \tag{3.39}$$

$$\gamma_{\mathrm{o}} = \exp\left\{\left[\begin{array}{l} \dfrac{54^{-N}\ln(\gamma_{\mathrm{o}}54)(f-57)(f-60)(f-63)(f-66)}{1944} \\ -\dfrac{57^{-N}\ln(\gamma_{\mathrm{o}}57)(f-54)(f-60)(f-63)(f-66)}{486} \\ +\dfrac{60^{-N}\ln(\gamma_{\mathrm{o}}60)(f-54)(f-57)(f-63)(f-66)}{324} \\ -\dfrac{63^{-N}\ln(\gamma_{\mathrm{o}}63)(f-54)(f-57)(f-60)(f-66)}{486} \\ +\dfrac{66^{-N}\ln(\gamma_{\mathrm{o}}66)(f-54)(f-57)(f-60)(f-63)}{1944} \end{array}\right] f^N\right\}$$

$$54\mathrm{GHz} < f < 66\mathrm{GHz} \tag{3.40}$$

$$\gamma_{\mathrm{o}}=\left[\frac{0.2296\mathrm{d}\gamma_{\mathrm{o}}'(66)}{(f-66)^{c}+d}+\frac{0.286r_{\mathrm{p}}^{2}r_{\mathrm{t}}^{3.8}}{(f-118.75)^{2}+2.97r_{\mathrm{p}}^{2}r_{\mathrm{t}}^{1.6}}\right]f^{2}\times10^{-3},$$
$$66\mathrm{GHz}<f<120\mathrm{GHz}\tag{3.41}$$

$$\gamma_{\mathrm{o}}=\left[3.02\times10^{-4}r_{\mathrm{p}}^{2}r_{\mathrm{t}}^{3.5}+\frac{1.5827r_{\mathrm{p}}^{2}r_{\mathrm{t}}^{3}}{(f-66)^{2}}+\frac{0.286r_{\mathrm{p}}^{2}r_{\mathrm{t}}^{3.8}}{(f-118.75)^{2}+2.97r_{\mathrm{p}}^{2}r_{\mathrm{t}}^{1.6}}\right]$$
$$f^{2}\times10^{-3},120\mathrm{GHz}<f<350\mathrm{GHz}\tag{3.42}$$

$$\gamma_{\mathrm{o}}'(54)=2.128r_{\mathrm{p}}^{1.4954}r_{\mathrm{t}}^{-1.6032}\exp[-2.5280(1-r_{\mathrm{t}})]\tag{3.43a}$$

$$\gamma_{\mathrm{o}}(54)=2.136r_{\mathrm{p}}^{1.4975}r_{\mathrm{t}}^{-1.5852}\exp[-2.5196(1-r_{\mathrm{t}})]\tag{3.43b}$$

$$\gamma_{\mathrm{o}}(57)=9.984r_{\mathrm{p}}^{0.9313}r_{\mathrm{t}}^{2.6732}\exp[0.8563(1-r_{\mathrm{t}})]\tag{3.43c}$$

$$\gamma_{\mathrm{o}}(60)=15.42r_{\mathrm{p}}^{0.8595}r_{\mathrm{t}}^{3.6178}\exp[1.1521(1-r_{\mathrm{t}})]\tag{3.43d}$$

$$\gamma_{\mathrm{o}}(63)=10.63r_{\mathrm{p}}^{0.9298}r_{\mathrm{t}}^{2.3284}\exp[0.6287(1-r_{\mathrm{t}})]\tag{3.43e}$$

$$\gamma_{\mathrm{o}}(66)=1.944r_{\mathrm{p}}^{1.6673}r_{\mathrm{t}}^{-3.3583}\exp[-4.1612(1-r_{\mathrm{t}})]\tag{3.43f}$$

$$\gamma_{\mathrm{o}}'(66)=1.935r_{\mathrm{p}}^{1.6657}r_{\mathrm{t}}^{-3.3714}\exp[-4.1643(1-r_{\mathrm{t}})]\tag{3.43g}$$

$$a=\frac{\ln(\eta_{2}/\eta_{1})}{\ln3.5}\tag{3.43h}$$

$$b=\frac{4^{a}}{\eta_{1}}\tag{3.43i}$$

$$\eta_{1}=6.7665r_{\mathrm{p}}^{-0.5050}r_{\mathrm{t}}^{0.5106}\exp[1.5663(1-r_{\mathrm{t}})]-1\tag{3.43j}$$

$$\eta_{2}=27.8843r_{\mathrm{p}}^{-0.4908}r_{\mathrm{t}}^{-0.8491}\exp[0.5496(1-r_{\mathrm{t}})]-1\tag{3.43k}$$

$$c=\frac{\ln(\varepsilon_{2}/\varepsilon_{1})}{\ln3.5}\tag{3.43l}$$

$$d=\frac{4^{c}}{\xi_{1}}\tag{3.43m}$$

$$\varepsilon_{1}=6.9575r_{\mathrm{p}}^{-0.3461}r_{\mathrm{t}}^{0.2535}\exp[1.3766(1-r_{\mathrm{t}})]-1\tag{3.43n}$$

$$\varepsilon_{2}=42.1309r_{\mathrm{p}}^{-0.3068}r_{\mathrm{t}}^{1.2023}\exp[2.5147(1-r_{\mathrm{t}})]-1\tag{3.43o}$$

$$N=0\text{ 时},\ f\leqslant60\mathrm{GHz};\ N=-15\text{ 时},f>60\mathrm{GHz}$$

其中: f 为频率 (GHz); $r_{\mathrm{p}}=p/1013$; $r_{\mathrm{t}}=288/(273+t)$; p 为压力 (hPa); t 为温度 (°C)。

对潮湿空气, 水汽引起的特征衰减 γ_{w} (dB/km) 表示如下:

$$\gamma_{\mathrm{w}}=\{3.13\times10^{-2}r_{\mathrm{p}}r_{\mathrm{t}}^{2}+1.76\times10^{-3}\rho r_{\mathrm{t}}^{8.5}$$

$$
\begin{aligned}
&+r_{\rm t}^{2.5}\left[\frac{3.84\xi_{\rm w1}g_{22}\exp(2.23(1-r_{\rm t}))}{(f-22.235)^2+9.42\xi_{\rm w1}^2}\right.\\
&+\frac{10.48\xi_{\rm w2}\exp(0.7(1-r_{\rm t}))}{(f-183.31)^2+9.48\xi_{\rm w2}^2}+\frac{0.078\xi_{\rm w3}\exp(6.4385(1-r_{\rm t}))}{(f-321.226)^2+6.29\xi_{\rm w3}^2}\\
&+\frac{3.76\xi_{\rm w4}\exp(1.6(1-r_{\rm t}))}{(f-325.153)^2+9.22\xi_{\rm w4}^2}+\frac{26.36\xi_{\rm w5}\exp(1.09(1-r_{\rm t}))}{(f-380)^2}\\
&+\frac{17.87\xi_{\rm w5}\exp(1.46(1-r_{\rm t}))}{(f-448)^2}+\frac{883.7\xi_{\rm w5}g_{557}\exp(0.17(1-r_{\rm t}))}{(f-557)^2}\\
&\left.\left.+\frac{302.6\xi_{\rm w5}g_{752}\exp(0.41(1-r_{\rm t}))}{(f-752)^2}\right]\right\}f^2\rho\times10^{-4},\ f\leqslant 350\text{GHz}
\end{aligned}
\tag{3.44a}
$$

且

$$\xi_{\rm w1}=0.9544r_{\rm p}r_{\rm t}^{0.69}+0.0061\rho \tag{3.44b}$$

$$\xi_{\rm w2}=0.95r_{\rm p}r_{\rm t}^{0.64}+0.0067\rho \tag{3.44c}$$

$$\xi_{\rm w3}=0.9561r_{\rm p}r_{\rm t}^{0.67}+0.0059\rho \tag{3.44d}$$

$$\xi_{\rm w4}=0.9543r_{\rm p}r_{\rm t}^{0.68}+0.0061\rho \tag{3.44e}$$

$$\xi_{\rm w5}=0.955r_{\rm p}r_{\rm t}^{0.68}+0.006\rho \tag{3.44f}$$

$$g_{22}=\frac{1+(f-22.235)^2}{(f+22.235)^2} \tag{3.44g}$$

$$g_{557}=\frac{1+(f-557)^2}{(f+557)^2} \tag{3.44h}$$

$$g_{752}=\frac{1+(f-752)^2}{(f+752)^2} \tag{3.44i}$$

其中: ρ 为水蒸气密度 (g/m^3)。

图 3.16 (文献 [34] 的图 5) 给出海平面处、干燥空气和水汽密度为 7.5g/m^3 条件下频率为 $1\sim350$ GHz 的特征衰减。

在给定氧气特征衰减 $\gamma_{\rm o}$ (dB/km) 和水汽特征衰减 $\gamma_{\rm w}$ (dB/km) 条件下, 计算地面路径大气衰减的最简单方法是把两个特征衰减加起来, 然后乘以路径长度单位为 km。如果地面路径的长度是 $r_{\rm o}$ 千米, 则沿路径的衰减 A 由下式给出[34]:

$$A=\gamma r_{\rm o}=(\gamma_{\rm o}+\gamma_{\rm w})r_{\rm o}\ (\text{dB}) \tag{3.45}$$

计算沿地 – 星路径大气中氧气和水汽总衰减, 需要对特征衰减沿给定的路径进行积分, 并且考虑压强和水汽密度随高度的变化。一种更简单的能够获得好的计算结果的办法是: 首先假设等效路径长度, 等效路径上相关参数值是常量; 然后直接求解所考虑频率的特征衰减并乘以等效路径长度, 即

$$\text{总路径衰减} = \text{特征衰减} \times \text{有效路径长度} \tag{3.46}$$

等效路径长度的概念出现在许多经验预测模型中, 这些模型提供了一个有用的按比例缩放的工具。对于垂直路径 (卫星位于天顶), 且地面站位于海平面时, 假定对于一定干空气和水汽参数的等效路径来说, 其等效路径长度随高度的增加按指数变化[32]。在吸收带之外, 干空气和水汽的等效高度 (干燥空气和水蒸气的贡献假定为在此高度上达到 0) 分别近似为 6 km 和 2 km, 具体取值与天气条件有关。以下来自文献 [34] 的步骤给出了更精确的公式。计算沿任意路径通过大气的总大气衰减的计算步骤: 首先计算天顶路径衰减; 然后计算不是天顶路径仰角的衰减。干空气 (基本上只考虑氧气) 和水汽的天顶路径衰减可由不同的等效路径长度计算。由于计算的是天顶路径衰减, 所以 "等效路径长度" 通常由等效高度或参考高度代替。干空气等效高度 h_{o} 和水汽等效高度 h_{w} 按如下步骤计算[34]:

对于干空气, 等效高度为

$$\begin{aligned} h_{\mathrm{o}} =& 5.386 - 3.32734 \times 10^{-2} f + 1.87185 \times 10^{-3} f^2 - 3.52087 \\ & \times 10^{-5} f^3 + \frac{83.26}{(f-60)^2 + 1.2}\ (\mathrm{km}),\ 1\mathrm{GHz} \leqslant f < 56.7\mathrm{GHz} \end{aligned} \tag{3.47a}$$

$$h_{\mathrm{o}} = 10\mathrm{km},\ 56.7\mathrm{GHz} < f < 63.3\mathrm{GHz} \tag{3.47b}$$

$$\begin{aligned} h_{\mathrm{o}} =& f\left\{\frac{0.039851 - 1.19751 \times 10^{-3} f + 9.14810 \times 10^{-6} f^2}{1 - 0.028687 f + 2.07858 \times 10^{-4} f^2}\right\} \\ & + \frac{90.6}{(f-60)^2}\ (\mathrm{km}),\ 63.3\mathrm{GHz} \leqslant f < 98.5\mathrm{GHz} \end{aligned} \tag{3.47c}$$

$$\begin{aligned} h_{\mathrm{o}} =& 5.542 - 1.76414 \times 10^{-3} f + 3.05354 \times 10^{-6} f^2 \\ & + \frac{6.815}{(f-118.75)^2 + 0.321} (\mathrm{km}) 98.5\mathrm{GHz} \leqslant f \leqslant 350\mathrm{GHz} \end{aligned} \tag{3.47d}$$

对于水蒸气, 等效高度为

$$\begin{aligned} h_w = 1.65 \Bigg\{ & 1 + \frac{1.61}{(f-22.23)^2 + 2.91} + \frac{3.33}{(f-183.3)^2 + 4.58} \\ & + \frac{1.90}{(f-325.1)^2 + 3.34}\ (\mathrm{km}),\ f \leqslant 350\mathrm{GHz} \end{aligned} \tag{3.47e}$$

等效高度的概念基于以下假设得出: 假设大气密度随高度按指数规律变化, 并用参考高度来表示。需要注意的是干燥空气和水蒸气的参考高度随纬度、季节和/或气候变化, 而且实际大气中的水汽分布明显偏离指数规律也会相应地影响等效高度结果。上述数值适用于地面站海拔高度小于 2km 的情况。

总的天顶路径衰减为

$$A = \gamma_o h_o + \gamma_w h_w \text{ (dB)} \tag{3.48}$$

图 3.18 给出了用 ITU-R P.835 给出的年平均全球基准大气参数计算

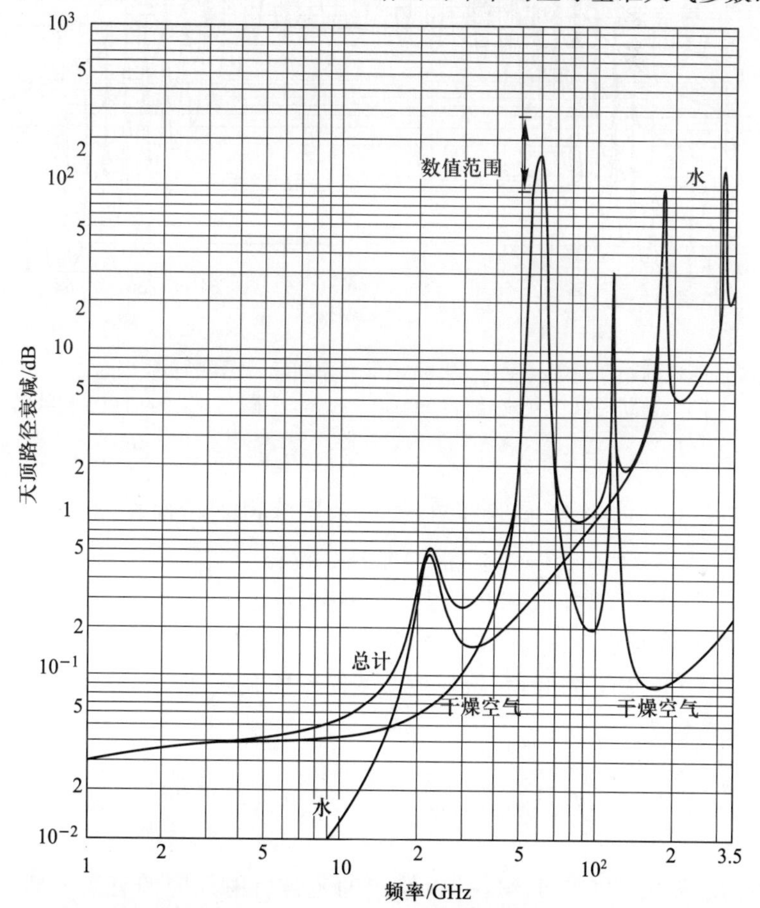

图 3.18 地面站位于海平面时, 1 ~ 350 GHz 天顶路径的干空气、水汽衰减以及总衰减 (转自 ITU-R P.676-4 中图 6; ©1999 ITU, 转载已获授权)

注: 压力为 1013 hPa (原记为 1013 mbar) 温度为 15°C; 水蒸气压强为 7.5g/m³。

的地面站在海平面时天顶路径总衰减, 图中也给出了干空气和水汽的衰减。对于 50 ~ 70 GHz 的频率, 可以从图 3.19 中的 0km 曲线得到更精确的结果, 图 3.19 是用文献 [34] 附录 1 中的谱线计算步骤导出的结果。

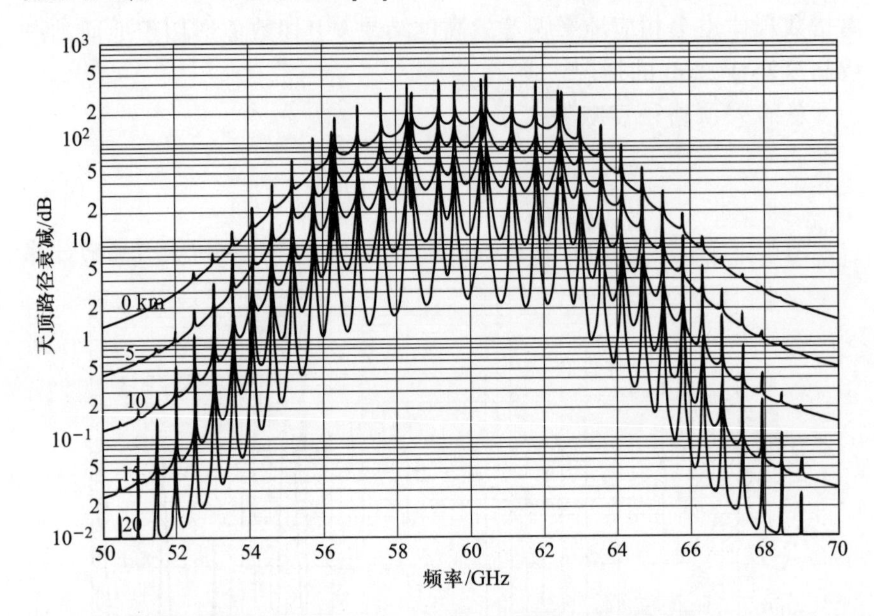

图 3.19 当地面站在指定高度时, 以 50MHz 频率间隔, 计算中心频率为 50 ~ 70 GHz 的天顶路径氧气衰减 (转自 ITU-R P.676-4 中图 7; ©1999 ITU, 转载已获授权)

对于 10° ~ 90° 之间的仰角, 使用余割法得到路径衰减 A:

$$A=\frac{A_{\text{zenith}}}{\sin\theta}=\frac{h_{\text{o}}\gamma_{\text{o}}+h_{\text{w}}\gamma_{\text{w}}}{\sin\theta}\ (\text{dB}) \tag{3.49}$$

式中: θ 为仰角。

对于 10° 以下的仰角, 折射效应使简单的余割法变得不准确。方程式 (3.49) 变为

$$A=\frac{\sqrt{R_{\text{e}}}}{\cos\theta}\left[\gamma_{\text{o}}\sqrt{h_{\text{o}}}F\tan\theta\sqrt{\frac{R_{\text{e}}}{h_{\text{o}}}}+\gamma_{\text{w}}\sqrt{h_{\text{w}}}F\tan\theta\sqrt{\frac{R_{\text{e}}}{h_{\text{w}}}}\right]\ (\text{dB}) \tag{3.50}$$

式中: R_{e} 为由 ITU-R P.834 建议给出的包含折射效应的有效地球半径 (km), 8500 km 普遍接受的对于紧贴地表情况的值; θ 为仰角; F 为函数, 即

$$F(x)=\frac{1}{0.661x+0.339\sqrt{x^2+5.51}} \tag{3.51}$$

另外, 式 (3.50) 中 $x = \tan\theta\sqrt{(R_e + h)/h_o}$ 与 h_o 对应, $x = \tan\theta\sqrt{(R_e + h)/h_w}$ 与 h_w 对应, h_o 为地面站高出海平面的高度, 这两个表达式适用于 $h_o < 2\,\text{km}$ 的情况。

式 (3.44a) 对于计算 γ_w 是有效的, 以 15°C 为基准, 在 $-20 \sim 40$°C 之间使用 $-0.6\%/$°C 的温度依赖关系得到 $0 \sim 50$g/m 范围内的衰减值, 其整体精确度为 ±15%。需要注意的是, 衰减随着温度的降低而增加。对于式 (3.39) 干燥空气方程中 γ_o 的类似校正可以从 15°C 起用 $-1.0\%/$°C 的校正因子。同样地, 适用范围为 $-20 \sim 40$°C, 并且衰减随着温度的降低而增加。除了过饱和情况 (即云), 在给定温度下, 水蒸气密度可能不会超过饱和值[32]。

有一种比式 (3.50) 和式 (3.51) 更简单的方法来校正仰角低于 10° 的衰减值, 即按照由于忽略了地球曲率而产生的百分比误差减小式 (3.49) 计算得出的衰减值。图 3.20 给出了不同仰角和不同等效高度对

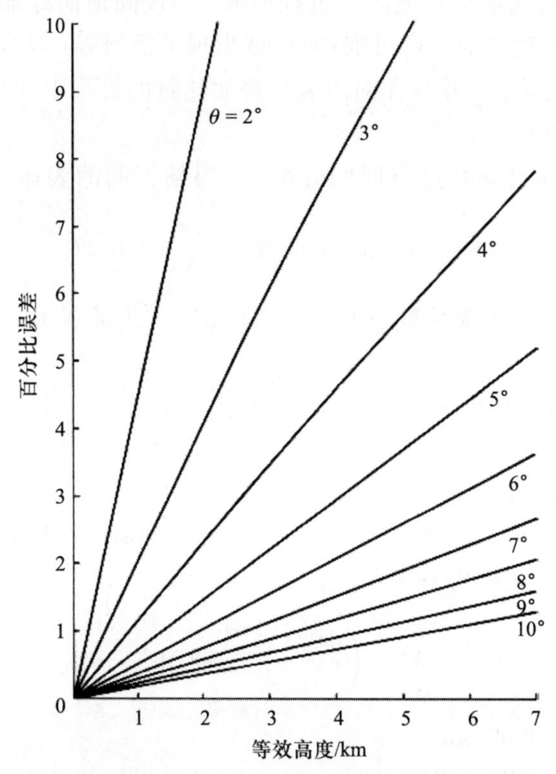

图 3.20 忽略地球曲率引起的百分比误差 (转自文献 [39] 中图 1; ©1986 IEEE, 转载已获授权)

应的百分比误差。

如果地面站不在或不靠近海平面, 那么应该使用各种参数的校正值[32]。对于 50 GHz 以下频率和 10° 以上仰角情形, 下式计算可以给出满足精度要求的 A_a[40]:

$$A_{\mathrm{a}} = \frac{\gamma_{\mathrm{o}} h_{\mathrm{o}} \mathrm{e}^{-h_{\mathrm{s}}/h_{\mathrm{o}}} + \gamma_{\mathrm{w}} h_{\mathrm{w}}}{\sin\theta}\ (\mathrm{dB}) \tag{3.52}$$

式中: h_{s} 是地面站高于平均海平面的高度 (km)。

3.4.3 雾衰减

雾或薄雾实际上是过饱和的空气, 其中的部分水蒸气析出并且形成小水滴。水滴的直径通常小于 0.1 mm[41]。当上升锋面出现时[10], 潮湿的空气被吹上斜坡冷却, 从而形成雾 (实质上是地表的云), 但通常认为雾是经过辐射和水平对流两个过程形成。当夜间地面冷却且地面上方的潮湿空气也被冷却变得过饱和时, 就出现了辐射雾。混合的暖湿的空气团被吹至冷表层, 并且在向冷表层释放热量的过程中变得饱和, 就形成了平流雾[41]。

对雾的理论衰减进行回归分析[41], 得到下面的表达式:

$$A = -1.347 + 0.0372\lambda + \frac{18}{\lambda} - 0.022T \tag{3.53}$$

式中: A 为特征衰减系数 ((dB/km)/(g/m^3); λ 为波长 (mm); T 为温度 (°C)。

回归拟合只适用于 3 mm ~ 3 cm 的波长范围 (对应频率范围为 100 ~ 10 GHz) 和 −8 ~ 25°C 的温度范围。图 3.21 给出了特征衰减 A 随温度和波长的变化[41]。

为获得总的衰减, 雾的含水量 M (g/m^3) 和雾的扩展范围是必要的参数。雾的含水量为[41,42]

$$M = \left(\frac{0.024}{V}\right)^{1.54}\ (\mathrm{g/m^3}) \tag{3.54}$$

式中: V 为能见度 (km)。

浓雾的典型能见度为 20 m。20 m 能见度得到的 $M = 1.32\mathrm{g/m^3}$, 所以 10 GHz 信号雾的特征衰减为 0.63 dB/km。方程式 (3.54) 通常适用于

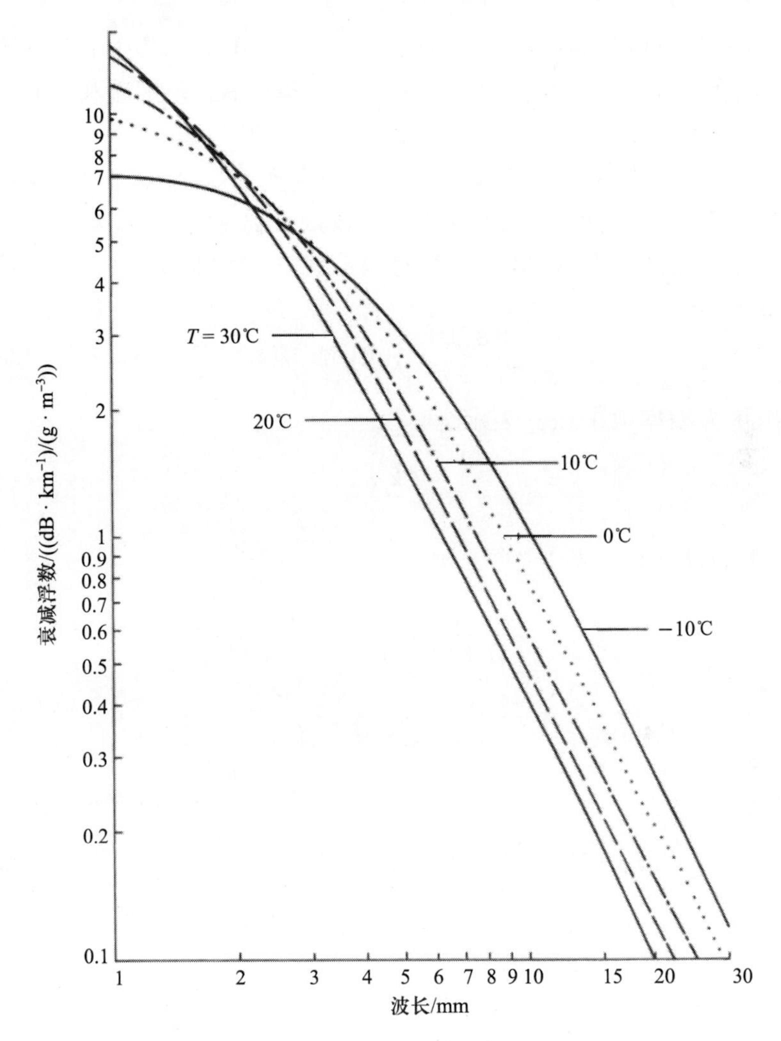

图 3.21 毫米波波段雾的特征衰减 (转自文献 [41] 中图 1; ©1984 IEEE, 转载已获授权)

水滴尺寸超过 10μm ($1\mu m = 10^{-6}m$) 的雾。雾层的垂直高度通常并不厚, 典型高度是百米量级, 所以在低于 100 GHz 频率的星 – 星链路设计中, 雾的衰减只是次要因素。

为扩展至 100GHz 以上的频率范围, 同时也在所有频率范围更准确地估计雾衰减, 可以使用基于瑞利散射得到的数学模型[43]。瑞利近似 (颗粒的物理尺寸小于波长的 1/10) 可用于含有非常小的水滴的云或雾。瑞利近似对于频率高达 1000 GHz (1 THz) 和粒子尺寸小于或等于 30μm 的情况都是有效的。在光学频率 (约 200 THz) 范围瑞利近似不再有效 (见第 7 章)。

水是一种绝缘体, 其复介电常数 ε 包含实部 ε' 和虚部 ε''。介电常数的实部决定折射指数, 虚部决定信号通过水滴时的损耗。对于频率高达 1THz 的信号, 式 (3.53) 的特征衰减系数 A 由文献 [43] 中 K_l 公式给出, 表示为

$$K_l = \frac{0.819f}{\varepsilon''(1+\eta^2)}\ ((\mathrm{dB/km})/(\mathrm{g/m^3})) \tag{3.55}$$

式中: f 为频率 (GHz); η 表示为

$$\eta = \frac{2+\varepsilon'}{\varepsilon''} \tag{3.56}$$

水的复介电常数为[43]

$$\varepsilon''(f) = \frac{f(\varepsilon_0-\varepsilon_1)}{f_{\mathrm{p}}[1+(f/f_{\mathrm{p}})^2]} + \frac{f(\varepsilon_1-\varepsilon_2)}{f_{\mathrm{s}}[1+(f/f_{\mathrm{s}})^2]} \tag{3.57}$$

$$\varepsilon'(f) = \frac{\varepsilon_0-\varepsilon_1}{1+(f/f_{\mathrm{p}})^2} + \frac{\varepsilon_1-\varepsilon_2}{1+(f/f_{\mathrm{s}})^2} + \varepsilon_2 \tag{3.58}$$

式中

$$\varepsilon_0 = 77.6 + 103.3(\theta-1) \tag{3.59}$$

$$\varepsilon_1 = 5.48 \tag{3.60}$$

$$\varepsilon_2 = 3.51 \tag{3.61}$$

$$\theta = \frac{300}{T}\ (T\ \text{为热力学温度}) \tag{3.62}$$

$$f_{\mathrm{p}} = 20.09 - 142(\theta-1) + 294(\theta-1)^2\ (\mathrm{GHz}) \tag{3.63}$$

$$f_s = 590 - 1500(\theta-1)\ (\mathrm{GHz}) \tag{3.64}$$

式 (3.63) 和式 (3.64) 中: f_{p} 为主弛豫频率; f_{s} 为次弛豫频率[43]。

图 3.22 (转自文献 [43] 的图 1) 给出温度为 $-8 \sim 20$°C 时, 频率为 $5 \sim 200$ GHz 范围内的 K_l 值。对应于 0°C 的曲线可被用于云衰减[43]。图 3.22 中给出了与图 3.21 相类似的频率数据, 只是图 3.21 以更大范围的温度作为参数。注意到云和雾的衰减随着波长的减小 (或频率的增加) 而增

加, 图 3.21 中给出了对应波长的特征衰减。对于垂直扩展高度较薄的雾层, 雾衰减对于 100 GHz 以下频率的星 – 地链路设计只是次要因素。但是, 对于在水平和垂直方向均扩展的云, 其衰减并不总是次要因素。

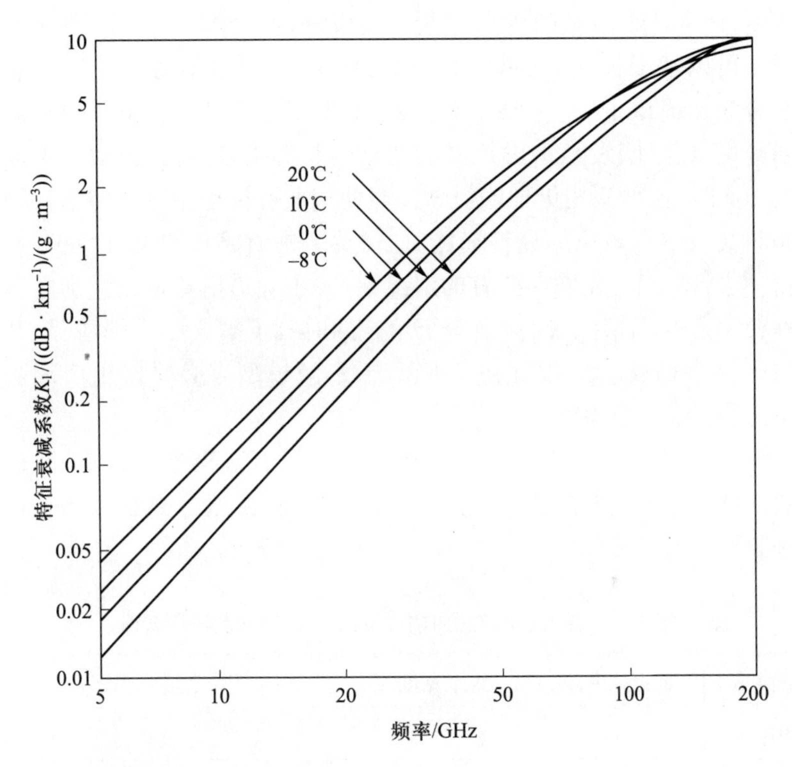

图 3.22 不同温度下水滴特征衰减随频率的变化关系 (转自 ITU-R P.840-3 中图 1; ©ITU 2003, 转载已获授权)

3.4.4 云衰减

工作在微波频率的地面固定系统倾向于设置应对严重多径效应的衰减余量 (通常称为衰落余量), 如果工作频率在 10 GHz 以上, 则需要考虑严重的雨衰影响。因此, 雾衰减对地面固定系统而言不是重要的传播效应。对于星 – 地路径, 链路通过雾或低层云的路径很短, 所以即使频率在 10 GHz 以上, 云雾衰减的影响也几乎观察不到。但是当低余量系统 (小衰落余量的终端) 广泛推广时, 人们开始认为评估云衰减对这些系统的影响是重要的[45]。这些低余量系统通常工作于几分贝衰落余量的状态, 在有些情况下由浓云产生的衰减和噪声的增加成为限制性能的因素, 这对于低仰角链路的影响更加严重。对现有云衰减模型[47−51] 的评估[46] 显示, 这些模型或是较差的模型, 或者模型所需输入参数对于一般应用目的难以获得。云模型的比较证实了这种评估结果[52]。可以基于长期 (文献 [53] 中至少 10 年) 观察得到云覆盖分布图, 这些分布图提供了 $15° \times 15°$ 经纬度方格划分的数据。云覆盖数据的变化随经度变化比较小, 但随纬度的变化则非常明显, 特别是当纬度变化超过 10° 时, 这种变化更加明显[46]。当使用所有传播预测模型来得到对沿倾斜大气路径效应的完整描述时, 需要考虑沿路径的所有粒子, 并且沿路径进行积分。几乎在所有的情况下, 并不知道沿特定路径到底存在何种粒子的详细情况, 即使在一个给定的时刻了解这些详细情况, 几秒后粒子混合物就会发生变化。所以, 云衰减模型有必要做出广泛的假设, 并且以经验数据为出发点。

所以, 在建立 DAH 联合效应模型中的云衰减模型时, 选了四种类型的云[46], 表 3.6 概括了所选类型云的平均属性, 这些类型云的平均属性来自于文献 [54,55]。

表 3.6 在云衰减模型中用到的四个云类型的平均属性

云类型	垂直高度/km	水平宽度/km	含水量/(g/m³)
积雨云	3.0	4.0	1.0
积云	2.0	3.0	0.6
雨层云	0.8	10.0	1.0
层云	0.6	10.0	0.4
注: 转自文献 [46] 中的表 1; ©1997 IEEE, 转载已获授权			

大部分由于气象效应产生的传播损伤趋于遵循对数正态概率分布, 所以也假定云衰减服从对数正态分布。假定平均云属性也符合四种云类型, 表 3.7 给出所对应的平均云属性。为了使问题易于处理, 四种云类型的每一个都做了进一步假定, 假定在整体分布中每一种云产生的衰减值在时间百分比方面不与其他三种云产生的衰减分量重合。因此, 认为总的云衰减分布是由四个非重叠部分组成。

表 3.7 预测如图 3.23(a)、(b) 所示的云衰减分布所用的云参数

参数	达姆施塔特	纽约
积雨云百分比/%	2.0	2.3
积云百分比/%	4.0	3.0
雨层云百分比/%	12.0	13.5
层云百分比/%	37.3	34.5
总云百分比/%	63.3	70.5
云衰减概率, P_o		
A_c	0.433	0.227
σ_c	0.705	0.956
注: 转自文献 [46] 中的表 2; ©1997 IEEE, 转载已获授权		

下面给出云衰减预测步骤[46]:

从年均总云层覆盖数据、四种类型云中单个云覆盖量数据、4 种类型云的垂直距离数据以及 4 种类型云的特征衰减数据中, 获得给定地区天顶路径来自不同高度各种云成分产生的云衰减的年累积贡献。基于总的云覆盖分布, 这些数据提供了天顶路径云衰减的测量分布。

云衰减模型需要如下四个步骤:

步骤 1: 获得 4 种类型云的特征衰减。利用小水滴的瑞利近似得到特征衰减与云含水量的关系为[56]

$$a_{ci} = 0.4343 \times \frac{3\pi v}{32\lambda\rho} \mathrm{Im} \frac{1-\varepsilon}{2+\varepsilon} \ (\mathrm{dB/km}) \tag{3.65}$$

式中: v 为云液态水含量 (g/m^3); λ 为波长 (m); ρ 为水的密度 (g/cm^3); ε 为水的复介电常数;Im 表示虚部; $i = 1 \sim 4$, 表示 4 种云类型。

水的复介电常数及密度和温度有关系, 所以上述关系和温度具有依赖关系, 但是对温度的敏感性是一个二阶效应。模型中使用了 0°C 条件下计算的特征衰减。

步骤 2: 每种类型云 ($i = 1 \sim 4$) 的总天顶路径衰减 A_{ci} 由特征衰减和云垂直深度的乘积给出, 表示为

$$A_{ci} = \frac{1}{3} a_{ci} H_{ci} \tag{3.66}$$

对于天顶路径以外仰角, 通过假定云层的形状为垂直圆柱, 其水平及垂直尺度 (H_c 和 L_c) 见表 3.6, 来计算通过每种类型云的衰减。

步骤 3: 按照云衰减的大小排序后, 4 种类型的云给出了衰减条件分布曲线 A_c 上的 4 个点, 云衰减条件分布曲线形式为

$$P(A > A_c) = \frac{P_o}{2}\mathrm{erfc}\left(\frac{\ln A - \ln \bar{A}_c}{\sqrt{2}\sigma_c}\right) \tag{3.67}$$

式中: P 为衰减 A_c 不超过 A 的概率; P_o 为出现云衰减的概率; erfc 为误差补偿函数; $\overline{A}_c$ 为 A_c 的平均值; σ_c 为标准偏差。总的云覆盖数据决定了云衰减分布的条件概率。

步骤 4: 使用上面选择的 5 个点, 通过线性回归分析得到云衰减对数正态分布的最佳拟合。

云衰减预测程序可建立从 100% 到非常小的年时间概率 (如 0.001%) 的全概率分布函数, 或者建立一个可能出现衰减的时间百分比范围分布函数[46]。如果选择后者[46], 两个概率端点通常是真正晴朗天空存在的概率 (路径上完全无云) 和降雨的概率。当在地面测量降雨量时,降雨年平均时间百分比概率在 1% ~ 10% 范围内变化。由于雨水可以在高处存在而不到达地面 (如幡状云), 而且暴雨云可以保存大量的液态水悬浮颗粒, 所以经常取出现明显融化层衰减[46] 的点作为上述云衰减模型中的概率端点。文献 [46] 给出了比较图 3.23(a) 和 (b) 所示的云衰减模型预测法与直接估计的云衰减数据的例子。图 3.23(a) 给出了德国达姆施塔特地区的预测结果和用辐射计测量的数据[57], 图 3.23(b) 给出了来自纽约的预测值与实测数据(地面和无线电探空仪的测量数据)[47]。在两个站点用以模型预测的百分比云覆盖量和最佳拟合对数正态分布的参数见表 3.7。可以看出,这两个站点的模型预测值和直接估计数据之间表现出良好的一致性。

为了说明特征衰减 (dB/km) 随液态水含量 (g/m^3) 和温度的变化规律, 图 3.24(a) 和 (b) 分别给出 10 GHz、15 GHz 云特征衰减的算例。图 3.24(a) 和 (b) 的横坐标是液态含水量, 而图 3.22 的横坐标是频率。比较图 3.24(a) 和 (b) 可以获得一些特征衰减随液态含水量及温度变化的规律。因为大多数从地面到卫星或到平流层上层的高空飞行器的路径将通过温度随高度而变化的云层, 所以通常假设云层平均气温为 0°C。对现有的云衰减模型[58] 分析可发现, DAH 联合效应模型[46] 的分析程序和文献 [50] 给出的程序分析结果与年时间百分比概率为 3% ~ 50% 的测量结果非常一致。对于 3% ~ 50% 范围内的较小的时间百分比概率,

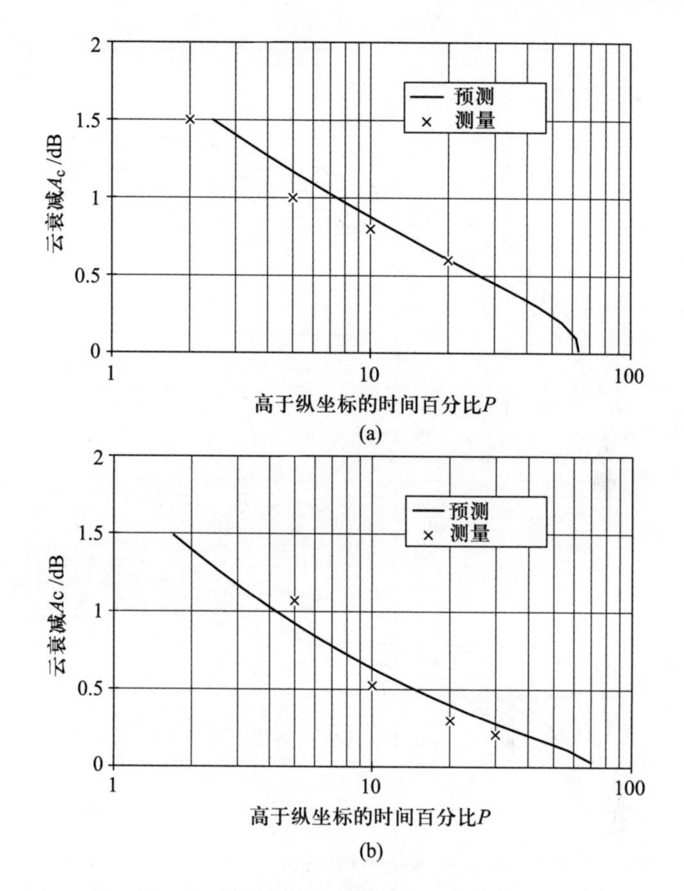

图 3.23 达姆施塔特[57] 和纽约[47] 的云衰减分布 (转自文献 [46] 中图 1a、图 1b; ©1996 IEEE, 转载已获授权)

(a) 德国达姆施塔特云衰减分布; (b) 纽约云衰减分布。

注: 图 (a) 测量条件: 频率为 30 GHz, 仰角为 28°。预测所有云量: 总云覆盖量为 63.3%; 层云为 37.3%; 雨层云为 12%; 积云为 4%; 积雨云为 2%。图 (b) 测量条件: 频率为 35 GHz, 仰角为 90°。用以预测的云量: 总云覆盖量为 70.5%; 层云为 34.5%; 雨层云为 13.5%; 积云为 3%; 积雨云为 2.3%。

这两种程序都低估了路径衰减[58], 这可能是由于在那些时间概率点无法分离云、融化层和雨的衰减效应。世界温带地区的降雨年时间百分比约为 3%, 高降雨率的热带地区的降雨年时间百分比约为10%。

文献 [59] 提出的雨和云联合衰减的预测方法使用了更新的云衰减程序[44], 由于该方法根据路径积分含水量计算云衰减, 所以给出的世界各地衰减结果与以前的预测结果不太一致。

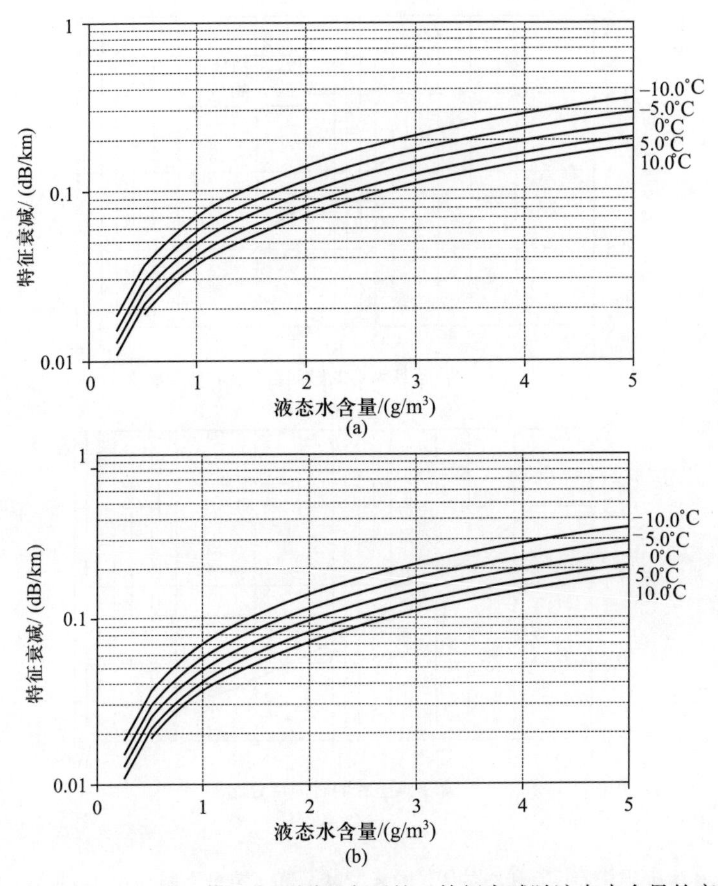

图 3.24 10 GHz、15 GHz 信号在不同温度下的云特征衰减随液态水含量的变化关系 (转自 INTELSAT 中的图 2-11 和图 2-12, 转载已获授权)

(a) 频率为 10 GHz; (b) 频率为 15 GHz。

3.4.5 路径积分含水量

ITU-R P.840-3[43] 给出一种计算某给定概率的云衰减的方法, 该方法使用地面站上方大气中总路径积分液态水量 L (kg/m^3) 或者与液态含水量等效的可沉淀水量 (mm), 该方法的数学表达式为[43]

$$A = \frac{LK_1}{\sin\theta}\ (\text{dB}), 5^\circ \leqslant \theta \leqslant 90^\circ \tag{3.68}$$

式中: K_1 为特征衰减系数 ((dB/km)/(g/m^3)); θ 为仰角。

在没有路径积分液态水含量本地测量值的条件下, 可以从图 3.25(a)~(d) 中[43] 获得 L (kg/m^3)。

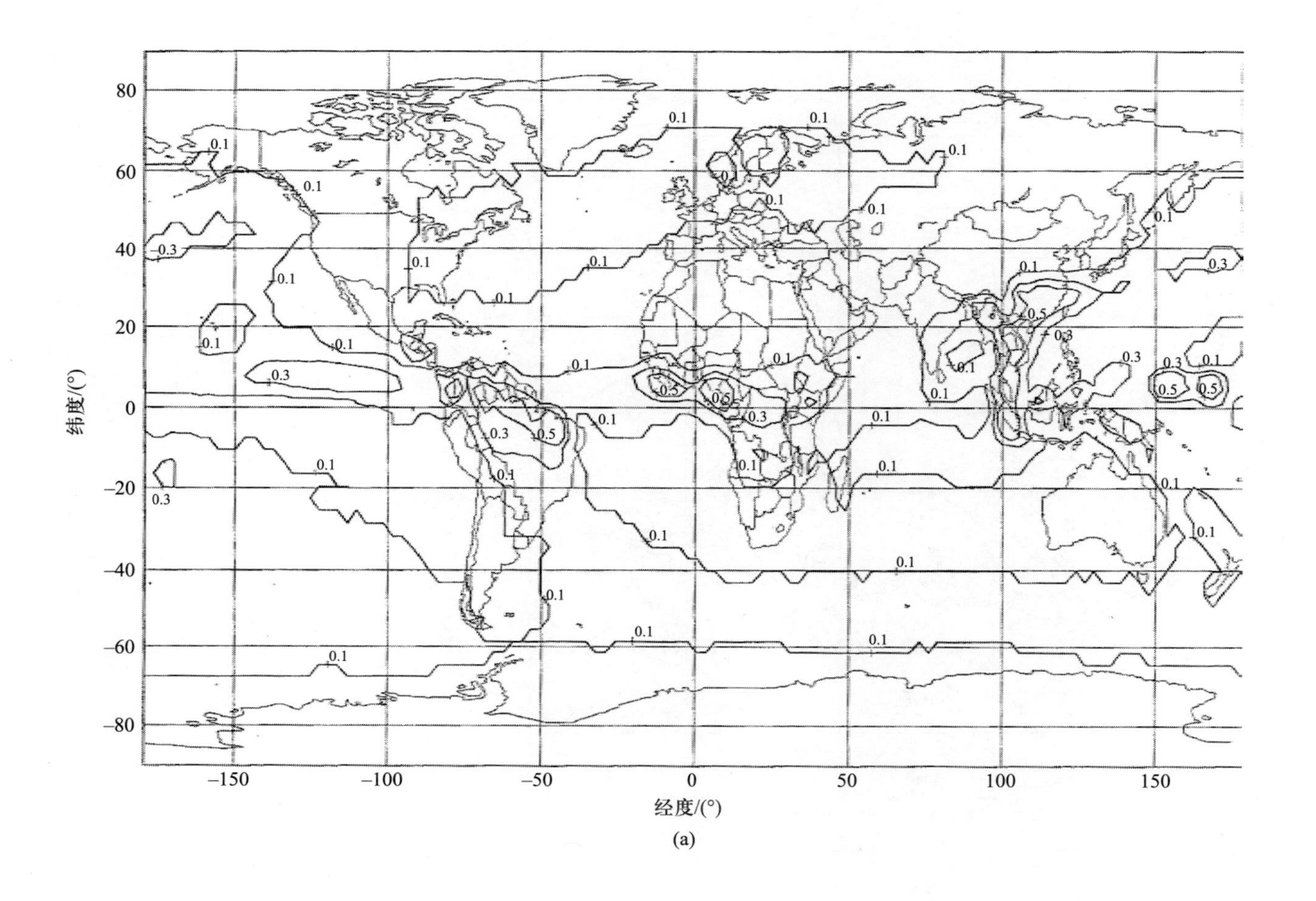

(a)

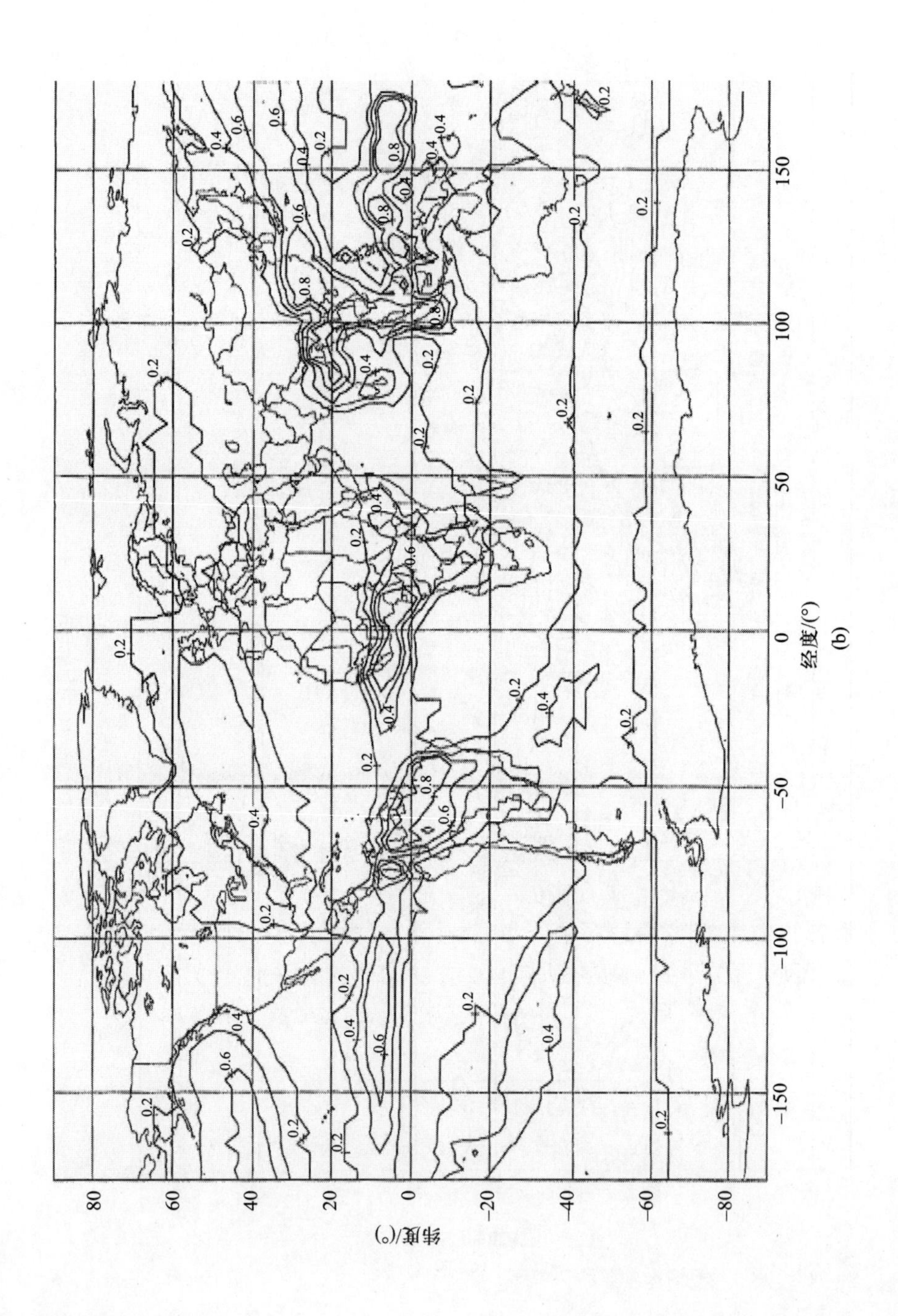

(b)

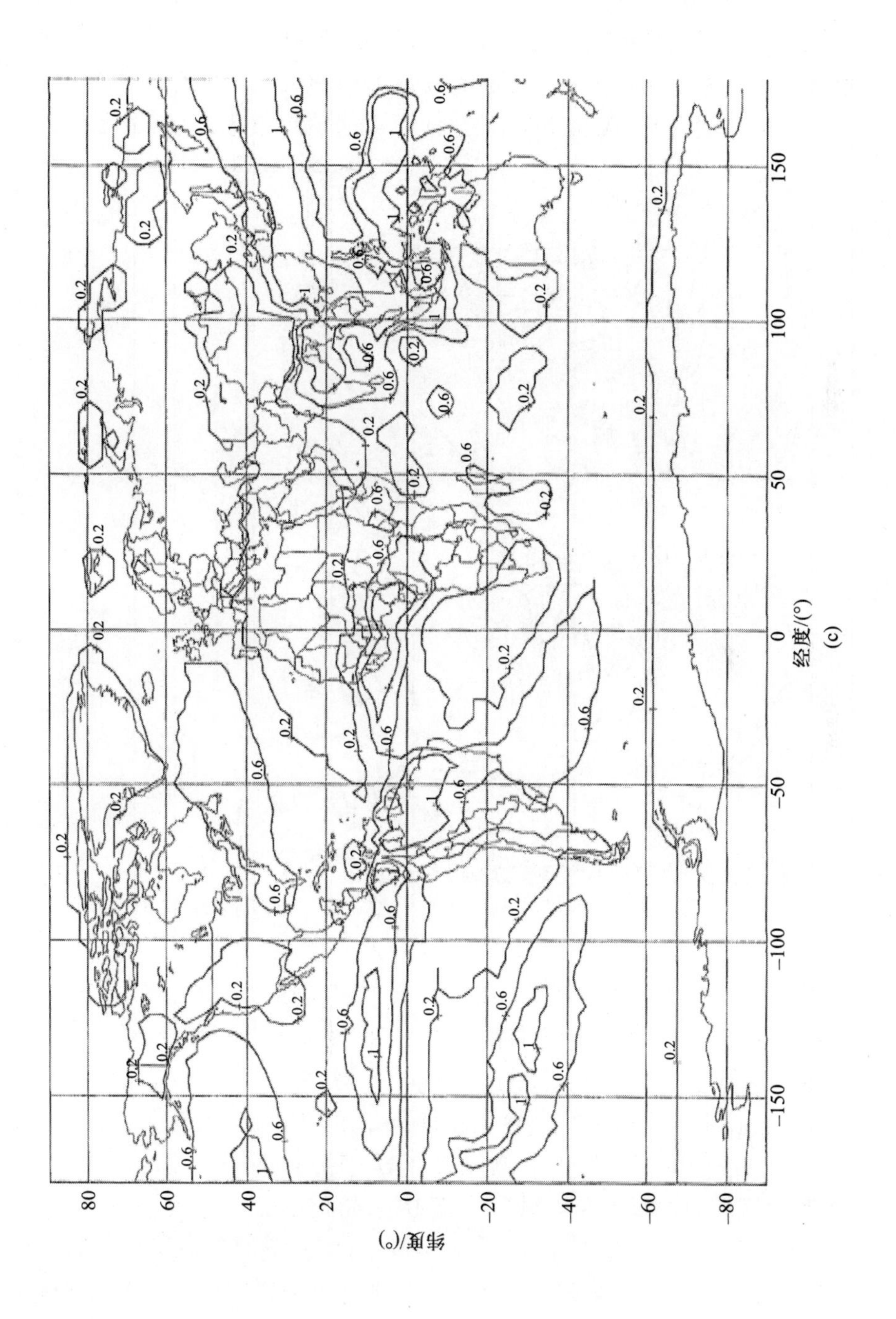

(c)

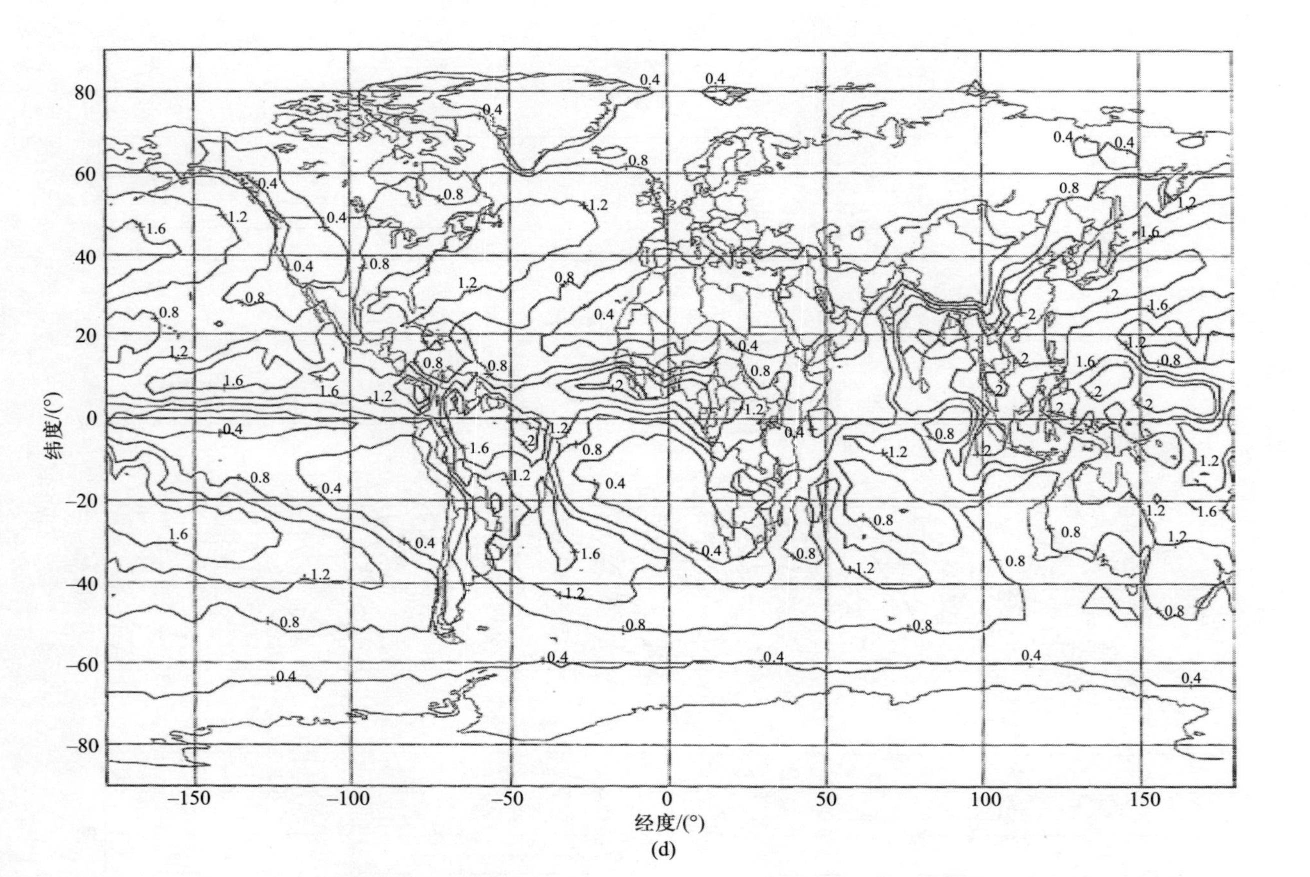

图 3.25 归一化总路径积分云液态水含量 (转自参考文献 [43] 图 2 ~ 图 5; ©ITU-R, 转载已获授权)

(a) 年时间概率大于 20%; (b) 年时间概率大于 10%; (c) 年时间概率大于 5%; (d) 年时间概率大于 1%。

3.5 对流层闪烁效应

当大气静止时，折射指数随高度缓慢地变化甚至在水平面内更缓慢地变化。正如 3.2.3 节和 3.2.5 节所述，低仰角时，射线弯曲和多径很可能在这样的静态空气条件下发生。然而，风的存在使大气变得混合而不是分层状态，而且使得大气折射指数在小尺度范围内发生相对迅速的变化，这就是大气湍流混合。

沿传播路径的大气折射指数的小尺度起伏导致幅度和相位闪烁，这些闪烁在检测到的接收信号电平上表现为幅度变化。与 2.3.1 节、7.2.2 节菲涅尔区的尺寸和 2.3.3 节的闪烁指数相同的条件也适用于对流层闪烁，而且和电离层闪烁一样，对流层闪烁效应一般为同轴性的非吸收效应。对流层闪烁含有两个闪烁分量：第一种是纯粹由低层对流层大气的折射指数的小尺度变化所引起的闪烁效应，它是能量弥散效应而不是吸收效应，因此它对天空噪声没有贡献[60]；第二种是由于发生在云边沿且部分在云内部的湍流混合而引起的闪烁，湍流混合是云中饱和空气和云周围的干空气发生混合的过程，这样的闪烁一般比晴空大气中发生的闪烁更强烈，而且存在吸收效应，吸收效应将引起相对完全晴空条件下噪声温度的增强[60]。与电离层闪烁不同的是，对流层闪烁效应随着频率的增加而增加。当使用远高于 1 GHz 频率的射电望远镜时，就可以观察到对流层闪烁的损伤效应[61]。对于使用多个射电望远镜，特别是两个或更多的射电望远镜作为干涉仪使用时，闪烁效应引发的问题是沿不同路径的差分相位闪烁。然而，当校准大口径天线时，幅度闪烁将导致更多的问题。

通信卫星系统中所使用的地面站在接收模式下用 G/T 值描述其特征。其中：G 为天线轴向增益；T 为天线和接收系统的噪声温度，称为系统噪声温度。通常使用增益和系统噪声温度的对数值表示 G/T，这时 G/T 值变为 $10\lg G - 10\lg T$，单位为 dB/K[62]。某些天体射电源在较低频段具有较强的无线电辐射功率，因此可以用于计算 G/T 值。文献 [63] 给出包括闪烁在内的引起 G/T 计算误差的所有误差源，并且已经发展成标准测量方法[62]。对于相同的设备和频率，低仰角时测得的对流层闪烁比高仰角更加严重。另外，在低仰角时，天体噪声源相对接收天线的张角不够小，而且辐射功率也不够大，因此不能用于精确测量。此问题的解决方案是必须要有可用的卫星信标源。虽然对流层闪烁影响卫星通信和地球遥感，但是相对于其他损伤现象而言，对流层闪烁产生的损伤明显较小，所以一开始人们对对流层闪烁的研究兴趣并不是很大。

卫星通信起初使用的天线很大 (直径为 $18 \sim 30$ m)，信号频率大约为 4 GHz 和 6 GHz，正如后面将要看到的，这样的天线和信号减小了对流层闪烁的影响。因此，利用准同步轨道卫星 "漂移" 的机会才实施了首次低仰角测量。后来，在高纬度地区实施了对流层闪烁的短期测量，同时也利用以同步卫星作为信号源的移动平台开展了这样的工作。直到 20 世纪 80 年代，才开始了对流层闪烁的长期测量工作。其主要目的是量化对流层闪烁损伤。下面将对这些测量的发展历程和部分测量结果进行阐述。

3.5.1 漂移测量

首次报道的低仰角对流层闪烁测量使用的是 1GHz 以上的频率，是 1970 年在加拿大利用美国 TACSATCOM-1[64] 卫星的 7.3 GHz 信标信号进行的测量工作。在 TACSATCOM-1 卫星向西漂移期间进行了超过 22 天的测量。测量期间，卫星从 6° 仰角向 0° 仰角移动。实验中使用了两副间隔 23 m 的天线，直径分别为 9 m 和 18 m。图 3.26 给出了一些典型

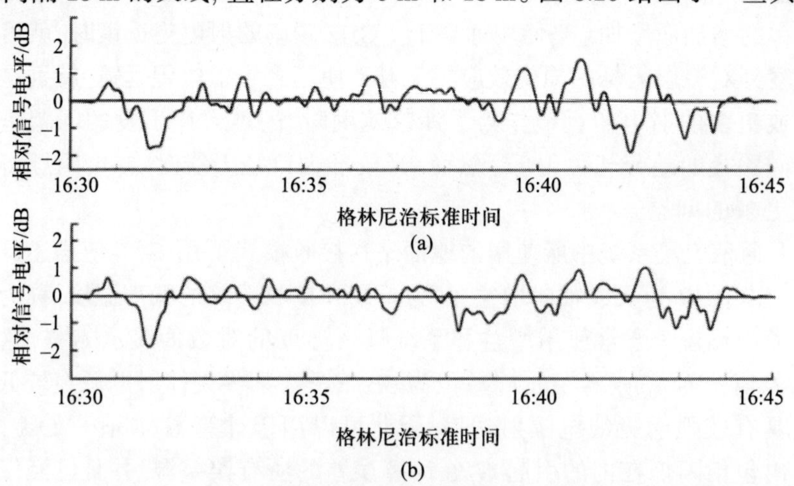

图 3.26 1970 年 11 月 1 日测量的 15 min 时长的信号强度时间序列 (转自文献 [64] 的图 4; ©1971 IEEE, 转载已获授权)

(a) 9 m 天线; (b) 18 m 的天线。

的数据片段 (英文原文为 1.8 m, 图中给出的是 18 m, 文中应为 18 m, 英文原文错误, 译者注)。

从图 3.26 中可以看出, 沿着两条路径发生的闪烁之间有很好的相关性。利用这两组数据进行互相关性研究[64], 发现湍流尺度可高达 300m, 而湍流尺度中值为 30 m 量级。随后的数据分析[22] 发现, 该 15 min 中值信号电平的衰落统计具有一些不明确的影响因素。低于 2° 仰角时, 中值信号远低于预测值, 图 3.27 给出了此效应的范围。这是后来被称为低仰角衰落现象的第一个直接证据。该效应是由大气多径效应引起, 因为相消干涉电平 (由于两个信号完全抵消而产生的 ∞ 衰落的最大值) 超过了相长干涉效应 (已经观察到高达 8dB 的影响[65]), 所以多径效应使数据偏离了对称分布。

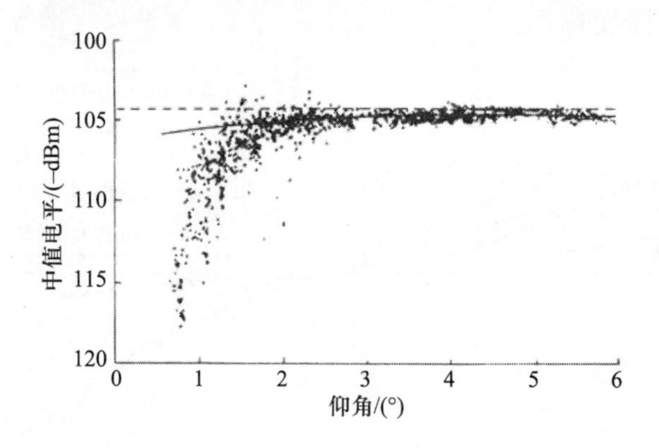

图 3.27 信号中值电平随仰角的变化 (转自文献 [64] 中的图 1; ©1971 IEEE, 转载已获授权)

注: 点表示 15 min 内接收信号强度的平均值; 虚线表示无衰减情况下晴空中值电平; 实线表示包括大气衰减的影响。

1975 年和 1976 年, 当 NASA 卫星 ATS-6 移至并移出东经 35° 时[66−70], 许多实验者利用了这次卫星漂移机会, 并测量了 2 GHz、4 GHz、20 GHz、30 GHz 的低仰角对流层闪烁效应。不幸的是, 由于可用观察时间有限, 未能获得统计上有意义的结果。

3.5.2 高纬度测量

在 70° 以上纬度地区, 地球静止轨道卫星仰角的最大值约为 11°, 当纬度接近 82° 时链路仰角将减小到 0°。在这些纬度的测量工作不仅受可用信标源的限制, 同时受本地非常恶劣的强风低温天气条件的限制。利用加拿大的 ANIK 卫星[71] 和挪威的 INTELSAT 和 SYMPHONIE 卫星[72] 信号, 在高纬度地区开展了仰角低至 1° 时 4 GHz 和 6 GHz 的对流层闪烁测量工作。后来, 在挪威使用 OTS 卫星信号, 开展了频率为 14 GHz 和 11 GHz[73] 的单站及双站分集的测量工作, 该双站分集测量结果对早期在加拿大开展的 6 GHz 和 4 GHz 的分集测量结果进行了补充[74]。

所有的测量表明, 高纬度地区的低温、低湿度气候大大降低了对流层闪烁效应。在仰角大致相同的条件下, 对高纬度和中纬度地区测量数据[22] 的比较表明, 高纬度衰落分布可以具有中纬度地区冬季和夏季之间的衰落特性, 图 3.28[22] 说明了这一点。图 3.28 不具备真正的对称性, 这可以由设备影响或沿路径的降雨来解释, 但更可能是由于大气中多径效应所引起的。

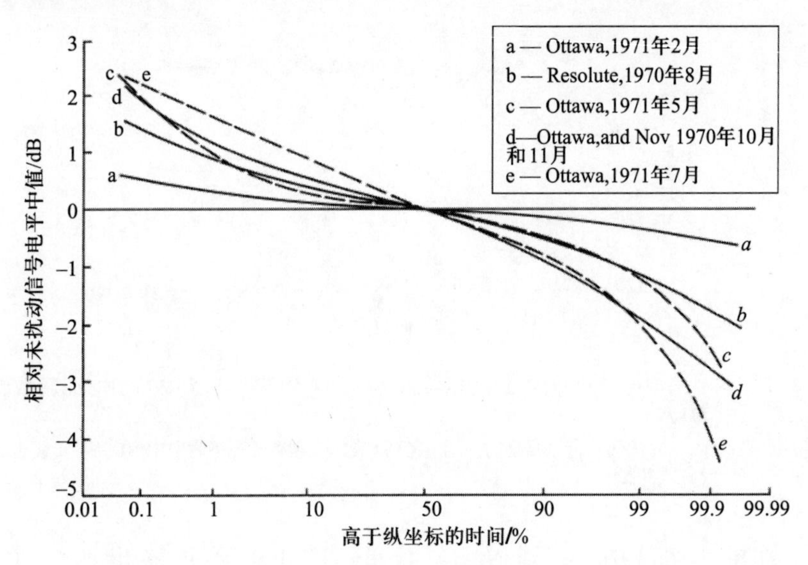

图 3.28 测量仰角间隔为 5° ∼ 6°、频率为 7.3 GHz 条件下, 具有季节相关性的接收信号电平分布 (转自文献 [22] 中图 4; ©1972 IEE, 转载已获授权)

注: Ottawa (北纬 45°) 和 Resolute (北纬 75°) 均在加拿大。

相当长时间的高纬度测量结果证实了, 在闪烁幅度和温湿度之间存在强烈的正相关关系。在早期的漂移测量中就怀疑存在这种相关关系。位置分集测量结果还表明, 当仰角低于 3° 时, 垂直间隔的天线比完全相同的水平间隔的天线产生更好的分集效果。在这种情况下, 分集需要找到两个湍流结构不同的路径, 而不是找到两个具有不同降雨特性的路径。垂直分开的两副天线在地面系统中称为空间分集[13]。空间分集作为高容量微波系统的主要技术特点, 已经使用了几十年。因为大气趋于水平分层, 所以在低仰角时两副水平间隔的天线将观测到两个高度相关的闪烁, 而垂直间隔的天线则趋于观测到两个仅仅中低程度相关的闪烁, 所以这种情况下垂直分集天线具有更好的性能。在温暖的气候区域, 与抗闪烁效应的情形完全相反, 降雨是主要的传播损伤。采用水平间隔的两副天线对抗雨衰的站点分集将在第 4 和第 8 章进行更深入的讨论。如果需要通过上行链路功率控制以保证卫星恒定的能流密度, 或者需要在分集系统的两个接收器或发射器间进行信号切换, 则闪烁的变化率是一个重要的参数。该参数可以通过谱分析确定。

3.5.3 谱分析

对 1980 年利用 11.8 GHz 和 11.6 GHz 的 OTS 信标信号测量的三个夏季月的闪烁数据进行分析, 给出了闪烁的频率分量[75]。图 3.29 给出平均值和 90% 频谱范围的分析结果。

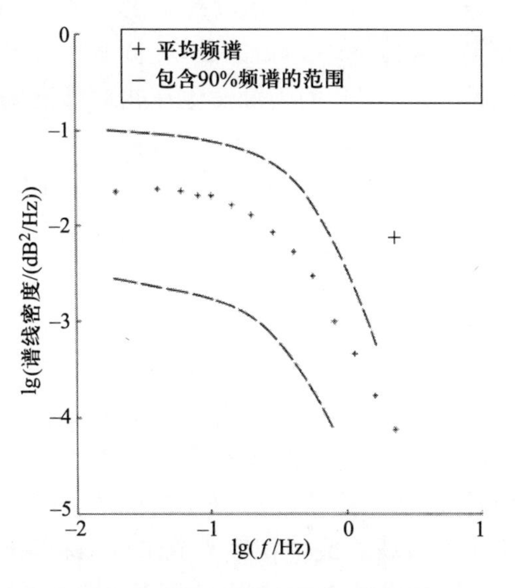

图 3.29　11.6 GHz 对流层幅度闪烁测量数据的谱分析结果 (转自文献 [75] 中的图 4; ©1981 IEE — 现在的 IET, 转载已获授权)

正如文献 [76] 中预测的结果, 图 3.29 中的菲涅尔频率或临界频率 (参见 2.3.4 节) 约为 0.3 Hz, 衰减的斜率约为 $-8/3$。与电离层闪烁类似, 个别闪烁事件谱的转折频率和衰减斜率显示出较大的差异。根据同一卫星在约 30° 仰角条件下观测的其他闪烁数据[77-79], 得出了相同的转折频率和衰减斜率。但是, 6.2 GHz、6.9° 仰角路径的闪烁数据[80] 和 11.2 GHz、8.9° 及 7.1° 仰角路径的闪烁数据[78,81] 得出的转折频率要低得多, 它们的临界频率值接近 0.06 Hz[81]。对此结果的解释: 相对于高仰角路径, 虽然低仰角较长的路径长度将产生更大的闪烁, 但是低仰角下更严重的大气衰减效应的平滑作用, 降低了闪烁幅度的快速变化。然而, 与高仰角情形一致, 低仰角时的衰减斜率仍然为 $-8/3$, 这样的结果似乎受到沿路径降雨的影响。因此, 有必要区分 "湿" 闪烁和 "干" 闪烁。

3.5.4 对流层 "湿" 闪烁和 "干" 闪烁

对流层的 "湿" 闪烁和 "干" 闪烁可以用沿路径是不是出现降雨来粗略地区别。早期的假设认为, 沿路径出现的降雨会显著降低对流层闪烁的幅度。1985 年利用 OTS 卫星[77,79] 和 INTELSAT V 卫星[82] 进行的三个独立实验证明, 沿路径出现的降雨对闪烁幅度没有净减小作用, 并且也没有影响闪烁的特征 (临界频率没有变化, 并且衰减率仍为 $-8/3$)。图 3.30[82] 给出了原始数据和平滑后的数据, 同时也给出了净闪烁数据。从这些数据得出推论: 大部分的闪烁发生在相对靠近天线的较低空间, 所以没有明显被降雨衰减影响。

图 3.31[77] 说明, 衰减效应使得衰减斜率 $-8/3$ 消失。文献 [82] 中使用了 1 min 平均周期对数据进行滑动平均, 而在文献 [77,79] 中使用了几十秒至 1 min 的固定周期对数据进行滑动平均。闪烁数据的数字后期处理一般采用的是高通滤波器。已经发现, 高通截止频率取为 0.04 Hz[83] 可以有效地从雨衰中分离出纯粹的对流层闪烁效应, 这一结果与 OPEX 推荐的 $0.02 \sim 0.05$ Hz 的截止频率范围相吻合。OPEX 分析的是来自 $12 \sim 30$ GHz 信标的实验数据。然而, 在约 3° 及以下的低仰角路径, 因为通过闪烁媒质的路径很长, 对流层路径的严重影响减弱了闪烁效应[83], 所以分离闪烁的最佳截断点在 0.05 Hz 以下。

补充分析表明, 形成闪烁的湍流高度位于 $1.5 \sim 4$ km[79], 或者约 2 km[77]。这也证实了之前的推断结果, 即闪烁是由相对靠近天线的湍流而导致的。闪烁的幅度分布结果表明, 对于相同的时间百分比, “湿” 闪烁比 “干” 闪烁有更大的幅度。对于小幅度起伏 (峰 – 峰差值小于 0.5 dB), 统计数据可以用高斯分布很好地描述。对于大幅度起伏, 正如之前连续观察的结果[84], 其分布偏离高斯拟合, 变得不再对称[78], 而是具有明显的负偏移, 也就是说相对于相同水平的增强效应具有更深的衰落。与大幅度电离层闪烁相同, Nakagami–Rice 分布也是最适合大幅度对流层闪烁的分布。另一个可能发生严重闪烁的领域是海上移动通信。

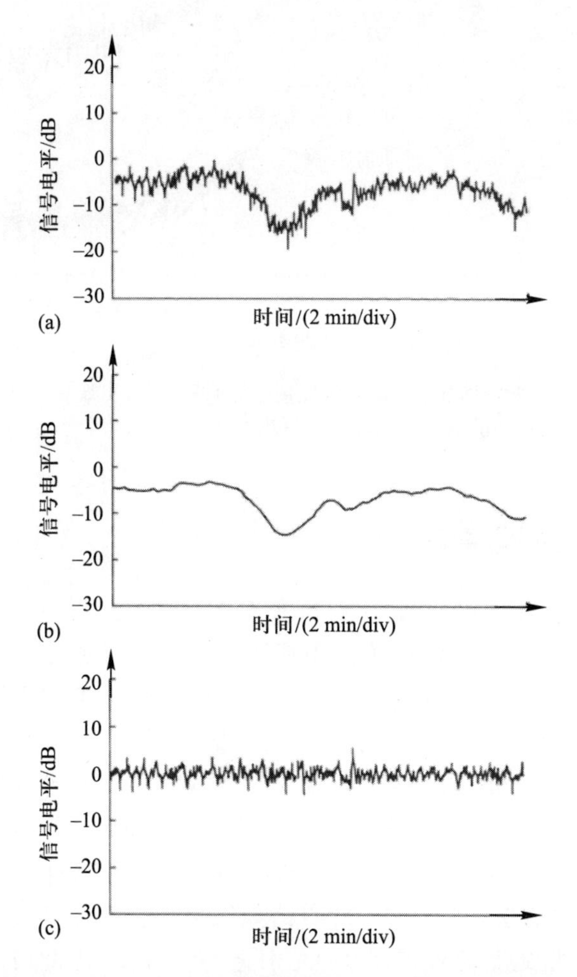

图 3.30 利用 1982 年 7 月 29 日测量数据, 采用 1 min 滑动平均技术对大气闪烁和雨衰分离的结果 (转自文献 [82] 中的图 3; ©1988 IEEE, 转载已获授权)

(a) 在日本 Yamaguchi 测得的 11 GHz 的原始数据; (b) 通过 1 min 间隔的滑动平均程序平滑的数据 (11 GHz 的衰减); (c) 源数据和平滑数据之间的差异 (11 GHz 的闪烁)。

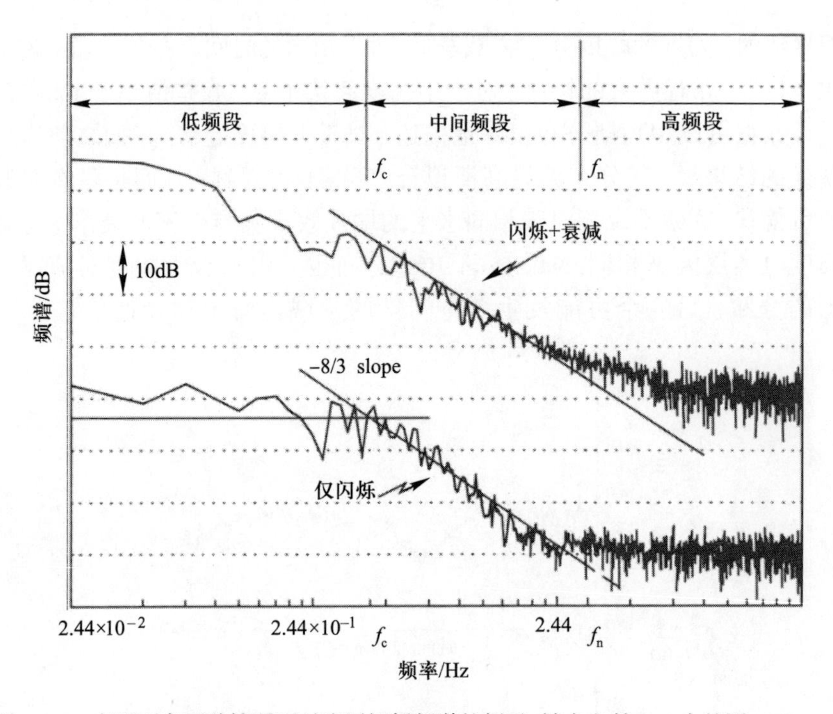

图 3.31 有无雨衰两种情况下对流层闪烁频谱的例子 (转自文献 [77] 中的图 5; ©1985 IEE——现在的 IET, 转载已获授权)

3.5.5 海上移动通信

海上移动通信经常在卫星和海岸地面站之间使用一个复杂的 6/4 GHz 的 "双跳" 配置[62], 而在卫星和移动端之间使用 1.6/1.5 GHz 频率的配置。1.6/1.5 GHz 范围内的频率很容易受到电离层闪烁影响, 在这些频率上已经做了一些实验并建立了电离层闪烁数据库 (见第 2 章)。在远离地磁赤道 30° 范围内的区域, 电离层对于星地链路无线信号的影响可以大幅度减小。因此, 若通过大气的无线链路路径没有横穿低纬度电离层, 则在纬度大于 30° 的区域进行的海上移动实验中观测到的闪烁可以归结为对流层闪烁现象。随着诸如铱星和全球星等低地球轨道卫星系统的出现, 通信路径可以在几乎任意纬度建立, 因此极地极光区域能够形成超过移动终端工作余量的大的电离层闪烁效应。

卫星 ATS-6 和其前身 ATS-5 一起提供了 1GHz 以上频率海上传播效应的首批数据。更长期的测量必须有待于首颗专门致力于海上通信的卫星即 Marisat 航天器的出现。在日本[85] 和美国[86] 附近采集的为期许多天的连续数据建立了第一个海上移动通信工作模型。图 3.32[85] 和图 3.33[86] 给出了仰角对起伏幅度的影响。

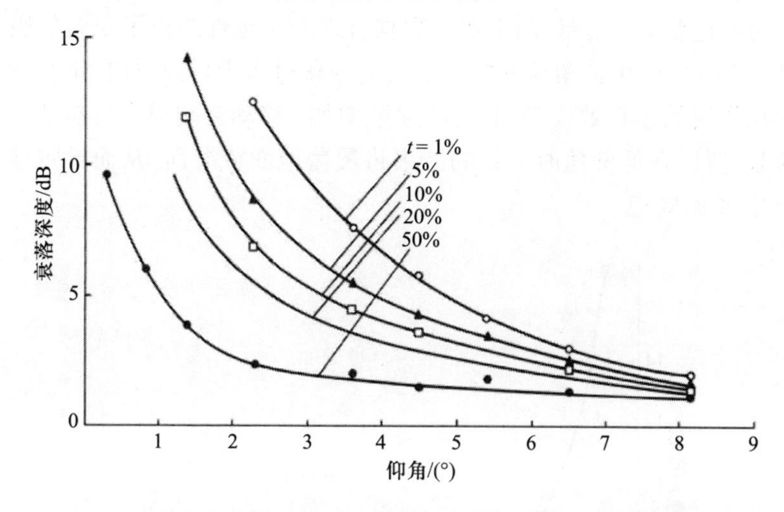

图 3.32 1.5 GHz 的闪烁衰落深度估计值随仰角的变化关系 (转自文献 [85] 的图 1; ©1986 ITU, 转载已获授权)

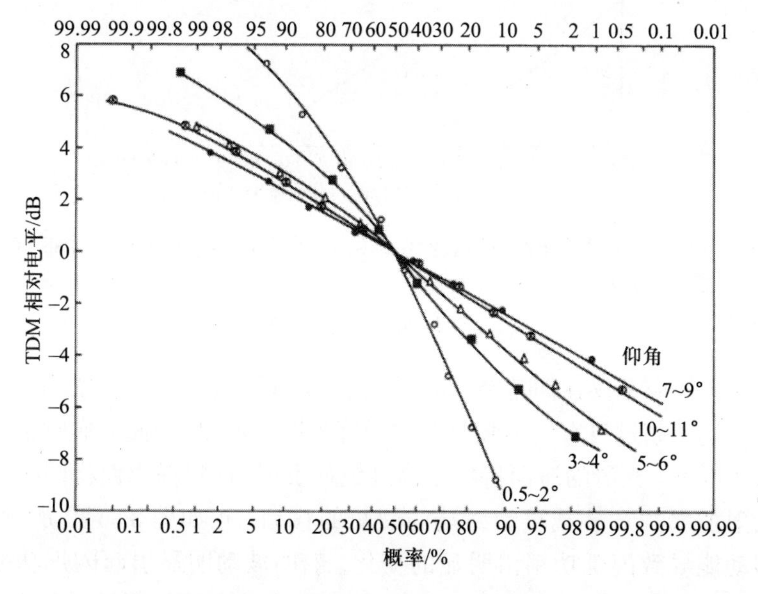

图 3.33 某次对流层闪烁实验中 1.5GHz 载波电平的累积统计分布 (转自文献 [85] 的图 2; ©1986 ITU, 转载已获授权)

需要注意的是, 图 3.32 中的 50% 曲线对应于图 3.33 中 50% (或 0 dB) 的电平。对闪烁测量所围绕的平均电平的定义常采用通信载波作为被测信号的事实所干扰, 因为被测信号的电平随着所载语音信道的数目明显地变化。然而, 两组实验数据合理的一致性给出了令人信服的结果。从图 3.34 中仰角从 5.7° ~ 2.4° 的变化过程中可以看出, 来自和海面相互作用的多径效应[85] 的影响逐渐增加。移动终端通常具有非常小的增益, 所以在低仰角时天线的波束将覆盖地面或海面, 从而导致接收器产生多径效应。

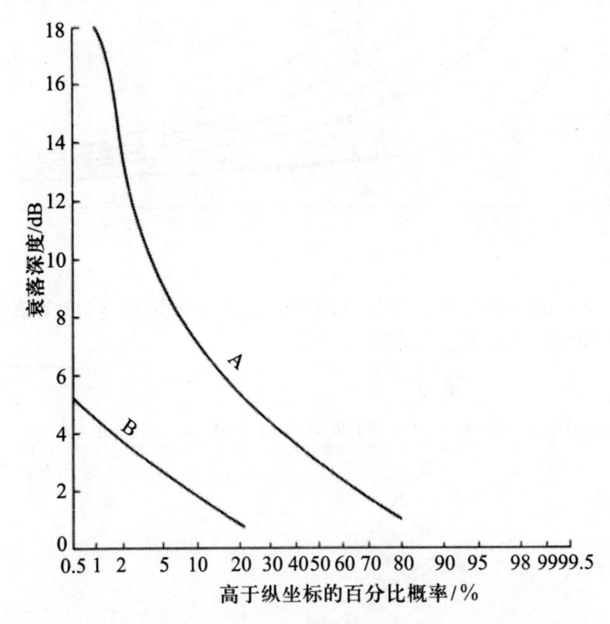

图 3.34 1.5 GHz 多径衰落统计特性测量结果 (转自文献 [85] 的图 6; ©1986 ITU, 转载已获授权)

A—2.4° 仰角; B—5.7° 仰角。

多径效应不仅在仰角降低时增加了峰 – 峰起伏值, 也导致均值信号电平产生了超过只有气体吸收时的净降低[85]。所以, 海面的影响也是一个重要因素。光滑的海面将发生高度镜面反射, 而粗糙海面将同时导致漫反射的增加和装载移动终端的舰船的移动。正如图 3.35[87] 所示, 舰船移动能导致闪烁功率谱明显的变化。船的波动明显引起闪烁功率谱的转折频率上升。粗糙海面具体的全面影响和多径的测量、模拟将在第 6 章中讨论。

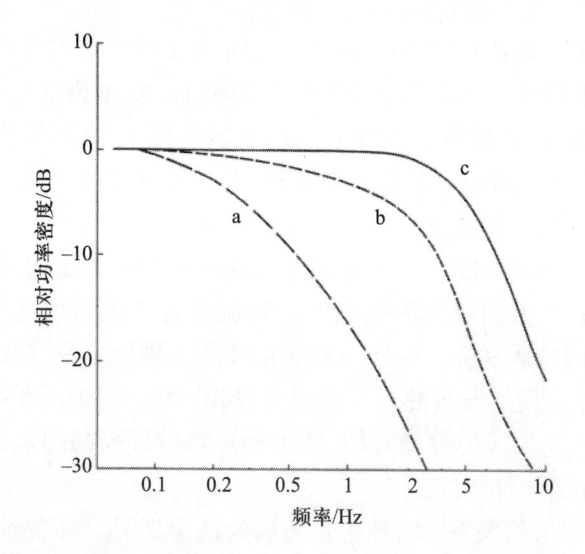

图 3.35　多径衰落的频率功率谱 (转自文献 [87] 的图 9; ©1986 IECE—现在日本的 IEICE, 转载已获授权)

a—实验中观察到的慢速衰落; b—实验中观察到的快速衰落; c—理论上预测的极快衰落。

测量条件如下:

	仰角E_1/(°)	有效浪高 H/m	船速 $V_{s/km}$	船偏离垂直方向的角度/(°)
a	5	0.5	11	1
b	10	3	11	5
c	10	5	20	30

3.5.6　对流层闪烁的特征

初始的对流层闪烁测量证实了可识别的对流层闪烁的一般特征。这些一般特征仍然有效, 总结如下:

(1) 气象依赖关系。

① 与温度和湿度有很强的相关性。对于特定路径, 高温和高湿度同时发生会产生最大闪烁幅度。

② 与风相关的证据:

a. 随着风速的增加, 闪烁幅度稍有增加;

b. 在峰值闪烁期间, 当强烈的对流效应使得风运动的大部分分量垂直时, 闪烁幅度才仅仅与风的方向具有弱相关;

c. 闪烁谱的转折频率随横风分量的速度增加而增加[88]。

③ 降雨的存在不会显著影响闪烁的幅度。功率谱的低频端因为降雨有所改变, 但转折频率和随频率的衰减实际上保持不变。

④ 路径上出现的云增强了对流层闪烁; 闪烁强度[88] 与传播路径上的积云有很强的相关性。

⑤ 天空噪声温度的增加和闪烁幅度的增加有一定的相关性, 该相关性表明更严重的湍流闪烁是由于对流层云边界所引起[89,90]。

(2) 时间依赖关系。闪烁与日变化和季节周期具有强相关性, 并且日变化和季节周期与最热最湿的时间段相一致。闪烁活跃高峰期是在午后和中纬度地区的仲夏时期; 热带和亚热带气候的闪烁活跃高峰与这些地区的雨季相对应。

(3) 地理依赖关系。闪烁主要与高温高湿度具有相关性, 所以闪烁与纬度有一个相伴随的依赖关系; 对于给定的路径, 纬度越高则大气的平均温度越低, 所以路径闪烁幅度也将越低。对于给定的纬度, 似乎不存在经度依赖关系。

(4) 频率依赖关系。当用相同的天线测量来自共同源 (获得相干信号) 的两个或更多频率的对流层闪烁时, 在很宽的带宽上存在高相关性[17,82,91,92]。闪烁幅度的频率依赖性为增加的频率与功率的比值为 7/12[19]。

① 任何缺乏频率依赖性的观察通常说明在该路径上多径效应占支配地位。

② 与电离层闪烁相比, 对流层闪烁幅度变化率更低, 转折频率更低, 且随频率的衰减不太陡。功率谱通常与仰角和频率无关, 且以 $f^{-8/3}$ 衰减。转折频率和闪烁幅度变化率随仰角变化而变化。

(5) 系统依赖关系。

① 当给定位置的仰角下降时:

a. 闪烁幅度平均值增加;

b. 闪烁周期增加;

c. 转折频率降低;

d. 非对称闪烁分布有增加的趋势 (即多径的影响越来越大)。

② 当给定路径的天线直径减小时:

a. 闪烁幅度增加; b. 由于波束覆盖地面的概率增加所以多径影响

的概率增加。

③ 水平相距约 500 m 的两副分集天线可以有效地降低两个路径的闪烁相关性; 对于低于 3° 的非常低的仰角, 垂直相距一定距离的天线比水平相距相同距离的天线产生更好的去相关特性。

3.6 晴空大气效应的理论和预测模型

所有设计为在某媒质中工作的传输系统都需要对媒质的固有损耗进行精确的评估。通过铜缆和光纤传输线的系统具有相对稳定且通常不随时间变化的损耗机理的优点。但是, 通过大气的自由空间系统必须处理媒质随时间和空间的变化, 这些媒质的变化能够引起接收信号电平的大幅度改变。计算链路预算的部分问题是决定晴空电平, 根据晴空电平得出传播余量。目前, 还没有普遍约定的晴空电平定义, 但是对于大多数系统设计者趋于使用 50% 电平, 也就是 50% 的测量时间内所接收的信号电平(测量时段为至少 1 年)。正如在前面章节中所看到的,即使在真正的晴空条件下信号电平也是明显变化的。这些变化主要由大气成分变化而导致,而大气成分的变化是因为太阳加热效应的改变而引起。由于太阳加热以天、季节和年为基础而变化, 所以大气成分也以天、季节和年为基础而变化。这些变化用 “大气潮汐” 来命名[93], 并且在图 1.37 中用为期两年的变化进行了说明。为了解晴空大气条件下大气中信号的整体变化, 有必要预测聚集在一起共同引起晴空电平变化的单独效应大小, 然后判定当它们同时对沿路径信号影响时, 这些单独效应是叠加还是彼此抵消。

折射、反射、吸收、散射和湍流 (闪烁) 5 类重要晴空效应某种程度上都依赖路径长度。所以, 仰角越高, 以上各种损伤就越小。当仰角高于 5° 时, 除增益恶化的其他各种影响通常可以分离开, 而且单独的影响可以按照 RSSA (Root Sum Squared Approach) 的准则相加。RSSA 方法是基于各种现象相互独立的基础而给出, 虽然这一假设不是绝对正确 (对流雨和闪烁都由潮湿天气模式引起就是各种现象不相互独立的例子), 但用它作为研究的开始是合理的选择。当仰角低于 5° 时, 各种效应变得更加相互关联, 很难分离出各种现象的影响, 如 1° 仰角时就很难分离出大气多径效应和湍流闪烁效应。在如此低的仰角下, 也很难决定如何考虑单独影响的联合效应, 所以通常使用基于此类测量数据得出的经验模型。然而, 当仰角低于 5° 时, 晴空大气损伤的变化很严重, 以至于很少有方法可以尝试计算实际通信链路的传输效应均值。出于这个原因, 大多数商业系统为标准运行给出了最低仰角。通常的标准运行最小仰角: C 波段 (6/4 GHz) 为 5°; Ku 波段 (14/11 和 14/12 GHz) 为 10°; Ka 波段 (30/20 GHz) 及以上波段为 20°。对于更高的波段 (约 50/40 GHz), 最低仰角可以高达 40°。仰角越高, 每颗卫星的覆盖范围越小, 而链路的性能和可用性越好, 所以在更高的仰角要求和衰落余量需求之间的权衡是一个复杂的、反复的设计难题[46]。5 类晴空大气主要效应中, 晴空大气散射不是很重要, 除非频率远高于 100 GHz。瑞利散射和 Mie 散射效应将在第 7 章关于自由空间光通信的部分讨论。因此, 本章以下各节只讨论 4 类晴空大气效应, 即折射、反射、吸收和湍流 (闪烁)。

在前面几节中给出了除多径和闪烁以外的其他晴空大气效应的计算。除了共振吸收以外, 其他效应比多径和闪烁效应要小许多。例如, 表 3.2 中给出在 5° 仰角时射线弯曲的均方根误差为 $1.9 \times 10(°)$, 按照大多数微波通信系统的功率变化水平, 检测不到这样的误差。在同样仰角下, 图 3.7 给出的散焦损耗为大约 0.1 dB, 图 3.8 给出的到达角均方根误差则小于 $5 \times 10(°)$, 这些结果与测量结果相一致[94]。对于 11 GHz、直径为 10 m 的天线, 其 1 dB 波束宽度为 $94 \times 10(°)$[94], 那么根据其接收信号的功率电平变化量, $5 \times 10(°)$ 的误差是不可测量的量。以上例子中的总射线弯曲、散焦和到达角损耗都是 0.1 dB 的量级。根据频率, 增益恶化似乎可以达到几分贝, 文献 [21] 已经推导出计算增益恶化的复杂公式。然而, 在低仰角条件下, 从闪烁效应中唯一地分离出增益恶化效应是存在疑问的问题。出于这个原因, 一些晴空大气效应模型假设增益恶化效应已经嵌入了闪烁效应的计算中, 特别是使用经验模型时更是如此考虑。

通常, 通过设计系统工作于远离大气吸收谱线的方式, 来避免严重的共振吸收效应。这部分大气吸收谱线称为 “窗口”。诸如 60 GHz 卫星间链路、60 GHz 战场单兵通信背包或移动通信蜂窝微微小区, 此类系统依靠大气中的高吸收损失以避免干扰或避免某些情况下的窃听。计算靠近吸收谱线或者吸收谱线内部的吸收损耗的方法可以从文献 [33] 中得到。

大气多径是一个复杂的现象, 而且只是地 – 空链路移动通信系统才感兴趣的传播效应, 因为这些通信系统必须在低仰角状态采用宽波束天线。移动系统还有其他独特的问题, 多径效应与这些问题将在第 6 章一起阐述。下面给出对流层闪烁效应的预测方法。

3.6.1 对流层闪烁的早期理论概述

对流层闪烁数据以许多方式呈现, 如峰 – 峰值幅度分布[95]、均方根起伏[20] 或发生频率[80]。接收天线的直径对感知到的对流层闪烁特征的影响, 再加上缺乏从长期观测数据获得的大型数据库, 抑制了早期对流层闪烁一般模型的发展。基于 Crane[20] 的基本原理形成的最初建模工作记载在 CCIR 报告 881 中[19]。这种方法用与系统更相关的均方根起伏程度作为模拟地 – 空路径对流层闪烁的参数。

接收信号电平的均方根起伏可能是对于系统建模最直接的参数, 因为它允许设计者直接估计平均信号损耗。现在, 实验结果以均方根起伏以及它们的方差和标准偏差的形式记录。即便如此, 系统参数 (如天线直径、路径仰角和频率) 和气象参数 (表面温度、湿度和压力) 之间密切的相互作用, 促进了用作测量参考的路径和设备的参数之间关系的早期研究[20], 以及与想要预测的路径有关的早期研究。观察到幅度遵循 $f^{7/12}$ 的趋势随频率变化, 遵循 $\sec\theta$ 的趋势随仰角变化, 遵循 $G^{1/2}$ 的依赖关系随天线孔径平均因子 G 变化。频率为 f、仰角为 θ 的均方根起伏量与频率为 f_{o}、仰角为 θ_{o} 的均方根起伏量之间的关系表示为[19]

$$\sigma(f,\theta)=\left[\frac{f}{f_{\mathrm{o}}}\right]^{7/12}\left[\frac{\sin\theta_{\mathrm{o}}}{\sin\theta}\right]^{11/12}\left[\frac{G(R)}{G(R_{\mathrm{o}})}\right]^{1/2}\sigma(f_{\mathrm{o}},\theta_{\mathrm{o}}) \tag{3.69}$$

式中: $G(R)$ 为近似孔径平均因子, 它依赖于天线的直径和效率、波长以及天线到引起闪烁的大气湍流部分的距离。

使用式 (3.69) 的问题是, 不仅需要已知天线的孔径平均因子 ($G(R)$), 而且需要给定频率的参考分布的标准偏差 (σ_{o}、f_{o})。在此计算过程中必不可少的另一个参数是通过湍流介质的倾斜路径长度, 而这又反过来需要湍流介质的有效高度。

在两次早期实验[77,79] 中发现, 湍流层的高度 h 为 $1.5\sim4$ km, 且具有季节依赖性[96], 但其精确值对通过湍流介质的有效路径长度的计算值没有太大影响。Karasawa 等人[97] 认为 $h=1$ km 是最好的折中办法, 尽管 ITU-R 给出的基于 Karasawa 模型的第一个对流层闪烁模型中采用 2 km 为湍流的参考高度。使用 ITU-R 和 Karasawa 模型对长期对流层闪烁幅度的预测结果并没有表现出显著的差异。然而，预测结果与天线半径的依赖性很强。图 3.36 表明 $G(R)$ 对半径 R 有很强的依赖性，因此对天线的直径 D 也有很强的依赖性。

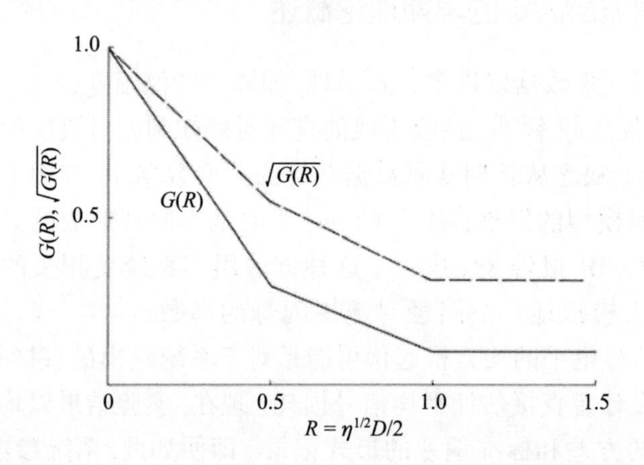

图 3.36 天线孔径因子与天线有效半径的关系 (©1987 IEE–现在的 IET, 转载已获授权)

很显然，对于给定的链路几何结构，天线直径越小，对流层闪烁振幅变得越大，而且测量站的位置影响对流层闪烁振幅的测量结果。所需要的是，将所有易于取得的气象参数统一收录，以便在世界范围内任何站点来预测闪烁。

更先进的对流层闪烁建模方法开始于 Moulsley 和 Vilar 的一系列的实验和论文。Moulsley-Vilar 模型[84] 的建立基于闪烁 (无论是它们的峰 – 峰值分布或者闪烁峰值包络分布) 可以由标准偏差随时间变化的高斯过程来描述的假设。实际上，随着所预测时间百分比的减少，标准偏差在增大。尽管该模型的性能良好[84]，但是它需要精确确定的两个复杂的参数作为输入，即闪烁强度的平均值和闪烁强度对数方差的标准偏差。在文献 [84] 所描述的测量结果中，对于 30° 仰角的路径，这些值分别为 0.09 dB 和 1 ~ 1.8 dB。使这些数据获得所需的精确度一般是不可能的，所以这种建模方法没有被广泛采用，尽管该基本的物理方法很有价值。人们所需要的是同时具有工程实用性 (能够用通常可以获得的直接参数提供对链路预算有用的输入) 和普遍适用性 (使用于任何路径，任何气候条件、任何频率条件) 的模型。正如我们将看到的，一些模型在这两个方面均取得了巨大的成功。

3.6.2 决定对流层闪烁引起的有效幅度损耗的预测模型

关于对流层闪烁分析预测模型的第一种方法基于日本 KDD 的工作[82,97] 而产生，该方法随后被 ITU-R (最初在文献 [99]，之后的分步过程在文献 [100]) 所采纳。目前的分步过程[59] 在下面给出，只是为符合本章公式顺序而改变了原有的公式编号:

下面给出预测仰角大于 4° 链路的对流层闪烁累积分布的一般方法。该方法基于以月或更长时间为计的温度均值 t(°C) 和相对湿度均值 H 进行预测，该方法反映了站点的特定气候条件。随着 t 和 H 的平均值随季节而变化，闪烁衰落深度的分布呈现出季节性变化。也可以通过在这种方法中使用 t 和 H 的季节均值，来预测闪烁衰落深度分布的季节性变化。t 和 H 的值可以从所关心站点的气象信息中获得。

该方法已经在 7 ~ 14 GHz 的频率进行检验，但建议至少可将其用于高达 20 GHz 的频率。

该方法所需的参数包括:

t: 对应站点一个月或更长一段时间的平均表面环境温度 (°C)。

H: 对应站点一个月或更长一段时间的平均表面相对湿度 (%)。

(注: 如果没有可用的 t 和 H 的实验数据，可以使用 ITU-R P.453 中 N_{wet} 的分布图)

F: 频率，$4\text{GHz} \leqslant f \leqslant 20\text{GHz}$。

θ 路径仰角，$\theta \geqslant 4°$。

D: 地面站天线的物理直径 (m)。

η: 天线效率 (如有不明，$\eta = 0.5$s 是一个保守的估计值)。

步骤 1: 根据 ITU-R P.453 中给出的方法，计算 t 对应的饱和水蒸气压强 e_{s} (hPa)。

步骤 2: 根据 ITU-R P.453 中给出的方法，计算与 e_{s}、t 和 H 对应的电波折射率 “湿” 项 N_{wet} (如果 N_{wet} 直接由 ITU-R P.453 获得，则不需要步骤 1 和步骤 2)。

步骤 3: 计算作为参考值的信号幅度标准偏差:

$$\sigma_{\text{ref}} = 3.6 \times 10^{-3} + 10^{-4} \times N_{\text{wet}} \text{ (dB)} \tag{3.70}$$

步骤 4: 计算有效路径长度:

$$L = \frac{2h_{\text{L}}}{\sqrt{\sin^2\theta + 2.35 \times 10^{-4}} + \sin\theta} \text{ (m)} \tag{3.71}$$

式中: h_{L} 为对流层高度, 其值为 1000 m。

步骤 5: 通过几何直径 D 和天线效率 η 估计天线的有效直径:

$$D_{\mathrm{eff}} = \sqrt{\eta} D \ (\mathrm{m}) \tag{3.72}$$

步骤 6: 计算天线的平均因子:

$$g(x) = \sqrt{3.86(x^2+1)^{11/12} \times \sin\left[\frac{11}{6}\arctan\frac{1}{x}\right] - 7.08x^{5/6}} \tag{3.73}$$

$$x = 1.22 D_{\mathrm{eff}}^2 \left(\frac{f}{L}\right)$$

式中: f 为载频。

如果平方根变量是负数, 也就是当 $x \geqslant 7.0$ 时, 任何时间百分比的预测闪烁衰落深度为 0, 下面的步骤就不需要了。

步骤 7: 计算所考虑周期和所考虑传播路径的信号的标准偏差:

$$\sigma = \sigma_{\mathrm{ref}} f^{7/12} \frac{g(x)}{\sin^{1.2}\theta} \tag{3.74}$$

步骤 8: 计算 $0.01 \leqslant p \leqslant 50$ 范围内时间百分比 p 对应的时间百分比因子 $a(p)$:

$$a(p) = -0.061(\lg p)^3 + 0.072(\lg p)^2 - 1.71 \lg p + 3.0 \tag{3.75}$$

步骤 9: 计算时间百分比 p 的闪烁衰落深度:

$$A_{\mathrm{s}}(p) = a(p) \times \sigma \ (\mathrm{dB}) \tag{3.76}$$

以上预测模型在频率高达 20GHz 时性能良好, 事实上, 当与来自 Olympus 和 ACTS 对流层闪烁实验的频率为 30 GHz 的测量数据比较时[46], 该预测模型的性能也很好。虽然 ITU-R 对流层闪烁预测模型在季节平均数据的基础上性能良好, 但是对于年平均数据基础似乎预测准确性欠佳[101]。文献 [101] 提出了一种提高基于年度平均数据预测的尝试方法, 该方法中包含了代表浓云年平均含水量的参数。这种方法与观察到的幅度闪烁月平均值与云路径积分水汽含量 (85% 的相关性) 和云中液态水量 (65% 的相关性)[102] 之间有明显相关性的结果相吻合。当与来自欧洲、美国和日本的频率为 $7 \sim 30$ GHz、仰角为 $3^\circ \sim 33^\circ$ 条件下的长期测量数据比较时, 表明浓云年平均含水量这个新参数的确赋予了该方法更好的长期预测性能。利用来自 ITALSAT 测量数据[103] 来扩展对流层闪烁模型至 40/50GHz 频段所做的尝试取得了一定的成功。

对流层闪烁强度受湿度、温度和之前所提到的浓云的联合影响。因为温度、湿度都显示出日变化的趋势, 在较小程度上云也有这样的趋势, 所以假设对流层闪烁幅度有一个可预见的日变化趋势似乎是合理的。图 1.37 说明了日数据的极端之间的这种日变化, 这些数据也显示出季节和年变化。当对日数据进行研究[104] 时, 发现湿度参数 (或 N_{wet}) 为期一天的变化不足以去预测闪烁幅度的日变化, 并发现预测闪烁幅度日变化需要提供云信息的参数成分。因此, 有充分的理由确认预测对流层闪烁幅度需要输入三个主要参数: 温度、湿度和描述浓云的另一个参数。

当仰角低于 5° 时, 对流层闪烁模型对幅度变化在信号增强和减弱方面的强烈程度均出现欠佳预测。首次尝试长期研究 5° 以下仰角的闪烁行为是在英国 Goonhilly 开展的 INTELSAT 传播实验计划 。在 Goonhilly 测量了处于 3.3° 仰角状态下 11.198 GHz 的信标信号[105], 发现 ITU-R 预测过程很好地预测了对流层闪烁长期统计特性, 但是预测过程中有些严重的闪烁根本没有被预测。当仰角低于 5° 时, 会出现低仰角衰落现象, 这种现象导致了在 Goonhilly 的实验中的极端闪烁情况。

3.6.3 低仰角衰落

当大气非常平静时, 它趋向于形成不同折射率的分层。如果出现盛行风, 那么这些层将开始出现轻微弯曲, 就像在地壳构造板块运动下形成的岩石层。实际上, 大气看起来就像如图 3.37 所示的一定范围内的山和峡谷。不同折射率分层内, 相邻的峰和峡谷之间的空间周期很长, 可能达到几千米, 因此折射率 “山峰” 上升和下降边沿的倾斜表面只有几度的倾角。如果从地面站到卫星的信号路径仰角远高于 5°, 那么信号路径很快切割通过不同折射率的分层, 所以对信号的能量或者传播的影响很弱。但是, 如果链路仰角低于 5°, 且盛行风正好接近信号的方位角方向, 信号路径可能与折射率层斜坡相切或者接近相切, 这就使得电波信号与这些折射率变化的边界层充分接触, 使得信号路径的相当一部分通过低层大气。信号和折射率层之间的显著相互作用有时候导致信号极端衰落甚至偶尔出现信号全部湮灭, 有时也会导致信号显著增

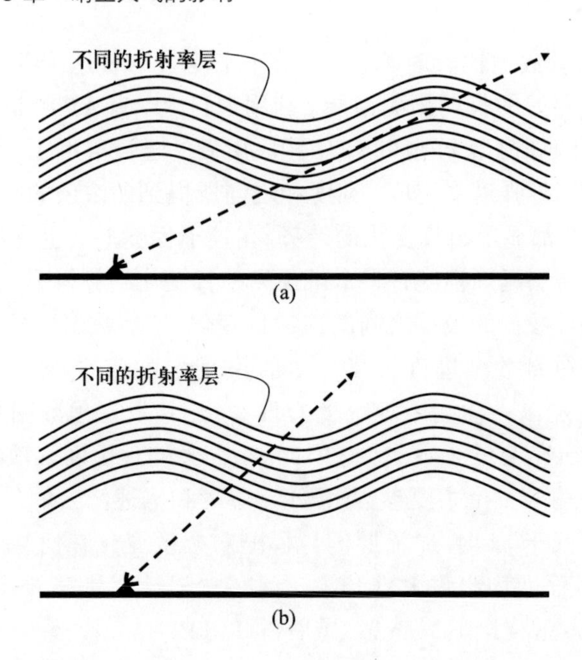

图 3.37 传播路径以低仰角通过折叠大气的示意图

(a) 信号路径与不同折射率层相切; (b) 信号路径以相对高入射角穿过折射率层。

注: 就像在地壳板块运动下形成的岩石层, 低层大气中不同折射率的各层在来自盛行风的压力下发生折叠, 形成 “山峰” 和 “山谷”。图 (a) 中的传播路径是几乎平行于不同的折射率层的, 而图 (b) 中传播路径以一个比较大的入射角穿过各层。在图 (a) 中, 信号和折射率层之间将有充分的相互作用, 而图 (b) 中观察到的影响是微不足道的。图中比例有些失真, 在水平方向至少应该扩展 10 倍。

强, 在 Goonhilly 的 3.3° 仰角实验[104] 中观察到高达 8 dB 的信号增强。这些变化是由不同折射率边界层的大尺度折射率不规则体所引起, 因此对电波频率的依赖性最小。而对流层闪烁是由小尺度折射率变化引起, 所以对频率有很强的依赖性[106]。

3.6.4 低仰角衰落预测模型

首次尝试在统计基础上[46] 预测低仰角衰落时, 为了导出衰落分布, 引入了修正的标准偏差。修正的标准偏差可表示为

$$\sigma_{\mathrm{t}} = \sigma_{\chi} + \sigma_{\mathrm{o}}(\mathrm{e}^{a(5-\theta)} - 1.0), \quad 0^\circ < \theta < 5^\circ \tag{3.77}$$

式中: σ_{o} 为在 4 GHz 频率和 4 m 天线直径下得到的闪烁标准偏差; a 为经验常数, $a = 0.11$; σ_{χ} 为由 ITU-R 模型[59] 预测的对流层闪烁的标准偏

差; σ_o 用来考虑低仰角衰落, 是与频率无关的一个参数 (σ_o 来源于两个实验的实验衰落数据: 一个是在 Clarksburg, MD 开展的实验[107], 另一个在加拿大 Ottawa 开展的实验[108]。两个实验中都使用直径接近 4 m 的天线)。

注意, σ_t 定义了数据减弱作用的部分 (衰落部分)。与测量数据比较发现[46], 这个简单的模型提供了合理的结果。一个最新的模型 (见文献 [59] 2.4.2 节) 把低仰角衰落预测分为 "深衰落" 和 "浅衰落" 两部分, "深衰落" 是指衰落超过 25 dB 的情况, "浅衰落" 指较弱一些的衰落。使用文献 [59] 中的预测过程有些困难, 因为在应用中有很多注意事项。许多低仰角衰落模型尝试去预测深衰落程度, 这些深衰落是极少发生的情况, 例如, 年时间百分比 0.1% 的典型值或更低的年时间百分比。因此, 似乎基于最坏月测量数据计算低仰角衰落才更合理, 而不是像参考文献 [59] 中寻求的方法使用基于年平均数据计算低仰角衰落。

最坏月数据通常是由所有单个月份的累积分布的包络组成。使用最坏月概念是广播卫星系统的特征, 因为与大多数视频配送服务一样, 在广播卫星系统中也是用最坏月的概念决定系统设计, 而不是使用年平均统计。重要的电视事件中的中断比年平均中断统计具有更直接的重要性。在雨衰统计中, 年平均数据和最坏月数据的比值在 $10:1 \sim 4:1$ 之间变化。也就是说, 如果年平均衰减为 3 dB 是年均基础的 0.01% 时间观察到的衰减,那么根据使用不同的比值, 3×4 dB 或 3×10 dB 则是转化为最坏月基础的 0.01% 时间观察的衰减。对于雨衰问题,气候越潮湿 (如热带、高降雨率地区), 最坏月数据与年平均数据之间的比值越小, 因为在多雨地区,雨的影响相对分散甚至于贯穿一整年。另外, 对于诸如西欧、新西兰的温带地区则趋向于在集中的一个或两个月下暴雨, 这些地区比值接近 $10:1$ 而不是 $4:1$。实质上, 最差月的雨衰影响[95] 对于低仰角衰落也会发生。如果气候 (如在一个热带高湿度地区) 使得在整个一年产生对流层闪烁的机会很高, 年均统计和最坏月统计之间的比值就相对小。另一方面, 如果在某地区的低仰角链路在一年中几个月产生大的闪烁效应, 最坏月统计和年均统计的比值就很大。没有最差月闪烁强度与年平均闪烁强度比值的数据, 但由于低仰角衰落会导致完全的信号消失 (接近无穷大的衰落), 所以可以合理地得出假设: 最坏月雨衰与年均雨衰比值高的气候, 也是最坏月闪烁与年均闪烁比值更高的气候。

为便于卫星系统设计者使用, 下面给出一种估计给定链路的低仰角衰落和增强效应的简单方法, 步骤如下:

步骤 1: 运用 3.6.2 节[59] 的步骤, 计算年均时间百分比 0.1% 和 0.01% 的对流层闪烁衰落和增强。

步骤 2: 查找联系年平均降雨衰减数据和最坏月数据的因子 Q (参见 4.4.2 节)。

步骤 3: 通过步骤 1 得到的闪烁幅度值乘以 Q, 计算最差月时间百分比 0.1% 和 0.01% 的低仰角衰落增强。

步骤 4: 通过步骤 1 得到的闪烁幅度值乘以 $4Q$, 计算最差月时间百分比 0.1% 和 0.01% 的低仰角衰落衰减。

例如, 年均时间百分比 0.1% 和 0.01% 对应的闪烁幅度增强为 0.4 dB 和 1.3 dB, 闪烁幅度衰落为 0.6 dB 和 2 dB, $Q = 6$。那么, 最坏月时间百分比 0.1% 和 0.01% 对应的低仰角闪烁幅度增强为 $0.4 \times 6 = 2.4$ (dB) 和 $1.3 \times 6 = 7.8$ (dB)。最坏月时间百分比 0.1% 和 0.01% 对应的低仰角闪烁衰落为 $0.6 \times 6 \times 4 = 14.4$ (dB) 和 $2 \times 6 \times 4 = 48$ (dB)。增强效应被卫星转发器用户所关注, 因为增强效应使得比分配值更高的功率进入转发器, 所以增加了受影响信号的接收功率, 从而导致转发器内的其他用户的功率减小。另外, 转发器内部的三阶互调产物在增强效应期间显著增加, 增加了潜在的干扰。另一方面, 低仰角衰落引起的信号严重下降只受到受影响用户的关注, 该用户必须能够维持信号达到与服务误码率相应的水平。因此, 低仰角衰落可以对系统产生严重的影响。

3.7 系统影响

3.7.1 相位效应

预测晴空大气中信号的变化是预测传播损伤的复杂混合[6,109]。识别所观察信号变化的原因同样困难。一般来说, 除非在非常低的仰角或非常大的天线情况下, 相位闪烁相对于幅度闪烁不是很重要。对于大口径的射电望远镜, 相位闪烁展宽了观察源的视在直径, 或者反过来说是限制了观察系统的角分辨率。在稳定晴空大气中, 可以通过计算纠正这种局限性[63]。相位效应也限制单频测距系统, 但是双频的测量系统可以有效地补偿这些变化, 即使在光学频段也需要补偿相位效应的影响[110]。有趣的是, 在光学频率的闪烁可以用来预测沿着传输路径的平均降雨率[111,112]。精确预测沿传输路径的折射效应对于定向高能激光设备很关键。在这种情况下的解决方案是先测量再预测: 用低功率激光照射目标, 来自目标的反射信号使得发射器匹配补偿光学器件, 从而使得高能激光精确瞄准。从本质上讲, 允许在传输路径出现扰动, 而通过发射光学器件的提前有意对准偏移等措施发射激光脉冲, 这与无线电系统中发送信号的预失真非常相似。

许多通信系统为了高数据速率传输而采用大的瞬时带宽。通信卫星转发器普遍带宽为 72 MHz, 但是对于一些高容量系统可能需要超过 100 MHz 的瞬时带宽。工作带宽内的差分效应可能导致接收信号错误。相位和幅度效应随频率变化, 相位效应的本质是在时域扩展信号, 而幅度效应则影响接收信号的幅度。然而, 通过在发送端对整个带宽进行预加重[62], 则接收信号整个带宽内的相位和振幅都将具有合理的均匀特性。预加重假定幅度和相位效应随频率单调变化, 也就是幅度和相位随频率增加或者减小。违反这个假设将导致色散效应发生。对 $10 \sim 30$ GHz 频率范围内[113] 的色散效应的分析显示, 在晴空大气条件下, 色散效应可以忽略不计。瞬时带宽小于载频 1% 的大部分通信系统很可能可以忽略色散效应。

3.7.2 幅度效应

晴空大气幅度效应对系统的影响大致分为两类: 几小时或更长时间量级的慢变化和相对迅速的变化。前者通常称为整体效应, 而后者为短期或湍流效应。

3.7.2.1 整体效应

整体效应主要的影响是引起晴空水平的变化, 超过几小时的相对湿度的变化可以导致一些 10 GHz 链路 1 dB 量级的幅度变化。就其本身而言, 这种量级的晴空大气中的变化并不严重, 但是如果采用了上行链路功率控制系统 (见第 8 章), 这种量级的变化就非常严重。因为上行链路功率控制系统通过测量下行链路接收信号功率的变化去计算需要为上行链路传输增加的附加功率。例如, 14 GHz 的雨衰和 11GHz 的雨衰的典型比值为 1.45, 如果降雨事件发生时导致下行链路 3 dB 衰减, 则计算得到的上行链路衰减 (14 GHz) 为 4.35 dB。在理论上, 上行链路功率增加 4.35 dB 恰好可以补偿上行链路雨衰。然而, 如果大气的湿度的变化 (下雨期间中常见的现象) 已经导致接收信号平均电平下降 0.5 dB, 而不是测量的 3 dB 衰落, 那么设备将记录 3.5 dB 的明显衰落。因此, 该计算机控制上行链路功率增加 5.075 dB, 与 4.35 dB 相比误差接近 1 dB。由于湿度的改变引起的上行链路晴空大气平均电平的降低, 将因为上行链路功率的错误的多增加而不能被补偿。为了克服这些错误, 应该建立测量降雨衰落中使用的绝对参考基准, 但是这就需要持续的再校准。对这种情况下更简单的应急手段将在第 8 章中详细讨论。需要注意的是, 大气潮汐效应[93] 可以引起晴空大气电平的严重改变。

3.7.2.2 短期或湍流效应

对流层闪烁是一种前向散射机制, 而且本质上讲是一种非吸收性的效应, 也就是说, 当与峰 - 峰幅度漂移比较时, 信号的平均电平并不会显著改变 (需要注意的是导致对流层闪烁的湿度机制将有微弱的吸收效应)。这与多径效应不同, 多径效应将导致平均信号电平明显的净降低。低仰角闪烁测量值的倾斜分布说明了这一点, 随着仰角降低和/或者接收天线带宽的增加, 低仰角闪烁测量值在负偏移方向表现出不断增加的拖尾现象。因为它是前向散射机制, 所以对流层的闪烁是 “轴向” 效应。“轴向” 效应对一些当偏离主波束轴后就表现出很差的交叉极化性能的天线系统来说非常重要。因此, 即使非常严重的对流层闪烁也不会导致所测 XPD 的明显变化[73,113]。这样的结论, 在 4 ~ 124 GHz 频率范围内[73,113] 由 Olympus 测试项目 (工作频率高达 19.77 GHz) 中得到的结果所证实, 在测试中发现晴空大气对流层闪烁与极化无关[114]。但是使用 OLYMPUS 卫星在链路仰角大约 29° 条件下, 对频率为 19.77 GHz 的信号的测量结果[115] 似乎表明闪烁幅度呈现出一些极化敏感性。在相对比较晴朗的空气中, 垂直极化取向信号的湍流闪烁比水平极化取向信号的湍流闪烁在统计上表现的更大, 而在小雨的情况下潮湿的对流层闪烁则是相反的情况。正如大多数 OLYMPUS 实验[114] 中所报道的, 晴朗天气和小雨天气条件下的闪烁加在一起的整体效应说明水平极化和垂直极化的闪烁之间没有净差异。由于 6 GHz 以上的 XPD 统计值是通过测得的衰减统计计算的, 因此把 "闪烁衰减" 合并至全部雨衰统计结果中[113], 能够使所计算 XPD 值的误差小于 5 dB。

如果系统的响应时间太慢, 对流层闪烁就对上行功率控制系统造成不利影响。对流层闪烁导致的幅度变化率实际上随着仰角下降而下降, 这一点正好与多径效应相反。Strickland 等人[71] 报道的统计信息显示超过 10 dB/s 的衰落速率大约占测量时间的 0.03%, 这显然是一个多径效应。除了非常强的罕见的对流层闪烁外[78], 对流层闪烁通常不超过有效的衰落率 1 dB/s 以上。这种水平的变化率在大部分与接收系统相关联的控制系统响应时间范围内。但是, 对流层闪烁的幅度也是影响卫星接收机的一个问题。

大多数卫星转发器经过精心设计, 保证运行于精确接收功率通量密度状态。因此, 对发送到卫星的信号进行仔细调节, 以使它们按照规定的功率通量密度到达卫星。如果一个以上的载波接入同一个转发器, 这一点就更加重要。对目前的通信卫星系统, 多载波运行是普通情况而不是例外情况, 它要求所有载波功率保持在它们功率规定值的 1 dB 范围内。如果做不到这一点, 载波之间将收到超过其设计水平的载波频率互调的相互干扰。在线性转发器内部, 各载波的功率也将不会以正确的下行链路功率运行。因此, 限制载波信号的大部分时间峰 - 峰闪烁幅度超过 2 dB 的对流层闪烁备受系统设计者的关注。如果不采取一些损伤对抗技术 (如上行链路功率控制), 唯一的办法是减少给定转发器内部的载波数量。通过对载波间分配更大的频率间隔, 互调产物可以落在信号带宽的范围外。20% 量级的容量减少能产生更大的载波间隔, 如果用损失收益来衡量, 则容量的减小就需要付出沉重代价。

通过计算起伏的均方根水平可以评估对流层闪烁幅度的统计影响。频率为 11.198 GHz、仰角为 8.9° 的条件下, 在英国为期三个月 (1983 年 7—9 月) 的试验[81] 记录得到的均方根值为 0.44 dB。1983 年 8 月在日本[113] 测量 11.452 GHz 的 6.5° 仰角路径的均方根值约为 0.85 dB, 该实验 2 月份的测量值约为 0.3 dB。由于对流层闪烁对于雨衰是附加效应, 所以考虑到由于对流层闪烁产生的净有效信号减少, 必须分配附加余量。因为许多系统设计必须满足最坏月标准 (见第 4 章), 所以考虑对流层闪烁效应的日变化和季节变化也是很重要的。在链路仰角低于 5° 时, 低仰角衰落成为系统的限制因素, 所以对流层闪烁的变化是重要的考虑因素。现有的数据似乎表明, 最坏月闪烁与年平均闪烁的比值与最坏月雨衰与年均雨衰比值相同[95]。但是, 构成衰减事件的精确定义的不同, 将导致对流层闪烁也许有不同的影响。

国际通信系统通过记录在 ITU-R 和 ITU-T 文件中的、达成一致的标准和建议来管理。其中特别重要的是假设参考电路, 针对采用数字传输技术的固定卫星业务的部分嵌入在 CCIR 第四卷 AA/4 的报告中 (现在归入 ITU-R 研究 4 组)。制定标准以处理对于给定的时间百分比允许的错误率。因为对流层闪烁随着时间的推移表现出了相当快速的变化, 受建议 G.821[116] 中 "短期" 目标的影响, 用 10 s 的分界线来区分不同类型的衰落。然而, 这个定义并不简单, 应对图 3.38 提供参照, 图中描述了三个独立的低于给定门限值的衰减, 每次持续 5 s。

历史上曾经简单地把低于某一门限值以下的总时间求和来度量衰减时间, 对于图 3.38 中的情况, 这种方法得到的衰减时间为 15 s。对于数字系统采用的是 "严格的 10 s" 规则, 也就是 9s 或者更短的衰落将不被看做不可用时间 (传播引起的中断)。修订版 G.821 规定 9s 或者更短的衰落之后信号必须恢复并保持高于门限值至少 10s, 这些衰落才能不视

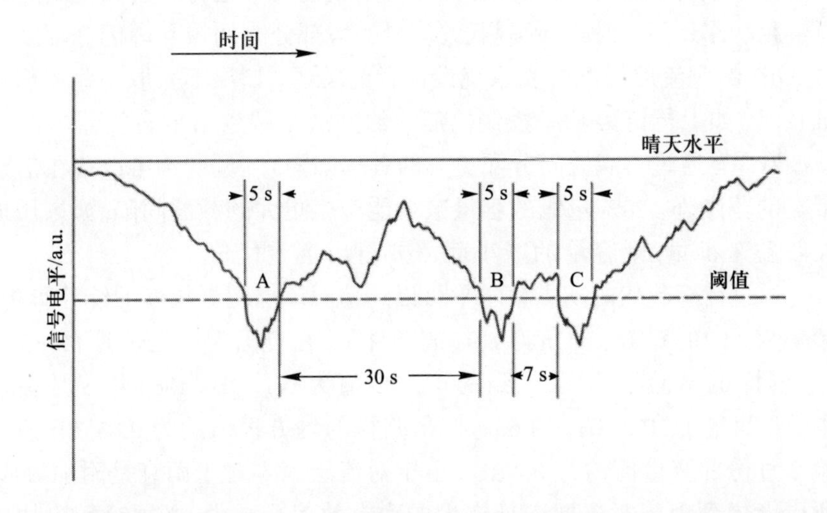

图 3.38 采用 G.821 建议[161] 计算的衰落统计中, 可用时间和不可用时间之间的差异

注: A~C 都是 5s 衰落。衰落 A 之后信号恢复持续超过 10s (超过检波门限值)。因此, 衰落 A 不被看做中断时间而是作为 "可用" 时间, 且没有计入累积的衰落统计中。衰落 B 之后, 信号恢复没有持续超过 10s, 所以衰落 B 和 C 再加上它们之间的时间 (共 17s) 称为不可用时间, 且被计入中断统计。

为衰落 (不视为不可用时间), 也就是说 9s 或者更短的衰落之后必须有高于门限值信号有效的 “状态改变”。图 3.38 中衰落 A 符合这一标准但衰落 B 不符合该标准。对于衰落 B 的情况, 在信号没有恢复到门限值以上至少 10s 以前, 衰落的长度就计为低于门限值的总时间。所以, 对图 3.38 中衰落 B 和 C 再加上它们之间的时间将被视为不可用时间 (中断时间)。计算衰落时间的两个版本给出了下面的可用时间: 严格 10s 规则给出的结果为 0; 修订版 G.821 给出的是 17s。首次使用 G.821 建议的计算[117] 显示, 它把之前按照严格 10s 规则分配为可用时间的衰落时间减少了 1/2。G.821 建议在对流层闪烁方面的全面应用还有待评估。

3.7.3 系统效应

系统效应由地面站设备的缺点而导致。采用大型天线的地面站通常利用单脉冲跟踪系统[62], 该系统在 4 个 90° 象限对接收信号进行采样, 对其中两个采样信号进行求和对另外两个采样信号作差。和差通道之间的幅度和相位的变化提供了非常敏感的跟踪信息。然而, 当出现严重的对流层闪烁时, 跟踪精度严重降低。在某些情况下, 为了防止由于天线指向失误而使信号完全丢失, 跟踪机制在超过一个预定的门限值时被关闭。中尺寸地面站使用的步进跟踪系统, 更容易出现受闪烁影响的错误[118]。如果可以使得跟踪系统的时间常数足够长, 则可以克服其中的一些问题。如果使用约 1 min 的平均时间, 则可以去除大部分的主要幅度峰值。需要相位信息的跟踪系统必须采取依赖于卫星前 24 h 内位置信息的准编程跟踪系统[119]。该系统实际上就是基于 24 h 以前卫星的位置信息, 针对上一个好的跟踪位置和预测位置检查每一个跟踪指令。当然, 这种类型的跟踪是只适用于被跟踪目标在精确确定轨道上的情形。用来跟踪快速移动的卫星或者来自地球、移动平台以及太空其他目标的天线必须接受指向精度的恶化, 除非跟踪系统可以建立至少两个到达目标的独立路径以便排除闪烁的影响。

利用开环上行链路功率控制 (见第 4 和第 8 章) 的地面站必须有办法分离开对流层闪烁和降雨引起的信号电平变化, 这一点对于 Ka 波段系统尤为关键。一般情况下, 如果对流层闪烁时间常数比雨衰时间常数更长, 则可以对两种效应进行合理精确的区分[6]。

小地面站通常不跟踪地球静止轨道卫星, 只是依赖于飞行器的地面站保持容限使卫星保持在地面站天线的 3 dB 甚至 1 dB 波束宽度内。大多数通信卫星在经度和纬度上的位置变化均在 $\pm 0.05^\circ$ 内, 但即使这样小的变化可能导致晴空大气电平十分之几分贝的改变。大气潮汐现象也会造成晴空大气电平的昼夜、季节和年度变化[93]。卫星的日运动和大气潮汐效应引起的预期变化必须作为小地面站链路预算的影响因素, 也必须作为任何上行链路功率控制所需的晴空大气基准线确定的影响因素。在许多情况下, 由于加热、冷却、跟踪和老化引起的设备参数变化比大气对晴空大气信号的变化影响更多[109], 而且在引入损伤对抗技术时必须考虑区分开大气效应和设备影响 (见第 8 章)。

参考文献

[1] P.A. Bradley and J.A. Lane, in *Electronics Engineer's Reference Book*, fifth edition (F.F. Mazda, ed.), London: Butterworths; 1983, Chapter 11.

[2] M.A. Johnson, 'A review of tropospheric scatter propagation theory and its application to experiment', *Proc. IEE*, 1958, paper no. 2534R, pp. 165–176.

[3] R.K. Crane, 'A review of transhorizon propagation phenomena', *Review Paper for the URSI Commission F Open Symposium*, Lennoxville, Quebec, May 1980.

[4] C.L. Pekeris, 'Wave theoretical interpretation of propagation of 10 cm and 3 cm waves in low-level ocean ducts', *Proc. Inst. Radio Eng.*, 1947, vol. 35, pp. 453 et seq.

[5] Recommendation ITU-R P.453-7, 'The radio refractive index: its formula and refractivity data', 1999.

[6] Recommendation ITU-R P.836-2, 'Water vapor: surface density and total columnar content', 1999.

[7] B.E. Digregorio, 'Roundabout way of profiling Earth's atmosphere', *IEEE Spectrum*, 2006, vol. 43, no. 5, pp. 22–23.

[8] Recommendations and Reports of the CCIR, XVIth, Plenary Assembly, Dubrovnik, 1986, Volume V (Propagation in Non-ionized Media), Report 563-2: 'Radiometeorological data'.

[9] M.P.M. Hall and C.M. Comer, 'Statistics of tropospheric radio-refractive index soundings taken over a 3-year period in the UK', *Proc. IEE*, 1969, vol. 116, pp. 685–690.

[10] W.L. Flock, 'Propagation effects on satellite systems at frequencies below 10 GHz', NASA reference publication 1108, December 1983, and L.J. Ippolito, 'Propagation effects handbook for satellite systems design', in *Advanced Engineering and Sciences*, ITT Industries, Ashburn, VA, USA. Developed for NASA as an update of Reference Publication 1082(04), National Aeronautics and Space Administration, Washington, DC, USA, September 2000.

[11] B.R. Bean and E.J. Dutton, *Radio Meteorology*, Dover, New York, NY, USA, 1966.

[12] Recommendation ITU-R P.834-3, 'Effects of tropospheric refraction on radiowave propagation', 1999.

[13] M.P.M. Hall, *Effects of the Troposphere on Radio Communications*, Peter Perigrinus Ltd., UK, 1979.

[14] B. Segal, 'Multipath propagation mechanisms deduced from tower-based meteorological measurements', *ESA First International Workshop on Radiowave Propagation Modelling for SatCom Services at Ku-band and Above*, WPP-146, ESTEC, Noordwijk, The Netherlands, 28–29 October 1998.

[15] R.K. Crane, 'Refraction effects in the neutral atmosphere', in *Methods of Experimental Physics, Vol. 12, Astrophysics Part B, Radio Telescopes* (M.L. Meeks, ed.), Academic Press, New York, NY, USA, 1976.

[16] Recommendations and Reports of the CCIR, XVth, Plenary Assembly, Geneva, 1982, Volume V (Propagation in Non-ionized Media), Report 718–1: 'Effects of large-scale tropospheric refraction on radio wave propagation'.

[17] H. Yokoi, M. Yamada and T. Satoh, 'Atmospheric attenuation and scintillation of microwaves from outer space', *Astron. Soc. (Jpn.)*, 1970, vol. 22, pp. 511–524.

[18] R.K. Crane, 'Propagation phenomena affecting satellite communications systems operating in the centimeter and millimeter bands', *Proc. IEEE*, 1971, vol. 59, pp. 173–188.

[19] Recommendations and Reports of the CCIR, XVIth Plenary Assembly, Dubrovnik, 1986, Volume V (Propagation in Non-ionized Media), Report 881: 'Effects of small-scale spatial or temporal variations of refraction on radiowave propagation'.

[20] R.K. Crane, 'Low elevation angle measurement limitations imposed by the troposphere: an analysis of scintillation observations made at Haystack and Millstone', MIT Lincoln Laboratory Report 518, Lexington, MA, USA, 1976.

[21] D.M. Theobald and D.B. Hodge, 'Gain degradation and amplitude scintillation due to tropospheric turbulence', The Ohio State University ElectroScience Laboratory, Technical Report No. 784229-6, Rev. 1, 1978, Available from Ohio State University, Department of Electrical Engineering, Columbus, OH, USA.

[22] K.S. McCormick and L.A. Maynard, 'Measurement of SHF tropospheric fading along Earth - space paths at low elevation angles', *Electron. Lett.*, 1972, vol. 8, pp. 274–276.

[23] L.J. Ippolito, R.D. Kaul and R.G. Wallace, 'Propagation effects handbook for satellite system design: a summary of propagation impairments on 10 to 100 GHz satellite links with techniques for system design', NASA reference publication 1082(03), June 1983.

[24] Q. Liu, M. Nishio, K. Yamamura, T. Miyazaki, M. Hirata, T. Suzuyama, *et al.*, 'Statistical characteristics of atmospheric phase fluctuations observed by a VLBI system using a beacon wave from a geostationary satellite', *IEEE Trans. Antennas Propag.*, 2005, vol. 53, no. 4, pp. 1519–1527.

[25] P. Beckmann and A. Spizzichino, *The Scattering of Electromagnetic Waves from Rough Surfaces*, Macmillan and Co., New York, NY, USA, 1963.

[26] P.A. Mathews, *Radio Wave Propagation, VHF and Above*, Chapman & Hall, UK, 1965.

[27] R.M. Allnutt, A.W. Dissanayake, C. Zaks and K.T. Lin, 'Results of L-band satellite experiments for personal communications systems', *Electron. Lett.*, 1993, vol. 26, no. 10, pp. 865–867.

[28] P. Debye, *Polar Molecules*, Chemical Catalogue Company, New York, NY, USA, 1929.

[29] S.C. Cole and R.H. Cole, 'Dielectric relaxation in glycerol, propylene glycol, and *n*-propanol', *J. Chem. Phys.*, 1941, vol. 9, pp. 341–351.

[30] E.C. Barrett and D.W. Martin, *The Use of Satellite Data in Rainfall Monitoring*, Academic Press, New York, NY, USA, 1981.

[31] S.A. Zhevakin and A.P. Naumov, 'Absorption of centimeter and millimeter radio waves by atmospheric water vapour', *Radio Eng. Electron. Phys.*, 1964, vol. 9, pp. 1097–1105.

[32] Conclusions of the Interim Meeting of Study Group 5 (Propagation in Nonionized Media), Geneva, 11–26 April 1988, Document 5/204, Report 719-2 (MOD 1): 'Attenuation by atmospheric gases'.

[33] H.J. Liebe, 'An updated model for millimeter wave propagation in moist air', *Radio Sci.*, 1985, vol. 20, pp. 1069–1089 (*Note*: Software code in MATLAB for this calculation procedure is available from the Radiocommunication Bureau of the ITU, in Geneva).

[34] Recommendation ITU-R P.676-4, 'Attenuation by atmospheric gases', 1999.

[35] A.M. Melo, P. Kaufmann, C.G.G. de Castro, J.-P. Raulin, H. Levato, A. Marun, *et al.*, 'Submillimeter-wave atmospheric transmissions at El Leoncito, Argentina Andes', *IEEE Trans. Antennas Propag.*, 2003, vol. 53, no. 4, pp. 1528–1533.

[36] V.W.S. Chan, 'Free-space optical communications', *J. Lightwave Technol.*, 2006, vol. 24, no. 12, pp. 4750–4762.

[37] R.L. Ulich, J.R. Cogdell, J.H. Davies and T.A. Calvert, 'Observations and analysis of lunar radio emissions at 3.09 mm wavelength', *Moon*, 1974, vol. 10, pp. 163–174.

[38] H.J. Liebe, 'Modeling attenuation and phase of radio waves in air at frequencies below 1000 GHz', *Radio Sci.*, 1981, vol. 16, pp. 1183–1199.

[39] E.E. Altshuler, 'Slant path absorption correction for low elevation angles', *IEEE Trans. Antennas Propag.*, 1986, vol. AP-34, pp. 717–718.

[40] D.V. Rogers, 'Propagation considerations for satellite broadcasting at frequencies above 10 GHz', *IEEE J. Sel. Area Commun.*, 1985, vol. SAC-3, pp. 100–110.

[41] E.E. Altshuler, 'A simple expression for estimating attenuation by fog at millimeter wavelengths', *IEEE Trans. Antennas Propag.*, 1984, vol. AP-32, pp. 757–758.

[42] R.G. Eldridge, 'Haze and fog aerosol distributions', *J. Atmos. Sci.*, 1966, vol. 23, pp. 605–613.

[43] Recommendation ITU-R P.840-3, 'Attenuation due to clouds and fog', 1999.

[44] Recommendation ITU-R P.840-4, 'Attenuation due to clouds and fog', 2003.

[45] J.E. Allnutt and D.V. Rogers, 'Low-fade-margin systems: propagation considerations and implementation approaches', *International Conference on Antennas and Propagation (ICAP 89), IEE Conference* Publication No. 301, Part 2, University of Coventry, Coventry, England, 1989, pp. 6–9.

[46] A.W. Dissanayake, J.E. Allnutt and F. Haidara, 'A prediction model that combines rain attenuation and other propagation impairments along Earth–satellite paths', *IEEE Trans. Antennas Propag.*, 1997, vol. 45, no. 10, pp.

1546–1558.

[47] D.S. Slobin, 'Microwave noise temperature and attenuation of clouds: statistics of these effects at various sites in the United States, Alaska, and Hawaii', *Radio Sci.*, 1982, vol. 17, pp. 1443–1454.

[48] E.A. Altshuler and R.A. Marr, 'Cloud attenuation at millimeter wavelengths', *IEEE Trans. Antennas Propag.*, 1989, vol. 37, pp. 1473–1479.

[49] F. Dintelmann and G. Ortgies, 'A semiempirical model for cloud attenuation prediction', *Electron. Lett.*, 1989, vol. 25, pp. 1487–1488.

[50] E. Salonen and S. Uppala, 'New prediction method of cloud attenuation', *Electron. Lett.*, 1991, vol. 27, no. 12, pp. 1106–1108.

[51] E. Salonen, 'Prediction models of atmospheric gases and clouds for slant path attenuation', *Olympus Utilization Conference*, Sevilla, 1993, pp. 615–622.

[52] G.C. Gerace and E.K. Smith, 'A comparison of cloud models', *IEEE Antennas Propag. Mag.*, 1990, vol. 32, no. 5, pp. 32–38.

[53] S.G. Warren, C.J. Hahn, J. London, R.M. Chervin and R.L. Jenne, 'Global distribution of total cloud cover and cloud type amounts over land', National Center for Atmospheric Research (NCAR) Technical Notes, NCAR/TN-273, October 1986.

[54] B.J. Mason, *The Physics of Clouds*, Oxford University Press, London, 1971.

[55] G.L. Stephens, 'Radiation profiles in extended water clouds', *J. Atmos. Sci.*, 1978, vol. 35, pp. 2111–2122.

[56] R.J. Doviak and D.S. Zrnic, *Doppler Radar and Weather Observations*, Academic Press, Orlando, 1984.

[57] G. Ortgies, F. Rucker and F. Dintelmann, 'Statistics of clear-air attenuation on satellite links at 20 and 30 GHz', *Electron. Lett.*, 1990, vol. 26, pp. 358–360.

[58] J. Tervonen and E. Salonen, 'Test of recent cloud attenuation prediction models', Paper 0713, *Joint IEE/IEEE Antennas and Propagation AP 2000 Conference*, Davos, Switzerland, April 2000.

[59] Recommendation ITU-R P.618-8, 'Propagation data and prediction methods required for the design of Earth–space telecommunications systems', 2003.

[60] H.E. Green, 'Propagation impairment on Ka-band SATCOM links in tropical and equatorial regions', *IEEE Antennas Propag. Mag.*, 2004, vol. 48, no. 2, pp. 31–45.

[61] R.A. Hinder, 'Observations of atmospheric turbulence with a radio telescope', Nature, 1970, vol. 225, pp. 614–617.

[62] K. Miya (ed.), *Satellite Communications Technology*, second edition, English edition, KDD Engineering and Consulting, Inc., P.O. Box 6017, Shinjuku NS Bldg., Shinjuku-ku, Tokyo 160, Japan, 1985.

[63] T. Satoh and A. Ogawa, 'Exact gain measurements of large aperture antennas using celestial radio sources', *IEEE Trans. Antennas Propag.*, 1982, vol. AP-30, pp. 157–161.

[64] K.S. McCormick and L.A. Maynard, 'Low angle tropospheric fading in relation to satellite communications and broadcasting', *International Conference on Communication, ICC-71-CIC, 1971*, pp. 12-18-12-23.

[65] E.C. Johnston, D.L. Bryant, D. Maiti and J.E. Allnutt, 'Results of low elevation angle 11 GHz satellite beacon measurements at Goonhilly', *IEE Conference* Publication No. 333 (ICAP 91), April 1991, pp. 366–369.

[66] D.J. Browning and T. Pratt, 'Low angle propagation from ATS_6 at 30 GHz', Proc. ATS-6 Meeting, ESTEC, Noordwijk, The Netherlands, 1977, pp. 149–153.

[67] W.J. Vogel, A.W. Straiton and B.M. Fannin, 'ATS-6 ascending: near horizon measurements over water at 30 GHz', Radio Sci., 1977, vol. 12, pp. 757–765.

[68] D.M.J. Devasirvatham and D.B. Hodge, 'Amplitude scintillations on Earth–space paths at 2 and 30 GHz', Technical Report 4299-4, ElectroScience Laboratory, Ohio State University, Columbus, OH, USA, 1977.

[69] R.V. Webber and K.S. McCormick, 'Low elevation angle measurements of the ATS-6 beacons at 4 and 30 GHz', Ann. Telecomm., 1980, vol. 35, pp. 1/7–7/7.

[70] W.L. Stutzman, C.W. Bostian, E.A. Manus, R.E. Marshall and P.H. Wiley, 'ATS-6 satellite 20 GHz propagation measurements at low elevation angles', *Electron Lett.*, 1975, vol. 11, pp. 635–636.

[71] J.I. Strickland, R.I. Olsen and H.L. Westiuk, 'Measurements of low angle fading in the Canadian Arctic', *Ann. Telecomm.*, 1977, vol. 32, pp. 530–535.

[72] O. Osen, 'Propagation effects in high latitudes', *Proc. International Symposium on Symphonie*, Berlin, 1980, pp. 415–423.

[73] O. Gutterberg, 'Measurements of atmospheric effects on satellite links at very low elevation angles', *AGARD EPP Symposium on 'Characteristics of the Lower Atmosphere influencing Radio Wave Propagation'*, Spatind,

Norway, 1983, pp. 5-1-5-19.

[74] V. Mimis and A. Smalley, 'Low elevation angle site diversity satellite communications for the Canadian Arctic', *ICC' 82 – The Digital Revolution: International Conference on Communications*, Philadelphia, PA, June 13–17, 1982, Vol. 1 of 3, pp. 4A.4.1–4A.4.5.

[75] J. Haddon, P. Lo, T.J. Moulsley and E. Vilar, 'Measurement of microwave scintillations on a satellite down-link at X-band', *IEE Conference* Publication No. 195, 1981, pp. 113–117.

[76] A. Ishimaru, 'Temporal frequency spectra of multi-frequency waves in turbulent atmosphere', *IEEE Trans. Antennas Propag.*, 1972, vol. AP-20, pp. 10–19.

[77] D. Vanhoenacker and A. Vander Vorst, 'Tropospheric fluctuation spectra and radio systems implications', *IEE Conference* Publication No. 248, 1985, pp. 67–71.

[78] O.P. Banjo and E. Vilar, 'Measurement and modeling of amplitude scintillations on low-elevation angle Earth - space paths and impact on communications systems', *IEEE Trans. Commun.*, 1986, vol. COM-34, pp. 774–780.

[79] G. Ortgies, 'Amplitude scintillations occurring simultaneously with rain attenuation on satellite links in the 11 GHz band', *IEE Conference* Publication No. 248, 1985, pp. 72–76.

[80] C.N. Wang, F.S. Chen, C.H. Liu and D.J. Fang, 'Tropospheric amplitude scintillations at C-band along satellite up-link', *Electron. Lett.*, 1984, vol. 20, pp. 90–91.

[81] P.S.L. Lo, O.P. Banjo and E. Vilar, 'Observations of amplitude scintillations on a low-elevation angle Earth - space path', *Electron. Lett.*, 1984, vol. 20, pp. 307–308.

[82] Y. Karasawa, K. Yasukawa and M. Yamada, 'Tropospheric scintillations in the 14/11 GHz bands on Earth–space paths with low elevation angles', *IEEE Trans.*, 1988, vol. AP-36, pp. 563–569.

[83] I.E. Otung, M.O. Al-Nuami and B.G. Evans, 'Extracting scintillations from satellite beacon propagation data', *Lett. IEEE Trans. Antennas Propag.*, 1998, vol. 46, pp. 1580–1581.

[84] T.J. Moulsley and E. Vilar, 'Experimental and theoretical statistics of microwave amplitude scintillations on satellite downlinks', *IEEE Trans. Antennas Propag.*, 1982, vol. AP-30, pp. 1099–1106.

[85] Recommendations and Reports of the CCIR, XVIth Plenary Assembly, Dubrovnik, 1986, Volume VII (Mobile Services), Report 920: 'Maritime satellite system performance at low elevation angles'.

[86] D.J. Fang and T.O. Calvitt, 'A low elevation angle propagation measurement of 1.5 GHz satellite signals in the Gulf of Mexico', *IEEE Trans. Antennas Propag.*, 1982, vol. AP-30, pp. 10–15.

[87] Y. Karasawa, M. Yasunaga, S. Nomoto and T. Shiokawa, 'On-board experiments on L-band multipath fading and its reduction by use of the polarization shaping method', *Trans. IECE Jpn.*, 1986, vol. e69, pp. 124–131.

[88] A. Savvaris, C.N. Kassianides and I.E. Otung, 'Observed effect of cloud and wind on the intensity and spectrum of scintillation', *IEEE Trans. Antennas Propag.*, 2004, vol. 52, no. 6, pp. 1492–1508.

[89] P. Basili, G. d' Auria, P. Ciotti, P. Ferrazzoli and D. Solimini, 'Case study of intense scintillations along the OTS space–Earth link', *IEEE Trans. Antennas Propag.*, 1990, vol. 38, pp. 107–113.

[90] D. Vanhoenacker and A. Vander Vorst, 'Experimental evidence of a correlation between scintillation and radiometry at centimeter and millimeter wavelengths', *IEEE Trans. Antennas Propag.*, 1985, vol. AP-33, pp. 40–47.

[91] M.C. Thompson, W.E. Lockett, H.B. James and D. Smith, 'Phase and amplitude scintillations in the 10 to 40 GHz band', *IEEE Trans. Antennas Propag.*, 1975, vol. AP-23, pp. 792–797.

[92] D.C. Cox, H.W. Arnold and A.J. Rustako, 'Attenuation and depolarization by rain and ice along inclined radio paths through the atmosphere at frequencies above 10 GHz', EASCON, 1979, IEEE Publication No. 79 CH 1476-1, Arlington, VA, USA, pp. 56–61.

[93] Q.W. Pan, J.E. Allnutt and C. Tsui, 'Evidence of atmospheric tides from a satellite beacon experiment', *Electron. Lett.*, 2006, vol. 42, no. 12, pp. 706–707.

[94] E. Vilar and H. Smith, 'A theoretical and experimental study of angular scintillations in Earth - space paths', *IEEE Trans. Antennas Propag.*, 1986, vol. AP-34, pp. 2–10.

[95] J.E. Allnutt, 'Low elevation angle propagation measurements in the 6/4 GHz and 14/11 GHz bands', *IEE Conference* Publication No. 248, 1985, pp. 62–66.

[96] 'Project COST 205, Scintillations in Earth–satellite links', *Alta Frequenza.*,

1985, vol. LIV, pp. 209–211.

[97] Y. Karasawa, M. Yamada and J.E. Allnutt, 'A new prediction method for tropospheric scintillation in satellite communications', *IEEE Trans. Antennas Propag.*, 1988, vol. AP-36, pp. 1608–1614.

[98] D.V. Rogers and J.E. Allnutt, 'A practical tropospheric scintillation model for low elevation satellite systems', *International Conference on Antennas and Propagation ICAP 87, IEE Conference* Publication No. 274, 1987, Part 2, pp. 273–276.

[99] Conclusions of the Interim Meeting of Study Group 5 (Propagation in Non-ionized Media), Geneva, 11–26 April 1988, Document 5/204, Report 718-2 (MOD 1): 'Effects of tropospheric refraction on radiowave propagation'.

[100] Conclusions of the Interim Meeting of Study Group 5 (Propagation in Non-ionized Media), Geneva, 11–26 April 1988, Document 5/204, Report 564-3 (MOD 1): 'Propagation data and prediction methods required for Earth–space telecommunications systems'.

[101] M.M.J.L. van de Kamp, J.K. Tervonnen, E.T. Salonen and J.P.V. Poiares Baptista, 'Improved models for long-term prediction of tropospheric scintillation on slant paths', *IEEE Trans. Antennas Propag.*, 1999, vol. 47, no. 2, pp. 249–260.

[102] F.S. Marzano and C. Riva, 'Cloud-induced effects on monthly averaged scintillation amplitude along millimeter-wave slant paths', *IEEE Trans. Antennas Propag.*, 2003, vol. 51, no. 4, pp. 880–887.

[103] M. Akhondi, A. Ghorbani and A. Mohammadi, 'New model for tropospheric scintillation intensity in the 40/50 GHz band', *International Conference on Communications*, Seoul, South Korea, 16–20 May 2005.

[104] J.K. Tervonnen, M.M.J.L. van de Kamp and E.T. Salonen, 'Prediction model for the diurnal behavior of the tropospheric scintillation variance', *IEEE Trans. Antennas Propag.*, 1998, vol. 46, no. 9, pp. 1372–1378.

[105] D.L. Bryant and J.E. Allnutt, 'Use of closely-spaced height diversity antennas to alleviate the effects of low angle non-absorptive fading on satellite slant-paths', *Electron. Lett.*, 1990, vol. 26, pp. 479–480; E.C. Johnston, D.L. Bryant, D. Maiti and J.E. Allnutt, 'Results of low elevation angle 11 GHz satellite beacon measurements at Goonhilly', *IEE Conference* Publication No. 333 (ICAP 91), April 1991, pp. 366–369.

[106] Recommendation ITU-R P.618-4, 'Propagation data and prediction methods

required for the design of Earth - space telecommunications systems', 1996.

[107] K.T. Lin, A.W. Dissanayake and C. Cotner, 'Propagation impairments on a very-low elevation angle C-band satellite link', *15th AIAA International Communications Satellite Conference*, San Diego State University, San Diego, USA 1994, pp. 932–936.

[108] J.L. Strickland, R.L. Olsen and H.L. Werstiuk, 'Measurement of low-angle fading in the Canadian Arctic', *Ann. Telecom.*, 1977, vol. 32, pp. 530–535.

[109] J.E. Allnutt and B. Arbesser-Rastburg, 'Low elevation angle propagation modeling considerations for the INTELSAT business service', *IEE Conference* Publication No. 248, 1985, pp. 57–61.

[110] J.B. Ashine and C.S. Gardner, 'Atmospheric refractivity corrections in satellite laser ranging', *IEEE Trans. Geosci. Remote Sens.*, 1985, vol. GE-23, pp. 414–425.

[111] T.-I. Wang, P.N. Kumar and D.J. Fang, 'Laser rain gauge: near-field effect', *Appl. Opt.*, 1983, vol. 22, pp. 4516–4524.

[112] R.L. Schiesow, R.E. Cupp and S.F. Clifford, 'Phase difference power spectra in atmospheric propagation through rain at 10.6 microns', *Appl. Opt.*, 1985, vol. 24, pp. 4516–4524.

[113] M. Yamada, K. Yasukawa, O. Furuta, Y. Karasawa and N. Baba, 'A propagation experiment on Earth–space paths at low elevation angles in the 14 and 11 GHz bands using the INTELSAT V satellite', *Proc. ISAP*, Tokyo, Japan, paper O53-2, 1985, pp. 309–312.

[114] E. Matricciani and C. Riva, 'Polarization independence of tropospheric scintillation in clear sky: results from Olympus experiment at Spino D'Adda', *IEEE Trans. Antennas Propag.*, 1998, vol. 46, no. 9, pp. 1400–1402.

[115] I.E. Otung and B.G. Evans, 'Tropospheric scintillation and the influence of wave polarization', *Electron. Lett.*, 1996, vol. 32, no. 4, pp. 307–308.

[116] Recommendation G.821, 'Error performance on an international digital connection forming part of an integrated services digital network', CCITT Yellow Book, Volume III, Geneva, 1980 (Revised May 1984), pp. 193–195.

[117] J.R. Larsen, 'The influence of rain attenuation on the error performance of satellite circuits', *Teleteknik.*, 1985, vol. 1, pp. 1–6.

[118] M. Richharia, 'Effects of fades and scintillation on the performance of an earth station step track system', *Space Commun. Broadcast.*, 1985, vol. 3, pp. 309–319.

[119] D.J. Edwards and P.M. Terrell, 'The smooth step-track antenna controller', *Int. J. Satellite Commun.*, 1983, vol. 1, pp. 133–140.

[120] T. Pratt, C. Bostian and J. Allnutt, *Satellite Communications*, second edition, Wiley, Hoboken, New Jersey, USA, 2003, ISBN 0-471-37007-X.

[121] C.J. Gibbins, 'Improved algorithms for the determination of specific attenuation at sea level by dry air and water vapour, in the frequency range 1–350 GHz', *Radio Sci.*, 1986, vol. 21, pp. 945–954.

[122] W.I. Lam and R.L. Olsen, 'Measurement of site diversity performance at EHF', *International Symposium on Radio Propagation*, AGU, co-sponsored by URSI, Beijing, China, 1988, pp. 560–563.

[123] BTRL Final Report on INTELSAT Contract INTEL-608, 'Assessment of the impact short-term fades have on the overall availability of digital satellite circuits', British Telecom Research Laboratories, RT 4623, Martlesham Heath, Ipswich IP5 7RE, England, 1988.

[124] D.G. Sweeney, 'Implementing adaptive power control as a 30/20 GHz fade countermeasure', *Olympus Utilization Conference*, European Space Agency Sevilla, Spain, 20–22 April 1993, pp. 623–627.

[125] Recommendation ITU-R P.836-3, 'Water vapor: surface density and total columnar content', ITU, Geneva, Switzerland, 2001.

第 4 章

衰减效应

4.1 引言

第 3 章讨论了晴空条件下沿地 – 空链路的潜在损伤。晴空意味着不存在降水而且天空中基本没有云。对于 100 GHz 以下且在氧气和水汽吸收线以外的频率, 于温带地区由大气湿度或者对流层闪烁的变化引起的接收功率水平的变化通常非常小。然而, 如第 3 章所述, 位于更温暖的气候区域特别是高湿度热带地区的地面站, 会经历明显的晴空大气电平日变化、季节变化和年变化 (图 1.37), 这些变化由大气潮汐引起。图 4.1 是从图 1.37 中摘取的一些数据, 图 4.1 显示了几天内发生的日变化现象。

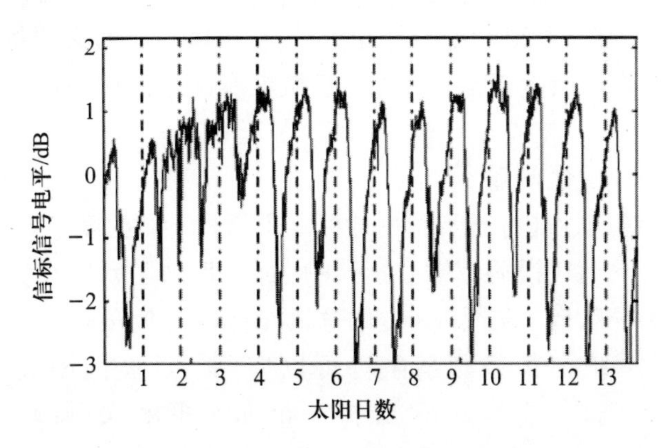

图 4.1　在 Papua New Guinea 岛测量的 73° 仰角条件下 Ku 波段信标信号的日变化 (引自文献 [2]; ©Qing Wei Pan 博士, 转载已获授权)

在其他实验中也观察到了像图 4.1 所示的接收卫星信号幅度的变化现象。在文献 [3] 中, 闪烁幅度用闪烁指数 $[(P_{\max}-P_{\min})/(P_{\max}+P_{\min})]\times 100$ 来表征, 而且可以发现闪烁指数日变化和地面温度之间存在很强的相关性。图 4.2 给出了一个月内闪烁和地面温度的数据, 很明显闪烁指数与地面温度在相互追随。

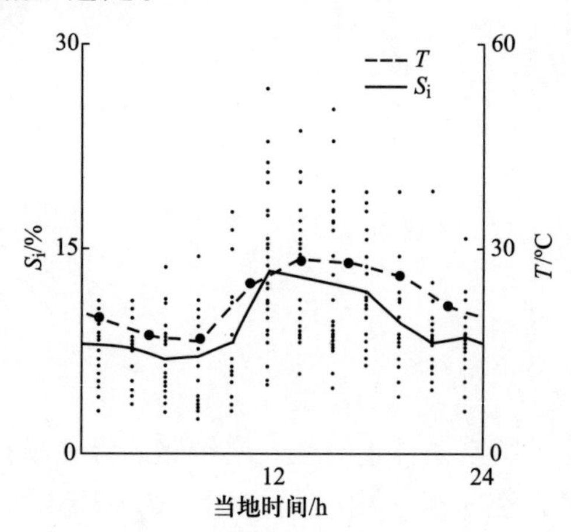

图 4.2 闪烁指数 S_{i} 和地面温度 T 的月变化特征 (引自参考文献 [3] 中图 2; ©1984 IEE, 现在的 IET, 转载已获授权)

注: 于 1984 年 7 月使用 SIRIO 的 11.6 GHz 信标信号获得图中数据。虽然已经将云和潮气的影响考虑为闪烁现象, 但在接收上述数据的月份中没有下雨。

当系统设计者在设计性能余量时, 必须考虑晴空大气效应和诸如错误跟踪的设备问题所导致的信号变化。除了计算平均、稳态 (晴空) 接收信号电平, 为了达到所需的有效余量, 在链路设计时必须将不利天气条件所需的附加余量考虑在内。对于微波和毫米波频段的不利天气主要是降雨。

性能和可用性问题

通信系统的性能标准和可用性标准是两种不同的度量方法, 性能标准反映了晴空大气误码率需求, 可用性标准反映了系统在完全不可用之前的最小误码率。在图 4.3 中的这两个标准之间虽然数据吞吐量减小了, 但是系统在某些测量中仍可以应用。性能门限通常设置为在大部分时间内 (至少 90%) 维持一个非常低的误码率 (典型值为 $10^{-10}\sim 10^{-8}$)。可用性门限设置为当系统开始完全不可用时的误码率, 也就是说当系统中断时的误码率。年均允许总中断时间决定了可用性门限: 高容量通信系统典型不中断时间为 99.96%, 小容量通信系统约为 99.7%。图 4.3 以甚小口径卫星终端站 (VSAT) 系统为例阐明上述概念。

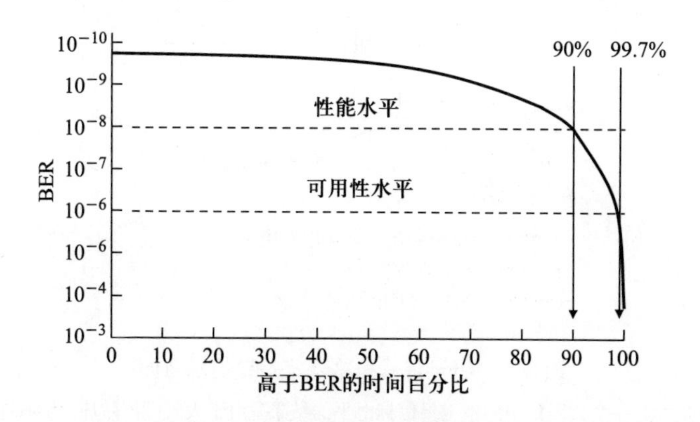

图 4.3 通信系统性能和可用性之间差异的示意图

注: 图中实线是通信系统长时间 (一般是一个日历年) 观测下 BER 累积统计值。符合上述 VAST 系统的性能指标是 90% 的时间内维持误码率优于 10^{-8}。可用性指标设置为 99.7% 的时间内误码率优于 10^{-6}。这是窄带 VSAT 系统的典型性能和可用性指标。在某些系统中, 性能指标和可用性指标的差异称作 "降级操作"。在这部分统计中, 通信系统的数据吞吐量降至晴空大气性能指标以下, 但是系统不会 "失锁", 一些数据包中的错误可以通过重发得以恢复。在一些数据包系统使用上述的性能和可用性统计时, 需要注意的是维持同步所需的误码率是上述语音可用性门限 10^{-3}。例如帧中继系统需要 10^{-5} 误码率以保持同步。在上述例子中, 可用性门限设为 10^{-6} 完全没有问题, 但如果可用性指标设为 10^{-3}, 帧中继系统在 BER 比 10^{-3} 更糟之前就会出现掉线。

根据一阶近似, 随着频率增加, 信号在均值周围变化的幅度也随之增大。尽管偏差有正有负, 但通常负的偏差会导致更多的关注。在系统设置时, 必须考虑这些负偏差或者低于晴空大气均值电平的额外衰减。

额外衰减与总衰减之间关系

从卫星到地面站的链路上存在大量的大气粒子和可能的天气效应 (图 1.47)。已经知道地面站测得的晴空卫星信号电平具有明显的日变化、季节变化和年变化。那么信号衰减的测量基线应当设置为多少? 有许多度量沿路径信号电平变化的标准。按绝对值计算, 路径总衰减是假设星 – 地链路之间是真空情况下地面站信号电平和实际地面站信号电平的差。总衰减是链路中所有可产生衰减途径产生衰减的总和。额外衰减通常取晴空电平 (一般包括云、大气气体衰减, 可能还包括轻微对流层闪烁) 和某种重要衰减现象发生时信号电平的差。假定衰减事件发生期间的云、大气气体衰减和其他少量损耗成分为常量, 则额外衰减只需要估计严重对流层闪烁和降雨效应的贡献即可。图 4.4 解释了额外衰减 (相对正常运行情况下信号的 “准确” 衰减)、信号平均衰减和总衰减的区别。

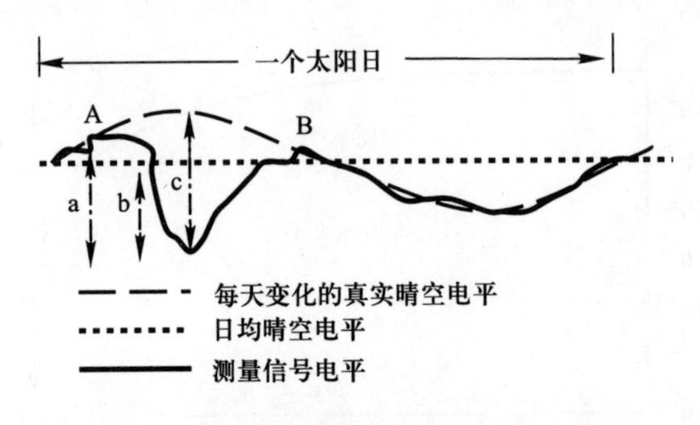

图 4.4 额外衰减和总衰减差异的示意图

注: 图中是大约一个太阳日中测量卫星信标电平的结果。由于大气潮汐效应, 准确晴空电平值近似于正弦波。日均晴空电平值即真实晴空电平的均值非常接近于一条直线。在这两条可能的晴空电平基准线上叠加给出了信标信号电平实际测量值。在 A 点开始的雨衰现象出现以前, 信标电平与真实晴空电平大致一致。雨衰现象在 B 点结束。测量值 a 是额外衰减的峰值 (在雨衰现象开始之前信标电平和雨衰中引起的最大衰减电平之差); 测量值 c 是最大真实雨衰值 (日晴空电平与最大衰减之差); 而测量值 b 是相对晴空电平均值的衰减程度。在传输实验中有第四种衡量衰减的方式: 通过在 A 点和 B 点观察到的信号电平的均值衡量信号衰减。如果大气潮汐的影响很小, 则 A 点和 B 点的信号电平理论上非常接近。大多数雨衰预测方法倾向于计算额外衰减, 因为额外衰减是主要由降雨引起的损耗部分。还有第五种衡量方法即总衰减, 总衰减是相对假定的真空自由空间路径信号电平得出的衰减, 即总衰减包括每个单独衰减机制引起的衰减 —— 大气气体、云、融化带、对流层闪烁和雨衰。

无线电波通过大气层引起的额外衰减主要由吸收和散射两部分组成。在当入射无线电波能量实质上被转换为机械能从而加热吸收材料时, 就发生吸收衰减。如果材料被加热到超过环境温度, 那么材料将会依照基尔霍夫定律各向同性地把吸收的能量均匀再辐射出去。

当无线电波能量相对原来传播方向发生了改变而没有将实际的能量留给散射粒子时, 无线电波就被散射。能量可以向任何方向散射。当改变方向的能量按原路径折回时, 就发生了后向散射, 单站雷达 (雷达在同一位置发射和接收信号, 一般使用同一天线) 应用了这种传播机制。当改变方向的能量偏离原来传输方向时, 就发生了侧散射。侧散射导致对其他系统的干扰, 侧散射机制也被双站雷达 (雷达的发射和接收是远远隔开的) 所用。前向散射是指经多次散射后而改变方向的能量重回到原始传播路径。前向散射波相对于沿路径发射的主干波既可以是相干波也可以是非相干波。图 4.5 说明了吸收和散射的原理。需要注意的是侧散射通常也包括前向方向或后向方向。

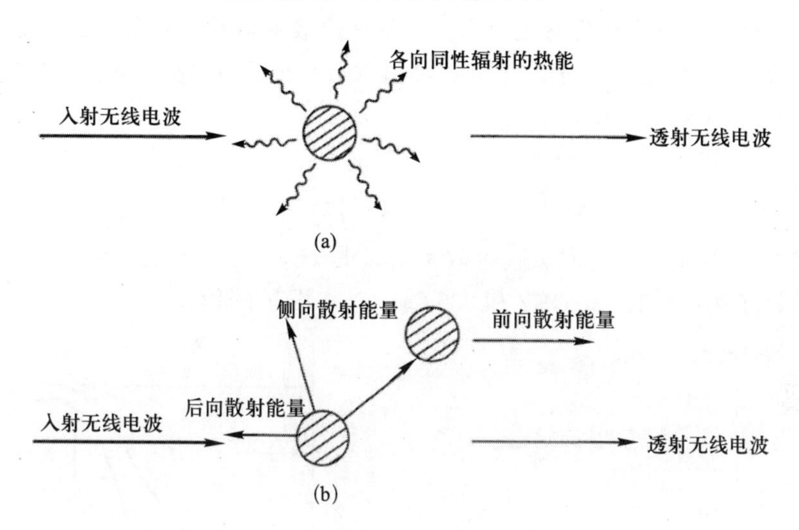

图 4.5 两种衰减机理的示意图

(a) 吸收; (b) 散射。

注: 注: 图 (a) 中, 传播过程中损失的无线电波能量以热能的形式二次辐射了; 图 (b) 中, 传播过程中损失的无线电波能量传播向各个方向。

4.1.1 散射和吸收

信号路径衰减 (也称为信号的消光) 在数学上可表示为散射和吸收的代数和, 即

$$A_{\mathrm{ex}} = A_{\mathrm{ab}} + A_{\mathrm{sc}}\ (\mathrm{dB}) \tag{4.1}$$

式中: 下标 ex、ab 和 sc 分别指消光、吸收和散射; A_{ex} 为信号沿路径的总衰减或消光。

散射和吸收的相对重要性取决于吸收/散射粒子的复折射指数, 粒子的复折射指数本身是信号波长、温度和粒子相对入射波长大小的函数。

如果相对入射波粒子非常小, 则瑞利散射理论可以应用。此时, 介质从传播路径中散射很小的能量, 信号的消光主要由吸收引起。通常这种情况适用于频率远低于 10 GHz 的信号通过水凝物群粒子。随着频率增加, 不仅雨滴粒子变得与波长差不多, 而且雨滴具备吸收性。当频率等于或大于 10 GHz 时, 水的复介电常数的虚部变得重要, 雨滴也不能再视为是无损介质。因此, 在频率远大于 1 GHz 时瑞利散射理论通常不

适用于雨滴群。这种情况下使用 Mie 散射理论[4]。

Mie 定义了有效消光截面 $\sigma_{\rm ex}$ 和有效散射截面 $\sigma_{\rm sc}$, 并提出了描述了粒子对无线电波的消光和散射相对效率的因子 Q。这些公式如下:

$$Q_{\rm ex} = \frac{\sigma_{\rm ex}}{\pi \times r^2} \tag{4.2}$$

$$Q_{\rm sc} = \frac{\sigma_{\rm sc}}{\pi \times r^2} \tag{4.3}$$

式中: r 为雨滴的半径。吸收效率 $Q_{\rm ab}$ 是 $Q_{\rm ex}$ 和 $Q_{\rm sc}$ 的差。图 4.6 给出了频率为 3 GHz、30 GHz 和 300 GHz 效率因子的值[5,6]。

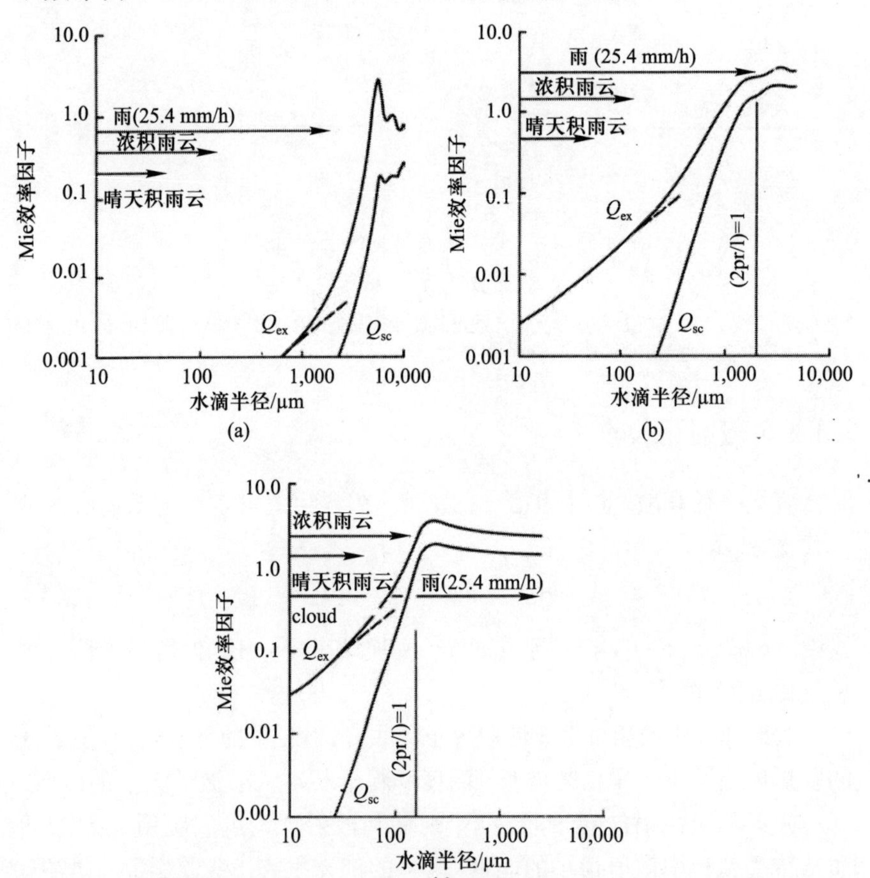

图 4.6 Mie 散射和消光效率因子随粒子半径的变化规律 (转自文献 [5] 的图 8.5, 文献 [6] 的图 5.33 ~ 图 5.35;©1975 The American Society for Photogrammetry and Remote Sensing; 转载已获 “遥感手册第一版” 授权)

(a) 频率为 3 GHz; (b) 频率为 30 GHz; (c) 频率为 300 GHz。

图 4.6 呈现出三个有趣的特点: ① 随着频率和粒子尺寸增加, 散射的重要程度也随之增加; ② 随着频率的增加, 在各种情况下用瑞利散射代替 Mie 散射则更可能产生误差; ③ 对于无线电频谱中的微波和毫米波, 暴雨比其他的水凝物衰减更大。

为了计算无线电波通过降雨的衰减, 需要对沿路径遇到的每一个粒子的消光贡献统计求和。由于雨滴的尺寸不一, 需要引入雨滴尺寸分布 (雨滴谱)$N_{(D)}$, 再按下式对粒子的消光贡献求积分:

$$A_{\mathrm{ex}} = 4.343 \times L \int_0^{\infty} C_{t(D)} N_{(D)} \mathrm{d}D \tag{4.4}$$

式中: $\mathrm{C}_{t(D)}$ 为直径 D 的雨滴的消光截面; L 为穿过雨区的路径长度。

如果将通过降雨的路径长度设为 1 km, 式 (4.4) 给出了特征衰减, 即

$$\alpha = 4.343 \int_0^{\infty} C_{\mathrm{t}(D)} N_{(D)} \mathrm{d}D \ (\mathrm{dB/km}) \tag{4.5}$$

降雨特性在时间和空间上变化很大, 因此必须借助经验方法或统计平均以便减少衰减计算过程中变量的个数。虽然不总是绝对精确的简单计算过程, 有时候可以得到完全符合大部分测量精度范围的结果。指数 (幂) 定律关系就是一种简化模型。

4.1.2 指数 (幂) 定律关系

雨滴尺寸分布与降雨率 R 之间是指数定律关系, 因此式 (4.5) 具有下面一般形式:

$$\alpha = a \times R^b \ (\mathrm{dB/km}) \tag{4.6}$$

式中: a、b 为变量, 取决于频率和雨的平均温度。

一开始认为系数 b 是不变的[7], 但是发现这样太不精确了。在温度为 −10°C、0°C 和 20°C, 雨滴尺寸分布取为 Marshall 与 Palmer、Laws 与 Parsons 和 Joss 的条件下, 对 1 ~ 1000 GHz 频率范围内的 a 和 b 进行了更加详细研究和计算[8]。这些数据已经被 ITU-R 采用, 并且二次研究[9] 给出了 1 ~ 400 GHz 的数据。在 ITU-R 的公式中, 用 k 代替 a, α 代替 b, 特征衰减用符号 γ 表示, 即

$$\gamma = k \times R^{\alpha} \ (\mathrm{dB/km}) \tag{4.7}$$

表 4.1 给出了 20°C 时 k 和 α 的值。这些值的研究条件: 使用 Laws 与 Parsons 雨滴尺寸分布[10] (参见表 1.4), Gunn 与 Kinzer 雨滴末速[11] (参见图 1.26), 水的折射指数 Ray 公式[12] 和 Fedi[13,234] 与 Maggiori[14] 的回归分析。表中同时给出了水平 (H) 和垂直 (V) 极化系数。

表 4.1 估计特征衰减 $\gamma = kR^{\alpha}$ 需要的回归系数 (转自参考文献 [6] 中表 1; ©1986 ITU, 转载已获授权)

频率/GHz	k_{H}	k_{l}	α_{H}	α_{l}
1	0.0000387	0.0000352	0.912	0.880
2	0.000154	0.000138	0.963	0.923
4	0.000650	0.000591	1.21	1.075
6	0.00175	0.00155	1.308	1.265
7	0.00301	0.00265	1.332	1.312
8	0.00454	0.00395	1.327	1.310
10	0.0101	0.00887	1.276	1.264
12	0.0188	0.0168	1.217	1.200
15	0.0367	0.0335	1.154	1.128
20	0.0751	0.0691	1.099	1.065
25	0.124	0.113	1.061	1.030
30	0.187	0.167	1.021	1.000
35	0.263	0.233	0.979	0.963
40	0.350	0.310	0.939	0.929
45	0.442	0.393	0.903	0.897
50	0.536	0.479	0.873	0.868
60	0.707	0.642	0.826	0.824
70	0.851	0.784	0.793	0.793
80	0.975	0.906	0.769	0.793
90	1.06	0.999	0.753	0.754
100	1.12	1.06	0.743	0.744
120	1.18	1.13	0.731	0.732
150	1.31	1.27	0.710	0.711
200	1.45	1.42	0.689	0.690
300	1.36	1.35	0.688	0.689
400	1.32	1.31	0.683	0.684

注: Laws 与 Parsons 雨滴尺寸分布[10]; Gunn 与 Kinzer 雨滴末速[11]; 水的折射指数 Ray 公式[12]; 降雨率为 1 ~ 150 mm/h 和球形雨滴条件[13,14] 计算的 k_{H} 和 k_{V} 或 α_{H} 和 α_{V}

要想获得表中未列频率 f 对应的 k_{H} 和 k_{V} 或 α_{H} 和 α_{V}, 应当对 f 和 k 使用对数内插, α 使用线性内插。如果在频率 f_1 和 f_2 时分别有对应的 k_1 和 k_2 或 α_1 和 α_2 的值 (水平或垂直极化), 所需频率 f 的内插计算可以由下式得到:

$$k_{(f)} = \log^{-1}\left\{\log\left(\frac{k_2}{k_1}\right) \times \left(\frac{\log(f/f_1)}{\log(f_2/f_1)}\right) + \log k_1\right\} \tag{4.8}$$

和

$$\alpha_{(f)} = \left\{(\alpha_2 - \alpha_1) \times \frac{\log(f/f_1)}{\log(f_2/f_1)} + \alpha_1\right\} \tag{4.9}$$

对于非水平或垂直, 但相对于水平极化有一个倾角 τ 的极化方式, k 和 α 合成值可通过下式计算:

$$k = \frac{k_{\mathrm{H}} + k_{\mathrm{V}} + (k_{\mathrm{H}} - k_{\mathrm{V}})\cos^2\theta\cos 2\tau}{2} \tag{4.10}$$

和

$$\alpha = \frac{k_{\mathrm{H}}\alpha_{\mathrm{H}} + k_{\mathrm{V}}\alpha_{\mathrm{V}} + (k_{\mathrm{H}}\alpha_{\mathrm{H}} - k_{\mathrm{V}}\alpha_{\mathrm{V}}) \times \cos^2\theta\cos 2\tau}{2k} \tag{4.11}$$

式中: θ 为倾斜路径的仰角。注意: 对于圆极化, τ 可设为 $45°$。

对于一般使用线极化的大多数卫星通信系统, 当以星下点作为参考时, 电场强度矢量方向可选择为在赤道面 (水平极化) 或者垂直于赤道面 (垂直极化)。地球同步卫星的星下点是指卫星保持位置在赤道上的经度。如果地面站不在子午线上 (地球同步卫星在赤道上方的经线), 线极化矢量平面会与地面站观察者感觉到的本地水平或垂直极化有差异。这种极化平面相对于本地垂直 (或水平) 的旋转称为倾斜角。相对于水平极化的倾斜角 τ 可由下式获得:[15]

$$\tau = \arctan\frac{\tan\alpha}{\sin\beta}\ (°) \tag{4.12}$$

式中: α 为地面站的纬度 (北半球为正, 南半球为负); β 为卫星的经度减去地面站的经度, 经度用东经度表示。

假设卫星天线的极化向量为由西向东取向 (平行于赤道)。因此, 对于一个给定的降雨率值, 可以用任意极化倾斜角计算特征衰减。然而, 有很多途径能够影响特征衰减的计算结果, 这些影响途径依赖于雨滴形状、雨滴尺寸分布和假定的雨媒质温度。

4.1.2.1 雨滴形状的影响

雨滴的形状主要受下落过程中空气阻力的影响。雨滴越大, 越容易发生形变, 偏离球形。由于空气阻力导致的具体形状变化不会改变雨滴内存在的水的容积, 但是对于线极化波, 衰减将依赖于电场矢量相对于变形雨滴主轴的取向。一个扁椭球体雨滴 (长轴水平的雨滴), 将导致水平极化信号要比垂直极化信号经历更多的衰减。图 4.7 中对频率高达 50 GHz 的信号说明了这种情况 (引自参考文献 [16])。

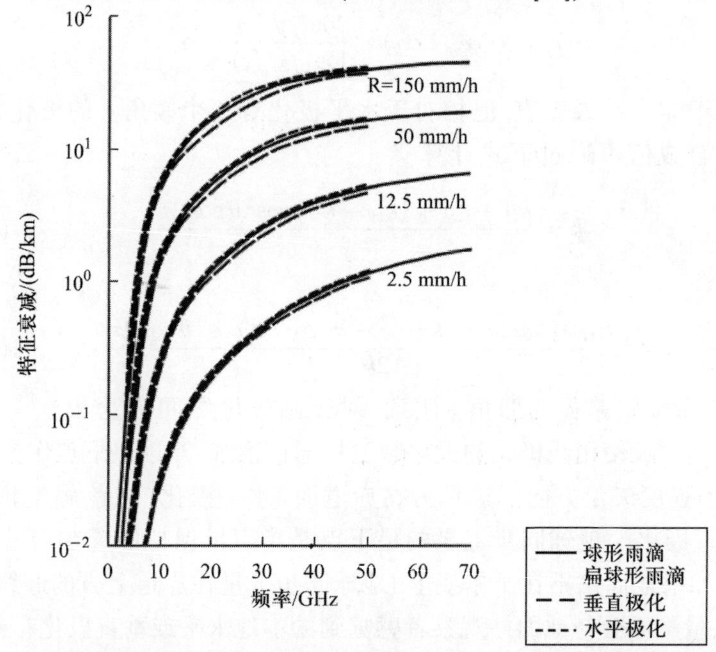

图 4.7 标准球形雨滴的衰减与扁椭球体雨滴对垂直、水平极化波衰减的对比 (Oguchi 和 Hosoya, 1974 年) (转自 Rogers 和 Olsen 的文献 [16] 中的图 8; 转载已获加拿大 the Minister of Supply and Services 授权)

注: 所有曲线基于 L-P 粒子尺寸分布 (对于变形雨滴采用等效体积分布), 雨的温度为 20°C。

4.1.2.2 雨滴尺寸分布的影响

当无线电波的波长接近雨滴尺寸时, 雨滴导致的衰减会增加。所以, 频率为 10 GHz 以下时小雨滴的影响并不显著, 只有高于 10 GHz 才能感觉到它们的存在。对于给定的降雨率, M-P 雨滴尺寸分布比 L-P 雨滴尺寸分布有更多比例的小雨滴。因此, 当频率在 10 GHz 以上时, 对于相同的降雨率, M-P 分布比 L-P 分布趋于给出更大的衰减。图 4.8(a) 给

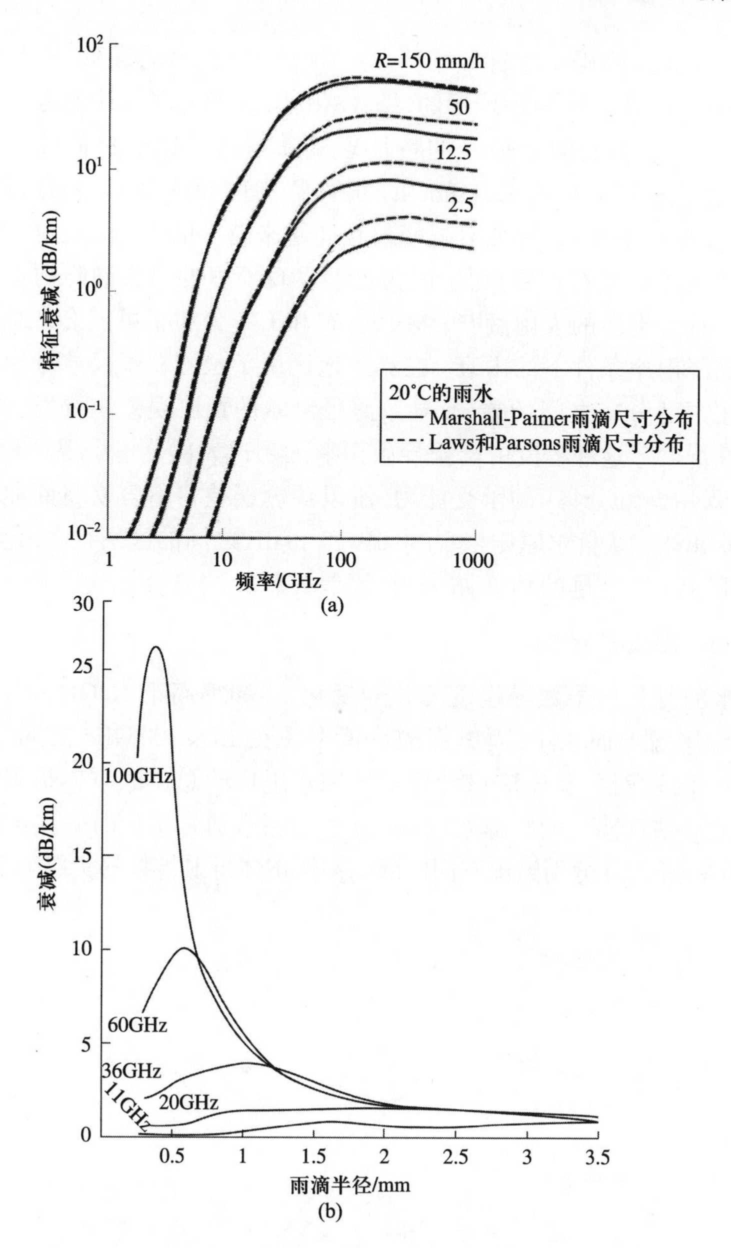

图 4.8 雨滴尺寸分布对特征衰减的影响

(a)多个降雨率条件下比较 M-P 尺寸分布和 L-P 尺寸分布的特征衰减 (转自 Rogers 和 Olsen 的文献 [16] 中的图 4; 转载已获加拿大 the Minister of Supply and Services 授权); (b) 雨滴尺寸对毫米波段雨衰的影响。曲线给出均匀分布、降雨率为 12.5 mm/h 条件下的特征衰减 (转自参考文献 [17] 的图 1; ©1993 年 ESA, 转载已获授权)。

出了一些典型降雨率条件频率为 1 ~ 1000 GHz 信号的衰减 (转自文献 [16] 中图 4)。假设雨滴是球形的, 图 4.8(b)[17] 中显示了一个有趣的对比图形, 给出了不同频率信号的特征衰减随雨滴半径变化的曲线。图 4.8(b) 使用的降雨率为 12.5 mm/h。很明显: 随着频率增加, 特征衰减也增加; 随着频率增加, 特征衰减峰值移向越来越小的雨滴。这对于热带赤道地区的雨具有重要意义, 因为已经发现那里的雨比同降雨率的温带地区具有更多的大雨滴[18]。M-P 分布和 L-P 分布很可能会低估赤道地区高降雨率条件下的雨衰。在赤道地区由于预测粒子尺寸分布与实测粒子尺寸分布之间的差异, 导致路径衰减的预测误差主要发生在大暴雨情况[18]。这种程度的降雨导致雨衰远超过大部分单个卫星地面站 (没有采用站址分集) 的承受能力, 所以预测误差将不容易在商业应用中显示出来。从科学原则来看 30 dB 和 40 dB 之间的区别很大, 但是对于具有 12 dB 余量的地面站来说, 该差异就无关紧要了。

4.1.2.3 温度的影响

水的复折射指数随温度变化而变化, 当频率高于 10 GHz 时, 其实部随频率增加而减小, 而虚部的峰值出现在 10 ~ 100 GHz 之间。

对于雨滴群, 首先应该计算空气和水组成的总体的本体折射指数, 以便能够估计降雨的整体效应。本体折射指数通常用折射率单位表征。图 4.9 和图 4.10 分别给出不同的降雨率下本体折射指数的实部和虚部。

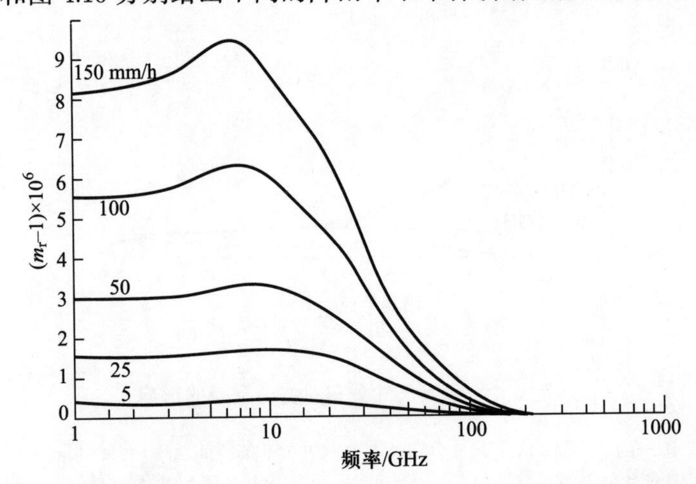

图 4.9 利用 L-P 尺寸分布计算温度为 20°C 条件 $(m_\mathrm{r}-1)\times10^6$ (继文献 [20] 后, 转自文献 [19] 中图 4.3(a))

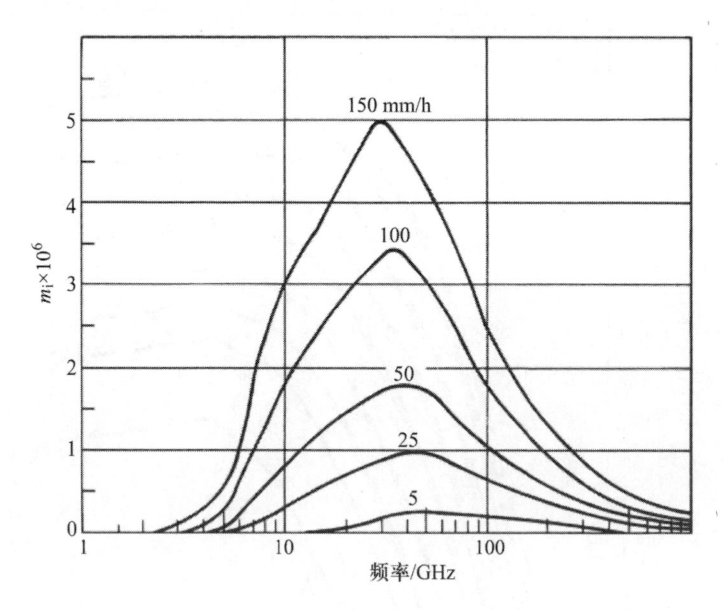

图 4.10　与图 4.5 中相同的介质的复折射指数的虚部 $m_i \times 10^6$ (继文献 [20] 后, 转自文献 [19] 中图 4.3(b))

雨滴群的本体折射率与水的折射指数有着相同的变化趋势, 特别是在大降雨率的时候更是如此。水的折射指数虚部的峰值随着温度升高向高频段偏移, 这种现象也反映在雨滴群的本体折射率上。因此, 当无线电波通过水或水滴时的衰减, 也应该在 10 ~ 100 GHz 之间呈现出依赖温度的类似峰值。图 4.11 (引自参考文献 [16] 中图 3) 给出了 1 ~ 1000 GHz 之间的这种效果。

注意: 当频率超过约 100 GHz 时, 图 4.11 中的特征衰减会减小; 而且对于给定的降雨率, 两个温度对应的曲线在相对较低的频率范围内会交叉。另一个明显的特征是: 相比于 100 GHz 左右的毫米波, 接近光波段波长区域的信号具有较低的雨致额外衰减。激光波束在暴雨中比 100 GHz 左右的毫米波链路遭受更低的衰减, 测量结果证实了这点[21]。然而, 空气中的小的悬浮物 (如卷云) 将对使用红外线和可见光的激光链路造成强烈衰减, 但对微波传输的影响不大。这对于自由空间激光通信和定向能武器是一个关键点 (见第 7 章)。

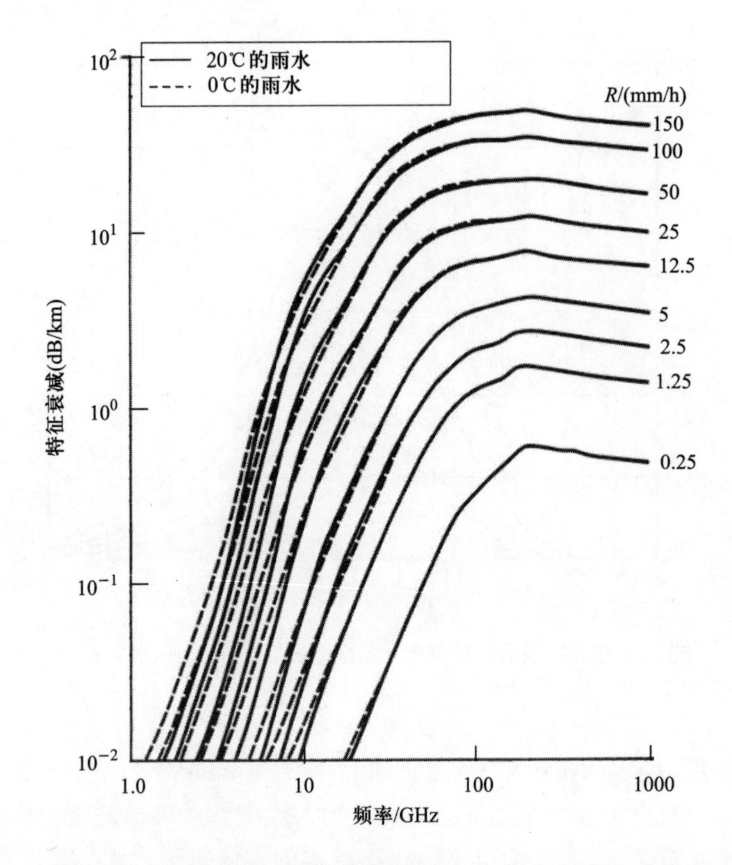

图 4.11 相干波通过均匀雨区时特征衰减随频率的变化关系 (转自 Rogers 和 Olsen 的文献 [16] 中的图 3; 转载已获加拿大 the Minister of Supply and Services 授权)

注: 曲线基于 L-P 雨滴尺寸分布和 Gunn 和 Kinzer 的雨滴末速。对于 L-P 降雨率, 更精确的降雨率值为 0.254 mm/h、1.27 mm/h、2.54 mm/h、5.08 mm/h、12.7 mm/h、25.4 mm/h、50.8 mm/h、101.6 和 152.4 mm/h。

4.1.3 多重散射的影响

当单一射线路径在它离开散射媒质之前包含一次以上散射入射时, 就发生了多重散射。大多数理论倾向于忽略多次散射而假设只有单次散射发生, 先计算粒子的散射截面, 然后积分计算总散射能量。如果散射粒子之间的平均距离大于波长, 则由于散射信号的随机相位[22] 与方向无关[23], 发生的任何多重散射都会导致非相干场。在大多数降雨环境中, 相邻雨滴的平均间隔比 1 GHz 以上频率的波长大得多。因此, 在降雨中的多重散射主要是非相关场。

像卫星通信系统这样依赖于相干能量传输的系统, 不会受到非相干能量太大的影响, 因此这些系统倾向于将多重散射忽略不计。一项调查[23] 的研究表明这个假设是正确的, 因为幂指数律关系考虑了相关传输中的大部分多重散射效应。然而, 非相干散射会在接收机中增加额外的噪声, 这将降低信噪比。与被散射的能量完全相反, 被衰减粒子吸收的能量同样也会引起接收噪声的增加, 这是因为吸收性雨介质的热辐射可以增强天空噪声。

4.1.4 天空噪声温度

如果吸收媒质与周围环境形成热平衡, 那么它将辐射出和吸收同样多的能量。发出的辐射是各向同性的[24]。在图 4.12 中, 吸收介质 M 的温度通过从其周围吸收能量 (主要是从地面吸收能量) 而升高到 T_m (从太阳接收的能量大约 90% 到达地球的表面, 这些能量被所遇到的土壤、岩石、水等吸收并升高它们的温度)。媒质对热辐射能的吸收效率和它的重新辐射效率可以由媒质的透射率 σ 表示。介质的透射率是入射能量的一部分, 该部分能量穿过媒质并且出现另一侧, 介质的分数透射率在 0 ~ 1 之间取值。透射率为 0 表示介质内部发生了完全吸收, 透射率

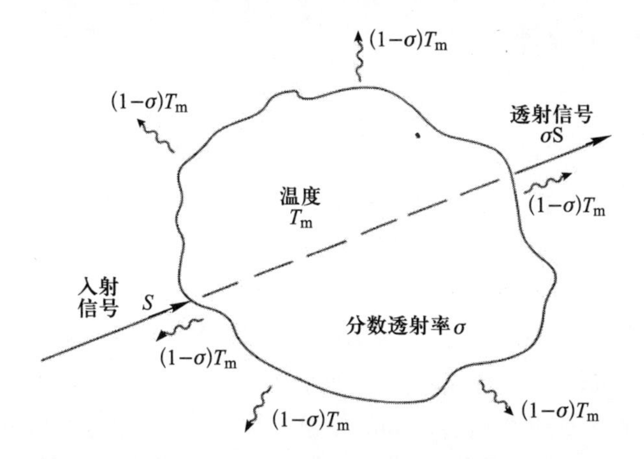

图 4.12 分数透射率为 σ 的媒质的信号损耗和热辐射示意图

注: 透射系数在 0(完全吸收, 即 0 发射能量) 和 1 (0 吸收, 即所有入射能量通过介质发射) 之间取值。

为 1 描述的是完全透明的介质。

在图 4.12 中, 功率为 S 的信号通过吸收介质, 有 σS 量级的功率穿过介质。同样道理, 作为噪声辐射的能量值由 $(1-\sigma)T_{\mathrm{m}}$ 给出, 并且随着噪声温度的增加, 辐射能可以被检测出来。辐射噪声温度是各向同性的, 因此, 检测信号的接收器将经历由于介质中衰减引起信号功率的降低, 同时经历由于此衰减介质辐射引起的噪声温度的增加。增加的噪声温度由分数透射率计算, 也可由该信号所经历的衰减计算。增加的噪声温度也称为辐射噪声温度, 由以下两个公式给出:

$$T_{\mathrm{r}} = T_{\mathrm{m}} \times (1-\sigma)(\mathrm{K}) \tag{4.13}$$

$$T_{\mathrm{r}} = T_{\mathrm{m}} \times (1-\mathrm{e}^{-A/4.34}(\mathrm{K}) \tag{4.14}$$

式中: A 是以 dB 为单位的信号的衰减。

因此, 该衰减与分数透射率有关, 可表示为

$$A = 10\log\frac{1}{\sigma}\ (\mathrm{dB}) \tag{4.15}$$

为了测量星 – 地路径上的衰减, 可以用直接法和间接法。间接法通常测量诸如降雨率等与衰减相关的参数, 然后推断沿倾斜路径的衰减。直接法是测量通过衰减介质后信号的强度。这两种方法各有优点和缺点。

4.2 测量技术

4.2.1 降雨量测量

进行气象测量时, 累积降雨量通常是首要气象参数之一。累积降雨量测量在许多地方记录历史超过 100 年。因此, 测量结果是一个很大的数据库, 据此预测累积降雨量可靠的统计趋势。由于衰减与降雨率容易直接相关联, 推测倾斜路径衰减的首次尝试就着眼于利用雨量计数据。利用雨量计数据时, 首先必须将一些相对短期 (如 6 h) 获取的累积降雨量转换为测量周期不超过 1 min 的等效降雨率。这些转化方法效果都不好, 因此, 只有用雨量计在统计长时期 (至少 1 年) 内、用小于或等于 1 min 的累积时间连续记录降雨率, 然后将降雨率测量值用于雨衰预测过程才可能得到较好的衰减结果。这些将在下面讨论。

利用地面一点测量的降雨率计算沿倾斜路径的衰减过程, 有许多潜在的导致误差的因素。这些误差因素大致分为空间误差、积分误差和固有误差。

4.2.1.1 空间误差

到卫星的链路可以沿着倾斜路径在不同高度横贯雨区, 因此在地面上的雨量计在任何给定时刻通常都不能同时测量沿路径遇到的降雨量。空间误差不仅是水平空间误差也包含垂直空间误差。图 4.13 给出了地面雨量计测量站点和链路上降雨区域之间水平和垂直差距的示意图。对于低仰角路径, 可能没有雨真正的落在雨量计内, 但是相当量的雨出现在距离该测量点不远处的路径上。因此, 在一般情况下, 通常不会发现沿倾斜路径的衰减和靠近接收天线的地面所测降雨率之间存在瞬时的相关性。

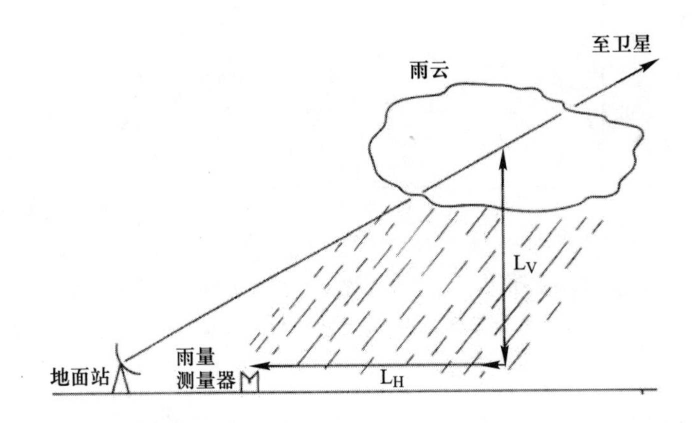

图 4.13 测量路径降雨率中可能存在的水平 L_H 和垂直空间 L_V 误差示意图

已经使用大量同时运行的雨量计获得的数据致力于量化潜在的空间误差[25−27]。当需要暴雨之间的相关性时, 已证明该模型相当复杂。但从统计角度看, 倾斜路径衰减年变化与点降雨率年变化之间具有很好的相关性[28], 只是对雨量计的积分时间有要求。

4.2.1.2 积分误差

对给定降雨的测量速率取决于测量设备的时间常数或积分时间。若积分时间过长, 大降雨率将变得 “平滑”, 图 4.14 可以说明这一点, 图中数据是用于量化所需积分时间的首批实验数据集之一。

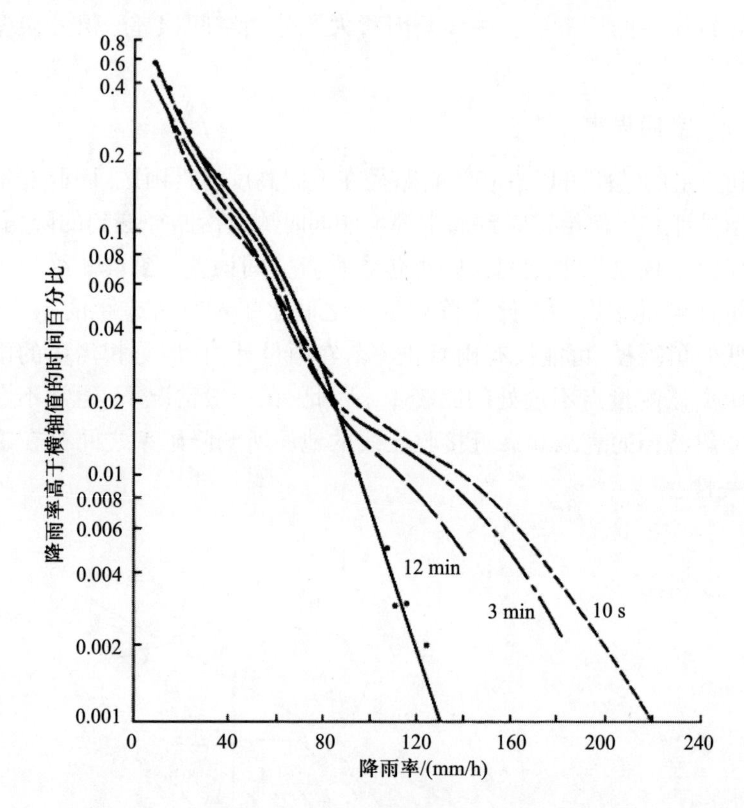

图 4.14 使用雨量计不同积分时间所测得降雨率大于横轴值的时间百分比 (转自参考文献 [25] 的图 8b; ©1969 AT&T, 转载获得 AT&T Intellectual Property, Inc. 授权)

图 4.14 中的实线代表某次夏季测量活动中许多雨量计测量结果的均值, 此次测量活动包括大约 3000 h 的观测。从图 4.14 中可明显看出, 积分时间越长, 降雨率测量误差越大。1 min 积分时间是实验准确性和设备复杂性之间典型的折中。1 min 积分时间已经成为 ITU-R 数据库建议 311 号的公认测量标准。

需要注意的是图 4.14 中的曲线中的交叉点很有趣, 这是降雨守恒原则的直接结果。也就是说, 总的降雨量不依赖于测量积分时间。这个事实已经得到后来测量结果的支持[30]。

在温带气候条件下, 已针对 0.01% 年时间百分比计算出由于设备积分时间导致的降雨率测量结果的变化[31]。表 4.2 给出了 "修正因子"。

表 4.2 0.01% 年时间百分比对应的积分时间为 τ 的降雨率 R_τ 和积分时间为 10s 的降雨率 R_{10} 之间的比值 (数据来源于文献 [30]; ©1985 British Telecommunications plc, 转载已获授权)

积分时间 τ/s	10	60	120	300	600
$\frac{R_\tau}{R_{10}}$	1.00	0.92	0.85	0.77	0.71

Lin[32] 用一个非归一化的经验公式来关联不同积分时间的降雨率和 60 min 积分时间降雨率之间的关系, 表示为[32]

$$R_{\mathrm{T}} = a_{\mathrm{T}} \times R_{60}^{n_{\mathrm{T}}}\ (\mathrm{mm/h}) \tag{4.16}$$

式中: R_T 为时间常数 T 的降雨率; R_{60} 为时间常数是 60 min 的降雨率; a_T、n_T 为 Lin 推导出的变量。Lin 的早期结果已经得到后来测量值的普遍支持, 但是当比较长的时间常数向很短的时间常数外推时应特别注意。正常情况下, 在有限的外推区间可能保持相当好的准确度。

4.2.1.3 固有误差

这些是由于设备的设计中固有的机械和电子的原因引起的误差。雨量计常见的形式是翻斗式。降雨率非常低时, 勺斗不能充分填满到足以引起 "翻倒", 因此很小降雨时容易错过。事实上, 在炎热的气候条件下, 勺斗里累积的少量雨水, 其蒸发速度和雨水积累速度一样。同时, 当降雨率非常高时, 会出现大量的雨水溅洒并最终淹没翻斗。但是, 如果进行适当的维护和校准, 此类型的雨量计对于 $5 \sim 100$ mm/h 的降雨可以给出可接受的精度。

翻斗式雨量计的特点

大多数翻斗式雨量计在灌注了相当于 0.1 英寸的雨水时发生翻转, 若采用米制单位是 2.54 mm。实际上有两个翻斗, 在一个翘翘板式装置的两端各有一个: 当一个翻斗灌满时, 会 "翻倒" 倒空, 同时让另一个翻斗暴露于从翻斗上面的漏斗装置中流下的雨水中。在降雨率低时 (低于 5 mm/h) 该器件是非线性且不准确的, 同时在很大的降雨率时 (大于 90 mm/h) 非常不准确, 但其成本低且很耐用。它曾经而且很大程度上仍是世界上严酷环境地区的首选测量设备, 在这样的环境简单性和耐用性是一个主要的要求。多年来它提供了良好的服务, 也是 ITU-R 数据库中大部分降雨率测量的基础。表 4.3 列出了降雨率为

1 ~ 200 mm/h 时, 每小时翻倒数目、翻倒间隔时间的变化。当翻斗排空下降, 第二个翻斗切换漏斗里的时间约为 0.1s 量级, 因此翻倒间隔的分辨率对约 100 mm/h 以上的降雨率有一定影响, 单独这种量级的时间误差会产生约 5 mm/h 的测量差异。

表 4.3 典型翻斗式雨量计的翻倒之间的时间和积累雨量之间的关系

降雨率/(mm/h)	每小时翻倒次数	翻倒时间间隔/s
1	0.3937	152.4
5	1.9685	30.48
10	3.9370	15.24
15	5.9055	10.16
20	7.8740	7.62
25	9.8425	6.096
30	11.8110	5.08
40	15.7480	3.81
50	19.6850	3.04
60	23.6220	2.54
70	27.5591	2.177
80	31.4961	1.905
90	25.4331	1.693
100	39.3701	1.524
120	47.2441	1.270
140	55.1181	1.088
160	62.9921	0.95
180	70.8661	0.85
200	78.7402	0.762

注: 当相当于 0.1 英寸或 2.54 mm 的雨已经落下时, 雨量计发生翻倒。注意翻倒间隔时间如何随着降雨率非线性变化。例如, 降雨率从 5 mm/h 变为 15 mm/h 时, 翻倒间隔从 30.48s 下降到 10.16 s, 变化了近 25 s, 这是可以很容易地精确计算出来的。但是,120 mm/h 与 140 mm/h 降雨率之间差别 20 mm/h (原文中为 10 mm/h 变化, 为误笔), 对应的翻倒间隔时间只有 0.182 s 的变化, 这种对应关系这已经处在或很可能已经超出翻倒装置的机械精度。翻斗式雨量计最好应用于降雨率为 5 ~ 90 mm/h

比翻斗式雨量计有更短时间常数的雨量计使用光学技术, 这种雨量计或者对通过一个标准直径管的雨滴成像[33], 或者使用激光生成闪烁谱[34]。对于前一种雨量计, 对于远超过 100 mm/h 的点降雨率可获得可接受的精度 (误差小于 3 mm/h)。后者的应用仍然受限于路径平均降雨率, 即使在大约 30 m 量级的路径上也是如此。然而, 在短路径上使用闪烁光谱的光学雨量计, 能够极好地检测很小的降雨率和雪。当利用雨量计测量降雨率时, 如果同时长期在地面站同一地点测量沿路径的雨衰, 只知道其他站点降雨率统计信息的条件下, 就可以推测其他站点的雨衰程度。然而, 为了建立点降雨率统计结果和路径衰减之间的良好关系, 需要依靠可靠的路径衰减测量手段。用于获得路径衰减的三种通用设备是辐射计、卫星信标接收机和雷达。

4.2.2 微波辐射计测量

辐射计是用于测量某辐射源的噪声功率或亮温变化的装置。这种测量技术已经在射电天文[35] 领域使用了几十年。

从微波频段的无线电噪声来说, 银河系中最亮的星体是仙后座 A, 紧随其后的是天鹅座 A 和金牛座 A。实际上, 它们都是发出无线电能量的点源, 且它们广泛应用于具有窄波束的大型地面站的校准中[36]。月亮和太阳也是无线电能量的辐射体, 特别是太阳, 但它们不是点源, 所以一般不用于校准地面站设备。当从地球上观看月球和太阳时, 月球和太阳的角直径都是约为 0.5° 量级。

在大多数情况下, 观察天体射电源时使用的频率将决定可得的亮温。如图 4.15 所示[37], 太阳和射电星的亮温随频率有相当大的变化。此外, 太阳的亮温呈现出约 11 年一个周期的周期性变化 (见第 2 章)。在图 4.15 中, 一条曲线对应宇宙背景噪声, 这是由于 "宇宙大爆炸" 残留的不可消除的噪声, 其噪声温度约为 3K[18]。图 4.15 中银河系背景噪声温度会由于天线视场中源的强度而变化: 天线指向银河中一个 "热" 的部分将比指向远离银河系或者宇宙中 "冷" 的部分产生更高的噪声温度。计算 $0.1 \sim 2$ GHz 频率范围内的银河噪声的简单公式[38] 为

$$T_{\text{galactic}} = \frac{2.6 \times 10^{19}}{f^2} \ (\text{K}) \tag{4.17}$$

式中: f 为频率 (Hz)。

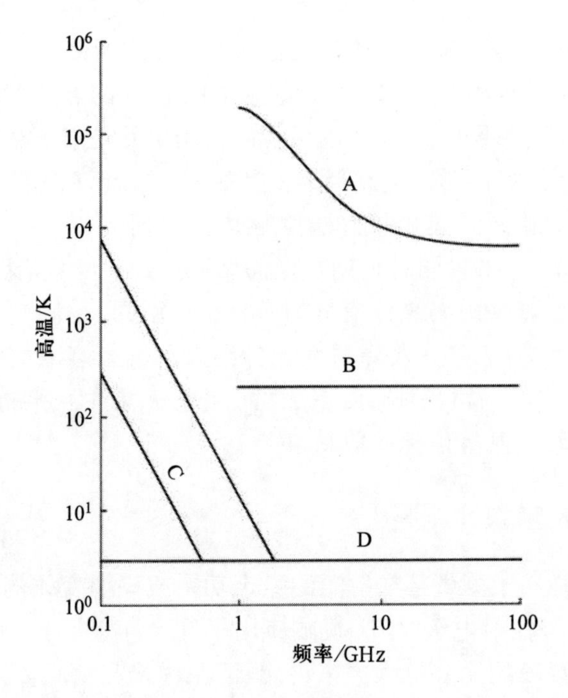

图 4.15 地外噪声源 (转自参考文献 [37] 的图 7; ©1986 ITU, 转载已获授权)

A–太阳; B–月球; C–银河系噪声范围; D–宇宙背景。

文献 [38] 中给出了类似式 (4.17) 的简单公式:

$$T_{\text{Sun}} = \frac{1.96 \times 10^{14}}{f} \text{ (K)} \tag{4.18}$$

用于计算 $1 \sim 20$ GHz 频率范围内太阳辐射温度。这个公式假定太阳是相对静态的, 而且不处于太阳耀斑活动增强期。它还假定天线波束宽度足够小, 从而只包含整个太阳轮廓 (约 $0.5°$ 的角直径)。

f 的单位仍是 Hz。虽然月球并不足够 "明亮" 来用作地外噪声源, 它也有一个有效的噪声温度。如图 4.15 所示的月球温度是平均感知有效温度 (约 200 K), 但是其温度还取决于月相 – 满月时接近 310 K, 新月时下降到 160 K[39]。这些值基于观测天线只包围整个月球的假设 (从地球上观看时角直径约 $0.5°$)。

大气层外的射电源使得可以开展主动和被动两种类型的辐射测量方法, 根据测量值可以推导出倾斜路径的衰减。

4.2.2.1 主动辐射计测量

主动辐射计使用地球大气层外的自然射电源测量大气衰减。图 4.15 显示, 对于 1GHz 以上的频率, 唯一能提供足够能量, 使得主动辐射计测量产生有用的动态范围的地外辐射源是太阳。专门设计为跟踪太阳运动的辐射计称为太阳跟踪辐射计。

波束宽度小于太阳角尺寸的辐射计将检测到辐射温度 T_e, 由下式给出:

$$T_e = T_s \times e^{-A/4.34}\ (\mathrm{K}) \tag{4.19}$$

式中: T_s 为太阳的亮温; A 为路径衰减 (dB)。

T_e 的变化将直接使 A 产生一个变化。不幸的是, 根据甚尔霍夫定律, 产生衰减的中间介质本身也会辐射无线电能量。如果温度为 T_m 介质只吸收能量而不散射, 式 (4.19) 修正为

$$T_e = T_s \times e^{-A/4.34} + T_m \times (1 - e^{-A/4.34})\ (\mathrm{K}) \tag{4.20}$$

注意: 式 (4.20) 和式 (4.14) 中的最后一项的相似性, 它们都是中间介质的辐射温度。有两种技术用以消除辐射温度[40]: ① 在同一个反射器上使用了两个馈源, 一个接收来自太阳的能量, 另一个的指向稍微偏离太阳, 因此它只能从接近太阳角位置的天空接收辐射的能量。② 在一副天线采用 "摇摆机制" 的单一馈源, 摇摆馈源先将波束指向太阳然后偏离太阳, 以致辐射计可以交替地测量太阳的亮温和接近太阳角位置天空的亮温。指向太阳和指向天空的两次测量差将使得式 (4.20) 的最后一项被消除。图 4.16 是该技术的示意图。

具有灵敏接收机[40] 的太阳跟踪辐射计的动态范围接近 15 dB, 因此它可以提供频率高达 30 GHz 的有用结果。频率大于或等于 30 GHz 时, 星 – 地链路的衰减即使在温带气候也有相当一段时间超过 20 dB。另一个更严重的问题是, 由太阳跟踪辐射计得出的衰减统计对于卫星通信的适用性。由于太阳不是静止源, 所以衰减统计将针对多个不同的俯仰角和方位角, 当然不可能获得夜间的数据。太阳跟踪辐射计数据中天气模式的日变化特性和它们倾向的指向也会由于太阳自身运动被完全掩盖。为了克服这些不足之处, 有必要使用指向固定的辐射计。由于没有地球外天然 "固定" 辐射源存在, 所以辐射计必须使用被动技术。

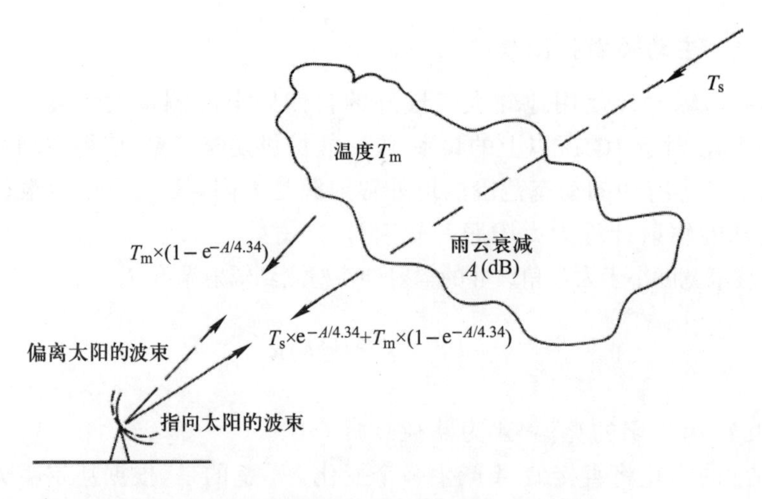

图 4.16 “摇摆” 太阳跟踪辐射计示意图

注: 指向偏离太阳时, 辐射计只接收云的热能辐射, $T_m \times (1 - e^{-A/4.34})$。当指向太阳时, 辐射计会检测到衰减以后的太阳辐射 $T_s \times e^{-A/4.34}$ 和云的热辐射。

4.2.2.2 被动辐射计测量

这类辐射计仅利用中间介质的辐射温度 T_r 来计算由介质引起的衰减。在考察该技术和可能出现的误差之前, 首先讨论两种基本类型的被动辐射计。

这两种类型辐射计曾经称为 “直流” 和 “开关” 式辐射计, 但现在一般称为 “总功率” 和 “迪克” 辐射计[41]。对于 “总功率” 辐射计, 天线从接收机到检测器的信号路径一直保持打开状态, 对入射到天线的总功率持续测量。对于 “迪克” 辐射计, 同样的信号路径以相当快的速率 (约 1 kHz) 进行中断, 用检测器交替地测量来自已知辐射源的功率和经由天线接收到的来自天空的功率。图 4.17 给出了这两种技术的示意图。

“总功率” 辐射计的测量容易受接收设备增益变化的影响, 但是由于从天线到接收机的信号路径不中断, 所以也可以同时接收到其他信号。当使用同一副天线沿同一路径对卫星信标和辐射计数据进行关联时[42], 同时接收信号这一很重要。有趣的是, “总功率” 辐射计并不是 20 世纪的发明。使用此类装置的实验要追溯到 18 世纪末和 19 世纪初[43]。“迪克” 辐射计可消除所有由于接收器增益变化引起的误差, 但不能使用同一天线和接收器对卫星信标信号进行精确测量。这是因为卫星信号需要使用锁相接收系统进行相干检测。中断信号路径将导致

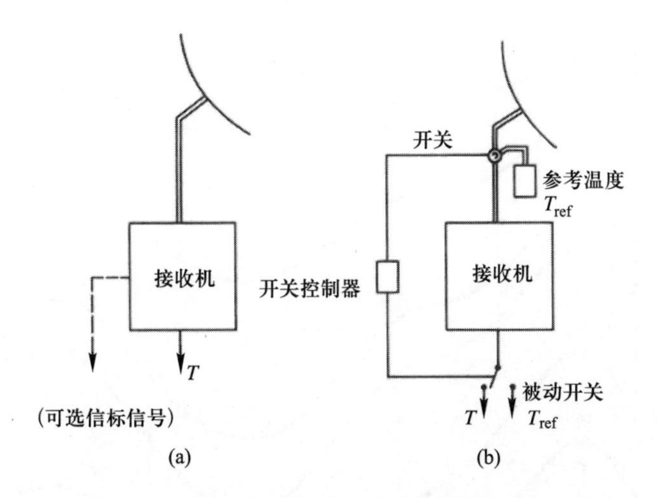

图 4.17 "总功率" 辐射计和 "迪克" 辐射计示意图

(a) "总功率" 辐射计; (b) "迪克" 辐射计。

锁相环失锁, 除非对设备的设计进行极大的改动。

"迪克" 辐射计已经搭载在气象卫星上运行, 第一次是在 1968 年的 COSMOS-243[5]。后来的卫星 (特别是美国的 NOAA 航天器) 搭载了各种多频段辐射计, 这些辐射计可以沿卫星运行的轨道扫描或者在卫星运行轨道任一侧扫描。因为卫星最初的设计目的是检测在大气中不同高度的水分, 所以选择的频率通常接近水蒸气在 22GHz 的吸收线。后来的卫星测量在不同的频率上的亮温, 其中较低的频率 (如 10 GHz) 可穿透到靠近地面的水平, 较高的频率 (如 50 GHz) 仅达到云层的顶部, 这样就可以得到一个很好的云层高度的图片。气象卫星的天线波束很窄, 它可以识别地球表面或者上空 1000 km^2 量级区域内的亮温的变化。地球本身也辐射这些频率的电磁波。如果航天器上天线波束大到足以覆盖从太空看到的整个地球, 那么测得的温度应该如图 4.18 所示 (引自文献 [44] 的图 3)。

当频率为 51 GHz 时, 向下看地球辐射计主要趋向于 "看见" 中到上层大气, 因此在大部分经度检测到的是几乎恒定的亮温, 这些特征在图 4.18 是显而易见的。随着观察频率的下降, 由星载辐射计检测到的能量对应的是更接近于地球表面辐射的能量。

与水面相比, 干燥陆地具有相当高的发射率, 因此在图 4.18 中可以注意到在辐射计的视场内对应于由陆地区域向海面区域转变时的亮温变

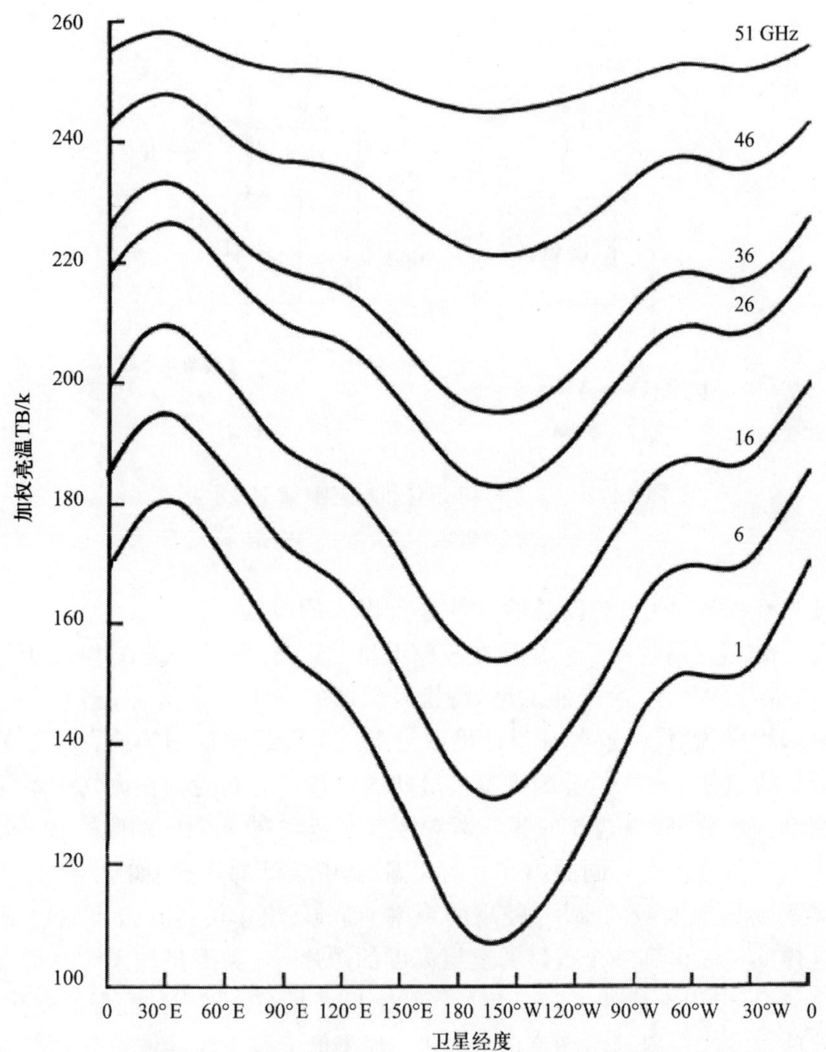

图 4.18 从地球静止轨道观测的频率为 $1\sim51$ GHz 的地球加权亮温随经度的变化 (转自文献 [44] 图 3; ©1985 American Geophysical Union, 转载已获 American Geophysical Union 授权)

注: 曲线是在美国标准大气条件 (2.5 g/cm^3 水蒸气, 50% 云层覆盖) 下获得。覆盖地球天线的方向图由式 $G(\varphi)=-3[\phi/8.715]^2$dB 给出, $0\leqslant\varphi\leqslant8.715$, 式中, φ 为偏离天线波束主轴的角度。

化。在东经 180° 左右, 航天器在太平洋上空, 这时有一个相对较低的亮温。在东经 30°, 航天器大概在非洲中部与欧洲北部上空, 这时有相对较高的亮温。在早期球静止轨道卫星转发器 C/N 测量中没有考虑卫星观察到的地球不同经度亮温的这种变化。INTELSAT 卫星习惯上通过意大利罗马附近的 Fucino 地面站综合设备完成在轨测试, 因此稍差的 C/N 测量值会记录下来, 再与后来卫星被转移到海洋中部位置时的值相比较。

无论是在地面还是在太空, 无源辐射计在概念上都是非常简单的设备, 并且它们不需要人工源。例如, 一种被动辐射计可以放置在地球上任意位置并且指向朝向天空中的任何点。地球同步卫星的相干窄带无线信号并不广泛, 因此大部分早期倾斜路径测量使用辐射计也就毫不奇怪。在被动辐射测量中可能有大量潜在的误差来源, 所以, 虽然被动辐射测量技术和设备相对简单, 但是在分析中必须非常注意消除尽可能多的误差。下面考虑可能的几种误差源。

4.2.2.3 被动辐射计测量中潜在的误差

可以针对每一个源求解辐射传递方程[45], 再将所有的结果求和, 求得入射到辐射计天线的总能流密度。这是一项复杂的工作, 但在文献 [24] 中给出有关辐射测量很全面的阐述。为了用一种较简单的方法鉴别误差来源, 最好以理想化的辐射计方程开始讨论。式 (4.14) 中给出的倾斜路径衰减 A, 可以转化为以 A 为对象的方程, 即

$$A = 10\log\frac{T_{\rm m}}{T_{\rm m} - T_{\rm r}}\ (\text{dB}) \tag{4.21}$$

式中: $T_{\rm m}$ 为吸收介质的物理温度; $T_{\rm r}$ 为吸收介质的辐射温度。

方程式 (4.21) 是理想化的辐射计方程, 假设辐射计天线具有良好的无损馈线, 以及辐射介质是完全吸收介质 (没有散射贡献) 且恰好填满天线波束, 同时在天线波束内没有其他辐射源。当辐射计的天线波束指向地球静止轨道某点时, 太阳和月球偶尔进入辐射计天线波束内, 但这些偶尔机会是可预测的。然而, 由于 "宇宙大爆炸" 的残余, 还会有 $2\sim3$ K 的永久背景辐射。考虑宇宙温度 $T_{\rm c}$, 将式 (4.21) 修正为

$$A = 10\log\frac{T_{\rm m} - T_{\rm c}}{T_{\rm m} - T_{\rm r}}\ (\text{dB}) \tag{4.22}$$

天线和介质效应具有更微妙的本质。

天线效应

辐射计天线有一个由半功率波束宽度定义的主波束和大量的旁瓣。由于被检测到的信号具有非相干特性, 所以对任何方向进入天线的能

量用检测器进行简单求和从而给出总功率。天线的旁瓣将在某些点上与地面相交，由于地面的亮温 T_{g} 很高 (260 ~ 290 K)，所以相对无地面影响条件下辐射计的背景温度，将会观测到显著增加的背景温度。

旁瓣贡献可以通过天线积分因子 H 计算，H 为天线辐射方向图中照射天空的比例。相反，$1-H$ 为地面截断的部分。如果天线检测到的亮温为 T_{a}，则 T_{a} 表示为

$$T_{\mathrm{a}} = HT_{\mathrm{s}} + (1-H)T_{\mathrm{g}}\ (\mathrm{K}) \tag{4.23}$$

式中: T_{s} 为天空的亮温。

将式 (4.23) 转化为以 T_{s} 为对象，则

$$T_{\mathrm{s}} = \frac{T_{\mathrm{a}} - (1-H)T_{\mathrm{g}}}{H}\ (\mathrm{K}) \tag{4.24}$$

对于大部分设计良好的天线，测量天线方向图很容易得到因子 H，其值约为 0.9。因此，由检测和测量得出 T_{a} 后，可以直接通过式 (4.24) 求出 T_{s}。现在需要建立式 (4.24) 中 T_{s} 和式 (4.22) 中 T_{r} 的关系。

在大多数情况下，假定 T_{s} 与 T_{r} 一样，也就是说，从测量得的 T_{a} 计算出的天空的亮温 T_{s}，与雨区或衰减介质的辐射温度 T_{r} 取相同的值。在式 (4.22) 中以 T_{s} 的计算值代替 T_{r} 将得到沿路径的衰减。如果辐射介质填满了整个天线波束，那么对于所有实用目的，T_{s} 和 T_{r} 是一样的。通常，辐射计波束会检测到天空中衰减较弱的某些部分，因而需要取平均效果。不能有把握地估计出由于检测到比预期值低的亮温而低估衰减所引起的误差；当辐射计和卫星信标同时测量时，如果强降雨预报在离辐射计站点一定距离处与天线波束相交[46]，观察到的误差就会变得更加明显。T_{r} 和 T_{s} 之间的差异起因于辐射噪声温度的雨介质的不均匀性。

非均匀性的影响

非均匀性的影响主要起因于雨胞相对辐射计的位置不同所导致的雨胞占据天线主波束和旁瓣的比例不同。

图 4.19 给出了两种基本的情况：一是辐射计天线完全包含在雨胞内；二是辐射计位置与雨胞有一些距离。在这两种情况下，雨胞结构都是降雨较小的外壳包围雨强更大的核。如果辐射计完全处于雨胞内的强降雨区域，则雨介质实际上是均匀的。天线辐射方向图的各个部分观测到的亮温是恒定的。此外，如果在所有方向上的衰减都很大，观测得

的亮温将接近介质的物理温度 $T_{\rm m}$, 即使发生部分散射情况也如此[46]。如果辐射计位于远离雨胞处, 不仅天线主波束和旁瓣会“看到”不同的亮温, 而且散射的能量 (与雨胞内被吸收后再辐射的能量不同) 一般不会进入的天线波束内。因此, 由天线观测得到的亮温不会接近介质的辐射温度。如果用恒定的物理介质温度推断路径衰减, 将会低估路径衰减。散射也会减少表观辐射温度。

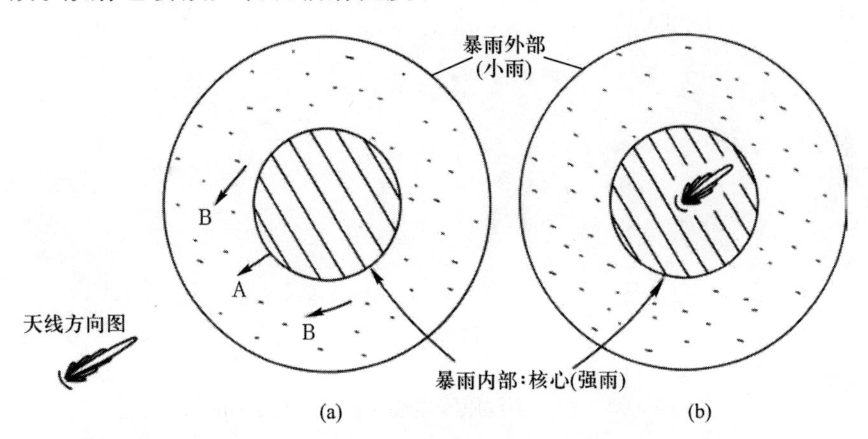

图 4.19 降雨的不均匀性对辐射计影响的平面示意图

(a) 辐射计完全处于暴雨之外; (b) 辐射计完全位于雨胞的强降雨核心部分。

注: 对于图 (a) 的情况, 辐射计通过旁瓣从小降雨区 B 中检测到的亮温比从 A 区的强降雨区检测到的亮温稍低一点。对于图 (b) 的情况, 只会观测到区域 A 的强降雨带来的高亮温。

散射影响

如果衰减介质不是一个完全吸收体, 而是会散射一些能量[47], 则从介质中辐射的亮温将按吸收效率 $Q_{\rm ab}$ 和消光效率 $Q_{\rm ex}$ 的比值成比例减小, 即

$$T_{\rm r}' = \frac{Q_{\rm ab}}{Q_{\rm ex}} \times T_{\rm r}\ ({\rm K}) \tag{4.25}$$

图 4.20 为由于不同原因导致的表观亮温的变化。

除去所有可能存在的固有误差 (包括从地面的反射[48]), 被动辐射计所测得的结果还是相当不错。被动辐射计在推断衰减时, 其动态范围比太阳跟踪辐射计小一些, 约为 10 dB, 这有可能已经减小了明显的错误。由于大部分已经开展的测量都在低于 20 GHz 的频率, 所以散射效应还没有开始占据主导地位, 大部分能引起非均匀性影响的暴雨一般会导致推断的衰减远超过可靠的动态范围。由被动辐射计测量的超过

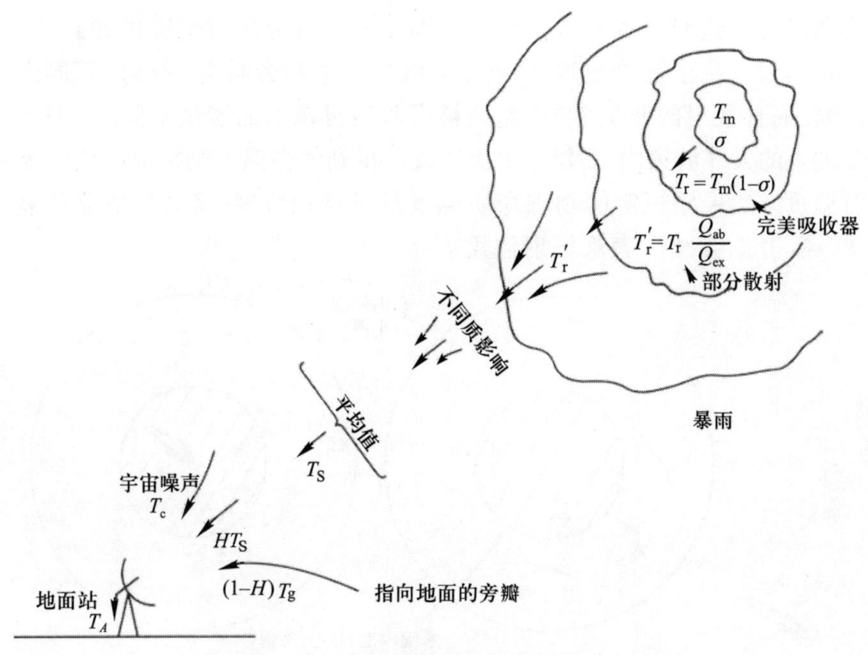

图 4.20 由于不同原因导致的表观亮温变化的

注: 理想情况下, 辐射温度 T_r 是必需的, 因为根据介质物理温度 T_m 的信息,T_r 会给出分数透射率 σ, 并因此得出倾斜路径衰减 A (注意 $\sigma = e^{-A/4.34} = 10^{-A/10}$ 中 A 的单位是 dB)。T_r 按照吸收效率 Q_{ab} 与消光效率 Q_{ex} 的比值成比例减少; 非均匀性的影响和辐射计天线的宽波束也将会进一步使 T_r 降低到感观天空温度 T_s; 宇宙背景温度 T_c 和天线的因子 H 将产生测得的天线温度 T_A。需要的技巧是从 T_A 导出 T_r。

10 dB 的衰减数据通常会被丢弃。被动辐射计的主要误差可能来源于对吸收介质物理温度的不正确假设。

物理温度

也许被动辐射计实验中最根本的参数是选择所研究的雨介质物理温度。实验者假设了各种温度, 这些假设的温度有的是在介质的实际温度 (273 ~ 293 K) 的范围内, 而为了尝试考虑散射和其他影响而假设温度则被人为地降低了。早期为了尝试考虑季节和气候变化而引入了物理介质温度 T_m 与地面温度 T_g 的依赖关系式[49]:

$$T_m = 1.12T_g - 50 \text{ (K)} \tag{4.26}$$

方程式 (4.26) 是一个近似结果, 该方程实际上考虑了存在液态水凝物沉降粒子高度范围内的平均温度。如果地面温度为 0°C (地面温度为区别液态水和冻结水凝物的结冰温度), 则根据式 (4.26) 可知 $T_m = 256$ K, 显然这是一个导致高估衰减的非物理温度。相反, 如果地面温度为 30°C, 则 $T_m = 289$ K, 这对于夏季的暴雨是一个比较现实的物理温度。辐射计测量也是在欧洲开展的 OLYMPUS[50(a), 第 3 卷] 活动的一部分工作, 对测量结果的详细评估指出 T_g 不是地表物理温度的真实值。散射、反射、植被和湿度几乎总是导致 T_g 取值小于其物理温度。大多数实验者的结论是没有可靠的方法将 T_g 与地面物理温度值关联起来。然而, 对欧洲空间局的数据[24] 进行的仔细评估认为, $T_m = 260$ K 对于频率为 11 GHz 的欧洲站点给出了良好的结果, 该值统计地解释了 11 GHz 的数据中散射和非均匀性的影响。

其他选择 T_m 的方法是去选择一个 T_m 值等于实验过程中辐射计测量到的最高值, 或选择 T_m 的取值范围, 该范围随数据库中的时间百分比而变化[51]。前者将导致中雨和小雨时所计算的路径衰减被低估。而后者在统计的基础上部分地处理散射和均匀性的影响, 该方法还没有进行充分的测试以至被全球接受。考虑到所有影响的唯一可以接受的方法是, 同时利用沿着相同路径的卫星信标接收机的测量来校准被动辐射计。在热带地区进行这种测量工作[52] 发现 T_m 的取值为 $289 \sim 292$ K。与该取值范围相矛盾的结果是, 在南纬 23° 附近的里约热内卢发现更大的 T_m 值, 而在纬度约南纬 1.5° 赤道附近亚马孙河上的贝伦则发现更小的 T_m 值。作者并没有尝试解释这种明显的异常, 但这种异常可能与贝伦常年大雨, 而在里约则是季节性降雨有关。选择介质温度是为了使测量的信标衰减检验所推测衰减的精度最大化, 所以用里约倾向于在相对炎热的夏季才出现大雨的事实够解释为何该地具有较高的介质温度。正如我们将要看到的, 指向相同路径的共址辐射计和卫星信标接收机也可使卫星信标接收机在低路径衰减值条件下被校准。本质上辐射计是用来设定信标衰减数据的测量基准。

4.2.3 卫星信标测量

卫星信标信号通常来自于非常稳定的晶振源, 其相位、互调噪声非常小[53]。这意味着, 对于一个未调制的载波, 大部分的能量包含在以所需频率为中心很窄的带宽内。由于几乎所有的能量都被抑制在载波频率附近, 所以地面卫星信标接收机可以用一个很窄的检测带宽。接收机噪声直接正比于带宽,因此非常低,允许衰落余量达到大动态范围或这采用非常小的接收天线[54]。如果获得地球同步轨道卫星信标,一般而言直接检测接收到的信号电平就可以容易地观察到沿路径的额外衰减。

图 4.21 给出了某降雨事件测量期间所接收卫星信标信号电平。降雨活动期间信号电平和晴空时信号电平之间的差就是额外衰减 (忽略了衰减事件发生期间晴空电平的变化)。累积一年如图 4.21 中的数据,就可以给出对应路径衰减如图 4.22 所示的年统计分布。

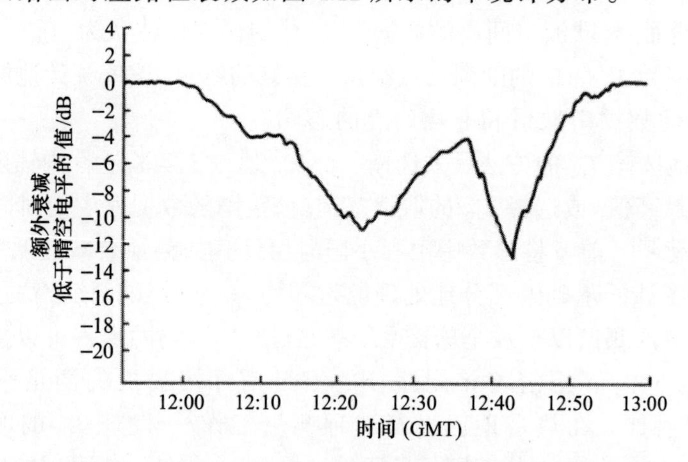

图 4.21 雷雨天气期间卫星信标接收功率的变化示例

在图 4.22 中,一年中超过 0.01% 的额外衰减是 11 dB。也就是说,如

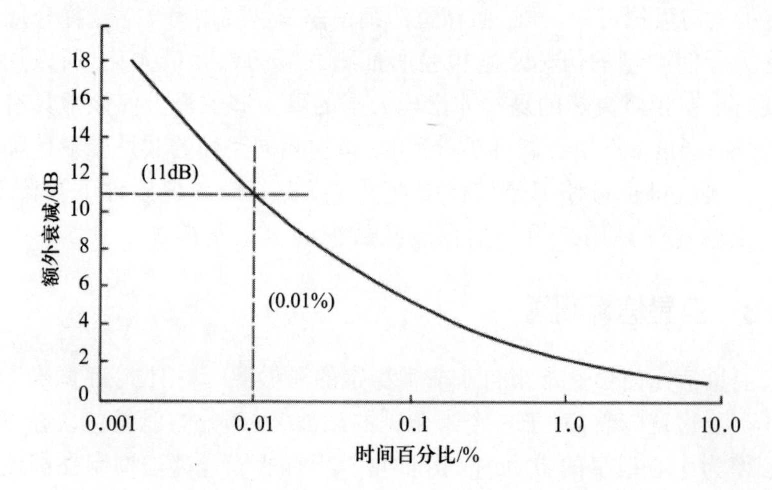

图 4.22 以年超过百分比形式给出的倾斜路径额外雨衰累积统计示例

果地面站点具有 11 dB 的余量, 则该特定路径中信号电平在一年中只有 0.01% 时间低于阈值。然而, 正如下面所讨论的那样, 事情没有那么简单。

4.2.3.1 卫星信标测量中的潜在误差

在卫星信标测量技术中有许多可能的误差, 它们会严重影响数据的准确性。有的误差只与卫星有关, 有的只与地面站有关, 还有一些同时与卫星及地面站有关。除所有这些实际上由于设备导致的误差, 还要考虑明显影响卫星信标电平测量值基准的大气潮汐的影响[1]。

卫星引起的误差

指向误差: 有自旋稳定和三轴或本体稳定[55] 两种基本类型的航天器。对于自旋稳定航天器, 通过消旋平台消除航天器主体自旋, 通信天线和传感装置可以永久指向地球。但总存在轻微的旋转摆动, 导致航天器天线的覆盖范围存在轻微的周期运动。自旋稳定卫星以 90 r/min 量级的速率旋转, 所以接收信号电平的任何变化的速率都如此。除非地面站采用非常快速的采样, 才能使接收信号中的快速周期变化不被检测出来。

本体稳定航天器使用反作用力推进控制和动量轮维持正确的指向。在指向控制算法中有一个 "盲区"。这意味着, 航天器的天线指向在应用指向校正前, 将在两个控制限定极端之间漂移。指向的缓慢变化称为章动, 其周期约为 100 s。对于更先进的航天器, 天线本身带有与航天器主体运动不相关联的指向机制, 因而章动效应的表现更为复杂。

在大多数情况下, 卫星天线指向误差导致所观察到的信号电平变化非常小, 对于使用全向喇叭天线的卫星信标, 该影响小于 0.1 dB。即使使用很小覆盖范围的天线, 指向误差引起信号的变化也较小且相对缓慢。卫星指向误差导致信号电平的缓慢变化, 使得降雨引起的快速变化可以相当容易地识别, 因此正常指向误差不是所关心的主要误差源。在某些情况下, 卫星不在真正的地球同步轨道, 因此它在轨道的位置有一个周期变化。这种周期性变化将有非太阳日的恒星日周期, 因此这样的变化在几天的周期内可以很容易地检测到, 并允许存在。虽然, 接收信号恒星日变化是由于卫星位置改变而引起, 但卫星位置变化不是大气效应而是设备影响, 所以接收能量的恒星日变化没有随着共址辐射计天空温度的变化而变化。转发器负载效应也能引起信号电平更快的变化。

转发器负载效应: 当窄带卫星信标源不可用时, 或如果需要宽带实验时, 上行链路的信号可以由地面站发射然后通过卫星转发器沿相同的路径返回。为了避免卫星的环路信号而导致的上行链路和下行链路同时发生衰减, 一种可选途径是信号从遥远的地面站发送再通过卫星转发器, 以便为其他地面站产生用于传播测量的下行链路信号。卫星转发器通常是具有线性性质的简单中继器。

转发器带宽在几十兆赫兹的量级, 并设计成以频分多址接入 (FDMA) 模式同时转发一个以上的信号[56]。随着同一转发器支持信号数目的变化, 信号的功率分布也发生变化。以类似的方式, 如果卫星信标可以被调制, 调制的应用会降低载波功率。如果在没有信标或者转发器负载的调制状态信息的情况下, 对信标或转发载波进行窄带检测, 估计信号真实电平时就会发生严重错误。如果信标调制或转发器负载的变化发生在晴空条件下, 由于信号会发生突然的变化, 晴空条件下信标调制或转发器负载的变化就可以容易地检测到。但是, 如果这些变化发生在强降水事件中, 它们就可能会被忽视。

地面站引起的误差

近场的影响: 从点源发射出的电磁波在到达到瑞利距离之前不会形成平面波。瑞利距离由 $2D^2/\lambda$ 给出, 其中, D 为天线的孔径, λ 为发送信号波长。例如, 工作频率为 30 GHz、直径为 6 m 的天线的瑞利距离为 7.2 km。对于 20° 以上仰角的倾斜路径, 通过液态降水的路径通常要远少于 7.2 km。因此, 大部分的降雨效应发生在地面站天线瑞利距离或者近场距离内。

瑞利距离或远场距离对天线测量工程师来说是众所周知的。对于传播技术人员, 所提出的问题是, 地面站近场区内降雨的信号电平测量值可能与远场情况下不相同。解决该争论的结论是[57] 近场效应不会导致雨衰测量误差。发现波束宽度的变化对测量误差有类似负面贡献[58], 至少对波束宽度大于 0.1° 的天线有影响。

失锁误差: 大多数卫星信标接收机采用锁相环 (PLL) 技术[53,54]。环路的带宽是衰落余量与恢复锁定需求之间的折中。从本质上讲,PLL 用自动频率控制技术跟踪卫星信标频率的变化, 同时有效地保持恒定的检测带宽。环路带宽越小, 可跟踪的信号电平越低, 一旦信标信号失锁, 重新获取信号的时间越长。图 4.23 解释了所进行的折中。

在实际工程中, PLL 带宽会自动切换, 当卫星信标信号被锁定时维

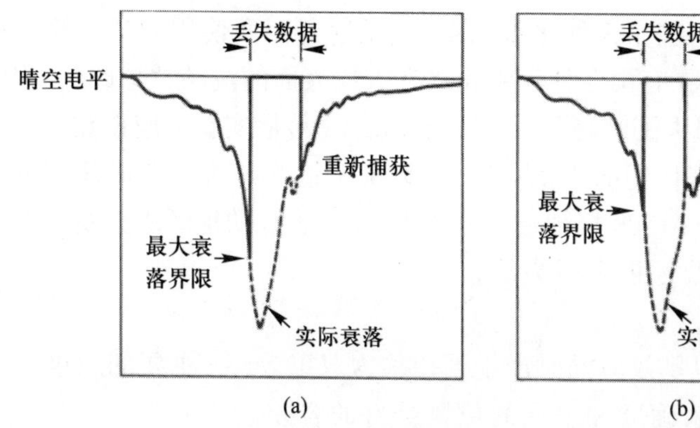

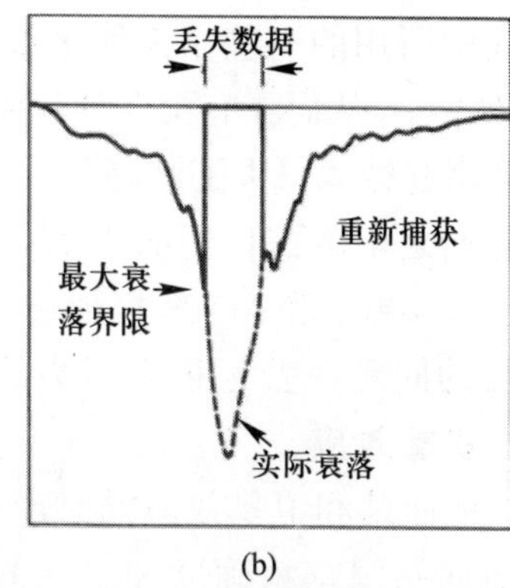

图 4.23 使用不同带宽的锁相环时丢失数据不同方面的差异

(a) 窄带 PPL; (b) 中等宽 PPL。

注: 相对于图 (b) 的情况, 图 (a) 中的较窄的带宽 (如 25 Hz) 允许对信标电平跟踪至更低水平, 但是一旦该信号丢失, 因为重获信号机制的扫描速率更慢, 所以将需要更长的时间重新获取信号。

持 PLL 具有相对窄的带宽 (如 100 Hz)。然而, 一旦失锁, 环路带宽将放开到了在 $4 \sim 10$ 倍于正常的窄带宽度, 以准许相对快速的搜索速率来重新捕获信号。

***C/N* 误差:** 一般情况下, 当沿路径的雨衰发生时, 在微波频率雨会作为吸收介质。正如像由式 (4.14) 看到的, 雨介质的物理温度 $T_{\rm m}$ 会引起噪声温度的增加。接收的载波功率 C 和接收机的噪声功率 N 定义了载噪比 C/N。噪声功率表示为 $kT_{\rm syst}B$, 其中, k 为玻耳兹曼常数 $(1.38 \times 10^{-23}\ {\rm J/K})$, $T_{\rm syst}$ 为系统的噪声温度, B 为接收机的噪声带宽。如果由于衰减引起载波功率有所减少, 则 C 减小的同时也会增加检测系统的噪声温度 N, 因为天空噪声温度的增强导致天空将显得 "更热"。因此, C/N 将比 C 降低得更多, 并且由于接收机噪声功率的增强会导致附加的统计误差。如果进行的卫星信标传播测量不是测量接收功率 C 的变化, 而是测量 C/N 的变化, 那么必须消除由衰减媒质导致的天空噪声增强效应对 C/N 变化的贡献。

天线罩及馈线罩浸湿的影响

在天线表面和馈线口 (塑胶口防止水和污染物进入馈线波导管) 上的水可能会导致不可接受的误差, 特别是如果天线的前表面和/或馈线口的特性很容易造成这样的误差时, 水的影响更明显。就美国的 ACTS

实验中所用的一些小天线来说, 在天线反射器表面使用的塑料涂层被"弄皱"了, 从而在有雨条件下阻止水在天线表面的流动[59]。此外, 积水也会引起馈线口失配问题[59]。在所有情况下, 传播实验者应该在实验阶段开始之前测试他们的天线和馈线, 以确定这些是否会造成任何过分的实验误差。就 ACTS 接地端子天线来说, 为了成功地解决天线及馈线浸湿的问题花费了很多努力[59]。

双重效应

地面站和卫星效应同时产生误差称为双重效应。主要的双重效应是地面站跟踪精确度和卫星的位置保持的容差。

大多数从事传播测量的地面站没有使用主动跟踪, 也就是说它们不依赖于卫星信标电平测量跟踪卫星的视在运动, 相反, 采用的是依赖于计算机生成天线指向命令的被动跟踪技术。在许多情况下, 由于地面站天线的波束宽度覆盖了卫星预期的日运动, 因此不使用天线跟踪。

程序跟踪的准确性根本上取决于卫星星历数据[55], 根据这些数据预测地面站天线所要求的方位角和仰角。星历数据通常是非常准确, 但是在卫星轨道调整期间仍然存在跟踪精度恶化的时段。当不采用地面站跟踪且卫星不是对地完全静止时, 来自卫星的下行链路波束将在覆盖区域上方移动, 导致所接收能量具有恒星日的变化规律。因此, 很难定义所接收信号的真正晴空电平。以上这些信号变化能够与由湿度和对流层闪烁效应 (大气潮汐) 引起的晴空路径衰减的变化相混合, 路径衰减的变化在热带、降雨高发地区可能会很严重[1]。由天线的指向错误或在地面站波束内的轨道运动所导致的卫星效应, 可以通过使用辐射计作为"晴空"参考来消除, 因为辐射计对卫星效应没有响应 (图 4.24)。

图 4.24 中描述了接收信标信号电平典型的日晴空变化情况。对于 $10 \sim 30$ GHz 频率信号的倾斜路径, 在温带地区的温暖夏日和炎热、潮湿气候的几乎每一天都可以看到这些变化。即使准确跟踪不能完全消除信号变化, 使用辐射计也可以进行平均晴空电平测量, 平均晴空电平不受卫星信标变化的影响。相对于卫星引起的晴空电平变化, 大气潮汐引起的晴空电平变化在传播测量中更难处理, 更重要的是正在运行的卫星通信系统中也很难处理。虽然使用辐射计去除由于卫星运动或波束覆盖变化引起的信号日变化效应已经广为接受, 但是对于传播测量, 仍然没有被采纳的正式方法去除大气潮汐导致的信号日变化。由于大

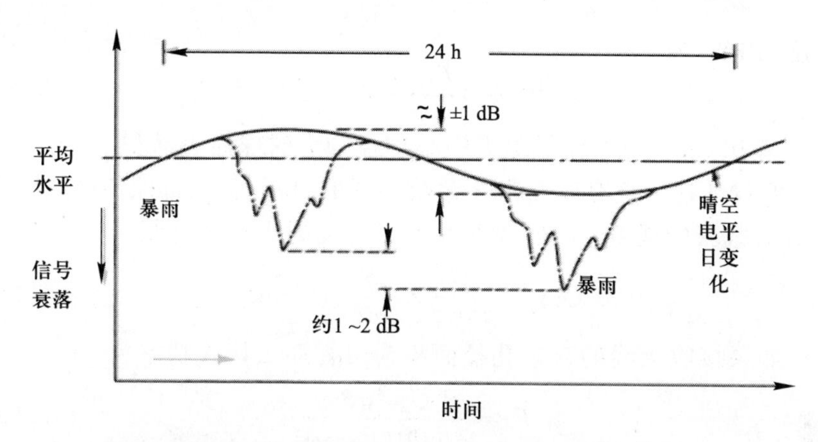

图 4.24 由于晴空电平的变化对评估真正雨衰水平的潜在误差 (转自 J. Thirlwell 的演示文稿, 转载已获授权)

注: 图是由航天器效应导致的卫星信标检测电平的日变化。航天器效应既包括由轨道不同部分加热效应变化所引起的效应, 也包括由于非零倾角轨道使得卫星偏离了无跟踪地面站天线波束中心所引起的效应。这些轨道效应也可能是由大气条件变化 (大气潮汐) 所导致, 主要有对流层闪烁、湿度和云层覆盖的变化。通常很容易检查是卫星导致的信标信号变化还是与天气有关的信标信号变化。卫星效应引起的信号变化会呈现出一个恒星日周期, 而与天气相关的效应引起的信号变化 (通常与太阳加热密切相关) 将经历一个太阳日周期。因为辐射计不会测量任何与卫星运动相关的信号变化, 所以与地面站共址的辐射计可以非常简单地去除卫星效应导致的信号变化。简单比较信标电平与辐射计电平就可以去除卫星效应的影响。另外, 由于辐射计也将会检测到大部分大气潮汐带来导致的信号变化, 所以辐射计将无法帮助去除大气潮汐带来的影响。

气潮汐效应关于平均晴空电平相对对称, 所以在年度基础上测量路径衰减中的平均误差会小一些 (影响会被平均掉), 但该误差对于一天的某个时段会非常大, 这将对商业经营产生影响。

4.2.4 雷达测量

不像其他用于测量或推测倾斜路径衰减的方法, 雷达方法主动地在沿路径的特定区域进行探测, 雷达方法也能适合在雷达站周围进行大范围扫描探测而不仅仅是沿特定路径探测。正是由于这个特点使得雷达方法对于许多类型的研究都如此具有吸引力。接收能量的变化和反射能量源精确位置是散射与衰减效应的复杂混合体。

4.2.4.1 雷达方程

假设发射功率为 P_{T}, 天线发射增益为 G_{T}, 则距离天线 r 处的功率

密度 (PFD) 为

$$\mathrm{PFD} = \frac{P_{\mathrm{T}}G_{\mathrm{T}}}{4\pi r^2}\ (\mathrm{W/m^2}) \tag{4.27}$$

式中: $4\pi r^2$ 为以辐射源为中心半径为 r 的球面表面积。

假设在这一点有以面积 S 截获功率的目标, 且该目标各项同性地散射所截获的能量。后向散射并入射至辐射天线的能量

$$E_{\mathrm{SC}} = \frac{P_{\mathrm{T}}G_{\mathrm{T}}}{4\pi r^2} \times \frac{S}{4\pi r^2}\ (\mathrm{W/m^2}) \tag{4.28}$$

如果接收天线的有效孔径面积为 A_{R}, 那么接收功率为

$$P_{\mathrm{R}} = \frac{P_{\mathrm{T}}G_{\mathrm{T}}A_{\mathrm{R}}S}{(4\pi r^2)^2}\ (\mathrm{w}) \tag{4.29}$$

如果发送和接收都使用相同的天线 (实际上频率没有变化, 发射增益和接收增益是相同的), 那么天线的增益由 $(4\pi A)/\lambda^2$ 给定, 式 (4.29) 简化为

$$P_{\mathrm{R}} = \frac{P_{\mathrm{T}}G^2(\lambda)^2 S}{(4\pi)^3 \times r^4}\ (\mathrm{w}) \tag{4.30}$$

式 (4.30) 叫做 "雷达方程"。对于给定的雷达系统, 雷达方程中的许多参数是常数。如果雷达频率是常数, 那么式 (4.30) 可以表示为

$$P_{\mathrm{R}} = \frac{CP_{\mathrm{T}}S}{r^4}\ (\mathrm{w}) \tag{4.31}$$

式中: C 为雷达常数, 雷达常数通常包含特定的雷达、几何路径和操作配置条件下的所有常数因子, 可表示成

$$C = \frac{G^2\lambda^2}{(4\pi)^3} \tag{4.32}$$

上述雷达方程假定入射至面积 S 上的所有能量都被散射。在大多数情况下, 散射目标或导致能量反射回雷达的介质既不能均匀地完全填满波束, 也不只是散射能量。在许多情况下也会发生吸收, 特别是对于具有特定粒子尺寸范围的降水粒子吸收更明显, 所以需要讨论反射因子。

4.2.4.2 反射率因子

沿原路径返回到发射天线的能量总量是粒子在该点截取雷达波束尺寸和粒子散射系数的函数。对于一个直径为 D (mm)、与雷达信号的波长 λ (m) 相比很小的单个球形水滴, 其瑞利散射横截面为[60]

$$\sigma = \frac{\pi^5 \times |K|^2}{\lambda^4} \times 10^{-18} \times D^6\ (\mathrm{m^2}) \tag{4.33}$$

式中: $K=(n^2-1)(n^2+1)$, n 为复数折射指数; 将 n 平方得到复相对介电常数 (见 3.3.1 节)。对于液态水滴 $|K|^2=0.93$, 对于冰粒 $|K|^2=0.20$。后面将会看到, 水的液相与固相之间 $|K|^2$ 取值的巨大差距具有重要的意义。

对于尺寸分布为 $N_{(D)}$ 的雨滴群, 单位体积内直径在 D 和 $D+\mathrm{d}D$ 之间的水滴数目为 $N_{(D)}$, 那么每单位体积的粒子散射横截面为[60]:

$$\eta=\frac{\pi^5\times|K|^2}{\lambda^4}\times10^{-18}\int_0^{D_{\max}}N_{(D)}D^6\mathrm{d}D\ (\mathrm{m}^2/\mathrm{m}^3) \tag{4.34}$$

式中: 由 $\int N_{(D)}D^6$ 表示的项, 仅依赖于被雷达照射的空间区域内雨滴粒的尺寸分布, 通常称为反射率因子, 表示为

$$Z=\int_0^{D_{\max}}N_{(D)}D^6\mathrm{d}D(\mathrm{mm}^6/\mathrm{m}^3) \tag{4.35}$$

为了从后向散射能量测量值导出路径特征衰减 α, 则必须直接测量雨滴的尺寸分布, 或者援用关联降雨率 R 与反射率 Z 之间的统计参数假设。通常采用后者, 关联降雨率与反射率的之间关系表达式为

$$Z=aR^b\ (\mathrm{mm}^6/\mathrm{m}^3) \tag{4.36}$$

式中: a、b 为经验常数, 表 4.4 给出了一组普遍使用的 a 与 b 的值。

表 4.4 关联反射因子 Z 和降雨率 R 的表达式 $Z=aR^b$ 中经验参数 a 和 b 的一些典型值

a	b	雨的类型	雨滴尺寸分布	参考
140	1.5	毛毛雨	Joss	[61]
220	1.6	所有	Marshall and Palmer*	[62]
250	1.5	大面积降雨	Joss	[61]
380	1.32	所有	Marshall and Palmer	[63]
396	1.35	所有	Marshall and Palmer	[64]
400	1.4	由过去的 CCIR (现为 ITU-R) 推荐		[65]
500	1.5	暴雨	Joss	[61]
注: 该关系式也适于 Laws-Parsons 雨滴尺寸分布				

方程式 (4.36) 假设雨滴为球形粒子。由于空气阻力影响, 大的雨滴会发生变形, 所以线极化雷达入射波极化矢量取向相对于大雨滴在变化, 所以导致线极化雷达观察到不同的 Z 值。这将引起不同的反射率。

4.2.4.3 差分反射率

如果反射率因子在垂直 (下标 V) 和水平 (下标 H) 两个方向都可以测量, 则差分反射率为

$$Z_{\mathrm{DR}} = 10\lg\frac{Z_{\mathrm{H}}}{Z_{\mathrm{V}}} \tag{4.37}$$

通过测量差分反射率, 可以估算雨滴群的扁率。由于雨滴大小随降雨率增加而增加, 且雨滴群的扁率也随降雨率增加而增加, 所以观察到增大的 Z_{DR} 值表示辐射空间内的降雨率也在增加, 如图 4.25 中所示 (引自文献 [60] 的图 3.16)。

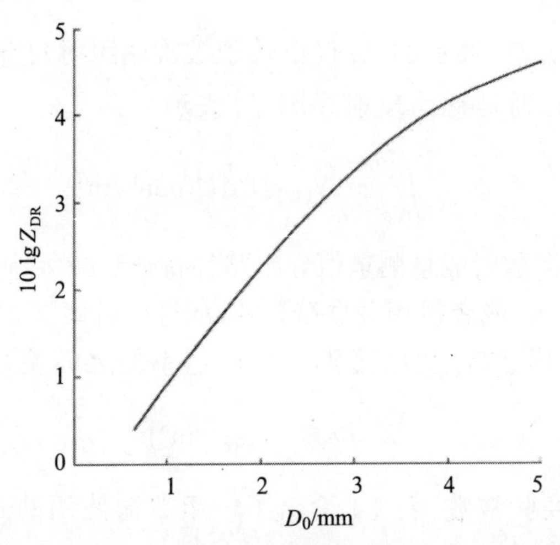

图 4.25 差分反射率因子 Z_{DR} 随等效球体积粒子直径中位数 D_0 的变化 (转自文献 [60] 的图 3.16; ©1979 IEE —— 现在的 IET, 转载已获授权)

注: 图中数据假设最大雨滴直径为 9 mm、波长为 10 cm。

如果 Z_{DR} 的值沿雷达波束的路径突然变化 (在一个或两个雷达"距离门" 内 Z_{DR} 的值突然变化, "距离们" 就是沿路径的采样距离, 反射率数据就是以这样的采样距离进行储存), 通常意味着出现了空气和雨或雨和冰晶之间的分界线。雨粒子和冰晶粒子折射指数与扁率之间的大幅度变化都将形成 Z_{DR} 的大幅度变化。还有其他检测粒子物相变化的方法, 具体方法取决于所用雷达的类型。

4.2.4.4 雷达类型

单频雷达

单频雷达是最简单的雷达类型。即使对这种类型雷达的增益进行精确校准, 倾斜路径衰减值的估计精度仍然不好[66,67]。带来误差的原因

有很多, 误差的主要来源包括: 统计误差; 不同的观察区域; 衰减频率; 错误识别的冻结高度 (更准确的说是融化层高度, 这是下落过程水凝物内的粒子融化形成雨的一个高度分界点)。

要获得具有重要统计意义的雷达接收功率估计值, 必须从每个研究的空间区域获得大量的独立样本。然后, 对这些样本进行积分计算出随机波动的平均值。如果雷达测量推导的路径衰减与沿相同路径的卫星信标测量值比较, 确保使用相同的总积分时间。即使这样, 两者观察到的空间区域也可能不同。

在图 4.26 中, 雷达探测到的空间区域与卫星信标接收器的天线照射到的不同, 同时, 雷达信号中也将会包括旁瓣的回波, 除非精心设计雷达天线来避免。而信标接收机基本上只对第一菲涅尔区的降雨活动有响应, 第一菲涅尔区体积通常比雷达观测的空间区域小很多。

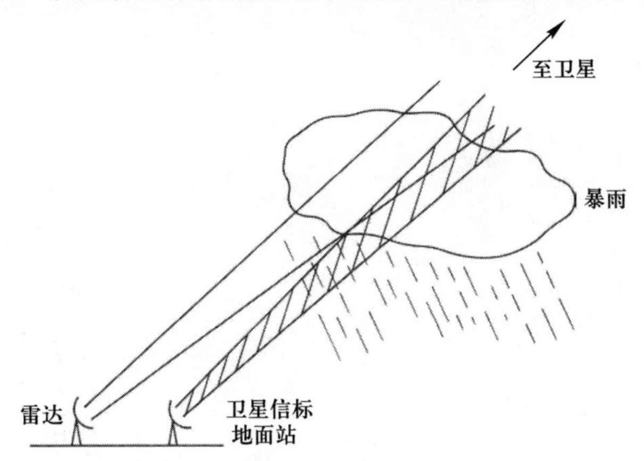

图 4.26 指向同一卫星的共址协作雷达与卫星信标地面站观测到不同空间区域的例子

注: 不同的波束宽度和旁瓣贡献及路径偏移相结合产生不同的观测空间区域。

出于两个方面的考虑, 雷达所使用的频率也是很重要的。大多数气象雷达使用基于粒子尺寸远小于波长的瑞利散射方程, 这对于使用约 10 GHz 以下频率的雷达来说通常是正确的。当频率高于 10 GHz 时, 应当采用 Mie 散射理论, 并且计算有效反射因子 Z_e。然而, 即使频率为 5 GHz 时, 雨滴粒子也显示出明显的衰减, 因此需要用准确的衰减信息来归一化接收到的散射能量。由于检测到的散射能量电平用于确定所观察空间区域内的降雨率, 所以计算雷达信号通过雨区其余空间区域时的双向衰减中的误差会导致预测全部路径衰减时很大的误差。然而,最大的误差通常是由于对水凝物的物相假设不正确所导致。

在图 4.27 中, 发射的雷达信号穿过大片的积雨云。在大约由零度等温线给定的高度, 正在降落的冰粒开始融化。这个区域称为融化层。冰粒子的散射反射率几乎是 1[22], 这导致很强的雷达回波。冰的衰减在微波频率无关紧要, 因此, 如果没有想到有冰的存在, 那么结果是大大高估了路径衰减。在冻结层的高度上普遍增强的雷达回波使得 "亮带" 这一术语用于这部分数据。

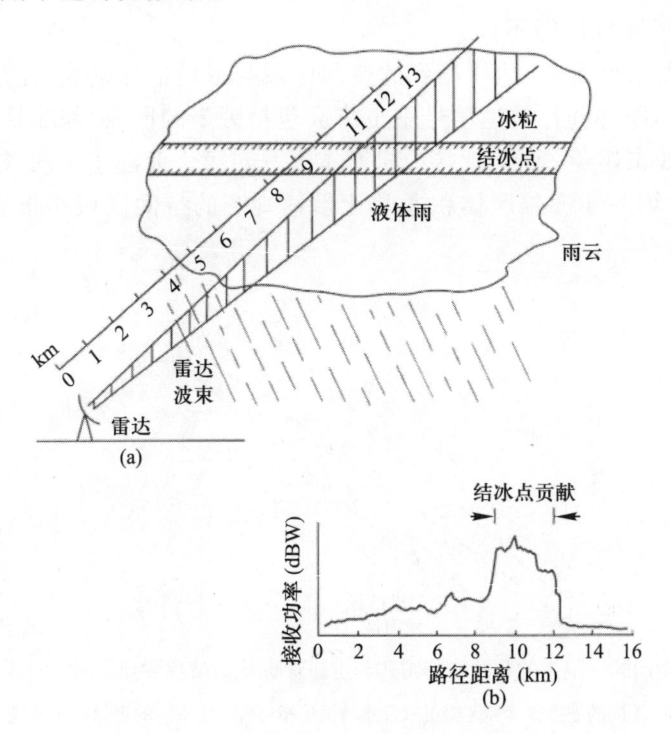

图 4.27 冻结层 (更合适地应称为融化层) 对雷达接收信号影响的示意图

(a) 路径的几何结构;(b) 雷达显示器上的接收信号。

注: 图 (b) 中给出的修正了距离损耗后雷达接收信号电平与距离的关系曲线, 称为 "A 扫描"

如果雷达的仰角可以非常容易地上下移动 (称为点头雷达), 任何亮带位置的变化有时可以被检测到而且可以考虑到它的影响, 因为对于大多数的气象状况, 融化层接近地平线。与如图 4.27(b) 所示的固定雷达的简单 A 扫描图截然不同, 点头雷达提供了距离 — 高度 $(R-H)$ 扫描显示。$R-H$ 扫描会给出传播媒质在垂直平面内的 "快照"。如果

$R-H$ 扫描部分显示出在相对恒定高度的回波信号大幅增强, 这个高度很可能就是冻结/融化层。图 4.28 给出了 $R-H$ 扫描图。

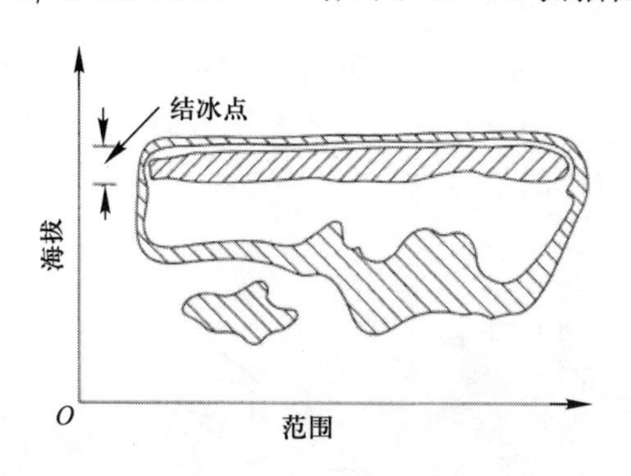

图 4.28 $R-H$ 扫描示意图

双频雷达

当频率上升到约 20 GHz 时, 有效反射率因子 Z_e 基本上与频率无关[68]。如果雷达同时发射非衰减频率信号和 10 ~ 20 GHz 范围内频率的信号, 则可以直接获得较高频率的路径衰减[68]。然而亮带的影响仍未消除, 欲使推断的衰减不被明显高估, 则必须特别注意亮带的影响。

FM 雷达

FM 雷达是多频气象雷达, 雷达频率在几十兆赫兹的带宽上连续扫频。FM 气象雷达的载波频率通常在非衰减频带。载波是由线性频率调制器进行调制, 因此发射的频率以线性的方式增大和减小。将接收信号和从馈线耦合出的并经过适当衰减的一部分发射信号进行比较, 由频率差可得到路径中散射体积的距离。如果散射体积相对于雷达波束移动, 将会观察到回波信号有相位的变化。由相位变化量可以计算出多普勒频移, 再由多普勒频移可以计算出散射体积沿雷达波束的速度分量。出于这个原因, FM 雷达有时称为多普勒雷达, 广泛用于气象系统中测量风切变 (风速矢量或其分量沿垂直方向或某一水平方向的变化)[69,70]。警方也使用此类雷达监测车辆行驶速度。对于传播研究, 由于两个原因导致 FM 雷达仅限于小降雨率 (小于 10 mm/h) 的情况下使用: 首先, FM 雷达的动态范围不大; 其次, 大降雨率降雨通常伴有强雷暴雨, 这时的强对流活动往往可能超过多普勒雷达的动态范围。

双极化雷达

已经成熟的双极化雷达主要有圆去极化率 (CDR) 雷达、线去极化

率 (LDR) 雷达和差分反射率 (ZDR) 雷达如图 4.29 所示。

4.2.4.5 CDR 双极化雷达

Mc Cormick 和 Hendry 最先研制了 CDR 雷达[71], CDR 雷达发射单一方向的圆极化方向信号, 同时接收相同方向 (交叉极化反射) 和相反方向 (共极化反射) 的信号, 如图 4.29(a)。

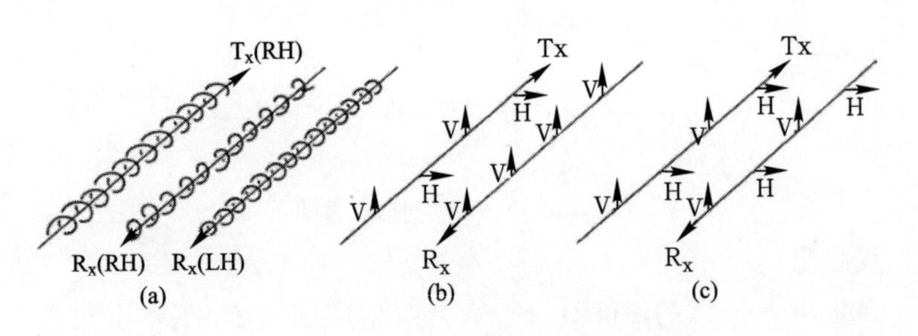

图 4.29 三种不同类型的双极化雷达的示意图

(a) CDR 雷达; (b) LDR 雷达; (c) ZDR 雷达。

注: 图 (a) CDR 雷达: 连续地发射一种极化方向信号; 同时接收共极化和交叉极化信号。图 (b) LDR 雷达: 交替地发射正交的线极化信号; 只接收一种线极化方信号。由于发射交替极化的信号流, 所以相对于发射信号流而言, 接收信号为共极化和交叉极化交替的信号流。图 (c) ZDR 雷达: 交替地发射正交线极化信号; 交替地接收正交线极化信号, 接收与发射信号流同步, 因而只进行共极化接收。

从测量值中可获得四个导出量[72]: 一是圆极化的反射率; 二是 CDR, 它是两个不共极化的反射信号功率之差的度量; 三是两个不同极化的反射信号之间的复数相关; 四是形成反射的水凝物的视在平均取向。

由两个接收信号之间的相关性可推断出降水粒子的有序排列程度, 良好的相关性意味着较高的有序排列程度。由于对接收信号的振幅和相对相位都进行了测量, 所以具有高相关性的 "相位" 将给出降水体的视在平均倾斜角。

CDR 雷达依赖于非常敏感、良好校准的雷达, 以便检测出交叉极化分量的振幅和相位, 这是应用 CDR 测量的主要困难。出于这个原因, 小雨事件或发生在很长路径长度上的降雨通常不会被成功测量, 因此 CDR 雷达在收集累积统计信息方面的作用受到了质疑。但是,CDR 雷达对发生在暴雨内部的物理过程给出了重要理解。

4.2.4.6 LDR 双极化雷达

LDR 雷达可以分为两种类型: 一种与 CDR 雷达类似, 这种雷达在一个极化方向上发射信号, 接收两个正交的极化方向的信号, 尽管 LDR 雷达选用的是线极化; 后来版本的 CDR 雷达[73] 使用与单一、固定的线性极化接收机耦合的开关式极化发射器 (图 4.29(b))。

类似 CDR 雷达, 由于 LDR 雷达非常微弱的交叉极化回波信号使得它受到限制, 特别是当使用垂直极化和水平极化时这种限制更为明显。这是由于降水粒子倾向于沿接近水平和垂直的方向排列它们的主轴, 因此产生弱交叉极化反射。将天线的极化定位在 45° 的平面时 LDR 雷达就等效于 CDR 雷达[74]。LDR 雷达的新型应用是测量反射率、线极化比和垂直指向时多普勒谱[75]。LDR 雷达是层状云事件中 "亮带" 区域的敏感指示器。研究显示, 融化区域 (亮带) 以上的冰晶具有下降速度, 该速度有清晰确定的小于 1 m/s 的峰值。融化粒子在融化层时的下降速度约 2 m/s, 当低于融化层时, 潮湿的水凝物加速到 6 m/s 左右的峰值下降速度[75]。

4.2.4.7 ZDR 双极化雷达

ZDR 雷达[76] 只接收共极化信号, 同步地切换发送和接收的线极化方向 (图 4.29(c))。因为 ZDR 雷达没有尝试接收交叉极化信号, 所以 ZDR 雷达比任何其他双极化雷达具有更大的动态范围。

ZDR 雷达的的缺点是需要快速地极化切换, 能够处理高的功率等级。被探测介质中的随机变化决定了所需快速切换的需求。如果在降水粒子移动超过 $1/4\lambda$ 以上之前, 可以对两个极化信号完成介质采样, 那么两个极化方向上的反射信号将有很好的相关性。切换速率越慢, 需要越长时间的积分以获得极化方向之间足够的相关性。

在求解两个反射率因子的比值时, 4.2.4.2 节中的方程组的许多常数项可约掉, 得到以下表达式:

$$\frac{Z_{\mathrm{H}}}{Z_{\mathrm{V}}}=\frac{\displaystyle\int \mathrm{e}^{-3.76(D_{\mathrm{H}}/D_0)}D_{\mathrm{H}}^6\mathrm{d}D}{\int \mathrm{e}^{-3.76(D_{\mathrm{V}}/D_0)}D_{\mathrm{V}}^6\mathrm{d}D} \tag{4.38}$$

注意: $N_{(D)}=N_0\mathrm{e}^{-3.67D_{\mathrm{e}}/D_0}$ 是式 (1.22) 中的雨滴尺寸分布。图 4.25 给出了由 ZDR 的值导出的 D_0 值。假设雨滴等效体积直径与其扁率之

间具有某种关系, 就可以计算出 D_{H}、D_{V}, 然后通过求解 N_0 确定雨滴尺寸分布 $N_{(D)}$。

然而, 小的 ZDR 值会导致大的 N_0 值, 进一步导致对降雨率的高估预报, 因此导致对衰减的高估[77]。所以 ZDR 雷达在小雨情况下不是很有效。为了克服这个问题, 提出了如下形式的伽马雨滴尺寸分布:

$$N_{(D)} = N_0 D^{\mu} \mathrm{e}^{-\lambda D} \tag{4.39}$$

式中: $\mu = 2$[78]。

因为伽马分布减小了具有最低 ZDR 值的最小雨滴的影响, 因此小雨条件下预测的衰减起伏就更小[77]。

无论是单参数还是多参数雷达[79], 贯穿所有雷达测量的一个因素是通过 "地面真实" 的数据建立对雷达导出的测量值的独立检查。沿着与雷达扫描共路径的卫星信标或辐射计测量值可以对由雷达导出的衰减进行检查。以类似的方式, 雨量计和雨滴谱仪将给出靠近测量装置的空间区域中降雨率值的比较值。通过在许多事件中雷达数据和地面真实数据之间的比较, 一旦建立了两者一致的雷达性能, 那么该雷达可以放心地应用于广泛的领域, 并且测量结果可以外推到多路径和多频率情况。

4.3 实验结果

4.3.1 辐射计实验

无线链路设计师几十年前就重视[80] 降水对微波及微波以上频率无线电波信号的衰减。最先使用的商业化微波传输通常是在地面应用, 地面应用系统中对高可用性的主要损害是多径传播。克服多径衰落所需要的系统余量相当大, 降雨造成的衰减完全在该余量范围内, 因此在链路设计中认为雨衰是附带事件。与降雨衰减伴随的增加的噪声温度就更不重要了。只有当天线直接指向天空方向接收来自人造地球卫星信号时, 附加的噪声温度才变得显著[81]。

对于频率为 6 GHz 和 4 GHz 的通信卫星波段, 雨衰不是很高, 被动天空噪声辐射计被证明非常有效[82]。对于频率远高于 10 GHz 时, 从 20 世纪 60 年代中期开始的太阳跟踪辐射计测量, 给出了频率高至 90 GHz

的测量结果[83−85]。正如早先已经观察到的一样, 使用太阳跟踪辐射计的基本问题是路径仰角的变化和缺乏当太阳不在地平线以上时期的数据。出于这个原因, 70 年代许多实验者转向了被动辐射计, 特别是因为当时最迫切需要的是 14 GHz/11 GHz 通信卫星频带的信息, 这种类型的辐射计在这个频段的局限性不是很严重。大量的此类实验数据现在保存在 ITU-R 第 3 研究组数据库中, 这些数据在每次工作组 (主要是 3J 和 3M 组) 会议和研究组会议中更新。这些数据原来一直作为一个单独的文件保存, 目前的数据库是 ITU-R 建议 311 的一部分[87]。对欧洲卫星系统的发展来说特别重要的是以 COST205 开始的各种 COST 项目, COST205 在当时合成了可用的欧洲地 - 空传播数据[88]。COST 是一个法语缩写, 翻译过来就是 "科学与技术研究合作", 正如它们的名字一样, COST 项目已经获得了非常成功的他们所说的 "行动"。一些 COST"行动" 主要集中在传播效应[89], 而另一些则研究电离层[90] 或高海拔平台[91] 的通信方面。诸如面向数据包服务的卫星传送[93] 等多媒体系统的建模与仿真工具构成了另一种 COST "行动"[92]。最近, 对抗传播损伤的方法成为一个主要的 "行动"[94]。COST"行动" 利用诸如 SIRIO、OTS、ATS-6、OLYMPUS、ACTS 和 ITALSAT 等卫星计划将测量结果和实验者的经验聚集起来。这些实验结果将在本章后面给出。

4.3.2 雷达实验

第二次世界大战期间, 雷达的快速发展导致越来越多地使用更高功率和更灵敏的接收机。随着这些发展, 发现了恶劣天气条件下对雷达可用性的损害作用。雷达波束中出现大雨而导致回波中出现杂波的现象原来仅仅是对雷达性能的损害, 但第二次世界大战结束后, 这些现象直接促使了气象雷达的发展。对远距离暴雨的预防检测与绘制暴雨运动路线图的能力, 使气象雷达可以产生更准确的短期天气预报。现在绝大多数国家的地球同步轨道气象卫星已集成到多普勒雷达扫描中。

很明显, 降雨回波的强度与产生回波的降雨强度之间存在良好的相关性, 但很难建立一种可靠的方法从回波幅度推导出降雨率。然而, 20 世纪 50 年代初的工作[95] 建立了雨滴尺寸分布的数学描述 (见式 (1.20)), 并沿用至今。

如果融雪 (亮带) 和冰雹在雷达波束中不存在, 那么可证明最初实验使用的单极化雷达具有相当的精度[66,96]。通过使用双参数雷达来规避这些潜在误差的技术已经非常成熟[76,79], 测量结果汇集已作为 *Radio Science* 期刊的专刊[97] 出版。现在传播测量中的雷达研究更侧重于研究围绕信标接收机路径的衰减雨胞, 为卫星信标测量作支撑。雷达也很好地适合于提供沿各种不同的路径通过恶劣天气的比较测量结果, 以便研究站点的效率; 或者随着对比较测量结果更准确的了解, 可以用于研究对抗严重雨衰的路径分集。在提供降雨胞体积完整数据方面, 没有什么能够与雷达媲美, 但从回波中提取良好校准数据需要的处理非常耗时。

4.3.3 卫星信标实验

第一颗对地静止卫星运行于 6 GHz/4 GHz 波段[98]。对于这类波段, 除在非常低的仰角时, 大气衰减的影响非常小。首批低仰角系列实验其中之一旨在使用 INTELSAT IV-A 航天器[99] 获取日本路径衰减的年统计数据。通过这次实验, 清楚地确立了通过水凝物媒质的有效路径长度的变化情况。

卫星通信所需带宽的迅速增加导致对 6 GHz 和 4 GHz 以外频带的预测需求。分配给地球同步轨道卫星固定服务的下一对频带是 14 GHz/11 GHz 和 30 GHz/20 GHz (注意, 频率分配惯例是上行链路选第一个频率, 下行链路选后面的频率。因此, 14 GHz/11 GHz 波段中 14 GHz 用于上行链路而 11 GHz 用于下行链路)。鉴于需要更准确地预测降水在这些频段上可能造成的影响, 进行了一系列的卫星信标实验。表 4.5 列出由于实验需求或者运行需求而包含信标的地球同步卫星。

表 4.5 频率超过 10 GHz 的可用地球同步卫星信标

卫星	发射日期	信标频率/GHz	位置
ATS-5	1969 年 7 月	15.3, 31.65	North America (N. Am.)
ATS-6	1974 年 5 月	20, 30③	N. Am./Europe
CTS (Hermes)	1976 年 1 月	11.6	N. Am.
COMSTAR	1976 年 5 月①	11.6	N. Am.
ETS-II	1977 年 2 月	11.5, 34.5	Japan
SIRIO	1977 年 9 月	11.6④	N. Am/Europe/China
CS	1977 年 12 月	§只有 30/20GHz 载波试验, 没有携带信标	Japan

(续)

卫星	发射日期	信标频率/GHz	位置
BS	1978 年 4 月	12	Japan
OTS-II	1978 年 5 月	11.6⑤	Europe
INTELSAT V	1980 年 12 月①	11.2, 11.4	Worldwide
INTELSAT VI	1989 年 10 月①	11.2, 11.4, 11.7, 12.5	AOR and IOR⑥
INTELSAT VII	1993 年 12 月①	Some of above	Worldwide
INTELSAT VIII	1997 年 2 月①	Some of above	Worldwide
INTELSAT IX	2001 年 6 月	Some of above	Worldwide
INTELSAT X	2004 年 6 月	Some of above	Worldwide
INTELSAT II	2007 第二季度	Some of above	N. and S. Am.; Europe
OL YMPUS	1989 年 7 月	12.5, 20,30	Europe/N. Am.
ITALSTA	1991 年 1 月	18.68, 39.59, 49.49	Europe
ACTS	1993 年 9 月	20.2, 27.5	N.Am
INTEL.SAT VII	1993 年 10 月	11.2, 11.4	Worldwide
INTEL.SAT VIII	1997 年 2 月	11.2, 11.4	Worldwide
INTEL.SAT IX	2001 年 6 月②	11.2, 11.4	Worldwide
ARTEMIS	2001 年 6 月②	没有传播信标; 2003 年利用 Ka 频段和光波段首次从 LEO 向 GEO 传输数据和图像	Europe

注: INTELSAT 已经为前任 PanAmSat 和 Galaxy 运营商的许多卫星更改了名字和编号系统。

① 首次发射系列卫星;

② 搁浅在地球同步转移轨道; 在 2003 年 1 月使用离子推进器恢复到地球同步高度;

③ 搭载了 18/13 GHz 载波试验;

④ 搭载了 18/11.6 GHz 载波试验;

⑤ 搭载了 14/11.6 GHz 载波试验;

⑥ 大西洋地区和印度洋地区。后几代 INTELSAT 卫星也携带了信标发射机

尽管 ATS-5 最终在轨道上的姿态不稳定, 仍然获得了一些有用的结果[100]。ATS-6 被证明是一个杰出的实验卫星。在北美上空

开展了最初实验之后[101], 欧洲良好协同的系列实验为 20 GHz 和 30 GHz 频率提供了传播介质本身的有用信息, 也提供了卫星信标实验误区的有用信息。在这种背景下, 为接下来 10 年内使用 CTS、COMSTAR、ETS-II、SIRIO、CS、BS、OTS-2 和 INTELSAT V 卫星开展全面实验安排好了场景。在这些早期卫星之后, 开展了两次 30 GHz/20 GHz 卫星实验, 分别是欧洲和美国东海岸上空开展的 OLMPUS 实验和加拿大上空的 ACTS 实验。意大利实验卫星 ITALSAT 进一步挑战极限, 对高达 50 GHz 左右的频率进行了研究。积累的数据越多, 衰减模拟模型越可靠, 因为雨衰的时空变化并不会主动显现出来以供人们精确预测。

4.4 路径衰减的时空变化

就其本质而言, 降水强度在空间和时间上都会变化。处理此类时空变化的通常方法就是利用统计方法表示这些变化结果和利用任何因此而产生的预报模型。按照传统方法, 测得的结果通常表示为累积统计结果, 将诸如沿路径的额外衰减、地面降雨率等变化的变量按照该变量超过给定值的时间百分比绘制图线。

4.4.1 累积统计

CCIR (现在的 ITU-R) 将世界划分成 14 个不同的降雨气候区, 并且为每个气候分配了年平均累积统计降雨率。图 1.32 给出了这些气候区域。图 4.30(a) 和 (b) 给出了 14 个降雨气候区域的累积统计数据。表 1.4 列出了这些数据, 图 1.32 描绘出全球的 14 个降雨气候的曲线。显然, 如图 1.32 所示的那样, 降雨不会在交界处突然改变其特性。然而, 这些降雨气候区域边界跨越国家和地区的边界, 因此国际协同计算与磋商获得了的广泛开展。最近, 随着更多气象数据的出现, 以及存储和处理这些数据的先进、直接关联的数据库软件不断涌现, 已经建立了许多数字式数据库, 这些数据库含有使成员国可以访问的 ITU-R 编号。表 4.6 给出可用的 ITU-R 数据库的摘要信息。附录 D 给出了从文献 [89] 的表 1 提取的摘要表, 该表列出了使用 ITU-R 数字数据库预测各种传播现象时可能用到的有关建议。

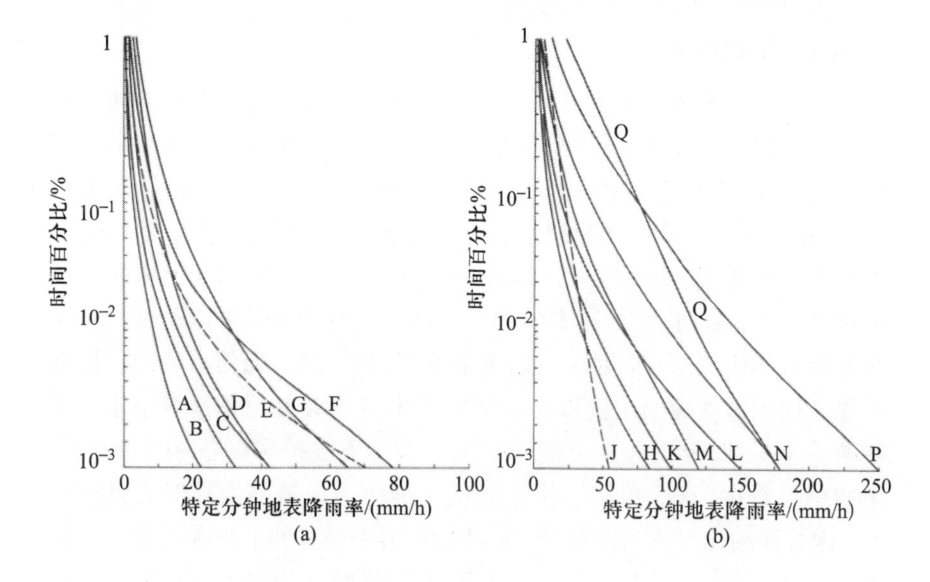

图 4.30 年平均降雨率超过的时间百分比

(a) A~G 雨区; (b) H~Q 雨区 (转自文献 [103] 中添加了气候 Q 的数据图 18(a) 和 (b); ©1986 ITU, 转载已获授权)

表 4.6 ITU-R 地球物理参数数字地图 (引自文献 [89] 的表 2)

ITU-R 推荐	描述	网格解析度	空间插值要求	插值概率	变量插值	文件名
p.839	年均等温线高度	1.5° × 1.5°	双线性	不适用	不适用	ESA0HEIGHT.TXT
p.837	降雨量超过的概率	1.5° × 1.5°	双线性	不适用	不适用	ESARAINxxx. text; xxx=PR6.MC,MS
p.1511	地形高度	1.5° × 1.5°	双线性	不适用	不适用	TOPO0DOT5.TXT
p.836	路径积分水汽超过的概率	1.5° × 1.5°	双线性	对数的	不适用	ESAWVCxx. TXT; xx=1,2,3,5,10,20,30,50
p.836	表面水汽超过概率	1.5° × 1.5°	双线性	对数的	线性的	SURF_WVxx. TXT; xx=1,2,3,5,10,20,30,50
p.1510	年均表面温度	1.5° × 1.5°	双线性	不适用	不适用	ESATEMP.TXT
p.453	折射率潮湿项的平均值	1.5° × 1.5°	双线性	不适用	不适用	ESATEMP.TXT
p.840	云的路径积分水含量超过的概率	1.5° × 1.5°	双线性	对数的	线性的	WREDPxx.TXT; xx=1,2,3,5,10,20,30,50

注: 1. IWVC—积分水汽含量。

2. ©2001 ITU, 转载已获授权

4.4.1.1 干扰问题

干扰可分为短期干扰和长期干扰两大类。由于设备操作中的错误可能引起民用通信系统中的短期干扰发生。卫星天线可能不准确地指向假定的覆盖区域; 地面站可能会失去准确跟踪而向邻近的卫星发射信号; 在暴风雨结束时上行链路控制操作没有迅速停止, 因而不恰当的功率水平覆盖了卫星转发器; 等等; 诸如此类的错误操作均能引起短期干扰。就其本质而言, 上述事件的发生都是偶然的而且可以通过所涉及部分的协作而清除掉。因为它们完全不可预测, 所以通信系统的设计者不能考虑到这些短期干扰事件。然而, 设计者必须在通信系统中建立足够的安全保障, 使得任何可能的短期干扰都不会损害设备。因此, 在军用通信系统中, 这些短期干扰作为试图破坏通信链路的敌对力量被考虑。这方面超出了本书的范围, 所以只介绍一些有助于阅读兴趣的干扰措施、对抗措施、反对抗措施。然而, 军用系统的指导性设计原则仍然和民用系统是一样的: 确保自己的通信系统不被损坏。因为短期干扰是完全随机的, 而且通常是由人为干扰源引起, 所以在通信系统可用性和性能计算中没有形成一个考虑短期干扰的因子, 但是, 在相关的计算中形成了考虑长期干扰的因子。

目前, 大约 30 GHz 以下的无线电频谱非常拥挤甚至过度拥挤。所以, 必须将通信系统设计为能够在持续干扰信号环境下工作。由于国际和国内系统之间精心的协调以及在频谱使用上同样仔细的管理, 所以, 来自其他运行系统的大多数的干扰信号由低水平能量源组成, 这些干扰信号对于所关心的通信系统来说就像噪声。干扰信号通常具有随机的相位和振幅, 所以在整体载噪比 C/N 计算中可以看做是加性噪声分量。无处不在的无线电干扰使得有必要将通信系统设计成能够应付一定数量人为噪声的系统。由于噪声是持续存在的, 所以噪声影响系统的可靠性, 而不是影响系统的可用性。可用性余量一般设计的足够大以便应付背景噪声, 但是当系统需要应付持续的背景干扰噪声时, 需要设计性能余量。由严重气象事件引起的典型许可中断时间 (年平均为 0.01% ~ 0.3%, 对应于年均 99.7% ~ 99.99% 可用性) 和相对于晴空大气的典型性能需求 (年平均为 98% ~ 99%) 之间存在一个 “灰色” 区域, 该区域内相对温和的气象事件可能对系统性能产生影响。因此, 百分比时间大于 1% 的降雨率累积统计资料对于干扰计算非常有用。如果数据

库中没有这些数据, 可以通过如下近似公式获得[103]:

$$R_{(p)} = R_{(0.3)} \left(\frac{\log(p_c/p)}{\log(p_c/0.3)} \right)^2 \ (\text{mm/h}) \tag{4.40}$$

式中: $R_{(p)}$ 为所需时间百分比 p 对应的降雨率; $R_{(0.3)}$ 为 0.3%降雨率; P_c 为降雨率降到 0 时的时间百分比, 表 4.7 给出了 P_c 取值[104]。

表 4.7 15 个 ITU-R 降雨气候区降雨率降到 0 时的 P_c 值

降雨气候区	P_c/%
A, B	2
C, D, E	3
F, G, H, J, K	5
L, M	7.5
N, P, Q	10
注: 假设 Q 区降雨时间百分比与 N 和 P 区一致	

由图 4.30(a)、(b) 可以看到, 曲线的发散随着时间百分比的减少而增加。这是因为随着气候区域从苔原/沙漠气候类型 (气候 A) 向赤道雨林气候类型 (气候 P) 转变, 形成大降雨率的严重对流风暴的发生率也随之增加。然而在所有的气候分类中, 这些强烈暴风雨发生的时间仅占总时间的一小部分。因此这样几个事件就会明显地影响总体统计结果。因此, 某一年内测得的累积降雨率统计特性可以与同一地点另外一年内类似的统计结果表现出实质性的差异。年降雨率统计值的时间变化在路径衰减年测量值的时间变化中有所体现。图 4.31 给出了天空噪声辐射计测量值的这种变化的例子 (引自文献 [28] 的图 1)。

图 4.31 中的累积统计数据中, 相当高的时间百分比 (0.1% 甚至更高) 对应的降雨率存在很小的差异; 然而, 对于很低时间百分比 (0.001% 甚至更低) 的降雨率, 三组数据之间存在显著的差别。0.001% 的时间百分比代表一年中的大约 5 min, 所以对于如此低的时间百分比, 一场强降雨的核心在不在路径上可以显著地影响年度累积统计结果。

能够应用于多年累积统计数据确定是否已经获得 "真实的" 长期平均曲线的实验方法, 是去掉数据中代表某一年测量结果的一组数据, 然

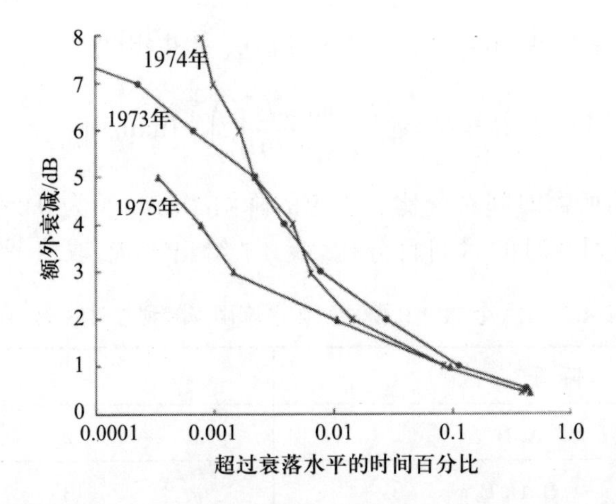

图 4.31 11.6 GHz 额外衰减的累积统计资料 (转自文献 [28] 中的图 1; ©1977 IEE, 转载已获授权)

注: 测量条件: 仰角 29.5°; 方位角 198.25°。1973 年的曲线不包括 5 月份和 8 月份的数据。

后观察对平均曲线所带来的变化。如果任一组年度数据被移除都不会给平均曲线带来明显的变化, 就说明得到了满意的长期平均结果。在瑞典的测量已经表明达到这样检测条件的最小测量周期是 7 年[105]。然而, 许多迹象表明, 类似于太阳黑子变化对电离层影响的方式, 降雨率/气候现象潜在的趋势是跟踪太阳黑子周期变化。如果这样, 为了得到稳定长期平均统计曲线, 需要的最小实验时间是连续持续 11 年。在年变化中也存在季节和日周期变化。

4.4.1.2 季节性变化

大部分地区降雨累积量都存在季节性的变化。这种累积变化往往跟随降雨率随季节所发生的类似变化。降雨率变化将导致路径衰减的变化。图 4.32(引自文献 [107] 的图 4) 给出一个路径衰减 (图中称为衰落深度) 的例子。

图 4.32 中的路径衰减数据清晰地表明夏季具有增加的降雨率的概率比冬季要高。对于温带纬度地区来说, 这是主要由雷暴等对流现象引起的典型夏季降雨现象。其他地区可能会出现两个高降雨率活动峰 (如春季和秋季[108]) 或者发生在台风季节的一个高降雨率活动峰值 (如日本)。在所有情况下, 衰减峰值与与太阳的加热效应以及同时出现的湿润空气相关联。这或许使人想到衰减也应该存在一种日变化。

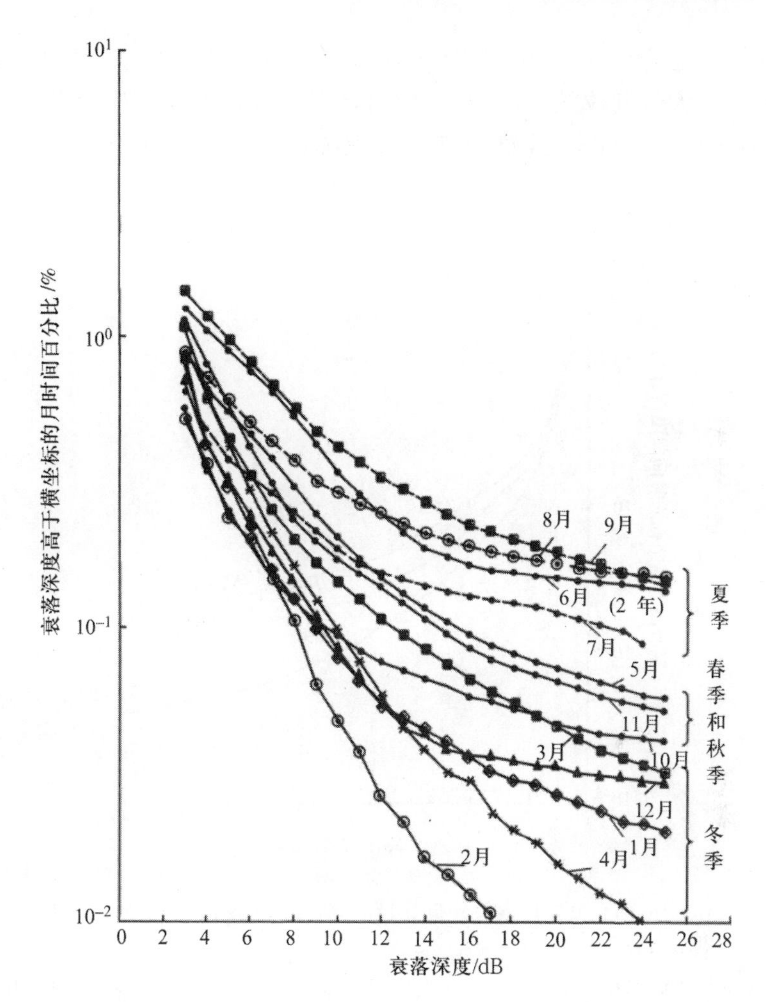

图 4.32 在 Wallops Island 用 COMSTAR28.56 GHz 的信标得到的为期 3 年的平均月累积衰落分布的比较结果 (转自文献 [107] 中图 4; ©1982IEEE, 转载已获授权)

4.4.1.3 日变化

通常, 位于由雷阵雨引起的高强度降雨地区的地面站在路径衰减统计结果中表现出明显的日变化。这是因为与雷阵雨相关的对流活动是由于太阳辐射导致的地表热效应所引起。随着时间推移, 地表温度上升增加了对流活动和阵雨或雷阵雨发生的可能性, 特别是在夏季的几个月更是如此。在图 4.1 和图 4.2 中可以看到, 从地球同步卫星所接收信号的日变化, 图 4.1 和图 4.2 中的数据变化是由晴空大气效应所引起(实际上是大气潮汐效应)。图 4.33 (引自文献 [109] 的图 17) 给出了降雨日发生概率的变化导致路径衰减累积统计日变化的例子。

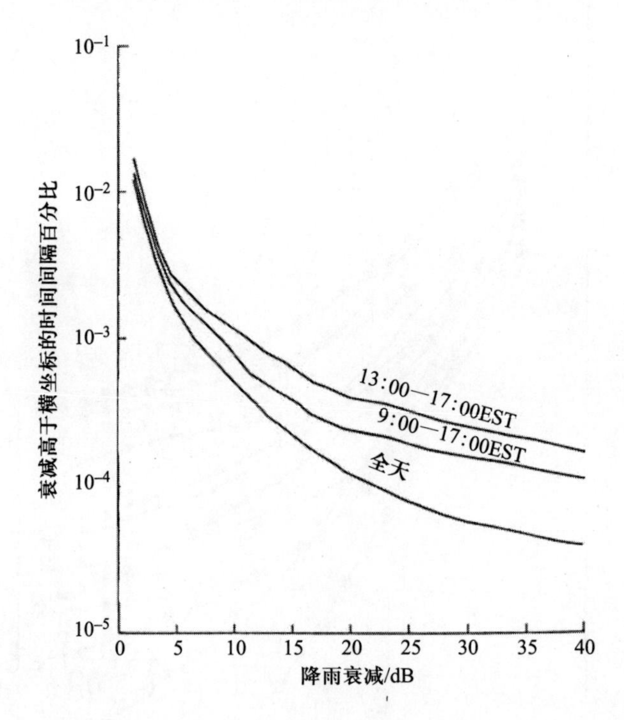

图 4.33 19 GHz 雨衰日变化累积分布 (引自文献 [109] 的图 17; ©1982 IEEE, 转载已获授权)

注: 数据来自辅助设施 1977 年 5 月 19 日 — 1978 年 5 月 18 日于 Crawford Hill 开展的 COMSTAR 实验。频率: 19.04 GHz。仰角: 38.6°。极化: 相对垂直极化方向 21° 的线极化。

在图 4.33 中, 数据被分为三条曲线: “全天” 数据代表累积统计; 9:00—17:00 数据代表正常的工作日; 13:00—17:00 数据代表工作日的下午。对于小的衰减 (低于 5 dB), 三条曲线之间没有明显的不同。但是对于更高的衰减, 太阳的加热效应和下午的雷阵雨对统计结果的影响就非常明显。文献 [109] 中特殊的实验[109] 表明, 从统计角度看, 当地时间 16:00 是经历最高路径衰减的时刻。

在其他气候条件下, 或许会有除了简单的对流加热之外的其他因素将导致路径衰减统计结果的日变化。在日本的实验[110] 表明, 路径衰减上有两个统计峰值, 这两个峰值以当地时间 6:00 和 22:00 为中心。猜测这可能是沿海气候固有的降水模式[110]。热带地区可能具有除了温带地区日变化特征以外的其他变化特征。图 4.33 为温带气候的例子 (美国的东北海岸)。在非洲赤道附近进行的三个 12 GHz 辐射计测量实验表明, 热带雨林气候和海拔对雨衰日变化特征的影响可以与地理纬度一样扮演重要角色[90]。其中, 两个实验是在尼日利亚的伊费和喀麦隆的杜阿拉进行, 这两个地方都临近赤道且海拔也不高, 这两个地方两年的数据几乎没有显示出日变化: 几乎每小时都有相同概率的强降雨。伊费和杜阿拉都处于非洲赤道地区降雨很频繁的地区 (按照旧分类的降雨 N 区和 Q 区)。第三个非洲赤道地区实验在内罗毕进行, 内罗毕海拔将近 5000 英尺, 与伊费和杜阿拉一样也是降雨 K 区。内罗毕的日变化和温带气候区域的日变化很类似, 几乎所有重要的降雨都发生在下午和晚上。显然高海拔已经改变了赤道的天气模式, 使之与温带地区的气候相近。同样, 在印度尼西亚做的实验[111] 在下午和晚上期间的路径衰减率也出现了明显的峰值, 虽然地面站在很潮湿的热带地区 (印度尼西亚的苏腊巴亚) 而且与海平面很接近。我们推测, 这是因为周围的海洋有缓和天气模式的倾向, 导致就像温带地区预计的那样最强的降雨发生在下午和晚上。有人认为, 由于地球同步卫星具有大的覆盖范围, 覆盖区域的日变化特性可以为经历不同衰落时间的 VSAT (微型地面站) 组网提供一种衰落对抗形式。

具有很强累积降雨量的热带气候也可以显示出随季节改变的日变化。在 Lae、Papua New Guinea[93] 为期 4 年的实验中, 测量了从 AUSSAT 系列卫星传来的 12.75 GHz 的信号, 两地都非常潮湿的雨季被任意划分为 “对流季节” 和 “层状云季节”,“对流季节” 的降雨大部分是对流降雨类型, 尽管经常有雷阵雨夹杂在层状云降水中, 但是认为 “层状云季节” 的降雨大部分是层状云降水类型。降雨量的日变化特性如图 4.34 所示 (引自文献 [94] 中的图 2 和图 3)。

在图 4.34 中, 很明显一天中有 1 h 可能降雨最大, 因此经历最大的雨衰。与交通系统不一样, 在交通系统中有 “高峰时段” 的概念, 但是 “最坏小时” 和 “最坏日” 的概念通常不用于描述卫星通信系统的性能, 尽管这些概念或多或少地对整体链路设计有影响。对于确定通信链路会遇到的统计极端情况更有意义的概念是最坏月份。

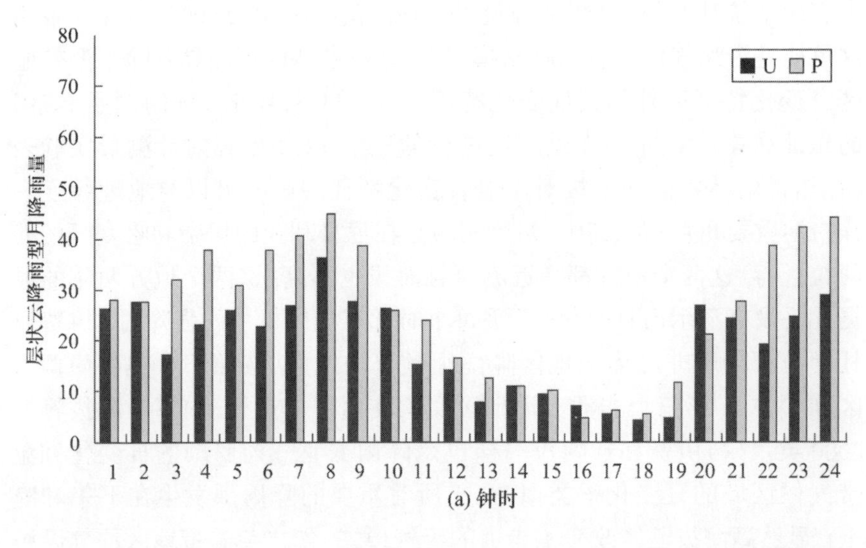

(a) 钟时

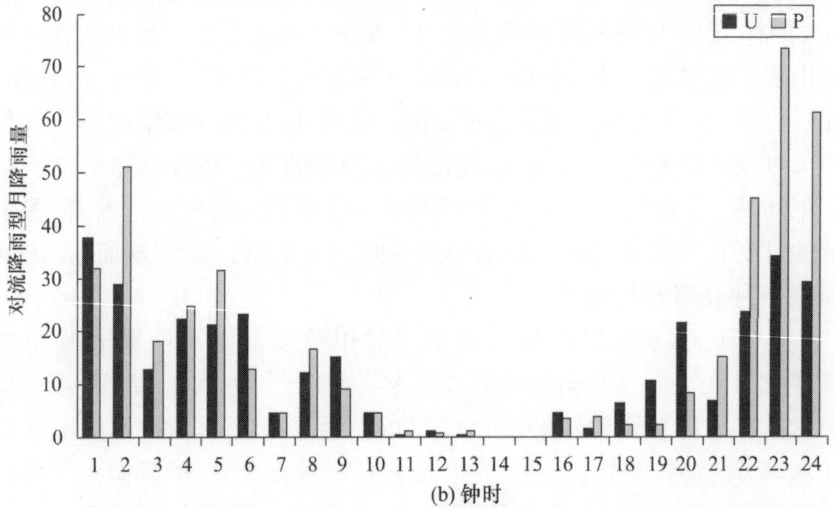

(b) 钟时

图 4.34 在 Papua New Guinea 为期 4 年时间的实验中得到的月平均累积降雨量

(a) U 和 P 地点层状云季节的月平均 24 h 降雨量分布; (b) U 和 P 地点对流季节的月平均 24 h 降雨量分布 (引自参考文献 [94] 中的图 2 和图 3; ©2001 IET, 转载已获授权)

注: 在实验后面部分有两个测量地点, 一个在大学 ("U"), 另一个距离大学约 6 km、靠近海岸的一个邮政大楼里 ("P")。邮局所在的位置总是比大学地点有更多的总降雨量和降雨时间, 但是大学地点有更多的最大降雨率。内陆的地点有更多的对流活动, 这些对流活动朝海岸, 即陆地和海洋气团之间的分界线方向趋于消散。虽然对流季节和层状云季节都是明显受太阳加热效应的影响而出现明显的日变化, 但是对流季节显示出比层状云季节更强的日变化效应。

4.4.2 最坏月份

通过合成任一月份内获得的每个门限电平下的、最高超过的概率曲线，即可获得某链路的最坏月份统计。它实际上是 12 个月统计结果的外包络线。图 4.35 说明了这一过程。

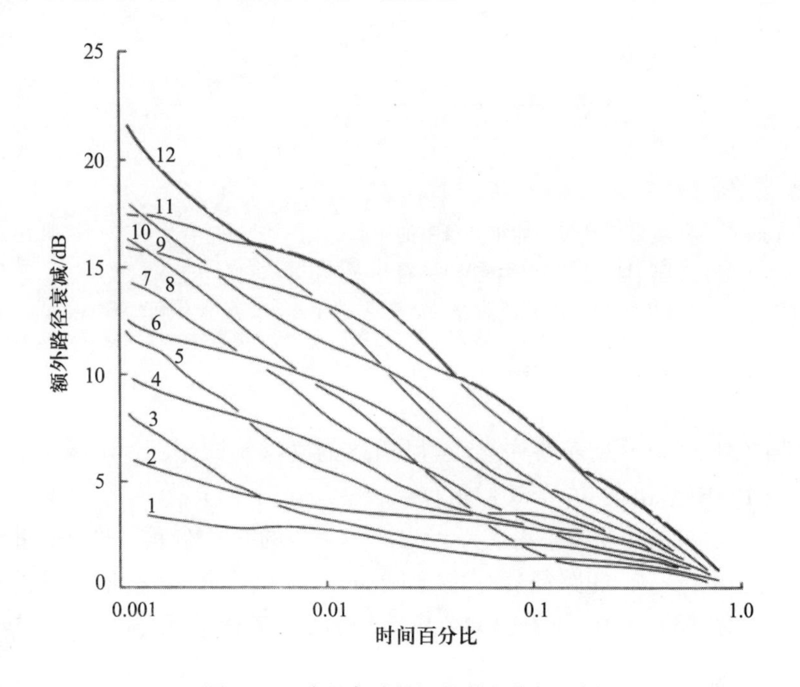

图 4.35 路径衰减最坏月份包络的示例

注：粗线表示提供了最坏月份概念的月统计外包络，在这次实验中，月统计包络是由 9 月，11 月和 12 月的曲线组成。

在图 4.35 中画出由 12 条曲线组成的曲线组，每条曲线代表 1 年内每个月的统计数据。从这些单独的月份统计结果可以构造出一条由这些数据的外包络组成的合成曲线，即得到最坏月份统计结果。在这个特定的实例中，这条合成曲线由 9 月、11 月、12 月的数据片段组成，没有哪个月是最坏月份。

一些通信服务，特别是涉及诸如电视等节目放送的服务，需要通信链路在最坏月份中按照指定的中断概率运行。在最坏月份，可以容忍的典型中断概率为 1%。最坏月份经历的衰减与超出年平均概率衰减的比值依赖于所选的概率水平和气候。图 4.36(a) 给出了几种气候条件下的

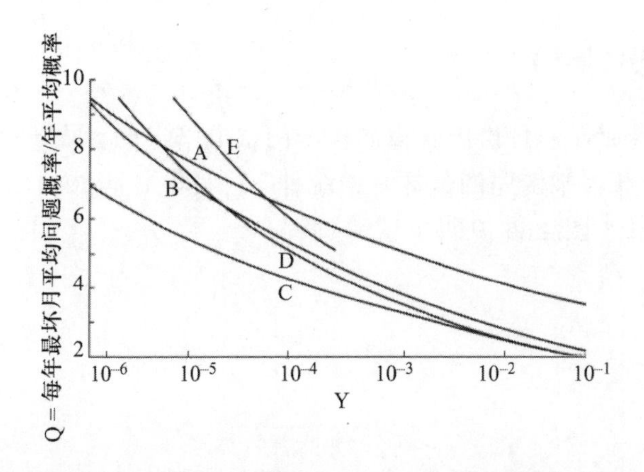

图 4.36(a) 年度最坏月与平均年度概率的比值 Q 随平均年概率 Y 的变化规律 (引自文献 [113] 中的图 4; ©1986 ITU, 转载已获授权)

注: Q = 每年最坏月平均问题概率/年平均概率; Y 为年平均概率。A 代表大草原 + 北部降雨率 (加拿大); B 代表中部 + 山脉降雨率 (加拿大); C 代表海边 + 五大湖区降雨率 (加拿大); D 代表降雨率和降雨衰减 (欧洲); E 代表降雨率 (瑞典)。

这种依赖性。(不过需要注意, 这里描述的气候不同于图 4.30(a) 和 (b) 及表 1.4 中给出的 15 个气候区)。

例如, 如果年均概率水平为 2×10^{-4} (一年的 0.02%) 的条件下在曲线 C 中经历了 3 dB 的路径衰减, 从图 4.36(a) 可以得知, 那么最坏月份的 0.02%的路径衰减为 4×3 dB=12 dB。Q 可以与 Y 通过下式联系起来[114]:

$$Q = AY^{-\beta} \tag{4.41}$$

式中: A、β 为常数, A 为 $1.20\sim3.30$, β 为 $0.167\sim0.074$[113]。

据此对于北美和欧洲地区可给出[113]:

$$Q = 1.64Y^{-0.130} \tag{4.42}$$

旧的 CCIR 报告 338[115] 使用百分率代替概率 (现在是 $A=3$ 而不是 $A=1.64$), 将式 (4.42) 转化为平均年最坏月份概率 p_{w} 和平均年概率 p 的如下表达式

$$p = 0.29p_{\mathrm{w}}^{1.15}(\%) \tag{4.43}$$

注意: $Q=p_{\mathrm{w}}/p$, $Y=p$。研究者发现方程式 (4.42) 和式 (4.43) 给出了将最坏月份数据拟合为降雨率测量值, 也给出了最坏月份路径衰减

和年均路径衰减值之间的合理拟合[116,117]。对式 (4.41) 所示模型的测试表明均方误差约为 24%, 这是一个合理的精度[118]。上面两个方程中, 式 (4.43) 的应用更为广泛, 随着补充数据的出现, 系数 0.29 四舍五入[119] 以给出如下式所示的全球的预测模型:

$$p = 0.30p_{\mathrm{w}}^{1.15}\% \tag{4.44a}$$

式中: p、p_{w} 都是以适用范围内的百分比表示, $1.9 \times 10^{-4} < p_{\mathrm{w}}(\%) < 7.8$。

全球预测模型可以调整以便更精确地适应两种广泛类型的气候。对于热带、亚热带和频繁降雨的温带气候, 式 (4.44a) 可修正为

$$p = 0.30p_{\mathrm{w}}^{1.18}\% \tag{4.44b}$$

式中: $7.7 \times 10^{-4} < p_{\mathrm{w}}(\%) < 7.17$。

对于干燥的温带, 极地和沙漠地区, 式 (4.44a) 修正为

$$p = 0.19p_{\mathrm{w}}^{1.12}\% \tag{4.44c}$$

式中: $1.5 \times 10^{-3} < p_{\mathrm{w}}(\%) < 11.19$。

随着每年气候的变化, 最坏月份和年平均的比值本身也会随之变化。在尝试量化最坏月预测的变化率中, 最初提出的是指数模型[120], 该模型描述了平均月超出量和月超出量高于均值的概率之间的关系。图 4.36(b) 给出了不同年时间概率下, 单个最坏月超出量和平均最坏月超出量的比值。

使用图 4.36(b) 所示[120] 的例子如下: 选择 $Q = 6$ (平均最坏月份与年均值的比值), 最坏月份的 10% 会显示一个衰落百分比, 该值至少是平均最坏月份衰落百分比的 1.7 倍 (比衰落平均值糟糕 1.7 倍)。因此, 一旦已知一个特定的中断标准的 Q 值, 应用图 4.36(b)[120] 可以直接决定更极端的情况。这是一个推测不经常发生的极端降雨或衰减的情形好方法, 如超过 10 年才发生一次的降雨或衰减。对于这些极端事件, 感兴趣的是知道它们的重现周期。

4.4.2.1 重现周期

通信系统的设计者对于极端事件 (如降雨量达 200 mm/h) 的重现周期很感兴趣。有时候, 极端天气事件中, 避免设备彻底损坏是比避免

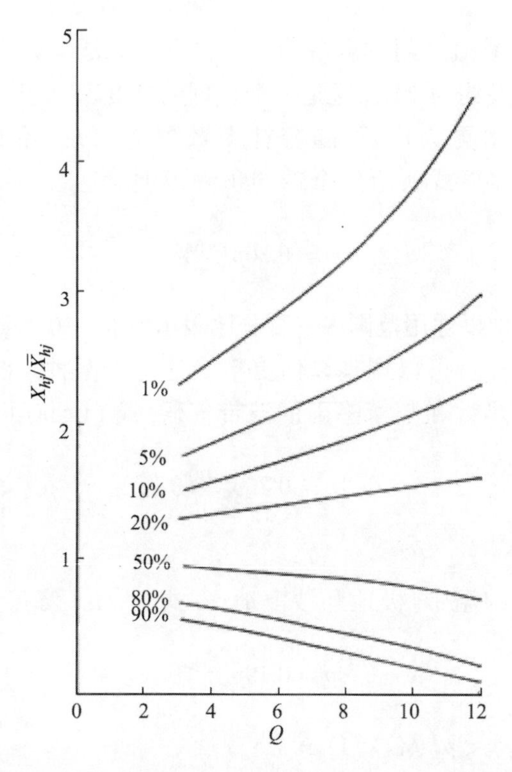

图 4.36(b) 不同的百分位数条件下, 单个最坏月超出量 X_{hj} 与平均最坏月份超出量 $\overline{X}_{hj}$ 之比随 Q 的变化规律 (引自文献 [120] 中的图 3; ©1988 ITU, 转载已获授权)

注: 50% 对应的曲线相对 1 的偏差量, 表示对于大的 Q 值而言, X_{hj} 的分布有显著的不对称。

系统中断更重要的问题, 比如, 在台风、飓风和热带气旋等严重事件中, 大型天线要提前转向并指向天顶, 使得对即将出现的天气事件呈现最小的风阻。所以, 了解这种天气事件发生的频率很重要。重现周期几乎总是以年来计算, 图 4.36(c) (引自文献 [121] 的图 1) 给出给定 Q、p_{w} 值情况下的可能重现周期, 也给出了 R 年重现周期下超出某值的年度最坏月百分比。

重现周期是定义的随机事件两次连续出现之间的平均持续时间。对于长的观测序列, 重现周期的值是 $1/P$ 乘以两次连续观测之间的单元时间, 其中 P 为事件的发生概率。例如, 长期观测的年度最坏月的时间百分比中值存在两年的重现周期[121]。

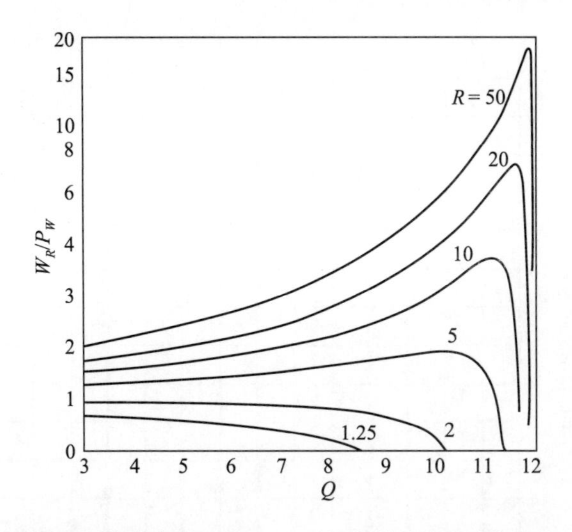

图 4.36(c) 不同重现周期值条件下 W_R/P_W 的依赖关系 (引自文献 [121] 中的图 1; ©1992 ITU-R, 转载已获授权)

P_{W} 代表平均年最坏月的时间比例; W_R 代表 R 年重现周期下的年最坏月的时间比例; Q 代表某气候区的最坏月比值。(参见 ITU-R P.841 建议书)

注: P_{W}、W_{R} 和 Q 应当参照同一预先选定的阈值。

4.4.3 短期变化特征

一种现象的短期特征描述了该现象的瞬间变化。对路径衰减来说,有三个短期特性对通信系统建模很重要,分别为衰减事件或衰落持续时间、连续衰落之间的间隔和衰减变化率。

4.4.3.1 衰落持续时间

到目前为止的测量数据似乎表明,超过给定阈值的衰落,其持续时间服从对数正态分布。对于给定的路径,显然没有对衰落深度明显的依赖性,至少对于高达 20 dB 水平以下的衰落深度是这样[122]。这似乎表明,包括了较低衰落水平事件或更高的测量频次事件的较大时间百分比事件是由许多个体事件组成的。事实上,平均衰落持续时间在很宽的衰落水平范围内与衰落深度无关。对于小于 1 dB 或 2 dB 的低衰落水平,设备精度和其他诸如闪烁等非降雨效应将使统计特性失真。同样,在衰落边沿的末端,只要一个或两个事件出现在某一年内,这也会使统计失真。图 4.37 给出平均衰落持续时间的示例。

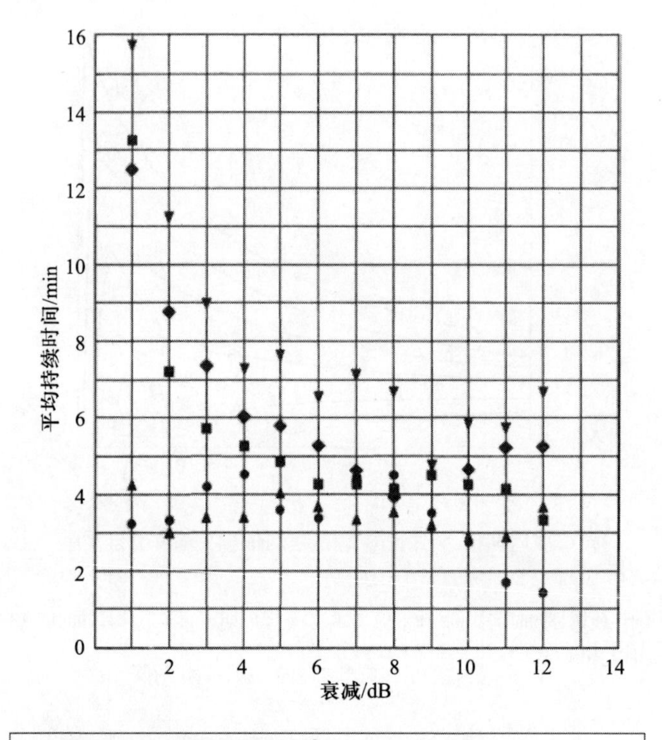

图 4.37 平均衰落持续时间随衰落深度之间的关系 (引自文献 [122] 中的图 7(a); ©1986 ITU, 转载已获授权)

在图 4.37 中, 对于大多数的衰落门限存在 $3 \sim 5$ min 的平均衰落持续时间, 这样的衰落持续时间似乎对除了遭受诸如台风等极端严重而广泛的事件影响的地区以外, 对大部分路径和气候来说是典型值。然而应该牢记的是, 在相对较小的衰落水平时, 平均衰落持续时间的偏差可能会变得相当大。这并不少见, 例如: 对于频率高于 14 GHz 的信号将有 1 个多小时的时间衰落超过 3 dB。图 4.36 是用辐射计获得的数据。作为对比, 图 4.38 给出了在 Papua New Guinea 利用地球同步卫星 12.75 GHz 信标信号为期 4 年的实验中获得的数据。

图 4.38 的数据显示出与图 4.37 相似的衰落持续时间统计规律, 虽然图 4.38 中信标测出的衰落持续时间比图 4.37 中用辐射计测量出的衰落持续时间短。信标测量衰落持续时间稍短可以用如下事实解释: 卫星信标接收机只在第一菲涅尔区内观测雨衰, 而辐射计则在整个天线波束内对所感知的天空噪声进行累积。从图 4.38 可以看出, 一旦衰落程度达到 3 dB, 则直到衰落程度达到 13 dB 之前平均衰落持续时间为 $2 \sim 3$ min。这显然会对衰落对抗技术设计有所影响[125]。对星 – 地通信系统设计者来说, 除衰落程度和衰落持续时间很重要外, 在给定衰落程度之间的平均时间信息同样重要。

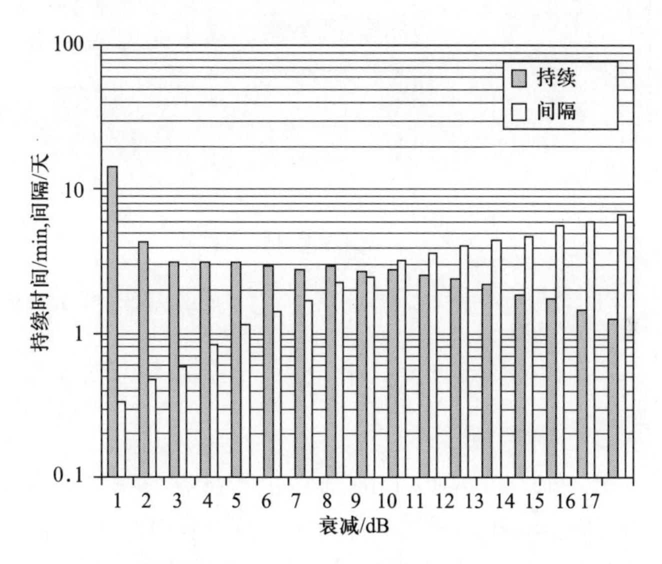

图 4.38 4 年内的平均衰落持续时间和平均事件间隔 (引自文献 [124] 中的图 1; ©2003ITE, 转载已获授权)

4.4.3.2 连续衰落之间的间隔

正如前面提到的, 在为极端天气统计数据编制目录时, 气象学家经常使用术语 "重现周期"。例如,"10 年" 的重现周期值意味着平均至少 10 年不可能重复或重现该记录值。只有在通信系统设计者描述相对年均统计值潜在的变化时, 才对这样的多年极端数值感兴趣。出于经济上的原因, 在链路设计中使用的是年均统计数据。比多年的极端值更加重要的是可能恶化链路性能的降雨事件在 1 年内的重现周期。例如, 假设已经发生了 10 dB 的衰落 (如导致 5 min 的中断), 那么在下一个 10 dB

的衰落事件发生前的平均时间间隔是多少? 图 4.39 给出了 19 GHz 卫星信标实验中获得的重复衰落最小间隔或称重现周期。

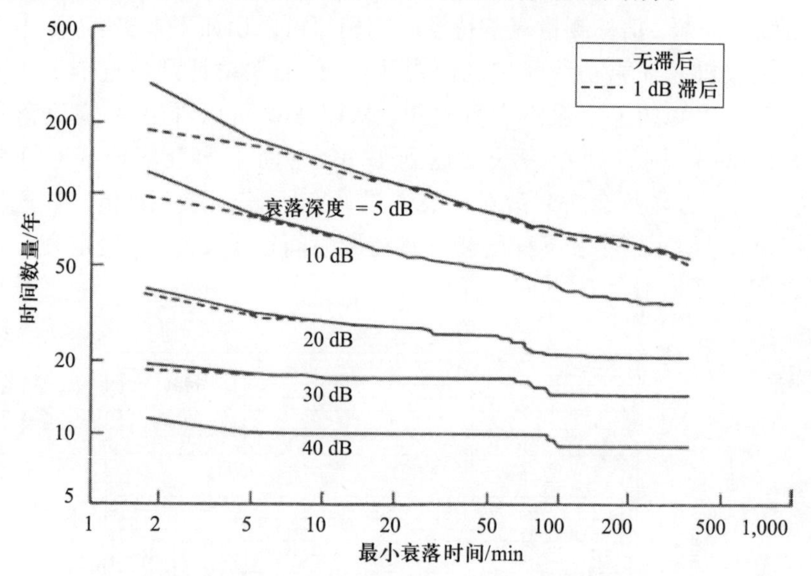

图 4.39 1 年内衰落持续等于或大于横轴值平均次数的重复衰落间隔累积分布 (引自文献 [109] 的图 19; ©1982 IEEE, 转载已获授权)

注: 讨论了 1 dB 的滞后量。数据从辅助设备获得:19 GHz; COMSTAR; 链路仰角 18.5°; 实验于 1976 年 6 月 — 1978 年 6 月在新泽西 Crawford Hill 进行。

图 4.39 分别画出了考虑 1 dB 滞后量和没有考虑该滞后量两种情况下的两条曲线。1 dB 滞后量处理消除了较小且随机的仪器误差, 也模拟了信标信号失锁和重新捕获之间存在的信号功率水平平均差异。在低衰落水平情况下进行滞后量处理的显著影响非常明显。图 4.39 中衰落水平为 20 dB、30 dB、40 dB 时近似水平的特性, 表明这些门限电平的衰落间的重现周期较大。另外, 5 dB 门限曲线的相对陡峭的斜率表明, 小雨衰落事件的重现周期有更大的变化。在这两年的实验中[109], 5 dB 衰落的中值重现周期为 31 min, 10 dB 衰落的中值重现周期为 46 min。这些结果对于温带地区很典型, 而且可以具有一定可信度的按比例向其他频率和仰角的情况推广 (见 4.6.1 节)。连同衰落持续时间数据一起, 图 4.38 中也给出了热带高降雨率地区的衰落间隔。从图 4.38 中可以看出, 随着平均衰落持续时间的减小, 衰落平均间隔也在增加。换句话说, 雨衰事件越小, 越有可能很快再次发生; 相反, 雨衰事件越大,

越不可能很快再次发生。(与图 4.39 中 5 dB 衰落事件平均重现时间 31 min 相比) 图 4.38 中描述的在 Papua New Guinea 的热带、高降雨率的地区, 5 dB 的衰落平均不到 2 min 就会再次发生。对于 Papua New Guinea 的 10 dB 衰落, 平均衰落间隔近 3.5 min。显然, 热带多雨地区比温带地区有更多的连续紧凑发生的衰减事件。除知道雨衰事件持续多久, 什么时候会再次发生之外, 了解一次雨衰事件中信号电平变化有多快对于实现抗衰落系统也很重要。

4.4.3.3 衰减变化率

与降雨衰落持续时间统计规律相似, 衰减数据变化率似乎服从中值大约为 0.1 dB/s 的对数正态分布[122]。当积分时间为 10s 或更长时, 在衰减变化率的正向 (减弱) 和负向 (恢复) 斜率之间能观察到很小的差异。但是, 似乎有明确的证据表明, 随着减弱率的增加, 减弱斜率和恢复斜率之间的差异趋向增加而且减弱斜率总是要稍大一些。当积分时间小于 10s 时, 这种差异变得更为明显[104]。物理方面的解释是更大的衰落速率 (包括正向和负向) 与雷阵雨有关, 而雷阵雨的前沿比后沿包含更高的降雨率。

目前为止报道的大多实验中, 平均衰落斜率没有表现出与衰落深度有明显的依赖关系, 当积分时间常数为 10s 量级时, 对于频率为 10 ~ 14 GHz 的信号, 现有报道的最大衰落率约为 1 dB/s。积分时间小于 10s 时, 可以观察到更高的衰落率[104]。然而确实存在一些证据表明, 随着衰落量级的增加, 衰落率倾向于变得更高[104,126,127], 并且衰落速率和衰落持续时间之间有一种统计关系[128]。虽然这种趋势将在通过测量的衰落率来预测最大的潜在衰落方面有用, 但这种趋势相当弱, 并且应用的可能性不是很大, 至少从工程角度所需的精度范围内看可能性不大。从热带高降雨地区 (Papua New Guinea) 获得的衰落速率统计资料支持从温带地区获得的数据, 数据中递增的衰落速率和递减的衰落速率之间没有多大的差别, 衰落速率通常远低于 1 dB/s。图 4.40 给出了 Papua New Guinea 为期 4 年的实验中获得的平均衰落速率数据[129]。在此次试验中, 超过 0.1 dB/s 的衰落斜率事件每年只有 5%[129]。因此, 响应时间为 0.1 dB/s 的上行链路功率控制电路应该适合于类似 Lae、Papua New Guinea 的地方。

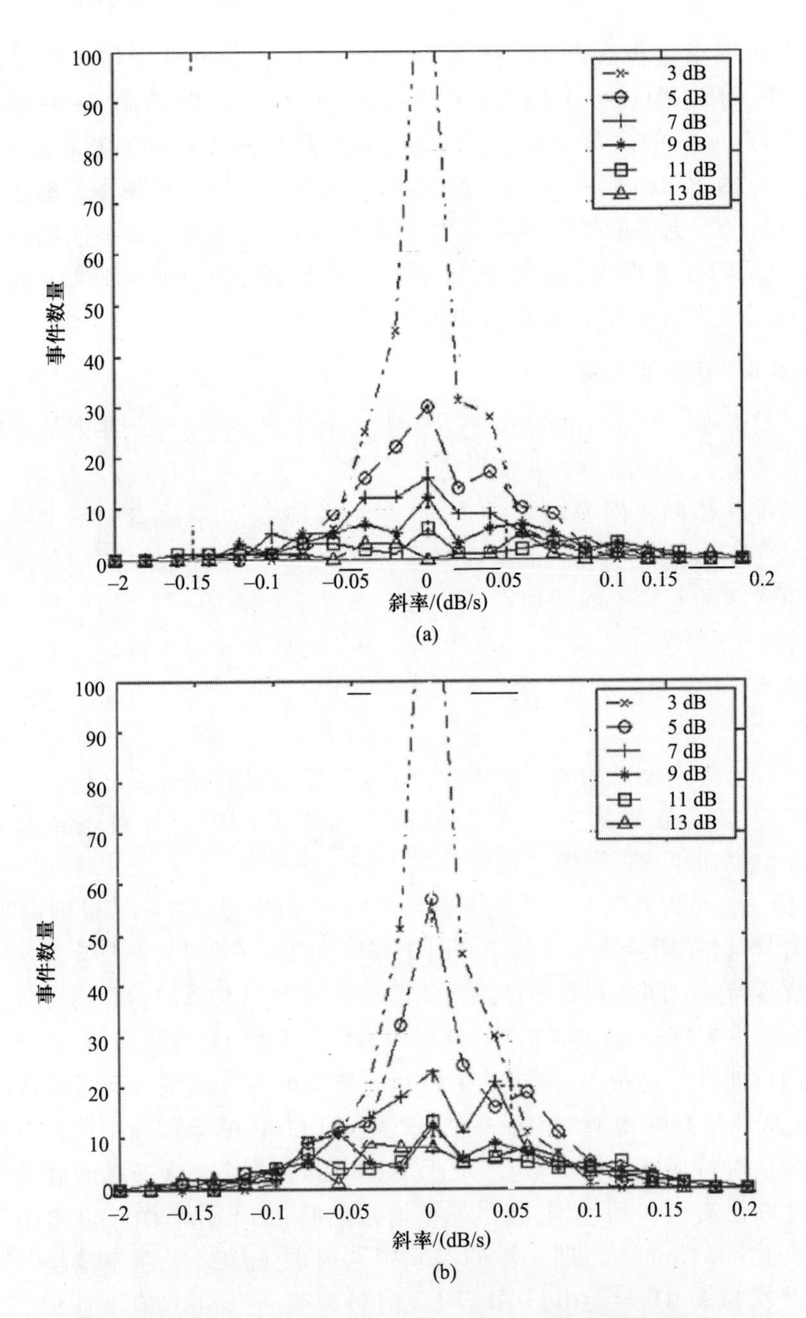

图 4.40 Papua New Guinea “大学站点” 的衰落斜率统计结果

(a) 层状云季节衰落斜率直方图; (b) 对流季节衰落斜率直方图。

注: 数据来自 12.75 GHz 信标的实验[129]。

4.4.4 站点之间的变化

1.3 节气象方面的讨论表明, 天气模式的小尺度变化可以发生在很小的距离上。这可以导致从同一地点使用不同的方位角测量得到差异很大的斜路径衰减统计结果, 或者从仅相距几千米的两个地点同时测量就可以获得不相关的统计结果, 这些都是由于降雨特征随方位和空间变化所引起。

4.4.4.1 方位变化

尽管对于一个特定地点可能有首选的风向, 但如果站点周围大范围内的地形是平坦地形, 那么这个站点不同方位角同时进行的倾斜路径测量值并不会有明显的区别。然而, 如果在站点周围有明显的地形变化, 将会导致一些地区的降雨增强, 一些地区对降雨有局部遮挡效应。如果这些降雨变化的地区离测量站点有一定的距离, 则从该站点不同方位同时测量的倾斜路径统计结果将导致明显的变化, 变化程度取决于测量路径是否通过降雨增强或减弱的区域。图 4.41 给出了站点周围内具有或不具有均匀地形的示例。

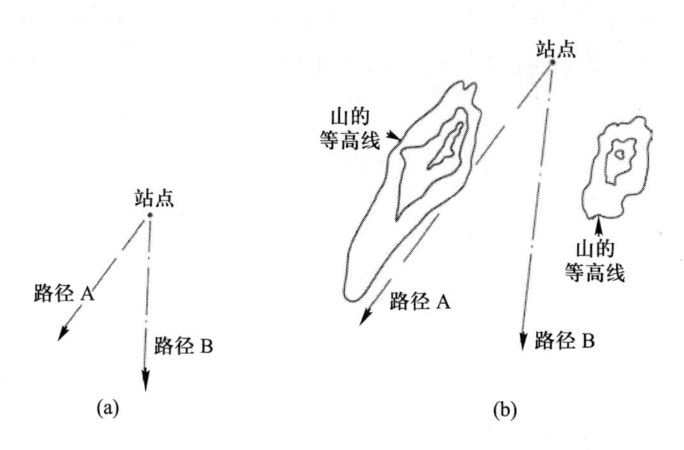

图 4.41 站点周围内具有或不具有均匀地形的示例

(a) 均匀平坦地形; (b) 非均匀地形。

注: 在图 (a) 所示情况下, 路径 A 和 B 将经历统计上类似的降雨特性, 因此在两路上测量累积结果之间没有明显的变化。然而在图 (b) 所示情况下, 站点周围显著的地貌将导致沿两路径有不同的降雨特性。丘陵地区通常比平坦地区经历更多的降雨, 因此对于同样的频率和仰角, 沿路径 A 的统计衰减应当高于沿路径 B 的统计衰减。

验证不同方位同时测量结果变化可能性的首个卫星信标实验于德国的 SIRIO 和 OTS 活动期间实施[130]。此次实验中, 高度约 200 m 的山脊大致平行于 SIRIO 卫星的方位角, 而到 OTS 卫星的路径基本上沿着一个山谷的底部, 因此导致沿 SIRIO 卫星路径比到 OTS 卫星的路径发生更多的降雨。上述情形与图 4.41(b) 中所示的情况类似。

4.4.4.2 空间变化

如果使用不止一个站点同时与同一颗卫星通信, 那么由当地地形地貌和剧烈降雨事件有限的水平范围导致的降雨率特性小尺度变化, 可以用来降低沿倾斜路径经历的净衰减。这种技术被称为站址分集或路径分集, 因为它创建了改善可用性的不相关路径[131]。

4.4.4.3 站址分集

地面通信系统中的站址分集是指为信号传输提供可选择的传播路径, 当条件允许时具有选择受损最小路径的能力。对卫星通信系统来说, 实现路径分集需要在空间上分离的站点部署两个或者更多个相互连接的地面终端, 因此使用了 "站址分集" 的术语。图 4.42 给出了站址分集的图形表示。这个概念基于观察到 10 GHz 以上频率最严重的斜路径损害通常由发生在有限空间范围内单独雨胞的强降雨所导致[132]。在相距超过单个剧烈雨胞平均水平尺度的分离站点部署多个终端, 预计

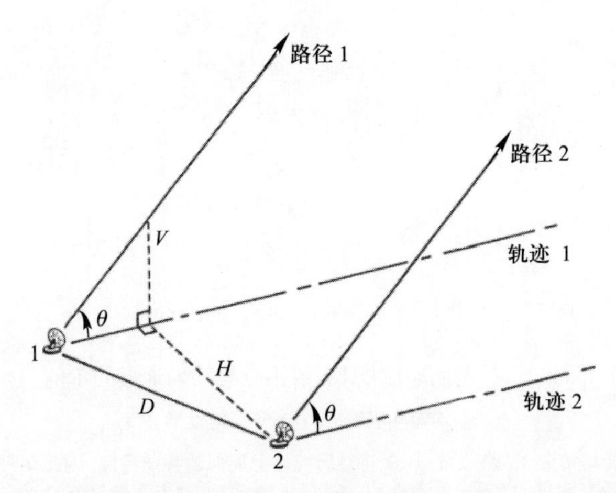

图 4.42 水平和垂直路径分离的双站址分集配置 (引自文献 [131] 中的图 3.2; 转载已获 INTELSAT 和 Comsa 授权)

将大大提高系统的可靠性。因为对于此类配置, 同时 (联合的) 路径中断是随机且稀少的现象。

尽管站址分集气象方面的情况 (见 1.3.3 节) 比图 4.42 所示的内容略微复杂, 但是实验数据证实, 具有两个精心选址的分集终端所能达到的系统性能显著优于采用单路径运行系统获得的性能。测量[133] 和分析[134] 也显示, 采用多于两个终端而获得的额外系统性能收益很小。实施额外分集终端对一个主站点的运行来说也是复杂和昂贵的。因此, 研究的重点集中于卫星通信中的双站址 (而不是三个或者多个站点) 分集配置。

影响特定设置下站址分集性能的因素包括:

(1) 终端间距 D;

(2) 路径几何结构 (仰角 θ 和方位角 ϕ);

(3) 本地气象特性 (降雨率统计结果, 对流度, 雨胞尺度、形状和相对距离, 盛行天气相对站点出现的方向等);

(4) 频率 f;

(5) 连接站点的基线相对于卫星路径方位角方向的方位;

(6) 本地地貌。

这些参数之间存在如图 4.43 中描绘的相互关系, 因此分离出分集性能对其中任何一个因素的依赖都非常困难。在讨论这个话题之前, 先讨论站址分集性能的特点。

站址分集性能的特点

站址分集性能的计算

具有代表性例子如图 4.44 所示。图中给出 11 GHz 的两个单独路径雨衰的累积分布 (A 和 B)。对图中路径 A 和 B 同时的衰落记录, 在每个样本数据中选择中较小衰减的数据, 构成了分集 (联合) 衰减累积分布 (图中曲线 J)。

每个时间百分比的两个雨衰均值 (平均数) 定义了单站均值衰落分布 (图 4.44 中的短画线), 它通常用作对分集性能分级的参考分布。在许多情况下, 不仅两个累积衰落分布非常相似, 而且地面站也是同样的模式 (有相同的增益), 通常称为均衡分集配置。几乎所有预测站址分集对性能的早期成熟方法都基于均衡配置假设, 而且已经对这些预测方法进行了评估[135]。然而, 在某些地区两个站点之间的路径衰减统计结果明显不同, 特别是在地形变化显著且相当迅速 (几千米之内的变化) 的地区,

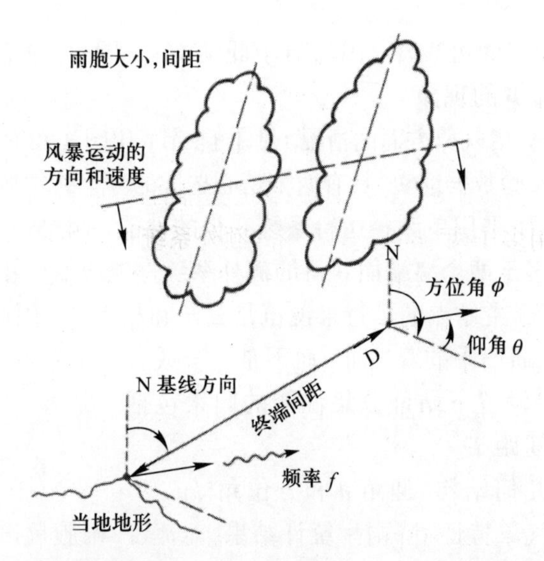

图 4.43 站址分集影响因素的图形表示 (引自文献 [131] 中的图 1.1; 转载获得 INTELSAT 和 Comsa 授权)

或者似乎存在雨胞追随的优先路径 (例如, 沿着山谷底部的路径, 或来自地面站的 “逆风” 因大山分裂成不同的流动路径) 的地区, 或其中一个地面站设置于靠近大片水域的地区。出于运行或经济原因, 如果地面站使用不同尺寸的天线, 也很可能出现两个站点之间的路径衰减统计结果明显不同。这种情况下得到的是非均衡分集配置。我们着眼于分集性能的计算方式, 然后分析在给定的情况下使用哪些预测方法合适。

图 4.44 解释了现有的关于均值单站衰减分布和分集衰减分布的两个标准统计方法。这两种方法是基于根据经验观察所给出。Hodge 于 1973 年给出分集增益的具体表达式[136], 它是以单站衰减统计结果为条件的方法, 而以两个单独站点衰减分布之间的概率差异为条件的分集获益首先是由 Hogg 于 1967 年提出的[132]。后来, 为了将上述方法应用于卫星数据,Wilson 和 Mammel 在 1973 年将上述方法进行了改进[133], 在 1978 年改进的方法被 Boithias 发展成为预测方法, 该预测方法在文献 [137] 中进行了详细阐述。下面给出这些经验方法。

分集改善因子[132] 或分集获益[133]I 定义为特定降雨衰减 A 对应的单一路径时间百分比 p_{m} 和分集时间百分比 p_{div} 的比值, 即

$$I(A)=\frac{p_{\mathrm{m}}(A)}{p_{\mathrm{div}}(A)} \tag{4.45}$$

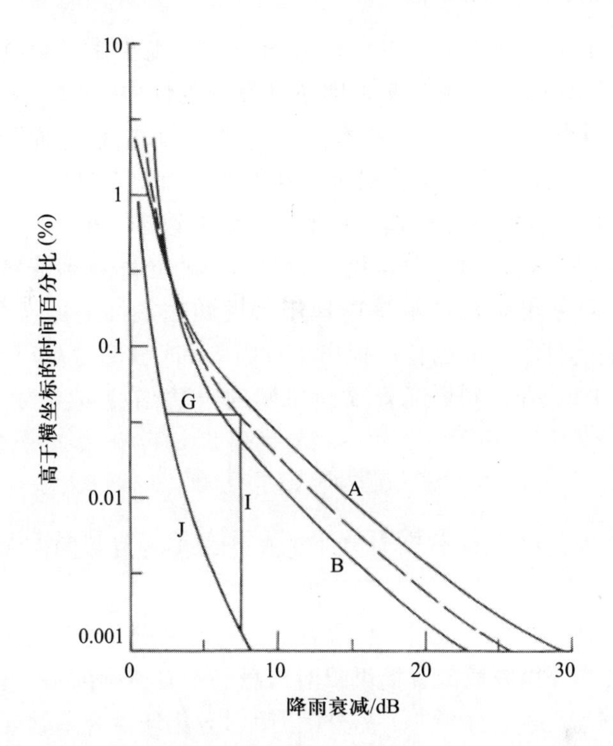

图 4.44 分集增益 G 和分集获益或分集改善 I 定义的 11 GHz 单独路径雨衰分布 (A 和 B) 和站址分集雨衰分布 J 典型特征 (引自文献 [131] 中图 1 和图 2; 转载已获 INTELSAT 和 Comsat 授权)

分集增益 G[136,138] 以与分集改善因子正交的意义来定义, 它是与给定的时间百分比 p 对应的单路径雨衰和分集雨衰之间的差, 即

$$G(p) = A_{\mathrm{m}}(p) - A_{\mathrm{div}}(p) \ \ (\mathrm{dB}) \tag{4.46}$$

可以确定小时间百分比的分集衰减分布对应的分集改善因子是分集改善因子的明显优点。反过来说, 它不适合定义单站衰减值很大情况下的分集性能, 大的单站衰减值条件下的分集性能对于处于严重降雨气候的大型地面站正是需要准确性的情况。对于分集增益适用的地区正好相反: 它可用于预测在恶劣天气条件下的分集性能, 但在小雨条件下可能缺乏准确性。

这两个物理量由相同的累积分布定义, 在一定意义上具有等价性。然而如前所述[134], 用于计算分集获益与分集增益的单路径衰减与分集衰减对应于不同的时间百分比, 因此也对应于不同度量标准的可靠性。

特别地, 对于小时间百分比的分集衰减分布可能会受多数统计不确定性的影响, 这些影响体现在改善因子计算准确性中。实际上, 实验确定的分集改善因子[139,140] 揭示出有些不规则散射的行为, 而分集增益数据典型地呈现出或多或少的稳定、可预测的特点[139,141]。同样重要的是, 当仅有几个月的降雨数据可用时, 认为分集增益可以产生稳定的结果[139]。与编码增益相似, 分集增益也是可以直接输入到链路预算计算中的值, 因而分集增益通常是选择用来说明分集性能的参数。

为了描述分集性能的特性提出了称为 "瞬时分集增益" 的附加物理量[142]。对于 N 站址分集配置, t 时刻瞬时分集增益定义为

$$G_i(t) = A_{\max}(t) - A_{\min}(t) \tag{4.47}$$

式中: $A_{\max}(t)$、$A_{\min}(t)$ 分别为 t 时刻 N 个单路径衰减的最大值和最小值。

对于双站分集配置, $G_i(t)$ 仅是在任一时刻两路径衰减之间的大于 0 的差值。虽然分集增益没有提供瞬时信息是千真万确的, 但其提供了设计分集系统需要的基本数据。另外, 以瞬时分集增益为基础处理统计信息, 将失去系统设计所需的基本数据。评估分集性能所需要的是由分集所提供的额外 (统计) 可用性或衰落余量, 而不是衰减之间的瞬时差。

参考分布

理想情况下, 如果分集配置中受损最小的路径总能够被识别和选择用于通信, 那么图 4.44 中由 A 或 B 的较小者在每个时间百分比定义的衰减累积分布, 将构成比平均单站衰减分布更合理的衰减参考分布。分集增益将小于从平均单路径衰减计算的值, 这给出了一个明显的悖论: 为什么不完美的在分集路径之间进行切换, 来最大限度地提供分集增益。

事实上, 这样切换确实可以最大化分集增益, 但在图 4.44 的分集 (联合) 分布反映了该结果。在可用的数据中隐含了完美切换的假设, 完美切换是通过在每个采样间隔选择最小路径衰减编译联合衰减分布来进行。分集合并也能达到 "完美切换" 的目标, 因为两个信号中较强的将始终被用作参考。对于模拟信号, 需要非常精确的相位控制以实现分集合并, 所以趋向于仅限于很窄带宽应用。

在操作系统中, 切换将按照某一算法执行, 设计这个算法的原则是尽量减少开关的数目 (和临时链路中断的伴随可能性) 同时保持可接受

的服务[143]。如果主链路提供了合理的储备余量, 那么即使该主链路受到一些损害也将避免切换。这类似于先前在进行单站统计时应用的滞后 (见 4.5.3 节)。在任何情况下, 监测设备测量的不准确性将不可避免地将误差引入到最小受损路径的建立中, 并且因此影响切换效率。由于引入的误差, 将无法实现由完美切换获得的联合衰减分布。实现程度与切换策略和设备测量精度有关。

上述对参考分布细节的考虑对于许多应用有些无实际意义。在实践中, 如果在单站衰减结果中考虑沿各自路径测量的年统计结果之间的可能变化, 同时通过平均去除掉一些实验的不准确性, 那么平均单站衰减是方便的参考分布。

影响站址分集性能的因素

已经进行了各种各样的站址分集测量, 而且在文献 [144–146] 中进行了总结。这些结果构成了 COST 255 的主要组成部分[147], 也是 COST 280 的重点之一[148]。有可能影响特定站址分集装配的许多参数是相互关联的 (如基线方位、路径几何和当地地形), 下面将解释它们之间的依赖关系。

站址间距的依赖性

站址分集概念是基于不同路径传播损伤因路径之间足够的空间间隔而或多或少不相关的假设。如果空间间隔不够大, 则相同路径间 (零间隔的平行路径) 的传输损伤完全相关。在所有分集性能限制因素中, 站点 (或路径) 间隔一定是分集增益强有力的决定因素。测量结果表明, 当站点间距 D 小于 $10 \sim 20$ km 时, D 为分集性能的控制性因素[133,134,146]。

图 4.45[141] 说明了分集增益 G 对站点间隔的依赖性, 是基于在俄亥俄州和新泽西州 (美国) 对三个频率测量的数据而给出。可以观察到, 当 D 从 0 开始增加时分集增益迅速增加, 直到 D 超过 $10 \sim 15$ km 时这种趋势不变。当 D 超过 $10 \sim 15$ km 后, 分集获益随着 D 的进一步增加则几乎不变。获得 95% 的可用分集增益的站点间隔在不同的测量结果中略有不同, 取值为 $15 \sim 30$ km[149]。这些差异最可能是由于站点间隔之外其他参数的影响, 如配置几何结构、气候差异或地形。来自英国的 11.6 GHz 辐射计站址分集实验的数据[150] 显示出与来自美国的数据类似的趋势。两数据集的比较结果如图 4.46 所示, 图中显示出它们之间的差异。

首先, 一般来说英国实验的分集增益似乎超过美国实验的分集增

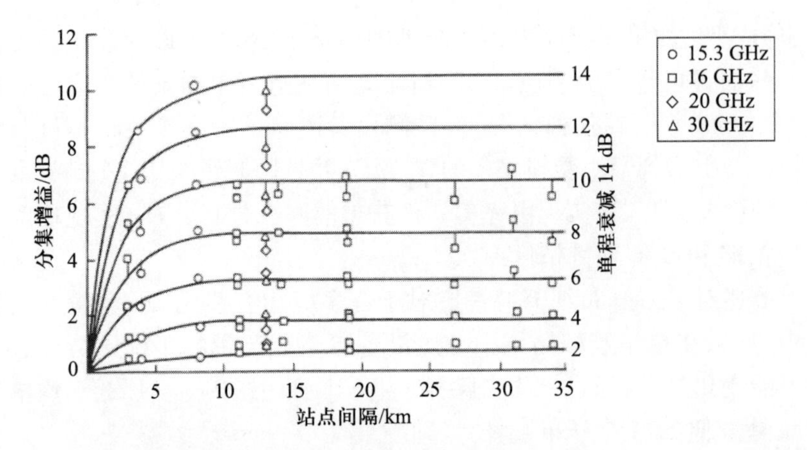

图 4.45 分集增益与站点间隔的依赖性 (引自继文献 [141]; ©1976 IEEE, 转载获得 IEEE、INTELSAT 和 Comsat 授权)

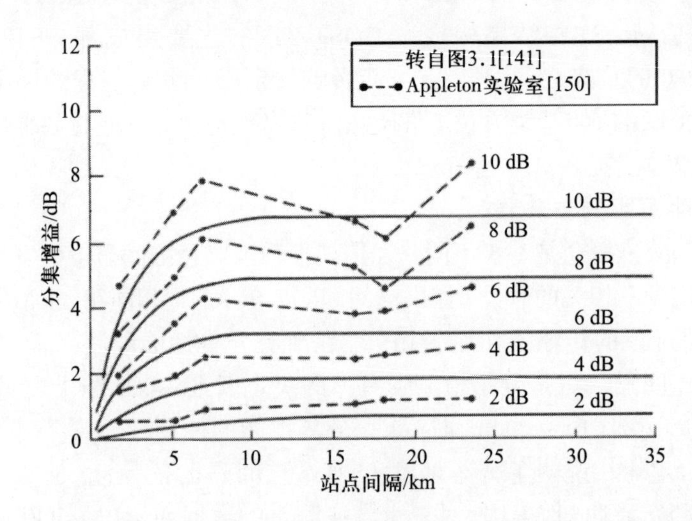

图 4.46 根据美国[141] 和欧洲[150] 的两组数据得到的分集增益和站点间隔的依赖关系 (引自文献 [131] 中图 3.1(a), 转载获得 INTELSAT 和 Comsat 授权)

益, 它支持了以下论据: 一是对于给定的站点间距, 分集增益随着频率的增加而减小。然而, 随频率的依赖性相当弱, 特别是对于实验中所用的中等仰角 ($25^\circ \sim 55^\circ$) 更是如此。二是相对于由美国的小站点间距数据 "预测" 的分集增益, 英国实验中分集增益随着站点间距增加似乎明显更高, 但是英国的结果与欧洲其他数据相吻合[151]。三是更值得注意的是英国实验中当站点间距为 $7 \sim 18$ km 时, 分集增益明显下降。之所以发生这种情况，是因为两个独立、强降雨雨胞通过站址分集网络，导致在间距很大的站点同时造成雨衰。

所观察到的分集增益对站点间隔的依赖性与点降雨率联合概率特征相一致 (图 1.27)。这两个量随着站点间距增加都呈现出迅速解相关性，直到 “饱和” 效应开始将这个量限制于比完全不相关略小的值[152,153]。对分集站点的路径衰减和点降雨率统计值同时测量的结果经常表现出类似的行为，这表明联合降雨率的统计信息可用于预测站址分集性能，类似于将点降雨率统计转化为单路径衰减统计结果的预测技术[139]。

由于雨介质在垂直方向上具有边界，而且在水平平面内的降水模式往往呈带状，所以，电波传播路径间的间隔 (垂直和水平方向) 可能比物理站点间间隔更加重要[146]。图 4.42 解释了垂直路径间隔的几何形状结构。这也表明，路径间间隔与基线方向、路径方位角和路径仰角的相互依赖性。对于特定的配置，当地地形和气候因素 (例如：几何配置结构和当地天气锋面方向间的对齐情况；降雨结构中任何的区域各向异性) 也可能影响路径间隔。这种影响还没有被完全理解。但是，从气象角度考虑推断得知[152]，对于降低不同路径同时损伤的概率而言，增加路径间水平间距比增加同样的垂直间距更有效果，以上规律至少对于纬度低于 60° 和仰角高于 3° 的情况成立。

基线取向的影响

如上所述，气象角度的考虑[152] 指出，最大化水平路径间隔 (对于指定的站点间隔) 将使分集增益最大化。由图 4.42 可知，最大的水平路径间隔可通过将分集基线方向垂直于路径方位角来实现。新泽西州的三站点 15.5 GHz 辐射计实验的数据[154] 和英国 Slough 附近 11.6 GHz 辐射计的六站点网络的数据[150] 之前已经支持了这一观点。后来的调查[139] 也得出这样的结论，首选基线取向是垂直于电波传播路径的方向。然而，文献 [155] 推断，基线取向首选为垂直于电波传播路径的方向，其次选为垂直对流天气前锋运动的方向，对应用站址分集最有利。这种观点已经在美国进行的广泛测量中被完全证实[140]。

在美国弗吉尼亚州 Wallops Island 对分集配置雷达模拟，模拟中基线与斜路径方位角平行，模拟结果显示垂直于雨胞延伸的方向是首选的基线取向[156]。前面提到的六站分集实验随后的测量也显示出天气系统的移动方向可以影响分集性能[157]。然而，其他的雷达模拟[149,158] 和分析[159] 却发现分集性能与基线方向之间存在很小的依赖性。因此，关于基线取向的结论似乎是不确定的，尤其是仰角高于 25° 时，相关结论更不确定。这些情况指出，对于许多分集配置，基线取向不是重要的参数，并且潜在影响分集性能的因素相互间十分关联，以至于很难将观察到的性能归因于单一参数。例如，在加拿大安大略省南部的一次实验中，把分集性能一直欠佳归因于与基线平行的悬崖诱发的地形降雨[160]。将基线重新取向为与悬崖垂直，这种地形的影响已被克服。

因为在低仰角状态，相对于垂直于路径方位角的基线，平行于路径方位角的基线条件下，同时发生路径损伤的概率不可避免地更高 (因为垂直路径间隔将很小，尤其是在基线平行于方位角情况下紧密放置的站点)，所以基线方向在这些特殊情况下也很重要。因为对这样的配置，单个雨胞的联合衰减可能性较高，所以优选的基线方向可能会是路径方位角和各向异性雨胞主轴之间钝角的平分线 (尽管一般各向异性雨胞主轴的信息未知，并且因此而被忽略)。然而，对于大的站点间隔，不同基线方向条件下的联合概率变化较小，这一点已被测量数据所证实。但是，即使当站点相隔几百千米时，仍然存在有限的概率使得两个站点同时降雨[161]。在这些大间距站点出现相似降雨的概率必然非常小[162]。

路径几何结构的影响

无线电波传播路径的几何结构是通过路径方位角 φ 和仰角 θ 角来定义。对于大多数分集对，基线取向效应一般会包括方位角依赖性，因为方位角是路径和基线之间的相对角度，虽然基线取向对确定分集增益价值不大但似乎也有一些价值。在单站运营的某些情况下，已经显示出方位角具有显著的影响[130]，虽然观察到的影响可能与双站分集实验中方位角影响的本质不一样。

经常观察到仰角对单路径传播损害的强烈影响[122]。随着仰角减小，通过对流层的倾斜路径长度迅速增加，从而单路径传播损伤的发生概率和严重程度都会增加。可以预测，联合传播损害的概率也同时会增加，这点已被分集测量结果所证实。在英国斯劳附近 7.1 km 间距站点的 11.6 GHz 分集实验中发现，对于 6° 仰角时的分集增益大约为 30° 时分集增益的 1/2[163]。在日本西部和美国弗吉尼亚州分别开展的 6° 仰角、17 km 间距站点和 11° 仰角、7.3 km 间距站点的 14/11 GHz 分集实验中观察到类似的分集增益特点[164]。这些分集增益曲线如图 4.47 所示。

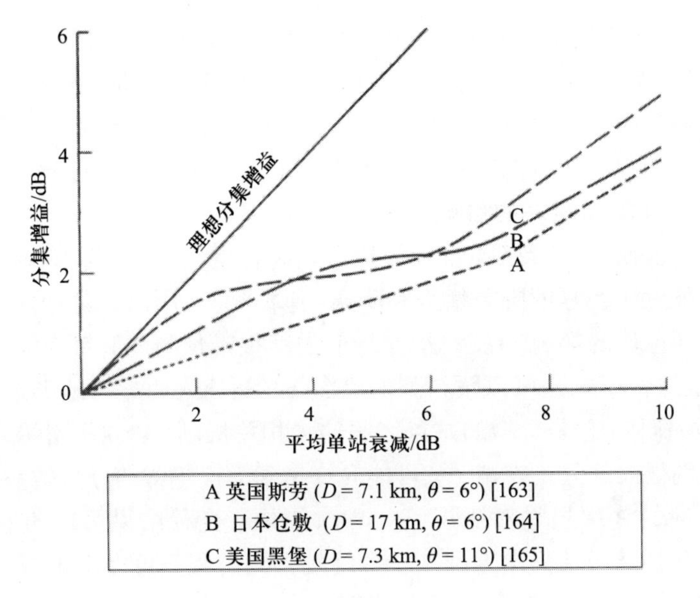

图 4.47 低仰角路径条件下 12 GHz 分集增益特性 (引自文献 [131] 图 3.3; 转载获得 INTELSAT 和 Comsat 授权)

当路径衰减为 3 ~ 6 dB 时, 分集增益曲线相对平坦, 这揭露出在这个单路径范围内分集性能增加最小甚至下降, 与其他因素实验结果相比, 上述增益特性似乎是低仰角实验所特有。出现这种 "平坦化", 可能是由于两个地面站上空同时存在两个单独的雨胞。然而, 如果持续进行数年的测量, 平坦部分很有可能会融入整体特性, 且分集增益随单站衰减表现出单调增加的特点[151]。因此, 在低仰角站址分集实验中明显的平坦化或非单调特性是由取样误差而引起, 也就是没有充分的数据能提供准确的结果。

随着路径仰角变小, 分集性能降低, 并且从图 4.47 可知, 当仰角小于或等于 15° 时, 仰角可能变成主要的考虑因素。对于更高的仰角, 分集性能对路径仰角的依赖性很弱。

频率依赖性

随着频率的增加, 普遍的小降雨率雨胞对单站衰减统计特性的影响在增加, 因此可以预测分集性能随着频率增加而降低。这些普遍降雨现象在很大距离上比大降雨率降雨更具相关性, 因而此时路径之间的去相关机制降低[161]。然而, 早期的分集增益测量结果表明, 在 10 ~ 30 GHz 的频率范围内, 分集增益似乎几乎独立于频率[166,167]。对分集增益与频

率之间残留依赖性 (消除掉估计的站点间距影响后, 分集增益与频率的依赖性) 的后续分析[144], 也得出分集增益与频率之间弱依赖性的结论。分集增益的频率依赖关系没有在低仰角路径条件下检验, 对于低仰角路径, 频率的影响将有可能很重要, 特别是 30 GHz 以上的频率更是如此。

局部气象和地形的影响

正如前面实验所提到的[160], 地形地貌特点经常改变降雨特性[168], 例如可能发生明显的降雨增强和降雨 “遮挡”[157], 所以分集性能可能会受到局部地形的影响。在一般情况下, 虽然很难预测地形对降雨的影响程度, 但这种影响是可以预料到的。站点之间插入明显的地形地貌 (如小山、河流等) 总是会增加站点之间的去相关机制。建立一对平均海拔高度差别很大的分集终端[169] 可能允许达到大于正常的分集增益, 这是因为更高的终端通过对流层路径大大缩短。这种结果可能不总是发生[170], 并且通过在高山上选址一个终端得到的利益可能由于管理不当及不利的天气和其他问题而被抵消。但是, 当高纬度地区仰角低于 3°[171,172] 或者温带地区仰角不高于 3°, 且主要传播损害发生于晴空大气时 (这种情况就是低仰角衰落)[173], 小的高度间隔是首选的方法 (类似于陆地上的视线站点间的高度分集操作)。当仰角非常低时, 低仰角衰落成为主要的损害, 抬高一个分集天线使之高于另外的天线, 那么直到晴空效应需要被关注之前, 通常能够找到不相关的路径。在高纬度地区几乎没有降雨发生, 低仰角路径的主要传播损伤是闪烁和低仰角衰落, 此时高度分集效果良好。然而, 具有明显降雨的温带地区, 高度分集配置不会获得显著的分集性能, 除非两个天线不仅处于不同高度而且具有充分的横向间隔。

4.5 衰减数据的相关

在开发和测试预测模型过程中, 特别是部分基于经验数据的预测模型, 一些最早的研究内容是各种实验结果和实验结果的任何可识别趋势的相关程度。衰减数据的相关研究可以分为: 长期数据比较处理、短期特点比较、不同实验技术的比较和不同效应的研究四大类。前三类主要是为了导出比例缩放定律, 以致一组测量数据可以在频率、仰角、极化等方面被转换成任何其他地理位置的结果。

4.5.1 长期缩放比例

在卫星通信领域, 工程师经常使用平方律关系把 Ku 波段频率测量的路径衰减转换成另一个频率的衰减结果。例如, 在 14 GHz 和 12 GHz 测量的衰减之间的比值是简单的 $(14/12)^2$。因此, 如果已知 12 GHz 的衰减 (如, 3 dB), 则 14 GHz 的衰减为 $[(14/12)^2 \times 3] = 4.1$ dB。ITU-R (前 CCIR) 用另一种简单的、经验频率比例定律[174] 改进[122] 这种平方率关系, 改进后的模型使得某频率测量的衰减和其他频率同一地 - 空路径相同发生概率对应的衰减相关联。如果 A_1、A_2 分别为在频率 f_1、f_2 (GHz) 的等概率衰减值 (dB), 得到比例定律为

$$\frac{A_1}{A_2} = \frac{g(f_1)}{g(f_2)} \tag{4.48}$$

式中

$$g(f) = \frac{f^{1.72}}{1 + 3 \times 10^{-7} f^{3.44}} \tag{4.49}$$

路径衰减 A_1、A_2 为大气气体衰减以外的额外衰减, 式 (4.48) 在 $8 \sim 80$ GHz 的频率范围内有效。对前面的例子 (12 GHz 的衰减为 3 dB 的情况) 使用上面的衰减比例缩放公式, 计算 14 GHz 的衰减为 3.9 dB, 该结果与平方率比例关系得到的 4.1 dB 很接近。式 (4.48) 的一个主要问题是, 它给出了独立于衰落深度、温度、降雨率等参数的单个换算值。双频测量表明, 衰减的长期频率比例系数随着其他参数中的衰落深度而变化。在所有情况下, 当衰落深度增加 1 dB 以上时, 较高频率观察到的衰减与较低的频率观察到的衰减之比值会减小。图 4.48 给出 28.56 GHz 和 19.04 GHz 的测量衰减值之间的关系。

4.5.1.1 可变衰减比例

Hodge[175] 尝试把雨介质参数引入到长期频率换算, 假设降雨率沿路径服从高斯分布。另一种引入了路径长度依赖性的模型应归功于 Rue[176]。在有限的频率范围 ($11.6 \sim 17.8$ GHz), 修正版的 Rue 模型可以给出很好的结果[177]。Hodge 模型和 Rue 模型都考虑了极化角, 因此比式 (4.48) 和式 (4.49) 给出的 CCIR 简单原始公式更精确。然而, 测量误差和年度之间的变化远远大于 CCIR、Hodge 和 Rue 模型预测精度之间的差异。如果绝对简单是主要目标, 这三个模型中最好的是 CCIR 模型,

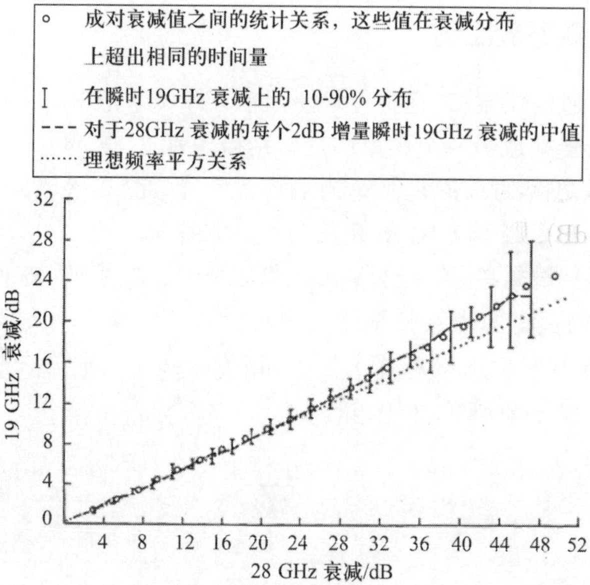

○ 成对衰减值之间的统计关系，这些值在衰减分布上超出相同的时间量

I 在瞬时19GHz 衰减上的 10-90% 分布

--- 对于28GHz 衰减的每个2dB 增量瞬时19GHz 衰减的中值

······ 理想频率平方关系

19 GHz 衰减/dB

28 GHz 衰减/dB

图 4.48 28.56 GHz 和 19.04 GHz 的测量衰减值之间的关系 (引自文献 [109] 中图 10; ©1982 IEEE, 转载已获授权)

注: 数据来自于主设备, 路径仰角为 38.6°; 相对垂直极化方向极化倾角为 21°。

但是这三个模型很快就被更简洁的 Fedi-Boithias 经验模型所取代。

Fedi 的 k 和 α 方法

在该方法中, 频率 f_2 的衰减与频率 f_1 的衰减之间的关系表示为

$$A_2 = 4k_2 \times \left(\frac{A_1}{4k_1}\right)^{\alpha_2/\alpha_1} \quad \text{(dB)} \tag{4.50}$$

式中: 相当于假定具有 4 km 的恒定路径长度。式 (4.50) 对于低于 60 GHz 频率[178] 计算的结果相当不错。

Boithias 方法

在这种方法中, 对当时所有的可用数据建立一个经验拟合。频率 f_2 的衰减与频率 f_1 的衰减通过下式建立关系:

$$A_2 = A_1 \times \left(\frac{\varphi_2}{\varphi_1}\right)^{1-H_{(\phi_1,\phi_2,A_1)}} \quad \text{(dB)} \tag{4.51}$$

式中

$$\varphi_{(f)} = \frac{f^2}{1+10^{-4}f^2}$$

$$H_{(\varphi_1,\varphi_2,A_1)} = 1.12 \times 10^{-3}\left(\frac{\varphi_2}{\varphi_1}\right)^{0.5}(\varphi_1 A_1)^{0.55}$$

式中: A_1、A_2 分别为频率 f_1、f_2 的等概率额外雨衰 (GHz)。

上述的 Boithias 算法已被 ITU-R[179] 采用。用式 (4.51) 将以前例子中 12 GHz 的 3 dB 衰减换算至 14 GHz 的衰减, 结果为 4.0 dB。式 (4.48) 和式 (4.49) 可以在无需求助于路径长度信息的条件下, 为相对接近的频率对 (如 14/11 GHz 和 30/20 GHz) 提供必要的长期换算信息, 这些特点是这些方程的固有特性。

当频率差别很大时 (如 11 GHz 和 30 GHz), 如果在应用长期频率换算方法中采用了路径长度信息, 则在应用长期频率换算方法方面要有一些保留。雨介质对 11 GHz 有作用效果的部分比对 30 GHz 有作用效果的部分要少许多。因此, 在一般情况下, 相比较的有效路径长度也不同。图 4.49 为利用辐射计在 3 年多时间内测量 20 GHz 和 30 GHz 的额外衰减累积数据, 也强调了把单一频率的换算系数用于所有程度的衰

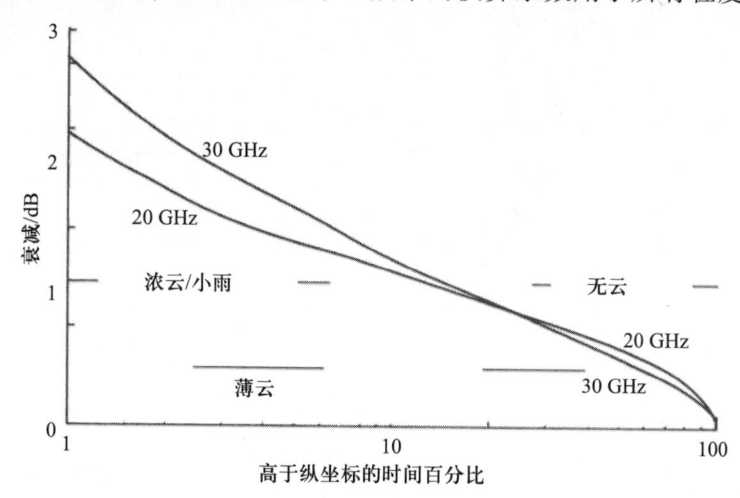

图 4.49 利用辐射计在 3 年多的时间内测量的 20 GHz 和 30 GHz 的额外衰减累积数据 (引自文献 [180] 中图 10; ©1984 British Telecommunications plc, 转载已获授权)

注: 测量地点为 Martlesham Heath; 链路仰角为 29.9°; 测量时间为 1978 年 10 月 1 日 — 1981 年 9 月 30 日; 记录时间: 20 GHz, 23346.8 h (88.8%); 30 GHz, 23257.1 h (88.4%); 极化状态为相对垂直极化方向极化倾角为 11.8° 的线极化。

减时可能的误差。

图 4.49 中, 30 GHz 和 20 GHz 的倾斜路径衰减累积统计结果在约 2% 的时间百分比处交叉。对于 2% 以上的时间百分比水平, 大气湿度对 20 GHz 信号的衰减比对 30 GHz 信号的衰减要严重, 这是因为 20 GHz 的信号接近水蒸气共振线 22 GHz。同样, 毛毛雨对 30 GHz 信号将形成明显的衰减, 而其对 10 GHz 信号的影响却微不足道。这样的效应在短期频率比例换算中更为显著。

4.5.2 短期频率换算

降雨衰减是诸多因素的函数, 如雨滴尺寸分布、降雨率和温度。即使除一个参数以外的所有参数都保持不变, 这个仅有参数的变化可对路径衰减预测和不同频率衰减之间的比值产生明显的影响。图 4.50 给

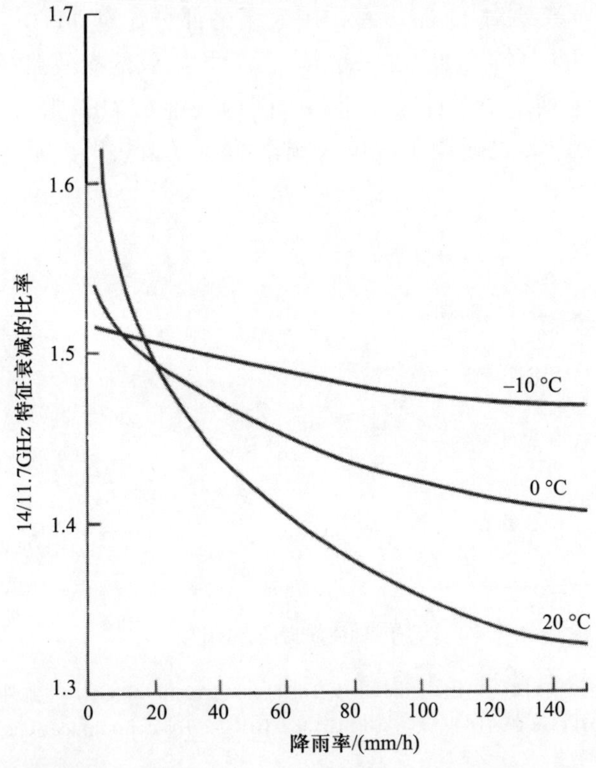

图 4.50 不同温度条件下使用 Laws-Parsons 雨滴分布谱计算的 14/11.7 GHz 特征衰减之比值随降雨率的变化关系 (引自文献 [181] 中图 6, 转载获得 INTELSAT 授权)

出了参数变化产生影响的例子，计算了不同温度条件下 14/11.7 GHz 的特征衰减，计算中使用了幂定律关系、Laws-Parsons 雨滴尺寸分布以及文献 [16] 中给出的 k 和 α 的值。

从图 4.50 可以看出，对于给定的降雨率，特征衰减比值在明显变化。同样，根据雨的温度，比值 1.425 可以在降雨率为 50 mm/h 或 100 mm/h 处获得。虽然总的路径衰减比值之间的起伏小于特征衰减所测得的比值，但是已经观察到总路径衰减比值有很大的变化。

衰减比值变化的一个原因是实验误差。假定在 14/11.7 GHz 的总路径衰减比值为恒定值 1.45，11.7 GHz 的下行链路发生误差 E (dB)，图 4.51 给出了频率比例比值的误差范围。

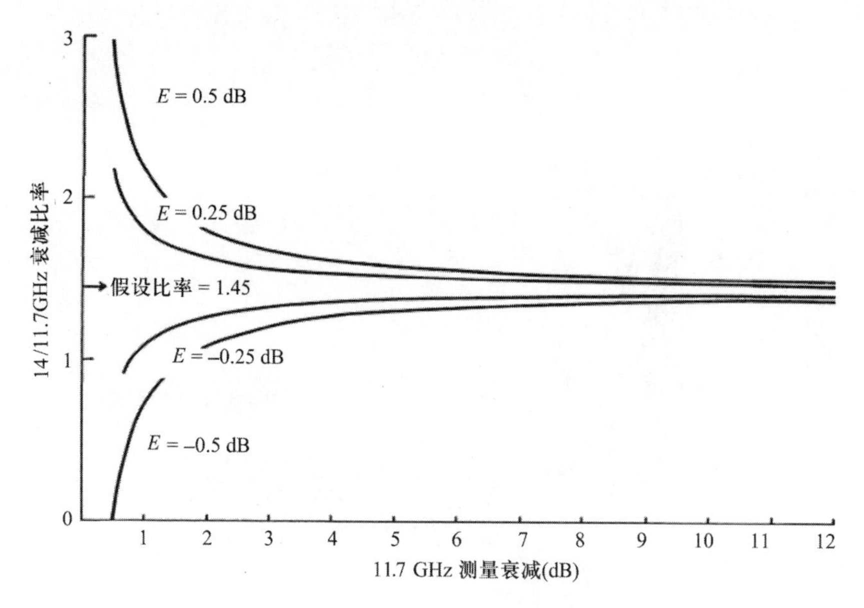

图 4.51 给定测量误差 E 条件下 14.0/11.7 GHz 的衰减比值与 11.7 GHz 衰减的关系 (引自文献 [181] 中图 8，转载获得 INTELSAT 授权)

显然，设备误差无论在实现估计还是验证频率比例比值方面都是主要贡献。这种潜在误差在用 ATS-6[182] 和 OTS[183] 进行的两次系列测量中被证实，其中的一些结果转载在图 4.52 和图 4.53 中。在使用 Olympus[50]、ACTS[184] 和 ITALSAT[185] 地球同步卫星进行的实验也观察到类似的误差范围。

在图 4.52 和图 4.53 可以看出三个因素：一是随着衰减增大，衰减率

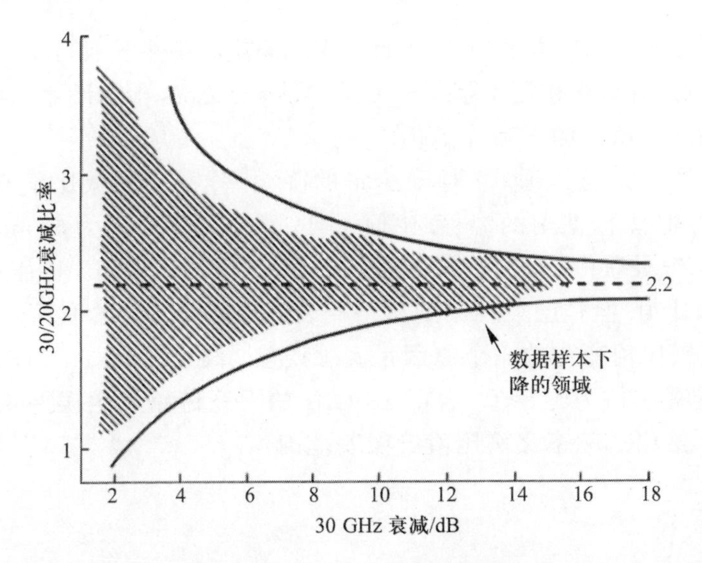

图 4.52 20 个降雨事件的联合散点图 (1318 min 的数据) (引自文献 [182]; 转载获得 INTELSAT 授权)

注: 实线给出的误差范围假设: 20 GHz 为 ±0.4 dB, 30 GHz 为 ±0.6 dB。

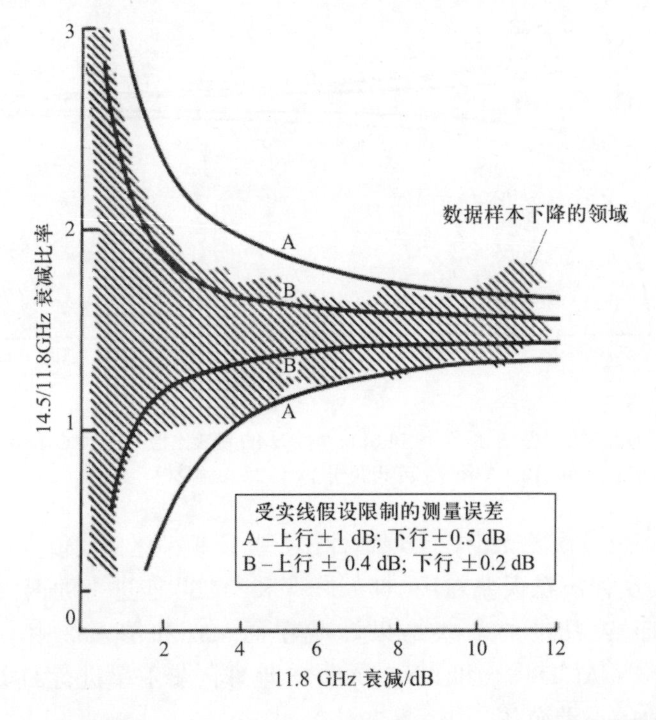

图 4.53 7 个主要事件中 14.5/11.8 GHz 衰减比值与 11.8 GHz 衰减的关系 (引自文献 [183]; 转载获得 INTELSAT 授权)

的平均值有一个明确的趋势; 二是非常小的实验误差在小衰减时也会产生很大的换算比例误差; 三是在高衰减时的部分换算比例起伏无法用实验误差解释。这表明, 合理稳定的长期频率换算比例可以被采用且具有合理的精确度, 而短期换算比例 (对上行链路功率控制很有必要) 建模很复杂, 并且易受到许多误差源的影响[177,186]。当对两个不同频率的极化之间换算时, 更容易受误差源影响, 表 4.8 列出了这些潜在的误差。

表 4.8 0° 时正交线极化之间的预测衰减比值 (转自文献 [187] 中表 7.4.2.2)

衰减比率	极化	降雨率/(mm/h)					
		5	10	25	50	100	150
$\frac{A_{14.455}}{A_{11.786}}$(30° 仰角)	A_H/A_V	1.77	1.76	1.75	1.74	1.74	1.73
	A_V/A_H	1.39	1.34	1.27	1.22	1.18	1.15
	A_V/A_V	1.57	1.53	1.49	1.45	1.42	1.40
	A_H/A_H	1.57	1.54	1.50	1.47	1.44	1.42
$\frac{A_{14.455}}{A_{11.786}}$(10° 仰角)	A_H/A_V	1.83	1.83	1.83	1.83	1.83	1.83
	A_V/A_H	1.34	1.28	1.21	1.15	1.10	1.07
	A_V/A_V	1.57	1.53	1.48	1.44	1.40	1.38
	A_H/A_H	1.56	1.53	1.49	1.46	1.43	1.41
$\frac{A_{30}}{A_{20}}$(30° 仰角)	A_H/A_V	2.77	2.70	2.59	2.52	2.44	2.40
	A_V/A_H	2.16	2.05	1.89	1.78	1.68	1.63
	A_V/A_V	2.42	2.35	2.22	2.13	2.04	1.99
	A_H/A_H	2.47	2.36	2.21	2.11	2.01	1.95
$\frac{A_{30}}{A_{20}}$(10° 仰角)	A_H/A_V	2.85	2.79	2.70	2.63	2.56	2.52
	A_V/A_H	2.06	1.94	1.77	1.66	1.56	1.50
	A_V/A_V	2.39	2.31	2.19	2.10	2.01	1.97
	A_H/A_H	2.45	2.34	2.18	2.08	1.98	1.92

注: ©1982 British Telecommunications plc, 转载已获授权

4.5.3 试验技术之间的相关性

对使用不同测量技术得到的结果进行比较发现, 长期或统计数据之间普遍表现出较好的相关性。如果意识到每种技术的局限性, 则从辐射计的数据换算获得等效卫星信标数据已是当前公认的技术; 反之亦然。逐渐公认, 雷达也可用于提供频率换算和站址分集数据, 尤其是当雷达是双极化且有 "地面真值" 测量设备的支持时更为如此。

然而, 试图进行短期比较时出现了问题。图 4.54(a)~(c) 给出将

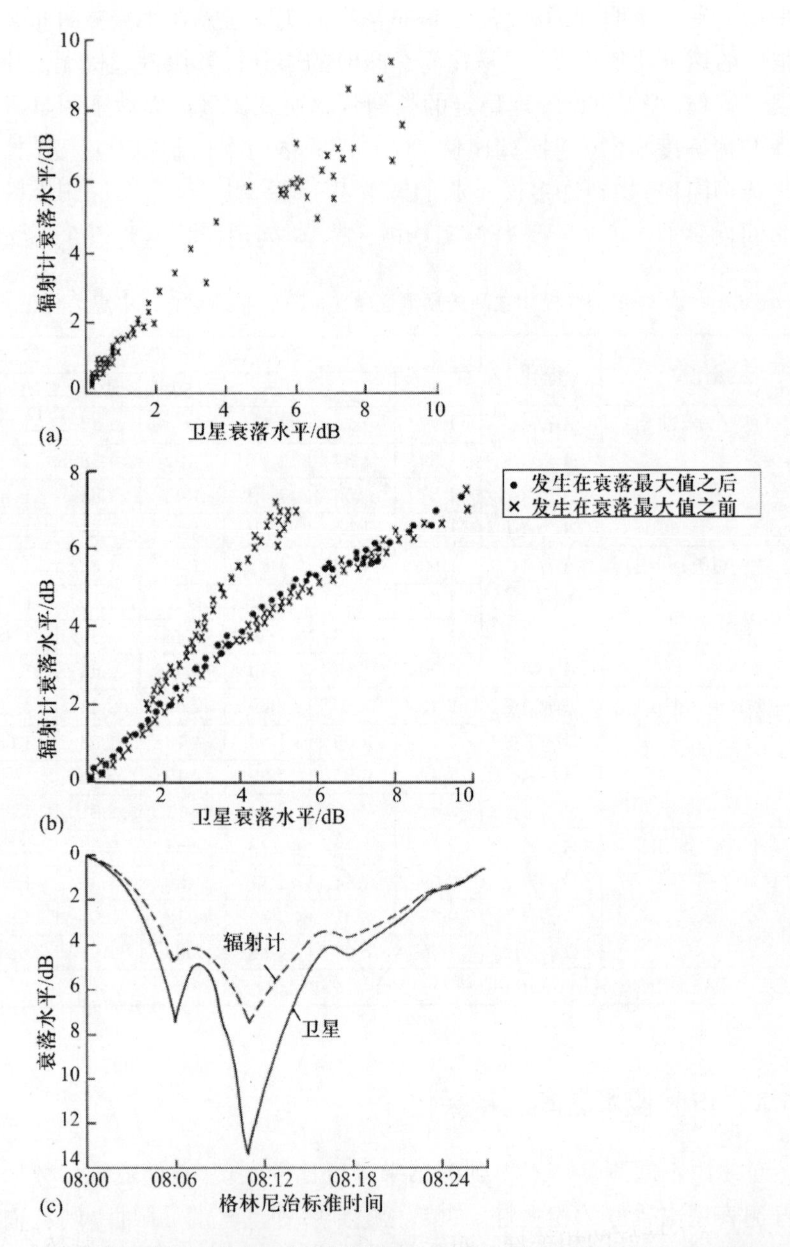

图 4.54 某事件中卫星信标和辐射计衰落水平的比较 (引自文献 [42] 中图 17–19; ©1977 ESA, 转载已获授权)

(a) 1975 年 11 月 19 日 (Langley 站); (b) 1975 年 8 月 15 日 (Winkfield 站); (c) 1976 年 7 月 16 日 (Langley 站的卫星和辐射计结果)。

30 GHz 辐射计瞬时数据与使用相同的频率、相同的天线沿到达 ATS-6 卫星相同倾斜路径得到的数据相关联时的困难之处。

图 4.54(a) 绘制出与卫星瞬时信标测量相对应的辐射计瞬时采样数据。虽然大部分数据一致, 但在很大范围内上界和下界之间几乎是随机散点。在图 4.54(b) 中, 散点不再是随机分布, 而是具有与暴风雨对应的两个明显的部分。在这两个事件中, 传播介质的特性在事件过程中都发生了改变, 给出了明显不同的有效介质温度。由于假设的是恒定的有效介质温度, 所以辐射计预测的衰减与直接测量得的卫星信标数据表现出明显的差异。

图 4.54(c) 显示出与图 4.54(a)、(b) 中所看到的完全不同的效果。此时, 距离该站点一定距离、在前几个菲涅尔区内的强烈雨胞, 对卫星信标信号产生了严重的衰减。然而, 由于辐射计波束的平均效应而导致其完全低估了峰值衰减。另外, 如果将辐射计的所有数据与卫星信标数据进行比较, 将会获得良好相关性。图 4.55 比较了产生图 4.54 单个事件结果的实验中获得的长期数据。这进一步证实了近场效应在卫星信标衰减测量中并不重要[57]。它也说明, 频率换算比例预测方法仅适用于长期数据, 基于测量下行链路信号的任何 Ku 波段或 Ka 波段的开环上行链路功率控制技术, 在上行链路衰减预测中不可希望得到小于 ±1 dB 的精度, 更可能的精度为 ±2 dB, 这些将在第 8 章中详细讨论。

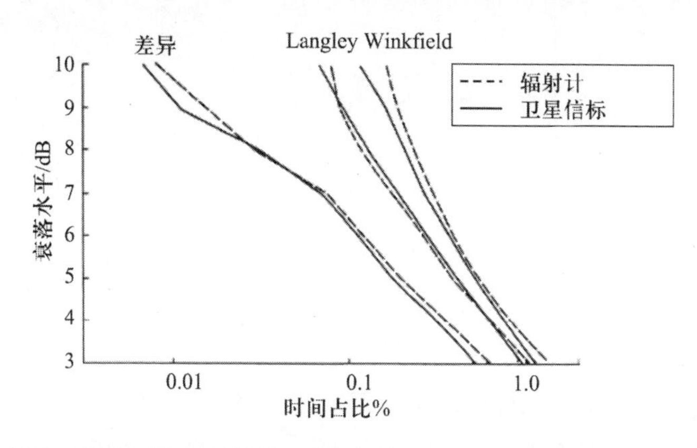

图 4.55 同步观测的累积统计结果 (引自文献 [42] 中图 15; ©1977ESA, 转载已获授权)

注: 观测时长为 1742 h 55 min; 观察时期为 1975 年 7 月 1 日至 1976 年 8 月 2 日; 仰角为 22°; 频率为 30 GHz; 站点间距为 12.3 km。

4.5.4 差分效应

降雨差分效应在时间、频率和极化域均可能发生。极化差分效应(相同频率、正交极化信号的幅度差分效应) 是去极化的一种特征, 这将在第 5 章中进行讨论。时间差分效应与频率差分效应分别可以引起测距误差和色散效应。

4.5.4.1 测距误差

链路中的相位变化由本体折射指数中的实部变化引起。在晴空中, 相对湿度的变化造成了视在距离的重大变化 (见 3.2.7 节)。由于降雨具有较高的本体折射指数, 所以降雨会导致额外的测距误差[188]。图 4.8 和图 4.9 给出了降雨本体折射指数随频率的变化关系。其实部在大约 10 GHz 处达到峰值。如图 4.56 所示, 实部峰值的影响转化为相同频率对应的相位和时延峰值[189]。

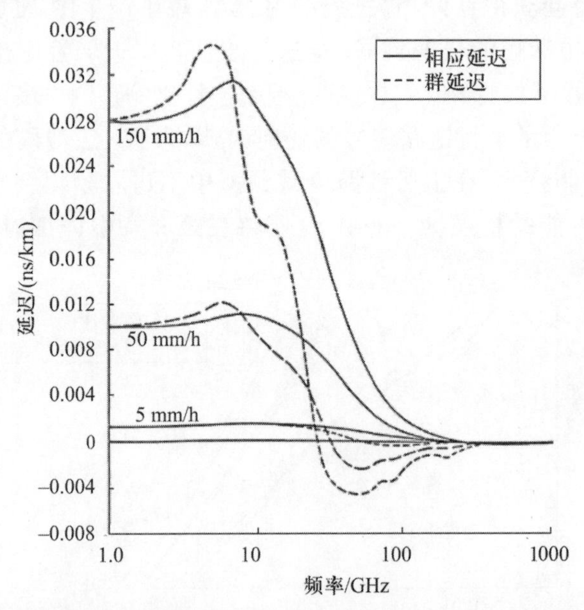

图 4.56 1 km 降雨路径的群延迟和相位延迟与频率的关系 (引自文献 [189], 转载获得 D.V. Rogers 博士授权)

从图 4.56 可以看出, 降雨引起的延迟变化一般用百分之几纳秒度量。虽然这可能会导致测距误差, 但该误差在 TDMA 系统的保护时间范围内[98]。大多数确定卫星星历数据的距离测量都在晴空条件下进行,所以可以避免降雨测距误差。此外, 当距离/延迟变化开始接近 TDMA 系统的保护时间极限时, 总链路衰减可能已经超过链路的衰落余量。如果测距时用的不是窄带信号, 而是发射了宽带信号, 那么贯穿整个频带的差分效应可能会导致色散。

4.5.4.2 色散效应

从图 4.56 可以看出, 相位延迟随频率的变化率在 10 ~ 50 GHz 之间达到最大值。在这个频率范围, 运行在强降雨环境中的任何宽带系统, 将在整个带宽上经历最大的相位变化。使用 COMSTAR 卫星进行的一系列实验[109], 在 28.56 GHz 的频率下, 对整个 264M Hz、528 M Hz 和 9.5 GHz 带宽内的差分幅度和相位进行了测量。除仅属于雨中微波传输的频率依赖特性外, 没有发现任何明显的幅度或相位色散的迹象。也就是说, 没有观测到诸如多径或共振效应导致的频率选择性色散效应。这证实了对 10 ~ 30 GHz 频率范围开展的一项理论研究[190]。然而, 已观察到了一些意想不到的幅度差分效应。

图 4.57 给出了一次暴风雨中, 频率 11.6 GHz、带宽 500 MHz① 内获

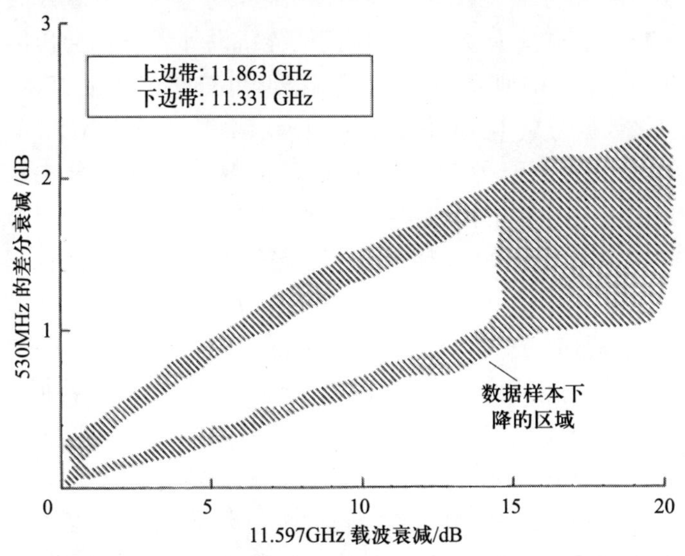

图 4.57　利用 SIRIO 卫星于 1979 年 8 月测量的 11.6 GHz 载波的衰减和 ±365 MHz② 边带之间的差分衰减 (引自文献 [191] 中图 50 后, 文献 [181] 中图 14; 转载获得 INTELSAT 授权)

---

① 译者认为此处应为 530 MHz。

② 译者认为此处应为 ±265 MHz。

得的差分衰减数据样本。暴风雨的不同时期存在完全不同的粒子大小和浓度，这可以解释图 4.57 中滞后效应。这个效应和图 4.54(b) 中用辐射计观测的结果是相同的，图 4.54(b) 中结果是由有效介质温度的变化造成所观察特性的两个极端。在大多数情况下，差分衰减的变化总计小于平均载波衰减的 10%，所以不会成为系统的限制。

4.6 雨衰预测模型

4.6.1 单站预测模型

由于雨是微波频率倾斜路径的主要衰减介质，所以任何衰减预测过程的第一步或是获得待分析站点的降雨率测量统计数据，或是获得降雨率累积统计数据的准确预测结果。在缺乏降雨率统计数据测量值的情况下，计算全球范围内降雨率统计分布的、相对简单的 Rice-Holmberg 模型曾经是公认的倾斜路径衰减预测的输入模型 (见式 (1.25))，它在许多方面现在也仍然是公认的有效模型。随着随时可用的气象和地理参数数字化数据库的出现，链路设计者有机会访问丰富的在线数据。为了获得地面站平均海拔高度，可查阅包含在 ITU-R P.1511 中的数字化数据[192]。同样，雨顶高度、降雨率等高线分布图、地表水蒸气密度和总路径积分水汽含量的数字化数据都可以分别在 ITU-R P.839、P.837 和 P.836 中找到[193−195]。经过了从点降雨率统计数据到倾斜路径衰减统计数据的步骤，产生了许多有竞争力的模型。

Dutton 和 Dougherty 迈出倾斜路径衰减统计预测的第一步[196,197]，他们把降雨率统计数据划分为低于 5 mm/h、5 ∼ 30 mm/h 和 30 mm/h 以上三个区域，并使用类似于式 (4.7) 的幂律方程计算出特征衰减。为了获得通过雨介质的路径长度，做了关于暴风雨高度和液态水含量的垂直依赖性方面的一些假设。

后来的 Lin 模型[198] 引出路径长度校正因子，据此因子可以确定穿过恒定降雨率雨区的有效路径长度。路径长度校正因子为

$$F = \frac{1}{1 + (L/LR_5)} \tag{4.52}$$

式中：L 为到 4 km 高度的倾斜路径长度沿地面的投影长度；LR_5 为穿

过 5 min 累积降雨率雨区的有效路径长度。给定百分比时间的 5 min 降雨率的有限可用性降低了这种预测方法的实用性。

Crane 使用了与 Lin 类似的概念推导了有效路径平均系数, 形成了他自己的雨衰预测的普适模型[199,200]。Crane 模型是首个具有普遍适用性的降雨衰减预测程序, 除了目前的 ITU-R 预测模型 (最初版本参见文献 [122], 最新版本在参见文献 [179]) 外, 它的基本原理成为许多其他建模程序的基础。

降雨空间变化的概念被用于雨衰预测的 Morita 模型[201] Misme–Waldteufel 模型[202]。这两个模型使用了更复杂的输入参数和较困难的计算步骤, 但是它们能够获得比简单的普适 Crane 模型具有更为准确的预测结果[199]。这两种模型都没有 Crane 模型使用广泛, Crane 模型已经以不同形式使用了超过 1/4 世纪, 这是相当了不起的成就。

倾斜路径雨衰预测模型的关键问题是如何建立有效路径长度, 通过这个有效路径可以量化降雨率和计算衰减。其目标是: 得出具有物理基础的有效路径长度, 得出能够经得起不同气候和/或不同频率检验 (如果这种检验有必要) 的有效路径长度。类似 Lin 和 Crane 的一些模型假设沿路径具有恒定降雨率, 然后改变路径的长度以获得正确的衰减值。这种变化通过路径缩减因子实现。诸如 Stutzman 和 Dishman 提出的模型[203] 及其细化模型[204], 和 Crane 后来提出的模型[205] 等其他模型, 它们或者假设依靠降雨率指数衰减模式[203], 或者假设形成双组分降雨结构[205] (由核心雨区和核周围的 "碎片" 雨区组成) 来引入降雨率本身的空间变化。

研究者进行了各种雨衰预测模型的对比分析[206–208]。将测量结果和预测结果对比的分析中, 如果认为超过两年的衰减测量结果很重要, 那么从模型固有简单性和合理的准确性 (频率至少高达 55 GHz) 角度看, 似乎 ITU-R 模型[179] 通常是首选的。文献 [179] 的 2.2.1.1 节逐步列出了 ITU-R 模型计算步骤, 下面直接引用其所列步骤 (为了符合本章公式排序仅改变了公式编号)。

以下步骤提供了给定位置对于频率高达 55 GHz 的倾斜路径雨衰长期统计估计结果。计算中需要下列的参数:

$R_{0.01}$ —— 当地年均 0.01% 时间概率的点降雨率 (mm/h);

h_s —— 地面站上平均海拔高度 (km);

θ —— 仰角 (°);

ϕ —— 地面站的纬度 (°);

f —— 频率 (GHz);

R_e —— 有效地球半径, $R_e = 8500$ km。

如果无法获得地面站平均海拔高度的本地数据, 可以从 ITU-R P.1511 给出的地形海拔高度分布图中得到其估计值。图 4.58 给出了地 – 空路径衰减预测过程中需要输入的参数。

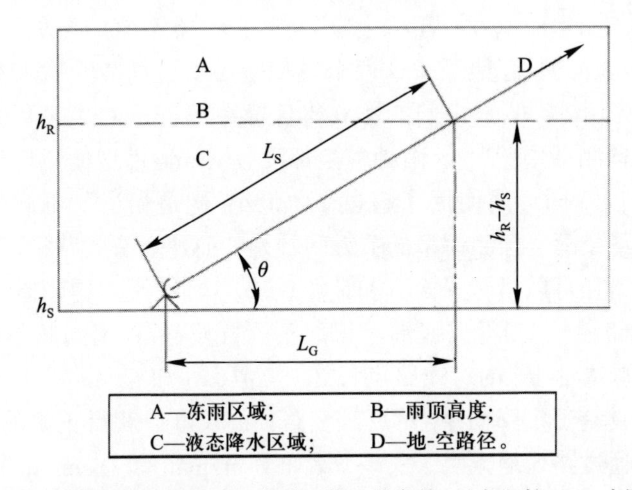

图 4.58　地 – 空路径衰减预测过程中需要输入的参数 (引自文献 [122] 中图 1; ©1986 ITU, 转载已获授权)

步骤 1: 按照 ITU-R 建议 P.839 中给出方法确定雨顶高度 h_R。

步骤 2: 计算 $\theta \geqslant 5°$ 时雨顶高度以下倾斜路径长度, 即

$$L_S = \frac{h_R - h_S}{\sin\theta}\ (\text{km}) \tag{4.53}$$

当 $\theta < 5°$, 有

$$L_S = \frac{2(h_R - h_S)}{[\sin^2\theta + (2(h_R - h_S)/R_e)]^{1/2} + \sin\theta}\ (\text{km}) \tag{4.54}$$

如果 $h_R - h_s$ 小于或等于 0, 对于任何时间百分比的预测降雨衰减为 0, 那么就不再需要下面的步骤。

步骤 3: 计算倾斜路径长度的水平投影, 即

$$L_G = L_S \cos\theta\ (\text{km}) \tag{4.55}$$

步骤 4: 获得年均时间百分比超过 0.01% 的 1 min 累积降雨率 $R_{0.01}$。如果不能从当地数据源获得该数据长期统计值, 可以从 ITU-R 建议 P.837 中给出的降雨率分布图中获得其估计值。如果 $R_{0.01}=0$, 预测的任何时间百分比降雨衰减为 0, 就不再需要下面的步骤。

步骤 5: 利用 ITU-R P.838 给出的与频率有关的系数, 以及步骤 4 确定的降雨率 $R_{0.01}$, 获得特征衰减, 即

$$\gamma_{\mathrm{R}}=k(R_{0.01})\alpha\ (\mathrm{dB/km}) \tag{4.56}$$

步骤 6: 计算 0.01% 时间概率对应水平路径缩短因子, 即

$$r_{0.01}=\frac{1}{1+0.78\sqrt{(L_{\mathrm{G}}\gamma_{\mathrm{R}}/f)-0.38(1-\mathrm{e}^{-2L_{\mathrm{G}}})}} \tag{4.57}$$

步骤 7: 计算 0.01% 时间百分比的垂直路径调整因子:

$$\zeta=\arctan\frac{h_{\mathrm{R}}-h_{\mathrm{S}}}{L_{\mathrm{G}}r_{0.01}}\ (^\circ)$$

当 $\zeta>\theta$ 时, 有

$$L_{\mathrm{R}}=\frac{L_{\mathrm{G}}r_{0.01}}{\cos\theta}\ (\mathrm{km})$$

否则

$$L_{\mathrm{R}}=\frac{h_{\mathrm{R}}-h_{\mathrm{S}}}{\sin\theta}$$

当 $|\phi|<36^\circ$ 时, 有

$$\chi=36-|\phi|\ (^\circ)$$

否则

$$\chi=0^\circ$$

$$v_{0.01}=\frac{1}{1+\sqrt{\sin\theta}[31\times(1-\mathrm{e}^{-\theta/(1+\chi)})(\sqrt{L_{\mathrm{R}}\gamma_{\mathrm{R}}}/f^2)-0.45]}$$

步骤 8: 计算有效路径长度, 即

$$L_{\mathrm{E}}=L_{\mathrm{R}}\nu_{0.01}\ (\mathrm{km}) \tag{4.58}$$

步骤 9: 计算超过 0.01% 年均时间百分比的衰减预测值, 即

$$A_{0.01}=\gamma_{\mathrm{R}}L_{\mathrm{E}}\ (\mathrm{dB}) \tag{4.59}$$

步骤 10: 由 $A_{0.01}$ 计算 0.001% ~ 5% 的其他年均时间百分比的预测雨衰值:

如果 $p\geqslant 1\%$ 或 $|\phi|\geqslant 36^\circ$, 则 $\beta=0$。

如果 $p<1\%$ 且 $|\phi|<36^\circ$ 和 $\theta\geqslant 25^\circ$, 则 $\beta=-0.005(|\phi|-36)$。

否则, $\beta = -0.005(|\phi| - 36) + 1.8 - 4.25\sin\theta$。

$$A_{\mathrm{p}} = A_{0.01}(\frac{p}{0.01})^{-(0.655+0.033\ln p-0.045\ln A_{0.01}-\beta(1-p)\sin\theta)}\ (\mathrm{dB}) \tag{4.60}$$

这种方法提供了降雨衰减的长期统计估计值。当比较测统计结果和预测值时, 应当为降雨率统计值的较大年际变化留出容差, 参见 ITU-R P.678。

该预测过程依赖于 ITU-R P.839 建议书中给出的 0°C 等温线。与有效雨顶高度一样, 0°C 等温线高度具有显著的季节变化性。

4.6.2 有效雨顶高度

正如前面章节中所看到的, 有很多种产生降雨的方式, 层状云降雨和对流雨是常见的两种降雨方式。在计算星 – 地路径的衰减时, 重要的是知道液体降水部分的范围。冻雪 (相对于融雪) 和冰晶不会对微波和毫米波波长范围的无线信号产生明显的衰减, 因此关键是知道水凝物从冻结颗粒变成融雪和液态水的位置距离地面的高度。这个过程发生在融化层, 有时候也不准确地称为冻结层。计算路径衰减所需要的是星 – 地链路位于融化层下面的部分。

用公式表示即时路径衰减预测值是困难的, 因为根本不可能在一定需求精度下知道任意时刻沿路径存在什么粒子。因此, 大多数雨衰预测程序仅试图预测衰减的统计值, 通常是预测平均年或最坏月统计值, 这就带来获得 0°C 等温线的统计平均高度的需求。ITU-R P.839 中给出该值, 图 4.58 使用了 1 年中下雨时的融化层平均高度。然而, 这个融化层平均高度并不能描述完整情况。图 4.59 给出星 – 地链路常遇到的雨幡、层状云雨和暴风雨三种类型的降雨示意图。

4.6.2.1 雨幡

当潮湿的空气接近饱和蒸气压时, 水蒸气凝结成降雨粒子。这些粒子通常比周围的空气重, 所以它们开始下落。空气温度通常随着海拔高度的降低而升高, 如果较低空气的相对湿度小于高空的湿度, 那么下降中的雨滴在到达地面之前将完全蒸发掉。这种形式的液态水凝物称为幡状云降雨 (雨幡), 它在温带和热带气候比较常见。温带幡状云降雨与热带幡状云降雨的唯一区别是: 热带幡状云降雨的形成发生在融化层以下, 有时候甚至远低于融化层, 如图 4.59(a) 所示。

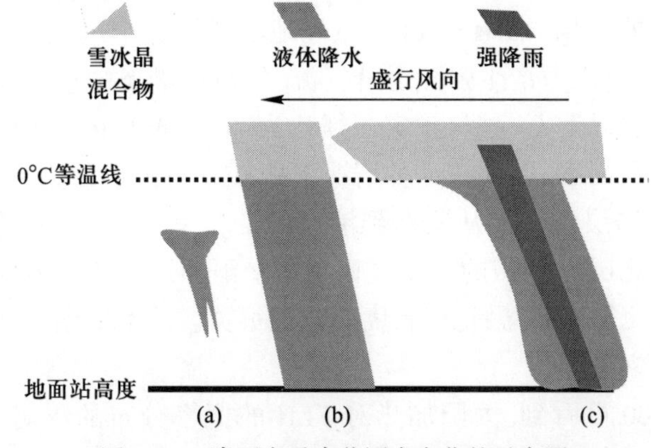

图 4.59 降雨在垂直范围内变化的示意图

注: 图 (a) 为幡状云降雨的一类液态水凝物。幡状云降雨有时从 0°C 等温线处 (但常低于该高度处) 由饱和空气凝结析出, 并且开始向地面降落, 但是在到达地面之前就蒸发掉了。图 (b) 为 0°C 等温层之上具有冰和雪的典型层云降雨的例子。当这些冻结粒子下落时发生融化 (这就是 °C 等温线通常称为 "融化层" 的原因, 有时也不正确地称为 "冻结层"), 并且大致均匀的雨水降落到地面。图 (c) 为积雨云雷暴例子, 它具有高降雨率的强降雨内核, 有时在热带地区宽只有几百米, 被稍弱的降雨包围。云体内强烈的上升气流把液态水推到 0°C 等温线以上。剧烈的热带雷暴雨中, 液态水凝物可以向地面以上延伸 7 km 多[209]。上述的盛行风向是由右至左, 这似乎是反直觉的现象。然而, 风的水平速度通常随海拔高度降低, 然后偏向盛行风方向 (更多相关信息参见图 5.11)。

4.6.2.2 层状云降雨

层状云降雨通常是由冻结粒子在下落通过 0°C 等温层时融化而形成的降雨。冻结粒子层在水平方向往往非常宽广, 因此层状云降雨通常在同一时间带来大面积范围的液态水凝物。层状云降雨通常也会发生在相对平静的条件下, 所以通过液态水凝物的路径明确 (从地面站的高度一直到融化层), 并且沿路径一直到融化层的降雨率相对恒定。上述特征如图 4.59(b) 所示。包含在锋系 (冷锋、暖锋和锢囚锋) 内部的水凝物也往往倾向于存在轮廓分明的融化层, 尽管其覆盖面积小于层云降雨覆盖面积。ITU-R P.839 提供了融化层高度的统计值, 但是我们更感兴趣的是知道融化层高度随纬度变化的概率分布。在考虑这点之前, 来先看一下雷暴雨。

4.6.2.3 雷暴雨

雷暴雨是强烈太阳加热、庞大体积的潮湿空气和涌动上升通过积雨云的剧烈对流流体的综合产物, 雷暴雨通过范德格拉夫起电过程产生非同寻常的电场。图 4.59(c) 示意性地阐述了这个过程。在雷暴核心区域, 强大的对流力产生强烈上升气流, 气流将潮湿的空气和液态水凝物带到冻结层以上 (一些科学家习惯认为: 向上通过 0°C 等温层就意味着从液态转到固态, 因此在这种情况下把 0°C 等温层称为冻结层; 向下通过 0°C 等温层意味着从固态到液态的变化, 所以相反的过程反过来称为通过融化层)。强烈的对流过程与雷暴雨和许多热带地区的对流降雨过程一起使得冻结/融化层高度的范围很宽。图 4.60 给出冻结层高度 (FLH) 的概率分布。

由图 4.60 可看到, 太阳加热对 FLH 的概率分布的影响, 接近赤道

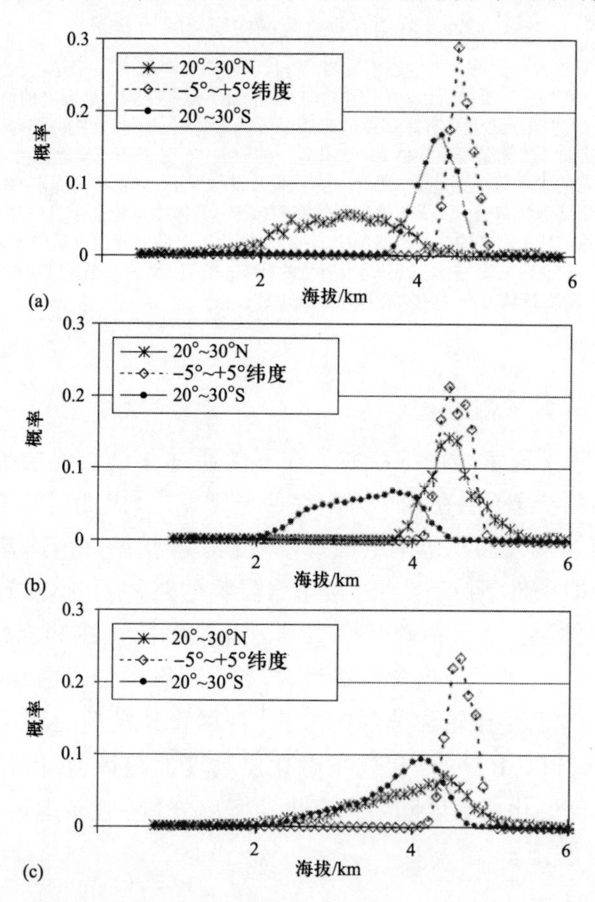

图 4.60 冻结 (融化) 层高度的概率分布 (引自文献 [210] 的图 2;©2005 IEE—现在的 IET, 转载已获授权)

(a) 1 月、2 月和 12 月; (b) 6 月、7 月和 8 月; (c) 全年度。

的地区比温带气候的地区出现较大 FLH 的概率更高。由于热带地区在全年度趋向于相对狭窄的温度范围, 所以 FLH 的概率分布范围很小 (小于 500 m)。在属于亚热带气候但是更像温带气候的地区, FLH 的范围扩展至超过 1 km。如果冻结层改变量较大, 那么通过液态水凝物路径的改变量也较大, 所以对于给定降雨率条件下相同路径的衰减也给出相对较宽的范围。冻结 (融化) 层在雷达显示器上显示为很大的反射区域, 这些区域在 PPI 或者 RHI 显示屏比其邻近区域更亮, 因此有 "亮带" 这个术语。"亮带" 通常是在融化层底部区域中相对狭窄的部分 (或为 100 m), 虽然融化层本身可能是几百米的高度。图 4.61 给出了 FLH 和亮带高度 (BBH) 之差的统计结果。赤道上 FLH 和 BBH 之间的统计差值为 0.3 km 左右[211], 该值在南纬 23°、北纬 23° 分别增加到大约 0.5 km、0.4 km 的最大值[211], 该值超过南北纬 ±35° 后迅速降低到很小的值[211]。

FLH 和 BBH 之差值的重要性在于, 该固液混合水凝物区域将会增加路径衰减。大多数测量不能够区分开倾斜路径衰减的贡献和融化层衰减的贡献, 只是把它们合并成为路径衰减统计结果。然而, 融化层可以存在于非降水云区域, 鉴于融化层会产生明显的路径衰减 (在 Ku 波段约为 0.5 dB), 因而融化层衰减需要包含在所有试图预测给定路径联合效应的模型中。

在结束讨论冻结/融化层方面之前, 研究雨滴通过融化层时的加速方式比较有意义。图 4.62 给出了具有很低融化层的温带地区所观测到的多普勒速度结果。

图 4.62 中, 在融化层以上的冻结粒子 (在融化层上 700 ~ 900 m) 实际上是在减速, 这可能是因为它们有相对较大的面积暴露在水平方向 (扁平结构的冰晶或者针状冰晶)。当它们穿过 900 m 高度时融化并开始加速, 最后在融化层以下几百米处 (一般为 500 m 左右) 达到最大末速。当降雨率约 10 mm/h 时, 雨滴降落速度随高度变化保持相对恒定。对于 30 mm/h 的降雨, 雨滴降落速度在另外的 300 m 内仍会持续增加, 尽管增加很慢。这是因为雨滴凝聚成有更高末速的、更大雨滴的过程花费了一定的时间。在亚热带和热带的降雨研究中已经观察到粒子凝聚合并的过程, 最高降雨率使得这个过程中的雨滴粒子末速接近 10m/s。如果卫星不是地球同步卫星, 则雨滴降落末速的变化、融化层高度和液

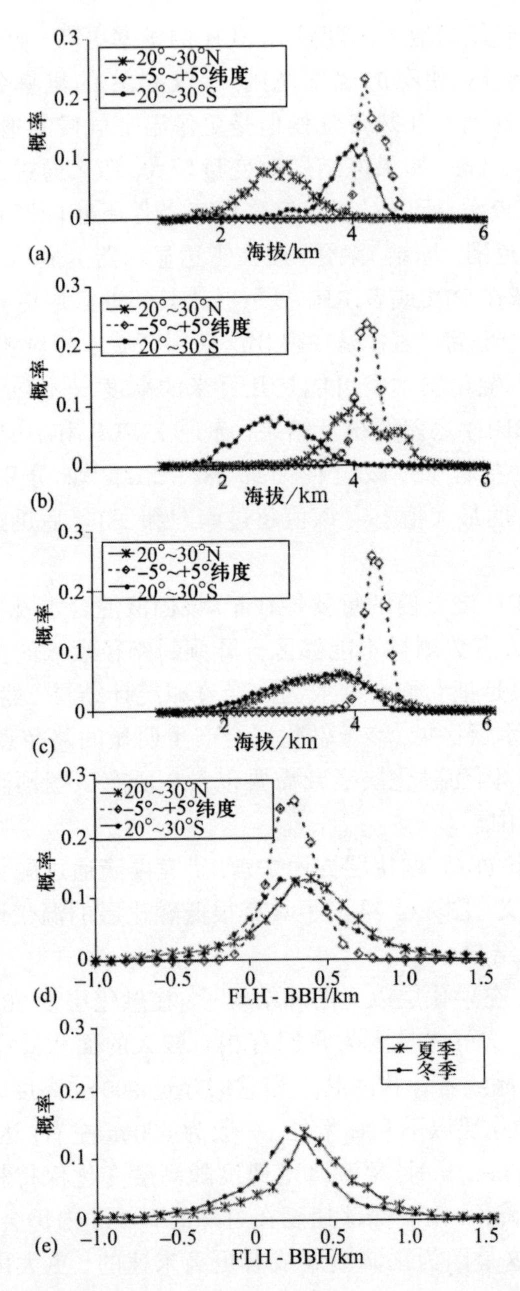

图 4.61 “亮带” 高度的概率分布 (引自文献 [210] 中的图 3; ©2005 IEE- 现在的 IET, 转载已获授权)

(a) 1 月、2 月和 12 月; (b) 6 月、7 月和 8 月; (c) 全年度; (d) δh (= 冻结高度−亮带高度) 的概率分布; (e) 冬季和夏季月份里北纬 20° ～ 30° 范围内 δh 的概率分布。

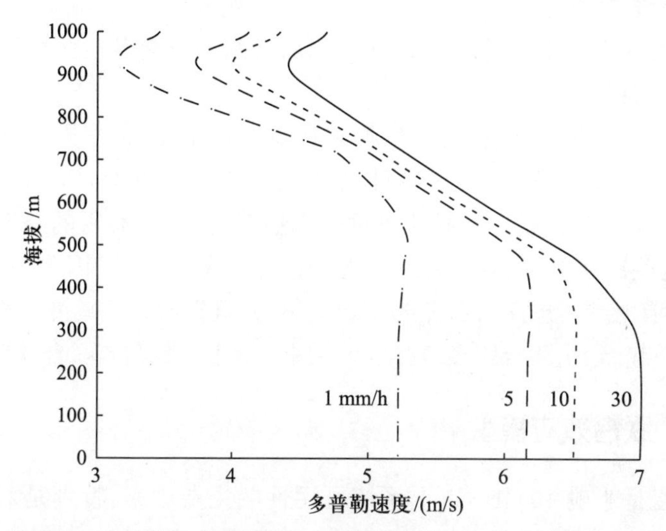

图 4.62 温带地区多普勒速度随高度变化的曲线 (引自文献 [50] 第 4 卷中的图 V.20; ©1994ESA, 转载已获授权)

注: 当粒子以冰晶/雪状态下落时, 其多普勒速度一直增加, 直到粒子到达融化层后才停止, 此后粒子的下降速度保持相对恒定。然而, 随着雨滴的下落, 粒子将凝聚形成更大的雨滴, 其下降速度也将会增加。图中的例子是层状云降雨粒子的多普勒速度, 图中结果未包含显著的上升气流影响。

态水凝物区域路径总长度变化将达到更复杂程度。

4.6.1 节中给出的雨衰预测程序适用于相对恒定的视角 (链路仰角), 所以通常只适用于地球同步卫星。当不是地球同步卫星时, 特别是当卫星在中、低地球轨道上时, ITU-R 推荐了一种修正的路径衰减预测程序, 下面将引用该预测程序[179]。

4.6.3 非 GSO 路径的长期统计计算

上面描述的预测方法适合于仰角保持恒定的应用情况。对于仰角不断变化的非 GSO 系统, 单个卫星链路的可用性可以用下列方法计算:

(1) 计算系统预期操作的最小和最大仰角;

(2) 将运行的仰角范围划分成小增量区间 (如宽 5°);

(3) 计算每个增量区间内卫星可见的年均时间百分比;

(4) 找到给定的传播损伤程度与每个增量区间对应的年均超过时间百分比;

(5) 对于每个仰角增量, 将 (3) 和 (4) 的结果相乘再除以 100 就给出在此仰角下超过损伤程度的时间百分比;

(6) 将 (5) 中得出的时间百分比相加得到超过给定损伤程度的总系统时间百分比。

对于采用卫星路径分集 (切换到最少损伤路径) 的多颗可视卫星星座的情况, 假设正在使用最高仰角的航天器进行近似计算。

许多卫星通信链路链接小地面站, 这些链路具有有限的路径损伤余量。在这些链路上, 雨衰可能不是唯一显著的衰减机制。因此, 对于给定的链路, 有必要考虑所有可能的衰减机制, 并且把所有衰减机制的衰减值结合到一起, 给出联合路径衰减统计结果。这个过程归入联合效应模型。

4.6.4 联合效应模型

雨衰是影响 10 GHz 以上系统可用性的主要因素, 特别是对于相对较大的地面站 (天线直径大于 200λ)。卫星通信越来越多地建立小地面站, 许多地面站天线孔径小于 100λ。这些地面站通常称为甚小孔径终端 (VSAT) 或超小孔径终端 (USAT)。VSAT 和 USAT 系统往往具有有限的链路运行余量。它们的余量有可能非常小, 以至于除雨衰之外的对流层闪烁和天空噪声增强等其他影响都可显著超过该链路余量。

建立联合效应模型需要满足两个基本要求: 一是能够准确地预测单一传输损伤的影响 (如对流层闪烁、雨衰); 二是通过一种方式联合这些影响, 这种方式要求将沿路径的单个影响联合后, 能够准确地代表任何感兴趣的时间百分比的总路径损伤。需要进行建模的主要传播损伤包括[212] 气体吸收、云衰减、融化层效应、雨衰、对流层闪烁、低仰角衰落。

上述这些传播损伤中, 除低仰角衰落外的每一种效应都有预报模型, 且对应的预报模型对于感兴趣的时间百分比具有可接受的预报精确度。然而, 这些单独的损伤预报模型中, 很多都联合了 (非有意) 一个以上的损伤过程, 例如: 云衰减和融化层衰减; 雨衰和融化层衰减; 对流层闪烁和低仰角衰落。因此, 建立一个联合效应模型的技巧是: 既能够开发或者选择能够精确考虑每种孤立传播损伤的单个预报方法, 还要联合各种单独损伤的预报结果成为统一的整体。为了有利于选择单独传播损伤预报结果, 有必要在不包括其他传播损伤影响的前提下, 能够精确地检测单个损伤预报结果。

在首个尝试的联合效应模型中[212], 考虑了将单个衰减贡献结合起来得到总体衰减分布的许多方法: 在等概率的基础上直接相加; 等概率基础上的方根相加; 等概率加权求和及统计插值。通过经验迭代, 最终使用了这些方法的组合形式。虽然主要的建模困难是组合这些单个的传播损伤过程, 但还是遇到了其他困难, 即如何处理晴空和降水之间的过渡区。在时间百分比的一端 (如一年的 50%) 很难找到大量云层覆盖, 而另一端 (例如一年的 3%~10% 区间) 则是显著云覆盖情况下的降水过程, 此时常是许多海拔高度都存在云。在这两个时间百分比之间, 云在一定的高度范围内发展, 并且云的水汽含量一直增加, 直到形成降水。最终采用的方法是: 根据时间百分比定义晴空区域和降水区域, 然后在这两个分布极端值之间插入预测过程[212]。上述方法至少在 $10 \sim 14$ GHz 效果良好, 当频率更高时, 其精度有所降低, 这或许是因为云和融化层的影响在较高的时间百分比下变得明显。即使频率增加至 10 GHz 以上, 联合效应模型中的降雨预测部分仍保持其准确性, 因此采用 ITU-R 雨衰预测方法作为联合效应模型[179]。直到 2010 年, 虽然 ITU-R 已经尝试去开发关于联合效应的大概程序, 但是 ITU-R 仍然没有批准联合效应模型。

4.6.5 一个以上路径损伤的 ITU-R 联合效应模型

考虑一个以上路径损伤的 ITU-R 模型[179] 如下:

对于频率高于 18 GHz 的系统, 特别是工作在低仰角和/或低余量的系统, 必须考虑同时发生的多源大气衰减的影响。

总衰减 (dB) 表示降雨、大气、云衰减和闪烁的综合影响, 需要以下的一个或多个输入参数:

$A_{\mathrm{R}}(p)$ —— 固定概率的降雨衰减 (dB), 即式 (4.59) A_{p} 的估计值。

$A_{\mathrm{C}}(p)$ —— 固定概率的云衰减 (dB), 即用 ITU-R P.840 估计的云衰减值。

$A_{\mathrm{G}}(p)$ —— 固定概率的水蒸气、氧气吸收衰减 (dB), 即用 ITU-R P.676 估计的吸收衰减值。

$A_{\mathrm{S}}(p)$ —— 固定概率的对流层闪烁等效衰减 (dB), 即由式 (3.76) 估计的衰减值。

其中: p 为衰减所超出的年均时间百分比, 取值为 $0.001\% \sim 50\%$。

给定概率的总衰减量为

$$A_{\mathrm{T}}(p) = A_{\mathrm{G}}(p) + \sqrt{(A_{\mathrm{R}}(p) + A_{\mathrm{C}}(p))^2 + A_{\mathrm{S}}^2(p)} \tag{4.61}$$

式中

$$A_{\mathrm{C}}(p) = A_{\mathrm{C}}(1\%), \quad p < 1.0\% \tag{4.62}$$

$$A_{\mathrm{G}}(p) = A_{\mathrm{G}}(1\%), \quad p < 1.0\% \tag{4.63}$$

式 (4.59) 和式 (4.60) 考虑了时间百分比小于 1% 时, 大部分云衰减和大气衰减已经包含在雨衰预测中的事实。在 2002 年使用 ITU-R P.311 附录 1 中所列方法[87] 对上述完整预测方法进行了验证, 验证中使用的是 ITU-R P.837[194] 中的等高线降雨分布图。研究结果表明, 预测结果与当时所有纬度、概率范围为 0.001% ~ 1% 的可用数据具有良好的一致性, 整体均方根误差约为 35%。当针对多年地 - 空数据测试时, 发现整体均方根误差约为 25%。由于不同概率时占优势的效应不同, 以及不同概率对应测试数据的可用性也不同, 所以出现了一些均方根误差随概率分布发生的变化。

在非常干燥的气候条件或某些其他条件下, 上述方法可以稍微简化。表 4.9 列出了各种天气条件下对式 (4.60) 简化的假设。然而, 这些

表 4.9 各种天气条件下对式 (4.60) 简化的假设

条件	简化的假设
降雨占主导地位	世界上除干燥气候外的大部分地区, 当 $0.001\% < p < 1.0\%$ 时, 雨衰占总衰减的主要部分。在这种情况下, 可以忽略其他效应, 式 (4.60) 简化成 $$A_{\mathrm{T}}(p) = A_{\mathrm{R}}(p) \tag{4.60a}$$
多重影响	世界上除干燥气候外的大部分地区, 当 $1.0\% \leqslant p \leqslant 5.0\%$ 时, 所有的影响可能会来自于可测量水平的传播损伤。然而, 如果链路仰角大于 10° 时, 闪烁效应可能变得微不足道。在这种情况下, 式 (4.60) 简化成 $$A_{\mathrm{T}}(p) = A_{\mathrm{G}}(p) + A_{\mathrm{R}}(p) + A_{\mathrm{C}}(p) \tag{4.60b}$$
无雨环境	在世界上除非常潮湿气候外的大部分地区, 当 $p > 5\%$ 时就满足无雨条件。在晴空条件, 按照定义, 雨衰是 0 dB。在这种情况下, 式 (4.60) 简化成 $$A_{\mathrm{T}}(p) = A_{\mathrm{G}}(p) + \sqrt{A_{\mathrm{C}}(p)^2 + A_{\mathrm{S}}^2(p)} \tag{4.60c}$$ 当链路仰角大于 10° 时, 晴空大气闪烁变得微不足道, 式 (4.60c) 将进一步简化为 $$A_{\mathrm{T}}(p) = A_{\mathrm{G}} + A_{\mathrm{C}}(p) \tag{4.60d}$$
注: 上述简化的假设未考虑由于大气潮汐引起的晴空电平的日变化和季节变化 (图 4.1)	

简化的应用依赖于气候,同时应该参考当地气象测量结果。

4.6.6 站址分集预测模型

不同于单站倾斜路径衰减预测模型,对站址分集预测模型的研究虽然有一定的进展,但是仍然没有达成一致意见[213],其原因主要集中在系统设计者主要关心的时间百分比和分贝余量哪一个是最重要的。系统设计师选择用时间百分比作为参数来确定增加的可用性,或者设计人员可能选择用分贝余量作为参数来确定通过布置站址分集能给予的额外余量。分集获益在给定衰落水平条件下可以提供更多的可用时间百分比,而分集增益在给定时间百分比条件下可以提供更大的衰落裕量。针对一种模型,其他普遍存在的问题也可能是由于不得不考虑参数附加范围所导致 (见 4.4.4.1 节)。正如在文献 [213] 中提到的,与单站衰减预测方法相同,也有两种主要方法来开发站址 (路径) 分集预测模型,即基于经验数据的方法和尝试物理方法用于预测。经验数据的方法是最早的方法,例如由于 Hodge[141] 和 Boithias 等人[214] 提出的方法,然后,随着世界各的地实验数据逐渐可用,提出了后来的模型[166,215−219],而且其中一部分在 COST255 中进行了评估[147]。使用不同的模型参数提出了物理导向的模型。有人提出使用竖直圆柱代表雨胞[90],或对两个站点使用联合对数正态降雨率分布[220]。后来的模型利用 Paraboni 及其合作者[221] 的 EXCEL 雨胞模型,或将 Crane 模型扩展至[224] 二或三组分模型[225] 而推导出合成雨胞[222,223]。仿真延伸至包括 30 GHz 以上的频率[135,226] 和大尺度雨场建模[227],但在 2002 年出现了[228] 一种预测方法包括了站址分集配置中几乎所有的变量: 频率、极化和链路的仰角; 纬度、经度和两个站点的海拔高度; 雨衰的绝对累积分布函数; 站址分集几何结构 (基线的距离和基线的方位角)。该模型可用于均衡和不均衡的站址分集配置。虽然,由于缺乏充足的用来检验该富有竞争力的模型的测量值,该方法在改善余量方面没有明显超过 Hodge 经验模型 (ITU-R 建议的分集增益模型[179] 的近似变形),但是对该模型的测试[213] 表明它优于所有的站址分集预测模型。然而,因为上述 2002 年出现的模型适用于几乎所有的站址分集配置和同时提供分集增益及分集改善信息的能力,该模型及其近似变形将可能成为所选择的模型。下面详细介绍当前在 ITU-R P.618 中给出的分集预测程序。

4.6.6.1 位置分集增益预测

正如 4.4.4.1 节中提到的, 相比站址分集获益 (或改善), 站址分集增益是更稳定的预测方法。Hodge 分集增益模型[144] 是目前建议的模型[179]。在这个模型中, 分集增益 G 由四个分别与距离 D (km)、频率 f (GHz)、仰角 θ (°) 和基线方向 φ (°) 有关的分集增益函数的乘积给出。基线方向以传播路径的方位角方向为参考, 因此选择 $\varphi \leqslant 90°$。合成分集增益为

$$G = G_{(D)}G_{(f)}G_{(\theta)}G_{(\varphi)} \text{ (dB)} \tag{4.64}$$

式中

$$G_{(D)} = a(1 - \mathrm{e}^{-bD})$$
$$G_{(f)} = 1.64\mathrm{e}^{-0.025f}$$
$$G_{(\theta)} = 0.00492\theta + 0.834$$
$$G_{(\varphi)} = 0.00177\varphi + 0.887$$

其中

$$a = 0.64A - 1.6(1 - \mathrm{e}^{-0.11A})$$
$$b = 0.585(1 - \mathrm{e}^{-0.098A})$$

其中: A 为单路径衰落深度 (dB)。

4.6.6.2 站址分集获益或改善预测

对于需要概率的比例而不是分集增益的情况, 图 4.63 列出了数据的一般趋势, 而且给出了这些曲线的拟合公式, 即

$$p_2 = \frac{p_1^2(1+\beta^2)}{p_1 + 100\beta^2} \tag{4.65}$$

式中: p_2 为两个分集站点的联合概率 (%); p_1 为单站的概率 (%); 当 $d > 2$ km 时, $\beta^2 = 10^{-4} \times d^{1.33}$。

分集改善因子 I 是 p_1 和 p_2 的比值, 那么对式 (4.62) 进行处理[229] 就可以给出 I 为方程主体的结果, 表示为

$$I = \frac{p_1}{p_2} = \frac{1}{1+\beta^2}\left(1 + \frac{100\beta^2}{p_1}\right) \tag{4.66}$$

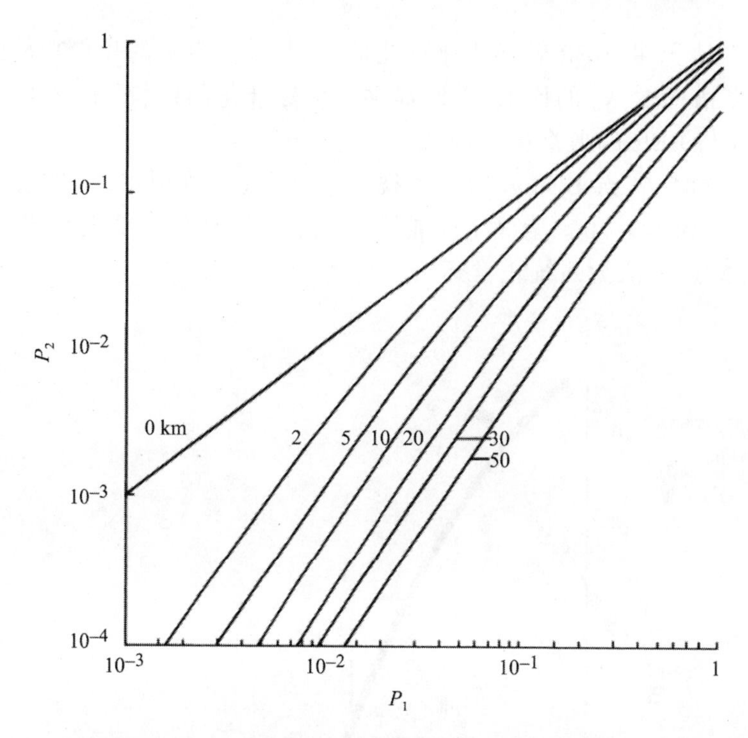

图 4.63 对于相同的地 – 空路径衰减, 使用分集 p_2 和不使用分集 p_1 条件下时间百分比的关系 (引自文献 [229] 中附录 1 中的图 4; ©1988 ITU, 转载已获授权)

P_1 单个站点的时间百分比; P_2 两个站点的时间百分比。

由于 β 非常小, 所以式 (4.66) 简化为

$$I \approx 1 + \frac{100\beta^2}{p_1} \tag{4.67}$$

在 I 和 G 之间似乎存在一种数学关系[229], 所以应该将分集增益转换为分集获益; 反之亦然。

虽然分集增益和分集获益两个模型给出了普遍可接受的结果, 但它们都缺少输入气候变化的方法, 如降雨率因子和对流系数因子。这应该用文献 [213] 或其变种进行修正。

4.7 系统的影响

对于大多数数字通信系统, 对于给定的 C/N 应该有预计的 BER。

通常情况下, 将 BER 转换为比特能量 E_b 与单位带宽的噪声功率或噪声功率谱密度 N_0 的比值, 以便提供一个标准化的比较。图 4.64 给出 E_b/N_0 与 BER 的典型关系曲线。

图 4.64 中, 选 $\text{BER} = 10^{-6}$ 为视为中断发生的误码水平。以类似的方式, 选 $\text{BER} = 10^{-8}$ 为额定性能目标。在这些 BER 水平之间, 即使有性能降低, 也认为系统正常运行。

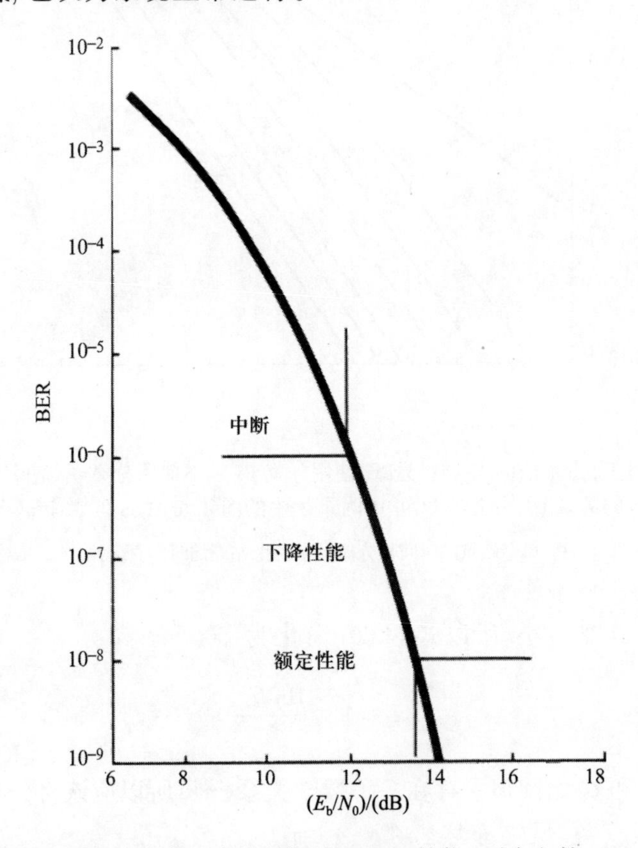

图 4.64 包括实现损失的典型未编码相干 QPSK 性能 (引自文献 [230] 的图 101; ©1985 IEE – 现在的 IET, 转载已获授权)

对于给定的系统带宽, E_b/N_0 可以转换为 C/N 和链路预算。图 4.65 给出了地面站的链路余量计算过程的简要说明。

第 3 章中已经讨论了性能目标和确定晴空 C/N 的晴空效应 (图 4.65), 这对于有限运行余量的小型地面站来说特别重要。有时设备的劣化[230] 可导致明显的 C/N 变化, 因此除任何传播效应外必须同时考虑

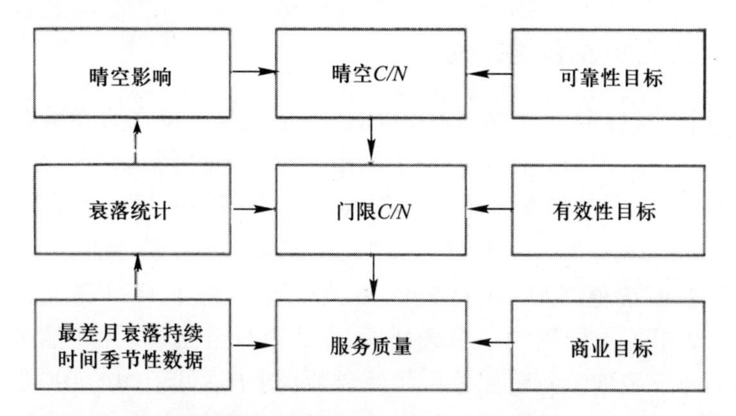

图 4.65 地面站的链路余量计算过程的简要说明 (引自文献 [230] 的图 4; ©1985 IEE (现在的 IET), 转载已获授权)

设备的劣化效应。设备劣化包括天线指向偏离、热效应、老化等 (参见 3.7.3 节)。图 4.66 给出了传播参数对地面站设置影响的示意图。

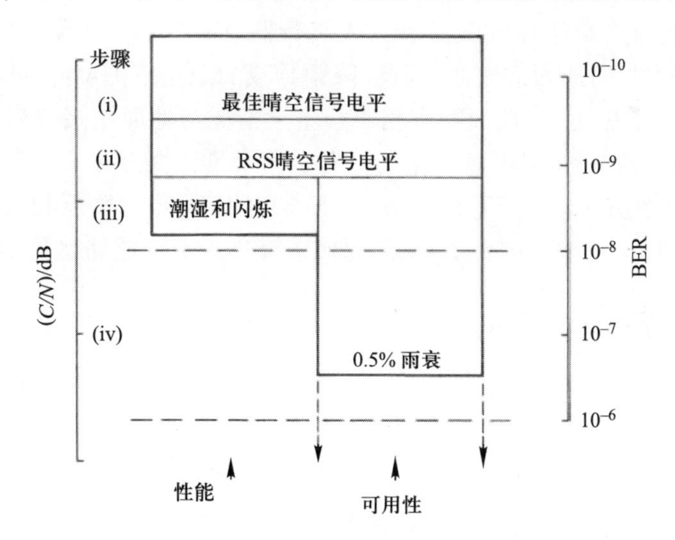

图 4.66 传播参数对地面站设计影响的示意图 (引自文献 [230] 的图 3; ©1985 IEE–现在的 IET, 转载已获授权)

注: 步骤 (i) ~ 步骤 (iv) 显示评估各种因素的次序。① 计算平均 (最优) 晴空路径损耗以给出晴空信号电平; ② 在平方和求根 (RSS) 程序中将对接收信号电平的变化有贡献的所有设备误差源汇合在一起; ③ 预测湿度和闪烁的季节和日变化影响; ④ 预测所需时间百分比的降雨衰落水平。

图中给出了 0.5% 的时间百分比, 这个时间百分比与 VAST 商业服务的单程中断概率有关。

4.7.1 上行链路衰落余量

可用性目标通常取决于在 10 GHz 以上信号的降雨衰落统计结果，它确定了 C/N 门限。上行链路的可用性衰落余量通常取决于在所需时间百分比下预测的降雨衰减，该雨衰对应于所考虑的频率、极化、站点和路径仰角。对于使用线性转发器的通信卫星，有必要增加上行链路余量至高于正常值，以便上行链路衰减时能保持下行链路充足的余量[231]。如果卫星使用的是星载处理，那么上行链路和下行链路根本无关，所以不需要对上行链路分配额外余量。对于远低于 10 GHz 的频率，电离层引起的闪烁是影响上行链路余量的主要幅度效应 (见第 2 章)。对站点预测的衰落余量必须等于或小于在链路预算中获得的净余量 (见表 1.7)。如果预计的雨衰超过链路预算中留出的净余量，系统将经历比可用性规范中所允许的更长的中断时间。在所有情况下，都应考虑由大气影响和设备误差引起的晴空平均电平的变化。

与地面终端通信的卫星和无人飞行器 (UAV) 将会 “看” 到地面终端周围 “热” 的地面或海洋，因此，降雨导致的卫星或 UAV 天线噪声温度的变化非常低 (与地面噪声相比)。上述情况与地面站接收来自卫星或者 UAV 的信号不同，所以下行链路衰落余量计算方法不同于上行链路余量计算方法。对于下行链路，降雨导致的信号电平降低和天空噪声温度增加都会存在，因此 C/N 的总体下降称为下行链路恶化 (DND)。

4.7.2 下行链路恶化

除了全向天线的情况，卫星上的接收机将 “观察” 到来自地球发出的基本恒定且较高的噪声温度 (图 4.17)。出于这个原因，上行链路中由于降雨热辐射引起的附加噪声温度贡献仅占接收系统噪声温度中很小的一部分。对于指向太空的地面站不是这种情况。

与指向地球的卫星接收机相比，地面站接收机具有更低的噪声温度[98]。此外，地面站天线通常会指向 “冷” 的天空。这两个方面给地面站提供了更低的系统噪声温度，因此，对于下行链路，在降雨时不仅会出现信号衰减，也会观测到噪声温度有明显增加。这两方面影响一起称为 DND。

为了获得给定降雨衰落条件的 DND，有必要计算晴天和降雨环境中的地面站系统噪声温度。系统噪声温度 T_{syst} 的计算中通常指天线后面刚好在连接接收机的馈线前面的点。在图 4.67 中, 天线温度 T_{A} 是在参考平面 PP' 处测得的噪声温度, 参考平面就是计算噪声温度的位置。T_{syst} 由入射到天线的所有噪声温度贡献组成, 除来自天线之后的接收器件的噪声温度贡献外, 还包括降雨热辐射引起的噪声温度。

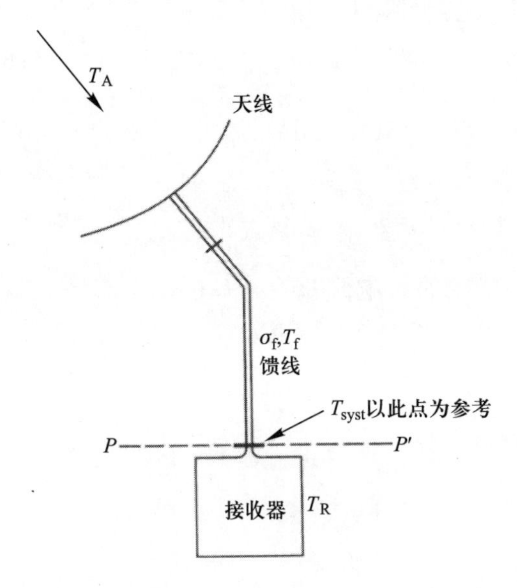

图 4.67 确定地面站系统噪声温度 T_{syst} 的主要器件示意图

注: 入射在平面 PP' (计算系统噪声温度的位置) 的是修正后的天线温度 $\sigma_{\mathrm{f}}T_{\mathrm{A}}$。平面 PP' 通常取为馈线与接收机的连接法兰处。T_{f} 为馈线的物理温度, T_{R} 为接收机的等效噪声温度。馈线的透过率为 σ_{f} (见 4.1.4 节)。

一般来说, 下式成立

$$T_{\mathrm{syst}} = T_{\mathrm{R}} + (1 - \sigma_{\mathrm{f}})T_{\mathrm{f}} + \sigma_{\mathrm{f}}T_{\mathrm{A}} \ (\mathrm{K}) \tag{4.68}$$

式中: T_{R} 为接收机噪声温度, 包括低噪声放大器 (LNA) 的噪声贡献、一级混频器放大器 (如果低噪声放大器和混频器放大器是组合体, 则称为低噪声模块) 噪声贡献和其他接收机器件的噪声贡献; T_{A} 为表观天线温度, 由地球热辐射进入天线旁瓣的噪声温度、沿路径的气体辐射的噪声温度、宇宙“大爆炸”的背景噪声温度组成; T_{f} 为馈线的物理温度; σ_{f} 为馈线的透过率, 透过率因子为 1 (完全透过, 即一切无衰减通过) 和 0 (零透过, 即无限大衰减) 之间。馈线产生的噪声温度贡献由 $(1 - \sigma_{\mathrm{f}})T_{\mathrm{f}}$ 给出。

在晴空中,沿着到卫星的倾斜路径经历的唯一衰减是大气衰减 A_{g} (dB),但是在雨中,信号将经历大气和雨的联合衰减 A (dB)(对流层闪烁对表观天空噪声不会有显著贡献)。如果 T_{m} (K) 为雨介质的物理温度,T_{c} (K) 为宇宙辐射背景噪声温度,那么

$$T_{\mathrm{A|clear\ sky}} = T_{\mathrm{m}}(1 - 10^{-A_{\mathrm{g}}/10}) + T_{\mathrm{c}} \times 10^{-A_{\mathrm{g}}/10}\ (\mathrm{K}) \tag{4.69}$$

$$T_{\mathrm{A|rain}} = T_{\mathrm{m}}(1 - 10^{-A/10}) + T_{\mathrm{c}} \times 10^{-A/10}\ (\mathrm{K}) \tag{4.70}$$

注意与式 (4.14) 和式 (4.20) 的相似性,并且 $10^{-x/10} = \mathrm{e}^{-x/4.34}$。

DND 为

$$\mathrm{DND} = A + 10\log\frac{T_{\mathrm{syst|rain}}}{T_{\mathrm{syst|clear\ sky}}}\ (\mathrm{dB}) \tag{4.71}$$

为了说明 DND 的影响,假设 $A_{\mathrm{g}} = 0.5$ dB, $T_{\mathrm{c}} = 2.7$ K, $T_{\mathrm{m}} = 280$ K, $A = 5.0$ dB, $\sigma_{\mathrm{f}} = 0.95$, $T_{\mathrm{f}} = 280$ K 以及 $T_{\mathrm{R}} = 200$ K,那么

$$T_{\mathrm{A|clear\ sky}} = 32.9\ \mathrm{K} \tag{4.72a}$$

$$T_{\mathrm{A|rain}} = 192.3\ \mathrm{K} \tag{4.72b}$$

$$T_{\mathrm{A|clear\ sky}} = 245.3\ \mathrm{K} \tag{4.73a}$$

$$T_{\mathrm{syst|rain}} = 396.7\ \mathrm{K} \tag{4.73b}$$

因此,可得

$$\mathrm{DND} = 5 + 2.1 = 7.1\ (\mathrm{dB}) \tag{4.74}$$

注意,在这个例子中 5 dB 的降雨衰落导致 7.1 dB 的 DND。那么在链路预算中的净余量 (见表 1.7) 应该总是考虑 DND,而不是仅考虑下行链路的降雨衰落。进一步说,如果地面站位置和视角遇到显著的对流层闪烁,那么这也作为影响性能和可用性余量的因素考虑。也应当考虑晴空电平的日变化和季节性变化 (这些变化的例子如图 4.1 所示)。对于具有非常低的系统噪声温度的地面站来说,这一点特别重要。对于给定地面站系统噪声温度的详细计算过程,参见文献 [231] 中的第 4 章。

4.7.3 服务质量

除了以上提到的满足高时间比例标准的性能规范,以及确定平均每年或最坏月允许的中断时间的可用性目的,通常有其他的标准以便客

户判断服务质量。例如, 如果由于降雨衰落导致链路 10 次有 2 次掉线, 却告诉客户该链路符合年平均中断标准, 那么说明服务质量不好。因此, 有必要建立日流量模式甚至月度和季度流量模式, 并且按照时间所需求的峰值流量是否与降雨活动的峰值相关联。图 4.33 给出了降雨衰减日变化统计数据的例子, 图 4.38 给出衰落持续时间和同样水平的衰落之间的时间间隔。如果考虑传播损伤对抗措施, 衰减变化率 (图 4.40) 也是一个影响因素。对即将设计卫星业务地区的数据进行检查, 会很好地增加客户对服务的满意度。

用一个例子来说明业务与降雨活动之间相关性的问题, 假定一个银行在营业结束时, 希望通过卫星链路将一天的记录传输至总部营业部, 但是由于银行位于下午和傍晚暴雨高发的地区, 那么传输记录发生时, 正好发生降雨中断的概率就比平均概率高。也就是说, “传输记录的业务” 与降雨活动相关。为了提供更多关于服务质量方面的信息, 因此有必要研究比简单降雨衰落统计更多方面的内容。降雨对卫星通信系统的影响是累积降雨衰减统计、季节变化、日变化特征、衰落间间隙、联合中断概率和重现周期的组合。应该分析具体的业务需求, 一起评估可能的衰落持续时间和衰落间间隙。与 VSAT 系统相比, 高容量业务需要极大不同的传播分析。事实上, 随着 20 世纪 70 年代的高容量语音业务卫星业务被各种各样的具有几乎无限多种终端尺寸的新业务取代[232], 传播分析的整体形态已经变成多层面问题。建立对所有降雨气候可靠的气象数据库, 甚至建立降雨本身结构的数据库, 都将具有重要意义。建立气象数据库的首次重大的成功尝试在欧洲空间局的传输计划中得以实现[233], 该计划已经形成一套数字式数据库集, 许多传播分析和模拟的相关研究都是基于这些数据而展开。了解传播损伤机制是克服或至少是减轻这些传播损伤的第一步, 这些方面将在第 8 章介绍。

参考文献

[1] Q.W. Pan, J.E. Allnutt and C. Tsui, ‘Evidence of atmospheric tides from a satellite beacon experiment’, *Electron. Lett.*, 2006, vol. 42, no. 12, pp. 706–707.

[2] Q.W. Pan, *Slide 30 in a Presentation Made to 25th AIAA ICSSC*, Seoul,

South Korea, April 2007, Private communication, received March 2007.

[3] U. Merlo, E. Fionda and P.G. Marchetti, 'Amplitude scintillation cycles in a SIRIO satellite–Earth link', *Electron. Lett.*, 1984, vol. 21, no. 23, pp. 1094–1096.

[4] G. Mie, 'Beitrage zur optik truber medien, speziell kolloidaler metallosungen', *Ann. Phys.*, 1908, vol. 25, pp. 377–445.

[5] E.C. Barrett and D.W. Martin, *The Use of Satellite Data in Rainfall Monitoring*, Academic Press, New York, NY, USA, 1981.

[6] R.S. Fraser, 'Interaction mechanisms – within the atmosphere: Chapter 5', in *Manual of Remote Sensing, Vol. I: Theory, Instruments and Techniques* (F.J. Janza, ed.), American Society of Photogrammetry, Falls Church, VA, USA, pp. 181–233.

[7] J.W. Ryde, 'The attenuation and radar echoes produced at centimetre wavelengths by various meteorological phenomena', in *Meteorological Factors in Radio-wave Propagation*, Report of a conference held on 8 April 1946 at the Royal Institution (the Physical Society, London), 1946, pp. 169–189.

[8] R.L. Olsen, D.V. Rogers and D.B. Hodge, 'The aR^b relation in the calculation of rain attenuation', *IEEE Trans. Antennas Propag.*, 1978, vol. AP-26, pp. 318–329.

[9] Report 721, 'Attenuation and scattering by rain and other atmospheric particles', CCIR, 1978, Vol. 5, Propagation in Non-ionized Media, ITU, 2 Rue Varembé 1211, Geneva 20, Switzerland (the data are unchanged in all of the later ITU-R Recommendations, e.g. ITU-R Recommendation P.838-1, 'Specific attenuation model for rain for use in prediction methods', 1999).

[10] J.O. Laws and D.A. Parsons, 'The relation of rain drop-sizes to intensity', *Trans. Am. Geophys. Union*, 1943, vol. 24, pp. 432–460.

[11] R. Gunn and G.D. Kinzer, 'The terminal velocities of fall for water droplets in stagnant air', *J. Meteorol.*, 1949, vol. 6, pp. 243–248.

[12] R.S. Ray, 'Broadband complex refractive indices of ice and water', Appl. Opt., 1972, vol. 6, pp. 1836–1844.

[13] F. Fedi, 'Attenuation due to rain on a terrestrial path', *Alta Frequenza*, 1979, vol. 66, pp. 167–184.

[14] D. Maggiori, 'Computed transmission through rain in the 1 - 400 GHz frequency range for spherical and elliptical raindrops and any polarization', FVB Rept. 1C379, *Alta Frequenza.*, 1981, vol. L, 5, pp. 262–273.

[15] I.P. Shkarofsky and H.J. Moody, 'Performance characteristics of antennas for direct broadcasting satellite systems including effects of rain depolarization', *RCA Rev.*, 1976, vol. 37, pp. 279–319.

[16] D.V. Rogers and R.L. Olsen, 'Calculations of radiowave attenuation due to rain at frequencies up to 1,000 GHz', CRC Report No. 1299, Department of Communications (Canada), Communications Research Centre, Ottawa, 1976.

[17] P.A. Watson, I.A. Glover and Y.F. Hu, 'Models of hydrometeors at ground level and aloft for application to centimeter and millimeter wave propagation', *OLYMPUS Utilization Conference, Proceedings of an International Conference Concerning Programme Results*, ESA publication WPP-60, Sevilla, Spain, 20–22 April 1993, pp. 647–653.

[18] H.E. Green, 'Propagation impairment on Ka-band SATCOM links in tropical and equatorial regions', *IEEE Antennas Propag. Mag.*, 2004, vol. 48, no. 2, pp. 31–45.

[19] W.L. Flock, 'Propagation effects on satellite systems at frequencies below 10 GHz', NASA reference publication 1108, 1983.

[20] C.H. Zufferey, 'A study of rain effects on electromagnetic waves in the 1–600 GHz range', M.S. Thesis, Department of Electrical Engineering, University of Colorado, Boulder, CO, USA, 1972 (reprinted in 1979).

[21] M. Hata, S. Doi and N. Kondo, 'Complementary use of laser-beam and millimetric-wave propagations', *Proceedings of ISAP*, Japan, 1985, vol. III, pp. 1099–1102.

[22] R.K. Crane, 'Propagation phenomena affecting satellite communication systems operating in the centimeter and millimeter wavelength bands', *Proc. IEEE*, 1971, vol. 59, pp. 173–188.

[23] D.V. Rogers and R.L. Olsen, 'Multiple scattering in coherent radiowave propagation through rain', *COMSAT Tech. Rev.*, 1983, vol. 13, pp. 385–402.

[24] G. Brussaard, 'Radiometry: a useful prediction tool?' ESA publication SP-1071, 1985.

[25] E.E. Freeny and J.D. Gabbe, 'A statistical description of intense rainfall', *Bell Syst. Tech. J.*, 1969, vol. 48, pp. 1789–1851.

[26] D.J. Fang, 'A new way of estimating microwave attenuation over a slant propagation path based on rainguage data', *IEEE Trans. Antennas Propag.*,

1976, vol. AP-24, pp. 381–384.

[27] A. Mawira, J. Neesen and F. Zelders, 'Estimation of the effective spatial extent of rain showers from measurements by a radiometer and a rainguage network', *International Conference on Antennas and Propagation (ICAP 81)*, IEE Conference Publication, University of York, York, England, 1981, vol. 195, pp. 133–137.

[28] J.E. Allnutt, 'Prediction of microwave slant path attenuation from point rainfall rate measurements', *Electron. Lett.*, 1977, vol. 13, pp. 376–378.

[29] R.A. Semplak and R.H. Turin, 'Some measurements of attenuation by rainfall at 18.5 GHz', *Bell Syst. Tech. J.*, 1969, vol. 48, pp. 1767–1787.

[30] J. Thirlwell and D.J. Emerson, 'Rain rate statistics at Martlesham Heath (January 1979 - December 1981) and their dependence on rainguage integration time', British Telecom Research Laboratories, Memorandum TA6/009/85, BTRL, TA6.2, Martlesham Heath, IP5 7RE, England, 1985.

[31] B.N. Harden, J.R. Norbury and W.J.K. White, 'Estimation of attenuation by rain on terrestrial radio links in the UK at frequencies from 10 to 100 GHz', *IEE Microw. Opt. Acoust.*, 1978, vol. 2, pp. 97–104.

[32] S.H. Lin, 'Dependence of rain-rate distribution on rainguage integration time', *Bell Syst. Tech. J.*, 1976, vol. 55, pp. 135–141.

[33] J.R. Norbury and W.J.K. White, 'A rapid response rainguage', *J. Phys. E*, 1971, vol. 4, pp. 601–602.

[34] T-I. Wang, P.N. Kumar and D.J. Fang, 'Laser rain gauge: near-field effect', *Appl. Opt.*, 1983, vol. 22, pp. 4008–4012.

[35] M.E. Tiuri, 'Radio telescope receivers', in *Radio Astronomy* (J.D. Kraus, ed.), McGraw-Hill, New York, NY, USA, 1966 (Chapter 7).

[36] H. Yokoi, M. Yamada and T. Satoh, 'Atmospheric attenuation and scintillation of microwaves from outer space', *Publ. Astron. Soc. Jpn.*, 1970, vol. 22, pp. 511–524.

[37] Report 720-1, 'Radio emission from natural sources in the frequency range above about 50 MHz', CCIR, Vol. 5, Propagation in Non-ionized Media, ITU, 2 Rue Varembe′ 1211, Geneva 20, Switzerland, 1976.

[38] R.S. Bokulic, 'Use basic concepts to determine antenna noise temperature', *Microwaves & RF*, March 1991, pp. 107–115.

[39] R.L. Ulich, J.R. Cogdell, J.H. Davies and T.A. Calvert, 'Observations and analysis of lunar radio emissions at 3.09 mm wavelength', *Moon*, 1974, vol.

10, pp. 163–174.

[40] D.C. Hogg and T.-S. Chu, 'The role of rain in satellite communications', *Proc. IEEE*, 1975, vol. 63, pp. 1308–1330.

[41] R.H. Dicke, 'The measurement of thermal radiation at microwave frequencies', *Rev. Sci. Instrum.*, 1946, vol. 17, pp. 268–275.

[42] J.E. Allnutt and P.F. Shutie, 'Slant path attenuation and space diversity results at 30 GHz using radiometer and satellite beacon receivers', *Proceedings of the Final ATS-6 Experimenters Meeting held at ESTEC*: 'ATS-6 propagation experiments in Europe', 1977, SP-131, pp. 69–78.

[43] K.D. Stephan, 'Radiometry before World War II: measuring infrared and millimeter-wave radiation 1800–1925', *IEEE Antennas Propag. Mag.*, 2005, vol. 47, no. 6, pp. 28–37.

[44] E.K. Smith and E.G. Njoku, 'The microwave noise environment at a geostationary satellite caused by the brightness of the Earth', *Radio Sci.*, 1985, vol. 20, pp. 318–323.

[45] S. Chandrasekhar, *Radiative Transfer*, Dover Publications, New York, NY, USA, 1949.

[46] G. Brussaard, 'Radiative transfer in size-limited bodies', *Proc. URSI Commission F Symposium*, 1983, ESA SP-194, pp. 371–377.

[47] A.M. Zavody, 'Effect of scattering by rain on radiometer measurements at millimeter wavelengths', *Proc. IEE*, 1974, vol. 121, pp. 257–263.

[48] A.Mawira, 'Microwave thermal emission of rain', *Electron. Lett.*, 1981, vol. 17, pp. 162–163.

[49] E.E. Altshuler, V.J. Falcone and K.N. Wulfsberg, 'Atmospheric effects on propagation at millimeter wavelengths', *IEEE Spectr.*, 1968, vol. 5, pp. 83–90.

[50] There were two major sets of reports:

(a) OPEX (Olympus Propagation Experimenters), *Second Workshop of the Olympus Propagation Experimenters*, ESA publication WPP-083, Noordwijk, 8 - 10 November 1994. There were four volumes:

Vol. 1: Reference book on attenuation measurement and prediction

Vol. 2: Reference book on depolarization

Vol. 3: Reference book on radiometry and meteorological measurements

Vol. 4: Reference book on radar

(b) *Olympus Utilization Conference*, ESA publication WPP-60, *Proceedings of an International Conference*, Sevilla, Spain, 20–22 April 1993.

[51] J.E. Allnutt and S.A.J. Upton, 'Results of a 12 GHz radiometric experiment in Hong Kong', *Electron. Lett.*, 1985, vol. 21, pp. 1217–1219.

[52] E. Couto de Miranda, M.S. Pontes, L.A.R. da Silva Mello and M.P. de Almeida, 'On the choice of the standard medium temperature for tropical and equatorial climates: comparison between radiometric and satellite beacon attenuation data on two 12 GHz links in Brazil', *Electron. Lett.*, 1998, vol. 34, no. 21, pp. 2002–2003.

[53] F.M. Gardner, *Phaselock Techniques*, Hoboken, New Jersey, USA: Wiley, 1966.

[54] J.E. Allnutt and J.E. Goodyer, 'Design of receiving stations for satellite-toground propagation research at frequencies above 10 GHz', *IEE Microw. Opt. Acoust.*, 1977, vol. 1, pp. 157–164.

[55] B.N. Agrawal, *Design of Geosynchronous Spacecraft*, Upper Saddle River, New Jersey, USA: Prentice-Hall, 1986.

[56] T. Pratt and C.W. Bostian, *Satellite Communications*, Hoboken, New Jersey, USA: Wiley, 1986.

[57] D.P. Haworth, N.J. McEwan and P.A. Watson, 'Effect of rain in the near field of an antenna', *Electron. Lett.*, 1978, vol. 14, pp. 94–96.

[58] H.W. Arnold, D.C. Cox and H.H. Hoffman, 'Antenna beamwidth independence of measured rain attenuation on a 28 GHz Earth–space path', *IEEE Trans. Antennas Propag.*, 1982, vol. AP-30, pp. 165–168.

[59] R.K. Crane and D.V. Rogers, 'Review of the advanced communications technology satellite (ACTS) propagation campaign in North America', *IEEE Antennas Propag. Mag.*, 1998, vol. 40, no. 6, pp. 23–28.

[60] M.P.M. Hall, *Effects of the Troposphere on Radio Communications*, Peter Peregrinus Ltd., London, 1979.

[61] J. Joss, K. Schram, J.C. Thams and A. Waldvogel, 'On the quantitative determination of precipitation by radar' (Wissenschaftliche Mitteilung Nr. 63, Zurich, Eidgenossische kommission zum stadium der Hagelbildung und der Hagelabwehr).

[62] J.S. Marshall and W.M.K. Palmer, 'The distribution of raindrops with size', *J. Meteorol.*, 1948, vol. 5, pp. 165–166.

[63] S. Wickerts, 'Dropsize distribution in rain', FOA rapport C 20438-E1(E2), 1982, Forsvarets Forskningsanstalt, Huvwdavdelning 2, 102 54 Stockholm,

Sweden.

[64] D.M.A. Jones, '3 cm and 10 cm wavelength radiation back-scatter from rain', *Proc. Fifth Radar Weather Conference*, Williamsburg, Virginia, USA, 1955, pp. 281–285.

[65] Report 563, 'Radiometeorology data', CCIR, Vol. 5, Propagation in Non-ionized Media, ITU, 2 Rue Varembé 1211, Geneva 20, Switzerland, 1980.

[66] K.S.M. McCormick, 'A comparison of precipitation attenuation and radar backscatter along Earth–space paths', *IEEE Trans. Antennas Propag.*, 1972, vol. AP-20, pp. 747–754.

[67] J.I. Strickland, 'The measurement of slant path attenuation using radar, radiometers, and satellite beacon', *I.U.C.R.M. Colloquium Proceedings*, Paris, France, 1973, pp. III.6.1–III.6.9.

[68] M. Yamada, A. Ogawa, O. Furuta and H. Yokoi: 'Measurement of rain attenuation by dual-frequency radar', *International Symposium on Antennas and Propagation*, Sendai, Japan, 1978, pp. 469–472.

[69] L.P. Ligthart, L.R. Nieuwkerk and A.W. Dissanayake, 'Radar study of the melting layer', ESA Report ESA CR(P), 1974.

[70] W.D. Rust and R.J. Doviak, 'Radar research on thunderstorms and lightning', *Nature*, 1982, vol. 297, pp. 461–468.

[71] G.C. McCormick and A. Hendry, 'Principles of radar discrimination of the polarization properties of precipitation', *Radio Sci.*, 1975, vol. 10, pp. 421–434.

[72] A. Hendry and Y.M.M. Antar, 'Precipitation particle identification with centimeter wavelength dual-polarized radars', *Radio Sci.*, 1984, vol. 19, pp. 115–122.

[73] J.W.F. Goddard and S.M. Cherry, 'New developments with the Chilbolton dual-polarised radar', *Fifth International Conference on Antennas and Propagation (ICAP 87)*, IEE Conference Publication 274, University of Warwick, Coventry, England, 1987, vol. 2, pp. 325–327.

[74] D.P. Stapor and T. Pratt, 'A generalised analysis of dual-polarization radar measurements in rain', *Radio Sci.*, 1984, vol. 19, pp. 90–98.

[75] J.D. Eastment, M. Thurai, D.N. Ladd and I.N. Moore, 'A vertically-pointing Doppler radar to measure precipitation characteristics in the tropics', *IEEE Trans. Geosci. Rem. Sens.*, 1995, vol. 33, no. 6, pp. 1336–1340.

[76] T.A. Seliga and V.N. Bringi, 'Potential use of radar reflectivity measure-

ments at orthogonal polarizations for measuring precipitation', *J. Appl. Met.*, 1976, vol. 15, pp. 69–76.

[77] T. Pratt, W.L. Stutzman, C.W. Bostian, K.J. Pollard and R.E. Porter, 'The prediction of slant path attenuation and depolarization from multiple polarization radar measurements', *Fifth International Conference on Antennas and Propagation (ICAP 87)*, IEE Conference Publication 274, University of Warwick, Coventry, England, 1987, vol. 2, pp. 6–10.

[78] C.W. Ulbrich and D. Atlas, 'Assessment of the contribution of differential polarization to improved rainfall measurements', *Radio Sci.*, 1984, vol. 19, pp. 49–57.

[79] J. Goldhirsh, 'A review on the application of non-attenuating frequency radars for estimating rain attenuation and space diversity performance', *IEEE Trans.*, 1979, vol. GE-17, pp. 218–239.

[80] K.L.S. Gunn and T.W.R. East, 'The microwave properties of precipitation particles', *J. R. Meteorol. Soc.*, 1954, vol. 80, pp. 522 et seq.

[81] J.R. Pierce and R. Kompfner, 'Transoceanic communications by means of satellites', *Proc. IRE*, 1959, vol. 47, pp. 372 et seq.

[82] D.C. Hogg and R.A. Semplak, 'The effect of rain and water vapor on sky noise at centimeter wavelengths', *Bell Syst. Tech. J.*, 1961, vol. 40, pp. 1331–1348.

[83] R.W. Wilson, 'Sun tracker measurements of attenuation by rain at 16 and 30 GHz', *Bell Syst. Tech. J.*, 1969, vol. 48, pp. 1383–1404.

[84] P.G. Davies and J.A. Lane, 'Statistics of tropospheric attenuation at 19 GHz from observations of solar noise', *Electron. Lett.*, 1970, vol. 6, pp. 522–523.

[85] G.T. Wrixon, 'Measurements of atmospheric attenuation on an Earth - space path at 90 GHz using a sun tracker', *Bell Syst. Tech. J.*, 1971, vol. 50, pp. 103–114.

[86] CCIR Data Bank, Study Period 1982 - 86: Doc. 5/378 (Rev. 1), ITU, 2 Rue Varembé 1211, Geneva 20, Switzerland.

[87] Recommendation IRU-R P.311-9, 'Acquisition, presentation, and analysis of data in studies of tropospheric propagation', 2000.

[88] 'Influence of the atmosphere on radiopropagation on satellite–earth paths at frequencies above 10 GHz', COST Project 205 Final Report, 1985, Commission of the European Communities, EUR 9923 EN.

[89] Recommendation ITU-R P.1144-3, 'Guide to the application of propagation

methods of Radiocommunication Study Group 3', November 2001.

[90] J.E. Allnutt and F. Haidara, 'Ku-band diurnal fade characteristics and fade event duration data from three, two-year, earth–space radiometric experiments in equatorial Africa', *Int. J. Satellite Commun.*, 2000, vol. 18, pp. 161–183.

[91] Q.-W Pan, J.E. Allnutt and F. Haidara, 'Seasonal and diurnal rain effects on Ku-band satellite link designs in rainy tropical regions', *IEE Electron. Lett.*, 2000, vol. 36, no. 9, pp. 841–842.

[92] Q.-W Pan, J.E. Allnutt and F. Haidara, '12 GHz diurnal fade variations in the tropics', *IEE Electron. Lett.*, 2000, vol. 36, no. 9, pp. 891–892.

[93] Q.-W Pan, G.H. Bryant, J. McMahon, J.E. Allnutt and F. Haidara, 'High elevation angle satellite-to-earth 12 GHz propagation measurements in the tropics', *Int. J. Satellite Commun.*, 2001, vol. 19, pp. 363–384.

[94] Q.-W Pan, J.E. Allnutt and F. Haidara, 'Some second-order Ku-band site diversity results on a high elevation angle path in a rainy tropical region', *International Conference on Antennas and Propagation (ICAP01)*, Manchester, England, Vol. 2, April 2001, pp. 551–555.

[95] D. Atlas, M. Kerker and W. Hitschfeld, 'Scattering and attenuation by non-spherical atmospheric particles', *J. Atmos. Terr. Phys.*, 1953, vol. 3, pp. 108–119.

[96] J.I. Strickland, 'The measurement of slant path attenuation using radar, radiometers, and satellite beacons', *J. Rech. Atmos.*, 1974, vol. 8, pp. 347–358.

[97] Special Issue of Radio Science on Multiparameter Radar Measurements of Precipitation, 1984, Vol. 19.

[98] K. Miya (ed.), *Satellite Communications Technology*, second edition, KDD Engineering and Consulting, Inc., Tokyo, 1985 (English language edition).

[99] H. Yokoi, M. Yamada and A. Ogawa, 'Measurement of precipitation attenuation for satellite communications at low elevation angles', *J. Rech. Atmos.*, 1974, vol. 8, pp. 329–338.

[100] L.J. Ippolito, 'Millimeter wave propagation measurements from the Applications Technology Satellite (ATS-V)', *IEEE Antennas Propag.*, 1970, vol. AP-18, pp. 535–552.

[101] L.J. Ippolito (ed.), '20- and 30-GHz millimeter wave measurements with the ATS-6 satellite', NASA Technical Note, 1976, NASA TN D-8197.

[102] *Proceedings of the Final ATS-6 Experimenters Meeting held at ESTEC*: 'ATS-6 propagation experiments in Europe', 1977, SP-131.

[103] Report 724-2: 'Propagation data required for the evaluation of coordination distance in the frequency range 1 to 40 GHz', CCIR, Vol. 5, Propagation in Non-ionized Media, ITU, 2 Rue Varembé 1211, Geneva 20, Switzerland, 1980.

[104] M.T. Hewitt, D. Emerson, D.C. Rabone and R.W. Thorn, 'Fade rate and fade duration statistics from the OTS slant-path propagation experiment', R6.2.3 Group Memorandum No. 5004/84, Issue 1, 3 January 1985, available from British Telecommunications Research Laboratories, Martlesham Heath, Ipswich IP5 7RE, England.

[105] L. Hansson, Private communication following discussions on: L. Hansson and C. Davidson: 'Final report: OTS propagation experiment in Stockholm', Swedish Telecommunications Administration, Radio Department, Marbackagatan 11, S-123 86 FARSTA, Sweden, 1933.

[106] J.P.V. Poiares Baptista, Z.W. Zhang and N.J. McEwan, 'Stability of rain-rate cumulative distributions', *Electron. Lett.*, 1986, vol. 22, pp. 350–352.

[107] J. Goldhirsh, 'Slant path fade and rain-rate statistics associated with the COMSTAR beacon at 28.56 GHz from Wallops Island, Virginia over a three-year period', *IEEE Trans. Antennas Propag.*, 1982, vol. AP-30, pp. 191–198.

[108] J.E. Allnutt, 'Low elevation angle propagation measurements in the 6/4 GHz and 14/11 GHz bands', IEE Conference Publication 248, ICAP 85, 1985, pp. 62–66.

[109] D.C. Cox and H.W. Arnold, 'Results from the 19 and 28 GHz COMSTAR satellite propagation experiments at Crawford Hill', *Proc. IEEE*, 1982, vol. 70, pp. 458–488.

[110] M. Fujita, T. Shinozuka, T. Ihara, Y. Furuhama and H. Inuki, 'ETS-II experiments part IV: characteristics of millimeter and centimeter wavelength propagation', *IEEE Trans. Aerosp. Electron. Syst.*, 1980, vol. AES-16, pp. 581–589.

[111] P.J.I. de Maagt, S.I.E. Touw, J. Dijk, G. Brussaard, L.J.M. Wijdemans and J.E. Allnutt, 'Diurnal variations of 11.2 GHz attenuation on a satellite path in Indonesia', *Electron. Lett.*, 1993, vol. 29, no. 24, pp. 2149–2150.

[112] U.-C. Fiebig and C. Riva, 'Impact of seasonal and diurnal variations on satellite system design in V band', *IEEE Trans. Antennas Propag.*, 2004,

vol. 52, no. 4, pp. 923–932.

[113] Report 723: 'Worst month statistics', CCIR, Vol. 5, Propagation in Nonionized Media, ITU, 2 Rue Varembé 1211, Geneva 20, Switzerland, 1980.

[114] B. Segal, 'The estimation of worst-month precipitation attenuation probabilities in microwave system design', *Ann. Telecomm.*, 1980, vol. 35, pp. 429–433.

[115] Report 338: 'Propagation data and prediction methods required for lineofsight radio-relay systems', CCIR, Vol. 5, Propagation in Non-ionized Media, ITU, 2 Rue Varembé 1211, Geneva 20, Switzerland, 1980.

[116] K.M. Yon, W.L. Stutzman and C.W. Bostian, 'Worst-month rain attenuation and XPD statistics for satellite paths at 12 GHz', *Electron. Lett.*, 1984, vol. 20, pp. 646–647.

[117] F. Dintelmann, 'Worst-month statistics', *Electron. Lett.*, 1984, vol. 20, pp. 890–892.

[118] E. Casiraghli and A. Paraboni, 'Assessment of CCIR worst-month prediction method for rain attenuation', *Electron. Lett.*, 1989, vol. 25, pp. 82–83.

[119] Recommendation ITU-R P.841-4, 'Conversion of annual statistics to worst month statistics', 2005.

[120] Conclusions of the Interim Meeting of Study Group 5 (Propagation in Nonionized Media), Geneva, 11–26 April 1988, Document 5/204, Report 723-2 (MOD I): 'Worst month statistics'.

[121] Recommendation ITU-R P.678-1, 'Characteristics of natural variability of propagation phenomenon', March 1992.

[122] Report 564-3, 'Propagation data and prediction methods required for Earth–space telecommunications systems', CCIR, Vol. 5, Propagation in Nonionized Media, ITU, 2 Rue Varembé 1211, Geneva 20, Switzerland, 1986.

[123] R.K. Flavin, 'Rain attenuation considerations for satellite paths in Australia', *Aust. Telecomm. Res.*, 1982, vol. 16, pp. 11–24.

[124] Q.W. Pan and J.E. Allnutt, 'Seasonal fade duration statistics for planning of 12 GHz DTH/VSAT and SOHO satellite services in the tropics', *IEEE 12th International Conference on Antennas and Propagation*, University of Exeter, UK, April 2003, Conference Publication No. 491, Vol. 2, pp. 674–677 (later reported in: Q.W. Pan and J.E. Allnutt, '12-GHz fade durations and intervals in the tropics', *IEEE Trans. Antennas Propag.*, 2004, vol. 52, no. 3, pp. 693–701).

[125] Q.W. Pan, J.E. Allnutt and C. Tsui, 'Fade countermeasure options in tropical rain climate', Submitted to 25th AIAA ICSSC2007, Seoul, South Korea, 2007.

[126] E. Matricciani, 'Rate of change of signal attenuation from SIRIO at 11.6 GHz', *Electron. Lett.*, 1981, vol. 17, pp. 139–141.

[127] R.V. Webber and J.J. Schlesak, 'Fade rates at 13 GHz on Earth - space paths', *Ann. Telecomm.*, 1986, vol. 41, pp. 562–567.

[128] F. Dintelmann, 'Analysis of 11 GHz slant-path fade duration and fade slope', *Electron. Lett.*, 1981, vol. 17, pp. 267–268.

[129] Q.W. Pan, J. Allnutt and C. Tsui, 'Satellite-to-Earth 12 GHz fade slope analysis at a tropical location', *IEEE APS/URSI Symposium of Antennas and Propagation*, Washington, DC, USA, 2005.

[130] F. Rucker, 'Simultaneous propagation measurements in the 12 GHz band on the SIRIO and OTS satellite links', *URSI Comm. F Open Symposium*, Lennoxville, P.Q., Canada, 1980, pp. 4.1.1–4.1.5.

[131] J.E. Allnutt and D.V. Rogers, 'Aspects of site diversity modeling for satellite communications systems', INTELSAT Technical Memorandum IOD-E-84- 22, October 1984, available from INTELSAT, 3400 International Drive, Washington, DC 20008-3096, USA.

[132] D.C. Hogg, 'Path diversity in propagation of millimeter waves through rain', *IEEE Trans. Antennas Propag.*, 1967, vol. AP-15, pp. 410–415.

[133] R.W. Wilson and W.L. Mammel, 'Results from a three-radiometer path-diversity experiment', IEE Conference Publication 98, 1973, pp. 23 - 27.

[134] D.B. Hodge, 'Path diversity for reception of satellite signals', *J. Rech. Atmos.*, 1974, vol. 8, pp. 443–449.

[135] V. Fabbro, L. Feral, L. Castanet, A. Paraboni and C. Riva, 'Characterisation and modelling of diversity statistics in 20–50 GHz band', *ESA Workshop on Earth - Space Propagation*, Noordwijk, Netherlands, November 2005.

[136] D.B. Hodge, 'The characteristics of millimeter wavelength satellite- to-ground space-diversity links', IEE Conference Publication 98, 1973, pp. 28–32.

[137] L. Boithias, '*Radio Wave Propagation*', Oxford, England: North Oxford Academic, 1987.

[138] F.J. Altman and W. Sichak, 'Simplified diversity communications system for beyond-the-horizon links', *IRE Trans. Commun. Syst.*, 1956, vol. CS-4,

pp. 50–55.

[139] J.E. Allnutt, 'Nature of space diversity in microwave communications via geostationary satellites: a review', *Proc. IEE*, 1978, vol. 5, pp. 369–376.

[140] S.H. Lin, H.J. Bergmann and M.V. Parsley, 'Rain attenuation on earth–satellite paths–summary of 10-year experiments and studies', *Bell Syst. Tech. J.*, 1980, vol. 59, pp. 183–228.

[141] D.B. Hodge, 'An empirical relationship for path diversity gain', *IEEE Trans. Antennas Propag.*, 1976, vol. AP-24, pp. 250–251.

[142] G.C. Towner, C.W. Bostian, W.L. Stutzman and T. Pratt, 'Instantaneous diversity gain in 10–30 GHz satellite systems', *IEEE Trans. Antennas Propag.*, 1984, vol. AP-32, pp. 206–208.

[143] R.G. Wallace and J.L. Carr, 'Site diversity system operation study–final report', Technical Report No. 2130, ORI, Inc., Silver Spring, MD, USA, 1982.

[144] D.B. Hodge, 'An improved model of diversity gain on Earth–space paths', Radio Sci., 1982, vol. 17, pp. 1393–1399.

[145] L.J. Ippolito, R.D. Kaul and R.G. Wallace, 'Propagation effects handbook for satellite systems design', NASA reference publication 1082(03), National Aeronautics and Space Administration, Washington, DC, USA, 1983.

[146] D.V. Rogers and J.E. Allnutt, 'Evaluation of a site diversity model for satellite communications systems', *IEE Proc. Part F*, 1984, vol. 131, pp. 501–506.

[147] COST 255, 'Radiowave propagation modelling for new satcom services at Ku-band and above', COST 255 Final Report, ESA Publications Division, SP-1252, 2002.

[148] COST 280, 'Propagation impairment mitigation for millimeter wave radio systems', Study conducted from June 2001 to May 2005, 2005, available from http://www.cost280.rl.ac.uk.

[149] D.B. Hodge, 'Path diversity for Earth - space communications links', *Radio Sci.*, 1978, vol. 13, pp. 481–487.

[150] J.E. Hall and J.E. Allnutt, 'Results of site diversity tests applicable to 12 GHz satellite communications', IEE Conference Publication 126, 1975, pp. 156–162.

[151] N. Witternig, W.L. Randeu, W. Riedler and E. Kubista, '3-Years analysis report (1980 - 1983)', Final Report of INTELSAT Contract IS-900: 12 GHz quadruple-site radiometer diversity experiment, 1987, available from

INSTITUT fur Angewandte Systemtechnik in der Forschungsgesellschaft Joanneum, Inffeldgasse 12, A-8010 Graz, Austria.

[152] R.R. Rogers, 'Statistical rainstorm models: their theoretical and physical foundations', *IEEE Trans. Antennas Propag.*, 1976, vol. AP-24, pp. 547–566.

[153] F. Barbaliscia and A. Paraboni, 'Joint statistics of rain intensity in eight Italian locations for satellite communications networks', *Electron. Lett.*, 1982, vol. 18, pp. 118–119.

[154] D.A. Gray, 'Earth - space path diversity: dependence on base-line orientation', *Record IEEE G-AP International Symposium*, University of Colorado, Boulder, CO, USA, 1973, pp. 366–369.

[155] D.C. Hogg and T.S. Chu, 'The role of rain in satellite communications', *Proc. IEEE*, 1975, vol. 12, pp. 1308–1331.

[156] J. Goldhirsh, 'Earth - space path attenuation statistics influenced by orientation of rain cells', *Proc. 17th Conference on Radar Meteorology (American Meteorological Society)*, Seattle, WA, USA, 1976, pp. 85–90.

[157] E.C. MacKenzie and J.E. Allnutt, 'Effect of squall-line direction on space-diversity improvement obtainable with millimeter-wave satellite radio communications systems', *Electron. Lett.*, 1977, vol. 13, pp. 571–573.

[158] A. Fergusson and R.R. Rogers, 'Joint statistics of rain attenuation on terrestrial and Earth–space propagation paths', Radio Sci., 1978, vol. 13, pp. 471–479.

[159] J. Mass, 'Diversity and baseline orientation', *IEEE Trans. Antennas Propag.*, 1979, vol. AP-27, pp. 27–30.

[160] J.I. Strickland, 'Radiometric measurement of site diversity improvement at two Canadian locations', *URSI Commission F Open Symposium*, La Baule, France, 1977 (late paper).

[161] A. Paraboni, G. Masini and C. Riva, 'The spatial structure of rain and its impact on the design of advanced TLC systems', *URSI CLIMPARA 98*, Ottawa, 27–29 April 1998 (late paper).

[162] B. Segal and J.E. Allnutt, 'On the use of long sampling-time rainfall observations for predicting high-probability attenuation on Earth - space paths', IEE Conference Publication 333 (ICAP 91), April 1991, pp. 754–757.

[163] J.E. Allnutt, 'Variation of attenuation and space diversity with elevation angle on 12 GHz satellite-to-ground radio paths', *Electron. Lett.*, 1977, vol.

13, pp. 346–347.

[164] D.V. Rogers, 'Diversity and single-site radiometric measurements of 12 GHz rain attenuation in different climates', IEE Conference Publication 195, 1981, pp. 118–123.

[165] G.C. Towner, R.E. Marshall, W.L. Stutzman, C.W. Bostian, T. Pratt, E.A. Manus, *et al.*, 'Initial results from the VPI&SU SIRIO diversity experiment', *Radio Sci.*, 1982, vol. 17, pp. 1489–1494.

[166] J. Goldhirsh and F.L. Robison, 'Attenuation and space diversity statistics calculated from radar reflectivity data of rain', *IEEE Trans. Antennas Propag.*, 1975, vol. AP-23, pp. 221–227.

[167] D.B. Hodge, D.M. Theobald and R.C. Taylor, 'ATS-6 millimeter wavelength propagation experiment', 1976, Report 3863-6, ElectroScience Laboratory, Ohio State University, Columbus, OH, USA.

[168] T.W. Harrold and P.M. Austin, 'The structure of precipitation systems – a review', *J. Rech. Atmos.*, 1974, vol. 8, pp. 41–57.

[169] Y. Otsu, T. Kobayashi, T. Shinozuku, T. Ihara and S.-I. Aoyama, 'Measurement of rain attenuation at 35 GHz along the slant paths over two sites with a height difference of 3 km', *J. Radio Res. Lab. (Jpn.)*, 1978, vol. 25, pp. 1–21.

[170] P. Misme and P. Waldteufel, 'Affaiblisements calcules pour des liaisons Terre-satellite en France', *Ann. Telecomm.*, 1982, vol. 37, pp. 325–333.

[171] V. Mimis and A. Smalley, 'Low elevation angle site diversity satellite communications for the Canadian Arctic', *Rec. IEEE International Conference on Communications*, 1982, pp. 4A.4.1–4A.4.5.

[172] O. Gutterburg, 'Measurements of atmospheric effects on satellite links at very low elevation angles', *AGARD EPP Symposium on Characteristics of the Lower Atmosphere influencing Radiowave Propagation*, Spatind, Norway, 1983, pp. 5-1 - 5-19.

[173] E.C. Johnston, D.L. Bryant, D. Maiti and J.E. Allnutt, 'Results of low elevation angle 11 GHz satellite beacon measurements at Goonhilly', IEE Conference Publication 333 (ICAP 910), April 1991, pp. 366–369.

[174] L. Boithias and J. Battesti, 'Au sujet de la dependence en frequence de l'affaiblissement du a la pluie', *Ann. Telecomm.*, 1981, vol. 36, p. 483.

[175] D.B. Hodge, 'Frequency scaling of rain attenuation', *IEEE Trans. Antennas Propag.*, 1977, vol. 65, pp. 446–447.

[176] O. Rue, 'Radio wave propagation at frequencies above 10 GHz: new formulas for rain attenuation', *TELE*, 1980, vol. 1, pp. 11–17.

[177] Project COST 205, 'Frequency and polarization scaling of rain attenuation', *Alta Frequenza*, 1985, vol. LIV, pp. 157–181.

[178] Conclusions of the Interim Meeting of Study Group 5 (Propagation in Non-ionized Media), Geneva, 11–26 April 1988, Document 5/204, Report 721-2 (MOD I): 'Attenuation and scattering by rain and other atmospheric particles'.

[179] Recommendation ITU-R P.618-8, 'Propagation data and prediction methods required for the design of Earth - space telecommunications systems', April 2003.

[180] R.W. Thorn, 'Long-term attenuation statistics at 12, 14, 20, and 30 GHz on a 30 degree slant-path in the UK', Memorandum No. R6/014/84(L), British Telecom Research Laboratories, Martlesham Heath, Ipswich IP5 7RE, England, 1984.

[181] J.E. Allnutt, 'Correlation between up-link and down-link signal attenuation along the same satellite - ground radio path', Technical Memorandum IODP- 81-01, 1981, available from INTELSAT, 3400 International Drive, Washington, DC 20008-3098, USA.

[182] R.G. Howell, J. Thirlwell, R.R. Bell, N.G. Golfin, J.W. Balance and R.H. MacMillan, '20 and 30 GHz attenuation measurements using the ATS-6 satellite', *ESA SP-131 ATS-6 Propagation Experiments in Europe*, 1977, pp. 55–68.

[183] J. Thirlwell and R.G. Howell, 'OTS and radiometric slant-path measurements at Martlesham Heath', *URSI Open Symposium*, Lennoxville, Canada, 1980, pp. 4.3.1–4.3.9.

[184] The NASA Propagation Experimenters Group (NAPEX) met dozens of times during, and after, the ACTS satellite flew and the proceedings of their meetings were published by the Jet Propulsion Laboratory (JPL), e.g. JPL Publications 99–16, *Proceedings of the Twenty-third NASA Propagation Experimenters Meeting (NAPEX XXIII) and the Advanced Communications 350 Satellite-to-ground radiowave propagation Technology Satellite (ACTS) Propagation Studies Workshop*, Falls Church, VA, USA, 2–4 June 1999, published August 1999 by NASA, available from http://jpl.nasa.gov.

[185] The ITALSAT results were generally presented in a series of meetings

organized within Coordinamento Esperimento Propagagzione ITALSAT (CEPIT), sometimes in cooperation with Ka-band Utilisation Conferences, run by the Politecnico di Milano, e.g. CEPIT X, *Meeting Proceedings*, hosted by the 8th Ka-band Utilisation Conference, Baveno, Lago Maggiore, Italy, 25 - 27 September 2002 (see www.elet.polimi.it/CEPIT/docs/cepit10procs.pdf).

[186] A.R. Holt, R. McGuiness and B.G. Evans, 'Frequency scaling propagation parameters using dual-polarization radar results', *Radio Sci.*, 1984, vol. 19, pp. 222–230.

[187] J. Thirlwell, 'Frequency scaling of slant-path attenuation', Research Memorandum No. R6/002/83, British Telecom Research Laboratories, Martlesham Heath, Ipswich IP5 7RE, England, 1982.

[188] P.P. Nuspl, N.G. Davies and R.L. Olsen, 'Ranging and synchronization accuracies in a regional TDMA experiment', *Proc. Third International Conference on Digital Satellite Communications*, Kyoto, Japan, 1975, pp. 292–300.

[189] D.V. Rogers and R.L. Olsen, 'Delay and its relation to attenuation in radiowave propagation through rain', Abstract only in *USNC/URSI National Radio Science Meeting*, University of Colorado, Boulder, Colorado, USA, 1975, pp. 142–143; Figure 4.49 supplied by private correspondence from Dr D.V. Rogers, COMSAT Laboratories, Clarksburg, MD 20871, USA.

[190] W.L. Stutzman, T. Pratt, D.M. Imrich, W.A. Scales and C.W. Bostian, 'Dispersion in the 10–30 GHz frequency range: atmospheric effects and their impact on digital satellite communications', *IEEE Trans. Commun.*, 1986, vol. COM-34, pp. 307–310.

[191] F. Dintelmann and F. Rucker, '11 GHz propagation measurements on satellite links in the Federal Republic of Germany', *AGARD 26th Symposium of Electromagnetic Wave Propagation*, London, 1980, pp. 18-1–18-9.

[192] Recommendation ITU-R P.1511, 'Topography for Earth-to-space propagation modeling', February 2001.

[193] Recommendation ITU-R P.839, 'Rain height model for prediction methods', February 2001.

[194] Recommendation ITU-R P.837, 'Characteristics of precipitation for propagation modeling', April 2004.

[195] Recommendation ITU-R P.836, 'Water vapor: surface density and total columnar content', November 2001.

[196] E.J. Dutton and H.T. Dougherty, 'Modeling the effects of cloud and rain upon satellite-to-ground system performance', O.T. Report 73-5, Office of Telecommunications, Boulder, CO, USA, 1973.

[197] E.J. Dutton, 'Earth - space attenuation prediction procedure at 4 to 16 GHz', O.T. Report 77–123, Office of Telecommunications, Boulder, CO, USA, 1977.

[198] S.H. Lin, 'Empirical rain attenuation model for Earth–satellite paths', *IEEE Trans. Commun.*, 1979, vol. COM-27, pp. 812–817.

[199] R.K. Crane, 'A global model for rain attenuation prediction', EASCON 1978 Record, IEEE Publication 78 Ch 1354-4 AES, 1978, pp. 391–395.

[200] R.K. Crane, 'Prediction of attenuation by rain', *IEEE Trans. Commun.*, 1980, vol. COM-28, pp. 1717–1733.

[201] K. Morita, 'Estimation methods for propagation characteristics on Earth-tospace links in microwave and millimeter wavebands', *Rev. ECL NTT Jpn.*, 1980, vol. 28, pp. 459–471.

[202] P. Misme and P. Waldteufel, 'A model for attenuation by precipitation on a microwave Earth-to-space link', *Radio Sci.*, 1980, vol. 15, pp. 655–665.

[203] W.L. Stutzman and W.K. Dishman, 'A simple model for the estimation of rain-induced attenuation along Earth-to-space paths at millimeter wavelengths', *Radio Sci.*, 1982, vol. 17, pp. 1465–1476.

[204] W.L. Stutzman and K.M. Yon, 'A simple rain attenuation model for Earth - space radio links operating at 10–35 GHz', *Radio Sci.*, 1986, vol. 21, pp. 65–72.

[205] R.K. Crane, 'A two component rain model for the prediction of attenuation statistics', *Radio Sci.*, 1982, vol. 17, pp. 1371–1388.

[206] L.J. Ippolito, 'Rain attenuation prediction for communications satellite systems', *AIAA 10th Communications Satellite Systems Conference*, Orlando, Florida, USA, 1984, pp. 319–326.

[207] G. Macchiarella, 'Assessment of various models for the prediction of the outage time on the Earth-to-space link due to excess rain attenuation', *Ibidem*, pp. 332–335.

[208] Y. Karasawa, M. Yasunaga, M. Yamada and B. Arbesser-Rastburg, 'An improved prediction method for rain attenuation in satellite communications operating at 10 - 20 GHz', *Radio Sci.*, 1987, vol. 22, pp. 1053–1062.

[209] D.N. Ladd, M. Thurai, J. McMahon and L. Watai, 'Radar derived attenu-

ation compared with simultaneous 12 GHz beacon measurements in Papua New Guinea', *Int. Geosci. Remote Sens. Symp. Proc.*, 1997, vol. IV, pp. 1648–1650.

[210] M. Thurai, E. Deguchi, K. Okamoto and E. Salonen, 'Rain height variability in the tropics', *IEE Proc. Microw. Antennas Propag.*, 2005, vol. 152, no. 1, pp. 17–23.

[211] M. Thurai, E. Deguchi, T. Iguchi and K Okamoto, 'Freezing height distributions in the tropics', *Int. J. Secur. Netw.*, 2003, vol. 21, pp. 533–545.

[212] A.W. Dissanayake, J.E. Allnutt and F. Haidara, 'A prediction model that combines rain attenuation and other propagation impairments along Earth–satellite Paths', *IEEE Trans. Antennas Propag.*, 1997, vol. 45, no. 10, pp. 1546–1558.

[213] L. Castanet, Delayed contribution to ITU-R working party 3M from France, Italy, and ESA, Document 3M/XX-E, 27 March 2007, France, Italy, ESA: 'Testing analysis of site diversity prediction methods for earth - space paths at Ku- and Ka-bands', Private communication.

[214] L. Boithias, J. Battesti and M. Rooryck, 'Prediction of the improvement factor due to diversity reception on microwave links', *MICROCOLL*, Budapest, 1986.

[215] J.E. Allnutt and D.V. Rogers, 'A novel method for predicting site diversity gain on satellite-to-ground radio paths', *Electron. Lett.*, 1982, vol. 18, pp. 233–235.

[216] A. Dissanayake and K.T. Lin, 'Ka-band site diversity measurements and modeling', *Proceedings of 6th Ka-band Utilization Conference*, Cleveland, OH, USA, 2000, pp. 337–344.

[217] A.D. Panagopoulos, P.-D.M. Arapoglou, G.E. Chatzarakis, J.D. Kanellopoulos and P.G. Cottis, 'A new formula for the prediction of the site diversity improvement factor', *Int. J. Infrared Millimet. Waves*, 2004, vol. 25, no. 12, pp. 1781–1789.

[218] A.D. Panagopoulos, P.-D.M. Arapoglou, J.D. Kanellopoulos and P.G. Cottis, 'Long-term rain attenuation probability and site diversity gain prediction formulas', *IEEE Trans. Antennas Propag.*, 2005, vol. 53, no. 7, pp. 2307–2313.

[219] C. Ito, T. Ishikawa and Y. Hosoya, 'A study on global prediction method for site diversity improvement using thunderstorm ratio as a regional climatic

parameter', *EUCAP'2006 Conference*, Nice, November 2006.

[220] E. Matricciani, 'Prediction of site diversity performance in satellite communications systems affected by rain attenuation: extension of the two layer rain model', *Eur. Trans. Telecomm.*, 1994, vol. 5, no. 3, pp. 27–36.

[221] C. Capsoni, F. Fedi, C. Magistroni, A. Pawlina and A. Paraboni, 'Data and theory for a new model of the horizontal structure of rain cells for propagation applications', *Radio Sci.*, 1987, vol. 22, no. 3, pp. 395–404.

[222] A. Bosisio, C. Capsoni, A. Paraboni, G.E. Corazza, F. Vatalaro and E. Vassallo, 'Physical modelling of site diversity and its application to 20/30 GHz Earth stations', *ESA STM-255*, 1995.

[223] A.V. Bosisio and C. Riva, 'A novel method for the statistical prediction of rain attenuation in site diversity systems: theory and comparative testing against experimental data', *Int. J. Satellite Commun.*, 1998, vol. 16, pp. 47–52.

[224] J. Stafford and N. Terril, 'Extension of existing models for evaluating site diversity performance for rain fade mitigation', *Proceedings of 7th Ka-band Utilization Conference*, Santa Margherita Ligure, Genoa, Italy, September 2001, pp. 337–344.

[225] R.K. Crane, *Electromagnetic Wave Propagation through Rain*, Hoboken, New Jersey, USA: Wiley, 1996.

[226] F. Christophe, L. Castanet, J. Lemorton and M. Bousquet, 'Military satellite communications at EHF: availability improvement by space diversity', *NATO/RTO Space Science and Technology Advisory Group (SSTAG), Specialist Meeting on 'Emerging and Future Technologies for Space Based Operations Support to NATO Military Operations'*, Bucharest, Romania, September 2006.

[227] L. Féral, H. Sauvageot, L. Castanet, J. Lemorton, F. Cornet and K. Leconte, 'Large scale modelling of rain fields from a rain cell deterministic model', *Radio Sci.*, 2006, vol. 41, no. 2.

[228] A. Paraboni and F. Barbaliscia, 'Multiple site attenuation prediction models based on the rainfall structures (meso- or synoptic scales) for advanced TLC or broadcasting systems', *URSI G.A.*, 2002.

[229] Conclusions of the Interim Meeting of Study Group 5 (Propagation in Non-ionized Media), Geneva, 11–26 April 1988, Document 5/204, Report 564-3 (MOD I): 'Propagation data and prediction methods required for Earth–

space telecommunications systems'.

[230] J.E. Allnutt and B. Arbesser-Rastburg, 'Low elevation angle propagation modeling considerations for the INTELSAT Business Service', IEE Conference Publication 248, 1985, pp. 57–61.

[231] T. Pratt, C.W. Bostian and J.E. Allnutt, *Satellite Communications*, second edition, Hoboken, New Jersey, USA: Wiley, 2003, ISBN 0-471-37007-X.

[232] J.E. Allnutt and C. Riva, 'The prediction of rare propagation events: the changing face of outage risk assessment in satellite services', Invited paper, Session F, URSI General Assembly, Maastricht, August 2002, paper number 0937 of session F2, pp. 47 et seq.

[233] P.A. Watson, M. Gunes, B.A. Potter, V. Sathiaseelan and J. Leitao, 'Development of a climatic map of rainfall attenuation for Europe', Report 327, University of Bradford, Bradford, UK, 1982 (Final Report for the European Space Agency under ESTEC Contract No. 4162/79/NL (DG(SC)).

[234] F. Fedi, 'Rain attenuation on Earth - satellite links: a prediction method based on joint rainfall intensity', *Ann. Telecomm.*, 1981, vol. 36, pp. 73–77.

[235] T. Oguchi, and Y. Hosoya 'Differential attenuation and differential phase shift of radio waves due to rain: calculations of microwave and millimeter wave regions', *J. Rech. Atmos.*, 1974, vol. 8, pp. 121–128.

第 5 章

去极化效应

5.1 引言

无线电通信容量需求的快速增长, 以及尽可能保护现有带宽的压力促成了频率复用的概念的产生。对于卫星通信, 可以通过空间隔离和极化隔离两种方式来实现频率复用, 如图 5.1 所示。

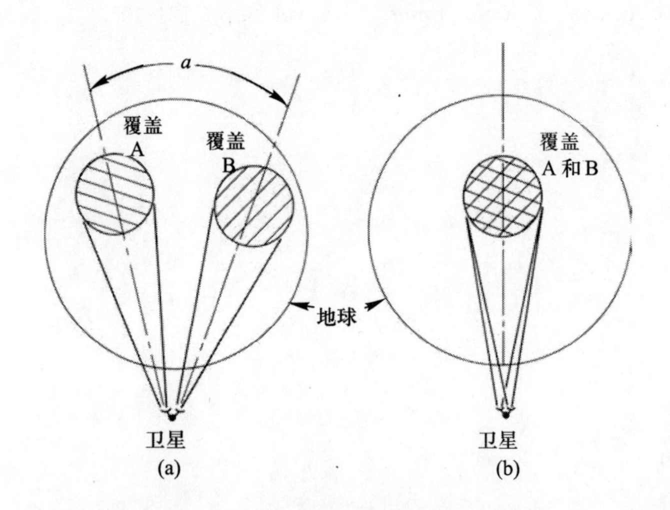

图 5.1　两种频率复用技术的示意图

(a) 空间隔离; (b) 极化隔离。

注: 图中两种情况下, 在两个覆盖区内均使用相同频率信号。图 (a) 中两个波束之间的夹角 α 提供了空间隔离, 两个覆盖区的波束足够小以确保不会有太多的能量从一个波束溢出到另一个波束。图 (b) 中在两个重合的覆盖区使用正交极化提供了隔离。

图 5.1(a) 中两个波束使用相同频率和极化。这种情况下, 避免两个波束产生干扰的唯一方法是确保两个波束之间存在良好的空间隔离, 即重叠点不能大于波束的 -17 dB 点。因此两个波束的覆盖区越近, 它们的能量必须衰减越快, 以便提供所需的隔离度。在图 5.1(b) 中, 由于两个波束需要覆盖同一区域提供需求的容量, 因此上述的空间隔离就无法实现。此时, 能够使一个波束的信号从另一个波束潜在的干扰信号中识别出来的唯一因素是两个波束之间的极化隔离。

电磁波的极化是指电场矢量取向的非随机程度, 一个完全的非极化波是指其在检测时没有任何优先的电场矢量取向。正如 1.2.4 节所提到的, 椭圆极化是极化电磁波的一般情况, 而线极化和圆极化是椭圆极化的特例。若使用圆极化波实现频率复用, 则两个波束的极化取向应是右旋圆极化 (RHCP) 和左旋圆极化 (LHCP)。当右手大拇指的方向指向波传播方向时, 如果电场的旋转方向与右手其他手指的自然弯曲方向一致, 则此波为右旋极化波[1]。对于右旋圆极化波, 电场旋转方向是右手习惯的人 (右撇子) 打开门把手的旋转方向或者把开瓶器拧进红酒瓶塞的旋转方向。对于左旋圆极化波, 此定义同样适用, 但是要用左手代替右手。对于线极化波来说, 通常使用垂直和水平作为两个正交参考轴。

理想极化波在其正交方向没有电场分量, 只有线极化和圆极化两种情况是理想极化波。例如, 图 1.9 解释了椭圆极化波分解为两个正交的圆极化波。图 5.2 为线极化波分解为两个正交线极化矢量。

矢量 $\boldsymbol{E}$ 沿相对于水平方向的任意角 θ 方向取向 (沿相对于垂直方向的任意角 $90^\circ-\theta$ 方向取向), 所以

$$E_{\mathrm{H}}=\boldsymbol{E}\cos\theta$$

$$E_{\mathrm{V}}=\boldsymbol{E}\sin\theta$$

不完全极化波将在其正交方向上存在分量, 通常将所需极化电磁波的能量称为共极化分量, 而在其正交方向上的能量称为交叉极化分量。如果信号以一种极化形式传送, 接收机检测到的共极化分量和正交极化分量之间的差异称为交叉极化分辨率 (XPD)。在双极化通信系统中, 决定干扰大小的并不是 XPD, 而是将在 5.2.3 节详细讨论的交叉极化干扰度, 或称为交叉极化隔离度 (XPI)。后面的传播实验将证明[2], 实际上 XPD 与 XPI 是相同的, 除非传播介质表现为一种很不寻常的各向异性:

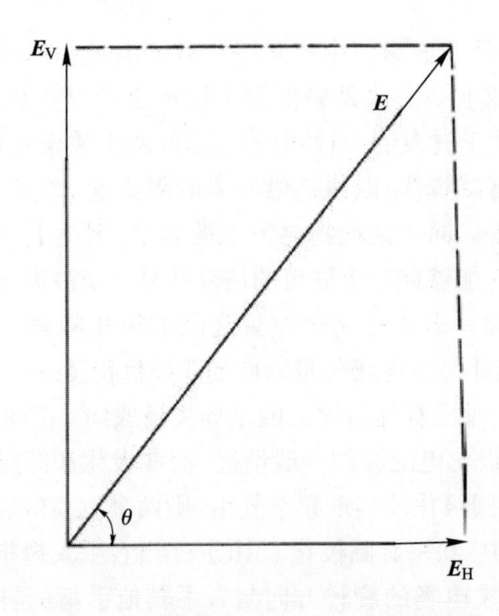

图 5.2 线极化波分解为两个正交分量

它使得一个极化因去极化效应转移到另一极化的能量多于其相反情况。对于所有的应用目的, 这种异常的各向异性情况均可以忽略, 并且测量得到的 XPD 数据可以用来预测 XPI 性能。将导致信号 XPD 的降低因素: ① 天线的非理想特性 (天线本身的 XPD 不理想)[3]; ② 天线间指向偏差; ③ 传播介质去极化效应。精确预报各种原因引起的去极化效应对于评估链路余量和干扰标准非常重要。本章只考虑水汽凝结体引起的去极化效应, 电离层中电场矢量的法拉第旋转引起的去极化效在第 2 章已讨论。

5.2 水汽凝结体去极化的基本原理

5.2.1 媒质的各向异性: 差分效应

图 5.3 给出垂直线极化和右旋圆极化的理想极化信号穿过某一传输介质时出现去极化效应。当离开传输媒质后, 线极化信号具有两个正交线极化方向的分量, 而右旋圆极化信号具有两个正交圆极化方向的分量。由于去极化效应, 两个入射信号的 XPD 都降低了。

去极化效应来源于传输介质的各向异性。如果介质 (如雨水) 由对称粒子组成 (对于雨水, 雨滴为理想球形), 则不会出现去极化效应。在小雨

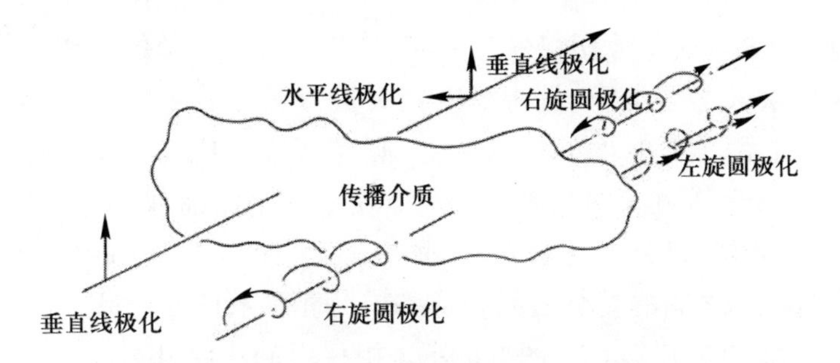

图 5.3 传输介质对无线电信号的去极化效应

或雾天通常是这种情况, 这些情况仅会导致信号由于吸收或/和散射而产生衰减。然而, 正如 1.3.5.2 节中所提到的, 尺寸增大时, 雨滴会由于流体动力而发生变形。除了变得形状不对称外, 雨滴也会在暴风雨的作用下趋向于偏离局部水平和垂直对称轴 (这种偏离称为倾斜), 而且雨滴群在风力的作用下会出现倾角分布。后面将看到, 来自卫星的线极化信号也不总是与本地垂直或水平对称轴保持一致[4]。通信信号的入射电场矢量偏离本地水平或者垂直方向的角度称为信号倾斜角。信号的非零倾斜角将导致去极化, 因为粒子的平均倾斜角分布通常接近 0。去极化效应来源于雨滴两个对称轴方向电场分量的差分衰减和差分相移。

图 5.4 给出了沿雨滴长、短半轴分量之间差分衰减效应引起线去极

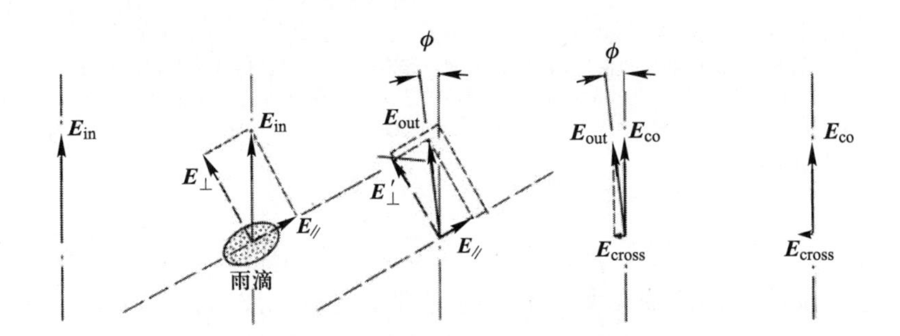

图 5.4 沿雨滴长、短半轴分量之间差分衰减效应引起去极化效应

注: 图 (a) 中, 入射电场矢量 $\boldsymbol{E}_{\text{in}}$ 是垂直极化, 在水平方向没有分量。将 $\boldsymbol{E}_{\text{in}}$ 分解为 $\boldsymbol{E}_{//}$ 和 $\boldsymbol{E}_{\perp}$ 两个分量, 它们分别平行和垂直雨滴的长轴, 如图 (b) 所示。$\boldsymbol{E}_{//}$ 分量将比 $\boldsymbol{E}_{\perp}$ 分量受到更大衰减, 那么图 (c) 中的合成矢量 $\boldsymbol{E}_{\text{out}}$ 倾斜偏离垂直方向 ϕ。如图 (d) 所示, 将 $\boldsymbol{E}_{\text{out}}$ 分解回至原来的极化轴就得到同极化分量 $\boldsymbol{E}_{\text{co}}$ 和交叉极化分量 $\boldsymbol{E}_{\text{cross}}$。$\boldsymbol{E}_{\text{co}}$ 和 $\boldsymbol{E}_{\text{cross}}$ 则是两个正交矢量, 如图 (e) 所示。注意: 由于差分衰减导致了信号的去极化, 所以现在有水平极化的信号分量, 但是在遇到雨滴群之前没有这个分量。

化效应。为了说明差分相移效应如何引起去极化, 简单的方法是画一个线极化矢量入射至雨滴, 且将线极化矢量分解为沿 +45° 和 −45° 正交矢量方向的两个等幅度的正弦分量, 假定 +45° 和 −45° 方向两个矢量分别平行于椭球雨滴的长轴和短轴。在进入雨滴前, 两个分解矢量同相, 而当离开雨滴时, 一个分量矢量相对于另一个产生了相位滞后。雨滴两个对称轴之间的差分衰减效应和差分相移效应使得原来的矢量旋转偏离之前的极化取向。图 5.5 差分相移引起去极化效应。

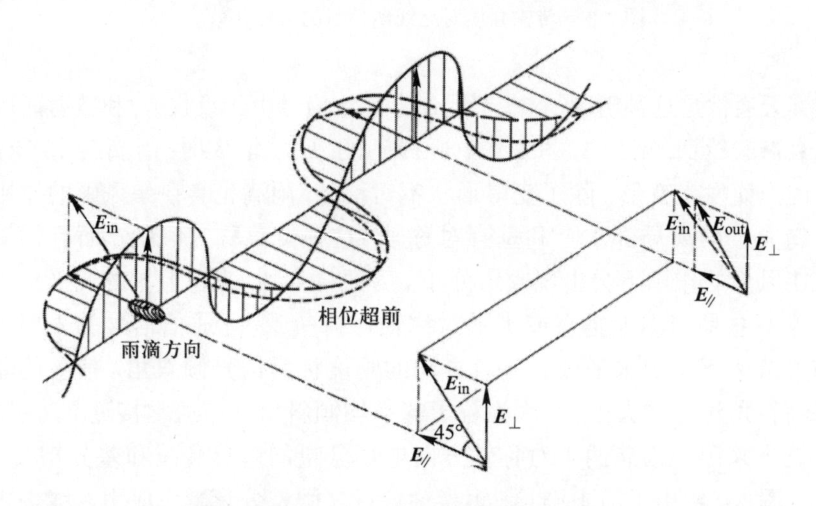

图 5.5 差分相移引起去极化效应

注: 入射矢量 $\boldsymbol{E}_{\text{in}}$ 与椭球雨滴群主轴成 +45° 夹角, 相对长轴对 $\boldsymbol{E}_{\text{in}}$ 进行分解得到 $\boldsymbol{E}_{//}$ 和 $\boldsymbol{E}_{\perp}$, 且二者相位相同。在穿过雨滴时, $\boldsymbol{E}_{//}$ 和 $\boldsymbol{E}_{\perp}$ 的模值没有变化, 但是二者相位不再同步。它们之间的差分相移导致合成矢量 $\boldsymbol{E}_{\text{out}}$ 方向相对入射矢量 $\boldsymbol{E}_{\text{in}}$ 方向出现等效倾斜。如果在 $\boldsymbol{E}_{\text{in}}$ 的坐标系下对 $\boldsymbol{E}_{\text{out}}$ 进行分解, 将会得到平行于 $\boldsymbol{E}_{\text{in}}$ 的共极化分量和垂直于 $\boldsymbol{E}_{\text{in}}$ 的交叉极化分量。

对上述遭受差分衰减和差分相移的两个矢量进行矢量求和即可得到穿出雨滴后的合成电场矢量。因为理想圆极化波由振幅相等、相位差为 90° 的两个正交线极化矢量组成, 所以理想圆极化波与线极化波一样也受到差分衰减和差分相移的影响。差分衰减效应导致两个线极化矢量离开雨滴时幅度不同; 差分相移效应导致两个矢量间的相位差不再是精确的 90°。差分衰减和差分相移其中之一或者一起作用都会导致圆极化波变成椭圆极化波, 而椭圆极化波反过来又可分解为两个正交方向的圆极化波。

如果理想线极化矢量的方向精确地平行于雨滴的任意一个对称轴，则不会发生去极化效应。由于在进入雨滴前没有正交分量的矢量存在，因此在穿出雨滴时观察不到差分效应。所以，信号只会受到衰减和相移影响，但是不会造成矢量相对原来的取向发生有效旋转。当理想线极化矢量的入射方向逐渐偏离对称轴时，其正交分量的模值将逐渐增加，同样增加的还有差分衰减和差分相移效应。当入射信号与对称轴夹角为 45° 时，入射矢量的正交分量的幅度增大到最大。圆极化信号入射的情况与此恰恰相同，因此除非线极化信号相对雨滴对称主轴的入射角度为 45°，线极化信号经历的去极化效应总是比圆极化信号弱。图 5.6 为电场矢量相对再滴对称主轴方向对去极化效应影响。

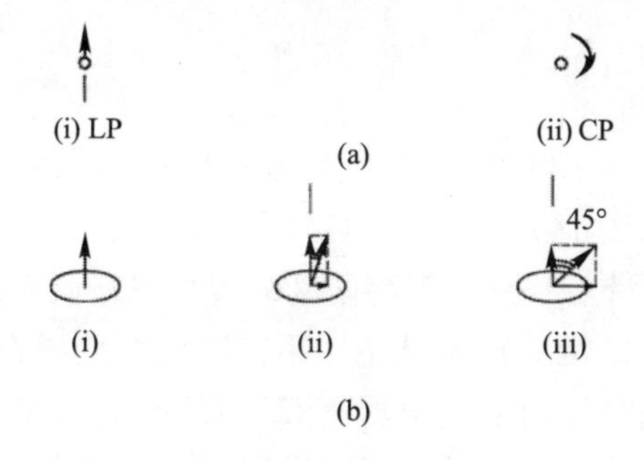

图 5.6 电场矢量相对雨滴对称主轴方向对去极化效应影响

注：图 (a) 中雨滴为理想球形，电场矢量方向没有实际意义。理想球形介质没有优先方向，因此不会对入射电场产生去极化。图 (b) 中 (i) 矢量沿对称轴的短轴方向，假定入射线矢量为理想极化状态，则没有正交分量存在，也观察不到差分效应；如果理想极化信号沿对称轴长轴方向，则情况完全相同。在图 (b) (ii) 中，由于理想极化入射矢量与短轴存在小角度倾斜，因此少量的正交分量分解到长轴方向。在图 (b) (iii) 中，入射方向相对对称轴的倾斜角度为 45°，分解到长轴和短轴的是两个等幅度分量，因此导致最大的差分效应。与图 (b) (iii) 情况相同，圆极化波也有两个等幅度分量，所以相对雨滴对称轴入射角为 45° 的线极化波的去极化与圆极化波的相同。相对雨滴对称轴入射角为 45° 的线极化波产生了线极化波中最严重的去极化，这也是它与圆极化信号去极化相同的唯一情况，一般情况下线极化波的去极化效应小于圆极化波的去极化效应。

当信号通过雨滴群时，经历的差分衰减和差分相移的大小依赖于包括频率和降雨率在内的许多因素。当雨滴相对信号呈现出最大横截面时，即椭球雨滴的长轴垂直于传播方向时，将观察到最大的差分衰减和差分相移效应，如图 5.7 所示。

在温带纬度，地面站与地球同步卫星通信的链路仰角为 $10^\circ \sim 40^\circ$，仰角大小主要依赖于星下点的经度与地面站经度之差。沿低仰角地面

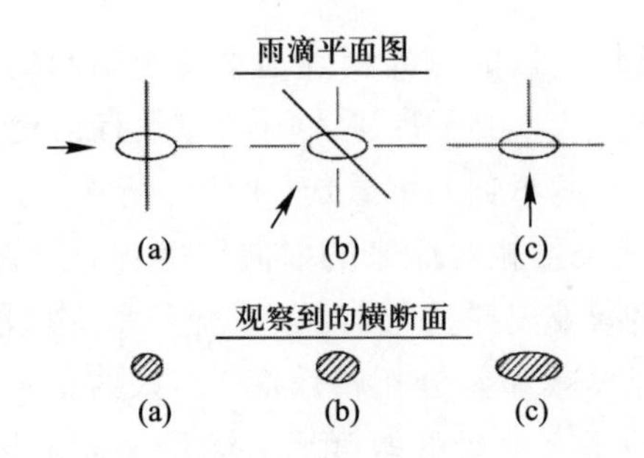

图 5.7 同一雨滴从不同方向观察表现为不同的非对称形状

注: 图 (a) 中传播方向垂直于短轴; 图 (c) 中传播方向垂直于长轴; 图 (b) 中传播方向与对称轴的夹角介于图 (a) 和图 (c) 极端情况之间。从横截面积投影角度分析, 横截面的椭圆率或非对称性从图 (a) 到图 (c) 逐渐增大, 所以差分效应从图 (a) 到 (c) 也逐渐增大。

站穿过雨滴群的信号路径将会看到大部分粒子呈现侧视时的椭球形状。在接近赤道的热带地区, 许多地面站到卫星的路径处于高仰角状态。随着仰角不断增大, 沿信号路径观察雨滴的视角也从侧面观察的视角到底部观察的视角变化。因为雨滴从空中下落时底部变的扁平, 所以使得从侧面看雨滴呈椭圆形, 而从底部看雨滴呈圆形。图 5.8 给出了视角随链路仰角变化。随着仰角的增加, 雨滴横截面似乎越来越圆, 所以在相同的频率和降雨量条件下, 观察到的去极化效应将减小。若链路仰角大于 60°, 则雨致去极化效应很大程度上可以忽略; 若链路仰角小于 60°, 支配去极化效应主要因素是差分衰减效应或差分相移效应。为了判断是哪种差分效应起主要作用, 需要计算差分衰减和差分相移随频率的变化。

假设雨滴长对称轴相对传播方向的夹角为 90°, 雨媒质温度为 20°C, 雨滴服从 Laws-parsons 粒子尺寸分布的条件下, 图 5.9(a) 和 (b) 分别给出了差分衰减和差分相移随频率变化的计算结果[5]。值得注意的是, 信号频率小于 10 GHz 时, 差分相移对去极化效应起主要作用; 信号频率大于 20 GHz 时, 差分衰减起主要作用; 当频率为 $10 \sim 20$ GHz 时, 两种差分效应的影响存在交叉区域。

一般情况下, 雨滴的长轴与电波传播方向之间的夹角不严格等于 90°, 并且雨滴的其中任一对称轴也不会平行于极化方向。雨滴对称轴相对本地水平面和信号极化方向通常会存在偏差, 相对本地水平面的偏差称为雨滴倾角, 相对极化方向的偏差称为极化倾角。

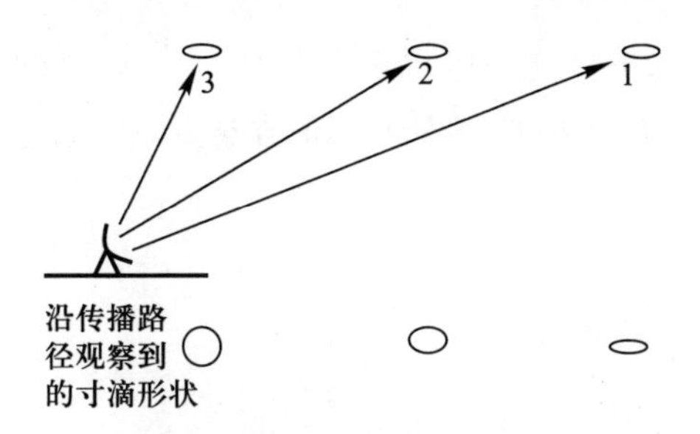

图 5.8 视角随链路仰角变化

注：图给出相同雨滴群中 1 ~ 3 三个不同链路仰角的地 – 星路径。假定雨滴的长轴在地 – 星链路的平面内，从 1 ~ 3 以越来越高的仰角通过雨滴。雨滴通过空气下落时受到的流体阻力使得从侧面看雨滴时，它们的横截面变成椭圆形（它们被扁平化）。但是，随着仰角增大，对于决定去极化非常重要的雨滴形状不再是侧视轮廓而是底视轮廓，这就是 – 高仰角路径通过降雨时无线信号所 "看到" 的雨滴轮廓。正如所看到的结果，观察到的雨滴形状投影随着仰角增大变得越来越圆。由于随着仰角增大，信号所 "看到" 的雨滴不对称性减弱，因此去极化效应也随着仰角增大而减弱，当仰角超过 60° 时，去极化效应实际上可忽略。

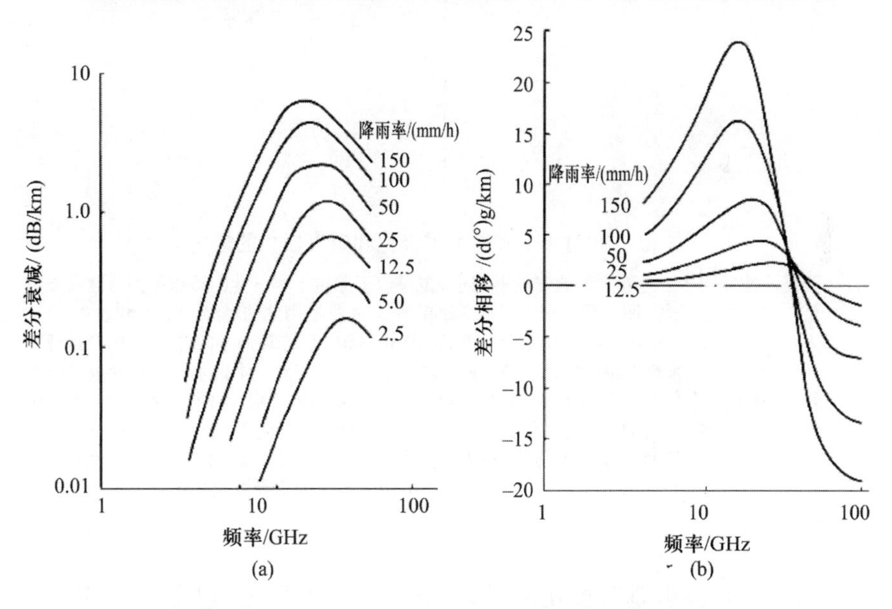

图 5.9 不同降雨率下，极化矢量位于雨滴主轴平面时降雨导致的差分衰减和差分相移（转自文献 [5] 中的图 1 和图 2; ©1973AT&T, 转载获得 AT&T 授权）

5.2.2 极化倾角和雨滴倾角

5.2.2.1 极化倾角

地球同步通信卫星的线极化传输信号通常指定一个相对于赤道的

电场矢量方向。水平极化指电场矢量平行于赤道, 而垂直极化指电场矢量垂直于星下点处的赤道, 如图 5.10 所示。

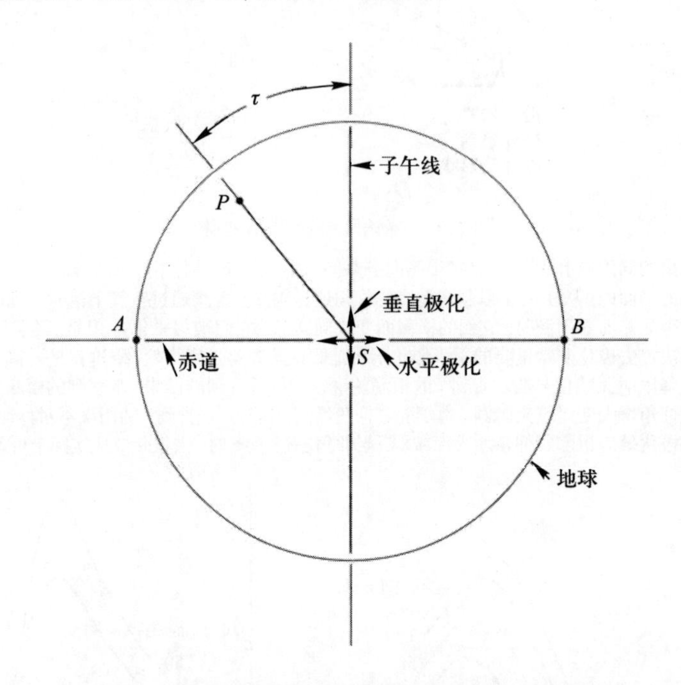

图 5.10 相对于卫星的水平极化和垂直极化的定义

注: 图是从地球同步卫星看到的地球投影, 同步卫星位于赤道上空 S 点, 该点称为地球同步卫星在赤道的星下点。图中所示子午线是穿过星下点 S 贯通南北的经线。点 A 和点 B 是从卫星看到的赤道的两个端点, 位于卫星可见的赤道极限 (沿赤道最小的仰角)。P 是地球表面上的任意点, 来自卫星的线极化信号在该点的电场矢量相对于本地水平面或者垂直面倾斜 τ, 相对哪个平面取决于来自卫星的原始线极化矢量是水平极化还是垂直极化, 水平极化时相对于本地水平面, 垂直极化时相对于本地垂直面。按照惯例, 如果从卫星上看, 极化矢量在赤道平面内称为水平线极化, 极化矢量垂直于赤道称为垂直极化。显然, 当地面站位于点 A 或点 B 时上述定义不再适用, 因为此时卫星定义的水平极化在接收点垂直于当地的地平线。

如果卫星发射垂直极化波, 那么只有位于子午线 (包含卫星星下点的经线) 上的地面站才能接收到极化矢量沿本地垂直面的信号。在地球表面上任意点 P, 垂直极化信号的极化方向相对于本地垂直面有一个倾角 τ。随着 P 点远离子午线, 夹角 τ 一直增大, 直到当 P 点位于赤道上时, τ 增大为 90°。这就意味着, 卫星上的极化矢量和赤道地面站位置的极化矢量相差 90°。也就是说, 卫星上发射垂直极化波 (以垂直于赤道定义), 而地面站接收到的电场矢量却平行于本地水平面。如果 τ 定

义为相对于地面站水平面, 并且卫星极化矢量垂直于赤道 (南北方向), 那么倾角的一般表达式为[6]

$$\tau = \arctan\frac{\tan\alpha}{\sin\beta}\ (^\circ) \tag{5.1}$$

式中: α 为地面站纬度 (在北半球时 α 为正, 在南半球时 α 为负); β 为卫星经度与地面站经度之差, 经度以东经多少度来表示。

5.2.2.2 雨滴倾角

足够大的雨滴在静止气流中降落时会出现如图 1.29 所示的变形。此时雨滴的长对称轴将沿水平方向。因为在与长轴垂直的平面内雨滴的横截面几乎为圆形, 所以长对称轴有时也称为旋转对称轴。如果空气团水平移动且风速不随高度变化而变化, 则雨滴的长轴始终保持水平。然而, 除阵风和下击暴流外, 风速会随海拔高度大致按指数规律降低。因此, 会存在净减速作用力, 而且雨滴趋向于倾斜偏离水平方向。图 5.11 给出了风切变对 3km 高空降落的雨滴路径的影响。

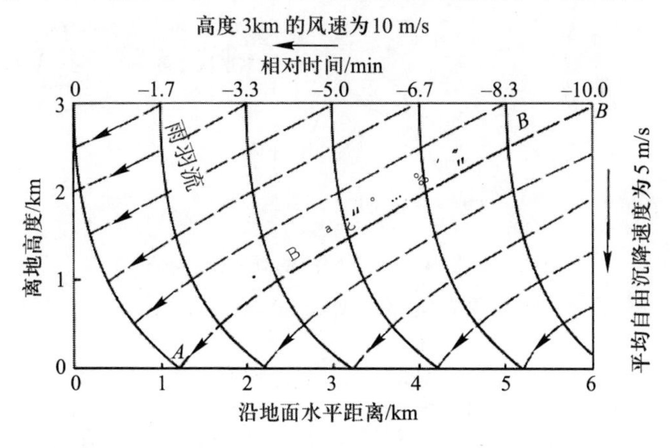

图 5.11 风切变对降落雨滴路径的影响 (转自文献 [7], 转载获得 G. Brussaard 教授授权)

注: 图中实线描述的是当观察者从侧面观察暴风雨时所能看到的雨羽流。通常只有一条或两条雨羽流, 但是为了方便说明降落雨滴所勾勒出的轨迹, 图中画出了多条雨羽流。假设降雨云层高为 3 km 且以 10 m/s 的水平速度运动。并假设水平风速随高度降低而大致按指数规律下降, 到达地面时速度为 0。假定雨滴平均垂直自由沉降速度为 5 m/s。图中雨羽流给出了雨的视在轨迹, 而雨滴的真实轨迹由虚线给出。图中对这样的一条轨迹 BA 进行了标注强调, 相对观察者提前 10 min 的时刻雨从 B 点开始降落, 8 min 后到达地面 A 点。注意: (1) 随着雨滴接近地面, 其实际轨迹 (虚线) 的斜率增加, 视在轨迹的斜率 (实线) 减小。(2) 侧面的观察者可能认为雨滴是沿雨羽流从左向右到达地面, 但实际上雨滴是沿虚线从右向左到达地面。

雨滴一开始垂直降落, 但是不久就遇到了正在降低速度的空气 (相对 3 km 处的空气速度)。雨滴的水平速度以不断增加的变化率逐渐降低, 直至水平速度在地面处降为 0 (注意: 没有阵风)。雨滴在降落过程中倾向于使其长对称轴垂直于净空气阻力的方向, 因此会倾斜偏离水平方向。图 5.12 为不同风条件下雨滴的倾斜角和相对方向。

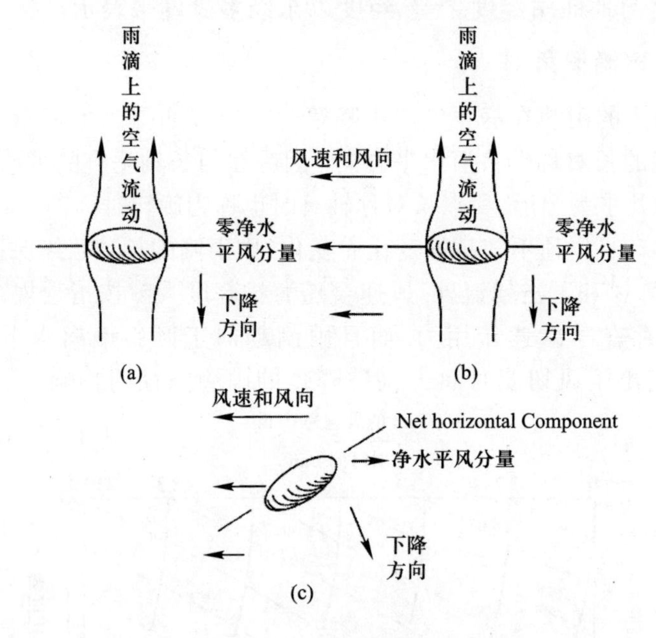

图 5.12 不同风条件下雨滴的倾斜角和相对方向

(a) 静止气流; (b) 水平速度不随高度变化而变化; (c) 风切变条件, 即图 5.11 所示的水平风速随高度减小。

注: 图 (a) 中, 在雨滴达到其自由沉降速度时, 雨滴周围的力平衡。图 (b) 中, 一旦雨滴加速至与不随高度变化的水平风速相同, 雨滴周围的力也平衡。图 (a) 和图 (b) 中, 重力导致了雨滴上唯一的空气流动, 并且由于雨滴的长对称轴将以稳定的状态垂直于空气阻力的方向, 雨滴在下落过程中没有任何倾斜角。图 (c) 中, 显示了水平风速随高度变化 (图 5.11) 这一更加典型的情况。风有两个分量; 另一个是重力引起的垂直分量; 另一个是与风的方向相反的净水平风分量 (水平风速随着高度降低而慢下来的趋势产生了减速的水平风分量)。降落方向将是上述两个力的矢量和, 由于雨滴的长对称轴垂直于空气阻力的方向, 雨滴将倾斜偏离水平方向。平均风切变力趋向于随高度降低而增加, 因此雨滴倾角将随着雨滴靠近地面而增加。

与云团将其长轴与风向保持一致的理由相同, 雨滴趋向于在垂直于水平风分量的方向上具有狭窄的横截面, 因此呈现出流线型。在推导雨滴可能存在的倾斜角过程中, Brussaard[8] 假定雨滴不仅迎着风的方向而且其长轴倾斜偏离水平面, 以至于雨滴与它周围的风向保持平行。

Brussaard 理论[8] 中一个有趣的特点是, 对于不同的等效雨滴半径具有不同的倾斜角。这是由于不同大小的雨滴具有不同的自由沉降速度, 导致下落过程中单位时间内所遇到的风切变梯度不同。对于给定的坐标系, 倾斜角可能为正或为负。不论雨滴向上倾斜 5° (假定的一个角度) 还是向下倾斜 5° 都不重要, 因为净去极化效应相同。重要的是, 倾斜角不是随机的, 并且在给定暴风雨中, 0°附近的平均倾斜角分布存在净失衡。通常, 由于极化倾角和雨滴倾角现象导致的雨滴对称轴与极化轴之间的偏差越大, 去极化效应就越严重。

5.2.3 交叉极化鉴别度和交叉极化隔离度

有两种定义 XPD 的方法。文献 [9] 中对 XPD 的定义: 对于单极化发射机来说,XPD 定义为接收电场矢量的交叉极化分量 E_{cross} 与共极化分量 E_{co} 的复数比, 即

$$\text{XPD} = \frac{E_{\text{cross}}}{E_{\text{co}}} \tag{5.2}$$

或者表示为 (注意功率与 E^2 成比例)

$$\text{XPD} = 20\lg\left|\frac{E_{\text{cross}}}{E_{\text{co}}}\right| \ (\text{dB}) \tag{5.3}$$

这种描述方法的优点是: XPD 的相位与交叉极化分量相对于共极化分量的相对相位一致。上述定义的缺点是: 式 (5.3) 可以给出负的 XPD 值, 而负的 XPD 值将困扰人们理解一个 “增大” 的 XPD 的真正意义。CCIR (现在的 ITU-R) 采用了另一种 XPD 的描述方式, 即

$$\text{XPD} = 20\lg\left|\frac{E_{\text{co}}}{E_{\text{cross}}}\right| \ (\text{dB}) \tag{5.4}$$

式 (5.4) 在所有传播条件下得到的 XPD 值均为正值, 该式将是本章进一步讨论的基础。

通常情况下, 接收机只检测一种极化方式, 但是发射的交叉极化信号因去极化效应导致其分量出现在所需检测的共极化信号的信道中, 真正重要的问题是所需检测的共极化信号和发射的交叉极化信号之间的隔离度, 这就是交叉极化隔离度 (XPI)。图 5.13 说明了 XPD 和 XPI 的定义。

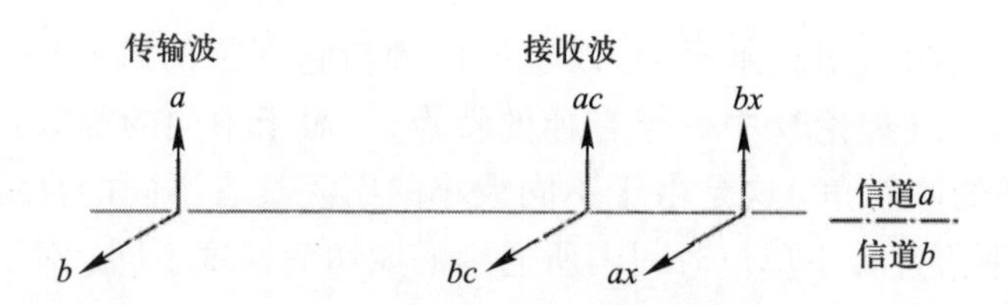

图 5.13 XPD 和 XPI 的定义

注: ac 和 bc 分别为经信道 a 和 b 同时传输的信号的共极化分量。ax 和 bx 分别为经信道 a 和 b 同时传输的信号的交叉极化分量。设计为同时接收正交信道信号的双极化接收机将同时检测需要的/共极化信号 ac 及 bc 和不需要的/交叉极化信号 ax 及 bx。此时 a 信道的 XPI 为 ac/bx。电波传播试验中通常只传输单极化信号, 因此在去极化效应试验中所测量的是 XPD 为 ac/ax 或 bc/bx。

由图 5.13 可得

$$\mathrm{XPD} = 20\lg\frac{ac}{ax}\ (\mathrm{dB}) \tag{5.5}$$

$$\mathrm{XPI} = 20\lg\frac{ac}{bx}\ (\mathrm{dB}) \tag{5.6}$$

对于雨媒质, 文献 [10] 表明 XPD 和 XPI 是等效的, 且测量结果已经证实了这点[2]。后者测量的 XPI 中包括了冻结层和冰晶的效应, 因此增加了世界范围内广泛开展的大量 XPD 测量的可信度。

5.3 测量方法

如果能够测量传输介质引起的差分衰减和差分相移, 就可得到 XPD, 即

$$\mathrm{XPD} = 20\lg\left|\frac{\mathrm{e}^{-(\alpha+\mathrm{j}\beta)}+1}{\mathrm{e}^{-(\alpha+\mathrm{j}\beta)-1}}\right|\ (\mathrm{dB}) \tag{5.7}$$

式中: α 为差分衰减 ($N_\mathrm{p}, |N_\mathrm{p} = cd/\mathrm{m}^2|$); β 为差分相移 (rad)。

测量差分相移意味着需要相干检测系统, 所以诸如辐射计的非相干接收器不足以推断得到 XPD。相干接收器可以是直接方式或间接方式, 而且有源于一种主干技术的许多不同变种技术可以采用。讨论相干接收器之前, 有必要先阐述基础理论。

5.3.1 基础理论

图 5.14 给出了极化倾斜角为 τ 的一般极化椭圆, ε 和 γ 如图中说

明。根据左、右旋极化的定义，注意到左旋极化轴比 r (见 1.2.4 节) 为正，右旋极化轴比 r 为负。电磁波的极化状态可由四点来描述[11]：① 椭圆的形状 (轴比 r)；② 椭圆的方向 (倾角 τ)；③ 电场矢量旋转方向 (r 的迹象方向)；④ 电磁波的能量。

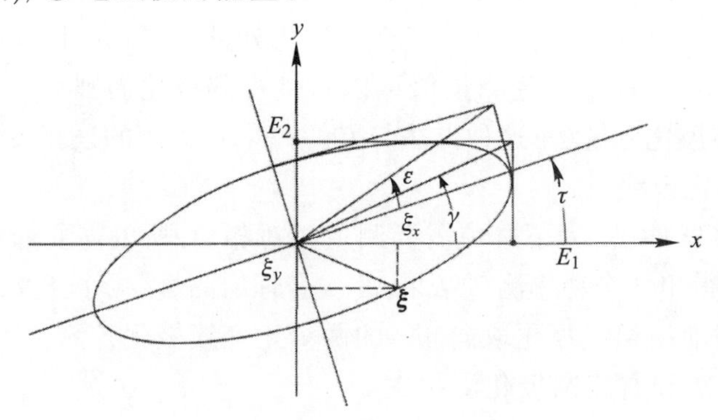

图 5.14 极化椭圆 (转自参考文献 [11] 中图 1)

注：一般矢量 $\boldsymbol{\xi}$ 分别在 x 轴和 y 轴具有分量 ξ_x 和 ξ_y。ξ_x、ξ_y 可能取得的最大值分别为 E_1、E_2。图中 $\varepsilon = \text{arcot}(a/b) = \text{arcot}\ r$, $\gamma = \arctan^{-1}(E_2/E_1)$。其中：$r$ 为轴比；a、b 分别为极化椭圆的长轴和短轴。极化椭圆长轴与水平轴 (x 轴) 之间的夹角即极化倾角，用 τ 表示。

图 5.14 中，瞬时电场矢量 $\boldsymbol{\xi}$ 可分解为两个正交分量 ξ_x 和 ξ_y，表示为

$$\xi_x = E_1 \cos \omega t \tag{5.8a}$$

$$\xi_y = E_2 \cos(\omega t + \delta) \tag{5.8b}$$

式中：δ 为 ξ_x 和 ξ_y 之间的相对相位。

振幅比值 E_2/E_1 和相对相位 δ 值可以重构极化椭圆。通过直接或间接方法检测或者通过其他测量值推测 E_2/E_1 和 δ。

5.3.2 直接测量

地空路径 XPD 直接测量法涉及相干信号检测，相干信号可以是卫星发射的信标信号或由卫星转发的信号。以卫星转发的信号作为相干信号进行检测时，涉及载波信号由最终检测转发信号的地面站向转发卫星传播的过程，称为环路反馈。当使用转发信号时，为了使上、下行链路效应能够分开，常用的方法是上行链路来自一个远离接收站的地面站，以便去除上、下链路观察到的传输效应的相关性。

有如下四种获得 XPD 常用的直接测量方法[11]：

(1) 极化椭圆法: 线极化天线围绕沿传播方向的轴连续旋转 (或许馈线也这样旋转)。所检测出的最大值和最小值与极化椭圆的长轴和短轴相对应, 加上检测到最大值和最小值时候接收天线相对水平轴的取向, 这样将得到极化椭圆但不是极化旋转方向。

(2) 线性分量法: 测量两个正交线极化分量 E_1 和 E_2 以及它们之间的相对相位 δ, 根据这些测量值可以直接得到极化椭圆。

(3) 圆极化分量法: 这种方法与 (2) 一样, 但使用的是圆极化天线而不是线极化天线。

(4) 多器件法: 为了避免需要测量相对相位, 所以需要通过 6 次合理的测量得出 4 个功率测量结果。6 次合理的测量: 两个正交线极化测 2 次; 相对前一组线极化取向 45° 的两个正交线极化各测 1 次; 左旋圆极化测 1 次和右旋圆极化测 1 次。

在上述 4 种直接测量方法中, 方法 (2) 和 (3) 应用最多。方法 (1) 不必要地增加了增加了信号检测的复杂度, 尤其是对高度极化的入射信号 (几乎没有交叉极化方向分量的功率), 该方法将导致信号失锁, 天线每旋转一周必须锁定信号两次。方法 (4) 则更加复杂, 主要体现在天线馈电需求方面。

方法 (2) 即线极化分量方法可以用来测量线极化或圆极化信号的 XPD 值, 而方法 (3), 即圆极化分量方法, 只能用于测量圆极化信号的 XPD 值。

将圆极化信号变换为线极化信号需要使用极化器。极化器实际上由波导内部的介质板构成, 该介质板对信号引入特定的相位延迟 (通常为 90° 或 180°)。波导部分可以旋转以致极化器介质板可以与任意位置匹配。如图 5.15 所示, 天线馈电网络内通常需要两个串联在一起的极化器。

图 5.15 中, 正交模链接 (OMJ) 就像 6 GHz/4 GHz 双工器一样可对 6 GHz 发射信号和 4 GHz 接收信号分别进行隔离。正交转换器 (OMT) 将两个正交极化信号分离开, 如将右旋圆极化信号和左旋圆极化信号分离开。通常, 调整 $\lambda/4$ 极化器介质板 (相移 $\pi/2$) 与入射信号的极化椭圆长轴平行, 保证极化器有线极化信号输出。再将输出的线极化信号输入到 $\lambda/2$ 极化器, 如果调整极化板, 使其位于输入信号极化方向和期望输出极化方向的中间位置, 则对应 OMT 输出端口会输出一个线极化信号。极化器工作过程如图 5.16 所示[13]。

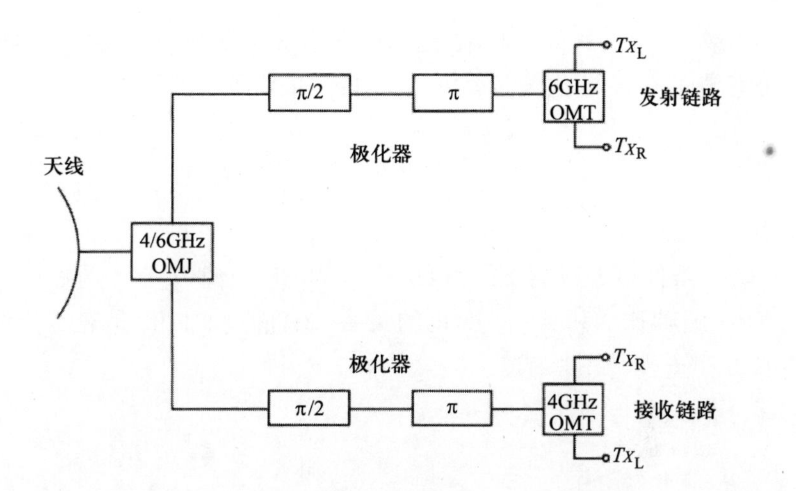

图 5.15 包含有旋转极化器的地面站馈电网络原理图 (摘自文献 [13] 中图 2.7)

注: 发射链路和接收链路的 $\pi/2$ 极化器和 π 极化器都可独立旋转, 以便优化系统的极化纯度。

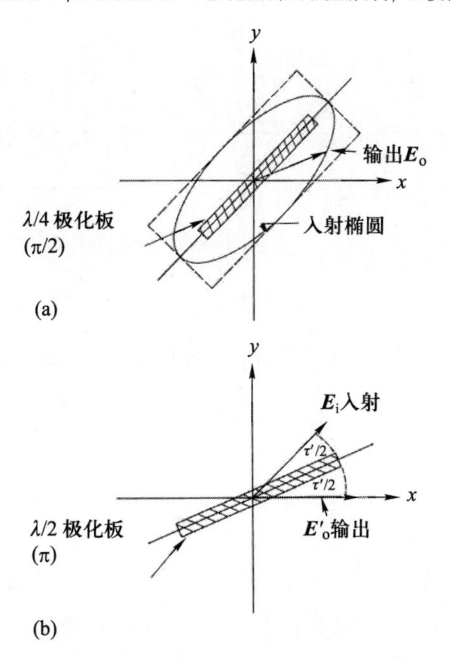

图 5.16 级联极化器工作原理 (转自文献 [4] 图 3.3)

注: 图 (a) 中, $\lambda/4$ 极化器介质板对准入射极化椭圆长轴, 其合成输出矢量 $\boldsymbol{E}_o$ 将传输到 $\lambda/2$ 极化器介质板。图 (b) 中, 调整 $\lambda/2$ 极化器介质板位于入射矢量 $\boldsymbol{E}_i$ 极化方向和期望极化方向 (如 x 轴方向) 之间夹角的角平分线位置。那么, 级联的 $\pi/2$ 极化器和 π 极化器最终输出就是极化方向沿 x 轴方的 $\boldsymbol{E}'_o$。

测量 XPD 比测量衰减难, 因为航天器或地面站的天线本身会产生不可忽略的交叉极化分量。由式 (1.11) 和式 (1.12) 可得

$$\mathrm{XPD} = 20\lg\frac{r+1}{r-1}\ (\mathrm{dB}) \tag{5.9}$$

式中: r 为轴比。

晴空条件下天线的 XPD 可由式 (5.9) 直接计算得到。图 5.17 给出了 XPD 随轴比 r 和 $\mathrm{AR_{dB}}$ 变化的关系, $\mathrm{AR_{dB}} = 20\lg|r|$ 是表示天线轴比的另外一种常用形式。

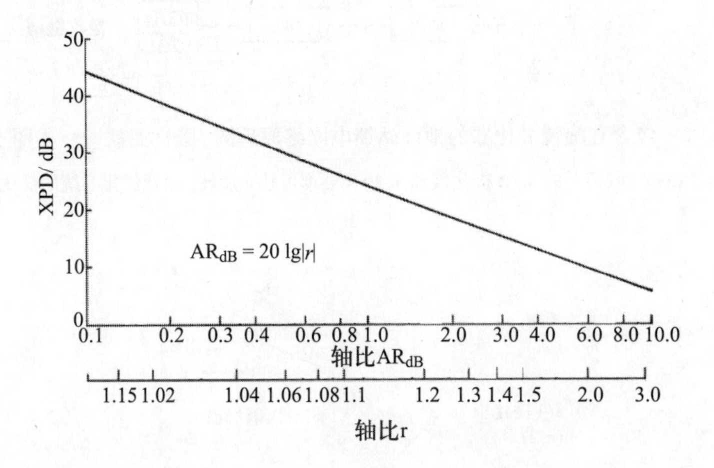

图 5.17 椭圆极化波的 XPD 随轴比的变化关系 (转自文献 [1] 中图 4.2 ~ 图 4.4)

天线的轴比决定了一条链路可测量的或者可以得到的最低隔离度。图 5.18 给出了不同 $\mathrm{AR_{dB}}$ 条件下实际 XPD 值与测量 XPD 或隔离度值对比的曲线族。

如图 5.18 所示, 如果极化轴比非常理想 (如轴比为 0dB 的圆极化天线), 那么传播介质带来的 XPD 变化将 1 : 1 地反映在链路的隔离度或测量 XPD 值的变化中。然而, 随着天线轴比恶化, 它使得可测量的隔离度趋于不断减小, 并存在最低极限值。0 dB 轴比曲线与实际轴比曲线之差给出了检测真实 XPD 值时潜在的测量误差。图 5.19 给出了与图 5.18 相同的线极化天线情况下的曲线族。值得注意的是, 线极化天线的理想极化状态对应的轴比为无穷大。

此外, 线极化天线可旋转偏离入射线极化信号所要求的接收极化方向而带来对准失配误差, 如图 5.20 所示。

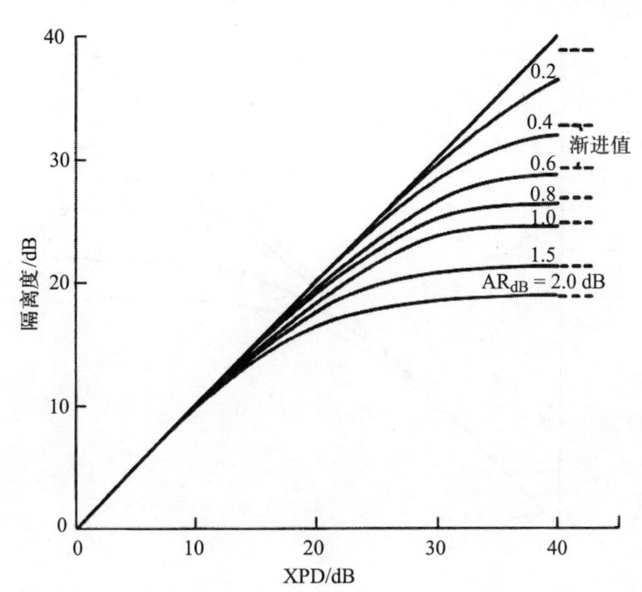

图 5.18 不同 AR_{dB} 条件下实际 XPD 与测量 XPD 或隔离度对比的曲线族 (摘自文献 [1] 中图 4.2 ~ 图 4.5)

注: 假设共极化和交叉极化轴比相同。图中曲线族表示具有不同轴比的天线在入射信号具有不同的指定 XPD 值的条件下测量的隔离度。值得注意的是, 天线轴比确定了可测量的隔离度极限, 该值与入射信号的极化纯度无关。

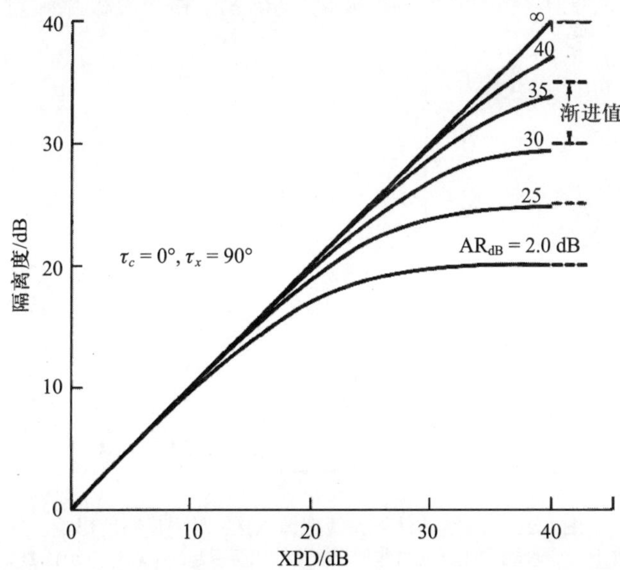

图 5.19 不同 AR_{dB} 情况下, 线极化系统隔离度与 XPD 对比的曲线族 (摘自文献 [1] 图 4.2 ~ 图 4.6)

注: 假设共极化波和正交极化轴比相同。本例中不存在天线馈电轴与入射信号极化取向之间的对准失配。

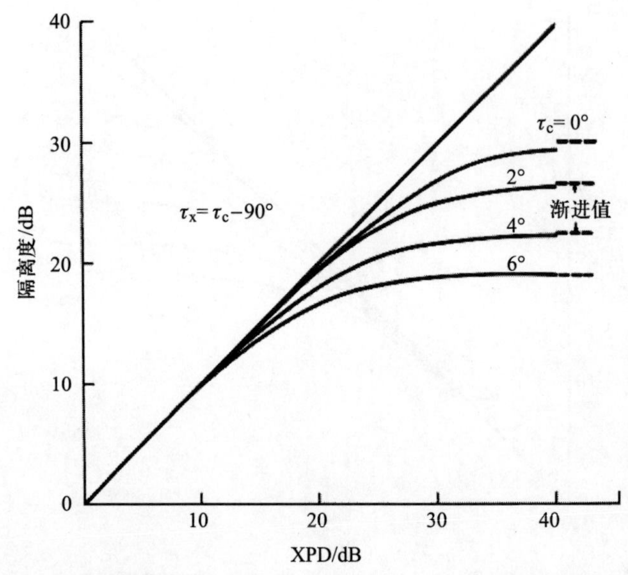

图 5.20 不同的对准失配参数 τ_c 条件下, $AR_{dB}=30$ dB 的线极化系统隔离度随 XPD 值变化的曲线族 (转自文献 [1] 图 4.2 ~ 图 4.7)

因为没有完全理想的天线, 所以总会有残留交叉极化分量。图 5.21 中, 将天线系统晴空条件下的共极化矢量 $\boldsymbol{E}_{\mathrm{co}}$ 和交叉极化矢量 $\boldsymbol{E}_{\mathrm{cross}}$ 与

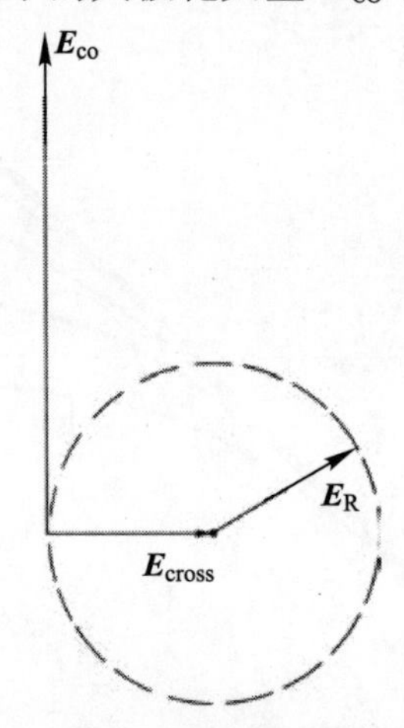

图 5.21 晴空条件下天线残留 XPD 对测量精度影响

注: 晴空条件下, 天线残留 XPD 是由非理想极化轴比所引起的 (见式 (5.9))。$\boldsymbol{E}_{\mathrm{cross}}$ 和 $\boldsymbol{E}_{\mathrm{R}}$ 矢量和与 $\boldsymbol{E}_{\mathrm{co}}$ 一起给出雨天条件下的 XPD 值。矢量 $\boldsymbol{E}_{\mathrm{R}}$ 是由于降雨引起的交叉极化分量。根据 $\boldsymbol{E}_{\mathrm{cross}}$ 和 $\boldsymbol{E}_{\mathrm{R}}$ 之间的相对相位, 总的 XPD 值起伏范围很大。图中给出了 $|\boldsymbol{E}_{\mathrm{cross}}|=|\boldsymbol{E}_{\mathrm{R}}|$ 的最坏情况, 当 $|\boldsymbol{E}_{\mathrm{cross}}|=|\boldsymbol{E}_{\mathrm{R}}|$ 且 $\boldsymbol{E}_{\mathrm{cross}}$ 和 $\boldsymbol{E}_{\mathrm{R}}$ 之间的相对相位为 180° 时, 总 XPD 值为无穷大。

降雨带来的交叉极化矢量 $\boldsymbol{E}_{\mathrm{R}}$ 放在一起, $\boldsymbol{E}_{\mathrm{R}}$ 显示在 $\boldsymbol{E}_{\mathrm{cross}}$ 的顶点。

根据雨致交叉极化矢量 $\boldsymbol{E}_{\mathrm{R}}$ 相对天线引起的晴空交叉极化矢量 $\boldsymbol{E}_{\mathrm{cross}}$ 的相位, $\boldsymbol{E}_{\mathrm{R}}$ 矢量可以围绕矢量 $\boldsymbol{E}_{\mathrm{cross}}$ 的顶点描绘出一个完整的圆。如果雨致交叉极化分量幅度与晴空交叉分量幅度相同, 则 XPD 测量值将相对实际值在 $-6\ \mathrm{dB} \sim \infty$ 之间变化。例如, 若晴空 $\mathrm{XPD} = 20\lg(\boldsymbol{E}_{\mathrm{co}}/\boldsymbol{E}_{\mathrm{cross}}) = 30\ (\mathrm{dB})$, 且 $|\boldsymbol{E}_{\mathrm{cross}}| = |\boldsymbol{E}_{\mathrm{R}}|$, 那么雨致 XPD 的测量值可以在 24 dB$\sim \infty$ 之间取任何值。

若要尝试消除由天线引起的晴空残留交叉极化分量, 可以采用: 软件消除和静态硬件消除两项技术。将这两项技术相结合的第三种技术称为操作系统消除。

如果采用与图 5.22 所示相似的相干检测系统, 则交叉极化输出相

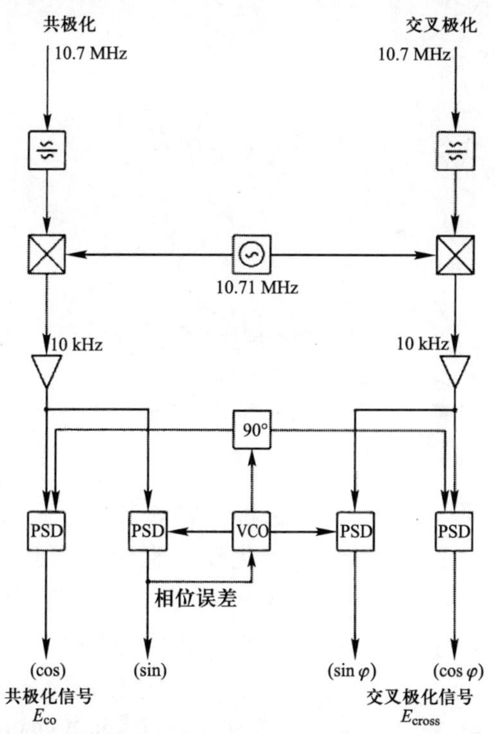

图 5.22 同时接收共极化和交叉极化信道信号的相干检测电路示例 (转自文献 [14] 图 8; ©1977 IEE, 现在的 IET, 转载已获授权)

注: 因为共极化信号和交叉极化信号来自同一个源, 所以检测到的共极化信号越强, 交叉极化信号相干性就越弱。对于较强共极化信号来说, $\sin\varphi = 0$。但是, 共极化和交叉极化信号之间存在相位差 φ, $\varphi = \arctan(\sin\varphi/\cos\varphi)$。$\boldsymbol{E}_{\mathrm{cross}}$ 的模可以通过对两个交叉极化分量平方再求和, 然后对该和求方根得到。

对于共极化输出的相位可以直接测得。晴空交叉极化信号的幅度和相位信息允许在分析中对雨致 XPD 进行校正。

静态硬件消除如图 5.23 所示, 如果在接收机前端的共极化和交叉极化信道之间引入交叉耦合网络, 那么与天线引起的晴空残留交叉极化信号反相位的 $\boldsymbol{E}_{\text{cross}}$ 的插入将有效地消除所有交叉极化分量 (包括由于航天器天线引起的交叉极化分量, 以及地面站天线与航天器天线相互间对准失配引起的交叉极化分量)。

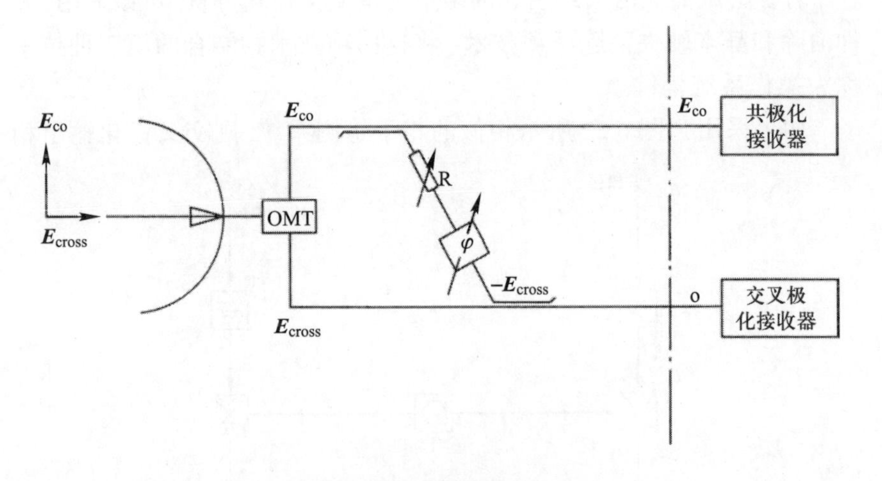

图 5.23 静态硬件交叉极化消除

注: 例如, 由非理想天线产生的晴空残留交叉极化分量 $\boldsymbol{E}_{\text{cross}}$ 可以通过来自同极化信道、与交叉极化残留分量等幅反相的耦合信号精确消除。图中 R 为可调电阻器件 (衰减器)、φ 为可调相移器件 (移相器)。

操作系统消除。下行链路的去极化效应动态实时消除 (补偿测量后的去极化结果) 和上行链路的去极化效应动态实时消除 (一种提前补偿模式: 通过了解下行链路的去极化效应, 对上行链路信号极化椭圆提前变形, 使得当上行链路信号遇到去极化媒质时其极化椭圆变得接近圆) 已经应用到由 Kokusai Denshin Denwa(KDD) 运行的日本的一个或者两个 C 波段地面站。这些地面站工作于 $6^\circ \sim 9^\circ$ 的低仰角状态, 因此去极化效应是主要形式的传播损伤。引入上行链路极化的提前补偿有助于大大降低对相同卫星波束内工作的几乎相同频率的其他地面站的干扰。一些提前补偿获得的结果[16] 将在第 8 章中讨论。地面站使用的去极化补偿网络与图 5.15 所示的补偿网络相似。

通常情况下,若卫星和/或地面站的热效应、跟踪误差或其他原因没有造成明显的晴空极化特性日变化,则静态消除方法非常有效。若有大的日变化,更简单的办法是获得晴空条件下"极化特性日变化特征",然后用软件技术从雨或者冰去极化事件中扣除掉"极化特性日变化特征"。

5.3.3 间接测量法

到目前为止,唯一使用过的间接测量法涉及双极化雷达[17]。然而,采用双极化雷达存在的主要困难是:① 没有足够的独立测量参数来明确地描述传输介质的 XPD[18];② 雷达"盲区"将妨碍测量靠近接收站点的 XPD 事件。困难 ① 的影响是至少需要假设两个参数 (通常需要假设平均雨滴倾角及其分布);困难 ② 意味着只能精确地测量出处于雷达盲区外的相对较远的雨/冰去极化事件,这将导致统计数据的损失。然而有人声称利用双极化雷达测量 XPD 已经取得了一些成功[19],雷达在宽广的区域范围内非常有效地提供传播信息,但要以可观的处理成本为代价。

盲区

雷达利用发射脉冲和接收的回波之间的时间差,或者利用接收信号频率相对发射信号频率的变化。前者为脉冲雷达,后者为调频 (FM) 雷达 (因为对雷达频率进行了调制)。通常,脉冲雷达用于远距离的、距离分辨率较高的传播研究。尽管 FM 雷达具备没有盲区的优点,但相对脉冲雷达倾向于更短距离或较低距离分辨率的场合。对于上述两种雷达,回波通常集中在"距离门"内。也就是说,每个回波按照与规定的距离区间对应的适当积分器进行分选。

高功率脉冲雷达使用相同的收发天线,即单基站雷达。用于检测纳瓦量级回波的敏感雷达接收机在高功率脉冲输出 (千瓦至兆瓦量级) 期间必须进行保护。保护工作由置于天线后端的收发转换单元完成,该转换单元在发射信道和接收信道之间交替切换。但是 T/R 转换单元的切换时间是有限的,为几微秒量级。当脉冲离开雷达天线之后,在 T/R 转换单元开启检测回波的接收路径之前的这段时间存在一个接收"缺口"。该缺口称为"盲区"。图 5.24 对具有 4μs 盲区的高功率脉冲雷达进行了说明。

无论是双极化雷达还是单极化雷达,都可用于探测大气层内不同高度的不同粒子。158 个高分辨率、水平极化的气象雷达系列组成了覆盖

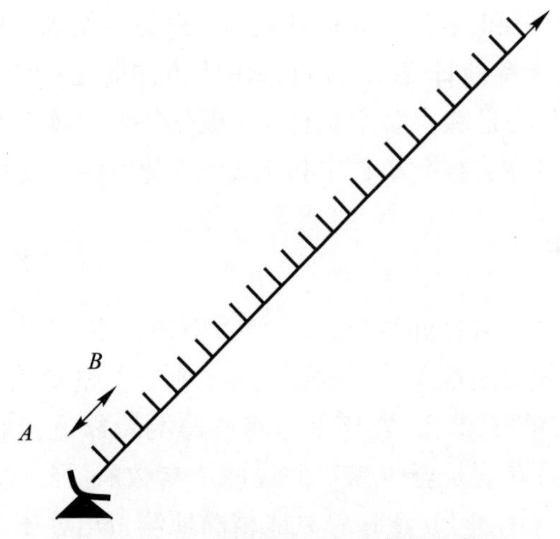

图 5.24 高功率雷达盲区

注: 图中, 高功率脉冲雷达指向并通过降雨云。该例中, 沿雷达传输路径所标示的每个刻度的等效时间为 1 μs。无线信号在自由空间以大约 300 m/μs 的速度传播。因为雷达是接收传播路径上粒子回波的设备, 所以对应 300 m 距离的 1 μs 时间反过来就是 150 m 的探测距离。因此, 图中每个刻度就对应 150 m 的探测距离。将回波信号分为相邻的时间离散单元的雷达系统称为距离选通雷达。上面的例子中, 为了充分地断开高功率发射脉冲以便成功接收发生的低功率回波, 假设需要 4 μs 的时间, (四个距离门)。4 μs 的时间对应图中 A 列 B 的距离。对于这个雷达, 它的盲区是 4 μs, 即 600 m 的距离。也就是说, 4μs 时间内不可能接收回波, 或不可能接收到靠近雷达 600 m 范围内粒子的回波。如果雨云位置比 600 m 远, 那么雷达的盲区不会产生任何问题。但是如果雷达天线埋在降雨中, 雷达盲区将阻止发生在第一个 600 m 范围内的数据, 这意味着大量数据丢失。

美国的下一代雷达气象系统[20]。这些雷达如期升级为双极化雷达 (也称为偏振雷达)。这些雷达的主要目标是探明恶劣天气的位置。为了达到目标, 这些雷达具有多普勒能力, 以便能够观察到气象系统内快速移动的风。尽管在分离有用参数方面仍存在困难, 但是这些雷达同时检测共极化和交叉极化回波的能力赋予了研究者更多的自由度。利用上述雷达已经成功地对湿雪和冰晶进行了测量[21]。并且在 OLYMPOS 卫星活动期间, 利用上述雷达在欧洲开展了出色的雷达测量活动[22]。

5.4 实验结果

5.4.1 认识问题

在同步卫星进入商业业务 12 多年后, 传输介质导致的去极化效应的重要性才被意识到。对于频率为 UHF (含) 以下的信号来说, 除了法拉第旋转外, 地 – 空路径上的主要信号损伤都与去极化效应无关。甚至是 10 GHz 以下频段的陆地微波系统, 主要传播损伤是多径衰落 (由于反射线之间的相消干涉导致的信号衰减), 特别是长距离中继系统更是如此。频率复用的引入使得 10 GHz 以下的陆地微波系统需要鉴别去极化效应, 但是这些去极化效应通常是由造成 "带内" 失真的多径现象所引起的[23]。多径效应造成的相消干涉本身的频率选择性本质导致其带来的信号损伤只在信道相对小的部分或者频带内起作用, 因此才用 "带内" 失真的术语。降雨效应在百分之几的带宽内相对稳定, 因此将 "平坦衰落" 用于陆地微波系统的雨衰效应。

当高于 10 GHz 的频率引入陆地微波系统时, 由于更高水平的预期衰减使得中继器之间的跳跃距离下降, 而跳跃距离的减小反过来又减小多径效应的发生概率。当中继系统为了增加通信容量而变为双极化后, 才首次被意识到降雨的去极化效应会带来严重的传播损伤。早期地面路径上的降雨去极化实验[24,25] 很快让人们认识到当时的理论不足以描述所有的影响, 其中之一是天线轴偏离带来的贡献[3]。雨滴的形状也开始被人们研究, 对于大雨滴情况提出了 Pruppacher 和 Pitter 模型[26], 这些模型现在已被广泛接受。出现了许多理论方法用于完整地描述极化现象, 特别是 Oguchi 进行的一系列的著名的计算, 文献 [27] 对此进行了回顾总结。

去极化传播损伤的预测结果潜在地影响双极化、频率复用技术全面用于 6/4 GHz 通信卫星系统, 验证这些预测结果的需求刺激产生了 1972 年首次针对星 – 地路径进行的去极化效应测量实验[28], 这些实验是由 COMSAT 实验室为国际通信卫星机构 (INTELSAT) 实施的。就之前的陆地测量来说, 这些实验突出了匹配理论和测量结果的困难, 特别是针对单独事件进行理论和测量结果的匹配时更是如此。上述的实验和 INTELSAT 及其他组织机构实施的初期实验都具有就事论事的本质特点, 都没有使用专门的设备开展去极化研究, 因此这些结果从统计上讲没有意义。然而, 它们的确为实施这样的实验提供了经验, 当发射携带有专门用来做传播研究的实验性信标载荷的卫星时, 这些经验得到了利用。

5.4.2 早期的倾斜路径结果

第一颗成功发射的专门用于倾斜路径去极化实验卫星是 NASA 的 ATS-6, 文献 [5, 29] 中记录了一些频率为 20 GHz 的结果。图 5.25 给出了一次去极化测量结果。

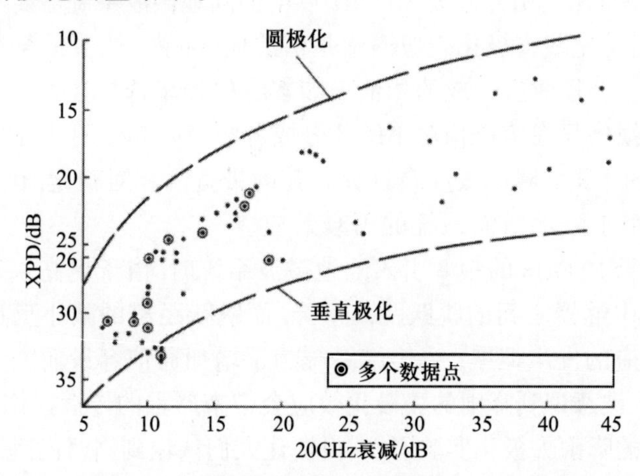

图 5.25 ATS-6 卫星的星–地链路测量的 20 GHz 信号的 XPD 随衰减的关系 (转自文献 [5] 中图 35; ©1974AT&T, 转载获得 AT&T Intellectual Property Inc 授权)

注: 两条虚线表示圆极化信号 (最坏情况) 和线极化信号 (最好情况) 在特定衰减下对应的 XPD 理论范围。注意到当衰减从 5 dB 增加到 10 dB 时, 一些 XPD 测量值与理论相反, 而有明显的改善 (XPD 值更大)。这可能是由于传播介质的去极化效应与天线晴空残留 XPD 相抵消所引起的结果。来自 ATS-6 的入射线极化信号极化方向相对于当地垂直面的夹角为 20°。

由图 5.25 可以发现, 在给定衰减情况下 XPD 测量值存在很大程度的扩散, 尤其是在低衰减值情况下更是如此。测量系统的晴空 XPD = 26 dB, 很明显在低衰减的时候, 发生了如图 5.21 解释的传播媒质去极化抵消天线晴空残留 XPD 的现象。文献 [29] 中也观察到 XPD 和衰减之间的瞬时相关性不足, 但是与文献 [5] 所不同的是, 在非常低的衰减情况下出乎意料地观察到 XPD 较低的值 (引自图 5.26)。

1975 年, 当 ATS-6 卫星偏移越过东经 35° 时, 传输实验在欧洲得以展开, 初始的测量结果与理论结果吻合良好 (图 5.27)。

图 5.27 中, 两条理论曲线表示雨滴群的有效平均倾角为 15° 和 25° 时的理论曲线。ATS-6 卫星发射的线极化信号相对接收点水平面的极化倾角为 25°, 由于卫星位置相对地面站的经纬度关系, 25° 雨滴倾角相对于本地水平面表示 0° 等效雨滴倾角。图 5.27 中数据似乎表示当降雨

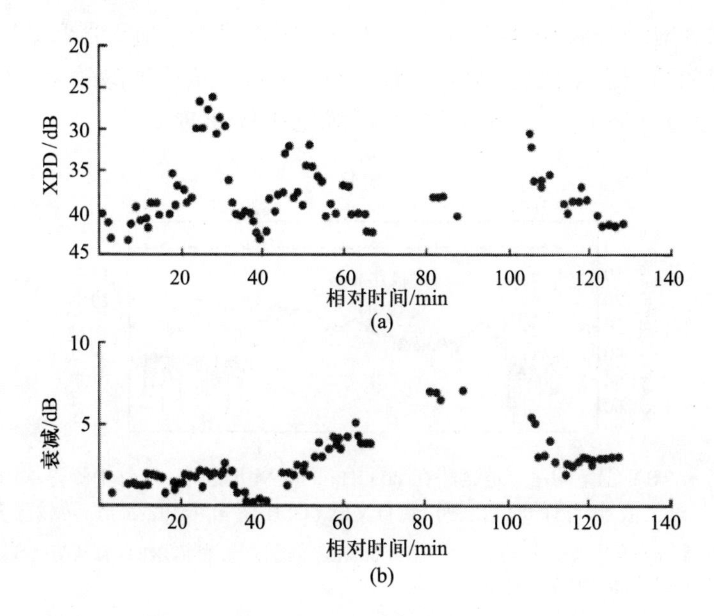

图 5.26 ATS-6 卫星的星 - 地链路在 20 GHz 的频率的同一事件中测得 XPD 和信号衰减的时间序列 (转自文献 [29] 中图 3)

注: 相对时间为 20 ~ 40 min 时, 在观察到稳定的较低衰减值的同时观察到了明显的去极化效应。Bostian 等人推测这是由于雪粒去极化导致的结果, 显然这是第一次公开发表冻结粒子引起去极化行为的可能性。一年后, Shutie 等人[30] 和 McEwan 等人[31] 利用同一颗卫星同时观察, 证明上述去极化行为是由冰晶所引起。

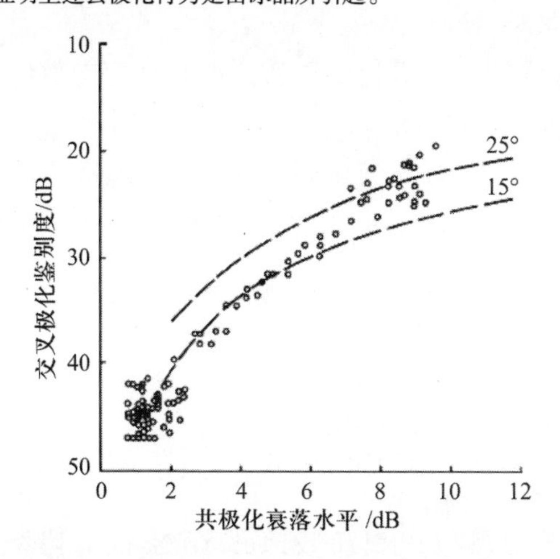

图 5.27 ATS-6 卫星的星 – 地链路在 30 GHz 的频率下测量的 XPD 随共极化衰落水平变化的关系 (转自文献 [32] 中图 2; ©1977URSI, 转载已获授权)

注: 图中虚线指的是给定雨滴倾角条件下去极化效应随衰减变化的理论曲线。

强度增加时, 雨滴的平均倾角趋近为 0°。或许是由于航天器和地面站天线良好的晴空极化性能, 所以没有发现明显的去极化消除效应。不久以后, 便发现了如图 5.28 所示[33] 的不规则去极化现象。

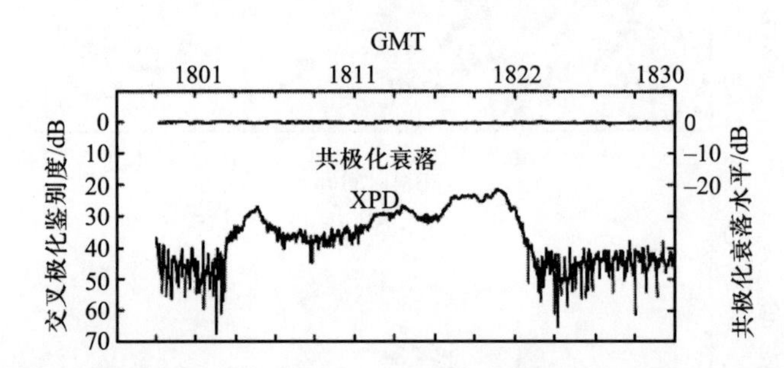

图 5.28 ATS-6 卫星的星 - 地链路在 30 GHz 的频率下的同一事件中测得 XPD 和共极化信号衰落的时间序列 (转自文献 [33] 中图 4; ©1977ESA, 转载已获授权)

注: 整个测量过程中共极化衰落水平 (信号衰减值) 几乎为 0, 然而 XPD 却从晴空残留 XPD 值 45 dB 几乎变化至 20 dB。

早期的推测已经表明, 在没有明显的信号衰减情况下, 干雪[29] 或冰晶[34] 效应都会导致 XPD 值恶化。直到距离选通雷达可用, 并与信标接收机对倾斜路径同时采集数据, 才收集到证实异常去极化的确是由冰晶效应所引起的结论性证据[30,31]。文献 [35] 对冰晶的去极化理论和实验进行了回顾总结。

冰晶可能导致明显去极化的事实说明存在定向效应, 与空气阻力影响雨滴完全相同的方式 (图 5.11), 该定向效应对冰晶 (不论冰晶的形状是针形还是盘形[36]) 进行方向排列。但是冰晶通常非常轻, 因此趋向于非常缓慢地降落。表 5.1 列出了冰云和冰晶的一些特征。

表 5.1 冰云和冰晶的一些特征

- 尘埃粒子核周围的晶体
- 晶体形状受温度的影响
  - -25°C 以下主要为针状
  - $-25 \sim -9$°C 之间主要为板状
- 卷云: 可长时间存在
- 积雨云: 常规生命周期 (形成、成长 (通过升华)、降落、融化)
- 雷雨顶部晶体的浓度远大于卷云
- 尺寸: 长 $0.1 \sim 1$ mm
- 浓度: $10^3 \sim 10^6$ 个粒子/m^3
- 晶体体积: 约 2×10^{-6} m^3

导致雨滴倾斜和沿纵向排列的风切变效应很可能不足以形成产生所观察到的严重减小的 XPD 值所必须呈现的排列程度。所以,怀疑存在其他定向排列机理,许多研究者相信静电力是导致冰晶定向排列的机理。

云中建立了巨大的电场强度,一般情况下云团越大,场强也越强。甚至卷云中也有伴随的电场,所以一旦冰晶在缓慢飘落的过程中被空气阻力排列成一个水平面,相对较弱的静电力就可以在本质上无摩擦的环境下旋转冰晶,使冰晶的长轴统计上相互平行。这里的统计是指冰晶的长轴试图沿电场排列,但是在水平方向存在微小的黏滞阻力,导致冰晶前后振动,而只具有沿电场排列的统计平均值。图 5.29 原理性地解释了上述排列过程。

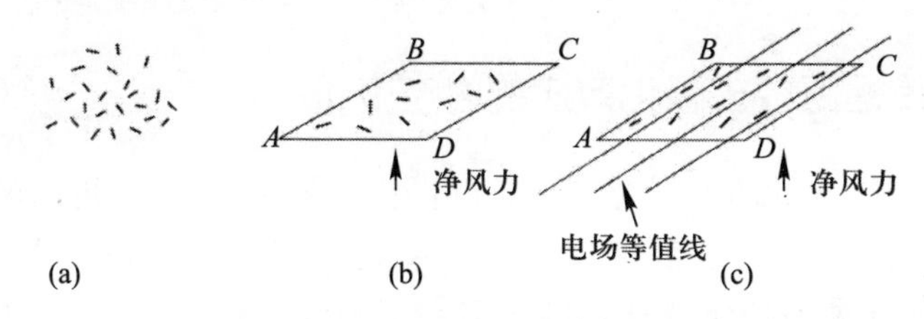

图 5.29 空气动力和静电力对云中冰晶定向排列

(a) 开始下落前随机取向的冰晶; (b) 由于降落或向上的气流产生的净风力作用下,冰晶大体上定位在 $ABCD$ 平面内; (c) 在冰晶由于空气阻力在 $ABCD$ 平面内基本定向排列后,它们开始沿着平行于占主导的静电场线的方向排列。

注: 图 (a) 中冰晶是随机取向的,当它们开始降落时,空气阻力 (风切变) 趋向于在垂直于净风力的平面内排列它们。由于冰晶的极性,电场的存在使其产生一定程度上的定向排列,所以冰晶的主轴在平面内相对净风力成直角排列。应该注意,冰晶趋向于在更喜欢的电场方向振动,就像弱磁铁罗盘尽量稳定指向磁铁北极一样,除非出现了明显的阻力[37]。但仅是稍微的净排列就会产生明显的去极化效应[37]。

当许多实验者发现,伴随着闪电,XPD 发生了快速改变时,静电力导致冰晶净排列的强烈证据得以展示。图 5.30 给出了雷暴中 XPD 快速变化的例子。

这种 XPD 快速变化可以朝任一方向,也就是提高或者降低 XPD 值。图 5.30 中只给出降低 XPD 值的情况,但其他的例子给出了 XPD 增大和减小的结果。在同样实验中,场强探测[37] 发现,随着 XPD 的变化,场强也发生变化,这进一步支持了冰晶的快速取向排列需要静电场存在的理论。尽管冰晶事件中观察到的 XPD 值与暴雨事件中产生的 XPD 值可能在同一数量级,但是与雨致去极化相比,冰晶去极化效应要获得与之相当的统计结果,需要长期测量结果。

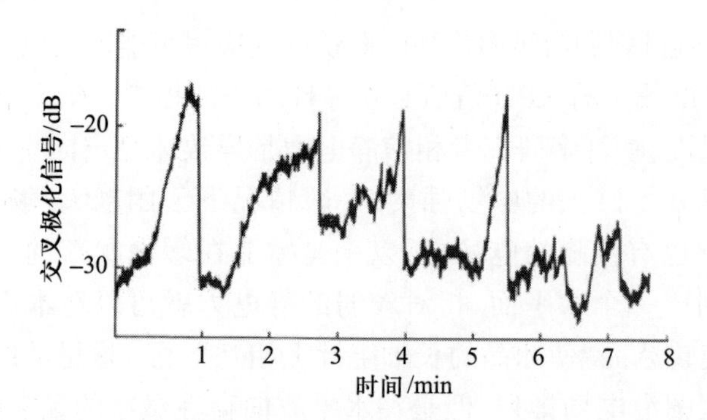

图 5.30 雷暴中 XPD 快速变化的例子 (转自文献 [37] 中图 1; ©1977Macmillan Magazines Ltd, 转载已获授权)

5.4.3 传播路径去极化效应的时空变化

在路径去极化效应中观察到与路径衰减 (见图 4.5) 相同的时间和空间变化规律, 因为这两种现象似乎本质上都依赖于降雨率。图 5.31 给出了 XPD 单独的年统计特性和联合累积统计特性, 图中数据是利用 SIRIO 卫星的 11.6 GHz 信标信号在美国维吉尼亚于 10.7° 仰角条件下

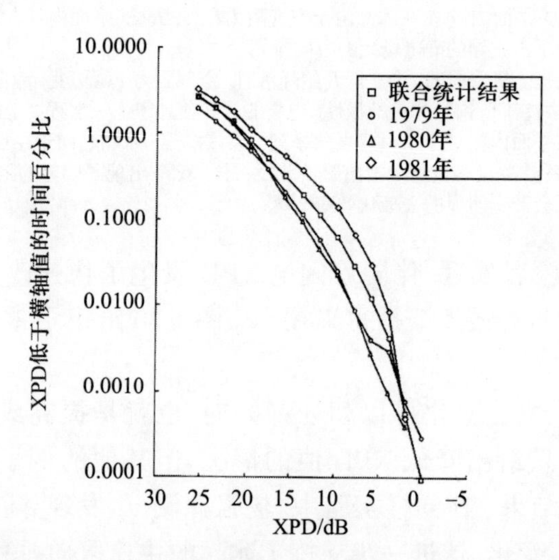

图 5.31 不同年份的年度 XPD 统计结果 (转自文献 [38] 中图 5; ©1986 IEEE, 转载已获授权)

注: 数据是利用意大利 SIRIO 卫星的 11.6 GHz 圆极化信标信号在仰角为 10.7° 的条件下所获取的。

测量的结果。每年度 XPD 特征之间的相对差异与单独的降雨率累积统计特征相呼应[38]。然而，实验中观察到可观的冰晶去极化效果，尝试分离这两种现象的统计结果是很有趣的。

5.4.3.1 冰晶去极化的统计结果

第一次尝试量化 6/4 GHz 频段冰晶去极化的重要性使用了在印度尼西亚所实施的实验中获得的数据。去极化数据分为没有严重衰减情况下发生的去极化和伴随有明显衰减条件下的去极化。之所以使用这个标准分类，是因为已经观察到冰晶去极化发生在衰减非常低的事件中[30]。图 5.32 给出了使用 0.5 dB 和 1.0 dB 的衰减门限的 XPD 结果。

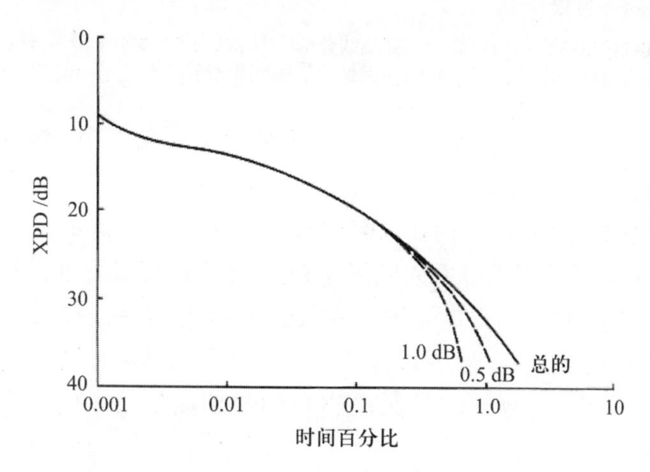

图 5.32 印度尼西亚的实验中冰晶去极化的影响 (转自文献 [39] 中图 5，继文献 [40] 中图 1 后获得 Intelsat 授权重新印刷；©1982 IEE，现在的 IET，转载已获授权)

注：图中实线给出总的 XPD 结果，同时包括所有的降雨和冰晶事件。如果与去极化对应的衰减超过了给定的值 (0.5 dB 和 1 dB)，那么该去极化结果就排除掉，按照这样的标准产生出虚线所示的 XPD 统计结果。XPD 指的是下行链路、圆极化 3.7 GHz 载波信号，而衰减对应环路载波的下行链路信号 (上行载波频率为 5.925 GHz，下行载波频率为 3.7 GHz)。图中数据测试仰角为 38°。

从图 5.32 可以看出，当时间百分比小于 0.1% 时，似乎不存在冰晶去极化效应的任何统计上的重要影响。但是，在阿拉斯加的另一次几乎相同频率的实验获得的数据显示，在所有百分比时间都存在相当数量的冰晶去极化效应，如图 5.33 所示。

阿拉斯加的实验是在仰角为 12° 条件下实施的，而印度尼西亚的实验仰角为 38°。最初尝试去发现仰角是否为能够唯一地隔离出来作为影

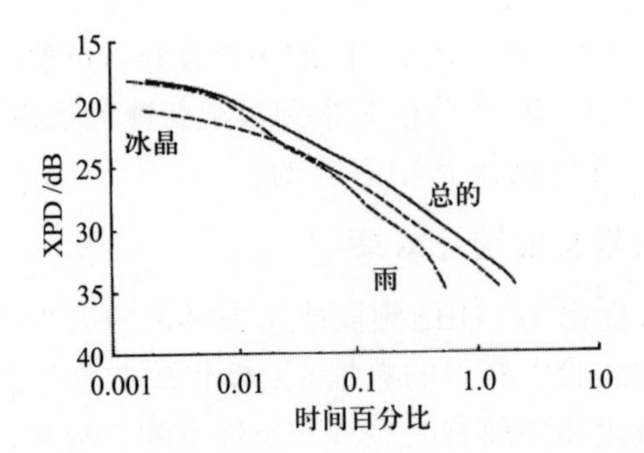

图 5.33 阿拉斯加的实验中冰晶去极化的影响 (转自文献 [41] 中的图 14, 转载获得 "the Communication Satellite Corporation from the COMSAT Technical Review" 授权)

注: 图中实线给出总的 XPD 值, 而两条虚线分别给出冰晶去极化部分和降雨去极化部分。图中数据对应在 12° 仰角下对 4 GHz 圆极化信号的测量结果。

响冰晶去极化发生的主要参数, 这一尝试没有太大成功[42]。然而, 应用一颗 Intelsat 卫星的 11.2 GHz 信标在丹麦实施的历时 3 年的实验显示, 有大量冰晶去极化出现在所有时间百分比结果中[43]。有趣的是, 在这个实验中[43], 如果对流层闪烁并入到路径衰减, 那么总衰减给出 XPD 统计结果的合理精度的预测。其他的一些 Ku 波段低仰角路径的长期去极化实验也被开展, 这些实验结果遵循与图 5.33 所示结果相同的变化趋势。图 5.34 给出了在 14/11 GHz 频段进行的长期测量结果的一个例子。

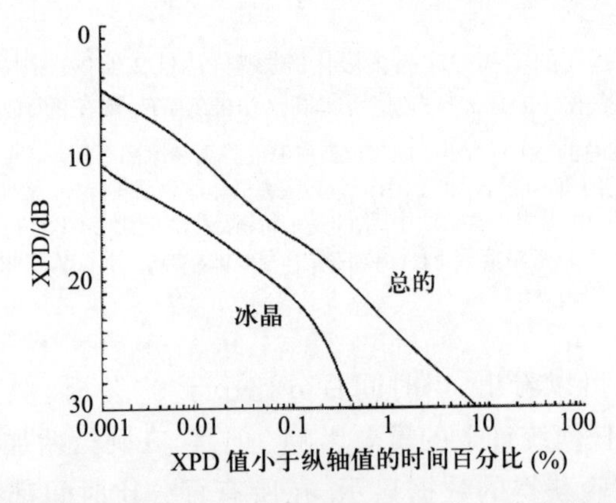

图 5.34 英国的实验中冰晶去极化的影响 (转自文献 [44] 中的图 8.13 和图 8.15)

注: 图中 "总去极化" 曲线指所有事件对应的去极化, 而 "冰晶去极化" 曲线指路径衰减小于 1dB 的事件对应的去极化。图中数据是在相对当地水平面约为 56° 仰角条件下, 对 14.4 GHz 线极化信号测量的结果。

图 5.33、图 5.34 所显示的降雨 XPD 和冰晶 XPD 统计值之间相对恒定偏移似乎是低仰角测量结果的一个特征, 并且由此看来似乎是随着仰角降低, 冰晶去极化出现的概率趋于增加。对层云降雨事件[45,46], 一个有趣的观察结果是: 冰晶云对穿过它的信号的去极化影响相对恒定, 且很大程度上独立于融化层高度。这个结果增加了以下观点的可信度: 因为层云雨发生时, 在融化层上方总有大量的冰晶粒子, 所以冰晶去极化总会出现在层云降雨中。Fukuchi 已经提出[47] 利用上述特征, 将每年内层云降雨沿链路出现的比值包含在降雨率分布中, 就可以对以降雨率为基础的去极化预测模型进行修正。此时冰晶去极化效应的分量将包含在雨衰去极化预报中。

冰晶云尽管相对比较薄 (一般小于 1 km), 但是具有相当的广延性 (其长度有时超过 100 km), 因此仰角降低导致穿过云层的信号路径更长, 这倾向于增加对信号的去极化效应[48]。大部分显著的冰晶去极化现象倾向于表明粒子倾角是相对较小的[49], 也就是说, 剧烈电效应引起的快速、大幅度变化的去极化现象 (和粒子倾角) 在统计上很少出现。图 5.35 给出了冰晶去极化效应对应的一个冰晶粒子倾角分布。粒子倾

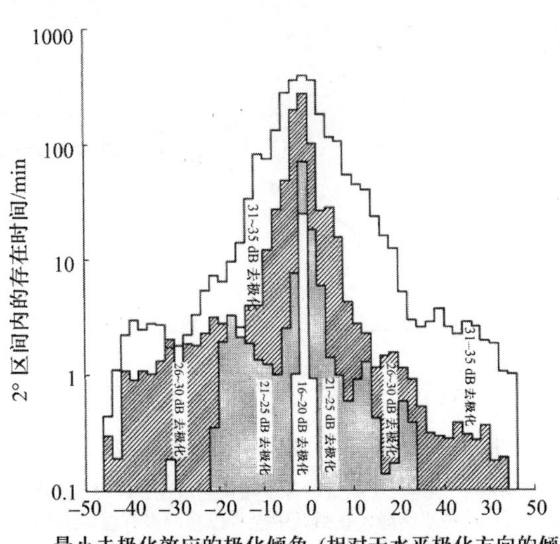

图 5.35 不同 XPD 值对应的粒子倾角分布图 (转自文献 [49] 中图 5; ©1980 IEEE, 转载已获授权)

注: Crawford Hill 仰角为 38.6°。图中数据以产生最小去极化效应的角度表示, 此处即粒子倾斜角。图中数据为假设路径衰减小于 1.5 dB 条件下发生的冰晶去极化事件。

角的确为雨和冰晶介质提供了深刻理解。

5.4.3.2 粒子倾角

非常小的雨滴通常为球体, 因此既不会呈现出倾斜角也不会对入射电磁波产生去极化。当非常小的雨滴来回运动时 (雨滴太小, 不只受重力影响), 它会与其他小雨滴碰撞并结合, 进而变成更大的雨滴。在某种情况下, 雨滴变得足够大, 以致在风力的作用可以克服表面张力, 此时雨滴呈现为椭球形。一旦雨滴变为椭球形, 将会对电场矢量不在其主轴上的入射信号产生去极化。因此出现了一个可测量的倾斜角。然而, 雨滴仍然比较小, 所以会对作用在雨滴上的任何风力做出响应, 即在不断变化的湍流中不停地倾斜摆动。雨滴在下落过程中继续与其他雨滴碰撞并结合, 最终变大到可以抵抗所有试图使其倾斜的空气动力作用, 当然其中不包括下降产生的风力作用。粒子倾角的取值范围会随着体积的增大而减小。图 5.36 给出了雨滴倾角相对路径衰减之间的关系, 以及粒子倾角随雨滴尺寸 (路径衰减与雨滴尺寸有关) 的变化关系。

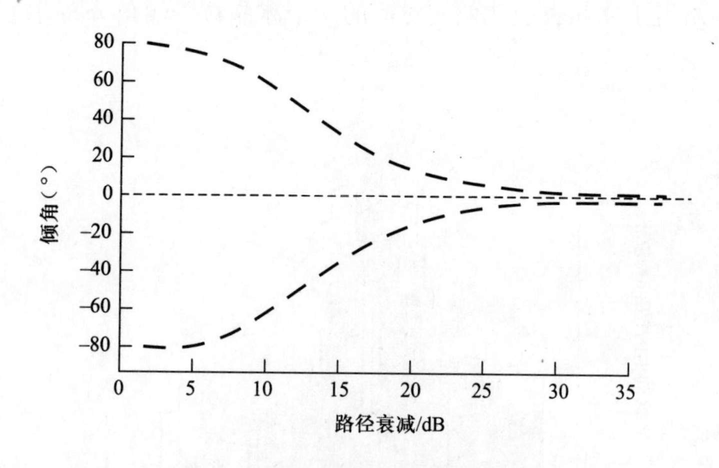

图 5.36 倾角相对路径衰减变化曲线

注: 图中粗虚线表示在某星 – 地链路中测量的粒子倾角的范围。在很小的雨中, 雨滴很小, 所以只是轻微偏离球形, 这些雨滴即使在微风中也可以在四周打旋, 所以它们的相对倾角为 $-80^\circ \sim 80^\circ$。该例中假定信号频率为 49.5 GHz, 因此路径衰减范围较大。图以文献 [50] 中图 3 为基础。值得注意的是, 随着降雨变大 (用更高的路径衰减表示), 雨滴将更大并且不易倾斜偏离水平面。因此, 随着衰减的增大, 倾角将趋近于 0。也要注意, 除非地面站是在卫星的子午线上, 否则当雨滴倾角为 0 时 (如图中高衰减水平的情况), 则粒子相对于水平极化的倾角也不为 0。例如, 如果极化倾角相对本地水平面为 25° (大约是 ATS-6 卫星实验中相对英格兰地面站的极化倾角), 则 0° 粒子倾角相对水平极化则接近 25°。(图 5.27)。

如果图 5.36 的横轴不是路径衰减值而是 XPD 值, 将观察到不同的粒子倾角分布。XPD 是粒子倾角的函数, 但对于给定的 XPD 值, 冰晶粒子倾角和雨滴粒子倾角差异很大。德国奥运会活动期间测量的一个事件中, 在 XPD 值为 -40dB 附近时 (图 5.37), 出现了明显的冰晶效应。当电磁波信号在去极化介质中传播时, 信号所经历的去极化效应主要来源于差分衰减和差分相移两个原理上的因素。

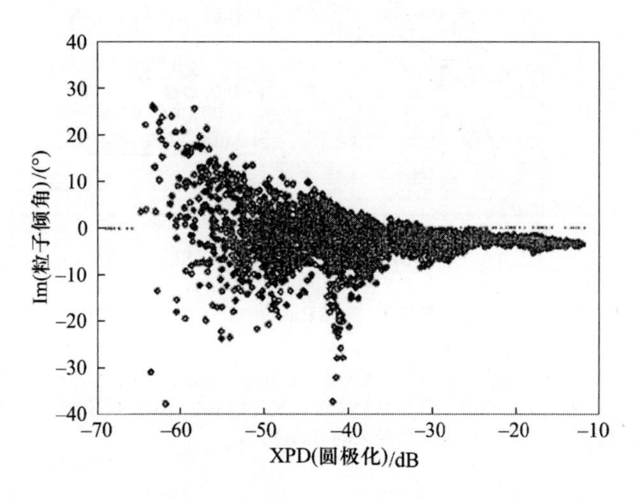

图 5.37 某单个事件中粒子倾角相对 XPD 值的散点分布 (转自文献 [22] 中的图 22;©1994ESA, 转载已获授权)

注: 本例中, 粒子倾角相对 XPD 值给出, 而不是像图 5.36 一样相对路径衰减值给出。测量信号频率为 20 GHz。注意到 XPD = −42 dB 时, 负的粒子倾角发生了大的变化, 这种变化揭示出冰晶去极化效应的存在。同时注意到, 当 XPD > −20 dB 时, 粒子倾角具有相对较小的扩展, 这对应于降雨导致的去极化效应。

5.4.3.3 差分相移和差分衰减

在图 5.32 中, 尝试使用单一因素 —— 路径衰减区分降雨去极化与冰晶去极化。图 5.32 给出了在印度尼西亚对 4 GHz 信号提取的去极化数据[40]。图 5.32 中的衰减统计结果并不能充分说明, 高于 4 GHz 易遭受明显雨衰影响的信号衰减情况。路径衰减越大, 雨滴的平均尺寸越大, 雨介质潜在的各向异性越大, 因此差分衰减也越大。冰晶只通过差分相移的机理产生去极化, 但是雨滴可以通过差分衰减和差分相移的机理产生去极化。在达姆施塔特机构进行的出色的去极化测量基础上, Deutches Bundes Post (DBP) 研究机构利用小于 2dB 的共极化衰减

(CPA) 和小于 0.2dB 的差分共极化衰减 (DCPA) 这两个分界线, 区分两种去极化效应的统计特性, 图 5.38 给出区分结果。根据图 5.38, 很明显冰晶去极化构成了 XPD 统计结果的重要因素。

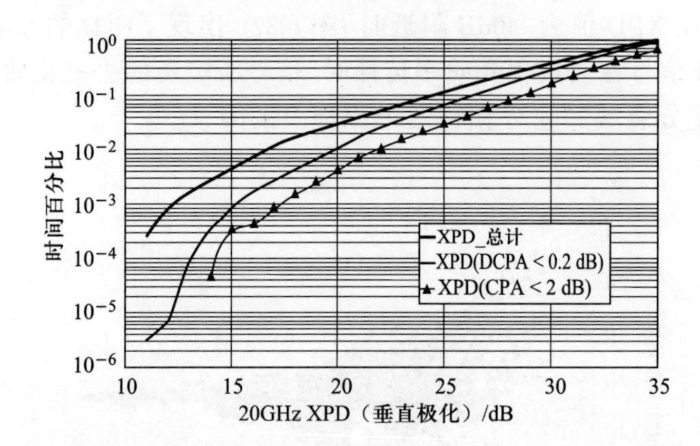

图 5.38 以 CPA 和 DCPA 为参量的 20 GHz 的 XPD 统计值 (摘自文献 [22] 中的图 85; ©1994ESA, 转载已获授权)

注: 设置 2 dB 的 CPA 门限不足以唯一地区分 20 GHz 的冰晶去极化。如果设置了低于 0.2 dB 的 DCPA 门限 (中间曲线), 则冰晶对去极化统计结果的贡献变得非常明显。对于图中情况, 冰晶去极化对全部去极化统计结果的贡献巨大。

为了确认对于给定的 CPA 和 PCPA 门限, 粒子倾角分布是否具有本质的不同, DBP 团队计算了以 DCPA 为参数的粒子倾角分布的统计特性。图 5.39 给出了极化倾角为 21.3° 条件下粒子倾角的条件概率分布[22]。正如预计的一样, 粒子倾角的延展量随着 DCPA 参数的增加 (降

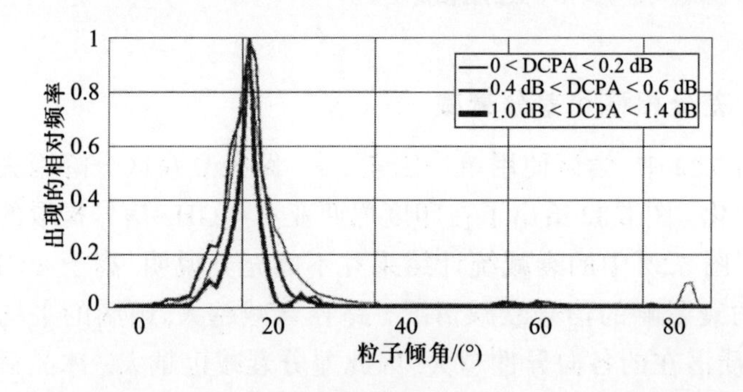

图 5.39 极化倾角为 21.3° 条件下粒子倾角的条件概率分布 (转自文献 [22] 第二卷中的图 93; ©1994ESA, 转载已获授权)

注: 为了获得相对于本地水平方向的粒子倾角值, 须将图中所示数据减去 21.3°。

雨率增大) 而减小。注意, 图 5.39 中的粒子倾角作为真实测量值给出, 因为它已经包含了信号的 21.3° 极化倾角。

另一个区分冰晶效应 (只有差分相移) 和降雨效应 (差分衰减和差分相移并存) 的明显例子由荷兰 Netherlands 的 Eindhoven 大学的研究团队给出。该例子如图 5.40 所示。冰晶效应和降雨效应之间差分相移数据存在明显的区别。出现在 5dB CPA 周围的较小一点的次级差分相移峰值, 可能是由于大面积的融雪同时造成了明显的差分衰减和差分相移所导致。

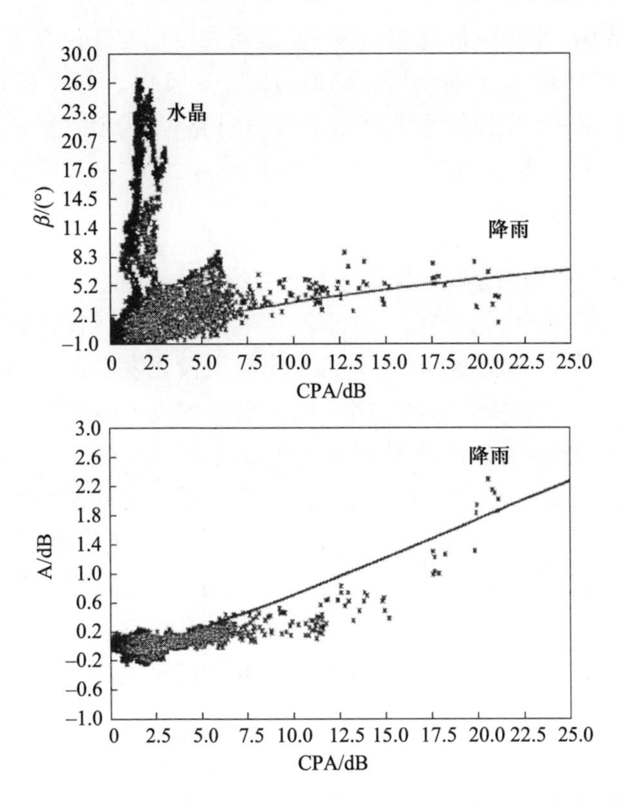

图 5.40 某次降雨事件中计算的差分相移 β 和 DCPA A 随 CPA 变化 (转自文献 [52] 中的图 2; ©1991 IEE- 现在的 IET, 转载已获授权)

因此, 总的来说, 冰晶去极化对去极化统计结果的影响相对不重要的最初结论没有得到后来更加详细分析的支持。最初的结论是基于 4 GHz 信号数据、较少的实验结果和降雨去极化与冰晶去极化之间共极化衰减的统计结果而得出。如图 5.38 ~ 图 5.40 所示, 有必要将 DCPA 和差分相移效应作为降雨与冰晶去极化机制的主要描述对象。尽管冰晶去极化效应在所有百分比时间都非常明显, 但是在迄今为止的每次实验中, 的确观察到是降雨去极化导致了最大的去极化水平。

5.4.3.4 季节特征

严重的去极化通常与强降雨有关, 因此通过跟踪强降雨的季节依赖性发现严重去极化的季节依赖性是理所当然的。也就是说, 如果强降雨率事件发生在夏季, 那么主要的严重 XPD 事件也发生在夏季[90]。然而, 即使没有降雨, 冰晶去极化也会发生, 冰晶去极化与任何高度的融化层上方的所有冻结粒子有关[46]; 同时, 冰晶去极化也与冷锋的形成有关[48]; 因此, XPD 统计的季节特征通常没有路径衰减的季节特征明显, 经常是全年均匀地分布[48]。

5.4.3.5 日变化特征

在大多气候中, 强降雨通常与大气变暖有关, 因此严重 XPD 事件的日发生率也遵循相同的趋势。对于温带气候, 严重 XPD 事件高峰出现在与雷暴发生相关联的下午和傍晚。冰晶去极化发生在几乎所有层状雨云层上方的冻结粒子区域。因为层状雨云层没有太阳引起的加热效应, 所以层状雨云引起的冰晶去极化也没有明确的日变化周期。因此, 最有可能的是冰晶去极化将作为很强烈的但不会限制信号可用性的去极化机制, 在全天侯、全年期间平均分布。传输路径仰角较小时, 与对流层闪烁类似, 冰晶去极化是性能的限制因素。然而, 潜在的限制信号可用性的去极化高峰与强对流活动有关。与极端路径衰减事件与最坏月相关联一样, 平均每年的极端去极化事件现象也按照最坏月量化。

5.4.4 最坏月

采用在 4.5.2 节中根据年数据建立的最坏月统计特征的同样方法建立 XPD 最坏月统计, 该方法根据 CCIR(现在的 ITU-R) 推荐得出[54]。第一批公布的 XPD 测量[55,56] 的最坏月数据支持了早期的 CCIR 推荐结果。图 5.41 给出了该批数据组的一组数据[55]。图 5.41 中, 测量数据在预测值周围的延展反映了实验仪器和用于拟合曲线的数据量的特征, 这个特征与测量值和早期 CCIR 模型之间的任何真实差异意义相同。

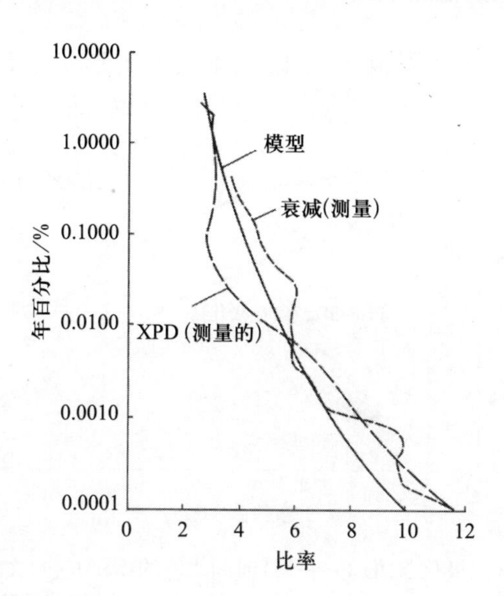

图 5.41 路径衰减和 XPD 的年平均最坏月比例 (转自文献 [55] 中的图 1; ©1984 IEE, 现在的 IET, 转载已获授权)

注: 图中数据来自于在 10.7° 仰角条件下对 SIRIO 的 11.6 GHz、圆极化信标信号的测量值。模型曲线是 CCIR 绿皮书第 V 卷中的 723 报告中的模型曲线。

5.4.5 短期特征

与路径衰减一样, XPD 有三个系统设计者感兴趣的短期现象: 去极化事件持续时间; 连续去极化事件的间隔; 去极化变化率。

5.4.5.1 去极化事件持续时间

前面章节建立的关于指出地 – 空路径降雨去极化统计上比冰晶去极化更重要的证据, 趋向于说明在观察到路径衰减事件的持续统计特征时, 将观察到同样的去极化事件统计分布。正如 4.4.3.1 节中所介绍, 路径衰减事件分布服从一般对数正态模式。然而, 与路径衰减相比, 对于去极化效应来说, 极化方式、极化矢量方向 (假设为线极化) 和粒子倾角起着更大的作用。

随着极化方式和矢量方向的改变, 能观察到路径去极化效应明显的不同。用 OTS 卫星[57] 进行的为期 3 年的实验中, 观察到 11.5 GHz 线极化信标信号和 11.8 GHz 圆极化载波信号的去极化事件持续时间之间显著的差异。观察结果如图 5.42 所示。随着采样事件持续时间和百分比时间分布中所选门限值的变化，图中曲线的形状会有轻微的变化。

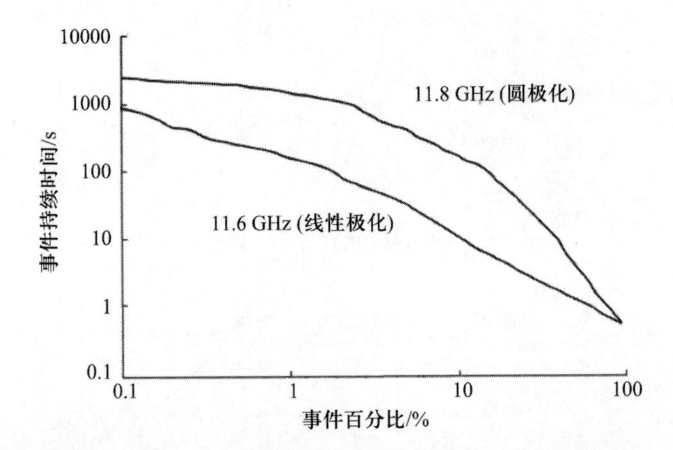

图 5.42 圆极化和线极化 XPD 事件持续时间之间的比较 (转自文献 [58] 中的图 2.2 和图 2.3; ©1984 British Telecommunications plc, 转载已获授权)

注：图中数据涵盖了使用 OTS 卫星进行的为期 3 年的实验结果。最小采样时间为 0.5 s，XPD 门限设为 30 dB。链路仰角为 29.9°，线极化矢量相对于当地水平面的极化倾角为 11.8°。

由图 5.42 可推断，在给定降雨率条件下，观察到相对本地水平面的线极化波极化矢量 (本例极化倾角为 11.8°) 的 XPD 值比圆极化信号要小。因为雨滴的倾角不会对圆极化波的去极化产生影响，只有倾角的定向排列程度才是重要的。从图 5.42 可得知，似乎无论降雨与否，都会存在一定程度的粒子定向排列的明显趋势[58]。如图 5.42 所示，粒子定向排列的趋势将导致在去极化事件持续时间范围中间部分的事件数目增多。在日本通过对 INTELSAT V 卫星的 11.452 GHz 圆极化信标信号获得的数据同样表现出了类似的趋势，如图 5.43 所示。虽然图 5.43 与图 5.42 的数据有所不同，但对于 XPD 值为 5 dB 或 10 dB 的严重去极化事件可明显观察到清晰的对数正态分布趋势。对于 XPD 为 15 dB 或 20 dB 的较弱的去极化事件，能看到数据在长持续时间处存在相同的下降。

与符合对数正态分布预期的极化持续时间在持续时间范围中间部分 (1 ~ 3 min) 的事件比例相比，在美国对 11.6 GHz 圆极化信号[38] 和在香港对 4 GHz 圆极化信号[60] 的实验观察到相对更高的比例。3 min 量级的平均去极化事件的持续时间追随雨衰事件的平均持续时间 (图 4.38)。这增加了关于降雨是主要去极化机制的可信度，至少对于高达接近 50 GHz 的频率是可信的。

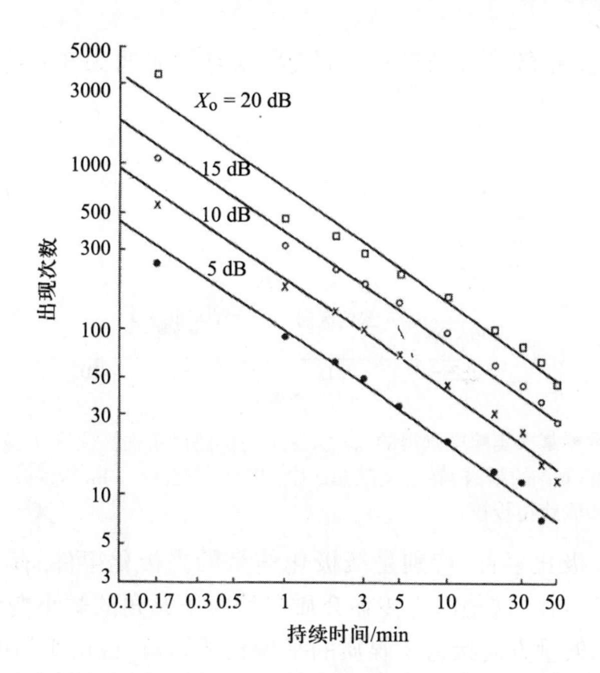

图 5.43 XPD 事件持续时间 (转自文献 [59] 中的图 7; ©1985 IECE 现在的 IEICE, 转载已获授权)

注: 测试信号为 11.452 GHz 圆极化信号; 链路仰角为 6.5°; 测试时间为 1983 年 1 月至 12 月; 测试地点为 Yamaguchi; 数据门限分别为 5 dB、10 dB、15 dB、20 dB。

5.4.5.2 连续去极化事件的间隔

去极化事件越严重, 可能发生的频率越低, 这样事件间的时间间隔越大。这与在给定门限值情况下连续路径衰减事件之间重现周期的结果相呼应。然而, 与路径衰减测量不同, 测量设备在低水平去极化事件测量中起很重要的作用。在小去极化事件中, 具有低的固有 XPD 值的天线趋向于测量到去极化效应尽可能多的恶化。因此, 在低水平去极化事件中, 传播媒质的去极化效应将被设备引入的去极化淹没。但是, 对于严重的去极化, XPD 数据的事件持续时间和重现周期都趋向于遵循降雨率统计趋势。

5.4.5.3 去极化变化率

很多 4 GHz 的严重降雨去极化事件的频谱分析显示大部分能量主要集中在 1 Hz 以下[61]。图 5.44 给出了在中国香港某次实验中测得的

3.7 GHz 下行链路严重去极化事件 (数据持续时间为 3 min) 的频谱。

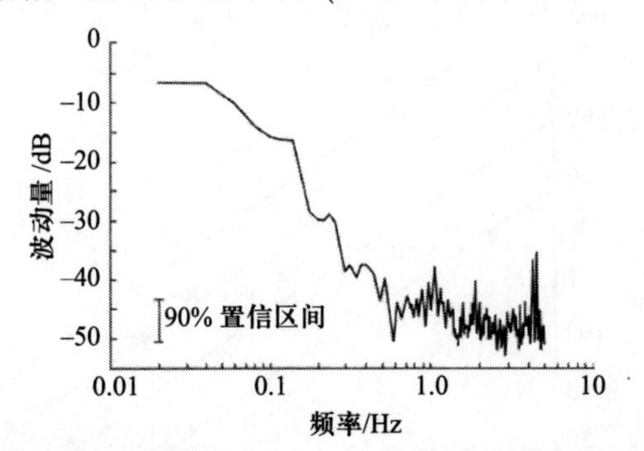

图 5.44　在香港某次实验中测得的 3.7 GHz 下行链路严重去极化事件 (数据持续时间为 3 min) 的频谱 (转自文献 [42] 中的图 9; ©1984 John Wiley& Sons Ltd, 重新印刷获得授权)

对于去极化事件, 特别是线极化信号的去极化事件, 存在 XPD 快速变化的可能性, 这是因为传输介质平均粒子倾角的微小变化, 使得系统的线极化矢量方向接近于媒质的平均粒子倾角, 或由于闪电影响。对线极化和圆极化信号进行的测量再次显示了两种极化方式中 XPD 变化趋势的细微差异, 尽管二者的恢复速率与恶化速率趋近相同, 图 5.45 给出了 30 dB 门限条件下 XPD 事件的恶化速率和恢复速率[58]。

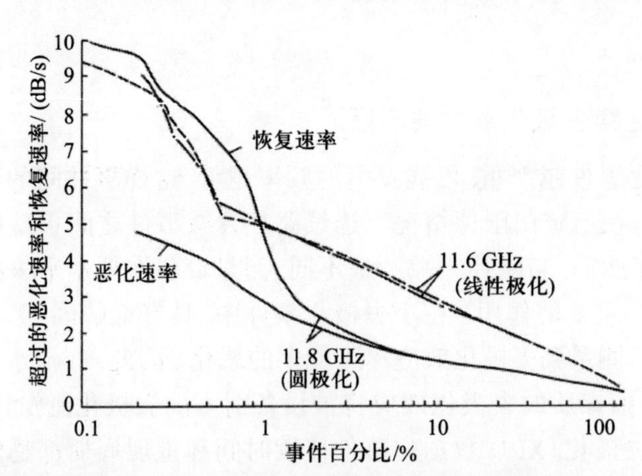

图 5.45　30 dB 门限条件下 XPD 事件的恶化速率和恢复速率 (转自文献 [58] 中的图 2.2 和图 2.3; ©1984 British Telecommunications plc; 转载已获授权)

注: 11.6 GHz 大部分数据的恶化速率和恢复速率相似, 然而对于 11.8 GHz 信号数据来说, 两种速率的差别低于 1%。这种差异是系统性质的: 由于航天器天线热效应的影响, 导致 OTS 的圆极化信标呈现出大幅度的日变化。后来对 INTELSAT V 卫星的圆极化信标的测量结果显示恢复速率和恶化速率之间没有这种差异。

5.4.6 站点之间的变化

沉降粒子引起的去极化变化倾向于遵循引起去极化的主要气象参数的变化, 也就是降雨。降雨气候区的降雨率越大, 所测量的去极化统计上越严重。因此, 预计存在站点之间的变化, 图 5.46 和图 5.47 给出了两个这样的例子。

图 5.46 和图 5.47 也包含了与仰角和季节变化相关联的变化, 也可能包括由于方位和空间变化引起的小尺度局部变化。

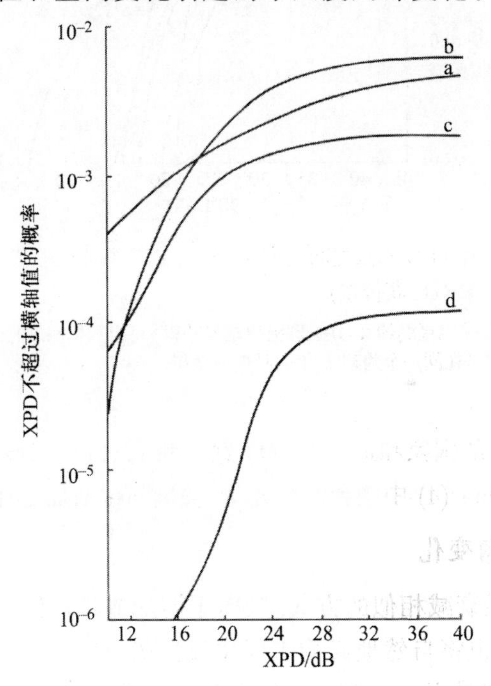

图 5.46 加拿大 XPD 站点之间的变化 (转自参考文献 [62] 中的图 2; ©1979 IEE, 现在的 IET, 转载已获授权)

注: 数据通过加拿大卫星 HERMES 的 11.6 GHz 圆极化信标信号获得。

地点	观测时长
(a) St.John's	173 天
(b) Halifax	173 天
(c) Toronto	195 天
(d) Vancouver	110 天

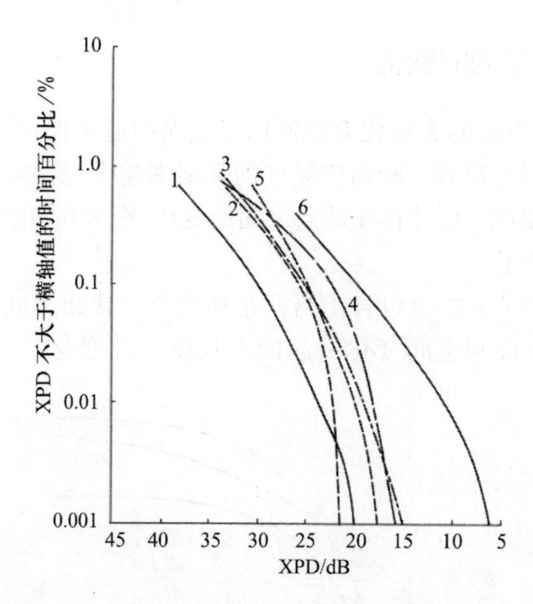

图 5.47 世界范围内 XPD 站点之间的变化 (转自参考文献 [42]; ©1984 John Wiley & Sons Ltd, 转载已获授权)

注: 数据使用 Intelsat 卫星的约 4 GHz 圆极化信号获得, 每组数据测试时间约 1 年。数据组不是同时获得, 但是在同一个为期 6 年的时期内获得。

地面站所处的国家和地区有: (1) 意大利 Lario (2) 日本 Ibaraki (3) 印度尼西亚 Jatiluhur (4) 中国台湾台北(5) 美国阿拉斯加 Sitka (6) 中国香港

5.4.6.1 方位角变化

与影响路径衰减相似的方式, 倾向于增加或者降低降雨可能性的地理或地形特征, 也将自然地影响去极化发生的可能性。去极化也可以由高海拔地区的冰晶引起, 并且有证据显示, 从海上吹来的空气比穿过大面积陆地的云更可能携带更大比例的大冰晶粒子[35]。因此, 方位上主要越过海面的路径 (特别是低仰角路径), 比主要越过陆地的路径遭受更大程度的冰晶去极化。

5.4.6.2 空间变化

与路径衰减不同, 去极化有降雨去极化和冰晶去极化两个主要分量。冰晶去极化趋向于形成本底去极化水平, 像在很大区域内存在 (几千平方千米) 的长期干扰, 因为冰晶去极化与层状云时间相关。站址分集对于对流雨事件是很有效的, 但对层状云冰晶事件将不会有很好的效果。

降雨气候区域降雨率越大,所测去极化统计上也很可能越严重。然而,站址分集增益(类似于雨衰事件中的站址分集增益)来表述的站间去极化效应的差异,是站间冰晶去极化差异和站间雨致去极化差异的函数。

在站址分集和路径分集配置中,两个地面站之间几千千米的距离,使得其中一个站点在强降雨或雷雨天气免受严重的降水影响。为了从路径衰减观点量化和模拟(见 4.5.4.2 节)这样成对站点配置结构的分集改善增益,越来越多的测量数据得以积累。在冰晶去极化效应被完全量化之前,期望在去极化方面获得类似的分集改善,而且为了评估改善程度已经进行了一些实验[48,59,63]。

图 5.48 中给出了在丹麦进行的 12 GHz 站址分集的 XPD 数据。"预测"曲线是由衰减路径分集模型推导得到的结果。与单站 XPD 测量结果一样,地面站的设备系统差淹没了低水平的 XPD 数据。

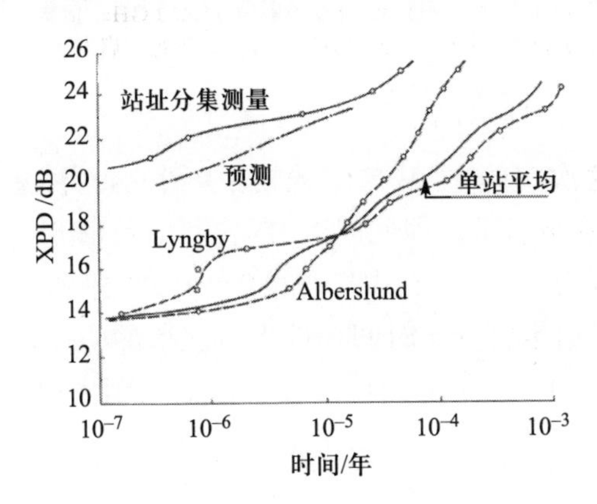

图 5.48 在丹麦对 11.8 GHz 圆极化信号进行的站址分集 XPD 测量结果(转载自文献[63]中的图 1; ©1982 IEE, 现在的 IET; 转载已获授权)

注: 仰角约为 28°; 极化方式为圆极化; 两站距离为 15 km。尽管图中数据在 1 年之内获得,但是一般站址分集性能的代表性数据。需要说明的是,分集测试数据与单站 XPD 统计结果有较大的差别,晴空下更是如此。

在这个实验过程中,当 Albertslund 站点的晴空 XPD 值为 35dB 时,Lyngby 站点大部分时间的晴空 XPD 值恶化至 25dB。在美国进行了类似的 7.3 km 站间距的实验[48],实验就两个站点所测的统计值得出了类似图 5.48 中的差异。然而,观察到了 XPD 性能的显著改善。在日本针对与前两次大致相同的频率实施了第三次实验,但是使用了更大的站间距[59],实验结果如图 5.49 所示。

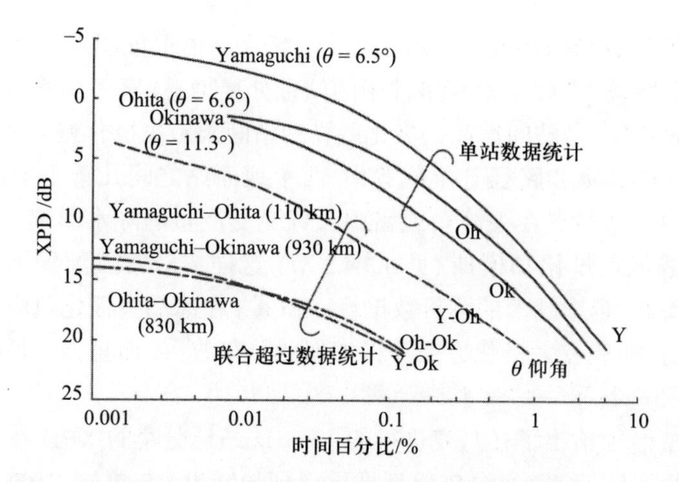

图 5.49 在日本对 11.452 GHz 信号进行的站址分集 XPD 测量值 (转自文献 [59] 中的图 5; ©1985IECE, 现在日本的 IEICE; 转载已获授权)

注: 实验于 1983 年 1 月 — 12 月进行, 信号频率为 11.452 GHz, 信号极化为圆极化, 链路仰角大约 6°, 图中实验数据和图 5.42 中数据之间的区别很有启发意义。

在日本的这次实验中, 从单站数据中 (图 5.42) 注意到存在非常严重的降雨气候, 在低百分比时间时,XPD 实际向负值变化。虽然, 利用站址分集测量的联合 XPD 存在去极化改善, 但是低仰角和大范围的台风天气大大降低了给定百分比时间条件下可获得的明显改善。不过, 非常大的站间距离 (830 ~ 930 km) 比 110 km 的站间距离提供了好得多的分集性能。

5.5 XPD 数据相关性

当在一种特定站址配置条件下得到一个频率的测量 XPD 数据时, 能够按照比例将这些数据缩放至其他频率往往是很重要的。下面讨论两个时间尺度的频率比例缩放问题: 长期频率缩放比例 (为了获得平均年统计数据) 和短期频率缩放比例 (为了获得相同路径上同时测量的两个不同频率信号的 XPD 瞬时相关的推广)。

5.5.1 长期频率缩放比例

当雨滴粒子相对无线电波长较小时, 可以应用传统的瑞利散射公式。

对于频率低于 30 GHz 的信号, 瑞利散射意味着如下的频率平方关系成立:

$$\text{XPD}_{(f_1)} = \text{XPD}_{(f_2)} - 20\lg\frac{f_1}{f_2}\ (\text{dB}) \tag{5.10}$$

式中: f_1、f_2 为所考虑的两个频率; XPD 为两个频率的相同时间百分比对应的年均值, 即等概率 XPD 值。

式 (5.10) 所示的关系式假设差分衰减效应的贡献可以忽略, 以及两个频率的去极化统计沿指向同一卫星的相同路径, 只是频率改变。11.5 ~ 11.8 GHz 测得的 XPD 相关统计结果证实了式 (5.10) 中的简单关系[64]。图 5.50 给出了部分实验数据[64]。

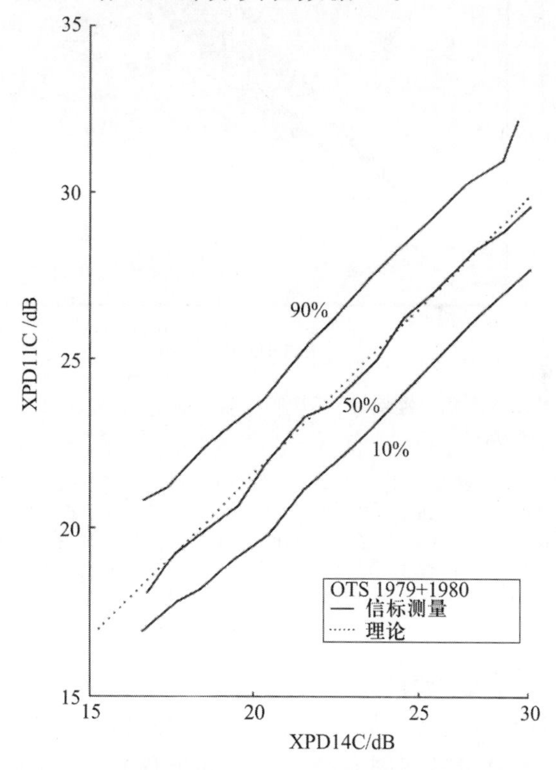

图 5.50 XPD 统计值的长期频率相关性: 瞬时值的扩展 (转自文献 [64] 中图 16; ©1984 American Institute of Aeronautics and Astronautics; 转载已获授权)

注: 理论曲线是简单的 f^2 的比值, 曲线 "90%" 和 "10%" 分别指包括瞬时数据 90% 和 10% 的数据包络。两个频率都是圆极化信号。

如图 5.50 所示, 尽管长期频率平方关系在计算过程中必须包括极化倾角 (见式 (5.24)), 但是该长期频率平方关系已得到广泛认同, 甚至适用于更高的频率间隔[53]。从图 5.50 中注意到，尽管频率缩放比例关系存在明显的展开，但是数据似乎没有显示出频率较高时比较低的频率发生更弱的去极化。比较在相同频率发生的去极化的其他数据[65]，在一些事件中给出了明显不同的结果，图 5.51 给出了 6 次事件所得的结果[65]。

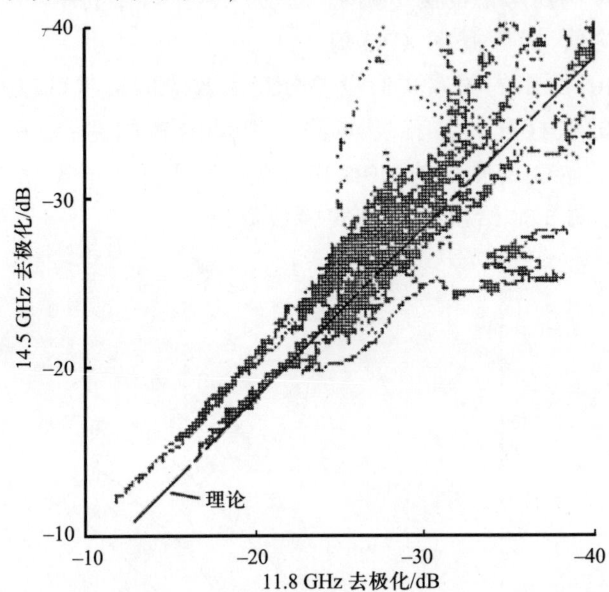

图 5.51 XPD 长期频率相关性趋势：不规则缩放比值 (转自文献 [65]；©1980URSI，转载已获授权)

注：采样间隔为 0.5 s；6 次事件；仰角为 29.9°；信号为圆极化波。
理论曲线是简单的 f^2 比值。图中一些点是多重点，多次尝试将它们放在一个统计数据包络。注意到数据中在小的 XPD 值的地方出现大的角度扩展 (很可能由于粒子倾角的变化，或者由于冰晶和传输媒质在两个频率的差分对消效应)，也注意到小 XPD 值的两种频率缩放比值的清晰趋势，其中的一种趋势就是更接近 f^{-2} 频率缩放比值，而不是接近 f^2 频率缩放比值。

图 5.51 的数据有两种明显不同的频率缩放趋势：一种趋势是 f^2 频率相关；另一种趋势是 f^{-2} 频率相关。f^{-2} 频率相关性还没有得到满意的解释。一旦需要对沿不同路径具有不同极化倾角、不同频率的去极化数据进行频率比例缩放，则式 (5.10) 所示的简单关系就会改变，这将在 5.6.4 节中进行更详细的讨论。

5.5.2 短期频率缩放比例

图 5.50 和图 5.51 所示的数据实际是两个频率的 XPD 瞬时测量值

的散点图, 长期频率缩放比例就是从这些数据中提取而得到。当试图对两个频率的 XPD 数据进行瞬时相关分析时, 天线的非理想性会完全淹没可能存在的任何相关性。上述淹没情况对于 6 GHz 和 4 GHz 进行的早期测量结果表现的尤其突出[42]。因此人们意识到需要引进静态去极化消除技术, 为了证明两个频率的数据之间极好的统计相关性, 在印度尼西亚进行了首次应用静态去极化消除网络的 6/4 GHz 实验[40]。这也是决定性地证明沿相同路径的去极化可以按频率缩放的第一个实验 (图 5.52)。图 5.52 说明了 XPD 数据的频率相关趋势, 图中数据包括了降雨和冰晶去极化实验测量结果。

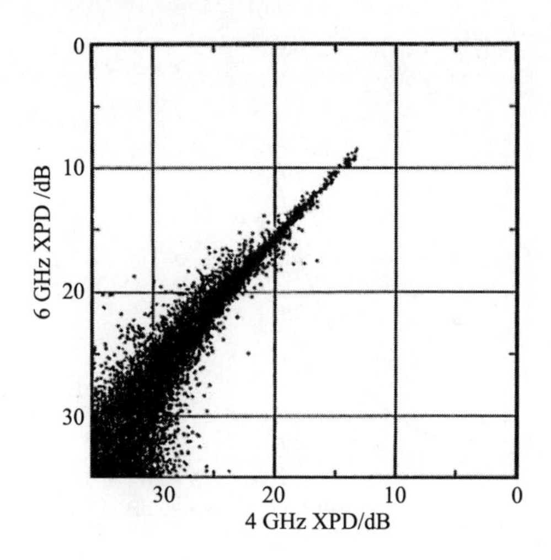

图 5.52 6/4 GHz XPD 的短期相关性 (转自文献 [40] 中的图 2; ©1982 IEE, 现在的 IET, 转载已获授权)

注: 为了消除卫星和地面站天线产生的晴空残留去极化, 实验采用了静态去极化消除网络。

沿相同路径的两个不同频率信号测得的 XPD 值 (这两个不同频率的信号通常为同一卫星的上、下行链路信号) 之间的普遍良好瞬时相关性, 提供了通过测量下行链路去极化而补偿上行链路去极化的希望。这种补偿需要在上行链路天线馈送系统的动态去极化补偿网络中应用适当的缩放比例。上述补偿问题将在第 8 章讨论。这种 (预) 补偿系统的效率依赖于对下行链路去极化的精确测量。如果天线在具有差的去极化特点同时也没有采用静态去极化消除技术, 或者如果天线没有精确地跟踪, 那么就会导致出现错误的 XPD 测量结果。图 5.53 说明了精确跟踪的重要性。

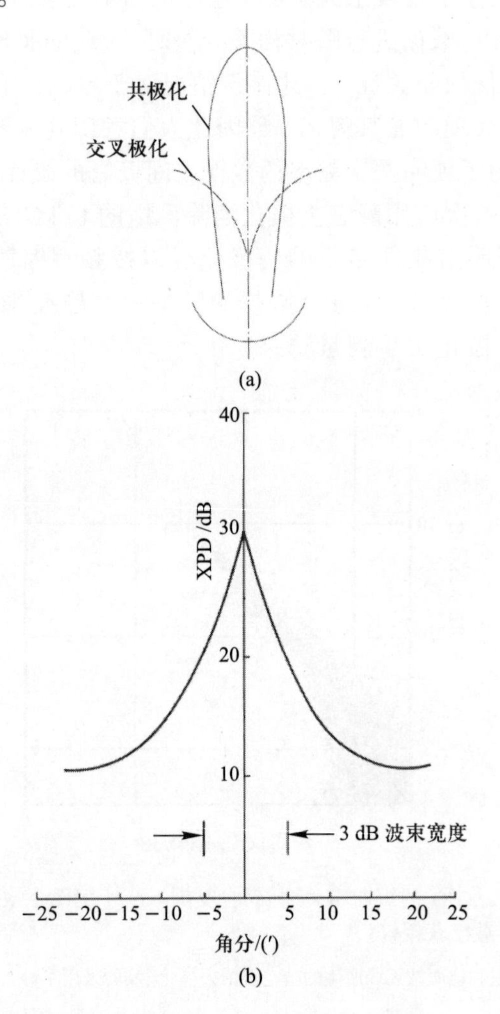

图 5.53 (a) 天线的共极化与交叉极化方向特性曲线主瓣在同一平面内; (b) 典型 C 波段 (6/4 GHz) 大天线晴空 XPD 特征原理

注: 不论是大天线还是小天线, 大多数天线在共极化 3dB 波束内部的交叉极化性能, 都会表现出这种类型的相对大的变化。

如图 5.53(a) 所示, 典型的地面站天线将沿共极化峰值增益的轴线呈现主瓣共极化峰和交叉极化零点。图 5.53(b) 原理性地表示了当把两个主瓣方向特性曲线相减时获得净极化隔离或者晴空 XPD 值的典型结果。去极化特性较差的天线可能给出约 20 dB 的中低水平 XPD 值, 对于大的地面站天线来说, 30 dB 的同轴 XPD 值就是极好的去极化特性。如果天线没有精确跟踪, 得到的 XPD 值会迅速减小, 有些情况下在共极化增益相对峰值仅降了约 3 dB 的点,XPD 值降低到 20 dB。

大多数天线在共极化方向特性 1dB 下降点范围内跟踪良好, 除非沿路径的条件恶化到使得天线所跟踪的卫星信号降低到检测门限以下的程度。对于 6/4 GHz 频段, 当电离层闪烁和降雨去极化同时出现时可能发生上述情况。上述两种现象同时发生的情况已经报道过[66]。然而, 一般情况下, 导致跟踪问题的严重电离层闪烁很少发生, 同一路径两个频率测量的去极化之间同时的和长期相关性通常很好。后来,Fukuchi 等人的计算[67] 引入了许多参数, 试图更精确地预报同一路径、两个频率发生的去极化之间的缩放比值。

Fukuchi 等人指出[67]

$$\mathrm{XPD}_{(f_1)} = \mathrm{XPD}_{(f_2)} - W \ (\mathrm{dB}) \tag{5.11}$$

当 $f_1 < f < f_2$ 时, 有

$$\begin{aligned} W = {} & u_2 \lg \frac{f_1}{f_2} + 20 \lg \frac{l_1 \cos^2 \varepsilon_1 \sin|2(\phi_1 - \tau_1)|}{l_2 \cos^2 \varepsilon_2 \sin|2(\phi_2 - \tau_2)|} \\ & -0.0053(\sigma_1^2 - \sigma_2^2) - (\Delta\mathrm{XPD}_{(f_1)} - \Delta\mathrm{XPD}_{(f_2)}) \\ & -u_4(f_1 - f_2) \lg R \ (\mathrm{dB}) \end{aligned} \tag{5.12}$$

式中: l 为穿过降雨的路径长度 (km); ε 为仰角; ϕ 为雨滴有效切角; τ 为入射波相对本地水平面的极化倾角; σ 雨滴倾角分布的标准差; ΔXPD 为衰减差分值 (dB); R 为降雨率 (mm/h); u_2 和 u_4 的值见表 5.2。

表 5.2 与 Fuckuchi 等极化频率缩放比例模型关联的参数 u_2 和 u_4 的值 (转自文献 [68] 中的表 2; ©1985 IEE, 现在的 IET, 转载已获授权)

雨滴尺寸分布	参数		可使用的最高频率和最低频率/GHz	
	u_2	u_4	$f_{下限}$	$f_{上限}$
分布	21.0	0.00	3	20
	22.0	0.14	20	40
雷暴分布	20.0	0.00	3	20
	18.3	0.15	20	40
细雨分布	21.0	0.00	3	24
	24.7	0.11	24	40
注: ©1985 IEE, 现在的 IET, 转载已获授权				

如果两个频率极化方式相同且沿同一路径发射, 则式 (5.12) 中的第二项和第三项不存在。当频率低于 10 GHz 或最高不超过 15 GHz 时, 与其他项相比, 差分衰减项可以忽略, 因此得到修改后的方程为

$$W = u_2 \lg \frac{f_1}{f_2} - u_4(f_1 - f_2) \lg R \text{ (dB)} \tag{5.13}$$

需要说明的是, u_2 取 20 附近的值。因此, 正如前面所提到的, 频率平方关系在 6/4 GHz、14/11 GHz 和 14/12 GHz 频段给出了很好的近似。尽管 Fukuchi 提出的方法具有提供更高精度的潜力, 但是由于该方法在需要简化的情况下只适用于相对有限的频率范围, 而且需要知道大量的变量, 使得式 (5.11) 给出的 ITU-R 频率缩放比例被普遍采用。然而, 式 (5.11) 仅提供了一个统计的长期缩放比例, 所以按频率缩放实际 XPD 时很可能存在很大的变化, 这会导致使用下行链路去极化去推测上行链路去极化的去极化预补偿系统出现明显错误。这将在第 8 章进行讨论。

5.5.3 衰减与去极化之间的相关性

去极化在降雨事件和冰晶事件中均会发生, 但产生相似水平的去极化降雨事件和冰晶事件中路径衰减效应不同。因此, 衰减与 XPD 之间不存在强相关性, 如图 5.54 所示[68]。

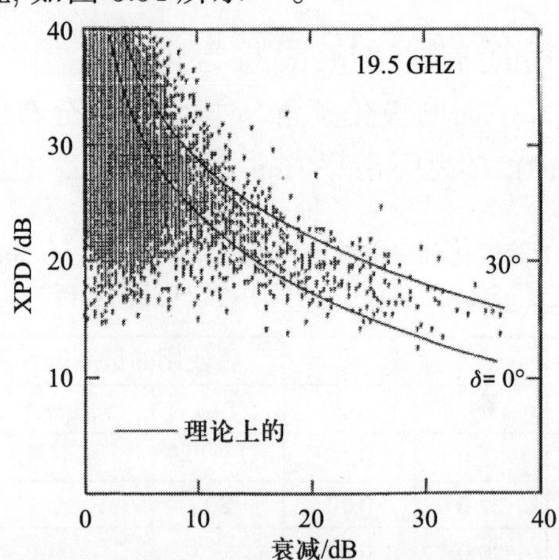

图 5.54 衰减与去极化的长期相关性: 同步测量值的散点图 (转自文献 [68] 中的图 1; ©1985 IEE, 现在的 IET, 转载已获授权)

图 5.54 中, 参数 δ 是为了预测图中 XPD 随衰减变化的曲线而假设的有效平均粒子倾角。同步测量的 XPD 随衰减变化的数据点严重分散

似乎表明两者间没有统计相关性。然而, 如果将密度等值线运用于这些数据, 则会显现出如图 5.55 所示的趋势。

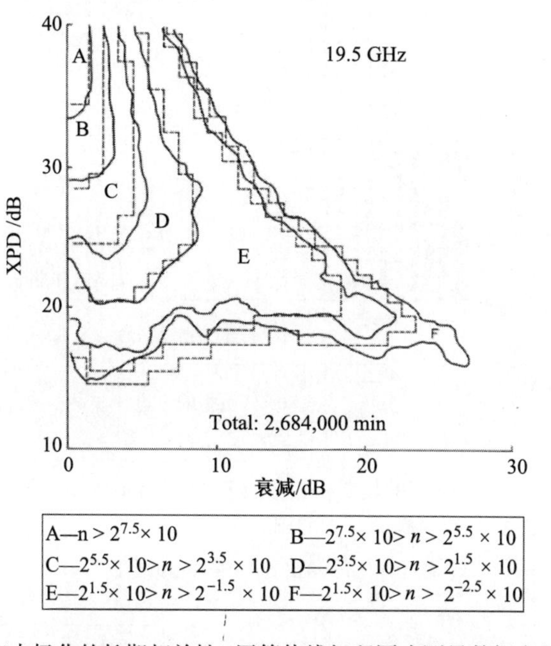

图 5.55 衰减与去极化的长期相关性: 用等值线解释同步测量数据点的密度 (转自文献 [68] 中的图 2; ©1985 IEE, 现在的 IET, 转载已获授权)

注: 实线表示测量值的分布, 虚线表示近似分布, n 为密度 (min/dB^2)。该图应该与图 5.54 相比较, 图 5.54 中将相同的实验数据用了不同的表现形式。

说明同步数据样本密度的另一种方法如图 5.56 所示[44]。图 5.56 中, 点的大小表示了在特定联合损伤水平下的采样点数据的个数。然而, 最重要的是图 5.56 中已经给出的 10%和 90%的等值线。从这些等值线可判断哪里的联合数据采样有意义或没有意义。从图 5.55 和图 5.56 中的等值线可知, 沿同一传播路径的衰减值和去极化测量值之间似乎存在一定的统计相关性。

路径衰减和去极化之间 (或者反过来) 的相关性是需要知道的一个重要因素, 因为这两种传播损伤能独立或者一起造成特定链路的中断。简单的等概率曲线表示了长期平均值, 图 5.57 给出了为期 3 年的实验所获得的长期平均值曲线[38], 但是对于链路损耗特性描述来说, 给出衰减相对 XPD 的联合分布更有意义。图 5.58 用时间百分比为参数, 以联合分布的形式给出了图 5.57 中同样的数据。

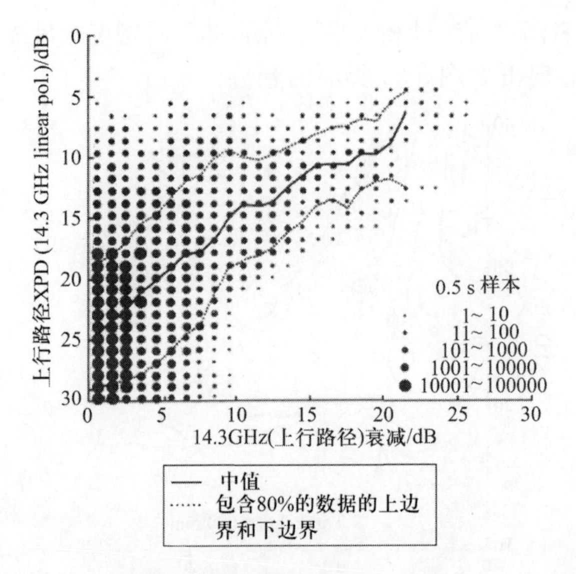

图 5.56 衰减与去极化之间的长期相关性: 用覆盖了等值线 90% 和 10% 的点的大小表示密度 (转自文献 [44] 中的图 8.19)

注: 图中插表给出 0.5 s 采样值的个数。

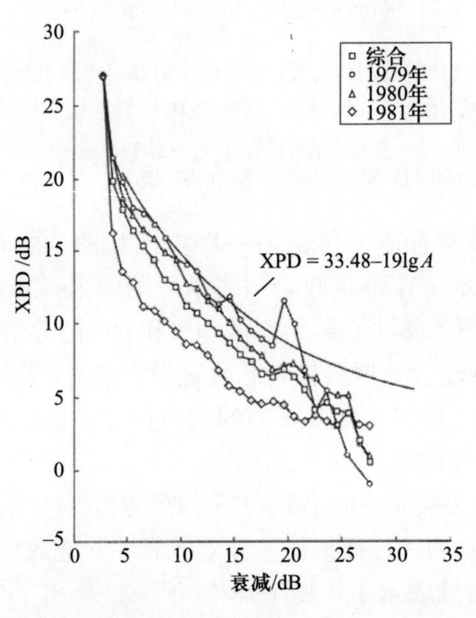

图 5.57 衰减与去极化长期相关性: 连续三年测量结果的等概率值 (转自文献 [38] 中的图 12; ©1986 IEEE, 转载已获授权)

注: 表示 XPD 预报结果的实线来自于由该实验形成的模型

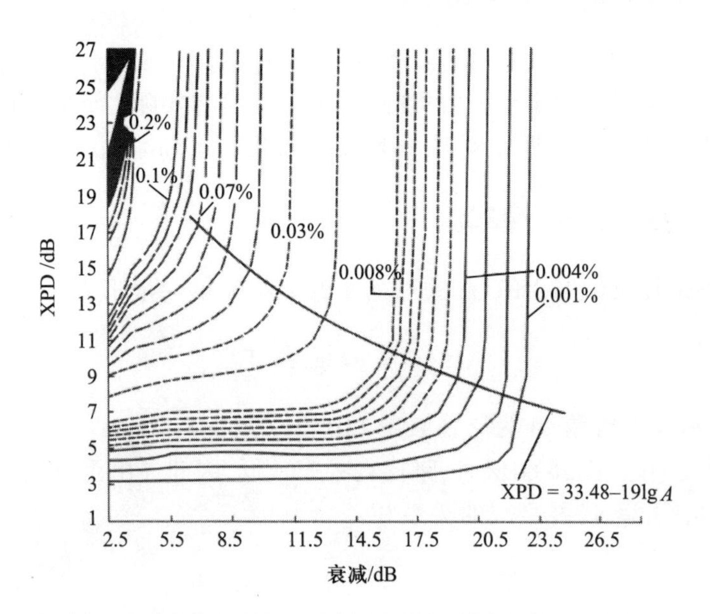

图 5.58 衰减与去极化长期相关性: 联合概率分布 (转自文献 [38] 中的图 12; ©1986 IEEE, 转载已获授权)

注: 图中的数据与图 5.51 中的数据比较, 两者以不同的形式给出相同的测量数据。

以图 5.57 中 "1981 年" 这条曲线为例, 当测量的路径衰减值为 15 dB 时出现了 5 dB 的 XPD。但是在图 5.58 中, 当衰减值为 2.5 ~ 14.5 dB、百分比时间为 0.004%时观察到 5 dB 的 XPD 值。这种表示方法的意义将在 5.6.4 节中阐述。

5.6 去极化预测模型

大多数衰减和去极化的理论模型将最初的 Mie 公式作为它们的起源[69]。大雨滴的不对称性使得差分相位和差分幅度共同影响去极化的理论预测。对于线极化信号, 粒子倾角也是重要的参数, 建议使用气象模型考虑粒子倾角的影响[8]。对 Morrison 等人[25,70] 和 Oguchi 等人[71–73] 的散射理论的成功完善, 形成了对去极化机制的极好理解。但是为了将理论应用于实际情形, 需要对星 – 地路径做出一些假设, 由此导致许多半经验模型的提出, 这些模型均以同路径测量或预测的衰减作为基础。因为冰晶不会造成明显衰减, 所以当这一现象被发现后, 基于衰减的经验方法立刻遭到了质疑。设法分开同时发生的降雨去极化和冰晶去极化的一些尝试显示出令人鼓舞的结果[91], 但这样实际上形成了两种本质上不同类型的去极化模型, 即降雨去极化模型和冰晶去极化模型。

5.6.1 降雨去极化模型

将路径衰减与 XPD 相关联的半经验模型的一般形式为

$$\mathrm{XPD} = a - b\lg A\ (\mathrm{dB}) \tag{5.14}$$

式中: a、b 为常数; A 为路径衰减 (dB)。

当频率低于 10 GHz 时, 路径衰减非常低, 因此提出用有效的路径长度和降雨率代替衰减的关系, 即

$$\mathrm{XPD} = U - V\lg R - 20\lg L\ \mathrm{dB} \tag{5.15}$$

式中: U、V 可表示为 R 为降雨率 (mm/h); L 为有效路径长度 (km);

$$U = 90 - 20\lg f - 40\lg\cos\theta$$

$$V = \begin{cases} 25 & 1\ \mathrm{GHz} \leqslant f \leqslant 15\ \mathrm{GHz} \\ 27 - 0.13f & 15\ \mathrm{GHz} < f \leqslant 35\ \mathrm{GHz} \end{cases}$$

其中: f 为频率 (GHz); θ 为仰角 (°)。

就 L 的取值产生了类似图 5.59 所示的曲线族。这些曲线随着降雨区域发生变化, 因此引入了以路径衰减为主要参数的半经验模型。对于

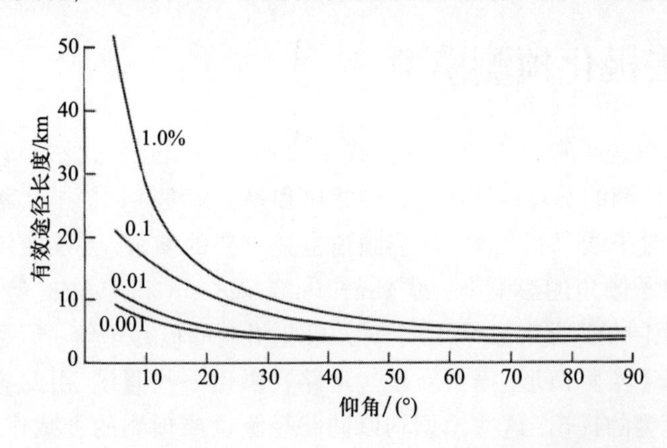

图 5.59 以年百分比时间为参数的典型有效路径长度曲线族

衰减非常低的频率, 建议用频率平方关系将较高频率的等效路径结果按比例缩放至较低频率 (见 5.6.3 节)。

5.6.2 冰晶去极化模型

对于低于约 30 GHz 的频率, 瑞利散射理论可以应用于计算冰晶引起的去极化[35]。然而, 在形成预测冰晶去极化模型的过程中存在相关联的参数和参数的隔离两个基本问题。

5.6.2.1 相关联的参数

相关联的参数即容易获得的气象或工程参数, 可以基于这些参数利用半经验公式预测所需的参数。对于路径衰减的情况, 点降雨率是相关联的参数, 而且在预测降雨去极化时, 路径衰减是相关联的参数。不存在适合于冰晶去极化模型的这样的参数, 主要是因为大多数冰晶没有到达地面以供测量。另外, 如果它们确实靠近了地面, 其基本特征相对于原来状态也可能发生明显改变。

5.6.2.2 参数的隔离

冰晶以两种盘状和针状[75,76] 基本形状出现。通常情况, 两种形态的冰晶沿路径以分离的两层同时出现。其他变化的参数[76] 包括粒子尺寸、每立方米粒子数、每个冰晶的倾角、粒子倾角分布、冰晶层的厚度/高度、场强定向排列机制。

不幸的是, 即便双极化、双频率雷达, 也缺乏充足的独立可测变量用于分离冰晶云相关的所有参量, 并且没有可用的一般预测模型。然而, 已经做了一些尝试将冰晶效应包含在通用的 ITU-R 预测模型中。

5.6.3 通用的 ITU-R 去极化模型

早期的 CCIR 去极化预测模型[77] 通过不断的细化发展成为了 Olsen 和 Nowland 的原始半经验模型[74], 这些模型用路径衰减依赖关系代替了降雨率和路径长度依赖关系。目前, 所用的 ITU-R 去极化预测方法将早期模型的频率范围扩大至 35 GHz。下面引用 ITU-R 去极化预测模型, 仅仅为了与本章公式编号一致而改变了其编号。

为了由雨衰统计结果计算去极化长期统计结果, 需要知道以下参数:

Ap — 所讨论的路径上规定百分比时间 p 内被超过降雨衰减值 (dB), 通常称为共极化衰减 (CPA);

τ — 倾角, 线极化波电场矢量相对水平面的极化倾角, 如果是圆极化, 则 $\tau = 45°$;

f — 频率 (GHz);

θ — 路径仰角 (°)。

下面所描述的采用同一路径的雨衰统计结果来计算 XPD 统计结果的方法对于 $8 \sim 35$ GHz 的频率和 $\theta \leqslant 60°$ 路径有效。向下按比例缩放至低于 4 GHz 的频率的方法在步骤 8 给出。

步骤 1: 计算随频率变化的项

$$C_f = 30 \lg f, \quad 8 \text{ GHz} \leqslant f \leqslant 15 \text{ GHz} \tag{5.16}$$

步骤 2: 计算随降雨衰减变化的项

$$C_A = V(f) \lg A_p \tag{5.17}$$

式中

$$V(f) = \begin{cases} 12.8 f^{0.19}, & 8 \text{ GHz} \leqslant f \leqslant 20 \text{ GHz} \\ 22.6 \quad, & 20 \text{ GHz} < f \leqslant 35 \text{ GHz} \end{cases}$$

步骤 3: 计算极化改善因子

$$C_\tau = -10 \lg[1 - 0.484(1 + \cos 4\tau)] \tag{5.18}$$

倾角 $\tau = 45°$ 时, 改善因子 $C_\tau = 0$; $\tau = 0°$ 或 $\tau = 90°$ 时, 改善因子 C_τ 达到最大值 15 dB。

步骤 4: 计算随链路仰角变化的项

$$C_\theta = -40 \lg \cos \theta, \quad \theta \leqslant 60° \tag{5.19}$$

步骤 5: 计算随雨滴倾角变化的项

$$C_\sigma = 0.0052\sigma^2 \tag{5.20}$$

式中: σ 为雨滴倾角分布的有效标准差 (°), 对于 1%、0.1%、0.01%、0.001% 的时间百分比, σ 值分别取为 0°、5°、10° 和 15°。

步骤 6: 计算不超过百分比时间 p% 的降雨 XPD 值

$$\text{XPD}_{\text{rain}} = C_f - C_A + C_\tau + C_\theta + C_\sigma \text{ (dB)} \tag{5.21}$$

步骤 7: 计算随冰晶变化的项

$$C_{\text{ice}} = \text{XPD}_{\text{rain}} \times (\frac{0.3 + 0.1\log p}{2})\ (\text{dB}) \tag{5.22}$$

步骤 8: 计算包含冰晶效应的不超过百分比时间 $p\%$ 的 XPD 值

$$\text{XPD}_{\text{p}} = \text{XPD}_{\text{rain}} - C_{\text{ice}}\ (\text{dB}) \tag{5.23}$$

该预测方法中, 当频率位于路径衰减较低的 $4 \sim 6$ GHz 时, A_p 统计结果对于预测 XPD 统计结果的用处不大。当频率低于 8 GHz 时, 式 (5.24) 所给出的频率缩放比例公式可以用来将 8 GHz 的 XPD 统计值按比例缩放至 $4 \sim 6$ GHz 的 XPD 统计结果 (见文献 [77] 4.3 节)。

虽然严重的 XPD 通常由降雨引起, 而且累计降雨率统计结果将为平均年 XPD 统计结果提供好的度量, 但 XPD 和雨衰在每次事件中不总是遵循这些统计趋势。也就是, 具有小降雨量伴随低 XPD 值和中等降雨量伴随高 XPD 值的情况。如果可以获得 XPD 和 Ap 的联合概率累积分布, 则应当将它用于地 - 空链路设计中。

5.6.4 水汽凝结体引起的 XPD 统计特性的长期频率和极化缩放比例

将沿同一路径的 XPD 结果从一个频率按比例缩放至另一个频率, 从一种极化倾角按比例缩放至另一极化倾角的方法在文献 [77] 中的 4.3 节给出, 这种方法表示为

$$\begin{aligned}\text{XPD}_2 = \text{XPD}_1 - 20\lg \frac{f_2\sqrt{1-0.484(1+\cos 4\tau_2)}}{f_1\sqrt{1-0.484(1+\cos 4\tau_1)}} 4\ \text{GHz} \\ \leqslant f_1, f_2 \leqslant 30\ \text{GHz}\ (\text{dB})\end{aligned} \tag{5.24}$$

式中: XPD_1、XPD_2 分别为频率 f_1、f_2、极化倾角 τ_1、τ_2 的信号不超过相同百分比时间的 XPD 值。

式 (5.24) 可用于按比例缩放降雨和冰晶去极化效应的 XPD 数据[77], 因为当频率低于 30 GHz 时, 已经观察到这两种去极化现象有着几乎相同的频率依赖关系。

在 ITU-R 模型中用于考虑冰晶去极化效应的 C_{ice} 因子, 是使用链路仰角大于 10° 的测试数据形成的结果。由于这个原因, 随着时间百分

比的增大, 该因子也逐渐增大, 也就是说在低时间百分比时, 冰晶去极化是可以忽略的。后来的 10 GHz 以上频率、低仰角路径实验结果显示, 整个百分比时间的冰晶去极化影响几乎恒定, 因此 C_{ice} 因子需要在以后的模型中反映这种特点。整体来说, 相对所遇到的严重去极化, 冰晶去极化的统计影响非常低, 因此已经发现 ITU-R 预测模型可以为运营的通信系统给出普遍好的结果。

发展半经验模型的其他途径主要集中在两个方向: 一是发展比 ITU-R 所采用的模型更加严格的模拟技术, 然后进行更多的曲线拟合以便获得 XPD 随衰减变化[78] 的最佳预测结果; 二是通过对等效路径长度和频率依赖关系使用新的参数, 扩展最初的 Olsen 和 Nowland 模型[79]。前者称为 SIM 模型[78], 该模型给出了好的结果, 但是因为这种模型不能提供明显优于 ITU-R 模型的结果, 所以推荐使用 ITU-R 一般预测方法。后者也能够给出好的结果, 但是需要知道通过雨介质的路径长度的精确信息。

5.6.5 衰减和 XPD 的联合预测模型

在通用的 ITU-R 去极化模型中使用的半经验方法使用如下假设: 对于给定的雨衰, 若不考虑气候因素, 则沿同一路径的 XPD 是相同的; 引起衰减的特定降雨参数将产生对应的 XPD, 而 XPD 通常与站点位置, 路径几何结构和降雨区域无关。ITU-R 模型中的方法假定等概率分布适用于衰减和 XPD 之间的相关性。在超过 30 年的时间中, 使用带有 11 GHz、20 GHz、30 GHz 和 40 GHz 信标的卫星进行的越来越多的测量结果倾向于支持上述假设[22,80,81]。

然而, 在大多数情况下, 等概率分布意味着在给定衰减值情况下具有悲观的 XPD 值, 也就是使用了联合概率统计结果的 XPD 预测值, 通常比基于等概率分布预测的 XPD 值要好 (XPD 值较大)。因此, 文献 [82] 中提出了一种简单的联合概率模型, 该模型采用了由 Thirlwell 和 Howell 提出的显示 XPD–衰减的联合统计结果的方法[83], 而且把联合分布的拐点连接在一起。图 5.60 中的联合分布曲线解释了上述方法。

文献 [84] 中提出了一种用于建立 XPD–衰减联合分布的半经验方法。该方法假设频率、仰角和极化倾角的中值与等概率分布的缩放规律对于联合分布也是有效的。使用新泽西得到的原始的联合

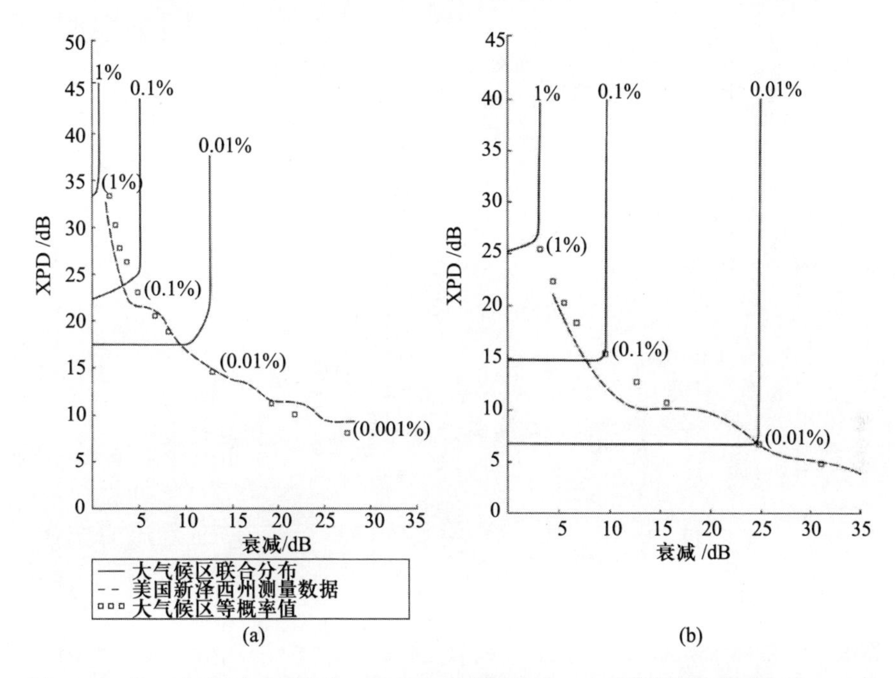

图 5.60 在 K 气候区对频率为 14 GHz、极化倾角为 45° 的信号给出的衰减/XPD 联合曲线的参考分布 (转自文献 [84] 中的图 11(b) 和图 10(b)); ©1986 John Wiley & Sons Led, 转载已获授权)

(a) 仰角为 30°; (b) 仰角为 10°。

分布[85], 在 ITU-R 降雨气候区 E、K 和 M 区[84] 发展得到 11 GHz 和 14 GHz 的参考曲线。图 5.60(a)、(b) 和图 5.61(a)、(b) 分别给出频率为 14 GHz、11 GHz, 仰角为 30°、10° 条件下的参考分布曲线。

为了将参考分布按比例缩放至其他仰角、频率值和极化倾角, 可以使用下式[84]:

$$A(f_2,\theta_2) = A(f_1,\theta_1)\left(\frac{f_2}{f_1}\right)^2 \frac{\sin\theta_1}{\sin\theta_2}\ (\text{dB}) \tag{5.25}$$

$$\text{XPD}(f_2,\theta_2,\tau_2) = \text{XPD}(f_1,\theta_1,\tau_1) -20\log\left[\frac{f_2}{f_1}\times\frac{\cos^2\theta_2}{\cos^2\theta_1}\times\frac{\sin\theta_1}{\sin\theta_2}\right]\times\sqrt{\frac{1-0.484(1+\cos 4\tau_2)}{1-0.484(1+\cos 4\tau_1)}}\ (\text{dB}) \tag{5.26}$$

相比将仰角因子引入到式 (5.24) 所示的 ITU-R XPD 频率比例缩放方法, 在这种方法中[84] 使用了一种简化的衰减缩放比例。采用简化的衰减缩放比例是因为 ITU-R 预测模型的使用范围为 10 ~ 35 GHz, 引入

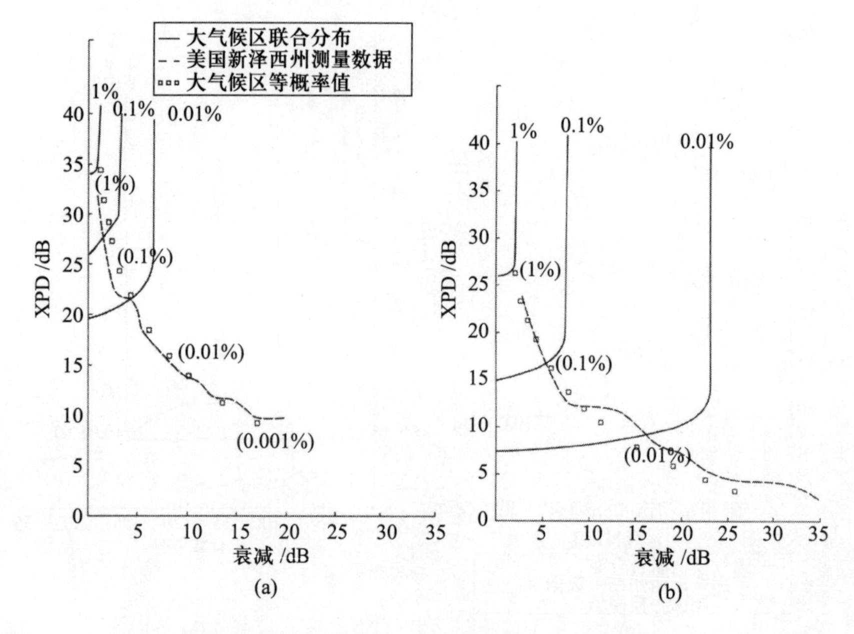

图 5.61 在 K 气候区对频率为 11 GHz、极化倾角为 45° 的信号给出的衰减–XPD 联合曲线的参考分布 (转自文献 [84] 中的图 9(b) 和图 8(b);©1986 John Wiley & Sons Ltd, 转载已获授权))

(a) 仰角为 30°; (b) 仰角为 10°。

仰角因子是为了允许按比例缩放仰角。这种新提出的方法没有在高于 35 GHz 的频率进行测试。

5.7 系统影响

5.7.1 共信道干扰

与路径衰减不同, 去极化效应自身不会导致接收系统噪声增大, 因为它不是吸收现象。然而, 去极化效应会导致能量从一种极化方式转移至其相反的极化方式, 因此会降低两个相同信道 (相同频率) 之间的极化隔离度。因此, 载噪比 C/N 的下降主要是由衰减效应所致, 而所需载干比 C/I 的下降主要是由去极化效应所致。

图 5.62 中给出了一个转发器内的许多 FM 子载波, 它们同样可以是子数字载波。C/I 的急剧下降将导致极化方式 (1)、频率 (1) 的信号与

相同信道、与极化方式 (1) 正交的极化方式 (2) 的同频信号相互干扰。

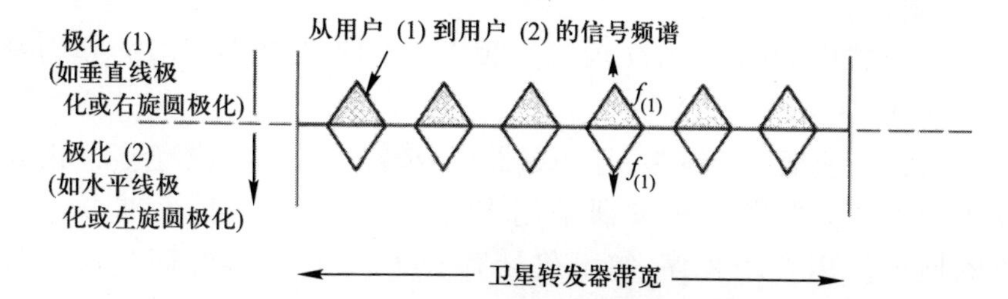

图 5.62 共信道双极化完整频率复用

注: 三角形表示 FM 调频频谱, 多个这样的频谱可以在典型卫星转发器带宽内合并应用。假设使用全共信道运行的载波都相同 (它们包含相同的多路复用信道或相同的等效电视载波), 也就是说极化方式 (1) 载波的中心频率与极化方式 (2) 载波的中心频率完全相同。如果这些载波是数字调制信号, 则它们的频谱用矩形分布表示更合适, 而不是用三角形表示。

然而, 很少有卫星转发器采用全共信道运行, 通常的方法是偏移不同极化载波信号的中心频率, 如图 5.63 所示。

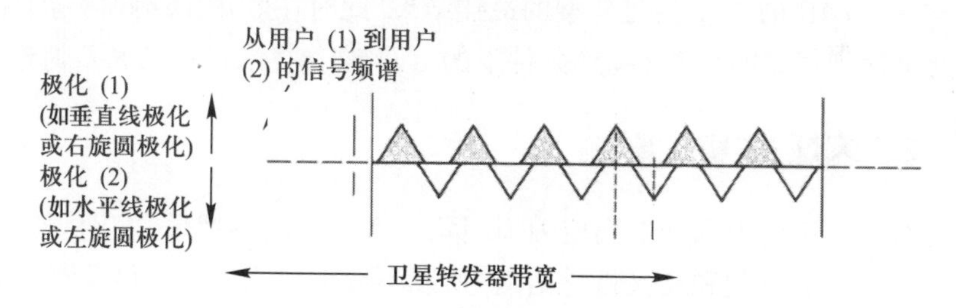

图 5.63 共信道双极化频率交错频率复用

注: 为了降低共信道干扰, 载波的中心频率偏移了 Δf。简单起见, 给出了等带宽载波。如果载波是数字调制, 则上述频谱用矩形谱表示。

对于宽的 FM 载波或者数字载波, 频率交错是不可能。因此, 为了把可以影响任何运行信道的干扰降低至低于指定的性能门限, 必须为超过频率交错允许带宽的频分复用载波系统找到一种降低干扰的方法。但是, 尝试找降低干扰方法之前, 应该先评估仅 C/I 减小是否会导致链路中断。

卫星链路公式表示为[4,86,87]

$$\frac{1}{(C/N)_{\mathrm{t}}} = \frac{1}{(C/N)_{\mathrm{u}}} + \frac{1}{(C/N)_{\mathrm{d}}} + \frac{1}{(C/N)_{\mathrm{im}}} + \frac{1}{(C/I)} \tag{5.27}$$

式中: t 代表全部; u 代表上行链路; d 代表下行链路; im 代表互调产物。

注意:

(1) 公式中 C/N 和 C/I 项都为数值功率比值, 而且没有转换为对数表示值, 单位不是 dB。

(2) C/I 项把上行链路、下行链路以及转发器影响因素合起来组成整体 C/I 项。当当一转发器采用多载波运行方式时, 大部分运营商依赖于使用自动程序, 它不仅计算 C/I 和互调产物, 而且计算每个信号的最优化功率设置和最优载波频率。国际通信卫星机构使用的程序为 STRIP (Satellite Transponder Intermodulation Plan), 它是由 COMSAT 实验室开发的。

如果式 (5.27) 右边四项中的任何一项变得严重恶化, 则式中的 $(C/N)_{\mathrm{t}}$ 可能降低至需求性能的余量之下。噪声限制的链路或互调限制的链路倾向于对 C/I 相对不敏感, 除非 C/I 异常严重。

实际系统中, 采用全系统代价最小化的方式去尽力抵消损伤现象。若 $(C/N)_{\mathrm{im}} = 20\ \mathrm{dB}$, 则试图达到 45 dB 的 C/I 没有任何意义。晴空条件下 $27 \sim 30\ \mathrm{dB}$ 的 C/I 值是典型的最佳结果, 此时在效费比和同信道干扰之间可达到很好的平衡。损伤条件下的 C/I 改善技术将在第 8 章讨论。

5.7.2 闪烁/去极化影响

因为对流层闪烁和电离层闪烁现象的本质是同轴现象, 它们倾向于同等的影响共极化和交叉极化信道, 所以不会造成明显的去极化[88]。然而, 闪烁会对链路之间的隔离产生二次影响, 即使链路采取了补偿机制, 这样的二次影响也同样严重。因为补偿系统一方面依赖于衰减和去极化之间存在精确的实时相关性; 另一方面依赖于上下行链路去极化之间精确的实时相关性。

5.7.2.1 对流层闪烁对去极化的影响

路径衰减与去极化之间的长期相关性和联合分布已在前面部分进行了说明, 并在半经验模型中得到了很好的结合。低仰角时, 严重的对流层闪烁 (导致的去极化可以忽略) 会导致路径衰减与 XPD 之间的等概率分布、联合分布出现明显的偏移, 图 5.64 给出不同衰减情况下衰减和 XPD 联合分布[59]。

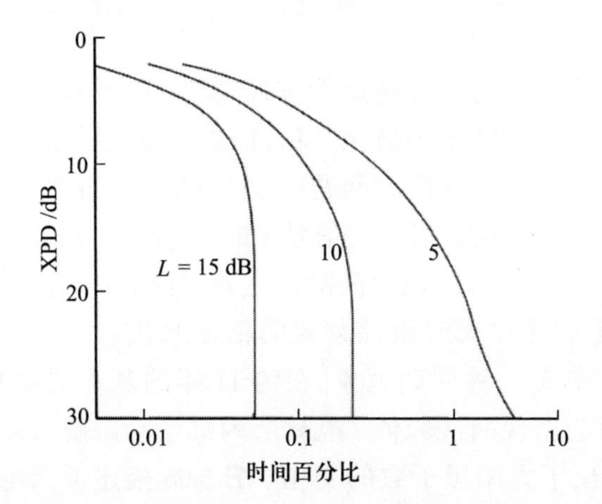

图 5.64 不同衰减情况下衰减和 XPD 联合分布 (转自文献 [59] 中的图 6; ©日本 1985IEICE, 转载已获授权)

注: 地点为日本, Ohita; 信号频率为 11.452 GHz; 链路仰角为 6.6°; 实验时间为 1983 年 1 月 — 11 月。注意到高时间百分比时 5 dB 曲线偏离了 10 dB 和 15 dB 曲线的趋势, 这是由于对流层闪烁效应所导致。对流层闪烁是同轴效应, 不会造成去极化。

在图 5.64 中, 对应于 5 dB 衰减曲线的尾部不再遵循更高衰减值对应曲线的趋势。带有匹配上行链路去极化补偿系统的上行链路功率控制系统在这个区域可能难以令人满意地工作。

5.7.2.2 电离层闪烁对去极化的影响

图 5.65 简要地说明了电离层闪烁和降雨 (或冰晶) 去极化同时出现

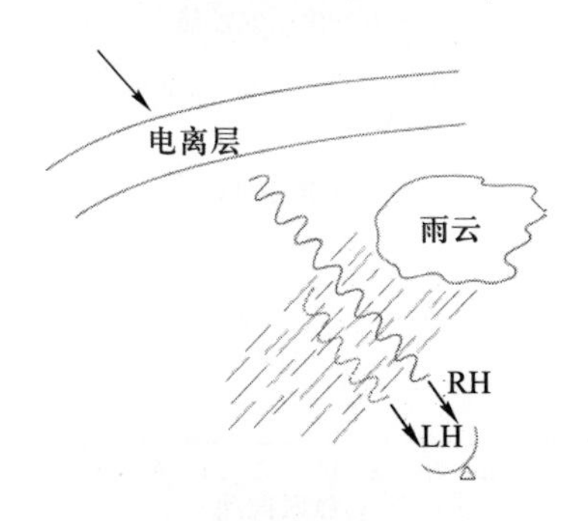

图 5.65 电离层闪烁和雨衰同时发生

注: 闪烁现象在共极化信道和正交极化信道同时存在, 但是如果天线跟踪精确, 则 XPD 只会由路径上的降雨 (或者冰晶) 引起。然而, 一旦天线未跟上卫星, 去极化会同时出现在上行链路和下行链路, 此时由于天线特性的影响, 去极化值偏离了理论数值。也就是说, 观测到的去极化值将不仅仅是由路径上的降雨或冰晶引起。

情况。

假如采用全共信道的系统运行方式, 实验中[66] 观察到的严重电离层闪烁和同时发生的降雨去极化, 将会造成去极化引起的信号中断 (由于电离层闪烁会引起天线跟踪问题) 时间总量为 1 年的 0.06%。上述结果不包括正常降雨去极化引起的信号中断。前面已经指出, 差的天线跟踪是观测到链路中出现去极化的潜在主要原因之一。任何来源的严重闪烁现象都足够导致天线跟踪装置的精度恶化。

电离层闪烁是一种周期现象, 在约 11 年的基本周期基础上, 每当春、秋分期间会出现两次峰值。电离层闪烁活动跟随太阳黑子数的变化, 图 2.15 给出了太阳黑子数的变化。图 5.65 描述了当电离层闪烁和降雨去极化沿同一倾斜路径能够同时发生、导致不可接受性能问题的情况。然而, 在地球同步轨道卫星链路, 这样的闪烁/去极化联合损伤只可能发生在以下情况: ① 电离层闪烁通常非常严重的 $-25^\circ \sim 25^\circ$ 纬度范围内; ② 用于商业卫星通信的 6/4 GHz 频段, 该频段内两种现象都很明显; ③ 春分或秋分期间; ④ 太阳黑子极大期。因此, 在 11 年期间的平均影响可以忽略不计, 但是如果信号中断标准以任何一年或任何最坏月来定义, 闪烁/去极化联合损失的影响就非常明显 (图 5.66)。

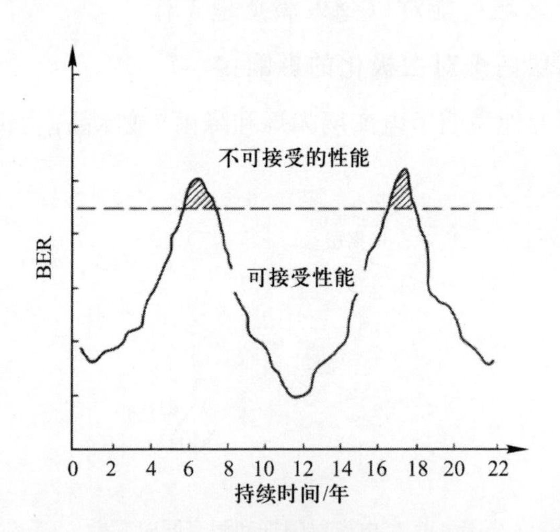

图 5.66 在 11 年太阳黑子周期内, 出现降雨去极化和电离层闪烁联合导致 6/4 GHz 链路性能恶化至不可接受程度时期

参考文献

[1] L.J. Ippolito, R.D. Kaul and R.G. Wallace, 'Propagation effects handbook for satellite systems design', NASA Reference Publication 1082(03), 1983.

[2] D.C. Cox and H.W. Arnold, 'Comparison of measured cross-polarization isolation and discrimination for rain and ice on a 19 GHz space - earth path', *Radio Sci.*, 1984, vol. 19, pp. 617–628.

[3] P.A. Watson and S.I. Ghobrial, 'Off-axis polarization characteristics of Cassegrainian and front-fed paraboloidal antennas', *IEEE Trans. Antennas Propag.*, 1973, vol. AP-20, pp. 691–698.

[4] T. Pratt and C.W. Bostian, *Satellite Communications*, Hoboken, New Jersey, USA: Wiley, 1986.

[5] J.A. Morrison and T.S. Chu, 'Perturbation calculations of rain-induced differential attenuation and differential phase shift at microwave frequencies', *Bell Syst. Tech. J.*, 1973, vol. 52, pp. 1907–1913.

[6] J.E. Allnutt and D.V. Rogers, 'System implications of 14/11 GHz path depolarization. Part II: Reducing the impairments', *Int. J. Satellite Commun.*, 1986, vol. 4, pp. 13–17.

[7] G. Brussaard, Private Communication, September 1987.

[8] G. Brussaard, 'A meteorological model for rain-induced cross-polarization', *IEEE Trans. Antennas Propag.*, 1976, vol. AP-24, pp. 5–11.

[9] N.K. Uzunoglu, B.G. Evans and A.R. Holt, 'Scattering of electromagnetic radiation by precipitation particles and propagation characteristics of terrestrial and space paths', *Proc. IEE*, 1977, vol. 124, pp. 417–424.

[10] P.A. Watson and M. Arabi, 'Cross-polarization isolation and discrimination', *Electron. Lett.*, 1973, vol. 9, pp. 516–517.

[11] W.L. Stutzman, 'Mathematical formulations and definitions for dualpolarized reception of a wave passing through a depolarizing medium (A polarization primer)', Supplemental Report 1 on a depolarization and attenuation experiment using the CTS and comstar satellites, June 1977 (revised January 1980), prepared for NASA Goddard Space Flight Center, Greenbelt, MD 20771, USA.

[12] K. Miya (ed.), *Satellite Communications Technology*, second edition, KDD Engineering and Consultancy, Inc., Tokyo, 1985 (English language edition).

[13] D.L. Bryant, 'Uplink depolarization pre-compensation experiment (INTEL-156)', B.T.I. Final Report on INTELSAT Contract INTEL-156, 1984, British Telecom International, Landsec House, 23 New Fetter Lane, London EC4A 1AE, UK.

[14] J.E. Allnutt and J.E. Goodyer, 'Design of receiving stations for satellite-toground propagation research at frequencies above 10 GHz', *IEE J. Microw Optic. Acoust.*, 1977, vol. 1, pp. 157–164.

[15] J. Thirlwell, Private communication, March 1984.

[16] M. Yamada, Y. Karasawa, M. Yokoyama and H. Shimoi, 'Compensation techniques for rain depolarization in satellite communications', *paper presented at 23rd URSI-GA*, 28 August - 5 September, 1990, Prague, Czechoslovakia.

[17] M. Chandra and N.J. McEwan, 'Use of dual-polarization radar for XPD prediction due to rain along a slant path having polarization tilt', *Preprints URSI Commission F/IEE Open Symposium*, Bournemouth, UK, 1982, pp. 195–200.

[18] A.R. Holt, 'Some factors affecting the remote sensing of rain by polarization radar in the 3 to 35 GHz frequency range', Radio Sci., 1984, vol. 19, pp. 1399–1412.

[19] J.P.V. Poiares Baptista and N.J. McEwan, 'Prediction of slant-path rain crosspolarization discrimination ratio and phase using dual-polarization radar data', *Electron. Lett.*, 1985, vol. 21, pp. 460–461.

[20] http://en.wikipedia.org/wiki/NEXRAD (June 2007).

[21] D.A. De Wolf, H.W.J. Russchenberg and L.P. Ligthart, 'Cross-polarized radar reflections from wet snow and ice droplets at weather radar wavelengths', *IEEE Trans. Antennas Propag.*, 1990, vol. 38, no. 11, pp. 1843–1847.

[22] There were two major sets of reports:
(a) OPEX (Olympus Propagation Experimenters), Second Workshop of the Olympus Propagation Experimenters, ESA publication WPP-083, Noordwijk, 8–10 November 1994. There were four volumes:
Vol. 1 Reference book on attenuation measurement and prediction
Vol. 2 Reference book on depolarization
Vol. 3 Reference book on radiometry and meteorological measurements
Vol. 4 Reference book on radar
(b) Olympus Utilization Conference, ESA publication WPP-60, Proceedings of an international conference, Sevilla, Spain, 20 - 22 April 1993.

[23] Telesis, December 1977, Special issue: DRS-8 Digital Radio System.

[24] P.A. Watson and M. Arbabi, 'Rainfall cross-polarization at microwave frequencies', *Proc. IEE*, 1973, vol. 120, pp. 413–418.

[25] J.A. Morrison, M.J. Cross and T.S. Chu, 'Rain-induced differential attenuation and differential phase shift at microwave frequencies', *Bell Syst. Tech. J.*, 1973, vol. 52, pp. 599–604.

[26] H.R. Pruppacher and R.L. Pitter, 'A semi-empirical determination of the shape of cloud and rain drops', *J. Atmos. Sci.*, 1971, vol. 28, pp. 86–94.

[27] T. Oguchi, 'Scattering from hydrometeors: a survey', *Radio Sci.*, 1981, vol. 16, pp. 691–730.

[28] R.R. Taur, 'Rain depolarization: theory and experiment', *Comsat Tech. Rev.*, 1974, vol. 4, pp. 187–190. (More fully reported in two technical memoranda CL-14-73 and CL-40-73, available from COMSAT Laboratories, 22300 Comsat Drive, Clarksburg, MD 20874, USA.)

[29] C.W. Bostian, W.L. Stutzman, E.A. Manus, P.H. Wiley and R.E. Marshall, 'Depolarization measurements on the ATS-6 20 GHz downlink: a description of the VPI&SU experiment and some initial results', *IEEE Trans. Microw. Theory Tech.*, 1975, vol. MTT-23, pp. 1049–1053.

[30] P.F. Shutie, J.E. Allnutt and E.C. MacKenzie, 'Satellite-Earth signal depolarization at 30 GHz in the absence of significant fading', *Electron. Lett.*, 1977, vol. 13, pp. 1–2.

[31] N.J. McEwan, P.A. Watson, A.W. Dissanayake, D.P. Haworth and V.T. Vakili, 'Cross-polarization from high-altitude hydrometeors on a 20 GHz satellite radio path', *Electron. Lett.*, 1977, vol. 13, pp. 13–14.

[32] P.F. Shutie, J.E. Allnutt and E.C. MacKenzie, 'Depolarization results at 30 GHz using transmissions from the ATS-6 satellite', *URSI Commission F Open Symposium*, La Baule, France, 1977, pp. 367–369.

[33] P.F. Shutie, E.C. MacKenzie and J.E. Allnutt, 'Depolarization measurements at 30 GHz using transmissions from ATS-6', *Proceedings of ATS-6 Meeting*, ESTEC, Noordwijk, ESA SP-131, 1977, pp. 127–134.

[34] D.P. Cox and H.W. Arnold, 'Preliminary results from the Crawford Hill 19 GHz COMSTAR beacon propagation experiment', *US National Committee of the International Union of Radio Science (USNC/URSI)* Meeting, October 1976, Amherst, MA, USA.

[35] C.W. Bostian and J.E. Allnutt, 'Ice-crystal depolarization on satellite–earth microwave radio paths', Proc. IEE, 1979, vol. 126, pp. 951–960.

[36] V. Moyer, N. Horvath and A.H. Thompson, 'The College Station, Texas, Halo Complex of 22 March 1979', *Bull. Am. Meteorol. Soc.*, 1980, vol. 61, pp. 570–572.

[37] D.P. Haworth, N.J. McEwan and P.A. Watson, 'Relationship between atmospheric electricity and microwave radio propagation', *Nature*, 1977, vol. 266, pp. 703–704.

[38] C.W. Bostian, T. Pratt and W.L. Stutzman, 'Results of a three-year 11.6 GHz low-angle propagation experiment using the SIRIO satellite', *IEEE Trans. Antennas Propag.*, 1986, vol. AP-34, pp. 58–65.

[39] A. Ogawa, '6/4 GHz depolarization correlation measurements', INTELSAT Technical Memorandum, IOD-P-83-01, 1983 (available from INTELSAT, 3400 International Drive, NW, Washington, DC 20008-3098, USA).

[40] A. Ogawa and J.E. Allnutt, 'Correlation of 6 and 4 GHz depolarization on slant paths', *Electron. Lett.*, 1982, vol. 18, pp. 230–232.

[41] S.J. Struharik, 'Rain and ice depolarization measurements at 4 GHz in Sitka, Alaska', *COMSAT Tech. Rev.*, 1984, vol. 13, pp. 403–436.

[42] J.E. Allnutt, 'The system implications of 6/4 GHz satellite-to-ground signal depolarization results from the INTELSAT propagation measurements programme', *Int. J. Satellite Commun.*, 1984, vol. 2, pp. 73–80.

[43] J.R. Larsen and S.A.J. Upton, 'Analysis of propagation data from low elevation angle measurements in Denmark', Draft Final Report, 22 March, 1991 (the work was supported by the European Space Agency through ESTEC purchase order 101378, 1990).

[44] Final Report on Phase 1 of the INTELSAT V Low Angle Propagation Measurements carried out at Martlesham Heath, England (British Telecom Research Labs : INTELSAT Contract INTEL-159/238).

[45] Y. Maekawa, N.S. Chang and A. Miyazaki, 'Ice depolarization characteristics on Ka-band satellite-to-ground paths in stratus rainfall events', *IEICE Trans. Commun.*, 1994, vol. E77-B, no. 2, pp. 239–247.

[46] Y. Maekawa, N.S. Chang and A. Miyazaki, 'Effects of ice depolarization on Ka-band satellite-Earth path in stratus rainfall events', *Electron. Lett.*, 1990, vol. 26, no. 24, pp. 2006–2008.

[47] H. Fukuchi, 'Prediction of depolarization distributions on Earth-space paths', *IEE Proc.*, 1990, vol. 137, Pt. H, no. 6, pp. 325–330.

[48] W.L. Stutzman, C.W. Bostian, A. Tsolakis and T. Pratt, 'The impact of ice

along satellite-to-earth paths on 11 GHz depolarization statistics', *Radio Sci.*, 1983, vol. 18, pp. 720–724.

[49] H.W. Arnold, D.C. Cox, H.H. Hoffman and R.P. Leck, 'Ice depolarization statistics for 19 GHz satellite-to-Earth propagation', *IEEE Trans. Antennas Propag.*, 1980, vol. AP-28, pp. 546–550.

[50] A. Martellucci, A. Paraboni and M. Philipponi, 'Measurements and modeling of rain and ice depolarization on spatial links in the Ka- and V-bands', Paper 1307, *Antennas and Propagation Conference*, AP2000, Davos, Switzerland, April 2000.

[51] R. Jakoby, F. Ru ¨ cker, D. Vanhoenacker and H. Vasseur, 'Fraction of ice depolarization on satellite links in Ka-band', *Electron. Lett.*, 1994, vol. 30, no. 23, pp. 1917–1918.

[52] R.A. Hogers, M.H.A.J. Herben and G. Brussaard, 'Distinction between rain and ice depolarization by calculation of differential attenuation and phase', *Electron. Lett.*, 1991, vol. 27, no. 19, pp. 1752–1753.

[53] D.C. Cox, 'Depolarization of radio waves by atmospheric hydrometeors in earth-space paths: a review', *Radio Sci.*, 1981, vol. 16, pp. 781–812.

[54] Report 723, 'Worst month statistics', CCIR Vol. 5 Propagation in non-ionized media, ITU, 2 Rue Varembé 1211, Geneva 20, Switzerland.

[55] K.M. Yon, W.L. Stutzman and C.W. Bostian, 'Worst-month rain attenuation and XPD statistics for satellite paths at 12 GHz', *Electron. Lett.*, 1984, vol. 20, pp. 646–647.

[56] H. Fukuchi, T. Kozu and S. Tsuchiya, 'Worst month statistics of attenuation and XPD on Earth-space paths', *IEEE Trans. Antennas Propag.*, 1985, vol. AP-33, pp. 390–396.

[57] J. Thirwell, 'Depolarization measurements at 11 and 14 GHz with OTS', *IEE Conference: Results of Tests and Experiments with the European OTS Satellite*, 1981, London.

[58] M.T. Hewitt, D.J. Emerson, D.C. Rabone and R.G. Howell, 'Depolarization rate-of-change and event duration statistics for the OTS slant-path propagation experiments', BTRL Research Memorandum R6.2.3 No 5005/85 Issue 1, March 1985 (British Telecom Research Labs., Martlesham Heath, Ipswich, IP5 7RE, England).

[59] M. Yamada, K. Yasukawa, O. Furuta, Y. Karasawa and N. Baba, 'A propagation experiment on Earth-space paths of low elevation angles in the 14 and

11 GHz bands using the INTELSAT V satellite', ISAP 85, 1985, pp. 309–312 (paper 053-2 in vol. 1).

[60] B.G. Evans and S.A.J. Upton, 'Analysis of 4 GHz signal attenuation and depolarization data and concurrent 12 GHz radiometer data', Final Report on INTEL-118, 1982 (Department of Electrical Engineering, University of Essex, Wivenhoe Park, Colchester, England).

[61] D.J. Fang, 'IS-898 magnetic tape data analysis', Final Report on INTELSAT contract INTEL-222, Task RAD-003, 1982 (COMSAT Laboratories, 22300 Comsat Drive, Clarksburg, MD 20871, USA).

[62] P.-K. Lau and J.E. Allnutt, 'Attenuation and depolarization data obtained on 12 GHz satellite-to-Earth paths at four Canadian locations', *Electron. Lett.*, 1979, vol. 15, pp. 565–567.

[63] J.R. Larson, 'Results of XPD site-diversity measurements at 11.8 GHz', *Electron. Lett.*, 1982, vol. 18, pp. 81–82.

[64] A. Mawira and J.T.A. Neesen, 'Propagation data for the design of 11/14 GHz satellite communications systems', *AIAA 10th Communications Satellite Systems Conference*, Orlando, Florida, USA, 1984, pp. 629–639.

[65] R.G. Howell and J. Thirlwell, 'Cross-polarization measurements at Martlesham Heath using OTS', *URSI Commission F International Symposium on Effects of the Lower Atmosphere on Radio Propagation at Frequencies above 1 GHz*, Lennoxville, Canada, 1980, pp. 26–30.

[66] D.J. Fang and J.E. Allnutt, 'Satellite signal degradation due to simultaneous occurrence of rain fading and ionospheric scintillation at equatorial earth stations', *IEE International Conference on Antennas and Propagation (ICAP 87)*, 1987, IEE Conf. Publ. 274, pp. 281–284.

[67] H. Fukuchi, J. Awaka and T. Oguchi, 'Frequency scaling of depolarization at centimetre and millimetre waves', *Electron. Lett.*, 1985, vol. 21, pp. 10–11.

[68] H. Fukuchi, 'Two-dimensional probability distribution of attenuation and depolarization of Earth-space paths', *Electron. Lett.*, 1985, vol. 21, pp. 445–447.

[69] G. Mie, 'Beitrage zur optik truber medien speziell kolloidaler metallosungen', *Ann. Phys.*, 1908, vol. 25, pp. 377–445.

[70] J.A. Morrison and M.J. Cross, 'Scattering of a plane electromagnetic wave by axi-symmetric raindrops', *Bell Syst. Tech. J.*, 1974, vol. 53, pp. 955–1019.

[71] T. Oguchi, 'Attenuation and phase rotation of radiowaves due to rain: calculations at 19.3 and 34.8 GHz', *Radio Sci.*, 1973, vol. 8, pp. 31–38.

[72] T. Oguchi and A. Hosoya, 'Scattering properties of oblate raindrops and cross-polarization of radio waves due to rain (Part II): calculations at microwave and millimeter wave regions', *J. Radio Res. Labs. (Japan)*, 1974, vol. 21, pp. 191–259.

[73] T. Oguchi, 'Scattering properties of Prupacher-and-Pitter form raindrops and cross-polarization due to rain: calculations at 11, 13, 19.3, and 34.8 GHz', *Radio Sci.*, 1977, vol. 12, pp. 41–51.

[74] R.L. Olsen and W.L. Nowland, 'Semi-empirical relations for the prediction of rain depolarization statistics: their theoretical and experimental basis', *Proceedings of the International Symposium on Antennas and Propagation (ISAP-78)*, Sendai, Japan, 1978.

[75] W.L. Stutzman, W.P. Overstreet, C.W. Bostian, A. Tsolakis and E.A. Manus, 'Ice depolarization on satellite radio paths', Final Report on INTELSAT contract INTEL-123, April 1981 (Department of Electrical and Computer Engineering, VPI&SU, Blacksburg, VA 24061, USA).

[76] A. Tsolakis and W.L. Stutzman, 'Calculation of ice depolarization on satellite radio paths', *Radio Sci.*, 1983, vol. 18, pp. 1287–1293.

[77] Recommendation ITU-R P.618-8, 'Propagation data and prediction methods required for the design of Earth-space telecommunications systems', April 2003.

[78] W.L. Stutzman and D.L. Runyon, 'The relationship of rain-induced crosspolarization discrimination to attenuation for 10 to 30 GHz Earth–space radio links', *IEEE Trans. Antennas Propag.*, 1984, vol. AP-32, pp. 705–710.

[79] H. Fukuchi, J. Awaka and T. Oguchi, 'Improved theoretical formula for the relationship between rain attenuation and depolarization', Electron. Lett., 1984, vol. 20, pp. 859–860.

[80] 'The NASA Propagation Experimenters Group (NAPEX) met dozens of times during, and after, the ACTS satellite flew and the proceedings of their meetings were published by the Jet Propulsion Laboratory (JPL), e.g. JPL Publications 99–16', *Proceedings of the twenty-thirdNASA Propagation Experimenters Meeting (NAPEX XXIII) and the Advanced Communications Technology Satellite (ACTS) Propagation StudiesWorkshop*, Falls Church, VA, 2–4 June 1999, published in August 1999 by NASA (http://jpl.nasa.gov).

[81] The ITALSAT results were generally presented in a series of meetings organized within Coordinamento Esperimento Propagagzione ITALSAT

(CEPIT), sometimes in cooperation with a Ka-band Utilisation Conferences, run by the Politecnico di Milano, e.g., CEPIT X, Meeting Proceedings, hosted by the 8th Ka-band Utilisation Conference, Baveno, Lago Maggiore, Italy, 25–27 September 2002 (see www.elet.polimi.it/CEPIT/docs/cepit10procs.pdf).

[82] J.M. Gaines and C.W. Bostian, 'Modeling the joint statistics of satellite path XPD and attenuation', *IEEE Trans. Antennas Propag.*, 1982, vol. AP-30, pp. 815–817.

[83] J. Thirlwell and R.G. Howell, '20 and 30 GHz slant-path propagation measurements at Martlesham Heath, UK', *Proceedings AGARD 26th Symposium on Electromagnetic Wave Propagation*, London, 1980, pp. 1–9.

[84] D.V. Rogers and J.E. Allnutt, 'System Implications of 14/11 GHz path depolarization, Part I: predicting the impairment', *Int. J. Satellite Commun.*, 1986, vol. 4, pp. 1–11.

[85] H.W. Arnold, D.C. Cox, H.H. Hoffman and R.P. Leak, 'Characteristics of rain and ice depolarization for a 19 and 28 GHz propagation path from a COMSTAR satellite', *IEEE Trans. Antennas Propag.*, 1980, vol. AP-28, pp. 22–28.

[86] R.K. Flavin, 'Rain attenuation considerations for satellite paths in Australia', *A.T.R.*, 1982, vol. 16, pp. 11–24.

[87] T. Pratt, C.W. Bostian and J.E. Allnutt, *Satellite Communications*, second edition, Hoboken, New Jersey, USA: Wiley, 2003.

[88] E. Matricciani and C. Riva, 'Polarization independence of tropospheric scintillation in clear sky: results from Olympus experiment at Spino D'Adda', *IEEE Trans. Antennas Propag.*, 1998, vol. 46, no. 9, pp. 1400–1402.

[89] Y. Maekawa, N.S. Chang and A. Miyazaki, 'Seasonal variations of crosspolarization statistics observed at CS-2 experimental earth station', *Electron. Lett.*, 1988, vol. 24, pp. 703–704.

[90] M.M.J.L. van der Kamp, 'Separation of simultaneous rain and ice depolarization', *IEEE Trans. Antennas Propag.*, 2004, vol. 52, no. 2, pp. 513–523.

第 6 章

移动卫星业务传播效应

6.1 引言

基于卫星的商用全球通信始于 1965 年, 当时使用大型固定地面站 (天线直径约为 30 m), 经由地球同步轨道卫星在 C 波段 (上行链路 6 GHz, 下行链路 4 GHz) 进行相互之间通信[1]。地球同步卫星具有几乎全球的覆盖范围, 鉴于地球表面大部分为海水, 因此对船只提供远程通信方面取得了相应的进展。最初的地球同步卫星体积小而且功率有限, 因此, 即使最大的船只也不可能安装直径 30 m 的天线。解决的办法是: 提供 L 波段 ($1 \sim 2$ GHz) 而不是 C 波段的业务, 以及提供窄带业务 (类似语音信道) 而不尝试提供宽带连接。较低的频率减少了路径损耗 (见文献 [2] 及式 (1.36)), 并且所提供的窄带业务使得载噪比 C/N 余量要求得到满足。

由式 (1.36) 可以知, 路径损耗 $L_{\mathrm{P}} = (4\pi d/\lambda)^2$。式中: d 为距离 (m); λ 为波长 (m)。由于链路预算是以分贝表示法计算, 因此路径损耗 $L_{\mathrm{P}} = 10\lg(4\pi d/\lambda)^2$ (dB)。对于地球同步卫星来说, $d \approx 39000$ km。当频率为 4 GHz、1.5 GHz 时, 路径损耗分别为 196.3 dB、187.8 dB。因此, 在给定工作带宽下, 将频率从 4 GHz 降低为 1.5 GHz 提供了约 8.5 dB 的额外余量。

美国的 Comsat 公司实际上从创建到 1979 年期间运行国际机构时就已经创建了 Intelsat, Comsat 公司是国际海事卫星机构 LNmarsat (Intersat 的姐妹机构) 的起源。Comsat 公司在 1976 年通过采购并发射

3 颗卫星 Marisat 而开创了海事移动通信。3 颗 Marisat 卫星分别置于东经 345°、东经 176.5° 及东经 72.5° 的轨道上。卫星与船只之间的链路使用 1.5 ~ 1.6 GHz, 而卫星与海岸地面站之间的链路使用传统的 C 波段 (4 GHz 与 6 GHz)。

随着 Marisat 卫星的发射, 船只能便捷地与物主或安全组织进行通信, 不再需要忍受此前建立此种通信所需的大约 12 h 的延迟[3]。自从 Inmarsat 于 20 世纪 80 年代早期开始运营, 3 颗 Marist 卫星有效地加入到了该运营商, 成为了后来的携带海事移动组件的 INTELSAT V 系列卫星。80 年代从最初的基于大约 900 船只的用户[4], 大幅度增长到超过 250000 个 (2004 年早期数据) 陆地、海洋与空中终端。更重要的是, 由卫星提供的原来移动业务从纯粹的海事运营发展为包括航空和陆地的移动业务。这些陆地移动业务可以针对相对固定的终端 (如手提式 Inmarsat-M 终端或更小的 BGAN (Inmarsat Broadband Global Area Network) 终端[5]) 或针对个人的通信设备 (如由 Iridium[6] 及 Globalstar[7] 提供的手持移动电话)。总的说来, 海事与航空移动业务针对于非手持终端, 而陆地移动卫星业务 (LMSS) 越来越多地应针对手持设备。到了 20 世纪末尾, 通过视频电话使得来自遥远地区的电视实况广播成为一种增长趋势, 这种视频电话使用低数据率数字传输技术来传送 "定帧" 视频图像且伴随着高质量的语音传送。随着数字压缩技术的发展, 以及更高的卫星全向辐射功率 (EIRP) 与更高的接收增益成为现实, 小型手持终端的移动视频质量显著提高。几乎所有发生在世界各地的重大新闻都由移动卫星业务传送。随着视频压缩技术的继续发展、智能天线应用于地面终端以及额外的卫星天线增益和发射的 EIRP 进一步增加, 使用移动设备的视频质量开始比得上使用标准固定终端的传统广播系统的视频质量。需要注意的是, 对于卫星系统来说功率是很珍贵的, 因此通常有必要使得卫星与用户终端具有视距路径或者接近视距传输的情形。另外, 陆地蜂窝移动系统配置有更高的发射功率, 因此不需要视距路径。实际上, 诸如多径与衍射等传播效应可以用于建立信号的备用路径, 从而为用户提供足够的接收电平。在卫星路径上, 由多径引起的信号轻微扰动对卫星移动业务来说具有严重的破坏作用, 因此, 能够精确地模拟传输效应并给出有用的估算信号损耗的预报方法显得相当重要。然而, 决定上述任何一个移动终端的传播余量都需考虑传播损害的范围，一些传播损害范围与地球同步卫星或非同步卫星固定业务所遇到的问题有很大不同。

6.2 传播参数范围

图 6.1 给出了对于传统固定卫星业务所要考虑的传播损伤机制。对所有固定卫星业务链路预算计算中重要的前提之一，就是空间站 (卫星) 与地面站 (用户终端) 之间在任何时间都有清晰的视距路径。对于大多数海事及航空链路而言，上述假设一般成立，但是对于大多数陆地移动通信链路来说，上述假设经常不成立。对于陆地移动用户，除对流层和电离层对通过大气层的信号产生效应之外，还必须考虑建筑物及自然地貌 (如树木与高山) 造成的阻碍效应。这些阻碍可能是部分遮挡，也可能是全部遮挡。例如，树叶是部分遮挡，当用户移动至固体障碍物后是完全遮挡。另外，由于移动终端沿着两边有高楼或树木的公路移动，或者由于非地球同步轨道卫星相对迅速地移动，所造成的阻碍在本质上是统计的。图 6.1 为通信卫星与移动终端用户之间的一般传播损伤。

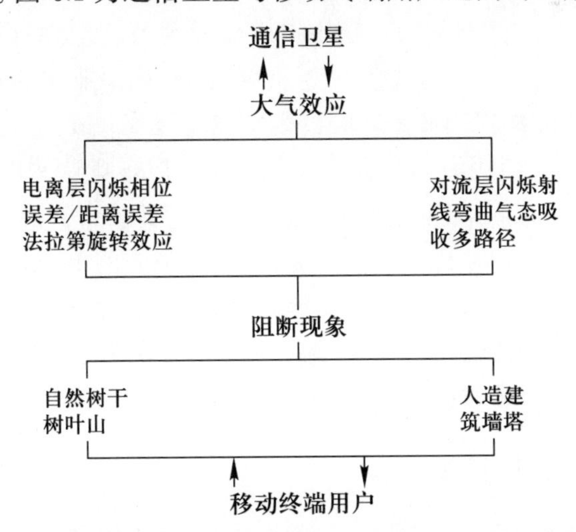

图 6.1 通信卫星与移动终端用户之间的一般传播损伤

注：来自卫星的信号穿过电离层然后通过低层大气，在传播过程中遇到传播损伤机制。信号在被移动用户接收到之前，会进一步受到用户附近自然或人为现象的影响。四个传播损伤区域 —— 电离层、对流层、自然障碍及人为障碍 —— 本质上是互不相关的。可以为电离层与对流层现象建立统计模型，在一定程度上也可以为给定路径拓扑结构建立自然现象的统计模型。在给定障碍物材料结构的条件下，人为阻碍可以量化。本图假定为 L 波段 (约 1.5 GHz)，因此在路径上没有雨衰效应。

由于缺乏大气损伤与结构损伤之间的任何相关性, 所以应该考虑针对两种不同类型的损伤源分别建立统计模型, 然后使用合成的结果为特定链路提供总的传播损伤。将在适当的时候分别研究两种不同类型的传播损伤源。下面讨论海事卫星移动通信、航空卫星移动通信与陆地卫星移动通信。

6.3 卫星移动通信业务

6.3.1 海事移动卫星业务

如前所述, 海事卫星始于 1976 年 Hughes (现为波音) 公司与 Comsat 的合同下建立的 3 颗卫星[8], 分别放置于印度洋、太平洋、大西洋上空的地球同步轨道。与船只的链路工作于 1.5 GHz 左右, 而与海岸地面站的链路工作于传统的 C 波段 (6 GHz 与 4 GHz)。由于卫星受功率限制, 因此移动船只单元需要使用连续跟踪的、相对较高增益的天线。在接下来的 30 年间, 卫星的发射功率得到了很大提高。与此同时, 数字信号处理能力发展得更快, 使得微型化的末端用户终端成为可能, 这些微型化终端可装进公事包大小的单元装置里。更重要的是, 从商业化的角度考虑, 海事移动业务与陆地移动业务之间的区别变得模糊。最初, 达成了允许停泊在港口的船只使用海事移动设备的协议。但毕竟这些船只并没有移动, 因此提出了它们不应该使用移动终端的争论。到了 20 世纪末, 最初的海事移动通信机构 Inmarsat, 承载了来自小型的 Inmarsat-M 终端的大量数据, 这些终端所发射的数据通常来自如战争地区、发生了自然灾害的灾区等具有高新闻价值的陆地区域。也有认为, 在好的航空移动业务可用之前, 飞机客舱内的 Inmarsat 手提电脑就可以使用这种终端了。

6.3.2 航空移动卫星业务

1977 年, 出台了覆盖美国大陆的 VHF 频段航空移动公用业务 (不需要使用卫星)[9]。这种业务依靠陆地基站成功地与其上空飞过的飞行器建立连接。距离陆地超过 200 英里时, 这种业务则不可用。直到 1992 年, 卫星部分并入到航空移动业务中, 航空移动业务才变得全球化 (大约 $\pm 70^\circ$ 纬度内, 这是 Inmarsat 地球同步轨道卫星覆盖区域)[11]。目前,为乘客提供航空移动业务成为所有主要航线的特征。最初, 低数据率业务被数百千字节每秒的高速业务所取代, 甚至包含有 IEEE 802.11b IP 业务、外加蓝牙之类可用业务的现代化航班内部看上去就像网络咖啡屋[11]。为了向在飞机上的用户提更高的数据速率, 航空移动业务使用了地球同步卫星提供的 Ku 波段连接, 而不是之前使用的 1.5 GHz 的 L 波段链路。另外, 军事通信特别是 "网络中心战" 系统, 需要广泛的移动卫星业务与有人的和无人的车辆之间建立相互连接[12]。

6.3.3 陆地移动卫星业务

陆地移动业务始于 Inmarsat 终端从相对固定的地面位置到用于建立远程通信链路的时候。然而, 直到 Orbcomm[13]、Iridium[6] 及 Globalstar[7] 网络的非地球同步卫星星座 (NGSO) 开始运行时, 手持设备才能真正地像地面移动系统那样使用, 尽管用户终端体积庞大且服务质量较差。Orbcomm 首先建立了产品线营收, Iridium 第一个完成其卫星星座, Globalstar 似乎已经开发建设成了最大的商业客户基地。然而, 在其存在的第一个 10 年内, 所有的 NGSO 卫星系统都没有获得足够的收入以成为独立发展的商业实体。鉴于人类主要生活在陆地上, 且低地球轨道卫星大多数时间处于水面 (或极地冰盖) 上空, 所以只有高功率的地球同步移动卫星才具有商业可生存性, 因为它们能够时刻地瞄准特定地区, 而不必在实际无人区域上空浪费资源。提供地球同步移动业务的这些卫星体积大且复杂, 一些技术上最为困难的天线设计仍然困扰着民用航天器。Thuraya 卫星及 Inmarsat 4 系列卫星[5] 就是两个这样的例子。

6.4 损伤来源

某种程度上说, 卫星固定业务的损伤来源在全球范围内相同, 即使具有不同的强度或发生频率。不同于卫星固定业务, 移动卫星业务的损伤来源一般取决于所提供的业务类型。所有的移动卫星业务链路都经过电离层, 但并非都经过对流层, 例如, 新 Ku 波段航空移动卫星业务为完全处于对流层之上的飞行器提供链路, 因此传统的对流层损伤对宽带航空卫星业务影响不大。三种移动业务都受到多径的严重影响, 但引起反射线的表面不同。海事移动链路经常被海洋表面反射, 因此海洋的状态非常重要; 航空移动链路容易受到陆地或海洋的多径反射影响, 但与海事或陆地移动链路相比, 其反射边界距离用户终端通常要远得多, 因此, 飞机的高度、速度与姿态就变得非常重要; 三种移动业务中, 陆地移动容易遭受来自大范围材料及反射面形状的反射多径的影响, 所以对多径来源的类别进行分类比较重要。图 6.2 给出了三种移动业务中不同损伤的框架。

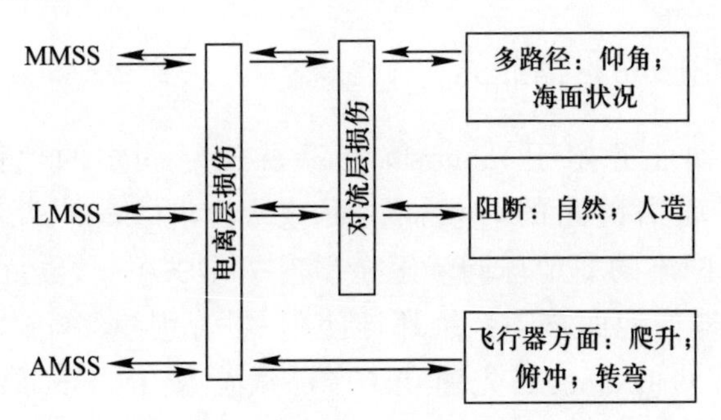

图 6.2 三种移动业务中不同损伤的框架

注: 海事移动卫星业务 (MMSS) 与陆地移动卫星业务 (LMSS) 使用海平面附近的终端。链路因此要穿过卫星与用户之间的电离层和对流层航空移动卫星业务。AMSS 特别是宽带 (Ku 波段) 链路, 一般只有当飞行器处于巡航高度时才会建立, 因此, 对流层效应通常可以忽略。图中列出了每种业务的主要损伤。

所有移动业务链路都要经过的电离层在第 2 章中已经广泛讨论过。表 2.1 列出了温带区域大约 30° 仰角路径上频率为 100 MHz ~ 10 GHz 的信号受电离层影响的近似最大量。在第 2 章已介绍, 所有的电离层效应都与总电子含量 (TEC) 的量级有关, 以及 TEC 随着太阳黑子数 (0 ~ 200 之间变化)、一天内的时间、季节、11 年的太阳黑子周期及地面终端的地磁纬度的变化而变化。建立的经验表达式可以给出日间平滑 TEC 即 TEC_D、夜间平滑 TEC 即 TEC_N 与平缓太阳黑子数 R_{12} 之间的关系[14]。日间 12 个月平滑 TEC 即 $\text{TEC}_\text{D}(R_{12})$ 随着平滑太阳黑子数 R_{12} 近似呈线性变化, 表达式如下[14]:

$$\text{TEC}_\text{D}(R_{12}) = \text{TEC}_\text{D}(0) \times [1 + 0.02R_{12}] \tag{6.1}$$

$\text{TEC}_\text{N}(R_{12})$ 为对应的夜间 12 个月平滑 TEC[15], 即

$$\text{TEC}_\text{N}(R_{12}) = \text{TEC}_\text{N}(0) \times [1 + 0.02R_{12}] \tag{6.2}$$

式中: $TEC_D(0)$ 与 $TEC_N(0)$ 分别为太阳黑子数为 0 时的日间与夜间 TEC。

对于中纬度地区, 文献 [15] 给出值: 当 $R_{12}=0$ 时夜间 TEC 约为 5×10^{16} 个电子/m^2, $R_{12}=100$ 时日间 TEC 为 30×10^{16} 个电子/m^2。图6.3 给出了为期 6 年的平均 TEC 日变化, 这 6 年跨越了中纬度地区

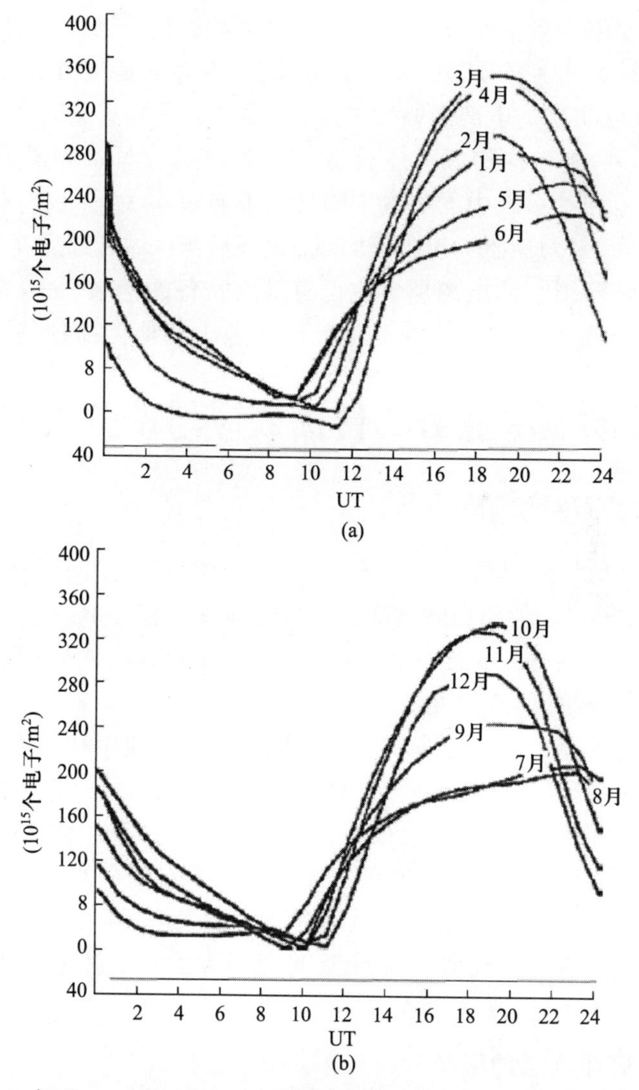

图 6.3 1967 年至 1973 年 (含 1973) 为期 7 年的电离层总电子含量的月度平均日间变化 ([18] 数据采集于中纬度地区的美国迈阿密的萨加莫尔山)

(a) 1 月至 6 月平均 TEC 曲线; (b) 7 月至 12 月平均 TEC 曲线。

太阳黑子最大的时期。地球在 11 月左右的时候离太阳最近, 因此这就掩盖了在 9 月秋分时期出现的峰值效应。NOAA 网站[16] 是当前电离层数据极好的来源, 可以通过点击现在空间天气或当天空间天气来了解目前的空间天气。第 2 章给出的电离层起伏的主要影响为法拉第旋转、传播延迟、色散与电离层闪烁, 尽管还有诸如吸收、射线弯曲, 入射与折射角的变化等次要影响。表 2.1 对这些影响进行了描述。这些影响的显著性特征是其随着频率的升高迅速减小。有趣的是, 曾在日本观测到了频率为 20 GHz 的电离层幅度闪烁[17], 尽管它很有意义但作为在这个频率上的一种通信损伤似乎是不太可能的。工作于同一频段下的海事、航空与陆地移动系统中的电离层效应与业务没有关系, 仅与时间与所处地点有关。针对地磁赤道附近区域、极光椭圆区域和纬度高于 80° 的极地区域强烈增强的电离层效应已有较为完备的记录 (如文献 [15] 与第 2 章)。下面依次讨论三种卫星移动业务中其他传播损伤。

6.5 移动卫星业务的传播效应与预测模型

6.5.1 海事移动通信

当电波信号遇到具有不同介电常数的介质界面时, 一部分信号会被反射, 反射角与入射角相等。反射信号的强度与相位取决于许多因素, 包括两种介质的电气属性、无线电信号的频率与极化、入射角, 以及两种介质间边界的粗糙程度。

对于 FSS 地 - 空通信来说, 仰角通常大于 5°, 地面站天线的波束宽度可以避免明显的信号能量射向地面。然而在移动通信中, 不仅使用了比 FSS 更低的频率 (1.5 ~ 1.6 GHz), 而且船只或飞行器上搭载的天线也小得多。这两种影响结合起来使得船载站天线与飞行器搭载的移动业务天线的波束宽度很大, 因此显著地增加了遭受多径损伤的可能性。多径损伤的类型取决于反射面的特性, 即是否为镜面反射或为漫反射, 这点又反过来依赖于海水的状态。

6.5.1.1 海洋状态的影响

在图 6.4 中, 显著的镜面反射的发生由海洋状态决定: 海洋表面越光滑, 在其表面上的有效反射面积就越小, 且相干 (镜面) 反射的程度越大。

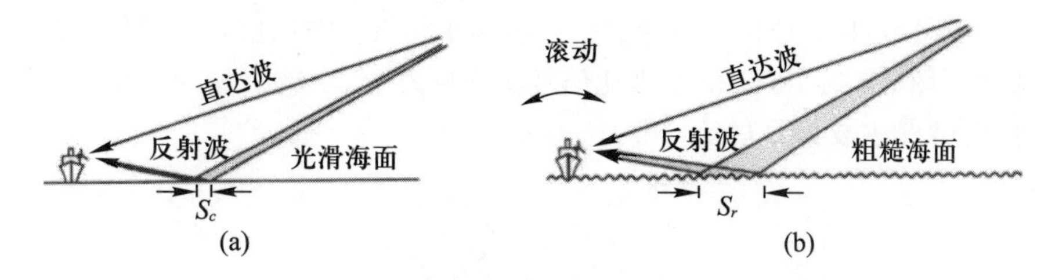

图 6.4 在光滑或粗糙海洋条件下海事移动通信的多径效应

(a) 光滑海面条件; (b) 粗糙海面条件。

注: 在 (a) 图中, 海面光滑, 能够将卫星信号反射进入船只天线的面状海表面区域 S_c 非常小。因为只有非常小的区域才能使得在反射信号接收处只有轻微差异的传播路径, 所以这种反射波通常由镜面反射相干分量组成。在 (b) 图中, 因为海面粗糙使得大的表面区域 S_r 引起卫星信号反射进入船只天线的概率相当大, S_r 通常称为 "泛光表面"。反射信号的路径长度大的变化会导致漫反射的非相干多径波。

文献 [19] 定义了各种海洋状态, 表 6.1 给出了相关术语。很多时候会使用海洋粗糙度因子 u, 其定义如下[19]:

$$u = \frac{4\pi}{\lambda} h_0 \sin\theta_0 \ (\mathrm{rad}) \tag{6.3}$$

式中: λ 为波长 (m); θ_0 为仰角 (°); h_0 为海洋表面的均方根剖面高度 (m)。

表 6.1 海洋状态的描述 (转自文献 [22] 之后的文献 [20] 中的表 III)

海况代号	海况	有效浪高 H(m)	$\beta_0/(°)$
0, 1	平静	< 0.15	1
2	光滑	$0.15 \sim 0.8$	$1 \sim 5$
3	微浪	$0.8 \sim 2.0$	$5 \sim 12.5$
4	中浪	$2.0 \sim 4.0$	$12.5 \sim 23.5$
5, 6	粗糙	$4.0 \sim 6.5$	$23.5 \sim 35$
7	大浪	$6.5 \sim 9.5$	$35 \sim 46.5$
8	巨浪	> 9.5	> 46.5
注: β_0 为所考虑波浪面与水平面所形成夹角的最大值。有时候不用最大值而对所有或部分波浪使用 β_0 的均方根值。©1986 ITU, 转载已获授权			

假设海洋表面高度服从高斯分布, 参数 h_0 与有效波高 H 相关联:

$$H = 4h_0 \ (\mathrm{m}) \tag{6.4}$$

波高是指海浪波峰到波谷之间的高度。有效波高定义为所有海浪中最高的 1/3 波浪的波高平均值[20], 或较高的 1/3 海浪的波谷波峰高度平均值。

相干反射信号相对直达波信号的大小是有效波高度与卫星仰角的函数。图 6.5 为 1.5 GHz 圆极化信号在仰角为 5°、10° 及 15° 时, 相干反射相对直达波信号的大小。

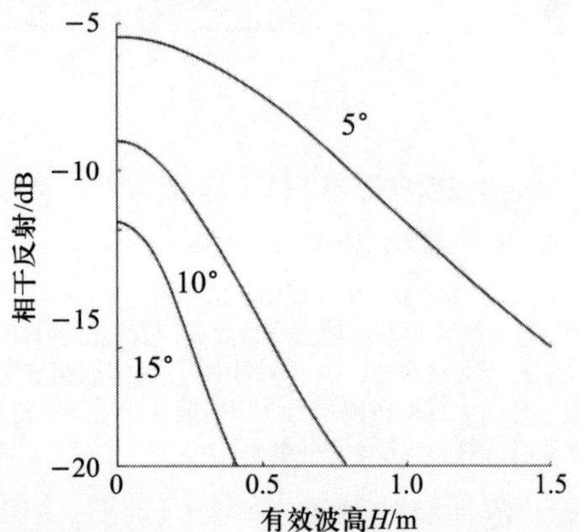

图 6.5 1.5 GHz 圆极化信号在仰角为 5°、10° 及 15° 时, 相干反射相对直达波信号的大小 (转自文献 [20] 中图 1; ©1988 ITU, 转载已获授权)

指向海洋的低仰角雷达通常通过后向散射信号的振幅来确定风的强度[23]。许多人进一步利用海洋表面后向散射的详细数学分析, 开发了这种远距离遥感工具[24]。虽然海洋状态对相干 (镜面) 反射波的大小有较大影响, 但是一旦有效波高超过大约 1m, 海洋状态对统计的总衰落深度的影响似乎较小。图 6.6 说明了衰落深度随波浪高的变化关系。

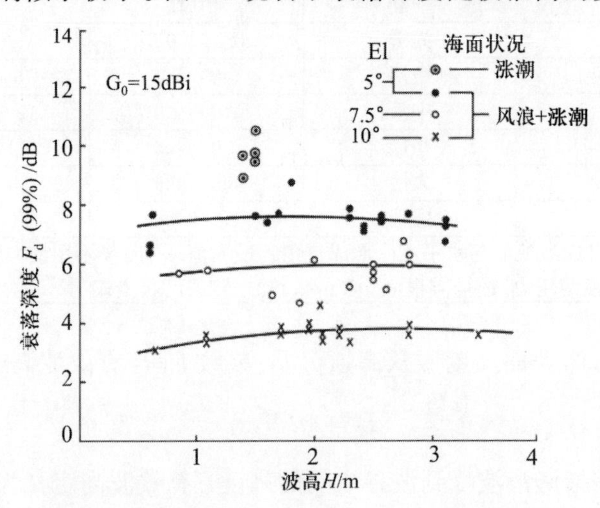

图 6.6 衰落深度随波浪高度的变化关系 (转自文献 [25] 中的图 5; ©1986 IECE 现为的日本 IEICE, 转载已获授权)

6.5.1.2 频率效应

除频率与波浪高度影响之外, 隔离了所有其他影响的一项实验[26]证实了上述结果 (图 6.6), 即一旦有效波高度超过 1m,1.5 GHz 频率的衰落深度将没有明显的变化。然而, 由于电波的波长与波浪高度分布的标准偏差相接近的事实, 所以在 1.5 GHz 左右存在着衰落峰值。在更高或更低的频率上, 衰落深度会大幅度降低。图 6.7 给出了不同有效波高条件下, 衰落深度的频率信赖关系。

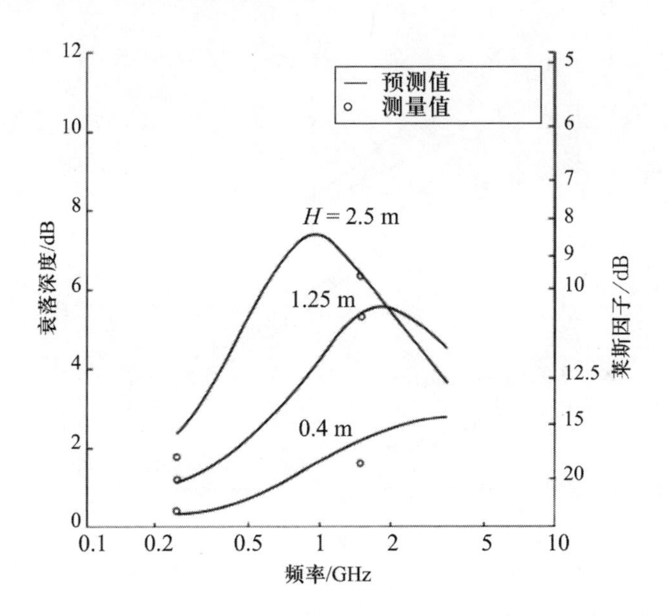

图 6.7　不同有效波高条件下, 衰落深度的频率依赖关系 (转自文献 [20] 中的图 5, 改图摘录和修改自文献 [26; ©1986 ITU, 转载已获授权)

如果舰载天线直径保持不变且频率增加, 那么天线增益增加且波束宽度减小。波束宽度越小, 多径部分进入天线的可能性越低。当移动终端[27]与 30/20 GHz 高级通信技术卫星配合运行时, 上述理论得到了证实[28]。

6.5.1.3 极化效应

当频率约为 1.5 GHz 时, 水平极化信号和垂直极化信号的反射系数存在着明显的不同, 特别是处于低仰角状态时更是如此 (图 3.12)。海事移动信号为圆极化, 因此在低入射角时 (低仰角), 圆极化信号将会变为水平扁状椭圆极化信号。这有利于减小多径效应[25], 将在第 8 章进行详细的讨论。

6.5.1.4 天线增益效应

天线增益越高, 波束宽度越窄, 对多径的敏感性越小。在粗糙海洋条件下, 此时几乎所有的多径效应都是由漫反射引起, 衰落深度随天线增益存在一个明显的趋势 (图 6.8)。

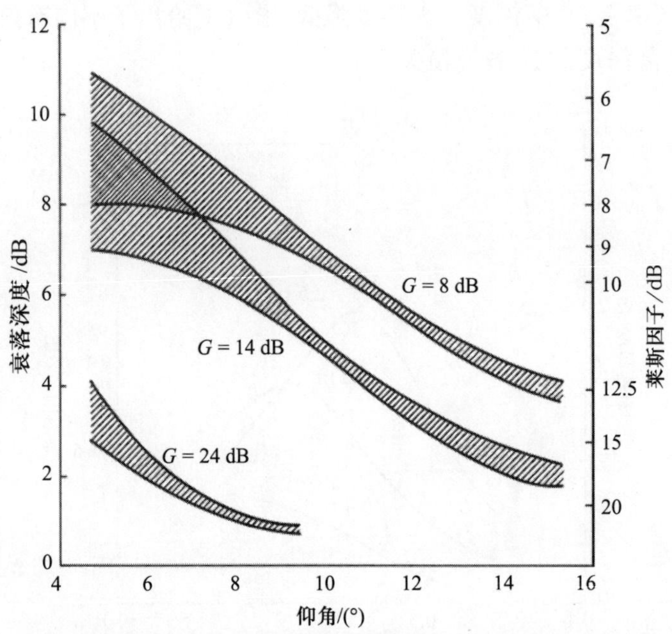

图 6.8 不同天线增益条件下, 衰落深度随仰角的变化关系 (转自文献 [20] 中的图 4; ©1986 ITU, 转载已获授权)

注: 图中是在频率 1.5 GHz、圆极化信号对应的衰落深度, 99% 的时间内不超过该衰落范围。图中数据为粗糙海洋条件下漫反射多径衰落。

在计算沿指向卫星的直接路径上所需的能量与接收来自反射信号的能量之比值时, 区分沿天线波束轴向方向的最大天线增益 G_{m} 与指向产生反射信号的海洋表面小块区域方向的天线增益 G 非常重要。图 6.9 对此进行了描述。

反射 (干扰) 能量是菲涅尔反射系数 R_{C} (下标 C 为圆极化菲涅尔系数) 的函数[28]。R_{C} 为垂直极化 R_{V} 与水平极化 R_{H} 菲涅尔反射系数的平均值[29], 即

$$R_{\mathrm{C}} = \frac{R_{\mathrm{H}} + R_{\mathrm{V}}}{2} \tag{6.5}$$

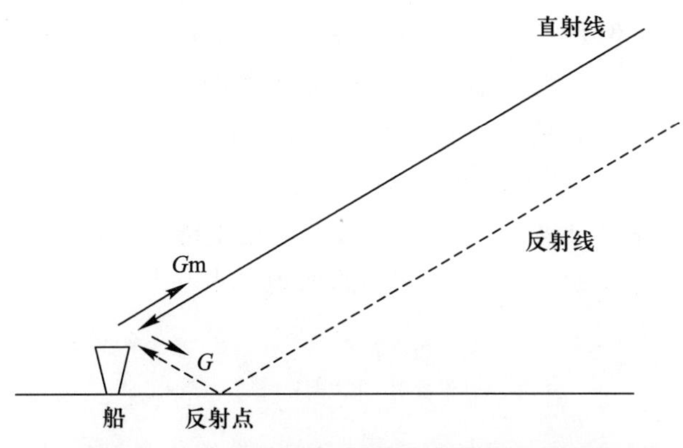

图 6.9 从卫星到舰载天线的直接波与反射波

注: 舰载海事移动天线指向卫星, 可在此方向上获取天线的最大增益 G_{m}。来自卫星的信号在海洋平面反射点处被反射, 并沿着天线增益为 G 的方向进入舰载天线。在计算直射信号与非直射 (干扰) 信号能量之比时, 对两信号方向使用正确的天线增益至关重要。

图 6.10 给出了 R_{C} 随仰角的变化[29]。如图 6.10 所示, 反射系数随频率的变化较小, 但是随仰角有显著的变化。

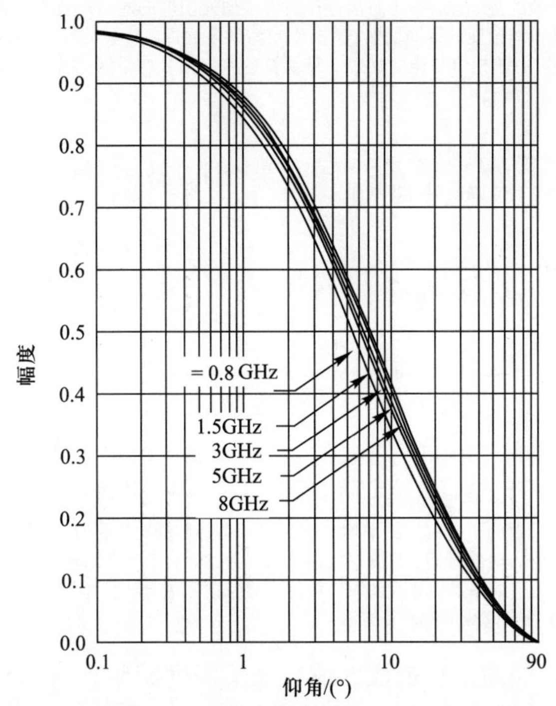

图 6.10 平均盐度的海洋条件下, 圆极化信号的菲涅尔反射系数大小 (转自文献 [29] 中的图 1; ©2000ITU, 转载已获授权)

因为天线的增益决定了波束宽度, 因此也决定了被照射的海洋表面小块区域, 所以天线增益对归一化漫射系数有强烈的影响[29]。在光滑的海洋条件下, 几乎没有漫反射, 也就是说几乎没有比单一镜面反射方向更宽的反射, 而是像从镜面反射一样 (图 6.11)。然而, 当海面浪涌变得更大时, 其表面将不再光滑并且大量的漫反射能量将进入天线。图 6.12 示出了进入到移动本端用户天线的所有信号。

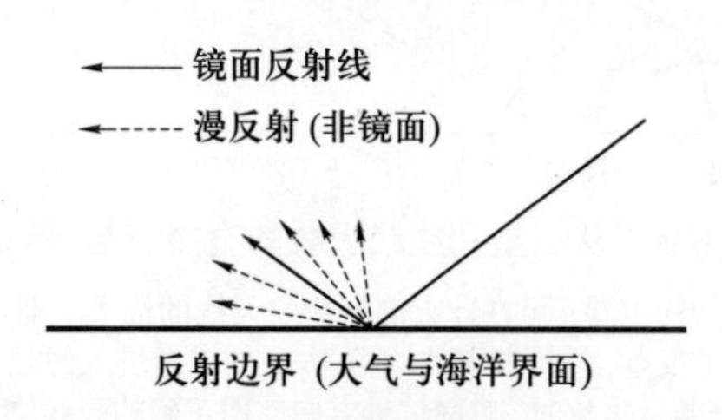

图 6.11 镜面反射线与漫反射线

注: 如果反射边界不是完全光滑, 一些入射能量经反射后将不再遵循镜面反射定律 (入射角等于反射角, 镜面反射就是入射角等于反射角)。海洋表面很少像镜子一样光滑, 因为边界层风将引起轻微的涟漪。这些小波浪存在由许多面元组成的表面, 这些面元将对能量进行反射从而使其偏离预期的镜面反射方向。来自海洋表面许多区域的漫反射的采集信号将进入天线, 由于它们的相位与镜面反射信号及直接入射信号均不同, 而直接入射信号不受反射的影响, 因此, 漫反射为干扰信号。

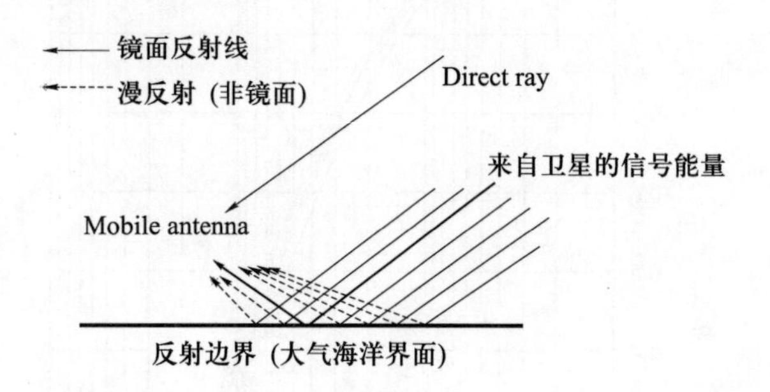

图 6.12 进入到移动末端用户天线的所有信号: 入射 (有用) 信号、镜面反射射线 (无用, 多径干扰) 以及漫反射射线 (无用的为通常非相干的干扰能量)

注: 从海洋表面反射的干扰信号的平均非相干功率是参数的对数组合, 包括: 移动终端用户天线在反射信号方向的增益、菲涅尔反射系数的绝对值, 以及平均归一化漫反射系数。其中, 平均归一化漫反射系数为非光滑海洋条件下漫反射系数与光滑海洋条件下漫反射系数的比值 (图 6.10 及衰落深度的计算方法)。

确定海洋表面多径形成的信号衰落深度需要菲涅尔反射系数、仰角、海洋表面的相对介电常数、海面表面的电导率、频率 (波长)。地球表面的电特性可以在文献 [30] 中找到。图 6.13 给出了频率 $1 \sim 100$ GHz

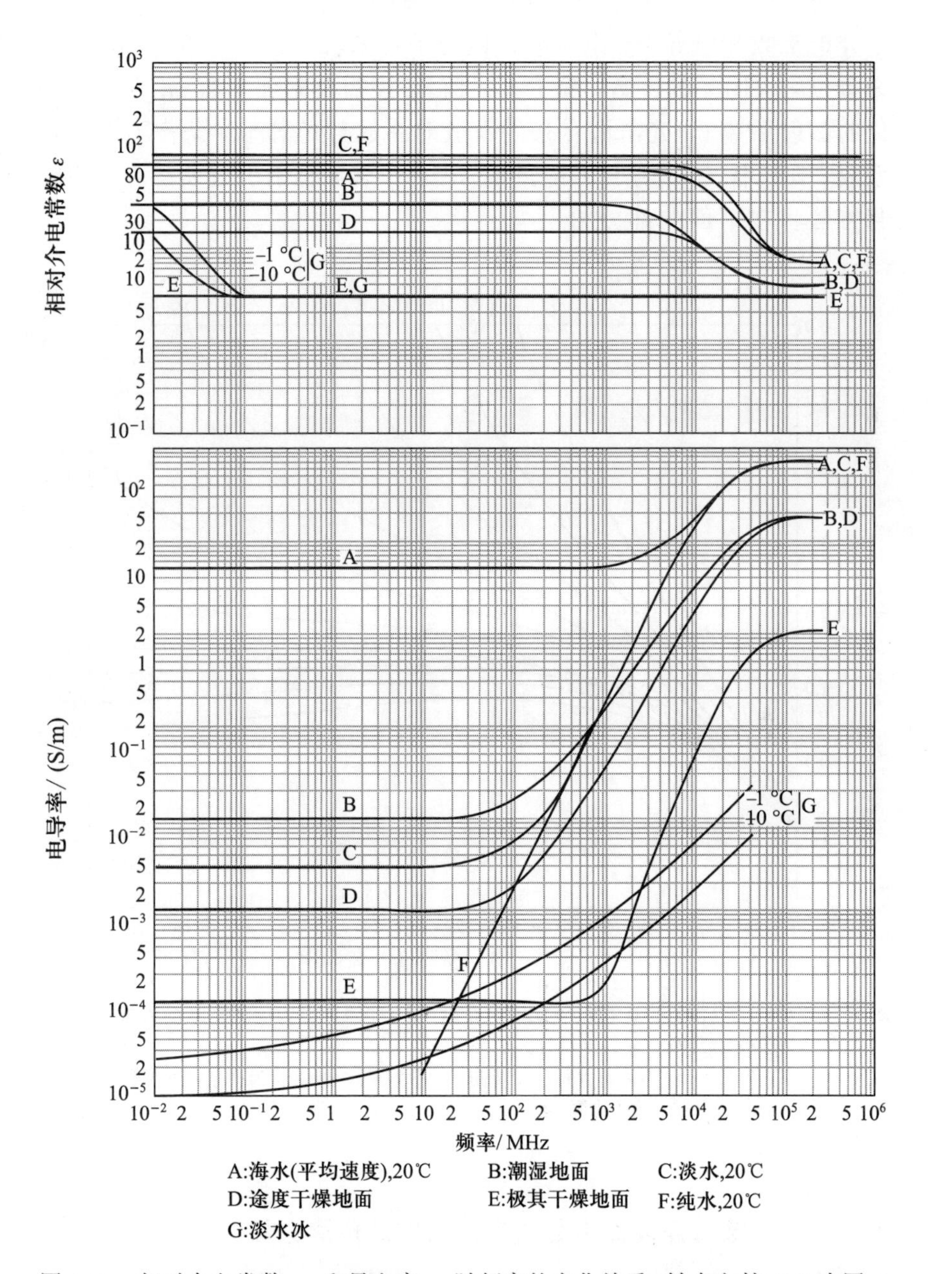

图 6.13 相对介电常数 ε_r 和导电率 σ 随频率的变化关系 (转自文献 [30] 中图 1; ©2002ITU, 转载已获授权)

注: 电流密度 J 与表面电场 E 的关系通常表示为 $E=\rho J$, 式中, ρ 为电场所穿透介质的电阻率。由于电阻率为导电率 σ 的倒数, 上述公式可以逆变给出 $J=\sigma E$。

的介电常数和电导率。电导率以西门子每米 (S/m) 为单位, 是以 $\Omega \cdot \mathrm{m}$ 为单位的电阻率的倒数。除了上述信息, 还需要附加参数 η_{I}, 它是归一化的散射系数 (非光滑海洋条件下散射系数与光滑海洋条件下的散射系数之比)。图 6.14 给出了 η_{I} 的值。由海洋表面反射引起衰落的完整预测方法将在下面的部分给出。

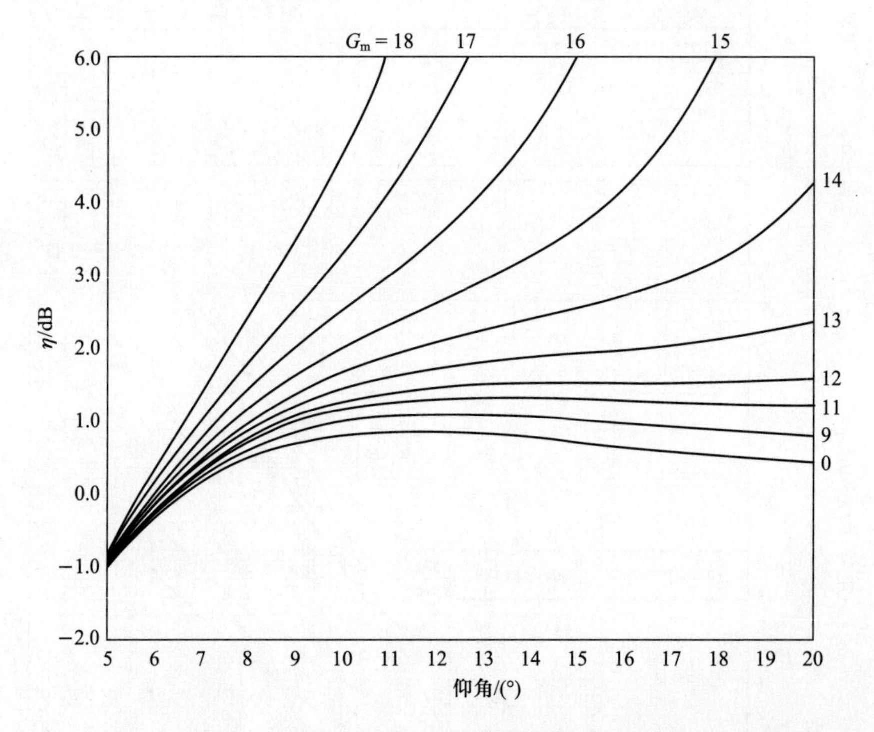

图 6.14 0.8 ~ 8 GHz 的平均归一化散射系数 (转自文献 [29] 中的图 2; ©2000ITU, 转载已获授权)

注: G_{m} 为天线最大增益 (波束方向), η_{I} 为归一化散射系数 (非光滑海洋条件下散射系数与光滑海洋条件下反射系数的比值)。

6.5.1.5 计算海洋表面引起的衰落深度的预测方法

散射多径效应可用主导 (直达波路径) 信号加上一系列反射信号进行描述, 反射信号相对主导信号而言, 具有随机相位且幅度较小。反射信号服从瑞利分布, 瑞利分布的反射信号与主导的直达波信号相互作用于整个过程, 并产生了服从莱斯统计的分布[19]。

莱斯分布[31] 的关键参数为直达波 (主导) 分量功率 C 与多径 (反射) 分量功率 M 的比值。该参数定义为莱斯因子 C/M。在某种莱斯因子值条件下, 合成信号总功率高于某值的概率如图 6.15 所示。

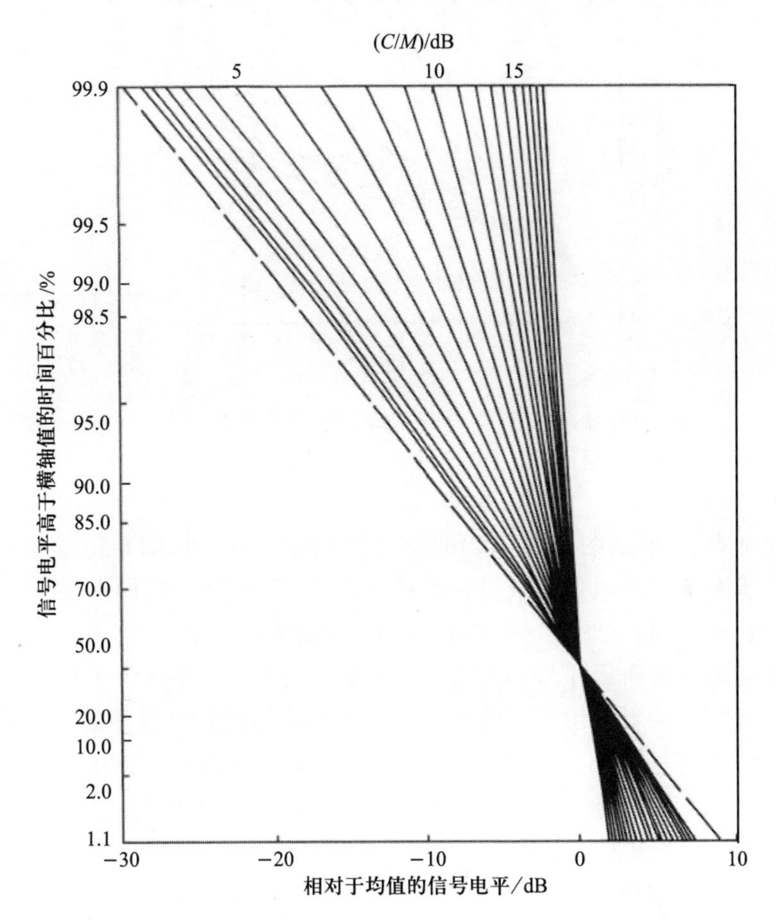

图 6.15 不同莱斯因子 C/M 条件下的莱斯概率分布函数[32] (转载获得 COMSAT Technical Review[31] 的通信卫星公司授权)

利用莱斯概率分布和已测数据, 建立了在不同天线增益及仰角条件下确定 C/M 的经验模型。图 6.16 给出了不同天线增益条件下, C/M 随仰角的变化。

像所有的经验预测模型一样, 特别是使用有限测量数据建立的经验模型, 图 6.16 给出的 C/M 预测值的精度随着不同路径及海洋状态的变化而变化。模型假设海洋表面为粗糙状态。当海洋表面光滑时, 相干反

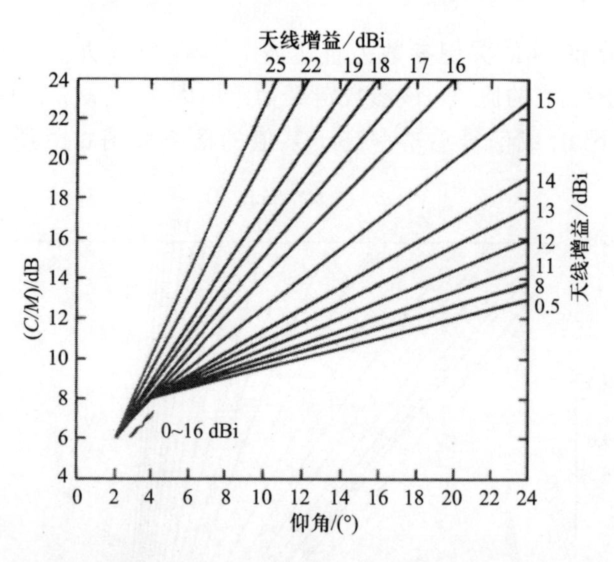

图 6.16 不同天线增益条件下, C/M 随仰角变化 (转自文献 [31] 中的图 2; 转载获得来自通信卫星技术评审的通信卫星公司授权[31])

射效应明显, 那么图 6.16 描述的模型将失效。类似地, 图 6.16 模型给出的莱斯因子预测值是系统设计时的考虑因素, 也就是它们在 99% 的时间内 C/M 不超过图 6.16 所给定的值。在最坏的情况下 (与 FSS 最坏月数据相似), 莱斯因子应降低至 1 dB 或 2 dB[31], 前者适用于仰角低于 10° 的情况, 后者适用于仰角高于 10° 的情况。经过 20 多年的海事移动业务的运行与测量, 成功开发出了海洋表面反射引起的衰落深度的预测方法[29]。下面给出的预测方法是在获得授权条件下从 ITU-R P680-3 中引用而来。为了与本章的图形、公式编号一致, 改变了其原来的图形编号和公式编号。

下面的简单方法给出了适合于许多工程应用的多径功率或者衰落深度的近似估计。

适用条件: 频率为 0.8 ~ 8 GHz; $5^\circ \leqslant \theta_i \leqslant 20^\circ$ (θ_i 为仰角)。

$G(\theta)$ 为主波瓣天线辐射方向图, 表示成

$$G(\theta) = -4 \times 10^{-4}(10^{G_\mathrm{m}}/10 - 1)\theta^2 \ (\mathrm{dBi}) \tag{6.6}$$

式中: G_m 为天线增益的最大值 (dBi); θ 为相对波束轴向方向的角度 (°)。

极化状态: 圆极化。

海洋条件: 波浪高 $1 \sim 3$ m (非相干分量较多)。

步骤 1: 找出镜面反射点方向上的相对天线增益 G。相对天线增益 G 可以由式 (6.6) 近似计算而得, 其中 $\theta = 2\theta_i$。

步骤 2: 计算圆极化海面菲涅尔反射系数, 即

$$R_{\mathrm{C}} = \frac{R_{\mathrm{H}} + R_{\mathrm{V}}}{2} \text{ (圆极化)} \tag{6.7a}$$

式中

$$R_{\mathrm{H}} = \frac{\sin\theta_{\mathrm{i}} - \sqrt{\eta - \cos^2\theta_{\mathrm{i}}}}{\sin\theta_{\mathrm{i}} + \sqrt{\eta - \cos^2\theta_{\mathrm{i}}}} \text{(水平极化)} \tag{6.7b}$$

$$R_{\mathrm{V}} = \frac{\sin\theta_{\mathrm{i}} - \sqrt{(\eta - \cos^2\theta_{\mathrm{i}})/\eta^2}}{\sin\theta_{\mathrm{i}} + \sqrt{(\eta - \cos^2\theta_{\mathrm{i}})/\eta^2}} \text{(垂直极化)} \tag{6.7c}$$

并且

$$\eta = \varepsilon_{\mathrm{r}}(f) - \mathrm{j}60\lambda\sigma(f)$$

其中: $\varepsilon_{\mathrm{r}}(f)$ 为频率为 f 时海洋表面相对介电常数 (源自 ITU-R P.257); $\sigma(f)$ 为频率为 f 时海洋表面相对电导率 (S/m) (源自 ITU-R P.257); λ 为自由空间波长 (m)。

图 6.10 给出了 $0.8 \sim 8$ GHz 的 5 个频率对应的圆极化海面菲涅尔反射系数模值的一组曲线。曲线由式 (6.7) 使用对应于平均盐度海水的电参数计算获得。

步骤 3: 从图 6.14 中找出归一化散射系数 η_{I} (dB)。

步骤 4: 计算海面反射波相对于直达波的平均非相干功率, 即

$$P_{\mathrm{r}} = G + R + \eta_{\mathrm{I}} \text{ (dB)} \tag{6.8}$$

式中

$$R = 20\log|R_{\mathrm{C}}| \text{ (dB)} \tag{6.8a}$$

R_{C} 由式 (6.7a) 计算而得。

步骤 5: 假设衰落服从 Nakagami-Rice 分布, 则衰落深度由下式估计:

$$\text{衰减深度} = A + 10\log(1 + 10^{P_{\mathrm{r}}/10}) \tag{6.9}$$

式中: A 为从图 6.17 纵坐标上读出的振幅值/dB。

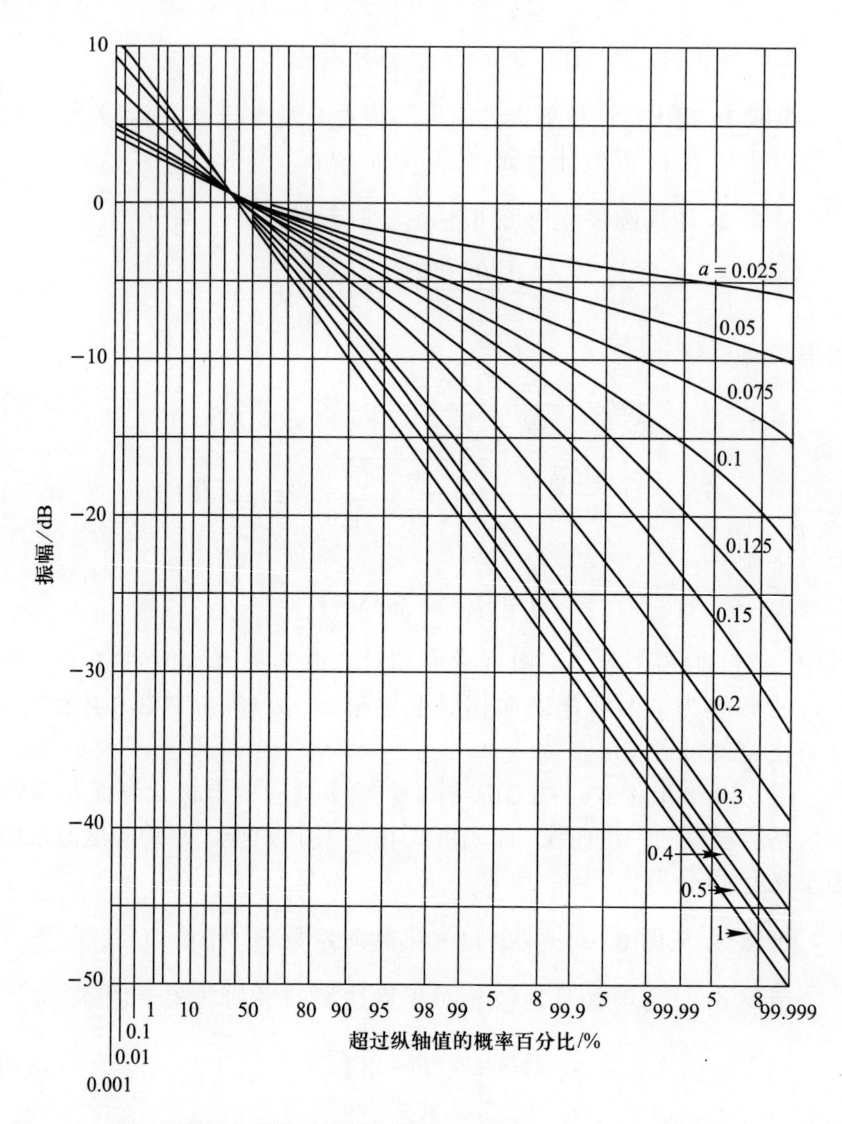

图 6.17 不同 α 条件下, 当总功率不变时的 Nakagami-Rice 分布 (转自文献 [29] 中的图 3; ©2000ITU, 转载已获授权)

注: α = 多径功率/总功率。本例中 $\alpha = 10^{P_r/10}/(1+10^{P_r/10})$

6.5.1.6 频谱的变化

发射信号的频谱可以由多径效应而展宽。有许多频谱带宽的定义, 但是经常使用的是相对于频谱峰值功率密度 "−10 dB" 功率水平之间的带宽。图 6.18 给出了频谱带宽。

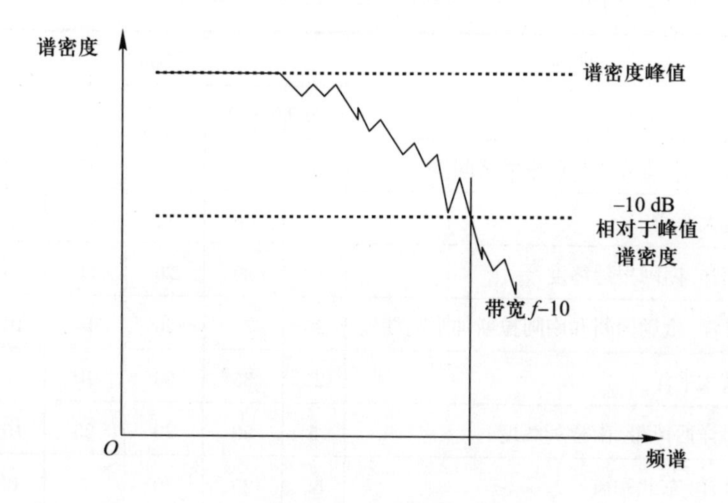

图 6.18 频谱带宽

注: 带宽可以用很多种方式说明: 总占用带宽; 3 dB 带宽; 零点带宽等。图中, 带宽是指峰值谱密度以下 10 dB 水平之间的频率间隔, 称为 f_{-10}。通常情况下, 此带宽之外的辐射能量对大多数通信系统无害。

6.5.1.7 移动多径效应的空间、时间变化

自引入海事移动业务之后, 为了确定用于计算某种预期情况下传播损伤的预测方法所对应的置信水平, 已经在全球范围内实施了一系列实验。除电离层外 (第 2 章和本章前面部分考虑了其影响), 大气本身对 1.5/1.6 GHz (L 波段) 的传输几乎没有影响。由于 L 波段多径随空间与时间的变化, 因此将更多地与大气次级效应以及引起信号反射的水的本身特性有关。例如, 空气 – 水界面的反射系数取决于水的电导特性, 因此也取决于水的盐度。较低层的大气很少处于静止状态, 水的状态取决于边界层的风。在这种情况下, 次级效应为海洋状况条件。因此, 需要了解由风力造成的海洋状况条件。

6.5.1.8 海洋状况统计

某些数据是为了估算全世界范围内某地有效波高的出现概率。表 6.2 部分给出了这样的数据。

表 6.2 全世界不同区域有效波高统计数据 (转自文献 [31] 之后文献 [19] 中的表 IV)

地区	波高/m					
	0~0.9	0.9~1.2	1.2~2.1	2.1~3.6	3.6~6	> 6
北大西洋, 在纽芬兰与英格兰之间	20	20	20	15	10	15
中赤道大西洋	20	30	25	16	5	5
南大西洋, 南阿根廷纬度	10	20	20	20	15	10
北太平洋, 俄勒冈州和南阿拉斯加半岛纬度	25	20	20	15	10	10
东赤道太平洋	25	35	25	10	5	5
南太平洋西风带, 南智利纬度	5	20	20	20	15	15
北印度洋, 东北季风	55	25	10	5	0	0
北印度洋, 西南季风	15	15	25	20	15	10
南印度洋, 马达加斯加岛与北澳大利亚之间	35	25	20	15	5	5
西部风带的南印度洋好望角和澳大利亚南部之间的路线	10	20	20	20	15	15
好望角和南澳大利亚各区域航线上的南印度洋西风带	22	23	20.5	15.5	9.5	9.0
注: ©1986 ITU, 转载已获授权						

对于 L 波段, 当有效波高大约超过 1 m 时, 衰落深度不会随着波浪高度的变化而有太大变化, 因此可以用最简单的方法将其分为有效波高低于 1 m 的总时间以及有效波高超过 1 m 的总时间两个时间段。基于此, 不同海洋区域之间的衰落深度区别似乎不太大。

6.5.1.9 衰落持续时间预测

为了计算功率谱, 使用了如图 6.19 所示的衰落持续时间 T_{D} 与衰落发生间隔 T_{I} 的定义, 并且对振幅分布做了一些假设[34]。

如前所述, 海事多径衰落振幅分布可以很好地用 Nakagami-Rice 分布来描述, 但在文献 [34] 中给出假设: 对于 50% ~ 99% 的时间百分比和小于 10 dB 的幅值电平, 使用高斯分布则有更小的误差。根据如图 6.20

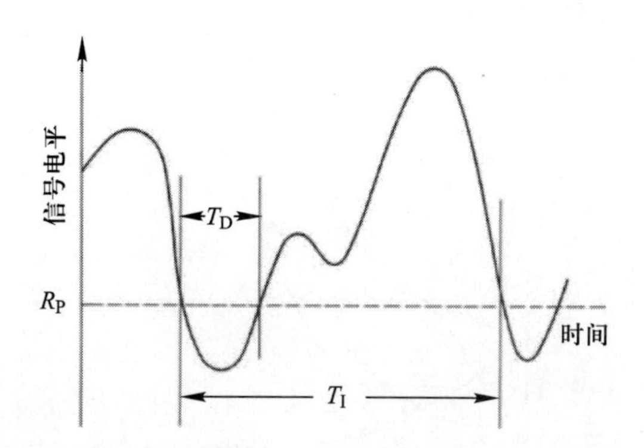

图 6.19 衰落持续时间与发生间隔的定义 (转自文献 [34] 中的图 1; ©IEEE, 转载已获授权)

R_P—给定时间百分比所对应的信号门限电平; T_D—信号振幅降低至一定电平后再返回到该电平所需要的时间; T_I—从信号强度降至设定门限电平之下到下一次降低至同一门限电平之下的时间间隔。

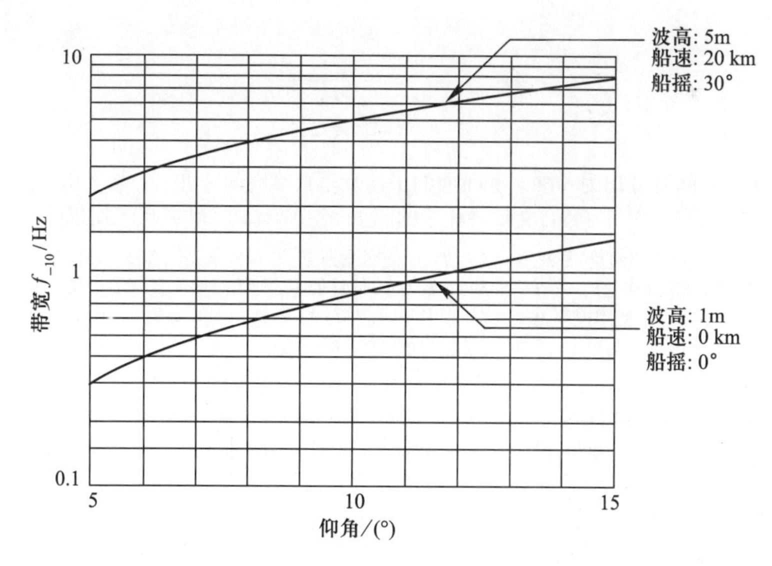

图 6.20 海洋反射引起 1.5 GHz 多径衰落的 −10 dB 频谱带宽随仰角的变化 (转自文献 [29] 中的图 4; ©2000ITU, 转载已获授权)

注: 风速越大海浪越高, 且船只发生晃动的可能性越大, 这些都将导致漫反射多径分量的增加和接收频谱的扩展。

所示的功率谱预测了 T_{D} 与 T_{I} 的分布, 预测结果与测量数据吻合得很好。预测结果如图 6.21 所示。

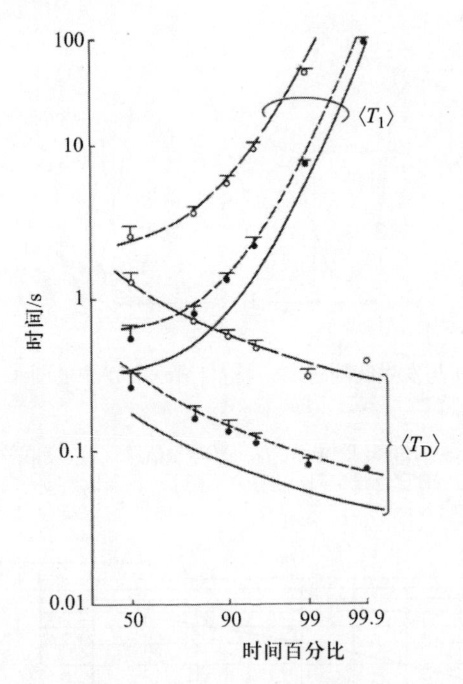

图 6.21 时间百分比为 50% ~ 99.9% 的平均衰落持续时间 $< T_{\mathrm{D}} >$ 与平均衰落发生间隔 $< T_{\mathrm{I}} >$ (转自文献 [34] 中的图 5; ©1987IEEE, 转载已获授权)

注: 图中, 实点和圆圈是 $< T_{\mathrm{D}} >$ 和 $< T_{\mathrm{I}} >$ 的实测数据, 三条曲线是用图 3.35 中所示的三种情况的衰落功率谱时, $< T_{\mathrm{D}} >$ 和 $< T_{\mathrm{I}} >$ 的估计值 (三种情况如下表所示), 在 "滞后数据分析法"[34] 中使用提高 0.2 dB 门限电平时, 估计的 $< T_{\mathrm{D}} >$ 和 $< T_{\mathrm{I}} >$ 用水平短线 "–" 表示。实线曲线为以下三种情况对应功率谱的估算值 (图 3.35)。

实例	仰角/(°)	波高/m	船速/kn	船摇/(°)
– – – a	5	0.5	11	1
- - - - - b	10	3	11	5
—— c	10	5	20	30

上述数据与分析假定非相干分量占主导地位。在某些情况下, 特别是非常平静的海况下, 且只有一个参数在缓慢变化的情况下 (如由船只移动或高倾斜轨道卫星引起的仰角变化), 将在非相干现象上叠加相干

干扰效应。图 6.22 给出了相干干扰模式叠加在非相干干扰的实例。

从图 6.22 可以看出，相干效应能引起非常大的衰落持续时间与衰落时间间隔现象的发生。同时可以看出，既然晴空条件下的平均电平可以在一个较长时间段内发生显著变化，相干现象也可以使得衰落幅度统计值产生显著偏差。

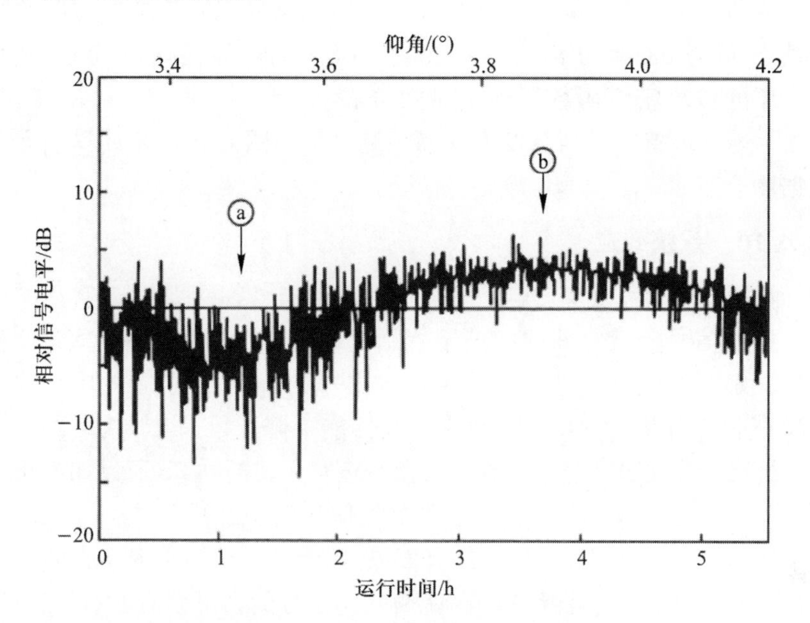

图 6.22 相干干扰模式叠加在非相干干扰上的实例 (转自文献 [34] 中的图 9; ©1987 IEEE, 转载已获授权)

注：缓慢变化的相干干扰模式本质上改变了快速变化的非相干模式起伏的平均电平。文中已经解释了有效波高 H 以及 u，图中取值为 H 为 $0.4 \sim 0.6$ m，$u \approx 0.5$。上图取样间隔为 5s。a 点与 b 点分别描绘了显著的相消干扰与相长干扰的时间阶段。

文献 [29] 建立了预测衰落持续时间 $T_{\rm D}$ 与衰落发生间隔 $T_{\rm I}$ 的经验模型。下面将直接引用文献 [29] 中衰落持续时间的预测方法。

在 10 dB 频谱带宽 f_{-10} 下，用下面的方法获得如图 6.19 所定义的衰落持续时间平均值 $< T_{\rm D} >$ 与衰落发生间隔平均值 $< T_{\rm I} >$:

$$\langle T_{\rm I}(p)\rangle = \langle T_{\rm I}(50\%)\rangle {\rm e}^{[m(p^2)/2]} \tag{6.10}$$

$$\langle T_{\rm D}(p)\rangle = \langle T_{\rm I}(p)\rangle \left(1 - \frac{p}{100}\right) \tag{6.11}$$

式中

$$\langle T_{\mathrm{I}}(50\%)\rangle = \frac{\sqrt{3}}{f_{-10}}$$

$$m = 2.33 - 0.847a - 0.144a^2 - 0.0657a^3$$

$$a = \lg(100 - p),\ 70\% \leqslant p \leqslant 99.9\%$$

仰角为 $5^\circ \sim 10^\circ$ 时, 时间百分比为 99% 对应的 $\langle T_{\mathrm{D}}\rangle$ 与 $\langle T_{\mathrm{I}}\rangle$ 的预测值分别为 $0.05 \sim 0.4$ s 与 $5 \sim 40$ s。50% ~ 99% 的任何时间百分比, T_{D}、T_{I} 的概率密度函数近似呈指数分布。

上述衰落持续时间及发生间隔预测方法与图 6.21 所示的早期实验数据吻合。

6.5.1.10 系统效应

两种主要多径效应影响系统可用性和性能: 第一种是由于直达波信号与反射信号分量之间的相消干扰引起的直接信号丢失 (衰落), 这种影响决定了系统可用性方面的统计数据; 第二种是由于多径功率的背景噪声效应降低 C/M 而导致的系统性能下降。

给定百分比时间之后的预期衰落深度可以进行估算, 所以如果预测的可用性低于需求值时, 那么需要增加信号功率、天线增益等。然而, 简单地增加初始功率对 C/M 没有效果, 因为该比值与发射功率的大小无关。因此, 有必要预测给定 C/M 时数字信号的误码率 (BER), 以便于在需要时改善 C/M 至所需水平。

如前所述, 针对不同部分的统计资料, 可以用高斯、Nakagami-Race 与 m 分布对幅度分布进行描述 (关于上述分布的更多讨论, 见 2.6.1 节关于电离层闪烁部分)。上述分布之间的关系如图 6.23 所示。

针对两种数字调制, 图 6.24 给出了 C/M 与 C/N 等效恶化值之间的关系[35]。由文献 [35] 可知, C/N 等效恶化值是: 反射信号和无反射信号的两种情况, 热噪声存在条件下, 为获得 10^{-5} 的 BER 所需的 E_{b}/N_0 之差。也就是说, 以 E_{b}/N_0 表示的等效恶化值是为了对抗海事移动系统中多径衰落而所需的附加余量。

在给定条件下 (如仰角), 可以利用图 6.16 与图 6.24 估算所需的天线增益, 以便为获得预期 BER 时所必需的 C/M 值。该估算过程实际上是反复迭代的过程, 并且似乎需要对估算结果进行实验验证。

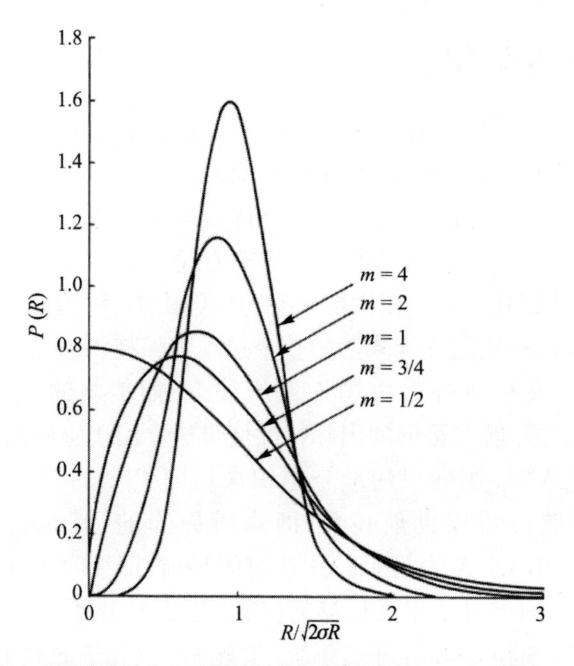

图 6.23 不同 m 取值条件下, m 分布的例子 (转自文献 [35] 中的图 1; ©1986 ITU, 转载已获授权)

R—反射信号的振幅; σ_R—为反射信号的均方根。

注: 当 $m = 0.5$ 时, 曲线为单边高斯衰落; 当 $m = 1$ 时, 曲线为瑞利衰落, 此处 m 为反射信号振幅平方的归一化方差的倒数。

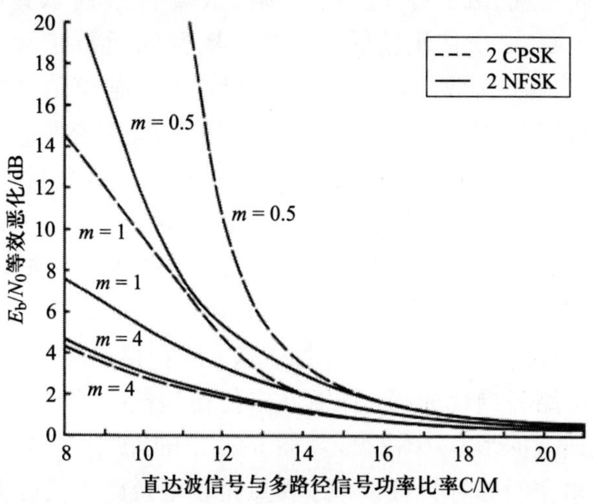

图 6.24 不同 m 取值、满足 10^{-5} 的 BER 需求情况下, 采用 2CPSK (二进制相干相移监控) 与 2NFSK (二进制非相干频移监控) 时, E_b/N_0 等效恶化值随 C/M 的变化 (转自文献 [35] 中的图 5; ©1986ITU, 转载已获授权)

6.5.2 航空移动通信

航空移动通信开始使用 HF 链路, 随后使用了 VHF 链路, 这些链路都是为了与飞行员进行空对空或空对地的通信。针对乘客的业务很少使用这些频率。陆地上空, 空中交通指挥员与飞机之间的通信通过一系列有人操作和无人操作的飞行业务站来建立, 这些飞行业务站通过地面无线系统连接在一起。在大国上空, 如美国, 在不穿越国际边境的前提下, 飞机可以在从起飞到降落的整个过程中保持相互之间的联系。在这样的国家, 飞行业务站由国家组织建立, 如美国的联邦航空管理局[38]。不久之后, 航空运输的国际特性使得建立用于协调国际航空运输的组织十分必要。国际民用航空组织应运而生[39]。

长距离航行需要助航设施, 即众所周知的远距离无线电导航 (LORAN)。LORAN–A 为简单的到达时间导航, 即接收不同 LORAN 发射机之间的时间差可给出飞行器的位置, 这是 21 世无所不在的卫星导航系统 (如 GPS 和 Galileo 导航系统) 的先驱。更先进的版本 LORAN-C 当今仍然作为导航设备在使用, 虽然其主要用户为私人飞行员与沿海水域的小型船只, 其中水运工具是 LORAN-C 的最大的用户主体[40]。

LORAN–C 是关键的导航设备, 所以设计过程中一定要时刻关注航空安全。也就是说, 由于许多生命时刻都依赖于它, 所以其可靠性必须非常高。LORAN-C 所使用较低的几百千赫频率, 允许信号在超视距状态下可以很好地被接收, 这是由于地波传播可以使得信号沿着地球表面 "弯曲" 前进。然而, 路径变得超出视距越远 (正常路径损耗计算保持不变), 总信号损耗变化量就越大。因为总损耗由许多分量构成: 正常路径损耗; 衍射、多径与散射效应; 潜在的波导效应等。为了预测链路性能, 文献 [41] 给出了 VHF、UHF 与 SHF 的一系列路径损耗曲线。文献 [42] 给出了 125 MHz、300 MHz、1200 MHz、5100 MHz、9400 MHz 与 15500 MHz 的曲线。图 6.25 是一组 200 Mz 路径损耗曲线, 图 6.26 是一组 15500 MHz 路径损耗曲线。注意基本传输损耗曲线如何遵循自由空间路径损耗曲线的形状 (图 6.25 与图 6.26 中的虚线), 但是在拐点处突然背离了自由空间路径损耗曲线。拐点是视距链路上实际并不存在的点, 须用其他传播模式取而代之。50% 对应的曲线通常用于计算平均性能, 5% 的曲线用于预测来自干扰源的长期干扰水平 (总时间的 95% 内

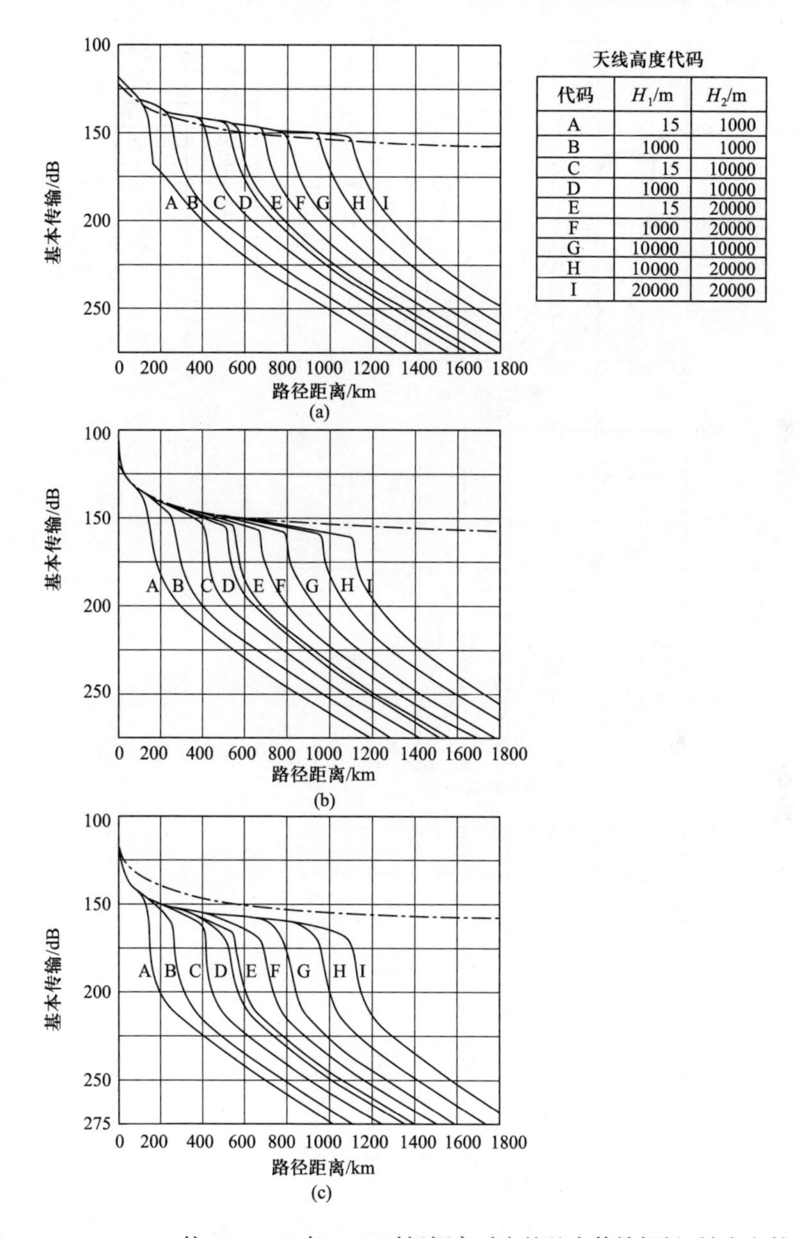

图 6.25 1200 MHz 的 5%、50% 与 95% 时间概率对应的基本传输损耗 (转自文献 [41] 中的图 3; ©ITU2000, 转载已获授权)

(a) 1200 MHz L_b (0.05); (b) 1200 MHz L_b (0.50); (c) 1200 MHz L_b (0.95)。

注: 高度为 H_1 与 H_2 的两个天线之间的链路 (m)。图中插表给出了链路末端的天线高度。假定 $k = 4/3$ (表面折射率 $N_s = 301$, 见 3.2.3 节) 的光滑地形。传输损耗 $L_b = 0.05$, 这意味着 5% 时间内, 基本传输损耗不会超过该值。同样地, $L_b(0.50)$ 与 $L_b(0.95)$ 分别表示在 50% 与 95% 的时间内, 基本传播损耗不会超过图中所示数值。虚线为自由空间路径损耗。

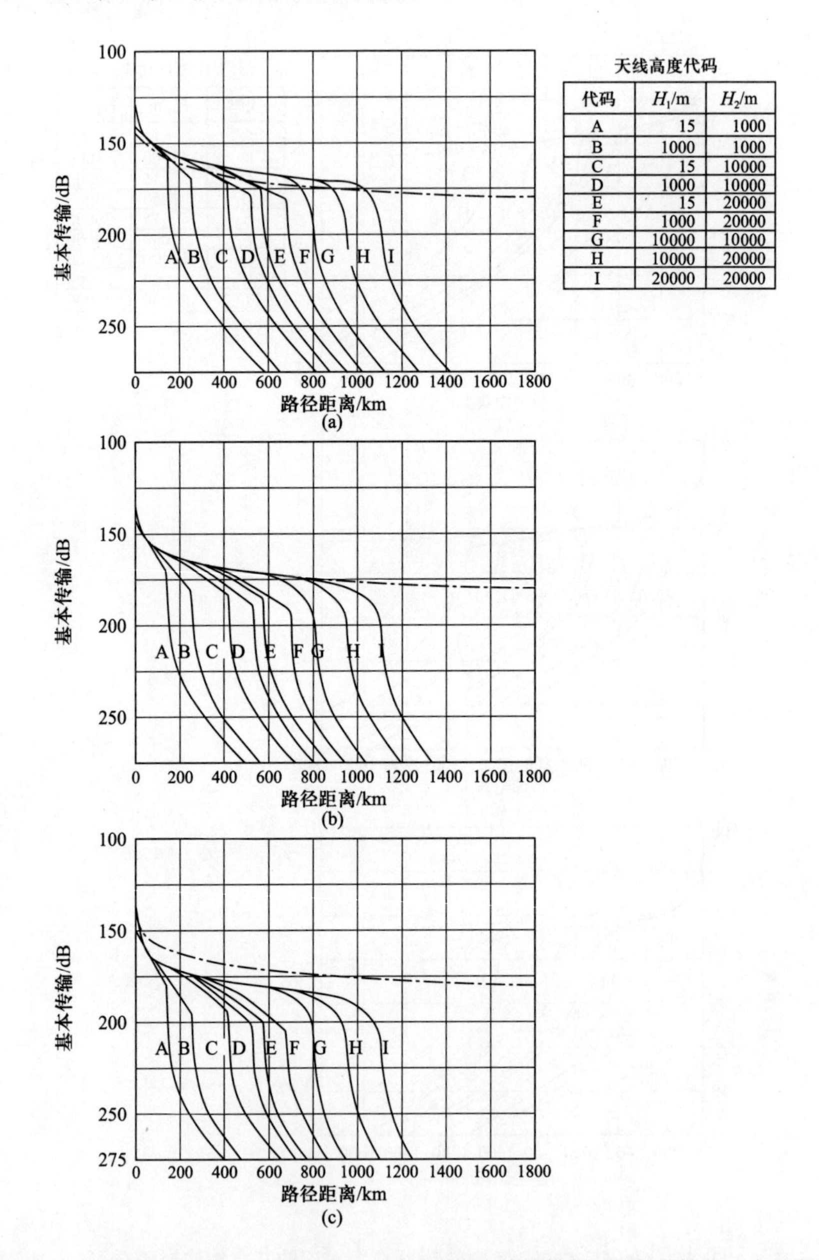

图 6.26　15500 MHz 的 5%、50% 与 95% 时间基本传输损耗 (转自文献 [41] 中的图 6; ©ITU2000, 转载已获授权)

(a) 15500 MHz L_{b} (0.05); (b) 15500 MHz L_{b} (0.50); (c) 15500 MHz L_{b} (0.95)。

注: 高度为 H_1 与 H_2 的两个天线之间的链路 (m)。图中插表给出了链路末端的天线高度。假定 $k = 4/3$ (表面折射率 $N_{\mathrm{s}} = 301$, 见 3.2.3 节) 的光滑地形。传输损耗 $L_{\mathrm{b}} = 0.05$, 这意味着 5% 时间内, 基本传输损耗不会超过该值。同样地, $L_{\mathrm{b}}(0.50)$ 与 $L_{\mathrm{b}}(0.95)$ 分别表示在 50% 与 95% 的时间内, 基本传播损耗不会超过图中所示数值。虚线为自由空间路径损耗。

存在的干扰), 95% 的曲线用于获取提供特定无线导航业务所需的通常可用性水平前提下的路径损耗信息。如果链路末端的某个天线被放置于太空或卫星上, 便形成了航空移动通信系统。

航空卫星移动系统遭受许多与海事移动卫星系统相同的传播损伤: 两系统的信号都经过电离层; 都存在来自地球表面与直达波信号形成干扰的反射分量; 海况、极化以及天线增益都会影响传播效应。然而, 由于飞行器速度、高度以及姿态的不同, 因此海事与航空移动传播效应之间有些显著的不同。另外, 由于大多数航空移动链路来自对流层以上的飞行器, 由对流层引起的折射与闪烁效应比海事移动系统中的效应要小, 因此, 航空天线的高度对传播效应而言具有一定的重要性。

6.5.2.1 天线高度的影响

在 5°、10° 仰角和粗糙海况条件下 ($u > 2$, 有效波高约为 1.4 m), 从飞行器采集的早期数据显示出了与海事移动实验数据相同的趋势[43]。图 6.27 给出了粗糙海况条件下, 1.5 GHz 圆极化衰落深度在不同仰角时随天线高度的变化。

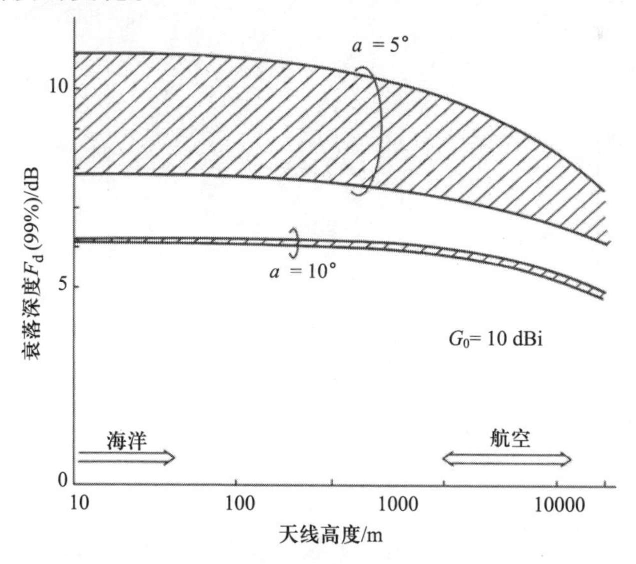

图 6.27 粗糙海况条件下,1.5 GHz 圆极化衰落深度在不同仰角时随天线高度的变化 (转自文献 [43] 中的图 1; ©1986 IECE 现在日本的 IEICE, 转载已获授权)

从图 6.27 中可以看出, 对于相同的天线、频率以及仰角, 发生在航空移动系统上的多径要小于海事移动系统, 但是差异总计最多为 1 dB

或 2 dB。随着仰角的增加, 差异将降低至 1 dB 或更小[43]。

用于计算多径分量的预测方法基本遵循海事移动通信系统中所使用的 Nakagami-Rice 分布, 并假设平均海浪高度为 1 ~ 3 m。使用该种方法可以估算出一系列天线增益与仰角条件下, 相对于直达波信号的平均多径功率[44]。图 6.28 给出了估算结果。图 6.28 与图 6.8 对比可以发现, 在低仰角情况下, 航空移动业务反射波功率减小了 1 ~ 3 dB。

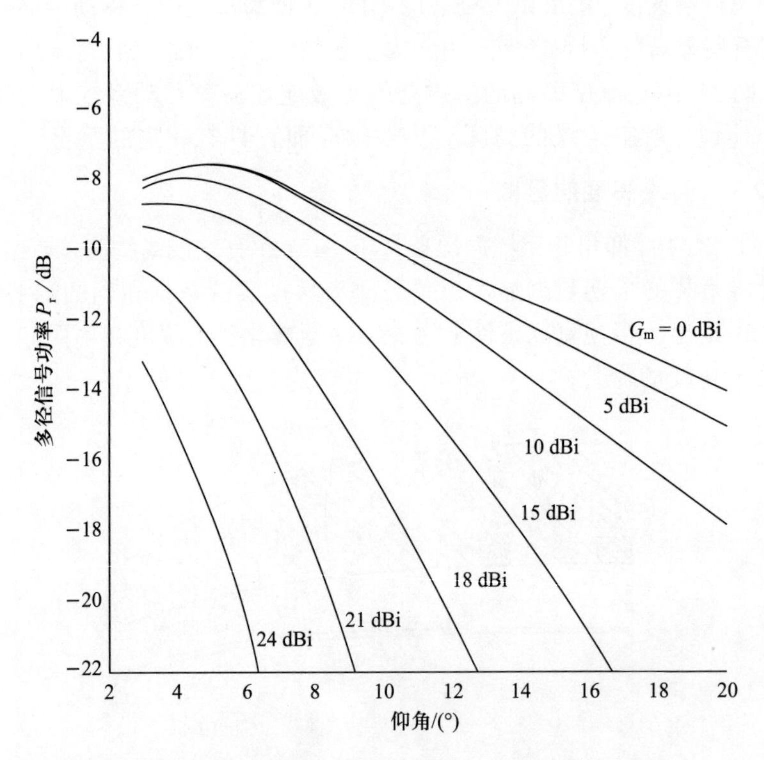

图 6.28 在不同天线增益、频率为 1.54 GHz、圆极化信号、飞行器高度 $H_a = 10$ km 条件下, 相对直达波信号功率的平均多径功率是仰角的一个函数 (转自文献 [44] 中的图 1; ©2000ITU, 转载已获授权)

海洋上空的天线具有较大的海拔高度时, 其附加效应是降低了 “相关频率”。如果把相关频率定义为当两个频率之间的相关系数变成 $1/e$ (即 0.37) 时对应的最小频率差, 那么相关频率随高度线性减小[43]。图 6.29 描述了不同仰角条件下, 相关频率随天线高度的变化。对于高度为 10 km 的天线, 10 ~ 20 kHz 的相关带宽分别对应于 6 ~ 12 μs 的时延[44]。

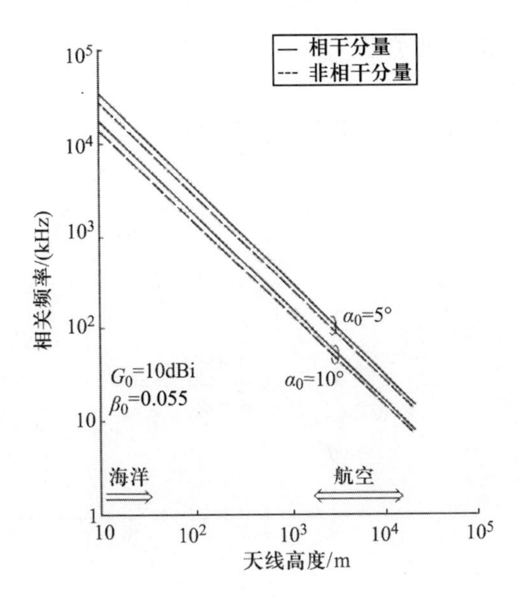

图 6.29 不同仰角条件下，相关频率随天线高度的变化 (转自文献 [43] 中的图 6; ©1986 IECE 现在日本的 IEICE, 转载已获授权)

注：图中数据对应圆极化 1.5 GHz 信号。表 6.1 给出了 β_0 的定义，并且 β_0 与海洋表面状态有关。在表 6.1 中，β_0 对应于海洋表面面元角的最大值，而图中的 β_0 为海洋表面的均方根斜率。该图也能在文献 [44] 中的图 2 找到其修正形式。

6.5.2.2 速度的影响

飞行器速度主要影响衰落频谱的“拐角频率”。海事多径频谱 (图 3.35) 比对流层闪烁有更高的拐角频率，这就说明多径现象中发生了更快的起伏。如图 3.35 所示的海事移动多径衰落的拐角频率为 $1 \sim 2$ Hz，对于更高的浪高 (3 m) 和更高的仰角 (10°)，其拐角频率更高。对于航空移动来说，拐角频率可以高出很多。如果飞行器爬升或俯冲，则拐角频率甚至更高，在大多数情况下超过 10Hz。图 6.30 给出了航空移动多径频谱。

在 21 世纪初，航空移动通信从飞行员之间、空中交通指挥者之间的窄带链路 (实际上是安全业务)，转变至为大型载人航天器上的乘客提供娱乐和通信服务的宽带链路。窄带航空移动链路的频率约为 1.5 GHz，这样载波频率上的可用宽带并不满足搭载宽带业务，因此 Ku 波段链路用于提供飞行器上的宽带业务。当飞行器处于对流层以上的时候，通常使用 Ku 波段链路，典型的雨衰与去极化效应最小。然而，共形相控阵天线的设计是一项挑战，并且当飞行器必须机动时，通信链路的容量会降低或者完全中断。但是，通常来说，当飞行器在巡航高度水平直飞时, 通信链路非常稳定。

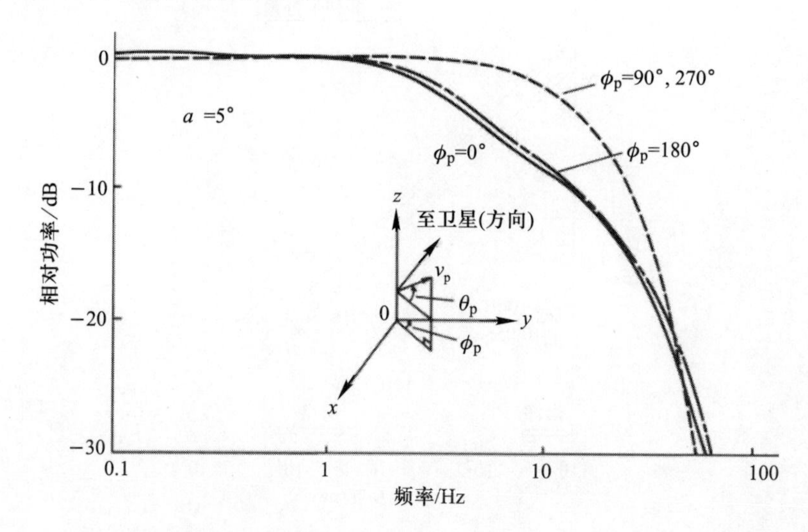

图 6.30 航空移动多径衰落频谱 (转自文献 [43] 中的图 3; ©1986 IECE 现属日本的 IEICE, 转载已获授权)

注: 飞行高度为 10 km, 飞行速度为 1000 km/h。1.5 GHz 圆极化信号。数据采集于 5° 仰角和粗糙海况条件。实线对应水平飞行 ($\phi_P = 0°$), 而两个虚线表示相对水平面呈 5°角的爬升或俯冲。

6.5.3 陆地移动通信

陆地移动卫星通信始于便携式手提箱大小的终端的应用, 该类型终端将天线固定在其盖子上, 因此当操作的时候终端必须处于稳定状态。随着用于实况转播的 Inmarsat-M 终端的广泛应用, 陆地移动卫星通信被众人所知。直到使用诸如 Orbcomm[13]、Iridium[6] 与 Globastar[7] 等一系列在轨运行的非地球同步卫星系统使得手持终端变成可能之后, LMSS (陆地移动卫星系统) 才开始了其真正意义上的移动通信。与传统的陆地蜂窝系统相比,LMSS 系统服务质量较差 (链路不可用, 特别是电话掉线), 再加上用户终端非常笨重且需要置于建筑物外, 用户成本通常也较高, 因此商业业务需求相对较少。然而, 毫无疑问的是: 在没有其他移动通信基础设施的区域, 上述系统提供了性能卓越的服务。在战术军事环境下, Iridium 的优质服务尤其重要, 已经成为首选系统。随着与可展开天线技术和相关的数字信号处理技术的发展, 诸如 Thuraya[45] 与 Inmarsat 4 系列[4] 等地球同步卫星变得可与地面移动系统相竞争,特别是在人口稀少的地区或缺乏完整通信服务基础设施的国家。虽然 LMSS 易受到与其他卫星移动系统一样的对流层、电离层传播效应的影响, 但 LMSS 受到的影响与其他卫星移动通信系统相比存在着重要的差异。造成这些区别的主要原因是: LMSS 用户使用其终端时通常没有清晰的视距路径, 以及使用终端的地形变化很严重 (从宽广、平坦陆地到山区位置)。关于 LMSS 用户所有可能的传播效应最好、最详细的总结可见 Goldhirsh 与 Vogel 完成的概论[46], 其中的大部分内容已经在文献 [47] 中进行了概括并被开发成为共识模型。

6.5.3.1 树遮蔽效应

在用户和卫星之间的视距路径上, 可能存在如道路两旁或公园内的各种树木。树干、树枝和树叶对信号的影响非常不同。对于频率为 1.5 GHz 的信号, 树干引起的典型衰落值约为 10 dB[47], 超过了大多数移动卫星系统的系统余量。与树干相比, 树叶引起的衰落要小得多, 因此树叶效应通常用 "遮蔽" 来描述。然而, 在每年寒冷季节树叶就会掉落, 因此, 树叶导致的损耗变化比较大。树叶的季节性效应引起 L 波段大约 6 dB 的损耗变化, 引起 UFH 大约 7 dB 的损耗变化[48]。文献 [48] 中的树木衰落结果与文献 [49, 50] 中的结果接近, 文献 [49, 50] 中的结果见表 6.3。

表 6.3 频率为 870 MHz 时单棵树衰落概况

树木种类	衰落/dB		衰落系数/(dB/m)	
	最大	平均	最大	平均
伯尔橡树*	13.9	11.1	1.0	0.8
豆梨	18.4	10.6	1.7	1.0
冬青树*	19.9	12.1	2.3	1.2
挪威枫树	10.8	10.0	3.5	3.2
沼生栎	8.4	6.3	0.85	0.6
沼生栎*	18.4	13.1	1.85	1.3
松树林	17.2	9.8	1.3	1.1
檫木	16.1	9.8	3.2	1.9
欧洲赤松	7.7	6.6	0.9	0.7
白松*	12.1	10.6	1.5	1.2
平均	14.3	10.6	1.8	1.3
均方根	4.15	2.6	0.9	0.7

注: 带有星号 "*" 表示在 Wallops 岛使用遥控飞机测量; 不带星号表示在马里兰州中部通过直升飞机测量[47]

在低仰角时, 链路受到树干拦截的概率很高。在掠入射情况下, 链路穿过树叶和空气界面的可能性也很高。实验数据表明, 链路损耗与该界面的粗糙度有关[42]。"粗糙度" 用于描述树木冠层在水平面方向的高度变化: 冠层随着水平面高度的均方根变化越大, 路径衰减越大[42]。然而, 如果链路以非常高的仰角穿过树林环境, 那么用户与卫星之间就可能存在相对清晰的视距路径。图 6.31 描述了遮蔽的概念和仰角的影响。表 6.3 给出了不同树木的衰落值。对 1.6 GHz 的测量给出了与表 6.3 所示相似的绝对衰落结果[48,51]。

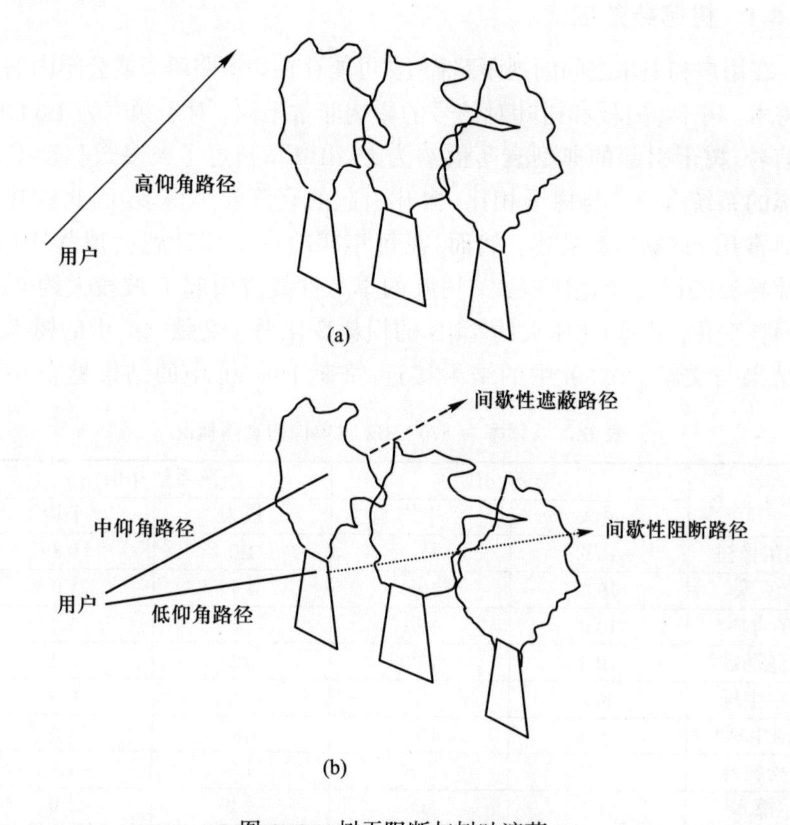

图 6.31　树干阻断与树叶遮蔽

(a) 高仰角路径; (b) 中等仰角和低仰角路径。

注: 图 (a) 为高仰角路径。用户与卫星之间的树木轮廓如图所示, 链路刚好在树木上空通过, 因此, 没有因为树木阻断而产生信号损耗。图 (b) 为等仰角和低仰角路径。用户与卫星之间的树木轮廓如图所示, 树木在视距路径上产生了拦截效应。如果路径仅仅通过树叶, 那么信号损耗相对较小, 称为 "遮蔽"。然而, 如果通过树干, 那么衰落会很高 (约为 10 dB), 并且链路很可能中断, 因为系统余量通常没有 10 dB。

基于对 870 MHz、1.6 GHz[49,50] 和 20 GHz[52] 信号的广泛测量, ITU-R 研究第三小组完成了用于道路两边遮蔽效应的经验预测方法[47]。该方法对于 800 MHz ~ 20 GHz 有效; 并且假设在 55% ~ 75% 的时间存在树叶遮蔽, 以及连接至卫星的链路实际上与移动方向垂直(用户在穿越路边的树林时与卫星进行通信)。仿真中假设通常有单棵树遮蔽星地视距[53], 则路边树叶遮蔽仿真也可获得相似的结果。随着用户沿路径移动, 信号在快速起伏变化。下面引自文献 [47]、计算至地球同步卫星的链路衰落分布的方法, 该方法中仰角必须作为常量。

所需参数如下:

f—频率 (GHz);

θ—连接到卫星的路径仰角 (°);

p—地面站移动过程中, 衰落超过某值移动距离占总移动距离的百分比。

步骤 1: 利用下式计算 1.5 GHz 衰落分布, 下式在移动距离百分比为 $1\% \leqslant p \leqslant 20\%$、路径仰角为 $20° \leqslant \theta \leqslant 60°$ 时有效。

$$A_{\mathrm{L}}(p,\theta) = -M(\theta)\ln(p) + N(\theta) \tag{6.12}$$

式中

$$M(\theta) = 3.44 + 0.0975\theta - 0.002\theta^2 \tag{6.13}$$

$$N(\theta) = -0.443\theta + 34.76 \tag{6.14}$$

步骤 2: 将频率为 1.5 GHz、移动距离百分比为 $1\% \leqslant p \leqslant 20\%$ 的衰落分布转化到所需频率 f (GHz) 的衰落分布, $0.8\ \mathrm{GHz} \leqslant f \leqslant 20\ \mathrm{GHz}$。

$$A_{20}(p,\theta,f) = A_{\mathrm{L}}(p,\theta)\mathrm{e}^{\{1.5[(1/\sqrt{f_{1.5}})-(1/\sqrt{f})]\}} \tag{6.15}$$

步骤 3: 计算频率为 $0.85\ \mathrm{GHz} \leqslant f \leqslant 20\ \mathrm{GHz}$, 移动距离百分比为 $20\% \leqslant p \leqslant 80\%$ 的衰落分布。

$$A(p,\theta,f) = \begin{cases} A_{20}(20\%,\theta,f)\dfrac{1}{\ln 4}\ln\dfrac{80}{p}, & 20\% \leqslant p \leqslant 80\% \\ A_{20}(p,\theta,f), & 1\% \leqslant p \leqslant 20\% \end{cases} \tag{6.16}$$

步骤 4: 对于仰角为 $7° \leqslant \theta \leqslant 20°$ 时的路径, 假设其衰落分布与 $\theta = 20°$ 时分布相同。

图 6.32 给出了移动距离百分比为 1% ~ 50%, 1.5 GHz 信号超过的衰落值在 10° ~ 60° 的仰角变化。

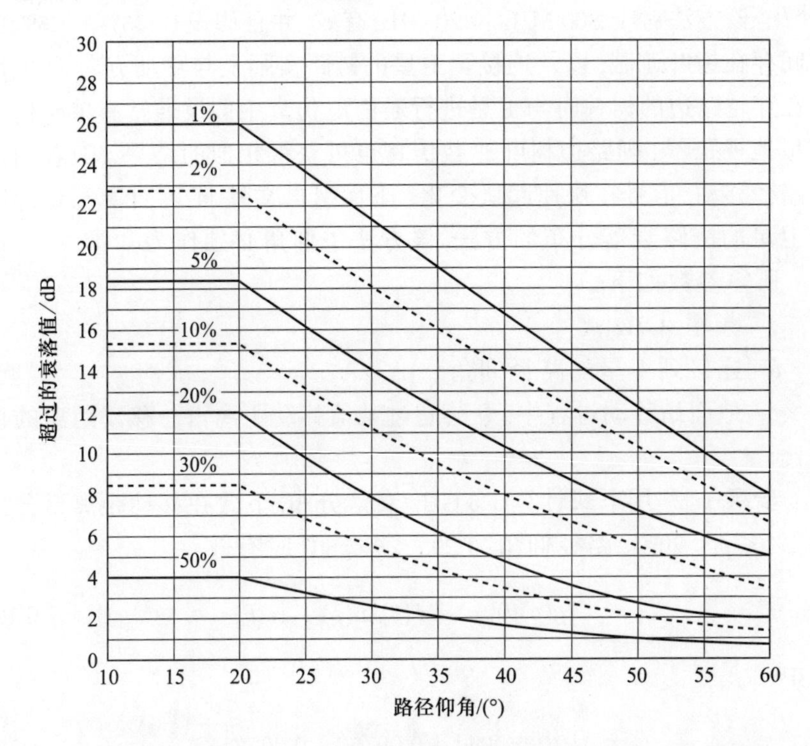

图 6.32 道路两侧遮蔽引起 1.5 GHz 信号衰落随路径仰角的变化 (转自文献 (47) 中的图 1; ©ITU2000, 转载已获授权)

对于 1.6 GHz 和 2.6 GHz, 上述给出的道路两侧遮蔽的计算方法可以扩展至仰角大于 60° 的情况。首先计算出仰角为 60° 时的衰落, 然后结合表 6.4 中仰角为 80° 时的衰落值对 60° ~ 80° 的仰角进行线性插值。仰角大于 80° 时的衰落, 可以使用 80° 仰角衰落值与 90° 仰角的零衰落值进行线性插值而求得[47]。

表 6.4 80° 仰角下树遮蔽导致的衰落 (dB)

P/%	树遮蔽	
	1.6 GHz	2.6 GHz
1	4.1	9.0
5	2.0	5.2

(续)

P/%	树遮蔽	
	1.6 GHz	2.6 GHz
10	1.5	3.8
15	1.4	3.2
20	1.3	2.8
30	1.2	2.5
注: ©2000ITU, 转载已获授权		

上述计算方法用于来自地球同步卫星的 LMSS 链路, 其仰角基本上可以看作常数。非地球同步卫星的链路将牵涉到一定的仰角范围, 且上述计算方法需要做如下的修正[47]:

(1) 计算每一个终端能看到飞行器时对应仰角 (或仰角范围) 的时间百分比。

(2) 在给定传播余量下 (图 6.32 的纵坐标), 找到每个仰角下的不可用百分比。

(3) 针对每个仰角, 将步骤 (1) 与步骤 (2) 的结果相乘再除以 100, 得到系统在该仰角下的不可用百分比。

(4) 将步骤 (3) 所得的所有不可用百分比相加, 从而得到系统总的不可用百分比。

如果终端所使用的天线不是各向同性, 那么在上述步骤 (2) 中需要将每个仰角下的天线增益从衰落余量中减去。

衰落持续时间分布模型

在所有固定卫星链路传播预测方法中, 长时期内 (至少 1 个月, 通常为 1 年) 计算所得的链路性能与链路可用性是关键的设计需求。对于移动系统, 其用户在一定的环境范围内移动, 且零星使用手持无线电, 它的性能与可用性的计算方法与 FSS 链路不同。用户处于遮蔽区域的时间百分比对移动系统来说是重要的输入参数。现有一些用于计算衰落持续时间分布 (当链路被遮蔽时) 及非衰落持续时间分布 (当链路实际上是无任何遮挡且工作于门限值以上时) 的方法[47]。这些计算方法基于在美国及澳大利亚采集的实验数据。计算结果随仰角、行驶方向、树木类型以及树叶覆盖的变化而产生极大变化, 使得这些有限的预测结果仅适用于某些特定的地区和路径。然而, 一些中值结果对系统的开发具有很好的指导作用。图 6.33 给出了 51° 仰角下, 对应 5 dB 门限值的道路两侧遮蔽效应的最佳拟合累积衰落分布[47]。

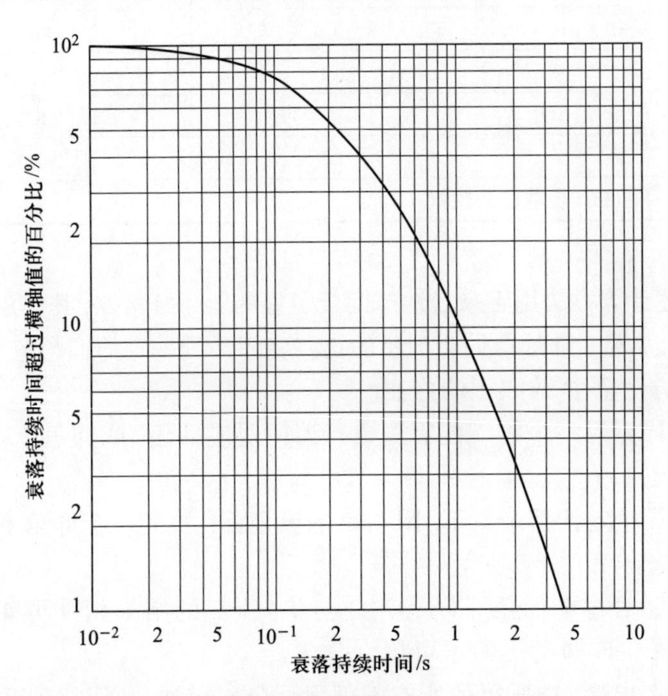

图 6.33 5 dB 门限值对应的道路两侧树遮蔽最佳拟合累积衰落分布 (转自文献 (47) 中的图 2; ©ITU2000, 转载已获授权)

6.5.3.2 建筑物阻断效应

当 LMSS 用户在建筑物外, 无论是在办公街区之间的宽广空地, 还是沿着任一侧具有混凝土与金属结构建筑物的城市街道驾驶, 都会存在与沿两侧为树木的大街驾驶时相类似的阻断情况, 这称为道路两侧建筑物遮蔽。ITU[47] 利用如图 6.34 所示的几何结构对其进行建模, 下面将转引该模型。

建筑物引起的阻断百分比概率表示为

$$p = 100 \exp\left[-\frac{(h_1 - h_2)^2}{2h_{\mathrm{b}}^2}\right], \quad h_1 > h_2 \tag{6.17}$$

式中: h_1 为建筑物前地面上方的射线高度; h_2 为高于建筑物的所需非

涅尔余隙。h_1 和 h_2 可表示为

$$h_1 = h_{\mathrm{m}} + \frac{d_{\mathrm{m}} \tan\theta}{\sin\varphi} \tag{6.17a}$$

$$h_2 = C_{\mathrm{f}}(\lambda d_{\mathrm{r}})^{0.5} \tag{6.17b}$$

其中: h_m 为移动天线相对地面的高度; θ 为相对地平线方向指向卫星射线的仰角; φ 为射线相对于街道方向的方位角; d_{m} 为移动天线至建筑物正面的距离; C_{f} 为第一菲涅尔区所需余隙部分; λ 为波长; d_{r} 为从移动天线沿与建筑物正面垂直的射线到建筑物正上方点的倾斜距离, 可表示为

$$d_{\mathrm{r}} = \frac{d_{\mathrm{m}}}{\sin\varphi \times \cos\theta} \tag{6.17c}$$

另外, h_1、h_2、h_{b}、h_{m}、d_{r} 与 λ 采用一致的单位, 并且 $h_1 > h_2$。式 (6.17a) ~ 式 (6.17c) 在满足 $0° < \theta < 90°$ 和 $0° < \varphi < 180°$ 时有效, 但是实际的极限值不应该被使用。

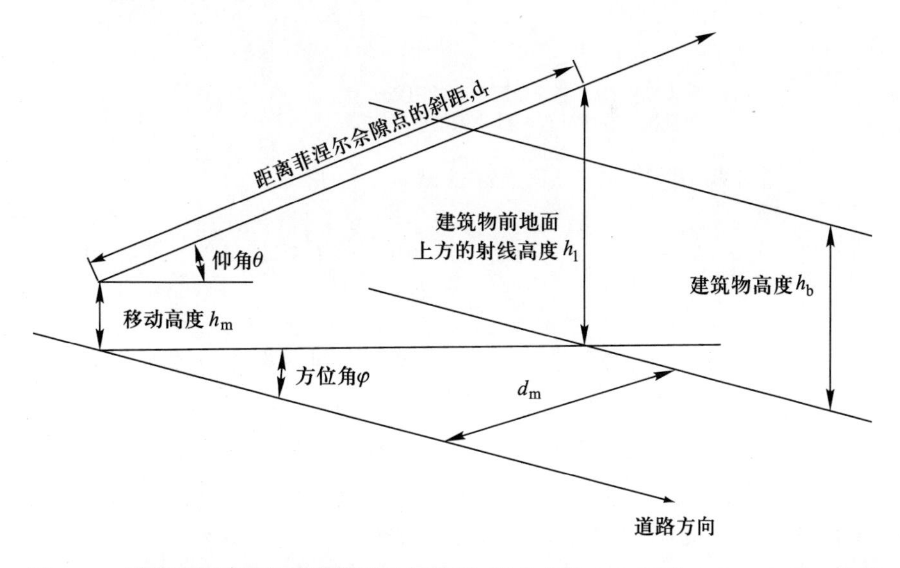

图 6.34 道路两侧建筑物遮蔽模型几何关系 (转自文献 [47] 中图 3; ©ITU2000, 转载已获授权)

图 6.35 给出了使用上述方法计算道路两侧建筑物遮蔽的实例, 其参数设置如下:

$$h_{\mathrm{b}} = 15\ \mathrm{m};\quad h_{\mathrm{m}} = 1.5\ \mathrm{m};\quad d_{\mathrm{m}} = 17.5\ \mathrm{m};\quad f = 1.6\ \mathrm{GHz}$$

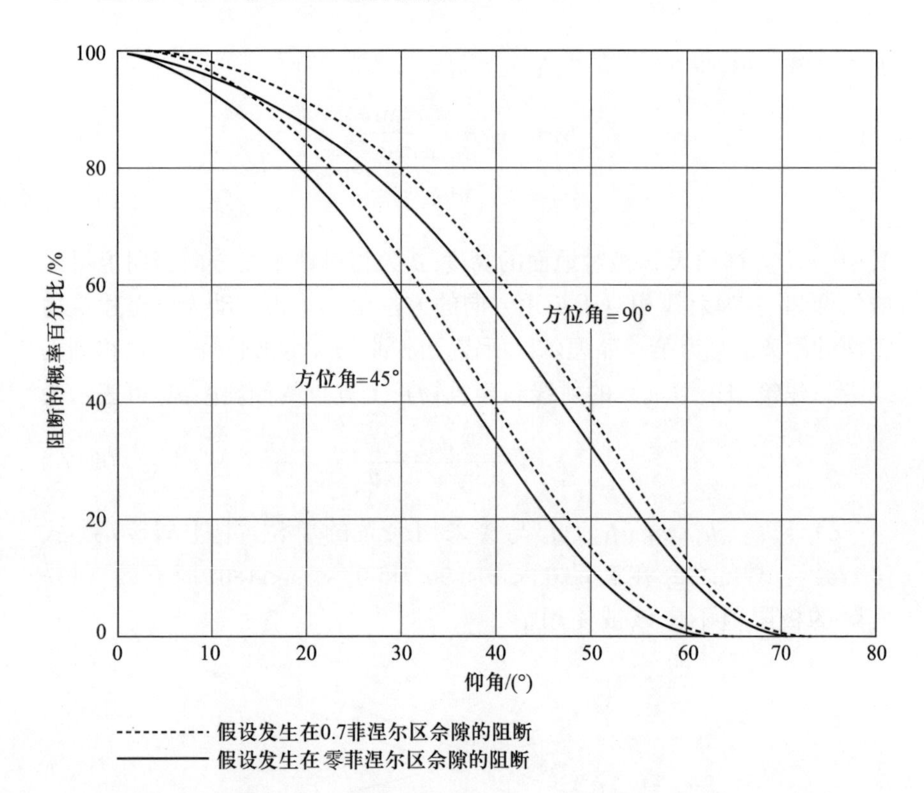

图 6.35 道路两侧建筑物遮蔽实例 (转自文献 [47] 中的图 4; ©ITU2000, 转载已获授权)

注: 在高仰角条件下, 依然存在由于穿越桥梁或其他用户上空的建筑物而产生的阻断。因此, 在 90° 仰角下依然存在阻断。

当 LMSS 用户移动至建筑内部, 不管先于建筑物入口之前是否存在清晰的视距路径, 路径损耗都会显著增加。Goldhirsh 与 Vogel[46] 重要的工作部分便是讨论建筑物内部的信号损耗, 这些损耗都来自于内部多径因素和构成建筑物的墙壁、天花板等不同材料的吸收和散射。来自单个房间内部的早期测量结果显示, 与频率为 800 MHz ~ 3 GHz 的清晰视距路径相比, 房间内有 6.3 dB 的平均信号损耗[54]。对信号穿过办公街区的墙壁以及多楼层地板的附加测量值显示, 信号衰落是上述平均信号损耗的 2 倍多[14,55,56]。甚至人的身体及头部也会引起频率为 800 ~ 1700 MHz 的信号超过 1 dB 的损耗。图 6.36(a) 给出了 1.5 GHz LMSS 链路几何图形, 显示了用户头部相对于传播方向的外观。图 6.36(b) 给出了信号电平随着到卫星的方位角的变化而变化。从图中可以看出，接收信号强度的变化与用户头部阻挡有关，当至卫星的路径被用户的头部阻挡时，接收信号强度的变化量大于 5 dB。

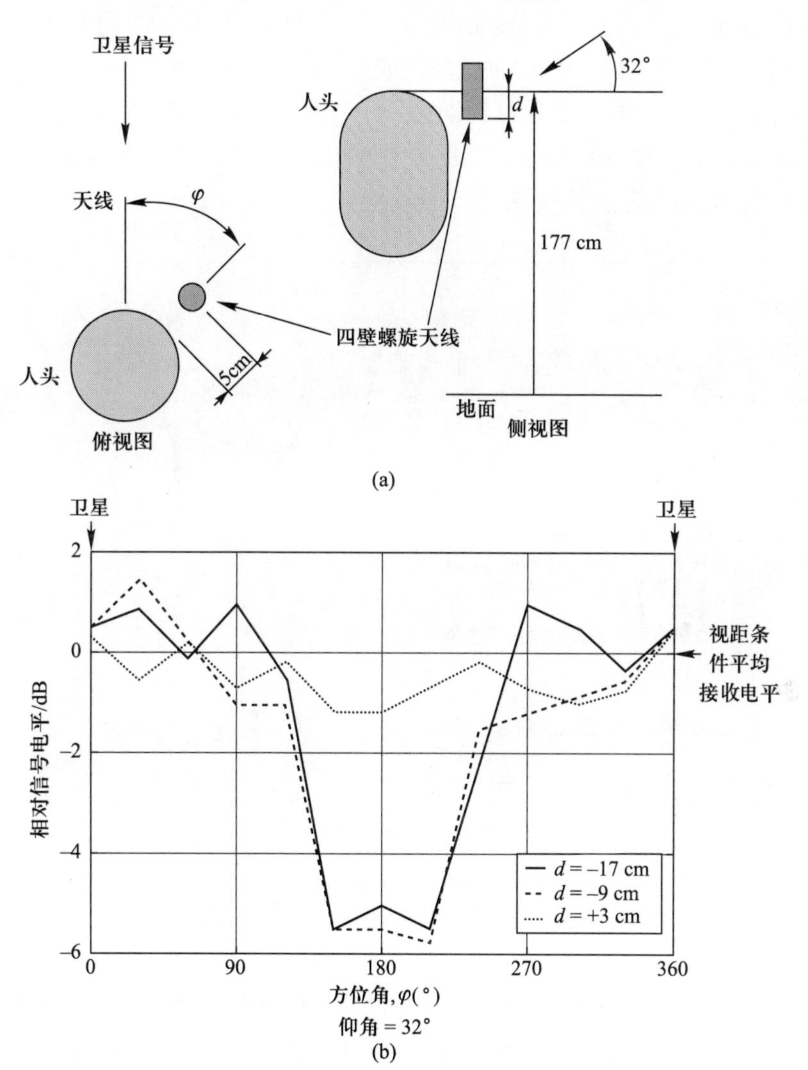

图 6.36 (a) 人体头部与天线的几何关系图 (转自文献文献 [47] 中图 5a; ©ITU200, 转载已获授权); 图 6.36 (b) 与图 6.33(a) 配置结构相对应的相对信号电平 (转自文献文献 [47] 中图 5b; ©ITU200, 转载已获授权)

6.5.3.3 多径效应

与海事和航空移动卫星业务一样，LMSS 也容易受多径的影响。在大多数情况下, 无论是沿着道路行走用户手持的 LMSS 终端, 还是行驶在道路上汽车内的 LMSS 终端, 它们都倾向于靠近地面, 因此, 产生的多径分量在靠近用户的地面被反射。当对来自准地球同步卫星的 1.5 GHz 信号连续监测多天时, 多径效应 (平坦地面环境下) 被第一次文档记录[57]。信号的日变化的周期为一个恒星日, 并且连续好几天内很好地自我重复这样的周期变化。图 6.37 给出了连续三日内由多径效应引起的自由空间信号的变化。

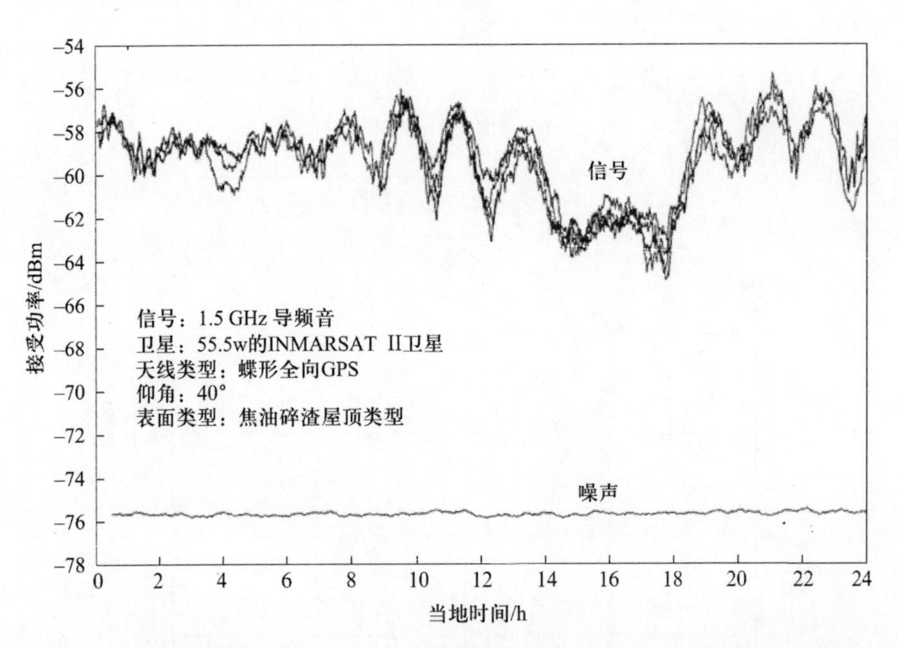

图 6.37 多径效应引起 1.5 GHz 信号在晴空视距路径中连续三日的幅度变化 (转自文献 [57] 中的图 1; ©IEE 现在的 IET, 转载已获授权)

从发射天线到接收天线之间两个或多个不同路径信号的矢量相加是产生多径衰落的原因。这些信号的相互作用是反射面的反射系数、信号的极化矢量以及接收天线方向图的函数。接收天线的增益越高, 反射信号能够进入天线孔径的角度越小。然而, 大多数 LMSS 用户终端使用的接收天线几乎为全向天线, 因此它们易受多径效应的影响。通常考虑高山 (峡谷) 环境以及道路两侧树木环境两种多径环境。高山或峡谷多径环境是指地反射面与用户之间存在一定距离的清晰视距路径。图 6.38 示出了平坦地面多径与高山 (峡谷) 多径之间的区别。

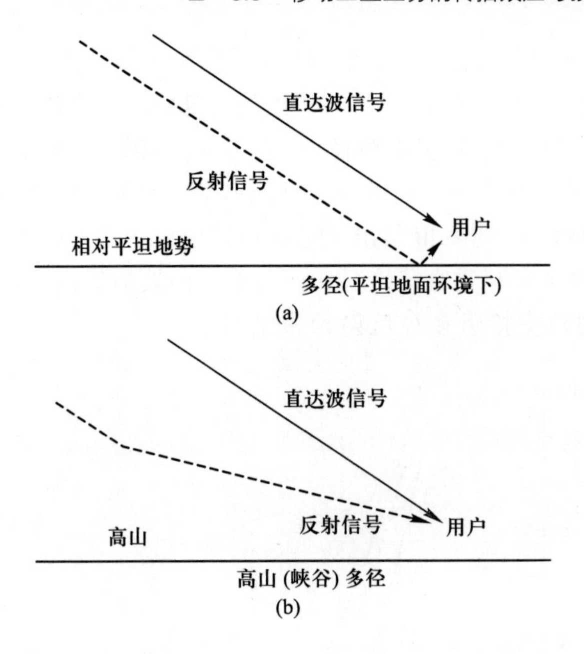

图 6.38 平坦地面多径与高山 (峡谷) 多径之间的区别

注: 两种类型的多径的主要区别: 对于高山多径来说, 反射面通常距离接收机较远, 并且由于信号接近掠入射, 所以反射系数较高; 近多径是在相对较高入射角条件下的反射, 且反射点与用户相当接近, 因此具有相对较低的反射系数以及较低的衰落深度。高山多径也伴随有近多径分量 (图中没有显示), 但是近多径通常对合成信号强度的影响较小。

高山 (峡谷) 多径环境

根据 Vogel 与 Goldhirsh[58] 于美国科罗纳多州山区的工作, 绘制了由高山环境下的多径引起的衰落深度分布。该分布模型为

$$p = aA^{-b}, \quad 1\% < p < 10\% \tag{6.18}$$

式中: p 为超过某特定衰落的距离百分比; A 为超过的衰落值 (dB); a、b 为参数, 见表 6.5。

表 6.5 高山地形下多径衰落的最佳拟合累积分布参数

频率/GHz	仰角为 30°			范围为 45°		
	a	b	范围/dB	a	b	范围/dB
0.87	34.52	1.855	2 ~ 7	31.64	2.464	2 ~ 4
1.5	33.19	1.710	2 ~ 8	39.95	2.321	2 ~ 5
注: 转自文献 [46], 后来报道于文献 [47] 中表 3; ©2002ITU, 转载已获授权						

图 6.39 给出了高山地区的最佳拟合累积多径衰落分布, 该图最早报导于文献 [46] 中, 现为 ITU R-P.681 的一部分[47]。该数据用于描述几乎没有遮蔽条件的清晰视距路径。有趣的是, 时间与距离的具有可交换性。当多径并不是由单一山坡引起且地形变得更加不规则和陡峭时, 衰落深度变得更小。图 6.40 给出了不同地形的衰落深度数据[59]。值得注意的是, 图中的最严重衰落情况如何与单一山坡情形相吻合, 而平坦地形情况下的数据接近多径反射预报结果。

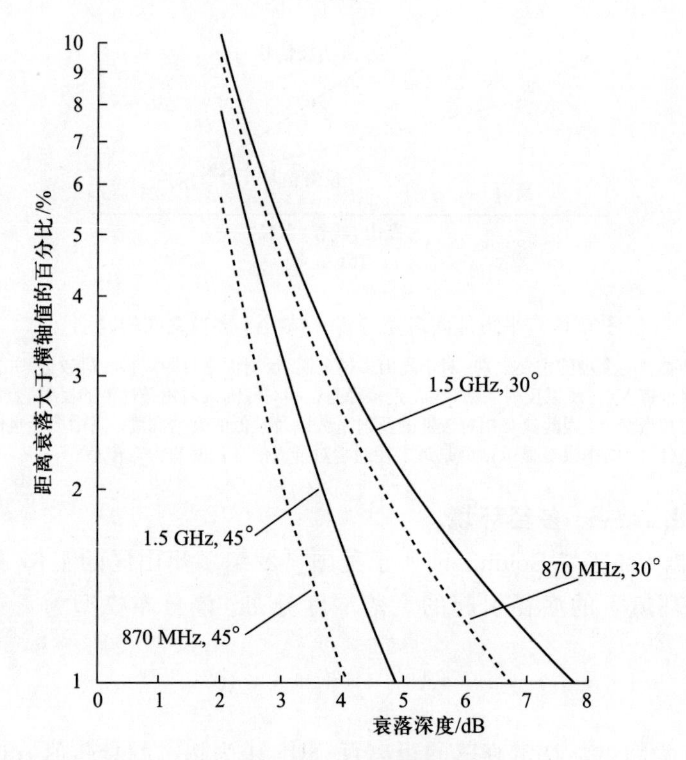

图 6.39 高山地形多径衰落的最佳拟合累积衰落分布 (首见于文献 [46] 图 4.2, 现收录于文献 [47] 图 6; ©ITU2000, 转载已获授权)

道路两侧树木多径环境

道路两侧树木模型的主要数据依然来自 Vogel 与 Goldhirsh[60] 在美国马里兰州公路采集的数据。测量仰角为 30°、45° 及 60°, 由测量结果给出如下模型:

$$p = u\mathrm{e}^{-vA}, \quad 1\% < p < 50\% \tag{6.19}$$

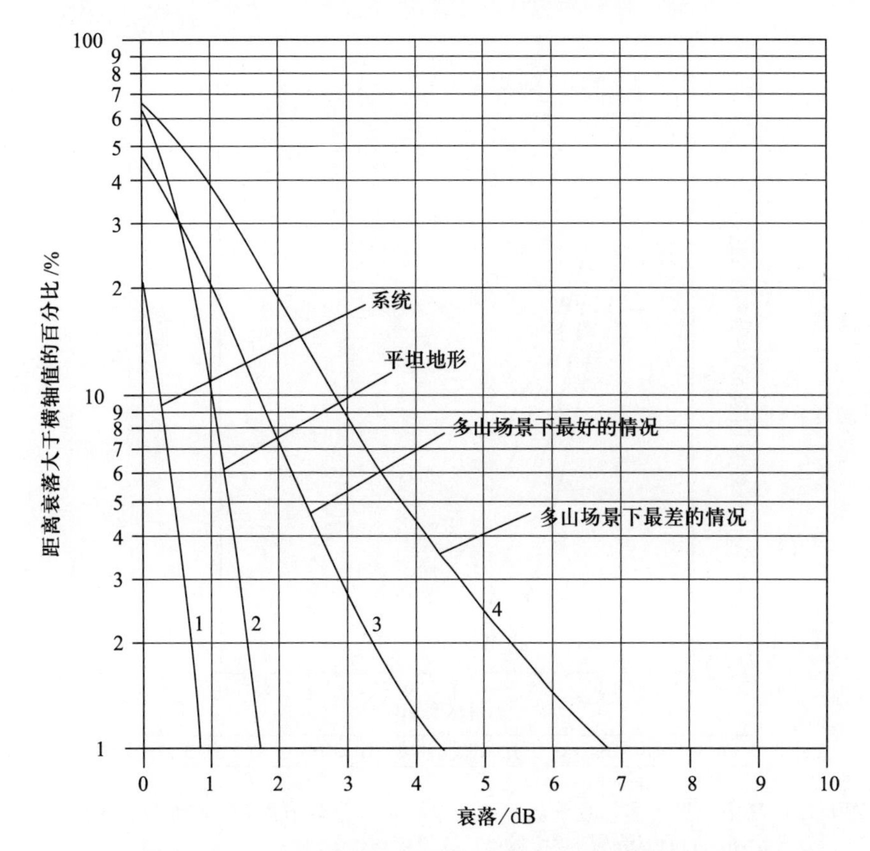

图 6.40 在美国西部几个明显的低仰角场景下多径衰落之间的比较 (出现在文献 [46] 中图 4.3, 转自文献 [59] 中的图 X; ©IEEE, 转载已获授权)

式中: p 为超过某特定衰落的距离百分比; A 为超过的衰落值 (dB); u、V 为曲线拟合参数, 见表 6.6。

表 6.6 高山地形下多径衰落的最佳拟合累积分布参数

频率/GHz	u	v	衰减范围/dB
0.870	125.6	1.116	1–4.5
1.5	127.7	0.8573	1–6
注: 转自文献 [46], 后来报道于文献 [47] 中表 4			

图 6.41 给出利用表 6.6 中的参数得出的 870 MHz 及 1.5 GHz 的累积衰落分布。

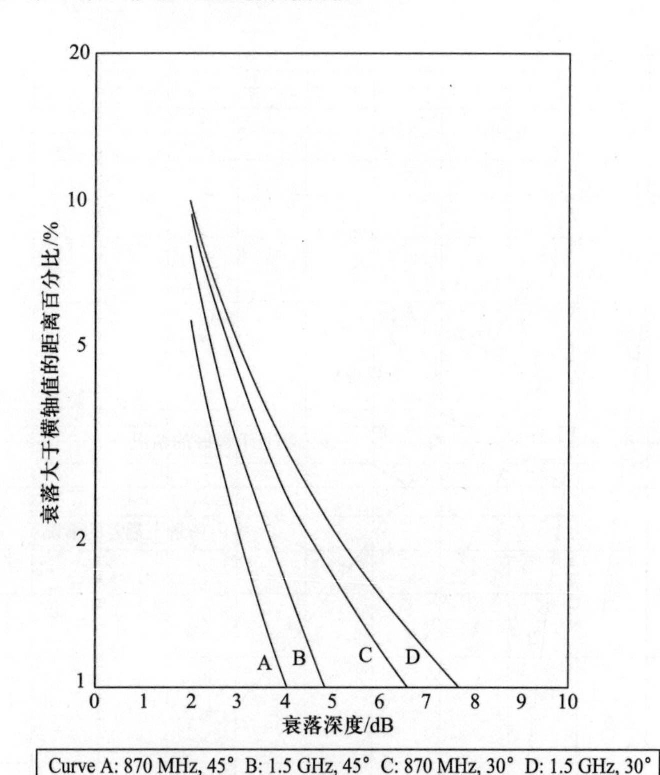

图 6.41 高山地形下多径衰落最佳拟合累积衰落分布 (转自自文献 [47] 中的图 6; ©2002ITU, 转载已获授权)

6.5.3.4 遮蔽、阻断与多径效应的综合效应

文献 [47] 尝试开发一种将遮蔽、阻断与多径效应考虑在内的综合效应的预测方法。定义如下三种传播状态:

状态 A: 清晰视距条件。

状态 B: 轻微遮蔽条件 (树叶及较窄的物理障碍物, 如电线杆)。

状态 C: 完全阻断条件 (没有无线电传播余隙的大型建筑物群以及诸如高山的地形特征)。

然后计算每种状态发生的概率, 以及每种状态对应仰角下的平均多径功率。图 6.42 给出了该方法的计算实例。由图中曲线可发现: 首先, 不可能有超过 95% 的传播距离其衰落深度低于 10 dB 的情形, 甚至在郊区也是如此; 其次, 由于大多数 LMSS 手持设备衰落余量为 5 dB, 所以, 与传统的地面移动业务相比, 任何地区所提供的服务质量都可能会因为树叶引起的轻微遮蔽而变得较差。在 Ka 波段, 这种阻塞情况甚至变得更为严重[62], 不可能通过移动卫星业务来提供所需要的性能和可用性, 除非在任何时刻都有轨道分集形式的多颗可见卫星[62]。一项关于在城市环境 (楼宇而不是树木阻隔) 下使用 Globalstar 卫星星座的轨道分集性能的分析发现, 只要在地平线上空存在至少两颗卫星并且链路可用, 那么与单一卫星相比, 80% 时间所要求的余量将从 16 dB 减少至 6 dB, 95% 时间所要求的余量从 25 dB 减少至 16 dB[63]。

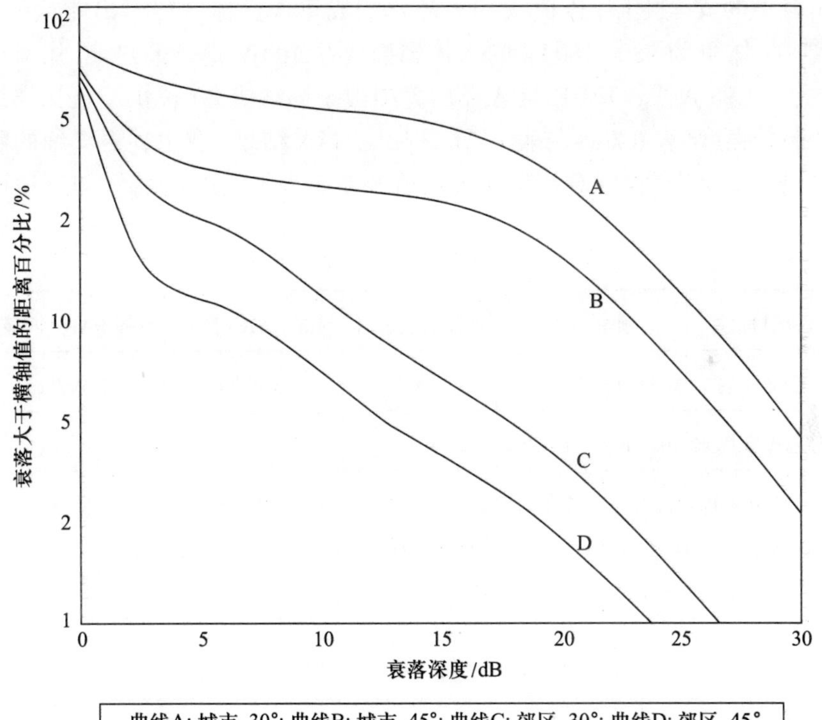

图 6.42 仰角为 30° 和 45° 假定天线增益低于 10 dBi 时, 城市与郊区环境中 1.5 ~ 2.5 GHz 信号衰落深度计算实例 (转自文献 [47] 中的图 8; ©ITU2002, 转载已获授权)

与卫星移动系统相比, 地面移动系统具有两项固有优势: 一是基站内每个用户的等效功率水平更高; 二是由于多次反射源和通常更低的反射角, 地面移动系统内部产生的多径分量可以通过采用某些多路接入的技术而提供较大的信号电平。卫星移动系统只有在没有与之相竞争的地面移动业务时才会有实用意义。

6.5.3.5 头部吸收效应

移动电话的广泛使用引发了许多针对移动电话电磁辐射对成年人[64–66] 与儿童[63] 头部影响的调查研究。描述辐射效应通常用特定吸收率 (SAR)。在美国, 联邦通信委员会 (FCC) 设定的关于公众暴露于来自移动电话辐射下的 SAR 水平限制为 1.6 W/kg。FCC 在其网站上列出了主要移动电话制造商的 SAR 水平[67]。4W/kg 的 SAR 水平是暴露于辐射下的安全上限, 该值大约为静止的成年人身体所辐射出能量的 4 倍[68]。体重为 58 ~ 180 kg 的人体辐射大约 100W 量级的热能, 相当于 1.72 ~ 1.25 W/kg。IEEE 与 ANSI (美国国家标准协会) 提供了更加详细的照射强度, 表 6.7(a) 与表 6.7(b) 列出了相关结果。在上述更详细的照射强度文献中, 它们对从事无线通信的专业人员 (职业照射) 与普通民

表 6.7 (a) ICNIRP 推荐的 SAR 限制

照射特性	频率范围	全身平均 SAR	局部 SAR (躯干)	局部 SAR (四肢)
职业照射	100 kHz ~ 10 GHz	0.4 W/kg	10 W/kg	20 W/kg
普通民众照射	100 kHz ~ 10 GHz	0.08 W/kg	2 W/kg	4 W/kg
注: 非电离辐射国际保护委员会 1998 年发行[61]; 所有的 SAR 限制对应于任意 6 min 的平均值; 局部 SAR 指的是任意任意 10 g 人体组织的平均值; 表中的 SAR 最大值用于估计照射量				

表 6.7 (b) ANSI/IEEE 推荐的 SAR 限制

照射特性	频率范围	全身平均 SAR	局部 SAR (躯干)	局部 SAR (四肢)
职业照射	100 kHz ~ 6 GHz	0.4 W/kg	8 W/kg	20 W/kg
普通民众照射	100 kHz ~ 6 GHz	0.08 W/kg	1.6 W/kg	4 W/kg
注: 1. 对于职业照射,SAR 限制是任意 6 min 的平均值。 2. 对于普通民众照射, SAR 限制的平均时间在 6 ~ 30 min 变化。 3. 全身 SAR 是整个身体的平均值, 身体局部 SAR 是对任意立方体形状的 1 g 组织进行平均。对于手、手腕、脚、踝关节的 SAR 是对任意立方体形状的 10 g 组织进行平均				

众进行了区分。全身照射强度比局部 SAR 值低很多。局部 SAR 值与 FCC 以最高上限的形式提供的数值相似[67]。然而，尽管移动电话的长期使用对成年人的健康并没有明显的影响，美国国家辐射防护委员会建议家长不应该允许 8 岁以下的儿童使用移动电话。有趣的是，传播领域科学家似乎不太关心传播信号对头部与身体的生理影响，相比之下更关心的是头部及身体如何改变辐射特性。头部可以引起发射机特性在极化纯度与发射功率两个方面的明显改变[69]。当人类使用低于 2 GHz 频率时，SAR 值似乎是合理的，随着频率的升高，头部的皮肤可以作为明显的吸收体，有时可以达到 450 W/kg 的 SAR 峰值[70]。在上述频率的研究中[70]，使用定向天线而不是简单的偶极子可以使峰值 SAR 降低至大约 3W/kg，使平均 SAR 降低至大约 0.1 W/kg[70]。

6.6 植被引起的衰落

星 – 地传播路径通过广阔植被的情况并不多见，但是弄清楚这样的路径有多少额外衰落是有意义的。图 6.43 给出了 30 MHz~30 GHz 的特

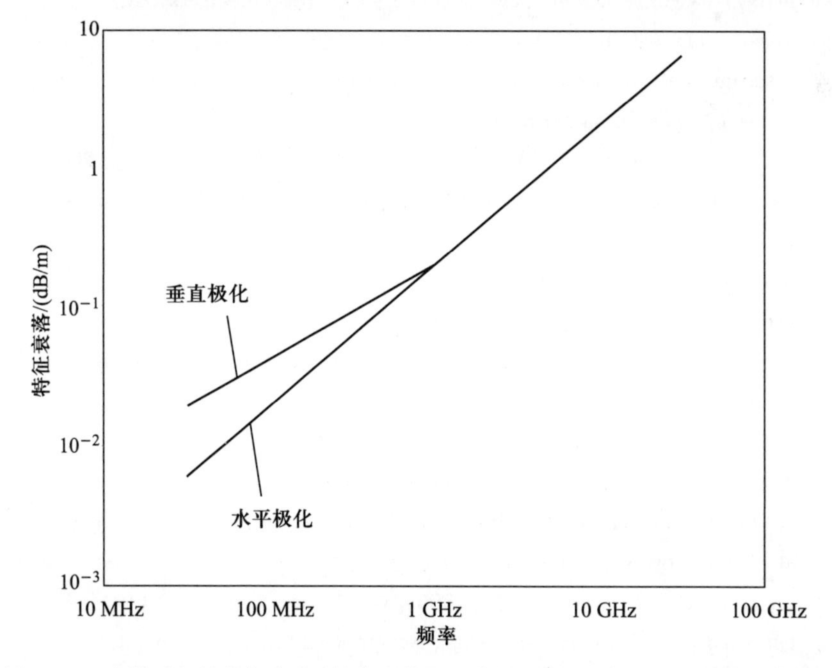

图 6.43 森林引起的特征衰落 (转自文献 [71] 中的图 2; ©ITU2002, 转载已获授权)

征衰落典型值。对于 1 GHz 信号, 茂密的树叶与没有树叶之间的衰落区别为 20%[71], 茂密的树叶衰落值较高。只要有强风的存在, 树叶的移动将使得衰落随时间而变化[71]。通过植被的路径也会存在严重的去极化, 但当去极化明显的时候, 衰落已到达很高的水平, 以至于信号电平远低于任何可用门限。在高仰角下, 穿越树冠的垂直极化信号的衰落较穿越直立树木的水平极化信号的衰落更为严重。穿越树冠的路径衰落的范围为数分贝至 15 dB 或者更高, 并且会随着频率的升高而增大[72]。上述衰落量高于大多数移动系统的余量, 但对于专门用于穿过森林树冠来探测目标的雷达系统来说, 这种衰落水平是可控的。

参考文献

[1] D.W.E. Rees, *Satellite Communications: The First Quarter Century of Service, Hoboken*, New Jersey, USA: Wiley, 1989, ISBN 0-471-62243-55.

[2] T. Pratt, C.W. Bostian and J. E. Allnutt, *Satellite Communications*, second edition, Hoboken, New Jersey, USA: Wiley, 2003, ISBN 0-471-37007-X.

[3] http://www.boeing.com/defense-space/space/bss/factsheets/376/marisat/marisat. html. Accessed 14 April 2004.

[4] International Maritime Satellite Organization (Inmarsat) website is located at http://www.inmarsat.com/.

[5] C. Forrester, 'And it BGAN to happen ...', *IEE Commun. Eng.*, 2004, pp. 10–12 (For more up-to-date information please visit http://regionalbgan. inmarsat.com/).

[6] http://www.iridium.com/.

[7] http://www.globalstar.com/view_page.jsp?page=home.

[8] http://www.boeing.com/defense-space/space/bss/factsheets/376/marisat/marisat.html.

[9] http://www.ntia.doc.gov.

[10] http://www.wtec.org/loyola/satcom/ab_inmar.htm.

[11] A. Jahn, M. Holzbock, J. Muüler, R. Kebel, M. de Sanctis, A. Rogoyski, et al., 'Evolution of aeronautical communications for personal and multimedia services', *IEEE Commun. Mag.*, 2003, vol. 41, no. 7, pp. 36–43.

[12] Featured in *IEEE Commun. Mag.*, November 2004, vol. 42, no. 11.

[13] http://www.orbcomm.com.

[14] W.J. Vogel, G.W. Torrence and H.P. Lin, 'Slant-path building penetration measurements at L- and S-band', EERL Technical Report EERL-95-301, the University of Texas, Electrical Engineering Research Laboratory, 10100 Burnet Road, Austin, Texas 78758–4497, USA, 23 March 1995.

[15] K. Davies and E.K. Smith 'Ionospheric effects on land mobile satellite systems', November 2000, supplement to 'Propagation Effects for Land Mobile Satellite Systems: Overview of Experimental Modeling Results' (J. Goldhirsh and W.J. Vogel, eds.), NASA Reference Publication 1274, February 1992 (available at http://www.utexas.edu/research/mopro/).

[16] http://www.sec.noaa.gov/.

[17] I. Nishimuta, T. Ogawa, H. Mitsudome and H. Minakoshi, 'Ionospheric disturbances during November 30-December 1, 1988, 8. Ionospheric scintillations observed by satellite beacons in the VHF–20 GHz frequency range', *J. Commun. Res. Lab.*, 1992, vol. 39, no. 2, 307.

[18] G.S. Hawkins and J.A. Klobuchar, 'Seasonal and Diurnal Variations in the Total Electron Content of the Ionosphere at Invariant Latitude 54 Degrees', AFCRL-TR-74-0274, Air Force Cambridge Research Labs, Bedford, MA, USA, 1974.

[19] P. Beckman and A. Spizzichino, *The Scattering of Electromagnetic Waves from Rough Surfaces*, Pergamon Press, NY, 1963.

[20] Report 884-1, 'Propagation Data for Maritime Mobile-Satellite Systems for Frequencies above 100 MHz', CCIR Study Group 5 Propagation in nonionized media (1982–1986), ITU, Rue Varembé 1211, Geneva 20, Switzerland.

[21] B. Kinsman, *Wind Waves: Their Generation and Propagation on the Ocean Surface*, Prentice-Hall, Englewood Cliffs, NJ, USA, 1965.

[22] N. Hogben and F.E. Lumb, *Ocean Wave Statistics*, Her Majesty's Stationery Office, London, UK, 1967.

[23] F.T. Ulaby, R.K. Morrison and A.K. Fung, *Microwave Remote Sensing: Active and Passive*, Vol. III, Artech House, Norwood, MA, 1982, ISBN 0-89006-191-2, pp. 1649–1657.

[24] M. Martorella, F. Berizzi and E.D. Mese, 'On the fractal dimension of sea surface backscattered signal at low grazing angle', *IEEE Trans. Antennas Propag.*, 2004, vol. 52, no. 5, pp. 1193–1204.

[25] Y. Karasawa, M. Yasunaga, S. Nomoto and T. Shiokawa, 'On-board experiments on L-band multipath fading and its reduction by use of the polarization

shaping method', *Trans. IECE Japan*, 1986, E69, pp. 124–131.

[26] S. Ohmori, A. Irimata, H. Morikawa, K. Kondo, Y. Hase and S. Miura, 'Characteristics of sea reflection fading in maritime satellite communications', *IEEE Trans. Antennas Propag.*, 1985, AP-33, pp. 838–845.

[27] B.M. Abbe and T. Jedrey, 'ACTS mobile terminals', *Int. J. Satellite Commun.*, 1996, vol. 14, no. 3, pp. 175–190.

[28] E. Perrins and M. Rice, 'Propagation analysis of the ACTS maritime satellite channel', *Proceedings of the Fifth International Mobile Satellite Conference*, Pasadena, California, 997, pp. 201–205.

[29] Recommendation ITU-R P.680-3, 'Propagation data required for the design of Earth-space maritime mobile telecommunications systems', ITU-R P Series recommendations, Volume 2000 P Series – Part 1.

[30] Recommendation ITU-R P.527-3, 'Electrical characteristics of the surface of the Earth', ITU-R P Series Recommendations, Volume 2000 P series Part 1.

[31] W.A. Sandrin and D.J. Fang, 'Multipath fading characteristics of L-band maritime mobile satellite links', *COMSAT Tech. Rev.*, 1986, 16, pp. 319–337.

[32] DFVLR, 'Technical assistance study of lightweight shipborne terminals', Final Report for ESA/ESTEC Contract 4786/81/NL/MD, 1982.

[33] M.W. Long, *Radar Reflectivity of Land and Sea*, Lexington Books, Lexington, MA, USA, 1975.

[34] Y. Karasawa and T. Shiokawa, 'Fade duration statistics of L-band multipath fading due to sea surface reflection', *IEEE Trans. Antennas Propag.*, 1987, AP-35, pp. 956–961.

[35] Report 762-1, 'Effects of multipath on digital transmissions over links in the maritime mobile-satellite service', CCIR Study Group 5 Propagation in Non-IonizedMedia, ITU, 2 RueVarembé 1211, Geneva 20, Switzerland (1982–1986).

[36] A.W. Dissanayake, A.W. Jongejans and P.E. Davies, 'Preliminary results of PROSAT maritime-mobile propagation measurements', *International Conference on Antennas and Propagation ICAP 85*, 1985, IEE Conference Publication No. 248, pp. 338–342.

[37] F. Edbauer, 'Influence of multipath propagation of the maritime satellite channel on PSK-modulated systems', *Ibidem.*, 1985, pp. 333–337.

[38] http://www.icao.int/(Home page of the International Civil Aviation Organization–ICAO).

[39] http://www.icao.int/(Home page of the International Civil Aviation Organization–ICAO; more information on their activities can be found at http://www.icao.int/cgi/goto_anb.pl?cns).

[40] http://www.navcen.uscg.gov/(Information on LORAN-C).

[41] Recommendation ITU-R P.528-2: 'Propagation curves for aeronautical, mobile, and radionavigation services using the VHF, UHF, and SHF bands', ITU-R P series Recommendations, Volume 2000 P series – Part 1.

[42] K. Sarabandi and Il-S. Koh, 'Effect of canopy-air interface roughness on HF-VHF wave propagation in forest', *IEEE Trans. Antennas Propag.*, 2002, vol. 50, no. 2, pp. 111–121.

[43] M. Yasunaga, Y. Karasawa, T. Shiokawa and M. Yamada, 'Characteristics of L-band multipath fading due to sea surface reflection in aeronautical satellite communications', *Trans. IECE Japan*, 1986, E69, pp. 1060–1063.

[44] Recommendation ITU-R P.682-1, 'Propagation data required for the design of Earth-space aeronautical mobile telecommunications systems', ITU-R series Recommendations, Volume 2000 P series – Part 1.

[45] http://www.thuraya.com/ (Home page of the Thuraya system).

[46] Handbook of propagation effects for vehicular and personal mobile satellite systems' (J. Goldhirsh and W. Vogel, eds.), web version located at http://www.utexas.edu/research/mopro/.

[47] Recommendation ITU-R P.681-5, 'Propagation data required for the design of Earth-space land mobile telecommunication systems', ITU-R series Recommendations, Volume 2000 P series – Part 1.

[48] I.H. Cavdar, 'UHF and L band propagation measurements to obtain log-normal shadowing parameters for mobile satellite link design', *IEEE Trans. Antennas Propag.*, 2003, vol. 51, no. 1, pp. 126–130.

[49] W.J. Vogel and J. Goldhirsh, 'Tree attenuation at 869 MHz derived from remotely piloted aircraft measurements', *IEEE Trans. Antennas Propag.*, 1986, vol. AP-34, no. 12, pp. 1460–1464.

[50] J. Goldhirsh and W.J. Vogel, 'Roadside tree attenuation measurements at UHF for land mobile systems', *IEEE Trans. Antennas Propag.*, 1987, vol. AP-35, pp. 589–596.

[51] I.H. Cavdar, H. Dincer and K. Erdogdu, 'Propagation measurements at L-band for land mobile satellite link design', *Proceedings of the 7th Mediterranean Electrotechnical Conference*, Antalya, Turkey, 12–14 April 1994, pp.

1162–1165.

[52] W.J. Vogel and J. Goldhirsh, 'Pree attenuation at 20 GHz foliage effects', *Sixth ACTS Propagation Studies Workshop (APSW VI)*, Clearwater Beach, Florida, 28–30 November 1994, pp. 219–223 (Jet Propulsion Laboratory Report, JPL D-12350, California Institute of technology, Pasadena, California).

[53] T. Sofos and P. Constantinou, 'Propagation models for vegetation effects in terrestrial and satellite mobile', *IEEE Trans. Antennas Propag.*, 2004, vol. 52, no. 7, pp. 1917–1920.

[54] P.I. Wells, 'The attenuation of UHF radio signals by houses', *IEEE Trans. Veh. Technol.*, 1977, vol. VT-26, no. 4, pp. 358–362.

[55] W.J. Vogel and G.W. Torrence, 'Propagation measurements for satellite radio reception inside buildings', *IEEE Trans. Antennas Propag.*, 1993, vol. 41, no. 7, pp. 954–961.

[56] L.Q. Wang, N.E. Evans, J.B. Burns and J.G.W. Mathews, 'Fading characteristics of a 2.3 GHz radio telemetry channel in a hospital building', *Med. Eng. Phys.*, 1995, vol. 17, no. 5, pp. 226–231.

[57] R.M. Allnutt, A.W. Dissanayake, C. Zaks, and K.T. Lin, et al., 'Results of L-band satellite experiments for personal communications systems', *Electron. Lett.*, 1993, vol. 26, no. 10, pp. 865–867.

[58] W.J. Vogel and J. Goldhirsh, 'Fade measurements at L-band and UHF in mountainous terrain for land mobile satellite systems', *IEEE Trans. Antennas Propag.*, 1988, vol. AP-36, no. 1, pp. 104–113.

[59] W.J. Vogel and J. Goldhirsh, 'Multipath fading at L-band for low elevation angle, land mobile satellite scenarios', *IEEE J. Selected Areas Commun.*, 1995, vol. 13, no. 2, pp. 197–204.

[60] J. Goldhirsh and W.J. Vogel, 'Mobile satellite system fade statistics for shadowing and multipath from roadside trees at UHF and L-band', *IEEE Trans. Antennas Propag.*, 1989, vol. AP-37, no. 4, pp. 489–498.

[61] ANSI/IEEE C95.1-1992, 'IEEE standard for safety levels with respect to human exposure to radio frequency electromagnetic fields, 3 kHz to 300 GHz', copyright of the IEEE, 1992 (Visit http://www.ofta.gov.hk/en/ ad-comm/rsac/paper/rsac2-2002.pdf for a discussion document).

[62] E. Kubista, F. Perez-Fontan, M.A.V. Castro, S. Buonomo, B. Arbesser-Rastburg and J.P.V. Baptista, 'LMS Ka-band blockage in tree-shadowed areas', *IEEE Trans. Antennas Propag.*, 1998, vol. 46, no. 9, pp. 1397–1399.

[63] J.C. Lin, 'Children's cognitive function and cell-phone electromagnetic fields', *IEEE Antennas Propag. Mag.*, December 2005, vol. 47, no. 6, pp. 118–120.

[64] P. Suvannapattana and S.R. Saunders, 'Satellite and terrestrial mobile hand-held antenna interactions with the human head', *Proc. Inst. Elect. Eng. Microwaves Antennas Propag.*, 1999, vol. 146, no. 5, pp. 305–310.

[65] M.A. Jensen and Y. Rahmat-Samii, 'EM interactions of handset antennas and a human head in personal communications', *Proc. IEEE*, 1995, vol. 83, pp. 7–17.

[66] O.P. Gandhi, G. Lazzi and C.M. Furse, 'Electromagnetic absorption in the human head and neck for mobile telephones at 835 and 1900 MHz', *IEEE Trans. Microwave Theory Tech.*, 1996, vol. 44, pp. 1884–1897.

[67] http://www.fcc.gov/cgb/sar/ and also in; http://www.fcc.gov/oet/rfsafety/ with many of the 'dockets' can be found at: http://www.fcc.gov/oet/ dockets/.

[68] http://www.ewh.ieee.org/soc/embs/comar/rf_mw.htm.

[69] R.A. Abd-Alhameed, M. Mangoud, P.S. Excell and K. Khalil, 'Investigations of polarization purity and specific absorption rate for two dual-band antennas for satellite mobile handsets', *IEEE Trans. Antennas Propag.*, 2005, vol. 53, no. 6, pp. 2108–2110.

[70] K.W. Kim and Y. Rahmat-Samii, 'Handset antennas and humans at Ka-band: the importance of directional antennas', *IEEE Trans. Antennas Propag.*, 1998, vol. 46, no. 6, pp. 949–950.

[71] Recommendation ITU-R P.833-3, 'Attenuation in vegetation', ITU-R P series Recommendations, Volume 2000 P series – Part 1.

[72] A.Y. Nashashibi, K. Sarabandi, S. Oveigharan, M.C. Dobson, A.S. Walker and E. Burke, 'Millimeter-wave measurements of foliage attenuation and ground reflectivity of tree stands at nadir incidence', *IEEE Trans. Antennas Propag.*, May 2004, vol. 52, no. 5, pp. 1211–1222.

第 7 章

光通信传播效应

7.1 引言

光信号通信是人类使用的长距离通信的最早形式。一开始采取的手势信号形式仅限于视距范围传播, 即发送与接收手势信号的人必须能看见对方。几千年之后, 人们发明了用烟雾信号提供超视距、非视距光通信业务。事实上, 可以认为这是世界上长距离数字光通信链路的首次应用。又过了几百年, 凭借着激光的发明, 特别是随着低损耗、单模光纤的发明, 数字光通信诞生了。现在激光已经广泛应用于各类行业, 并且已经替代有线和无线传输链路而实际应用于自由空间光通信链路。这种光通信链路的首次大规模应用是电视遥控开关, 目前已经开始应用于大气层内部或外部空间的高数据率通信业务。

光只是电波频谱的一部分, 电波频谱包括从低于音频的频率到超过 X 射线的频率。表 7.1 与图 7.1 说明了电波的频谱。与微波通信相比,

表 7.1 从微波到伽马射线的电磁频谱

电波描述	近似频率范围/Hz	相应波长范围/m
伽马射线	$10^{20} \sim 10^{24}$	$0.00000000003 \sim 0.0000000000000003$
X 射线	$10^{17} \sim 10^{20}$	$0.000000003 \sim 0.000000000003$
紫外线	$10^{15} \sim 10^{17}$	$0.0000003 \sim 0.0000000003$
可见光	$4 \times 10^{14} \sim 7.5 \times 10^{14}$	$0.00000075 \sim 0.0000004$
近红外光	$10^{12} \sim 4 \times 10^{14}$	$0.0003 \sim 0.00075$
远红外光和红外光	$10^{11} \sim 10^{12}$	$0.003 \sim 0.0003$
微波和毫米波	$10^{8} \sim 10^{11}$	$3 \sim 0.003$

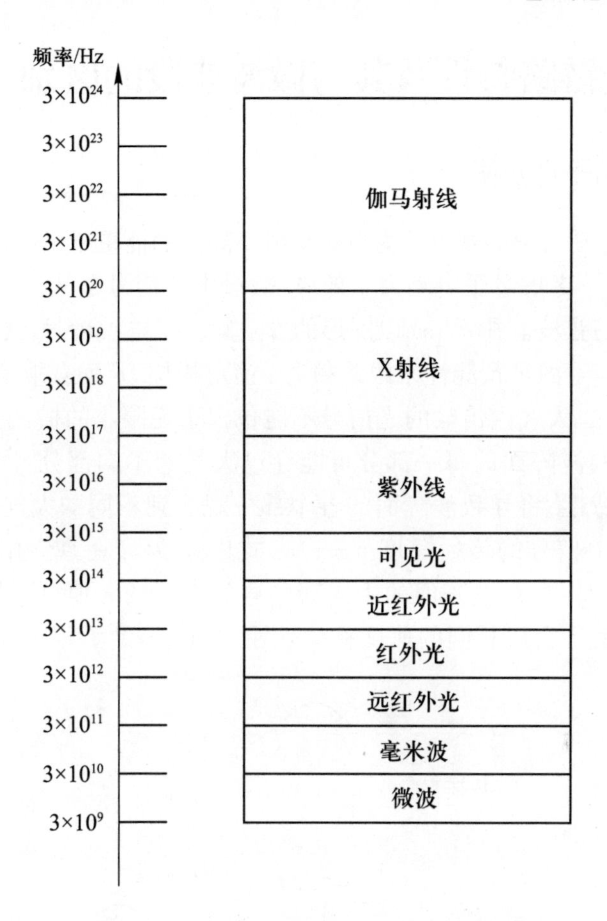

图 7.1 微波区域至伽马射线的电波频谱

注: 由于频率是传输过程中唯一不变的量 (穿过非真空媒质时波长会变化, 因此速度也会变化), 所以, 几十年来, ITU 一直使用频率来对电波的工作范围进行分类, 如 VHF (30 ~ 300 MHz)、UHF (300 MHz ~ 3 GHz) 及 SHF (3 ~ 30 GHz) "频带"。因此, 如图所示的 ITU 跨越了微波、毫米波等传统类型。

由于光信号具有更短的波长, 因而从根本上改变了链路预算的计算方式。需要重新考虑的主要因素: 一是灰尘粒子和气溶胶悬浮颗粒的大小接近激光波长 (几微米) 的大小, 因此对传播损伤具有重要影响; 二是波束宽度很小, 导致来往于移动平台 (如卫星或无人机) 的发射与接收两个方向的链路有所不同; 三是由于衍射与菲涅尔区的问题, 使得穿过大气的上行链路与下行链路在传播损伤方面也不尽相同。因此, 在讨论计算链路损伤所需的参数之前, 需要先分析传统微波链路与光链路之间的差异, 之后给出光链路预算的计算方法。

7.2 光链路特性及其与微波波段的区别

7.2.1 相干性方面

量子电动力学的观点认为电磁辐射由离散的能量量子组成。出于简单的考虑, 不考虑量子电动力学效应, 假设电波信号是从信源延伸至信宿的连续正弦波。图 7.2(a) 以图形的方式解释了电波信号。数字接收机使用正弦信号的可预测性来跟踪频率、锁定相位, 从而获取信号内部的专属信息[1]。大气内传输的光信号不能包含于无限小的横截面内, 朝接收器移动的波阵面的每一部分可能穿过大气的不同部分, 因此遇到不同的大气特性, 将导致波阵面的各个部分观测到不同的大气折射率 n。鉴于大气中信号的传播速度 $v = c/n$ (式中, c 为光在真空中的传播速度) 给出, 所以如果波阵面的不同部分遇到不同的 n 值, 信号波阵面内部的光波就不会以相同的速度移动。图 7.2(b) 描绘了相对较短路径传

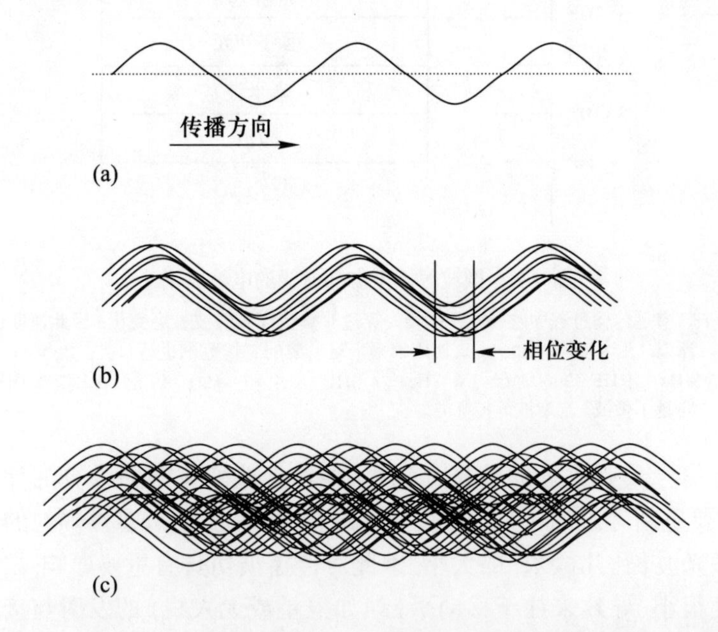

图 7.2 当穿过大气时, 折射效应和非无限小波束截面导致相位相干性模糊

注: 图 (a) 朝接收机传播的单一频率、波束横截面无限小的正弦信号。清晰的过零点包含了准确的相位信息, 可进行相干检测。图 (b) 能够识别光波的近似相位, 相干检波依然可行, 但是折射效应已经导致光波相位模糊。图 (c) 折射效应已经导致光波相位完全模糊, 除非使用类似移动通信中的相关技术, 否则几乎不可能获取信号的相位并完成相干检测。

播后光束。在长路径传播后，光束在横向方向上更加分散，波阵面遇到的折射率变化更大，从而导致信号相位的完全模糊，如图 7.2(c) 所示。

在认为商业及军用激光空间通信具有实用性之前的几十年，人们已经开始对空间相干性即波阵面相干性进行了详尽的研究 (文献 [2–4] 是早期研究引用的主要来源)。空间相干性是沿路径折射率变化的函数，而折射率本身又是沿路径存在的湍流强度的函数。第 3 章中讨论的闪烁效应也是湍流强度的函数。湍流强度用 C_{n} 表示[2]，单位为 $\mathrm{m}^{-2/3}$。通常情况下，平均海平面附近的 C_{n} 值在微弱湍流时 (非常宁静、相对低温/低湿度的夜晚) 的 10^{-9} 和强湍流时 (强对流、高温/高湿度条件) 的 10^{-7} 之间变化[5]。如果大气中传播的信号在某有效孔径上呈现良好的相位相干性，那么该有效孔径被称为相位相干长度。有时候也使用相位相干半径这一术语，相位相干半径为相位相干长度的 1/2 (相位相干长度实际上是相位依然相干的波束部分的直径)。两种定义都假定发射机为点光源。孔径尺寸等于或小于接收点相位相干长度的接收天线，将接收到来自波前相干部分的能量。如果接收天线的孔径直径大于相位相干长度，所接收的波阵面将包含一部分非相干波。在上述条件下，完全相干接收是不可能的。

许多参数影响相干长度的计算，包括地面风速、沿传播路径风速的均方根值、地面处的 C_{n} 标定值 (称为 C_0)，以及沿传播路径高于地面 h 处的 C_{n} 值。相干长度可以利用下式计算[6]:

$$r_0 = (0.423k^2 \sec\zeta \int_{h_0}^{Z} C_{\mathrm{n}}^2(h)\mathrm{d}h)^{-3/5}\ (\mathrm{m}) \tag{7.1}$$

式中: k 为波数，$k = 2\pi/\lambda$; ζ 为天顶角 $(^\circ)s$; λ 为波长 (m)，h_0 为高于地面的高度 (m)。

C_{n}^2 的积分没有封闭解，因此，相关研究提供了具有良好近似结果的数值计算公式[6]。

步骤 1: 确定风有关的积分项，即

$$C_{\mathrm{wind}} = (8.148 \times 10^{-17} v_{\mathrm{rms}}^2)[0.0026 + 1 - \exp^{(0.001h_0^{1.055}-5)} + 3.587369)\ \mathrm{m}^{1/3} \tag{7.2}$$

式中: h_0 为地面站高于地面的高度 (m); v_{rms} 为均方根风速，计算公式为

$$v_{\mathrm{rms}} = \sqrt{v_{\mathrm{g}}^2 + 30.69v_{\mathrm{g}} + 348.91}\ (\mathrm{m/s})$$

其中: v_g 为地面风速, 如果缺少 v_g 的实际数据, 可以取 $v_g = 2.8$ m/s[6], 从而得到 v_{rms} 21m/s。

步骤 2: 确定与积分高度有关项, 即

$$C_{height} = -6.5594 \times 10^{-19} + 4.05 \times 10^{-13} e^{-h_0/1500} \ (m^{1/3}) \tag{7.3}$$

步骤 3: 确定积分中与表面湍流有关项, 即

$$C_{turb} = -C_0(1.383899 \times 10^{-85} - 100e^{-h_0/100}) \ (m^{1/3}) \tag{7.4}$$

式中: C_0 为地面处 C_n^2 的标定值, $C_0 = 1.7 \times 10^{-14} m^{-2/3}$。

步骤 4: 湍流剖面积分为

$$\int_{h_0}^{Z} C_n^2(h) dh \approx C_{wind} + C_{height} + C_{turb} \ (m^{1/3}) \tag{7.5}$$

步骤 5: 确定相干长度, 即

$$r_0 = \frac{1.1654 \times 10^{-8} \lambda^{1.2} \sin^{0.6} \theta}{(C_{wind} + C_{height} + C_{turb})^{0.6}} \ (m) \tag{7.6}$$

上述公式是在地面站海拔高度为 0 ~ 5 km、链路仰角大于 45° 的情况下近似推导出来的。公式假设距离地球表面高度大于 20 km 时的 $C_n^2(h)$ 可以忽略。

当频率低于 30 THz (波长大于 10 μm) 时, 对于孔径小于 1m 的单孔径系统来说, 接近衍射极限的性能是可能发生的。大气相干长度随频率的增加而减小。对于地球上大多数位置来说, 频率高于 300 THz (波长小于 1 μm) 时, $r_0 \approx 5$ cm, 然而在理想天气条件下, r_0 高达 30 cm。

早期用于计算相干半径 (相干距离的 1/2) 的近似公式为[5]

$$r_0 = (b_2 C_n^2 z^2)^{-3/5} \ (m) \tag{7.7}$$

式中: 对于平面波 $b_2 = 1.45$, 对于球面波 $b_2 = 0.55$; k 为波数, $k = 2\pi/\lambda$ (λ 为传输信号的波长); z 为有效传输距离。

表 7.2 给出了波长 1.5 μm 的平面波沿天顶方向在大气中传输时的相位相干半径的一些计算值。式 (7.7) 并没有考虑 C_n^2 随海拔高度增加而迅速减小, 有效传输距离在此距离内 C_n^2 为常量, 这与雨中的有效路径长度相类似, 在此长度内降雨率被假定为常量。如果有效路径为

$1\sim2$ km, 从表 7.2 可以看出相干半径为 $6.2\sim14$ cm, 相干长度为相干半径的 2 倍。上述数值与使用如式 (7.2) ~ 式 (7.6) 概括的更加精确的 ITU-R 方法所计算结果相接近。图 7.3 给出了以风速为参数的 C_n^2 随海拔高度的变化情况, 图 7.4 描述了相对波束宽度的相位相干半径 (或者该值的 2 倍, 即相干长度) 的概念。

表 7.2 不同传播距离与湍流强度下的相位相干半径

传播距离 z/m	相位相干半径	
	弱湍动 $(C_n=10^{-9})$/m	强湍动 $(C_n=10^{-7})$/m
100	2.27	0.0091
1000	0.14	0.00057
2000	0.062	0.00025
10000	0.09	0.000036

注: 光学频率的波长假定为 1.5×10^{-6} m。数据由式 (7.7) 所示的近似计算公式计算所得

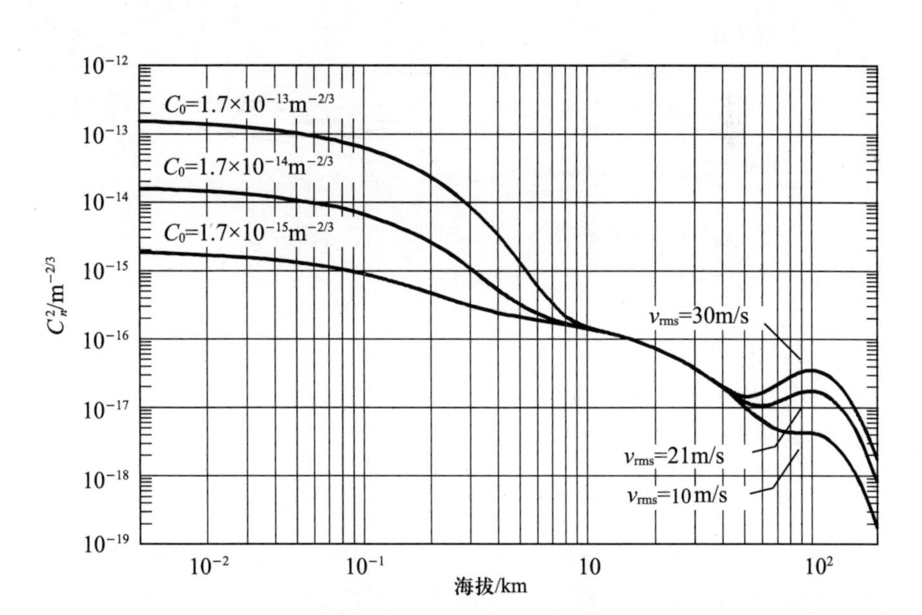

图 7.3 不同 $V_{\rm rms}$ 值和表面湍流 C_0 数值条件下, C_n^2 随海拔高度的变化 (转自文献 [6] 中的图 5; © ITU2000, 转载获得授权)

从表 7.2 与图 7.4 可以看到, 与传播方向垂直的可以认为发射信号是

同相位的波束直径随距离的增加而减小, 在长距离时即使在平静的天气条件下波束直径也非常小。该半径与接收信号同相位的天线孔径半径相对应。当大气状况由于在湿热条件下的强对流而变得混乱时, 长水平距离下的相干半径将变得非常小。如果光学接收天线的孔径比相干半径大得多, 那么波阵面将失去空间相干性, 相干检波将无法实现。对于必须穿越大气的长距离星地光通信链路来说, 接收端通常采取直接检测 (只测量接收信号的幅度而不测量其相位) 而不是相干检测的方式。

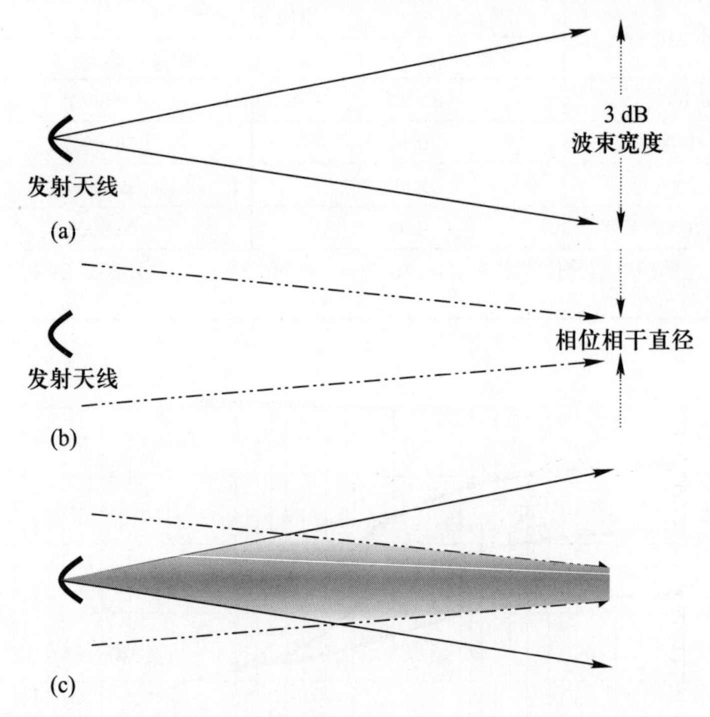

图 7.4 大气中光通信的相位相干半径与其波束宽度之间关系

注: 图 (a) 发射的光束随距离的增大而自然变宽。图 (b) 大气内部存在良好相位相干性的波束宽度随距离的增加而自然变窄。图 (c) 结合图 (a) 与图 (b), 假设接收天线孔径等于或小于相位相干直径, 则波束中间阴影部分就是在 3dB 波束宽度内可能发生相干检波的部分。

研究光信号相干性鉴别的另一个考虑因素是光源的谱线宽度 $\Delta\lambda$。谱线宽度实际上是发射载波信号的发射频谱。通常认为式 (7.1) 与式 (7.7) 中的波长为单一值, 而不是在光源的谱线宽度内展开的连续值。如果已知光源的谱线宽度, 那么相干长度可近似表示为

$$r_0 = \frac{\lambda^2}{n\Delta\lambda}\ (\mathrm{m}) \tag{7.8}$$

式中: n 为信号所通过介质的折射率; λ 为波长。

式 (7.8) 没有考虑传播距离, 因此仅适用于通过地球大气的中等长度路径 (数千米)。如果大气折射率为 1 且谱线宽度为波长的 0.001%, 则 1.5 μm 的波长将对应 0.15 m 的相干长度。需要注意的是, 如果工作频率为 200 THz, 谱线宽度为波长的 0.001% 时将对应 4 GHz 的频率范围。如果缺少沿传播路径大气湍流强度的详细统计信息, 或者缺少光源的谱线宽度, 那么对于大气中近似几千米的光传输路径, 相干长度通常取经验值 10 cm。下面讨论菲涅尔区时, 光波具有很小的相干长度。

7.2.2 菲涅尔区

在 2.3.1 节介绍电离层效应时, 曾论述过菲涅尔区的部分内容。但本章为了完整性表述, 可能有部分内容与前述章节重复。事实上, 在发射天线与接收天线之间的任何传输路径上都存在着菲涅尔区。由于发射天线所发出的相干能量并不限制在无限小的波束宽度内, 而是在朝接收天线的大致传播方向逐渐扩展, 由于传播路径上介质的折射、反射及衍射效应, 信号能量可能经由多个不同路径到达接收天线。如果传输路径上的信号保持相干性, 那么经由不同路径到达的两个信号的相位并不相同。因此, 在接收天线孔径收到的这两个具有不同相位 (本质上是一个信号晚于另一信号到达) 的信号之间将产生干涉。如果两信号的相位相差为 180°, 将产生相消干涉; 如果相位相差 0°, 将产生相长干涉。更精确的描述是, 如果两信号相位相差 $n_\mathrm{d}\pi$ ($n_\mathrm{d} = 1, 3, 5, \cdots$), 那么将产生相消干涉。如果两信号的幅度相同, 那么会产生信号完全湮灭。同样地, 如果相信号的相位相差 $n_\mathrm{d}\pi$ ($n_\mathrm{c} = 0, 2, 4, 6, \cdots$), 那么将产生相长干涉。图 7.5 描述了菲涅尔区与传播距离的关系。

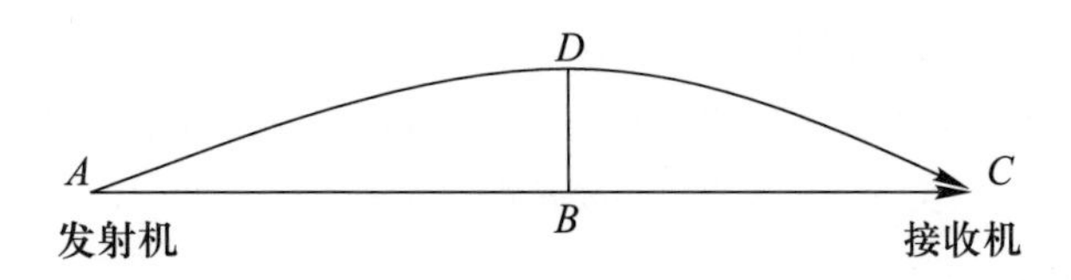

图 7.5 菲涅尔区与传播距离的关系

注: 发射机发射信号至接收机。受到沿途路径的折射 (反射或衍射) 效应影响, 信号经过两个不同的路径到达接收机: 一条路径是 $A \rightarrow B \rightarrow C$; 另一条是 $A \rightarrow D \rightarrow C$。由于路径的曲率非常小, 曲线 AD 与 DC 可以认为是直线 (图 2.12)。如果路径 ADC 与路径 ABC 相差为 $n\pi$ rad (实际上是半波长的整数倍, $n = 1, 3, 5, \cdots$), 那么将产生相消干涉。

在图 7.5 中, 如果发射机 (A 点) 与接收机 (C 点) 分别到菲涅尔耳区的位置 (B 点) 的距离比 BD 大得多, 那么第一菲涅尔区半径可由下式计算:

$$d = \left(\frac{\lambda d_{\mathrm{T}} d_{\mathrm{R}}}{d_{\mathrm{T}} + d_{\mathrm{R}}}\right)^{1/2} \ (\mathrm{m}) \tag{7.9}$$

式中: d_{T} 为发射机与菲涅尔区之间的距离; d_{R} 为接收机与菲涅尔区之间的距离。

存在着许多菲涅尔区, 如果把第一菲涅尔区半径标注为 d_1, 第二菲涅尔区半径标注为 d_2, 第三菲涅尔区半径标注为 d_3, 以此类推, 那么第 n 阶菲涅尔区半径为

$$d_n = d \times n^{1/2} \ (\mathrm{m}) \tag{7.10a}$$

将式 (7.9) 代入 (7.10a), 可得

$$d_n = \left(\frac{\lambda d_{\mathrm{T}} d_{\mathrm{R}}}{d_{\mathrm{T}} + d_{\mathrm{R}}}\right)^{1/2} \times n^{1/2} = \left(\frac{\lambda d_{\mathrm{T}} d_{\mathrm{R}} n}{d_{\mathrm{T}} + d_{\mathrm{R}}}\right)^{1/2} \tag{7.10b}$$

当 d_{T} 或者 d_{R} 比另一个大得多时, 可以使用式 (1.4), 地球同步卫星与低层大气中地面站的链路就符合这种情况。

例 7.1 2 GHz 无线链路工作于两个相距 50 km 的无线电塔台之间, 两塔之间中点的第一与第三菲涅尔区半径各是多少?

解: 2 GHz 信号的波长为 0.15 m, 且 $d_{\mathrm{T}} = d_{\mathrm{R}} = 25$ km。将上述数值代入式 (7.10b), 可得到

$$d_1 = [(0.15 \times 25000 \times 25000)/(25000 + 25000)]^{1/2} = 43.3 \ \mathrm{m}$$

使用式 (7.10b), 可得第三菲涅尔区域半径为

$$d_3 = 43.3 \times 3^{1/2} = 75 \ \mathrm{m}$$

例 7.2 1500 nm 激光链路工作于无人机与相距 2 km 外的指挥所之间。发射机与接收机中点的第一菲涅尔区域半径为多少?

解: 已知波长为 1.5×10^{-6} m, $d_{\mathrm{T}} = d_{\mathrm{R}} = 1$ km。将上述数值代入式 (7.10b), 可得

$$d_1 = [(1.5 \times 10^{-6} \times 1000 \times 1000)/(1000 + 1000)]^{1/2} = 0.0274 \ (\mathrm{m})$$

从例 7.1 中的微波链路可以看出, 在忽略地球曲率的情况下, 两塔高度必须至少 43.3 m, 才能避免第一菲涅尔区与两塔之间的地面相交。

在例 7.2 的光学示例中, 第一菲涅尔区半径 27.4 mm 使得波束与其他物体发生偶然的相互作用的可能性非常低。这也很好地证明了光学自由空间链路具有非常小的波束直径, 使得光链路被拦截窃听的概率非常低, 这在保密通信业务上极具吸引力。

第一菲涅尔区半径与相位相干半径之间也具有一种有趣的关系。如果相位相干半径比第一菲涅尔区半径小, 那么在整个第一菲涅尔区半径内均不会发生相长干涉。使用例 7.2 中的数据可知, 当 $C_{\mathrm{n}} = 10^{-9}$ 时, 使用式 (7.7) 计算可得, 沿着信号路径 1 km 的相位相干半径为 143.4 mm, 当 $C_{\mathrm{n}} = 10^{-7}$ 时, 相位相干半径为 0.571 mm, 而第一菲涅尔区域半径为 27.4 mm。因此, 在弱对流条件下 ($C_{\mathrm{n}} = 10^{-9}$), 菲涅尔区半径比相干半径小, 这使得整个菲涅尔区域可以发生相长干涉。在强对流条件下 ($C_{\mathrm{n}} = 10^{-7}$), 菲涅尔区域半径比相干半径大, 因此阻止了在整个菲涅尔区域内发生相长干涉。另外, 从孔径平均效应的角度考虑, 菲涅尔区半径也是非常重要的。

7.2.3 孔径平均效应

在第 3 章中讨论晴空大气效应时发现, 对流层闪烁的影响随着接收天线尺寸的增长而减小。人们通过实验观察到了孔径平均或平滑现象[7,8]。因为在微波频率范围内, 商业卫星通信领域前 20 年所使用的主要天线与波长相比要大得多, 所以近几十年内对流层闪烁通常被忽略。随着 20 世界 90 年代 Ku 波段 VSAT 通信的迅速扩张, 对流层闪烁的潜在严重影响, 特别是对于 C/N 余量小的低仰角链路的影响, 促使研究人员在量化闪烁损伤方面开展了大量实验[9,10]。对于光学频率, 对流层闪烁遵循的分布与微波区域所观测到的高斯幅度分布相同, 并且幅值的预测方法也相类似, 在本章稍后部分将对其进行详细讨论。比波长大得多的接收天线物理孔径能够通过孔径平均效应来减弱幅度的变化。对于光学频率, 相对于波长的物理孔径直径和相对于相位相干长度的孔径直径都很重要。

早期的文献指出, 当孔径直径与第一菲涅尔区域半径在同一量级时, 预计孔径平均效应在弱湍流条件下趋于饱和[5]。当距离为 2 km、波长为 1.5×10^{-6} m 时, 使用菲涅尔区半径的近似表达式 ($(\lambda d)^{1/2}$, 在式 (7.10b) 中, 设定 $d_{\mathrm{T}} = d_{\mathrm{R}} = d$ 且 $n = 1$, 应用 $d^2 \gg 2d$ 时 $d^2/2d = d$, 即可得到该近似表达式) 计算得到的结果约为 0.054 m。根据这一早期的研究理论, 直到接收天线的孔径直径达 10.8 cm, 孔径平均才会有所改善。星地光通信系统中, 传播距离通常为几百千米, 这使得低地球轨道卫星的菲涅尔区直径为米量级, 地球同步轨道卫星则为几米量级。用于开发孔径平均数值的常用公认方法并不使用菲涅尔区, 而是计算接收孔径处的相位相干长度。如果孔径大于相位相干长度, 那么将存在孔径平均效应[11]。地面站接收来自卫星的光信号的孔径平均因子可表示为[11]

$$A = \frac{1}{1 + 1.1 \times 10^7 (D^2 \sin\theta / z_0 \lambda)^{7/6}} \tag{7.11}$$

式中: D 为地面站天线直径 (m); θ 为仰角; λ 为波长 (μm); z 为湍流规模高度 (km)。

将孔径平均因子 A 与闪烁幅值分布的方差相乘, 得出观测信号幅值方差的较小值。

例 7.3 地球光接收站的接收天线直径为 10 cm, 工作于 1.5 μm 的频率。当仰角分别为 0°、10°、45° 及 90°, 湍流规模高度分别为 1 km 及 10 km 时, 孔径平均因子为多少?

解: 将已知数值代入式 (7.11), 得到下表所列数值结果:

湍流规模高度	孔径平均因子			
	$\theta = 0°$	$\theta = 10°$	$\theta = 45°$	$\theta = 90°$
1	1	0.434	0.130	0.090
10	1	0.083	0.686	0.593

例 7.3 的解可以看出, 在给定湍流规模高度的条件下, 当仰角从 90° 变化至 45° 时, 孔径平均因子的变化并不大。这可以看成大多数光通信链路设计通常倾向保持仰角大于或等于 45° 的原因。有时候, 该极限仰角以 rad 为单位表示[5], 并且操作角限制在相对天顶方向 π rad 内, 等价仰角为 32.7°。在 32.7° 的仰角下, 湍流规模高度为 1 km 时的孔径平均因子为 0.169, 约为从顶点降低至地面的 1/2。实际上, 意味着在该种情况下, 幅值闪烁的方差是没有孔径平均效应时的变化值的 0.169。因此, 如果波长为 0.532 μm (典型值[11]) 的信号的对数辐照度的方差为 0.23, 那么孔径平均将方差从 0.23 减小至 $0.23 \times 0.169 = 0.0389$。

对于光波段下卫星路径的孔径平均效应, 谨记两个要点: 首先, 如果接收天线孔径比相干长度大时, 闪烁的幅度可能减弱, 但是整个孔径范围内的相位相干性的不足通常会阻止对接收信号进行相干检测; 其次, 因为飞行器的接收天线直径通常远小于 1 m[11], 所以孔径平均只发生在光通信路径的空间对地面的方向, 而不会发生在地面对空间的方向。将在 7.2.5 节说明这种不对称性, 但是先要讨论光波段的散射问题。

7.2.4 散射方面

散射意味着当入射能量在其传播路径上遇到物体时, 入射电磁能量的方向将发生改变。这不仅仅是入射能量的反射, 散射能量可以朝向相对于入射方向的任意方向, 从与入射方向完全相反 (沿入射路径向后 180° 方向即后向散射) 到绕过物体没有改变的方向即与入射路径相同的方向。物体通常不会散射明显数量的能量, 直到它们的尺寸开始接近入射信号的波长。在 4.1.1 节中, 在微波频段考虑散射与吸收效应时见到过这种现象。ITU-R 把频谱的光波段规划为 20 (15 μm) ~ 375 THz (0.8 μm)[6,11], 对于该波段信号, 大气中许多粒子具有与光波波长相同数量级的尺寸。如果粒子比波长小得多 (尺寸通常不大于波长的 1/10), 那么将发生瑞利散射。瑞利散射使得入射能量在物体处沿各个方向散射。虽然瑞利散射有点各向同性, 但散射能量的最大分量是沿原路径向前及向后的信号。然而, 除了前向和后向散射, 也有相当数量的侧向散射。图 7.6(a) 给出了瑞利散射能量在 360° 方向上的近似比例。散射能量的大小与 $1/\lambda^4$ 成比例, 其中, λ 为入射信号的波长。随着频率的增加, 波长减小, 意味着瑞利散射能量随着频率的增加而增大。蓝光比红光具有更高的频率, 因此蓝光将比红光散射更多的能量, 这就是天空呈现为蓝色的原因。如果大气中的粒子是水滴 (如云) 而不是分子 (它使得在瑞利散射效应下天空呈现蓝色), 那么粒子比波长的 1/10 大得多, 因此 Mie 散射将成为主导。Mie 散射具有强烈的各向异性, 并且产生比侧向及后向散射波瓣大得多的前向散射波瓣。粒子的尺寸越大, 前向散射就越强烈 (图 7.6(b))。Mie 散射几乎与频率无关, 因此, 当宽带光源 (如太阳) 假设穿过云层而经历 Mie 散射时, 散射光能量将在光源周围沿前向方向产生强烈的白色光晕。

瑞利散射与 Mie 散射将能量从信号路径中迁移, 因此它们是一种衰减机制。当频率低于 375 GHz 时, 大气内由瑞利散射引起的衰减量可

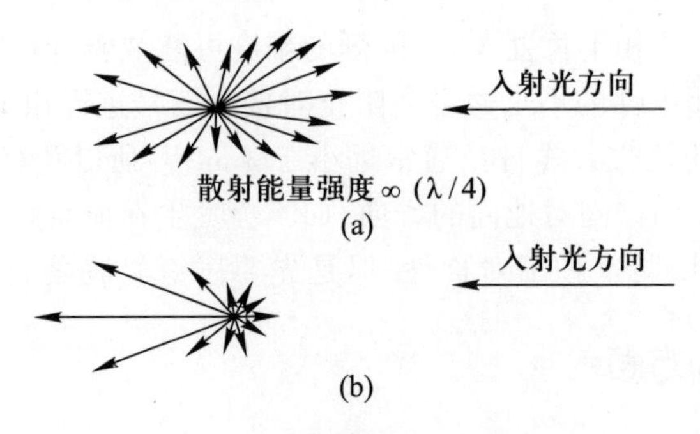

图 7.6 瑞利散射与 Mie 散射

(a) 瑞利散射; (b) Mie 散射。

注: 瑞利散射分量的强度与 $1/\lambda^4$ 成比例, 因此更短的波长 (如蓝光) 发生的散射比更长的波长 (如红光) 更加强烈。散射沿入射光向前及向后的方向性较弱, 但具有较多的侧面散射分量, 因此来自大气粒子的散射使天空看起来主要呈现为蓝色。Mie 散射具有较强的方向性, 最大的分量是前向散射, 并且几乎与频率无关。

以忽略[11], 只有当频率为 1000 THz 时, 其衰减量才能与 Mie 散射所引起的衰减量相当[11]。在地 - 空通信感兴趣的 20 ~ 375 THz 的光波段中, 由气溶胶悬浮粒子及微观水引起的 Mie 散射, 比瑞利散射具有更显著的影响[11]。图 7.7 从海平面处特征衰减值的角度来比较瑞利散射效应

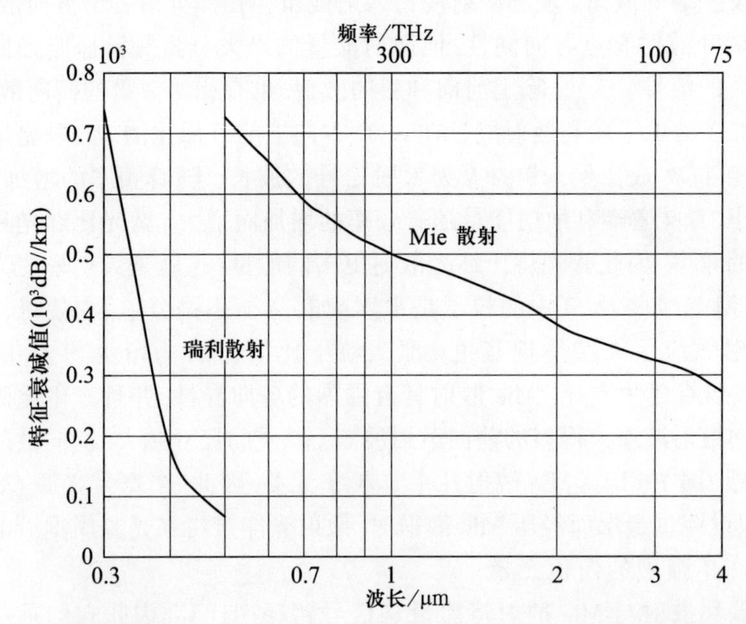

图 7.7 标准大气条件下, 海平面处特征衰减值 (转自文献 [11] 中的图 4; ©2000ITU-R, 转载获得授权)

与 Mie 散射效应。

瑞利散射具有显著的侧面散射分量的事实, 使得来自主要通信波束之外的信源能量, 可以通过主波束内粒子散射进入接收机。图 7.8 示出了侧面散射能量进入光通信链路。

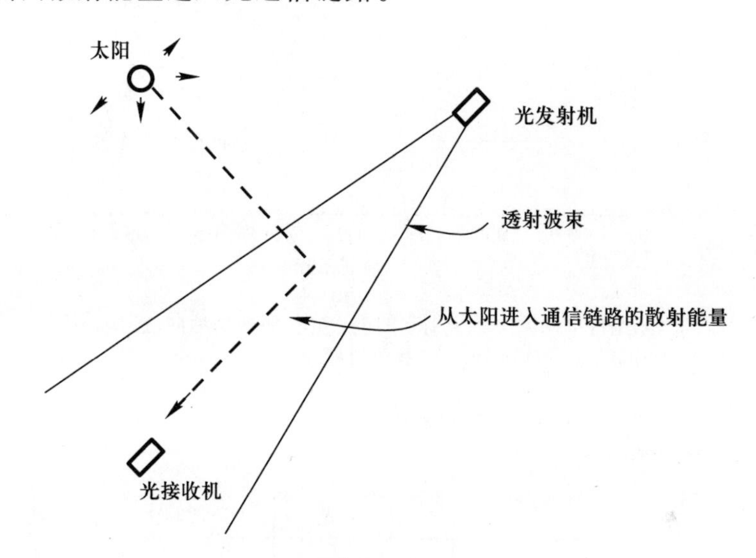

图 7.8 侧面散射能量进入光通信链路

注: 太阳光可以进入来自光发射机的波束, 由于波束中的分子使得来自太阳的能量发生散射, 一部分侧面散射能量将直接进入光接收机。

到目前为止, 进入光接收机侧面散射能量 (辐射能量) 的最大目标为太阳, 其次为月亮 (大小比太阳低两个量级), 以及金星与国际空间站 (两者又低了两个量级)[12]。这里引入以单位为瓦特每平方米每单位波长 (通常为每微米, 因为光源趋向于以微米为单位引用) 每对角立体弧度角, 即 $W/(m^2 \cdot \mu m \cdot sr)$ 的辐射能 H。图 7.9 给出了阳光明媚、一般晴朗及阴天三种天气类型情况下, 从太阳散射进入光接收机的辐射能量随 0.4μm – 2μm 范围波长的变化关系[11]。表 7.3 给出了 5 种不同频率下辐射能的特征值。已知辐射能量, 则接收孔径捕获的背景噪声功率可表示为[11]

$$P_{\text{back}} = \frac{\pi \theta_r^2 A_r \Delta\lambda H}{4} \ (\text{W}) \tag{7.12}$$

式中: θ_r^2 为接收机视场 (rad); A_r 为接收机面积 (m^2); $\Delta\lambda$ 为接收机的带宽 (μm); H 为辐射能 ($W/(m^2 \cdot \mu m \cdot sr)$)。

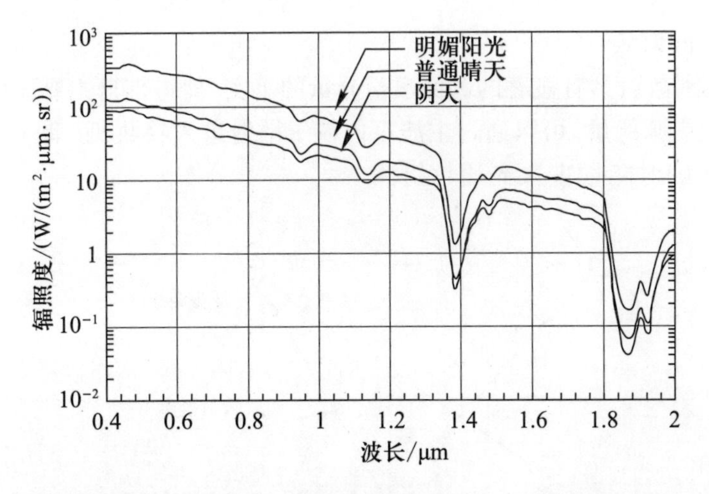

图 7.9 不同太阳条件下由空中粒子引起的进入光接收机的后向散射辐射能量 (转自文献 [6] 的图 3; ©2000ITU, 转载获得授权)

表 7.3 天空与地球的不同频率信号对应的辐射能 $H(W/(\mathrm{m}^2\cdot\mu\mathrm{m}\cdot\mathrm{sr}))$

频率/THz	波长/μm	天空背景		
		明媚阳光	普通晴天	阴天
566.0	0.530	303.4	101.6	71.75
352.9	0.850	122.3	42.58	30.3
310.9	0.965	64.62	25.12	18.63
283.0	1.06	54.45	25.32	17.99
200.0	1.50	13.01	6.00	4.44
注: 转自文献 [6] 中的表 1; ©2000ITU, 转载获得授权				

例 7.4 在晴朗天气下, 如果光信号波长为 1.50 μm, 视场为 1.8×10^{-5} rad, 接收机面积为 0.03 m², 接收机的带宽为 2.25×10^{-3} μm, 则进入接收机的散射阳光的功率是多少?

解: 从表 7.3 查 $H=13.01\ W/(\mathrm{m}^2\cdot\mu\mathrm{m}\cdot\mathrm{sr})$, 将 H 及上述给定数值代入式 (7.12), 可得

$$P_{\mathrm{back}}=\pi\times(1.8\times10^{-5})^2\times0.03\times2.25\times10^{-3}\times13.01/4=2.23\times10^{-13}\ (\mathrm{W})$$

如果在检波器前面放置滤波器, 那么进入光学接收系统的向后散射辐射能将大大降低。对于诸如光学星间链路这种太阳可能直接出现于

接收光束内部的光链路来说, 使用滤波器也是非常必要的。滤波器有两个目的: 一是减少从诸如太阳的非信息光源进入接收机的能量, 这些能量将载噪比降低至解调 (甚至检波) 阈值以下; 二是防止光信号检波器超过其输入功率阈值。对于有效通带带宽约为 1GHz 的滤波器, 目前可用的主要有光纤布拉格光栅与 Fabry Perot 滤波器[12], 这对于数据率为几百兆位每秒的信号显然十分有利。然而, 如果数据率一旦超过光滤波器的通带带宽, 那么将会产生码间干扰。表 7.4 给出了滤波器的例子。

表 7.4 频率高于 15 THz 情况下使用的标准天文滤波器

滤波器	Q	N	M	L′	L	K	H
中心频率/THz	15	30	63	79	86	136	180
波长/μm	20.25	10.1	4.80	3.80	3.50	2.20	1.65
带宽/THz	15.2	18.2	15.9	14.7	17.3	30.1	33.3
带宽/μm	6.50	5.70	1.20	0.70	0.70	0.48	0.30
滤波器	J	I_J	I_S	R	V	B	U
中心频率/THz	240	330	370	430	560	700	830
波长/μm	1.25	0.90	0.80	0.70	0.54	0.43	0.36
带宽/THz	74.7	90.5	115.1	138.1	93.2	164.5	163.6
带宽/μm	0.38	0.24	0.24	0.22	0.09	0.10	0.07

注: 1. 转自文献 [11] 中的表 1; ©2000ITU, 转载获得授权。

2. 表中所列的滤波器带宽可随着大气的组成成分、温度等的变化而改变, 就像晴朗天气条件下, 沿路径的绝对吸收随这些因素变化一样。后 4 种滤波器 (R、V、B、U 频带) 实际上相互之间是无缝拼接的, 可一直延伸至紫外线的频率[11]

7.2.5 空 – 地及地 – 空不对称性方面

大气湍流不仅影响通过其中信号的瞬时幅度 (由于平滑的平均信号幅值变化没有瞬时幅值变化大, 因此把这种由湍流引起的信号瞬时幅值的变化称为闪烁), 而且影响信号的相干长度 (相干长度本身也改变天线的视在波束宽度)。来自原始传播方向的发射波束, 它的发散增加了天线的视在波束宽度。这种发散可以由 Fried 参数[13,14] 估算, 弗里德参数在式 (7.1) 中的相干长度章节也有所介绍。大气湍流对信号的波束发散在空 – 地方向与地 – 空方向的影响不同, 这是因为信号在真空和大气中其传播的路径长度明显不同。这种现象称为“浴帘”效应[12]。

考虑图 7.10 中大气层上方数百千米处的卫星与地球表面的地面站进行通信的情形。地 – 空方向的信号在穿越低层大气时经受了严重的失真, 因此当信号离开大气后, 在其到达卫星的剩余路径中以衍射模式的传播比相反方向星 – 地链路更加广泛。对于星 – 地方向, 在到达更加浓密的大气层之前, 信号在衍射限制的光波束内实际没有失真。在进入更浓密大气层的一瞬间, 大气湍流将使得波束发生发散, 但在到达地面站的剩余距离内 (数千米), 波束的发散程度与其相反的地 – 空方向不同。随着地面站处仰角的降低, 波束发散变大, 同时导致波束弯曲。然而, 光波束的直径实际上非常小, 以致如果路径两端的任一站点相对另一站点具有径向速度分量, 那么天线跟踪方面将变得至关重要。

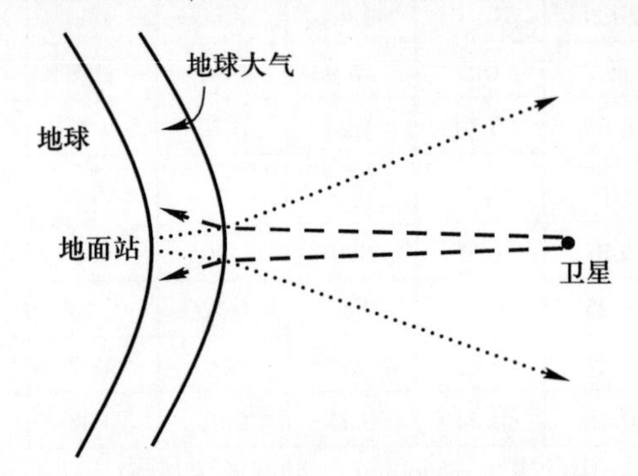

图 7.10 地 – 空与空 – 地路径之间波束发散不对称成因 (转自文献 [12] 中的图 2.7, 转载获得作者授权)

注: “浴帘”效应用于解释波束分散不对称性。从浴室内部向外的视线受到浴帘的影响而严重失真。不管浴帘外部的物体与浴帘之间的距离多大, 向外穿过浴帘的波束的初始恶化也无法得到恢复。对于反方向, 从浴帘外部的物体到浴帘的视线并没受到不良视宁度的妨碍, 直到波束与浴帘相接触才发生失真的现象。由于从浴帘到浴室内的物体之间的距离非常小 (与波束在浴帘外经过的距离相比), 所以在浴室内部的视线上没有严重发散波束的长路径。

7.2.6 天线跟踪

7.2.6.1 远场

远场概念在第 4 章讨论地面站引起的误差时已经涉及。完全形成远场所需的到发射天线的距离即瑞利距离可表示为 $2D^2/\lambda$, 其中, D 为天线的孔径直径, λ 为波长。对于直径 6 m 天线的 30 GHz 传输链路来说, 在距天线 7.2 m 处开始形成远场。对于发射 1.5 μm 波长信号的

20 cm 孔径天线来说, 直到距天线 53.33 km 处远场才完全形成。对于微波频率, 近场与远场中的降水是否会导致不同的衰减? 这个问题的答案是否定的[15], 即两者没有区别, 近场与远场中的降水会引起相同的衰减。然而, 对于从地球到空间的光链路来说, 当波束离开密集大气层时, 衍射场依然没有形成, 从而引起如上所述的波束发散。对于光链路来说, 近场的雨衰并不是真正的考虑因素, 因为在大多数情况下, 即使没有降水, 阴天气也会引起地 – 空路径链路中断。光链路实际上是晴空大气系统。如果光发射机的功率非常大, 例如, 机载激光武器中所使用的化学氧 – 碘激光器, 其发射的脉冲功率为 1 MW 或更高, 那么它将有可能 "承受" 穿过阴天的衰减, 但其散射功率水平对于任何人在发射点处观察天空都具有非常大的潜在危害。

7.2.6.2 跟踪

在微波通信系统的设计中, 发射天线与接收天线的波束宽度成为链路预算的一部分 (表 1.7)。光学天线有效增益的计算方法与微波天线的计算方法一致, 可表示为

$$G = (\pi D/\lambda)^2 \times \eta$$

式中: D 为孔径直径; λ 为信号波长; η 为天线效率。

然而, 波束宽度的计算有一些不同。按照惯例, 微波天线的波束宽度是波束内信号电平降低为 1/2 时对应的角度, 即 3 dB 波束宽度。式 (1.2) 给出了微波天线的 3 dB 波束宽度, 即 $1.02\lambda/D$, 其中, λ 为波长, D 为孔径。但该公式只适用于均匀照射孔径。为了避免溢出损耗, 大多数微波天线从中心处的最大功率开始都有较快的功率降落, 因此 3 dB 波束宽度变为 $1.2\lambda/D$。光发射机的外形尺寸比微波发射机的要小得多, 如果把来自激光的辐射功率直接用光学天线传输, 则需要许多在微波天线中没有见到的设计特性。发射孔径上的能量分布常为高斯分布[16], 但透射光学会导致相对微波天线更小或者更大的下降, 较小或较大取决于波束的准直度。假设孔径分布相对平坦 (完美准直), 所以 3 dB 波束宽度近似为 λ/D (rad)。大气湍流引起的附加波束发散可表示为[12]

$$\theta_{\mathrm{atm}} = \frac{\lambda}{r_0}\ (\mathrm{rad}) \tag{7.13}$$

式中: r_0 为相干长度。

一条近似的经验准则: 弱对流将导致 3 dB 波束宽度大约增加 1 倍, 而强对流将使其增加 1 个量级, 在大气中的长路径情况下增加两个两级, 详见如下示例。

例 7.5 1.5 μm 激光系统用孔径 20 cm 发射机天线穿过大气进行通信。在不存在任何大气湍流的条件下, 3 dB 波束宽度为多少? 如果相干长度为 10 cm (强湍流) 及 100 cm (弱湍流) 时, 总 3 dB 波束宽度分别为多少?

解: 3 dB 波束宽度表示为 λ/D (rad), 所以波束宽度为

$$1.5\times10^{-6}/0.2=0.0000075\,\text{rad}=0.0004297^\circ=1.55''$$

当时 $r_0=10\,\text{cm}$, 由湍流引起的附加波束发散为

$\lambda/r_0=1.5\times10^{-6}/0.1=0.000015\,\text{rad}=0.0000859^\circ=3.1''$ ($6.2''$ 的总发散)。

当 $r_0=100\,\text{cm}$ 时, 有

$$1.5\times10^{-6}/1=0.0000015\,\text{rad}=0.0000859^\circ=0.31''$$

($0.62''$ 的总发散)。因此, 在强对流条件下, 有效 3 dB 波束宽度为 $1.55+6.2=7.75''$, 在弱湍流条件下为 $1.55+0.62=2.17''$。

即使在强对流条件下, 1000 km 高处 3 dB 波束宽度的尺度也小于 50 m。低地球轨道卫星的运行速度约为 8000m/s。信号从地面站到卫星传播 1000 km 的路径需要 0.0033s。在此时间间隔内, 卫星将移动 27 m 多。从地面站向卫星发射信号至接收到应答信号期间, 卫星所经过的距离为上述距离的 2 倍, 即 54 m。除非发射天线与接收天线指向经优化的不同的指向角, 否则会由于天线的指向错误而导致严重的信号损耗。对于更长的链路来说, 发射天线与接收天线的指向角的区别相当大。图 7.11 示出了发射天线与接收无线需要不同指向位置。

由于收发天线跟踪问题面临的高精度需求, 在具有很窄波束宽度的两个光学系统之间实现最初的角捕获极其困难[16]。在某些方面, 光信号的角跟踪与锁相环 (PLL) 具有相似的特性。当 PLL 没有捕获接收信号时, 环路宽度将增大, 并且在已知发射信号频带内搜索入射信号。因为 PLL 的环路带宽较大, 所以在频率区间内扫描搜索可能很快。一旦信号被检测到并锁定, PLL 减小环路带宽, 以便于在深衰落条件下保持锁定。在光学系统中, 捕获是在空间坐标进行而不是在频域进行。接收天

线在入射信号预计将要达到的天空区域进行扫描, 当检测到信号时, 光学成像系统用其高增益天线锁定这个方向。图 7.12 示出了光波束获取与跟踪。一旦信号被捕获, 检测与解调过程可以继续进行。

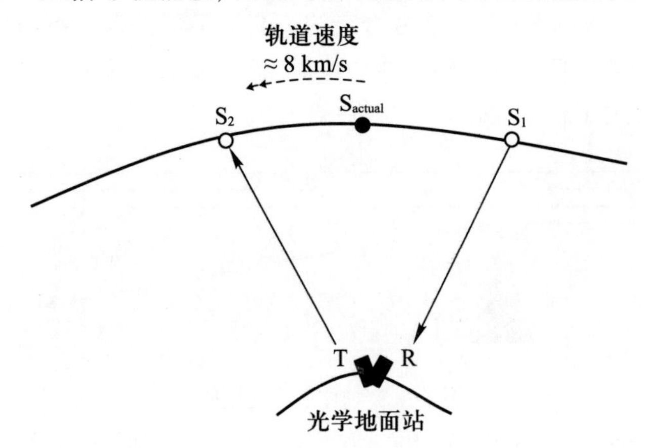

图 7.11 发射天线与接收天线需要不同指向位置

注: 地面站的接收光学器件指向卫星 "曾经" 向地面发生传输的位置 (点 S_1), 发射光学器件指向信号到达卫星轨道时卫星 "将要" 处于的位置 (点 S_2)。卫星的实际位置 S_{actual} 介于两个指向方向之间某个地方。对于微波链路来说, 发射天线与接收天线的波束宽度足够大, 从而包含了卫星与地面站之间进行信号双程传输时卫星的相对移动, 因此没有必要对发射方向与接收方向的指向分别设置。

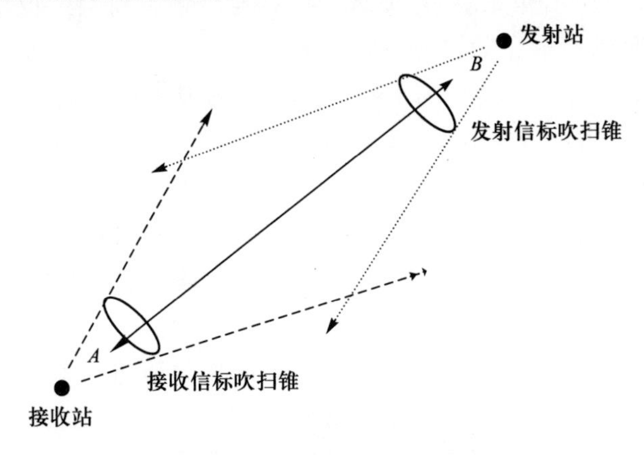

图 7.12 光波束获取与跟踪

注: 在本示例中, 两个光通信终端试图建立连接。虽然该链路为双向链路, 但是一开始假设终端 B 为发射站, 终端 A 为接收站。终端 B 发射窄带信标信号, 该信号在包含终端 A 的计算位置 (最后已知位置) 的锥形范围内进行扫描。终端 A 在包含终端 B 的计算位置 (最后已知位置) 的锥形范围内进行扫描接收信号。一旦来自 B 的波束被 A 捕获, 那么高增益光设备将对准 AB 方向。在一些光链路捕获算法中, 发射机有意地在大角度范围内发射没有改变指向的散焦波束, 而且仅仅是接收终端扫描信号。

7.2.7 衍射极限光学

衍射极限光学是指信源和信宿之间的最短光程与最长光程与最大光程差为 1/4λ 的情况, 它是由给定的一套光学器件确定可用聚焦功率的方法。当电磁信号经过障碍物边缘时, 波束发散并偏离了原来的传输方向, 即发生了衍射, 如图 7.13 所示。

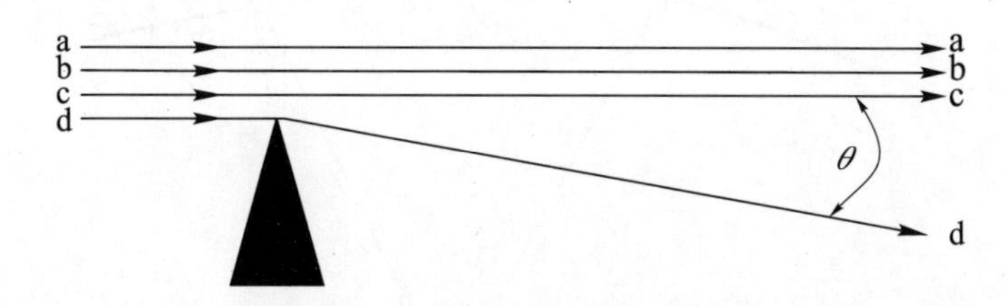

图 7.13 物体边缘的衍射

注: 电波信号经过障碍物顶部。如图所示的波束 a、b 与 c 这些不与障碍物接触的这部分电波信号, 不受障碍物影响而继续传播。但是, 波束 d 刚好掠过障碍物顶部, 并向下衍射了 θ 角。衍射角 θ 越大, 从主传播方向衍射来的能量就越少。

实际上, 电波波前的每一部分像惠更斯源一样各向同性地发射能量。电波波前是由这些相互作用的 “子波束” 合成而形成远场衍射条纹。如果发射源不是无限小, 那么光源的延伸区域将会形成衍射条纹。图 7.14 为形成衍射条纹的原理。

图 7.14 中衍射条纹大的中心能量为发射波束的主瓣。正是该部分发射能量用于光链路通信, 或者实际上用于任何无线链路通信。波束宽度通常由能量降低至最大波束能量 1/2 时的宽度决定, 也就是 3 dB 波束宽度。光信号的波束宽度也是系统分辨率限度的有用指标。图 7.15 中给出了两个信号, 它们以三个不同的空间间隔向光学接收机发射。直观估计, 瑞利判据给出的角距离非常接近天线的 3 dB 波束宽度。当光系统试图与角距离非常接近的两个不同的发射机进行通信时, 如果两个发射机的角距离至少为接收天线的 3 dB 波束宽度, 那么将成功建立通信。如果两者的角距离小于该数值, 那么为了能够区分这两个入射信号, 则必须获得一些信号特征 (如不同的扩频码)。

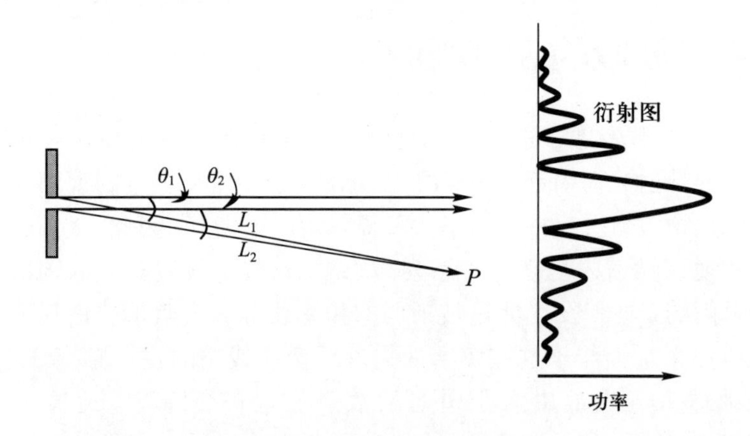

图 7.14 形成衍射条纹的原理

注：扩展光源发出大量的“射线”，图中给出了两条相互平行、沿水平轴传播的射线。然而，光源在其孔径面上有许多各向同性地发射能量的惠更斯源。产生平行射线的两个相同惠更斯源也生成具有不同方向的波束。图中给出了相会于 P 点的两个附加波束。如果这两个波束的路径长度差为 $\lambda/2$，那么波束将会产生相消干涉。几乎无限多的波束将会形成如图中右部所示的远场衍射条纹，图中水平轴为测量的能量。衍射条纹较大的中间部分为波束的主瓣。

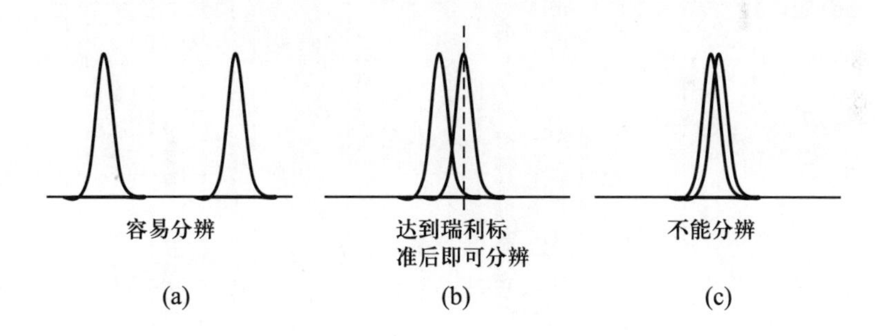

图 7.15 瑞利判据

注：图中给出了光接收机检测两个信号的三种不同情况。水平轴为两入射信号的角距离。图 (a) 中，来自两个入射信号的检测能量在空间上很好地分离，所以在辨别被接收到的是哪个信号时不会有错误。图 (b) 描绘了瑞利判据，即一个信号的最大值位于另一信号的最小值所在位置，实际上是其中一个信号的最大值在另一个信号衍射条纹的最小值位置。图 (c) 中，两信号重叠，在不使用光源内部其他特性 (如扩频模式) 的情况下，没有辨别两个入射信号的可靠方法。

7.3 光波段的大气吸收

在 7.2.4 节考虑了进入光接收机的散射能量, 这些能量主要由于来自太阳的散射光而引起。光球层 (太阳的可见表面) 上空的太阳大气内部的汽化物质会引起特定频率太阳辐射能严重衰落。因此, 太阳辐射能将在发射能频谱内呈现出一系列 "谱线", 这些谱线线对应的辐射能量被严重削弱。这种发射能量被削弱的频率线称为夫琅禾费谱线[17]。如果光通信系统工作于这些较窄的夫琅禾费谱线中的任一频率线上, 那么在地球大气内部由太阳引起的散射能量将会降低。地球大气也存在着数量巨大的谱线, 原子与分子级的相互作用导致这些谱线频率处的能量被吸收。图 7.16、图 7.17 分别给出 10 ~ 1000 GHz 及 10 ~ 1000 THz 的垂直通过大气路径的吸收线[6]。

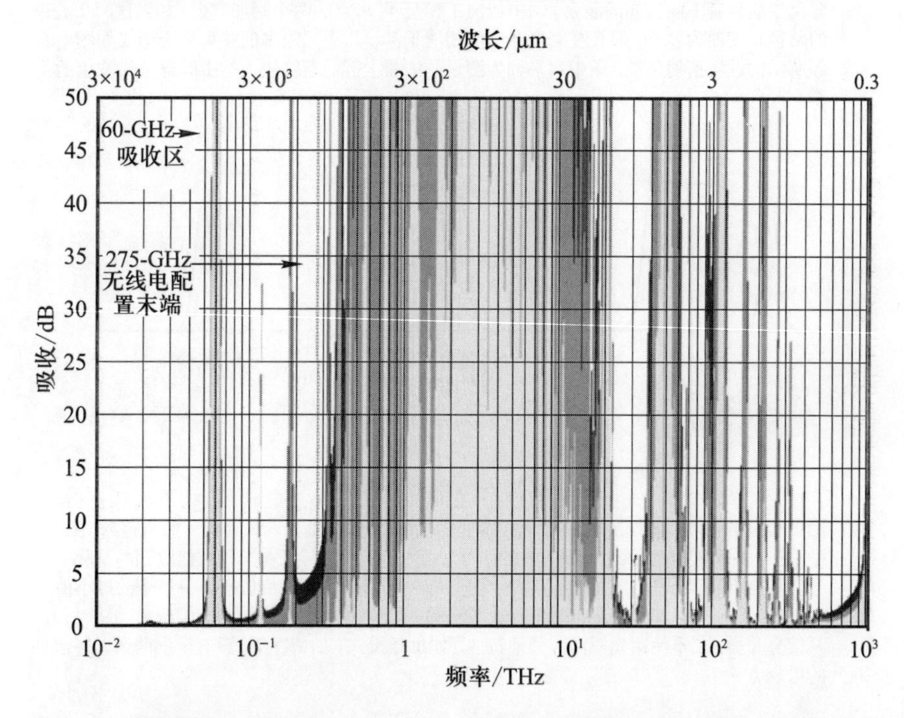

图 7.16 垂直通过大气的 10 ~ 1000 GHz 的路径大气吸收 (转自文献 [6] 中的图 1; ©2000 ITU, 转载获得授权)

注: 深色区域表示位于海平面的地面站; 深灰色区域表示海拔 2 km 处地面站; 浅灰区域代表海拔 5 km 处地面站。

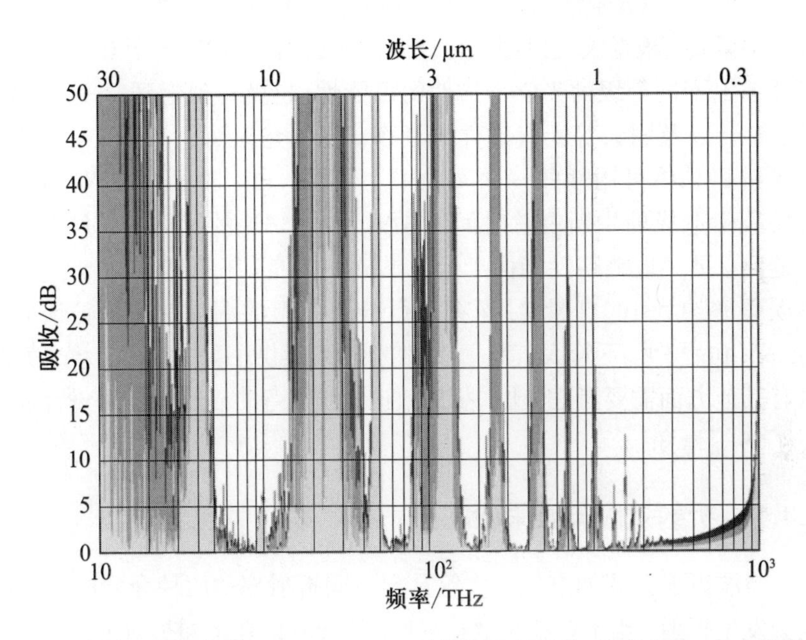

图 7.17 垂直通过大气的 10 ~ 1000 THz 的路径大气吸收 (转自文献 [6] 中的图 2; ©2000 ITU, 转载获得授权)

注: 黑色表示海平面; 深灰色表示海拔 2 km; 浅灰色代表示海拔 5 km。

如文献 [6] 所述:"大气吸收的计算可以使用类似于 ITU-R P.676 附件 1 中的逐线法。但是, 在 10 ~ 1000 THz (30 ~ 0.3 μm) 的频谱内存在数千条独立的谱线, 该种计算方法显然是计算密集型。" 在可能情况下, 通常选择大气窗口内的工作频率位于太阳辐射相对应的夫琅禾费谱线内。大气窗口是指由如图 7.16 与图 7.17 所示共振线导致的较低吸收的频谱部分。大多数大气吸收的随机变化源自由天气引起的地球大气变化。对在地球大气内部或通过地球大气的光链路通信的开发, 在其研究的早期就已经意识到了这一点, 并且 ITU-R 正在进行天气模型的研发。

7.4 天气模型

正在研发的用于光通信的天气模型, 在本质上与服务于微波通信的已成熟天气模型相类似: 它们都基于气象参数 (见 8.3.4 节)。然而对于光通信系统来说, 只有在晴朗天气条件下才能正常运行。即使是最轻微的卷云都会引起光链路 10 dB 的衰落, 因此预算是强降水还是弱降水也就无关紧要。根据天气模型在地球表面形成概率等高线, 并给出沿天顶路径遇上不同等级的光学不透明的可能性, 也就是说遇到晴朗、阴霾、雾、卷云以及阴天等天气条件的概率。在研究地面至 Artemis 卫星[19] 的光链路总体可用性的一项实验中, 实现了 47% 时段内的双向通信。设备故障造成的中断占总时间的 37%, 剩余 16% 的时间内云层遮蔽住了链路。星 – 地链路性能优于地 – 星链路性能。下行链路的 "晴空" 比特误码率约为 10^{-10} 量级, 而在上行链路获得的湍流效应最佳误码率为2.5×10^{-5}[19]。不管大气是否为激光链路提供了好的 "视宁度" 条件, 总有其他方面需要考虑, 比如折射效应、波束弯曲以及光链路设计者需要了解等晕角。

7.4.1 折射效应与波束弯曲

当波束遇到诸如空气 – 水等具有不同折射率的两种介质的边界时, 就会发生折射。当不存在离散边界时, 随着波束在不同折射率的介质中通过, 波束的折射是持续变化的效应, 称为波束弯曲。对于微波频率, 水蒸气在折射率的计算中扮演了重要的角色。在光波段, 水蒸气对大气折射率的影响小于 1%[6]。ITU-R 已经研发出折射率有效值, 该有效值考虑了大气剖面 (实际上是温度与压力随高度增加而降低)。当频率大于 150 THz、表面温度为 15°C、表面压力为 1013.25 hPa, 且真空中波长为 $\lambda_{\rm vac}$ 时, 折射率有效值可由下式近似表示[6]:

$$\eta_{\rm eff} = 1 + 10^{-8}\left[6432.8 + \frac{2949810}{146 - \lambda_{\rm vac}^{-2}} + \frac{25540}{41 - \lambda_{\rm vac}^{-2}}\right] \tag{7.14}$$

使用下式[6] 可以调整等效折射率适用于各种温度 T(°C) 和压强 (hPa):

$$\eta_{\rm eff}(T,P) = 1 + (\eta_{\rm eff} - 1)\frac{1.162P[1 + P(0.7868 - 0.0113T) \times 10^{-6}]}{760.4696(1 + 0.0366T)} \tag{7.15}$$

大气中的折射效应将导致观测仰角 $\theta_{\rm obs}$ 偏离真实的仰角 $\theta_{\rm true}$, 这是由波束弯曲的结果。与真实仰角 $\theta_{\rm true}$ 相比, 观测仰角 $\theta_{\rm obs}$ 可由下式计算[6]:

$$\theta_{\rm obs} = \arccos\frac{\cos\theta_{\rm true}}{\eta_{\rm eff}(T,P)} \tag{7.16}$$

式 (7.16) 假设地球大气具有均匀厚度、恒定的温度和压强, 且有效折射率为 $\eta_{\rm eff}$。

使用上述有效折射率计算方法得到的结果为近似值。然而,它通常足以为跟踪系统捕获跟踪并指向信标确定发送 (接收) 方向。由于光波束宽度非常小,以致大气湍流将持续改变视在信号方向,这使得全天候主动跟踪成为必要。主动跟踪由两个基本修正领域组成: ① 由于温度效应、振动等引起的内部光学对准的恶化的修正; ② 以折射效应为主的外部环境起伏的修正。主动光学器件将对情况 ① 进行修正,而自适应光学器件针对情况 ② 进行修正。自适应光学器件包含三个基本部件:

(1) 用于测量入射信号相位变化的波前传感器。

(2) 波前矫正装置: 为了改变镜子的形状,波前校正装置通常为具有驱动设备的可分段的或可变形的镜子。

(3) 一台能够跟随波束变形率 (1000 Hz) 的高速计算机。

自适应光学器件实际上是为了捕获、跟踪与指向[20]。

7.4.2 等晕角

等晕角是相干长度的一种补充度量。相干长度 (半径) 是垂直于传播方向的整个波阵面上具有相同相位的距离 (图 7.4)。大气等晕角 θ_0 是使得通过湍流媒质的两个方向之间的波前变化为 1 rad^2 的角度差。相位的相关程度可以是任意的测度,典型测度为弧度[6]。相干长度随湍流强度的增加、穿过湍流介质的路径长度的增大以及仰角的减小而减小,等晕角也以相同的方式减小。所以,最大的等晕角对应于较大仰角、较低频率以及较小的 C_n^2[6]。等晕角几乎随频率的增加线性增长,并且一旦仰角低于 75° 时,等晕角随仰角的降低急剧减小[6]。图 7.18 解释了等晕角。

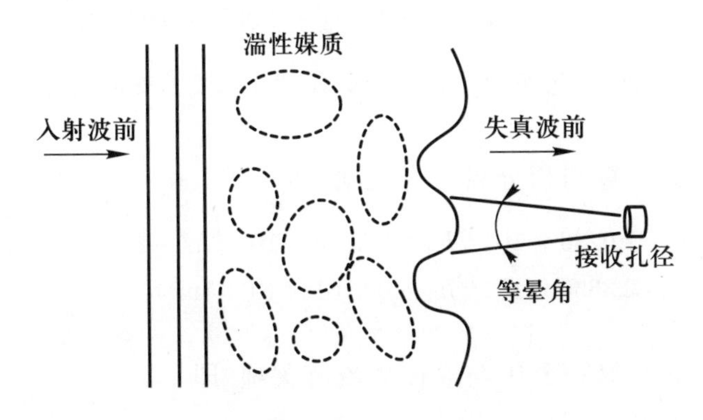

图 7.18 等晕角 (转自文献 [6] 中的图 7; ©2000ITU, 转载获得授权)

等晕角的计算包括频率、仰角、风效应 (包括风速)、高度以及地面站海拔高度的影响。

等晕角通常由下式计算:

$$\theta_0 = \left(2.914k^2 \sec^{8/3}\zeta \int_{h_0}^{Z} C_{\mathrm{n}}^2(h)(h-h_0)^{5/3}\mathrm{d}h\right)^{-3/5} \quad (\mathrm{rad}) \tag{7.17a}$$

式中: k 为波数, $k=2\pi/\lambda$; ζ 为天顶角; λ 为波长 (m); h_0 为相对地面的高度 (m)。

式 (7.17a) 等价于

$$\theta_0 = \frac{3.663\times 10^{-9}\lambda^{1.2}\sin^{1.6}\theta}{\left(\displaystyle\int_{h_0}^{Z} C_{\mathrm{n}}^2(h)(h-h_0)^{5/3}\mathrm{d}h\right)^{0.6}} \ (\mathrm{rad}) \tag{7.17b}$$

式中: λ 为波长 (μm); θ 为仰角; h_0 为地面站相对地面的高度 (m); h 为相对地面的高度 (m); Z 为湍流的有效高度 (典型值为 20 km)。

如果 C_{n}^2 的当地测量值无法获得, 可以使用 5.1.1 节所提供的近似计算公式。然而, 分母中 $\int C_{\mathrm{n}}^2(h)(h-h_0)^{5/3}\mathrm{d}h$ 的计算没有封闭解。在此种情况下, 下面的数值计算能够给出很好的近似 θ_0。

步骤 1: 计算与风有关项的积分, 即

$$C'_{\mathrm{wind}} = 8.148\times 10^{-10} v_{\mathrm{rms}}^2 [0.002(1-\exp^{(0.0018h_0^{1.014}-9)})+2.0043] \ (\mathrm{m})^2 \tag{7.18}$$

式中: v_{rms} 为均方根风速 (m/s); h_0 为地面站高于地面的高度 (m); v_{rms} 为沿垂直路径的均方根风速, 即

$$v_{\mathrm{rms}} = \sqrt{v_{\mathrm{g}}^2 + 30.69v_{\mathrm{g}} + 348.91} \ (\mathrm{m/s})$$

如果不知道地面风速 v_{g}, 那么可以取为 2.8 m/s, 从而得到 $v_{\mathrm{rms}} = 21$ m/s。

步骤 2: 计算与积分高度有关项, 即

$$\begin{aligned} C'_{\mathrm{height}} = & -7.0236\times 10^{-23}h_0^4 + 1.5015\times 10^{-18}h_0^3 - 8.9834\times 10^{-15}h_0^2 \\ & +2.3855\times 10^{-12}h_0 + 9.6181\times 10^{-8} \ (\mathrm{m}^2) \end{aligned} \tag{7.19}$$

步骤 3: 计算积分中与表面湍流有关项, 即

$$C'_{\mathrm{turb}} = 3.3\times 10^5 C_0 \mathrm{e}^{-0.000222h_0^{1.45}} \ (\mathrm{m}^2) \tag{7.20}$$

式中: C_0 为地面处 C_n^2 的标称值 (典型值约为 $1.7\times10^{-14}\mathrm{m}^{-2/3}$)。

步骤 4: 计算等晕角, 即

$$\theta_0=\frac{3.663\times10^{-9}\lambda^{1.2}\sin^{1.6}\theta}{(C'_\mathrm{wind}+C'_\mathrm{height}+C'_\mathrm{turb})^{0.6}}\ (\mathrm{rad}) \tag{7.21}$$

上述公式用于地面站海拔高度为 0 ~ 5 km、仰角大于 45° 情况下等晕角的近似计算。注意到, 当距地球表面的高度高于 20 km 时, $C_\mathrm{n}^2(h)$ 可以忽略。

例 7.6 15μm 波长的光通信链路运行在海拔高度 3000 m 的地面站和卫星之间。该链路用于与卫星进行通信, 其仰角为 70° ~ 90°。在仰角为 70° 和 90° 时 (即天顶角为 20° 与 0°), 如果海平面处的 C_n^2 为 $C_0=1.7\times10^{-15}$ 与 $C_0=1.7\times10^{-13}$ 时的等晕角为多少? 假设 $v_\mathrm{rms}=21\ \mathrm{m/s}$。

解: 由式 (7.18) 得 $C'_\mathrm{wind}=1.0609\times10^{-6}\mathrm{m}^2$。

由式 (7.19) 得 $C'_\mathrm{height}=5.7338\times10^{-8}\mathrm{m}^2$。

由式 (7.20) 得: 当 $C_0=1.7\times10^{-15}$ 时, $C'_\mathrm{turb}=1.3580\times10^{-20}\mathrm{m}^2$; 当 $C_0=1.7\times10^{-13}$ 时, $C'_\mathrm{turb}=1.3580\times10^{-18}\mathrm{m}^2$。

由式 (7.21) 得: 当 $C_\mathrm{n}^2=1.7\times10^{-15}$ 时, 仰角为 90° 与 70° 时的等晕角分别为 1.3997×10^{-12} rad、1.2671×10^{-12} rad; 当 $C_\mathrm{n}^2=1.7\times10^{-15}$ 时, 仰角为 90° 与 70° 时的等晕角分别为 1.3997×10^{-12} rad、1.2671×10^{-12} rad。

即使地面站具有较高的海拔高度, 与其他关键参数 C'_wind 与 C'_height 有关的 C'_turb 的减小也可以忽略不计。C'_wind 为上述三个参数 (受风、高度以及湍流影响的参数) 的支配参数, 该参数仅导致 θ_0 较小的变化。对于海平面处的地面站, 上面的两个 θ_0 值变化不大, 仰角为 90° 与 70° 时, θ_0 分别变为 1.689×10^{-12}、1.5289×10^{-12}。如果地面站接收机使用 20 cm 直径的光学孔径, 那么 3 dB 波束宽度为 $\lambda/D=7.5\times10^{-6}$(rad), 远大于等晕角。正如使用相干长度所看到的, 接收机的光波束宽度远大于入射波阵面具有相干性的部分。

7.4.3 大气湍流的暂态效应

用来对抗大气湍流效应的自适应光学系统的设计, 需要精确的响应时间信息, 以便与湍流效应保持一致。湍流的时间特性使用临界时间常

数 τ_0[6] 定义。可用于计算仰角大于 45° 倾斜路径上的 τ_0。

为此, 通常需要知道参数: 地面站风速 v_g (m/s); 波长 λ (μm); 仰角 θ。

步骤 1: 获得随高度变化的水平风速 $v(h)$。如果无法获得 $v(h)$ 的当地测量值, 可以由下式近似表示:

$$v(h) = v_{\mathrm{g}} + 30\mathrm{e}^{-((h-9400)/4800)^2}\ (\mathrm{m/s}) \tag{7.22}$$

式中: h 为相对地面的高度 (m)。如果无法获得 v_{g} 的当地测量值, 那么可以假设为典型值 2.8 m/s。

步骤 2: 计算风加权湍流积分, 即

$$v_{5/3} = \int_{h_0}^{Z} C_{\mathrm{n}}^2(h)(v(h))^{5/3}\mathrm{d}h\ (\mathrm{m}^2/\mathrm{s}^{5/3}) \tag{7.23}$$

式中: $C_n^2(h)$ 为湍流剖面 ($\mathrm{m}^{-2/3}$); h_0 为地面站相对地面的高度 (m); h 为相对地面的高度 (m); Z 为湍流的有效高度 (km) (典型值为 20 km)。

步骤 3: 计算大气的临界时间常数, 即

$$\tau_0 = \frac{2.729 \times 10^{-8}\lambda^{12}(\sin\theta)^{0.6}}{v_{5/3}^{0.6}}\ (\mathrm{s}) \tag{7.24}$$

7.5 光传播路径预测方法

7.5.1 吸收损耗

图 7.17 给出了信号沿垂直路径穿过整个大气时的吸收损耗。可以发现, 有很大范围的频率是大气损耗较低的窗口, 这些窗口频率在光通信系统设计者所关心的频率范围内。光学天文学家列出了标准天文滤光器的频谱范围, 该范围内的频率在地 – 空路径上具有低吸收损耗的可能性更大。表 7.4 列出了一组上述的滤光器。

7.5.2 散射损耗

如图 7.7 所示, 对于光通信最关心的 150 ~ 375 THz (2 ~ 0.8 μm) 的频率范围,Mie 散射为主要的损耗机制。如果需要精确计算 Mie 散射损

耗, 可以使用下面的方法 (直接引用自文献 11)。该方法适用于仰角大于 45°、地面站海拔高度为 $0 \sim 5$ km 的条件。

需要的具体参数: 波长 λ (μm); 地面站海拔高度 h_E (km); 仰角 θ。

步骤 1: 计算波长相关的经验系数, 即

$$a = -0.000545\lambda^2 + 0.002\lambda - 0.0038 \tag{7.25a}$$

$$b = 0.00628\lambda^2 - 0.0232\lambda + 0.0439 \tag{7.25b}$$

$$c = -0.028\lambda^2 + 0.101\lambda - 0.18 \tag{7.25c}$$

$$d = -0.228\lambda^3 + 0.922\lambda^2 - 1.26\lambda + 0.719 \tag{7.25d}$$

步骤 2: 计算从 h_E 到 ∞ 的消光率, 即

$$\tau' = a \cdot h_{\mathrm{E}}^3 + b \cdot h_{\mathrm{E}}^2 + c \cdot h_{\mathrm{E}} + d\ (\mathrm{km}^{-1}) \tag{7.26}$$

步骤 3: 计算由散射引起沿路径大气衰减, 即

$$A_{\mathrm{S}} = \frac{4.3429\tau'}{\sin\theta}\ (\mathrm{dB}) \tag{7.27}$$

例 7.7 计算工作频率 1.5 μm、仰角为 60°、地面站海拔高度为 100 m 条件下的 Mie 散射损耗。

解: 由式 (7.25a) ~ 式 (7.25d)) 得参数 a、b、c 与 d: $a = -0.0038$; $b = 0.0439$; $c = -0.1799998$; $d = 0.7189981$。

由式 (7.26) 得出消光率 (注意 h_{E} 的单位为 km) 为 $\tau' = -0.0038 \times 0.1^3 + 0.0439 \times 0.1^2 - 0.1799998 \times 0.1 + 0.7189981 = 0.701433$ (km^{-1})。

由式 (7.27) 得到的 Mie 散射引起的大气衰减为 $A_{\mathrm{s}} = \dfrac{4.3429 \times 0.701433}{\sin 60^\circ} = 3.5175\ \mathrm{dB} \approx 3.5\ \mathrm{dB}$

7.5.3 振幅闪烁

与计算沿地 - 空微波路径的振幅闪烁 (见第 3 章) 相类似, 光信号振幅起伏对数方差 σ^2 为关键参数。然而, 本节是指入射信号的对数辐照度 N。对数辐照度的方差表示为[11]

$$\sigma_{\mathrm{ln/N}}^2 = 2253k^{7/6}\sec^{11/6}\varphi\int_{h_0}^{Z} C_{\mathrm{n}}^2(h)h^{5/6}\mathrm{d}h\ (\mathrm{Np}^2) \tag{7.28}$$

式中: k 为波数, $k = 2\pi/\lambda$; λ 为波长 (m); φ 为天顶角; h 为海拔高度 (m)。

表 7.5 给出了 $\sigma^2_{\ln N}$ 的典型值。

表 7.5 闪烁统计数据实例

频率/THz	波长/μm	$v_{\rm rms} = 21$ m/s		$v_{\rm rms} = 30$ m/s	
		$\sigma^2_{\ln N}$	$\sigma^2_{{\rm dB}N}$	$\sigma^2_{\ln N}$	$\sigma^2_{{\rm dB}N}$
563.9	0.532	0.23	4.41	0.36	6.88
352.9	0.850	0.14	2.58	0.21	3.98
282.0	1.064	0.10	1.93	0.16	3.12
193.5	1.55	0.07	1.29	0.10	1.93
注: 转自文献 [11] 中的表 2; ©2000ITU, 转载获得授权					

7.5.4 到达角与波束漂移

湍流引起的起伏, 将引起接收机所感知的发射信号视在方向的改变。到达角通常仅是仰角意义上的考虑, 也就是说仰角与通过几何光学计算得到的角度有所不同。这既是大尺度整体效应 (穿过不同空气密度的长路径使得波束朝地平线弯曲), 也是小尺度效应 (沿路径的折射率变化的小尺度起伏引起到达角在平均值周围较小的变化)。波束漂移是指波束的视在方向的方位角与仰角都改变, 即波束视角在平均值周围漂移。波束弯曲和波束漂移两种效应是由于沿路径折射率的变化所引起。这两种效应的大小在空 – 地方向与地 – 空方向不同[11]。角度变化介于 1 μrad 至数微弧度。根据前面的计算可看到, 波长为 1.5 μm (200 THz)、孔径为 20 cm 的光天线的 3 dB 波束宽度大约为 7.5 μrad。由于到达角变化和波束漂移效应, 因此, 通常需要天线主动跟踪。在光链路两端中间控制信道很有可能对缓解到达角效应与波束漂移效应有帮助。

7.6 其他粒子的效应

7.6.1 大气粒子的范围

大气内承载了各种各样的粒子。粒子越大 (也越重), 便会越快地失去悬浮状态。图 7.19 描绘了粒子尺寸范围以及它们在静止空气中的降落速度。

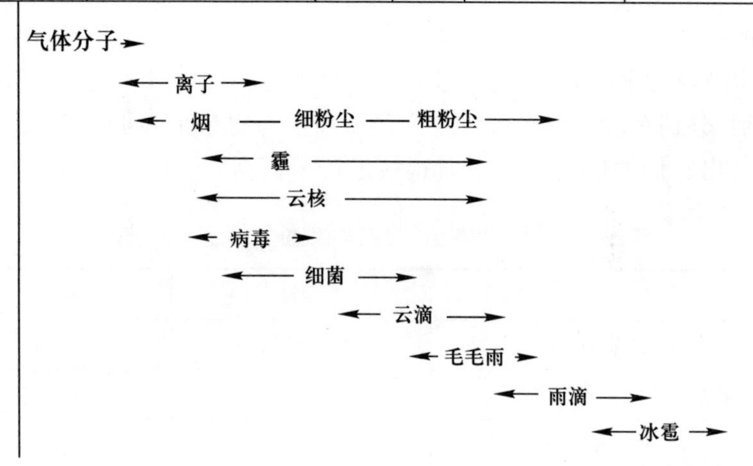

图 7.19 大气粒子的直径与末速度 (转自文献 [21] 中的图 1.1; © Merrill Publishing 公司现为 McGraw-Hill Publishing 股份有限公司, 转载获得授权)

注: 云滴、毛毛雨与雨滴是指不同程度的降水, 最后是暴雨和雷阵雨。虽然云核能以任何粒子作为初始生长中心并在其周围形成, 但是云核通常为某些阶段的冰粒子。烟、灰尘以及霾是指限制不同程度能见度的粒子或者现象。虽然这三种都是非水粒子, 但是霾也可能由空气中的水分引起。

在较早的章节中讨论气体吸收效应与电离层闪烁效应时, 已经考虑了不同相态水的效应。除了还不确定病毒与细菌是否会对地 - 空传播造成可检测的影响外, 到目前为止只剩下烟、细粉尘以及粗粉尘的效应没有考虑。

烟归属为气溶胶粒子类。气溶胶有大约 50 μm 的尺寸范围[22], 其特征是具有可忽略的或者极小的降落速度。在任何上升气流中, 气溶胶可以保持悬浮状态数天或数年。

烟本身对微波与毫米波波段的影响可以忽略, 只有到达光波段频率时, 消光截面才变的明显。通过碳氢化合物火焰的实验显示, 虽然只观测到很小的衰落, 但是闪烁水平明显增加了。实际上, 处于热上升气流中的湍流空气的折射效应比燃烧产物对微波与毫米波传播的影响更加明显。这对于所有的 5 个测量频率 37 GHz、57 GHz、97 GHz、137 GHz

及 210 GHz 均成立。细粉尘与粗粉尘 (通常为沙粒) 效应更值得注意。

7.6.2 沙尘效应

在研究沙尘粒子对星 – 地链路上 6/4 GHz 到 14/11 GHz 信号的影响的深入调查中, 人们收集整理了 1985 年左右地 – 空通信系统相关的沙尘效应的全部有效数据。文献 [24] 给出了灰尘与沙尘之间的清晰的区别, 分别对应于图 7.19 中定义的细粉尘与粗粉尘。可以基于多种地面给出它们的区别, 表 7.6 对这些进行了概括。

表 7.6 沙尘 (粗粉尘) 与灰尘 (细粉尘) 之间的显著区别

	沙粒	灰尘
直径范围/μm	> 10, 通常 > 100	< 10
通常最大的离地面高度/m	< 10	> 1000
硅含量/%	> 80	< 55
氧化铁含量/%	≈ 7	20 ~ 30
91% 含水量的相对湿度/%	< 1	6 ~ 9

注: 表中数据摘自参考文献 [24], ©1985Bradford 大学研究有限责任公司, 转载获得授权

因为沙粒比灰尘大得多, 因此沙粒趋向于停留在靠近地面的地方, 并且通常以跳跃形式移动[25]。由于沙粒子很少在地面以上 10 m 的地方观察到, 因此从传播损伤的角度来看, 沙粒对星 – 地链路的意义非常小。因此, 出于实际的考虑, 沙粒对仰角大于 5° 的地 – 空微波链路没有明显的影响。然而, 灰尘粒子却能在高度超过 1 km 的范围内观察到, 能够存在于很大一部分的地 – 空链路中, 因此值得识别哪些区域可以发生尘暴, 并且预报地 – 空通信链路上可能的传播损伤。

7.6.2.1 尘暴的空时变化

图 7.20 给出了地球上主要的沙漠区域, 以及尘暴的位置与移动方向。通过回顾评析文献 [24] 确定了 8 种不同的类型的尘暴, 每种类型均具有清晰的限定特征, 表 7.7 ~ 表 7.9 列出了这些特征, 表中也给出这 8 种尘暴类型的主要分类[24]。

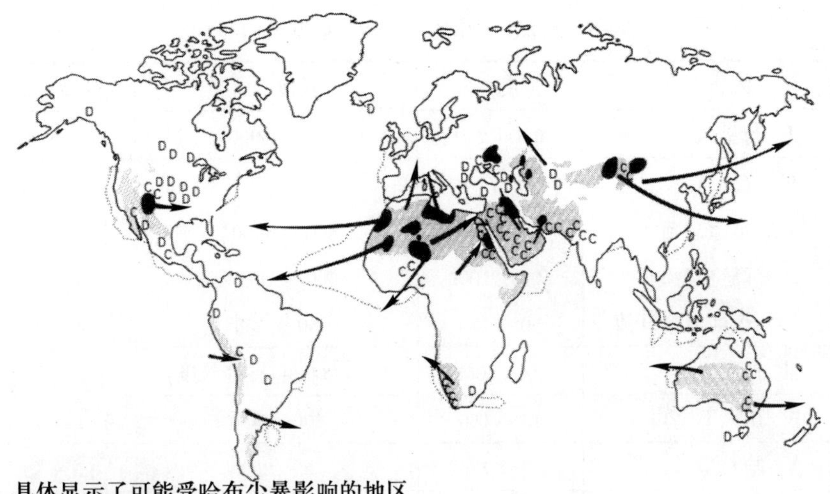

图 7.20 尘暴源、尘暴移动方向以及受尘暴影响区域的世界分布图 (转自文献 [24] 中的图 2.2.1, 文献 [24] 的作者后来修改了该图; ©1985Bradford 大学研究有限责任公司, 转载获得授权)

表 7.7 尘暴类型与不同尘暴类型下的典型风速

风暴类型	平均风速/(m/s)	最大阵风速度/(m/s)
Ⅰ行星风	6 ~ 17	23
Ⅱ气旋风	7 ~ 18	27 ~ 50
Ⅲ锋面	9 ~ 27	38
Ⅳ下降风	12 ~ 21	36 ~ 50
Ⅴ哈布尘暴	11 ~ 21.5	41
Ⅵ紧缩	14	18
Ⅶ尘卷风	5 ~ 10	15
Ⅷ日变风	8 ~ 13	15

注: 转自文献 [24] 中的表 2.4.78; ©1985Bradford 大学研究有限责任公司, 转载获得授权

表 7.8 尘暴类型及其典型结构

风暴类型	宽度/km	长度/km	高度/km
Ⅰ. 行星风	0.3 ~ 250	40 ~ 8000	0.4 ~ 3
Ⅱ. 气旋风			
A. 低空急流	500 ~ 1000	500 ~ 2000+	3 ~ 5
B. 高空急流	500 ~ 1000	500 ~ 2000+	3 ~ 5
C. 表面风暴环流	50 ~ 150	50 ~ 150	0.4 ~ 0.8
Ⅲ. 锋面	50 ~ 1000	50 ~ 2000+(冷锋长度)	1 ~ 5
Ⅳ. 山区下降风	15 ~ 150	100 ~ 450	1 ~ 5
Ⅴ. 哈布尘暴	3 ~ 75	3 ~ 300	0.5 ~ 12
Ⅵ. 紧缩	0.5 ~ 10	山容长度	山容高度
Ⅶ. 尘卷风	0.1 ~ 0.50	长度	0.5 ~ 3
Ⅷ. 日变风循环	0.1 ~ 50	1 ~ 40	< 1

注: 转自文献 [24] 中的表 2.4.77; ©1985Bradford 大学研究有限责任公司, 转载获得授权

表 7.9 尘暴类型及其典型能见度与尘暴事件预计持续时间

风暴类型	预测能见度	持续时间
Ⅰ. 行星风流型	10 m ~ 11 km	< 24 h ~ 2 周
Ⅱ. 气旋风	0 to < 1000 m (0 ~ 50 m–severe storms)	6 ~ 24 h
Ⅲ. 锋面	0 to < 1000 m (0 ~ 50 m–severe storms)	1 ~ 8 h
Ⅳ. 山区下降风	3 to < 1000 m	0.5 ~ 18 h
Ⅴ. 哈布尘暴	200 ~ 400 m (0 ~ 50 m–severe storms)	0.5 ~ 6 h
Ⅵ. 紧缩	800 ~ 400 m (3 m–severe storms)	0.5 h
Ⅶ. 尘卷风	< 1000 m	0.1 ~ 0.5 h
Ⅷ. 日变风循环	1000 m (near zero–(severe))	< 1 h

注: 转自文献 [24] 中的表 2.6.2.1; ©1985Bradford 大学研究有限责任公司, 转载获得授权

在 8 种尘暴类型中, 只有 3 种类型会产生能够引起传播损伤的尘埃范围与悬浮尘埃密度[24]: 风暴发展形成的尘暴; 与锋面有关的沙尘; 哈布尘暴。

由于哈布尘暴具有很强的局部地区特性, 而且是雷暴的直接结果, 且它本身也是一种剧烈的气象事件, 所以它趋向于产生非常高的悬浮灰尘密度。图 7.21 给出了能够产生哈布尘暴截面。

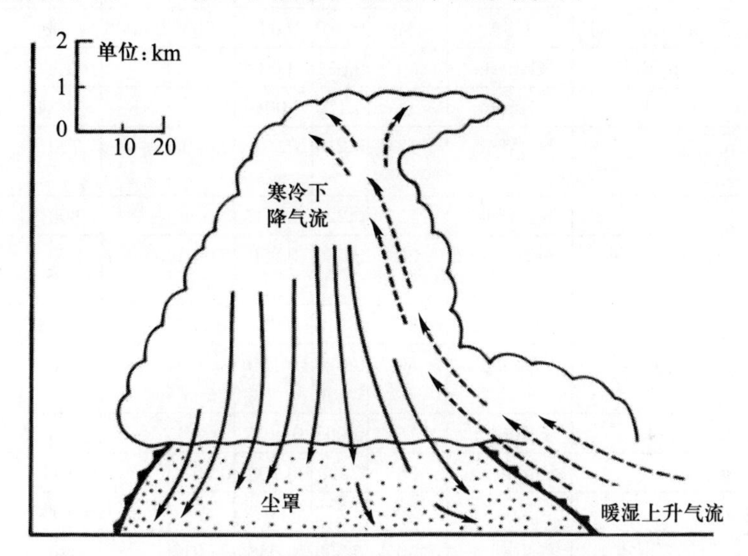

图 7.21 能够产生哈布尘暴的雷暴截面 (转自文献 [24] 中的表 2.3.8a, 该图后经 M©Ewan 等人[24] 修改; ©1985Bradford 大学研究有限责任公司, 转载获得授权)

注: 由于产生尘暴的强烈阵风起因于雷暴内部的冷下降气流, 因此哈布尘暴有时候认为是冷尘暴。空气通常具有很大的湿度, 这将使得灰尘摄取较多的水分, 从而增强了传播效应。

由于悬浮灰尘颗粒会急剧减小 (光学) 能见度, 能见度的减小与悬浮灰尘密度直接成正比, 因此, 能见度统计可用于估算尘暴随时间的变化。

用于定义尘暴出现的主要标准是能见度降低至 1km 以下。在此基础上, 发现在地球上发生尘暴的不同区域, 每年发生尘暴的天数为 0.1 ~ 174 天[24]。为了获得统计特性, 假定能见度超过数服从对数正态分布, 并该地区报导的尘暴天数对应于曲线的一个点, 将严重尘暴事件对应于曲线上第二个点[24]。通过这种简单且合理的模型, 估计了能见度超过数统计数据。基于目前可获得的一些零散数据以及 MoEwan等人[24] 的合理推测, 表 7.10 给出了能见度统计资料所关心的全球 “恶劣” 区域的例子。

表 7.10 全球不同区域尘暴能见度的年度估算统计值

位置	国家	潮湿风暴/(时间百分比)	每年可见度低于规定值的百分比				规定的可见度百分比	
Mexico City	Mexico	70	0.090	0.019	0.0015	0.0001	> 1000	50
Arizona (Yura)	USA	50	0.034	0.005	0.0003	–	> 1000	200
Gtest Phins (Lubbock)	USA	34	0.130	0.031	0.0039	0.0003	> 1000	27
Alberta, Man, Sask	Canada	50	0.011	0.00029	–	–	> 1000	27
Yukon	Canada	0	0.170	0.0045	–	–	> 1000	150
Tunisin, Algeria, Morocco	N. Africa	12	0.210	0.016	0.0003	–	700	70
Libya	N. Africa	12	0.220	0.0015	–	–	800	200
Faya Largeau Bodele Depression	Central and W. Africa	25	0.180	0.050	0.0076	0.0007	950	14
Kano	Nigeria	30	0.110	0.025	0.003	0.0001	> 1000	40
Khartoun, Athara, Dongola	Sudsn	50	0.820	0.150	0.010	0.0002	120	10
Djibosti	Ethiopia	15	0.068	0.0037	–	–	> 1000	190
Nasiriyah	Middle East	38	2200	0.200	0.0044	–	80	16
Beersbeba	Israel	20	0.210	0.0079	–	–	> 1000	190
Kerman	Iran	40	0.300	0.038	0.0012	–	440	38
Karachi	Pakistan	25	0.410	0.060	0.0029	–	310	24
Ganganagar	N.W. India	50	0.870	0.004	–	–	400	140
Jinkiang	Chiaa	50	1.800	0.100	0.0009	–	140	32
S.E. Uzbkistan	Uzbekistan	40	1.400	0.110	0.0019	–	140	25
Alice Springs	Australia	50	0.150	0.022	0.0012	–	> 1000	50

注: 数据摘自文献 [24] 中的表 2.6.3.1; ©1985Bradford 大学研究有限责任公司, 转载获得授权

7.6.2.2 尘埃效应的传播损伤预测模型

与雨滴衰减信号相同的机理, 沙尘与灰尘微粒也会对电波产生衰减[26]。正如雨滴一样, 预测由尘暴引起的传播损伤的基础是估算单位体积内灰尘粒子数及粒子尺寸分布。为了获得这些, 通常从能见度统计数据推断尘埃浓度。

将悬浮尘埃质量密度与能见度 V (km) 联系起来的最常用公式为

Chepil 与 Woodruff[27] 建立的经验公式:

$$\rho = \frac{56 \times 10^{-9}}{V^{125}}\ (\text{g/cm}^3) \tag{7.29}$$

需要注意: 被提及的悬浮粒子密度与能见度是对粒子存在高于地面 2 m 处而言的。悬浮粒子密度随高度增加而减小, 为了计算沿倾斜路径的整体效应, 需要用与雨衰计算差不多的方式确定有效路径长度。对于尘埃粒子来说, 通常情况下其粒子密度随高度增加呈现为幂指数衰减, 且尘埃粒子最大高度为 2 km[28]。幂律系数随着 2 m 高度处能见度的改变而变化, 当能见度距离为 2 m、10 m 与 1 km 时, 幂律系数分别为 0.77、0.57 与 0.33[28]。该模型还假设尘埃存在于直径为 10km 的圆柱体内, 且圆柱内部的尘埃粒子沿圆柱主轴方向均匀分布, 圆柱外部的尘埃粒子可以忽略。图 7.22 McEwan 等人提出的尘埃舱模型。

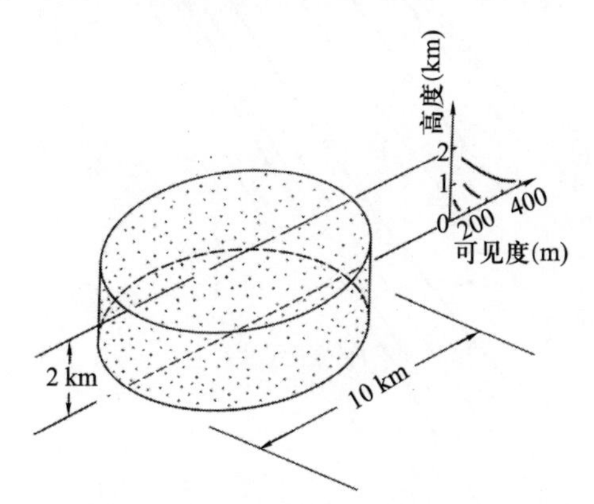

图 7.22　McEwan 等人提出的尘埃胞模型[28] (©1986 URSI, 转载获得授权)

注: 假设直径为 10 km 的对称圆柱内, 所有的有效尘埃在水平方向具有均匀的密度。尘埃密度遵循幂指数衰减规律随着高度的增加而减小, 幂律系数由 2 m 高度处初始能见度决定。

N 与能见度 (km) 的关系可表示为[29]

$$N = \frac{5.51 \times 10^{-4}}{Va^2} \tag{7.30}$$

式中: a 为粒子半径 (m)。

如果 k_r、k_i 分别为尘埃粒子的复相对介电常数的实部与虚部, 则特征衰减为[29]

$$a_\text{p} = \frac{180}{V}\frac{a}{\lambda}\frac{3k_\text{i}}{(k_\text{r}+2)^2 + k_\text{i}^2}\ (\text{dB/km}) \tag{7.31}$$

式中: λ 为波长 (m)。

式 (7.30) 与式 (7.31) 假设尘埃粒子具有相同的半径 a。实际上, 不仅仅粒子的大小会改变, 粒子的形状和取向也会发生变化。

尘埃粒子的形状和排列, 特别是排列, 对衰落与去极化的预测有影响。通过对粒子的测量[30,31], 得到水平短轴与水平长轴之比的平均值为 0.71, 垂直短轴与垂直长轴之比为 0.57[30] 和 0.53[31]。尘埃粒子的平均偏心率及受空气阻力、电场力作用而会形成预期的排列, 将导致潜在严重的去极化效应, 特别是在低仰角且频率远高于 10 GHz 的情况下。图 7.23

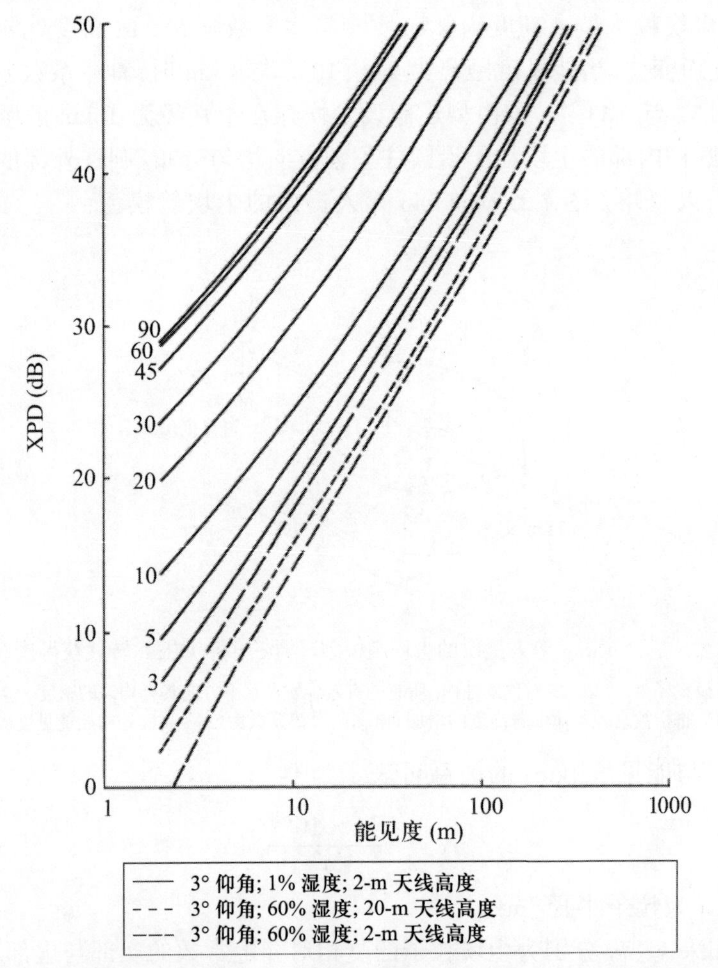

图 7.23 14 GHz 圆极化信号的 XPD 随能见度的变化 (转自文献 [28] 中的图 1; ©1986 URSI, 转载获得授权)

注: 该计算假设沙尘粒子相对于图中所示的仰角参数, 完全对齐且等概率方位分布。在没有特殊说明的情况下, 空气湿度为 0%, 天线高度为 20 m。曲线上的参数为仰角。

给出了 14 GHz 频率 XPD (交叉极化鉴别率) 的一些预测值。

有趣的是, 沙尘含水量对图 7.23 中的 XPD 计算结果有所影响。对于 60% 的相对湿度, 则尘埃粒子摄取的水几乎为总质量的 10%。这将导致所预测的衰减发生较大的变化。图 7.24 给出了能见度为 10 m 时, 在低含水量百分比 (0.3%) 与高含水量百分比 (10%) 情况下预测的特征衰减随频率的变化。

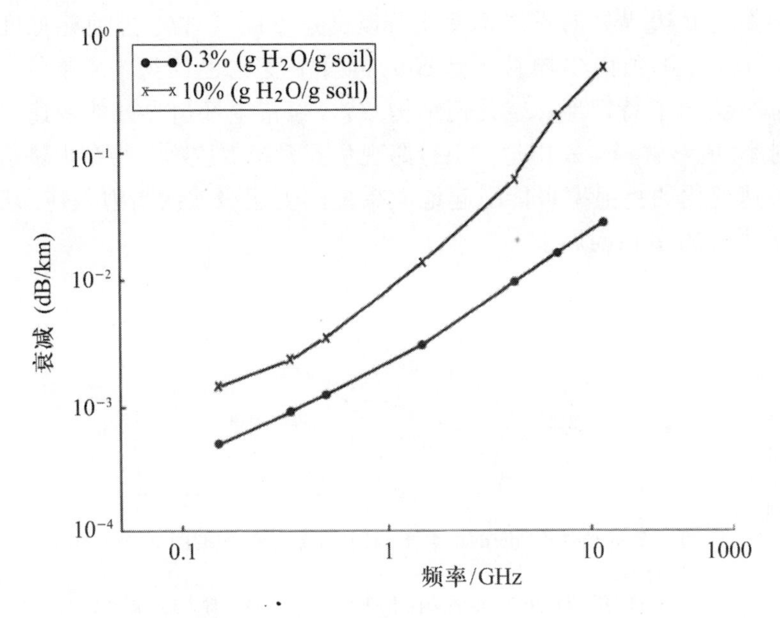

图 7.24 降落的尘埃颗粒所产生的衰减随频率的变化 (转自文献 [32] 中的图 16; ©1988IEEE, 转载获得授权)

注: 假设能见度为 10 m, 所有的尘埃粒子是球形且沿路径均匀分布。当考虑到粒子密度随高度的增大而减小和尘埃粒子的非球形时, 需要使用校正因子以得到总路径衰减, 但图中两曲线的相对关系不发生变化。

基于重要时间百分比对应的普遍能见度条件下可能发生的斜路径衰减和去极化水平得知, 只有频率远高于 30 GHz 或/和仰角远小于 10° 的情况下, 由尘暴引起的传播损伤才对星地路径有限制作用。然而, 当频率低于 10 GHz 时, 地面路径与地 - 空路径都观察到一些影响。

7.6.2.3 尘埃效应对系统的影响

尽管与理论预测结果相反, 但地面路径与星地路径尘暴发生期间都观测到明显的影响[24]。在消除了诸如波导内的尘埃污垢和高阵风载荷引起的天线错误指向等更 “机械” 性质的影响, 仍存在着一些系统效应需要解释。其中包括: 位于 Umm Al-Aish (科威特) 地区的 INTELSAT 地面站的单脉冲跟踪在尘暴期间需要 $1 \sim 30$ s 的 “捕获” 时间; 位于巴格达、阿曼以及新南威尔士的地面链路在尘暴期间的衰落达到 30 dB[24]。

对上述现象的尝试性解释: 空气团的体折射率 (不是空气团内尘埃的体折射率) 在短距离内会发生相对较快的变化[33,34]。Rafuse[33] 指出, 在哈布尘暴边界处的折射率变化可以高达 26 N 单位。即使能见度低至 10 m 时, 单独由尘埃粒子造成的折射率变化也仅为 7 N 单位[28]。图 7.25 给出了特定地 – 空几何结构, 结合哈布尘暴边界处的快速变化折射率, 能够解释尘暴中地 – 卫链路观察到系统效应[28]。哈布尘暴边界的快速变化的折射率可能引起地面系统产生超级或次折射效应, 从而引起严重的多径问题。

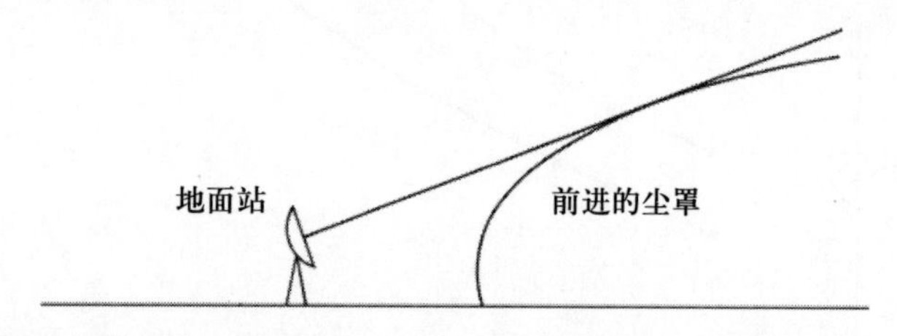

图 7.25 哈布尘暴靠近地面站时的示意图 (转自文献 [28] 中的图 2; ©1986 URSI, 转载获得授权)

注: 图说明了在前进的尘罩作用下, 地面站视角如何导致链路成为掠入射 (图 7.21)。尘埃圆顶边界处 N 单位数据 (典型值为 20 N 单位) 的快速变化可能引起射线弯曲甚至多径效应。

参考文献

[1] T. Pratt, C.W. Bostian and J.E. Allnutt, *Satellite Communications*, second edition, Wiley, 2003, ISBN 0-471-42912-0.

[2] A.I. Kon and V.I. Tartarski, ‘Parameter fluctuations in a space-limited light beam in a turbulent medium’, *Izv. Vyssh. Uchebn. Zaved. Radiofiz.*, 1965, vol. 8, pp. 870–875 (later included in the book *Wave Propagation in a Turbulent Medium*, by V.I. Tartarski, Dover Press, New York, 1967).

[3] R.A. Schmeltzer, ‘Means, variances, and covariances for laser beam propagation through a random medium’, *Q. Appl. Math.*, 1967, vol. 24, pp. 339–354.

[4] A. Ishimaru, 'Fluctuations of a beam wave propagating through a locally homogeneous medium', *Radio Sci.*, 1969, vol. 4, pp. 295–305 (later included in the book *Wave Propagation and Scattering in Random Media*, by A. Ishimaru, Academic Press, New York, 1977).

[5] K.S. Shaik, *Atmospheric Propagation Effects Relevant to Optical Communications*, TDA progress report, April–June 1988.

[6] ITU-R Recommendation P.1621, 'Propagation data required for the design of earth-space systems operating between 20 THz and 375 THz', *ITU-R Series Recommendations*, vol. 2000 P series – Part 1.

[7] J. Kerr and J. Dunphy, 'Experimental effects of finite transmitter apertures on scintillation', *J. Opt. Soc. Am.*, 1973, vol. 63, pp. 1–7.

[8] G. Homstad, J. Strohbehn, R. Berger and J. Heneghan, 'Aperture-averaging effects for weak scintillation', *J. Opt. Soc. Am.*, 1974, vol. 64, pp. 162–165.

[9] E.C. Johnston, D.L. Bryant, D. Maiti and J.E. Allnutt, 'Results of low elevation angle 11 GHz satellite beacon measurements at Goonhilly', *IEE Conference Publication No. 333 (ICAP 910)*, April 1991, pp. 366–369 (later expanded in D.L. Bryant, 'Low elevation angle 11 GHz beacon measurements at Goonhilly earth station', *BT Technol. J.*, 1992, vol. 10, no. 4, pp. 68–75).

[10] W.J. Vogel, G.W. Torrence and J.E. Allnutt, 'Rain fades on low elevation angle earth-satellite paths: comparative assessment of the Austin, Texas 11.2 GHz experiment', *IEEE Proc.*, 1993, vol. 81, no. 6, pp. 885–896.

[11] ITU-R Recommendation P.1622, 'Prediction methods required for the design of earth-space systems operating between 20 THz and 375 THz', *ITU-R Series Recommendations*, vol. 2000 P series – Part 1.

[12] M. Pfennigbauer, 'Design of optical space-to-ground links for the International Space Station', Doctoral Thesis, Institute of Communications and Radio-Frequency Engineering, Vienna University of Technology, 2004.

[13] D.L. Fried, 'Statistics of a geometric representation of wavefront distortion', *J. Opt. Soc. Am.*, 1965, vol. 55, pp. 1427–1435.

[14] D.L. Fried, 'Optical resolution through a randomly inhomogeneous medium for very long and very short exposures', *J. Opt. Soc. Am.*, 1986, vol. 56, pp. 1372–1379.

[15] D.P. Haworth, N.J. McEwan and P.A. Watson, 'Effect of rain in the near field of an antenna', *Electron. Lett.*, 1978, vol. 14, pp. 94–96.

[16] D.L. Begley, 'Laser cross-link systems and technology', *IEEE Commun. Mag.*,

2000, vol. 38, no. 8, pp. 126–132.

[17] J.L. Kerr, *Fraunhofer Filters to Reduce Solar Background for Optical Communications*, Communications Systems Research Center, TDA progress report 42–87, July–September 1986, pp. 48–55.

[18] K.S. Shaik, *A Preliminary Weather Model for Optical Communications through the Atmosphere*, Communications Systems Research Center, TDA progress report 42-95, July–September 1968, pp. 212–218.

[19] M. Toyoshima, S. Yamakawa, T. Yamawaki, K. Arai, M.R. Garcia-Talavera, A. Alonso, *et al.* 'Long-term statistics of laser beam propagation in an optical ground-to-geostationary satellite communications link', *IEEE Trans. Antennas Propag.*, 2005, vol. 53, no. 2, pp. 842–850.

[20] S. Lee and G.G. Ortiz, 'Atmospheric tolerant acquisition, tracking and pointing subsystem', *Proceedings of SPIE*, pre-print available from Free Space Laser Communications Technologies XV, G. Stephen Mecherle, 2003.

[21] A. Miller and R.A. Anthes, *Meteorology*, fourth edition, Charles E. Merrill Publishing Co., 1981.

[22] Report 883-1, 'Attenuation of visible and infra-red radiation', *CCIR Study Group 5 Propagation in Non-Ionized Media*, ITU, 2 Rue Varembé 1211, Geneva 20, Switzerland, 1982–1986.

[23] C.J. Gibbins and M.G. Pike, 'Millimetre, infra-red, and optical propagation studies on a 500 m range', *International Conference on Antennas and Propagation ICAP 87*, IEE Conference Publication No. 274, Part 2, 1987, pp. 50–53.

[24] N.J. McEwan, S.O. Bashir, C. Connolly and D. Excell, 'The effects of sand and dust particles on 6/4 and 14/11 GHz signals on satellite to Earth paths', Final report to INTELSAT under contract INTEL-349, 1985. Available from the School of Electrical and Electronic Engineering, University of Bradford, Bradford, West Yorkshire BD7 1DP, England.

[25] R.A. Bagnold, *The Physics of Blown Sand and Desert Dunes*, Chapman & Hall, 1941 and 1973.

[26] Report 721-2, 'Attenuation by hydrometeors, in particular precipitation, and other atmospheric particles', *CCIR Vol. 5 Propagation in Non-Ionized Media*, ITU, 2 Rue Varembé 1211, Geneva 20, Switzerland, 1982–1986.

[27] W.S. Chepil and N.P. Woodruff, 'Sedimentary characteristics of dust storms: 2. Visibility and dust concentration', *Am. J. Sci.*, 1957, vol. 255, pp. 104–114.

[28] N.J. McEwan, C. Connolly, D. Excell and S.O. Bashir, 'Attenuation, cross polarization and refraction in dust storms', *URSI Commission F Open Symposium*, Paper VIII-3, 1986, University of New Hampshire, Durham NH, USA.

[29] W.L. Flock, *Propagation Effects on Satellite Systems at Frequencies below 10 GHz: A Handbook for Satellite System Design*, second edition, NASAReference Publication (New York, American Geophysical Union), 1108(2), 1987

[30] N.J. McEwan and S.O. Bashir, 'Microwave propagation in sand and dust storms: the theoretical basis of particle alignment', *International Conference of Antennas and Propagation (ICAP 83)*, IEE Conference Publication 219, 1983, pp. 40–44.

[31] S.I. Ghobrial and S.M. Sharief, 'Microwave attenuation and cross polarization in dust storms', *IEEE Trans. Antennas Propag.*, 1987, vol. AP-35, pp. 418–425.

[32] S.A.A. Abdulla, H.M. Al-Rizzo and M.M. Cyril, 'Particle-size distribution of Iraqi sand and dust storms and their influence on microwave communication systems', *IEEE Trans. Antennas Propag.*, 1988, vol. AP-36, pp. 114–126.

[33] R.P. Rafuse, *Effects of Sand Storms and Explosion-Generated Atmospheric Dust on Radio Propagation*, Project Report DCA-16, ESD-TR-81-290, 1981, M.I.T. Lincoln Lab., Lexington, MA, USA.

[34] Report 236-6, 'Influence of terrain irregularities and vegetation on tropospheric propagation', *CCIR Vol. 5 Propagation in Non-Ionized Media*, ITU, 2 Rue Varembé 1211, Geneva 20, Switzerland, 1982–1986.

第 8 章 信号传播损伤的恢复技术

8.1 概述

前面章节已经详细讨论了卫星与地面站 (固定和移动) 间的各种传播损伤现象对电波的影响。每章都讨论了所涉及的传播损伤的系统效应, 且介绍了减小损伤影响的一些方法。本章将详细给出对信号损伤期间恢复性能的建议方案以及在某些情况下已经实施的方案。

性能恢复是指, 在所有条件下连续使用一种资源来提高系统性能, 或者只在恶化的条件下动态地分配一种资源来改善系统性能。后者本身不能提高系统性能, 只能在必要的时候增加系统的余量来增加可用性。理想状态下, 动态方法可以在晴空和恶劣条件下, 通过动态分配足够的资源来维持C/N、C/M、E_b/N_0 或其他正在用的性能标准为常量, 以便提供恒定的性能水平。虽然, 本章恢复方案的目的是提高系统可用性, 继而改善恶劣条件下的系统性能。从这个意义上来看, 恢复性能和提高系统可用性含义相同。

当传播损伤引起振幅减小时 (如闪烁和雨衰), 能够减小一种传播损伤 (如雨衰) 对信号影响的恢复技术也适用于其他传播损伤 (如闪烁)。Castanet[1] 研究了雨衰对抗问题, 将衰落对抗技术 (FMT) 分成三类[2]:

(1) 功率控制衰落对抗技术: 在发射机处改变穿过衰减媒质的信号水平来补偿通过媒介时产生的损耗, 保持接收端相同的信号电平。

(2) 信号处理衰落对抗技术: 调节信号的特征增强恶化条件下性能,

包含改变调制方案、改变编码率、增加时分多址 (TDMA) 或时分多路 (TDM) 帧结构的额外负载, 或者调整卫星相控阵天线阵元提高地面损伤区域的附加增益。

(3) 分集衰落对抗技术: 通过切换至当前没有受到传播损伤的可选路径 (路径分集, 轨道分集), 切换至受到更低损伤退化的频率 (频率分集), 缓存信号并在衰落事件过后再发射信号 (时间分集) 避免在路径上遭遇传播损伤。

以上三类基本衰落对抗技术也能用于对多种损伤条件下恢复信号性能的机理进行分类, 而不只是用于信号电平减小 (衰落) 的情况。但是, 有些恢复技术与其对抗的现象是唯一对应的。因此, 下面关于信号恶化期间性能恢复讨论针对的主要损伤现象: 电离层效应; 晴空效应 (对流层闪烁、低仰角衰落、大气成分的改变)、多径效应、雨衰效应和去极化效应。

8.2 电离层传播效应

对于吉赫 [兹] 频率, 地面站天线所关心的电离层闪烁本质上是一种 "共轴" 现象, 即信号参数的起伏发生时没有任何引起到达角损伤的视在方向偏差。电离层闪烁引起的严重振幅起伏会导致地面站自动跟踪能力的崩溃, 然而, 如果振幅起伏伴随有明显的天线指向错误, 那么发生了不是严格与路径传播效应有关的其他损伤[3]。这些明显的传播损伤包括: 平均信号电平的降低; 当天线已经偏离正确视角时偏离主波束轴的信号传输导致的明显去极化。降低闪烁事件中由于天线指向偏离引起的损伤主要有两种方法: 一是使用不基于接收信号幅度作为参考的天线跟踪方法。单脉冲天线跟踪系统是这样的跟踪方法, 它使用四个天线端口提供接收信号分量的和与差。和与差端口提供当到达角方向改变时的精确跟踪信息, 但它们不会由于对闪烁引起幅度的起伏有所响应, 四个端口具有相同的幅度。二是采用一些程控跟踪, 天线根据程序跟踪数据设置跟踪卫星的预测位置。如果在单个馈电喇叭 (端口) 使用了仅基于接收信号幅度的自动跟踪系统, 那么在执行自动跟踪命令之前需要通过程序跟踪的预测位置对其进行确认。传播实验结果已经证明, 使用这样的程序跟踪辅助技术是行之有效的。

电离层除了导致闪烁发生, 也会引起电场矢量的旋转 (称为法拉第旋转), 旋转的大小是总电子含量 (TEC) 和频率的函数。对于圆极化, 法拉第旋转并不是明显的传输损伤, 因为它只会导致相位超前或滞后而圆极化本质上未改变。因此, 在大多数圆极化系统中很大程度上没有检测到法拉第旋转。的确, 电离层对圆极化信号并没有引起任何仅能由电离层引起的明显的去极化[4,5]。电波信号的许多变化可归因于电离层 (幅度闪烁、相位闪烁、法拉第旋转等), 只有幅度闪烁和针对线极化系统的法拉第旋转两种效应对 1 GHz 以上频率的星 – 地链路是重要的。下面讨论改善这两种损伤影响的方法。

8.2.1 克服电离层幅度闪烁的影响

大多数情况下, 从年平均来看电离层幅度闪烁的影响不是系统的限制[6], 但是对于某些业务, 最坏月条件可能不满足, 尤其是在太阳黑子高发期靠近地磁赤道的地面站。

电离层幅度闪烁通常不能通过天线分集方案降低, 因为相关距离非常大, 需要比雨衰、对流层闪烁及多径使用的站点分集和高度分集大许多的去相关距离。唯一有效克服电离层幅度闪烁损伤的方法是给信号增加有利于克服恶化的某些东西, 如对数字系统使用的信道编码。

在检查克服电离层幅度闪烁的编码信号的最好方法过程中, 建立随时间变化信号起伏的普通演示很有帮助。图 8.1 为电离层闪烁。

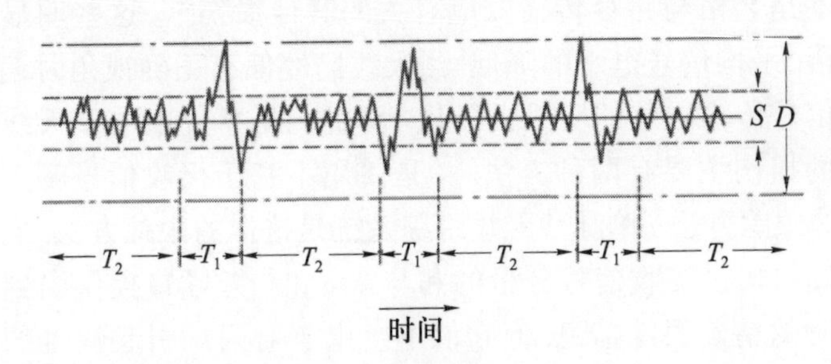

图 8.1 电离层闪烁

注: 起伏一般分成两类: 几乎呈现为常量的 “浅衰落”, 图中用电平 S 表示; 偶然出现的 “深衰落”, 图中用电平 D 表示。在时间间隔 T_1 期间, 深衰落导致数字系统发生了突发性错误; 在时间间隔 T_2 期间, 浅衰落导致白高斯噪声分量产生。

闪烁通常分为两类: 一是近似相对恒定的退化类高斯白噪声的持续相对浅的衰落; 二是本质上随机偶然出现的引起突发性差错的持续

相对深的衰落。见图 8.1 中的 S 和 D。极端起伏通常持续不到 1 s, 极端起伏序列的"突发周期"通常少于 30 s。恒定前向纠错 (FEC) 编码将抵消 AWGN 成分, 给出明显增加的检测余量, 称为编码增益。表 8.1 列出了卷积码可实现的编码增益。FEC 编码在抵消浅衰落中单比特差错的同时, 需要另一种编码方案纠正突发性差错。可以采用交错 FEC 编码和连接外部代码的 FEC 编码两种基本的方案[9]。

表 8.1 约束长度为 7、使用软判决的 Viterbi 解码条件下, 卷积 FEC 编码可实现的编码增益

编码率	编码增益/dB
3/4	6.5
2/3	7.3
1/2	7.0
1/3	7.0
1/4	7.0

注: 1. 编码率是信息发送比特数相比总发送比特数的度量。比如, 假设编码率为 3/4, 实际发送每 4 bit 中有 3 bit 信息。另一种看待 3/4 编码率的方法是开销为 25%。

2. 编码增益是无编码应用于传输时的特定门限和有编码应用于传输时对应门限之间以 dB 为单位的差值。例如: 对于给定的 BER, 使用没有编码的信号的需求余量为 12 dB, 使用了 3/4 编码的信号后, 该余量降了 6.5 dB (降至 5.5 dB)。表中为编码增益理论值, 真实编码增益比理论编码增益小十分之几分贝。

3. 转自参考 [7] 中的表 3

8.2.1.1 交织 FEC 编码

交织的目的是在时域随机地分布比特位, 以便错码和正确码元交叉排列, 从而允许编码/解码方案具有测试差错的附加检测。因此, 在图 8.1 中来自时间周期 T_1 的位元随机地被来自时间周期 T_2 的位元分散。图 8.2 为发射前 FEC 编码之后的交织。

如果在深衰落期间 T_1 有 n_1 个位, 在浅衰落期间 T_2 有 n_2 个位, 假设这些位元的周期相对不变并且有周期性的性质, 那么总数为 $n_1 + n_2$

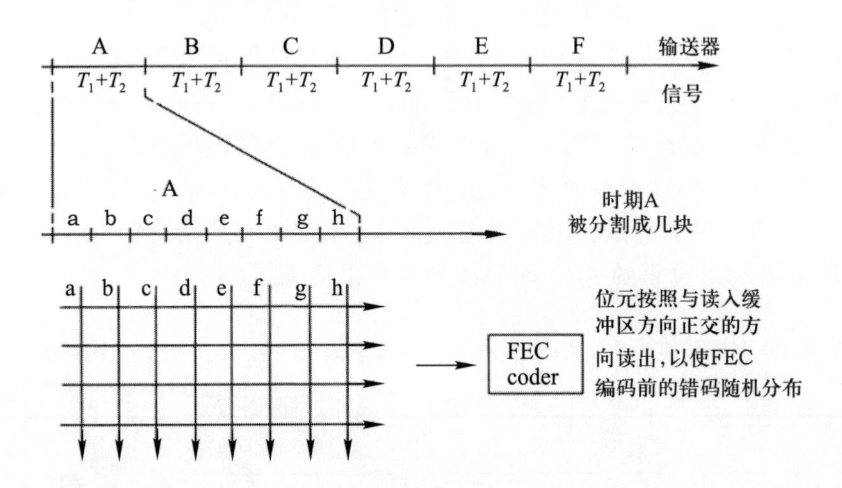

图 8.2 发射前 FEC 编码之后的交织

注: 假定信号具有周期为 T_1+T_2 的近似周期错误。$a, b, c, \cdots, h$ 中的一些码块将无差错而一些将有很多差错。发射前对它们进行交织将确保, 在大多数情况下, 错误的位在两侧都有正确的位, 使得解交织时 FEC 能有效地起作用。突发性差错的冗长码因为交织而被分开并且单比特差错也能被 FEC 修正。

个位应该被交织, 以便在深衰落期间的发射比特数在进入编码器之前全部被打乱排序[9]。用于在编码和发射之前 (在接收时的解交织和解码之前) 存储位元的近似缓存大小由 n_1+n_2 给出。一个码块通常比 n_1+n_2 小很多 (正如图 8.2 中所推断的), 且已经被堆叠在缓存区的码块在发射前以正交的方式读入输入序列。用这种方式, 使得错误的位在接收时的解交织过程中在码块之间分散展开。

8.2.1.2 具有级联外码的 FEC 编码

如果超过 T_1 时间周期 (或 n_1 个比特) 时深衰落仍然存在, 通过将内码 (AWGN 分量) 嵌套在码块长度大的外码内[9], 恢复差错仍然是可行的。为了处理真正的深衰落, 外码的长度至少为 n_1+n_2, 且这对缓冲区的长度有影响。对这样的级联码进行编码和解码所引起的时延也明显地增加了卫星链路的正常延迟。更重要的是为了达到适当水平的编码而增加了信息比特的开销。开销比特的数量不会随信息比特的数量线性变化, 因此, 对于搭载小于 500 kb/s 流量的信道通常不采用这种技术, 这是由于那样的信道降低了传输效率 (增加的可用性没有弥补通信容量的明显损失)。级联外码通常是一个长码块, 如里德 – 所罗门 (RS) 码[10]。图 8.3 给出了在 TV 广播直播系统中采用交织级联的外码+内码。

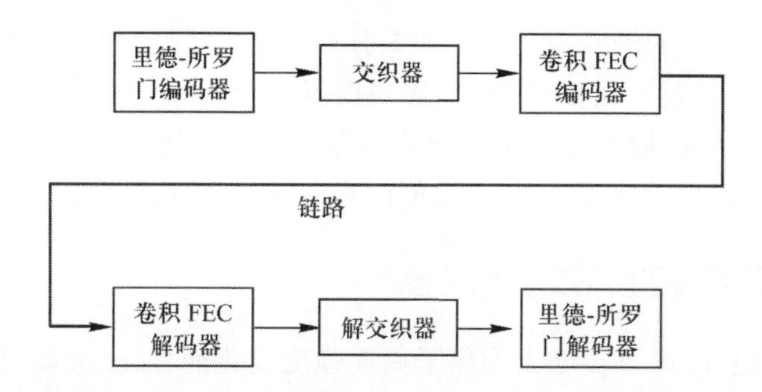

图 8.3 采用交织级联的外码 + 内码(转自文献 [10]; ©2003John Wiley&Sons, 转载获得授权)

注: 这个 "内码 + 外码" 的例子中, 里德 – 所罗门分组码和交织器与解交织器和里德 – 所罗门解码器一起构成外码。FEC 卷积编码器和卷积解码器一起构成内码。FEC 内码试图消除单比特差错而外部交错码试图消除突发差错。交织器和解交织器如图 8.2 所示在起作用。文献 [10] 中: 里德 – 所罗门码是 188/204 块码, 意思是每有 188 位进入块编码器就输出 204 位; 交织器为 12×7 缓存器, FEC 的限制长度为 7、编码率为 3/4, 意思是在卷积编码器的移位寄存缓存器, 每有 3 个信息位进入卷积编码缓存器, 就从编码器输出 4 位。

8.2.1.3 调频传输

对于 FM 信号, 除非闪烁极其严重, 否则由于这些负峰值持续时间相当短, 解调器将不受负峰值影响。虽然通信信号的解调性能有所下降, 但闪烁的深度和短持续期不足以使链路中断, 可用性仍然良好。在某实例中, 受显著电离层闪烁影响, 接入某地区的 C 波段链路, 在一次通信流量从模拟数据流向数字数据流转变的例行升级中, 从 FM 模拟信道改变为实时更新的 IDR 载波。不太严重的电离层闪烁不足以导致 FM 链路产生明显中断, 但会导致数字链路出现多个比特差错。如果这样的闪烁发生在通信负载的头信息中, 链路将会失去锁定并需要重新同步, 这将导致明显的信号中断。对于性能和可用性都恶化的问题有两种解决方案: 一是将链路改为电离层影响对其完全无关紧要的 Ku 波段; 二是为数字通信链路提供更多的功率。选择后者使整个系统成本最少。这里举在相同的有效发射功率水平下 FM 信号优于数字信号的例子。在这个例子中, 出现这样原因是 FM 信号以 "柔性" 模式劣化。不像数据链路, 虽然它在大部分时间通常具有优越性能, 但是当载波功率一旦低于检测门限电平时就 "严格地" 失效 (图 8.10(b) 展示了这种效应)。当考虑到数字网络体系中的传输层时, 这就更加重要。例如, 具有

误码率为 10^{-3} 的语音信道能够被充分地承认。但是, 如果数字化音频信道已经被打包至诸如帧中继 (需要误码率为 10^{-5} 来维持同步, 同时防止丢包) 的传输层, 那么数字语音链路将需求误码率为 10^{-5}, 即使相对高的 BER 性能完全超出了简单语音信道所需求的性能。

8.2.2 法拉第旋转效应的改善

电离层 TEC 直接随太阳黑子周期强度变化而变化, 因此线极化信号电场矢量的法拉第旋转量将直接随 TEC 变化 (图 2.11 和图 2.15)。在大约 11 年周期的变化内, 有季节和日变化。这些变化越大、越快, 对系统影响也越严重。

对于约 4 GHz 的线极化系统, 法拉第旋转最大变化约为 10°。如果线极化接收天线与来波极化取向有 10° 的失配。相当于小于 0.1 dB 的信号损耗。如果需要双极化操作, 则上述情形更加重要。

当线极化电场矢量具有 θ 的旋转量时, 用同极化信号和交叉极化信道接收到的功率定义的 XPD 表示为 (功率正比于场强的平方)

$$\mathrm{XPD} = 20\log\cot\theta\ (\mathrm{dB}) \tag{8.1}$$

从 (8.1) 可以看出, 对于 10°的旋转 XPD 已经降低至 15.1 dB。典型的旋转值接近 5°[11] (图 2.11), 但这样的旋转仍然产生了 21.2 dB 的 XPD。

因为法拉第旋转效应影响到美国的 6/4 GHz 地 - 空链路, 所以在法拉第旋转效应的检测中建立了由法拉第旋转引起的最小化去极化的方法[12]。该方法包括: 测量黎明前几小时 (法拉第旋转最小) 的最小去极化; 旋转上、下行链路地面站的馈电器至某一位置, 给出的位置在法拉第旋转最小测量值对应的位置和当天预期最大预测法拉第旋转值对应的位置之间。预测的最大旋转值是基于回归分析得到, 而且所需的典型旋转值平均为1° ~ 2°[12]。

同样的分析[12] 估计了调节馈电器的需要: 每日调节; 每月调节; 每年调节; 从不调节。最后一种情况为了考虑太阳活动峰值年的恒定极化失配。发现使用所有调节方案条件下, 由于对准失配导致的 XPD 对于任意一年的 0.01% 时间从未低于 26 dB。总的说来, 似乎是对于 4 GHz 旋转值为 2° ~ 2.5° 和 6 GHz 旋转值为 0.88° ~ 1.1° 的简单的、一次性编差可以满足在美国东部海岸检验的链路。需要注意的是: 下行链路抵消旋转的方向与上行链路抵消的方向相反。而且, 电离层的 TEC 不是电场矢量有效旋转的唯一决定因素。

由电离层引起 C 波段链路极化的重要性评估显示, 在同步卫星通过大气的传播过程中, 有两个因素对作用于电场矢量的旋转力有贡献[13]: 一是 TEC 大小; 二是地磁场的强度以及磁力线与星地链路信号通过电离层路径的对齐程度。图 8.4 示出了来自地球同步轨道卫星的信号通过磁场线的有效路径。

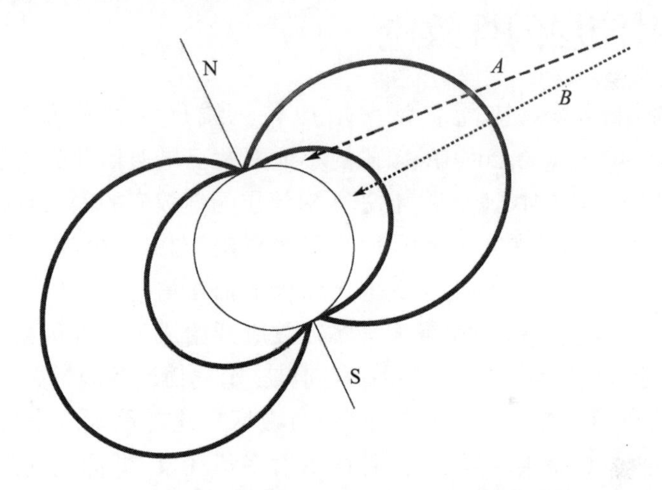

图 8.4 来自地球同步轨道卫星的信号通过磁场线的有效路径

注: 图中 N-S 线描述了地球的磁轴。磁场线表示为从地球的 N、S 磁极流出。来自地球同步轨道的路径 B 以很大的角度通过磁力线, 而路径 A 以远小于 45° 的角度通过磁力线。因此, 路径 A 比路径 B 受磁力线更多的影响。TEC (在地磁赤道 15° 范围内最大) 和磁力线强度 (越靠近地球表面或者切割更靠近南北回归线南北方的磁力线, 则最强) 联合决定作用于电场矢量的净旋转力。因此存在最坏的情形是磁力线充分地与南北回归线相交。

在图 8.4 中, 由于磁力线自然弯曲向内指向两极, 所以, 在给定地面高度处星 – 地路径所遇到的场强实际上随纬度增加而增加。例如, 大气中向上 50 km 处, 赤道上空的磁场强度小于南、北纬 40°上空的磁场强度。TEC 和s磁场强度随位置 (海拔和纬度) 的变化将导致法拉第旋转的伴随变化, 因此导致 XPD 的变化。使用这两种参数给出结果表明[13], 电场矢量总旋转量的最大值出现在相对低的仰角向南或北方向通过大气的路径, 而不是南北回归线地区的路径。图 2.30 给出了地球表面上空的净 XPD 等值线。从图 2.30 可以看到最差的 XPD 等值线出现在通常最高 TEC 地磁纬度的北极地区。但是, 所描述的 XPD 等值线说明,整体 XPD 值仍然在大多数数字通信系统能够容忍的范围。能够容忍的最小 XPD 值依赖于沿路径的各种各样其他可能损伤。但是当去极化是唯一考虑的参数时, 12 dB 的 XPD 通常认为是检测门限电平。如果存在显著的路径衰减和传输路径中的干扰 (内部干扰或者外部干扰) 等, 那么最小 XPD 值需要更高一些。对于大多数双极化数字链路, 20 dB 的 XPD 通常容易处理。

8.3 对流层闪烁效应

对流层闪烁效应随着频率增加和天线尺寸及仰角减小而增加。14/11 GHz 和 30/20 GHz 频段的小地面站卫星通信业务 (通常称为 VSAT 和 USAT) 的快速发展, 促进了对流层闪烁效应的深入研究。对流层闪烁效应本质上是由于小尺度折射率现象 (湍流在低层大气和云的边界层处的混合) 所导致。但是在非常低的仰角情况下 (约小于 3°), 由大多数折射效应引起的显著大气多径效应开始成为主要因素, 从而导致大尺度折射率效应成为主导原因。但是, 上述情况的闪烁更一般地称为低仰角衰落。在 1° ~ 10° 有一个 “过渡区”, 此时逐渐从小尺度湍流折射率现象 (对流层闪烁) 向纯粹的折射多径现象 (低仰角衰落) 转变。抵消这两方面的影响需要不同的技术。

8.3.1 对流层的闪烁: 改善湍流折射效应

对流层闪烁与讨论改善电离层闪烁中的浅衰落非常相似, 通常认为是 AWGN。与电离层闪烁不同的是, 对流层闪烁是普遍效应, 某种程度上它将出现在任何时候。因此, 对流层闪烁通常认为是限制性能的主要损伤, 但是闪烁量级很少接近系统余量。FEC 码将降低对流层闪烁损伤效应, 因为 FEC 码具有增加链路余量的效果, 即使对于具有增加信道带宽要求的链路也是这样。在功率能流密度限制范围内, 增加发射功率克服对流层闪烁净衰落的影响与 FEC 码具有相同的效果, 但通常以更多的整体系统开销为代价。在一般情况下, 链路设计中, 对流层闪烁不是主要影响, 除非余量非常小。但是, 当确定性能余量时, 对于任何链路都应该考虑对流层闪烁影响。对于光频段, 大气中的湍流既是性能限制, 也是可用性限制。降低对流层光闪烁整体影响程度的一种技术是:

使用多个光束替代单个光束平行穿过相对较大的光学反光镜 (直径约 1 m) 的孔径, 以便每个单独波束遭遇沿路径不同的闪烁剖面, 因此, 接收端每个波束观察到的闪烁之间呈现出较好的去相关性[14]。

8.3.2 低仰角衰落: 改善大气多径效应

就其本质而言, 多径能够使得接收器接收到两个等幅、反相信号之间通过相消干涉发生湮灭。提高信号功率及增加额外的 FEC 码等对两个严格反相位且相消干涉的分量产生的结果不起任何作用。仅有的一种克服多径效应的方法是选择不同的路径。改变频率将有效地提供通过介质不同数量的波长, 以及传播效应产生的信号损耗。也就是说, 提供的存在较大频率差距的两个频率的相消干涉不会相同。更正规的技术是使用天线分集获得所需的路径分离。地面微波系统遇到因地面反射引起多径效应, 并通过高度分集已经克服了这个多径损伤。高度分集是使用高桅杆上距地面高度不同的两副天线同时工作的技术。距地面越高, 克服多径效应的能力越好。对于非常低的仰角的卫星链路, 可以使用类似的天线装置, 当卫星观察它们时存在明显的高度差。通过用高度分离路径, 大气中导致低仰角衰落的不同折射率的折叠层会被两个路径在不同点遇到, 因此对低仰角衰落效应产生了一定程度的解相关性。这些将在本章后面分析雨衰改善分集技术时进行详细讨论。

8.3.3 大气潮汐的影响: 改善大气损耗的变化

图 1.35 ~ 图 1.37 和图 4.1 显示, 因为大气潮汐的影响, 信号的大气损耗可能会有诸如日变化、季节变化和年变化的相当大的变化。这些影响遍布全球大部分地区, 而且随着太阳加热的周期而移动, 因此, 没有有效的办法对抗这些影响, 需要建立充足的固定余量或者随着晴空大气路径损耗的变化而同步地改变功率水平。晴空大气损耗变化非常缓慢, 即使在极端潮湿和炎热的气候, Ku 波段信号每小时改变小于 1 dB。在严重的雨衰效应的气候下, 大气潮汐引起路径损耗更大的变化。如果在这些地区采用某种形式的功率控制来克服雨衰, 应该考虑实现发射功率缓慢的日变化、季节变化和年变化, 以便抵消由于大气潮汐引起的对应时间的路径损耗的缓慢变化。此外, 如果卫星天线覆盖区域具有明

显的由西向东的部分, 那么应该改变卫星天线的增益, 以便补偿在地球上空由于太阳加热效应向西移动而引起的强化衰减效应和相应的大气潮汐效应[15,16]。大气潮汐导致全球大部分地区发生路径损耗缓慢变化, 而且这些变化将影响低余量系统的设计, 这些低余量系统没有足够的余量去应付最差情况。对于这样的低余量系统和通过大气的光系统, 发展在大范围内给出典型和非典型条件的气象地图数据库将很有用。

8.3.4 气象地图

对于确定大气路径损伤, 有许多临界参数都与气象条件有关。这样的例子有: 如图 1.14(a) 和 (b) 所示的等温线轮廓; 如图 1.23 所示的夏天 0°C 等值线; 给出对流雨发生频率的如图 1.31 所示的因子 β; 如图 1.32 所示的降雨气候区; 如图 1.33 所示的 0.01% 时间的全球降雨率等值线。这些数据不仅有助于预测各种现象, 而且有助于形成减小传播损伤影响的策略。知道哪里以及何时可能发生传播损伤, 对于克服这些损伤现象安排通信任务或者设置对策是重要的有利条件。

工作于 C 波段的早期卫星通信链路主要考虑电离层闪烁和降雨去极化两种传播现象。然后, 随着通信带宽的剧增以及地面站天线多样化而出现的更高频率波段的通信链路增多, 因此, 值得研究的重要传播现象的范围也极大地增加了。仅知道哪里以及何时电离层可能导致闪烁发生, 或者产生强信号去极化的严重雷暴可能发生这些信息是远远不够的。需要理解沿整个星 – 地路径所有时间发生的大气变化。形成这些信息的第一步是绘制出临界参数的气象分布图。这些分布图的例子包括图 8.5 ~ 图 8.7 的集成的水蒸气[17]、不同降雨条件期间 0°C 等温线平均高度[18]、平均降雨天数[6] 和雷暴天数[18]。

使用这些数据, 可以从任何给定轨道点的卫星的任何覆盖区计算得出系统性能和可用性的类似等值线分布。文献 [20] 给出了哥伦比亚 Ku 波段和 Ka 波段的例子。从欧洲空间技术研究中心 (ESTEC) 可以获得这些分布图的原始气象数据[21]。对于通过大气路径的光通信链路, 因为浓云遮挡光链路的几乎所有功率, 所以需要给出云覆盖区域的天气分布图。有许多网站公布接近实时天气分布图, 其中最有用之一是由美国威斯康星大学根据国家航空和空间博物馆 (NASM) 数据编译的云覆盖分布图, 图 8.8 给出了 2007 年 8 月全球天气的几乎实时的综合成像图[22]。

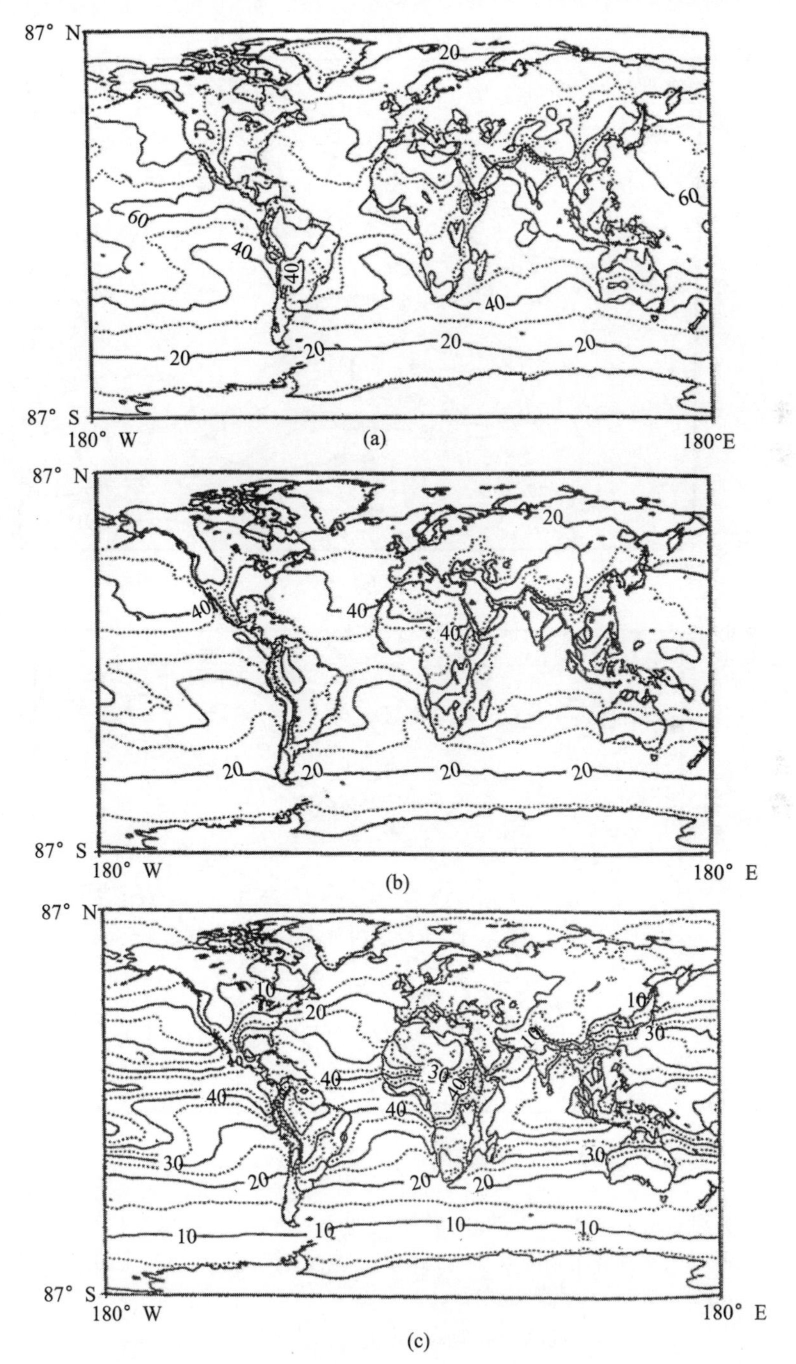

图 8.5 超过一年 2%、10%、50% 的集成的水蒸气 (转自文献 [17] 中的图 5 ~ 图 7; ©1993 ESA, 转载获得授权)

(a) 超过一年 2%; (b) 超过一年 10%; (c) 超过一年 50%。

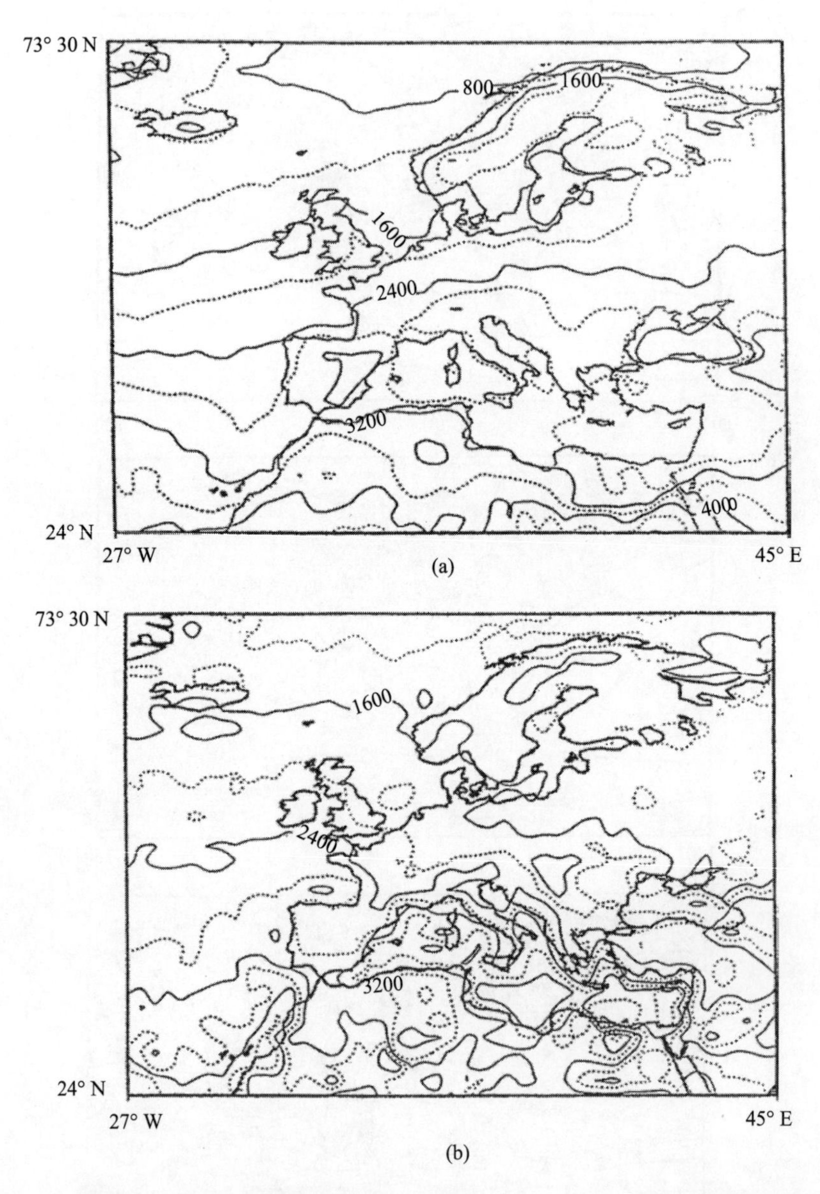

图 8.6 欧洲地区、基于一年欧洲中期天气预报中心 (ECMWF) 数据获得的对流雨期间和大规模降雨期间 0°C 等温线平均高度 (转自文献 [19] 中的图 1 和图 2; ©1993 ESA, 转载获得授权)

(a) 对流雨期间; (b) 大规模降雨期间。

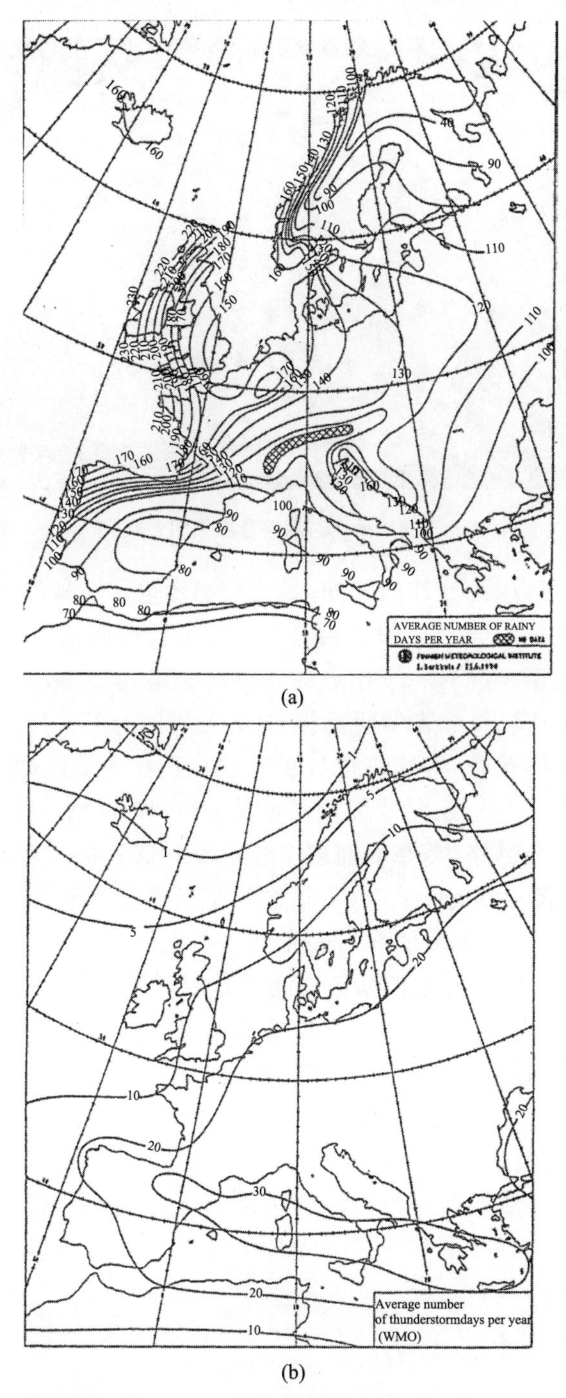

(a)

(b)

图 8.7 基于世界气象组织 (WMO) 数据获得的欧洲每年的降雨平均天数和雷暴天气平均天数 (转自文献 [19] 中的图 7 和图 10; ©1993 ESA, 转载获得授权)

(a) 降雨平均天数; (b) 雷暴平均天数。

图 8.8 2007 年 8 月全球天气的几乎实时的综合成像图 (摘自文献 [22] 中的网络地址)

从图 8.8 可以看出, 任何时间内, 云层都覆盖了全球的很大一部分, 所以可能需要许多同时工作于相隔几百千米的地面站点, 以保证在大部分的时间内至少能有一个站点的光传输链路具有较好的大气路径。为了估算基于在轨 7 m 光学望远镜 (NASA 发展的下一代空间望远镜) 的寿命周期内的花费, 将其花费与 8 个 10m 孔径光学地球接收站组成网络的花费进行了比较, 结果发现二者具有相似的花费。为了获得一个高可用性的卫星链路, 需要地面多个光学发射器和接收器组成的子网络。正如后面将看到的, 与工作在微波和毫米波段的地面站相比, 最大不同是, 使用 3 个或更多地面站的光链路不比仅工作于 2 个选址良好的站点分集站之间的毫米波微波链路具有明显优势。已经尝试努力将接近实时的天气分布图和动态气象数据集成一体, 是否可以为特定链路做出短时间内的预报结果 (准实时预报)[24−26]。迄今为止, 天气分布图和同时发生的气象数据的方法已经无法给出某站的精确雨衰预报结果, 虽然在相对较小的地区是合理可行的。但是, 许多预报方法尝试提供使用可用性等值线覆盖分布图的途径已经取得一些成功, 特别是在晴空大气效应方面取得了一些成功[28]。

8.4 海事多径效应

目前的海事、航空和陆地移动的 L 波段 (1.5 GHz) 频率的电离层闪烁要比 C 波段 (6/4 GHz) 的频率更加严重。但是, 从年平均角度看, 对于地面全向手持设备的移动卫星业务来说, 多径效应是更加重要, 而且是这些移动业务链路预算的主要传播损伤因素 (除可能的遮挡情况)。正如闪烁的随机起伏信号损伤的一般分类, 海事多径效应的浅衰落部分能够按 AWGN 处理, 且 FEC 码可以用作改善余量。严重多径效应引起的衰落将会超出大多数交织码或者级联码的适用范围, 因此, 提出了许多用于减小多径效应的方法, 包括频率分集、高度/空间分集、极化赋形天线和波束赋形天线。

8.4.1 频率分集

为了建立不遭受相同多径效应的另一路径, 当深衰落发生时改变载波的频率。为了有效地实现频率分集, 两个频率之间必须存在相对明显的差异。不幸的是, 目前海事通信的频率分配为 1.5 GHz 附近小于 10 MHz 的宽度, 也就是说, 远小于 1% 的带宽。由于小的百分比可用带宽, 所以不可能使用频率分集减小多径效应, 这已经得到证明[29]。

8.4.2 高度/空间分集

地面系统中由于折射和反射现象产生的多径效应通过两副天线在不同高度同时使用来消除[30]。这实际是指空间分集, 但从天线的位置分布来说, 也可称为高度分集。由于 L 波段的波长大约为 20 cm, 所以, 只要把天线间隔几十厘米, 就足以完全对多径效应解相关。已经发现[29], 垂直间隔只需要 40 cm 就可以得到相当好的分集效果。然而, 下行链路通信信号的缓存和合并, 上行链路发射切换分集技术的选择 (特别是在船左右摇摆时的切换技术) 等相关问题仍然没有得到有效解决。

8.4.3 极化赋形天线

正如第 6 章所述, 由于水平和垂直极化在海面上不同的反射特征, 所以提出使用极化赋形天线来减小多径现象的影响[31]。当仰角低于 20° 时, 水平极化信号几乎完全会被海面反射, 但是垂直极化信号在反射时会显著地衰减。因此, 圆极化入射波被反射成为椭圆极化波。另外, 由于水平极化波在反射时相位反转, 所以椭圆极化波与直达波的旋转方向相反。日本的 KDD 已经使用了这些事实生产了 MSBF 天线的极化赋形天线。

MSBF 天线利用交叉偶极子来产生圆极化信号。通过调整到达两个偶极子信号的幅度和相位, 能够产生正交于反射信号的椭圆极化波束。通过多径衰落的减小, 直达波和天线之间的极化失配会更加抵消, 即使是非常粗糙的海面也是这样[32]。图 8.9 说明了使用这种恢复技术可获得性能增强。这个技术可以是主动调节或被动调节。主动调节是指致力于达到最优性能的动态调节。被动调节是指周期性地设置并维持某个状态。

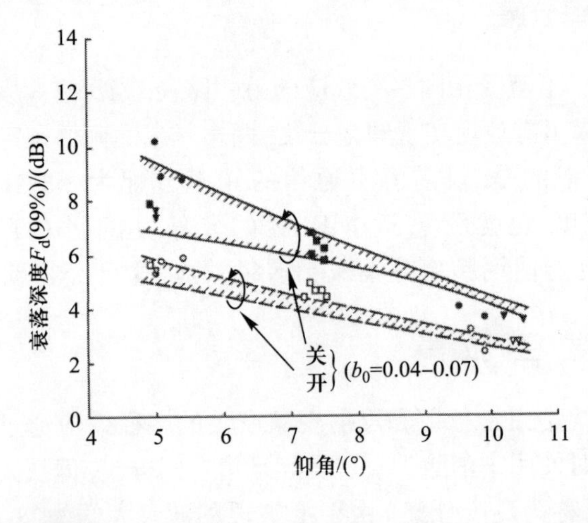

图 8.9 使用 MSBF 天线减小多径效应 (转自参考文献 [32] 中的图 13; ©1986IECE 现在日本的 IECE, 转载获得授权)

8.4.4 波束赋形天线

波束赋形技术和极化赋形天线相似, 不同的是波束赋形改变的是增益而不是极化。为了使垂直方向增益可以减小到低于或接近于水平方向增益, 需要采用赋形的波束而不是关于天线轴向轴线对称的波束方向图。多径产生的来波信号预期的方向上天线增益的减小将降低多径现象的影响。这种方法目前应用于移动通信手持终端的智能天线, 该天线采用小型相控阵元阵列, 可以向选定的目标发射能量或者向选定的目标降低增益。与全向天线手持终端所能达到的通信容量相比, 仅有 6 dB 增益的智能相控阵天线可以使通信容量扩大为原来的 4 倍。

8.5 雨衰效应

在确定星 – 地链路的预算中, 需要建立两个条件, 即晴空条件和恶劣天气条件, 前者确定了系统性能水平, 后者确定了可用性。两种条件下的链路预算水平的差称为链路余量。

对于数字卫星系统, 链路性能度量变量是 BER。CCIR[33] (现在的 ITU-R) 确定了卫星链路在固定卫星业务的早期 BER 标准, 表 8.2(a) 概括了这些标准[34]。这些标准是为了 IDR 载波代替 FM 载波而确立的。IDR 载波的使用很快被限定于通常具有 2 Mb/s 或更低的系统, 因为在 20 世纪 80 年代及以后的高容量通信流量移至光纤链路。另外, 数字通信流量迅速迁移至数据包传输和 ISO-OSI 协议栈的网络层 (现在的运行系统中实际已经被 TCP/IP 协议层代替)。从本质上讲,BER 简单的描述不再为性能和可用性提供充足的度量。传输层和网络层 (如帧中继、同步传输模式、以太网、宽带网关协议、内部网关协议、多协议标记交换等) 对现在所指的 QoS 或者业务质量有更多需求。表 8.2(b) 说明了 ATM 链路的 QoS。星 – 地链路的衰落余量可以通过对信息如何

表 8.2(a) 使用脉冲编码调制电话固定卫星业务系统的假想参考数字路径输出端允许的 BER

BER	整合期	实现目标
10^{-6}	10 min	每月至少 80%
10^{-4}	1 min	每月至少 99.7%
10^{-3}	1 s	每年至少 99.99%
注: 转自参考文献 [14]; ©1986ITU, 转载已获授权		

被搭载、如何被干扰 (网络层), 以及 BER 门限应该根据在接收端将特定数字、数据包、信息流成功地解调、解码和分离的考虑而决定。

表 8.2(b) 端对端网络性能参数和 ITU-T I.356 中定义的公共宽带集成业务数字网络的目标[35]

信元错误比率	信元错误比率是总错误信元与总传输信元在选定统计范围内的比率。信元错误比率的计算不包含严重出错信元块的传输信元
信元丢失比率	信元丢失比率是总丢失信元与总传输信元在选定统计范围内的比率。信元丢失比率的计算不包含严重出错信元块的丢失信元和传输信元
严重出错信元块比率	严重出错信元块是总严重出错信元块与总信元块在选定统计范围内的比率。当多于 M 个出错信元、丢失信元, 或误插入的信元结果在接收到的信元块中观察到时就会发生严重出错信元块结果。一个信元块是 N 个信元在一定条件下连续传输。M 和 N 的价值是相关的, 在 I.356 中的表 1 中显示
信元错插率	信元错插率是在特定时间间隔内观察到的总错插数量除以观察时间间隔
信元传输延迟	信元传输延迟是时差, $t_2 \sim t_1$, t_1 为某个信元进入网络或链路的时刻, t_2 是输出相同信元对应的时刻
信元延迟方差	信元延迟方差是对单个信元在信元传输延迟中与从名义上信元传输延迟经历不同。信元延迟变化对许多信元而言, 是单个信元在多个信元中经历的信元延迟变化的宽度分布。I. 356 把这个宽度定义为信元延迟变化分布的上、下分位点

大多数数字卫星系统使用相干检测四相相移键控或者正交相移键控调制, 图 8.10(a) 给出了四相相移键控的 BER 随 E_b/N_0 变化的理论曲线。没有编码时, 对于没有编码 QPSK 的 BER 随 E_b/N_0 关系, 需要记住, 当 $E_b/N_0 = 10.6$ dB 时, 1 BER $= 10^{-6}$。图 8.10(b) 给出对于给定的 E_b/N_0 如何使用 FEC 编码和 Reed-Solomon (Rs) 分组码提高 BER。

如图 8.10(b) 所示, 对于给定的编码, 可以通过调整 E_b/N_0 来获得

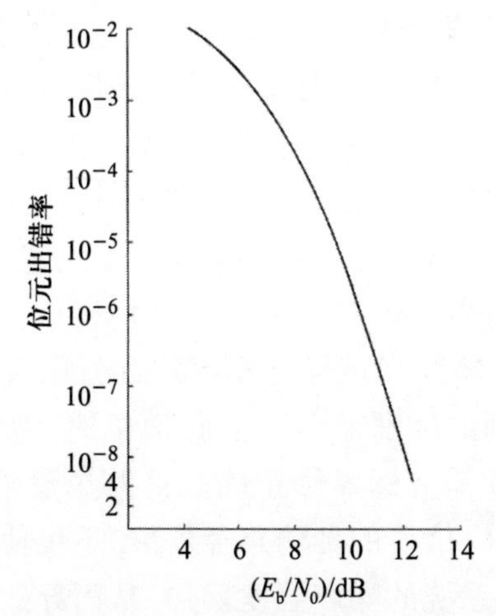

图 8.10 (a) 相干检测四相相移键控 BER 随 E_b/N_0 变化的理论曲线

有趣的是将上图与表 8.4 中给出的各种没有编码的 M 进制调制方案下在 BER $= 10^{-6}$ 时的 C/N。

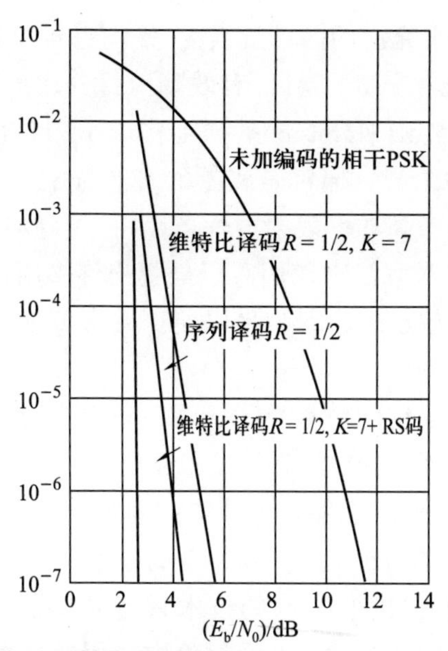

图 8.10 (b) 在各种调制和编码方案下 C/N 随 E_b/N_0 变化的理论曲线

注: 图中 R 为编码率。1/2 编码率是指每发射 2 bit 信号只有 1 bit 信息。实际上, 为了考虑免受单比特差错而插入编码比特数, 使得传输率已经翻倍。K 是指卷积码移位寄存器的个数, 通常称为编码器约束长度。“序列译码” 和 “维特比译码” 是指译码技术。如图 8.6(a) 所示, 当 BER $= 10^{-6}$ 时, $E_b/N_0 = 10.6$ dB。需要注意的是, 在极端情况下, 需要小于 8 dB 的 E_b/N_0 来满足 10^{-6} 的 BER。

想要的 BER。编码性能越好, 对于给定的 E_b/N_0 则 BER 越好, 直到极端情况下 BER 随 E_b/N_0 变化的曲线是几乎垂直的。这种极端情况曲线的特定部分, $E_b/N_0 < 0.2$ dB 的变化引起 BER 数十分贝的变化。这就是著名的“瀑布效应”, 即数字链路性能良好直至链路突然终止提供信息, 这是由于信号已经低于解调门限。对于上述情形, 在满足性能规范和可用性规范之间 C/N 和 E_b/N_0 的区别很小。对于使用优势编码的大多数数字链路, 链路满足性能规范的百分比时间和链路满足可用性规范的百分比时间的区别很小。然而, 简单地计算信号通过大气的雨衰不能为 BER 或 QoS 指标提供正确的链路余量估计。

频率高于 10 GHz 信号的传输路径雨衰, 不仅使接收的信号电平下降, 而且会引起感知系统的噪声温度增加, 从而导致信噪比减小。因此, 对于初始的卫星系统, 设置了充足的余量以便应对恶劣天气的影响。为了减小地面站天线尺寸以节省经费, 以及广泛使用 10 GHz 以上波段, 需要再次对系统裕量的合理性重新评估。

即使在美国雨水充沛的西部气候区, 平均每年也只有 10%的有效降雨时间。对于大部分温带气候区, 有效降雨百分比接近 3% ~ 5%。配置一个固定余量, 如 7 dB (Intelsat 系统工作于 14/11 GHz 的典型标准 C 波段地面站的初始余量), 通常是较差的资源分配, 如果 7dB 余量是通过超大尺寸天线或者高功率发射放大器获得, 更是如此 (因为固定余量在 95% 甚至更多的时间没有使用)。已经提出许多用作分配额外余量的技术[36], 有时以动态方式分配余量以便可用资源能按最优化的、合算的方式进行使用。

降雨期间传播损伤的恢复技术无法进行简单分类[37]。有的技术使用诸如 FEC 编码的恒定资源, 有的技术使用诸如共享资源的 TDMA 的动态资源; 有的技术采用诸如站点分集的固定余量增加, 有的采用诸如上行链路功率控制的可变余量增加; 有的技术只有在卫星包含诸如信号再生的星上处理时才使用, 有的技术只有卫星作为诸如频率可寻址天线的简单转发器时才使用。下面讨论中采用的分类在固定资源和动态资源之间做了广泛的划分, 然后再分为基于地面站的资源分配和基于卫星的资源分配, 进一步细分为固定额外余量和可变额外余量增益技术。表 8.3 给出了信号衰落对抗技术分类。

表 8.3 信号衰落对抗技术分类

固定资源	
恒定余量 (功率, 带宽)	
恒定的 FEC 编码	
动态资源	
基于地面站的配置	基于卫星的配置
固定额外余量	
• 站址分集	• 角度分集
• 高度分集	• 再生
• 角度分集	
• 频率分集	• 频率分集
• 轨道分集	• 轨道分集
可变额外余量	
• 信号带宽	• 编码
• 传输缓冲	• 共享资源 TDMA
• 上行功率控制	• 下行功率控制
• 下行功率控制①	• 时间分集
• 时间分集	
注: ① 只能用于单载波单终端条件的线性转发器。在上行链路发射终端补偿衰落	

8.5.1 克服信号衰落的固定资源分配方法

8.5.1.1 恒定增益技术

固定余量是在链路预算中传播余量分配的传统方法。如果余量不够, 则通过增加功率放大器输出或增益, 或者同时增加功率和增益。覆盖方向的增益乘以分配至载波的功率为有效 (等效) 全向辐射功率 (EIRP)。在 C 波段 (6/4 GHz) 和更低波段的信号衰落非常小, 而且典型余量为 $2 \sim 3$ dB。在 10 GHz 以上频率, 给定降雨率条件下衰落比 C 波段要高许多, 而且后来的权衡研究结果为纠错码的连续应用将允许在世界的温带地区获得这些波段合算的余量。但是, 有时候不对称地使用恒定增益技术。

许多通信卫星链路为具有不同降雨气候的世界区域提供业务。另外, 工作仰角在所服务区域也非常不同。比如, 经由同步轨道卫星在亚洲东海岸和美国西海岸之间工作的链路就是这样的一个例子。在亚洲东海岸的仰角一般低于在美国西海岸的仰角。为了协调仰角差异, 亚洲东海岸降雨气候比美国西海岸降雨气候糟糕。对于单程卫星链路 (从一个发射地面站到接收地面站) 的高可用性需求, 通常情况下是链路中断平均每年不超过 0.04%。该中断概率在上行链路和下行链路之间平均分配, 也就是上行链路和下行链路都允许平均 0.02% 的中断时间概率。在这种对称中断需求下, 来自亚洲东海岸的链路总是先终止业务。为了均衡考虑上、下行链路的中断对通信业务的影响, 提出了诸如 0.03% 分配给亚洲东海岸链路, 而 0.01% 分配给美国西海岸链路的中断分配方案。相对于无视地理位置和气候而为每个链路 0.02% 的 “一刀切” 地分配, 这种对整体单程链路的非对称、固定资源分配是一种改进方法。

8.5.1.2 恒定的 FEC 编码

编码方案的选择很复杂。对于雨衰, 信号衰落周期比闪烁事件的周期明显更长, 而且交织没有真正的好处。为了纠正可能的错误, 一个块内可利用的校验位元的数量必须在预期错误数和无通信带宽增加之间成为平衡。典型的块长度是 255 位, 其中有 40 个校验位。也就是说大约 15% 的位元是非通信位元。文献 [38] 给出了一些编码方法的权衡选择。

未编码的信息传输速率是选择 FEC 码的因素之一。当信息速率为 10 Mb/s 或者更低时,Intelast 选择 3/4 编码率的 FEC 码, 较高的信息速率则选择 7/8 编码率的 FEC 码。上述 FEC 码率主要针对 BPSK 调制或 QPSK 调制而言。图 8.11 给出了 3/4 码率的 FEC 码性能[39]。表 8.4 列出了给定调制下如果误码率为 10^{-6} 时所需的 C/N 计算值, 以及每种调制相对于 BPSK 占用带宽的相对带宽。

表 8.4 M 进制调制方案 10^{-6} BER 需要的 C/N

调制	单个符号包含位数	10^{-6} 误码率对应的 C/N	相对带宽
BPSK	1	10.6	1.0
QPSK	2	13.6	0.5
16 QAM	4	20.5	0.25

(续)

调制	单个符号包含位数	10^{-6} 误码率对应的 C/N	相对带宽
32 QAM	5	24.4	0.20
64 QAM	6	26.6	0.17
256 QAM	8	32.5	0.125
1024 QAM	10	38.5	0.1

注: 虽然 QPSK 仅需要与 BPSK 发送两个符号每秒时相同的带宽 (表示 QPSK 相对 BPSK 的相对带宽为 0.5), 但是在 QPSK 调制中每个符号有两个比特元, 而 BPSK 调制中每个符号只有一个比特元, 因此对于相同的 BER, QPSK 的 C/N 比 BPSK 的 C/N 高 3 dB

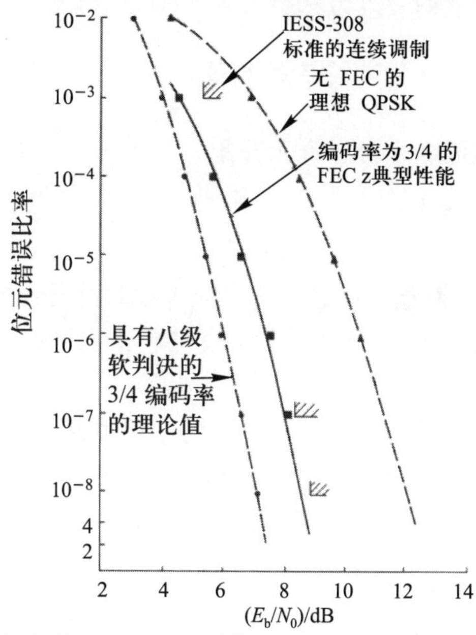

图 8.11 数字信道的信道编码对 BER 的作用随 E_b/N_0 性能的变化 (转自文献 [39] 中的图 11; 转载获得 Intelsat 授权)

注: 图中 R 为编码率。1/2 编码率是指每发射 2 bit 信号只有 1 bit 信息。实际上, 为了考虑免受单比特差错而插入编码比特数, 使得传输率已经翻倍。K 是指卷积码移位寄存器的个数, 通常称为编码器约束长度。"序列译码" 和 "维特比译码" 是指译码技术。如图 8.6(a) 所示, 当 $\text{BER} = 10^{-6}$ 时, $E_b/N_0 = 10.6$ dB。需要注意的是, 在极端情况下, 需要小于 8 dB 的 E_b/N_0 来满足 10^{-6} 的 BER。

从图 8.11 可以看出, 在采用编码率 3/4 的 FEC 码后, 在给定的 BER 下, E_b/N_0 减少大约 2 dB。这与增加 2 dB 的功率放大器输出或者增加 2 dB 的天线增益或者总计达到 2 dB 的联合增加有 (文中的意思应该是增益和功率放大器输出联合增加 2 dB, 原文错误, 译者注) 相同的效果。因此, 对于给定的 BER, 无 FEC 的性能曲线和有 3/4FEC 码率的典型性能曲线之间的差异称为编码增益。另外, 将图 8.11 与图 8.10(a) 和图 8.10(b) 比较很有意义。

在应用附加资源减小传播损伤影响方面使用了两种度量方法: 一种是由于某种资源的应用而有效地增加链路余量, 这种方法通常用分贝来度量, 称为 "增益", 如编码增益、分集增益; 另一种是从中断时间减少的角度来说, 使用和没有使用额外资源时的百分比中断时间的比值来度量, 称为 "获益", 如分集获益。

8.5.2 动态资源分配消除信号衰落

8.5.2.1 基于地面站的动态资源分配

1. 固定额外余量

1) 站点分集

在 1.3.3.2 节中阐述了站点分集作为有效对抗雷暴事件引起严重雨衰有效方法的气象背景, 而且在 4.5.4.2 节中给出了站点分集应用和模型的详细描述。

站点分集获得的增益量是可以变化的, 主要依赖于雨衰水平 (实际上依赖于给定雨衰条件下的年时间百分比), 所以站点分集的主要应用是为了克服严重降雨事件。站点分集增益的特点在高衰减区域是线性的 (图 4.40), 因此, 该技术是固定水平技术。直观地看, 可预料在两个充分间隔的分集站之间的终端比只是工作于两个地面站之间的终端将提供更为优越的性能。然而, 如果适当地选择两个站, 已经发现工作于两个以上地面站的终端提供了可忽略的附加性能增益[40]。使用 ACTS[41] 在 20 GHz 下开展的实验也证实了使用三个站点的分集相对使用两个站点的分集只有很小的获益。除了的确是飓风、热带旋风和台风的剧烈事件, 温带和热带地区典型对流雨雨胞尺度为 $2 \sim 10$ km[42], 因此具有多于两个站点的分集系统对同步轨道卫星没有获益。但是, 对于使用高于 10 GHz

频率的低轨道星座 (如 IRIDIUM), 主控站使用四个地面站, 其中两个以站点分集形式对一颗卫星工作, 另外两个对第二颗卫星工作。随着卫星在轨道星座上移动, 这些系统需要额外地面站处理卫星之间的切换。

除了极少的例外情况, 双站分集并未用于商业卫星通信, 这是因为考虑到, 不仅要建设两个复杂的地面站, 还要建设分集相互连接链路的费用。链路的花费 (包括地面通道权等费用) 比实施大尺寸天线获得相同增益的费用要大。随着引入在城市区域分布的多个 VSAT (VAST 之间通过局域网络很好地连接[43]) 之间的慢切换分集, 站点分集的使用才会到来。图 8.12 示出了在城市区域由 MAN 相互连接的慢切换分集网络。

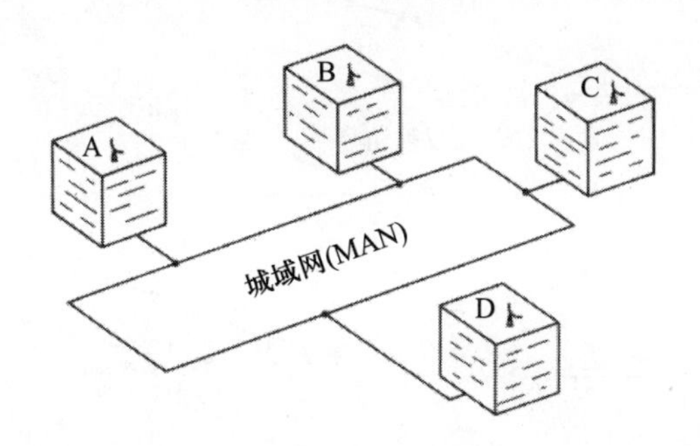

图 8.12 在城市区域由 MAN 相互连接的慢切换分集网络

注: VSAT 终端 A、B、C、D 放置于城市地区的由诸如酒店连锁的大公司拥有或者使用的建筑物内部。典型情况是, 建筑物之间大约 10 km 间距, 而且相互间使用城市区域网络 (可能是光纤缆线环路系统) 连接在一起。如果 VAST 终端中的一个被暴雨遮蔽, 则可以选择其他终端的任何一个。在衰落期间, 不会出现快速切换。如果在传输或应答期间链路失败, 那么能够使用当前没有满载流量运行的其他终端完全重建链路。大多数数字通信数据流现在基于 IP 协议数据包, 因此其本质是串传输而不是模拟信号组成的连续数据流和 FM 通信数据流。所以, 在不同信源之间的切换使用其他通信数据流的空载时间, 就好像所有的 TCP/IP 通信流量采用的方式。

VSAT 运营商通常不需要小于 1% 的中断时间以及较低的可用度 (可用度是终端活动使用的时间和总时间的比值)。对于 VSAT, 合理的可用度为 10%。对于上述的终端要求和可用度要求, 由连接至 LAN 的许多终端构成的开放 VSAT 形成的慢切换分集方案 (许多方面与普通电话切换系统相似) 完全可行。当引入 30/20 GHz VSAT 运营的时候, 这种方案是强制性需求。对于这样的大范围慢切换分集方案, LAN 的相对宽带 (100 ~ 500 MHz 或更宽) 的可用性是必需的。使用美国的 ACTS 卫星的 30 GHz 链路的初始实验结果证明是令人鼓舞的。

2) 高度分集

高度分集利用了使得折射和反射效应水平距离比垂直距离趋于更高相关性的大气气象结构的事实。对于卫星系统设计者,这意味着在相同去相关效果下,相对于两副天线水平间隔放置,如果两副天线垂直间隔放置,则天线间距离将更小。需要注意的是,这与在水平间距好于垂直间距时使用的对站点分集抗雨衰技术完全相反。图 8.13 示出了高度分集技术。

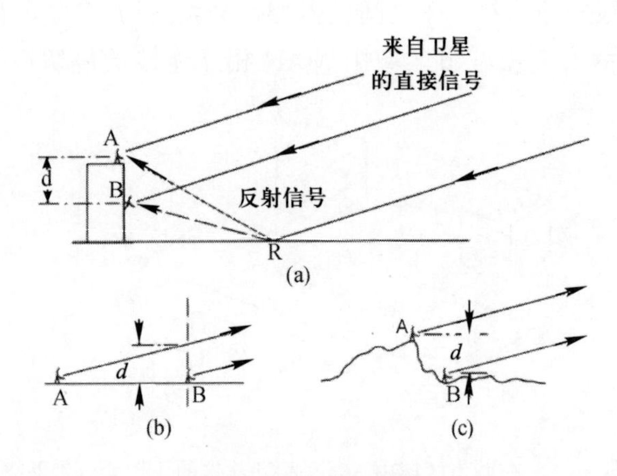

图 8.13 高度分集

注: 终端 A 和 B 的高度间隔满足来自区域 R 的"反射"信号到达接收点时相位不相关。另外,分开的直达路径不是很相关,信号通过因低仰角产生对流层闪烁效应和产生多径效应的区域也不是很相关。缺乏相关性对抗闪烁和抗多径效应有很大的辅助作用。图 (a) 中,终端放置在同一个办公楼,一个放置于顶端,其他两个或三个放置于较低的位置 (间距越大越好)。如图 (b) 所示,在水平地面上同样水平地隔开终端并给出了视在高度间隔 d,或者如图 (c) 所示的终端,利用地形不规则性增强高度间距。图 (a) 的情况用于海事高度分集,使用上部结构或者桅杆提供所需的高度差。如果在地面,图 (a) 情形不可能发生,除非仰角低于 5°。在这种情况下,信号不能从区域 R 反射,相当于对很短的边界距离上 (也许小于 1 m) 发生的反射现象进行了充分的折射,因此在这个边界上折射的大部分能量依旧同相位,这似乎是从类似地面的单个表面发生的反射。

在非常低的仰角 (小于 5°) 时,开始观察到多径效应,虽然很难与严重的低仰角对流层闪烁效应区分开。上行链路和下行链路发生的幅度起伏之间的相关特性或者不相关特性可以为区分多径效应起伏和闪烁起伏或者区分多径效应起伏和衰落起伏两个方面提供方法。如果起伏本质是相关的,起伏是由于闪烁引起或者是单纯的衰落。如果起伏不相关,则起伏由多径引起,起伏具有内在的频率选择性。

在加拿大北极地区[45] 进行的 6/4 GHz 频率的 1° 仰角实验中, 上行链路和下行链路的信号电平变化基本上不相关, 所以信号的快变化是由于射线弯曲和/或多径所引起。使用具有明显高度差的两个终端 (图 8.13(c)) 的实验性站点分集方案显著地减少了闪烁影响[46], 然后很快出现了 6/4 GHz 的主动站点分集系统的应用[47]。

当仰角为 $1^\circ \sim 5^\circ$ 时, 往往总是交错分布的双站分集系统具有最佳效果。如果有远程站点被放置在交错方向上, 使得从卫星观察时, 两个站之间具有明显的横向间隔和垂直间隔, 该系统就是交错方向分集系统。研究显示, 这样的取向对于克服 3.2° 仰角时的衰落效应非常成功[48]。图 8.14 给出了交错双站分集。

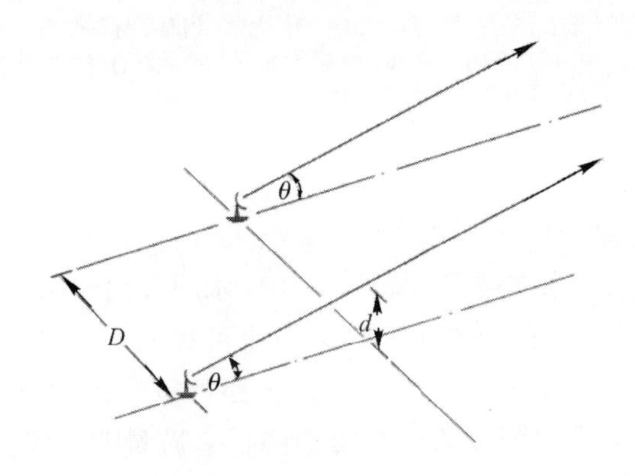

图 8.14 交错双站分集

注: 两个地面站偏置放置, 以致横向间隔 D 和垂直间隔 d 联合提供对雨衰、对流层闪烁及大气多径导致的损伤减小作用。

3) 角度分集

角度分集时, 两个共址地面站天线之间将出现仰角偏差, 以致两个地面站天线都轻微地偏移卫星标称视角的任意一侧, 如图 8.15(a) 所示。

对于极低仰角的路径, 仰角可以随着大尺度范围大气折射率的变化而变化 (见 3.2.5 节中的到达角影响)。通过将两副天线朝向标称卫星位置的任一侧, 可以根据入射信号是远离标称路径的超折射还是次折射来选择合适的天线。信号恢复技术不能克服低仰角情况下主要的晴空大气损伤即多径效应, 除非两副天线不仅在仰角上存在相互偏指向, 而且在高度上也存在间距来提供高度分集增益, 如图 8.15(b) 所示。

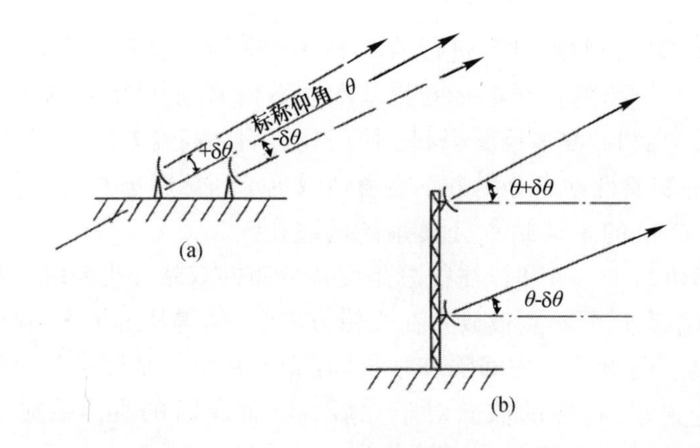

图 8.15 角度分集

注: 图 (a) 中, 两副天线在同一高度, 具有 $2\delta\theta$ 的仰角差, 相对于标称仰角 θ 具有 $+\delta\theta$ 和 $-\delta\theta$ 的仰角。图 (b) 中, 仰角指向与图 (a) 中一致, 但是两个天线有高度间隔, 同样地能与角度分集一起同时提供高度分集检测改善分量。

4) 频率分集

对于微波和毫米波波段, 除了 22 GHz 水吸收谱线随频率 f 增加外, 路径衰落大概按 f^2 迅速增加。如果卫星可以储备一些 6/4 GHz 转发器, 那么当 14/11 GHz 或者 30/20 GHz 链路严重衰减时, 将受损信道切换至 6/4 GHz 波段则可以给予显著地降低衰减量[49]。使用 OLYMPUS 卫星的频率分集实验显示, 这项技术具有可行性[50]。

从历史的角度看, 在使用 14/11 GHz 波段以前, 搭载重要通信载荷的综合地面站趋向于使用 6/4 GHz 频段。一般来说, 只有当 6/4 GHz 频段流量饱和时, 才使用 11/14 GHz 频段。相对于可比较的 11/14 GHz 频段地面站花费, 6/4 GHz 频段相对良好的传播环境能显著够减小地面站经费。考虑到综合地面站的可用度需求, 在严重风暴降雨期间, 从 11/14 GHz 或者 30/20 GHz 链路转向 6/4 GHz 链路的能力才具有可行性。11/14 GHz 地面站的容量很大, 但是, 为了获得准同时切换的可用容量, 平均每年的相当大一部分时间内大量的 6/4 GHz 容量将不得不置空。因此, 频率分集对于大通信量数据流来说似乎不是合算的提议。但是, 对于在大的区域性范围 (如欧洲或者美国大陆地区) 使用的频率为 $20 \sim 55$ GHz 的具有很多点波束的卫星, 具有诸如 Ku 波段区域性波束将是合算的, 区域性波束可以覆盖整个地区。所以, 当少量 Ka 波段或者 V 波段点波束接近并经历中断时, 通信可以在 Ka 波段或者 V 波段点波束和 Ku 波段区域波束之间切换。如果每个小的点波束的通信量相对小 (小于 100 Mb/s, 最好小于 10 Mb/s) 以致在范围较大频率较低区域波束有充分可用容量, 那么这种方法具有合理的成功机会。可以断定具有星上处理能力的系统能够使用一组 VSAT 的多卫星点波束来实现频率分集, 星上处理能力是指 VSAT 能够对所有频率波段和回环控制链路进行操作, 帮助改变工作频率的能力。

5) 轨道分集

轨道分集在其中一路径正在遭受衰落时, 通过将通信量从一颗卫星转移至其他卫星来减少衰落[51]。图 8.16 给出轨道分集技术。

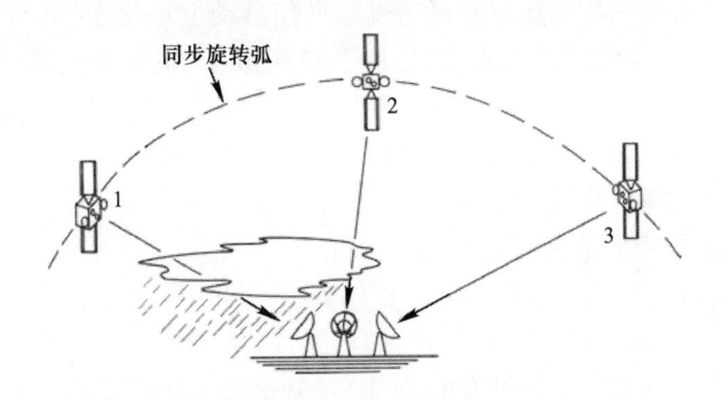

图 8.16　轨道分集技术

注: 与 1 号卫星通信的地面站遭受了雨衰, 且必须转移操作至 2 号和 3 号卫星。根据暴风雨的位置和空间尺寸, 可以使得信号衰落明显减少 (本图中, 为了容易理解, 三副天线分开显示。实际情况中, 只有一副天线可以使用)。轨道分集也是非同步地球轨道卫星系统的一个特征, 特别是 GPS 和运用于城市的移动卫星系统。对于 GPS 系统, 其只有同时至少和 4 颗卫星通信的能力, 才能解算出地理位置信息。对于运用于城市移动的移动卫系统, 存在明显的来自建筑物的阻碍, 建筑物通常导致类似于严重雨衰的信号衰落, 虽然该阻碍由于交通工具和卫星的运动而具有快速变化的本质。

轨道分集不需要双战分集方案的长分集相互连接链路, 理论上也不需要更多的地面站。但是, 一般情况下的轨道分集增益小于站点分集增益, 而且为了获得有用水平的轨道分集增益, 卫星的角距离必须大。当使用卫星间方位角之差为27.8°[52] 的 SIRIO 和 OTS 卫星信号在 Ku 波段实施轨道分集实验时, 从衰落水平角度来说, 分集平均改善为 30%。这个结果与路径间使用角度分集的、覆盖一个位置的地面路径分析结果相似[53], 也与雷达数据分析结果相似[54]。然而, 文献 [50] 中两个卫星链路经历的同时路径衰落绘图显示，其具有平均大约 45° 斜率的宽的散点图。也就是说，当暴风雨接近 Fucino 站点时，有很小的轨道分集增益。对于横跨海洋的链路，不可能有显著的轨道分集增益，因为对于接入给定的地面站仅有有限轨道弧度，而且即使大轨道弧度可以获得，使用大的角间距将需要在弧度两端使用低仰角，低仰角能够减少有效轨道分集增益至很小的值 (1 dB 或 2 dB)。交叉卫星链路 (ISL) 可以改善这种情况[51]。事实上，广泛使用 ISL 可以使得大多数地面站工作于相对较高的仰角，而且，ISL 将必定促进 14/11 GHz 业务在高降雨率地区的使用，也促成 30/20 GHz 业务在世界范围的使用，虽然这些使用不是轨道分集的直接推广。轨道分集能真正明显改善可用性的领域是海上、地面或者飞行器的用户与低轨卫星星座进行通信移动卫星业务[55]。在这种情形下，需要克服的不是雨衰，而是由于建筑物、船的高层建筑物、树木或者附近的山导致的衰落效应。具有至少两颗或更多可用卫星建立的多个链路，与单颗卫星的链路相比可为移动用户提供更多的可用性。

2. 可变额外余量

1) 信号带宽的变化

通信信道的噪声功率直接正比于带宽。因此，信道带宽减小 3 dB 将使得 C/N 增加 3 dB。减小 3 dB 带宽通常需要降低传输速率。但是，如果动态地使用改变信号带宽的技术[56]，则能够实现明显的抗衰落效果而不是损失系统信息吞吐量。为了能够使得该技术有效地工作而且不使用卫星节点的星上处理，为了实现适当的带宽或者信号速率同步地改变，必须在应答式地面站网络之间使用控制信号。一般情况，这样的控制信号通过轮毂或者主控制站处理，尤其是对于较小的地面站网络。

动态带宽减小技术特别适合视频脉冲语音链路[57]。在信号衰落期间，语音链路能保持不变，这一点为深衰落条件下提供了高质量信道，但是为了克服衰落，视频链路带宽在逐渐地减小。对于视频链路，带宽减小逐渐地导致从全性能视频向几乎静止的画面转化，且保持音频质量不变。对于视频会议，这样的传输完全可以胜任[57]。对 TDMA 系统，特别地研究了信号带宽变化技术，而且该技术能够通过主地面站或者通过信号处理功能的卫星来控制。在这样的系统中，为了让经历雨衰的地面站具有更大的负载份额，TDMA 帧结构内的负载可以动态地改变，这与减小数据率并因此出现的带宽需求相类似。

2) 传输缓冲

传输缓冲与信号带宽改变非常相似, 不同的是: 当链路出现雨衰导致信号速率减小时, 传输缓冲技术将不能发送的信号存储在缓冲器, 直到雨衰不再出现, 而且为了赶上正常、无衰落时的传输速率, 传输缓冲技术出现了比正常情况更高的传输速率。对于高数据率系统, 这样的方案需要无限制的缓冲容量, 而且只有在很低的数据率情况下该技术才经济划算。自相矛盾的是, 低数据率系统却能够承受更长的中断时间, 所以, 除了缓冲以外, 有必要去除多普勒偏移和由于卫星运动导致的传输时间变化。传输缓冲不可能用作信号恢复技术。但是, 随着卫星搭载的国际通信量迅速增加和直接来自广播卫星的视频点播业务 (与视频记录联合) 的流行, 这已经发生了变化。随着这些业务类型出现, 为了在不利的传播条件下提高可用性, 存在使用时间分集[27,59] 的可能性。虽然时间分集的派送机理是通过卫星, 但该技术是基于地面站的技术而不是基于卫星的技术。

3) 时间分集

时间分集是损伤事件导致的丢失信息可以在事后重新发送的技术[60]。它与 AQ 和 NAQ 协议相类似: 使用发送回发射机的 AQ 信号来告知数据包的成功接收; 数据包没有成功接收则激励 NAQ 信号返回发射机, 请求该数据包的重新发射。在时间分集中, 由于损伤导致的信号丢失被检测到, 而且该丢失信息被重新发送, 通常伴随有发送请求。如图 8.17 所示, 中断持续周期非常重要。对于短的持续周期, 需要最小缓冲以维持信息流良好的连贯性 (如电视节目), 但真正实时连续信息流是不可能的。虽然信息流是实时发送的, 但在许多情况下信息流都是不连续的, 国际交换或者瞬间信息交换就是这样的例子。允许在会话的来回过程中存在时延 Isamil 和 Watson[61] 通过马来西亚半岛获得的数据, 观察到 0.1% 超过门限的事件分集增益在 4 (5 min 的延时) $\sim$ 10 dB (30 min 的延时) 之间变化。Pan 等通过分析来自 Papua New Guinea 的 12.75 GHz 的数据发现, 短的时延不会产生明显的结果。对于 9 dB 的雨衰水平, 只有当延时为 5 min 时, 衰落事件数才减少了 50%[62], 具有 4 dB 的有效分集增益, 这个结果与在马来西亚获得的结果相似[61]。虽然这在文本信息国际交换中相对切实可行, 但是如果没有充分的缓冲, 该技术对视频流不起作用。

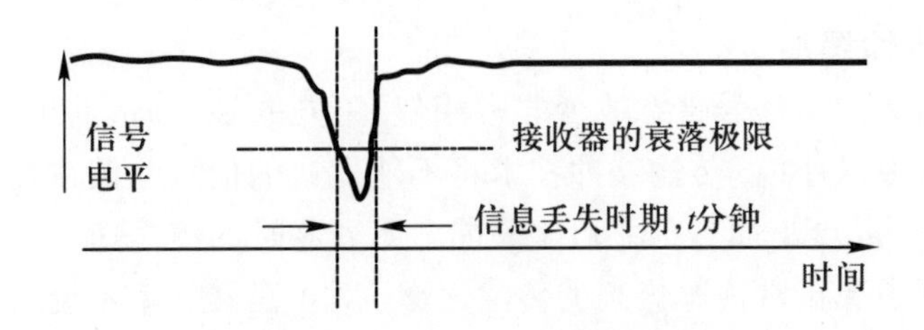

图 8.17 通信链路中时间分集可能性

注: 信号电平在衰落事件期间下降了, 而且降至低于门限检测电平的时间为 t 分钟。在此期间, 没有通信的可能。在事件末尾, 再次建立通信, 为了在信号丢失点重新开始信息流需要发送请求。如果缓存时间大于深衰落时间周期, 那么衰落之后可以重新建立通信。时间分集对于实时通信链路没有作用, 但是特别适用于诸如国际连接的零星的通信。

4) 上行链路功率控制

上行链路功率控制 (ULPC) 是在地面站实施的试图补偿发生在上行链路衰减的发射信号额外功率的动态应用。理想情况下, 卫星接收功率将保持恒定。这对于干扰、容量和可用性方面具有许多好处。

5) 干扰

图 8.18(a) 示意性地给出了卫星转发器中的 12 个等容量小载波。

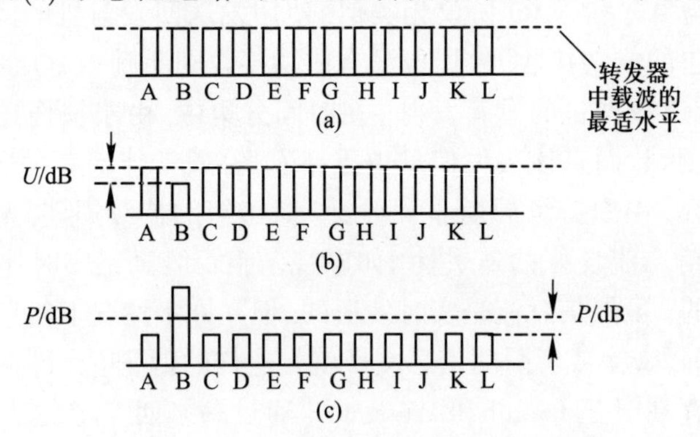

图 8.18 多载波操作中的上行链路衰落

注: 图 (a) 和图 (b) 给出了在一个卫星转发器内加载 12 个相似数字载波的示意图。图 (a) 中, 来自 12 个不同地面站的 12 个载波在晴空条件下被接收, 接近于正常运行所需的标称电平。标称电平设置为 ±0.5 dB。图 (b) 中, 地面站 B 处于降雨中, 而且载波 B 上行链路衰减了 U 分贝。图 (c) 中, 上行链路功率控制已经开始运行, 试图将载波 B 在转发器输入端恢复至晴空水平, 但是太多的功率已经加至载波 B。当太多的功率应用于上行链路载波, 将会减小同一个转发器内其他载波的可用功率数量。这个减小显示为 p 分贝。

注意: ① 如图所示具有规则间隔的载波是不正常的, 因为这将会增加由互调结果产生的干扰水平。载波通常具有不规则间隔; ② 为了容易识别, 夸大了功率水平的相对变化。

为了最小化相邻信道的干扰和互调效应, 所以保持各载波在卫星具有相似的接收功率水平[63]。为了减小三阶互调的影响, 即使在良好的操作过程中, 载波也不能像图 8.18 中一样等间距分配。载波 B 的上行链路将导致相对增加的相邻信道干扰进入载波 B (图 8.18(b)), 因为载波 B 目前处于减少的功率水平, 而转发器内的其他载波工作于较高功率水平。因此, 不仅载波 B 的载噪比 C/N 将下降, 而且载干比 C/I 将会增加。如果载波 B 的发射电平能增加 U 分贝, 那么将恢复原来的 C/N 和 C/I。但是, 如果 ULPC 系统为上线链路衰落进行了补偿, 那么在转发器中载波 B 将比其他载波处于更高的功率水平, 而且其他 11 个载波也将处于相对较低的功率设置, 它们将容易遭受潜在的、增强的干扰的影响。很明显, 也很重要的是, 能够精确地操纵 ULPC 系统避免导致同一转发器内其他载波出现问题。

6) 容量

在给定的带宽条件下, 电话信道数、数据率等直接正比于信号 (载波) 功率[63]。与 QPSK 的 4 信息状态相反, 使用 16、32 甚至 64 信息状态外部调制方案, 在相同的带宽分配条件下, 能够提供相当高的信息速率。但是, 为了在相当的带宽分配下提供相同的 BER, 更高的信息速率要求更高的 C/N 值。信道容量检测[64] 和接入转发器的地面站数[65] 显示 ULPC 给予的明显优势。当使用了 ULPC 后, 与没有采用 ULPC 时相比, 可以接入卫星的地面站数目增加为 3.7 倍甚至更多。但是, 正如上面所述, 为了达到增强的容量,ULPC 系统必须非常精确地操作, 这只有闭环 ULPC 系统才可能实现[65]。

7) 可用性

如前所述, 大多数卫星通信系统中, 通常将中断对上行链路和下行链路进行均衡。如果传播中断限额为平均一年的 0.04%, 那么 0.02% 分配给上行链路、0.02% 分配给下行链路。如果使用了 ULPC, 上行链路传播中断可以显著降低。如此节省的中断时间能够用来增加整体全部可用性或者转移至下行链路预算。例如, 如果使用了 ULPC 将上行链路中断从平均一年的 0.02% 减少至 0.01%, 全部的 (上行链路/下行链路) 系统可用性能够从平均一年的 99.96% 增加至 99.97%。另外, 如果系统可用性保持 99.96%, 那么通过将上行链路中断分配的 0.01% 转移至下行链路分配, 下行链路中断能够从 0.02% 增加至 0.03%。上行链路中断节省转移至下行链路是通常采取的办法, 这将大大减少下行链路需要的传播余量, 因而减小地面站的天线直径。这只有使用线性转发器的卫星才可能实现。使用星上处理的卫星将上行链路和下行链路分隔开, 因此这种在上、下行链路之间交换中断限额的形式通常无法实现。

有许多执行 ULPC 的方法, 这些方法通常分为闭环 ULPC、开环 ULPCC 和反馈 ULPC 三类。

(1) 闭环 ULPC。

如果发射和接收地面站在同一个卫星天线覆盖区, 那么两个地面站将同时具有它们的发射和接收载波的通道。如果地面站 A 正在向地面站 B 发送, 且地面站 A 的星地路径遭受雨衰, 那么能够通过简单地测量卫星转发器载波的水平来测量信号衰落。

图 8.19 中, 地面站 A 使用了 ULPC 保持卫星接收的电平恒定, 且地面站 B 接收的电平也恒定 (假定卫星使用了线性转发器)。有许多方法可以计算使用的上行链路功率总量。

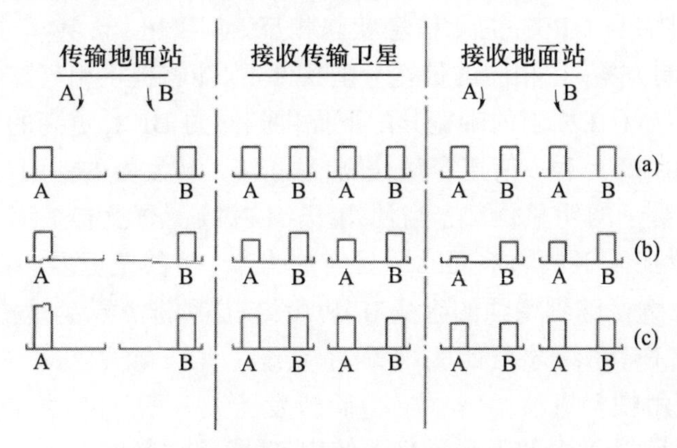

图 8.19 闭环 ULPC

注: 图 (a) 解释了晴空情况。在发射一侧, 地面站 A 和 B 经由相同的转发器发射不同的频率, 且卫星转发器接收到相同的功率水平。转发器的信号以相同的水平离开卫星, 且两个地面站都收到该信号, 因为两个地面站都在同一个卫星覆盖区域。假设两种情况下的信号都为数字信号。图 (b) 中, 地面站 A 的雨衰导致卫星接收的信号水平下降。线性转发器内部的转发信号数量将不同, 而且对于地面站 A, 信号 A 和 B 由于通过了与信号 A 在上行链路中经历的相同暴雨, 所以它们都减小了。图 (c) 中, 作用于信号 A 的 ULPC 已经将转发器信号恢复至同相水平, 但是对于地面站 A, 信号 A 和信号 B 仍然遭受下行链路衰落。但是对于地面站 B, 两个信号都恢复至它们之前的晴空水平。

有如下四种方法:

①通过调整信号 A 的上行链路功率, 维持地面站 A 接收到的信号

A 和 B 的水平一致。但是，必须假设地面站 B 的信号 B 没有遭受同时发生的上行链路衰落，以及信号 B 在所有条件下都保持恒定。

②将测量地面站 A 对信号 A 相对于正常晴空条件的接收水平。测量的衰落是链路全部回路的衰落，也就是说是上行链路衰落和下行链路衰落。如果上行链路衰落与现行链路衰落的比值已知，那么可以提取出上行链路衰落和用于上行链路发射功率的多少。虽然有各种衰落比值可以考虑，但是会导致应用上行链路功率水平的错误 (图 4.50 ~ 图 4.53)。另外，改变转发器负载和设置能导致转发器信号水平的显著变化。信号水平的变化可以解释为由于路径传播损伤引起的信号衰落和错误地应用上行链路功率增加指令。如果地面站天线跟踪不精确，则会引起附加误差。下行链路信号 A 的电平变化可以解释为链路雨衰，而不是天线偏指向和错误的应用上行链路功率增加指令。然而，信号 A 和 B 的电平之间的交叉检验能够对已经增加的上行链路功率量进行纠正。

③测量由卫星提供的下行链路信标信号，然后假定上、下行链路衰落的比值已知，应用适当增加上行链路功率来克服计算的上行链路衰落。与第二种方法一样，信号 A 和 B 之间的交叉检验将提高该技术的精度。

④使用适当频率的辐射计来估计上行链路衰落，而不是使用卫星信标或者在下行链路上转发器载波水平检测结果。虽然辐射计本质上比信标或者载波接收机简单，但是当衰落高于 5dB 或者 6dB 时，信标接收机的精度比辐射计的精度高。在已经存在的相对复杂的接收机链路中添加信标接收机比安装辐射计容易，安装辐射计需要在馈电喇叭之后有一个完全分离的馈电和接收机子系统。

上述的四种方法具有交叉检验转发器载波的优势，所以 ULPC 系统的精度能够在使用 ULPC 的地面站进行检测[65,67]。

(2) 开环 ULPC。

跨越海洋的卫星通信系统有很宽的延伸覆盖区，而且很少有地球发射站具有卫星再次发射自己载波 (称为转发信号) 的通道。因此任何 ULPC 的应用都在一定程度上具有开环的本质。也是说，地球发射站没有关于 ULPC 系统精度的交叉检验的可能性。当使用开环系统时，估计增加的上行链路功率数量的唯一方法是测量下行链路路径衰落，然后计算按上行链路频率发生的衰落。图 8.20 给出了使用开环 ULPC 可能产生的误差 (图 4.50 ~ 图 4.53)。平均来看，开环系统不会达到闭环系统的精度, 因此为了不让卫星超负荷工作过度或者对上行链路衰落低估的太多, 运行中必须谨慎使用开环 ULPC。

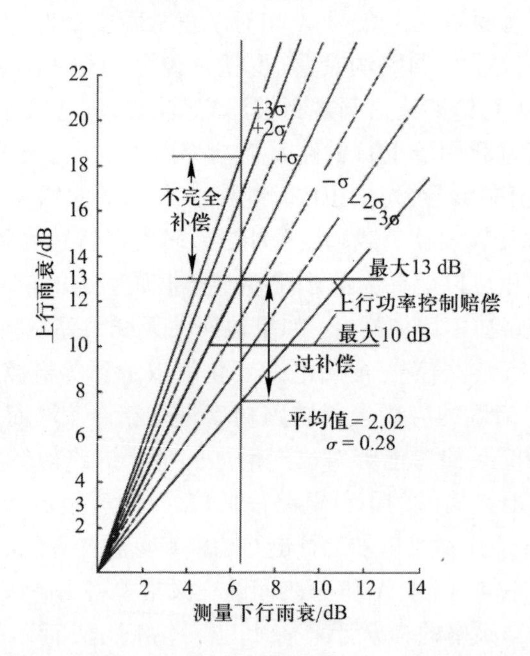

图 8.20 使用开环 ULPC 可能发生的误差 (转自文献 [68] 中的图 4.10)

注: 平均值 (2.20) 和 11 ~ 14 GHz 比值的均方根偏差 (0.28) 从仰角约为 6.5° 链路测量值推演得出。显示的误差对应于上行链路 UPLC 为 10 ~ 13 dB。

图 8.20 显示, 对于大约 6.5 dB 的下行链路衰落, 观察到上行链路衰落在 7.5 ~ 18.3 dB 之间。上行链路衰落的平均值为 13 dB, 产生的误差为 +5.3 dB 和 −5.5 dB。产生误差的原因有很多, 在运行的系统中, 精确确定下行链路信号变化的原因是困难的, 这是由于诸如航天器天线的偏指向、航天器在地面站天线波束范围外运动、接收机增益变化、卫星功率水平变化等非传播效应[69]。假定设备运行良好, 则误差主要原因是选择了不正确的比例因子和时间延迟。

①比例因子。

大气中的水汽衰落、对流层闪烁和雨衰这三个主要机制导致了信号衰落。气体衰落与另外两种机制相比通常非常小。然而, 大气潮汐将引起晴空大气路径损耗的显著变化, 而且有必要确定地面站观察到的信号电平变化是否由气体损耗、对流层闪烁或者雨衰所引起。通常情况下,滤波将有效地从雨衰中分离出对流层闪烁,但是不能从雨衰中分离出气体衰落。晴空基线将在一天内由于大气潮汐而改变,且基线的改变将影响 ULPC 的精度。图 8.21 给出了统一为水汽衰落比例因子随频率变化的例子[17]。

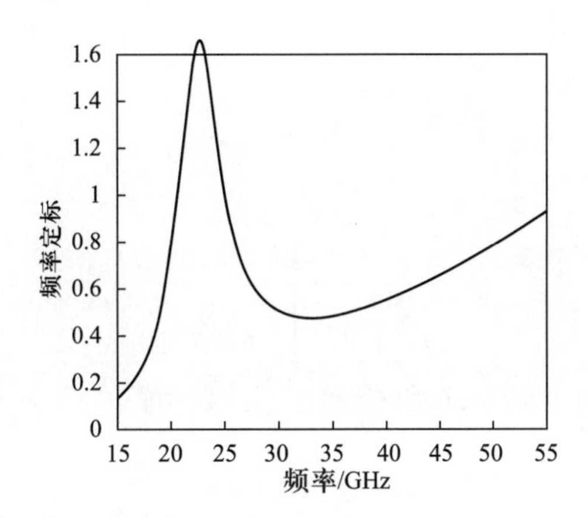

图 8.21 水汽衰落的频率比例因子 (转自文献 [17] 中的图 4; ©1993ESA, 转载获得授权)

注: 图中使用的基础频率为 20.6 GHz, 且显示了给定频率的比例因子并与在 20.6 CHz 下的比例因子相比较。注意比例因子如何从 15 GHz 的 0.14 明显地变化至 22 GHz 比 1.6 还大的值。

对流层闪烁缩放比例遵循如下比例定律[69]:

$$S_\mathrm{u} = S_\mathrm{d}\left(\frac{f_\mathrm{u}}{f_\mathrm{d}}\right)^{7/12} \ (\mathrm{dB}) \tag{8.2}$$

式中: S_u 和 S_d 分别为上行链路频率和下行链路频率的闪烁水平。

典型链路经历的衰落通常有最小气体损耗分量、较大的对流层闪烁分量和最大的雨衰分量,这三种衰落有不同的缩放比例。在典型传播事件中,一开始由气体衰落分量和闪烁分量决定小的损耗水平的缩放比例,直到雨衰分量占主导地位。图 8.22 给出了降雨事件中观察到的缩放比例。

值得注意的是,由于 20.2 GHz 比 27.5 GHz 更接近于 22 GHz 的水汽吸收谱线,所以图 8.22 中 20.2 GHz 的衰落比 27.5 GHz 的衰落高。同样的效果在图 8.21 中也可以观察到。图 8.23 给出了各种概率下功率控制误差分布[70]。

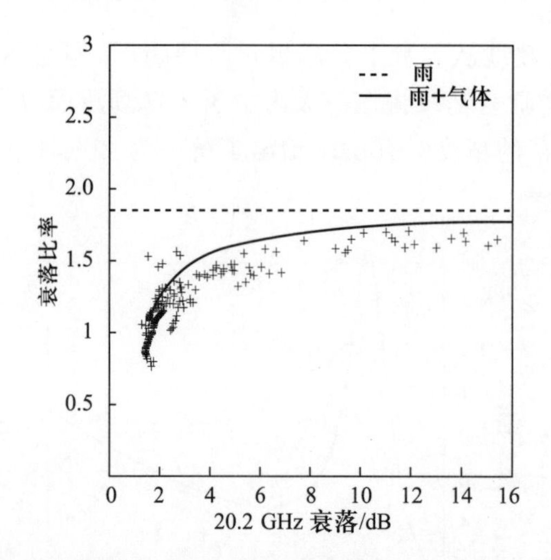

图 8.22 降雨事件中观察到的缩放比例 (转自文献 [70] 中的图 2; ©1997IEEE, 转载获得授权)

注: 1994 年 8 月 14 日在美国使用 ACTS 卫星观察到该事件。两个观察频率为 27.5 GHz 和 20.2 GHz。该比率是在 27.5 GHz 的衰落比上在 20.2 GHz 同时观察的衰落。注意到气体衰落在 20.2 GHz 时比在 27.5 GHz 时更高, 在图 8.21 中也能看到这个事实。

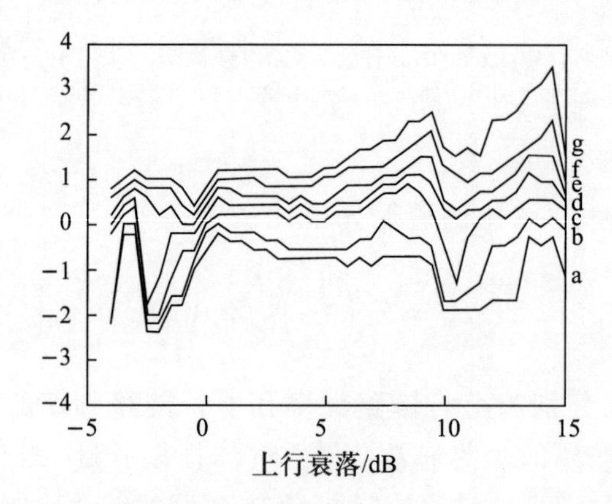

图 8.23 各种概率下功率控制误差分布 (©1997IEEE, 转载获得授权)

a—99%; b—95%; c—75%; d—50%; e—25%; f—10%; g—1%。

可以看到, 精度通常随着衰减水平增加而减小, 95% 的时间其精度约为 ±2 dB。因为 ULPC 系统总是工作于雨衰条件下, 在温带气候地区雨衰存在大约 3% 的时间, 而且对于 95% 的运行时间其精度大约为 ±2 dB, 所以这样的结果是令人满意的。但是, 永远不能为 Ka 波段系统假设优于 ±2 dB 的精度, 在无人参与、工作于 Ka 波段的 ULPC 系统其

精度可能接近 ±3 dB。当然, 对于无人参与下 Ku 波段运行的 ULPC 系统的 ±2 dB 精度值对于预期的使用也是安全的假设。图 8.24 给出了在大西洋上空的 Intelsat 卫星和埃因霍温的科技大学接收器之间运行 Ku 波段 ULPC 系统的统计结果[69]。

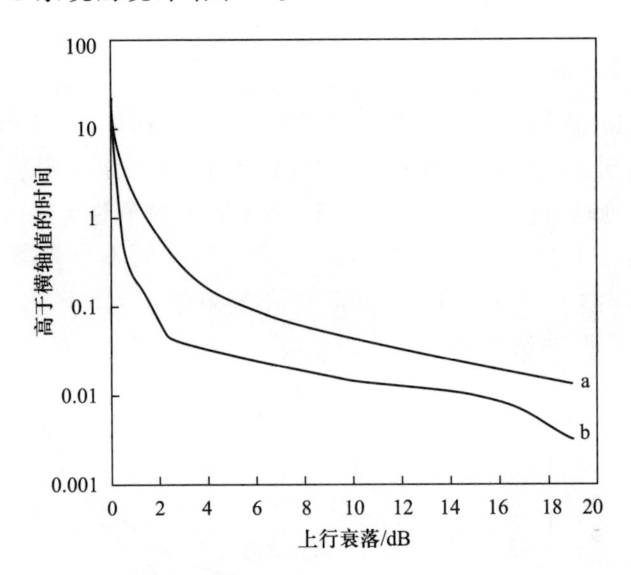

图 8.24 一年 ULPC 实验的累积统计结果 (转自文献 [69] 中的图 3; ©1993IEE 现在的 IET, 转载获得授权)

a—没有 ULPC 的结果; b—用 ULPC 的结果。

通常情况下, 对于对称系统 (上、下行链路具有同样的百分比中断) 的上行链路需求 99.98% 的单程可用性。没有使用 ULPC 时, 上行链路 0.02% 中断水平的衰落为 16 dB。当使用了 ULPC 后, 该值降低到 8 dB。UPLC 已经提供了 8 dB 的有效增益。上面假设 8 dB 的额外输出功率在发射机处是有效的。对于大的地面站这是一个合理可行的数字。

②时间延迟。

时间延迟是指衰落事件开始发生和降低该事件影响的矫正行为发生之间的时间差。时间延迟成分由信号穿过传输事件到达检测器花费的时间、设备采取矫正行为花费的时间以及决定必须的矫正行为需要的处理时间组成。对于地球同步轨道卫星链路, 信号延迟时间通常远超过处理时间。无线信号从地球同步卫星到达地面需要 120 ms。如果上、下行链路都包含在控制环路内, 那么时间延迟变成 240 ms。为了尝试量

化传输时延效应 (与处理时延不同), 实施了一次实验[71], 该实验测量了来自 OLYMPUS 卫星的 30 GHz 的衰落, 然后预测了下行链路 20 GHz 的衰落和 30 GHz 信号自身的衰落与所施加的变化延迟的关系 (一个 30 GHz 的下行链路信标在合并成 Ka 波段运行的卫星的 ITU 无线电条规中是可用的)。将这个信标用作计算上行链路所需功率的变化的基础, 比尝试去从较低的下行频率按比例缩放至上行频率 30 GHz 要好。插入变化的时延, 是为了看是否增加了预测错误。时延在 $0.5 \sim 10\,\mathrm{s}$ 之间变化, 误差 (预测误差减去测量误差) 变化很小, 这似乎说明衰落过程很慢[71]。低通滤波器提高了预测精度, 因为它去除了对流层闪烁, 但是, 似乎仅由于时延效应的影响, 存在大约 0.2dB 的不可恢复的误差。图 8.25 示出了根据 30 GHz 信标信号预测 30 GHz 上行链路衰落时, 均方根误差随时间的变化。

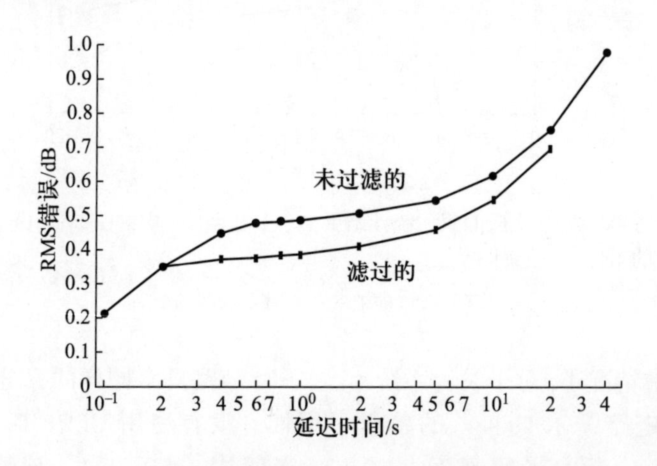

图 8.25 根据 30 GHz 信标信号预测 30 GHz 上行链路衰落时, 均方根误差随时间的变化 (转自文献 [71] 中的图 4; ©1993ESA, 转载获得授权)

注: "没有滤波" 表示原始数据,"滤波后" 表示为了去除对流层闪烁效应而低通滤波后的数据。横坐标 "时延" 意思是把 30 GHz 的测量衰落与预测衰落随着执行中的变化的时延进行了比较。有趣的是误差永远不会靠近 0, 即使具有非常小的时延, 这说明总是存在由于激活 ULPC 时延而引起的误差。

ULPC 无论由开环或闭环系统驱动, 都必须力图跟随路径衰落的变化。一开始认为衰落越深, 衰落速率就越大, 但大量实验证明这是错误的。同样, 希望测量的衰落速率能够用于预测可能的峰值衰落, 因此帮助 ULPC 控制, 但衰落速率对最后的峰值衰落绝对没有指示作用[72]。

很明显的是仰角越低,则由于通过媒质的更长路径导致衰落速率通常变得更慢[73,74]。降雨中的衰落速率通常比 1 dB/s 小而且通常小得多,即使在 40 GHz 也如此[75]。已经发现,正向信号电平和负向信号电平的衰落速率分布似乎相似[76]。对于欧洲地区,Ka 波段和 V 波段的平均衰落速率为 0.3 dB/s[1],而对于一年的 0.01% 对应的衰落速率典型值大约为 0.6 dB/s[1]。这样相对较慢的变化在 ULPC 中有很大的帮助,因为下行链路信号可以在几秒时间内过滤,从而去除噪声和闪烁分量[1]。目前已经发现[73],传播实验中使用的积分时间对低至年 0.01% 时间百分比的累积统计具有很小的影响。积分时间对从年统计结果向最坏月数据的转化比率的影响也很小[73]。所以,积分时间不是 ULPC 系统的主要考虑方面,虽然一种业务指配的中断具体方式将随着新类型的数据包驱动的国际应用而改变[77]。VSAT 和更大的地面站可能用不同的方法操作它们的 ULPC 系统。大地面站具有充足的通信量来调整比 VAST 更加详尽的 ULPC 系统。这样详尽的系统能具有更大的上行链路功率水平增量 (7 ~ 10 dB),且将尝试可能以 0.2 dB 递增地跟踪变化。只有小通信流量而且必须是低成本的 VSAT 可能只有 3 ~ 5 dB 的上行链路功率增量。由于这个原因,VSAT 的 ULPC 策略将与大地面站的 ULPC 策略不同[78]。作用于具有星上处理的卫星的 UPLC 和作用于使用线性转发器的卫星的 ULPC 在运行方面也将存在不同,尽管两种卫星能够提供一种形式的下行链路功率控制。

③下行链路功率控制。

虽然下行链路功率控制 (DLPC) 是基于卫星的资源分配,但是 DLPC 能够在使用线性转发器访问卫星的地面站中执行 。在这种 DLPC 中,如地面站 A 的下行链路衰落的补偿是为了增加向地面站 A 发射信号的所有其他地面站的上行链路功率。图 8.26 示出了通过具有线性转发器的卫星应用于上行链路的 DLPC。

通过改变上行链路的 EIRP 来应用 DLPC 的点难是:如果来自那些地面站 (只要考虑这些地面站的上行链路,就将它们的功率增加至晴空条件下的功率) 太多的功率应用于上行链路,会导致卫星转发器进入其特性的非线性饱和部分。另外,相邻信道干扰和互调效应将显著增加。出于这些原因,不考虑将通过具有线性转发器卫星经由 ULPC 的 DLPC 用于多载波运行的实际解决方案。

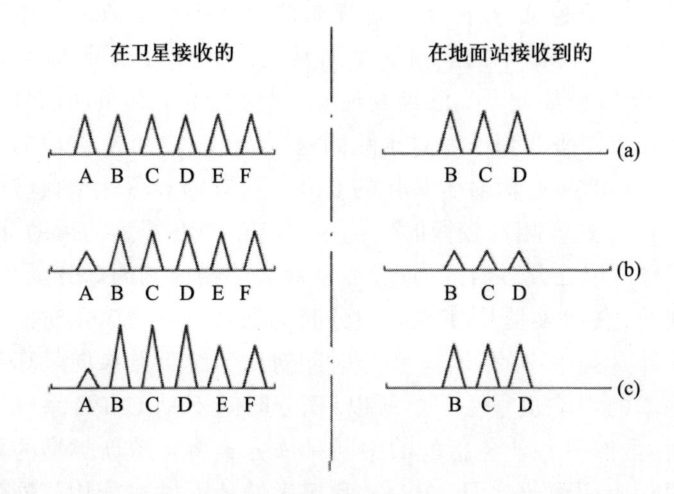

图 8.26 通过具有线性转发器的卫星应用于上行链路的 DLPC

(a) 晴空; (b) 没有 DPLC 时的地面站雨衰; (c) DLPC 用于地面站 B、C、D 时地面站 A 的雨衰。

注: 地面站 A 只接收由地面站 B、C、D 发射的 FM 载波。当雨衰在地面站 A 发生时, 地面站 B、C、D 需要增加与地面站 A 下行链路衰落相同量的上行链路功率。出于同样的原因, 其他地面站接收来自地面站 A 的 FM 载波需要增加地面站 A 的上行链路功率以补偿载波 A 的上行链路衰落, 这在图中没有说明。但是, 为了增加晴空发射至卫星的载波 B、C、D 的电平, 然后经由转发器向下通过暴雨区, 为了使得地面站 A 接收的信号电平恢复至晴空信号电平, 将要求载波 B、C、D 在转发器内的电平高于其他载波的电平。上述情况与图 8.19 (c) 中转发器内某载波具有太高的电平相类似, 只不过这里有三个过大的载波。由于增加的互调电平和转发器内其他载波电平的降低, 不可能采取这种方法或者不应该采取这种方法。

(3) 反馈 ULPC。

这种方案中, 控制站监测通过卫星的所有载波的接收电平, 为了优化系统将所需的必要的上行功率的变化信号发送回地球发射站。如果控制站远离所有的地球发射站, 那么可以从气象方面假设不相关的地空路径。这种系统特别适合使用一个或多个地面控制站来同步 TDMA 信号的 TDMA 网络[66]。附加载波电平检测设备对总体方案设计非常重要。

8.5.2.2 基于卫星的资源分配

1. 固定额外余量

1) 天线增益控制

卫星产生的到达地球表面的功率流密度是卫星放大器和卫星天线增益的函数。天线的增益主要由天线直径决定。因为直径是固定量, 因此改变增益通常意味着更换天线。

图 8.27 描述了从地球同步弧段上东经 307° 观察的地球的西北部地区, 并给出了覆盖美国大部分地区的圆对称单波束。圆形轮廓是天线波束的 3 dB 下降点 (波束宽度)。图 8.27 所示情况下, 波束宽度约为 4°。如果通过增加天线直径增加天线增益, 波束宽度将相应的降低。如果天线直径翻倍, 每个独立波束的增益增加 6 dB, 波束宽度则减 1/2。现在需要四个这样波束覆盖美国 (图 8.28(a))。如果共同使用四个波束, 则获得如图外折线所示的复合轮廓。逐渐减小每个独立的点波束的波束宽度将逐渐增加每个波束可获得的增益。从图 8.27 中的大约为 4° 的波束宽度变化为图 8.28(a) ~ (c) 中的 1.9°、1.6° 和 1° 波束宽度, 将分别得到 6 dB、8 dB 和 12 dB 的增益增量。

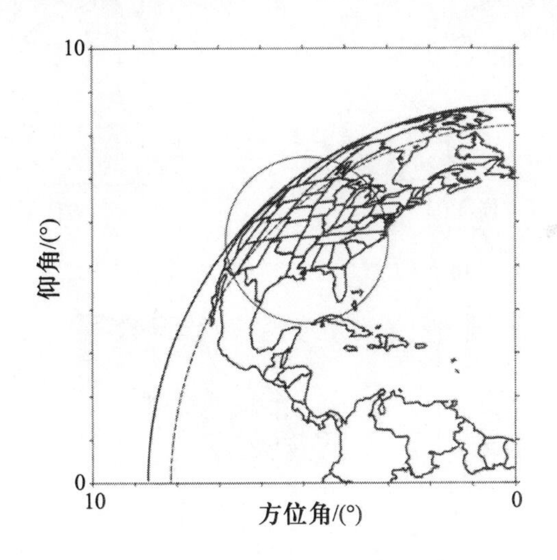

图 8.27　从东经 307° 观察到的单个点波束覆盖美国地面的地球西北象限

注: 从地球同步轨道上东经 307°, 如果显示美国几乎被单个点波束覆盖, 在航天器坐标系中 3 dB 波束宽度为 4°。通常情况, 将使用与圆形波束具有相同前向增益的、最优化的椭圆覆盖范围, 但是为了与图 8.28(a) ~ (c) 比较, 图中给出了圆形表示。

12 dB 的增益很重要, 已经远远超出了多数 11 GHz 链路克服下行链路衰落的需要。如果每个波束需要一个单个 50 W 的行波管放大器 (TWTA), 然而, 图 8.27 中的单个波束 50 W 的需求将上升至图 8.28(c) 中的 16 个联合波束所需 800 W 的总量。这完全在目前航天器技术能达到的范围内, 但是执行所描述的内容不够经济。向航天器天线覆盖地面大区域中特定部分提供额外天线增益的潜在的、更有效的方法，是对天线赋形以便它可以永久地为特定部分提供高达 2 dB 或者 3 dB 的额外增益[79]。然而，额外增益来自于为覆盖区域其他部分提供的增益。Hughes 为 DirecTV 设置下行链路天线时采用了这种技术。因为到目前为止在美国大陆发生最大降雨的地方是佛罗里达区域，通过赋形天线为佛罗里达区域及其附近区域提供附加 EIRP。

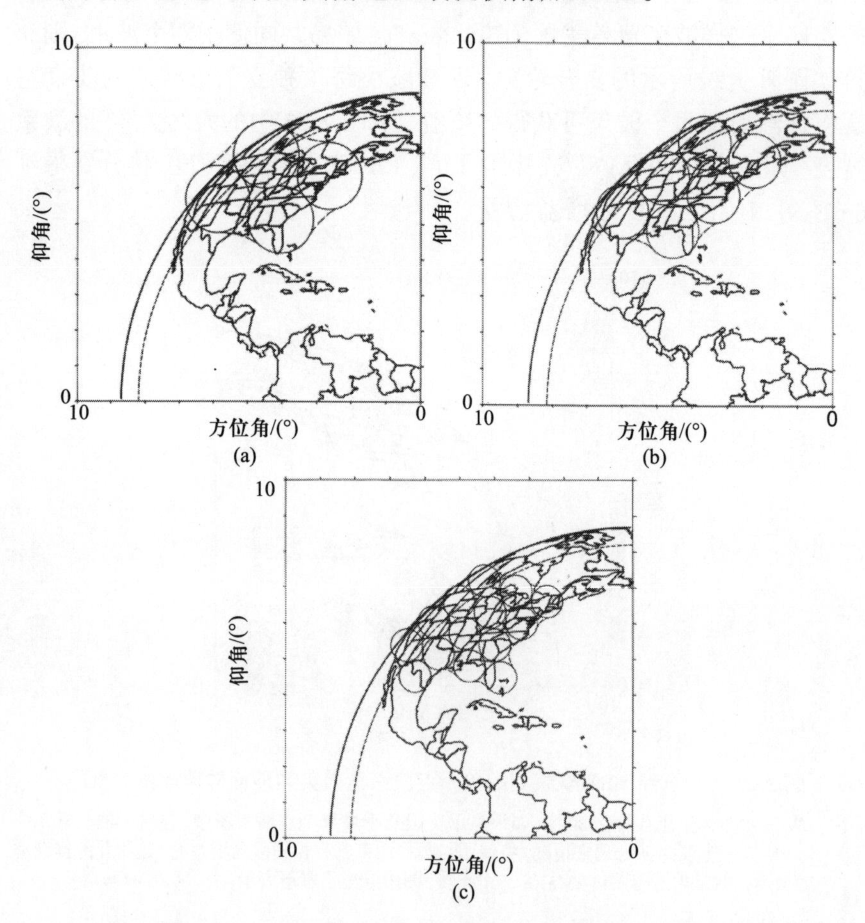

图 8.28 从东经 307° 观察到的不同数目的圆点波束覆盖美国地面的西北象限

(a) 4 个圆形波束的图形，每个波束 1.9°；(b) 6 个圆形波束的图形，每个波束 1.6°；(c) 14 个圆形波束的图形，每个波束 1°。

为天线覆盖区域赋形的不同方法是形成能够切换至所需的、覆盖了承受增强传播损伤区域的小点波束的单个备用 TWTA。通信通常使

用宽波束 (4° 波束宽度天线), 但是当链路需要增加下行链路功率时, 备用 TWTA 将切换至需要的波束。因为当某位置需要增强的 EIRP 时它就跳跃至需要的位置, 所以这种方法称为 "跳跃" 波束。更先进的方案使得所有通信由多个小波束支撑, 每个小波束一次扫描, 所以在任何时刻仅有一个波束真正 "开启", 这称为扫描/跳跃波束[80]。在每个波束覆盖区的停留时间是该波束所承载的通信量的函数。现在这样的技术在民用和军用卫星系统变得可执行, 而且它们通常需要使用自适应相控阵天线[81], 以及重要的星上处理能力。另外, 为了能根据正常容量所需分配正确的资源容量比例, 需要更多大区域内降雨相关性的信息[82,83]。对流雨事件在水平范围通常相对小, 包含在雨胞核内部的剧烈降雨通常小于几千米, 而且超过 20 km 的距离是高降雨率通常具有很小的相关性。这就是为什么站点分集在克服严重对流事件中的高衰落方面如此有效。但是, 低降雨率能够在存在于 10^6km^2 范围之外, 而且虽然相距 1000 km 的同时降雨率具有很小的相关性, 但相关性不为[84]。图 8.29 给出距离大于 1000 km 时的小降雨率 (这儿指的是统计结果) 相关性 [85]。但即使是非常大的距离,ITU-R 站点分集预报方法在 P.618-8 中给出了好的结果[86]。

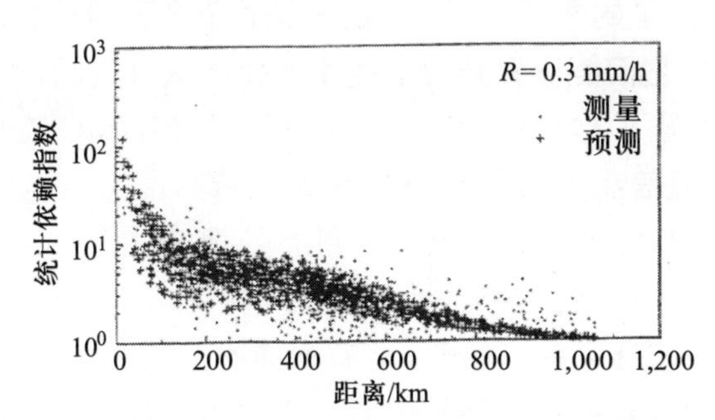

图 8.29 根据 FUB (Fundazione Ugo Bordoni) 数据库估计的降雨统计相关依赖指数 (转自文献 [85] 中的图 2; ©1993ESA, 转载获得授权)

2) 再生

21 世纪前 10 年大多数商业通信卫星使用的是线性转发器。虽然其中一些为了对接收到的输入 (一般是针对 FM 业务或者多载波运行) 提供更线性的输出响应而降低了功率, 但其他的还是接近饱和状态工作 (一般针对宽带数字业务), 这样的事实使得发生在上行链路的任何误差或者衰落直接转移至下行链路。为了尽量降低整体传输误差至最小, 减小对卫星发射功率的需求, 上行链路趋向于提供比卫星能够再生信号的情况下大的多的 EIRP。

再生只有对于数字信号才可行, 通常包括入射数据包序列的检测、任何错误的纠错和脉冲序列的准确再生[63]。因为再生有效地分离开上行链路和下行链路, 上行链路余量能够有实质性的降低 (降低 5 ~ 7 dB), 地面站花费也相应减小。再生可以在射频完成 (在接收的无线频率完成), 或卫星上的中频完成, 或在功率增加至同一量级的基带完成。21 世纪的最后 20 年, 基带再生处理迈出了很大的几步, 特别是使用了更低功率需求的先进的电子产品和信号处理, 显著地将航天器整体功率需求降低至可行的范围。再生过程通常是针对被混合至基带的卫星入射射频信号, 届时数字流被解调、解码和解复用成为单独的数据流, 为星上处理做准备。因为通常有许多小载波多路复用成大载波, 所以整个过程称为多载波解调、解码和解复用 (MCDDD)。一旦流量数据流成为基带, 可以对它们做各种各样的事情。

3) 轨道分集

这里的轨道分集与 8.5.2.1 节中的轨道分集的原理相同, 为了完整这里包括基于卫星的资源分配。从航天器的角度看, 轨道分集需要部署至少两颗卫星, 它们能够看到两个链路地面终端, 以便有可能在卫星间切换。有些情况下 (如 IRIDIUM 卫星), 卫星使用 MCDDD, 卫星通过 ISL 重新路由通信流量至其他卫星或者重新路由为与地面用户通信。相比之下, GLOBAL STAR 没有使用星上处理, 但是它将扩展频谱用作它的多址接入方案以便两颗卫星可以在一次软切换中转换至它们之间的用户, 这与微波蜂窝系统相似。所有这样的卫星系统需要在地面上有主转换中心, 地面转换中心将维护用户数据库, 向使用的路径发信号来定位查找需要的终端用户。

4) 频率分集

这里的频率分集与 8.5.2.1 节中频率分集的原理相同, 为了完整这里包括基于地球的资源分配。从航天器的角度看, 基于卫星的频率分集比地面站频率分集更有效率。因为为了克服雨衰, 许多地面站能够由卫星使用同样的、相对较低的频率资源业务。比如, 具有许多小的 Ka 波段点波束覆盖地区的地球同步卫星, 也可以有单个 Ka 波段波束覆盖所有的同样地区，而且可以通过星上切换，将一部分经受衰落的 Ka 波段通信量转换至 Ku 波段区域波束。这样的方案需要每个地面站具有在任何一个波段工作的能力。考虑了地面和空间段的整体系统花费将指示，在给定某种水平的通信量前提下，使用这样的技术是否符合效费比。

可变额外余量

卫星切换前向纠错

如果需要非常高的编码增益，则恒定使用 FEC 会相对浪费频谱。比如，如果保持同样的信息率，使用 1/2 速率的 FEC 编码则将需要发射的比特数翻倍。但是，如果编码增益能够随需求动态地改变，那么整个频谱效率将增加。通过在地面站检测信号衰落 (或 BER 增量)，然后通过控制站向地面站发送需要增加的编码增益，那么与第一个地面站通信的其他地面站，在高编码增益期间只需要相对小的额外带宽，因为额外带宽能在网络内所有地面站之间共享。如果有许多地面站承载相对等量的通信量，这样的方案具有很大的优点[83]。

控制站不需要在地面，把它放置在卫星，形成卫星切换的 FEC 将加速控制环节，但是需要启用先进的星上处理能力。

资用共享的 TDMA

为了同步、控制和通信，任何 TDMA 系统中都有建立的协议。卫星 TDMA 系统同步需要控制站发射同步脉冲，所有的其他地面站始终将与该脉冲同步[63]。

每个 TDMA 脉冲串都含有信息位。在雨衰中，将有更高可能性的错误发生。为了减小错误概率，可以将额外信息位添加到帧内从而达到编码目的，或者仅降低有效传输率。在资源共享 TDMA 方案中，可以在许多地面站之间共享这些额外比特元[58]。这样方案中的逻辑控制站是卫星，但是必须具备显著性水平的星上处理能力。

下行链路功率控制

天线增益控制部分与关于天线增益增加的描述非常相似，可以通过高功率 TWTA 获得额外 EIRP。对于波束需求的适当 EIRP 增量，高功率 TWTA 具有可选择性。虽然从执行的观点看比天线增益增加更可行 (没有必要星上处理)，但是即使没有遇到 TWTA 和航天器功率限制时，也只有有限的增益增加可用。比如，增益增加 6 dB 需要用 200 W 的 TWTA 代替 50 W 的 TWTA。如果卫星上使用相控阵定辐射先进天线，那么某种形式的自适应波束赋形可以用来提供额外 EIRP (通过同时改变辐射原件单元的输出功率和那个方向的天线增益), 以致额外功率可以提供给遭受传播损伤的地区。这种方法与 "天线增益控制" 部分论述中的固定额外余量方法相似, 在这种情况下除外, 即天线覆盖范围内的任何小区域能够作为提供额外功率的目标。与使用固定天线增益方法一样, 额外功率将不超过 2 dB 或者 3 dB, 但是这对于处理大气潮汐引起的日变化效应已经绰绰有余。

8.5.2.3 星上处理

许多基于卫星的资源分配的例子中, 都突出了通过卫星主动控制形式的必要性。

现成的星上处理能力正变成许多星上执行操作的基本要求。将任何轨道卫星发展为大型通信网络中的节点功能很快变成现实。在许多情况下, 对于诸如星间光链路、扫描跳跃波束、资源共享方案、可变容量通信量切换、自主航天器控制、网络节点等各种操纵和恢复方案来说, 可以认为星上处理是促成科技。

以上例子中, 通信流量都是经由主控制中心的网络路由协议控制的, 主控制中可以基于空间、基于地球, 也可能是在轨道上或者地面的网络共享节点。用于处理多路通信流量的基于地球的光纤主干网系统的多协议标记切换协议有可能从一种形式或者其他形式转向卫星业务[87]。通过包括自适应编码[88] 的各种技术来增强性能和可用性[88,89] 方面, 星上处理是强有力的工具, 性能和可用性是每种业务类型的整体 QoS 目标[90]。有趣的是, 主要问题之一也许不是恢复信号性能和可用性, 而是信号损伤的精确检测。

8.5.3 检测信号损伤

进行传播实验与运行业务化的商业业务不同。在传播实验中, 载波的电平随时变化, 实验部分的其他参数 (如交叉极化电平、天空辐射温度) 也随时变化。因此, 一项损伤事件在进行时立即显而易见, 但在商业务中不是如此。为了在商业业务中实施任何对抗措施来恢复信号质量, 不仅有必要知道什么时候损伤事件在进行中, 而且需要知道损伤程度如何。有许多能采用的测量方法[91], 包括: 测量载波信号电平, 测量有

关载波的信息 (如 C/N、BER、QoS, ARQ 响应等), 使用补充信息 (如区域卫星气象图或多普勒雷达成像), 或通过测量局部降雨率或天空噪声温度来推断某事件正在进行。这些都有其局限性, 最准确是测量载波电平, 而最不准确的是测量 BER, 但如果连续进行至少前面方法中的两项, 势必获得传播损伤相对精确的反映[91]。

8.5.4 联合信号恢复 (抗衰落) 技术

一个有趣的事实是, 许多用于对抗信号损伤的技术的本质是补偿。功率控制、信号处理和一些形式的分集[1] 这三项主要的技术没有重叠。比如, 站点分集可能用于接收, 而一个分集地面站使用了 ULPC, ULPC 能够联合自适应调制运行等。如果有一定数量的备用容量可用, 卫星具有一定的星上处理能力, 那么一系列自适应技术可以使用[92]。系统设计者可以选择最适合需求的某项技术或者几项技术的联合。从系统的观点看, 最好的是具有一定程度反向兼容性的技术。逐渐变成卫星路由的卫星系统具有超过 15 年的空间段寿命。新的航天器和地面站必须能够与老的卫星和地面站一起工作, 这就是反向兼容能力。一种产品的互联网寿命大约 20 个月, 然后丢弃, 变化是如此之快以致需要持续不断的新设备来运行新的软件产品。需要长远规划来将正确的 FMT 和卫星负载相合并, 以便能够使得 FMT 技术在一线业务超过 10 年。

8.6 去极化效应

如果采用频率复用技术, 那么唯一重要的是去极化效应。通过采用相反的极化状态将同样频率复用两次的共信道运行可以有效地将可用频谱有效翻倍。去极化将导致能量从一种极化状态耦合到另一种极化状态, 因此而形成干扰。

8.6.1 低于 10 GHz 的技术

对于 4 GHz 和 6 GHz 的频率, 雨衰效应非常低, 所以除了少数在多雨气候的低仰角 6 GHz 链路外, 限制性的传播损伤几乎是去极化。在早期的基础理论工作[93] 的基础上, 相当的努力投入到设计恢复去极化的信号的正交度[94,95], 投入到测量去极化的效应[96]。因为传播媒质在 6 GHz 和 4 GHz 相对无损耗, 所以去极化是由于差分相移效应引起, 所以恢复方案总是沿在天线馈线系统加入偏振器网络的技术路线[97] (图 5.15)。

图 5.16 给出了 $1/4\lambda$ 和 $1/2\lambda$ 偏振器的作用。一种表示极化状态之间改变的便捷方法是使用庞加莱球[99]。图 8.30 描述了用庞加莱球表示极化。庞加莱球的 “纬度” 和 “经度” 用角度 α、β 表示, 图 8.31 中定义了 α、β。

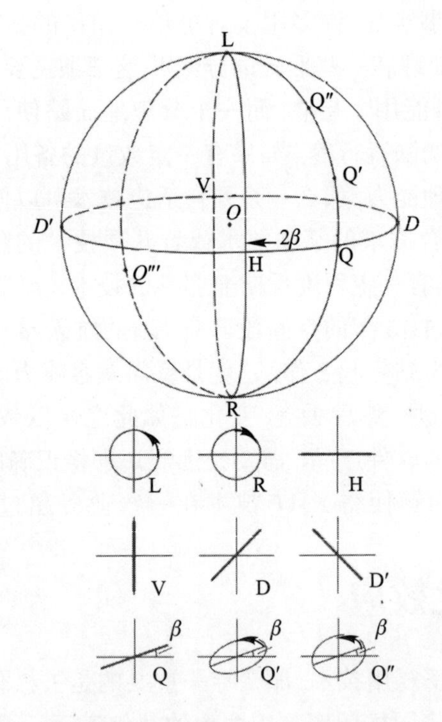

图 8.30 极化的庞加莱球表示 (转自文献 [100] 中的图 1)

注: 在 “赤道” 上的点 Q, 是极化倾角为 β 的线极化。随着点从 Q 到 Q' 再到 Q'' 移动, 极化状态逐渐变成圆极化, 但是具有相同的倾角。

图 8.31 中的极化椭圆可以用轴比 r 和主轴相对于参考平面的倾斜角 β 来定义, 也可以用 α 和 β 来定义。如果 $\alpha = 45°$, 极化是理想圆 (因此未定义 β)。因此, 一般情况限制 $\alpha = \pm 45°$, 在这种限制下, $r = \tan\alpha$。

图 8.30 中, 庞加莱球的赤道总是代表线极化, 而两个极点代表理想的圆极化。在球体表面上的点, 作为庞加莱球纬度和经度的 2α、2β 定

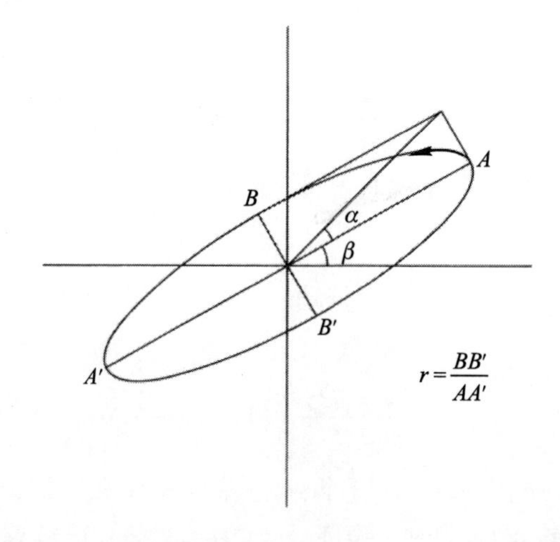

图 8.31 在极化椭圆中定义参数 α 和 β 应用庞加莱球

注: 轴比 r 和倾角 β 定义了极化椭圆的形状。或者, 通过参数 α 和 β 来定义极化椭圆, 其中 $r = \tan\alpha(\alpha \leqslant 45^\circ)$。

义了椭圆极化。为了说明通过使用偏振器可以达到对去极化的信号的完全恢复, 一些关于 $1/2\lambda$ 和 $1/4\lambda$ 偏振器作用在庞加莱球上有趣的图形表示已经形成[101]。

因为使用了针对衰落效应的恢复技术, 所以下行链路 (在地面站接收器上的闭环) 极化补偿相对直接, 这是因为在测量的去极化和旋转的偏振器感知设备之间存在快速的反馈环。困难的是在开环情形下在上行链路对影响预先补偿

采取的一种解决方案是: 首先测量相对于下行链路中偏振器标准位置的旋转运动, 该标准位置是达到对传播媒质导致的去极化的精确消除或补偿的位置; 然后利用这些测量的参数推导上行链路偏振器需要的旋转运动来获得上行链路的预先补偿。

如果 $\Delta\alpha$ 是相对于偏转器初始设置的旋转运动, 那么 qd 和 hd 则分别满足下行链路 $1/4\lambda$ 偏振器和半波长偏振器, 而且 qu 和 hu 则分别满足上行链路 $1/2\lambda$ 偏振器和 $1/2\lambda$ 偏振器件, 那么得到

$$\Delta\alpha_{\mathrm{qu}} = \Delta\alpha_{\mathrm{qd}} \tag{8.3}$$

$$\Delta\alpha_{\mathrm{hu}} = \frac{\Delta\alpha_{\mathrm{qu}}}{2} + \frac{\Delta\beta_{\mathrm{u}}}{4} \tag{8.4}$$

式中: $\Delta\beta_{\mathrm{u}}$ 为上行链路的差分相移。

但是

$$\Delta\beta_{\mathrm{u}} = r \times \Delta\beta_{\mathrm{d}} \tag{8.5}$$

式中: r 为上行链路差分相移和下行链路差分相移的比值, 而且

$$\Delta\beta_{\mathrm{d}} = 4\Delta\alpha_{\mathrm{hd}} - 2\Delta\alpha_{\mathrm{qd}} \tag{8.6}$$

最后可得

$$\Delta\alpha_{\mathrm{hu}} = \frac{\Delta\alpha_{\mathrm{qu}}}{2} + \frac{r}{4}(4\Delta\alpha_{\mathrm{hd}} - 2\Delta\alpha_{\mathrm{qd}}) \tag{8.7}$$

在 6/4 GHz 的实验中 r (上行链路差分相移和下行链路差分相移的比值) 的初始值为 1.55[100]。验证 6/4 GHz 波段上行链路去极化补偿的长期能力的实验在日本 KDD 的 Yamaguchi 地面站实施[102]。图 8.32 中的数据说明该技术在减小去极化对上行链路的影响方面十分成功, 图中没有显示 4 GHz 去极化补偿结果, 该结果同样成功。在每年 0.04% 的关键点处, 上行链路去极化引起的 XPD 从小于 10 dB 提高至大约 20 dB (图 8.32)。10 dB 的 XPD 就不足以运行双极化频率复用系统, 因此, 10 dB 以下的 XPD 将会产生中断。

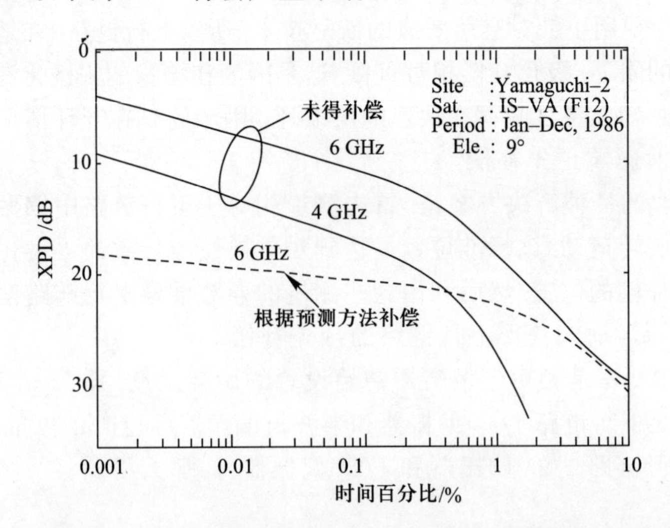

图 8.32 根据预测算法和下行链路偏振器数据移动的馈线系统内使用旋转的偏振器补偿的 XPD 和无补偿的 XPD 的累积时间分布 (转自文献 [102] 中的图 10; ©1990URSI, 转载获得授权)

8.6.2 高于 10 GHz 的技术

随着频率变得大于 6 GHz, 增加的衰落效应已经导致许多的提议, 这些提议是关于取消将差分衰落和差分相移分开来达到准确消除或预先补偿去极化。

精确消除的必要性已经受到质疑[103,104], 而且在大多数应用中显示没有必要精确消除[105], 因为所有通常要求的是维持 XPD 在 20 dB 或者更好。对于线极化系统, 如果电场矢量取向能够在卫星上改变, 以便该矢量尽可能靠近地球表面覆盖区域内的平行面或者垂直面, 则工作于 Ku 波段或者更高波段的系统将不再需要去极化补偿[106,107]。

在一个分类频率复用系统中[108], 注解了许多关于大多数地面站应用频率复用技术的重要因素, 最重要的是能同时发射和接收两个极化的地面站极其稀少, 通常情况是一个地面站接收一种极化状态而发射其相反极化状态 (尝试同时用同样的发射载频以两种极化运行的设置也很欠佳。即使在小雨中, 来自两个发射载波的后向散射能量将进入两个接收信道, 并且妨碍任何一个信号成功解调)。因此, 这里仅有一种需要, 即摈弃下行链路不需要的信号和在上行链路使用尽可能纯的极化状态来 (或者尽可能确切预补偿了的极化状态) 发射需要的信号。从频率至少 30 GHz 以上的系统观点看, 单独相位补偿技术是以应付的事实以及上述内容共同意味着, 与其他认为必须实施去极化信号旋转的技术相比, 次优化极化补偿和预先补偿更有可能执行。甚至进一步通过对已经计算了平均 1 年内去平均极化恶化的给定链路, 在接收电场垂直分量中插入一个固定相位滞后, 进行了只有相位消除 Ka 波段系统的例子[109], 该例子中获得了大概 5 dB 的改善, 从 17 dB 的 XPD 提高至 22 dB。

应该注意, 随着频率增加冰晶去极化开始变得逐渐恶化, 而且可能是 30 GHz 以上频率的限制因素。旋转偏振器不能与闪电导致的冰晶去极化相匹配, 但是相对稀少的这种现象不会阻碍偏振器和次优化消除/预先补偿系统的应用。为了应对冰晶去极化, 在中频的去极化消除预先补偿需要快速完成, 但除了地面链路外, 不再考虑将这种方法作为代替次优化偏振器系统的、实用的去极化消除/预先补偿备用方案。

8.7 干扰

干扰有很多种形式。互调干扰产物能严重限制系统容量, 其限制程度与诸如频率复用操作中去极化引起的共信道干扰对容量限制一样。有时候的干扰是被动的, 如大多数商业卫星系统中的干扰是被动干扰, 有时候是主动干扰, 也就是说抑制干扰。对于后者, 如果干扰信号没有压倒性的强大, 联合天线调零技术的捷变频通信是典型有效的对策。抑制干扰也能在民用运作中发生[110], 虽然此时的干扰采取了稍微恶化链路 BER 至低于可接受的性能水平的形式, 并没有使得用户怀疑认为干扰装置针对它们的系统而运行。在大多数国家, 与无意干扰相反的有意干扰即有源干扰, 有意干扰很少出现在商业系统中。通常是一个国家的政府试图阻止其他国家的广播被自己国家接收到时, 才采取有意主动干扰。然而, 商业信道的主动干扰已经发生了, 在 1986 年, 一个特别的实例起因于自称的 Captain Midnight[111]。主动干扰机位置的识别是相对直接简单的, 而且能够相当迅速地采取矫正行为, 虽然不是即时矫正。所有的通信系统不得不运行在具有相互协调业务的其他用户存在的场合。因此, 总是由于同波段的其他信号出现而形成的一定水平的长期干扰, 任何商业系统的设置都必须考虑这些干扰。不可能总是设置类似于 Captain Midnight 的运行于短期干扰场合的商业通信系统。在 Captain Midnight 中, 设计者的任务是在主动干扰机攻击情况下, 确保没有损害进入接收设备。因此, 下面的部分将只处理被动干扰, 也就是长期干扰。

8.7.1 一般表现形式

大多数用来计算链路预算的电子数据表倾向于使用 E_b/N_0 描述符作为性能和可用性门限的决定因素。这是因为参数 E_b/N_0 与带宽无关。另外, 大多数调制方案用 E_b/N_0 随 BER 的关系来刻画其特征。然而, 接收系统的关键设置参数是门限载噪比 C/N, C/N 将提供预期的性能和预期的可用性。对于使用重编码的传输, 这两个 C/N 的值小于 1 dB 差异。但是, 当确定所需的衰落余量以防止传输导致的中断和长期干扰。因此, 下面用 C/N 进行讨论而不是用 E_b/N_0。

正如前面章节所讨论的, 链路的载噪比 C/N 可以由下式计算 (使

用 dB 表述而不是算法表述):

$$C/N=-10\log\Big\{(C/N_{\mathrm{tu}})^{-1}+(C/N_{\mathrm{td}})^{-1}+ (C/N_{\mathrm{i}})^{-1}+(C/I_{\mathrm{u}})^{-1}+(C/I_{\mathrm{d}})^{-1}\Big\}-M \tag{8.8}$$

式中: N_{tu} 为上行链路热噪声; N_{td} 为下行链路热噪声; N_{i} 为等效互调噪声; I_{u} 为等效上行链路干扰噪声; I_{d} 为等效下行链路干扰噪声; M 为考虑高功率放大器非线性导致的恶化而给出的余量 (dB)。

注意, 为雨衰等而需要的任何额外余量都将需要增加至 C/N。上行链路和下行链路的干扰可以来自许多源。使用地面站作为参考点, 将要考虑许多情况。

8.7.2 旁瓣干扰

8.7.2.1 直接干扰

地面站通常设置工作在高于 5° 的仰角。对于大型地面站来说 (天线直径为 15 ~ 30 m), 这意味有很少的能量沿着主波束方位角以掠入射指向水平方向。

图 8.33 中, 来自地面系统的干扰进入地面站天线的旁瓣。除偶尔的一小部分时间外, 通常消除所有这样的干扰路径[112], 持续不寻常的长期气象条件能够导致受影响的地面站信道在不可接受的百分比时间内失效。用来对抗这种单路径干扰的技术是使用辅助天线。

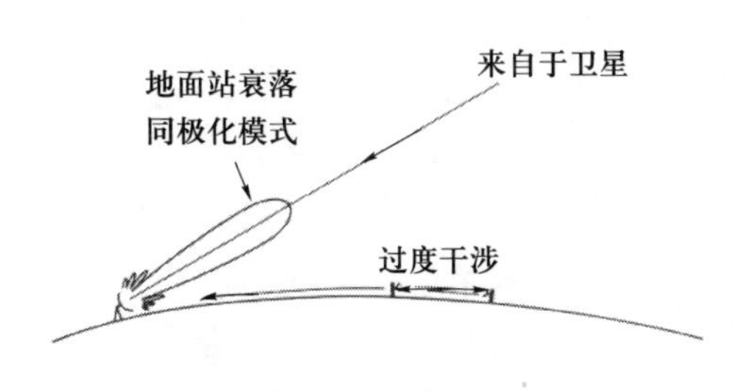

图 8.33 地面干扰进入地面站

注: 与地面站工作方位角方向靠近的、与地面站使用相同频率的地面站之间通常有大间隔距离 (最小约 100 km)。但是, 在某些气象情形下, 异常波导能导致进入地面站的干扰增强。

图 8.34 中, 一副辅助天线指向已知干扰源的视角, 当干扰源存在时,

调整辅助天线输出的相位和幅度以便精确地消除入射干扰。已经证明这样的技术在星地通信中取得成功[112]。辅助路径技术也成功应用于地面系统来降低多径导致的去极化效应[113,114]。这种方法的理念类似于在接收机的去极化消除,在交叉极化信道检测到去极化的信号,然后一个相似幅度、反相位的信号注入交叉极化信道以便消除来波去极化。

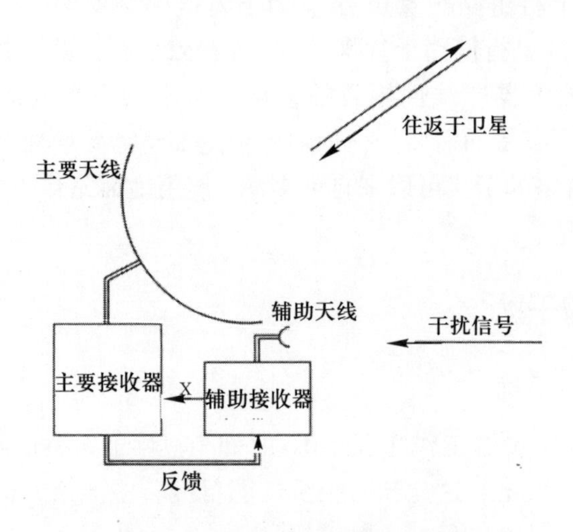

图 8.34 使用辅助天线消除干扰

注: 经由辅助天线接收的任何适当频率的高于某一门限信号经过调整幅度和相位,以便在 X 处馈入主接收机,精确消除来自同样距离处发生的进入主天线的任何干扰。使用了反馈环来调整辅助信号的幅度和相位,确保产生最优化消除。

8.7.2.2 差分路径干扰

在某些方面,这与轨道分集相反。如果在地球同步圆弧上与需求卫星相隔几度存在另一颗卫星朝地面站发射相同频率信号,那么可能出现沿所需卫星路径的降雨,导致该路径的衰落比沿不需要的卫星路径的衰落更高,因此增加了在晴空条件出现的任何干扰信号。这类型干扰也可能作用于非地球同步轨道上的卫星,但是从接收机来看,同一系统的非地球同步轨道卫星通常间隔几十度。

使用雷达数据[115]的测量结果表明,沿两个相邻路径的差分衰落很重要。但是,当与通过地面站天线特征抑制干扰信号相比时,衰落绝对值并不重要。大型天线的旁瓣通常比主瓣增益至少低 20 dB,即使是偏离主波束轴线几度。比如,频率为 15 GHz 时,对于 6° 的路径间隔、10°

仰角条件下, 0.01% 时间的差分衰落计算值为 3 dB[115]。对于 0.01% 的时间, 20 ~ 17 dB 的隔离降低对于大多数实际系统并不重要。

8.7.2.3 雨散射耦合

已经尝试[116] 在 19 GHz 和 28 GHz 测量雨散射耦合。由于设备的限制 (在两个频率均为 15 dB 的衰落中观察 19 GHz 的 −40 dB 的耦合、28 GHz 的 −45 dB 的耦合), 在偏离主波束轴线 0.85° 的位移没有观察到明显的耦合。因为 15 dB 是接近地空链路的经济考虑的极限, 沿相邻路径的雨散射耦合在干扰保护的系统不是主要因素。

当地面站仰角高于 5°, 降雨散射耦合出现在地面站协调范围内时, 降雨散射耦合 (前向散射) 仍比对流层闪烁重要[117]。但应该注意到, 雨散射实际是公共体积现象, 需要暴风雨确切在所需天线波束和干扰天线波束的交叉区域。条件概率可能性非常低, 由于这个原因, 超折射和波导方面趋向于支配地面站协调[117] (见第 1 章)。

8.7.3 主瓣 (主波束) 干扰

电小尺寸天线的地面站具有相当宽的波束宽度。对于移动卫星系统的天线 (陆地、航空和海事) 和应用市场不断增长的 VSAT 的确如此。这些小型天线的主瓣宽度引起了主波束干扰增强的可能性。这样的主瓣干扰能够导致多径效应 (见 6.5.3.3 节), 但是, 下面的讨论局限于来自相邻卫星的直接接收信号的主瓣干扰。

VSAT 天线具有更大的波束宽度, 特别是工作于 6/4 GHz 波段的天线更是如此。通常情况下, 这些波段的天线从地球同步弧段上间隔 2° 的卫星 (图 8.35), 可以收到多达 4 个干扰信号。VSAT 业务操作通常有低的可用度, 也就是说, 工作时间除以总时间很低, 典型值是远低于 10%。典型年的中断标准比公共交换电话网络 (PSTN) 更宽松, 0.5% ~ 5% 的数字很典型, 与此相反, 对于 PSNT 容忍单程中断为 0.04%。因此, 这样 VSAT 系统的衰落余量可以相对低一些, 即使是高达 30 GHz 频率的余量仅 3 ~ 5 dB。因此, 干扰是许多 VSAT 操作中的限制因素。已经采用两种不同的方法对抗这些业务中的干扰, 即扩展频谱编码和频率可寻址天线。

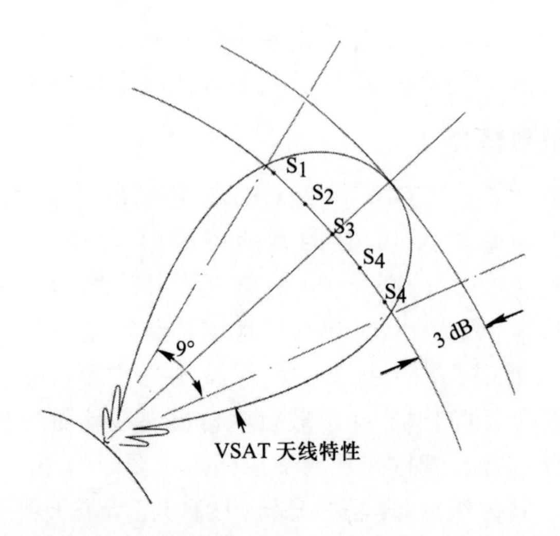

图 8.35 在 3 dB 波束宽度轮廓内被 5 颗卫星照射的 VSAT 波束理论示意图[18]

注：在地球同步弧段上间隔 2° 的 5 颗卫星 $S_1 \sim S_5$ 的信号能够被工作于 4 GHz 的直径为 0.6 m 的 VSAT 天线接收到。

8.7.3.1 扩频编码

扩频编码涉及在比正常情况宽很多的带宽上信号功率的延展，通常通过与伪随机码调制的载波卷积而获得，扩频码比普通调制以更高的速率运行[57]。因为这种编码没有使用跳频，所以称为直接序列扩频(DSSS)。虽然按照字面意思理解信息是埋藏在噪声中，但它存在于带宽内精确已知的编码上。通过合适的信号解扩展，信息可以在已知频率下被恢复，并且可以被解码来提供原始信息。这种技术用于全球定位系统 (GPS)、欧洲伽利略全球定位卫星系统和跟踪与数据延时系统(TDRSS)，也建议将该技术用于遥测跟踪和控制 (TT&C) 功能[119]。在一些战术军事系统，由于需要使用全向天线，所以地面终端带宽通常比正常的 DSSS 操作所需的带宽小。为了保持链路性能，并达到这些情形运行的所需安全，扩频编码的使用经常是一种混合式技术：用 DSSS 对相对窄带信号编码，然后在比窄带 DSSS 信号所用更宽的带宽上进行跳频。图 8.36 示出了产生混合扩频信号。

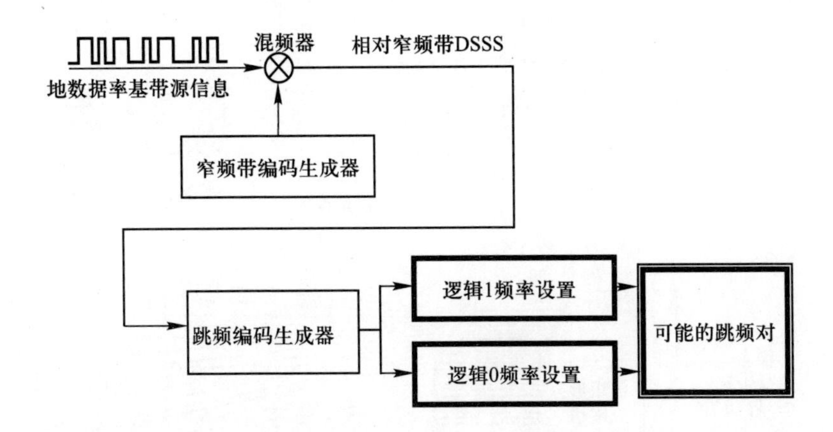

图 8.36　产生混合扩频信号

注: 图中显示的系统中, 相对窄带的信号 (通常是语音或者电文信道), 通过比正常 DSSS 产生器 (几十千赫) 具有更窄带宽的 DSSS 产生器 (几十吉赫) 在连续带宽内展开。为了提供增强级别的安全, 然后对这样的 DSSS 信号跳频, 对相对窄带的 DSSS 信号无法跳频。

8.7.3.2 频率可寻址天线

频率可寻址天线是一个新奇的想法, 被认为是归因于 Hughes Aerospace Company, 该想法对天线增益的前向指向性按照频率或带宽进行交换[120]。该操作类似于棱镜将白光分裂而产生了彩色的全光谱。对于频率可寻址天线, 白光可以认为是天线的输入带宽, 棱镜是相控阵天线而彩色光谱由一系列相邻频率槽代替, 这些频率槽一起覆盖了所需区域。这种方法的原理如图 8.37 所示。

如果每列天线馈线的相位被调整, 导致最低频率 f_0 被转向至该频率范围的最边沿, 而且最高频率 f_{11} 转向至该频率范围的另一个最边沿, 那么, 天线的最大前向增益被集中在覆盖范围内的每个 "条带", 但是在每个 "条带" 仅存在窄的频率范围 (图 8.38)。

图 8.38 中, 如果需要建立通信, 比如在澳大利亚最北部的城市和新西兰北岛的城市之间建立通信, 则在频率范围 $f_0 - f_1$ 内必须将 f_{10} 用作前者将 f_{11} 用作后者。通过使用独特频率范围选出地面站的方式导致的这种理念称为频率可寻址天线。该方法在克服干扰方面具有双重性。一方面, 它给予了比扩频编码具有更高的内在容量的希望, 因此很少有互相干扰的可能性; 另一方面, 它增加了的卫星天线增益提供了克

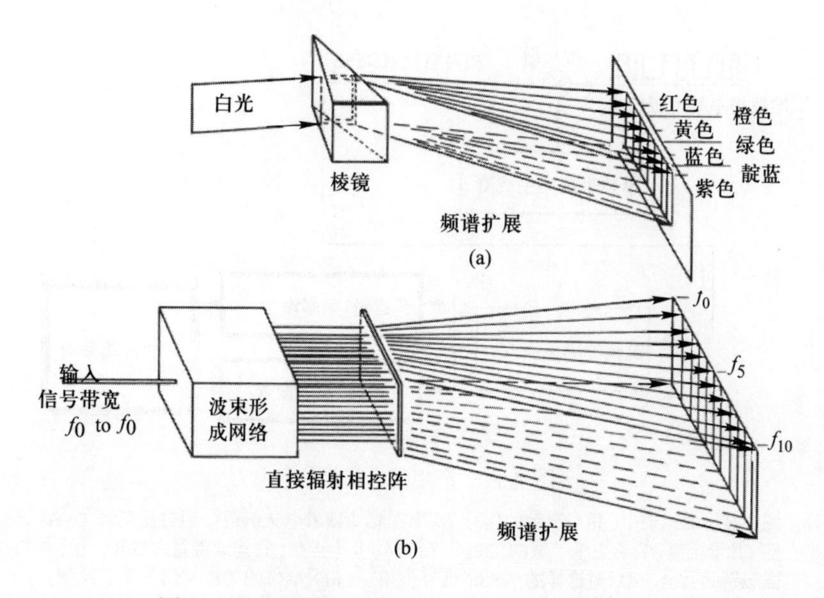

图 8.37 将棱镜与频率可寻址天线操作之间的比较

注: 通过波束成形网络对到达天线辐射部位信号的相位进行调整, 以致射频带宽被展开, 就好像白光的彩色被棱镜展开一样。

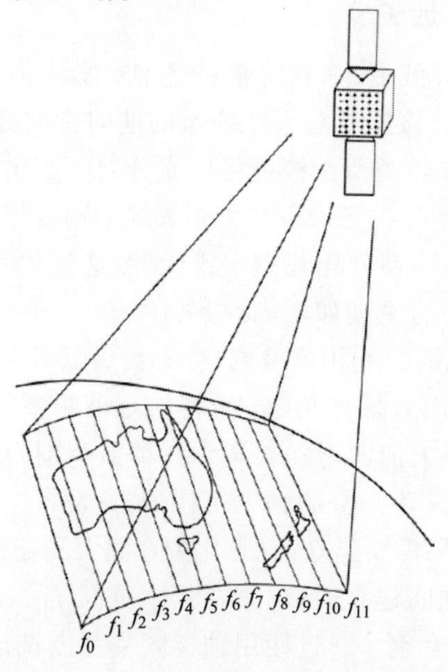

图 8.38 澳大利亚/新西兰使用的频率可寻址天线的概念应用

注: 上面所示例子中, 只显示了一个来自卫星的区域波束, 其他区域波束能够用于覆盖日本、中国和北美的西海岸线 (因为假设了一个地球同步卫星处在东经 180° 的太平洋上空)。

服干扰信号的额外程度的余量。虽然频率可寻址天线还没有在商业卫星通信中应用, 但是它们的理念相对直接, 而且不需要在有任何明显的星上处理来启用它们的功能。它们的劣势 (当与扩频方法相比) 是地面站的分布需要相当均匀以便最大程度利用可获得的容量, 这种情况是很少的。频率可寻址天线是现存卫星系统的简单转发器与 21 世纪具有星上处理功能的卫星之间的中间过渡阶段。

8.8 自动分析方法

星 – 地链路经历许多不同类型、不同持续时间以及一些同时发生的传播损伤。例如, 雨衰和去极化可以同时发生一样, 对流层闪烁和雨衰能够同时出现在给定路径。

本章前面给出一些信号恢复技术 (如 FEC 编码) 对于几乎所有的传播损伤类型都有效, 而其他的技术是针对给定传播损伤的独特方法 (如多径效应的高度分集)。因此, 选择恢复技术将依赖于链路类型、预测的主要损伤、通信量容量等。

适宜的恢复技术依赖于所涉及的通信网络类型, 是国家网络 (国内) 还是国际网络。网络的所有部分是在当局控制之下, 还是需要许多用户之间的协商, 以及为了达成国际标准而需要的一致性程度。比如,1990 年的 Intelsat 系统中, 涉及 115 个签署国, 而且签署国之间的协调在所有采用的标准中是很重要的因素。为了达到这个目的, 需要最小化签署国之间或者政府之间协调的恢复技术通常容易采用。这样的技术包括站点分集和 ULPC, 因为它们的执行和运行不需要与其他用户相互作用, 除了需要确保没有不可接受水平的干扰发生。需要持久与其他用户相互作用的动态信号恢复技术 (如共享资源的 TDMA) 将必然更加困难, 因此整体意义上为了包含在系统中必然更昂贵。挑选适宜的信号恢复技术或挑选作为最有可能的恢复技术最优化联合, 将包含重要的反复迭代, 而且自动方法是继续进行的最合逻辑的方法。

使得选择信号恢复技术自动化的方法已经规划完成[121]。随着 “人工智能” 机器的发展, 这样软件的设置将必然改进。但是, 正如研究中所发现的, 程序的输出十分依赖于输入参数, 特别是成本, 这些仍然是与 21 世纪中的前 10 年相关的。期望快速降低计算机控制数字技术的成本和期望引入强大的星上处理能力，彻底改变为了在卫星通信网络内最优化信号恢复设施而最初采取的方法。无论采取什么样的方案，都将必须向被国际采用的现存标准融合。对于商业通信卫星网络，这将需要满足所有的 ISDN 标准，不仅是性能和可用性方面的标准，而且要满足切换和网络路由方面的标准。也很有可能，通过 IETF 将通信协议的面向无连接和无所不在的因特网需求相融合，将在未来的商业卫星通信中承担重要角色，甚至与所有数字通信相融合。引人注目的是，1989 年出版的本书的第一版中第一章的最后一段，在 21 世纪的第一个 10 年终依然有效。引用那一版的原话："就这一点而言，在下一个 10 ~ 15 年中卫星通信链路的主要进展不是在于引入了先进的硬件，而是为了使卫星在将来的通信网络中变成主要节点而执行复杂的控制和切换协议。"

参考文献

[1] L. Castanet, 'Fade mitigation techniques for new satcom systems operating at Ka- and V-band', Theèse présnteée en vue de l'obtention du titre de Docteur de L'École Nationale Supérieure deL'Aéronautique et de L'Espace. The thesis was successfully presented on 18 December 2001.

[2] L. Castanet, J. Lemorton and M. Bousquet, 'Fade mitigation techniques for new satcom services at Ku-band and above: a review', First international workshop on 'Radiowave propagation modeling for satcom services at Kuband and above', ESTEC, Noordwijk, The Netherlands, 28–29 October 1998, ESA publication WPP-146, pp. 243–251.

[3] D.J. Fang and J.E. Allnutt, 'Simultaneous rain depolarization and ionospheric scintillation impairments at 4 GHz', *IEE International Conference on Antennas and Propagation (ICAP 87)*, 1987, IEE Conference Publication 274, vol. 2, pp. 281–284.

[4] A. Johnson and J. Taagholt, 'Ionospheric scintillation on C I satellite communications systems in Greenland', *Radio Sci.*, 1985, vol. 20, pp. 339–349.

[5] Y. Karasawa, K. Yasukawa and M. Yamada, 'Ionospheric scintillation measurements at 1.5 GHz in mid-latitude region', *Radio Sci.*, 1985, vol. 20, pp. 643–651.

[6] D.J. Fang, D.J. Kennedy and C. Devieux, 'Ionospheric scintillations at 4/6 GHz and their system impact', EASCON 78, IEEE Publication 78CH 1354-

4AES, New York, 1978, pp. 385–389.

[7] D.G. Sweeney, T. Pratt and C.W. Bostian, 'Hysteresis effects in instantaneous frequency scaling of attenuation on 20 and 30 GHz satellite links', *Electron. Lett.*, 1992, vol. 28, no. 1, pp. 76–78.

[8] M.J. Willis, 'Fade counter-measures applied to transmissions at 20/30 GHz', *Electron. Commun. Eng. J.*, April 1991, pp. 88–96.

[9] D.J. Fang, 'Scintillation of 4 GHz satellite signals at elevation angles below 10 degrees and their system impact', Final Report on Task RAD-002 on INTELSAT contract INTEL-222, 1982. (Available from COMSAT Labs., 22300 COMSAT Drive, Clarksburg, MD 20871, USA).

[10] T. Pratt, C.W. Bostian and J.E. Allnutt, *Satellite Communications*, second edition, Wiley, 2003.

[11] R.S. Wolff, 'The variability of the ionospheric total electron content and its effect on satellite microwave communications', *Int. J. Satell. Commun.*, 1985, vol. 3, pp. 237–243.

[12] R.S. Wolff, 'Minimization of Faraday depolarization effects on satellite communications systems at 6/4 GHz', *Ibid.*, pp. 273–286.

[13] I. Gheorghistor, A. Dissanayake, J.E. Allnutt and S. Yaghmour, 'Prediction of Faraday rotation impairments in C-band satellite links', *IEEE APS*, August 2000.

[14] Example of a multiple-beam optical link focused through a single antenna, extracted from http://lasers.jpl.nasa.gov/PAGES/about.html, on 7 July 2007.

[15] A.W. Dissanayake, H.-H. Viskum, L. Yi and F. Haidara, 'Propagation modeling for optimizing spacecraft antenna coverage', *Millennium Conference on Antennas and Propagation*, Davos, Switzerland, 9–14 April 2000, ESA publication SP-444, Session 4P2.

[16] A. Paraboni, C. Capsoni, J.V.P. Poiares Baptista and Y. Kalatizadeh, 'Anovel method to counteract atmospheric attenuation in satellite paths: the antenna pattern reconfiguration controlled by METEOSAT and ECMWF data', *Millennium Conference on Antennas and Propagation*, Davos, Switzerland, 9–14 April 2000, ESA publication SP-444, Session 3P2.

[17] E. Salonen, 'Prediction models of atmospheric gases and clouds for slant path attenuation', *OLYMPUS Utilization Conference, Proceedings of an International Conference Concerning Programme Results*, Sevilla, Spain, 20–

22 April 1993, ESA publication WPP-60, pp. 615–621.

[18] G. Ortgies, 'Event-based analysis of tropospheric attenuation', *OLYMPUS Utilization Conference, Proceedings of an International Conference Concerning Programme Results*, Sevilla, Spain, 20–22 April 1993, ESA publication WPP-60, pp. 515–519.

[19] S. Karhu and S. Uppala, 'Climatology for low rainfall rates', *OLYMPUS Utilization Conference, Proceedings of an International Conference Concerning Programme Results*, Sevilla, Spain, 20–22 April 1993, ESA publication WPP-60, pp. 655–659.

[20] L.D. Emilliani, J. Agudelo, E. Gutierrez, J. Restrepo and C. Fradique-Mendez, 'Development of rain-attenuation and rain-rate maps for satellite system design in the Ku and Ka bands in Colombia', *IEEE Antennas Propag. Mag.*, 2004, vol. 46, no. 6, pp. 54–68.

[21] A. Martellucci, B. Arbesser-Rastburg and I.M. Munoz, 'Improved climatological databases for modeling of clear-air propagation effects', *Ibid.*, pp. 101–106.

[22] National Air and Space Museum (NASM) near-real-time weather map home page at http://www.nasm.si.edu/exhibitions/gal113/earthtoday/realcloud.htm. The image shown in Figure 8.8 was obtained from the link Global Cloud Cover on 8 July 2007, i.e. http://www.ssec.wisc.edu/data/comp/latest_moll.gif.

[23] K.E. Wilson, K.E. Wilson, M. Wright, R. Cesarone, J. Ceniceros and K. Shea, 'Cost and performance comparison of an Earth-orbiting optical communication relay transceiver and a ground-based optical receiver subnet' IPN Progress Report 42–153, 15 May 2003 (posted as http://lasers.jpl.nasa.gov/ PAPERS/GR_DEF/153b.pdf).

[24] R.J. Watson and D.D. Hodges, 'Areal-time SHF propagation forecasting system using numerical weather prediction and radar measurements', *IEEE APS International Symposium and USNC/URSI National Radio Science Meeting*, Washington, DC, USA, 3–8 July 2005, Special Session, Session 108.

[25] F.S. Marzano, S. Di. Michele and J. Turk, 'Statistical techniques to exploit meteorological satellite data for near-real time rain fade mitigation', *Ibid.*, pp. 271–275.

[26] B.C. Grémont, R.J. Watson, P.A. Watson and D.D. Hodges, 'Modeling and

detection of rain attenuation for MF-TDMA satellite networks utilizing fade mitigation techniques', *Ibid.*, pp. 277–284.

[27] H. Fukuchi, 'Slant path attenuation analysis at 20 GHz for time-diversity reception in future satellite broadcasting', *Proceedings of URSI-F international open symposium*, Scarborough, UK, 1992, (New York, American Geophysical Union), pp. 6.5.1–6.5.4.

[28] A. Martellucci, M. Boumis and F. Barbaliscia, 'Aworld-wide statistical database of meteorological and propagation parameters in clear air for SATCOM systems in Ka- and V- frequency bands', First international workshop on 'Radiowave propagation modeling for satcom services at Ku-band and above', ESTEC, Noordwijk, The Netherlands, 28–29 October 1998, ESA publication WPP-146, pp. 201–208.

[29] Y. Karasawa and T. Shiokawa, 'Space and frequency correlation characteristics of L-band multipath fading due to sea surface reflection', *Electron. Commun. Jpn., Part 1: Communications*, 1985, vol. 68, pp. 66–75 (Translation).

[30] M.P.M. Hall, *Effects of the Troposphere on Radio Communication*, Peter Peregrinus Ltd., London, 1979.

[31] T. Shiokawa, Y. Karasawa and M. Yamada, 'Acompact shipborne antenna system for maritime satellite communications', *Proceedings of the International Symposium of Antennas and Propagation (ISAP 85)*, 1985, vol. 1, pp. 337–340.

[32] Y. Karasawa, M. Yasunaga, S. Nomoto and T. Shiokawa, 'On-board experiments on L-band multipath fading and its reduction by use of polarization shaping method', *Trans. IECE Jpn.*, 1986, vol. E69, pp. 124–131.

[33] Report 522-2, 'Allowable bit error ratios at the output of the hypothetical reference digital path for systems in the fixed satellite service using pulse-code modulation for telephony', CCIR Vol. IV – Part 1 Fixed Satellite Service (1982–1986), ITU, 2 Rue Varembé 1211, Geneva 20, Switzerland.

[34] J.R. Lewis, 'Factors involved in determining the performance of digital satellite links', *Br. Telecomm. Eng.*, 1984, vol. 3, pp. 174–179.

[35] E.G. Cuevas, 'The development of performance and availability standards for satellite standards for satellite ATM networks', *IEEE Commun. Mag.*, 1999, vol. 37, no. 7, pp. 74–79 (also available at http://www.comsoc.org/ci/private/1999/jul/pdf/Cuevas.pdf).

[36] L.J. Ippolito, Jr., *Radiowave Propagation in Satellite Communications*, Van Nostrand Reinhold Company, New York, USA, 1986.

[37] COST 280, 'Propagation Impairment Mitigation for Millimeter Wave Radio systems', operational between June 2001–May 2005; see http://www.cost280.rl.ac.uk for details on the program. The final report can be found at http://www.cost280.rl.ac.uk/documents/280%20FR.pdf.

[38] K. Feher, *Digital Communications: Satellite Earth Station Engineering*, Prentice-Hall, Inc., Englewood Cliffs, NJ 07632, USA, 1981.

[39] 'Implementation of intermediate data rate (IDR) carriers in the INTELSAT system', INTELSAT IDR Seminar, 1988, paper IDR-1-1, W/1/88 (Available from INTELSAT, 3400 International Drive, NW, Washington, DC 20008–3098, USA).

[40] OPEX (Olympus Propagation Experimenters), Second Workshop of the Olympus Propagation Experimenters, Noordwijk, 8–10 November 1994; vol. 1 Reference book on attenuation measurement and prediction, ESA publication WPP-083, p. 77.

[41] J. Goldhirsh, B.H. Musiani, A.W. Dissanayake, K-T. Lin, 'Three-site space-diversity at 20 GHz using ACTS in the Eastern United States', *Proc. IEEE*, 1997, vol. 85, No. 6, pp. 970–980.

[42] C. Enjamio, E. Vilar, F.P. Fontan, A. Redaño and D. Ndzi, 'Dimensions and dynamics evolution of microscale rain cells', *Ibid.*, pp. 121–129.

[43] J.E. Allnutt and D.V. Rogers, 'Low-fade-margin systems: propagation considerations and implementation approaches', *International Conference on Antennas and Propagation (ICAP 89)*, IEE Conference Publication 301, Part 2, 2000, pp. 6–9.

[44] C.T. Spracklen, K. Hodson, R. Heron, A.W. Dissanayake and K. Lin, 'The application of wide area diversity techniques to Ka-band VSATs – simulated and experimental observations', *IEE Conference Proceedings*, vol. 1, Brighton, UK, 15–19 May 1995, pp. 41–47.

[45] J.I. Strickland, R.L. Olsen and H.L. Werstiuk, 'Measurement of tropospheric fading in the Canadian High Arctic', *Ann. Telecomm.*, 1977, vol. 32, pp. 530–535.

[46] J.I. Strickland, 'Site diversity measurements of low angle fading and comparison with a theoretical model', *Ann. Telecomm.*, 1981, vol. 36, pp. 457–463.

[47] V. Mimis and A. Smalley, 'Low elevation angle site diversity satellite com-

munications for the Canadian Arctic', *IEEE International Conference on Communications (ICC82)*, Philadelphia, 1982, pp. 4A.4.1–4A.4.5.

[48] O. Gutterburg, 'Measurements of atmospheric effects on satellite links at very low elevation angle', *AGARD EPP Symposium on Characteristics of the Lower Atmosphere Influencing Radiowave Propagation*, Spatind, Norway, 1983, pp. 5–1 to 5–19.

[49] V. Mangulis, 'Protection of Ka-band satellite channels against rain fading by spare channels at a lower frequency', *Space Commun. Broadcast.*, 1985, vol. 3, pp. 151–158.

[50] L. Dossi, M. Mauri, E. Matricciani and M. Giovannoni, 'Adual-band frequency diversity experiment with OLYMPUS', *OLYMPUS Utilization Conference, Proceedings of an International Conference Concerning Programme Results*, Sevilla Spain, 20–22 April 1993, ESA publication WPP-60, pp. 549–554.

[51] C. Capsoni and E. Matricciani, 'Performance of orbital diversity systems and comparisons with site diversity in Earth-space radio links affected by rain attenuation', *AIAA 10th Communications Satellite Systems Conference*, Orlando, Florida, USA, 1984, paper AIAA-84-0723, pp. 565–570.

[52] C. Capsoni, E. Matricciani and M. Mauri, 'SIRO-OTS 12 GHz orbital diversity experiment at Fucino', *IEEE Trans. Antenna Prop.*, 1990, vol. 38, No. 6, pp. 777–782.

[53] A.D. Panagopoulos and J.D. Kanellopoulos, 'Statistics of differential rain attenuation on converging terrestrial propagation paths', *IEEE Trans. Antennas Prop.*, 2003, vol. 51, no. 9, pp. 2514–2517.

[54] K.S. Paulson, R.J. Watson and I.S. Usman, 'Diversity improvement estimation from rain radar databases using maximum likelihood estimation', *IEEE Trans. Antennas Prop.*, 2006, vol. 54, no. 1, pp. 168–174.

[55] A.H. Jackson and P. Christopher, 'Angle diversity for millimeter wave satellite communications', *IEE 5th International Conference on Satellite systems for Mobile Communications and Navigation*, London, UK, 13–15 May 1996, pp. 51–54.

[56] T.-Y. Yan and V.O.K. Li, 'Avariable bandwidth assignment scheme for the Land Mobile Satellite Experiment', *IEEE INFOCOM'85, 1985, Washington, DC, USA* Proceedings, Silver Spring, MD, IEEE Computer Society Press, pp. 383–388.

[57] C.D. Hughes and M. Tomlinson, 'The use of spread-spectrum coding as a fading countermeasure at 30/20 GHz', *ESA J.*, 1988, vol. 11/12, pp. 73–82.

[58] A.S. Acampora, 'Rain margin improvement using resource sharing in 12 GHz satellite downlink', *Bell Syst. Tech. J.*, 1981, vol. 60, pp. 167–192.

[59] H. Fukuchi, P.A. Watson and F. Ismail, 'Proposed novel mitigation technologies for future millimeter wave satellite communications', *Proceedings of IEE/Eurel International Conference on Antennas and Propagation, London*, England, AP-2000, 2000.

[60] C.L. Spillard, D. Grace and T. Tozer, 'The effect of delay tolerance on fade margin', *Ibid.*, pp. 147–149.

[61] A.F. Ismail and P.A. Watson, 'Characteristics of fading and countermeasures on a satellite–Earth link operating in an equatorial climate, with reference to broadcast applications', *IEE Proc. Micro. Ant. Prop.*, 2000, vol. 147, no. 5, pp. 369–373.

[62] Q.-W. Pan, J.E. Allnutt and C. Tsui, 'Site-diversity and time-diversity fade duration statistics for fade countermeasures of DTH/VSAT Ku-band satellite services', *IEEE APS/URSI International Symposium*, Monterey, CA, USA, 20–25 June 2004, Conference Digest, vol. 2, pp. 1656–1659.

[63] T. Pratt and C.W. Bostian, *Satellite Communications*, John Wiley & Sons, 1986.

[64] S. Egami, 'Improvement of K-band satellite link transmission capacity and availability by the transmitting power control', *Electron. Commun. Jpn.*, 1983, vol. 66-B, pp. 80–89. (Translated from Denshi Tsushin Gakkai Ronbunshi, 1983, vol. 66-B, pp. 1370–1377).

[65] I. Nishiyama, R. Miura and H. Wakana, 'Closed-loop uplink power control experiment in K-band using CS-2', *15th International Symposium on Space Technology and Science*, Tokyo, Japan, 1986, Proceedings vol. 1 (A87-32276 13–12), pp. 1019–1027.

[66] T. Atsugi, M. Morikura and S. Kato, 'Astudy on uplink transmission power control scheme for satellite communication systems', *Proceedings of the ISAP*, Tokyo, Japan 1985, vol. 1, paper 054-3, pp. 329–332.

[67] N. Myren, J. Hörle and M. Tomlinson, 'Closed-loop uplink power control in a 20/30 GHz VSAT system', *OLYMPUS Utilization Conference, Proceedings of an International Conference Concerning Programme Results*, Sevilla, Spain, 20–22 April 1993, ESA publication WPP-60, pp. 541–547.

[68] *Private communication, KDD Laboratories*, Japan, June 1988.

[69] K.T. Lin, C. Zaks, A.W. Dissanayake and J.E. Allnutt, 'Results of an experiment to demonstrate the effectiveness of open-loop up-link power control for Ku-band satellite links', *IEE International Conference on Antennas and Propagation, Edinburgh*, 1993, vol. 2, pp. 202–205.

[70] A.W. Dissanayake, 'Application of open-loop uplink power control in Ka-band satellite links', *Proc. IEEE*, 1997, vol. 85, no. 6, pp. 959–969.

[71] D.G. Sweeney, 'Implementing adaptive power control as a 30/20 GHz fade countermeasure', *OLYMPUS Utilization Conference, Proceedings of an International Conference Concerning Programme Results*, Sevilla, Spain, 20–22 April 1993, ESA publication WPP-60, pp. 623–627.

[72] D.G. Sweeney and C.W. Bostian, 'The dynamics of rain-induced fades', *IEEE Trans. Antennas Prop.*, vol. 40, no. 3, March 1992, pp. 274–278.

[73] H. Fuckuchi, 'Effects of integration time on rain attenuation statistics at 20 GHz', Special Issue on 1992 International symposium on Antennas and Propagation, *IECE Trans. Commun.*, 1993, vol. E76-B, no. 12, pp. 1590–1592.

[74] E.T. Salonen. and P.A.O. Heikkinen, 'Fade slope analysis for low elevation angle satellite links', *Proceedings of the International Workshop of COST Actions 272 and 280 Satellite Communications – From Fade Mitigation to Service Provision*, 26–28 May 2003 ESTEC, Noordwijk, The Netherlands, ESA publication WPP-209, pp. 47–53.

[75] L. v.d. Coevering, 'Two years of ITALSAT 40 GHz Measurements at EUT', *CEPIT (Coordinamento Esperimento Propagazione ITALSAT) VI Proceedings*, Venice, 3 November 1998, hosted by the fourth Ka-band utilization conference, p. 39 et seq.

[76] M.M.J.L. van der Kamp, 'Statistical analysis of rain fade slope', *IEEE Trans. Antennas Prop.*, 2003, vol. 51, no. 8, pp. 1750–1759.

[77] J.E. Allnutt and C. Riva, 'The prediction of rare propagation events: the changing face of outage risk assessment in satellite services', invited paper, session F, URSI General Assembly, Maastricht, August 2002, paper number 0937 of session F2, p. 47 et seq.

[78] J.E. Allnutt and F. Haidara, 'Uplink power control strategies for low data-rate Ka-band satellite services', *Millennium Conference on Antennas and Propagation*, Davos, Switzerland, 9–14 April 2000, ESA publication SP-444,

Session 4P2 ‘ropagation for Multimedia Services’.

[79] A. Dissanayake, H.-H. Viskum, L. Yi and F. Haidara, ‘Propagation modeling for optimizing spacecraft antenna coverage’. paper 1221, Session 4P2, AP 2000, *Millennium Conference on Antennas and Propagation*, Davos, Switzerland, 9–14 April, 2000, pp. 1211–1224.

[80] D.O. Reudink and Y.S. Yeh, ‘Ascanning spot beam satellite system’, *Bell Syst. Tech J.*, 1977, pp. 1549–1560.

[81] S. Egami and M. Kawa, ‘An adaptive multiple-beam transmitter for satellite communications’, *IEEE Trans. Aero. Electron. Syst.*, 1987, vol. AES-23, pp. 11–16.

[82] H. Fukuchi, ‘Correlation properties of rainfall rates in the United Kingdom’, *IEE Proc.*, 1988, 135, Part H, pp. 83–88.

[83] G.R. McMillen, B.A. Mazur and T. Abdel-Nabi, ‘Design of a selective FEC subsystem to counteract rain fading in Ku-band TDMA systems’, *Int. J. Satell. Commun.*, 1986, vol. 4, pp. 75–82.

[84] F. Barbaliscia and A. Paraboni, ‘Joint statistics of rain intensity in eight Italian locations for satellite communications networks’, *Electron. Lett.*, 1982, vol. 18, pp. 118–119.

[85] C. Capsoni, A. Paraboni and A. Pawlina Bonati, ‘Models of horizontal structure of rain from cell to sub-synoptic scale’, *OLYMPUS Utilization Conference, Proceedings of an International Conference Concerning Programme Results*, Sevilla Spain, 20–22 April 1993, ESA publication WPP-60, pp. 641–145; and also reported in S. Bertorelli and A. Paraboni, ‘Simulation of joint statistics of rain attenuation in multiple sites across wide areas using ITALSAT data’, *IEEE Trans. Antennas Prop.*, 2005, vol. 53, no. 8, pp. 2611–2622.

[86] T. Hatsuda, Y. Aoki, H. Echigo, F. Takahata, Y. Maekawa and K. Fujisaki, ‘Ku-band long distance site diversity (SD) characteristics using new measuring system’, *IEEE Trans. Antennas Prop.*, 2004, vol. 52, no. 6, pp. 1481–1491.

[87] A. Donner, M. Beriolli, R. Menichelli and M. Werner, ‘MPLS networking for non-GEO satellite constellations’, *Ibid.*, pp. 93–100.

[88] M. Bousquet, L. Castanet, L. Feral, P. Pech and J. Lemorton, ‘Application of a model of spatial correlation time-series into a simulation platform of adaptive resource management for Ka-band OBP satellite systems’, *Ibid.*,

pp. 213–220.

[89] S. Cioni, R. De Gaudenzi and R. Rinaldo, 'Adaptive coding and modulation for broadband satellite networks (part 1)', *Ibid.*, pp. 249–255; and (part 2) pp. 256–261.

[90] L.S. Ronga, 'Transmission and resource management technique for new satellite services: a COST 272 perspective', *Ibid.*, pp. 287–294.

[91] B.C. Grémont, 'Event detection, control, and performance modeling', *Ibid.*, pp. 263–270.

[92] L. Castanet, A. Bolea-Almañac and M. Bousquet, 'Interference and fade mitigation techniques for Ka and Q/V band satellite communications systems', *Ibid.*, pp. 241–248.

[93] T. Oguchi and Y. Hosoya, 'Scattering properties of oblate raindrops and crosspolarization of radio waves due to rain, II. Calculations at microwave and millimeter wave regions', *J. Radio Res. Labs.*, 1974, vol. 21, pp. 191–259.

[94] T.S. Chu, 'Restoring the orthogonality of two polarizations in radio communications systems', *Bell Syst. Tech. J.*, 1971, vol. 50, pp. 3063–3069.

[95] S.K. Barton, 'Methods of adaptive cancellation for dual polarization satellite systems', *Marconi Rev.*, 1976, vol. 39, pp. 1–24.

[96] D.E. DiFonzo, W.S. Trachtman and A.E. Williams, 'Adaptive polarization control for satellite frequency re-use systems', *COMSAT Tech. Rev.*, 1976, vol. 6, pp. 253–283.

[97] M. Yamada, A. Ogawa, O. Furuta and H. Yuki, 'Rain depolarization measurements by using INTELSAT IV satellite in 4-GHz band at low elevation angle', *URSI Commission F Open Symposium on Propagation in Non-Ionized Media*, La Baule, France, 1977, pp. 409–414.

[98] V.H. Rumsey, G.A. Deschamps, M.L. Kales and J.I. Bohnert, 'Techniques for handling elliptically polarized waves with special reference to antennas', *Proceedings of the I.R.E.*, May 1951, vol. 39(5), pp. 533–552.

[99] H. Poincaré 'Theorie mathematique de la lamiere', 1889, pp. 282–285.

[100] D.L. Bryant, '6 GHz uplink depolarization pre-compensation experiment', B.T.I. Phase A Report on INTELSAT contract INTEL-156, 1984; (Available from British Telecom International, Landsec House, 23 New Fetter Lane, London, EC4A 1AE, UK).

[101] D.L. Bryant, *Ibid.*, B.T.I. Final Report on INTELSAT contract INTEL-156.

[102] M. Yamada, Y. Karasawa, M. Yokoyama and H. Shimoi, 'Compensation

techniques for rain depolarization in satellite communications', presented at the 23rd URSI General Assembly, Prague, Czechoslovakia, 5 September 1990.

[103] A. Ghorbani and N.J. McEwan, 'Exact cancellation of differential phase shift by a rotating polarizer', *Electron. Lett.*, 1986, vol. 22, pp. 1137–1138.

[104] A. Ghorbani and N.J. McEwan, 'Propagation theory in adaptive cancellation of cross-polarization', *Ibid.*, 1988, vol. 6, pp. 41–52.

[105] D.V. Rogers and J.E. Allnutt, 'Some practical considerations for depolarization in 14/11 GHz and 14/12 GHz communications satellite systems', *Electron. Lett.*, 1985, vol. 21, pp. 1093–1094.

[106] D.V. Rogers and J.E. Allnutt, 'System implications of 14/11 GHz path depolarization. Part I: predicting the impairments', *Int. J. Satell. Commun.*, 1986, vol. 4, pp. 1–11.

[107] J.E. Allnutt and D.V. Rogers, 'System implications of 14/11 GHz path depolarization. Part II: Reducing the impairments', *Ibid.*, pp. 12–17.

[108] N.J. McEwan and A. Ghorbani, 'Aclassification of system structures involving frequency re-use and cross-polar cancellation', *Int. J. Satell. Commun.*, 1986, vol. 4, pp. 51–58.

[109] K. Tomiyasu, 'Mitigation of rain and ice particle cross polarization at RF for dual circularly polarized waves', *IEEE Trans. Antennas Prop.*, 1998, vol. 46, no. 9, pp. 1379–1385.

[110] T.M.B. Wright, 'Vulnerability of digital satellite business data links to optimized jamming', *IEEE Proc.*, 1986, Part F, pp. 499–500.

[111] http://en.wikipedia.org/wiki/Captain_Midnight_(HBO) (Information of the jamming activity of an engineer calling himself "Captain Midnight").

[112] N. White, D. Brandwood and G. Raymond, 'The application of interference cancellation to an earth station', *Satellite Communications Systems Conference*, IEE Conference Publication 126, 1975, pp. 233–238.

[113] Y. Aono, Y. Daido, S. Takenaka and H. Nakamura, 'Cross polarization interference cancellers for high-capacity digital radio systems', *ICC 1985*, vol. 3, pp. 1254–1258.

[114] *SIGNATRON*, Repolarizer Frequency Reuse Modem Model 278: Product Information Bulletin, Signatron, Inc., 12 Hartwell Ave, Lexington, MA 02173, USA.

[115] R.R. Rogers, R.L. Olsen, J.I. Strickland and G.M. Coulson, 'Statistics of dif-

ferential rain attenuation on adjacent earth-space propagation paths', *Annal. des Telecomm.*, 1982, vol. 37, pp. 445–452.

[116] D.C. Cox, H.W. Arnold and H.H. Hoffman, 'Measured bounds on rainscatter coupling between space–Earth radio paths', *IEEE Trans. Antennas Prop.*, 1982, vol. AP-30, pp. 493–497.

[117] J.A. Lane, 'Relative importance of tropospheric and precipitation scatter in interference and coordination', *Electron. Lett.*, 1978, vol. 14, pp. 425–427.

[118] W.A. Flock, 'Propagation effects on satellite systems at frequencies below 10 GHz', *NASA Ref. Publ.*, 1987, vol. 1108(02).

[119] M. Otter, 'Spread-spectrum multiple access for spacecraft service functions (TT&C)', *ESA J.*, 1986, vol. 10, pp. 277–290.

[120] P. Fouldes, 'Switchability of frequency addressable antennas for INTELSAT operations', Final Report on INTELSAT contract INTEL-774. (Available from INTELSAT, 3400 International Drive, NW, Washington, DC 20008-3098, USA).

[121] IMPRES Phase 2 Report on INTELSAT contract INTEL-513, 1987, Volume 1: Models Overview (Communications Research Ltd. [CSRL], Prospect House, The Grove, Ilkley, LS2 9EE, West Yorkshire, England).

[122] The home page of the Internet Engineering Task Force (IETF): http://www.ietf.org/.

附录 A 空间电波传输术语定义

以下信息摘自报告 204–6, 以相同的题名包含在该报告第四卷 –1 的 4A 节 "卫星固定业务" 中, 并在最近根据建议 310–9 (非电离媒质传播术语定义) 和 311–6 (对流层电波传播研究数据) 中的资料进行了更新, 这些资料最早出自于 CCIR 绿皮书的第五卷 "非电离媒质传播", 现在包含在 ITU-R 3 号研究组的建议中。

英文	中文	含义
Active satellite	主动卫星	载有可发射或转发无线通信信号台站的卫星
Aerosols	悬浮颗粒	大气中 (不同于雾或云中的液滴) 不因重力而快速降落的微小颗粒
Altitude of the apogee (perigee)	远地点 (近地点) 海拔	代表地球表面的假想参考面的远地点 (近地点) 海拔
Anomalistic period	近点周期	卫星连续两次通过其轨道近拱点的时间间隔
Apoapsis	远拱点	围绕天体运行的轨道上距天体质心最远的点
Apogee	远地点	围绕地球运行的轨道上距地球质心最远的点
Asending (descending) node	升 (降) 交点	卫星或行星轨道与主参考平面的交点, 经过该点时卫星或行星的第三坐标轴增大 (或减小)

(续)

英文	中文	含义
Attitude-stabilized satellizte	固定姿态卫星	至少有一个轴指向特定方向的卫星, 例如指向地心、太阳或空间中某一特定点
Circular orbit (of a satellite)	圆轨道 (卫星)	指卫星在轨道运行时, 与中心体间的质心间距保持不变
Cross-polarization	交叉极化	出现与预期极化正交的极化分量
Cross-polarization discrimination (XPD)	交叉极化分辨率	如果信号以一种极化形式传送, 接收机检测到的共极化分量和正交极化分量之间的差异
Cross-polarization isolation (XPI)	交叉极化隔离度	对两个以相同频率、相同功率和正交极化发射的无线电波而言, 给定接收机收到的共极化功率与交叉极化功率之比
Deep space	深空	与地球间距离大于或等于地月距离的空间
Deep space probe	深空探测器	执行深空探测任务的探测器
Depolarization	去极化	一个以一规定极化发射的无线电波的全部或部分功率通过传播后, 不再具有规定极化的现象
Diffuse reflection coefficient	漫反射	由粗糙表面产生的非相干反射波或散射波的幅度与入射波幅度之比
Direct (retrograde) orbit (of a satellite)	顺行 (逆行) 轨道 (卫星的)	卫星质心在主参考平面上投影的公转方向与中心体的自转方向相同 (相反) 的卫星轨道
Ducting	沿波导传播	无线电波在对流层无线电波导中的导行传播。 注: 在足够高的频率, 多个电磁场导行波模式可以在相同的对流层无线电波导中共存
Ducting layer	导波分层	用负 M 梯度表征的对流层分层, 该层厚度与波长相比足够大, 因此可能形成对流层无线电波导

(续)

英文	中文	含义
Duct height	波导高度	升高波导的下边界离地面的高度
Duct intensity	波导强度	对流层无线电波导中折射模数最大值和最小值之差。 注: 波导的强度与其导波分层的强度相同
Duct thickness	波导厚度	一个对流层无线电波导的上、下边界的高度差
Effective Earth radius factor, k	等效地球半径因子	等效地球半径与实际地球半径之比。 注: 因子 k 与折射指数 n 的垂直梯度 $\mathrm{d}n/\mathrm{d}h$ 和实际地球半径有关, 由下式表示: $k=\frac{1}{1+a(\mathrm{d}n/\mathrm{d}h)}$
Effective radius of the Earth	等效地球半径	一个理想的没有大气层的球形地球的半径, 电磁波在其上空传播时, 传播路径是直线, 其高度和地面距离与处在具有恒定垂直折射率梯度的大气层的实际地球上空传播时的相同。 注: (1) 等效地球半径这个概念意味着所有点上传播路径与水平面的夹角较小。 (2) 对具有标准折射率梯度的大气层, 取等效地球半径等于 8500 km, 它大约相当于地球实际半径的 4/3
Elevated duct	升高波导	下边界高于地球表面的对流层无线电波导
Elliptical orbit (of a satellite)	椭圆轨道 (卫星)	卫星和中心体的质心间距不恒定但为有限值的卫星轨道。 注: 无扰轨道在一个参考坐标系中是一个椭圆, 该椭圆的焦点为中心体的质心, 椭圆的轴以恒星为参考指向固定方向

(续)

英文	中文	含义
Equatorial orbit (of a satellite)	赤道轨道 (卫星)	轨道面与中心体赤道一致的卫星轨道
Free-space propagation	自由空间传播	电磁波在均匀的、所有方向都可认为是无限大的理想媒质内的传播。 注: 对于自由空间内的传播, 在离源某一距离外的一个固定方向上, 电磁场每一个矢量的大小和与源之间的距离成反比
Frequency reuse satellite network	频率复用卫星网络	在一个卫星网络中, 多颗卫星使用同一频带, 采用天线极化隔离或波束隔离的方法来区分
Gain degradation; antenna-to-medium coupling loss	增益降低; 天线媒质耦合损耗	当在传播路径上发生显著地散射效应时, 发射天线和接收天线的增益之和的视在下降量 (dB)
Geostationary satellite	地球静止卫星	地球同步卫星。以地球为中心体的静止卫星。 注: 地球的恒星周期为 23 h 56 min 4.09 s
Geostationary satellite orbit	地球静止卫星轨道	所有地球静止卫星的独特轨道。要对地静止, 卫星轨道必须以接近于 0 的偏差 (典型的小于 0.001) 位于地球赤道平面内。如果轨道不在赤道平面内, 则称周期为一个恒星日的卫星轨道为地球同步轨道
Ground-based duct (surface duct)	地基波导	下边界为地球表面的对流层无线电波导
Hydrometeors	水凝物	可能存在于大气中或沉降到地面上的水或冰粒子。 注: 雨、雾、云、雪和冰雹是主要的水凝物
Inclination (of a satellite)	轨道倾角 (卫星)	卫星轨道平面与主参考平面间的夹角。 注: 按惯例, 顺行轨道的倾角为锐角, 逆行轨道的倾角为钝角

(续)

英文	中文	含义
Inclined orbit (of a satellite)	倾斜轨道 (卫星)	既非赤道轨道也非极轨道的卫星轨道
Line-of-sight propagation	视距传播	两点间的传播, 其直接射线路径上的障碍少到足以使绕射作用可以忽略不计
Measure of terrain irregularity, Δh	地形不规则度	描述部分或完整传播路径上地面高度变化的统计参数。注: 例如, Δh 通常定义为在特定路径段测量的标准间隔 (十分位高度间隔) 10% 和 90% 高度值之差
Mixing ratio	混合比	在一给定的空气体积中, 水蒸气的质量与干空气的质量之比 (g/kg)
Modified refractive index	修正折射指数	在高度 h 处空气的折射指数 n 与该高度 h 对地球半径 a 的比值之和, 即 $n+\frac{h}{a}$
M	折射模数	见折射模数定义
M-Unit	M 单位	用来表示折射模数的单位
Multipath propagation	多径传播	一个发射点和一个接收点之间同时经由若干独立路径的传播
N-Unit	N 单位	用来表示折射率的单位
Nodal period	节点周期	卫星连续两次通过其轨道升交点的时间间隔
Obstacle gain	障碍增益	由一个孤立的障碍物的边缘绕射所产生的电磁场, 与障碍物不存在时仅由球面绕射所产生的电磁场之比。最近, 此概念在建议 P.310-9 中定义为“在一个孤立物体的存在时的一传输路径末端的场强, 与移除该物体时该传输路径末端场强相比的增加量”

(续)

英文	中文	含义
Orbit	轨道	在某一特定的参考坐标系中,由卫星或空间中其他物体的质心所定义的运行路线,它仅受原始自然力 (主要是重力) 的支配。广义上,轨道定义为物体质心受自然力支配的运行路线,有时通过推进装置产生的低能量的校正力来到达或保持所需的运行路线
Orbital elements	轨道根数	在某一特定参考坐标系中,定义了轨道的形状、尺寸、位置及运转周期的参数。 注: (1) 为了确定物体在空间中的位置,除了其轨道根数以外,必须知道任意时刻该物体的重心在其轨道上的位置。 (2) 通常使用的参考坐标系为直角坐标系 $OXYZ$, 其原点位于中心体的质心, OZ 轴与主参考平面 (也称为基本参考面,简称参考面) 正交。 (3) 对于人造卫星而言,参考平面为地球赤道面, OZ 轴为南北指向
Orbital plane (of a satellite)	轨道面 (卫星)	在定义轨道根数的参考坐标系内,包含中心体质心和卫星速度矢量的平面
Penetration depth	趋肤深度	穿入地表的无线电波的幅度衰减到它在地表的幅度的 $1/e$ (0.368) 时的地面深度
Period of revolution (of a satellite) Orbital period (of a satellite)	分辨周期 (卫星) 轨道周期 (卫星)	卫星连续两次通过其轨道上特定点的时间间隔。 注: 若不特别指出该特定点,则分辨周期通常认为是近点周期
Periapsis	近拱点	围绕天体运行的轨道上距天体质心最近的点

(续)

英文	中文	含义
Perigee	近地点	围绕地球运行的轨道上距地球质心最近的点
Polar orbit (of a satellite)	极轨道 (卫星)	轨道面包含中心体的极轴的卫星轨道
Precipitation rate, rainfall rate, rain rate	降水率, 降雨率	一个降水强度的度量标准, 用单位时间降落到地面的水的高度表示。 注: 降雨率单位通常用 mm/h 表示
Precipitation scatter propagation	降水散射传播	由水凝物 (主要是雨) 引起的散射造成的对流层传播
Primary body (in relation to a satellite)	中心体 (相对于卫星)	主要决定卫星运动规律的引力源物体
Radio horizon	无线电地平线	从一个无线电波点源发出的直接射线与地球表面相切的切点的轨迹。 注: 由于大气折射, 通常无线电地平线和几何地平线是不同的
Rayleigh criterion	瑞利准则	对一个给定擦地角的无线电波, 瑞利准则 "H" 定义为 $H=(7.2\lambda)/\theta$。式中: λ 为入射波长, θ 为电波相对于表面的擦地角
Reference atmosphere for refraction	折射参考大气层	按照建议 ITU-R P.453 给出的规律, 折射指数 $n(h)$ 随高度降低而减小的大气层
Reflecting satellite	反射式卫星	通过反射来传输无线通信信号的卫星
Refractive index, 'n'	折射指数, "n"	真空中的电波传播速度与媒质中电波传播速度的比值
Refractive modulus, 'M'	折射模数, "M"	修正折射指数超过 1 之差的 10^6 万倍: $M=\left[n+\frac{h}{a}-1\right]\times 10^6$ $=N+\left[\frac{h}{a}\times 10^6\right]$

(续)

英文	中文	含义
Refractivity, 'N'	折射率, "N"	大气折射指数 "n" 超过 1 之差的 10^6 万倍: $N = (n-1) \times 10^6$
Relative humidity with respect to water (or ice)	相对于水 (或冰) 的相对湿度	用百分数表示的湿空气中水蒸气的蒸气压与在相同温度和压力下水 (或冰) 的饱和蒸气压之比
Rough surface	粗糙表面	一个不满足镜面条件的分离两媒质的表面, 其不均匀性随机分布并引起漫反射。 注: 其尺寸必须远大于入射波的波长
Satellite	卫星	围绕另一质量占优势的物体运转的物体, 其运动主要并恒定的决定于另一物体的引力。 注: 围绕太阳运转的符合此定义的物体称为行星或小行星
Scintillation	闪烁	由于传播媒质折射指数的涨落引起的接收信号的某一个或多个参数 (如幅度、相位、极化或到达角) 的快速不规则起伏
Service arc	业务弧段	地球静止卫星轨道的弧段, 在该弧段内, 空间台站可以为其业务区域内的所有关联地面站提供所需服务 (所需的服务取决于系统特征和用户需求)
Sidereal period of revolution (of a satellite)	公转恒星周期 (卫星)	在相对于恒星固定的参考坐标系下, 卫星连续两次通过相对于恒星固定的某参考平面的时间间隔, 该参考平面穿过中心体质心且与卫星轨道面正交。(对于绕地球运转的地球静止卫星来说, 一个恒星日为 24 h 56 min 4.09 s)
Sidereal period of rotation (of a body in space)	自转恒星周期 (空间物体)	在相对于恒星固定的参考坐标系下, 空间中物体围绕其自身旋转轴旋转的周期

(续)

英文	中文	含义
Site shielding	站点遮蔽	由自然或人造物体引起的到达靠近地面的天线的无线信号电平的减小值
Site shielding factor	站点遮蔽因子	完全没有站点遮蔽的无线信号电平值与有站点遮蔽的实际无线信号电平值之比 (dB)
Smooth surface; specular surface	光滑表面; 镜面表面	一个分离两媒质的表面, 其尺寸远大于入射波的波长, 其不均性则小到足以发生镜面反射。 注: 实际中, 表面的最小尺寸与菲涅尔区相当, 其不均匀性用瑞利准则来估计
Spacecraft	空间飞行器	在地球大气层中心体以外执行任务的人造交通工具
Space probe	空间探测器	设计用来在空间中执行观测或测量任务的空间飞行器
Standard radio atmosphere	标准无线电大气层	具备标准折射率梯度特性的大气层
Standard refractivity gradient	标准折射率梯度	折射研究中使用的折射率的垂直梯度的标准值为 −40 N 个单位/km。这个值近似相当于温带第一个一公里高度内梯度的中值
Stationary satellite	静止卫星	相对于中心体表面位置固定的卫星, 或相对于中心体表面位置近似固定的卫星。 注: 静止卫星即轨道为近赤道的、圆的顺行轨道的同步卫星
Station-keeping satellite	位置保持卫星	质心位置相对于同一空间系统中其他卫星的位置遵从特定规律运动的卫星, 或者相对于地球上固定或以特定方式移动的点遵从特定规律运动的卫星
Sub-refraction	亚折射	折射率梯度大于标准折射率梯度时的折射

(续)

英文	中文	含义
Sub-synchronous (super-synchronous) satellite	亚同步 (超同步) 卫星	平均公转恒星周期为中心体自转周期的约数的卫星
Super-refraction	超折射	折射率梯度小于标准折射率梯度时的折射
Synchronized satellite	同步卫星	升交点周期或节点周期与其他的某颗卫星或行星相同的卫星, 或与一个给定现象的周期相同的卫星, 它将在特定的时间穿过其轨道上的特定点。即平均公转恒星周期与中心体自转周期相同的卫星; 广义上讲, 即平均公转恒星周期近似与中心体自转周期相同的卫星
Temperature inversion (in the troposphere)	逆温 (在对流层中)	在对流层中温度随高度的增加
Transhorizon propagation	超地平线传播	靠近地面的两点间的对流层传播, 接收点在发射点的无线电地平线之外。 注: 超地平线传播可能是由于对流层的各种机制, 例如对流层的绕射、散射、反射所造成的。但是不包括大气波导 (因为波导内没有无线电地平线)
Tropopause	对流层顶	对流层的上边界, 其上方的温度随着高度增加仅微弱抬升, 或保持恒定
Troposphere	对流层	地球大气层的下部, 从地面向上延伸, 在其中除某些局部的逆温层外, 温度随高度下降。这部分大气层在两极延伸到大约 9 km 的高度, 在赤道约为 17 km

(续)

英文	中文	含义
Tropospheric radio duct	对流层无线电波导	对流层中的一个准水平分层，它能将一个频率足够高的无线电波能量充分限制在其中，并以远低于在均匀大气层中的衰减传播。 注：在升高波导的情况，对流层无线电波导由一波导分层和一部分下面的大气层组成
Tropospheric scatter propagation	对流层散射传播	由大气层折射指数的许多不均匀性和不连续点的散射造成的对流层传播
Unperturbed orbit (of a satellite)	无扰轨道 (卫星)	卫星轨道处于只受中心体引力支配的理想情况，中心体的引力可等效的认为集中来自于其质心。 注释：在原点位于中心体质心，且各轴相对于恒星保持不变的参考坐标系中，无扰轨道为圆锥曲线
Visible arc	可见弧段	地球静止卫星轨道中对于业务区中每个关联的地面站均为可见的弧段

附录 B 常用公式

B2.1 本书中出现或引用的公式

这里列举的公式一般是本书正文中出现的, 相关术语的定义需要结合其上下文进行理解。因此, 为了阅读方便, 本节中公式的编号与本书正文中对应公式的编号保持一致。

对于一颗沿着赤道向东运行的在轨卫星, 其视在周期 P 与绝对运行周期 T 的关系可表示为

$$p = \frac{24T}{24 - T} \text{ (h)} \tag{1.1}$$

天线波束宽度 θ 的计算公式:

(1) 对于均匀孔径分布的天线,3dB 波束宽度可表示为

$$\theta_{\text{Bu}} = 1.02\frac{\lambda}{D} \text{ (rad)} \tag{1.2}$$

(2) 对于余弦平方孔径分布的天线,3dB 波束宽度 (译者注, 原文误为 "−10-dB edge taper") 可表示为

$$\theta_{\text{B}} = 1.2\frac{\lambda}{D} \text{ (rad)} \tag{1.3a}$$

$$\theta_{\text{B}} = \frac{70\lambda}{D} \text{ (°)} \tag{1.3b}$$

$$(\theta_{\text{B}})^2 = \frac{30000}{G} \text{ (°)}^2 \tag{1.3c}$$

天线增益可表示为

$$G_{\mathrm{T}}=\eta\left(\frac{\pi D}{\lambda}\right)^2 \tag{1.7}$$

$$G_{\mathrm{T}}=\frac{30000}{\theta^2} \tag{1.8}$$

椭圆率可表示为

$$r=\frac{a}{b} \tag{1.9}$$

圆极化率可以表示为

$$\rho=\frac{E_{\mathrm{L}}}{E_{\mathrm{R}}} \tag{1.12}$$

$$r=\frac{\rho+1}{\rho-1} \tag{1.14}$$

$$\rho=\frac{r+1}{r-1} \tag{1.15}$$

Marshall-Palmer 雨滴尺寸分布的一般公式为

$$N_{g(D)}=N_0\mathrm{e}^{-3.67D_{\mathrm{e}}/D_0} \tag{1.22}$$

若降雨率测量中采用 1 min 作为时间累积常数, 则平均降雨率 (mm/h) 超过某特定值 R 的时间的计算公式为

$$T_1=M\times\left\{(0.03\beta\mathrm{e}^{-0.03R})+(0.2(1-\beta)[\mathrm{e}^{-0.258R}+1.86\mathrm{e}^{-1.63R}])\right\}\ (\mathrm{h}) \tag{1.25}$$

最小可容忍的基本传输损失为

$$A=P_{\mathrm{u}}+G_{\mathrm{u}}+G_{\mathrm{w}}-P_{\mathrm{i}}(p)\ (\mathrm{dB}) \tag{1.27}$$

文献 [88] 给出的传播过程中衍射损耗的近似计算公式:

(1) 刀锋边沿的衍射损耗为

$$J(v)=6.9+20\log\left[\sqrt{(v-0.1)^2+1}+v-0.1\right]\ (\mathrm{dB}) \tag{1.33}$$

(3) 圆润边沿的衍射损耗为

$$\Delta A=7(1+2v)\rho\ (\mathrm{dB}) \tag{1.34}$$

从而得到圆润障碍物的总衍射损耗为

$$A=J(v)+\Delta A\ (\mathrm{dB}) \tag{1.36}$$

设 G_{s} 为由闪烁引起的某年时间百分比对应的有效增益, F_{s} 为站点屏蔽因子, 则最小允许基本传播损耗可表示为

$$A = P_{\mathrm{u}} + G_{\mathrm{u}} + G_{\mathrm{w}} - F_{\mathrm{s}} + G_{\mathrm{s}} - P_{\mathrm{i}}(p)\ (\mathrm{dB}) \tag{1.38}$$

热噪声功率为

$$P_{\mathrm{N}} = k \times T_{\mathrm{r}} \times B_{\mathrm{N}}\ (\mathrm{W}) \tag{1.39}$$

一种简化的链路预算方法采用对数值形式可表示为

$$(C/N)_{\mathrm{r}} = P_{\mathrm{t}} + G_{\mathrm{t}} + G_{\mathrm{r}} - L - 10\lg(P_{\mathrm{N\ total}})\ (\mathrm{dB}) \tag{1.42}$$

(译者注: 原公式单位为 dBW)
反射面天线的接收功率可表示为

$$P_{\mathrm{r}} = P_{\mathrm{t}} \times G_{\mathrm{t}} \times G_{\mathrm{r}} \times \left(\frac{\lambda}{4 \times \pi \times d}\right)^2 \tag{1.46}$$

等离子体的折射率的计算公式为

$$n_0^2 = 1 - \frac{f_{\mathrm{p}}^2}{f^2} \tag{2.1}$$

等离子体频率可表示为

$$f_{\mathrm{p}} = 8.9788 \times 10^{-6} \times N^{1/2}\ (\mathrm{MHz}) \tag{2.2}$$

电波的截止频率 f_{c} 与等离子体频率 f_{p} 相等, 即 $f_{\mathrm{c}} = f_{\mathrm{p}}$, 所以有

$$f_{\mathrm{c}} = 8.9788 \times 10^{-6} \times N^{1/2}\ (\mathrm{MHz}) \tag{2.3}$$

法拉第旋转的计算公式为

$$\phi = \frac{C}{f^2} \times \mathrm{TEC}\ (\mathrm{rad}) \tag{2.7}$$

测距误差的计算公式为

$$\Delta R = \frac{40.3}{f^2} \times \mathrm{TEC}\ (\mathrm{m}) \tag{2.8}$$

相位超前量可表示为

$$\Delta\phi = \frac{1.34}{f} \times \mathrm{TEC}\ (\mathrm{cycles}) \tag{2.14}$$

或

$$\Delta\phi = \frac{8.44 \times 10^{-7}}{f} \times \mathrm{TEC}\ (\mathrm{rad}) \tag{2.15}$$

时间延迟随频率的变化率 $\mathrm{d}t/\mathrm{d}f$ 可表示为信号由时间延迟引起的色散。根据式 (2.10) 可得

$$\frac{\mathrm{d}t}{\mathrm{d}f} = \frac{2.68 \times 10^{-7}}{f^3} \times \mathrm{TEC} \tag{2.19}$$

菲涅尔区半径的计算公式为

$$d = \sqrt{\frac{\lambda \cdot d_\mathrm{T} \cdot d_\mathrm{R}}{d_\mathrm{T} + d_\mathrm{R}}}\ (\mathrm{m}) \tag{2.24}$$

n 阶菲涅尔区半径可表示为

$$d_n = \sqrt{n} \times d\ (\mathrm{m}) \tag{2.25}$$

太阳耀斑的丰度指数可定义为

$$R = K(10G + I) \tag{2.26}$$

式中: G 为可见太阳黑子群的数量; I 为可见单独黑子的总数量; K 为“仪器因子”, 用来考虑不同观察者与天文台观测到的差异。

闪烁指数的计算公式为

$$(S4)^2 = \frac{\langle A^2\rangle - \langle A^2\rangle}{\langle A^2\rangle} \tag{2.28}$$

$$\mathrm{SI} = \frac{P_\mathrm{max} - P_\mathrm{min}}{P_\mathrm{max} + P_\mathrm{min}} \tag{2.29}$$

电离层衍射屏的漂移速度可表示为

$$v = \sqrt{\lambda z} f_\mathrm{min}\ (\mathrm{m/s}) \tag{2.30}$$

干燥大气的折射率可表示为

$$n_\mathrm{dry} = 1 + 77.6 \times \frac{P}{T} \times 10^{-6} \tag{3.1}$$

潮湿大气的折射率可表示为

$$n_\mathrm{wet} = \left(375000 \times \frac{\mathrm{e}}{T^2} - 5.6\frac{\mathrm{e}}{T}\right) \times 10^{-6} \tag{3.2}$$

总折射率可表示为

$$n - 1 = \frac{77.6}{T} \times \left(P + 4810 \times \frac{\mathrm{e}}{T}\right) \times 10^{-6} \tag{3.4}$$

N 个单位定义为

$$n = 1 + N \times 10^{-6} \tag{3.5}$$

或

$$N = \frac{77.6}{T} \times \left(P + 4810 \times \frac{\mathrm{e}}{T}\right) \tag{3.6}$$

水汽分压 e 可以由水蒸气密度 ρ 通过下式得到[5]:

$$\mathrm{e} = \frac{\rho T}{216.7}\ (\mathrm{HPA}) \tag{3.7c}$$

式中: ρ 单位为 $\mathrm{g/m^3}$。

折射率的指数衰减可表示为

$$N = N_{\mathrm{o}} \times \mathrm{e}^{-(h/h_{\mathrm{o}})} \tag{3.8a}$$

式中: h_{o} 为合适的“参考高度”。

$$N_{\mathrm{s}} = N_{\mathrm{o}} \times \mathrm{e}^{-(h_{\mathrm{s}}/h_{\mathrm{o}})} \tag{3.8b}$$

式中: h_{s} 为地球表面高出平均海平面高度 (km)。

对于平均指数大气, 式 (3.8a) 可化简为

$$N = 315 \times \mathrm{e}^{-(h/7.35)} \tag{3.9}$$

水汽分压 e 和水蒸气密度 ρ 的关系可表示为[10]:

$$\rho = 216.7 \times \left(\frac{\mathrm{e}}{T}\right) \tag{3.11}$$

设折射率垂直梯度为 $\mathrm{d}n/\mathrm{d}h$, 穿过大气的射线路径的曲率半径可表示为[11,12]

$$\frac{1}{r} = -\frac{\cos\theta}{n}\frac{\mathrm{d}n}{\mathrm{d}h} \tag{3.12}$$

式中: θ 为射线在地球表面发射机处相对于当地水平面的初始仰角。

射线弯曲 τ 与表面折射率 N_{s} 之间的关系可表示为[15]

$$\tau = a + b \times N_{\mathrm{s}} \times 10^{-3} (^\circ) \tag{3.15}$$

式中: a、b 为常数。

距离延迟可表示为

$$\Delta R = \Delta R_{\mathrm{d}} + \Delta R_{\mathrm{w}} \ (\mathrm{m}) \tag{3.16}$$

式中: ΔR_{d} 为干燥空气引起的距离延迟; ΔR_{w} 为空气中的水汽引起的距离延迟。

对于天顶路径, 干空气引起的距离延迟可表示为[23]

$$\Delta R_{\mathrm{d}} = 2.2757 \times 10^{-3} \times P_{\mathrm{d}} \ (\mathrm{m}) \tag{3.17}$$

反射系数定义为

$$\rho = \frac{E_{\mathrm{r}}}{E_{\mathrm{i}}} \tag{3.20}$$

式中: E_r、E_i 分别为反射场和入射场。

垂直极化波的反射系数可表示为

$$\rho_{\mathrm{V}} = \frac{n^2 \sin\theta - (n^2 - \cos^2\theta)^{1/2}}{n^2 \sin\theta + (n^2 - \cos^2\theta)^{1/2}} \tag{3.26}$$

水平极化波的反射系数可以表示为

$$\rho_{\mathrm{H}} = \frac{\sin\theta - (k - \mathrm{j}\sigma/\omega\varepsilon_0 - \cos^2\theta)^{1/2}}{\sin\theta + (k - \mathrm{j}\sigma/\omega\varepsilon_0 - \cos^2\theta)^{1/2}} \tag{3.27}$$

或

$$\rho_{\mathrm{H}} = \frac{\sin\theta - (n^2 - \cos^2\theta)^{1/2}}{\sin\theta + (n^2 - \cos^2\theta)^{1/2}} \tag{3.28}$$

布儒斯特角可表示为

$$\theta_{\mathrm{B}} = \arctan\sqrt{\frac{k_1}{k_2}} \ (^\circ) \tag{3.29}$$

瑞利判据的公式为

$$H = \frac{7.2\lambda}{\theta} \tag{3.35}$$

对于单馈源天线, 瑞利 (远场) 距离可表示为

$$L = \frac{2D^2}{\lambda} \ (\mathrm{m})$$

式中: D 为天线反射面的直径; λ 为电波波长。

需要注意的是, 对于多波束天线 (多馈源天线), 远场距离至少大于 $5L$。

气体特征衰减可表示为

$$\gamma = \gamma_o + \gamma_w \ (\text{dB/km}) \tag{3.36}$$

式中: γ_o 为氧气的特征衰减; γ_w 为水汽的特征衰减。

如果地面路径的长度是 r_o (km), 则沿路径的衰减由下式给出[34]:

$$A = \gamma r_o = (\gamma_o + \gamma_w) r_o \ (\text{dB}) \tag{3.45}$$

$$A = -1.347 + 0.0372\lambda + \frac{18}{\lambda} - 0.022T \tag{3.53}$$

式中: A 为特征衰减系数 ((dB/km)/(g/m^3)); λ 为波长 (mm); T 为温度 (°C)。

频率为 f、仰角为 θ 的均方根起伏量与频率为 f_o、仰角为 θ_o 的均方根起伏量有关, 可表示为[19]

$$\sigma(f,\theta) = \left[\frac{f}{f_o}\right]^{7/12} \left[\frac{\sin\theta_o}{\sin\theta}\right]^{11/12} \left[\frac{G(R)}{G(R_o)}\right]^{1/2} \sigma(f_o,\theta_o) \tag{3.69}$$

对流层闪烁的标准偏差可表示为

$$\sigma = \sigma_{\text{ref}} f^{7/12} \frac{g(x)}{\sin^{1.2}\theta} \tag{3.74}$$

电波的路径衰减可表示为

$$A_{\text{ex}} = 4.343 \times L \int_0^{\infty} C_{\text{t}(D)} N_{(D)} \mathrm{d}D \tag{4.4}$$

特征衰减可表示为

$$\gamma = k \cdot R^{\alpha} \ (\text{dB.km}) \tag{4.7}$$

噪声温度增量 T_r 也称为辐射噪声温度, 由以下两个公式给出:

$$T_r = T_m \times (1 - \sigma) \ (\text{k}) \tag{4.13}$$

$$T_r = T_m \times \left(1 - \mathrm{e}^{-A/4.34}\right) \ (\text{k}) \tag{4.14}$$

理想化的辐射计方程给出的倾斜路径衰减可表示为

$$A = 10 \lg \frac{T_m}{T_m - T_r} \ (\text{dB}) \tag{4.21}$$

考虑宇宙温度 T_c 后, 式 (4.21) 可修正为

$$A = 10\lg\frac{T_m - T_c}{T_m - T_r}\ (\text{dB}) \tag{4.22}$$

天空的亮温可表示为

$$T_s = \frac{T_a - (1-H)T_g}{H}\ (\text{K}) \tag{4.24}$$

物理介质温度可表示为

$$T_m = 1.12T_g - 50\ (\text{K}) \tag{4.26}$$

根据雷达方程计算的雷达接收信号功率可表示为

$$P_R = \frac{P_T G^2 \lambda^2 S}{(4\times\pi)^3 \times r^4}\ (\text{W}) \tag{4.30}$$

雷达常数可表示为

$$C = \frac{G^2\lambda^2}{(4\pi^3)} \tag{4.32}$$

反射率因子可表示为

$$Z = \int_0^{D_{\max}} N_{(D)} D^6 \mathrm{d}D\ (\text{mm}^6/\text{m}^3) \tag{4.35}$$

或

$$Z = aR^b\ (\text{mm}^6/\text{m}^3) \tag{4.36}$$

差分反射率可表示为

$$Z_{DR} = 10\lg\frac{Z_H}{Z_V} \tag{4.37}$$

高百分比时间的降雨率近似公式为

$$R_{(p)} = R_{(0.3)}\left(\frac{\log(p_c/p)}{\log(p_c/0.3)}\right)^2\ (\text{mm/h}) \tag{4.40}$$

式中: $R(p)$ 为所需时间百分比 p 对应的降雨率; $R(0.3)$ 为 0.3% 降雨率; P_c 为降雨率降到 0 时的时间百分比。

平均年最坏月份概率 p_w 和平均年概率 p 的关系可表示为

$$p = 0.29p_w^{1.15}\% \tag{4.43}$$

长期的不同频率额外衰减值 (除大气衰减外) 的比例定律为

$$\frac{A_1}{A_2} = \frac{g(f_1)}{g(f_2)} \tag{4.48}$$

式中

$$g(f) = \frac{f^{1.72}}{1 + 3 \times 10^{-7} f^{3.44}} \tag{4.49}$$

分集合成增益可表示为

$$G = G_{(D)} G_{(f)} G_{(\theta)} G_{(\varphi)} \text{ (dB)} \tag{4.64}$$

分集改善因子可表示为

$$I = \frac{p_1}{p_2} = \frac{1}{1+\beta^2}\left(1 + \frac{100\beta^2}{p_1}\right) \tag{4.66}$$

式中: p_2 为两个分集站点的联合概率 (%); p_1 为单站的概率 (%); 当 $d > 2$ km 时, $\beta^2 = 10^{-4} \times d^{1.33}$。

下行链路恶化的计算公式为

$$\text{DND} = A + 10 \log \frac{T_{\text{syst}}|\text{rain}}{T_{\text{syst}}|\text{clear sky}} \text{ (dB)} \tag{4.71}$$

极化倾角的计算公式为

$$\tau = \arctan \frac{\tan\alpha}{\sin\beta} \ (^\circ) \tag{5.1}$$

式中: α 为地面站纬度 (在北半球时 α 为正, 在南半球时 α 为负); β 为卫星经度与地面站经度之差, 经度以东经多少度来表示。

交叉极化鉴别度的计算公式为

$$\begin{aligned} \text{XPD} &= 10\lg(|\rho|)^2 \\ &= 20\lg|\rho| \text{ (dB)} \end{aligned} \tag{3.1}$$

$$\text{XPD} = 20\lg\left|\frac{E_{\text{co}}}{E_{\text{cross}}}\right| \text{ (dB)} \tag{5.4}$$

$$\text{XPD} = 20\lg\left|\frac{\mathrm{e}^{-(\alpha+\mathrm{j}\beta)}+1}{\mathrm{e}^{-(\alpha+\mathrm{j}\beta)}-1}\right| \text{ (dB)} \tag{5.7}$$

$$\text{XPD} = 20\lg\cot\theta \text{ (dB)} \tag{8.1}$$

长期频率缩放比例定律的公式为

$$\mathrm{XPD}_{(f_1)} = \mathrm{XPD}_{(f_2)} - 20\lg\frac{f_1}{f_2}\ (\mathrm{dB}) \tag{5.10}$$

将路径衰减与 XPD 相关联的半经验模型的一般形式可表示为

$$\mathrm{XPD} = a - b\log A\ (\mathrm{dB}) \tag{5.14}$$

计算不超过百分比时间 p%的降雨 XPD 为

$$\mathrm{XPD}_{\mathrm{rain}} = C_f - C_A + C_\tau + C_\theta + C_\sigma\ (\mathrm{dB}) \tag{5.21}$$

计算包含冰晶效应的不超过百分比时间 p% 的 XPD 为

$$\mathrm{XPD}_p = \mathrm{XPD}_{\mathrm{rain}} - C_{\mathrm{ice}}\ (\mathrm{dB}) \tag{5.23}$$

$$\begin{aligned}&\mathrm{XPD}(f_2,\theta_2,\tau_2) = \mathrm{XPD}(f_1,\theta_1,\tau_1)\\&-20\log\left[\frac{f_2}{f_1}\times\frac{\cos^2\theta_2}{\cos^2\theta_1}\times\frac{\sin\theta_1}{\sin\theta_2}\right]\times\sqrt{\frac{1-0.484(1+\cos 4\tau_2)}{1-0.484(1+\cos 4\tau_1)}}\ (\mathrm{dB})\end{aligned} \tag{5.26}$$

卫星链路公式可表示为

$$\frac{1}{(C/N)_{\mathrm{t}}} = \frac{1}{(C/N)_{\mathrm{u}}} + \frac{1}{(C/N)_{\mathrm{d}}} + \frac{1}{(C/N)_{\mathrm{im}}} + \frac{1}{(C/I)} \tag{5.27}$$

日间 12 个月平滑 TEC, 即 $\mathrm{TEC_D}(R_{12})$ 的计算公式为

$$\mathrm{TEC_D}(R_{12}) = \mathrm{TEC_D}(0)\times(1+0.02R_{12}) \tag{6.1}$$

夜间 12 个月平滑 TEC, 即 $\mathrm{TEC_N}(R_{12})$ 的计算公式为

$$\mathrm{TEC_N}(R_{12}) = \mathrm{TEC_N}(0)\times(1+0.02R_{12}) \tag{6.2}$$

海洋粗糙度因子可表示为

$$u = \frac{4\pi}{\lambda}h_0\sin\theta_0\ (\mathrm{rad}) \tag{6.3}$$

有效波高可表示为

$$H = 4h_0\ (\mathrm{m}) \tag{6.4}$$

相干长度的计算公式为[6]

$$r_0 = (0.423k^2 \sec\zeta \int_{h_0}^{Z} C_n^2(h)\mathrm{d}h)^{-3/5}\ (\mathrm{m}) \tag{7.1}$$

式中: k 为波数, $k = 2\pi/\lambda$, λ 为波长 (m); ζ 为天顶角, h_0 为高于地面的高度 (m)。相干长度的计算公式可简化为

$$r_0 = \frac{1.1654 \times 10^{-8}\lambda^{1.2}(\sin\theta)^{0.6}}{(C_{\mathrm{wind}} + C_{\mathrm{height}} + C_{\mathrm{turb}})^{0.6}}\ (\mathrm{m}) \tag{7.6}$$

早期用于计算相干半径 (相干距离的 1/2) 的近似公式为[5]

$$r_0 = (b_2 C_{\mathrm{n}}^2 k^2 z^2)^{-3/5}\ (\mathrm{m}) \tag{7.8}$$

式中: 对于平面波 $b_2 = 1.45$, 对于球面波取 $b_2 = 0.55$; k 为波数, $k = 2\pi/\lambda$ (λ 为传输信号的波长); z 为有效传输距离。

如果已知光源的谱线宽度, 那么相干长度可近似表示为

$$r_0 = \frac{\lambda^2}{n\Delta\lambda}\ (\mathrm{m}) \tag{7.8}$$

第一菲涅尔区域半径的计算公式为

$$d = \left[\frac{\lambda d_{\mathrm{T}} d_{\mathrm{R}}}{d_{\mathrm{T}} + d_{\mathrm{R}}}\right]^{1/2}\ (\mathrm{m}) \tag{7.9}$$

式中: d_{T} 为发射机与菲涅尔区之间的距离; d_{R} 为接收机与菲涅尔区之间的距离。存在着许多菲涅尔区。

第 n 阶菲涅尔区距离 (更准确地称为菲涅尔区半径) 表示为

$$d_n = d \cdot n^{1/2}\ (\mathrm{m}) \tag{7.10a}$$

将式 (7.9) 的 d 代入式 (7.10a), 可得

$$d_n = \left(\frac{\lambda d_{\mathrm{T}} d_{\mathrm{R}}}{d_{\mathrm{T}} + d_{\mathrm{R}}}\right)^{1/2} \cdot n^{1/2} = \left(\frac{\lambda d_{\mathrm{T}} d_{\mathrm{R}} n}{d_{\mathrm{T}} + d_{\mathrm{R}}}\right)^{1/2} \tag{7.10b}$$

地面站接收来自卫星的光信号的孔径平均因子表示为[11]

$$A = \frac{1}{1 + 1.1 \times 10^7 (D^2 \sin\theta / z_0 \lambda)^{7/6}} \tag{7.11}$$

式中: D 为地面站天线直径; θ 为仰角; λ 为波长 (μm); z_0 为湍流规模高度。

接收孔径捕获的背景噪声功率可表示为[11]

$$P_{\text{back}} = \frac{\pi\theta_{\text{r}}^2 A_{\text{r}}\Delta\lambda H}{4}\ (\text{W}) \tag{7.12}$$

式中: θ_{r}^2 为接收机视场 (rad^2); A_{r} 为接收机面积 (m^2); $\Delta\lambda$ 为接收机的带宽 (μm); H 为辐射 $(W(m^2)\cdot(\mu\text{m}\cdot sr))$。

大气湍流引起的附加波束发散可表示为[12]

$$\theta_{\text{atm}} = \frac{\lambda}{r_0}\ (\text{rad}) \tag{7.13}$$

折射率有效值可近似表示为[6]

$$\eta_{\text{eff}} = 1 + 10^{-8}\left[6432.8 + \frac{2949810}{146-\lambda_{\text{vac}}^{-2}} + \frac{25540}{41-\lambda_{\text{vac}}^{-2}}\right] \tag{7.14}$$

观测仰角 θ_{obs} 的计算公式为[6]

$$\eta_{\text{eff}} = \arccos\frac{\cos(\theta_{\text{true}})}{\eta_{\text{eff}}(T,P)} \tag{7.16}$$

悬浮尘埃质量密度的计算公式为

$$\rho = \frac{56\times10^{-9}}{V^{1.25}}\ (\text{g/cm})^3 \tag{7.29}$$

N 与 V (km) 的关系可表示为[29]

$$N = \frac{5.51\times10^{-4}}{Va^2} \tag{7.30}$$

对流层闪烁缩放比例遵循如下比例定律[69]

$$S_{\text{u}} = S_{\text{d}}\left(\frac{f_{\text{u}}}{f_{\text{d}}}\right)^{7/12}\quad (\text{dB}) \tag{8.2}$$

链路的载噪比的计算公式为

$$C/N = -10\log\{(C/N_{\text{tu}})^{-1}+(C/N_{\text{td}})^{-1}+(C/N_{\text{i}})^{-1}+(C/I_{\text{u}})^{-1}+(C/I_{\text{d}})^{-1}\}-M \tag{8.8}$$

式中: N_{tu} 为上行链路热噪声; N_{td} 为下行链路热噪声; N_{i} 为等效互调噪声; I_{u} 为等效上行链路干扰噪声; I_{d} 为等效下行链路干扰噪声; M 为考虑高功率放大器非线性导致的恶化而给出的以 dB 表示的余量。

B2.2 GEO 卫星相对地面站的方位角和俯仰角计算

设 A 为地面站的纬度 (北纬取正值, 南纬取负值), B 为地面站的东经经度减去卫星的东经经度, m为 GEO 卫星的轨道半径与地球赤道半径的比值, 即 $m = 6.61$, 那么, 卫星相对地面站的仰角 (EL) 和北半球的方位角 (AZ) 可表示为

$$\mathrm{EL} = \arctan \frac{m \times \cos A \times \cos B - 1}{m\sqrt{(1 - \cos^2 A \times \cos^2 B)}} \ (^\circ) \tag{B2.1}$$

$$\mathrm{AZ} = 180 + \arctan \frac{\tan B}{\tan A} \ (^\circ) \tag{B2.2}$$

对于南半球的方位角 AZ, 上式右端第一项 “180” 要去掉。
上述公式给出的俯仰角 EL 为几何角度值, 详见图 B2.1。

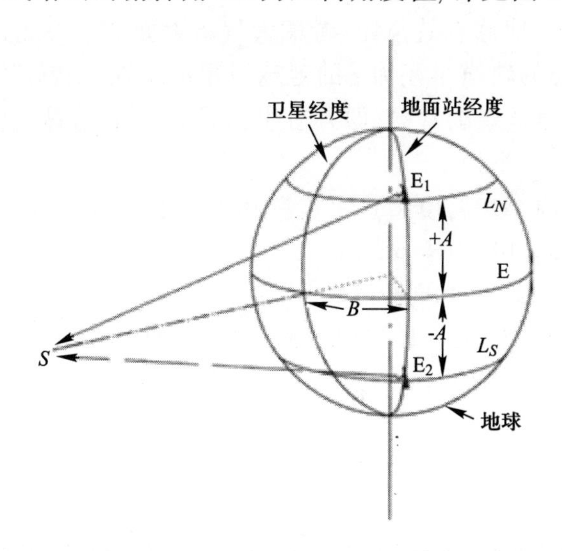

图 B2.1 用于计算 GEO 卫星的方位角和俯仰角的地面站参数

注: 地面站 E_1 和 E_2 的经度相同, 纬度数值相同但是分别处于北半球和南半球。另外, 考虑到 B 的取值为东经经度, 因此, 其符号可能取负值。E_1—地面站 1; E_2—地面站 2; E—赤道; L_N—北纬纬度; L_S—南纬纬度; $|L_N| = |L_S|$; A 和 B—式 (B2.1) 和式 (B2.2) 中的角度参数; S—卫星。

考虑到大气折射的平均效应, 真实的俯仰角值 $\mathrm{EL_t}$ 可根据下面的

公式近似给出[1]:

$$\mathrm{EL_t} = \frac{\mathrm{EL} + \sqrt{(\mathrm{EL})^2 + 4.132}}{2}\ (^\circ) \tag{B2.3}$$

式中: EL 是由公式 (A2.1) 给出的几何仰角。

值得注意的是, 式 (A2.3) 仅适用于 30° 及以下的俯仰角范围, 几何俯仰角应该总是小于真实的俯仰角。

B2.3 一些有用的常数

玻耳兹曼常数 $= 1.3805 \times 10^{-23}$ J/K 或 -228.6 dBW

GEO 卫星的海拔高度 = 35786.03 km 或 22236.41 英里

地球半径: 赤道半径 = 6378.16 km

极地半径 = 6356.78 km

平均半径 = 6378.137 km

地球有效半径 (考虑大气折射效应) = 8500 km

距离地心的轨道半径为 r 的地球卫星的周期 $= (2\pi r^{3/2})/(\mu^{1/2})$

式中: μ 为开普勒常数, 即万有引力常数 G 和地球质量 M_E 的乘积。具体数值列举如下:

$\mu = 3.986004418 \times 10^5 \mathrm{km}^3/\mathrm{s}^2$

$G = 6.672 \times 10^{-11} (\mathrm{N}\cdot\mathrm{m}^2)/\mathrm{kg}^2$

$M_\mathrm{E} = 5.974226 \times 10^{15}$ kg

GEO 卫星的轨道半径与地球赤道半径的比值 = 6.61

GEO 卫星的周期 = 23h 56 min 4.09s = 1 个恒星日

参考文献

G. Porcelli, ‘Effects of atmospheric refraction on sun interference’, INTELSAT Technical Memorandum IOD-E-86-05, 28 April 1986.

附录 C 术语和缩略词

以下是本书结合大量学术会议给出的定义和缩略词表, 衷心感谢阿伯丁大学的 Tim Spracklen 教授提供了很大一部分 (提供给英格兰约克大学 VSAT 课程的参与者)。

缩略词	英文	中文
10B2	10-MHz baseband LAN using thin coaxial cable(of IEEE 802)	10 MHz 基带局域网, 采用 IEEE 802 标准规定的细同轴电缆
10B5	10-MHz baseband LAN using thick coaxial cable(of IEEE 802)	10 MHz 基带局域网, 采用 IEEE 802 标准规定的粗同轴电缆
10BF	10-MHz baseband LAN using fibre (with repeaters) (of IEEE 802)	10 MHz 基带局域网, 采用 IEEE 802 标准规定的光纤
10BT	10-MHz baseband LAN using twisted pair cable (of IEEE 802)	10 MHz 基带局域网, 采用 IEEE 802 标准规定的双绞线
802	Family of network standards specified by the IEEE	IEEE 规定的网络标准
ACK	Sequence number indicating correct reception in a CO protocol A flag in TCP indicating that an acknowledgement is present	(1) 在面向连接协议中表示正确接收的序列码 (2) TCP 中表示确认信息的标志
ACTS	Advanced Communications Technology Satellite	先进的通信技术卫星

(续)

缩略词	英文	中文
ADC,A/D	Analog-to-digital converter (converts analog signal to digital stream)	模/数变换 (将模拟信号变为数字流)
ADF	Automatic direction finder (radio navigation device)	自动定位器 (无线导航设备)
ADPCM	Adaptive Differential Pulse Code Modulation	自适应差分脉冲编码调制
AFC	Automatic frequency control	自动频率控制
AKM	Apogee kick motor	远地点踢进器
ALOHA	Shared random packet access channel	随机分组接入信道共享
AM	Amplitude modulation	幅度调制
AM-PM	(Unwanted conversion of) Amplitude modulation to phase modulation	幅相变换
ANSI	Amercican National Standards Institute	美国国家标准学会
AOCS	Attitude and orbit control system	姿态轨道控制系统
AOR	Atlantic Ocean region	大西洋地区
ARQ	Automatic repeat request(i.e.frame retransmission procedure)	自动重传请求 (如帧重传程序)
ASCII	American Standard for the Computer Interchange of Information	美国标准信息交换代码
ASI	Adjacent satellite interference	相邻干扰
ASIC	Application-specific integrated circuit	为专门目的设计的集成电路
ASK	Amplitude-shift keying	幅度偏移
ATM	Asynchronous transfer mode(of B-ISDN)	异步传输模式 (B-ISDN)
AWGN	Additive white Gaussian noise	加性高斯白噪声
Az	Azimuth	方位角
B	Byte (group of eight bits) (sometimes known as an octet)	字节 (8 bit)
B-ISDN	Broadband Integrated Services Digital Network	宽带综合业务数字网
BBP	Baseband processing	基带处理
BCH	Bose-Chaudhuri-Hocquenghem (family of error-correcting codes)	BCH 码 (纠错码簇)

(续)

缩略词	英文	中文
BER	Bit error ratio (or rate) in digital circuit (cf.SNR in an analog circuit)	数字电路的误码概率
BFN	Beam forming network	波束成形网络
bps	Bits per second (unit of clock, utilization, throughput); also bits/s	比特数每秒, b/s
BPSK	Binary phase shift keying	二进制相移键控
BSS	Broadcast Satellite Service	广播卫星业务
BTC	Block turbo codes	分组 Turbo 码
BTR	Bit timing recovery	比特定时恢复
C-band	Radio frequency band, 4-8 GHz	无线电频段, 4 ~ 8 GHz
C/A	Course acquisition (one of the codes transmitted by GPS satellites)	捕获码 (GPS 卫星发射的一组伪随机码)
C/I	Carrier power to interference noise power ratio	载波功率和干扰噪声功率比
C/I_0	Carrier power to interference noise power (per hertz) ratio	载波功率和单位带宽干扰噪声功率比
C/IM	Carrier power to intermodulation noise power ratio	载波功率和互调噪声功率比
C/N	Carrier power to thermal noise power ratio	载波功率和热噪声功率比
C/N_0	Carrier power to thermal noise power (per hertz) ration	载波功率和单位带宽热噪声功率比
CATV	Cable television (originally community antenna television)	闭路电视 (公用天线电视)
CBTR	Carrier and burst timing recovery (used in preamble of TDMA frames)	载波突发定时恢复 (常用在 TDMA 帧前导)
CCIR	An international committee of the ITU on radio (now called the ITU-R)	国际无线电咨询委员会 (现在称为 ITU-R)
CCITT	An international standards committee of the ITU (now called the ITU-T)	国际电信联盟 (称为 ITU-T)
CD	Compact disk	光盘
CDM	Code division multiplexing (form of spread-spectrum multiplexing)	码分复用 (扩频复用)
CDMA	Code division multiple access (common form of spread-spectrum access)	码分多址 (常用的扩频多址方式)
CL	Connection-less (datagram) (e.g.UI, LLCI, Ethernet, IP, UDP)	无连接的 (如 UDP 协议等)

(续)

缩略词	英文	中文
CO	Connection-oriented(e.g.HDLC ABM, TCP)	面向连接的 (如 TCP 协议等)
COTS	Commercial off-the-shelf	集成通信技术
CPFSK	Continuous-phase frequency-shift keying	连续相位 FSK
CPU	Central processor unit (or microprocessor)	中央处理机 (或者微处理器)
CR	Carrier recovery	载波恢复
CRC	Cyclic redundancy check (check for bit errors)	循环冗余校验 (误码校验)
CSC	Common signaling channel	公共信令信道
CSMA/CD	Carrier sense multiple access with collision detection (LAN)	载波监听多路访问/冲突检测方法 (LAN)
CTC	Convolutional turbo codes	卷积 Turbo 码
DA	Demand assignment (allocation of resource for communications)	按需分配 (按通信资源分配)
DAC,D/A	Digital-to-analog converter (converts digital stream to analog signal)	数/模变换 (将数字流变为模拟信号)
DAMA	Demand assigned multiple access (for efficient use of resource)	按需分配多址 (为了资源的有效利用)
dBHz	Decibel-hertz(10 $\log_{10}$ (bandwidth in hertz))	分贝赫兹 (10 lg (单位带宽))
dBK	Decibel-kelvins (10 $\log_{10}$ (noise temperature in hertz))	分贝热力学温度 (10 lg (单位带宽内的噪声温度))
dBm	Decibel-milliwatts (10 $\log_{10}$ (power milliwatts))	分贝毫瓦 (10 lg (功率 (mW))
DBS-TB	Direct broadcast satellite television	直播卫星电视
dBW	Decibel-watts (10 $\log_{10}$ (power watts))	分贝瓦 (10 lg (功率 (W))
D/C	(Frequency) Down converter	下变频
Demux	Demultiplexer (separates previously multiplexed circuits) (cf.Mux)	解复用器 (区别于多路复用电路) (参见 Mux)
DGPS	Differential GPS	差分 GPS
DL	Data link layer (layer 2 of OSI) (e.g.Ethernet, HDLC)	数据链路层 (OSI 的第二层) (例如以太网. HDLC)

(续)

缩略词	英文	中文
DME	Distance measuring equipment (radio navigation aid)	测距设备 (无线电导航设备)
DNS	Domain Name Service (converts IP name to/from IP address)	域名解析系统 (将 IP 名转换为 IP 地址)
DoD	US Department of Defense	美国国防部
DOP	Dilution of precision (GPS accuracy parameter)	精度因子 (GPS 精度参数)
DPLL	Digital phase-locked loop clock recovery for synchronous circuits	数字锁相环时钟恢复同步电路
DS-CDMA	Direct sequence code division multiple access	直接序列码分多址
DS-SS	Direct sequence spread spectrum (same as DS-CDMA)	直接序列扩频频谱等同于 DS-CDMA)
DSBSC	Double-sideband suppressed carrier	抑制载波双边带调制
DSP	Digital signal processing	数字信号处理
DTH	Direct to home (VSAT terminal in a private home)	直接到户 (VAST 终端位于私人住宅)
DVB-S	Digital video broadcast standard for satellite systems	数字卫星广播系统标准
E-W	East-West (station keeping manoeuvre)	东西向
E1	European data rate and framing standard for circuits at 2.048Mbits/s	欧洲数据码率和帧标准,适用于速率为 2.048 Mb/s 的电路
E_b/N_o	Energy per bit over thermal noise power (per hertz) ratio	每比特能量与单位带宽热噪声功率比
EEPROM	Electrically erasable programmable read-only memory	电可擦可编程只读存储器
EIRP (e.i.r.p)	Equivalent isotropically radiated power (combines power and gain)	等效全向辐射功率 (结合能量和增益)
EI	Elevation	仰角
ELT	Expendable launch vehicle	运载火箭
EM	Electromagnetic	电磁的
EODL	End of design life	设计寿命
EOML	End of manoeuvring life	操作寿命
ES	Earth station	地球站

(续)

缩略词	英文	中文
ESA	European Space Agency	欧洲空间局
EU	European Union	欧洲联盟
FCC	Federal Communications Commission	美国联邦通讯委员会
FDDI	Fiber Distributed Data Interface (ring LAN operating at 100Mbits/s)	光纤分布式数据接口 (速率为 100Mb/s 的环形局域网)
FDM	Frequency division multiplexing (a method of combining signals at different frequencies into a single signal)	频分多路复用 (将不同频率的多路信号合成一路信号)
FDM-FM-FDMA	Frequency division multiplexed frequency modulation Frequency division multiple access	频分多址 – 频率调制 —— 频分多址接入
FDMA	Frequency division multi-ple access	频分多址接入
FEC	Forward error correction	前向纠错
FEP	Front end processor	前端处理器
FET	Field-effect transistor	场效应晶体管
FFSK	Fast frequency shift keying (similar modulation to MSK)	快速频移键控 (类似于 MSK 调制)
FIFO	First-in,first-out (i.e,a quence or buffer)	先入先出队列 (如队列或者缓冲区)
Flag	(i) The eight-bit delimiter between HDLC frames (cf.SYN,abort,idle) (ii) A bit which indicates a binary state (e.g status flag, SYN.FIN)	(1) HDLC 帧间的 8 位分隔符 (2) 表示二进制状态的一个数据位
FM	Frequency modulation	调频
FPGA	Field-programmable gate array	现场可编程门阵列
FR	Frame relay (connection-oriented datagram circuit)	帧中继 (面向连接的数据报电路)
FSK	Frequency shift keying	频移键控
FSS	Fixed satellite service	固定卫星业务
FTP	File Transfer Protocol (of IP stack) (also generic term)	文件传输协议 (IP 堆栈) (通用术语)
G	Universal gravitational constant ($6.672 * 10^{-11}\mathrm{Nm}^2/\mathrm{kg}^2$)	万有引力常数 ($6.672 \times 10^{-11}\mathrm{N}\cdot\mathrm{m}^2/\mathrm{kg}^2$)

(续)

缩略词	英文	中文
G/T	Gain to noise temperature ratio (of a receiving system)	天线与噪声温度比 (接收系统)
GaAsFET	Gallium arsenide field-effect transistor (low noise RF transistor)	砷化镓场效应晶体管 (低噪声 RF 晶体管)
GEO	Geostationary Earth orbit (GSO)	地球静止轨道 (GSO)
GES	Gateway earth station	网关地球站
GHz	Gigahertz (unit of 10^9Hz)	吉赫兹 (10^9Hz)
GLONASS	Global Navigation Satellite System (Russian Federation equivalent of GPS)	全球卫星导航系统 (俄罗斯联邦的 GPS)
GMSK	Gaussian minimum shift keying (MSK using Gaussian-shaped pulses)	高斯滤波最小频移键控 (采用高斯成型脉冲的 MSK 调制)
GPS	Global positioning system	全球定位系统
GSM	Global System for Mobile communications (ETSI standard)	全球移动通信系统 (ETSI 标准)
GSO	Geostationary satellite orbit (GEO)	对地静止卫星轨道 (GEO)
GTO	Geostationary transfer orbit	地球同步转移轨道
HBE	Hub baseband equipment	中心基带设备
HCI	Hub control interface	中心控制接口
HDLC	High-level Data Link Control (family of DL protocols)	高级数据链路控制 (DL 协议簇)
HDTV	High-definition television	高清晰度电视
HEO	Highly elliptical orbit	高地球轨道
HP	Horizontally polarized	水平极化
HPA	High power amplifier	高功放
Hub	The central earth station of a VSAT STAR network	VSAT STAR 网络的中心地面站
I/O	Input or output of a computer interface	输入、输出接口
IC	Integrated circuit	集成电路
ICBM	Intercontinental ballistic missile	洲际弹道导弹
ICO	Intermediate circular orbit	中间圆轨道
IEE	Insitution of Electrical Engineers (UK), now IET Institution	电气工程学会 (英国), 现在也称为 IET 组织
IF	Intermediate frequency (between baseband and RF)	中间频率 (基带和射频之间)

(续)

缩略词	英文	中文
IFL	Interfacility Link (cable/fibre link between ODU and IDU)	设备连接线 (ODU 和 IDU 间的电缆/光纤链路)
IFRB	International Frequency Registration Board	国际频率等级委员会
ILS	Intrument landing system	仪器降落系统
IM	Intermodulation(two or more frequencies creating unwanted products)	互调 (两个或者更多频率间产生的不期望的产物)
IMC	Instrument meteorological conditions (in the clouds)	仪器气象条件
Inbound	Channel establishing a connection from a STAR VSAT towards the hub	从 STAR VSAT 到中心建立的通道
Inroute	Channel establishing a connection from a STAR VSAT towards the hub	从 STAR VSAT 到中心建立的通道
IP	(i) Internetworking Protocol (CL network protocol of IP suite) (ii) Suite of Internet protocols using IP network protocol	(1) 互联网协议 (IP 组的无连接的无线网络协议); (2) 采用 IP 网络协议的因特网协议簇
ISDN	Integrated Services Digital Network (all digital public network)	综合服务数字网 (数字公共网络)
ISI	Intersymbol interference	符号间干扰
ISL	Intersatellite link	卫星间链路
ISO	International Standards Organization (standards committee of the UN)	国际标准化组织 (联合国标准委员会)
ISS	International Space Station	国际空间站
ITU	International Telecommunications Union	国际电信联盟
ITU-R	Radiocommunication sector of the ITU (formerly CCIR)	国际电信联盟无线电通信组 (称为 CCIR)
ITU-T	Telecommunications Standardization Sector of the ITU (formerly CCITT)	国际电信联盟远程通信标准化组织 (以前称为 CCITT)
JPEG	Joint Picture Experts Group	联合图像专家组
JPL	Jet Propulsion Laboratory (California, United States)	喷气推进实验所 (美国, 加利福尼亚)
K-band	Radio frequency band, 16–24 GHz	无线电频段, 16 ~ 24 GHz
Ka-band	Radio frequency band, 24–36 GHz	无线电频段, 24 ~ 36 GHz
Ku-band	Radio frequency band, 8–16 GHz	无线电频段, 8 ~ 16 GHz

(续)

缩略词	英文	中文
kB	Kilobyte (1000bytes) (~2^{10}bytes) (cf.B for byte)	千字节(1000 B)(~ 2^{10} bit)
kbps	Kilobits/second (1000bps) of clock, utilization and through-put (also kbits/s)	千比特每秒 (1000b/s) (也可表示为 kb/s)
kHz	Kilohertz ((units of 10^3 Hz)	千赫兹 (10^3 Hz)
L-band	Radio frequency band, 1–2GHz	无线电频段, 1 ~ 2 GHz
LAAS	Local Area Augmentation System (enhanced GPS)	局域增强系统 (增强 GPS)
LAN	Local area network (e.g.Ethernet) (cf.WAN.MAN)	局域网 (如以太网) (参见 WAN.MAN)
LAP	Link Access Protocol (defined by X.25) (see also LAPB)	链路接入协议 (由 X.25 定义) (参见 LAPB)
LAPB	Link Access Protocol Balanced (defined by X.25) (see also LAP)	平衡型链路接入规程 (由 X.25 定义) (参见 LAP)
LAPD	Link Access Protocol on the D (i.e.data) Channel	D (数据) 信道链路接入规程
LC	Line code (the digital stream after the AD used to drive the modulator)	数据码流 (AD 之后用来驱动调制器的数字信号流)
LEO	Low Earth orbit	近地轨道
LHCP	Left-hand circular polarization	左旋圆极化
LIE	Line interface equipment	线路接口设备
LMDS	Local multipoint distribution system	本地多点分配系统
LNA	Low noise amplifier(used at the front end of an earth station receiver)	低噪声放大器 (位于地球站接收机的前端)
LNB	Low noise block (front-end receiving equipment with LNA, VCXO, etc.)	低噪声模块 (场放的前端接收机, 如 VCXO)
LNC	Low noise amplifier and (frequency) converter	低噪声放大器和频率转换器
LO	Local oscillator (see VCXO)	本地振荡器 (参见 VCXO)
LORAN	Long Range Navigation	远程导航
LP	Linearly polarized	线极化
LPE	Linear predictive encoding (used in speech and video compression)	线性预测编码 (在语音和时频压缩中使用)

(续)

缩略词	英文	中文
LRE	Low bit rate encoding	低码率编码
lsb	Least significant bit (right-most bit of a byte or word)	最低有效位 (1 个字节或者字的最右边)
LT	Line termination	线路终端
LU	Logical unit (of SNA)	逻辑单元 (SNA)
MAC	Medium access control (lower part of DL in IEEE 802 stack)	介质访问控制子层协议 (IEEE802 堆栈的 DL 协议的下半部分)
MAN	Metropolitan area network (or regional network) (cf.LAN, WAN)	城域网 (或称区域网) (参见 LAN, WAN)
MCD	Multicarrier demodulator	多载波解调器
MCDD	Multicarrier demodulator and demultiplexer	多载波解调器和多路输出选择器
MCS	Master control station	主控制站
MEO	Medium Earth orbit	中度地球轨道
MF-TDMA	Multi-frequency time division multiple access	多频时分多址接入
MHz	Megahertz (units of 10^6Hz)	兆赫兹 (10^6Hz)
MMIC	Microwave monolithic integrated circuit	微波单片集成电路
MODEM	Modulator/demodulator converts digital signal from/to line code (cf.LC)	调制解调器, 将数字信号变成数据码流 (参见 LC)
MPEG	Moving Picture Coding Expert Group (created video bit rate compression)	动态图像专家组 (产生视频速率压缩)
msb	Most significant bit (left-most bit of a byte or word)	最高有效位 (在 1 个字节或字的最左边)
MSK	Minimum shift keying (form of FSK)	最小频移键控 (FSK)
MSM	Microwave switching matrix (used for interconnecting links at RF or IF)	微波开关矩阵 (用作射频或者中频的内部连接链路)
MSS	Mobile satellite service	移动卫星业务
MTBF	Mean time between failure	平均故障间隔时间
MTU	Maximum transfer unit (maximum size of DL frame in IP) (cf.MSS)	最大传输单元 (IP 中 DL 帧的最大尺寸) (参见 MSS)

(续)

缩略词	英文	中文
Mux	Multiplexer (combines circuits into a single bit stream) (cf.Demux)	多路复用器 (将电路划分成多个流) (参见 Demux)
N-ISDN	Narrowband ISDN based on circuits at 64bps (64 bits/s)	速率为 64 b/s 的窄带 ISDN 电路
N-S	North-South (station keeping manoeuvre)	南北向
NACK	Negative ACK in a CO protocol (retransmission request) (e.g.REJ)	面向连接协议中的表示否定 ACK (重发请求) (如 REJ)
NASA	National Aeronautical and Space Agency (US Space Agency)	美国国家航空航天局 (美国太空总署)
NBFM	Narrowband frequency modulation	窄带调制
NCC	Network Control Center	网络控制中心
NDB	Non-directional beacon (radio navigation aid)	无指向性无线电信标 (无线电导航辅助设备)
NF	Noise figure	噪声因数
NIST	National Institute of Science and Technology (formerly the US Bureau of Standards)	美国国家标准与技术研究所 (前身是美国标准局)
Non-GSO	Non-geostationary satellite orbit	非同步轨道卫星轨道
NPSD	Noise power spectral density	噪声功率谱密度
NRZ	Non-return to zero coding within the bit period (1=high, 0=low)	非归零 (1 代表高电平, 0 代表低电平)
NTSC	National Television Standards Committee (established colour TV standards in the United States)	国家电视标准委员会 (美国标准电视广播)
OBP	On-board processing(used on advanced satellites to connect links.etc)	星载处理 (用于高级卫星的链路连接等)
OC-n	Hierachy for fibre optic bit rates	光纤传输比特率等级
ODU	Outdoor unit (of a VSAT terminal)	室外单元 (VSAT 终端)
OMT	Orthomode transducer (separates modes/ polarization in antenna feeds)	直接式收发转换器
OQPSK	Offset keyed QPSK (QPSK with a half symbol time shift between I and Q signals)	偏移 QPSK (QPSK 的 I 和 Q 支路有半个符号时间差)

(续)

缩略词	英文	中文
OSI	(i) Open Systems Interconnection (reference model) (ii) Suite of protocols defined using the OSI reference model (cf.IP)	(1) 开放式系统互联 (参考模型) (2) OSI 参考模型使用的协议簇 (参见 IP)
Outbound	Channel establishing a connection from the hub to a STAR VSAT	从中心到 STAR VSAT 建立的通道
Outroute	Channel establishing a connection from the hub to a STAR VSAT	从中心到 STAR VSAT 建立的通道
PABX	Private automatic branch exchange	自动用户小交换机
Packet	Information block identified by a label at layer 3 of ISO-OSI stack	由 ISO-OSI 堆栈第 3 层的一个标签标识的信息块
PAL	Phase alternate line (colour TV standard used in Europe and elsewhere)	帕尔制 (欧洲采用的彩色电视标准)
PBX	Private branch exchange	用户级交换机
PCE	Processing and control equipment (part of the hub BBP equipment)	处理和控制设备 (中心 BBP 设备的一部分)
PCM	Pulse code modulation	脉冲编码调制
PCN	Personal Communications Network	个人通信网络
PCS	Personal Communications System	个人通信系统
PDN	Public data network	公用数据网
PDU	Protocol data unit (of OSI) (e.g.a packet at NL, or frame at DL)	协议数据单元 (OSI) (如 NL 的分组或者 DL 的帧)
PFD	Power flux density (power per square metre at a given plane)	功率通量密度 (在给定的条件下每平方米的功率)
ping	Network testing application protocol (ICMP/IP)	用来测试应用协议的网络 (ICMP/IP)
PISO	Parallel-in serial-out shift register used in serial transmitter (PL)	在串行发送中采用的串行输出移位寄存器 (PL)
PLL	Phase-locked loop clock recovery at PL (see also DPLL)	PL 中使用的锁相环时钟恢复 (也称 DPLL)
PLMN	Public Land Mobile Network	公共陆地移动网络
PN	Pseudo-noise	伪噪声
POTS	Plain old telephone service	简易老式电话服务
PSK	Phase shift keying	相移键控

(续)

缩略词	英文	中文
PSTN	Public switched telephony net work	公共开关电话网络
Q-band	Radio frequency band, ≈ 40 – 52 GHz	无线电频段, 40 ~ 52 GHz
QAM	Quadrature amplitude modulation (QPSK and ASK combined)	正交幅度调制 (QPSK 和 ASK 的结合)
QPSK	Quadrature phase shift keying	正交相移键控
RA	Random assignment (also called ALOHA)	随机分配 (也称 ALOHA)
REJ	Reject request frame (Go-Back-N ARO in HDLC) (cf.SREJ)	拒绝请求帧 (Go-Back-N ARO in HDLC) (参见 SREJ)
RF	Radio frequency	无线电频率
RHCP	Right-hand circular polarization	右旋圆极化
RLV	Reusable launch vehicle	可重复使用运载器
RRC	Root raised cosine (frequency response of zero-ISI filter)	升余弦
RS	Reed-Solomon (block error detecting and correcting code)	R-S 码 (分组纠错码)
RS-232	V.24 serial interface using 25-pin D-connector (cf.RS-449)	采用 25 个引脚的 V.24 串行接口 (参见 RS-449)
RS-449	Differential synchronous serial interface using 37-pin D-connector	采用 37 个引脚的差分同步串行接口
RTT	Round trip time (time to receive a response from remote system)	往返时间 (接收远程系统应答的时间)
RZ	Return to zero coding within the bit period (i.e.0 between bits) (in PL)	归零
S-band	Radio frequency band, 2–4 GHz	无线电频段,2-4GHz
S/C	Spacecraft (satellite)	航天器 (卫星)
S-PCN	Satellite Personal Communications Network	卫星个人通信网络
SA	Selective availability (applied to GPS signals until May 2000)	选择可用性 (直到 2000 年的 5 月份才应用到 GPS 信号上)
SAR	(i) Specific absorption rate (ii) Synthetic aperture radar	(1) 特定吸收比率 (2) 合成孔径雷达
SARSAT	Search and Rescue Satellite	国际搜救卫星辅助跟踪

(续)

缩略词	英文	中文
SAW	Surface acoustic wave	表面声波
SC	Service channel	服务渠道
SCADA	Supervisory control and data acquisition	数据采集与监视系统
SCC	(i) Sub-network Control Center (ii) Satellite Control Center (controls satellite payload when in orbit)	(1) 子网络控制中心 (2) 卫星控制中心 (控制在轨卫星的有效载荷)
SCPC	Single channel per carrier (non-multiplexed, low-capacity FDMA)	单路单载波 (非多工式, 低容量的 FDMA)
SCPC-FDMA-DA	Single channel per carrier frequency division multiple access demand access	单路单载波频分多址访问需求
SDH	Synchronous digital multiplexing hierarchy (European see SONET)	同步数字多路复用体系 (参见欧洲的 SONET)
SDLC	Synchronous data link control (an IBM version of HDLC (ususlly a polled link) allowing multiple unacknowledged frames)	同步数据链路控制 (一种 IBM 开发的简化 HDLC 协议, 允许存在多个未确认帧)
SER	Symbol error rate	符号错误率
SES	Societe Europeenne de Satellites	欧洲卫星公司
SIPO	Serial-in parallel-out shift register used in serial receiver equipment	串行接收机中采用的串行进平行出移位寄存器
SISO	Soft input-soft output (used in error correction decodes)	输入软输出 (在纠错解码中使用)
SLIP	Serial line IP (DL protocol using asynchronous communications)	串行线路网际协议 (异步通信中使用的 DL 协议)
SMPT	Simple Mail Transfer Protocol (TPC/IP e-mail application)	简单邮件传输协议
SNR (S/N)	Signal-to-noise ratio (analog quantity measured in decibels) (cf.BER)	信噪比
SOHO	Small office/home office (relatively low-capacity user)	小型办公室/家庭办公室 (低需求用户)
SONET	Synchronous Optical Network; US standard similar to SDH	同步光纤网络; 类似于 SDH 的美国标准
SOTF	Start of transmit frame	开始传输帧
sps	Symbols per second	符号速率

(续)

缩略词	英文	中文
SREJ	Selective reject request frame (in HDLC CO-DL) (cf.REJ)	选择性拒绝请求帧 (HDLC CO-DL)(参见 REJ)
SS-FDMA	Satellite switched FDMA	采用 FDMA 的卫星
SS-TDMA	Satellite switched TDMA	采用 TDMA 的卫星
SSB	Single sideband modulation (a narrowband form of AM)	单边带调制 (一种 AM 的窄带调制)
SSBSC	Single sideband suppressed carrier modulation	单边带抑制载波调制
SSMA	Spread spectrum multiple access (see also CDMA)	扩频多址 (参见 CDMA)
SSPA	Solid state power amplifier	固态功率放大器
SSTO	Single stage to orbit	单级入轨
STDM	Statistical time division multiplexing (cf.TDM or packet mode)	统计时分复用 (参见 TDM 或者分组模式)
T1	US data rate and framing standard for circuit of 1.54Mbps(Mbit/s)	适用于 1.54 Mb/s 电路的美国数据码率和帧标准
TCP	Transmission Control Protocol (CO transport protocol of IP suite)	传输控制协议 (IP 组的面向对象的传输协议)
TCP/IP	Transmission Control Protocol-Internet Protocol	传输控制协议 - 互联网协议
TDD	Time division duplexing	时分双工
TDM	Time division multiplexing (sharing a link in time)	时分复用
TDM-SCPC-FDMA	Time division multiplexing single channel per carrier frequency division multiple access	时分复用 – 单路单载波 – 频分多址
TDMA	Time division multiple access (sharing a resource in time)	时分多址
TDRSS	Tracking and Data Relay Satellite System	数据中继卫星系统
TE	Terminal equipment	终端设备
TEC	Total electron content	电子总含量
THz	Terrahertz (units of 10^{12}Hz)	太赫兹 (10^{12}Hz)
TR	Token ring (IEEE 802.5) LAN protocol using a ring architecture	令牌环，是一种采用环结构的 LAN 协议

(续)

缩略词	英文	中文
TST	Time domain, space domain, time domain switching	时域、空域和时域切换
TTC	Telemetry, tracking and control	遥测、跟踪和控制
TTC&M	Telemetry, tracking, control and monitoring	遥测、跟踪、控制和监视
TTL	Transistor-transistor logic family of integrated circuits	晶体管 – 晶体管逻辑集成电路
TTY	Teletype	电报交换机
TV	Television	电视
TVRO	Television receive only	只接收电视
TWTA	Travelling wave tube amplifier	行波管放大器
TX-PCE	Transmit processing and control equipment	传输处理和控制设备
U/C	(Frequency) Up converter	上变频器
UDP	Universal Datagram Protocol (CL transport protocol of IP suite)	用户数据报协议 (无连接的 IP 传输协议)
UHF	Radio frequency band, 300MHz to 1GHz	无线电频段, 300 MHz ~ 1 GHz
ULPC	Uplink power control (one countermeasure against signal fade) (UPC)	上行链路功率控制 (一种对抗信号衰减的措施) (UPC)
UMTS	Universal Mobile Telecommunications System	通用移动通信系统
UNIX	A common 'open' operating system used by many computers	通用的多用户多任务操作系统
UPC	Uplink power control (one countermeasure against signal fade) (ULPC)	上行链路功率控制 (一种对抗信号衰减的措施) (ULPC)
UPT	Universal personal telecommunications	通用个人通信
UT	Universal time (equal to GMT)	世界时间 (等同于 GMT)
UW	Unique word	独特码
V.24	Recommendation (of ITU-T) for serial communications (RS-232)	串行通信 (RS-232) 建议 (ITU-T)
V-band	Radio frequency band, ≈50-75 GHz	无线电频段, 50 ~ 75 GHz

(续)

缩略词	英文	中文
VCO	Voltage-controlled oscillator (used with mixer to change frequency)	压控振荡器 (采用混频方式来改变频率)
VCXO	Voltage-controlled crystal oscillator	电压控制晶体振荡器
VHF	Radio frequency band, 30-300MHz	无线电频段, 30-300MHz
VOIP	Voice Over Internet Protocol	网络电话
VOR	VHF omnidirectional range beacon (radio navigation beacon)	甚高频全向信标系统 (无线导航信标)
VOW	Voice Order Wire (station-station voice link)	语音命令线 (站站间语音链路)
VP	Vertically polarized	垂直极化
VSAT	Very small aperture terminal	甚小天线地面终端
VSB	Vestigial sideband (form of AM used in TV broadcasting)	残留边带调制 (如 TV 广播中采用的 AM 调制)
WAAS	Wide area augmentation system (enhanced GPS)	广域增强系统 (增强 GPS)
WAN	Wide area network (e.g.the Internet) (cf.LAN, MAN)	广域网 (例如互联网) (参见 LAN, MAN)
WARC	World Administrative Radio Conference	世界无线电管理会议
WBFM	Wideband frequency modulation	宽带频率调制
WLL	Wireless local loop	无线本地网络
XPD	Cross-polarization discrimination (a measure of signal polarization)	交叉极化鉴别度 (一种信号极化的测量方法)
XPI	Decibel ratio of wanted power to unwanted power	期望功率与不期望功率的分贝比

附录 D ITU-R 传输相关的建议书

适用于电波传播和卫星通信的 ITU-R 建议书的列表如下所示, 具体的最新版本请访问网站 http://www.itu.int.

P.310 Definitions of terms relating to propagation in non-ionized media

P.311 Acquisition, presentation and analysis of data in studies of tropospheric propagation

P.313 Exchange of information for short-term forecasts and transmissions of ionospheric disturbance warnings

P.341 The concept of transmission loss for radio links

P.368 Ground-wave propagation curves for frequencies between 10 kHz and 30 MHz

P.369 Reference atmosphere for refraction

P.370 VHF and UHF propagation curves for the frequency range from 30 MHz to 1,000 MHz. Broadcasting services

P.371 Choice of indices for long-term ionospheric predictions

P.372 Radio noise

P.373 Definitions of maximum and minimum transmission frequencies

P.434 ITU-R reference ionospheric characteristics and methods of basic MUF, operational MUF and ray-path prediction

P.435 Sky-wave field-strength prediction method for the broadcasting service in the frequency range 150 to 1,600 kHz

P.452 Prediction procedure for the evaluation of microwave interference between stations on the surface of the Earth at frequencies above 0.7 GHz

P.453 The radio refractive index: its formula and refractivity data

P.525 Calculation of free-space attenuation

P.526 Propagation by diffraction

P.527 Electrical characteristics of the surface of the Earth

P.528 Propagation curves for aeronautical mobile and radionavigation services using the VHF, UHF and SHF bands

P.529 Prediction methods for the terrestrial land mobile service in the VHF and UHF bands

P.530 Propagation data and prediction methods required for the design of terrestrial line-of-sight systems

P.531 Ionospheric propagation data and prediction methods required for the design of satellite services and systems

P.532 Ionospheric effects and operational considerations associated with artificial modification of the ionosphere and the radiowave channel

P.533 HF propagation prediction method

P.534 Method for calculating sporadic-E field strength

P.581 The concept of 'worst month'

P.616 Propagation data for terrestrial maritime mobile services operating at frequencies above 30 MHz

P.617 Propagation prediction techniques and data required for the design of trans-horizon radio-relay systems

P.618 Propagation data and prediction methods required for the design of Earth - space telecommunications systems

P.619 Propagation data required for the evaluation of interference between stations in space and those on the surface of the Earth

P.620 Propagation data required for the evaluation of coordination distances in the frequency range 100 MHz to 105 GHz

P.676 Attenuation by atmospheric gases

P.678 Characterization of the natural variability of propagation phenomena

P.679 Propagation data required for the design of broadcasting-satellite systems

P.680 Propagation data required for the design of Earth-space maritime mobile telecommunications systems

P.681 Propagation data required for the design of Earth-space land mobile telecommunications systems

P.682 Propagation data required for the design of Earth-space aeronautical mobile telecommunications systems

P.683 Sky-wave field strength prediction method for propagation to aircraft at about 500 kHz

P.684 Prediction of field strength at frequencies below about 150 kHz

P.832 World Atlas of Ground Conductivities

P.833 Attenuation in vegetation

P.834 Effects of tropospheric refraction on radiowave propagation

P.835 Reference standard atmosphere

P.836 Water vapour: surface density and total columnar content

P.837 Characteristics of precipitation for propagation modelling

P.838 Specific attenuation model for rain for use in prediction methods

P.839 Rain height model for prediction methods

P.840 Attenuation due to clouds and fog

P.841 Conversion of annual statistics to worst-month statistics

P.842 Computation of reliability and compatibility of HF radio systems

P.843 Communication by meteor-burst propagation

P.844 Ionospheric factors affecting frequency sharing in the VHF and UHF bands (30 MHz–3 GHz)

P.845 HF field-strength measurement

P.846 Measurements of ionospheric and related characteristics

P.1057 Probability distributions relevant to radiowave propagation modelling

P.1058 Digital topographic databases for propagation studies

P.1059 Method for predicting sky-wave field strengths in the frequency range 1,605–1,705 kHz

P.1060 Propagation factors affecting frequency sharing in HF terrestrial systems

P.1144 Guide to the application of the propagation methods of Radiocommunication Study Group 3

P.1145 Propagation data for the terrestrial land mobile service in the VHF and UHF bands

P.1146 The prediction of field strength for land mobile and terrestrial broadcasting services in the frequency range from 1 to 3 GHz

P.1147 Prediction of sky-wave field strength at frequencies between about 150 and 1,700 kHz

P.1148 Standardized procedure for comparing predicted and observed HF sky-wave signal intensities and the presentation of such comparisons

P.1238 Propagation data and prediction methods for the planning of indoor radiocommunication systems and radio local area networks in the frequency range 900 MHz to 100 GHz

P.1239 ITU-R reference ionospheric characteristics

P.1240 ITU-R methods of basic MUF, operational MUF and ray-path prediction

P.1321 Propagation factors affecting systems using digital modulation techniques at LF and MF

P.1322 Radiometric estimation of atmospheric attenuation

P.1406 Propagation effects relating to terrestrial land mobile service in the VHF and UHF bands

P.1407 Multipath propagation and parameterization of its characteristics

P.1409 Propagation data and prediction methods required for the design of systems using high altitude platform stations at about 47 GHz

P.1410 Propagation data and prediction methods required for the design of terrestrial broadband millimetric radio access systems operating in a frequency range of about 20 - 50 GHz

P.1411 Propagation data and prediction methods for the planning of short-range outdoor radiocommunications systems and radio local area networks in the frequency range 300 MHz to 100 GHz

P.1412 Propagation data for the evaluation of coordination between earth stations working in the bidirectionally allocated frequency bands

P.1510 Annual mean surface temperature

P.1511 Topography for Earth-to-space propagation modelling

P.1546 Method for point-to-area predictions for terrestrial services in the frequency range 30–3,000 MHz